工程統計學

Statistics for Engineering

陳耀茂　編著

五南圖書出版公司 印行

自　序

　　學習統計最好的方法就是多做習題。如果只是熟記公式，未能實實在在地親自去演練，就無法正確了解公式的用法，常見有些學生雖然已在課堂上學習查表方法，可是在考試時卻不知所措，查出來的是錯誤的數字。為什麼會如此呢？事實上，知道查表是一回事，但如果不實際去查查看，就無法體會其中滋味。所謂知行合一正是說明動手做習題是學習的不二法門。

　　個人在課堂上是先講解定義、定理之內涵後，再佐以例題說明，然後試著出幾個問題讓學生上台演練，保持師生互動，證實效果良好。因之許多學生希望能將平日講授的內容整理成書，以減少學生抄筆記的時間，因此本書是在眾多學生呼應之下，將多年上課之心得，整理而成，並取名為《工程統計學》。本書的特色是收錄的內容甚為豐富，舉凡工程上所需的統計方法均有涉獵，儼然可當成統計手冊一般方便查閱使用。

　　此外，本書的另一特色是省略冗長的文字說明，而改以精簡的要點方式來掌握，同時各定義、定理之後均有豐富的例題解說，可加強學習效果。學習之時，務必先將定義、定理及要點充分了解之後，再設法找出一般性的幾個例題自己做做看，如果可以了解的話，應設法將本書中所提供的其他進階例題也做做看，如此方可提升自己的解題實力。

　　本書中將所提供的例題按難易度以幾顆星來表示，此也可視為本書的特色之一。一顆星是表示一般性問題，必須要理解的，二顆星是表示略難，但動一下腦筋即可迎刃而解，三顆星是表示較難的問題，略去也無妨，但有實力的學生不妨挑戰看看。

　　有鑑於統計的計算如以手計算是很累人的工作，因此可以搭配 Excel、SAS 或 SPSS 的軟體來執行，關於 Excel 的書籍請參閱《統計分析 Excel 應用》一書（鼎茂圖書公司發行），關於 SPSS 的書，請參閱《醫護統計與SPSS》（五南圖書公司發行）。如此學習起來更有相輔相成的功效。

　　本書於撰寫期間承蒙幾位助教、研究生們不辭辛勞校對，謹此表示謝意。最後由於倉促成書，書中如有謬誤之處，懇請指教並容日後再行修訂，不勝感恩。

陳耀茂
謹誌於東海大學

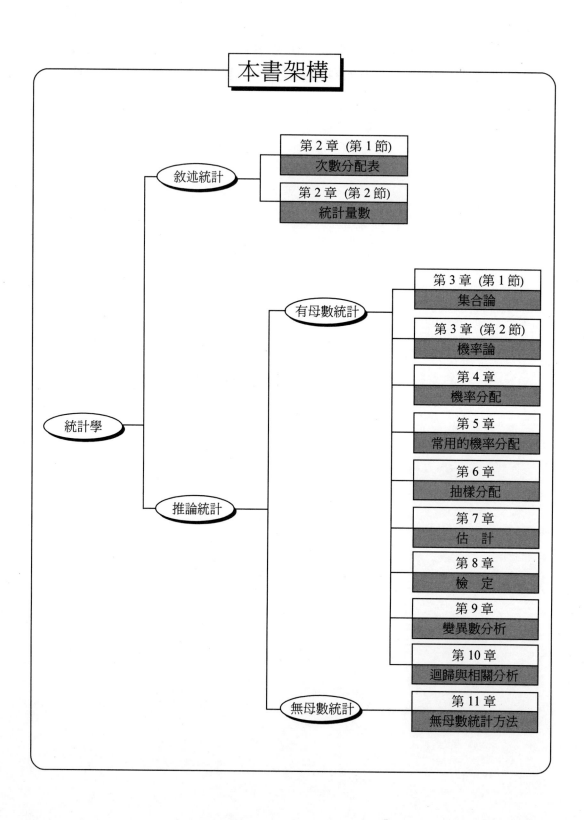

目　錄

第一章　簡　介 ………………………………………………………… 1

　　第一節　簡　介 …………………………………………………… 3

第二章　次數分配與統計量數 ……………………………………… 11

　　第一節　次數分配表 …………………………………………… 13

　　第二節　統計量數 ……………………………………………… 21

第三章　機率論 ……………………………………………………… 57

　　第一節　集合論 ………………………………………………… 59

　　第二節　機率論 ………………………………………………… 61

第四章　機率分配 …………………………………………………… 79

　　第一節　機率分配 ……………………………………………… 81

第五章　常用的機率分配 ………………………………………… 187

　　第一節　常用的機率分配 …………………………………… 189

第六章　抽樣分配 ………………………………………………… 259

　　第一節　抽樣分配 …………………………………………… 261

　　第二節　其他常用的抽樣分配 ……………………………… 312

第七章　估　計 …………………………………………………… 329

　　第一節　估　計 ……………………………………………… 331

　　第二節　區間估計 …………………………………………… 339

第八章　檢　定 …………………………………………………… 385

　　第一節　檢　定 ……………………………………………… 387

第九章　變異數分析 ……………………………………………… 453

第十章　迴歸與相關分析 ………………………………………… 599

第十一章　無母數統計方法 ·· 741

附　錄 ··· 909

參考文獻 ·· 1009

第 1 章

簡 介

第一節　簡　介

■ 統計方法的使用步驟

　　統計學的定義為：蒐集、整理、陳示、分析、解釋統計資料，並可由樣本推論母體，使能在不確定情況下作成決策的科學方法。故統計方法的使用步驟如下：

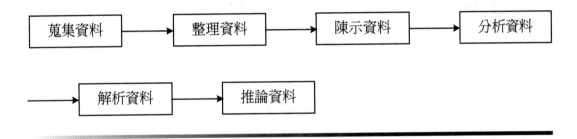

■ 統計學內容

1.敘述統計學：僅就所蒐集之統計資料討論分析，而不將其意義推廣至更大範圍。

2.推論統計學

　(1) 有母數統計學：母體為常態分配之統計推論方法。

　(2) 無母數統計學：母體之機率分配未知或非常態母體或樣本為小樣本時的統計推論法。

3.實驗設計：利用重覆性及隨機性，使特定因素以外之其他已知及未知因素之影響相互抵銷，以淨化觀察特定因素的影響效果，因而提高分析精確度的設計。

■ 統計數字的測量尺度

1. 名義尺度（同一性的基準）

又稱類別尺度。使用數字代號來分辨事物之性質或類別，此種尺度之變數只說明事物之此一性質與他一性質不同，並未說明性質與性質或類別與類別之間差異的大小和形式，例如以 0、1 代表男、女，並不意謂 1 大於 0 或 0 小於 1。使用同一性的資訊可以計算的統計量是眾數，以分析的方法來說有 χ^2 檢定等。

2. 順序尺度（同一性的基準 + 順位性的基準）

又稱等級尺度，就某一事物之某一特質的好壞、多少、大小次序加以排列，例如以 1 至 5 代表態度反應之「極不贊成、不贊成、無意見、贊成、極贊成」。此等數值的大小僅表示等級順序，但數值間之差異無意義，亦不必等距，加減乘除之算術運算並無任何意義。當數據具有順序的資訊才有計算中央值此統計量的意義。以分析手法來說有 Spearman 的順位相關係數、Mann-Whitney 檢定、符號等級和檢定等。

3. 間隔尺度（同一性基準 + 順位性的基準 + 加法性的基準）

以此種尺度表示的變數，不但可以區分類別及排出大小順序之外，還可算出差異之大小。如智商、體溫、年次，可加減運算。但是無法做乘除運算，因為等距尺度的原點（零點）是任意選定的。例如溫度乃等距尺度之典型例子，華氏與攝氏均可衡量溫度但其零點並不相同。我們可以說攝氏 30 度與攝氏 25 度的溫差等於攝氏 18 度與攝氏 13 度的溫差，但我們不能說攝氏 30 度比攝氏 20 度熱 1.5 倍，因為攝氏 0 度並非表示沒有熱量，亦即該原點（零點）並非熱量的真正原點。換句話說，攝氏溫度之衡量其原點是任意選定的（為了衡量的方便）。又例如某甲統計學成績 80 分，某乙 40 分，我們說某甲的成績高出某乙 40 分，但我們不能說某甲的統計學程度優於某乙二倍，因為統計學 0 分只是操作上的定義，而非數學上的意義，它並不代表對統計學一點概念都沒有。當數據具有間隔的資訊，即具有計算平均值的條件。以分析法來說有 Pearson 相關係數、t 檢定、變異數分析等。

4. 比例尺度（同一性基準＋順位性的基準＋加法性的基準＋等比性的基準）

以此種尺度表示之變數，除了可以說出名稱、排出順序、算出差距外，還可以表示出比例的關係，例如父親身高 180 公分，體重 81kg，兒子身高 90 公分，體重 27kg，則兒子的身高是父親的 1/2，體重是 1/3。又譬如，大會的入場人數如為 0，意謂空無一人，意指存在絕對的零點，因之今日的入場人數 100 人，即可以說是昨日入場人數 50 人的 2 倍，或今日比昨日的人數多 50 人。像此類表格即可做加減乘除運算。當數據具有比例的資訊時，也具有計算平均值的條件，比例尺度的情形可以使用所謂的統計手法。

例 ★ [註]

（1）處方箋的第 11 號、第 12 號是什麼尺度；（2）成績的 11、12 名是什麼尺度；（3）溫度的 11 度、12 度是什麼尺度；（4）金額的 11 元、12 元是什麼尺度。

【解】

（1）名義尺度　　（2）順序尺度　　（3）等距尺度　　（4）比例尺度

註 1　尺度的種類與性質

尺度的種類	目的	特徵	允許的變換	有意義的比較	例
名義尺度（normial）	區分、分類	$A = B$ 或 $A \neq B$ 之決定	一對一變換	只有數值是否相同才有意義	學生證號、類別（男＝0，女＝1）
順序尺度（ordinal）	決定順序	$A > B$，$A = B$，$A < B$ 之決定	單調變換 $y = f(x)$	數值是否相同，與數值的大小，均有意義	100 尺賽跑的順序，喜歡＝3，均可＝2，討厭＝1 等

註：例題中的一顆星「＊」表示簡單；二顆星「＊＊」表示略難；三顆星「＊＊＊」表示甚難可略去。

尺度的種類	目的	特徵	允許的變換	有意義的比較	例
間隔尺度（interval）	原點・單位在任意之下決定等間隔之刻度	$(A-B)+(B-C)=(A-C)$ 之成立	線性變換 $y=a+bx$	數值是否相同，數值的大小，以及數值的和與差有意義	年號、溫度（℃，℉）
比例尺度（ratio）	從絕對原點設定等間隔之刻度	如 $A=kB$，$B=\ell C$ 則 $A=k\ell C$（$k\neq0,\ell\neq0$）之成立	常數倍 $y=bx$（$b\neq0$）	除上記之一切具有意義外，二個數值間之比較也具有意義	身高、體重等的物理量、絕對溫度°K、人數等

註 2　各尺度具有的資訊

數據的性質	尺度的種類	同一性（=, ≠）	順序性（>, <）	加法性（+, −）	等比性（×, ÷）
質的	名義尺度	○			
	順序尺度	○	○		
量的	間隔尺度	○	○	○	
	比例尺度	○	○	○	○

註 3　在 4 個尺度的水準中的代表值與散布度

尺度的水準		統計指標	記號 數據	記號 母體	概略及特徵
代表值	名義尺度	眾數	M_o		出現最多次數的測量之值。
	順序尺度	中央值	M_e		數據按順序排列時位於正中之值。
	間隔尺度	（算術）平均	$\overline{X}$		各個測量值之和除以個數之值。
	比例尺度	幾何平均	G_m		也稱為相乘平均，n 個測量值的 n 次方根。
		調和平均	H_m		對已倒數變換的算術平均進行倒數變換。

尺度的水準		統計指標	記號		概略及特徵
			數據	母體	
散布度	名義尺度	平均資訊量	H		總次數與各類別次數之比較。
	順序尺度	全距	R		最大值與最小值之差。
		四分位差	QD		第 3 四分位數與第 1 四分位數之差除以 2。
	間隔尺度	變異數	s^2	σ^2	測量值與平均之偏差的平方再取平均。
		標準差	s	σ	變異數取開方。
	比例尺度	變異係數	CV		平均與標準差之比。
分配的形狀	間隔尺度以上	峰度	α_4		表示分配的尖峰程度，分配兩邊擴散程度。
		偏度	α_3		表示分配的非對稱性，偏離分配中心的情形。

註 4　依目的而異之統計圖

主要目的	圖形	特徵
「比率」與「內容」	長條圖（直方圖）	表示各類別的次數。
	圓形圖	表示各類別占全體的比率。
	帶狀圖	表示各類別的比率。
「經過」與「比較」	折線圖	基本上，適於檢討變化的經過，數據的分析與比較也是可能。
	雷達圖	適於比較檢討各類在全體之中的均衡關係。
「分散程度」	盒形圖	圖形上表示有中央值、四分位差、最大值、最小值。
「分散」與「關聯」	散布圖	圖示數據的分散程度（分配的狀況）或二組數據的關聯性（相關關係）。

註 5　資料的概念與種類

資料
• 想調查某主題、假設時，基於某假定有組織地蒐集有關主題之資訊稱爲資料（data）。
• 依目的或假設加以設定及蒐集者。

質資料（定性資料）	量資料（定量資料）
• 表示對象之屬性之性質或內容者。	• 利用數量表示對象之屬性。
• 沒有數量之概念。	• 使用數量的概念來表現。
• 以用語或文字加以表現。	• 可用數字、數值表現。
• 難以數量的方式表現，或表現也無意義。	• 有方法論的限制，不一定均能收集。
• 由名義尺度或順序尺度而得者。	• 由間隔（距離）尺度或比率（比例）尺度而得者。

• 質資料與量資料，可以使用的資料處理（統計）方法是有不同的。
• 量資料如無數量性的資訊時，可使用質資料的資料處理方法。
• 視需要，使用「數量化」之手續，可將質資料變換爲量資料。

■ 尺度水準與變數變換

(i) 滿足比例尺度的條件「絕對原點」之變換，只有將變數常數倍（變數乘以某數）而已。譬如，體重 80kg×2 = 160 ，體重 40kg×2 = 80 ，變換後 160÷80 = 2，仍然保持 2 倍重的關係（80÷40 = 2）。像這樣，「不損及尺度的性質而可行的變換」依尺度水準而有不同。比例尺度中可行的變換只有常數倍而已。

(ii) 間隔尺度保有等間隔性且不需要具有絕對的原點。因之，對所有的數據加上相同的數值改變原點的位置也無礙。而從改變原點的位置，也不會破壞等間隔性。間隔尺度中可行的變換是線形變換（$y = ax + b$），此即將某值乘上定數倍（a 倍）再加上另一個常數（b）之變換。

(iii) 順序尺度中可行的變換是不能改變順序關係。譬如，某班第 1 名的 A 同學在全學年中也許是第 2 名，第 3 名的 B 同學在全學年也許是第 10 名，亦即，A 同學仍比 B 同學位於上位。像這樣，一面保持順序關係，一面變換成其他值，稱爲單調變換。單調變換包含比率尺度中的常數倍以及間隔尺度中的線形變換。

(iv) 名義尺度中可行的變換，是一對一變換。譬如，「統一超商」當成「1」，「家樂福」當成「2」，換成「統一超商」為「2」，「家樂福」為「1」也行。如果無重覆，變換成任何數字均行。一對一變換包含常數倍、線形變換、單調變換。

尺度水準與可能變換

	尺度水準	所需條件	常數倍	線形變換	單調變換	一對一變換
水準高	比例尺度	絕對原點	○	✕	✕	✕
	間隔尺度	等間隔性	○	○	✕	✕
	順序尺度	順序性	○	○	○	✕
水準低	名義尺度		○	○	○	○

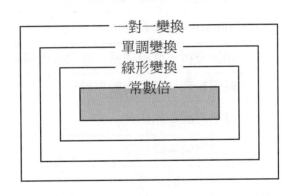

4 種變換的包含關係

註 6　常用統計方法導覽

目的	方法
觀察數據的特徵	次數分配表、交叉表
	直方圖、長條圖、盒形圖
掌握數據的特徵	平均數
	中位數、四分位數
	眾數
	變異數
	標準差

目的	方法
了解對應數據之關係	散布圖
	pearson 相關係數
	Spearman 順位相關
	Kendall 順位相關
	無相關之檢定
	獨立性之檢定
了解數據的常態性	常態機率紙
	偏度、峰度
	利用偏度、峰度的常態性檢定
	對數變換、Box-cox 變換
	Shapiro-wilk 檢定
從對應的數據預測	迴歸分析（直線迴歸、多項式迴歸）
	時間數列分析（指數平滑法）
估計數據	母平均的區間估計
	母比例的區間估計
	樣本大小的決定
測量數據的偏離	母平均的檢定
	母比例的檢定
	適合度檢定
比較兩組數據之差	獨立的 2 個母平均之差的檢定
	有對應的 2 個母平均之差的檢定
	2 個母體比例之差的檢定
	Wilcoxn 順位和檢定
	符號檢定
	Wilcoxn 符號順位檢定
	等變異性的檢定

第 **2** 章

次數分配與統計量數

第一節　次數分配表

1. 不連續數列

■ 列舉式

簡單的不連續資料其次數表可按數量大小先後順序排列。

> **例 ***
>
> 　　調查一社區得「單身貴族」有 15 家，兩口人者有 36 家，三口人者有 50 家，四口人者有 29 家，五口人者有 10 家，試以統計表表示之。

【解】

人口數	1	2	3	4	5	合計
家庭數	15	36	50	29	10	140

■ 分組式

　　當不連續的資料較多，列舉式不適合表現時，可改為分組式的表現方式，組數不需太多，一般資料可分為 4 ～ 20 組，不連續的分組次數分配，有 4 個要點需要注意：

(1) 組限（class limit）要整數。

(2) 前一組的上限與後一組的下限之間相差 1。

(3) 組中點為介於上限與下限之間者，即（上限＋下限）／ 2，其不能

有小數。

(4) 當數量太零落時，可與列舉式一樣，採用敞開組的處理方式，即加「……以下」或「……以上」的分組。

例*

　　檢查 200 盒零件得全好的有 36 盒，一個不好的有 26 盒，兩個不好的有 16 盒，三個不好的有 19 盒，四個不好的有 15 盒，五個不好的有 16 盒，六～八個不好的有 38 盒，九～十一個不好的有 20 盒，十二～十四個不好的有 10 盒，十五～十七個不好的有 4 盒，就將此資料改爲相等組距，並以表格表示之。

【解】

抽查 200 盒螺絲釘的不良品件數分配

不良品件數	盒數
0 ～ 2	78
3 ～ 5	50
6 ～ 8	38
9 ～ 11	20
12 ～ 14	10
15 ～ 17	4
合計	200

2. 連續性數列

■ 分組式

　　對於連續性資料的分組較爲麻煩。但可按如下步驟進行。

〔步驟 1〕數據的數目（N）至少要有 50 個，儘可能的話最好能夠有 100 個左右。

〔步驟 2〕從數據中選出最大值 L 及最小值 S，並求全距 $R = L - S$。

〔步驟 3〕決定組數（k）。有以下 4 種決定方法：

① $k = 1 + 3.322 \log N$（若判斷原始資料爲對稱或近似對稱分配時使用）。

② $k = \sqrt{N}$。

③ $2^k \geq N$。

④ 參考下表決定。

N	k
50 未滿	5 ～ 7
50 ～ 100	6 ～ 10
100 ～ 250	7 ～ 12
250 以上	10 ～ 20

〔步驟 4〕決定組距 h

$$h = \frac{R}{k}$$

組距應爲測量單位之整數倍。

〔步驟 5〕決定下組界

先決定含最小值之組界，此可如下決定即

S – 測量單位 / 2

然後自此依序加上組距，直到含最大值爲止。

〔步驟 6〕畫記次數，以 I II III IIII HH 的方式畫記。

例 *

設甲街有 50 家商店，每月平均營業額如下：

表　甲街 50 家商店每月平均營業額（萬元）

74	57	65	84	77	65	52	85	30	60
41	56	35	81	71	64	74	47	68	54
41	60	91	61	55	73	53	45	59	77
39	76	60	67	85	69	48	55	78	41
65	94	89	88	42	73	66	98	66	94

【解】

(1) 求全距 $R = 98 - 30 = 68$

(2) 求組距 $C = \dfrac{68}{1 + 3.322 \log 50} \fallingdotseq 10$

(3) 決定下組界 $S - \dfrac{1}{2} = 30 - \dfrac{1}{2} = 29.5$

(4) 決定各組界及次數，如下表。

次數分配表

組界（萬元）	畫　記	次　數
29.5～39.5	III	3
39.5～49.5	HHH II	7
49.5～59.5	HHH III	8
59.5～69.5	HHH HHH III	13
69.5～79.5	HHH IIII	9
79.5～89.5	HHH I	6
89.5～99.5	HHH	4
合　計		50

■ 直方圖

　　直方圖（histogram）的面積可以表示次數的多寡，故橫軸上要使各直方長條密接，縱軸表示次數的多寡或相對次數的大小，應標示出零點，以上例的次數分配表為例來繪圖即為如下。

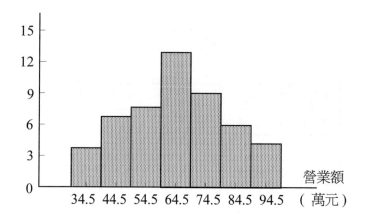

■ 枝葉圖

枝葉圖（stem and leaf plot）是 J.W. Tukey 提出之一種混合數字與圖形的統計資料陳示方式。

繪製枝葉圖的步驟如下：

1. 將數字從 0 到 9（或視需要增減）寫成一行，並劃一垂直線，這些前置數字表示十位數，即為枝幹的部份。
2. 記錄每個觀測值的第二位數字（個位數字）於垂直線的右邊，且對應該觀測值第一位數字（十位數字）所在的橫列上。
3. 將每一列的第二位數字（個位數字）依遞增次序排列，即為葉的部分，若必要，亦可呈示次數。
4. 將枝葉圖翻轉 90 度來看，即為一個仍可表示適切觀測值的直方圖。

例*

甲班的統計成績為

9	10	17	20	20	23	26	29	29	29
32	38	39	40	42	48	49	63	55	56
50	59	60	60	60	62	62	65	66	68
70	71	74	76	76	78	78	78	79	80
81	83	84	89	89	89	92	94	98	99

試以長度為 10 的組距，繪製枝葉圖。

【解】

枝	葉	（次數）
0	9	1
1	0　7	2
2	0　0　3　6　9　9　9	7
3	2　8　9	3
4	0　2　8　9	4
5	3　5　6　8　9	5
6	0　0　0　2　2　5　6　8	8
7	0　1　4　6　6　8　8　8　9	9
8	0　1　3　4　9　9　9	7
9	2　4　8　9	4

例 *

全班的體重（公斤）為

38	39	40	41	41	42	43	45	46	47
48	49	49	50	50	51	51	52	53	53
54	55	55	55	55	55	56	57	58	59
60	60	60	60	60	60	61	62	62	62
62	63	63	64	64	65	65	65	66	66
66	67	67	68	69	70	71	72	73	73

試以長度為 5 的組距，繪製枝葉圖。

【解】

以 4 * 表 40 ～ 44，以 4 · 表 45 ～ 49，依此類推，則以長度為 5 的組距所繪製的枝葉圖為：

枝	葉
3 ·	8　9
4 *	0　1　1　2　3

枝	葉											
4 ·	5	6	7	8	9	9						
5 *	0	0	1	1	2	3	3	4				
5 ·	5	5	5	5	5	6	7	8	9			
6 *	0	0	0	0	0	0	1	2	2	2	2	3	3	4	4
6 ·	5	5	5	6	6	6	7	7	8	9		
7 *	0	1	2	3	3							

【註】 由於沒有最佳的方法來做出枝葉圖，我們可以自由地使用數字的任何部分作為枝，而且數字其餘的部分作為葉。例如資料值為仟的（如 1644, 1765, 1852 等等），枝可以用前二個數字來表示：16, 17, 18。下一個數字 4, 6 與 5 就可寫成葉。資料形式為 22.75, 24.63 與 25.30 等等就可將 22, 23, 24 與 25 當做枝而且下一個數字 7, 6, 3 當做葉。注意上面方法中只是單一數字的葉，因此，當我們有 4 個數字，而且枝有 2 個數字，最後一個數字就截掉。

例*

試以下列資料作出枝葉圖。

11.3	9.6	10.4	7.5	8.3	10.5	10.0
9.3	8.1	7.7	7.5	8.4	6.3	8.8

【解】

6	3
7	5　5　7
8	1　3　4　8
9	3　6
10	0　4　5
11	3

例 *

下列資料中以左邊算起的前二位數爲枝，第三位數爲葉作出枝葉圖。

| 1161 | 1206 | 1478 | 1300 | 1604 | 1725 | 1361 | 1422 |
| 1221 | 1378 | 1623 | 1426 | 1557 | 1730 | 1706 | 1689 |

【解】

```
11 | 6
12 | 0   2
13 | 0   6   7
14 | 2   2   7
15 | 5
16 | 0   2   8
17 | 0   2   3
```

【註】利用枝葉圖可以「概觀」掌握，如下事項：

(1) 數據以那一值爲中心分佈著；

(2) 數據的分散程度如何；

(3) 數據的左右是否對齊；

(4) 數據的分配的闊狹情形；

(5) 數據的分配有幾個山峰；

(6) 有無偏離數據群之數據等。

第二節　統計量數

■ 母體與母數，樣本與統計量

　　所謂母體（population）是由 N 個具有共同特性（性質或數量）之個體所組成的群體，由此群體所求算之表徵數即稱為母數（或稱參數；parameter），例如母體平均 μ、母體比例 p 等。所謂樣本（Sample）是由母體中抽取部分個體（n 個個體）組成的小群體，由此小群體所求算之表徵數即稱為統計量（statistic），例如樣本平均 $\bar{x}$、樣本比例 $\hat{p}$ 等。

1. 集中趨勢量數

(1) 平均數（mean）

① 未分組資料

$$\bar{x} = \frac{1}{n}(x_1 + x_2 + \cdots + x_n)$$

$$= \frac{\sum x_i}{n}$$

$$= a + \frac{\sum(x_i - a)}{n}$$

※ 注：$\bar{x}$ 稱為樣本平均，μ 稱為母體平均。

例 *

　　抽查 10 家連鎖店，得昨日之營業收入（萬元），得

　　　10,　5,　7,　8,　5,　6,　9,　7,　8,　5

【解】

$$\bar{x} = \frac{10+5+7+\cdots+6}{10} = 7$$

② 列舉式

數值 x_i	x_1	x_2	$\cdots$	x_k	合併
次數 f_i	f_1	f_2	$\cdots$	f_k	n

$$\bar{x} = \frac{f_1 x_1 + f_2 x_2 + \cdots + f_k x_k}{f_1 + f_2 + \cdots + f_k}$$

$$= \frac{\sum_{i=1}^{k} f_i x_i}{\sum f_i} = \frac{\sum f_i x_i}{n}$$

$$= a + \frac{\sum_{i=1}^{k} f_i (x_i - a)}{n}$$

例 *

抽查一地區婦女（45 歲以上之已婚婦女）生育情形為

子女數	0	1	2	3	4	5	6	合計
婦女數	16	17	24	16	10	0	17	100

試求算每個婦女平均生育之子女數 $\bar{x}$。

【解】

x	0	1	2	3	4	5	6	合計
f	16	17	24	16	10	0	17	100
$f \cdot x$	0	17	48	48	40	0	102	255

$$\overline{x} = \frac{0 \times 16 + 1 \times 17 + \cdots + 5 \times 0 + 6 \times 17}{100}$$

$$= \frac{255}{100}$$

$$= 2.55$$

③ 分組式

分組	$L_1 \sim U_1$	$L_2 \sim U_2$	……	$L_k \sim U_k$	合併
組中點 x_i	x_1	x_2	……	x_k	
次數 f_i	f_1	f_2	……	f_k	n

$$\overline{x} = \frac{f_1 x_1 + f_2 x_2 + \cdots + f_k x_k}{f_1 + f_2 + \cdots + f_k}$$

$$= \frac{\sum_{i=1}^{k} f_i x_i}{\sum f_i} = \frac{\sum_{i=1}^{k} f_i x_i}{n}$$

$$= a + \frac{\sum_{i=1}^{k} f_i(x_i - a)}{n}$$

令　$d_i = \dfrac{x_i - a}{c}$

$$= a + \frac{\sum f_i d_i}{n} c$$

例 *

抽查某校 80 個學生，得成績分配如下：

成績	30～39	40～49	50～59	60～69	70～79	80～89	90～99
人數	6	2	14	20	16	14	8

試求平均成績。

【解】

組　界	f_i	x_i（組中點）	d_i	$f_i d_i$
$29.5 \sim 39.5$	6	34.5	-3	-18
$39.5 \sim 49.5$	2	44.5	-2	-4
$49.5 \sim 59.5$	14	54.5	-1	-14
$59.5 \sim 69.5$	20	$64.5(a)$	0	0
$69.5 \sim 79.5$	16	74.5	1	16
$79.5 \sim 89.5$	14	84.5	2	28
$89.5 \sim 99.5$	8	94.5	3	24
合　計	80			32

$$d_i = \frac{x_i - a}{c}，取\ a = 64.5，c = 10$$

$$\bar{x} = a + \frac{\sum f_i d_i}{\sum f_i} c$$

$$= 64.5 + \frac{32}{80} \times 10 = 68.5$$

(2) 加權算術平均數（Weighted Mean）

$$\bar{x} = \frac{\sum\limits_{i=1}^{k} w_i x_i}{\sum w_i}$$

$$= a + \frac{\sum\limits_{i=1}^{k} w_i (x_i - a)}{\sum w_i}$$

例*

張同學上學期各科成績及學分如下：

科目	統計	企政	管數	中會	個經	財管
成績	90	92	86	85	81	87
學分	3	3	2	3	2	3

試求算上學期張同學的平均成績。

【解】

(1) 方法一

科目	統計	企政	管數	中會	個經	財管	合計
x_i	90	92	86	85	81	87	
w_i	3	3	2	3	2	3	16
$w_i x_i$	270	276	172	255	162	261	1396
$x_i - 80$	10	12	6	5	1	7	
$w_i (x_i - 80)$	30	36	12	15	2	21	116

$$\bar{x} = \frac{1396}{16} = 87.25$$

$$= 80 + \frac{116}{16} = 87.25$$

(2) 方法二

$$\bar{x} = \frac{90 \times 3 + 85 \times 3 + \cdots + 92 \times 3}{3 + 3 + 2 + \cdots + 3}$$

$$= \frac{1396}{13} = 87.25$$

✍ 算術平均數之性質

(1) $\sum (x_i - \bar{x}) = 0 \Rightarrow n\bar{x} = \sum x_i$

(2) $y = a \pm bx \Rightarrow \bar{y} = a \pm b\bar{x}$

(3) $\sum_{i=1}^{n} (x_i - \bar{x})^2 < \sum_{i=1}^{n} (x_i - a)^2$ ， a 為任意數

(4) 已知設有兩組資料 x_1, x_2，已知 x_1 之樣本平均數為 $\bar{x}_1$，x_2 之樣本平均數為 $\bar{x}_2$，則 x_1 與 x_2 的總平均數 $\bar{x}$ 為

$$\bar{x} = \frac{n_1 \bar{x}_1 + n_2 \bar{x}_2}{n_1 + n_2} \quad (n_1, n_2 \text{ 分別為 } x_1, x_2 \text{ 的個數})$$

---

(3) 截尾平均數（Trimmed Mean）

只取界於 Q_1 與 Q_3 之間的資料（或包括 Q_1 與 Q_3）來求平均數，而除掉 Q_1 以下及 Q_3 以上之觀測值。

例 *

抽查過去 24 天的營業收入依序為

15	18	20	22	22	24	25	27	29	30
30	32	33	33	36	37	40	41	42	53
58	64	75	82						

求算截尾平均數 m_r。

【解】

$$O(Q_1) = \frac{24}{4} + \frac{1}{2} = 6.5$$

$$Q_1 = \frac{24 + 25}{2} = 24.5$$

$$O(Q_3) = \frac{3(24)}{4} + \frac{1}{2} = 18.5$$

$$Q_3 = \frac{41 + 42}{2} = 41.5$$

∴ 介於 Q_1 與 Q_3 之間共有 12 個數，所以

$$m_r = \frac{25 + 27 + 29 + 30 + 30 + 32 + 33 + 33 + 36 + 37 + 40 + 41}{12}$$

$$= \frac{393}{12} = 32.75$$

【註】：關於 Q_1, Q_3 請參考四分位數之求法。

(4) Winsorized 平均數

　　以第一個四分位 Q_1 代替 Q_1 以下的觀測值，以第三四分位 Q_3 代替 Q_3 以上的觀測值後求算 Winsorized 平均數 m_w。

例 *

抽查應收帳款 50 件，得面額（千元）依序為

34	34	35	35	36	40	40	40	42	42
45	46	46	46	47	48	49	51	52	55
55	58	59	59	59	60	63	63	64	65
65	68	68	70	71	73	74	78	78	79
81	82	84	85	85	89	94	96	102	108

求 Winsorized 平均數。

【解】

$$O(Q_1) = \frac{50}{4} + \frac{1}{2} = 13$$

$$Q_1 = 46$$

$$O(Q_3) = \frac{3(50)}{4} + \frac{1}{2} = 38$$

$$Q_3 = 78$$

介於 Q_1, Q_3 之間（包括 Q_1, Q_3）共有 26 個

$$\therefore m_r = \frac{46 + 46 + \cdots + 73 + 78}{26}$$

$$= \frac{1565}{26} = 60.1923$$

$$m_w = \frac{46(12) + 46 + 46 + \cdots + 73 + 78 + 78(12)}{50}$$

$$= \frac{3053}{50} = 61.06$$

或 $$m_w = \frac{46(12) + 60.1923 \times 26 + 78(12)}{50}$$

$$= 61.06$$

(5) 中位數（median）（Me, M_d）

① 未分組

　　未分組資料求算中位數之步驟：

　　a.將 n 個數值由小而大排列。

　　b.決定中位數所在「位次」 $O(M_d) = \dfrac{n}{2} + \dfrac{1}{2}$

　　c.找尋該位次的數值，即得中位數 M_d。若樣本數爲偶數，則以第 $\dfrac{n}{2}$ 個與

　　　第 $\dfrac{n}{2} + 1$ 個之數值的平均作爲代表。

例 *

試求以下數據的中位數。

> 123, 128, 129, 141, 146, 150, 154, 163, 170, 180

【解】

$$O(M_d) = \frac{n}{2} + \frac{1}{2} = \frac{11}{2} = 5.5$$

$$M_d = \frac{146 + 150}{2} = 148$$

---

② 列舉式

　　列舉式分組資料求算步驟：

　　a.採較小累加制求算累加次數。

　　b.以 $O(M_d) = \dfrac{n}{2} + \dfrac{1}{2}$ 決定中位數之位次，再決定中位數所在組。

　　c.如中位數位次正好在組內，則以該組的數值爲中位數，又如中位數位
　　　次介於兩組之間，則以此相鄰二數值的平均值代表之。

例*

抽查製造業工人 161 人得工資（千元）資料為

工資	19	20	21	22	23	24	25	26	27	28
人數	6	16	20	22	26	20	22	15	10	4

試求算工資之中位數。

【解】

工　資	19	20	21	22	23	24	25	26	27	28
人　數	6	16	20	22	26	20	22	15	10	4
累加人數	6	22	42	64	90	110	132	147	157	161

$$O(M_d) = \frac{n}{2} + \frac{1}{2} = \frac{161}{2} + \frac{1}{2} = 81$$

$$M_d = 23 \text{（千元）}$$

③ 分組式

求算中位數之步驟：

a. 採較小累加制求算累加次數。

b. 以 $O(M_d) = \frac{n}{2} + \frac{1}{2}$ 決定中位數的位次，進而決定中位數所在組。

c. 根據均勻分布假設，用以下公式求算中位數。

$$M_d = L + \left(\frac{n}{2} - F\right)\frac{c}{f}$$

式中 L 為中位數所在組的下限或下界，F 為小於中位數所在組之各組次數和，c 為中位數所在組的組距，f 為中位數所在組的次數。

【解說】

分組資料中位數計算例

組別	組界	次數 f_i	累計次數 F_i
1	$l_1 - u_1$	f_1	$F_1 = f_1$
2	$l_2 - u_2$	f_2	F_2
⋮	⋮	⋮	⋮
$i-1$	$l_{i-1} - u_{i-1}$	f_{i-1}	F_{i-1}
i	$l_i - u_i$	f_i	F_i ←設中位數位
$i+1$	$l_{i+1} - u_{i+1}$	f_{i+1}	F_{i+1}　於此組內
⋮	⋮	⋮	⋮
⋮	⋮	⋮	⋮
k	$l_k - u_k$	f_k	$F_k = n$
總計		$\sum_i = n$	

$$\begin{cases} u_{i-1} \to F_{i-1} \\ M_d \to \dfrac{n}{2} \\ u_i \to F_i \end{cases}$$

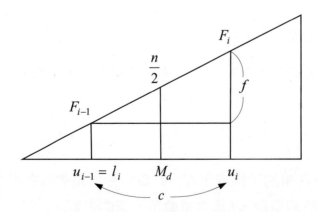

所以，利用內插法得

$$\frac{M_d - u_{i-1}}{u_i - u_{i-1}} = \frac{\dfrac{n}{2} - F_{i-1}}{F_i - F_{i-1}}$$

$$M_d = u_{i-1} + \frac{\frac{n}{2} - F_{i-1}}{F_i - F_{i-1}}(u_i - u_{i-1})$$

$$= L + \left(\frac{n}{2} - F\right)\frac{c}{f} \quad (u_i - u_{i-1} = c, F_i - F_{i-1} = f, L = u_{i-1}, F_{i-1} = F)$$

由分組資料中求中位數只需計算$\frac{n}{2}$（不管其爲整數或非整數），而不必

用$\frac{n+1}{2}$。

例 *

抽查公司過去 50 天的營業收入（10 萬元）如下：

營業收入	30～39	40～49	50～59	60～69	70～79	80～89	90～99
天　數	5	15	10	7	6	4	3

試求中位數 M_d。

【解】

組　界	29.5～39.5	39.5～49.5	49.5～59.5	59.5～69.5	69.5～795	79.5～89.5	89.5～99.5
天　數	5	15	10	7	6	4	3
累加天數	5	20	30	37	43	47	50

$$O(M_d) = \frac{n}{2} + \frac{1}{2} = \frac{50}{2} + \frac{1}{2} = 25.5$$

$$L = 49.5 \qquad n = 50 \qquad F = 20 \qquad c = 10 \qquad f = 10$$

$$M_d = 49.5 + \left(\frac{50}{2} - 20\right) \cdot \frac{10}{10} = 54.4 \quad \text{（萬元）}$$

✐ 中位數之特性

(1) $\sum |x_1 - M_d| < \sum |x_i - a|$，$a$ 爲任意數。

(2) 不能進行代數運算，亦不易進行統計推論，即不能由部分資料的中位數求算全部資料之中位數。

(3) 不受極端值之影響。

(4) $\sum_{i=1}^{n}(x_i - M_d)^2 \geq \sum_{i=1}^{n}(x_i - \overline{x})^2$

(6) 分位數

中位數又稱二分位數，其他尚有四分位數，十分位數及百分位數。次數 n 不到 4 的資料，不應求四分位數，n 不到 10 的不應求十分位數，n 不到 100 的不應求百分位數。

① 四分位數（Quartile）

　　a.未分組

$$O(Q_k) = \frac{kn}{4} + \frac{1}{2} \qquad k = 1, 2, 3$$

依位次 $O(Q_k)$ 可找到相當於位次上的四分位數。

　　b.分組

可如下求之。

$$Q_k = L + \left(\frac{kn}{4} - F \right) \cdot \frac{c}{f}$$

② 十分位數（Decile）

　　a.未分組

$$O(D_k) = \frac{kn}{10} + \frac{1}{2} \qquad k = 1, 2, \cdots, 9$$

依位次 $O(D_k)$ 可找到相當於位次上的十分位數。

　　b.分組

可如下求之。

$$D_k = L + \left(\frac{kn}{10} - F \right) \cdot \frac{c}{f}$$

③ 百分位數（Percentiles）

a.未分組

$$O(P_k) = \frac{kn}{100} + \frac{1}{2} \qquad k = 1, 2, \cdots, 99$$

依 $O(P_k)$ 之位次，可找到相當於位次上的百分位數。

b.分組

可如下求之。

$$P_k = L + \left(\frac{kn}{100} - F \right) \cdot \frac{c}{f}$$

【註】上式中 L 為各四、十、百分位的下限或下界，F 為小於該組之各組的次數和，c 為該組組距，f 為該組次數。

例*

　下表為 A 牌產品 240 個使用後的壽命（百小時）分配表，試求 P_5, D_1, Q_1, M_d, Q_3, P_{95}。

壽命	11.5～11.9	12.0～12.4	12.5～12.9	13.0～13.4	13.5～13.9	14.0～14.4
個數	12	6	24	90	60	48

【解】

壽　命	11.5～11.9	12.0～12.4	12.5～12.9	13.0～13.4	13.5～13.9	14.0～14.4
個　數	12	6	24	90	60	48
組　界	11.45～11.95	11.95～12.45	12.45～12.95	12.95～13.45	13.45～13.95	13.95～14.45
累加個數	12	18	42	132	192	240

(1) $O(P_5) = \dfrac{5(240)}{100} + \dfrac{1}{2} = 12.5$

$\therefore P_5 = 11.95 + \left[\dfrac{5(240)}{100} - 12 \right] \times \dfrac{0.5}{6} = 11.95$

(2)　$O(D_1) = \dfrac{240}{10} + \dfrac{1}{2} = 24.5$

$\therefore D_1 = 12.45 + \left(\dfrac{240}{10} - 18\right)\dfrac{0.5}{24} = 12.575$

(3)　$O(Q_1) = \dfrac{240}{4} + \dfrac{1}{2} = 60.5$

$\therefore Q_1 = 12.95 + \left(\dfrac{240}{4} - 42\right)\dfrac{0.5}{90} = 13.05$

(4)　$O(M_d) = \dfrac{240}{2} + \dfrac{1}{2} = 120.5$

$\therefore M_d = 12.95 + \left(\dfrac{240}{2} - 42\right) \cdot \dfrac{0.5}{90} = 13.383$

(5)　$O(Q_3) = \dfrac{3(240)}{4} + \dfrac{1}{2} = 180.5$

$\therefore Q_3 = 13.45 + \left[\dfrac{3(240)}{4} - 132\right] \cdot \dfrac{0.5}{60} = 13.85$

(6)　$O(P_{95}) = \dfrac{95(240)}{100} + \dfrac{1}{2} = 228.5$

$\therefore P_{95} = 13.95 + \left[\dfrac{95(240)}{100} - 192\right] \cdot \dfrac{0.5}{48} = 14.325$

【註】$D_5 = P_{50} = Q_2 = M_d$

■ 箱形圖（Box-Plots）

　　所謂箱形圖（或稱盒形圖）乃是將集中量數與離中量數，利用圖形表現出來的一種圖示法。藉由這些量數可洞察資料彙總性的特徵，並可作兩組或兩組以上的統計資料之比較，由於箱形圖包括了最小值，第一四分位數（Q_1），中位數（Me），第三個四分位數（Q_3）以及最大值等五個量數，

因此有時又稱為 5 個彙總量數圖形（five-number summary plot）。

例 *

　　在某一十字路口測量噪音水準（以分貝為單位），記錄 50 個觀測值，由小而大排列，試作出箱形圖：

52.0	55.9	56.7	59.4	60.2	61.0	62.1	63.8	65.7	67.9
54.4	55.9	56.8	59.4	60.3	61.4	62.6	64.0	66.2	68.2
54.5	56.2	57.2	59.5	60.5	61.7	62.7	64.6	66.8	68.9
55.7	56.4	57.6	59.8	60.6	61.8	63.1	64.8	67.0	69.4
55.8	56.4	58.9	60.0	60.8	62.0	63.6	64.9	67.1	77.1

【解】

　　Q_1, Me, Q_3 的計算得出如下：$Q_1 = 57.2$　　$Q_3 = 64.6$　　$Me = 60.9$
所以箱形圖可表示為

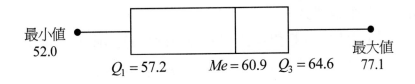

最小值
52.0
$Q_1 = 57.2$　　$Me = 60.9$　$Q_3 = 64.6$
最大值
77.1

　　由此圖知此分配為右偏分配，此箱子共包含有一半的資料，最小值至 Q_1 及 Q_3 至最大值的區間分別包含了 1/4 的觀測值。又 Q_1 至 Me 及 Me 至 Q_3 的距離未必相等。又 Q_1 至最小值或 Q_3 至最大值之長度稱為鬚（whinker），如兩方之鬚不等長，數據的分配有可能偏崎。

【註】從 Q_1, Q_3 離 $1.5\text{IQR}[= (Q_3 - Q_1)]$ 之處稱為內境界點（Inner fence），離 3IQR 之處稱為外境界點（Out fence），一般落於內境界點之外約低於 5%，如有點超出外境界點可能是界外點（Outlier）時，它說明測量值有可能是錯的。

■ 利用箱形圖概觀分配

　　為了說明資料的分布如何影響箱形圖，圖 1 呈現五個不同形狀的箱形圖。若一組資料是完全地對稱，如圖 1 中的 (a), (d)，則左右兩邊腮鬚長度相等，並且中位數所在位置的垂直線將盒子平分成兩半。實際上，我們不太可能觀測到一組完全對稱的資料。不過，如果兩邊鬚之長度幾乎相等且中位數所在位置的垂直線幾乎將盒子平分成兩半，則我們可以說資料差不多是呈現對稱的。

　　反之，若資料是顯然地呈左偏或右偏，如圖 1 中的 (b) 和 (c)，則兩邊的鬚長度會有顯著的不同。同時中位數所在位置的垂直線也不可能位於盒子的中央。譬如在 (b) 中，資料的偏斜說明了大多數的觀測值是群聚在尺度的右側；有 75% 的資料是分布在盒子的左邊緣（Q_1）至右側鬚的終點 X_{max}（最大值）之間。因此較小的 25% 觀測值是分布在較長的左側鬚部分，顯示這組資料不呈現對稱。

　　如果觀測的是一組成右偏的資料，如圖 1(c)，則大多數的資料會是群聚在尺度的左側（即箱形圖的左邊）。此時，75% 的資料是分布在左側鬚的起點 X_{min}（最小值）至盒子的右邊緣（Q_3）之間，而其餘的 25% 觀測值是分布在較長的右側鬚部分。

　　但是，圖 1 中的 (e) 是對雙峰型的分配應用箱形圖的一個例子。箱形圖是利用表示分配中心的一個箱，與此箱所畫出之鬚來表現的。因此，原先是多峰性的分配，而以箱形圖來表現時外觀上卻成為單峰性的分配，可能會導出錯誤的結論。以上的事項在圖 1 中的 (e) 中，以直方圖所表示的由 2 個山峰所形成之分配特性，在箱形圖中全然未表現出來是很明顯的。因此，使用箱形圖時，事先利用枝葉圖進行檢討，或將箱形圖與枝葉圖或直方圖一起圖示等的斟酌考慮也是需要的吧。

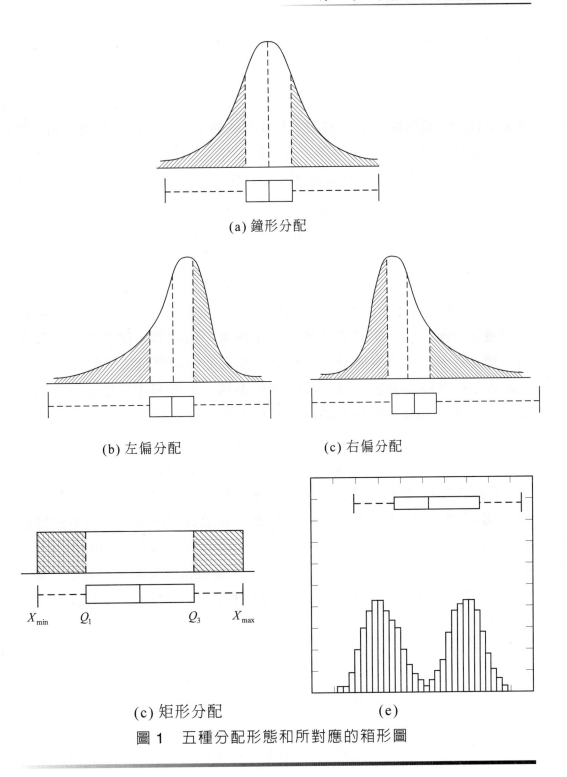

(a) 鐘形分配

(b) 左偏分配　　　　　　　　　(c) 右偏分配

(c) 矩形分配　　　　　　　　　(e)

圖 1　五種分配形態和所對應的箱形圖

【註】多邊形下方的面積對應於箱形圖可分割成四個部分。

■ 箱形圖的特性

箱形圖是基於少數的表徵值所製作之圖，其製作方法簡單，以圖而言是非常單純的。箱形圖的第一特徵，是此圖的簡潔性，此特性在使用箱形圖比較複數批時是非常重要的要素。第二特徵是它的表徵值不易受偏離值之影響，亦即抵抗性高。可處理偏離值是箱形圖的第三特徵，像這樣將偏離值具體的表示，可喚起對這些數據之注意，有助於更深入的分析。

表 1 是對一般經常所使用的分配說明應用箱形圖之結果。表 1 所表示的分配，全部是以 0 為中心的對稱分配。①是在 –1 到 1 的範圍內機率密度皆為一定的均等分配；②是平均 0 變異數 1 的標準常態分配；③是類似常態分配的 t 分配。又 t 分配是自由度愈大愈接近常態分配，自由度愈小形成末端愈重的分配。為了更具體的理解表 1 所表示的內容，試利用箱形圖來說明。圖 2 是表示標準常態分配的形狀，在表 1 中標準常態分配的 Q_1, Q_3 是 ±0.67，此在圖 2 中是 –0.67 到 0.67 的區域，亦即圖中黑影部份之面積，意指占全體的 50%。此外，IQR 為 1.34，因此內境點為

$$0.67 + 1.5 \times 1.34 = 2.70$$
$$-0.67 - 1.5 \times 1.34 = -2.70$$

在圖 2 中自 ±2.70 起之外側，亦即分配的兩端黑影部分之面積，由表 1 知約為全體的 0.7%。像這樣，對於常態分配的情形來說，所有數據的大約 0.7% 可視為界外值。另外，限於界外值時此比率約為 0.00003%，在常態分配裡獲取界外值之機率極低。可是，末端較常態分配長的分配，譬如表 1 的 t 分配（自由度 1）界外值之比率約 15% 強，與常態分配相比其比率較高。

表 1　對各種分配的表徵值

分配類型	中央值	樞紐	內境界點	界外值之比率（%）
均一分配（–1，1）	0	±0.50	±2.00	0
標準常態分配	0	±0.67	±2.70	0.70
t 分配（自由度 10）	0	±0.70	±2.80	1.88
t 分配（自由度 5）	0	±0.73	±2.91	3.35
t 分配（自由度 1）	0	±1.00	±4.00	15.59

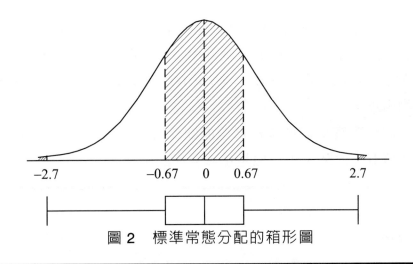

圖 2　標準常態分配的箱形圖

■ 箱形圖的種類

一般箱形圖，可分為以下兩種表示法：

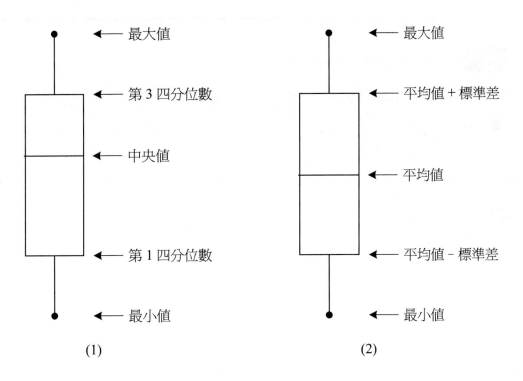

如欲觀察中央值及四分位數的關係可製作 (1)。通常箱形的長度占所有

數據數是 50%。線的上端是表示最大值，下端是表示最小值，此線兩端的長度即表數據的全距，第 1 四分位數到中位數的距離不一定會等於中位數到第 3 四分位數的距離，此外，$Q_3 - Q_1 = IQR$ 稱爲四分位距。中央值不一定位於箱形的中央。

此外，如欲觀察平均值及標準差的關係時，可製作 (2)，箱形的長度是標準差的 2 倍寬。此時，平均值是位於箱形的中央。

(7) 衆數（Mode）

① 未分組或列舉式

將資料歸類，找出出現次數最多的數值，即爲衆數。在未分組資料中，衆數可能不存在，或有可能出現多個。

例 *

(1) 1, 2, 4, 4, 5, 10

(2) 1, 1, 2, 4, 4, 5

(3) 0, 1, 2, 3, 4, 5, 6, 7

【解】

(1) $M_0 = 4$

(2) $M_0 = 1, 4$

(3) M_0 不存在

② 分組式

a. 金氏（King）插補法

$$M_0 = L_{m0} + \frac{f_+}{f_- + f_+} \cdot h_{m0}$$

式中，M_0 為眾數，L_{m0} 為眾數組之下限或下界，f_0 為眾數組次數，f_+ 為眾數組後一組的次數，f_- 為眾數組前一組的次數，h_{m0} 為眾數組之組距。

b. 克氏（Czuber）插補法

$$M_0 = L_{m0} + \frac{\Delta_-}{\Delta_- + \Delta_+} \cdot h_{m0}$$

式中 $\Delta_- = f_0 - f_-$，$\Delta_+ = f_0 - f_+$

c. Pearson 經驗法

$$M_0 = \bar{x} - 3(\bar{x} - M_d)$$

或 $\bar{x} - M_0 = 3(\bar{x} - M_d)$

【解說】

(1) 金氏法是由 W.I. King 所提出，係根據物理學中之力偶整理而來。

　　M_0 = 眾數

　　L_{m0} = 眾數組之組下界

　　f_- = 眾數組之前一組的次數

　　f_+ = 眾數組之後一組的次數

　　h_{m0} = 眾數組之組距 = $U_{m0} - L_{m0}$

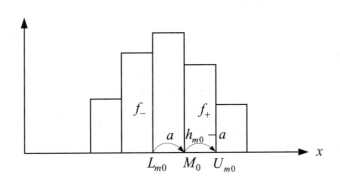

左端力距 = $f_- \cdot a = f_+ \cdot (h_{m0} - a)$ = 右端力距

$$\therefore a = \frac{f_-}{f_- + f_+} \cdot h_{m0}$$

又

$$M_0 = L_{m0} + a$$

$$\therefore M_0 = L_{m0} + \frac{f_+}{f_- + f_+} \cdot h_{m0}$$

(2) 克氏法亦稱比例法，依據幾何整理發展出來。

　　Δ_-：眾數組與前一組之次數差 $= f_0 - f_-$

　　Δ_+：眾數組與後一組之次數差 $= f_0 - f_+$

　　f_0：眾數組之組次數

　　$\because \Delta ABE$ 與 ΔCDE 相似，且 ΔACD 與 ΔAEF

　　相似，故可推出 $\dfrac{AB}{CD} = \dfrac{AF}{FD}$，因之，

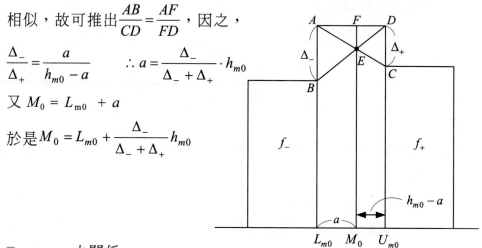

$$\frac{\Delta_-}{\Delta_+} = \frac{a}{h_{m0} - a} \qquad \therefore a = \frac{\Delta_-}{\Delta_- + \Delta_+} \cdot h_{m0}$$

　　又 $M_0 = L_{m0} + a$

　　於是 $M_0 = L_{m0} + \dfrac{\Delta_-}{\Delta_- + \Delta_+} h_{m0}$

(3) $\bar{x}, m_0, m_d$ 之關係

　　在分配中，三者有以下關係：

　　$\bar{x} - M_0 = 3(\bar{x} - M_d)$

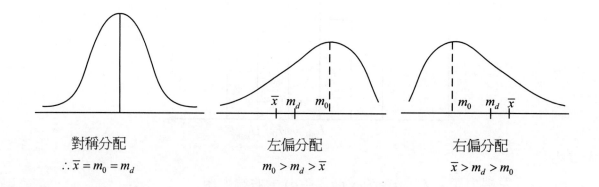

對稱分配

$\therefore \bar{x} = m_0 = m_d$

左偏分配

$m_0 > m_d > \bar{x}$

右偏分配

$\bar{x} > m_d > m_0$

例 *

抽考 50 位學生，得其統計學測驗成績為

成 績	$30 \sim 39$	$40 \sim 49$	$50 \sim 59$	$60 \sim 69$	$70 \sim 79$	$80 \sim 89$	$90 \sim 99$
人 數	3	5	10	15	7	6	4

試求 (1) $\bar{x}$, M_d；(2) 以三種方法求眾數。

【解】

(1) $\bar{x} = 64.50 + \dfrac{2}{50}(10) = 64.90$

$O(M_d) = \dfrac{50}{2} + \dfrac{1}{2} = 25.5$

$M_d = 59.5 + \left(\dfrac{50}{2} - 18\right)\dfrac{10}{15} = 64.17$

(2) King 插補法

$M_0 = 59.5 + \dfrac{7}{10+7}(10) = 63.62$

Czuber 插補法

$M_0 = 59.5 + \dfrac{15-10}{(15-10)+(15-7)}(10) = 63.35$

Pearson 經驗法

$M_0 = 64.90 - 3(64.90 - 64.17) = 62.71$

✍ **眾數之性質**

(1) 分組資料因公式不同，所得的眾數即不同。

(2) 眾數之求算不合數學運算，即不能由部分資料的眾數求算全部資料的眾數。

(3) 不受極端值影響。

(4) 可能有多個或沒有。

2. 離中趨勢量數

(1) 全距

① 未分組或列舉式

$R = x_{\max} - x_{\min}$

② 不連續的分組資料

最大組的上限減最小組的下限，即

$R = U_{\max} - L_{min}$

③ 連續的分組資料

最大組界組之上界減去最小組界組的下界，即

$R = U_{\max} - L_{\min}$

例*

(1) 一週的營業額分別爲 110, 100, 140, 125, 95, 120, 200（萬元）。

(2) 抽查 210 盒所得不良品件數 X 分配爲

件數	0	1	2	3	4	5	6
盒數	32	50	31	30	12	10	5

(3) 抽查 100 人的成績爲

成績	40～49	50～59	60～69	70～79	80～89
人數	16	24	30	26	4

試分別求全距 R。

【解】

(1) $R = 200 - 95 = 105$（萬元）

(2) $R = 6 - 0 = 6$（件）

(3)$R = 89.5 - 39.5 = 50$（分）

(2) 四分位距與四分位差

第三個四分位數與第一個四分位數之差稱四分位距（IQR: Interquartle range），若將此四分位距除以 2，所得量數即稱為四分位差（QD: Quartile Deviation）。

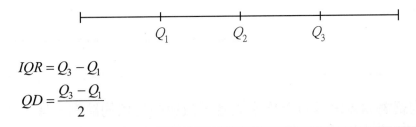

$$IQR = Q_3 - Q_1$$
$$QD = \frac{Q_3 - Q_1}{2}$$

✍ 性質

四分位距僅考慮中間一半的數值，對兩端之另一半的數值皆未涉及故感應不靈敏，唯此缺點並不如全距之甚。

例 *

甲公司在東區有八個銷售點，上週的營業額為

$$10, 11, 13, 17, 14, 16, 12, 21$$

試求四分位差 QD。

【解】

八個營業額依序為 10, 11, 12, 13, 14, 16, 17, 21

$$O(Q_1) = \frac{n}{4} + \frac{1}{2} = 2.5$$
$$Q_1 = 11 + (12 - 11)(0.5) = 11.5$$
$$O(Q_3) = \frac{3n}{4} + \frac{1}{2} = 6.5$$

$$Q_3 = 16 + (17 - 16)(0.5) = 16.5$$

$$\therefore QD = \frac{Q_3 - Q_1}{2} = \frac{16.5 - 11.5}{2} = 2.5$$

(3) 平均絕對偏差

各個數值與其平均數之差稱爲離均差，將各個離均差取絕對值再求其平均數，即稱爲平均絕對偏差（Mean Absolute Deviation）。亦即

$$MAD = \sum_{i=1}^{n} |x_i - \overline{x}| / n$$

✍ 性質

平均絕對偏差因具有平均之涵意，故與平均值的缺點一樣，易受極端值之影響。

例 *

求算 5, 6, 7, 9, 23 之平均絕對偏差。

【解】

$$MAD = \sum |x_i - \overline{x}| / n$$

$$= \frac{1}{5}(|5-10| + |6-10| + \cdots + |23-10|)$$

$$= \frac{1}{5}(5 + 4 + 3 + 1 + 13) = \frac{26}{5}$$

(4) 變異數（Variance）

① 未分組資料

a. 樣本

$$s^2 = \frac{\sum_{i=1}^{n}(x_i - \overline{x})^2}{n-1}$$

$$= \frac{\sum x_i^2 - n\overline{x}^2}{n-1} = \frac{n\sum x_i^2 - (n\overline{x})^2}{n(n-1)}$$

b.母體

$$\sigma^2 = \frac{\sum(x_i - \mu)^2}{n}$$

② 列舉式或分組資料

a.樣本

$$s^2 = \frac{\sum f_i(x_i - \overline{x})^2}{n-1} = \frac{\sum f_i x_i^2 - (\sum f_i x_i)^2/n}{(n-1)}$$

b.母體

$$\sigma^2 = \frac{\sum f_i(x_i - \mu)^2}{n}$$

(1), (2) 式中 $n = \sum\limits_{i=1}^{k} f_i$

③ 組距（c）相等之分組資料

$$s^2 = \frac{\sum f_i(x_i - \overline{x})^2}{n-1}$$

$$= \frac{\sum f_i d_i^2 - (\sum f_i d_i)^2/n}{(n-1)} \cdot c^2 \quad , \quad \left(d = \frac{x_i - a}{c}\right) \text{，式中 } n = \sum\limits_{i=1}^{k} f_i$$

【註 1】：母體變異數以 σ^2 表示，要將樣本變異數以 s^2 表示。

【註 2】：分子 $= \sum f_i(x_i - \overline{x})^2$

$$= \sum f_i(x_i^2 - 2x_i\overline{x} + \overline{x}^2)$$

$$= \sum f_i x_i^2 - n\overline{x}^2$$

$$= \sum f_i x_i^2 - n\left(\frac{\sum f_i x_i}{n}\right)^2 = \sum f_i(a + cd_i)^2 - \frac{1}{n}[\sum f_i(a + cd_i)]^2$$

$$= na^2 + 2ac\sum f_i d_i + c^2 \sum f_i d_i{}^2 - \frac{1}{n}[n^2 a^2 + 2nac\sum f_i d_i + c^2(\sum f_i d_i)^2]$$

$$= c^2 \sum f_i d_i{}^2 - \frac{c^2}{n}(\sum f_i d_i)^2 = c^2[\sum f_i d_i{}^2 - \frac{1}{n}(\sum f_i d_i)^2]$$

樣本平均數與樣本變異數一覽表

樣　　本	平　均　數	變　異　數
未分組	$\bar{x} = \dfrac{\sum x_i}{n}$	$s^2 = \dfrac{\sum(x_i - \bar{x})^2}{n-1}$
分　組	$\bar{x} = \dfrac{\sum f_i x_i}{n}$ $(n = \sum f_i)$	$s^2 = \dfrac{\sum f_i(x_i - \bar{x})^2}{n-1}$ $= \dfrac{\sum f_i x_i{}^2 - (\sum f_i x_i)^2/n}{n-1}$
組距 (c) 相等	$\bar{x} = a + \dfrac{\sum f_i d_i}{n} \cdot c$ $\left(d_i = \dfrac{x_i - a}{c}\right)$	$s^2 = \dfrac{\sum f_i d_i{}^2 - (\sum f_i d_i)^2/n}{n-1} \cdot c^2$ $\left(d_i = \dfrac{x_i - a}{c}\right)$

例*

抽查報攤 50 家，得其每日平均利潤分配為

利潤	$34 \sim 39$	$40 \sim 45$	$46 \sim 51$	$52 \sim 57$	$58 \sim 63$
家數	2	5	25	10	8

試求樣本變異數 s^2。

【解】

組界	f	x	d	fd	fd^2
$33.5 \sim 39.5$	2	36.5	-2	-4	8
$39.5 \sim 45.5$	5	42.5	-1	-5	5
$45.5 \sim 51.5$	25	48.5	0	0	0
$51.5 \sim 57.5$	10	54.5	1	10	10
$57.5 \sim 63.5$	8	60.5	2	16	32
	50			17	55

$$s^2 = \left[\frac{50(55) - (17)^2}{50(50-1)}\right](6)^2 = 36.1616$$

✎ **變異數的性質**

(1) $Y = a + bX$ 則 $\sigma_Y^{\ 2} = b^2 \sigma_X^{\ 2}$

(2) 由各部分數值的變異數 $\sigma_1^{\ 2}, \cdots, \sigma_m^{\ 2}$，平均數 $\mu_1, \mu_2, \cdots, \mu_m$ 以及個數 $N_1, N_2, \cdots, N_m$ 可求全部 $N = \sum\limits_{i=1}^{m} N_i$ 個數值之平均數及變異數。

---

1. 若爲母體

$$\mu = \frac{\sum N_i \mu_i}{N}$$

$$\sigma^2 = \frac{N_1[\sigma_1^2 + (\mu_1 - \mu)^2] + N_2[\sigma_2^2 + (\mu_2 - \mu)^2] + \cdots + N_m[\sigma_m^2 + (\mu_m - \mu)^2]}{N_1 + N_2 + \cdots + N_m}$$

$$= \frac{\sum\limits_{i=1}^{m} N_i[\sigma_i^2 + (\mu_i - \mu)^2]}{N}$$

2. 若爲樣本

$$\overline{\overline{x}} = \frac{\sum N_i \overline{x}_i}{N}$$

$$s^2 = \frac{\sum\limits_{i} (N_i - 1)s_i^{\ 2} + \sum\limits_{i} N_i (\overline{x}_i - \overline{\overline{x}})^2}{N - 1}$$

【註】1. 的證明：

$$\sigma_i^{\ 2} = \frac{\sum\limits_{j}^{N_i} (x_{ij} - \mu_i)^2}{N_i}$$

$$\therefore \sum\limits_{j}^{N_i} (x_{ij} - \mu_i)^2 = N_i \sigma_i^{\ 2}$$

$$\therefore \sigma^2 = \frac{\sum\limits_{i}\sum\limits_{j} (x_{ij} - \mu)^2}{N} = \frac{\sum\limits_{i}\sum\limits_{j} [(x_{ij} - \mu_i) + (\mu_i - \mu)]^2}{N}$$

$$= \frac{\sum\limits_{i}\sum\limits_{j}[(x_{ij} - \mu_i)^2 + \sum\limits_{i}\sum\limits_{j}(\mu_i - \mu)^2}{N}$$

$$\left(\because \sum\limits_{i}\sum\limits_{j}(x_{ij} - \mu_i)(\mu_i - \mu) = 0 \right)$$

$$= \frac{\sum\limits_{i} N_i\sigma_i^2 + \sum\limits_{i} N_i(\mu_i - \mu)^2}{N}$$

$$= \frac{\sum\limits_{i} N_i[\sigma_i^2 + (\mu_i - \mu)^2]}{N}$$

例*

設 A、B 兩班其統計學平均成績、標準差與人數如下：

$N_A = 25,\ \mu_A = 65,\ \sigma_A = 10$
$N_B = 45,\ \mu_B = 80,\ \sigma_B = 12$

試求兩班統計學平均成績與標準差？

【解】

(1) $\mu = \dfrac{\mu_A N_A + \mu_B N_B}{N} = \dfrac{25 \times 65 + 45 \times 80}{25 + 45} = 74.64$

(2) $\sigma^2 = \dfrac{\sum\limits_{i=1}^{2} N_i\{\sigma_i^2 + (\mu_i - \mu)^2\}}{N}$

$\qquad = \dfrac{N_A\sigma_A^2 + N_B\sigma_B^2 + N_A(\mu_A - 74.65)^2 + N_B(\mu_B - 74.64)^2}{25 + 45}$

$\qquad = 179.94$

$\therefore \sigma = \sqrt{179.94} = 13.41$

(5) 標準差（Standard Deviation）

　　將變異數開方取正值，即

母體：$\sigma = \sqrt{\sigma^2}$

樣本：$s = \sqrt{s^2}$

✍ 標準差的性質

(1) $s \geq 0$

(2) $Y = a + bX$ 則

$\sigma_Y = |b|\sigma_X$（母體）

$s_Y = |b|s_X$（樣本）

---

(6) 標準誤（standard error of mean value）

此是指由各觀察值所計算出之平均值其分散之情形，以標準差 $/\sqrt{n}$ 表示。

【註】標準差是針對數據之間的分散情形去計算。

標準誤是針對由數據所算出之平均值之間的分散情形去計算。

---

(7) 變異係數（The Coefficient of Variance）

$$CV = \frac{標準差}{平均數} \ (100\%)$$

①母體資料 $CV = \dfrac{\sigma}{\mu}$

②樣本資料 $CV = \dfrac{s}{\bar{x}}$

【註】下列情形可採用變異係數

(1) 單位不同之資料。

(2) 單位相同但平均數相差很大之資料。

例*

　　企管共有 3 班，上學期各數人數 N_i，平均成績 μ_i，標準差 σ_i 分別

為

班別	N_i	μ_i	σ_i
甲	45	74.23	2.57
乙	50	75.41	2.66
丙	51	73.34	2.61

試問那一班同學程度較一致？

【解】

$$CV_1 = \frac{2.57}{74.23} = 0.0346$$

$$CV_2 = \frac{2.66}{75.41} = 0.0353$$

$$CV_3 = \frac{2.61}{73.34} = 0.0356$$

其中以 CV_1 最小，故甲班同學程度較一致。

■ 偏態係數（Skewness）

偏態係數是由 Karl Pearson 所提出之衡量偏態的方法，其公式如下：

母體：$SK_p = \dfrac{\mu - M_0}{\sigma}$　　或　　$SK_p = \dfrac{3(\mu - M_d)}{\sigma}$

樣本：$SK_p = \dfrac{\overline{x} - m_0}{s}$　　或　　$SK_p = \dfrac{3(\overline{x} - m_d)}{s}$

✍ 性質

(1) 當 $SK_p = 0$，資料為對稱，反之若對稱（normal），$\bar{x} = m_0$，$SK_p = 0$。

(2) 當 $SK_p > 0$ 為右偏分配，反之若右偏（skewed right），$\bar{x} > m_0$，$SK_p > 0$。

(3) 當 $SK_p < 0$ 為左偏分配，反之若左偏（skewed left），$\bar{x} < m_0$，$SK_p < 0$。

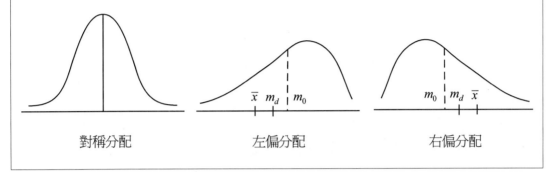

| 對稱分配 | 左偏分配 | 右偏分配 |

例 *

台化公司 1 月至 12 月份之營業收入如下：

1	2	3	4	5	6	7	8	9	10	11	12
3600	4050	3100	3180	3160	3880	3720	2810	2910	3240	3300	3500

試求偏態係數。

【解】

$$\bar{x} = 3371, \ s = 383$$

$$0(m_d) = \frac{12}{2} + \frac{1}{2} = 6.5$$

$$m_d = \frac{3240 + 3300}{2} = 3270$$

$$m_0 = \bar{x} - 3(\bar{x} - m_d) = 3068$$

$$\therefore SK_p = \frac{\bar{x} - m_0}{s} = \frac{3371 - 3068}{383} = 0.79$$

由此知，它是一個稍微右偏的分配，台化公司的營業收入有些偏大值，由此可再進一步探求營業收入偏大的原因。

■ 動差法求偏態係數

偏態係數可用動差法來求，一般以符號 α_3 表示，

(1) 母體：$\alpha_3 = \dfrac{M_3}{\sigma_3} = \dfrac{M_3}{(\sqrt{M_2})^3}$

　　　式中　$M_3 = \dfrac{\sum(x-\mu)^3}{N}$ 以原點爲中心之三級動差

　　　　　　$M_2 = \dfrac{\sum(x-\mu)^2}{N}$ 以原點爲中心之二級動差

(2) 樣本：$\alpha_3 = \dfrac{m_3}{(\sqrt{m_2})^3}$

　　　式中　$m_3 = \dfrac{\sum(x-\overline{x})^3}{n}$ 以原點爲中心之三級動差

　　　　　　$m_2 = \dfrac{\sum(x-\overline{x})^2}{n}$ 以原點爲中心之二級動差

✍ 性質

(1) $\alpha_3 = 0$ 表資料對稱，$\alpha_3 > 0$ 表右偏，$\alpha_3 < 0$ 表左偏。

(2) $|\alpha_3|$ 愈大表愈偏態。

例 *

同上例試以動差法求偏態係數。

【解】

$m_3 = \dfrac{1}{n}\sum(x-\overline{x})^3 = 67{,}915{,}356$

$m_2 = \dfrac{1}{n}\sum(x-\overline{x})^2 = 1{,}605{,}164$

$\therefore\ \alpha_3 = \dfrac{m_3}{(\sqrt{m_2})^3} = \dfrac{67{,}915{,}356}{(366)^3} = 1.39$

■ 峰態係數（Kurtiosis）

衡量峰態（Kurtiosis）係數的方法有數個，最常用的是 4 級動差法的峰態係數，公式如下：

(1) 母體：$\alpha_4 = \dfrac{M_4}{\sigma_4} = \dfrac{M_4}{M_2^{\,2}}$

　　　式中　M_4：母體 4 級動差

(2) 樣本：$\alpha_4 = \dfrac{m_4}{m_2^{\,2}}$

　　　式中　m_4：母體 4 級動差

✍ 性質

(1) 峰度一定為正數。

(2) $\alpha_4 = 3$ 稱為常態峰（meso kurtiosis），$\alpha_4 > 3$ 稱為高狹峰（lepto kurtiosis），$\alpha_4 < 3$，稱為平闊峰（platy kurtiosis）。

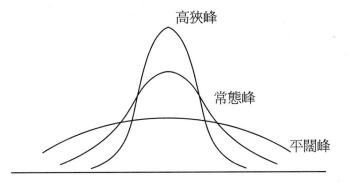

例*

同上例，求峰態係數 α_4。

【解】

$$\alpha_4 = \frac{m_4}{m_2^{\,2}} = 1.76$$

第 3 章

機率論

第一節　集合論

■ 集合用語說明

1. 宇集合：包含樣本空間（sample space）全部樣本點（sample point）的集合，通常以 S 表之。

2. 空集合：無任一元素的集合，通常以 ϕ 表之。

3. 部分集合：設有 A、B 兩集合，若 B 中所有元素均為 A 之元素，則 B 即為 A 的部分集合，以 $B \subset A$ 表之。

4. 餘集：設 S 為宇集合，A 為其子集，則 A 的餘集為 S 中除去 A 所剩餘的部分，以 A^c 表之。

$$A^c = \{x \mid x \in S \text{ 與 } x \notin A\}$$

5. 互斥：若同一宇集的兩個集合無共同元素，則該兩集合為互斥。

6. 相等：設有 A、B 兩集合，若 $A \subset B$ 及 $B \supset A$ 則兩集合相等 $A = B$，否則兩集合不等，$A \neq B$。

7. 聯集：若屬一宇集的 A、B 兩集合，其聯集為 $A \cup B$，其中含 A 及 B 的全部元素，即

$$A \cup B = \{x \mid x \in A \text{ 或 } x \in B\}$$

8. 交集：若屬一宇集的 A、B 兩集合，其交集為 $A \cap B$，其中含 A 及 B 的共同元素，即

$$A \cap B = \{x \mid x \in A \text{ 且 } x \in B\}$$

● 定理

1. A 為宇集 S 的任一集合，則 $A \cup S = S$，$A \cap S = A$，$A \cup \phi = A$ 以及 $A \cap \phi = \phi$

2. $A \cup A = A$，$A \cap A = A$

3. $(A^c)^c = A$

4. $S^c = \phi$，$\phi^c = S$

5. $(A \cup B)^c = A^c \cap B^c$，$(A \cap B)^c = A^c \cup B^c$

6. 若 $A \subset B$，則 $A \cup B = B$ 及 $A \cap B = A$

7. $A \cup (A \cap B) = A$，$A \cap (A \cup B) = A$

➲ 定理（De Morgan's 法則）

1. $(\bigcup\limits_{i=1}^{n} E_i)^c = \bigcap\limits_{i=1}^{n} E_i^c$

2. $(\bigcap\limits_{i=1}^{n} E_i)^c = \bigcup\limits_{i=1}^{n} E_i^c$

【證】

(1) 首先假設 x 是 $(\bigcup\limits_{i=1}^{n} E_i)^c$ 中的一點，則 x 不屬於 $\bigcup\limits_{i=1}^{n} E_i$，亦即 x 不屬於任何事件 E_i，$i = 1, 2, \cdots, n$；也就是說，x 屬於 E_i^c，$i = 1, 2, \cdots, n$；所以 x 屬於 $\bigcup\limits_{i=1}^{n} E_i^c$。

欲證另一方向，假設 x 為 $\bigcup\limits_{i=1}^{n} E_i^c$ 中的一個點，

則 x 屬於 E_i^c，$i = 1, 2, \cdots, n$，

亦即 x 不在 E_i 中，$i = 1, 2, \cdots, n$；

所以 x 不屬於 $\bigcup\limits_{i=1}^{n} E_i$，也就是說

x 是 $(\bigcup\limits_{i=1}^{n} E_i)^c$ 中的一個點，此證明第一個法則。

(2) 欲證第二法則，可利用第一法則得

$$(\bigcup\limits_{i=1}^{n} E_i^c)^c = \bigcap\limits_{i=1}^{n} (E_i^c)^c$$

因 $(E_i^c)^c = E_i$ 故得

$$(\bigcup\limits_{i=1}^{n} E_i^c)^c = \bigcap\limits_{i=1}^{n} E_i$$

再將上式兩邊取餘集便得到所要的結果，即

$$\bigcup_{i=1}^{n} E_i^c = (\bigcap_{i=1}^{n} E_i)^c$$

第二節　機率論

1. 機率用語說明

(1) 出象（Outcome）：樣本所有可能出現之形象，例如擲兩個錢幣一次，其可能出現之形象有四種：（正，正）、（正，反）、（反，正）、（反，反）。

(2) 樣本點（Sample point）：樣本空間的一個出象，是宇集的一個元素，即抽樣實驗的每種出象，可在座標圖中以一點表示，此即樣本點。樣本點的個數，亦即所謂的可能樣本數，上述擲錢幣之例，以 0 代表反面，1 代表正面，則 4 種出象改寫為 (1, 1), (1, 0), (0, 1), (1, 1)。

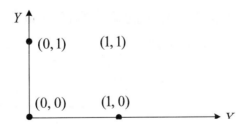

(3) 樣本空間（Sample space）：抽樣實驗的所有可能樣本構成的宇集，通常以 S 表示之。

(4) 事件（Event）：出象的某種性質，在數學上，一個「事件」代表樣本空間中的一個「部分集合」。前例中，令事件 A 為「兩個錢幣中至少含有

一個正面」，則 $A = \{$（反，正），（正，反），（正，正）$\}$。

2. 機率理論

■ 先天的或古典的機率理論

設一實驗有 n 種互相排斥及有同等出現可能的出象，其中含性質 A 者有 n_A 種，則事件 A 發生之機率爲

$$P(A) = n_A / n$$

例如，令事件 A 爲擲兩個錢幣中至少含有一個正面者，則其機率爲

$$P(A) = 3/4$$

本理論的特點爲不經試行，僅依事物之本質，推得某事件發生之機率，其缺點爲①出象的總個數如爲無限，不能求得機率；②出象的個數爲有限，但不知其爲若干，亦不能求得機率；③各出象的出現不爲同等可能，亦不能求得機率。

■ 後天的或次數比的機率理論

一實驗重複試行，則事件 A 發生的機率爲該實驗在長期試行中，出現該事件的次數 f_A 與試行總次數 n 之比，即

$$P(A) = \lim_{n \to \infty} \frac{f_A}{n}$$

例如抽查某公司 200 盒零件，得全部皆爲良品的盒數爲 21 盒，則相對次數 $\hat{p} = 21/200$，此即爲後天機率。

本理論的特點是機率須經試行後才能獲得，故稱爲後天的機率理論，所得之機率稱爲後天機率，其缺點是不能試行的實驗，不能求算各事件發生之機率。

■ 主觀的機率理論

機率為人們對某一事件發生之信任程度的大小，即事件 A 發生的機率為

$$P(A) = 對 A 發生的信任度$$

例如，預測明年公司的銷售額在一億元以上的可能性為 90%，此 90% 即為主觀機率，又如估計的 $1 - \alpha$ 稱為信賴度或假設檢定的 α 稱為顯著水準，均為主觀機率。反對此套理論者認為本理論無客觀標準，贊成者卻認為因知識有限，主觀評價不能避免。

■ 機率的公理體系

蘇俄數學家 Kolmogorov 在西元 1933 年提出之理論。即機率三條公理→機率運算的基本定理→機率論的體系。此三條公理為

公理 1：事件 A 發生之機率 $P(A)$ 為實數且 $P(A) \geq 0$

公理 2：令 S 為樣本空間，則 $P(S) = 1$

公理 3：設 $A_1, A_2, \cdots\cdots$ 為各個互斥事件，則 $P(A_1 \cup A_2 \cup \cdots\cdots) = P(A_1) + P(A_2) + \cdots\cdots$

➲ 機率運算的基本定理

(1) 令 ϕ 為空集合，則 $P(\phi) = 0$。

(2) 令 A^c 為 A 之餘事件，則 $P(A^c) = 1 - P(A)$。

(3) 設任一事件 A，其發生機率必在 $0 \leq P(A) \leq 1$。

【證】

(1)、(2) 省略。

(3) $\because \phi \subset A \subset S$ $\therefore P(\phi) < P(A) < P(S)$ $\therefore 0 \leq P(A) \leq 1$

⊃ 機率的加法定理

(1) 設有 A、B 兩事件，則簡單事件 A 或 B 發生之機率爲

$$P(A \cup B) = P(A) + P(B) - P(A \cap B)$$

(2) 若 A、B 兩事件互斥，則

$$P(A \cup B) = P(A) + P(B)$$

(3) $P(A \cup B \cup C) = P(A) + P(B) + P(C) - P(A \cap B) - P(A \cap C) - P(B \cap C) + P(A \cap B \cap C)$

【證】

(1) 若 A 與 B 均爲 S 的部分集合，則 $A \cup B = A \cup (A^c \cap B)$ 及 $A \cap (A^c \cap B) = \phi$ 而 $B = (A \cap B) \cup (A^c \cap B)$ 及 $(A \cap B) \cap (A^c \cap B) = \phi$。

由公理 3 知

$$P(A \cup B) = P(A) + P(A^c \cap B)$$

$$P(B) = P(A \cap B) = P(A^c \cap B)$$

即　$P(A^c \cup B) = P(B) - P(A \cap B)$

故　$P(A \cap B) = P(A) + P(B) - P(A \cap B)$

(2) 當 A，B 互斥時，$P(A \cap B) = P(\phi) = 0$

$\therefore P(A \cup B) = P(A) + P(B)$

(3) $P(A \cup B \cup C) = P(A \cup B) + P(C) - P[(A \cup B) \cap C]$

$\qquad\qquad\qquad = P(A \cup B) + P(C) - P[(A \cap C) \cup (B \cap C)]$

$\qquad\qquad\qquad = P(A) + P(B) + P(C) - P(A \cap B) - P(A \cap C) - P(B \cap C) + P(A \cap B \cap C)$

■ 條件機率（Conditional Probability）

在 B 事件已知發生時 A 事件的機率可寫成 $P(A|B)$，介於 A、B 之間的直線「|」，是用來表示 B 事件發生之條件下 A 事件發生之機率。符號 $P(A|B)$ 讀成「在 B 的條件下出現 A 之機率」。

$$P(A \mid B) = \frac{P(A \cap B)}{P(B)} \quad ; \quad P(B \mid A) = \frac{P(A \cap B)}{P(A)}$$

【註】$P(A|B) + P(A|B^c)$ 不一定是 1，但 $P(A|B) + P(A^c|B)$ 等於 1。

例*

台中市警察局共有警察 1,200 人，其中 960 名為男性而 240 名為女性，過去二年來，該警察局共有 324 位警員獲得升遷，下表為男女警員分別獲得升遷之情形：

升遷 ＼ 性別	男性（M）	女性（F）	合計
獲得升遷（A）	288	36	324
沒獲升遷（A^c）	672	204	876
	960	240	1200

求已知某警員是男性其獲得升遷之機率？

【解】

設 M 表隨機選取的警員是男性的事件

F 表隨機選取的警員是女性的事件

A 表隨機選取的警員是獲得升遷的事件

$$\therefore P(M \cap A) = \frac{288}{1200} = 0.24 = \text{某警員為男性且獲升遷之機率}$$

$$P(M \cap A^c) = \frac{672}{1200} = 0.56 = \text{某警員為男性且沒獲升遷之機率}$$

$$P(F \cap A) = \frac{36}{1200} = 0.03 = \text{某警員為女性且獲升遷之機率}$$

$$P(F \cap A^c) = \frac{204}{1200} = 0.17 = \text{某警員為女性且沒獲得升遷之機率}$$

$$P(M) = 0.80 \text{，} P(F) = 0.20 \text{，} P(A) = 0.27 \text{，} P(A^c) = 0.73$$

$$\therefore P(A|M) = \frac{P(A \cap M)}{P(M)} = \frac{0.24}{0.80} = 0.30$$

　　　　　= 已知為男性其獲得升遷之機率

$$P(A|F) = \frac{P(A \cap F)}{P(F)} = \frac{0.03}{0.20} = 0.15$$

　　　　　= 已知為女性其獲得升遷之機率

例 *

　　甲公司的男員工占 70%，主管占 10%，試求 (1) 陳主任是女性之機率；(2) 在甲公司服務的張先生是主管的機率；(3) 甲公司是否有性別歧視？

【解】

職位＼性別	男	女	和
主　管	0.09	0.01	0.10
一般員工	0.61	0.29	0.90
和	0.70	0.30	1.00

(1) P（女｜主管）＝ P（女主管）／ P（主管）＝ 0.01／0.10 ＝ 1／10

(2) P（主管｜男）＝ P（男主管）／ P（男）＝ 0.09／0.70 ＝ 0.129

(3) P（男主管）＝ 0.09 ≠ P（男）P（主管）＝ 0.70 × 0.10 ＝ 0.07

　　∴公司有性別歧視

◎ 機率的乘法定理

(1) 設有 A、B 兩事件，則複合事件 A 和 B 共同發生之機率為

$$P(A \cap B) = P(A)P(B|A) = P(B)P(A|B)$$

　　其中，$P(B|A)$ 為 A 出現後再出現 B 的條件機率。

(2) 若 A、B 兩事件獨立，則 $P(A \cap B) = P(A) \cdot P(B)$

(3) $P(A \cap B \cap C) = P(A) \cdot P(B|A) \cdot P(C|A \cap B)$

$$= P(A) \cdot P(C \mid A) \cdot P(B \mid A \cap C) = \cdots\cdots$$

(4) $P(A \cap B|C) = P(A|B \cap C) \cdot P(B|C)$

　　$P(A \cap B \cap C|D) = P(A|B \cap C \cap D) \cdot P(B|C \cap D) \cdot P(C|D)$

【證】

(1)、(2)、(3）證明省略。

(4) $P(A \cap B|C)$

$$= \frac{P(A \cap B \cap C)}{P(C)}$$

$$= \frac{P(A|B \cap C) \cdot P(B \cap C)}{P(C)} = \frac{P(A|B \cap C) \cdot P(C) \cdot P(B|C)}{P(C)}$$

$$= P(B|C) \cdot P(A|B \cap C)$$

例 *

若 E 及 F 為任意兩非零且互斥事件，能否又為獨立？

【證】

　　$P(E \cap F) = P(F) \cdot P(E|F)$，且 $P(E) > 0$ ，$P(F) > 0$

　　因為 E 與 F 互斥，故 $P(E \cap F) = 0$ ，得 $P(E|F) = 0$

　　如 E、F 獨立，則 $P(E|F) = P(E) = 0$ 與假設不合

　　所以事件互斥則不能獨立。

例 *

若 A、B 為任意兩非零且獨立事件，能否又為互斥？

【證】

　　$P(A \cup B) = P(A) + P(B) - P(A \cap B)$

　　$\because A$、B 獨立，則 $P(A \cap B) = P(A) \cdot P(B)$

　　$P(A \cup B) = P(A) + P(B) - P(A) \cdot P(B)$

若 A、B 互斥　則 $P(A \cup B) = P(A) + P(B)$

$\therefore P(A) \cdot P(B) = 0$　則　$P(A) = 0$　或 $P(B) = 0$

與 $P(A) > 0$，$P(B) > 0$ 不合

所以 A、B 不一定互斥

例★

若 A、B 獨立，則 A^c 與 B^c，A^c 與 B、A 為 B^c 均獨立。

【證】

i) $A = A \cap (B \cup B^c) = (A \cap B) \cup (A \cap B^c)$

$\quad P(A) = P(A \cap B) + P(A \cap B^c) - P[(A \cap B) \cap (A \cap B^c)]$

$\qquad\quad = P(A) \cdot P(B) + P(A \cap B^c) - P(\phi)$

$\quad \therefore P(A \cap B^c) = P(A) \cdot [1 - P(B)] = P(A) \cdot P(B^c)$

ii) $A^c = A^c \cap (B \cup B^c)$

$\qquad = (A^c \cap B) \cup (A^c \cap B^c)$

$\quad P(A^c) = P(A^c \cap B) + P(A^c \cap B^c) - P(\phi)$

$\qquad\quad = P(A^c) \cdot P(B) + P(A^c \cap B^c)$

$\quad \therefore P(A^c)[1 - P(B)] = P(A^c \cap B^c)$

$\quad \therefore P(A^c) \cdot P(B^c) = P(A^c \cap B^c)$

例★

$S = \{1, 2, 3, 4, 5, 6\}$，$A = \{1, 3, 5\}$，$B = \{1, 2\}$，$C = \{1\}$，$D = \{3\}$，問 A, B 是否獨立？ C, D 是否獨立？

【解】

$P(A) = 3/6$，$P(B) = 2/6$，$P(C) = 1/6$，$P(D) = 1/6$

$P(A \cap B) = 1/6$ ，$P(A \cap C) = 1/6$

$P(B \mid A) = \dfrac{P(A \cap B)}{P(A)} = \dfrac{1/6}{3/6} = P(B) = \dfrac{2}{6} = \dfrac{1}{3}$

$\therefore A$、B 非互斥而 A、B 獨立，$\because P(A \cap B) = P(A) \cdot P(B)$

∴ C、D 互斥而 C、D 非獨立，∵ $P(C \cap D) = 0 \neq P(C) \cdot P(D)$

【註】1. 設 A, B 為任意兩事件，若

$P(A|B) = P(A)$　or　$P(B|A) = P(B)$，則 A 與 B 獨立。

判斷獨立的條件為

$P(A|B) = P(A)$　or　$P(A \cap B) = P(A) \cdot P(B)$

2. 當兩事件 A 與 B 之交集為空集合，即 $A \cap B = \phi$ 時，

則稱 A 與 B 互斥，判斷互斥的條件為

$A \cap B = 0$　or　$P(A \cap B) = 0$　or　$P(A \cup B) = P(A) + P(B)$

例*

100 張彩券中有 10 張是中獎彩券，分別由 a 君、b 君抽取。此時，試求 a 君抽中彩券，b 君也抽中彩券的機率。其中，抽中的彩券不放回。

【解】

將 A 當作「a 君抽中彩券」的事件，將 B 當作「b 君抽中彩券」的事件時，所求的機率即為 $P(A \cap B)$，由乘法定理知，

$$P(A \cap B) = P(B|A) \cdot P(A) = \frac{9}{99} \times \frac{10}{100} = \frac{1}{110}$$

⊃ 貝氏定理（Bayes' Rule）

設一實驗的出象以兩種分類標準加以二重分割，按 A 分類標準分割為 A 與 A^c，另按 B 分割分別為 $B_1, B_2, \cdots, B_r$，若 $P(A) \neq 0$，則

$$P(B_k \,|\, A) = \frac{P(B_k)P(A \,|\, B_k)}{\sum\limits_{i=1}^{r} P(B_i)P(A \,|\, B_i)}$$

【證】

∵ $P(B_k \cap A) = P(A) \cdot P(B_k|A)$

又已知 $P(A) = P(B_1 \cap A) \cup (B_2 \cap A) \cup \cdots \cup (B_i \cap A) \cdots \cup (B_r \cap A)$

$$= \sum_{i=1}^{r} P(B_i \cap A)$$

$$= \sum_{i=1}^{r} P(B_i)P(A \mid B_i)$$

$$\therefore P(B_k \mid A) = P(B_k \cap A) / P(A) = P(B_k)P(A \mid B_k) / \sum_{i=1}^{r} P(B_i)P(A \mid B_i)$$

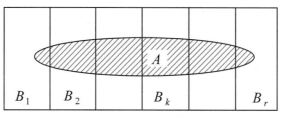

貝氏定理之圖示

【註】上式中 $P(B_i)$ 是 A 發生前之機率（結果的機率），稱為事前機率，$P(A|B_i)$ or $P(A^c|B_i)$ 表示新資訊，$P(B_i|A)$ 是 A 發生後之機率，稱為事後機率（原因的機率）。貝氏定律可由結果追溯某原因發生之機率，亦即，A 視為結果，$B1 \sim Br$ 視為各種原因，則 $P(B_k|A)$ 即為求 A 為 B_k 的機率。

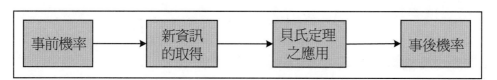

利用貝氏定理修正機率

例*

　　甲工廠有四部機器生產同一產品，令其為 B_1, B_2, B_3, B_4 各機器出產量占總量之比為 0.1, 0.2, 0.3, 0.4。又令產品的不良品為 A，各部機器產品的不良率為 0.02, 0.015, 0.012, 0.0010，今隨機抽查產品一個，發現為不良品，問該不良品為第四部機器所生產之機率有多少？

【解】

$$P(B_1) = 0.1 \quad \begin{cases} P(A \mid B_1) = 0.020 \\ P(A^c \mid B_1) = 0.980 \end{cases}$$

$$P(B_2) = 0.2 \quad \begin{cases} P(A \mid B_2) = 0.015 \\ P(A^c \mid B_2) = 0.985 \end{cases}$$

$$P(B_3) = 0.3 \quad \begin{cases} P(A \mid B_3) = 0.012 \\ P(A^c \mid B_3) = 0.988 \end{cases}$$

$$P(B_4) = 0.4 \quad \begin{cases} P(A \mid B_4) = 0.010 \\ P(A^c \mid B_4) = 0.99 \end{cases}$$

$$P(B_4 \mid A) = \frac{P(B_4) \cdot P(A \mid B_4)}{\sum\limits_{i=1}^{4} P(B_i) P(A \mid B_i)}$$

$$= \frac{0.4(0.010)}{0.1(0.020) + 0.2(0.015) + 0.3(0.012) + 0.4(0.01)} = 0.088$$

例*

　　三家製造商競標一國際電腦標案，甲公司得標之機率爲 0.3，乙公司得標之機率爲 0.5，丙公司得標之機率爲 0.2，若甲公司得標會購買設備之機率爲 0.8，乙公司與丙公司得標，會購買設備之機率爲 0.1 與 0.4，問該設備會被購買之機率爲何？若已知設備被購買，則丙公司得標之機率爲何？

【解】

A：表設備被購買

B_1：表甲公司得標

B_2：表乙公司得標

B_3：表丙公司得標

$P(A) = P(B_1)P(A \mid B_1) + P(B_2)P(A \mid B_2) + P(B_3)P(A \mid B_3)$

$P(B_1) \cdot P(A \mid B_1) = 0.3 \times 0.8 = 0.24$

$P(B_2) \cdot P(A \mid B_2) = 0.5 \times 0.1 = 0.05$

$$P(B_3) \cdot P(A|B_3) = 0.2 \times 0.4 = 0.08$$
$$\therefore P(A) = 0.24 + 0.05 + 0.18$$
$$= 0.37$$

由貝氏定理知

$$P(B_3 \mid A) = \frac{P(B_3) \cdot P(A|B_3)}{P(B_1) \cdot P(A|B_1) + P(B_2) \cdot P(A|B_2) + P(B_3) \cdot P(A|B_3)}$$

$$= \frac{0.08}{0.24 + 0.05 + 0.08} = \frac{8}{37}$$

由設備已賣出之事實來看，丙公司得標之機率甚小。

例*

　　某工廠使用 A_1, A_2, A_3 三部機器製造某產品，已知 A_1 機器生產全部產品的 20%，A_2 生產全部的 30%，A_3 生產全部的 50%，依過去的經驗知，A_1, A_2, A_3 三部機器所生產的不良率分別為 5%, 4%，與 2%，試求
　　(1) 由全部產品中任抽出一個，某為不良品的機率是多少？
　　(2) 已知其為不良品後，計算此產品來自 A_1 機器的機率是多少？

【解】

　　(1) D 代表不良品的事件

　　　　由全部產品中任意抽出一個為不良品的機率 $P(D)$ 為

$$P(D) = P(A_1) \cdot P(D|A_1) + P(A_2) \cdot P(D|A_2) + P(A_3) \cdot P(D|A_3)$$

$$= 0.01 + 0.012 + 0.01 = 0.032$$

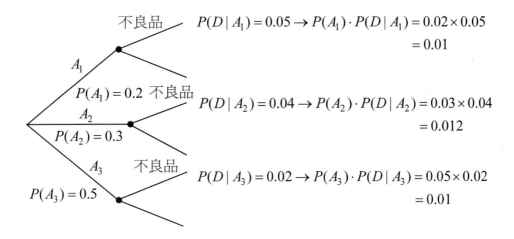

$P(D \mid A_1) = 0.05 \rightarrow P(A_1) \cdot P(D \mid A_1) = 0.02 \times 0.05$
$= 0.01$

$P(D \mid A_2) = 0.04 \rightarrow P(A_2) \cdot P(D \mid A_2) = 0.03 \times 0.04$
$= 0.012$

$P(D \mid A_3) = 0.02 \rightarrow P(A_3) \cdot P(D \mid A_3) = 0.05 \times 0.02$
$= 0.01$

(2) 根據貝氏定理，此不良品來自 A_1 機器的機率 $P(A_1 | D)$ 為

$$P(A_1 \mid D) = \frac{P(A_1) \cdot P(D \mid A_1)}{P(D)}$$

$$= \frac{0.01}{0.032} = 0.3125$$

例*

　　設有肝硬化反應試驗劑一種，對患者測驗，98% 呈陽性反應，而對非患者測試，3% 呈陽性反應，假設已知台中市肝硬化病患為 1%，今在該市隨機抽驗 1 人，經試驗呈現陽性反應，問他患肝硬化的機率為多少？

【解】

　　A：表示受測者呈陽性反應的事件

　　B：表示患有肝硬化的事件

　　B^c：表示未患有肝硬化的事件

　　已知 $P(A|B) = 0.98$　　$P(A|B^c) = 0.03$　　$P(B) = 0.01$

　　故由具氏定理知

$$P(B^c \mid A) = \frac{P(B^c)P(A \mid B^c)}{P(B) \cdot P(A \mid B) + P(B^c) \cdot P(A \mid B^c)}$$

$$= \frac{(1 - 0.01) \times 0.03}{0.01 \times 0.98 + (1 - 0.01) \times 0.03} = \frac{0.0297}{0.0395} = 0.7519$$

故抽取台中市民測驗爲陽性反應而未患肝硬化的機率爲 0.7519。

例 *

箱中有 3 張卡片 e, f, g。卡片 e 是兩面白，卡片 f 是單面白單面黑，卡片 g 是兩面黑。在此 3 張卡片中隨機從箱中取出 1 張放在桌上。當取出的卡片的上面是白時，問此卡片是 f 的機率是多少？

【解】

卡片 e 被取出的事件以 E 表示，卡片 f 被取出的事件以 F 表示，卡片 g 被取出的事件以 G 表示。又，取出的卡片上方是白時以 W 表示。因之想求的是 $P(F|W)$，依據貝氏定理

$$P(F|W) = \frac{P(W|F)P(F)}{(W|E)P(E) + P(W|F)P(F) + P(W|G)P(G)}$$

$P(W|E) = $「$e$ 的卡片被取出時，它是白的機率」$= 1$

$P(W|F) = $「$f$ 的卡片被取出時，它是白的機率」$= \dfrac{1}{2}$

$P(W|G) = $「$g$ 的卡片被取出時，它是白的機率」$= 0$

另外，$P(E), P(F), P(G)$ 從 3 張卡片 e, f, g 取出 1 張的機率，所以

$$P(E) = P(F) = P(G) = \frac{1}{3}$$

代入上式

$$P(F|W) = \frac{\dfrac{1}{2} \times \dfrac{1}{3}}{1 \times \dfrac{1}{3} + \dfrac{1}{2} \times \dfrac{1}{3} + 0 \times \dfrac{1}{3}} = \frac{1}{3}$$

例 *

有關發現某患病的檢查法 T，得知以下事項。

對患病的人應用 T 時，有 98% 的機率可以正確診斷出患病。對未患病的人，應用 T 時，有 5% 的機率誤判患病。

在全體的人中，患病的人與未生病的人比例是 3%, 97%。

自母體隨機抽出 1 人，應用 T 診斷出患病時，試求此人眞正患病的機率。

【解】

　　設 A 是此人患病，B 是此人被診斷患病，$\overline{A}$ 是此人未患病。

　　此時想求的是 $P(A|B)$。由題意知，

$$P(A) = 3\% = 0.03, \ P(\overline{A}) = 97\% = 0.97$$

$$P(B|A) = 98\% = 0.98, \ P(B|\overline{A}) = 5\% = 0.05$$

應用貝氏定理

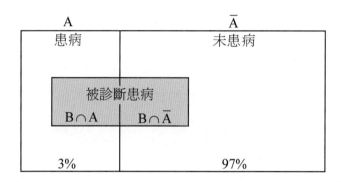

$$P(A|B) = \frac{P(B|A) \cdot P(A)}{P(B|A)P(A) + P(B|\overline{A})P(\overline{A})}$$

$$= \frac{0.98 \times 0.03}{0.98 \times 0.03 + 0.05 \times 0.97} = \frac{294}{779} \doteqdot 38\%$$

■ 貝氏統計

　　概度（likelihood）意指在某假設（模式）之下被觀測的數據發生的機率。

　　數據取離散之值時，$P(Q|D) = \dfrac{P(D|Q)P(Q)}{P(D)}$

　　數據取連續之值時，$\pi(Q|D) = \dfrac{f(D|Q)\pi(Q)}{P(D)}$

基本公式如下：

　　　事後（機率）分配 $\propto$ 概度 × 事前（機率）分配

離　散	連　續
事前機率 $P(Q)$	事前分配 $\pi(Q)$
概度 $P(D|Q)$	概度 $f(D|Q)$
事後機率 $P(Q|D)$	事後分配 $\pi(Q|D)$

上述中，D 表由其原因（假設）所收集之數據，$P(D|Q)$ 表在假設 Q 之下發生 D 之機率，又 $f(D|Q)$ 表在 Q 之下 D 發生之機率函數。

例*

某雙親連續生 3 個男生。試求第 4 個是男生的機率分配。從經驗上，此地區生男生的機率 Q 得知服從 Beta 分配 $Be(2, 2)$。又，生男或生女假定每 1 次出生均為獨立。

【解】

此雙親生男生的機率設為 Q。連續生 3 個男生的概度，從二項分配 $B(n, Q) = {}_nC_r Q^r (1 - Q)^{n-r}$，代入 $n = 3, r = 3$，得

$$概度 = Q^3$$

事前分配由題意假定是 Beta 分配 $Be(2, 2)$，此分配的機率函數為

$$f(x) = kx^{p-1}(1 - x)^{q-1} （k 為常數，0 < x < 1, 0 < p, 0 < q）$$

由假定代入 $p = 2, q = 2$，事前分配可以如下假定：

$$事前分配 = kQ^{2-1}(1 - Q)^{2-1} （k 為常數）$$

由基本公式得出

$$事後分配 \propto Q^3 \times kQ^{2-1}(1 - Q)^{2-1} \propto Q^{5-1}(1 - Q)^{2-1}$$

此事後分配仍為 Beta 分配（此稱為自然共軛分配）。此比例常數由機率的總和為 1 所決定。

$$事後分配 = \frac{1}{30}Q^{5-1}(1-Q)^{2-1}$$

$$平均值 = \frac{p}{p+q} = \frac{5}{7} \fallingdotseq 0.7$$

因之，連續生 3 個男生之後，再生男生的機率增高。

例 *

　　有 1 枚銅幣正面出現的機率是 Q。當投擲 4 次時，第 1 次是正面，第 2 次是正面，第 3 次是反面，第 4 次是反面。試調查正面出現機率 Q 的事後分配。

【解】

概度 $f(D|Q)$ 表在「正面出現的機率」Q 之下 D 的發生機率（條件機率）。

$$f(正|Q) = Q$$
$$f(反|Q) = 1 - Q$$

銅幣出現正面的機率，基於理由不充分原則，Q 出現的機率應為同值，亦即是均一分配。

$$\pi(Q) = 1 \ （0 \leq Q \leq 1）$$

第一次出現正面的事後分配

$$\pi(Q|D_1) \propto Q \times 1$$

在 $0 \leq Q \leq 1$ 的機率總和成為 1 的條件下可求出比例常數。

$\therefore$ 第 1 次的事後分配 $\pi(Q|D_1) = 2Q$

　　第 2 次出現正面的事後分配 $\pi(Q|D_2) \propto$ 概度 × 第 1 次的事後分配 $\propto$ $Q \times 2Q$

$\therefore$ 第 2 次的事後分配 $\pi(Q|D_2) = 3Q^2$

　　第 3 次出現反面的事後分配 $\pi(Q|D_3) \propto (1 - Q) \times 3Q^2$

$\therefore$ 第 3 次的事後分配 $= 12(1 - Q)Q^2$

同樣，

$\therefore$ 第 4 次出現反面的事後分配 $\pi(Q|D_4) = 30(1 - Q)^2 Q^2$

【註】像以上，每次加上數據，去更新母數 Q 的機率分配，稱為「貝氏更新」。

　　　利用 $\pi(Q|D^4)$ 求 Q 的平均值 $Q = 0.5$，是從事後分配去估計母數，稱為「貝氏估計」。

第 **4** 章

機率分配

第一節　機率分配

■ 隨機變數

設 $X = X(w)$ 為樣本空間 Ω 上所定義的函數，對任何的一次元空間 R 而言，當 $\{w \in \Omega | X(w) \in R\}$ 為一個事件時，$X(w)$ 稱為隨機變數（random variable）。

【註】

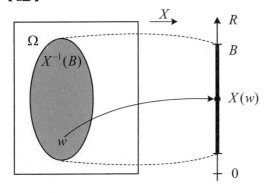

或滿足 $X^{-1}(B) = \{w \mid X(w) \in B\}$ 的 X 稱為 Ω 上的隨機變數或稱機率變數。

例*

投擲一個硬幣，出現正（反）之事件以 $H(T)$ 表示，並設 $P(H) = P(T) = 1/2$。另外若約定 $X(H) = 10$，$X(T) = -10$ 時，則
$$P(\{w : X(w) = 10\}) = P(H)，P(\{w : X(w) = -10\}) = P(T)$$
將以上分別表示成 $P(X = 10) = 1/2$，$P(X = -10) = 1/2$，亦即 X 以機率 1/2 取 10 或 -10。

【解】

$\Omega = \{H, T\}$，$w \in \Omega$，

$$\{w : X(w) = x\} = \begin{cases} \{H\} & x = 10 \\ \{T\} & x = -10 \end{cases}$$

又，

$$\{w : X(w) \le x\} = \begin{cases} \phi & (x < -10) \\ \{T\} & (-10 \le x < 10) \\ \Omega & (10 \le x) \end{cases}$$

一般事件 $\{w|X(w) \le x\}$ 表示成 $X \le x$。此事件之機率表示成

$$P(X \le x) = F(x)$$

【註】此稱為隨機變數 X 的（累積）分配函數參後述。

例*

在以下的對應關係之中定義機率變數的是何者？

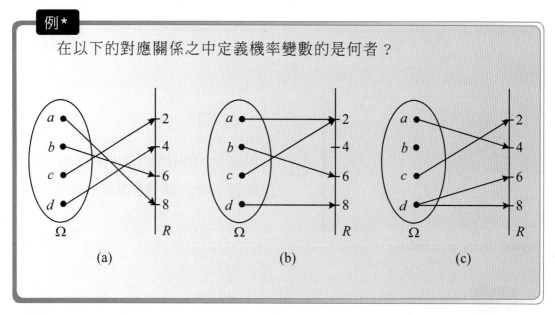

(a)　　　　　　　(b)　　　　　　　(c)

【解】

(a) 和 (b)

例*

設樣本空間為 $\Omega = \{w_1, w_2, w_3, w_4, w_5\}$，其元素事件的機率設為 $p_n = P(\{w_n\})$, $n = 1, 2, \cdots, 5$，$\sum_{n=1}^{5} p_n = 1$，機率變數 X 利用 $X(w_n) = 0, (n = 1, 3); = 1(n = 2, 4); = 2(n = 5)$ 來定義。求事件 $A_x(x = 0, 1, 2)$ 與其機率。

【解】

$$A_0 = \{w : X(w) = 0\} = \{w_1, w_3\}$$

$$P(A_0) = p_1 + p_3$$

同樣

$$A_1 = \{w_2, w_4\}, \ P(A_1) = p_2 + p_4$$

$$A_2 = \{w_5\}, \ P(A_2) = p_5$$

這些機率也可如下表示：

$$P(X = 0) = p_1 + p_3$$

$$P(X = 1) = p_2 + p_4$$

$$P(X = 2) = p_5$$

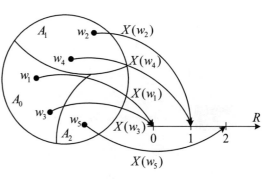

X 與 A_x 之關係

例 *

試寫出下列隨機變數之可能值？

(1) X 代表擲一硬幣三次，出現正面之次數。

(2) 一箱子中裝有 10 個球，其中有 4 個紅球，6 個白球，採不放回抽樣，連續抽出 5 個球，令 Y 代表可能出現之紅球個數。

(3) Z 代表某十字路口下個月內發生車禍之次數。

(4) T 代表某一品牌日光燈管的壽命長度。

【解】

(1) X 的可能值為 $x = 0, 1, 2, 3$

(2) Y 的可能值為 $y = 0, 1, 2, 3, 4$

(3) Z 的可能值為 $z = 0, 1, 2, \cdots$

(4) T 的可能值為 $t \geq 0$

例 *

考慮擲一銅板二次之實驗。用 H 表正面和 T 表反面，此實驗之樣本空間是

$$S = \{(H, H), (H, T), (T, H), (T, T)\}$$

試寫出任一隨機變數及可能出現之值。

【解】

設 X 表在投擲二次出現正面的次數，則 X 為一隨機變數（它提供了實驗結果之一數值表述），可能值是 0, 1 和 2。（不連續隨機變數例）

例*

　　某一社區大學的新圖書館正在建設進行中，假如定義一隨機變數為在 6 個月完成此計畫的百分比，試寫出 X 的可能值。

【解】

設 X 表完成計畫之百分比，則 X 的可能值為 0 至 100，換言之，$0 \leq x \leq 100$。（連續隨機變數例）

例*

　　下面為一系統的實驗及其相關的隨機變數。在每一列中找出其隨機變數的值，並說明其為離散或連續的隨機變數。

實　　驗	隨機變數 X
(1) 作答一有 20 道問題的考卷	答對的題數
(2) 觀察在一小時中汽車到達收費站的數目	汽車到達收費站的數目
(3) 審核 50 件退稅	退稅錯誤的數目
(4) 觀察一位雇員的工作	在工作 8 小時中缺乏生產力之時間
(5) 一批貨物之稱重	磅數

【解】

　　(1) 值：0, 1, 2, …, 20

　　　　離散

　　(2) 值：0, 1, 2, …

　　　　離散

　　(3) 值：0, 1, 2, …, 50

　　　　離散

(4) 值：$0 \leq x \leq 8$

　　連續

(5) 值：$x > 0$

　　連續

【註】銷售物品的數目，不良品數等稱為不連續隨機變數，如重量、時間、溫度它可能取在某一區間內所有數值，稱之為連續隨機變數。有一方法可以決定某一隨機變數是不連續或是連續的。那就是將隨機變數的數值想成是線段上的點。假若在這些點裡任何兩點間所成的線段也代表該隨機變數的值，則該隨機變數為連續的。

例*

請考慮某工人裝配某產品並紀錄其所花時間之實驗。

(1) 請以分鐘為單位定義出裝配該產品所需時間之隨機變數？

(2) 此隨機變數所具有的數值為何？

(3) 此隨機變數為離散或連續？

【解】

(1) 令 X = 產品產配的時間

(2) $x > 0$

(3) 連續

例*

　　同時投擲 2 個骰子一次，如將點數和設為 X 時，試說明它為隨機變數。

【解】

樣本空間 S 為

$$S = \{w = (x_1, x_2) : x_1, x_2 = 1, 2, \cdots, 6\}$$

$$X = X(w) = x_1 + x_2$$

對此 X 而言，

當 $x < 2$ 時，$\{w : X(w) \leq x\} = \phi$

 $2 \leq x < 3$ 時，$\{w : X(w) \leq x\} = \{(1, 1)\}$

 $3 \leq x < 4$ 時，$\{(1, 1), (2, 1), (1, 2)\}$

 　　　⋮　　　　　　⋮

 $12 \leq x$ 時，S

 $\{X \leq x\}$ 均爲 S 之要素。

例*

擲一銅板 2 次，令 X 表示出現正面次數，試寫出它的可能值，並計算機率。

【解】

$S = \{（正，正），（正，反），（反，正），（反，反）\}$

$X = X(w) = 0, 1, 2$

當 $x = 0$，$\{w : X = 0\} = \{（反，反）\}$

 $x = 1$，$\{w : X = 1\} = \{（正，反），（反，正）\}$

 $x = 2$，$\{w : X = 2\} = \{（正，正）\}$

$\therefore P(X = 0) = \dfrac{1}{4}$

 $P(X = 1) = \dfrac{2}{4}$

 $P(X = 2) = \dfrac{1}{4}$

例*

擲一銅板 2 次，令 X 表示至少出現一次正面之次數，試寫出它的可能值，並計算機率。

【解】

$X = 1,\ 2$

$$P(X \geq 1) = P(X = 1) + P(X = 2) = \frac{1}{4} + \frac{2}{4} = \frac{3}{4}$$

■ 機率函數

1. 一隨機變數之變量個數爲有限，或無限但可數者，稱爲離散隨機機數（discrete random variable）。

   離散隨機變數之機率分配稱爲離散機率分配，簡稱爲離散分配，其機率通常可以表列，而不能表列如 Poisson 分配須以 $f(x)$ 函數表示，$f(x)$ 即稱爲機率函數（p.f.; probability function）。

2. 又一隨機變數若滿足下列兩條件，即爲一連續隨機變數（continuous random variable）。

   (1) $f(x)$ 爲 x 的實數函數，且 $f(x) \geq 0$，$-\infty < x < \infty$

   (2) 任何事件 $A = \{w | X \in I\}$ 發生之機率爲

   $$P(A) = P(X \in I) = \int_I f(x)dx$$

連續隨機變數之機率分配稱爲連續機率分配，簡稱連續分配，連續分配不能表列，只能以機率函數 $f(x)$ 表示，此 $f(x)$ 稱爲機率函數。

✍ 性質

(1) 不連續隨機變數：

　i) $f(x) = P(X = x)$

　ii) $\displaystyle\sum_{t=a}^{b} f(t) = P(a \leq X \leq b)$

　iii) $\displaystyle\sum_{t=-\infty}^{x} f(t) = P(X \leq x)$

(2) 連續隨機變數：

　$\displaystyle\int_a^b f(x)dx = P(a \leq X \leq b)$

　i) 當 $a = x$，$b = x + dx$ 時

$$\int_x^{x+dx} f(x)dx = P(x \le X \le x + dx) \doteq f(x) \cdot dx$$

式中，$f(x)$ 並非機率，$f(x)dx$ 稱為機率元素。

ii) $P(X = a) = P(a \le X \le a) = \int_a^a f(x)dx = 0$

iii) $P(a \le X \le b) = P(a \le X < b) = P(a < X \le b) = P(a < X < b)$

例*

一社會學家對某一村莊進行研究。所蒐集的資料如下：

小孩數	0	1	2	3	4	5
戶　數	54	117	72	42	12	3

令 X 表該戶小孩人數，則 x 的可能數值為 0, 1, 2, 3, 4, 5。因此 $f(x)$ 表某隨機選出之住戶有 x 個小孩的機率。

【解】

每戶小孩人數之機率分配

x	$f(x)$
0	0.18 = 54/300
1	0.39 = 117/300
2	0.24 = 72/300
3	0.14 = 42/300
4	0.04 = 12/300
5	0.01 = 3/300

合計 1.00

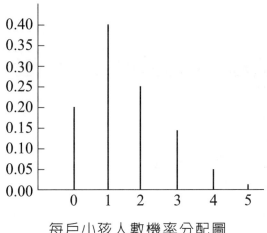

每戶小孩人數機率分配圖

例*

一選擇題考試每一問題有 4 個答案，*a, b, c, d*。設計此考試每一問題答對的機率是 1/4。令

$$x = \begin{cases} 1 & \text{若選擇 } a \\ 2 & \text{若選擇 } b \\ 3 & \text{若選擇 } c \\ 4 & \text{若選擇 } d \end{cases}$$

令 *X* 表選出正確之答案，試求其機率分配。

【解】

$f(x)$ 是 *x* 為正確答案之機率，對於 *x* 的機率分配可用下式表示：

$$f(x) = \frac{1}{4} \qquad x = 1, 2, 3, 4$$

像這樣的離散機率分配，隨機變數的每一數值都有相同的機率，稱之為離散均勻機率分配（discrete uniform probability distribution）。

例*

令 *X* 代表擲一公正硬幣 3 次中出現正面之次數，試求 *X* 之機率分配。

【解】

擲一公正硬幣 3 次基樣本空間與隨機變數之可能值 x，列示如下：

樣本空間	隨機變數可能值	x 之機率值
HHH	3	1/8
HHT	2	1/8
HTH	2	1/8
THH	2	1/8
HTT	1	1/8
THT	1	1/8
TTH	1	1/8
TTT	0	1/8

由於樣本空間之每一樣本點出現之機率皆相同，故每一簡單事件的機率皆為 1/8。又 $x = 3$ 出現一次，故其對應的機率值為 1/8，而 $x = 2, 1$ 各出現 3 次，故其機率為 3/8，同理 $x = 0$ 之機率為 1/8。X 之機率分配表示如下：

x	0	1	2	3	計
機率	1/8	3/8	3/8	1/8	1

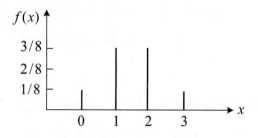

■ 機率分配

1. 設 X 為一離散隨機變數，且設 $f(x)$ 為 X 的機率函數 (p.f.)，則集合 $\{(x, f(x)) : f(x) \geq 0\}$ 稱為 X 的機率分配（probability distribution）。

2. 設 X 為連續隨機變數，且設 $f(x)$ 為 X 的 p.f.（probability function），則集合 $\{(x, f(x)) : f(x) \geq 0\}$ 稱為 X 的機率分配。

X：離散隨機變數	X：連續隨機變數
$P(X=x)=f(x)$	$P(X \in B)=\int_B f(x)dx$
$\sum f(x)=1$	$\int f(x)dx=1$
$f(x) \geq 0$	$f(x) \geq 0$

【註】1. 在 X 為離散隨機變數時，$f(x)$ 表示機率。

2. 在 X 為連續隨機變數時，$f(x)$ 不表機率，$f(x) \cdot dx$ 表機率，稱為機率元素。

例*

試證以下三個機率分配之機率總和皆為 1

(1) $f(x) = \begin{cases} \binom{5}{x}(0.2)^x(0.8)^{5-x} & x=0,1,2,3,4,5 \\ 0 & 其他 \end{cases}$

(2) $f(x) = \begin{cases} \dfrac{1}{6} & x=1,2,3,4,5,6 \\ 0 & 其他 \end{cases}$

(3) $f(x) = \begin{cases} \dfrac{1}{30} & 0 \leq x \leq 30 \\ 0 & 其他 \end{cases}$

【解】

(1) $\sum f(x) = \sum_{x=0}^{5} \binom{5}{x}(0.2)^x(0.8)^{5-x} = (0.8+0.2)^5 = 1$

(2) $\sum f(x) = \sum_{x=1}^{6} \left(\dfrac{1}{6}\right) = 1$

(3) $\int_0^{30} f(x)dx = \int_0^{30} \dfrac{1}{30} dx = 1$

例*

下表是某小型公司本月分員工休假次數的資料：

休假日數	人　數
0	8
1	12
2	10
3	6
4	4
總計	40

試求其機率分配？

【解】

令 X 表休假日數，其可能值為 0, 1, 2, 3, 4

$f(0) = P(X = 0) = 8/40 = 0.20$

$f(1) = P(X = 1) = 12/40 = 0.30$

$f(2) = P(X = 2) = 10/40 = 0.25$

$f(3) = P(X = 3) = 6/40 = 0.15$

$f(4) = P(X = 4) = 4/40 = 0.1$

因為 $\sum_{x=0}^{4} f(x) = 1$

$\therefore f(x)$ 為一機率分配。

例*

甲、乙兩人玩擲骰子遊戲，約定如果甲擲出點數是 1, 2 時，甲可得 2 元，點數是 3, 4 時，可得 4 元，點數是 5 可得 10 元，點數是 6 時，則甲須支付給乙 20 元，令 X 表擲骰子後甲所得的錢，求 X 的機率分配？

【解】

X 的可能值有 2, 4, 10, –20

$P(X = 4) = P(\{3, 4\}) = 2/6$

$P(X = 2) = 2/6$，$P(X = 10) = 1/6$，$P(X = -20) = 1/6$

例*

設有一批產品，產品之不良率為 0.3，現由此批產品隨機抽出 4 個加以檢驗，令 X 表示所檢驗產品中不良品之個數，試求 X 的機率分配，並繪其圖形。

【解】

由於檢驗每一產品其可能結果為良品（G）或不良品（D），故檢驗 4 個產品之可能情形共有 24 = 16 種，

$x = 0$　$GGGG$

$x = 1$　$GGGD, GGDG, GDGG, DGGG$

$x = 2$　$GGDD, GDGD, GDDG, DGGD, DGDG, DDGG$

$x = 3$　$GDDD, DGDD, DDGD, DDDG$

$x = 4$　$DDDD$

又，$P(G) = 0.7$，$P(D) = 0.3$，又檢驗每一產品為獨立事件，
因此

$f(0) = P(X = 0) = P(GGGG) = 0.7 \times 0.7 \times 0.7 \times 0.7 = 0.2401$

同理

$f(1) = P(X = 1) = {_4}C_1 \times 0.7^3 \times 0.3^1 = 0.4116$

$f(2) = P(X = 2) = {_4}C_2 \times 0.7^2 \times 0.3^2 = 0.2646$

$f(3) = P(X = 3) = {_4}C_3 \times 0.7^2 \times 0.3^3 = 0.0756$

$f(4) = P(X = 4) = 0.3^4 = 0.0081$

機率分配

x	$f(x)$
0	0.2401
1	0.4116
2	0.2646
3	0.0756
4	0.0081
總計	1.0000

例**

　　設隨機變數 T 表加速試驗的壽命值，其 $p.f.$ 為 $f(t)$ 如 aT（$a > 1$）表基準條件下的壽命值，試求其 $p.f.$。

【解】

aT 的 $p.d.f.$ 為

$$P(t \le aT \le t + dt) = P\left(\frac{t}{a} \le T \le \frac{t}{a} + \frac{1}{a}dt\right)$$

$$= f\left(\frac{t}{a}\right)\frac{dt}{a} = \frac{1}{a}f\left(\frac{t}{a}\right)dt$$

例**

若 $f(x) = \binom{5}{x}(0.1)^x(0.9)^{5-x}$　x = 0, 1, 2, 3, 4, 5

求 $(1)P(1 \le X \le 4)$；$(2)P(1 < X < 4)$。

【解】

(1) $P(1 \le X \le 4) = \sum_{x=1}^{4}\binom{5}{x}(0.1)^x(0.9)^{5-x} = 0.4094$

(2) $P(1 < X < 4) = P(2 \le X \le 3)$

$$= \sum_{x=2}^{3} \binom{5}{x}(0.1)^x (0.9)^{5-x}$$

$$= 0.0810$$

例*

若 $f(x) = \begin{cases} \dfrac{2}{27}(1+x) & 2 \le x \le 5 \\ 0 & \text{其他} \end{cases}$

試求 (1) $P(3 \le X \le 4)$ 及 (2) $P(3 < X < 4)$。

【解】

(1) $P(3 \le X \le 4) = \int_3^4 f(x)dx$

$$= \int_3^4 \frac{2}{27}(1+x)dx = \frac{1}{3}$$

(2) $P(3 < X < 4) = \dfrac{1}{3}$

例*

設 X 為一連續隨機變數，其 p.f. 為

$$f(x) = \begin{cases} c(4x - 2x^2) & 0 < x < 2 \\ 0 & \text{其他} \end{cases}$$

求 (1) c 的值？

(2) 求 $P(X > 1)$。

【解】

(1) 因為 f 是機率分配，因之 $\int_{-\infty}^{\infty} f(x)dx = 1$，亦即

$$c\int_0^2 (4x - 2x^2)dx = 1$$

積分後得

$$c\left[2x^2 - \frac{2x^3}{3}\right]_0^2 = 1$$

$$\therefore c = \frac{3}{8}$$

(2) $P(X > 1) = \int_1^\infty f(x)dx = \frac{3}{8}\int_1^2 (4x - 2x^2)dx = \frac{1}{2}$

> 例*
>
> 　　電腦在故障之前的使用時間（單位：小時）為一連續隨機變數，其機率函數為
>
> $$f(x) = \begin{cases} \lambda e^{-x/100} & x \geq 0 \\ 0 & x < 0 \end{cases}$$
>
> (1) 試求電腦在故障之前使用時間介於 50 與 150 小時之間的機率？
> (2) 使用時間少於 100 小時的機率？

【解】

(1) 因

$$1 = \int_{-\infty}^\infty f(x)dx = \lambda \int_0^\infty e^{-x/100}dx$$

$$1 = -\lambda(100)e^{-x/100}\Big|_0^\infty = 100\lambda \quad, \quad \therefore \quad \lambda = \frac{1}{100}$$

因此電腦在故障前使用時間介於 50 和 150 小時之間的機率為

$$P(50 < X < 150) = \int_{50}^{150} \frac{1}{100}e^{-x/100}dx = e^{-x/100}\Big|_{50}^{100}$$

$$= e^{-1/2} - e^{-3/2} \approx 0.384$$

(2) 同理可得

$$P(X < 100) = \int_0^{100} \frac{1}{100}e^{-x/100}dx = e^{-x/100}\Big|_0^{100}$$

$$= 1 - e^{-1} \approx 0.633$$

例*

　　某種收音機眞空管的壽命（單位：小時）爲具有如下之 $p.d.f.$

$$f(x) = \begin{cases} 0 & x \le 100 \\ \dfrac{100}{x^2} & x > 100 \end{cases}$$

　　試求一收音機中的 5 個此種眞空管恰有 2 個必須在使用 150 小時以前更換的機率爲多少？假設第 i 個眞空管在該時間內更換之事件 E_i，$i = 1, 2, 3, 4, 5$ 爲獨立事件。

【解】

　　因

$$P(E_i) = \int_0^{150} f(x)dx = 100\int_{100}^{150} x^{-2}dx = \frac{1}{3}$$

故由事件 E_i 的獨立性，可得所需機率爲

$$\binom{5}{2}\left(\frac{1}{3}\right)^2\left(\frac{2}{3}\right)^3 = \frac{80}{243}$$

例*

　　設 X 的 $p.f.$ 爲（稱爲均勻分配）

$$f(x) = \begin{cases} 1/10 & 0 < x < 10 \\ 0 & 其他 \end{cases}$$

求下列各機率：$(1) X < 3$　$(2) X > 6$　$(3) 3 < X < 8$

【解】

(1) $P(X < 3) = \displaystyle\int_0^3 \frac{1}{10} dx = \frac{3}{10}$

(2) $P(X > 6) = \displaystyle\int_6^{10} \frac{1}{10} dx = \frac{4}{10}$

(3) $P(3 < X < 8) = \displaystyle\int_3^8 \frac{1}{10} dx = \frac{5}{10}$

■ 分配函數

(1) 設離散隨機變數的機率函數為 $f(x)$，則分配函數（d.f.; Distribution Function）為

$$F(x) = P(X \leq x) = \sum_{i=-\infty}^{x} f(t)$$

✍ 此分配函數的性質

(1) $F(-\infty) = P(X \leq -\infty) = 0$

(2) $F(\infty) = P(X \leq \infty) = 1$

(3) $F(x)$ 為 x 的階梯形不減函數

(4) 因 $0 \leq f(x) \leq 1$，故 $0 \leq F(x) \leq 1$

(5) $P(X < x) = \lim_{n \to \infty} P\left(X \leq x - \frac{1}{n}\right) = \lim_{n \to \infty} F\left(x - \frac{1}{n}\right)$

(6) $P(X > x) = 1 - P(X \leq x) = 1 - F(x)$

(7) $P(X = x) = P(X \leq x) - P(X < x)$

$$= F(x) - \lim_{n \to \infty}\left(X \leq x - \frac{1}{n}\right)$$

$$= F(x) - \lim_{n \to \infty} F\left(x - \frac{1}{n}\right)$$

(8) $P(a < X \leq b) = P(X \leq b) - P(X \leq a)$

$P(a \leq X \leq b) = P(X \leq b) - P(X < a)$

---

(2) 設連續隨機變數的機率函數為 $f(t)$，則分配函數為

$$F(x) = P(X \leq x) = \int_{-\infty}^{x} f(x)dx$$

✍ 此分配函數的性質為

(1) $F(-\infty) = F(X \le -\infty) = 0$

(2) $F(\infty) = P(X \le \infty) = 1$

(3) $F(x)$ 為 x 的連續且不減函數

(4) $\dfrac{dF(x)}{dx} = f(x)$

(5) $F(x)$ 仍為機率，故 $0 \le F(x) \le 1$

(6) $P(X > x) = 1 - P(X \le x) = 1 - F(x) = 1 - P(X < x)$

(7) $F(x)$ 為右連續

【註】

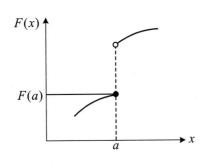

$$\lim_{x \to a-0} F(x) = F(a) \Rightarrow 左連續$$

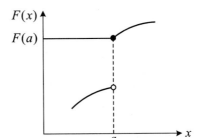

$$\lim_{x \to a+0} F(x) = F(a) \Rightarrow 右連續$$

例 *

對應下圖求其函數形，並確認 $F(x)$ 為 r.v. X 的分配函數。

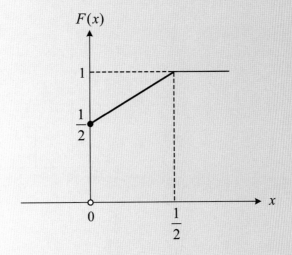

並求 (1)$P(X = 0)$；(2)$P(0 < X \le 1/4)$；(3)$P(X \le 1/4)$；(4)$P(X > 1/4)$？

【解】

$$F(x) = 0 \quad (x < 0) \ ; \quad = x + \frac{1}{2} \quad (0 \le x < 1/2) \ ; \quad = 1 \left(x \ge \frac{1}{2} \right)$$

對所有的 x 來說，$0 \le F(x) \le 1$，$F(x)$ 在 $x = 0$ 為不連續。

$\lim\limits_{h \to 0^+} F(0 + h) = F(0) = \dfrac{1}{2}$（在 $x = 0$ 為右連續）。$x < 0$ 時，$F(x) = 0$，

所以 $F(-\infty) = 0$，$x \ge \dfrac{1}{2}$ 時，$F(x) \equiv 1$ ，所以 $F(+\infty) = 1$，

此外，$F(x)$ 為不減函數，也是很明顯的。

(1) $P(X = 0) = P(X \le 0) - P(X < 0) = \dfrac{1}{2} - 0 = \dfrac{1}{2}$

(2) $P\left(X \le \dfrac{1}{4} \right) = F\left(\dfrac{1}{4} \right) = \dfrac{1}{4} + \dfrac{1}{2} = \dfrac{3}{4}$

(3) $P(0 < X \le 1/4) = F\left(\dfrac{1}{4} \right) - F(0) = \dfrac{3}{4} - \dfrac{1}{2} = \dfrac{1}{4}$

(4) $P(X > 1/4) = 1 - F\left(\dfrac{1}{4} \right) = 1 - \dfrac{3}{4} = \dfrac{1}{4}$

例 *

$f(x) = \dfrac{x}{6}$，$x = 1, 2, 3$，試求分配函數 $F(x)$。

【解】

$$f(x) = \begin{cases} \dfrac{1}{6} & x = 1 \\[2mm] \dfrac{2}{6} & x = 2 \\[2mm] \dfrac{3}{6} & x = 3 \end{cases}$$

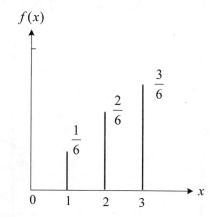

$$F(x) = P(X \le x) = \begin{cases} 0 & x < 1 \\ \dfrac{1}{6} & 1 \le x < 2 \\ \dfrac{1}{6} + \dfrac{2}{6} = \dfrac{3}{6} & 2 \le x < 3 \\ \dfrac{1}{6} + \dfrac{2}{6} + \dfrac{3}{6} = 1 & 3 \le x \end{cases}$$

例 *

已知 X 的 $p.f.$ 為

$$f(x) = \begin{cases} 0 & x < 7.7 \\ 10(x-7.7) & 7.7 \le x < 8.1 \\ 40(8.2-x) & 8.1 \le x < 8.2 \\ 0 & 8.2 \le x \end{cases}$$

求 X 的 $d.f.$ 。

【解】

$$F(x) = \begin{cases} 0 & x < 7.7 \\ \displaystyle\int_{7.7}^{x} 10(x-7.7)dx = 5(x-7.7)^2 & 7.7 \le x < 8.1 \\ \displaystyle\int_{7.7}^{8.1} 10(x-7.7)dx + \int_{8.1}^{x} 40(8.2-x)dx = 1 - 20(8.2-x)^2 & 8.1 \le x < 8.2 \\ \displaystyle\int_{7.7}^{8.1} 10(x-7.7)dx + \int_{8.1}^{8.2} 40(8.2-x)dx = 1 & 8.2 \le x \end{cases}$$

例 *

已知 X 的 $d.f.$ 為

$$F(x) = \begin{cases} 0 & x < -10 \\ 1/4 & -10 \le x < 0 \\ 3/4 & 0 \le x < 10 \\ 1 & 10 \le x \end{cases}$$

求 X 的 $p.f.$ 。

【解】

$$f(x)=\begin{cases}P(X=-10)=P(X\le-10)-P(X<-10)=F(-10)-\lim_{n\to\infty}F\left(-10-\frac{1}{n}\right)=\frac{1}{4}-0=\frac{1}{4}\\[3mm]P(X=0)=F(0)-\lim_{n\to\infty}F\left(0-\frac{1}{n}\right)=\frac{3}{4}-\frac{1}{4}=\frac{2}{4}\\[3mm]P(X=10)=F(10)-\lim_{n\to\infty}F\left(10-\frac{1}{n}\right)=1-\frac{3}{4}=\frac{1}{4}\end{cases}$$

例 *

已知 X 的 $d.f.$ 為

$$F(x)=\begin{cases}0 & x<2\\[2mm]\dfrac{1}{18}(x^2+3x-10) & 2\le x<4\\[2mm]1 & x\ge4\end{cases}$$

求 X 的 $p.f.$ 。

【解】

$$f(x)=\begin{cases}\dfrac{dF(x)}{dx}=\dfrac{1}{18}(3+2x) & 2\le x\le4\\[2mm]0 & 其他\end{cases}$$

例 *

已知 $f(x)=\begin{cases}cx & 0\le x\le1\\0 & 其他\end{cases}$

求 (1)c；　　　　　　　　　(2)$F(x)$

　　(3) $P\left(\dfrac{1}{2}<X\le1\right)$　　　　(4)$P(2<X\le1)$ 。

【解】

(1) $\displaystyle\int_{-\infty}^{\infty}f(x)dx=\int_{0}^{1}cx\,dx=c\cdot\left.\frac{x^2}{2}\right|_{0}^{1}=\frac{c}{2}=1$　　∴ $c=2$

(2) $F(x) = P(X \le x) = \begin{cases} 0 & , \quad x < 0 \\ = \int_{-\infty}^{0} f(x)dx + \int_{0}^{x} 2x\, dx \\ = 0 + x^2 = x^2 & , \quad x \ge 1 \\ = 0 + 1 + 0 = 1 & , \quad x \ge 1 \end{cases}$

(3) $P\left(\dfrac{1}{2} < X \le 1\right) = P(X \le 1) - P\left(X \le \dfrac{1}{2}\right) = F(1) - F\left(\dfrac{1}{2}\right) = 1 - \dfrac{1}{4} = \dfrac{3}{4}$

(4) $P(2 < X \le 4) = P(X \le 4) - P(X \le 2) = F(4) - F(2) = 1 - 1 = 0$

例*

設 $f(x) = \dfrac{1}{18}(3 + 2x)$，$2 \le x \le 4$，試求其分配函數 $F(x)$ 並作圖。

【解】

$$F(x) = \left[\int_{2}^{x} \frac{1}{18}(3 + 2x)dx = \frac{1}{18}(3t + t^2)\right]_{2}^{x}$$

$$= \frac{1}{18}(x^2 + 3x - 10)，2 < x < 4$$

∴分配函數為

$$F(x) = \begin{cases} 0 & x < 2 \\ \dfrac{1}{18}(x^2 + 3x - 10) & 2 \le x < 4 \\ 1 & x \ge 4 \end{cases}$$

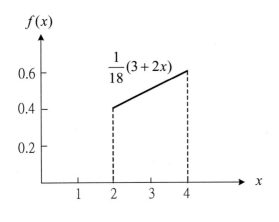

$f(x)$ 圖形

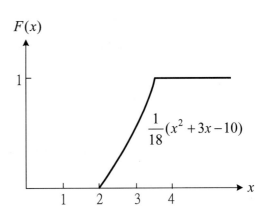

$F(x)$ 圖形

例*

> 設 $f(x) = \dfrac{1}{3}$，$x = 1, 2, 3$，求 $Y = X + 2$ 的 $p.f. g(y)$？

【解】

x	$f(x)$	$y = x + 2$
1	1/3	3
2	1/3	4
3	1/3	5

$\therefore g(y) = 1/3$，$y = 3, 4, 5$

例**

> 設 $X_1, X_2, \cdots, X_n$ 為具有共同 $c.d.f.$ $F(x)$ 的獨立隨機變數，
> (1) 令 $Y = \min(X_1, X_2, \cdots, X_n)$，求 Y 的 $F_Y(y)$。
> (2) 令 $Z = \max(X_1, X_2, \cdots, X_n)$，求 Z 的 $F_Z(z)$。
> 以上稱為極值分配，其中 (1) 稱為極小值分配，(2) 稱為極大值分配。

【解】

(1) $P(Y > y) = P(X_1 > y, X_2 > y, \cdots, X_n > y)$

$\qquad\qquad = P(X_1 > y) \cdot P(X_2 > y) \cdots P(X_n > y)$

$\qquad\qquad = [1 - F(y)] \cdot [1 - F(y)] \cdots [1 - F(y)]$

$\qquad\qquad = [1 - F(y)]^n$

(2) $P(Z \leq z) = P(X_1 \leq z, X_2 \leq z, \cdots, X_n \leq z)$

$\qquad\qquad = P(X_1 \leq z) \cdot P(X_2 \leq z) \cdots P(X_n \leq z)$

$\qquad\qquad = F(z) \cdot F(z) \cdots F(z)$

$\qquad\qquad = [F(z)]^n$

例 *

隨機變數 X 的分配函數為

$$F(x) = \begin{cases} 0 & x < 0 \\ \dfrac{x}{2} & 0 \le x < 1 \\ \dfrac{2}{3} & 1 \le x < 2 \\ \dfrac{11}{12} & 2 \le x < 3 \\ 1 & 3 \le x \end{cases}$$

試求 (1)$f(3)$　　(2) $P\left\{X \le \dfrac{1}{2}\right\}$　　(3) $P\left\{X > \dfrac{1}{2}\right\}$

(4)$P(X < 3)$　(5)$P\{2 < X \le 4\}$　(6)$P\{1 \le X < 3\}$

【解】

(1) $f(0) = P\{X = 0\} = P(X \le 0) - P\{X < 0\} = F(0) - \lim_{n \to \infty} F\left(0 - \dfrac{1}{n}\right) = 0$

$f(x) = \dfrac{dF(x)}{dx} = \dfrac{1}{2}$, $0 < x < 1$

$f(1) = P\{X = 1\} = P(X \le 1) - P\{X < 1\} = F(1) - \lim_{n \to \infty} F\left(1 - \dfrac{1}{n}\right)$

$= \dfrac{2}{3} - \lim_{n \to \infty} F\left(1 - \dfrac{1}{n}\right) = \dfrac{2}{3} - \dfrac{1}{2}\lim_{n \to \infty}\left(1 - \dfrac{1}{n}\right) = \dfrac{2}{3} - 2 \times 1 = \dfrac{1}{6}$

$f(2) = P\{X = 2\} = F(2) - \lim_{n \to \infty} F\left(2 - \dfrac{1}{n}\right) = \dfrac{11}{12} - \dfrac{2}{3} = \dfrac{1}{4}$

$f(3) = P\{X = 3\} = F(3) - \lim_{n \to \infty} F\left(3 - \dfrac{1}{n}\right) = 1 - \dfrac{11}{12} = \dfrac{1}{12}$

x	0	$0 < x < 1$	1	2	3	其他
$f(x)$	0	$\dfrac{1}{2}$	$\dfrac{1}{6}$	$\dfrac{1}{4}$	$\dfrac{1}{12}$	0

(2) $P\left\{X \le \dfrac{1}{2}\right\} = F\left(\dfrac{1}{2}\right) = \dfrac{1}{4}$

(3) $P\left\{X > \dfrac{1}{2}\right\} = 1 - P\left\{X \leq \dfrac{1}{2}\right\} = 1 - \dfrac{1}{4} = \dfrac{3}{4}$

(4) $P\{X < 3\} = \lim_{n \to \infty} P\left\{X \leq 3 - \dfrac{1}{n}\right\} = \lim_{n \to \infty} F\left(3 - \dfrac{1}{n}\right) = \dfrac{11}{12}$

(5) $P\{2 < X \leq 4\} = F(4) - F(2) = \dfrac{1}{12}$

(6) $P\{1 \leq X < 3\} = P\{1 < X \leq 3\} - P\{X = 3\} + P\{X = 1\} = F(3) - F(1) - \dfrac{1}{12} + \dfrac{1}{6} = \dfrac{5}{12}$

例 *

若 X 的機率函數為

$$f(1) = \frac{1}{4} \text{ , } f(2) = \frac{1}{2} \text{ , } f(3) = \frac{1}{8} \text{ , } f(4) = \frac{1}{8}$$

求其分配函數 $d.f.$。

【解】

$$F(x) = \begin{cases} 0 & x < 1 \\ \dfrac{1}{4} & 1 \leq x < 2 \\ \dfrac{3}{4} & 2 \leq x < 3 \\ \dfrac{7}{8} & 3 \leq x < 4 \\ 1 & 4 \leq x \end{cases}$$

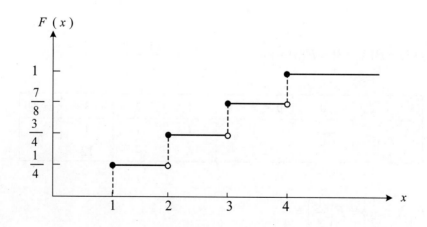

例 *

設 X 的 $d.f.$ 為

$$F(x) = \begin{cases} 0 & x < 0 \\ \dfrac{x^2}{2} & 0 \le x < 1 \\ 2x - \dfrac{x^2}{2} - 1 & 1 \le x < 2 \\ 1 & 2 \le x \end{cases}$$

求 (1)X 的機率分配；(2) $P(X \le 1 | X \le 4)$。

【解】

(1) 當 $0 \le x < 1$ 時，

$$f(x) = \frac{dF(x)}{dx} = x \quad ;$$

當 $1 \le x < 2$ 時，

$$f(x) = \frac{dF(x)}{dx} = 2 - x$$

$$\therefore \quad f(x) = \begin{cases} x & 0 \le x < 1 \\ 2 - x & 1 \le x < 2 \\ 0 & \text{其他} \end{cases}$$

(2) $P(X \le 1 | X \le 4) = \dfrac{P(X \le 4) - P(X \le 1)}{P(X \le 4)} = \dfrac{F(4) - F(1)}{F(4)} = \dfrac{1 - \frac{1}{2}}{1} = \dfrac{1}{2}$

例 *

設隨機變數 X 的機率函數為

$$f(x) = \begin{cases} x & 0 \le x < 1 \\ 2 - x & 1 \le x < 2 \\ 0 & \text{其他} \end{cases}$$

試求 X 的分配函數 $F(x)$，並分別繪 $f(x)$ 和 $F(x)$ 的圖形。

【解】

因

$$F(x) = \int_{-\infty}^{x} f(t)dt \text{,}$$

故當 $x < 0$ 時，

$$F(x) = \int_{-\infty}^{x} f(t)dt = \int_{-\infty}^{x} 0 dt = 0 \text{ ;}$$

當 $0 \le x < 1$ 時，

$$F(x) = \int_{-\infty}^{x} f(t)dt = \int_{-\infty}^{x} t dt = \frac{x^2}{2} \text{ ;}$$

當 $1 \le x < 2$ 時，

$$F(x) = \int_{-\infty}^{x} f(t)dt = \int_{0}^{1} t dt + \int_{1}^{x} (2-t)dt = 2x - \frac{x^2}{2} - 1$$

當 $x \ge 2$ 時，

$$F(x) = \int_{-\infty}^{x} f(t)dt = \int_{-0}^{1} t dt + \int_{1}^{x} (2-t)dt = 1$$

所以

$$F(x) = \begin{cases} 0 & x \le 0, \\ \dfrac{x^2}{2} & 0 \le x < 1, \\ 2x - \dfrac{x^2}{2} - 1 & 1 \le x < 2 \\ 1 & x \le 2 \end{cases}$$

其圖形分別如下：

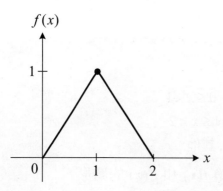
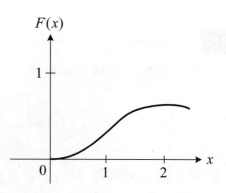

例 *

設 X 的分配函數為

$$F(x) = \begin{cases} 0 & x < 0 \\ x + \dfrac{1}{2} & 0 \le x < \dfrac{1}{2} \\ 1 & x \ge \dfrac{1}{2} \end{cases}$$

試求 $(1) p.f. \ f(x)$; $(2) P(X = 0)$; $(3) P(0 < X \le 4)$; $(4) P\left(X > \dfrac{1}{4}\right)$

【解】

(1) $p.f. \ f(x)$ 寫成如下：

$$f(0) = \frac{1}{2} \quad x = 0$$

$$f(x) = \begin{cases} \dfrac{dF(x)}{dx} = 1 & 0 < x < 1/2 \\ 0 & \text{其他} \end{cases}$$

(2) $P(X = 0) = F(0) - \lim\limits_{x \to \infty} F\left(0 - \dfrac{1}{n}\right) = \dfrac{1}{2} - 0 = \dfrac{1}{2}$

(3) $P(0 < X \le 4) = F(4) - F(0) = 1 - \dfrac{1}{2} = \dfrac{1}{2}$

(4) $P\left(X > \dfrac{1}{4}\right) = 1 - F\left(X \le \dfrac{1}{4}\right) = 1 - \left(\dfrac{1}{4} + \dfrac{1}{2}\right) = \dfrac{1}{4}$

例 *

已知 X 的 $p.f.$ 為

$$f(0) = \frac{1}{3} \quad x = 0$$

$$f(x) = \begin{cases} 1 & 0 < x < 2/3 \\ 0 & \text{其他} \end{cases}$$

求 $F(x)$。

【解】

$$F(x) = P(X \leq x) \begin{cases} 0 & x < 0 \\ = P(X = 0) + P(0 < X < x) \\ = \dfrac{1}{3} + \displaystyle\int_0^x 1\,dx = x + \dfrac{1}{3} & 0 \leq x < \dfrac{2}{3} \\ = P(X \leq 0) + P\left(0 < X < \dfrac{2}{3}\right) \\ \quad + P\left(\dfrac{2}{3} \leq X \leq x\right) \\ = \dfrac{1}{3} + \dfrac{2}{3} + 0 = 1 & x \geq \dfrac{2}{3} \end{cases}$$

例*

已知 X 的 $d.f.$ 為

$$F(x) = \begin{cases} 0 & x < 0 \\ x + \dfrac{1}{3} & 0 \leq x < 2/3 \\ 1 & x \geq 2/3 \end{cases}$$

求 (1)$F(x)$；(2)$P(X = 0)$；(3)$P(0 < X \leq 4)$；(4) $P\left(X > \dfrac{1}{4}\right)$。

【解】

(1) $f(x) = \dfrac{dF(x)}{dx} = 1 \quad 0 < x < 2/3$

但 $\displaystyle\int_0^{2/3} f(x)dx = 2/3$

又 $\because f(0) = P(X = 0) = P(X \leq 0) - P(X < 0) = 1/3$，$x = 0$

所以 $f(x)$ 為

$$f(x) = \begin{cases} \dfrac{1}{3} & x = 0 \\ 1 & 0 < x < 2/3 \\ 0 & 其他 \end{cases}$$

（確認 $\because \int_0^{\frac{1}{2}} f(x)dx + P(X=0) = 1$）

(2) $P(X=0) = F(0) - \lim_{n \to \infty} F\left(0 - \frac{1}{n}\right) = \frac{1}{3} - 0 = \frac{1}{3}$

(3) $P(0 < X \le 4) = F(4) - F(0) = 1 - \frac{1}{3} = \frac{2}{3}$

(4) $P\left(X > \frac{1}{4}\right) = 1 - P\left(X \le \frac{1}{4}\right) = 1 - \left(\frac{1}{4} + \frac{1}{3}\right) = \frac{5}{12}$

例 *

設隨機變數 X 的 $p.f.$ 為

$$f(x) = \begin{cases} cy & x = 1, 2 \\ (y-1)c & x = 3, 4 \\ (y-4)c^2 & x = 5, 6 \\ 7c^2 + c & x = 7 \\ 0 & x \ne 1, 2, 3, \cdots, 7 \end{cases}$$

試求 (1)c 之值；(2)$P\{X \ge 5\}$；(3) 最小的 k 使得 $P\{X \le k\} > \frac{1}{2}$。

【解】

(1) 因 $f(x)$ 為 $p.f.$

$$\sum_{i=1}^{n} f(x) = 1$$

即　$10c^2 + 9c + 1 = 0$

解之得 $c = -1 \ or \ \frac{1}{10}$

又因對所有 x，$f(x) \ge 0$，故捨棄 $c = -1$，而得 $c = \frac{1}{10}$

(2) $P\{X \ge 5\} = f(5) + f(6) + f(7)$

$\qquad = \frac{1}{100} + \frac{2}{100} + \frac{17}{100} = \frac{1}{5}$

(3) $P\{X \le 4\} = 1 - P\{X > 4\} = 1 - P\{X \ge 5\}$

$\qquad = \frac{4}{5}$

而 $P\{X \le 3\} = P\{X \le 4\} - f(4)$

$$= \frac{4}{5} - \frac{3}{10} = \frac{1}{2}$$

故使得 $P\{X \le k\} > \dfrac{1}{2}$ 的最小 k 為 4。

■ 離散型聯合機率函數

當 X 和 Y 均為離散隨機變數，此兩個隨機變數的聯合機率函數（joint probability functioin, $j.p.f.$）可定義如下：

$$f_{XY}(x, y) = p(X = x, Y = y)$$

✍ 性質

(1) 當 X, Y 為離散隨機變數時，$f(x, y), f_X(x), f_Y(y), F(x, y), F_X(x), F_Y(y)$ 均表機率。

(2) X 與 Y 獨立時，$F(x, y) = F_X(x) \cdot F_Y(y)$ 成立。

【註】兩個離散隨機變數之聯合分配函數（$j.d.f.$）可表示成

$$F_{XY}(x, y) = P(X \le x, Y \le y) = \sum_{a \le x} \sum_{b \le y} f_{XY}(a, b)， \quad -\infty < a，b < \infty$$

如果對所有的 x, y 來說，下式成立時

$$f_{XY}(x, y) = f_X(x) \cdot f_Y(y)$$

可謂 X 與 Y 獨立。此外

$$f_X(x) = \sum_{y=-\infty}^{\infty} f_{XY}(x, y)$$

$f_X(x)$ 稱為 X 的邊際機率函數，$f_Y(y)$ 則稱為 Y 的邊際機率函數。

$$F_X(x) = \sum_{x=-\infty}^{x} \sum_{y=-\infty}^{\infty} f_X(x, y) = \sum_{x=-\infty}^{x} f_X(x)$$

$F_X(x)$ 稱為 X 的邊際分配函數，$F_Y(y)$ 則稱為 Y 的邊際分配函數。

✍ 性質

1. 當 X, Y 為離散隨機變數時，$f(x, y)$, $f_X(x)$, $f_Y(y)$, $F(x, y)$, $F_X(x)$, $F_Y(y)$ 均表機率。

2. X 與 Y 獨立時，$F(x, y) = F_X(x)F_Y(y)$ 亦成立。

■ 連續型聯合機率函數

當 X，Y 均為連續隨機變數，若存在一個定義在平面上的函數 $f(x, y) \geq 0$，且對每一實數序對的集合 C（也就是說，C 是平面上的一個集合）來說，如

$$P\{(X, Y) \in C\} = \iint\limits_{(x, y) \in C} f(x, y)dxdy$$

則稱 $f(x, y)$ 稱 X 與 Y 的聯合機率函數。

【註】

$F_{XY}(x, y) = P(X \leq x, Y \leq y) = \int_{-\infty}^{x} \int_{-\infty}^{y} f_{XY}(x, y)dy\, dx$ 稱為 X, Y 的聯合分配函數（$j.d.f.$）。

又，X 的邊際機率分配函數可定義為

$$F_X(x) = P(X \leq x) = \lim_{y \to \infty} P(X \leq x, Y \leq y) = \lim_{y \to \infty} F_{XY}(x, y)$$

$$= F_{XY}(x, \infty)$$

Y 的邊際機率分配函數同樣可定義為

$$F_Y(y) = F_{XY}(\infty, y)$$

隨機變數 X, Y 謂之獨立，如果對所有 x, y 而言，下式成立時，

$$F_{XY}(x, y) = F_X(x) \cdot F_Y(y) \text{ 或}$$

$$f_{XY}(x, y) = f_X(x) \cdot f_Y(y)$$

✍ 性質

1. 一般來說當 $F(x, y)$ 的 2 階導函數存在時，經由微分，可得

$$f(x, y) = \frac{\partial^2}{\partial x \partial y} F(x, y)$$

2. $P(x < X < x + dx，y < Y < y + dy) = \int_x^{x+dy} \int_y^{y+dy} f(x, y) dy dx$

$\approx f(x, y) dx dy$

3. $F_{XY}(x, y) = \int_{-\infty}^x \int_{-\infty}^y f_{XY}(x, y) dy dx$

4. $f_X(x) = \int_{-\infty}^{\infty} f_{XY}(x, y) dy$（稱爲 X 的邊際機率函數，$m.p.f.$）

5. $F_X(x) = F_{XY}(x, \infty) = \int_{-\infty}^x \left(\int_{-\infty}^{\infty} f_{XY}(x, y) dy \right) dx$

$= \int_{-\infty}^x f_X(x) dx$（稱爲 X 邊際分配函數，$m.d.f.$）

【註】$F_X(x) \neq \int_{-\infty}^{\infty} F_{XY}(x, y) dy$

例＊＊

設 X 和 Y 的聯合機率函數爲

$$f(x, y) = \begin{cases} 2e^{-x}e^{-2y} & 0 < x < \infty, 0 < y < \infty \\ 0 & \text{其他} \end{cases}$$

在求 $(1)P\{X > 1, Y < 1\}$；$(2)P\{X < Y\}$；$(3)P\{X < a\}$。

【解】

(1) $P(X > 1, Y < 1) = \int_0^1 \int_1^{\infty} 2e^{-x}e^{-2y} dx dy$

$= \int_0^1 2e^{-2y} \left(-e^{-x} \Big|_0^{\infty} \right) dy$

$= e^{-1} \int_0^1 2e^{-2y} dy$

$= e^{-1}(1 - e^{-2})$

(2) $P(X < Y) = \iint\limits_{(x, y); x < y} 2e^{-x}e^{-2y} dx dy$

$= \int_0^{\infty} \int_0^y 2e^{-x}e^{-2y} dx dy$

$= \int_0^{\infty} 2e^{-2y}(1 - e^{-y}) dy$

$$= \int_0^\infty 2e^{-2y}dy - \int_0^\infty 2e^{-3y}dy$$

$$= 1 - \frac{2}{3} = \frac{1}{3}$$

(3) $P(X < a) = \int_0^a \int_0^\infty 2e^{-2y}e^{-x}dydx$

$$= \int_0^a e^{-x}dx$$

$$= 1 - e^{-a}$$

例**

設 X 和 Y 的聯合機率函數為

$$f(x, y) = \begin{cases} 2e^{-x}e^{-2y} & 0 < x < \infty, 0 < y < \infty \\ 0 & 其他 \end{cases}$$

試求隨機變數 $\dfrac{X}{Y}$ 的機率函數。

【解】

我們先從 $\dfrac{X}{Y}$ 的分配函數求起。對 $a > 0$，

$$F_{\frac{X}{Y}}(a) = P\left\{\frac{X}{Y} \le a\right\}$$

$$= \iint_{\frac{X}{Y} \le a} e^{-(x+y)}dxdy$$

$$= \int_0^\infty \int_0^{ay} e^{-(x+y)}dxdy$$

$$= \int_0^\infty (1 - e^{-ay})e^{-y}dy$$

$$= \left[-e^{-y} + \frac{e^{-(a+1)y}}{a+1} \right]_0^\infty$$

$$= 1 - \frac{1}{a+1}$$

對 a 微分得 $\dfrac{X}{Y}$ 的機率函數為

$$f_{\frac{X}{Y}}(a) = \begin{cases} \dfrac{1}{(a+1)^2} & 0 < a < 1 \\ 0 & \text{其他} \end{cases}$$

例 *

以下的函數為機率變數 X, Y 的 $j.p.f.$，試求邊際機率函數及邊際分配函數。

$$f(x, y) = \begin{cases} 4xy & (0 < x < 1 \text{,} 0 < y < 1) \\ 0 & (\text{其他}) \end{cases}$$

求 $(1)f(x)$；$(2)F(x)$；$(3)F(x, y)$。

【解】

(1) $f_X(x) = 2x$（$0 < x < 1$）；0（其他）

　　$f_Y(y) = 2y$（$0 < y < 1$）；0（其他）

(2) $F(x) = x^2$（$0 < x < 1$）；0（$x \le 0$）；1（$x \ge 1$）

　　$F(y) = y^2$（$0 < y < 1$）；0（$y \le 0$）；1（$y \ge 1$）

(3) $F(x, y) = \begin{cases} 0 & x < 0 \text{ or } y < 0 \\ \displaystyle\int_0^y \int_0^x 4xy\,dx\,dy = x^2 y^2 & 0 \le x < 1 \text{ , } 0 \le y < 1 \\ \displaystyle\int_0^y \int_0^1 4xy\,dx\,dy = y^2 & x \ge 1 \text{ , } 0 \le y < 1 \\ \displaystyle\int_0^x \int_0^1 4xy\,dy\,dx = x^2 & 0 \le x < 1 \text{ , } y \ge 1 \\ \displaystyle\int_0^1 \int_0^1 4xy\,dy\,dx = 1 & x \ge 1 \text{ , } y \ge 1 \end{cases}$

例 *

機率變數 X, Y 的 $j.p.f.$ 為

$$f(x, y) = \begin{cases} xe^{-x(y+1)} & (0 < x < \infty \text{,} 0 < y < \infty) \\ 0 & (\text{其他}) \end{cases}$$

試求 $m.p.f.$ $f_X(x), f_Y(y)$，又調查 X 與 Y 之獨立性？

【解】

$$f_X(x) = \int_0^\infty xe^{-x(y+1)}dy = xe^{-x}\int_0^\infty e^{-xy}dy = e^{-x} \quad (0 < x < \infty)$$

$$f_Y(y) = \int_0^\infty xe^{-x(y+1)}dx = \frac{1}{(y+1)^2} \quad (0 < y < \infty)$$

$\because f(x, y) \neq f_X(x)f_Y(y)$

$\therefore X$ 與 Y 不獨立。

例★★

機率變數 X_1, X_2 的 $j.d.f.$ $F(x_1, x_2)$ 具有如下性質：

(1) $P(a_1 < X_1 \leq b_1, a_2 < X_2 \leq b_2)$

$\quad = F(b_1, b_2) - F(a_1, b_2) - F(b_2, a_2) + F(a_1, a_2)$

(2) $P(X_1 > a_1, X_2 > b) = 1 - F_X(a) - F_Y(b) + F(a, b)$

【證】

(1) 參照圖形知

$$(X_1 \leq b_1) \cap (X_2 \leq b_2) = (a_1 < X_1 \leq b_1) \cap (a_2 < X_2 \leq b_2)$$
$$+ (a_1 < X_1 \leq b_1) \cap (X_2 \leq a_2)$$
$$+ (X_1 \leq a_1) \cap (a_2 < X_2 \leq b_2)$$
$$+ (X_1 \leq a_1) \cap (X_2 \leq a_2)$$

兩邊考慮機率，再利用以下二個等式，即可求得

$$P((a_1 < X_1 \leq b_1) \cap (X_2 \leq a_2)) = F(b_1, a_2) - F(a_1, a_2)$$
$$P((X_1 \leq a_1) \cap (a_2 < X_2 \leq b_2)) = F(a_1, b_2) - F(a_1, a_2)$$

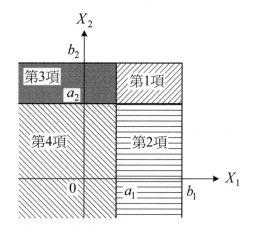

(2) $P(X_1 > a, X_2 > b) = 1 - P(\{X_1 > a, X_2 > b\}^C)$

$\qquad\qquad\qquad\qquad = 1 - P(\{X_1 > a\}^C \cup \{X_2 > b\}^C)$

$\qquad\qquad\qquad\qquad = 1 - [P(\{X_1 \le a\} + P\{X_2 \le b\}$

$\qquad\qquad\qquad\qquad\quad - P\{X_1 \le a, X_2 \le b\}]$

$\qquad\qquad\qquad\qquad = 1 - F_X(a) - F_Y(b) + F(a, b)$

例**

設 X , Y 為非負的隨機變數，其二項指數分配（Bivarite Exponential Distribution）的函數如下：

$$\overline{F}_{xy}(x, y) = P(X > x, Y > y)$$

$$= \exp[-\lambda_1 x - \lambda_2 y - \lambda_{12} \max(x, y)]$$

求 $F_{XY}(x, y)$, $F_X(x)$, $F_Y(y)$。

【解】

$F_{XY}(x, y) = P\{(X \le \text{x}) \text{and}(Y \le y)\}$

$\because U^C = [(X \le x) \cap (Y \le y)]^C$

$\qquad = [(X > x) \cup (Y > y)]$，令 $A = (X > x)$，$B = (Y > y)$

$P(A \cup B) = P(A) + P(B) - P(A \cap B)$

$\therefore P(U^C) = P(X > x) + P(Y > y) - P(X > x, Y > y)$

$\qquad\quad = \overline{F}_X(x) + \overline{F}_Y(y) - \overline{F}_{XY}(x, y)$

$\overline{F}_X(x) = \overline{F}_{XY}(x, 0) = \exp[-\lambda_1 x - \lambda_{12} x] = \exp[-(\lambda_1 + \lambda_{12})x]$

$\overline{F}_Y(y) = \overline{F}_{XY}(0, y) = \exp[-(\lambda_2 + \lambda_{12})y]$

$F_{XY}(x, y) = 1 - P(U^C) = 1 - [\overline{F}_X(x) + \overline{F}_Y(y) - \overline{F}_{XY}(x, y)]$

$\qquad\qquad = 1 - \overline{F}_X(x) - \overline{F}_Y(y) + \overline{F}_{XY}(x, y)$

$\qquad\qquad = 1 - e^{-(\lambda_1 + \lambda_{12})x} - e^{-(\lambda_2 + \lambda_{12})y} + e^{[-\lambda_1 x - \lambda_2 y - \lambda_{12} \max(x, y)]}$

例*

設 X, Y 的聯合機率函數 $f(x, y)$ 為

$\qquad f(0, 0) = 0.4, f(0, 1) = 0.2, f(1, 0) = 0.1, f(1, 1) = 0.3$

求 (1)$f_X(x)$　(2)$F_Y(y)$　(3)$F_X(x)$　(4)$F_Y(y)$　(5)$F_{XY}(x, y)$

(6)$P(X = 0, Y \le 1)$　(7)$P(X \le 2, Y \le 2)$

【解】

(1) $f_X(x) = \begin{cases} 0.6 & (x=0) \\ 0.4 & (x=1) \end{cases}$

(2) $f_Y(y) = \begin{cases} 0.5 & (y=0) \\ 0.5 & (y=1) \end{cases}$

(3) $F_X(x) = \begin{cases} 0 & (x<0) \\ 0.6 & (0 \le x < 1) \\ 1 & (x \ge 1) \end{cases}$

(4) $F_Y(y) = \begin{cases} 0 & (y<0) \\ 0.5 & (0 \le y < 1) \\ 1 & (y=1) \end{cases}$

(5) $F_{XY}(x, y) = \begin{cases} 0 & (x<0, y<0) \\ 0.4 & (0 \le x < 1, 0 \le y < 1) \\ 0.6 & (0 \le x < 1, y \ge 1) \\ 0.5 & (x \ge 1, 0 \le y < 1) \\ 1 & (x \ge 1, y \ge 1) \end{cases}$

(6) $P(X=0, Y \le 1) = P(X=0, Y=0) + P(X=0, Y=1) = 0.6$

(7) $P(X \le 2, Y \le 2) = P(X=0, Y=0) + P(X=0, Y=1) + P(X=1, Y=0) + P(X=1, Y=1)$
$= 1$

例*

X, Y 的 $j.p.f.$ 為

$$f(x, y) = \begin{cases} e^{-(x+y)} & 0 < x < \infty, 0 < y < \infty \\ 0 & \text{其他} \end{cases}$$

求 X , Y 的 (1)$m.p.f.$ $f_X(x)$, $f_Y(y)$；(2)$d.f.$ $F_X(x)$, $F_Y(y)$ 及 (3)$j.d.f.$ $F_{XY}(x, y)$；(4) 並調查 X, Y 是否獨立。

【解】

(1) $f_X(x) = \int_0^\infty f(x, y)dy = \int_0^\infty e^{-(x+y)}dy$

$$= e^{-x}\int_0^\infty e^{-y}dy = e^{-x}$$

同理

$f_Y(y) = e^{-y}$

$\therefore e^{-(x+y)} = e^{-x} \cdot e^{-y}$

$\therefore f_{XY}(x, y) = f_X(x) \cdot f_Y(y)$

(2) $F_X(x) = \int_0^x f_X(x)dx = 1 - e^{-x} \quad 0 < x < \infty$

$\quad\quad F_Y(x) = \int_0^y f_Y(y)dy = 1 - e^{-y} \quad 0 < y < \infty$

(3) $F_{XY}(x, y) = \int_0^x \int_0^y f_{XY}(x, y)dydx$

$$= (1 - e^{-y})(1 - e^{-x}) \quad 0 < x < \infty, 0 < y < \infty$$

(4) $\because F_{XY}(x, y) = F_X(x) \cdot F_Y(y)$

因此，X 與 Y 獨立。

例★★

設 X , Y , Z 為獨立均且在 $(0, 1)$ 上均勻分配的隨機變數，試求 $P\{X > YZ\}$。

【解】

因為

$$f_{XYZ}(x, y, z) = f_X(x) \cdot f_Y(y) \cdot f_Z(z) = 1$$
$$0 \le x \le 1, 0 \le y \le 1, 0 \le z \le 1$$

所以

$$P(X > YZ) = \iiint_{x>yz} f_{XYZ}(x, y, z)dxdydz$$

$$= \int_0^1 \int_0^1 \int_{yz}^1 dxdydz = \int_0^1 \int_0^1 (1 - yz)dydz$$

$$= \int_0^1 \left(1 - \frac{z}{2}\right) dx = \frac{3}{4}$$

【註】X 在 $(0, 1)$ 的均勻機率函數為

$$f(x) = \begin{cases} 1 & 0 \le x \le 1 \\ 0 & \text{其他} \end{cases}$$

■ 離散型隨機變數之條件機率函數與條件機率分配函數

1. 當 X 和 Y 為離散隨機變數時，定義在給與 $Y = y$ 的條件下，X 的條件機率函數（conditional probability function）為

$$f_{X|Y}(x \mid y) = P\{X = x \mid Y = y\}$$
$$= \frac{\{X = x, Y = y\}}{P\{Y = y\}}$$
$$= \frac{f_{XY}(x, y)}{f_Y(y)}$$

2. 在給與 $Y = y$ 的條件下，X 的條件機率分配函數（conditional probability distribution function）為

$$F_{X|Y}(x \mid y) = P\{X \le x \mid Y = y\}$$
$$= \sum_{a \le x} f_{X|Y}(a \mid y)$$

【註】若 X 獨立於 Y，則條件機率函數和條件分配函數與無條件之情形一樣，

$$f_{X|Y}(x \mid y) = P\{X = x \mid Y = y\} = \frac{P\{X = x, Y = y\}}{P\{Y = y\}}$$
$$= \frac{P\{X = x\} \cdot P\{Y = y\}}{P\{Y = y\}} = P\{X = x\} = f_x(x)$$

例*

設 X 和 Y 的聯合機率函數 $f(x, y)$ 為

$f(0, 0) = 0.4, f(0, 1) = 0.2, f(1, 0) = 0.1, f(1, 1) = 0.3$

求 $(1) f_Y(y)$；$(2) F_Y(y)$；(3) 在給與 $Y = 1$ 的條件下，求 X 的條件機率函數 $f_{X|Y}$；(4) 求 $F_{X|Y}(x|1)$。

【解】

(1) $f_Y(y) = \begin{cases} 0.5 & y = 0 \\ 0.5 & y = 1 \end{cases}$

(2) $F_Y(y) = \begin{cases} 0 & y < 0 \\ 0.5 & 0 \leq y < 1 \\ 1 & 1 \leq y \end{cases}$

(3) $f_Y(1) = \sum_x f(x, 1) = f(0, 1) + f(1, 1) = 0.5$

故得 $f_{X|Y}(0|1) = \dfrac{f(0, 1)}{f_Y(1)} = \dfrac{2}{5}$ ， $f_{X|Y}(1|1) = \dfrac{f(1, 1)}{f_Y(1)} = \dfrac{3}{5}$

$\therefore f_{X|Y}(x|1) = \begin{cases} \dfrac{2}{5} & x = 0 \\ \dfrac{3}{5} & x = 1 \end{cases}$

(4) $F_{X|Y}(x|1) = \begin{cases} 0 & x < 0 \\ \dfrac{2}{5} & 0 \leq x < 1 \\ 1 & 1 \leq x \end{cases}$

■ 連續型隨機變數之條件機率函數與條件機率分配函數

1.設 X 和 Y 爲連續隨機變數，其聯合機率函數爲 $f(x, y)$，則對每一滿足 $f_Y(y) > 0$ 的 y 值，函數

$$f_{X|Y}(x \mid y) = \frac{f(x, y)}{f_Y(y)}$$

稱 爲 在 $Y = y$ 時，X 的 條 件 機 率 函 數（conditional probability function）。

2.在給與 $Y = y$ 的條件下，X 的條件機率分配函數（conditional probability distribution function）爲 $F_{X|Y}(x|y) = P\{X \leq x \mid Y = y\} = \displaystyle\int_{-\infty}^{x} f_{X|Y}(x \mid y)dx$。

【註】

1. $f_{X|Y}(x \mid y)dx = \dfrac{f(x, y)dxdy}{f_Y(y)dy}$

$$\approx \frac{P\{x \leq X \leq x + dx, y \leq Y \leq y + dy\}}{P\{y \leq Y \leq y + dy\}}$$

$$= P\{\mathrm{x} \leq X \leq \mathrm{x} + dx | y \leq Y \leq y + dy\}$$

亦即 $f_{X|Y}(x|y)dx$ 表示 Y 介於 y 與 $y + dy$，X 介於 x 與 $x + dx$ 之間的條件機率。

2. $F_{X|Y}(x|y) = P\{X \leq x | Y = y\}$

$$= \int_{-\infty}^{x} f_{X|Y}(x | y)dx$$

3. $dF_{x|y}(x|y) = f_{X|Y}(x|y)dx$

4. 若 X 與 Y 為獨立，則

$$f_{X|Y}(x | y) = \frac{f(x, y)}{f_Y(y)} = \frac{f_X(x) \cdot f_Y(y)}{f_Y(y)} = f_X(x)$$

此說明給與 $Y = y$，X 的條件機率函數正好是 X 的邊際機率函數。

例*

設 X 和 Y 的聯合機率函數為

$$f(x, y) = \begin{cases} \dfrac{15}{2} x(2 - x - y) & 0 < x < 1, 0 < y < 1 \\ 0 & 其他 \end{cases}$$

求 $Y = y$ 時，X 的條件機率函數，其中 $0 < y < 1$。

【解】

對 $0 < x < 1$，$0 < y < 1$，

$$f_{X|Y}(x | y) = \frac{f(x, y)}{f_Y(y)} = \frac{f(x, y)}{\int_{-\infty}^{\infty} f(x, y)dx} = \frac{x(2 - x - y)}{\int_{0}^{1} x(2 - x - y)dx} = \frac{x(2 - x - y)}{2/3 - y/2} = \frac{6x(2 - x - y)}{4 - 3y}$$

例**

設 X 和 Y 的聯合機率函數為

$$f(x, y) = \begin{cases} e^{-x/y} e^{-y} / y & 0 < x < \infty, 0 < y < \infty \\ 0 & 其他 \end{cases}$$

求 $P\{X > 1 | Y = y\}$。

【解】

$$f_Y(y) = \int_0^\infty f(x, y)dx = \int_0^\infty e^{-x/y}e^{-y}/y\, dx = e^{-y}\int_0^\infty (1/y)e^{-x/y}dx$$

首先我們求在給與 $Y = y$ 時，X 的條件機率函數

$$f_{X|Y}(x|y) = \frac{f(x, y)}{f_Y(y)} = \frac{e^{-xy}e^{-y}/y}{e^{-y}\int_0^\infty (1/y)e^{-x/y}dx} = \frac{1}{y}e^{-x/y}$$

因此

$$P\{X > 1 | Y = y\} = \int_1^\infty \frac{1}{y}e^{-x/y}dx = e^{-x/y}\Big|_1^\infty = e^{-1/y}$$

例 *

X, Y 的 $j.p.f.$ 為

$$f(x, y) = \begin{cases} k(x + y) & 0 \le x \le 1, 0 \le y \le 2 \\ 0 & 其他 \end{cases}$$

求 (1)k 值；(2)$F(x, y)$；(3)$f_{X|Y}(x|y)$；(4)$F_{X|Y}(x|y)$；(5)$f_X(x)$, $f_Y(y)$；(6) $F_X(x)$。

【解】

(1) $\int_0^2\int_0^1 k(x + y)dxdy = \int_0^2\left(\int_0^1 k(x + y)dx\right)dy = \int_0^2 k\left(\frac{y}{2} + \frac{y^2}{2}\right)\cdot dy = 3k = 1$

$\therefore k = \dfrac{1}{3}$

(2) $F(x, y) = \begin{cases} 0 & (x < 0 \text{ or } y < 0) \\ \dfrac{1}{6}xy(x + y) & (0 \le x < 1,\ 0 \le y < 2) \\ \dfrac{1}{6}y(1 + y) & (x \ge 1,\ 0 \le y < 2) \\ \dfrac{1}{3}x(2 + x) & (0 \le x < 1,\ y \ge 2) \\ 1 & (x \ge 1,\ y \ge 2) \end{cases}$

(3) 因 $f(y) = \int_0^1 f(x, y)dx = \int_0^1 \dfrac{1}{3}(x + y)dx = \dfrac{1}{6}(1 + 2y)$

$$\therefore f_{X|Y}(x\,|\,y) = \frac{f(x,y)}{f(y)} = \frac{1/3(x+y)}{1/6(1+2y)} = \frac{2(x+y)}{1+2y}$$

$$\therefore f_{X|Y}(x\,|\,y) = \begin{cases} \dfrac{2(x+y)}{1+2y} & 0 \le x \le 1 \;(\,0 \le y \le 2\,) \\[2mm] 0 & \text{其他} \end{cases}$$

(4) $F_{X|Y}(x\,|\,y) = \displaystyle\int_0^x f_{X|Y}(x\,|\,y)dx = \int_0^x \frac{2(x+y)}{1+2y}dx = \frac{2}{1+2y}\left(\frac{x^2}{2}+xy\right)$

$$\therefore F_{X|Y}(x\,|\,y) = \begin{cases} 0 & x < 0 \;(\,0 \le y < 2\,) \\[2mm] \dfrac{2}{1+2y}\left(\dfrac{x^2}{2}+xy\right) & 0 \le x < 1 \;(\,0 \le y < 2\,) \\[2mm] 1 & x \ge 1 \;(\,0 \le y < 2\,) \end{cases}$$

(5) $f_X(x) = \displaystyle\int_0^2 f(x,y)dx = \int_0^2 \frac{1}{3}(x+y)dy = \frac{1}{3}\left(xy+\frac{y^2}{2}\right)\Big|_0^2 = \frac{1}{3}(2x+2)$

$$f_X(x) = \begin{cases} \dfrac{1}{3}(2x+2) & 0 \le x \le 1 \\[2mm] 0 & \text{其他} \end{cases}$$

同理　$f_Y(y) = \begin{cases} \dfrac{1}{6}(1+2y) & 0 \le y \le 2 \\[2mm] 0 & \text{其他} \end{cases}$

(6) $F_X(x) = \displaystyle\int_0^x f_X(x)dx = \frac{2}{3}\int_0^x (x+1)dx = \frac{2}{3}\left(\frac{x^2}{2}+x\right)$

$$F_X(x) = \begin{cases} 0 & 0 < 0 \\[2mm] \dfrac{2}{3}\left(\dfrac{x^2}{2}+x\right) & 0 \le x < 1 \\[2mm] 0 & x \ge 1 \end{cases}$$

【註】注意 $F_X(x) \ne \displaystyle\int_{-\infty}^{\infty} F_{XY}(x,y)dy$，正確的表示是 $F_X(x) = \displaystyle\int_{-\infty}^{x}\int_{-\infty}^{\infty} f_{XY}(x,y)dydx$，

或 $F_X(x) = \displaystyle\int_0^x f_X(x)dx$。應以機率函數表示而非以分配函數的方式表示。

例**

設 X, Y 為獨立的連續隨機變數，其機率函數分別為 $f_X(x), f_Y(y)$ ，試求 $P\{X < Y\}$ 。

【解】

$$P(X < Y) = \int_{-\infty}^{\infty} P(X < Y \mid Y = y) f_Y(y) dy$$

$$= \int_{-\infty}^{\infty} P(X < y) f_Y(y) dy \quad (\because 獨立性)$$

$$= \int_{-\infty}^{\infty} F_X(y) f_Y(y) dy$$

其中　$F_X(y) = \int_{-\infty}^{y} f_X(x) dx$ 。

例**

設 X 和 Y 為獨立的連續隨機變數，求 $X + Y$ 的分配。

【解】

以 Y 的值為條件，得

$$P(X + Y < a) = \int_{-\infty}^{\infty} P(X + Y < a \mid Y = y) f_Y(y) dy = \int_{-\infty}^{\infty} P(X + y < a \mid Y = y) f_Y(y) dy$$

$$= \int_{-\infty}^{\infty} P(X < a - y) f_Y(y) dy = \int_{-\infty}^{\infty} F_X(a - y) f_Y(y) dy$$

例*

試證

$$f_{X|Y}(x \mid y) = \frac{f_X(x) f_{Y|X}(y \mid x)}{\int_{-\infty}^{\infty} f_X(x) \cdot f_{Y|X}(y \mid x) \, dx}$$

【解】

$$f_{X|Y}(x \mid y) = \frac{f(x, y)}{f(y)} = \frac{f_X(x) \cdot f_{Y|X}(y \mid x)}{f_Y(y)} \tag{1}$$

$$\because f_Y(y) = \int_{-\infty}^{\infty} f(x, y)dx = \int_{-\infty}^{\infty} [f_X(x) \cdot f_{Y|X}(y \mid x)] \, dx \tag{2}$$

因之，將 (2) 式代入 (1) 式，得

$$f_{X|Y}(x \mid y) = \frac{f_X(x) \cdot f_{Y|X}(y \mid x)}{\int_{-\infty}^{\infty} f_X(x) \cdot f_{Y|X}(y \mid x) \, dx}$$

■ 隨機變數之期望值

設隨機變數 X 的機率函數為 $f(x)$，則 X 的期望值（Expectation）如下：

1. 當 X 為離散隨機變數，則

$$E(X) = \sum xf(x)$$

2. 當 X 為連續隨機變數，則

$$E(X) = \int_{-\infty}^{\infty} xf(x)dx$$

【註】期望值是指隨機變數的眞值，期望值係針對母體，平均數是針對樣本，期望值為實數，可正或負或零。

✍ 性質

(1) $E(a) = a$

(2) $E(aX) = aE(X)$

(3) $E(aX + b) = aE(X) + b$

(4) $E[X - E(X)] = 0$

(5) $E[E(X)] = E(X)$

例 *

1. 設 $g(x)$ 爲隨機變數 X 的函數，X 的機率函數爲 $f(x)$，則 $E[ag(X)] = aE[g(X)]$。

2. 設 $g(x)$ 及 $h(x)$ 均爲隨機變數 X 的函數，X 的機率函數爲 $f(x)$，則

$$E[ag(X) \pm bh(X)] = aE[g(X)] \pm bE[h(X)]$$

3. 設 X, Y 的聯合機率函數爲 $f(x, y)$，邊際機率函數爲 $f_X(x)$, $f_Y(y)$；又 $g(x), h(y)$ 分別爲隨機變數 X, Y 的函數，當隨機變數 X, Y 獨立時，則 $E\{g(X)h(Y)\} = E\{g(X)\} \cdot E\{h(Y)\}$。

【證】

(1)、(2) 省略。

$(3)\ E\{g(X)h(Y)\} = \int_{-\infty}^{\infty} \int_{-\infty}^{\infty} g(x)h(y)f(x, y)dxdy = \int_{-\infty}^{\infty} \int_{-\infty}^{\infty} g(x)h(y)f_X(x)f_Y(y)dxdx$

$= \left\{ \int_{-\infty}^{\infty} g(x)f_X(x)dx \right\}\left\{ \int_{-\infty}^{\infty} h(y)f_Y(y)dy \right\} = E\{g(X)\}E\{h(Y)\}$

例 *

求 $E[(X - b)^2]$ 之值爲最小的 b。

【解】

$$K(b) = E[(X - b^2)] = E[(X^2 - 2Xb + b^2)] = E(X^2) - 2bE(X) + b^2$$

$$\frac{dK(b)}{db} = 0 \quad \therefore 2E(X) + 2b = 0 \quad \therefore b = E(X)$$

$$\therefore \frac{d^2K(b)}{d^2b} = 2 > 0 \quad \therefore 當 b = E(X) 時，K(b) 之值爲最小。$$

例 *

隨機變數 X 的機率分配爲

$$P(X = 0) = 1/2，P(X = 1) = 3/8，P(X = 2) = 1/8$$

試求下列 $(1)E(X)$；$(2)E(X^2)$ 之值。

【解】

(1) $E(X) = 0 \cdot \dfrac{1}{2} + 1 \cdot \dfrac{3}{8} + 2 \cdot \dfrac{1}{8} = \dfrac{5}{8}$

(2) $E(X^2) = 0^2 \cdot \dfrac{1}{2} + 1^2 \cdot \dfrac{3}{8} + 2^2 \cdot \dfrac{1}{8} = \dfrac{7}{8}$

例*

隨機變數 X 的 $p.f.$ 爲

$$f(x) = \begin{cases} \dfrac{1}{3}\left(1 + \dfrac{1}{2}x\right) & 0 \le x \le 2 \\ 0 & \text{其他} \end{cases}$$

試求下列 $(1)E(X)$；$(2)E(X^2)$ 之值。

【解】

(1) $E(X) = \displaystyle\int_0^2 x \cdot f(x)dx = \int_0^2 x\dfrac{1}{3}\left(1 + \dfrac{1}{2}x\right)dx = \dfrac{1}{3}\int_0^2 \left(x + \dfrac{1}{2}x^2\right)dx = \dfrac{10}{9}$

(2) $E(X^2) = \displaystyle\int_0^2 x^2 \cdot f(x)dx = \int_0^2 x^2 \cdot \dfrac{1}{3}\left(1 + \dfrac{1}{2}x\right)dx = \dfrac{1}{3}\int_0^2 \left(x^2 + \dfrac{1}{2}x^3\right)dx = \dfrac{14}{9}$

例*

隨機變數 X 的 $p.f. f(x)$ 滿足下列

$$f(x) = 0 \quad (0 < x)$$

時，試證如下之不等式

$$P(X \ge \alpha) \le E(X)/\alpha \quad (\alpha > 0)$$

【證】

$$E(X) = \int_0^\infty xf(x)dx \ge \int_\alpha^\infty xf(x)dx \ge \alpha\int_\alpha^\infty f(x)dx = \alpha P(X \ge \alpha)$$

$\therefore P(X \ge \alpha) \le E(X)/\alpha$

例*

設隨機變數 X 的 $p.f.f(x)$ 對稱於點 $x = a$，即對所有的 x，$f(a - x) = f(a + x)$，若 $E(X)$ 存在，則 $E(X) = a$。

【證】

若 X 的連續隨機變數，則

$$E(X) = \int_{-\infty}^{\infty} xf(x)dx = \int_{-\infty}^{\infty} (t+a)f(t+a)dt \quad （令\ t = x - a）$$

$$= \int_{-\infty}^{\infty} tf(t+a)dt + a\int_{-\infty}^{\infty} f(t+a)d(t+a)$$

$$= a + \int_{-\infty}^{\infty} tf(t+a)dt$$

令 $g(t) = tf(t + a)$ 則 $g(-t) = -tf(a - t) = -tf(a + t) = -g(t)$ 即 $g(t)$ 為奇函數，又因 $E(X)$ 存在，所以

$$\int_{-\infty}^{\infty} tf(t+a)dt = 0$$

故得 $E(X) = a$。

例*

設 X 的 $p.f.$ 為

$$f(0) = f(2) = \frac{1}{6}, f(1) = f(3) = \frac{1}{3}$$

求 $g(x) = (x - 2)^2$ 之期望值 $E[g(X)]$ 。

【解】

$$E[g(X)] = \sum_{x=0}^{3} g(x)f(x) = \sum_{x \neq 0}^{3} (x-2)^2 f(x) = \frac{4}{3}$$

例 *

設 X 的 $p.f.$ 為

$$f(x) = \begin{cases} \dfrac{1}{2}e^{-(x-2)} & x > 2 \\[2mm] \dfrac{1}{2}e^{x-2} & x \le 2 \end{cases}$$

求 $E[g(X)]$，其中 $g(x) = |x - 2|$。

【解】

$$E[g(X)] = \int_{-\infty}^{\infty} |x - 2| f(x) dt$$

$$= \frac{1}{2}\int_{-\infty}^{2} -(x-2)e^{x-2}dx + \frac{1}{2}\int_{2}^{\infty}(x-2)e^{-(x-2)}dx = \frac{1}{2} + \frac{1}{2} = 1$$

【註】令 $x - 2 = y$，則 $\displaystyle\int_{-\infty}^{2} -(x-2)e^{x-2}dx = \int_{-\infty}^{0} -ye^{y}\,dy = (-y)e^{y}\Big|_{-\infty}^{0} + \int_{-\infty}^{0}e^{y}\,dy$

$$= e^{y}\Big|_{-\infty}^{0} = 1$$

◯ 定理：Cauchy-Schwarz 不等式

兩個隨機變數 X, Y，如滿足 $E(X^2) < \infty, E(Y^2) < \infty$ 時，試證下式成立。

$$|E(XY)| \le \sqrt{E(X^2)}\sqrt{E(Y^2)}$$

【證】

$$E[(tX + Y)^2] = t^2 E(X^2) + 2tE(XY) + E(Y^2) \ge 0$$

如看成 t 的 2 次式時，由判別式知

$$\{E(XY)\}^2 - E(X^2)E(Y^2) \le 0$$

$$\therefore E(X^2)E(Y^2) \ge \{E(XY)\}^2$$

$$\therefore \sqrt{E(X^2)}\sqrt{E(Y^2)} \ge |E(XY)|$$

例 **

對任一非負的隨機變數 Y

$$E(Y) = \int_0^\infty P(Y > y)dy = \int_0^\infty [1 - F(y)]dy$$

【證】

設 Y 為連續隨機變數，令其 $p.f.$ 為 $f_Y(y)$ 則

$$\int_0^\infty P\{Y > y\}dy = \int_0^\infty \left(\int_y^\infty f_Y(x)dx \right)dy$$

其中我們使用了 $P(Y > y) = \int_y^\infty f_Y(x)dx$

交換上式的積分次序得

$$\int_0^\infty P(Y > y)dy = \int_0^\infty \left(\int_0^x dy \right)f_Y(x)dx = \int_0^\infty x \cdot f_Y(x)dx = E[Y]$$

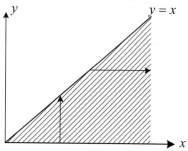

例 *

設 X 的 $p.f.$ 為

$$f(x) = \begin{cases} \dfrac{1}{b-a} & a \leq x \leq b \\ 0 & 其他 \end{cases}$$

求 $E(X), E(X^2)$。

【解】

$$E(X) = \int_a^b x \cdot \left(\frac{1}{b-a} \right)dx = \frac{a+b}{2}$$

$$E(X^2) = \int_a^b x^2 \left(\frac{1}{b-a} \right)dx$$

$$= \frac{1}{3}(b^2 + ab + b^2)$$

例*

設 X 的 $p.f.$ 為

$$f(x) = \begin{cases} 1 & 0 \le x \le 1 \\ 0 & \text{其他} \end{cases}$$

求 $E(e^x)$。

【解】

①令 $Y = e^X$，我們先求 Y 的機率分配函數 F_Y，對 $1 \le y \le e$，

$$\begin{aligned} F_Y(y) &= P(Y \le y) \\ &= P(e^x \le y) \\ &= P(X \le \log y) \\ &= \int_0^{\log y} f(x)dx \\ &= \log y \end{aligned}$$

將 $F_Y(y)$ 微分，得 Y 的 $p.f.$ $f_Y(y)$ 如下：

$$f_Y(y) = \frac{1}{y} \quad , \quad 1 \le y \le e$$

因此

$$E(e^x) = E(Y) = \int_{-\infty}^{\infty} yf_Y(Y)dy = \int_{-\infty}^{\infty} y\left(\frac{1}{y}\right)dy$$

$$= \int_1^e dy = e - 1$$

② $E[e^X] = \int_0^1 e^x \cdot 1 \cdot dx = e^x \Big|_0^1 = e - 1$

■ 隨機變數之變異數

設隨機變數 X 的機率函數為 $f(x)$，X 的期望值設為 μ，則 X 的變異數（Variance）為

$$\begin{aligned} V(X) &= E[X - E(X)]^2 \\ &= E(X - \mu)^2 = E(X^2) - \mu^2 \end{aligned}$$

1.若 X 為離散隨機變數，則

$$V(X) = \sum (x - \mu)^2 \cdot f(x) = \sum x^2 f(x) - \mu^2$$

2.若 X 為連續隨機變數，則

$$V(X) = \int_{-\infty}^{\infty} (x - \mu)^2 f(x) dx = \int_{-\infty}^{\infty} x^2 f(x) dx - \mu^2$$

【註】如令 X 的變異數為 σ^2，則

(1) $V(X)$ 不為負數。

(2) $E(X^2) = E(X)^2 + V(X) = \mu^2 + \sigma^2$

(3) $E(\bar{X}^2) = E(\bar{X})^2 + V(\bar{X}) = \mu^2 + \dfrac{\sigma^2}{n}$

(4) $V(X) \geq 0,\ E(X^2) \geq E(X)^2$

例 *

設隨機變數 X 的機率函數為

$$f(x) = \begin{cases} p & x = -1, 1 \\ 1 - 2p & x = 0 \\ 0 & 其他 \end{cases}$$

此 $0 < p < \dfrac{1}{2}$，試求 $V(X)$。

【解】

$$\mu = E(X) = \sum x \cdot f(x) = (-1) \cdot p + (1) \cdot p + 0 \cdot (1 - 2p) = 0$$

$$E(X^2) = \sum x^2 f(x) = (-1)^2 p + (1)^2 p + 0(1 - 2p) = 2p$$

$$V(X) = E(X^2) - \mu^2 = 2p - 0 = 2p$$

例 *

有一分配函數為

$$F(x) = \begin{cases} 0 & x < 0 \\ x^3 & 0 \leq x < 1 \\ 1 & x \geq 1 \end{cases}$$

試求 $V(X)$。

【解】

由 $\dfrac{d}{dx}F(x) = f(x)$ 可得

$$f(x) = \begin{cases} 3x^2 & 0 < x < 1 \\ 0 & \text{其他} \end{cases}$$

$$\mu = E(X) = \int_0^1 x(3x^2)dx = \frac{3}{4}$$

$$E(X^2) = \int_0^1 x^2(3x^2)dx = \frac{3}{5}$$

$$\therefore V(X) = E(X^2) - \mu^2 = \frac{3}{5} - \left(\frac{3}{4}\right)^2 = \frac{3}{80}$$

例*

1. 設 a 為常數，則 $V(a) = 0$
2. 設 X 的隨機變數，則 $V(aX + b) = a^2 V(X)$
3. 設 X 為一隨機變數，其機率分配為 $f(x)$。另外，$g(x)$ 為 x 的函數，則
$$V[g(X)] = E[g(X) - E\{g(X)\}]^2$$
$$= \int_{-\infty}^{\infty} [g(x) - E\{g(X)\}]^2 \cdot f(x) \cdot dx$$

【解】

$$\begin{aligned} 2.\, V(aX + b) &= E(aX + b - E(aX + b))^2 \\ &= E(aX + b - aE(X) - b)^2 \\ &= E[a(X - E(X))^2] \\ &= E[a^2(X - E(X))^2] \\ &= a^2 E[(X - E(X))^2] = a^2 V(X) \end{aligned}$$

1., 3. 省略。

■ 標準差

變異數的平方根即為標準差（Standard deviation），即 $D(X) = \sqrt{V(X)}$。

📖 性質

(1) a 為常數，$D(a) = 0$

(2) X 為隨機變數，則 $D(aX + b) = |a| \cdot D(X)$

例*

已知隨機變數 X 的分配其平均值為 μ，變異數為 σ^2，如隨機變數 Y 具有以下關係

$$Y = 50 + \frac{X - \mu}{\sigma} \times 10$$

試求 Y 分配的平均值與變異數。

【解】

$$E(Y) = E\left(50 + \frac{X - \mu}{\sigma} \times 10\right) = 50$$

$$V(Y) = V\left(50 + \frac{X - \mu}{\sigma} \times 10\right) = V\left(\frac{X - \mu}{\sigma} \times 10\right)$$

$$= 10^2 V\left(\frac{X - \mu}{\sigma}\right) = \frac{10^2}{\sigma^2} V(X) = 10^2$$

∴ Y 分配的平均為 50，變異數為 10^2。

例*

已知 X 的 $p.f.$ 為

$$f(x) = \begin{cases} \dfrac{x}{6} & x = 1, 2, 3 \\ 0 & \text{其他} \end{cases}$$

設 $g(x) = x^2 - 1$ 為 x 的函數。

求 $E[g(X)]$ 與 $V[g(X)]$。

【解】

$$E[g(X)] = \sum g(x) \cdot f(x) = \sum (x^2 - 1) \cdot \frac{x}{6} = (1^2 - 1) \cdot \frac{1}{6} + (2^2 - 1) \cdot \frac{2}{6} + (3^2 - 1) \cdot \frac{3}{6} = 5$$

$$V[g(X)] = \sum [g(x) - E(g(X))]^2 \cdot f(x) = \sum [(x^2 - 1) - 5]^2 \cdot f(x) = 10$$

例*

$$F(x) = \begin{cases} 0 & x < 0 \\ x^3 & 0 \le x < 1 \\ 1 & x \ge 1 \end{cases}$$

令 $g(x) = x^2 - 1$，求 $E[g(X)]$ 與 $V[g(X)]$ ？

【解】

$$f(x) = \frac{dF(x)}{dx} = 3x^2$$

$$E[g(X)] = \int_0^1 (x^2 - 1) \cdot 3x^2 dx = \int_0^1 (3x^4 - 3x^2) dx = \left(\frac{3}{5}x^5 - x^3 \right) \Big|_0^1$$

$$= -\frac{2}{5}$$

$$V[g(X)] = \int_0^1 [g(x) - E(g(X))]^2 \cdot f(x) dx = \int_0^1 \left(x^2 - 1 + \frac{2}{5} \right)^2 \cdot (3x^2) dx$$

$$= \int_0^1 \left[3x^6 - \frac{18}{5}x^4 + \frac{27}{25}x^2 \right] dx = \frac{12}{175}$$

例*

設 X 表示投擲一均勻骰子所得的結果，求 X 的變異數。

【解】

因 $E(X) = \frac{1}{6}(1 + 2 + 3 + 4 + 5 + 6) = \frac{7}{2}$

且 $E(X^2) = \frac{1}{6}(1^2 + 2^2 + 3^2 + 4^2 + 5^2 + 6^2) = \frac{91}{6}$

$$V(X) = E(X^2) - [E(X)]^2 = \frac{91}{6} - \left(\frac{7}{2}\right)^2 = \frac{35}{12}$$

例*

對任意不等於 $E(X)$ 的常數 c，變異數 $V(X)$ 滿足下列不等式：
$$V(X) \le E[(X - c)^2]$$

【證】

$$
\begin{aligned}
E[(X - c)^2] &= E\{[(X - \mu) + (\mu - c)]^2\} \\
&= E[(X - \mu)^2] + 2(\mu - c)E[(X - \mu)] + (\mu - c)^2 \\
&= V(X) + (\mu - c)^2 \quad (\mu = E(X))
\end{aligned}
$$

因 $(\mu - c)^2 \ge 0$，故得

$$V(X) \le E[(X - c)^2]$$

例*

設 $X \sim N(\mu, \sigma^2)$ 求 X 的變異數。

【解】

$$V(X) = \int_{-\infty}^{\infty} (x - \mu)^2 \frac{1}{\sqrt{2\pi}\,\sigma} e^{-\frac{1}{2}\left(\frac{x-\mu}{\sigma}\right)^2} dx$$

令 $y = \dfrac{x - \mu}{\sigma}$ 得

$$
\begin{aligned}
V(X) &= \int_{-\infty}^{\infty} \frac{\sigma^2}{\sqrt{2\pi}} y^2 e^{-\frac{1}{2}y^2} dy \\
&= \frac{\sigma^2}{\sqrt{2\pi}} \left[-ye^{-y^2/2} \Big|_{-\infty}^{\infty} + \int_{-\infty}^{\infty} e^{-y^2/2} dy \right] \\
&= \sigma^2 \frac{1}{\sqrt{2\pi}} \int_{-\infty}^{\infty} e^{-y^2/2} dy \quad \left[\because \int_{-\infty}^{\infty} e^{-y^2/2} dy = \sqrt{2\pi} \right] \\
&= \sigma^2
\end{aligned}
$$

⊃ 定理：Delta 法

機率變數 X 的平均與變異數分別為 μ, σ^2，則 $y = f(x)$ 的平均與變異數近似的分別為 $f(\mu)$ 與 $\{f'(\mu)\}^2\sigma^2$。其中，$f(x)$ 為可微分函數，$f'(x)$ 表 $f(x)$ 對 x 的一次微分。（此稱為 Delta 法）

【證】

將函數 $f(x)$ 在 μ 的附近進行泰勒展開，得

$$y = f(x) = f(\mu) + f'(\mu)(x - \mu) + \frac{f''(\mu)}{2!}(x - \mu)^2 + \cdots + \frac{f^{(n)}(\mu)}{n!}(x - \mu)^n + \cdots \quad (1)$$

在式 (1) 的右方忽略第 3 項以下時，得

$$y \approx f(\mu) + f'(\mu)(x - \mu)$$

由假定 $E(X) = \mu$，$V(X) = \sigma^2$，所以

$$\begin{aligned}
E(Y) &\approx E[f(\mu)] + E[f'(\mu)(X - \mu)] \\
&\approx f(\mu) + f'(\mu)E[X - \mu] \\
&\approx f(\mu) \\
V(Y) &\approx V[f(\mu) + f'(\mu)(X - \mu)] \\
&\approx V[f(\mu)] + V[f'(\mu)(X - \mu)] \\
&\approx \{f'(\mu)\}^2 V(X - \mu) \\
&\approx \{f'(\mu)\}^2 V(X) \\
&\approx \{f'(\mu)\}^2 \cdot \sigma^2
\end{aligned}$$

又 $y \approx f(\mu) + f'(\mu)(x - \mu)$ 的右邊為 x 的一次式，所以可得以下定理。

⊃ 定 理

機率變數 X 如服從常態分配 $N(\mu, \sigma^2)$ 時，那麼 $y = f(x)$ 即服從常態分配 $N(f(\mu), \{f'(\mu)\}^2\sigma^2)$。

例＊＊

　　P 為母不良率，p 為樣本不良率（X/n），已知 $nP \geq 5$ 且 $n(1 - P)$ ≥ 5 時，p 近似服從常態分配，試求

(1) $Y = f(p) = \ln(p/1 - p)$（logit 變換）的分配

(2) $Y = f(p) = \sin^{-1}\sqrt{p}$ 的分配

【解】

(1) $\because p \sim N\left(P, \dfrac{P(1-P)}{n}\right)$，其中 $E(p) = P$，$V(p) = \dfrac{P(1-P)}{n}$

$$Y = f(p) = \ln(p/1 - p) = \ln p - \ln(1 - p)$$

將上式微分並令 $p = P$ 時

$$f'(P) = \frac{1}{P} + \frac{1}{1-P} = \frac{1}{P(1-P)}$$

因之由定理知，

$E(Y) = f(\mu) = f(P)$

$V(Y) = \{f'(\mu)\}^2 \cdot \sigma^2 = \{f'(P)\}^2 \sigma^2 = \left\{\dfrac{1}{P(1-P)}\right\}^2 \cdot \dfrac{P(1-P)}{n} = \dfrac{1}{nP(1-P)}$

$\therefore Y \sim N(\ln P/1 - P,\ 1/nP(1 - P))$

(2) $Y = f(p) = \sin^{-1}\sqrt{p}$ 將此微分並令 $p = P$ 時，

$$f'(P) = \frac{1}{2\sqrt{P(1-P)}}$$

此處應注意三角函數以 radian 單位來考慮。

$$E(Y) = f(\mu) = f(P) = \sin^{-1}\sqrt{P}$$

$$V(Y) = \{f'(\mu)\}^2 \sigma^2 = \left\{\frac{1}{2\sqrt{P(1-P)}}\right\}^2 \frac{P(1-P)}{n} = \frac{1}{4n}$$

亦即 $Y \sim N\left(\sin^{-1}\sqrt{P}, \dfrac{1}{4n}\right)$

母變異數近似地與母平均無關。

■ 偏態係數與峰態係數

1. 一單峰機率分配的偏態係數（skewness）為

$$\beta_1 = E\left[\left(\frac{X - \mu}{\sigma}\right)^3\right]$$

其中 $\mu = E(X)$，$\sigma^2 = V(X)$

$\beta_1 = 0$ 為對稱分配，$\beta_1 > 0$ 為右偏分配，$\beta_1 < 0$ 為左偏分配。

2. 一單峰機率分配的峰態係數（Kurtosis）為

$$\beta_2 = E\left[\left(\frac{X - \mu}{\sigma}\right)^4\right]$$

$\beta_2 = 3$ 為常態峰，$\beta_2 > 3$ 為高狹峰，$\beta_2 < 3$ 為低闊峰。

■ 原動差與主動差

設一個隨機變數 X 的機率函數為 $f(x)$，

1. r 級階乘動差

$$\mu(r) = E[X(X - 1)\cdots(X - r + 1)], \; r = 1, 2, \cdots$$

2. 以 0 為中心的 r 級原動差

$$\mu'_r = E(X^r), \; r = 1, 2, \cdots$$

3. 以 μ 為中心的 r 級主動差

$$\mu_r = E[(X - \mu)^r], \; r = 1, 2, \cdots$$

4. 以 x 為中心的 r 級主動差

$$\mu_r^n = E[(X - \overline{X})^r], \; r = 1, 2, \cdots$$

【註】1. 以 0 為中心的 1 級原動差 $E(X)$ 即與 $\overline{x}$ 一致。

2. 以 $\overline{x}$ 為中心的 2 級主動差 $E(X - \overline{X})^2$ 即與變異數一致。

例*

試以主動差求 β_1, β_2。

【解】

$$\mu_2 = E(X - \mu)^2 = \mu_2 - (\mu'_1)^2$$

$$\mu_3 = E(X - \mu)^3 = \mu'_3 - 3\mu'_2\mu'_1 + 2(\mu'_1)^3$$

$$\mu_4 = E(X - \mu)^4 = \mu'_4 - 4\mu'_3\mu'_1 + 6\mu'_2(\mu_1)^2 - 3(\mu'_1)^4$$

$$\therefore \beta_1 = \frac{\mu_3}{\sigma^3} = \frac{\mu_3}{\sqrt{\mu_2{}^3}}$$

$$\therefore \beta_2 = \frac{\mu_4}{\sigma^4} = \frac{\mu_4}{\sqrt{\mu_2{}^2}}$$

例*

試判定 $f(x) = (x + 1)/2$，$-1 < x < 1$，此分配的偏態情形。

【解】

$$E(X) = \int_{-1}^{1} x\left(\frac{x+1}{2}\right) dx = \left(\frac{1}{6}x^3 + \frac{1}{4}x^2\right)\Big|_{-1}^{1} = \frac{1}{3}$$

$$E(X^2) = \int_{-1}^{1} x^2\left(\frac{x+1}{2}\right) dx = \left(\frac{1}{8}x^4 + \frac{1}{6}x^3\right)\Big|_{-1}^{1} = \frac{1}{3}$$

$$E(X^3) = \int_{-1}^{1} x^3\left(\frac{x+1}{2}\right) dx = \left(\frac{1}{10}x^5 + \frac{1}{8}x^4\right)\Big|_{-1}^{1} = \frac{1}{5}$$

$$\mu_2 = E(X^2) - E(X)^2 = \frac{1}{3} - \left(\frac{1}{3}\right)^2 = \frac{2}{9}$$

$$\mu_3 = E(X^3) - 3[E(X^2)][E(X)] + 2[E(X)]^3 = \frac{1}{5} - 3\left(\frac{1}{3}\right)\left(\frac{1}{3}\right) + 2\left(\frac{1}{3}\right)^3 = \frac{-8}{135}$$

此機率分配為左偏分配。

例*

試判定 $f(x) = \frac{3}{4}(1 - x^2)$，$-1 < x < 1$，此分配的峰態情形。

【解】

$$E(X) = \int_{-1}^{1} x f(x) dx = \int_{-1}^{1} \frac{3}{4} x (1 - x^2) dx = 0 = \mu$$

$$E(X^2) = \int_{-1}^{1} x^2 f(x) dx = \int_{-1}^{1} \frac{3}{4} x^2 (1 - x^2) dx = \frac{1}{5}$$

$$E(X^4) = \int_{-1}^{1} \frac{3}{4} x^4 (1 - x^2) dx = \frac{3}{35}$$

$$\mu_2 = E(X - \mu)^2 = E(X^2) = \frac{1}{5}$$

$$\mu_4 = E(X - \mu)^4 = E(X^4) = \frac{3}{35}$$

$$\beta_2 = \frac{3/35}{(1/5)^2} = \frac{15}{7} < 3$$

此機率分配為低闊峰。

■ 動差母函數（Moment Generating Function）

設一隨機變數 X，其機率函數為 $f(x)$，則 e^{tX} 的期望值即為 X 的動差母函數，以 $m(t)$ 或 $m(x; t)$ 表之。

(1) X 為不連續隨機變數

$$m(t) = E(e^{tX}) = \sum e^{tx} f(x)$$

(2) X 為連續隨機變數

$$m(t) = E(e^{tX}) = \int_{-\infty}^{\infty} e^{tx} f(x) dx$$

已知 e^{tX} 的泰勒氏展開式為

$$e^{tx} = 1 + \frac{tx}{1!} + \frac{(tx)^2}{2!} + \cdots + \frac{(tx)^r}{r!} + \cdots$$

取其期望值得

$$E(e^{tX}) = 1 + \frac{t}{1!} E(X) + \frac{t^2}{2!} E(X^2) + \cdots + \frac{t^r}{r!} E(X^r) + \cdots$$

⊃ 定　理

(1) 設 a 爲常數，則 $m(ax;\ t) = m(x;\ at)$

(2) $m(x + a;\ t) = e^{at}m(x;\ t)$

(3) 若 Y 兩隨機變數獨立，則 $m(x + y;\ t) = m(x;\ t)m(y;\ t)$

(4) 求各級以 0 爲中心的原動差的公式爲

$$\frac{d^r}{dt^r}m(t)\bigg|_{t=0} = E(X^r)$$

【證】

(4) 已知 $m(t) = E(e^{tX}) = 1 + \dfrac{t}{1!}E(X) + \dfrac{t^2}{2!}E(X^2) + \cdots + \dfrac{t^r}{r!}E(X^r) + \cdots$

$\dfrac{d}{dt}m(t) = E(X) + tE(X^2) + \dfrac{t^2}{2!}E(X^3) + \cdots$

$\dfrac{d}{dt}m(t)\bigg|_{t=0} = E(X)$

同理，$\dfrac{d^2}{dt^2}m(t)\bigg|_{t=0} = E(X^2)$

同樣方法可得各級原動差。

例**

　　求算二項分配的動差母函數，並且求算其期望值及變異數。

【解】

二項機率函數爲

$$f(x) = \binom{n}{x}p^x q^{n-x} \qquad x = 0, 1, \cdots, n$$

動差母函數爲

$$m(t) = E(e^{tX}) = \sum_{x=0}^{n} e^{tx}\binom{n}{x}p^x q^{n-x} = \sum_{x=0}^{n}\binom{n}{x}(pe^t)^x q^{n-x} = (q + pe^t)^n$$

$$\frac{d}{dt}m(t) = n(q + pe^t)^{n-1}pe^t \quad , \quad \therefore E(X) = \frac{d}{dt}m(t)\bigg|_{t=0} = np$$

$$\frac{d^2}{dt^2}m(t) = np[e^t(n-1)(q+pe^t)^{n-2}pe^t + (q+pe^t)n^{-1}e^t]$$

$$E(X^2) = \frac{d^2}{dt^2}m(t)\bigg|_{t=0} = n(n-1)p^2 + np$$

故

$$V(X) = E(X^2) - [E(X)]^2 = n(n-1)p^2 + np - (np)^2$$
$$= np(1-p)$$

故二項分配的平均數和變異數分別爲

$$E(X) = np \quad , \quad V(X) = npq$$

例**

設 X 爲常態隨機變數，即 X 的 $p.f.$ 爲

$$f(x) = \frac{1}{\sigma\sqrt{2\pi}} e^{-\frac{(x-\mu)^2}{2\sigma^2}}$$

(1) 試求 X 的動差母函數 $M_X(t)$。

(2) 求 $E(X), E(X^2), E(X^3), E(X^4)$。

【解】

(1) 動差母函數 $M_X(t)$ 爲

$$M_X(t) = E(e^{tX}) = \int_{-\infty}^{\infty} e^{tx} \frac{1}{\sigma\sqrt{2\pi}} e^{\frac{-(x-\mu)^2}{2\sigma^2}} dx$$

$$= \int_{-\infty}^{\infty} \frac{1}{\sigma\sqrt{2\pi}} e^{-[x^2 - 2(\mu+t\sigma^2)x + \mu^2]/(2\sigma^2)} dx$$

$$\because x^2 - 2(\mu + t\sigma^2)x + \mu^2 = [x - (\mu + t\sigma^2)]^2 - 2\mu t\sigma^2 - t^2\sigma^4$$

$$\therefore M_X(t) = e^{\mu t + \frac{\sigma^2 t^2}{2}} \int_{-\infty}^{\infty} \frac{1}{\sigma\sqrt{2\pi}} e^{\frac{-[x-(\mu+t\sigma^2)]^2}{2\sigma^2}} dx$$

令 $u = \dfrac{[x - (\mu + t\sigma^2)]}{\sigma}$ ，則 $dx = \sigma du$

$$\therefore M_X(t) = e^{\mu t + \frac{\sigma^2 t^2}{2}} \int_{-\infty}^{\infty} \frac{1}{\sqrt{2\pi}} e^{\frac{-u^2}{2}} du = e^{\mu t + \frac{\sigma^2 t^2}{2}}$$

(2) $E(X) = \dfrac{dM_X(t)}{dt}\bigg|_{t=0} = [e^{\mu t + \frac{\sigma^2 t^2}{2}}(\mu + t\sigma^2)]_{t=0} = \mu$

$E(X^2) = \dfrac{d^2 M_X(t)}{dt^2}\bigg|_{t=0} = [e^{\mu t + \frac{\sigma^2 t^2}{2}}(\mu + t\sigma^2)^2 + e^{\mu t + \frac{\sigma^2 t^2}{2}}\sigma^2]_{t=0} = \mu^2 + \sigma^2$

同樣方法可以求出

$E(X^3) = \dfrac{d^3 M_X(t)}{dt^3} = \mu^3 + 3\mu\sigma^2$

$E(X^4) = \dfrac{d^4 M_X(t)}{dt^4}\bigg|_{t=0} = \mu^4 + 6\mu^2\sigma^2 + 3\sigma^4$

● 定　理

若 $X_1, X_2, \cdots, X_n$ 為獨立的隨機變數，其動差母函數分別為
$$M_{X_1}(t), M_{X_2}(t), \cdots, M_{X_n}(t)$$
若 $Y = X_1 + X_2 + \cdots + X_n$，則 Y 的動差母函數為
$$M_Y(t) = M_{X_1}(t) \cdot M_{X_2}(t) \cdots M_{X_n}(t)$$

【證】

$$M_Y(t) = E(e^{tY}) = E[e^{t(X_1 + X_2 + \cdots X_n)}] = \int_{-\infty}^{\infty}\int_{-\infty}^{\infty}\cdots\int_{-\infty}^{\infty} e^{t(x_1 + x_2 + \cdots + x_n)} f(x_1, x_2, \cdots, x_n) dx_1 dx_2 \cdots dx_n$$

因 $X_1, X_2, \cdots, X_n$ 為獨立的隨機變數，所以

$f(x_1, x_2, \cdots, x_n) = f_{X_1}(x_1) \cdot f_{X_2}(x_2) \cdots f_{X_n}(x_n)$

$\therefore M_Y(t) = \displaystyle\int_{-\infty}^{\infty} e^{tx_1} f_{X_1}(x_1)\, dx_1 \int_{-\infty}^{\infty} e^{tx_2} f_{X_2}(x_2) dx_2 \cdots \int_{-\infty}^{\infty} e^{tx_n} f(x_n) dx_n = M_{X_1}(t) \cdot M_{X_2}(t) \cdots M_{X_n}(t)$

例★★

設 X_1 與 X_2 為兩個獨立卜氏隨機變數其母數分別為 λ_1, λ_2，試求 $Y = X_1 + X_2$ 的機率分配。

【解】

卜氏隨機變數 X 其母數為 λ 的動差母函數為

$$M_X(t) = e^{\lambda(e^t - 1)}$$

X_1, X_2 的動差母函數分別為

$$M_{X_1}(t) = e^{\lambda_1(e^t - 1)}$$

$$M_{X_2}(t) = e^{\lambda_2(e^t - 1)}$$

由上述定理知

$$M_Y(t) = M_{X_1}(t) \cdot M_{X_2}(t) = e^{\lambda_1(e^t - 1)} \cdot e^{\lambda_2(e^t - 1)} = e^{(\lambda_1 + \lambda_2)(e^t - 1)}$$

$\therefore Y$ 的機率分配為卜氏分配其母數為 $\lambda_1 + \lambda_2$。

● 定理：馬可夫不等式（Markov inequality）

X 為非負的機率變數，任意的 $t > 0$，則

$$P\{X \geq t\} \leq \frac{E(X)}{t}$$

【證】

$$E(X) = \int_0^\infty x f(x) dx$$

$$= \int_0^t x f(x) dx + \int_t^\infty x f(x) dx \geq \int_t^\infty x f(x) dx$$

$$\geq t \int_t^\infty f(x) dx = t \cdot P[X \geq t] \qquad t \leq x < \infty$$

$$\therefore P\{X \geq t\} \leq \frac{E(X)}{t}$$

● 定理：柴比謝夫不等式（Chebyshev inequality）

若 X 為隨機變數，平均數為 μ，標準差為 σ，則

$$P\{|X - \mu| \leq m\sigma\} \geq 1 - \frac{1}{m^2}$$

【證】

$(X - \mu)^2$ 為非負的隨機變數

令 $t = k^2$，應用馬可夫不等式得

$$P\{(X - \mu)^2 \geq k^2\} \leq \frac{E(X - \mu)^2}{k^2}$$

令 $k = m\sigma$

$$\therefore P\{|X - \mu| \geq m\sigma\} \leq \frac{\sigma^2}{m^2\sigma^2} = \frac{1}{m^2}$$

$$\therefore P\{|X - \mu| \leq m\sigma\} = 1 - P\{|X - \mu| > m\sigma\} \geq 1 - \frac{1}{m^2}$$

● 定理：大數法則（Law of Large numbers）

$X_1, X_2, \cdots, X_n$ 相互獨立且服從同一分配，設 $\mu = E(X_i)$，$\sigma^2 = V(X_i)$，ε 為任意正數，當 $n \to \infty$ 時，則

$$P\left\{\left|\frac{X_1 + \cdots + X_n}{n} - \mu\right| < \varepsilon\right\} \to 1$$

【證】

$$E\left(\frac{X_1 + \cdots + X_n}{n}\right) = \frac{E(X_1) + \cdots + E(X_n)}{n} = \mu$$

又因為 $X_1, X_2, \cdots, X_n$ 相互獨立，所以

$$V\left(\frac{X_1 + \cdots + X_n}{n}\right) = \frac{V(X_1) + \cdots + V(X_n)}{n^2} = \frac{\sigma^2}{n}$$

因之對 $\dfrac{X_1 + \cdots + X_n}{n}$ 可應用 Chebyshev 不等式得

$$P\left\{\left|\frac{X_1 + \cdots + X_n}{n} - \mu\right| > k\left(\frac{\sigma}{\sqrt{n}}\right)\right\} \leq \frac{1}{k^2}$$

令 $\varepsilon = k\dfrac{\sigma}{\sqrt{n}}$ 則

$$P\left\{\left|\frac{X_1 + \cdots + X_n}{n} - \mu\right| > \varepsilon\right\} \leq \frac{\sigma^2}{n\varepsilon^2}$$

當 $n \to \infty$ 時

$$P\left\{\left|\frac{X_1 + \cdots + X_n}{n} - \mu\right| > \varepsilon\right\} \to 1$$

亦即 $\dfrac{X_1 + \cdots + X_n}{n} \to \mu$

【註】當 n 甚大時，平均值即等於期望值。投擲一枚硬幣，出現正面之次數的樣本平均數即等於期望值 $\dfrac{1}{2}$，此即爲大數法則的應用。

例 **

設 X 爲一隨機變數，若 $V(X) = 0$，則 $P\{X = E(X)\} = 1$

【解】

$$\because \left\{|X - \mu| > \frac{1}{n}\right\} \subset \{|X - \mu| > 0\} \quad, \quad P\left\{|X - \mu| > \frac{1}{n}\right\} \le P\{|X - \mu| > 0\}$$

由 Chebyshev 不等式得

$$P\left\{|X - E(X)| > \frac{1}{n}\right\} \le P\{|X - \mu| > 0\} = P\{|X - \mu| > m\sigma\} \le \frac{1}{m^2} (\because \sigma = \sqrt{V(X)} = 0)$$

上式對所有的 $m, n > 0$ 均成立時，只有 $P\left\{|X - \mu| > \dfrac{1}{n}\right\} = 0$，令 $n \to \infty$

$$0 = \lim_{n \to \infty} P\left\{|X - E(X)| > \frac{1}{n}\right\} = P\left\{\lim_{n \to \infty}\left[|X - E(X)| > \frac{1}{n}\right]\right\} = P\{X \neq E(X)\}$$

$$\therefore P\{X = E(X)\} = 1$$

例 **

設隨機變數 X 的期望值爲 0，變異數爲 σ^2，則任意 $a > 0$

$$P\{X \ge a\} \le \frac{\sigma^2}{a^2 + \sigma^2}$$

【解】

令 $c \ge 0$，且注意到

$X \geq a$　相當於 $X + c \geq a + c$

因 $a + c > 0$　故 $(X + c)^2 \geq (a + c)^2$

所以　$P\{X \geq a\} = P\{X + c \geq a + c\} \leq P\{(X + c)^2 \geq (a + c)^2\}$

再由馬可夫不等式得

$$P\{X \geq a\} \leq \frac{E[(X + c)]}{(a + c)^2} = \frac{\sigma^2 + c^2}{(a + c)^2}$$

其中 a, c 均大於 0。上式對所有 $c > 0$ 均成立，且在 $c = \dfrac{\sigma^2}{a}$ 時，上式之右邊有最小值，故

$$P\{X \geq a\} \leq \frac{\sigma^2}{a^2 + \sigma^2}，\quad a > 0$$

例*

　　設產品的壽命平均為 360 分鐘，標準差 8 分鐘，試確定含產品壽命至少 $8/9$ 的區間為何？

【解】

$\mu = 360, \sigma = 8, 1 - \dfrac{1}{z^2} = 8/9$，所以 $z = 3$

$\mu \mp 3\sigma = 360 \mp (8) = 336, 384$

即至少有 $8/9$ 的產品壽命在 336 分至 384 分之間。

例*

　　假設 100 位學生選修商用統計學，而且期中考的平均數為 70 分，標準差為 5 分，有多少的學生的成績介於 60 分與 80 分之間？有多少學生的分數介於 58 分與 82 分之間？

【解】

$(1)\ \dfrac{60 - 70}{5} = -2, \dfrac{80 - 70}{5} = 2$

$$\therefore P\{60 < X < 80\} = P\{\mu - 2\sigma < X < \mu + 2\sigma\}$$

$$\geq 1 - \frac{1}{2^2} = \frac{3}{4}$$

(2) $\dfrac{58 - 70}{5} = -2.4, \dfrac{82 - 70}{5} = 2.4$

$$\therefore P\{58 < X < 82\} = P\{\mu - 2.4\sigma < X < \mu + 2.4\sigma\}$$

$$\geq 1 - \frac{1}{(2.4)^2} = 0.826$$

【註】如求 $P\{\mu - 2\sigma < X < \mu + 3\sigma\}$ 之機率：

$$P\{\mu - 2\sigma < X < \mu + 3\sigma\} \geq \frac{3}{4} + \left[\frac{8}{18} - \frac{3}{8}\right] = \frac{3}{4} + \frac{5}{72} = \frac{59}{72}$$

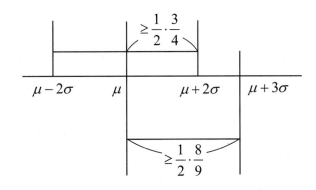

■ 兩個隨機變數的期望值

設有兩個隨機變數 X 和 Y，其聯合機率函數為 $f(x, y)$，又設 $u(x, y)$ 為 X, Y 兩變數的函數，則 $u(X, Y)$ 的期望值為

1.當 X, Y 為離散隨機變數時，

$$E[u(X, Y)] = \sum \sum u(x, y) f(x, y)$$

2.當 X, Y 為連續隨機變數時，

$$E[u(X, Y)] = \int_{-\infty}^{\infty} \int_{-\infty}^{\infty} u(x, y) f(x, y) dx\, dy$$

⊃ 定　理

1. X, Y 為兩個隨機變數，a, b 為常數

$$E(aX + bY) = aE(X) + bE(Y)$$

2. 若 X, Y 為兩個獨立隨機變數，則

$$E(XY) = E(X)E(Y)$$

反之，不一定成立。

【證】

(1) 以連續聯合機率分配為例

$$
\begin{aligned}
E[aX + bY)] &= \int_{-\infty}^{\infty}\int_{-\infty}^{\infty}(ax + by)f(x, y)dx\,dy \\
&= \int_{-\infty}^{\infty}ax\left[\int_{-\infty}^{\infty}f(x, y)dy\right]dx + \int_{-\infty}^{\infty}by\left[\int_{-\infty}^{\infty}f(x, y)dx\right]dy \\
&= a\int_{-\infty}^{\infty}xf(x)dx + b\int_{-\infty}^{\infty}yf(y)dy = aE(X) + bE(Y)
\end{aligned}
$$

(2) 以離散聯合機率分配為例

$E(XY) = \sum\sum xyf(x, y)$，因 X, Y 為獨立隨機變數，

則 $f(x, y) = f(x)f(y)$

$$
\begin{aligned}
E(XY) &= \sum\sum xyf(x, y) \\
&= [\sum xf(x)][\sum yf(y)] \\
&= E(X) \cdot E(Y)
\end{aligned}
$$

【註】若 X 與 Y 兩個非獨立隨機變數時，

$$E(XY) = E(X) \cdot E(Y)$$

並不一定成立，使用此式時應特別注意「獨立」。

■ 兩個隨機變數的變異數

設有兩個隨機變數 X 和 Y，其聯合機率函數為 $f(x, y)$，又設 $u(x, y)$ 為 X, Y 兩個變數的函數，則 $u(X, Y)$ 的變異數為 $V[u(X, Y)] = E\{u(X, Y) - E[u(X, Y)]\}^2$。

1. 當 X, Y 爲離散隨機變數時
$$V[u(X, Y)] = \sum \sum \{u(x, y) - E[u(X, Y)]\}^2 f(x, y)$$
2. 當 X, Y 爲連續隨機變數時
$$V[u(X, Y)] = \int_{-\infty}^{\infty} \int_{-\infty}^{\infty} \{u(x, y) - E[u(X, Y)]\}^2 f(x, y) dx \, dy$$

■ 兩個隨機變數的共變數

設有兩個隨機變數 X, Y，滿足下式
$$\text{COV}(X, Y) = E[(X - \mu_X)(Y - \mu_Y)]$$
稱爲 X 與 Y 的共變數（Covariance）。

1. $\text{COV}(X, Y) = \sum_x \sum_y (x - \mu_X)(y - \mu_Y) f(x, y)$ （離散型）
$$= \iint_\Omega (x - \mu_X)(y - \mu_Y) f(x, y) dx dy \text{ （連續型）}$$
2. $\text{COV}(X, Y) > 0$ ，表 X, Y 正方向共變關係；< 0 表 X, Y 反方向共變關係；$= 0$ 表 X, Y 無共變關係。

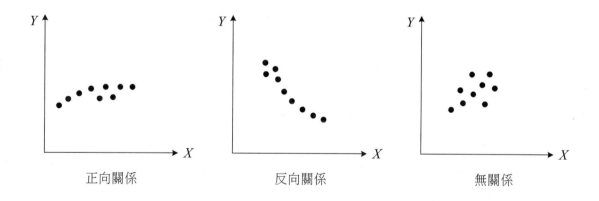

| 正向關係 | 反向關係 | 無關係 |

➲ 定　理

1. X, Y 爲兩個隨機變數，則
$$V(X \pm Y) = V(X) + V(Y) \pm 2\text{COV}(X, Y)$$

2. 當 X, Y 爲二獨立隨機變數，a, b 爲常數

$$V(X \pm Y) = V(X) + V(Y)$$

$$V(aX \pm bY) = a^2 V(X) + b^2 V(Y)$$

3. $\mathrm{COV}(X, Y) = \mathrm{COV}(Y, X)$

4. $\mathrm{COV}(aX, Y) = a\mathrm{COV}(X, Y)$

　$\mathrm{COV}(X, aY) = a\mathrm{COV}(X, Y)$

　$\mathrm{COV}(aX, bY) = ab\mathrm{COV}(X, Y)$

5. $\mathrm{COV}(X, X) = \mathrm{V}(X)$

6. 當 X, Y 獨立時，$\mathrm{COV}(X, Y) = 0$（反之，不一定成立）

【證】

1. $V(X + Y) = E[(X + Y) - E(X + Y)]^2 = E[(X - \mu_x) + (Y - \mu_y)]^2$

$\qquad = E(X - \mu_x)^2 + E(Y - \mu_y)^2 + 2E[(X - \mu_x)(Y - \mu_y)]$

$\qquad = V(X) + V(Y) + 2\mathrm{COV}(X, Y)$

2. $\mathrm{COV}(X, Y) = E[(X - \mu_x)(Y - \mu_y)]$

$\qquad = E(XY) - \mu_x E(Y) - \mu_y E(X) + \mu_x \mu_y$

$\qquad = E(XY) - \mu_x \mu_y$

當 X, Y 爲獨立隨機變數時，則

$E(XY) = E(X) \cdot E(Y) = \mu_x \mu_y$

所以當 X, Y 獨立時，

$\mathrm{COV}(X, Y) = E(XY) - \mu_x \mu_y = 0$ ，故

$V(X + Y) = V(X) + V(Y)$

其餘證明省略。

例 *

設 X_1, X_2, $\cdots$, X_n 表示 n 個隨機變數，試證：

$$V(X_1 + \cdots + X_n) = \sum V(X_i) + 2\sum_{i < j} COV(X_i, X_j)$$

【解】

$$E(X_1 + \cdots + X_n) = \mu_1 + \cdots + \mu_n$$

$$V(X_1 + \cdots + X_n) = E[X_1 + \cdots + X_n - (\mu_1 + \cdots + \mu_n)]^2$$

$$= E\left[\sum (X_i - \mu_i)^2 + 2\sum_{i<j} E(X_i - \mu_i)(X_j - \mu_j) \right]$$

$$= \sum_{i=1}^{n} E(X_i - \mu_i) + 2\sum_{i<j} E[(X_i - \mu_i)(X_j - \mu_j)]$$

$$= \sum V(X_i) + 2\sum_{i<j} COV(X_i, X_j)$$

當 X_i, X_j 相互獨立時

$$V(X_1 + \cdots + X_n) = \sum V(X_i)$$

● 定　理

1. $COV(X + c, Y) = COV(X, Y)$

2. $COV(cX, Y) = cCOV(X, Y)$

3. $COV(X_1 + X_2, Y) = COV(X_1, Y) + COV(X_2, Y)$

4. $\{COV(X, Y)\}^2 \le V(X) \cdot V(Y)$

【證】

1. $COV(X + c, Y) = E[(X + c)Y] - E(X + c) \cdot E(Y)$

$$= E(XY) + cE(Y) - E(X)E(Y) - cE(Y)$$

$$= E(XY) - E(X)E(Y)$$

$$= COV(X, Y)$$

2. $COV(cX, Y) = E[(cX)Y] - E(cX)E(Y)$

$$= c[E(XY) - E(X)E(Y)]$$

$$= cCOV(X, Y)$$

3. $COV(X_1 + X_2, Y) = E[(X_1 + X_2)Y] - E(X_1 + X_2)E(Y)$

$$= E(X_1Y) + E(X_2Y) - E(X_1)E(Y) - E(X_2)E(Y)$$

$$= E(X_1Y) - E(X_1)E(Y) + E(X_2Y) - E(X_2)E(Y)$$

$$= COV(X_1, Y) + COV(X_2, Y)$$

4.將 x, y 當作 2 個實數，則

$$Q(x, y) = V(xX + yY) = x^2V(X) + 2xy\text{COV}(X, Y) + y^2V(Y)，設 t = \frac{x}{y}，$$

$$= \{t^2V(X) + 2t\text{COV}(X, Y) + V(Y)\}^2 \cdot y^2$$

上式由於是不為負的 2 次式，因之判別式≤ 0，$\therefore (\text{COV}(X, Y))^2 \leq V(X)V(Y)$。

⊃ 定　理

X, Y 為兩個隨機變數，若 X 與 Y 獨立，試證

$$V(XY) = E(X^2Y^2) - E(X)^2E(Y)^2$$

【證】

$\because X$ 與 Y 獨立　$\therefore E(XY) = E(X)E(Y)$

又 $V(XY) = E[XY - E(XY)]^2 = E[XY - E(X)\text{E}(Y)]^2$

$\qquad = E[X^2Y^2 - 2XYE(X)E(Y) + E(X)^2E(Y)^2]$

$\qquad = E[X^2Y^2] - 2E(X)E(Y)E(XY) + E(X)^2E(Y)^2$

$\qquad = E[X^2]E[Y^2] - 2E(X)^2E(Y)^2 + E(X)^2E(Y)^2$

$\qquad = E[X^2]E[Y^2] - E(X)^2E(Y)^2$

如令 $E(X) = \mu_X$，$E(Y) = \mu_Y$，則上式可寫成 $= E[X^2]E[Y^2] - \mu_X^2\mu_Y^2$。

【註】若 X 與 Y 不獨立，此公式即不成立。

> **例***
>
> 已知下列資料，(1)若 X 與 Y 獨立，則 $\text{COV}(X, Y) = 0$，試驗證之。
>
> | Y＼X | x | | $f_Y(y)$ |
> |---|---|---|---|
> | | 0 | 1 | |
> | y　0 | 1/4 | 1/4 | 1/2 |
> | 　　1 | 1/4 | 1/4 | 1/2 |
> | $f_X(x)$ | 1/2 | 1/2 | 1 |
>
> 並求 $(2)E(X)$；$(3)V(X)$；$(4)E(X + Y)$；$(5)V(X + Y)$。

【解】

(1) $\because f(x, y) = f(x) \cdot f(y)$　$\therefore X \perp Y$（表 X, Y 獨立）

$E(X) = \mu_X = 0 \times \dfrac{1}{2} + 1 \times \dfrac{1}{2} = \dfrac{1}{2}$　；　$E(Y) = \mu_Y = 0 \times \dfrac{1}{2} + 1 \times \dfrac{1}{2} = \dfrac{1}{2}$

及 $E(XY) = 0 \times \dfrac{1}{4} + 0 \times \dfrac{1}{4} + 0 \times \dfrac{1}{4} + 1 \times \dfrac{1}{4} = \dfrac{1}{4}$

代入 $\mathrm{COV}(X, Y) = E(XY) - \mu_X \mu_Y = \dfrac{1}{4} - \dfrac{1}{2} \times \dfrac{1}{2} = 0$

X, Y 獨立，因之 $\mathrm{COV}(X, Y) = 0$

(2) $E(X^2) = \sum x^2 \cdot f(x) = 0^2 \cdot \dfrac{1}{2} + 1^2 \cdot \dfrac{1}{2} = \dfrac{1}{2}$

(3) $V(X) = E(X^2) - E(X)^2 = \dfrac{1}{2} - \left(\dfrac{1}{2} \right)^2 = \dfrac{1}{4}$

(4) $E(X + Y) = \sum \sum (x + y) \cdot f(x, y) = (0 + 0) \cdot \dfrac{1}{4} + (0 + 1) \cdot \dfrac{1}{4} + (1 + 0) \cdot \dfrac{1}{4} + (1 + 1) \cdot \dfrac{1}{4} = 1$

(5) $V(X + Y) = E[(X + Y) - E(X + Y)]^2 = \sum \sum [(x + y) - E(X + Y)]^2 \cdot f(x, y)$

$= (0 - 1)^2 \cdot \dfrac{1}{4} + (1 - 1)^2 \cdot \dfrac{1}{4} + (1 - 1)^2 \cdot \dfrac{1}{4} + (2 - 1)^2 \cdot \dfrac{1}{4} = \dfrac{1}{2}$

【註】$X \perp Y$ 則 $f(x, y) = f(x) \cdot f(y)$，同時 $\mathrm{COV}(X, Y) = 0$，反之不一定成立，請參照下面的例子。

例*

擲二個銅板令 X：出現正面之個數，Y：二枚相同時，$Y = 1$，二枚不同時，$Y = 0$

設 X, Y 之聯合機率函數為

X ＼ Y		x		$f_Y(y)$
		0	1	2	
y	0	0	1/2	0	1/2
	1	1/4	0	1/4	1/2
$f_X(x)$		1/4	1/2	1/4	1

驗證 $\mathrm{COV}(X, Y) = 0$，但 X, Y 不獨立，並求 $E(X + Y)$。

【解】

因 $f(0, 0) \neq f_X(0) \cdot f_Y(0)$ 所以 X, Y 不互為獨立，

而　$\mu_X = 0 \times \dfrac{1}{4} + 1 \times \dfrac{1}{2} + 2 \times \dfrac{1}{4} = 1$

$\mu_Y = 0 \times \dfrac{1}{2} + 1 \times \dfrac{1}{2} = \dfrac{1}{2}$

故　$E(XY) = \sum\sum x_i y_j f(x_i, y_j) = 0 \times 0 + 0 \times \dfrac{1}{2} + 0 \times 0 + 0 \times \dfrac{1}{4} + 1 \times 0 + 2 \times \dfrac{1}{4} = \dfrac{1}{2}$

所以 $\mathrm{COV}(X, Y) = E(XY) - \mu_X \mu_Y = \dfrac{1}{2} - 1 \times \dfrac{1}{2} = 0$

因此知，X, Y 的共變數為 0，但不一定表示 X, Y 獨立。

$(x + y)$	0	1	2	3
$f(x, y)$	0	3/4	0	1/4

$$E(X + Y) = 0 \cdot 0 + 1 \cdot \frac{3}{4} + 2 \cdot 0 + 3 \cdot \frac{1}{4} = \frac{3}{2}$$

例 *

已知 X, Y 的 $j.p.f.$ 為

$$f(x, y) = \begin{cases} \dfrac{1}{3}(x + y) & 0 \leq x < 1 \ , \ 0 \leq y < 2 \\ 0 & \text{其他} \end{cases}$$

試求 $E(X + Y), V(X + Y)$。

【解】

(1) 求 $E(X + Y)$

方法一：

$$f_X(x) = \int_0^2 f(x, y)dy = \frac{1}{3}\int_0^2 (x + y)dy = \frac{2}{3}(1 + x)$$

$$f_Y(y) = \int_0^1 f(x, y)dx = \frac{1}{3}\int_0^1 (x + y)dx = \frac{1}{6}(1 + 2y)$$

$$E(X) = \int_0^1 x \cdot f_X(x)dx = \frac{2}{3}\int_0^1 x \cdot (1 + x)dx = \frac{5}{9}$$

$$E(Y) = \int_0^2 y \cdot f_Y(y)dy = \frac{1}{6}\int_0^2 y \cdot (1+2y)dy = \frac{11}{9}$$

$$E(X+Y) = E(X) + E(Y) = \frac{5}{9} + \frac{11}{9} = \frac{16}{9}$$

方法二：

$$E(X+Y) = \frac{1}{3}\int_0^1\int_0^2 (x+y)^2\,dydx$$

$$= \frac{1}{3}\int_0^1\int_0^2 x^2 + 2xy + y^2\,dy\,dx$$

$$= \frac{1}{3}\int_0^1 \left(x^2 y + xy^2 + \frac{y^3}{3}\right)\Bigg|_0^2\,dx$$

$$= \frac{1}{3}\int_0^1 \left(2x^2 + 4x + \frac{8}{3}\right)dx$$

$$= \frac{1}{3}\left(\frac{2}{3}x^3 + 2x^2 + \frac{8}{3}x\right)\Bigg|_0^1 = \frac{1}{3}\left(\frac{2}{3} + 2 + \frac{8}{3}\right) = \frac{16}{9}$$

(2) 求 $V(X+Y)$

方法一：

$$V(X+Y) = E[(X+Y)^2] - E(X+Y)^2$$

$$= \int_0^1\int_0^2 (x+y)^2 f(x,y)dy\,dx - \left(\frac{16}{9}\right)^2$$

$$= \frac{1}{3}\int_0^1\int_0^2 (x+y)^3\,dy\,dx - \frac{256}{81}$$

$$= \frac{1}{3}\int_0^1 (2x^3 + 6x^2 + 8x + 4)dx - \frac{256}{81}$$

$$= \frac{7}{2} - \frac{256}{81} = \frac{55}{162}$$

方法二：

$$V(X+Y) = V(X) + V(Y) + 2 \cdot COV(X,Y)$$

$$V(X) = E(X^2) - E(X)^2 = \int_0^1 x^2 f_x(x)dx - \left(\frac{5}{9}\right)^2$$

$$= \frac{2}{3}\int_0^1 x^2(1+x)dx - \frac{25}{81} = \frac{2}{3}\left[\left(\frac{1}{3}X^3 + \frac{1}{4}X^4\right)\Bigg|_0^1\right] - \frac{25}{81} = \frac{13}{162}$$

$$V(Y) = E(Y^2) - E(Y)^2$$

$$= \int_0^2 y^2 \cdot f_Y(y)dy = \frac{1}{6}\int_0^2 y^2(1+2y)\,dy - \left(\frac{11}{9}\right)^2$$

$$= \frac{1}{6}\left[\left(\frac{y^3}{3} + \frac{1}{2}y^4\right)\bigg|_0^2\right] - \frac{121}{81} = \frac{23}{81}$$

$$\text{COV}(X,\ Y) = E(XY) - E(X)E(Y)$$

$$= \int_0^1\int_0^2 xy \cdot \frac{1}{3}(x+y)dy\,dx - \frac{5}{9} \cdot \frac{11}{9}$$

$$= \frac{1}{3}\int_0^1\int_0^2 x^2 y + xy^2 dy\,dx - \frac{55}{81}$$

$$= \frac{1}{3}\int_0^1 2x^2 + \frac{8}{3}x\,dx - \frac{55}{81}$$

$$= \frac{1}{3}\left(\frac{2}{3}x^3 + \frac{4}{3}x^2\right)\bigg|_0^1 - \frac{55}{81}$$

$$= \frac{2}{3} - \frac{55}{81} = \frac{54-55}{81} = -\frac{1}{81}$$

$$\Rightarrow V(X+Y) = V(X) + V(Y) + 2\,COV(X,Y)$$

$$= \frac{13}{162} + \frac{23}{81} + 2\left(-\frac{1}{81}\right) = \frac{55}{162}$$

例 *

設 $X,\ Y$ 的 $j.p.f.$ 為

$$f(x,y) = \begin{cases} x+y & 0<x<1,\,0<y<1 \\ 0 & \text{其他} \end{cases}$$

求 $E(X^\ell Y^m)$, $E(X)$, $E(Y)$, $V(X)$, $V(Y)$

$E[XY]$, $V(XY)$, $\text{COV}(X,\ Y)$，其中，$\ell,\ m$ 為非負整數。

【解】

$$E[X^\ell Y^m] = \int_0^1\int_0^1 x^\ell y^m (x+y)dxdy$$

$$= \int_0^1\int_0^1 x^{\ell+1} y^m dxdy + \int_0^1\int_0^1 x^\ell y^{m+1} dxdy$$

$$= \frac{1}{(\ell+2)(m+1)} + \frac{1}{(\ell+1)(m+2)}$$

$$E(X) = E(Y) = \frac{7}{12}$$

$$E(X^2) = E(Y^2) = \frac{5}{12}$$

$$V(X) = V(Y) = \frac{5}{12} - \frac{49}{144} = \frac{11}{144}$$

$$E(XY) = \frac{1}{3}$$

$$V(XY) = \int_0^1 \int_0^1 [xy - E(XY)]^2 \cdot f(x,y)dxdy = \int_0^1 \int_0^1 \left(xy - \frac{1}{3}\right)^2 \cdot (x+y)dxdy$$

$$= \int_0^1 \int_0^1 \left(x^3 y^2 - \frac{2}{3}x^2 y + \frac{1}{9}x\right)dxdy + \int_0^1 \int_0^1 \left(x^2 y^3 - \frac{2}{3}xy^2 + \frac{1}{9}y\right)dydx$$

$$= 2\left(\frac{1}{12} - \frac{1}{9} + \frac{1}{18}\right) = -\frac{1}{6}$$

$$COV(X,Y) = E(XY) - \mu_X \mu_Y = \frac{1}{3} - \frac{7}{12} \cdot \frac{7}{12} = \frac{-1}{46}$$

例 *

設有 A, B 二種股票，令 X 爲 A 股票的投資報酬率，Y 爲 B 股票的投資報酬率，現有五年（期）的 X, Y 資料，如下表所示，現某人將一筆資金等量投資於 A, B 股票上，試求該投資人一年的投資報酬率的期望值、變異數（風險）、共變數爲何？

A, B 兩種股票的投資報酬率

期數（年）	x（A 股票）	y（B 股票）
1	0.10	−0.10
2	−0.05	0.05
3	0.15	0.00
4	0.05	−0.10
5	0.00	0.10

【解】

　　求投資報酬率的期望值與變異數即求 $E\left(\dfrac{1}{2}X + \dfrac{1}{2}Y\right)$ 與 $V\left(\dfrac{1}{2}X + \dfrac{1}{2}Y\right)$。

$$\therefore E\left(\frac{1}{2}X + \frac{1}{2}Y\right) = \frac{1}{2}E(X) + \frac{1}{2}E(Y)$$

$$V\left(\frac{1}{2}X + \frac{1}{2}Y\right) = \frac{1}{4}V(X) + \frac{1}{4}V(Y) + 2\frac{1}{2}\cdot\frac{1}{2}\mathrm{COV}(X, Y)$$

而隨機變數 $X,\ Y$ 的平均數為

$$\mu_X = \frac{0.10 + (-0.05) + 0.15 + 0.05 + 0.00}{5} = 0.05$$

$$\mu_Y = \frac{0.10 + 0.05 + 0.00 + (-0.10) + 0.10}{5} = -0.01$$

變異數為

$$V(X) = E(X - \mu_X)^2 = E(X^2) - \mu_X^{\ 2} = \frac{\sum x_i^{\ 2}}{5} - (0.05)^2 = 0.0050$$

$$V(Y) = E(Y - \mu_Y)^2 = 0.0064$$

$$COV(X, Y) = E(X - \mu_X)(Y - \mu_Y) = \frac{\sum (x_i - \mu_X)(y_j - \mu_Y)}{N} = \frac{\sum x_i y_j}{5} - \mu_X \mu_Y$$
$$= -0.0035 - (0.05)(-0.01) = -0.003$$

$$\therefore E\left(\frac{1}{2}X + \frac{1}{2}Y\right) = 0.02$$

$$V\left(\frac{1}{2}X + \frac{1}{2}Y\right) = 0.00135$$

即投資人投資於 $A,\ B$ 兩種股票之報酬率之期望值為 2%，變異數為 0.00135。

■ 條件期望值（Conditional Expectation）

　　設有兩個隨機變數 X 及 Y，其聯合機率函數為 $f(x, y)$，其在 X 出現後再出現 Y 的條件機率函數為 $f(y|x)$，則在 X 出現後再出現 Y 的條件期望值可表示為 $E(Y|x)$。

(1) 當 Y 為離散隨機變數，則
$$E(Y \mid x) = \sum yf(y \mid x)$$

(2) 當 Y 為連續隨機變數，則
$$E(Y \mid x) = \int_{-\infty}^{\infty} yf(y \mid x)dy$$

$E(X \mid y)$ 之情形亦同。

【註】1. 請注意 $E(X \mid Y = y)$ 與 $E(X)$ 兩者之關係，即
$$E(X) = \int_{x=-\infty}^{\infty} xf_X(x)dx = \int_{x=-\infty}^{\infty} x\int_{y=-\infty}^{\infty} f(x, y)dy\,dx$$
$$= \int_{y=-\infty}^{\infty} \int_{x=-\infty}^{\infty} xf_{X|Y}(x \mid y)dxf_Y(y)dy = \int_{y=-\infty}^{\infty} E(X \mid Y = y)f_Y(y)dy = E_Y[E(X \mid Y)]$$

2. $E(X \mid Y = y) = \int_{-\infty}^{\infty} xf(x \mid y)dx$

3. $E\left[\sum_{i=1}^{n} X_i \mid Y = y\right] = \sum_{i=1}^{n} E[X_i \mid Y = y]$

■ $E(Y \mid X)$ 與 $E(Y \mid X = x)$ 之不同

$$E(Y \mid X = x) = \sum yP(Y = y \mid X = x) = \sum_{y} \frac{yP(Y = y, X = x)}{P(X = x)}$$

此為在 $X = x$ 之下 Y 的期待值，成為實數值，因將 y 加總掉，故可將此視為 x 的函數。如設 $E(Y \mid X = x) = g_Y(x)$，則可定義 $g_Y(X) = E(Y \mid X)$，此為隨機變數。

例*

設 $P(Y = y \mid X = x) = p(y \mid x)(x = 1, 2, y = 1, 2, 4)$

已知　$p(1 \mid 1) = \dfrac{1}{3}, p(2 \mid 1) = \dfrac{2}{3}, p(4 \mid 1) = 0$

$\quad\quad\ p(2 \mid 1) = 0, p(2 \mid 2) = \dfrac{1}{3}, p(4 \mid 2) = \dfrac{2}{3}$

試求 $E[Y \mid X]$。

【解】

$$E(Y \mid X = 1) = 1 \times \frac{1}{3} + 2 \times \frac{2}{3} = \frac{5}{3}$$

$$E(Y \mid X = 2) = 2 \times \frac{1}{3} + 4 \times \frac{2}{3} = \frac{10}{3}$$

如設 $g(x) = E(Y|X = x)$ 時，$g(X)$ 即為 $g(X) = \frac{5}{3}X$，亦即

$$E(Y \mid X) = \frac{5}{3}X$$

● 定　理

X, Y, Z 均為隨機變數，則

1. $E(X + Y|Z) = E(X|Z) + E(Y|Z)$

2. $E(cX|Y) = cE(X|Y)$

3. $E(aX + b|Y) = aE(X|Y) + b$

4. $E(c|Y) = c$

5. $E(Y|Y) = Y$

6. $E(XY|X) = XE(Y|X)$

【證】

以下情形均以 X, Y, Z 為離散隨機變數來說明。

(1) $E(X \mid Z = k) = \sum_{m} \frac{mP(X = m, Z = k)}{P(Z = k)}$

此處，$\sum_{n} P(X = m, Y = n, Z = k) = P(X = m, Z = k)$，因之

$$E(X \mid Z = k) = \sum_{m, n} \frac{mP(X = m, Y = n, Z = k)}{P(Z = k)}$$

同樣

$$E(Y \mid Z = k) = \sum_{m, n} \frac{nP(X = m, Y = n, Z = k)}{P(Z = k)}$$

$$\therefore E(X \mid Z = k) + E(Y \mid Z = k) = \sum_{m, n} (m + n) \frac{P(X = m, Y = n, Z = k)}{P(Z = k)}$$

$$= E(X + Y \mid Z = k)$$

此同時意指所以

$$g_{X+Y}(Z) = g_X(Z) + g_Y(Z)$$

所以

$$E(X + Y|Z) = E(X|Z) + E(Y|Z)$$

(2) $g(y) = E(cX \mid Y = y) = \dfrac{\sum cxP(X = x, Y = y)}{P(X = y)} = cE(X \mid Y = y)$

因之 $g(Y) = cE(X|Y)$

(3) $g(y) = E(aX + b \mid Y = y) = \dfrac{\sum (ax + b)P(X = x, Y = y)}{P(Y = y)}$

$\qquad = \dfrac{\sum axP(X = x, Y = y)}{P(Y = y)} + b\sum P(X = x)$

$\qquad = aE(X \mid Y = y) + b$

因之 $E(aX + b|Y) = aE(X|Y) + b$

(4) $g(y) = E(c \mid Y = y) = \dfrac{\sum cP(X = c, Y = y)}{P(Y = y)} = \dfrac{\sum cP(X = c) \cdot P(Y = y)}{P(Y = y)}$

$\qquad = \sum cP(X = c) = E(c) = c$

(5) $g(y) = E(Y \mid Y = k) = \dfrac{\sum nP(Y = n, Y = k)}{P(Y = k)} = \dfrac{kP(Y = k)}{P(Y = k)} = k$

（∵當 n 不等於 k 時，$P(Y = n, Y = k) = 0$）

(6) $g(k) = E(XY \mid X = k) = \dfrac{\sum\sum xyP(X = x, Y = y, X = k)}{P(X = k)} = \dfrac{k\sum yP(Y = y, X = k)}{P(X = k)}$

$\qquad = kE(Y \mid X = k)$

因之 $E(XY|X) = g(X) = XE(Y|X)$。

■ 條件變異數（Conditional Variance）

設有兩個隨機變數 X 及 Y，其聯合機率函數為 $f(x, y)$，其在 X 出現後再出現 Y 的條件函數函數為 $f(y|x)$，則在 X 出現後再出現 Y 的條件變異數為 $V(Y|x)$。

(1) 當 Y 為離散隨機變數，則

$$V(Y \mid x) = \sum [y - E(Y \mid x)]^2 \cdot f(y \mid x)$$

(2) 當 Y 為連續隨機函數，則

$$V(Y \mid x) = \int_{-\infty}^{\infty} [y - E(Y \mid x)]^2 \cdot f(y \mid x) dy$$

同理 $V(X|y)$ 之情形亦同。

【註】$V(Y|x) = E[Y^2|x] - \{E[Y|x]\}^2$

例 *

　　設 X, Y 的聯合機率函數爲 $f(x, y) = 21x^2 y^3$，$0 < x < y < 1$，其他範圍爲 0，試求 X 之條件期待值和條件變異數於 $Y = y$，$0 < y < 1$。

【解】

　　已知 $f(x|y) = f(x, y)/f(y)$

　　又因 $f(y) = \int_0^y f(x, y)dx = \int_0^y 21x^2 y^3 dx = 7y^6$　　$0 < y < 1$

　　$\therefore X$ 之條件機率函數爲

$$f(x \mid y) = \frac{21x^2 y^3}{7y^6} = 3x^2 y^{-3}　　0 < x < y < 1$$

　　$\therefore X$ 之條件期待值

$$E(X \mid y) = \int_0^y x(3x^2 y^{-3})dx = \int_0^y 3x^3 y^{-3}dx = \left(\frac{3}{4}x^4 y^{-3}\right)\bigg|_0^y = \frac{3}{4}y　　0 < y < 1$$

X 之條件變異數爲

$$V(X \mid y) = E(X^2 \mid y) - [E(X \mid y)]^2 = \int_0^y x^2(3x^2 y^{-3})dx - \left(\frac{3}{4}y\right)^2$$

$$= \frac{3}{5}y^2 - \frac{9}{16}y^2 = \frac{3}{80}y^2　　0 < y < 1$$

例 *

　　設 X, Y 的聯合機率函數爲

$$f(x, y) = \begin{cases} 4xy & 0 < x < 1, 0 < y < 1 \\ 0 & \text{其他} \end{cases}$$

　　試求：$(1)E(X + Y)$；$(2)V(X + Y)$；$(3)E(X|y)$；$(4)V(X|y)$；

　　　　$(5)V(XY)$。

【解】

先求 X, Y 的邊際機率函數與條件機率函數，分別為

$$f_X(x) = \begin{cases} 2x & 0 < x < 1 \\ 0 & 其他 \end{cases} \quad ; \quad f_Y(y) = \begin{cases} 2y & x < y < 1 \\ 0 & 其他 \end{cases}$$

由於 $f(x, y) = f(x) \cdot f(y)$，$\therefore X$ 與 Y 獨立，又

$$f_{X|Y}(x|y) = \begin{cases} \dfrac{f(x, y)}{f_Y(y)} = \dfrac{4xy}{2y} = 2x & 0 < x < 1 \\ 0 & 其他 \end{cases}$$

次求 X, Y, X^2, Y^2 的期待值分別為

$$E(X) = \int_0^1 x(2x)dx = \frac{2}{3} \quad , \quad E(X^2) = \int_0^1 x^2(2x)dx = \frac{1}{2}$$

$$E(Y) = \int_0^1 y(2y)dx = \frac{2}{3} \quad , \quad E(Y^2) = \int_0^1 y^2(2y)dx = \frac{1}{2}$$

$$E(XY) = \int_0^1\int_0^1 (xy)(4xy)dx\,dy = \frac{4}{9}$$

$$V(X) = E(X^2) - E(X)^2 = \frac{1}{2} - \left(\frac{2}{3}\right)^2 = \frac{1}{18} \quad , \quad V(Y) = \frac{1}{18}$$

$$COV(X, Y) = E(XY) - E(X)E(Y) = \frac{4}{9} - \frac{2}{3}\cdot\frac{2}{3} = 0$$

(1) $E(X + Y) = E(X) + E(Y) = \dfrac{2}{3} + \dfrac{2}{3} = \dfrac{4}{3}$

(2) $V(X + Y) = V(X) + V(Y) + 2COV(X, Y) = \dfrac{2}{18} = \dfrac{1}{9}$

(3) $E(X|y) = \int_0^1 f_{X|Y}(x|y)dx = \int_0^1 x(2x)dx = \dfrac{2}{3}$

$$E(X^2|y) = \int_0^1 x^2 f_{X|Y}(x|y)dx = \frac{1}{2}$$

(4) $V(X|y) = E(X^2|y) - E(X|y)^2 = \dfrac{1}{2} - \left(\dfrac{2}{3}\right)^2 = \dfrac{1}{18}$

(5) $V(XY) = \int_0^1\int_0^1 \left(xy - \dfrac{4}{9}\right)^2 \cdot (4xy)dxdy = \int_0^1\int_0^1\left[x^4y^3 - \dfrac{32}{27}x^3y^2 + \dfrac{32}{81}x^2y\right]dxdy$

$$= \int_0^1\left[y^3 - \frac{32}{27}y^2 + \frac{32}{81}y\right]dy = \left(\frac{y^4}{4} - \frac{32}{81}y^3 + \frac{16}{81}y^2\right)\Big|_0^1 = \frac{17}{324}$$

（注意：雖然 X 與 Y 獨立，但 $V(XY) \neq V(X)V(Y)$）

例 *

甲產品的單價為 X，銷售量為 Y，設有以下的分配：

y \ x	11	12	13	$f_Y(y)$
8	0.1	0.1	0	0.2
7	0	0.3	0.1	0.4
6	0	0.1	0.3	0.4
$f_X(x)$	0.1	0.5	0.4	

試求：(1)$\text{COV}(X, Y)$；(2)$P(X = 11|Y = 8)$；(3)$V(Y|X = 12)$。

【解】

(1) $E(X) = 11 \times 0.1 + 12 \times 0.5 + 13 \times 0.4 = 12.3$

$E(Y) = 8 \times 0.2 + 7 \times 0.4 + 6 \times 0.4 = 6.8$

$E(XY) = \sum\sum (xy) f(x, y) = 83.3$

則 $\text{COV}(X, Y) = 83.3 - (12.3)(6.8) = -0.34$

(2) $P(X = 11|Y = 8) = P(X = 11, Y = 8)/P(Y = 8) = 0.1/0.2 = 0.5$

(3)

y	8	7	6	和
$P(x = 12, y)$	0.1	0.3	0.1	$P(x = 12) = 0.5$
$f(Y|X = 12)$	0.2	0.6	0.2	1.0

$$V(Y|X = 12) = E(Y^2|X = 12) - [E(Y|X = 12)]^2$$
$$= \sum y^2 f(Y|X = 12) - [\sum y f(Y|X = 12)]^2$$
$$= 49.4 - (7)^2 = 0.4$$

例 *

投擲 2 個骰子，其出現點數分別設為 X, Y，試求

(1) $E(X|X + Y = 8)$

(2) $X + Y = 5$ 時 $X = 1$ 的機率

(3) $X + Y = 5$ 時 X 的期望值

【解】

(1) $X + Y = 8$ 時，X 的出現可能值為 $2, 3, 4, 5, 6$，出現的機率分別為 $1/5$，因之，

$$E(X \mid X + Y = 8) = 2 \cdot \frac{1}{5} + 3 \cdot \frac{1}{5} + 4 \cdot \frac{1}{5} + 5 \cdot \frac{1}{5} + 6 \cdot \frac{1}{5} = 4$$

(2) $P(X = 1 \mid X + Y = 5) = \dfrac{P(X = 1, Y = 4)}{P(X + Y = 5)} = \dfrac{\frac{1}{36}}{\frac{4}{36}} = \dfrac{1}{4}$

(3) $P(X \mid X + Y = 5)$ 的條件機率分配可表示為

X	1	2	3	4
機率	$\frac{1}{4}$	$\frac{1}{4}$	$\frac{1}{4}$	$\frac{1}{4}$

$$\therefore E(X \mid X + Y = 5) = 1 \cdot \frac{1}{4} + 2 \cdot \frac{1}{4} + 3 \cdot \frac{1}{4} + 4 \cdot \frac{1}{4} = \frac{5}{2}$$

例 *

設 X, Y 的 $j.p.f.$ 為

$$f(x, y) = \begin{cases} \dfrac{1}{3}(x + y) & 0 \le x \le 1, 0 \le y \le 2 \\ 0 & \text{其他} \end{cases}$$

試求以下之解：$(1) f_Y(y)$；$(2) f_{X|Y}(x|y)$；$(3) E(X|Y = y)$；$(4) E(X|Y = 1)$；$(5) E(X^2|Y = y)$；$(6) V(X|Y = y)$；$(7) V(X|Y = 1)$。

【解】

(1) $f_Y(y) = \displaystyle\int_0^1 \frac{1}{3}(x + y) dx = \frac{1}{6}(1 + 2y)$

$$\therefore f_Y(y) = \begin{cases} \dfrac{1}{6}(1 + 2y) & 0 \le y \le 2 \\ 0 & \text{其他} \end{cases}$$

(2) $f_{X|Y}(x + y) = \dfrac{f(x, y)}{f_Y(y)} = \dfrac{\frac{1}{3}(x + y)}{\frac{1}{6}(1 + 2y)} = \dfrac{2(x + y)}{1 + 2y}$

$$\therefore f_{X|Y}(x \mid y) = \begin{cases} \dfrac{2(x+y)}{1+2y} & 0 \le x \le 1 \ (0 \le y \le 2) \\ 0 & \text{其他 } (0 \le y \le 2) \end{cases}$$

(3) $E(X \mid Y = y) = \displaystyle\int_0^1 x \cdot f_{X|Y}(x+y)dx = \int_0^1 x \cdot \dfrac{2(x+y)}{1+2y}dx$

$$= \dfrac{2}{1+2y}\int_0^1 x(x+y)dx = \dfrac{2+3y}{3(1+2y)}$$

(4) $E(X \mid 1) = \dfrac{5}{9}$

(5) $E(X^2 \mid Y = y) = \displaystyle\int_0^1 x^2 f_{X|Y}(x+y)dx = \int_0^1 x^2 \cdot \dfrac{2(x+y)}{1+2y}dx$

$$= \dfrac{2}{1+2y}\int_0^1 x^2(x+y)dx = \dfrac{3+4y}{6(1+2y)}$$

(6) $V(X \mid y) = E(X^2 \mid y) - E(X \mid y)^2 = \dfrac{6y^2+6y+1}{18(1+2y)^2}$

(7) $V(X \mid Y = 1) = \dfrac{13}{162}$

> **例 ***
>
> 　　若隨機變數 X, Y 與 Z 互為獨立，其期望值分別為 4, 9, 3，變異數分別為 3, 7, 5，試求下列隨機變數之期望值與變異數：
> (1) $P = 2X - 3Y + 4Z$
> (2) $Q = X + 2Y - Z$

【解】

(1) $E(P) = E(2X - 3Y + 4Z) = 2E(X) - 3E(Y) + 4E(Z) = -7$

$E(P) = E(2X - 3Y + 4Z) = 2E(X) - 3E(Y) + 4E(Z) = -7$

$V(P) = 2^2 \cdot V(X) + (-3)^2 \cdot V(Y) + 4^2 V(Z)$

$\qquad = 4 \times 3 + 9 \times 7 + 16 \times 5 = 155$

(2) $E(Q) = E(X + 2Y - Z) = E(X) + 2E(Y) - E(Z) = 4 + 18 - 3 = 10$

$V(Q) = V(X) + 2^2 \cdot V(Y) + (-1)^2 \cdot V(Z) = 3 + 28 + 5 = 36$

例 *

　　投鄭一硬幣 2 次，令 X 表示第一次投擲出現的正面次數，Y 表示二次投擲出現正面之總次數，若此硬幣出現正面之機率為 0.6，試求

(1) X 與 Y 的聯合機率分配

(2) $P(Y = 1 | X = 0)$, $P(X = 0 | Y = 1)$

(3) $P(X \leq 1, Y \leq 1)$, $P(0 \leq X + Y \leq 2)$

(4) X 與 Y 是否獨立？

【解】

(1) X：第一次出現正面的次數　　$x = 0, 1$

　　Y：兩次出現正面的次數　　　$y = 0, 1, 2$

$f(x, y)$		y			$g(x)$
		0	1	2	
x	0	0.16	0.24	0	0.40
	1	0	0.24	0.36	0.60
$h(y)$		0.16	0.48	0.36	1

$f(0, 0) = P$（第一次出現反面，兩次均未出現正面）$= (1 - 0.6)^2$
　　　　$= 0.16$

$f(0, 1) = (1 - 0.6) \times 0.6 = 0.24$

$f(0, 2) = 0 = f(1, 0)$

$f(1, 1) = 0.6 \times (1 - 0.6) = 0.24$

$f(1, 2) = 0.6 \times 0.6 = 0.36$

(2) $P(Y = 1 | X = 1) = \dfrac{P(X = 0, Y = 1)}{P(X = 0)} = \dfrac{24}{40} = \dfrac{3}{5}$

　　$P(X = 0 | Y = 1) = \dfrac{P(X = 0, Y = 1)}{P(Y = 1)} = \dfrac{24}{48} = \dfrac{1}{2}$

(3) $P(X \leq 1, Y \leq 1) = P(X = 0, Y = 0) + P(X = 0, Y = 1)$
　　$+ P(X = 1, Y = 0) + P(X = 1, Y = 1) = 0.64$

　　$P(0 \leq X + Y \leq 2) = 0.16 + 0.48 = 0.64$

(4) $f(0, 0) = P(X = 0, Y = 0) = 0.16 \neq P(X = 0)P(Y = 0) = 0.064$
　　$\therefore X, Y$ 不獨立

例*

設 X 為指數隨機變數，其平均為 $1/\lambda$，亦即
$$f_X(x) = \lambda e^{-\lambda x} \quad 0 < x < \infty$$
求 $E[X|X > 1]$。

【解】

$F_X(x) = 1 - e^{-\lambda x},\ 0 < x < \infty$

$P(X > x) = 1 - P(X \leq x) = 1 - F(x) = e^{-\lambda x}$

$\therefore P(X > 1) = e^{-\lambda}$

$$E[X \mid X > 1] = \frac{\int_1^\infty x \cdot f_X(x)dx}{P(X > 1)} = \frac{\int_1^\infty x(\lambda e^{-\lambda x})dx}{e^{-\lambda}} = \frac{-\int_1^\infty x \cdot d(e^{-\lambda x})}{e^{-\lambda}}$$

$$= \frac{-\left[xe^{-\lambda x}\Big|_1^\infty - \int_1^\infty e^{-\lambda x}dx \right]}{e^{-\lambda}} = \frac{e^{-\lambda}(1+\lambda)}{e^{-\lambda}} = 1 + \lambda$$

例**

在 $Y = y$ 下，X 的條件機率函數（c.p.f.）以 $f(x|y)$ 表示，則在 $Y = y$ 下 X 的期待值為

$$E(X \mid Y = y) = \int_{-\infty}^\infty x \cdot f(x \mid y)dx$$

(1) 試求 $E(XY)$；(2) 如 X 與 Y 獨立時，求 $E(XY)$。

【解】

(1) $E(XY) = \int_{-\infty}^\infty \int_{-\infty}^\infty xy f(x, y)dxdy$

$\qquad = \int_{-\infty}^\infty \int_{-\infty}^\infty xy f(x \mid y) f_Y(y)dxdy \quad \left[\because f(x \mid y) = \frac{f(x, y)}{f_Y(y)} \right]$

$\qquad = \int_{-\infty}^\infty \{ \int_{-\infty}^\infty x f(x \mid y)dx \} y f_Y(y)dy = \int_{-\infty}^\infty \{ E_{X|Y}(X \mid Y = y) \} y f_Y(y)dy$

$\qquad = E_Y \{ E_{X|Y}(X \mid Y = y) \}$

(2) 當 X 與 Y 獨立時

$$E(XY) = \int_{-\infty}^{\infty} \int_{-\infty}^{\infty} xyf(x, y)dxdy = \int_{-\infty}^{\infty} x \cdot f_X(x)dx \int_{-\infty}^{\infty} y \cdot f_Y(y)dx = E(X) \cdot E(Y)$$

例★★

設 (X, Y) 的 $c.p.f.$ 為

$$f(x, y) = \begin{cases} 2 & 0 < x < y < 1 \\ 0 & \text{其他} \end{cases}$$

求 $E[X|Y = y]$，$E[Y|X = x]$，$E[X^2|Y = y]$ 之值。

【解】

因

$$f_X(x) = \int_x^1 2dy = 2 - 2x \qquad x < y < 1$$

$$f_Y(y) = \int_0^y 2dx = 2y \qquad\qquad 0 < x < y$$

所以

$$f_{Y|X}(y \mid x) = \frac{f(x, y)}{f_X(x)} = \frac{1}{1-x} \qquad x < y < 1$$

$$f_{X|Y}(x \mid y) = \frac{f(x, y)}{f_Y(y)} = \frac{1}{y} \qquad 0 < x < y$$

故得

$$E[X \mid Y = y] = \int_0^y xf_{X|Y}(x \mid y)dx = \frac{y}{2} \qquad 0 < y < 1$$

$$E[Y \mid X = x] = \int_x^1 yf_{Y|X}(y \mid x)dy = \frac{1}{2}\left(\frac{1 - x^2}{1 - x}\right)$$

$$\qquad\qquad = \frac{1 + x}{2} \qquad\qquad 0 < x < 1$$

$$E[X^2 \mid Y = y] = \int_0^y x^2 f_{X|Y}(x \mid y)dx = \frac{y^2}{3} \qquad 0 < y < 1$$

> **例 ***
>
> 設 (X, Y) 的 c.p.f. 為
>
> $$f(x, y) = \begin{cases} \dfrac{1}{y} e^{x/y} e^{-y} & 0 < x < \infty, 0 < y < \infty \\ 0 & \text{其他} \end{cases}$$
>
> 求 $E[X|Y = y]$ 之值。

【解】

$$f_{X|Y}(x \mid y) = \frac{f(x, y)}{\displaystyle\int_{-\infty}^{\infty} f(x, y)dx} = \frac{\dfrac{1}{y} e^{-x/y} e^{-y}}{\displaystyle\int_{0}^{\infty} \dfrac{1}{y} e^{-x/y} e^{-y} dx} = \left(\frac{1}{y}\right) e^{-x/y} \qquad (x > 0)$$

故給與 $Y = y$，X 的條件機率分配為參數是 $\dfrac{1}{y}$ 的指數分配（參第 5 章），

$\therefore E[X|Y = y] = y \quad (y > 0)$

> **例 ****
>
> 試證 $E[X] = E[E(X|Y)]$

【註】當 Y 為離散隨機變數時，上式成為

$$E(X) = \sum_{y} E[X \mid Y = y] \cdot P\{Y = y\}$$

當 Y 為連續且機率函數為 $f_Y(y)$ 時，上式成為

$$E(X) = \int_{-\infty}^{\infty} E[X \mid Y = y] f_Y(y) dy$$

【證】

以 X, Y 均為離散之情形來證明。

$$E[E(X \mid Y)] = \sum_{y} E[X \mid Y = y] \cdot P(Y = y)$$

$$= \sum_{y} \sum_{x} x \cdot P\{X = x \mid Y = y\} \cdot P\{Y = y\}$$

$$= \sum_{y} \sum_{x} x \cdot \frac{P\{X = x, Y = y\}}{P\{Y = y\}} \cdot P\{Y = y\}$$

$$= \sum_y \sum_x x \cdot P\{X = x, Y = y\}$$

$$= \sum_x x \sum P(X = x, Y = y)$$

$$= \sum_x x \cdot P(X = x)$$

$$= E(X)$$

例**

已知 X, Y 的聯合機率分配如下：

X＼Y	1	−1	和
1	$\dfrac{1}{10}$	$\dfrac{2}{10}$	$\dfrac{3}{10}$
−1	$\dfrac{3}{10}$	$\dfrac{4}{10}$	$\dfrac{7}{10}$
和	$\dfrac{4}{10}$	$\dfrac{6}{10}$	1

試求：(1)$E(X), E(Y)$；(2)$E(XY)$；(3)$V(X), V(Y)$；(4)$COV(X, Y)$；(5) $P(X = 1|Y = -1), P(X = -1|Y = -1), P(X = 1|Y = 1), P(X = -1|Y = 1)$；(6)$E(X|Y)$ 的機率分配；(7)$E[E(X|Y)]$。

【解】

(1) $E(X) = 1 \cdot \dfrac{3}{10} + (-1) \cdot \dfrac{7}{10} = -\dfrac{2}{5}$ ， $E(Y) = 1 \cdot \dfrac{4}{10} + (-1) \cdot \dfrac{6}{10} = -\dfrac{1}{5}$

(2) $E(XY) = 1 \cdot 1 \cdot \dfrac{1}{10} + 1 \cdot (-1) \cdot \dfrac{2}{10} + (-1) \cdot 1 \cdot \dfrac{3}{10} + (-1) \cdot (-1) \cdot \dfrac{4}{10} = 0$

(3) $V(X) = \dfrac{21}{25}$ ， $V(Y) = \dfrac{24}{25}$

(4) $COV(X, Y) = E(XY) - E(X)E(Y) = -\dfrac{2}{25}$

(5) $P(X = 1|Y = -1) = \dfrac{P(X = 1, Y = -1)}{P(Y = -1)} = \dfrac{\dfrac{2}{10}}{\dfrac{6}{10}} = \dfrac{1}{3}$

同理可得

Y	Y = 1		Y = −1	
X	X = 1	X = −1	X = 1	X = −1
機率	$\dfrac{1}{4}$	$\dfrac{3}{4}$	$\dfrac{1}{3}$	$\dfrac{2}{3}$

$$E(X \mid Y = 1) = 1 \cdot \frac{1}{4} + (-1) \cdot \frac{3}{4} = -\frac{1}{2}$$

$$E(X \mid Y = -1) = 1 \cdot \frac{1}{3} + (-1) \cdot \frac{2}{3} = -\frac{1}{3}$$

任一者均不等於 $E(X) = -\dfrac{2}{5}$

此外，

$$P(Y = 1) = \frac{4}{10}$$

$$P(Y = -1) = \frac{6}{10}$$

(6) 所以 $E(X|Y)$ 的機率分配為

$E(X|Y)$	$E(X \mid Y = 1) = -\dfrac{1}{2}$	$E(X \mid Y = -1) = -\dfrac{1}{3}$
機率	$\dfrac{4}{10}$	$\dfrac{6}{10}$

(7) $E[E(X \mid Y)] = \left(-\dfrac{1}{2}\right) \cdot \dfrac{4}{10} + \left(-\dfrac{1}{3}\right) \cdot \dfrac{6}{10} = -\dfrac{2}{5}$

一般而言，$E[E(X|Y)] = E(X)$。雖然 E 重複，但最左方的 E 是與 Y 相關，因之大多記成 $E_Y[E(X|Y)] = E(X)$。

【註】一般而言，$E(\cdot|Y)$ 是 Y 的函數的機率變數，其機率分配可由 Y 求出。

■ 離散隨機變數之轉換

設若隨機變數 X 的機率模型為已知，當隨機變數 Y 的值取決於 X 的值而定時，則隨機變數 Y 的機率即可由 X 之機率來決定。

【註】設若 $Y = g(X)$ 為離散隨機變數 X 之函數，$g(x)$ 為 x 的一對一函數，且 x 的逆函數為 $h(y)$，亦即若且唯若 $x = h(y)$ 則 $y = g(x)$，此即

$$\{Y = y\} = \{g(X) = y\} = \{X = h(y)\}$$

亦即

$$p_Y(y) = P\{Y = y\} = P\{X = h(y)\} = p_X(h(y))$$

例*

假設 X 為一離散隨機變數，其機率函數（*p.f.*）為

$$p(x) = \begin{cases} 0.15 & x = 0, 3 \\ 0.20 & x = 1, 2 \\ 0.30 & x = 4 \\ 0 & 其他 \end{cases}$$

令 $Y = (X - 2)^2$，試求 Y 的 *p.f.*。

【解】

首先列出 x 與 $p(x)$ 與 y 之對應關係，此即

x	$p(x)$	$y = (x - 2)^2$
0	0.15	4
1	0.20	1
2	0.20	0
3	0.15	1
4	0.30	4

$p\{Y = y\}$ 之機率是得自對應 x 之機率和，譬如

$$p\{Y = 4\} = P\{X = 0 \text{ 或 } 4\} = 0.15 + 0.30 = 0.45$$

因此

$$p_Y(y) = P\{Y = y\} = \begin{cases} 0.20 & y = 0 \\ 0.35 & y = 1 \\ 0.45 & y = 4 \\ 0 & 其他 \end{cases}$$

例*

設離散隨機變數 X 的 $p.f.$ 如下表：

x	0	1	2	3	4
$p_X(x)$	$\dfrac{16}{31}$	$\dfrac{8}{31}$	$\dfrac{4}{31}$	$\dfrac{2}{31}$	$\dfrac{1}{31}$

試求 $Y = X^2$ 的 $p.f.$ ？

【解】

雖然 $g(x) = x^2$ 在所有的 x 中並非一對一，但在非負的 x 中則是一對一，因為 X 的可能值 0, 1, 2, 3, 4 為非負，$g(x) = x^2$ 可視為它是一對一函數。$y = x^2$（因為 x 必須為非負）意指 $x = \sqrt{y}$。因此 $h(y) = \sqrt{y}$ 是 $g(x) = x^2$ 的逆函數。亦即

$$p_Y(y) = p_X(h(y)) = p_X(\sqrt{y})$$

因此

$$p_Y(4) = p_X(\sqrt{4}) = p_X(2) = \frac{4}{31}$$

$$p_Y(16) = p_X(\sqrt{16}) = p_X(4) = \frac{1}{31}$$

等等。

X 的 $p.m.f.$ 可寫成如下數學式，

$$p_X(x) = \begin{cases} 2^{4-x}/31 & \text{若 } x = 0, 1, 2, 3, 4 \\ 0 & \text{其他} \end{cases}$$

因此

$$p_Y(y) = p_X(\sqrt{y}) = \begin{cases} 2^{4-\sqrt{y}}/31 & \text{若 } \sqrt{y} = 0, 1, 2, 3, 4 \\ 0 & y \text{ 的其他值} \end{cases}$$

$$= \begin{cases} 2^{4-\sqrt{y}}/31 & \text{若 } y = 0, 1, 4, 9, 16 \\ 0 & y \text{ 的其他值} \end{cases}$$

■ 連續隨機變數之轉換

若 Y 之機率函數為有機率函數為 $f_Y(y)$，對 y 而言，若 $g(y)$ 為增函數或是減函數，則 $u = g(y)$ 具有機率函數為

$$f_U(u) = f_Y(y) \cdot \left| \frac{dy}{du} \right|$$

其中 $y = g^{-1}(u)$。

【證】

若 $g(y)$ 為一減函數，且 $U = g(Y)$ 則

$P(U \le u) = P(Y \ge y)$　其中 $y = g^{-1}(u)$

$F_U(u) = 1 - P(Y < y) = 1 - F_Y(y)$

$f_U(u) = -f_Y(y)\dfrac{dy}{du}$

$\therefore f_U(u) = f_Y(y)\left|\dfrac{dy}{du}\right|$（減函數之故）

若 $g(y)$ 為一增函數，且 $U = g(Y)$ 則

$P(U \le u) = P(Y \le y)$ ，其中 $y = g^{-1}(u)$

$F_U(u) = F_Y(y)$

$f_U(u) = f_Y(y)\dfrac{dy}{du}$

例 **

設 X 為連續且非負的隨機變數，其 *p.f.* 為 f，且設 $Y = X^n$，求 Y 的機率函數 f_Y。

【解】

若 $g(x) = x^n$，則 $g^{-1}(y) = y^{\frac{1}{n}}$ 且

$$\frac{d}{dy}\{g^{-1}(y)\} = \frac{1}{n} y^{\frac{1}{n}-1}$$

因此由以上定理得

$$f_Y(y) = \frac{1}{n} y^{\frac{1}{n}-1} f(y^{\frac{1}{n}})$$

若 $n = 2$ 則得

$$f_Y(y) = \frac{1}{2\sqrt{y}} f(\sqrt{y})$$

例**

設 X 在區間 $(0, 1)$ 均勻分配，令 $Y = X^n$，求 Y 的機率函數。

【解】

對 $0 \le y \le 1$，

$$F_Y(y) = P\{Y < y\} = P\{X^n < y\} = P\left\{X \le y^{\frac{1}{n}}\right\} = F_X\left(y^{\frac{1}{n}}\right) = y^{\frac{1}{n}}$$

因此 Y 的機率函數為

$$f_Y(y) = \begin{cases} \dfrac{1}{n} y^{\frac{1}{n}-1} & 0 \le y \le 1 \\ 0 & \text{其他} \end{cases}$$

例**

設 X 為一連續隨機變數，其機率函數為 f_X，求 $Y = X^2$ 的機率函數。

【解】

$$F_Y(y) = P\{Y \le y\} = P\{X^2 \le y\} = P\{-\sqrt{y} < X \le \sqrt{y}\} = F_X(\sqrt{y}) - F_X(-\sqrt{y})$$

微分得

$$f_Y(y) = \frac{1}{2\sqrt{y}} [f_X(\sqrt{y}) + f_X(-\sqrt{y})]$$

例 *

設 X 的機率函數為 f_X，試求 $Y = |X|$ 的機率函數。

【解】

對 $y \geq 0$，

$$F_Y(y) = P\{Y \leq y\} = P\{|X| \leq y\} = P\{-y \leq X \leq y\} = F_X(y) - F_X(-y)$$

因此微分得

$$f_Y(y) = f_X(y) + f_X(-y) \quad y \geq 0$$

例 *

連續的隨機變數 X 其 p.f. 為 $f(x)$，試求隨機變數 $Y = aX + b$ 的 p.f.（a, b 為定數，$a \neq 0$）。

【解】

$$y = g(x) = ax + b$$

$$\therefore x = h(y) = \frac{y - b}{a}$$

$$h'(y) = \frac{1}{a}$$

因此　$Y = g(X)$ 之 p.f. 為

$$g(y) = f(h(y))\,|\,h'(y)\,| = f\left(\frac{y - b}{a}\right) \cdot \frac{1}{|a|} = \frac{1}{|a|} \cdot f\left(\frac{y - b}{a}\right)$$

例 *

已知 Y 的 d.f. 為

$$F_Y(y) = \begin{cases} 1 - e^{-y} & y \geq 0 \\ 0 & y < 0 \end{cases}$$

求 $X = 2Y - 7$ 的 d.f. $F_X(x)$ 及 p.f. $f_X(x)$。

【解】

$$F_X(x) = P(2Y - 7 \le x) = P\left(Y \le \frac{x+7}{2}\right) = F_Y\left(\frac{x+7}{2}\right)$$

$\therefore X$ 的 $d.f.$ 為

$$F_X(x) = \begin{cases} 1 - e^{-(x+7)/2} & x \ge -7 \\ 0 & x < -7 \end{cases}$$

$\therefore X$ 的 $p.f.$ 為

$$f_X(x) = \begin{cases} \dfrac{1}{2} e^{-(x+7)/2} & x \ge -7 \\ 0 & x < -7 \end{cases}$$

例 *

已知 X 的 $d.f.$

$$F(x) = \begin{cases} 0 & x < -1 \\ \dfrac{x+1}{2} & -1 \le x \le 1 \\ 1 & x > 1 \end{cases}$$

求 $Y = 2X + 15$ 的 $d.f.$ $F_Y(y)$ 及 $p.f.$ $f_Y(y)$。

【解】

$$F_Y(y) = P(2X + 15 \le y) = P\left(X \le \frac{y-15}{2}\right) = F_X\left(\frac{y-15}{2}\right)$$

$$\therefore F_Y(y) = \begin{cases} 0 & y < 13 \\ \dfrac{1}{4}(y-13) & 13 \le y \le 17 \\ 1 & y > 17 \end{cases}$$

$$f_Y(y) = \begin{cases} \dfrac{1}{4} & 13 \le y \le 17 \\ 0 & 其他 \end{cases}$$

例 *

已知 X 的 $d.f.$ 為

$$F(x) = \begin{cases} 0 & x < -10 \\[6pt] \dfrac{1}{4} & -10 \le x < 0 \\[10pt] \dfrac{3}{4} & 0 \le x < 10 \\[10pt] 1 & x \ge 10 \end{cases}$$

求 $Y = 7X - 10$ 的 $d.f.$ 及 $p.f.$。

【解】

$$F_Y(y) = P(7X - 10 \le y) = P\left(X \le \frac{y+10}{7}\right) = F_X\left(\frac{y+10}{7}\right)$$

$$\therefore F_Y(y) = \begin{cases} 0 & y < -80 \\[6pt] \dfrac{1}{4} & -80 \le y < 10 \\[10pt] \dfrac{3}{4} & -10 \le y < 60 \\[10pt] 1 & y \ge 60 \end{cases}$$

$$\therefore f_Y(y) = \begin{cases} \dfrac{1}{4} & y = -80 \\[10pt] \dfrac{3}{4} - \dfrac{1}{4} = \dfrac{2}{4} & y = -10 \\[10pt] 1 - \dfrac{3}{4} = \dfrac{1}{4} & y = 60 \end{cases}$$

例 **

X 表連續隨機變數，其 $p.f.$ 為

$$f(x) = \begin{cases} \dfrac{4}{9}x\left(1 - \dfrac{x^2}{16}\right) & 2 \le x \le 4 \\[10pt] 0 & \text{其他} \end{cases}$$

已知 $Y = \dfrac{1}{2}X^2$，試求 $F_Y(y)$ 及 $f_Y(y)$。

【解】

　　求 Y 的 $d.f.$ $F_Y(y)$ 不需要先求 X 的 $d.f.$ $F_X(x)$。因 X 的可能值為 $2 \leq x \leq$ 4，所以 $Y = \dfrac{1}{2} X^2$ 的可能值為 $2 \leq y \leq 8$。因之

當 $y < 2$ 時

$$F_Y(y) = 0$$

當 $y \geq 8$ 時

$$F_Y(y) = 1$$

當 $2 \leq y < 8$ 時

$$F_Y(y) = P(Y \leq y) = P\left\{ \frac{1}{2} X^2 \leq y \right\} = P\left\{ X \leq \sqrt{2y} \right\}$$

$$= \int_{-\infty}^{\sqrt{2y}} f(x)dx = \int_{-\infty}^{\sqrt{2y}} \frac{4}{9} x \left(1 - \frac{x^2}{16} \right) dx$$

$$= \left(\frac{2}{9} x^2 - \frac{1}{144} x^4 \right) \Big|_2^{\sqrt{2y}}$$

$$= \frac{4}{9} y - \frac{1}{36} y^2 - \frac{7}{9} = 1 - \frac{1}{36} (8 - y)^2$$

所以

$$F_Y(y) = \begin{cases} 0 & y < 2 \\ 1 - \dfrac{1}{36}(8-y)^2 & 2 \leq y < 8 \\ 1 & y \geq 8 \end{cases}$$

而 Y 的 $p.f.$ $f_Y(y)$ 為

$$f_Y(y) = \frac{d}{dy} F_Y(y) = \begin{cases} 0 & y < 2 \\ \dfrac{8-y}{18} & 2 \leq y < 8 \\ 1 & y \geq 8 \end{cases}$$

例 **

　　已知 X 的 $p.f.$ 為 $f(x) = \dfrac{1}{\sqrt{2\pi}} e^{-x^2/2}$，$-\infty < x < \infty$（此稱為標準常態分配的 $p.f.$），求 $Y = X^2$ 的 $p.f.$。

【解】

$y = g(x) = x^2$

$g_1^{-1}(y) = -\sqrt{y}$ 　　$g_2^{-1}(y) = \sqrt{y}$

$\therefore f_Y(y) = \dfrac{1}{\sqrt{2\pi}} e^{-y/2} \cdot \left| -\dfrac{1}{2\sqrt{y}} \right| + \dfrac{1}{\sqrt{2\pi}} e^{-y/2} \cdot \left| \dfrac{1}{2\sqrt{y}} \right| = \dfrac{1}{\sqrt{2\pi}} y^{1/2} e^{-y/2}$ 　　（ $0 < y < \infty$ ）

$f_Y(y) = 0$ 　（ $y < 0$ ）

此稱爲自由度 1 的 χ^2 分配。

例 **

設 X 的 p.f. 爲

$$f(x) = \begin{cases} \dfrac{1}{\mu} e^{-\frac{x}{\mu}} & x > 0 \\ 0 & x < 0 \end{cases}$$

則 $\dfrac{2}{\mu} X$ 的 p.f. 即爲自由度 2 的 χ^2 分配。

【證】

令 $Y = \dfrac{2}{\mu} X$

則

$$g(y) = f(x) \left| \dfrac{dx}{dy} \right| = \dfrac{1}{\mu} e^{-\frac{1}{2}y} \cdot \dfrac{\mu}{2} = \dfrac{1}{2} e^{-\frac{1}{2}y} \tag{1}$$

而自由度 n 爲 χ^2 分配爲

$$f(\chi^2) = \dfrac{1}{\Gamma\left(\dfrac{n}{2}\right) 2^{n/2}} (\chi^2)^{\frac{n}{2}-1} e^{-\frac{x^2}{2}}$$

故 $n = 2$ 時，變成

$$f(\chi^2) = \dfrac{1}{2} e^{-\frac{x^2}{2}} \tag{2}$$

(1),(2) 式相符，故得證。

第 **5** 章

常用的機率分配

第一節　常用的機率分配

　　當我們獲得實驗結果的數據資料時，須從機率分配中選擇最能配合該數據資料的特殊分配，來進行統計推論，屬於計數性的資料，通常皆考慮採用不連續機率分配進行推論分析。屬於計量性資料，通常則考慮採用連續機率分配。當樣本大或觀測對象多時，屬於計數性的資料亦可改用連續分配進行推論或分析。

1. 不連續機率分配

■ 離散均等分配

　　若不連續隨機變數的分配具有下列的機率函數：

$$f(x) = \frac{1}{N} \quad , \quad x = 1, 2, \cdots, N$$

　　則稱為離散均等分配（Discrete uniform distribution）。式中，N 為正整數，則此分配的母數。

✍ 此分配的特性為

(1) $\sum\limits_{x=1}^{N} f(x) = 1$

(2) 對 N 個點的任一點來說機率均為 $1/N$。

● 定　理

　　離散均等分配的期望值與變異數為

1. $E(X) = \dfrac{1}{2}(N+1)$

$2. V(X) = \dfrac{1}{12}(N^2 - 1)$

【證】

$$E(X) = \sum_{x=1}^{N} x\left(\frac{1}{N}\right) = \frac{1}{N}(1 + 2 + \cdots + N)$$

$$= \frac{1}{N}\frac{N(N+1)}{2} = \frac{1}{2}(N+1)$$

$$V(X) = E(X^2) - [E(X)]^2 = \sum_{x=1}^{N} x^2\left(\frac{1}{N}\right) - \left(\frac{N+1}{2}\right)$$

$$= \frac{N(N+1)(2N+1)}{6N} - \left(\frac{N+1}{2}\right)^2 = \frac{1}{12}(N^2 - 1)$$

【註】 $\displaystyle\sum_{x=1}^{N} x^2 = \frac{N(N+1)(2N+1)}{6}$

例 *

(1) 有一母體分配為 $f(x) = \dfrac{1}{3}$, $x = 1, 2, 3$ ；

(2) 有一母體分配為 $f(x) = \dfrac{1}{3}$, $x = 1, 2, 3$ ；

試分別求期待值、變異數與分配函數。

【解】

(1) $E(X) = \dfrac{1}{2}(N+1) = \dfrac{1}{2}(3+1) = 2$

$V(X) = \dfrac{1}{12}(N^2 - 1) = \dfrac{1}{12}(3^2 - 1) = \dfrac{8}{12} = \dfrac{2}{3}$

$$F(x) = \begin{cases} 0 & x < 1 \\ \dfrac{1}{3} & 1 \le x < 2 \\ \dfrac{2}{3} & 2 \le x < 3 \\ 1 & 3 \le x \end{cases}$$

(2) $E(X) = \sum x \cdot f(x) = \dfrac{1}{3}(2 + 4 + 6) = 4$

$V(X) = \sum x^2 \cdot f(x) - \mu^2 = \dfrac{1}{3}(4 + 6 + 36) - 4^2 = \dfrac{8}{3}$

$$F(x) = \begin{cases} 0 & x < 2 \\[2mm] \dfrac{1}{3} & 2 \le x < 4 \\[2mm] \dfrac{2}{3} & 4 \le x < 6 \\[2mm] 1 & 6 \le x \end{cases}$$

■ Bernoulli 分配

若不連續隨機變數 X 表 1 次試行的成功次數，它的分配具有下列的機率函數：

$$f(x) = p^x q^{1-x} \quad x = 0,\ 1$$

則稱其爲 Bernoulli 分配，也可稱爲點二項分配（Point Binomial Distribution）。式中 $0 \le p \le 1$，p 爲此分配的母數，$q = 1 - p$。

✍ 此 Bernoulli 實驗的特性

(1) 每一實驗的出象只有兩種互斥的結果，即成功或失敗（二值性）。

(2) 成功事件發生之機率設爲 p，失敗的機率設爲 q，$p + q = 1$（定常性）。

(3) Bernoulli 實驗爲獨立實驗（獨立性）。

有此三性質者即爲柏努利實驗（Bernoulli trial）。

設 X 爲一隨機變數，當 $X = 1$ 代表某一類別（如不良品），$X = 0$ 代表另一類別（如良品）。在母體 N 個元素中有 k 個屬於某一類別，則 $k/N = p$ 稱爲母體比例，p 恰爲 X 的期待值，X 稱爲點二項隨機變數，其分配稱爲點二項分配。點二項分配之母體稱爲點二項母體。

◯定　理

上述之 $Bernoulli$ 分配的期待值與變異數為

1. $E(X) = p$
2. $V(X) = pq$

【證】

$E(X) = 0(q) + 1(p) = \mathrm{p}$

$V(X) = E(X^2) - [E(X)]^2 = 0^2(q) + 1^2(p) - p^2 = p - p^2 = p(1 - p) = pq$

> **例***
>
> 　　一生產過程所生產的產品中，不良品占 0.5%，X 表隨機抽取 1 件其為不良品之個數，令良品為 0，不良品為 1，其機率分配為何？又期望值、變異數為何？

【解】

令 X 表抽取 1 件其為不良品之個數

機率函數為 $f(x) = (0.005)^x(0.995)^{1-x}$，$x = 0, 1$

x	$f(x)$	$xf(x)$	$x^2f(x)$
0	0.995	0	0
1	0.005	0.005	0.005
和	1.000	0.005	0.005

$E(X) = \sum x\, f(x) = 0.005 = p$

$V(X) = E(X^2) - [E(X)]^2 = 0.005 - (0.005)^2 = 0.005(1 - 0.005) = pq$

> **例***
>
> 　　擲一公正骰子一次，令 $X = $ 出現點數為「3 的倍數」之次數，則
>
> (1) X 的機率分配為何？
>
> (2) 期望值與變異數為何？

【解】

(1) 所有可能的結果只有出現點數是 3 的倍數，與出現其他點數兩類，所以這是一個 $p = \dfrac{1}{3}$ 的 Bernoulli 分配。

$$f(x) = \left(\frac{2}{6}\right)^x \left(\frac{4}{6}\right)^{1-x} = \left(\frac{1}{3}\right)^x \left(\frac{2}{3}\right)^{1-x} \, , \ x = 0, \ 1$$

(2) 期望值　$E(X) = p = \dfrac{1}{3}$

　　變異數　$V(X) = pq = \dfrac{1}{3} \times \dfrac{2}{3} = \dfrac{2}{9}$

■ 二項分配（Binomial Distribution）

若不連續隨機變數 X 表 n 次試行時成功的次數，其分配具有下列的機率函數：

$$f(x) = \binom{n}{x} p^x q^{n-x} \qquad x = 0, 1, \cdots, n$$

記成 $X \sim B(n,\ p)$，或 $X \sim B(x;\ n,\ p)$，則稱其為二項分配，式中 $q = 1 - p$，$0 \leq p \leq 1$，n 為正整數，n 及 p 皆為此分配之母數。

【解說】

令成功事件為 A，失敗事件為 B，在 n 次試行中，若前 x 次成功，後 $n - x$ 次失敗，由於各項試行是獨立。

$$P\overbrace{A \cap A \cap \cdots A}^{x \text{個}} \cap \overbrace{B \cap \cdots \cap B}^{n-x \text{個}}$$

$$= \overbrace{P(A)P(A)\cdots P(A)}^{x \text{個}} \cdot \overbrace{P(B) \cdot P(B) \cdots P(B)}^{n-x \text{個}}$$

$$= p^x q^{n-x}$$

x 個 A 與 $n - x$ 個 B 共有 $\dbinom{n}{x}$ 種排法，每種排法出現之機率均為 $p^x q^{n-x}$，各種排法互斥，故相加即為

$$f(x) = \binom{n}{x} p^x q^{n-x} \qquad x = 0, 1, \cdots, n$$

✎ 此二項分配的性質：

(1) 一個簡單實驗重複獨立試行 n 次（獨立性）。

(2) 每次試行的結果僅分為「成功」、「失敗」兩個互斥的結果（二值性）。

(3) 成功的機率以 p 表之，它在各次試行中維持不變，且失敗的機率 $q = 1 - p$（定常性）。

(4) 令 Bernoulli 隨機變數 Y，二項分配隨機變數為 X，而二項隨機變數 X 為 Bernoulli 隨機變數 Y 之和，即 $X = \sum Y$，得

$$f(x) = f(\sum y) = \binom{n}{x} p^x q^{n-x}$$

(5) $X \sim B(m, p)$，$Y \sim B(n, p)$ 則 $X + Y \sim B(m + n, p)$，此稱為再生性。

➲ 定　理

X 服從二項分配 $B(n, p)$ 其期待值與變異數為

1. $E(X) = np$
2. $V(X) = npq$

【證】

因二項分配之隨機變數 X 為 Bernolli 隨機變數 Y 之和，

$$E(X) = E(\sum Y) = \sum E(Y) = \sum p = np$$

$$V(X) = V(\sum Y) = \sum V(Y) = \sum pq = npq$$

【註 1】 (1) $p = q = \dfrac{1}{2}$ 時，二項分配為對稱分配

(2) $p < q \left(p < \dfrac{1}{2} \right)$，分配為右偏

(3) $p > q \left(p > \dfrac{1}{2} \right)$，分配為左偏

(4) 若 $pq = \dfrac{1}{6}$，此分配為常態峰

(5) 若 $pq > \dfrac{1}{6}$，此分配為低潤峰

(6) 若 $pq < \dfrac{1}{6}$，此分配為高狹峰

【註 2】如 X 服從 $B(n, p)$ 時，設 $\hat{p} = X/n$ 時，則 $E(\hat{p}) = p$，$V(\hat{p}) = \dfrac{p(1-p)}{n}$。

例 *

　　現有一種單次抽驗計畫（Single Sampling Plan），若由一批產品中抽樣，$n = 10$，所得的不良品數 $X \leq 1$，則允收該產品，若 $X > 1$ 則拒收該產品，設不良率分別為 0.1, 0.2, 0.3, 0.4，試繪製其對應允收機率 β 的曲線（此曲線稱為作業特性曲線）。

【解】

$$\beta = P\{X \leq 1\} = \sum_{x=0}^{1} \binom{10}{x} p^x (1-p)^{10-x} \quad , \quad p = 0.1, 0.2, 0.3, 0.4$$

p	0.1	0.2	0.3	0.4
β	0.7361	0.3758	0.1493	0.0463

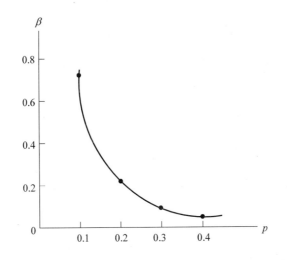

例*

設 X, Y 為二項分配，分別為 $X \sim B(2, p)$，$Y \sim B(4, p)$，若 $P(X \geq 1) = \dfrac{5}{9}$，試求 $P(Y \geq 1)$。

【解】

$$f(x) = \binom{2}{x} p^x (1-p)^{2-x} \qquad x = 0, 1, 2$$

$$P(X \geq 1) = \sum_{x=1}^{2} \binom{2}{x} p^x (1-p)^{2-x} = 1 - \binom{2}{0} p^0 (1-p)^2$$

$$= 1 - (1-p)^2 = 2p - p^2 = 5/9$$

即 $9p^2 - 18p + 5 = (3p - 1)(3p - 5) = 0$

$\therefore p = 1/3, 5/3$（不合）

故 $P(Y \geq 1) = \sum_{y=1}^{4} \binom{4}{y} \left(\dfrac{1}{3}\right)^y \left(\dfrac{2}{3}\right)^{4-y} = 1 - \binom{4}{0} \left(\dfrac{1}{3}\right)^0 \left(\dfrac{2}{3}\right)^4$

$$= 1 - \dfrac{16}{81} = \dfrac{65}{81}$$

例*

某人射擊命中率為 0.40，假設他每次射擊的結果不互相影響，試求他要射擊幾次，才能保證至少命中一次的機率大於 0.77。

【解】

令 X 表示命中目標之次數，則 $X \sim B(n, 0.4)$，故

$$p\{X \geq 1\} = 1 - P\{X = 0\}$$

$$= 1 - (0.6)^n$$

又 $1 - (06)^n > 0.77$，$\therefore n > \dfrac{\ln 0.23}{\ln 0.6} = 2.9$

所以此人要射擊 3 次或 3 次以上方能保證至少命中目標一次之機率大於 0.77。

● 定　理

設 $X \sim B(x; n, p)$，$0 < p < 1$，當 k 從 0 變到 n 時，$B(k; n, p)$ 先遞增，然後再遞減，且當 k 為小於或等於 $(n + 1)p$ 的最大整數時，$B(k; n, p)$ 為最大。

【證】

因

$$\frac{P\{X = k\}}{P\{X = k - 1\}} = \frac{B(k; n, p)}{B(k - 1; n, p)}$$

$$= \frac{\dfrac{n!}{(n-k)!\,k!} p^k (1-p)^{n-k}}{\dfrac{n!}{(n-k+1)!\,(k-1)!} p^{k-1} (1-p)^{n-k+1}} = \frac{(n-k+1)p}{k(1-p)}$$

故　$B(k; n, p) \geq B(k - 1; n, p)$

$\Leftrightarrow (n - k + 1)p \geq k(1 - p)$

$\Leftrightarrow k \leq (n + 1)p$

所以當 $k \leq (n + 1)p$ 時，$B(k; n, \text{p})$ 遞增，當 $k > (n + 1)p$ 時，$B(k; n, p)$ 遞減，且當 $k = [(n + 1)p]$ 時，$B(k; n, p)$ 為最大。

例 *

二項分配的計算如數目甚多時計算甚為麻煩，因之求出 $X = 0$ 之機率 $P(X = 0)$ 後利用下式即可，試證明下式成立。

$$P(X = x + 1) = \frac{n - x}{x + 1} \cdot \frac{p}{1 - p} P(X = x)$$

【證】

$$\frac{P(X = x + 1)}{P(X = x)} = \frac{\dbinom{n}{n+1} p^{x+1} q^{n \cdot (x-1)}}{\dbinom{n}{x} p^x q^{n-x}}$$

$$= \frac{n!}{(x+1)!(n-x-1)!} \frac{x!(n-x)!}{n!} \frac{p}{q}$$

$$= \frac{n-x}{x+1} \frac{p}{1-p}$$

例*

機率變數 X 服從

$$P(X=x) = \binom{25}{x} \frac{4^x}{5^{25}} \qquad (x=0,1,2,\cdots\cdots,25)$$

試求其平均與變異數。

【解】

X 的機率函數 $P(X=x)$ 可寫成 $\binom{25}{x}\left(\frac{4}{5}\right)^x \left(\frac{1}{5}\right)^{25-x}$

因之，$E(X) = np = 25 \times \dfrac{4}{5} = 20$

$V(X) = npq = 25 \times \dfrac{4}{5} \times \dfrac{1}{5} = 4$

■ 超幾何分配（Hypergeometric Distribution）

若不連續隨機變數 X 表自母體 N 中以不投返式取出 n 個其成功次數的分配具有下列的機率函數：

$$f(x) = \frac{\binom{k}{x}\binom{N-k}{n-x}}{\binom{N}{n}} \qquad x=0,1,2,\cdots,n$$

則稱為超幾何分配。式中，N, k, n 為正整數，是此分配之母數，且 $N > k \geq n$，$N - k \geq n$。

✍ **此分配之性質為**

(1) 從一個含有 N 個個體的母體中,以不投返式隨機抽樣法抽取 n 個體為樣本(每次抽取一個不放回,抽取 n 次),即各次試行並「非獨立」。

(2) 母體內 N 個個體分成「成功類」k 個,「失敗類」$N-k$ 個,有「二值性」。

(3) 樣本 n 個中成功次數以 x 表之,失敗次數為 $n-x$。

(4) 每次試行成功之機率受其前次結果之影響,故不能維持不變「非定常性」。

(5) 在品質管制方面如檢驗採不投返式時,即可使用此分配,所以是很有用的一種機率分配。

⊃ **定　理**

此超幾何分配之期待值與變異數為

(1) $E(X) = n\dfrac{k}{N}$

(2) $V(X) = \dfrac{N-n}{N-1} n \cdot \dfrac{k}{N} \cdot \dfrac{N-k}{N}$

【證】

$$E(X) = \sum_{x=0}^{n} x \cdot \frac{\dbinom{k}{x}\dbinom{N-k}{n-x}}{\dbinom{N}{n}} = n\frac{k}{N} \sum_{x=1}^{n} \frac{\dbinom{k-1}{x-1}\dbinom{N-k}{n-x}}{\dbinom{N-1}{n-1}}$$

$$= n\frac{k}{N} \sum_{y=0}^{n-1} \frac{\dbinom{k-1}{y}\dbinom{N-1-k+1}{n-1-y}}{\dbinom{N-1}{n-1}} = n\left(\frac{k}{N}\right)(1) = n \cdot \frac{k}{N}$$

$$E[X(X-1)] = \sum_{x=0}^{n} x(x-1)\frac{\dbinom{k}{x}\dbinom{N-k}{n-x}}{\dbinom{N}{n}}$$

$$= n(n-1)\frac{k(k-1)}{N(N-1)} \cdot \sum_{x=2}^{n} \frac{\binom{k-1}{x-2}\binom{N-k}{n-x}}{\binom{N-2}{n-2}}$$

$$= n(n-1)\frac{k(k-1)}{N(N-1)} \sum_{y=0}^{n=2} \frac{\binom{k-2}{y}\binom{N-2-k+2}{n-2-y}}{\binom{N-2}{n-2}}$$

$$= n(n-1)\frac{k(k-1)}{N(N-1)}(1) = n(n-1)\frac{k(k-1)}{N(N-1)}$$

$$V(X) = E(X^2) - [E(X)]^2 = E[X(X-1)] + E(X) - E[E(X)]^2$$

$$= n(n-1)\frac{k(k-1)}{N(N-1)} + n\frac{k}{N} - (n\frac{k}{N})^2$$

$$= \left(\frac{N-n}{N-1}\right)n \cdot \frac{k}{N} \cdot \frac{N-k}{N}$$

【註】$\frac{N-n}{N-1}$ 稱為有限母體校正因子，當採不投遞式隨機抽樣法對有限母體
進行抽樣時才需考慮。

⊃ 定理：由超幾何分配導出二項分配

當母體大小 N 趨近無限大時，超幾何分配以二項分配為其極限，亦即，
當 $N \to \infty$ 時

$$\lim_{N \to \infty} \frac{\binom{k}{x}\binom{N-k}{n-x}}{\binom{N}{n}} = \binom{n}{x}p^x(1-p)^{n-x}$$

此處 $p = \frac{k}{N}$。（一般當 $n/N \leq 0.05$ 時，則可以二項分配替代超幾何分配）

【證】

$$\frac{\binom{k}{x}\binom{N-k}{n-x}}{\binom{N}{n}} = \binom{n}{x}\frac{k(k-1)\cdots(k-x+1)(N-k)(N-k-1)\cdots(N-k-n+x+1)}{N(N-1)\cdots(N-n+1)}$$

$$= \binom{n}{x}\frac{\prod\limits_{h=0}^{x-1}\left(p-\frac{h}{N}\right)\prod\limits_{i=0}^{n-x-1}\left(1-p-\frac{i}{N}\right)}{\prod\limits_{j=0}^{n-1}\left(1-\frac{j}{N}\right)}$$

當 $N \to \infty$

$$\lim_{N\to\infty}\frac{\binom{k}{x}\binom{N-k}{n-x}}{\binom{N}{n}} = \binom{n}{x}p^x(1-p)^{n-x}$$

【註】$\binom{k}{x} = \frac{{}_kP_x}{x!} = \frac{k(k-1)\cdots(k-(x-1))}{x!}$　$\left[\binom{k}{x}\text{也記成 }{}_kC_x\right]$

例*

　　一批電子零件含有 60 件產品，對此批產品將進行品質檢驗。若此批產品中有 12 件不良品，試求自此批產品中隨機取出 15 件組成的樣本中：(1) 恰有 11 件為良品；(2) 至多有 9 件為良品之機率為多少？

【解】

　　令 X 表示取出的樣本中為良品之電子零件數，則 X 為一超幾何隨機變數，

$$(1)\ P\{X=11\} = \frac{\binom{48}{11}\binom{12}{4}}{\binom{60}{15}}$$

$$(2)\ P\{X \le 9\} = \sum_{x=0}^{9} \frac{\binom{48}{x}\binom{12}{15-x}}{\binom{60}{15}} = \sum_{x=3}^{9} \frac{\binom{48}{x}\binom{12}{15-x}}{\binom{60}{15}}$$

若令 X 表取出的樣本中為不良個數，則

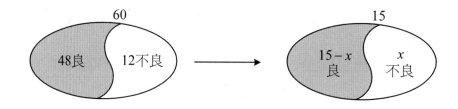

$$(1)\ P(X=4) = \frac{\binom{48}{11}\binom{12}{4}}{\binom{60}{15}}$$

$$(2)\ P(X \ge 6) = \sum_{x=6}^{12} \frac{\binom{12}{x}\binom{48}{15-x}}{\binom{60}{15}}$$

例 *

　　設一批 300 個真空管中有 5% 為不良品，自其中隨機抽取 5 個加以檢驗，試求至少有一個不良品的機率為多少？

【解】

　　令 X 表示樣本中不良品之個數，則為一超幾何隨機變數，又該批產品

不良品之個數為

$$300 \times \frac{5}{100} = 15$$

故好的產品有 300 − 15 = 285 個，所以

$$P\{X > 1\} = 1 - P\{X = 0\} = 1 - \frac{\binom{15}{0}\binom{285}{5}}{\binom{300}{5}} = 1 - 0.7724 = 0.2276$$

例*

　　一電子零件購買商分批購買每批 10 單位的產品，他的策略是從每批產品中隨機取出 3 個，若取出的 3 個零件都是好的產品就成交，否則退貨。若 30% 的批數中每批有 4 個不良品，而 70% 的批數中每批則只有一個不良品，試求購買商退貨之批數比例為多少？

【解】

　　令 A 表示購買商接受某批產品的事件，B 表示某批產品有 4 個不良品之事件，B^C 表示某批產品有一個不良品的事件，則所求之機率為

$$P(A) = P(B) \cdot P(A \mid B) + P(B^C) \cdot P(A \mid B^C) = \frac{54}{100}$$

因此有 46% 的批數會被退回。

例*

　　一批電子產品共有 10,000 件，設其不良率為 1%，今從中隨機取樣 $n = 10$ 個，試問不良數為 1 件的機率。

【解】

　　令 X 表 10 個產品中的不良數

$$p = 1\%,\ k = 10000 \times 1\% = 100$$

$$P(X=1) = \frac{\binom{100}{1}\binom{9900}{10-1}}{\binom{10000}{10}} \approx \binom{10}{1} p^1 \cdot (1-p)^{10-1}$$

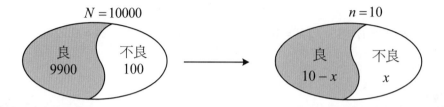

例 *

　　大新電器公司購買 20 件電容器，爲檢查產品的品質，該公司自該批貨品中抽取 5 件，抽出不放回進行檢驗，根據來來公司的報告，20 件產品的不良率爲 0.2，現若大新公司發現不良率至少 0.1 時，則可根據合約退貨，問退貨的機率有多少？

【解】

設 X 爲抽取 5 件產品中不良品的個數，因 20 件中有 20×0.2 = 4 件不良品，16 件的良品，因此 $f(x)$ 超幾何分配爲

$$f(x) = \frac{\binom{4}{x}\binom{16}{5-x}}{\binom{20}{5}}$$

退貨的機率爲

$$P(X \geq 2) = 1 - P(X \leq 1) = 1 - [f(0) + f(1)]$$

$$= 1 - \left[\frac{\binom{4}{0}\binom{16}{5}}{\binom{20}{5}} + \frac{\binom{4}{1}\binom{16}{4}}{\binom{10}{5}} \right]$$

$$= 1 - [0.2817 + 0.4696]$$

$$= 1 - 0.7513 = 0.2487$$

因之，退貨的機率爲 0.2487。

■ 超幾何分配之擴充

設將含有 N 個個體的母體分成 m 組，各組包含 k_1, k_2, $\cdots$, k_m 個個體，自此母體中抽取 n 個個體為樣本，其在各組所抽取的個數分別為 x_1, x_2, $\cdots$, x_m，即 $\sum\limits_{i=1}^{m} k_i = N$，$\sum\limits_{i=1}^{m} x_i = n$，則隨機變數 X_1, X_2, $\cdots$, X_{m-1} 的機率函數為

$$f(x_1, x_2, \cdots, x_{m-1}) = \frac{\binom{k_1}{x_1}\binom{k_2}{x_2} \cdots \cdots \binom{k_{m-1}}{x_{m-1}}\binom{k_m}{x_m}}{\binom{N}{n}}$$

式中 $k_m = N - \sum\limits_{i=1}^{m-1} k_i$，$x_m = n - \sum\limits_{i=1}^{m-1} x_i$。

例*

已知 10 支燈泡中有 3 支品質較差，若任取 4 支檢查而不放回，(1) 試求機率分配；(2) 4 支皆好的機率；(3) 多兩支稍差之機率。

【解】

(1) 令 4 支中品質稍差之支數為隨機變數 X 則

$$f(x) = \frac{\binom{3}{x}\binom{7}{4-x}}{\binom{10}{4}} \quad x = 0, 1, 2, 3$$

(2) $P(X = 0) = \dfrac{\binom{3}{0}\binom{7}{4}}{\binom{10}{4}} = \dfrac{1}{6}$

(3) $P(X \le 2) = 1 - \dfrac{\binom{3}{3}\binom{7}{1}}{\binom{10}{4}} = \dfrac{203}{210}$

■ 卜氏分配（Poisson Distribution）

隨機變數 X（特定區間 t 內事件發生次數）符合卜氏實驗的四個性質者其機率分配稱為卜氏分配。卜氏分配的 $p.d.f.$ 為

$$P\{N(t) = x\} = \frac{e^{-\lambda t}(\lambda t)^x}{x!} \quad x = 0,\ 1,\ 2,\ \cdots$$

式中 λt 指 t 個單位區間內某事件所發生之平均次數，$N(t)$ 指 t 個單位區間內發生次數。式中 λ 表示在某單位區間內某事件所發生的平均次數。

✎ **卜氏實驗的 4 個性質為**

(1) 在單位區間內，某事件發生之平均次數 λ 皆相同且已知。如週末晚上（PM6：00 ～ 12：00）平均「每小時」有 6 通電話打進 A 宅，則 PM6：30 至 7：30 與 PM8：00 至 9：00 兩個時段中平均「每小時」打進 A 宅的電話通數皆為 6 通。

(2) 在一個特定區間發生事件之期望值（平均數）與區間大小成比例。譬如每小時的電話通數是 6 通，則二小時內的電話通數為 12 通。

(3) 在一極短的區間內，僅有兩種情況即「發生一次」或「不發生」，而發生兩次或以上的情形不予考慮。例如在 0.1 秒的非常微小的區間內電話通數只有 1 通或沒有。

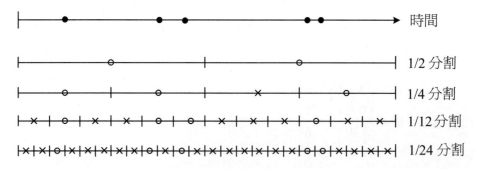

● 事件發生時點　　　○ 事件發生區間　　　× 事件不發生區間

由柏努利試行改變成卜氏分配

將時間逐漸分割成小區間，出現 2 個黑點以上的區間，即不存在。因

之假定機率為 0。在卜氏過程 $\{N(t); t > 0\}$ 中，

因 $P\{(N(t+s) - N(t)) = n\} = \dfrac{e^{-\lambda s}(\lambda s)^n}{n!}$，所以

$\qquad P\{(N(t+s) - N(t)) = 0\} = 1 - \lambda s + 0(s)$

$\qquad P\{(N(t+s) - N(t)) = 1\} = \lambda s + 0(s)$

$\qquad P\{(N(t+s) - N(t)) \geq 2\} = 0(s)$

(4) 在一特定區間發生事件之次數，與另一區間發生的次數是獨立的。譬如，在 6：30 ～ 7：30 的電話通數與 8：00 ～ 9：00 的電話通數彼此是獨立的。

【註】二項分配係在固定的試行次數中，觀察某特殊事件發生之情況，但卜氏分配則在試行次數並未固定，如單位時間內打進電話的次數，一頁書上有幾個錯字等。

❍ 定　理

卜氏分配（P.D.）之機率函數如表示為 $f(x) = \dfrac{e^{-\mu}\mu^x}{x!}$（即定義中令 $\mu = \lambda t$）其期待值與變異數為

1. $E(X) = \mu$

2. $V(X) = \mu$

3. $X \sim P.D.(\mu_1)$，$Y \sim P.D.(\mu_2)$，X 與 Y 獨立，則 $X + Y \sim P.D.(\mu_1 + \mu_2)$

【證】

1., 2. $m(t) = E(e^{tx}) = \sum\limits_{x=0}^{\infty} e^{tx} \dfrac{e^{-\mu}\mu^x}{x!} = e^{-\mu} \sum\limits_{x=0}^{\infty} \dfrac{(\mu e^t)^x}{x!} = e^{-\mu} e^{\mu e^t} = e^{\mu(e^t - 1)}$

$m'(t) = \mu e^{-\mu} e^t e^{\mu e^t} = \mu e^t m(t)$

$m''(t) = \mu e^t m(t) + (\mu e^t)^2 m(t)$

$\therefore E(X) = m'(0) = \mu$

$\qquad V(X) = E(X^2) - [E(X)]^2 = m''(0) - \mu^2 = \mu + \mu^2 - \mu^2 = \mu$

【另證】

由於 $p(k) = \mu^k \cdot e^{-\mu}/k!$，$k = 0, 1, 2, \cdots$

$$E(X) = \sum_{k=0}^{\infty} k \cdot p(k) = \sum_{k=1}^{\infty} \mu^k \cdot e^{-\mu}/(k-1)!$$

$$= \mu e^{-\mu} \sum_{k=1}^{\infty} \mu^{k-1}/(k-1)! = \mu$$

$$E[X(X-1)] = \sum_{K=2}^{\infty} k(k-1)p(k) = \sum_{k=2}^{\infty} k(k-1)\mu^k e^{-\mu}/k!$$

$$= \mu^2 e^{-\mu} \sum_{k=2}^{\infty} \mu^{k-2}/(k-2)! = \mu^2$$

$$\left(\because e^{\mu} = 1 + \mu + \frac{\mu^2}{2!} + \cdots\cdots = \sum_{k=0}^{\infty} \frac{\mu^k}{k!} \right)$$

$\therefore E(X^2) = E[X(X-1)] + E(X) = \mu^2 + \mu$

$\therefore V(X) = E(X^2) - [E(X)]^2 = \mu$

3. $m(x; t) = e^{-\mu_1(e^t-1)}$

$m(y; t) = e^{-\mu_2(e^t-1)}$

$m(x + y; t) = m(x; t)m(y; t) = e^{\mu_1(e^t-1)} \cdot e^{\mu_2(e^t-1)}$

$$= e^{(\mu_1+\mu_2)(e^t-1)}$$

此即為以 $(\mu_1 + \mu_2)$ 為母數的卜氏分配。

例*

　　設北二高公路每天早上的尖峰時間為 6：30 ～ 8：30，下午的尖峰時間 17：30 ～ 19：30。已知在此時間內的車禍最多，平均每小時 2 件。試問早上尖峰時間內（指 2 小時內）發生 4 件的車禍的機率有多少？下午尖峰時間沒有發生車禍之機率又為何？

【解】

　　若一輛車子發生車禍的事件在兩個尖峰時段均獨立，則在早上或下午尖峰時間發生車禍之機率分配為一卜氏機率分配，且由於已知車禍平均每小時 $\lambda = 2$ 件，因此在「兩小時」尖峰時間內發生車禍的平均數 λt 等於 4（$2\lambda = 2 \times 2$），所以尖峰時間內發生車禍的次數 X 的機率函數為

$$f(x) = \frac{4^x e^{-4}}{x!}$$

因之，早上尖峰時間內發生 4 件車禍的機率為

$$f(4) = \frac{4^4 \cdot e^{-4}}{4!} = 0.1954 （可查表）$$

而下午尖峰時間沒有發生車禍之機率為

$$f(0) = \frac{4^0 e^{-4}}{0!} = 0.0183$$

例 *

　　台北電信局接線生平均每分鐘有 2 次接到打「009」的電話，問某接線生 5 分鐘接到 10 次的機率是多少？

【解】

5 分鐘內接線生接到「009」電話次數的機率分配為一卜氏分配，且 5 分鐘接到「009」電話的平均次數 $\lambda t = (2 次)(5) = 10$ 次。因此接線生 5 分鐘接到 10 次的機率為

$$f(10) = \frac{10^{10} e^{-10}}{10!} = 0.125$$

例 *

　　假設美國西部地區地震的發生頻率服從卜氏分配，其中 $\lambda = 2$，且時間單位為 1 週。（即平均發生次數為每週 2 次）

(1) 試求在下兩個星期內，至少有 3 次地震之機率。

(2) 試求從現在開始到下次地震發生所需時間之機率分配。

【解】

(1) 利用 $P\{N(t) = k\} = e^{-\lambda t} \cdot \frac{(\lambda t)^k}{k!}$，$k = 0, 1, \cdots$　　　　　　　(A)

　　計算如下：

　　$P\{N(2) \geq 3\} = 1 - P\{N(2) = 0\} - P\{N(2) = 1\} - P\{N(2) = 2\}$

$$= 1 - e^{-4} - 4e^{-4} - \frac{4^2}{2}e^{-4}$$
$$= 1 - 13e^{-4}$$

(2) 令 X 表示到下次地震發生所需的時間（以週爲單位）。因爲 X 大於 t 的主要條件爲下個單位時間內沒有事件發生，所以從 (A) 式得

$$P\{X > t\} = P\{N(t) = 0\} = e^{-\lambda t}$$

所以隨機變數 X 的機率分配函數 F 爲

$$F(t) = P\{X \leq t\} = 1 - P\{X > t\}$$
$$= 1 - e^{-\lambda t} = 1 - e^{-2t}$$

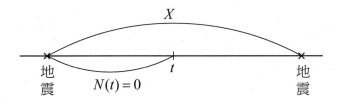

⊃ 定理：由二項分配導出卜氏分配

　　二項分配中，當 n 很大而 p 很小，且 $np = \mu$ 時，其可趨近卜氏分配。（一般當 $n \geq 20$，$p \leq 0.05$（或 $np \leq 5$）二項分配即可以卜氏分配替代）。

【證】

$$\binom{n}{x}p^x q^{n-x} = \frac{n(n-1)(n-2)\cdots\cdots(n-x+1)}{x!}p^x q^{n-x}$$

$$= \frac{n(n-1)\cdots(n-x+1)}{x!}\left(\frac{\mu}{n}\right)^x\left(1-\frac{\mu}{n}\right)^{n-x}$$

$$= \frac{n(n-1)\cdots(n-x+1)}{x!}\frac{\mu^x}{n^x}\cdot\left(1-\frac{\mu}{n}\right)^n\left(1-\frac{\mu}{n}\right)^{-x}$$

$$\left(\because \lim_{n\to\infty}\left(1-\frac{\mu}{n}\right)^x = 1,\ \lim_{n\to\infty}\left[\left(1-\frac{\mu}{n}\right)^n\right] = \lim_{n\to\infty}\left[\left(1-\frac{\mu}{n}\right)^{-n/\mu}\right]^{-\mu} = e^{-\mu}\right)$$

$$= \frac{\mu^x}{x!} \frac{n(n-1)\cdots\cdots(n-x+1)}{nn\cdots\cdots n}\left(1-\frac{\mu}{n}\right)^n\left(1-\frac{\mu}{n}\right)^{-x}$$

$$\lim_{n\to\infty}\binom{n}{x}p^x q^{n-x} = \frac{\mu^x}{x!}1\cdot1\cdots\cdots1\cdot e^{-\mu}\cdot1$$

$$= \frac{\mu^x\cdot e^{-\mu}}{x!}$$

【註】$\lim_{x\to\infty}\left[\left(1+\frac{1}{x}\right)^x\right]=e$　，　$\binom{n}{x}=\frac{{}_nP_x}{x!}$　，　${}_nP_x=n(n-1)\cdots\cdots(n-x+1)$

例 *

　　申報所得平均 1,000 人中有一人計算錯誤，若有 5,000 份申報表中隨機選 100 份檢查，求有 3 份計算錯誤之機率。

【解】

$$E(X) = np = 100(0.001) = 0.1 = \mu$$

$$f(x=3) = \binom{100}{3}(0.001)^3(0.999)^{97}$$

$$\to \frac{e^{-0.1}(0.1)^3}{3!} = 0.00015$$

例 *

　　顧客在 10am（$t = 0$）到 6pm（$t = 8$）中到達麥當勞速食店係服從卜氏過程，平均每小時 2 人，(1) 試計算 1pm 到 3pm 中，有 k 人（$k = 0$, 1, 2）到達之機率；(2) 在營業時間（10am ～ 6pm）顧客到達之平均數與變異數。

【解】

　　(1) 設 $P\{N(t) = x\}$ 表 t 時間內有 x 人到達之機率

$$p(0) = P\{N(2) = 0\} = \frac{e^{-\lambda t}(\lambda t)^0}{0!} = e^{-2\times2} \doteqdot 0.018$$

$$p(1) = P\{N(2) = 1\} = 0.073$$

$$p(2) = P\{N(2) = 2\} = 0.147$$

(2) 在營業時間中顧客到達之平均數與變異數為

$$E[N(8)] = \lambda t = 2 \times 8 = 16 \text{ 人}$$

$$V[N(8)] = \lambda t = 16 \text{ 人}^2$$

例*

　　某公司設備故障修復的平均日數為 4 天，求故障修復需 6 天之機率。

【解】

　　利用卜氏分配，其 $x = 6$，$\lambda = 4$，查表

$$p(6) = \frac{e^{-4} \cdot 4^6}{6!} = \sum_{x=0}^{6} P(x; 4) - \sum_{x=0}^{5} P(x; 4)$$

$$= 0.8893 - 0.7851 = 0.1042$$

例*

　　有讀者反應某位作者所寫的財管書有些錯字。假設錯字的發生頻率服從卜氏分配。該書共有 300 頁，前 100 頁平均每 10 頁有一個錯字，後 200 頁平均每 20 頁有一個錯字，問

　　(1) 本書總共有 10 個錯字的機率是多少？

　　(2) 本書至少有 10 個錯字的機率是多少？

【解】

　　設 X_1 表前 100 頁中的錯字數，$\lambda_1 = 0.1$ 字／頁，$\mu_1 = 0.1 \times 100 = 10$
因之

$$X_1 \sim P.D.(\mu_1) = P.D.(10)$$

　　設 X_2 表後 200 頁中的錯字數，$\lambda_2 = 0.05$ 字／頁，$\mu_2 = 0.05 \times 100 = 10$
因之

$$X_2 \sim P.D.(\mu_2) = P.D.(10)$$

　　設 $Y = X_1 + X_2$ 表本書 300 頁中的錯字數，由卜氏的加法性知，$\mu_1 + \mu_2$

= 20 字 / 頁

因之

$$Y \sim P.D.(\mu_1 + \mu_2) = P.D.(20)$$

所以

(1) $P(Y = 10) = \dfrac{e^{-20} 20^{10}}{10!}$

(2) $P(Y \geq 10) = 1 - P(Y < 9) = 1 - P(Y \leq 8) = 1 - \displaystyle\sum_{y=0}^{8} \dfrac{e^{-20} 20^y}{y!}$

例

　　已知企二 A 修習統計學的人數共有 50 人，平均每 10 人有 1 人不及格，又企二 B 修習統計學的人數共有 60 人，平均每 15 人有 1 人不及格，問 AB 兩班合計修習統計學的不及格人數少於 10 人的機率是多少？

【解】

　　設 X_1 表 A 班的不及格人數

　　因之 A 班的平均不及格人數 μ_1 為

$$\mu_1 = \frac{1}{10} \times 50 = 5$$

　　設 X_2 表 B 班的不及格人數

　　因之 B 班的平均不及格人數 μ_2 為

$$\mu_2 = \frac{1}{15} \times 60 = 4$$

　　設 $Y = X_1 + X_2$ 表 A, B 兩班的不及格人數

　　因之 A, B 兩班的平均不及格人數 μ 為

$$\mu = \mu_1 + \mu_2 = 5 + 4 = 9$$

　　則 A, B 兩班不及格人數少於 10 人的機率為

$$P(Y < 10) = P(Y \leq 9) = \sum_{y=0}^{9} \frac{e^{-9} \cdot 9^y}{y!} = 0.706$$

■ 幾何分配（Geometric Distribution）

在以 p 表示成功事件之機率的 $Bernoulli$ 試行中，令 X 表示由開始試行起到「第一次」出現成功事件為止的「試行次數」。

若不連續隨機變數 X 的分配具有下列的機率函數：

$$f(x) = p(1 - p)^{x-1} = pq^{x-1} \quad x = 1, 2, 3, \cdots$$

則稱其為幾何分配。式中 $0 < p \le 1$，p 為此分配之母數。

🖎 **性質**

(1) 若將 X 定義為由開始試行起到第一次出現成功事件為止之「失敗次數」，換言之，到第一次成功出現為止共試行了 $X + 1$ 次，在成功出現前已失敗了 X 次，則機率函數即為

$$f(x) = p(1 - p)^{x} = pq^{x} \quad x = 0, 1, 2, \cdots$$

(2) 若 $X \sim pq^{x-1}$ 則

$$P\{X \ge x\} = \sum_{x}^{\infty} pq^{x-1} = p \sum_{x}^{\infty} q^{x-1} = q^{x-1}$$

$$P\{X \le x\} = \sum_{1}^{x} pq^{x-1} = 1 - q^{x}$$

$$P\{X > x\} = q^{x}$$

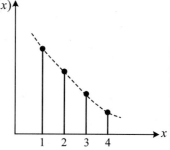

⊃ 定 理

幾何分配 $f(x) = pq^{x-1}$ 之期望值與變異數為

1. $E(X) = \dfrac{1}{p}$

2. $V(X) = \dfrac{q}{p^{2}}$

【證】

$$m(t) = E(e^{tx}) = \sum_{x=1}^{\infty} e^{tx} pq^{x-1} = (pe^t) \sum_{x=1}^{\infty} (qe^t)^{x-1} = \frac{pe^t}{1 - qe^t}$$

$$m'(t) = \frac{pe^t}{(1 - qe^t)^2} = \frac{m(t)}{1 - qe^t}$$

$$m''(t) = \frac{m'(t)}{1 - qe^t} + \frac{m(t)qe^t}{(1 - qe^t)^2}$$

$$\therefore E(X) = m'(0) = \frac{p}{(1-q)^2} = \frac{1}{p}$$

$$V(X) = m''(0) - [m'(0)]^2 = \frac{1}{p(1-q)} + \frac{q}{(1-q)^2} - \left(\frac{1}{p}\right)^2 = \frac{q}{p^2}$$

例*

　　三位公司的同仁聚餐，以擲錢幣決定出錢者，規定三者中不同者出錢，三者相同再擲，求擲少於 5 次之機率？

【解】

令 X 表第 1 次即決定出錢者的試行次數

$x = 1$，第一次擲即決定（成功）的機率爲 $p = 2\binom{3}{1}\left(\frac{1}{2}\right)^3 = \frac{3}{4}$（正正反，反反正）

$x = 2$，第二次擲才決定的機率爲 $qp = \left(\frac{1}{4}\right)\left(\frac{3}{4}\right) = \frac{3}{16}$

$x = 3$，第三次擲才決定的機率爲 $q^2 p = \left(\frac{1}{4}\right)^2 \left(\frac{3}{4}\right) = \frac{3}{64}$

$x = 4$ ，第四次擲才決定的機率爲 $q^3 p = \left(\frac{1}{4}\right)^3 \left(\frac{3}{4}\right) = \frac{3}{256}$

$$\therefore P = \frac{3}{4} + \frac{3}{16} + \frac{3}{64} + \frac{3}{256} = \frac{255}{256}$$

例*

　　丟兩粒均勻的骰子，求在第 6 次以前（包括第 6 次），得到點數和為 5 之機率？

【解】

　　令 X 表示第一次得到點數和為 5 所需之次數，

　　因在任何一次丟得點數和為 5 之機率是 1/9，故

$$P\{X = n\} = \frac{1}{9} \cdot \left(\frac{8}{9}\right)^{n-1}, \quad n = 1, 2, \cdots$$

　　所以

$$P\{X \leq 6\} = \sum_{n=1}^{6}\left(\frac{1}{9}\right)\left(\frac{8}{9}\right)^{n-t}$$

例*

　　某開關器之不良率為 0.1，若此開關器使用 5 次，仍然完好，試問可以使用 10 以上仍完好之機率有多少？

【解】

　　【方法 1】

　　設 Y 表開始使用至第 1 次出現故障的試開次數，P 表不良率為 0.1，q 表良率為 0.9 所求之機率為

$$P\{Y \geq 11 | Y > 5\} = P\{Y \geq 6\} = q^{6-1} = 0.9^5 = 0.5905$$

　　【方法 2】

$$P\{Y \geq 11 | Y > 5\} = P\{Y \geq 6\} = 1 - P(Y \leq 5)$$
$$= 1 - [p + qp + q^2p + q^3p + q^4p]$$
$$= 0.5905$$

例*

　　設引擎在任何一個一小時區間內發生故障之機率均為 $p = 0.02$，試求某引擎可用 2 個小時以上的機率為多少？

【解】

令 Y 表示第一次故障所需的小時區間數

則

$$P\{Y \geq 3\} = 1 - P\{Y \leq 2\}$$
$$= 1 - P\{Y = 1\} - P\{Y = 2\}$$
$$= 1 - p - (1 - p) \cdot p$$
$$= 1 - 0.02 - 098 \times 0.02$$
$$= 0.9604$$

● 定 理

1. 設 X 為參數 p 的幾何隨機變數，則對任二正整數 m, n，則
$$P\{X \geq m + n | X > m\} = P\{X \geq n\}$$

2. 若對任意二正整數 m, n
$$P\{X \geq m + n | X > m\} = P\{X \geq n\}$$
則 X 為幾何隨機變數。

【證】

1. $P\{X \geq m + n \mid X > m\} = \dfrac{P\{(X \geq m + n) \cap (X > m)\}}{P\{X > m\}}$

$= \dfrac{P\{X \geq m + n\}}{P\{X > m\}} = \dfrac{(1 - p)^{m+n+1}}{(1 - p)^m} = (1 - p)^{n-1} = p\{X \geq n\}$

此定理說明幾何分配是沒有記憶的。亦即，m 次試行均失敗此事在以後的計算中是完全被忘記的。

2. 設 X 的為
$$p_k = P\{X = \mathrm{k}\}, k = 1, 2, \cdots$$
則
$$P\{X \geq n\} = \sum_{k=n}^{\infty} p_k$$
且

$$P\{X > m\} = \sum_{k=m+1}^{\infty} p_k = q_m$$

因

$$P\{X \geq m + n \mid X > m\} = \frac{P\{X \geq m + n\}}{P\{X > m\}} = \frac{q_{m+n-1}}{q_m}$$

$$P\{X \geq n\} = q_{n-1}$$

所以

$$q_{m+n-1} = q_m \cdot q_{n-1} \text{，} q_{m+1} = q_m \cdot q_1$$

其中 $q_1 = P\{X > 1\} = p_2 + p_3 + \cdots + \cdots = 1 - p_1$

故得 $q_2 = q_1 \cdot q_1 = (1 - p_1)^2$

$q_3 = q_2 \cdot q_1 = (1 - p_1)^3$

因此 $p_k = q_{k-1} - q_k = (1 - p_1)^{k-1} - (1 - p_1)^k = p_1(1 - p_1)^{k-1}$

$\therefore X$ 為參數 p_1 的幾何隨機變數。

例 *

設引擎在任何一小時區間內發生故障之機率均為 $p = 0.02$，若該引擎已使用了 6 個小時，試求該引擎可使用 8 個小時以上之機率為多少？

【解】

所求之機率為

$$P\{Y \geq 9 \mid Y > 6\} = P\{Y \geq 3\} = q^{3-1} = 0.98^2 = 0.9604$$

例 *

張君向來追求女友成功的機率為 $\frac{1}{3}$，今張君想追求心儀的王小姐，試圖打電話約王小姐，問少於 5 次即打動王小姐芳心的機率是多少？

【解】

第 1 次即成功的機率為 $p = \frac{1}{3}$

第 2 次成功的機率為 $qp = \dfrac{2}{3} \times \dfrac{1}{3}$

第 3 次成功的機率為 $q^2 p = \left(\dfrac{2}{3}\right)^2 \times \dfrac{1}{3}$

第 4 次成功的機率為 $q^3 p = \left(\dfrac{2}{3}\right)^3 \times \dfrac{1}{3}$

$\therefore P = \dfrac{1}{3} + \dfrac{2}{3} \times \dfrac{1}{3} + \left(\dfrac{2}{3}\right)^2 \times \dfrac{1}{3} + \left(\dfrac{2}{3}\right)^3 \times \dfrac{1}{3}$

例 *

　　2 人擲骰子，規定點數最大者出錢，問少於 5 次即可決定出錢者的機率？

【解】

第 1 次即決定的機率為 $p = \left(\dfrac{1}{6} \times \dfrac{5}{6} + \dfrac{1}{6} \times \dfrac{4}{6} + \cdots + \dfrac{1}{6} \times \dfrac{1}{6}\right) \times 2 = \dfrac{30}{36} = \dfrac{5}{6}$

第 2 次即決定的機率為 $qp = \dfrac{1}{6} \times \dfrac{5}{6}$

第 3 次即決定的機率為 $q^2 p = \left(\dfrac{1}{6}\right)^2 \times \dfrac{5}{6}$

第 4 次即決定的機率為 $q^3 p = \left(\dfrac{1}{6}\right)^3 \times \dfrac{5}{6}$

$\therefore P = \dfrac{5}{6} + \dfrac{1}{6} \times \dfrac{5}{6} + \left(\dfrac{1}{6}\right)^2 \times \dfrac{5}{6} + \left(\dfrac{1}{6}\right)^3 \times \dfrac{5}{6}$

■ 負二項分配（Negative Binormial Distribution）

　　在 Bernaclli 試行中，若不連續隨機變數 $X + k$ 表第 k 次成功前所須試行總次數，它的分配具有下列的機率函數：

$$f(x) = \binom{k + x - 1}{x} p^k q^x \quad x = 0, 1, 2, \cdots$$

或

$$f(x) = \binom{-k}{x} p^k (-q)^x \quad x = 0, 1, 2, \cdots$$

則稱其為負二項分配。

✍ 此分配之性質

(1) 令 $k + X$ 表示獲得 k 個成功事件所須「試行總次數」，即在第 k 個成功事件之前已失敗 x 次，亦即，隨機變數 X 表示在第 k 次成功前「失敗的次數」。

【註】

$$\binom{-k}{x} = (-k)(-k-1)(-k-2)\cdots\cdots(-k-x+1)/x!$$

$$= (-1)^x (k+x-1)(k+x-2)\cdots\cdots(k+1)k/x!$$

$$= (-1)^x \binom{k+x-1}{x}$$

$$\therefore \binom{k+x-1}{x} p^k q^x = \binom{-k}{x} p^k (-q)^x$$

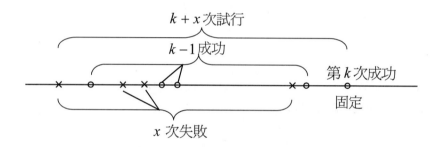

(2) 負二項分配的母數 $k = 1$，即一次成功所須試行次數之機率分配的機率函數：

$$f(x) = pq^x \quad x = 0,\ 1,\ 2,\ \cdots$$

此即為幾何分配的機率分配，故幾何分配是負二項分配之特例。

○ 定　理

負二項分配 $f(x) = \binom{-k}{x} p^k (-q)^x$ 的期待值與變異數為

1. $E(X) = \dfrac{kq}{p}$

2. $V(X) = \dfrac{kq}{p^2}$

【證】

$$m(t) = E(e^{tx}) = \sum_{x=0}^{\infty} e^{tx} \binom{-k}{x} p^k (-q)^x = p^k \sum_{x=0}^{\infty} \binom{-k}{x} (-qe^t)^x = \frac{p^k}{(1-qe^t)^k} = \left(\frac{p}{1-qe^t} \right)^k$$

$$m'(t) = p^k(-k)(1-qe^t)^{-k-1}(-qe^t)$$

$$m''(t) = kpq^k[q(k+1)e^{2t}(1-qe^t)^{-k-2} + e^t(1-qe^t)^{-k-1}]$$

$$\therefore E(X) = m'(0) = p^k(-k)(1-q)^{-k-1}(-q) = \frac{kq}{p}$$

$$V(X) = E(X^2) - [E(X)]^2 = m''(0) - [m'(0)]^2 = kqp^k[qp^{-k-2}(k+1) + p^{-k-1}] - \left(\frac{kq}{p}\right)^2$$

$$= \frac{kq}{p^2}$$

例*

擲一對骰子，求在第 8 次而且是第 2 次得點數和為 7 之機率。

【解】

擲一對骰子，點數和為 7 的機率為 $\dfrac{6}{36} = \dfrac{1}{6}$，故

$$P = \binom{7}{1}\left(\frac{1}{6}\right)^2\left(\frac{5}{6}\right)^6$$

例*

丟一均勻銅板，求在第十一次時得到第六次正面之機率為多少？

【解】

在本例中 $k = 11$，$r = 6$，$p = \dfrac{1}{2}$，故所得之機率爲

$$P\{X = 11\} = \binom{11-1}{6-1}\left(\frac{1}{2}\right)^{6}\left(1 - \frac{1}{2}\right)^{11-6} = \binom{10}{5}\left(\frac{1}{2}\right)^{11}$$

> **例 ***
>
> 　　某生參加射擊考試，其成績是以射中目標 6 次所需之次數來決定。若該生命中率爲 0.25，且每次射擊均不互相影響，試求 (1) 他需要射擊 9 次之機率爲多少？(2) 他需要射擊 9 次以上，12 次以下的機率爲多少？

【解】

令 X 表示所需之次數，則 $X \sim NB(6, 0.25)$（負二項分配）

(1) $P\{X = 9\} = \dbinom{9-1}{6-1}\left(\dfrac{1}{4}\right)^{6}\left(\dfrac{3}{4}\right)^{9-6} = \dbinom{8}{5}\left(\dfrac{1}{4}\right)^{6}\left(\dfrac{3}{4}\right)^{3}$

(2) $P\{9 < X < 12\} = \displaystyle\sum_{x=10}^{11}\binom{x-1}{5}\left(\frac{1}{4}\right)^{6}\left(\frac{3}{4}\right)^{x-6} = \binom{9}{5}\left(\frac{1}{4}\right)^{6}\left(\frac{3}{4}\right)^{4} + \binom{10}{5}\left(\frac{1}{4}\right)^{6}\left(\frac{3}{4}\right)^{5}$

若令 X 表失敗次數，則

$$P\{3 < X < 6\} = \sum_{x=4}^{5}\binom{x+5}{5}\left(\frac{1}{4}\right)^{6}\left(\frac{3}{4}\right)^{x}$$

■ 多項分配（Multinomial Distribution）

若隨機變數 $X_1, X_2, \cdots, X_k$ 的聯合機率分配具有下式的聯合機率函數：

$$f(x_1, x_2, \cdots, x_k) = \frac{n!}{x_1! \cdot x_2! \cdot \cdots \cdot x_k!}p_1^{x_1}p_2^{x_2}\cdots\cdots p_k^{x_k}$$

$$x_i = 0, 1, 2, \cdots, n$$

$$i = 1, 2, \cdots, k$$

則稱其爲多項分配，式中 $x_1 + x_2 + \cdots + x_k = n$，$p_1 + p_2 + \cdots + p_k = 1$。其中 $n, p_1, p_2, \cdots, p_{k-1}$ 爲此分配之母數。

✍ 性質

(1) 設有一實驗，其在一次試行中有 k 種不同的互斥事件 A_i 產生，$i = 1, 2,$ $\cdots k$，令 $p_i = P(A_i)$，則 $p_1 + p_2 + \cdots + p_k = 1$。此實驗獨立重複試行 n 次，以 X_i 表示在此 n 次試行中，事件 A_i 出現之次數，則 $X_1 + X_2 + \cdots + X_k = n$，故知雖有 k 個變數，而實際只有 $k - 1$ 個變數是獨立的。

● 定 理

此多項分配的各隨機變數 X_i 的期待值與變異數為

(1) $E(X_i) = np_i \quad i = 1, 2, \cdots, k$

(2) $V(X_i) = np_i(1 - p_i) \quad i = 1, 2, \cdots, k$

(3) $\text{COV}(X_i, X_j) = -np_i p_j \quad (i \neq j)$

【證】

簡易起見，以 3 變數來考察：

(1) 機率函數設為 $f(x_1, x_2, x_3) = \dfrac{n!}{x_1! x_2! x_3!} p_1^{x_1} p_2^{x_2} p_3^{x_3}$

$$
\begin{aligned}
E(X_1) &= \sum x_1 f(x_1, x_2, x_3) \\
&= \sum x_1 \frac{n!}{x_1! x_2! x_3!} p_1^{x_1} p_2^{x_2} p_3^{x_3} \\
&= np_1 \sum \frac{(n-1)!}{(x_1-1)! x_2! x_3!} p_1^{x_1-1} p_2^{x_2} p_3^{x_3} \\
&= np_1
\end{aligned}
$$

同理，X_i 的平均 $E(X_i) = np_i$，$i = 2, 3$。

(2) X_i 的變異數 $V(X_i)$ 為

$$
V(X_i) = E(X_1^2) - [\mathrm{E}(X_1)]^2 = E(X_1^2) - (np_1)^2
$$

但是

$$
\begin{aligned}
E(X_1^2) &= \sum x_1^2 f(x_1, x_2, x_3) \\
&= \sum x_1(x_1 - 1) f(x_1, x_2, x_3) + \sum x_1 f(x_1, x_2, x_3) \\
&= \sum x_1(x_1 - 1) \frac{n!}{x_1! x_2! x_3!} p_1^{x_1} p_2^{x_2} p_3^{x_3} + np_1
\end{aligned}
$$

$$= n(n-1)p_1^2 \sum \frac{(n-2)!}{(x_1-2)! \, x_2! \, x_3!} p_1^{x_1-2} p_2^{x_2} p_3^{x_3} + np_1$$

$$= n(n-1)p_1^2 + np_1$$

因之　　　　　$V(X_1) = n(n-1)p_1^2 + np_1 - (np_1)^2 = np_1(1-p_1)$

同理，X_i 的變異數為 $V(X_i) = np_i(1-p_i)$，$i = 2, 3$。

(3) $E(X_1, X_2) = \sum x_1 x_2 \cdot \dfrac{n!}{x_1! \, x_2! \, x_3!} p_1^{x_1} p_2^{x_2} p_3^{x_3}$

$$= n(n-1)p_1 p_2 \cdot \sum \frac{(n-2)!}{(x_1-1)! \, (x_2-1)! \, x_3!} p_1^{(x_1-1)} p_2^{(x_2-1)} p_3^{x_3}$$

$$= n(n-1)p_1 p_2$$

$\therefore \text{COV}(X_1, X_2) = E(X_1 X_2) - E(X_1)E(X_2)$

$$= n(n-1)p_1 p_2 - (np_1)(np_2)$$

$$= -np_1 p_2$$

例 *

投一公正骰子 20 次。問骰子各點出現的次數其機率分配為何？

【解】

每一次投擲有 6 個可能結果：

令

X_1：出現 1 點之次數，X_2：出現 2 點之次數

X_3：出現 3 點之次數，X_4：出現 4 點之次數

X_5：出現 5 點之次數，X_6：出現 6 點之次數

$$p(x_1, x_2, x_3, x_4, x_5, x_6) = \frac{n!}{x_1! \, x_2! \, x_3! \, x_4! \, x_5 x_6!} p_1^{x_1} p_2^{x_2} p_3^{x_3} p_4^{x_4} p_5^{x_5} p_6^{x_6}$$

式中 $x_1 + x_2 + \cdots + x_6 = n$

$$x_1, x_2, \cdots, x_6 = 0, 1, 2, \cdots, 20$$

$$p_1 + \cdots + p_6 = 1 \quad \therefore p_1 = p_2 = \cdots = p_6 = \frac{1}{6}$$

由多項分配亦可求各變數的平均數與變異數，

例如求 X_1 之平均數與變異數，可由其邊際機率求得：

$$E(X_i) = \sum x_1 f_1(x_1) = np_1 = 20 \times \frac{1}{6} = \frac{10}{3}$$

$$V(X_1) = \sum x_1^2 f_1(x_1) - [E(X_1)]^2 = np_1 q_1 = 20 \times \frac{1}{6} \times \frac{5}{6} = \frac{100}{36}$$

$f_1(x_1)$ 為 X_1 之邊際機率函數，$q_1 = 1 - p_1$。

例 *

經調查某工廠所生產的產品 A, B, C 各級所占之比為 $5:3:2$，今由產品中隨機抽取 10 個，其中 A 級 4 個，B 級 3 個，C 級 3 個之機率為何？

【解】

$$P = \frac{10!}{4!3!3!}(0.5)^4(0.3)^3(0.2)^3 = 0.057$$

2. 連續機率分配

■ 均勻分配

若隨機變數 X 的分配具有下列機率函數

$$f(x) = \begin{cases} \dfrac{1}{b-a} & a \le x \le b \\ 0 & \text{其他} \end{cases}$$

則此為均勻分配（uniform distribution），記成 $X \sim U(a, b)$。

✍ 性質

(1) 此分配之期望值與變異數為

$$E(X) = \int_a^b x \cdot f(x)dx = \int_a^b x\left(\frac{1}{b-a}\right)dx = \frac{1}{b-a}\left[\frac{x^2}{2}\right]_a^b = \frac{a+b}{2}$$

$$V(X) = E(X^2) - E(X)^2 = \int_a^b x^2 \cdot f(x)dx - \left(\frac{a+b}{2}\right)^2 = \frac{(b-a)^2}{12}$$

(2) 機率函數 $f(x)$ 的高度不是機率，譬如

$$f(x) = \begin{cases} 2 & 0 \le x \le 0.5 \\ 0 & 其他 \end{cases}$$

則 X 之值落於 0 與 0.5 之間其機率函數的高度是 2，我們知道機率不可能大於 1 的。

(3) 在連續均勻機率分配，一區間的機率與它的長度成比例，亦即，$p(x < X < x + dx) \doteqdot f(x)dx$，稱為機率元素。

例*

　　隨機變數 X 表示一飛機從台北飛到日本的全部飛行時間。假設飛行時間可以是 120 分至 140 分的此一區間內的任何值。試求 $P(120 < X < 130)$ 之機率為何？期望值與變異數為何？

【解】

　　由於隨機變數 X 可能是 120 分至 140 分內的任何值，X 當然是連續的而不是離散的隨機變數，因每一分鐘內飛行時間的機率是相同的，所以 X 被認為具有均勻機率分配，其機率函數為

$$f(x) = \begin{cases} \dfrac{1}{20} & 120 \le x \le 140 \\ 0 & 其他 \end{cases}$$

所以

$$P(120 \le X \le 130) = f(x)dx = \frac{1}{20} \times 10 = 0.5$$

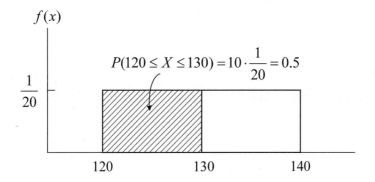

$$E(X) = \mu = \frac{120 + 140}{2} = 130$$

$$V(X) = \sigma^2 = \frac{(140 - 120)^2}{12} = 33.33$$

■ 常態分配（Normal Distribution）

若連續隨機變數 X 的分配具有下列機率函數

$$f(x) = \frac{1}{\sqrt{2\pi}\,\sigma} e^{-\frac{1}{2}\left(\frac{x-\mu}{\sigma}\right)^2} \qquad -\infty < x < \infty$$

則稱其為常態分配。經常以 $N(\mu, \sigma^2)$ 表之。式中 μ 及 σ 為此分配的母數，$\infty < \mu < \infty$，$0 < \sigma < \infty$。

【證】

令 $z = (x - \mu)/\sigma$ 則

$$\int_{-\infty}^{\infty} f(x)dx = \frac{1}{\sqrt{2\pi}} \int_{-\infty}^{\infty} e^{-\frac{z^2}{2}} dz$$

令 $I = \frac{1}{2\pi} \int_{-\infty}^{\infty} e^{-\frac{x^2}{2}} dx$

則 $I^2 = \frac{1}{\sqrt{2\pi}} \int_{-\infty}^{\infty} \int_{-\infty}^{\infty} e^{-\frac{x^2 + y^2}{2}} dx dy$

將 (x, y) 改成極座標，即

$x = r \cos\theta, y = r \sin\theta$

$$I^2 = \frac{1}{\sqrt{2\pi}} \int_0^{2\pi} d\theta \int_0^\infty e^{-\frac{r^2}{2}} \cdot r dr = [-e^{-\frac{r^2}{2}}] = 1$$

∴ $f(x)$ 為機率分配。

【註】常態分配又可稱為 Gaussian 分配，在其中趨勢量數中有如下關係：

(1) $\mu = M_0 = Me = \dfrac{Q_1 + Q_3}{2} = \dfrac{D_2 + D_8}{2} = \dfrac{P_{10} + P_{90}}{2} = \cdots\cdots$

(2) $Q.D. = \dfrac{Q_3 - Q_1}{2} = 0.6745\sigma$

(3) 在實務上全距 R 約為 σ 的 6 倍。

(4) 常態分配是以 μ 為中心的對稱分配（$\beta_1 = 0$），其峰態為常態峰

（$\beta_2 = 3$），最高縱軸為 $f(\mu) = \dfrac{1}{\sqrt{2\pi}\sigma}$。

⊃ 定　理

常態分配的期望值、變異數、偏態係數及峰態係數為

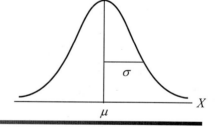

1. $E(X) = \mu$

2. $V(X) = \sigma^2$

3. $\beta_1 = 0$（對稱分配）

4. $\beta_2 = 3$（常態峰）

✍ 性質

(1) 常態分配有 2 個反曲點（point of inflection）分別在橫軸 $\mu \mp \sigma$ 的地方。

(2) 常態分配的平均值、眾數、中位值均相同，即 $\mu = m_0 = m_e$。

(3) $Z = \dfrac{X - \mu}{\sigma} \sim N(0, 1)$，即 Z 服從標準常態分配。

$$f(x) = f(z)\left|\frac{dz}{dx}\right|, \quad z = \frac{x - \mu}{\sigma} \qquad \therefore \frac{dz}{dx} = \frac{1}{\sigma}$$

$$\therefore f(x) = \frac{1}{\sqrt{2\pi}\sigma} e^{-\frac{1}{2}\left(\frac{x-\mu}{\sigma}\right)^2} = \frac{1}{\sqrt{2\pi}} e^{-\frac{1}{2}z^2} \cdot \left(\frac{1}{\sigma}\right) = f(z) \cdot \frac{dz}{dx}$$

$\therefore f(z) = \dfrac{1}{\sqrt{2\pi}} e^{-\frac{1}{2}z^2}$ ，此即為標準常態分配的機率函數。

$$E(Z) = E\left(\dfrac{X - \mu}{\sigma}\right) = \dfrac{1}{\sigma} E(X) - \dfrac{\mu}{\sigma} = 0$$

$$V(Z) = V\left(\dfrac{X - \mu}{\sigma}\right) = \dfrac{1}{\sigma^2} V(X) = 1$$

$\therefore Z \sim N(0,\ 1^2)$

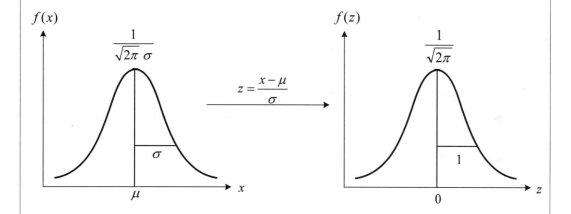

(4) $P(a < Z < b) = P(Z < b) - P(Z < a)$

(5) 曲線上的面積分別為

$P(\mu - \sigma < X < \mu + \sigma) = P(-1 < Z < 1) = 68.27\ \%$

$P(\mu - 1.645\sigma < X < \mu + 1.645\sigma) = P(-1.645 < Z < 1.645) = 90\%$

$P(\mu - 2\sigma < X < \mu + 2\sigma) = P(-2 < Z < 2) = 95.45\%$

$P(\mu - 3\sigma < X < \mu + 3\sigma) = P(-3 < Z < 3) = 99.73\%$

$P(\mu - 1.96\sigma < X < \mu + 1.96\sigma) = P(-1.96 < Z < 1.96) = 95\%$

$P(\mu - 2.576\sigma < X < \mu + 2.576\sigma) = P(-2.576 < Z < 2.576) = 99\%$

(6) 信賴區間面積為 $1 - \alpha$，臨界值記成 $Z_{\alpha/2}$，其間關係如下：

$1 - \alpha$	$Z_{\alpha/2}$
0.99	$z_{0.005} = 2.576$
0.98	$z_{0.01} = 2.325$
0.97	$z_{0.015} = 2.165$
0.96	$z_{0.02} = 2.055$
0.95	$z_{0.025} = 1.960$
0.90	$z_{0.05} = 1.645$

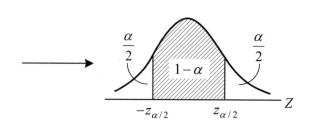

(7) 由 z_α 查 α 的方法

$P(Z \geq z_\alpha) = \alpha$

由常態曲線對稱之情形知

$P(Z \geq z_\alpha) = P(Z \leq -z_\alpha)$

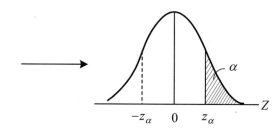

【註】 X 爲常態，則 $\dfrac{X - E(X)}{V(X)} = Z$ or t（小樣本，σ^2 未知），若 X 僅爲

對稱分配，但不是常態，則 $\dfrac{X - E(X)}{V(X)}$ 不一定是 Z or t。

(8) 機率變數 X 服從 $N(\mu, \sigma^2)$，當 a, b 設爲定數時，則

$aX + b$ 服從 $N(a\mu + b, a^2\sigma^2)$

(9) 當兩個機率變數 X 與 Y 獨立且分別服從 $N(\mu_1, \sigma_1^2)$，$N(\mu_2\sigma_2^2)$ 時，則

$X + Y$ 服從 $N(\mu_1 + \mu_2, \sigma_1^2 + \sigma_2^2)$

一般當 $X_1, X_2, \cdots, X_n$ 相互獨立且服從 $N(\mu_i, \sigma_i^2)$（$i = 1, 2, \cdots, n$）時，

則 $a_1X_1 + a_2X_2 + \cdots + a_nX_n$ 服從 $N\left(\sum\limits_{i=1}^{n} a_i\mu_i, \sum\limits_{i=1}^{n} a_i^2\sigma_i^2\right)$

此稱爲常態隨機變數的線形組合定理。

①當 $a_i = 1$，且 $X_i \sim N(\mu, \sigma^2)$ 時，

則 $S = \sum X_i \sim N(n\mu, n\sigma^2)$（隨機變數和之分配）

②當 $a_i = \dfrac{1}{n}$，且 $X_i \sim N(\mu, \sigma^2)$ 時，

$\bar{X} = \dfrac{1}{n}\sum X_i \sim N\left(\mu, \dfrac{\sigma^2}{n}\right)$（隨機變數均數之分配）

(10)二項分配以常態分配爲其極限（此爲中央極限定理參考第六章的說

明，稱爲 de Moivre-Laplace 定理），亦即

$$\lim_{\substack{n\to\infty \\ np\to\infty \\ nq\to\infty}} \binom{n}{x} p^x q^{n-x} = \frac{1}{\sqrt{2\pi}\sigma} e^{-\frac{1}{2}\left(\frac{x-\mu}{\sigma}\right)^2}$$

式中 $\mu = np$，$\sigma = \sqrt{npq}$。二項分配中當 n 很大，且 p 接近 0.5 時，或者 $np \geq 5$ 且 $n(1-p) \geq 5$ 時，二項分配與常態分配接近。

由於二項分配爲一間斷分配。而常態分配爲一連續分配，若以常態分配替代二項分配求其機率值時，必須進行連續性之調整。我們知道連續隨機變數 X 在任何一點的機率爲零，但若在 $X + 1/2$ 及 $X - 1/2$ 間必有機率值存在，此 1/2 稱爲連續調整因子，亦即二項分配之機率值 $P(a \leq X \leq b)$ 以常態分配之機率值 $P(a - 1/2 \leq X \leq b + 1/2)$ 來取代。$P(X \geq a) \doteqdot P(X \geq a - 1/2)$，$P(X \leq a) \doteqdot P(X \leq a + 1/2)$ 取代。二項分配機率不等式必須爲 $\leq$ 或 $\geq$，例如 $P(X < 2)$ 必須改成 $P(X \leq 1)$，然後再調整。

(11) $X \sim N(\mu, \sigma^2)$, $Z \sim N(0, 1^2)$ 則

$$F(x) = P(X \leq x) = P\left(\frac{X-\mu}{\sigma} \leq \frac{x-\mu}{\sigma}\right) = P\left(Z \leq \frac{x-\mu}{\sigma}\right)$$

$$= P(Z \leq z) = F(z) \quad，令 z = \frac{x-\mu}{\sigma}$$

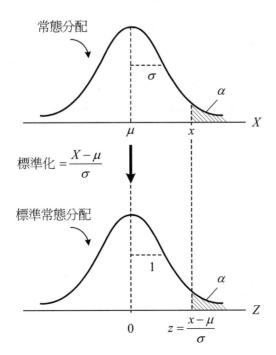

(12) 常態分配與哥西分配（Caucy） $c(\mu, \sigma)$ $\left(f(x) = \dfrac{1}{\pi} \dfrac{\alpha}{(x-\mu)^2 + \alpha^2} \right.$ ， $-\infty < \mu$ $< \infty$ ； $\alpha > 0$ ； $\left. -\infty < x < \infty \right)$ 形狀相同，但哥西分配之平均值不存在，即 $E(|X|) = \infty$ 。

例 *

　　一機器的平均壽命為 12 年，標準差為 2 年，如在保障期間內故障，製造者願免費換新，假定機器之壽命為常態分配，且製造者只願換 3%，問製造者應保證之期間為何？

【解】

$$P(X < x_0) = P\left(Z < \frac{x_0 - 12}{2} \right) = 0.03$$

$$\frac{x_0 - 12}{2} = -1.881$$

$$\therefore x_0 = 8.238 \text{（年）}$$

例 *

　　某品牌家電用品的使用壽命平均為 4.5 年，標準差為 1 年的常態分配，若其保證期間為 2 年，試問退貨比例為多少？

【解】

依題意

$X \sim N(4.5, 1)$

$$P(X < 2) = P\left(Z < \frac{2 - 4.5}{1} \right) = P(Z < -2.5) = 0.0062$$

亦即退貨之比例約為 0.0062 。

例*

設 X 服從 $N(\mu, \sigma^2)$，試問 $Y = 10 \cdot \dfrac{X-\mu}{\sigma} + 50$ 服從什麼分配？

【解】

已知 $X \sim N(\mu, \sigma^2)$

$$\therefore Z = \frac{X-\mu}{\sigma} \sim N\left(\frac{1}{\sigma}\mu - \frac{\mu}{\sigma}, \left(\frac{1}{\sigma}\right)^2 \sigma^2\right) = N(0, 1^2)$$

因之 $Y = 10 \times \dfrac{X-\mu}{\sigma} + 50 = 10 \cdot Z + 50$

$$\therefore Y \sim N(10 \times 0 + 50,\ 10^2 \times 1^2) = N(50,\ 10^2)$$

【註】(1) 偏差值 $= \dfrac{X-\mu}{\sigma} \times 10 + 50$。

(2) 智商 $IQ = \dfrac{X-\mu}{\sigma} \times 15 + 100$。

例*

試求企研所修財管的 5 位同學，分數分別為 10, 20, 30, 40, 50，又修策略管理的 5 位同學，分數分別為 60, 70, 80, 90, 100，試分別求其偏差值。

【解】

修財管此組的平均 μ_1 為 30，變異數 σ_1^2 為 200；修策略管理的平均 μ_2 為 80，變異 σ_2^2 為 200。

利用公式 $Z = 10 \times \dfrac{X-\mu}{\sigma} + 50$ 求 x 的偏差值 z 如下：

10, 20, 30, 40, 50 的偏差值分別為 36, 43, 50, 57, 64。

又，60, 70, 80, 90, 100 的偏差值分別為 36, 43, 50, 57, 64。

亦即兩組成績中在 50 分以上者均有 2 位。第一組的成績雖低但以偏差值來看在 50 分以上者仍有 2 位，而第 2 組的成績雖給得高，但以偏差值來看時在 50 分以上者也只有 2 位而已。

> **例 ***
>
> 　　東大某教授歷年專教國際財管，當人又當得兇，學生能夠及格的大約 40%，本學期修其課的學生剛好 50 人。現有一半以上學生會及格的機率為何？請利用二項分配與常態分配求解？

【解】

設學生及格人數為 X

(1) 以二項分配求解：

因為 $p = 0.4$，$n = 50$，因之

$$P\{X \geq 25\} = \sum_{x=25}^{50} C_x^{\ n} p^x q^{n-x} = 0.0978$$

此即表示 25 個以上學生會及格的機率為 0.097。

(2) 以常態分配求解：

$$P\left\{X \geq \left(25 - \frac{1}{2}\right)\right\} = P\left\{Z \geq \frac{\left(25 - \frac{1}{2}\right) - 0.4 \times 50}{\sqrt{50 \times 0.4 \times 0.6}}\right\}$$

$$= P\{Z \geq 1.299\}$$

$$= 0.0968$$

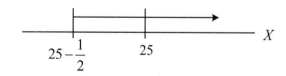

若未調整則機率為 0.0749，兩者差異較大。若 $n \geq 100$ 調整 1/2 的影響漸小，則不必調整。比較以上的結果知，二項分配的機率值與常態分配之機率值相近。

> **例 ***
>
> 　　假設根據經驗知，四福炸雞店每星期的營業額少於 50 萬或大於 110 萬的機率均不超過 0.1，現若假設營業額為一常態分配，試求該炸雞店每星期營業額的平均數與變異數。

【解】

根據經驗知

$$P(X < 50) = 0.1 \qquad\qquad ①$$

$$P(X > 110) = 0.1 \qquad\qquad ②$$

由標準常態分配知

$$P\left(\frac{X - \mu}{\sigma} < -1.28\right) = 0.1 \text{，即 } P(X < \mu - 1.28\sigma) = 0.1 \qquad ③$$

$$P\left(\frac{X - \mu}{\sigma} > -1.28\right) = 0.1 \text{，即 } P(X > \mu + 1.28\sigma) = 0.1 \qquad ④$$

比較①③與②④可知

$$\mu - 1.28\sigma = 50$$

$$\mu + 1.28\sigma = 110$$

因此 $\mu = 80$ 萬，$\sigma = 23.4$ 萬。

例 *

　　調查一城市居民喜好米色電話機約占總電話機的 20%，今後擬在此城市再裝 1,000 具電話機，其為米色者有 170 至 185 具的機率為何？

【解】

$$\mu = np = 1000(0.2) = 200$$

$$\sigma = \sqrt{npq} = \sqrt{1000 \times 0.2 \times 0.8} = \sqrt{160} = 12.65$$

$$\sum_{x=170}^{185} \binom{1000}{x} 0.2^x (0.8)^{1000-x} \rightarrow P\left[\frac{(170 - 0.5) - 200}{12.65} \leq Z \leq \frac{(185 + 0.5) - 200}{12.65}\right]$$

$$= P(-2.411 \leq Z \leq -1.146)$$

$$= 0.1179$$

例 *

　　已知隨機變數 X 服從二項分配 $B(20, 0.1)$，Y 服從二項分配 $B(25, 0.1)$。設 $W = 2X + 2Y$，試求 $P(W > 30)$。

【解】

$\because X \sim B(20, 0.1),\ Y \sim B(25, 0.1),\ 2X \sim B(40, 0.1),\ 2Y \sim B(50, 0.1)$

$\therefore W = 2X + 2Y \sim B(90, 0.1)$

$E(W) = np = 90 \times 0.1 = 9$

$V(W) = npq = 90 \times 0.1 \times 0.9 = 8.1$

$$P(W > 30) = P(W \geq 31) \fallingdotseq P\left(W \geq 31 - \frac{1}{2}\right)$$

$$= P\left(Z \geq \frac{\left(31 - \frac{1}{2}\right) - 9}{\sqrt{8 \cdot 1}}\right)$$

$$= P(Z \geq 2.65) = 0.004$$

例*

已知隨機變數 X 服從二項分配 $B(50, 0.2)$，Y 服從常態分配 $N(-9, 1^2)$。設 $W = X + Y$，試求 $P(W \geq 1)$。

【解】

$\because X \sim B(50, 0.2) \overset{n>30}{\sim} N(\mu, \sigma^2) = N(10, 8)$

式中，$\mu = np = 50 \times 0.2 = 10$

$\sigma^2 = npq = 50 \times 0.2 \times 0.8 = 8$

$W = X + Y \sim N(10 - 9,\ 8 + 1) = N(1,\ 3^2)$

$\therefore P(W \geq 1) = P\left(Z \geq \frac{1-1}{3}\right) = P(Z > 0) = 0.5$

例*

已知 X_i 獨立地服從同一常態分配 $N(\mu, \sigma^2)$, $i = 1, \cdots, n$，試問：

(1) $3X_1$ 的分配是什麼，並求出此分配的期待值與變異數。

(2) $X_1 + X_2 + X_3$ 的分配是什麼，並求此分配的期待值與變異數。

【解】

(1) $E(3X_1) = 3\mu$, $V(3X_1) = 3^2\sigma^2 = 9\sigma^2$（註）

　　$\therefore 3X_1 \sim N(3\mu, 9\sigma^2)$

【註】$V(3X_1) = V(X_1 + X_1 + X_1) = 3V(X_1) = 3\sigma^2$ 是不正確的，因此式子必須是變數間相互獨立方可使用。

(2) $E(X_1 + X_2 + X_3) = 3\mu$

　　$V(X_1 + X_2 + X_3) = V(X_1) + V(X_2) + V(X_3) = 3\sigma^2$（註）

　　$\therefore X_1 + X_2 + X_3 \sim N(3\mu, 3\sigma^2)$

【註】(1) 可視為從同一鐵板挖出 3 個圓片相互重疊；

　　　(2) 可視為從不同鐵板挖出 3 個圓片相互重疊之情形。

例 *

　　一果汁自動販賣機平均每杯重 8.0 克，標準差 0.5 克，若各杯重量的分配為常態分配，求

(1) 每杯超過 8.8 克的百分比？

(2) 求一杯的重量在 7.7 與 8.3 克之間的機率？

(3) 在以後的 10,000 杯，改用裝 9.0 克的杯子出售，問可能溢出者有若干杯？

(4) 重量最低之 25% 的限制為何？

【解】

(1) $P\left(Z > \dfrac{8.8 - 80}{05}\right) = P(Z > 1.6) = 0.0548$

(2) $P\left(\dfrac{7.7 - 8.0}{0.5} < Z < \dfrac{8.3 - 8.0}{0.5}\right) = P(-0.6 < Z < 0.6) = 0.4514$

(3) $P\left(Z > \dfrac{9.0 - 8.0}{0.5}\right) = P(Z > 2) = 0.0228$　$\therefore 10,000(0.0228) = 228$（杯）

(4) $P\left(Z < \dfrac{x - 8.0}{0.5}\right) = 0.25$，$\dfrac{x - 0.8}{0.5} = -0.6745$　$\therefore x = 7.66275$（克）

> **例***
>
> 　　現假設桂格咖啡每包售價為一常態分配，平均售價 10 元，標準差 1 元，批發給零售店的價格為七五折，另外成本亦為常態，平均成本為 5.9 元，標準差為 0.5 元，試問桂格公司每包利潤的平均數與變異數為何？又每包利潤是何種分配？

【解】

　　設每包售價為隨機變數 X，即 $X \sim N(10, 1)$

　　設桂格公司每包利潤為 Y 可表為

$$Y = 0.75X - Z$$

Z 為每包的成本，因 X 與 Z 均為常態分配，且 X 與 Z 獨立，根據常態分配加法定理，Y 為常態分配，其平均數與變異數分別為

$$E(Y) = E(0.75X - Z) = 0.75E(X) - E(Z) = 7.5 - 5.9 = 1.6$$

$$V(Y) = V(0.75X - Z) = (0.75)^2 V(X) + V(Z)$$
$$= 0.5625 + 0.25 = 0.8125 （因 V(X) = 1, V(Z) = 0.25）$$

> **例***
>
> 　　假設東大學生的 IQ 為一常態分配，其平均數為 120，標準差為 15，試問 IQ 在 120 ～ 140 間的機率為何？

【解】

$$P(120 < X < 140) = P\left(\frac{120-120}{15} < \frac{X-\mu}{\sigma} < \frac{140-120}{15} \right) = P(0 < Z < 1.33) = 0.4082$$

> **例***
>
> 　　假設根據經驗知，四福炸雞店每星期的營業額少於 50 萬或大於 110 萬的機率不超過 0.1，現若假設營業額為一常態分配，試求該炸雞店每星期營業額的平均數與變異數。

【解】

根據經驗知

$$P(X < 50) = 0.1 \tag{1}$$

$$P(X > 110) = 0.1 \tag{2}$$

由標準常態分配知

$$P\left(\frac{X - \mu}{\sigma} < -1.28\right) = 0.1，即 P(X < \mu - 1.28\sigma) = 0.1 \tag{3}$$

$$P\left(\frac{X - \mu}{\sigma} > 1.28\right) = 0.1，即 P(X > \mu + 1.28\sigma) = 0.1 \tag{4}$$

比較 (1), (3) 與 (2), (4) 可知

$$\mu - 1.28\sigma = 50$$
$$\mu + 1.28\sigma = 110$$

因此解得

$$\mu = 80 \text{ 萬}，\sigma = 23.4 \text{ 萬}$$

亦即炸雞店每星期平均營業額為 80 萬，標準差為 23.4 萬，是一蠻穩定不錯的收入。

例*

　　一位在父子關係訴訟作證的專家指出懷孕期（以天計）的長短（亦即從受孕到小孩出生）近似參數 $\mu = 270$ 和 $\sigma^2 = 100$ 的常態分配，被告能證明在小孩出生之前 240 天到 290 天之間是在國外的，若被告事實上是孩子的父親，試求如證言所述，母親可能有很長或很短之懷孕期的機率為多少？

【解】

　　令 X 表示懷孕期的長短，且假設被告是父親，則小孩在所指的期間出生之機率為

$$P\{X > 290 \text{ 或 } X < 240\} = P\{X > 290\} + P\{X < 240\}$$

$$= P\left\{\frac{X-270}{10} > 2\right\} + P\left\{\frac{X-270}{10} < -3\right\}$$

$$= 0.0241$$

例 *

　　某大學一年級的理想學生數爲 150 人，該大學依過去的經驗知在被通知入學的學生中，僅有 30% 會到校註冊入學。現該校接受 450 位同學的入學申請。求到校註冊的學生會超過 150 人的機率爲多少？

【解】

　　設 X 表示到校註冊的學生數，則 $X \sim B(450, 0.3)$（二項分配）

$$P\{X \geq 151\} = P\{X \geq 150.5\}$$

$$= P\left\{\frac{X-450\times0.3}{\sqrt{450\times0.3\times0.7}} \geq \frac{150.5-450\times0.3}{\sqrt{450\times0.3\times0.7}}\right\}$$

$$\approx 0.0559$$

例 *

　　某成衣製造公司知該公司的產品中有 2% 無法通過品質管制，若要一批產品中少於 5 件不良品之機率爲 0.95 以上，試求該批產品所需的成衣數最多應爲多少？

【證】

　　設 X 表示該批產品中不良成衣數，則 $X \sim B(n, 0.02)$，

$$\therefore 0.95 \leq P\{X < 5\} = P\{X \leq 4.5\}$$

$$= P\left\{\frac{X-0.02n}{\sqrt{0.0196n}} \leq \frac{4.5-0.02n}{\sqrt{0.0196n}}\right\}$$

$$\doteqdot P\left(Z \leq \frac{4.5-0.02n}{\sqrt{0.0196n}}\right)$$

$$\doteqdot F\left(\frac{4.5-0.02n}{\sqrt{0.0196n}}\right)$$

　　即

$$\frac{4.5 - 0.02n}{\sqrt{0.0196n}} \geq 1.645$$

解之得

$$n \leq 106.5175 \quad 或 \quad n \geq 475.2728$$

因 $n \geq 475.2728$ 不滿足

$$\frac{4.5 - 0.02n}{\sqrt{0.0196n}} \geq 1.645$$

故該批產品所需的成衣數為 $n = 106$。（註：n 不能取 107，因 n 要小於 106.5175）

例*

　　新力公司在日本廠其製程能力服從常態分配，而在美國廠則是服從均勻分配（參下圖），試以製程能力指數（Cp ＝ 公差 / 6 標準差）分析，哪一個廠的能力較好，如規格界限為 $m \pm 5$。

【解】

公差 ＝ 2Δ，標準差 ＝ σ

均勻分配時，$\sigma = \dfrac{2\Delta}{\sqrt{12}} = \dfrac{2 \times 5}{\sqrt{12}}$

常態分配時，$\sigma = \dfrac{2\Delta}{6} = \dfrac{2 \times 5}{6}$

日本製 $C_p = \dfrac{S_u - S_l}{6\sigma} = \dfrac{2 \times 5}{6 \times \dfrac{2 \times 5}{6}} = 1$

美國製 $Cp = \dfrac{2 \times 5}{6 \times \dfrac{2 \times 5}{\sqrt{12}}} = 0.577$

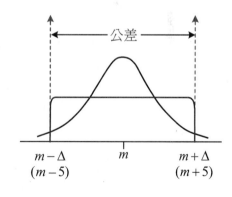

$\therefore$ 日本廠的製程能力比美國為佳。

■ 伽馬分配

若連續隨機變數 X 的分配具有下列的機率函數：

$$f(x) = \frac{1}{\Gamma(k)} \lambda^k x^{k-1} e^{-\lambda x} \qquad 0 < x < \infty$$

則稱其為伽馬（Gamma）分配，式中 $k > 0$ 及 $\lambda > 0$ 為此分配之母數。

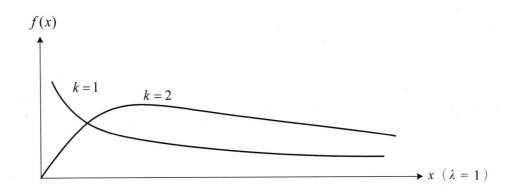

✍ **此分配之性質為**

(1) 事件之發生若符合 poisson 過程，則事件發生至 k 次前的時間，可用 gamma 分配來描述。假設事件發生至 k 次前的時間為 T_k，則 $T_k \leq t$（即 $t \geq T_k$）表示時間 t 內，事件有 k 次以上發生，T_k 之分配函數 $c.d.f.$ 為

$$\int_0^t \lambda^k e^{-\lambda s} \frac{s^{k-1}}{\Gamma(k)} ds , \quad (t > 0)$$

因之 T_k 之 $p.d.f.$ 為

$$f(t) = \frac{dF(t)}{dt} = \frac{\lambda(\lambda t)^{k-1}}{(k-1)!} e^{-\lambda t} , \quad (t > 0)$$

(2) Gamma 分配之期待值為 $E(X) = \dfrac{k}{\lambda}$，變異數 $V(X) = \dfrac{k}{\lambda^2}$

(3) 所謂 Gamma 函數的定義為

$\Gamma(k) = \displaystyle\int_0^\infty x^{k-1} e^{-x} dx$，$k$ 為任意實數。此函數之性質為

(i) $\Gamma(k+1) = k\Gamma(k)$

(ii) k 為正整數，則 $\Gamma(k+1)=k!$

(iii) $\Gamma\left(\dfrac{1}{2}\right)=\sqrt{\pi}$

(4) 當 λ 以 λk 取代，$\alpha=k$ 為一正整數時，則 $f(x)=\dfrac{\lambda k(\lambda kx)^{k-1}}{(k-1)!}e^{-\lambda kx}$，稱為具

有位相 k 之 Erlang 分配。當 $\alpha=1$，即為指數分配。$\alpha=\dfrac{n}{2}$，$\lambda=\dfrac{1}{2}$，其

中 n 為正整數，稱為卡方分配，n 稱為自由度。

(5) 伽馬分配通常是等到 n 個事件發生所需之時間量的機率分配。

(6) Erlang 分配的 $\mu=\dfrac{1}{\lambda}$，$\sigma^2=\dfrac{1}{k\lambda^2}$，工程上對於種種混合性之車輛通過的

時間間隔分配，或以指數分配無法妥當描述之窗口服務時間等交通計

畫問題上，此分配廣泛使用。

(7) $F(x)=\displaystyle\int_0^x f(x)dx=\dfrac{\Gamma(k,\lambda x)}{\Gamma(k)}$，式中 $\Gamma(k,u)=\displaystyle\int_0^u u^{k-1}e^{-u}du$ 稱為不完全 gamma

函數。

(8) $f(x)=\dfrac{1}{\Gamma(x)}\lambda^{\alpha}x^{-\alpha-1}e^{-\frac{\lambda}{x}}$ 稱為逆伽馬分配，$E(X)=\dfrac{\lambda}{\alpha-1}$，

$V(X)=\dfrac{\lambda^2}{(\alpha-1)^2(\alpha-2)}$，亦即 $X\sim$ 逆伽馬分配，則 $\dfrac{1}{X}\sim$ 伽馬分配。

例 *

當 Gamma 分配的 $\alpha=\dfrac{n}{2}$（n 為正整數），$\lambda=\dfrac{1}{2}$ 時，此分配即為自由度 n 的卡方分配（χ^2 分配；Chi-square distribution）。

【解】

$X\sim$ Gamma 分配

$$f(x)=\dfrac{1}{\Gamma(\alpha)}\lambda^{\alpha}x^{\alpha-1}e^{-\lambda x}$$

將 $\alpha=\dfrac{n}{2}$，$\lambda=\dfrac{1}{2}$ 代入，

$$f(x) = \frac{1}{\Gamma\left(\dfrac{n}{2}\right)}\left(\frac{1}{2}\right)^{\frac{n}{2}} x^{\frac{n}{2}-1} e^{-\frac{1}{2}x} = \frac{1}{\Gamma\left(\dfrac{n}{2}\right)(2)^{\frac{n}{2}}} x^{\frac{n}{2}-1} e$$

此即 $X\ (=\chi^2)$ 為自由度 n 的卡方分配。

例 *

若 X 的分配為 $\alpha = 3$，$\lambda = \dfrac{1}{4}$ 的 Gamma 分配，求 $P(3.28 < X < 25.2)$。

【解】

將為 $\alpha = 3$，$\lambda = \dfrac{1}{4}$ 代入 Gamma 分配中，得

$$f(x) = \frac{1}{\Gamma(3)}\left(\frac{1}{4}\right)^3 x^{3-1} e^{-\frac{1}{4}} = \frac{1}{\Gamma\left(\dfrac{6}{2}\right)2^6} \cdot \left(\frac{x}{2}\right)^{3-1} \cdot 2^2 \cdot e^{-\frac{1}{2}\left(\frac{x}{2}\right)}$$

令 $Y = \dfrac{1}{2}X$，則 $f(x) = f(y) \cdot \left|\dfrac{dy}{dx}\right|$

$$\therefore f(x) = \frac{1}{\Gamma\left(\dfrac{6}{2}\right)}\frac{1}{2^6}\left(\frac{x}{2}\right)^{3-1} \cdot 2^2 \cdot 2e^{\frac{1}{2}\left(\frac{x}{2}\right)} \cdot \left(\frac{1}{2}\right) = \frac{1}{\Gamma\left(\dfrac{6}{2}\right)2^{\frac{6}{2}}}\left(\frac{x}{2}\right)^{3-1} e^{-\frac{1}{2}\left(\frac{x}{2}\right)} \cdot \left(\frac{1}{2}\right) = f(y) \cdot \left|\frac{dy}{dx}\right|$$

$$\therefore f(y) = \frac{1}{\Gamma\left(\dfrac{6}{2}\right)2^{\frac{6}{2}}}(y)^{3-1} e^{-\frac{1}{2}y} \text{為卡方分配}$$

$$\therefore P(3.28 < X < 25.2) = P\left(\frac{3.28}{2} < \frac{X}{2} < \frac{25.2}{2}\right)$$
$$= P(1.64 < Y < 12.6)$$
$$= 0.95 - 0.05 = 0.90$$

例 *

　　某一電器網狀電路有 N 個繼電器，設檢修一個繼電器所需的時間為參數 λ 的指數分配，其中 $\lambda = 19$ 小時，若僅有一位修理工人，且有十個繼電器要同時檢修，試求該電器失效時間超過 3/4 小時的機率為多少？

【解】

總共所需的修理時間 X 為參數（$\alpha = 10$, $\lambda = 19$）的伽馬分配，故所求之機率為

$$P\left\{X > \frac{3}{4}\right\} = 1 - P\left\{X \le \frac{3}{4}\right\}$$

$$= 1 - \int_0^{\frac{3}{4}} \frac{19 \cdot e^{-19x} \cdot (19x)^9}{9!} dx$$

$$= 0.10$$

例*

設某機場每天所消耗的汽油量（單位：百萬加侖）為參數 $(3, 1)$ 的伽馬分配，假設該機場的儲油量為 200 萬加侖，求在某一天中，此供油量不夠使用的機率為多少？

【解】

令 X 表示一天所消耗的油量，則

$$p\{X \ge 2\} = \int_2^\infty \frac{1 \cdot e^x \cdot x^2}{2} dx = 5e^{-2} \approx 0.6767$$

例**

若事件發生所需的時間是隨機的且滿足以下 3 個公設

(1) 在長度為 h 的時間區間內，恰有一事件發生之機率為 $\lambda h + 0(h)$。

(2) 在長度為 h 之時間區間內，有 2 個或 2 個以上之事件發生之機率為 $0(h)$。

(3) 事件之間皆為獨立。

則等到 n 個事件發生所需的時間量為參數 (n, λ) 的伽馬的隨機變數。

【證】

令 T_n 表示第 n 個事件發生之時間，且注意到 T_n 小於或等於 t 的主要條

件為到時間 t 時所發生之事件至少為 n，也就是說，若以 $N(t)$ 表示在時間區間 $(0, t)$ 內發生的事件數，則

$$P\{T_n \le t\} = P\{N(t) \ge n\} = \sum_{j=n}^{\infty} P\{N(t) = j\} = \sum_{j=n}^{\infty} \frac{e^{-\lambda t}(\lambda t)^j}{j!}$$

將上式微分，得 T_n 的機率函數如下：

$$
\begin{aligned}
f(t) &= \sum_{j=n}^{\infty} \frac{e^{-\lambda t} j(\lambda t)^{j-1}\lambda}{j!} - \sum_{j=n}^{\infty} \frac{\lambda e^{-\lambda t}(\lambda t)^j}{j!}\\
&= \sum_{j=n}^{\infty} \frac{\lambda e^{-\lambda t}(\lambda t)^{j-1}}{(j-1)!} - \sum_{j=n}^{\infty} \frac{\lambda e^{-\lambda t}(\lambda t)^j}{j!}\\
&= \frac{\lambda e^{-\lambda t}(\lambda t)^{n-1}}{(n-1)!}
\end{aligned}
$$

因此，T_n 具有參數 (n, λ) 的伽馬分配。

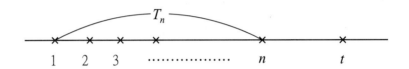

例*

　　假設在某高速公路上，平均 6 個月發生死傷的車禍一件，若該公路上車禍的發生服從卜氏過程，試求發生第 1 次、第 2 次、第 3 次車禍前之時間的 $p.d.f.$。

【解】

該公路上車禍的發生事件服從卜氏過程，所以第 1 次、第 2 次、第 3 次車禍發生前之時間可用 Gamma 分配來說明：

第 1 次車禍發生前之時間：$k = 1$，$\lambda = \dfrac{1}{6}$

$$f_{T_1}(t) = \frac{\lambda(\lambda t)^{k-1}}{(k-1)!}e^{-\lambda t} = \frac{1}{6}\left(\frac{t}{6}\right)e^{-\frac{t}{6}}$$

第 2 次車禍發生前之時間：$k = 2$，$\lambda = \dfrac{1}{6}$

$$f_{T_2}(t) = \frac{1}{6}\left(\frac{t}{6}\right)e^{-\frac{t}{6}}$$

第 3 次車禍發生前之時間：$k = 3$，$\lambda = \dfrac{1}{6}$

$$f_{T_3}(t) = \frac{1}{2} \cdot \frac{1}{6}\left(\frac{t}{6}\right)^2 \cdot e^{-\frac{t}{6}}$$

> **例***
>
> 已知 X 分配為 Gamma 分配，機率函數為
> $$f(x) = \begin{cases} \lambda^2 x e^{-\lambda x} & 0 < x < \infty \\ 0 & \text{其他} \end{cases}$$
> 若 $x = 2$ 是此分配的唯一眾數，求母數 λ 及 $P(X < 9.49)$。

【解】

$\because f(x) = \lambda^2 x e^{-\lambda x}$

$\therefore f'(x) = \lambda^2 e^{-\lambda x}(1 - \lambda x)$

且已知唯一的眾數 $x = 2$ ，即 $f'(x = 2) = \lambda^2 e^{-2\lambda}(1 - 2\lambda) = 0$

得

$$1 - 2\lambda = 0 \quad \therefore \lambda = \frac{1}{2}$$

又由機率函數式 $\left(f(x) = \dfrac{1}{P(\alpha)}\lambda^\alpha x^{\alpha-1}e^{-\lambda x} \right)$ 知 $\alpha = \dfrac{n}{2} = 2$ ，故自由度 $v = n = 4$ ，查 χ^2 分配附表得

$$P(X < 9.49) = 0.95$$

■ 指數分配（Expoential Distribution）

若連續隨機函數 X 的分配具有下列的機率函數：

$$f(x) = \lambda e^{-\lambda x} \quad 0 \le x < \infty$$

則稱為指數分配，式中 $\lambda > 0$ 為此分配之母數。

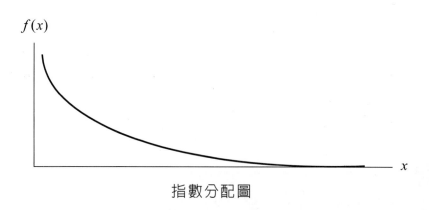

指數分配圖

📖 **性質**

(1) 指數分配為 Gamma 分配之母數 $\alpha = 1$ 之特例。

(2) poisson 實驗是觀察單位時間內一特殊事件發生次數，而指數分配則是觀察事件發生之時間間隔。

若以 X 代表兩事件發生之時間間隔，故 $P(X > x)$ 是表示在 $(0, x)$ 的時間內，此事件並未發生之機率，

$$P(X > x) = P[\text{在 } (0, x) \text{ 時間內無事件發生}]$$

$$= \frac{e^{-\lambda x}(\lambda x)^0}{0!} = e^{-\lambda x}$$

$$\therefore F(x) = P(X \le x) = 1 - P(X > x) = 1 - e^{-\lambda x}$$

$$\therefore f(x) = \frac{dF(x)}{dx} = \lambda e^{-\lambda x} \quad x \ge 0$$

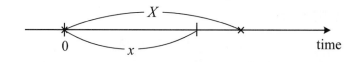

(3) 無記憶性

$$P(X < x + y \mid X > x) = \frac{P(x < X < x + y)}{P(X > x)}$$

$$= \frac{P(X < x + y) - P(X < x)}{P(X > x)}$$

$$= \frac{1 - e^{-\lambda(x+y)} - (1 - e^{-\lambda x})}{e^{-\lambda x}}$$

$$= 1 - e^{-\lambda y} = P(X < y)$$

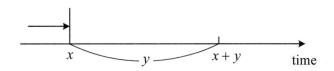

亦即　$P(X > x + y | X > x) = P(X > y)$

或　　$P\{X > x + y\} = P\{X > x\} \cdot P\{X > y\}$

(4) 卜氏與指數之隨機變數比較例

卜氏隨機變數	指數隨機變數
1. 平均 20 分鐘內有 5 部車子開進停車場（$\lambda = 5$ 輛 / 20 分）	1. 平均每隔 4 分鐘有一部車子開進停車場（$\mu = 4$ 分 / 輛）
2. 某一機器平均 30 分鐘故障 3 次（$\lambda = 3$ 次 / 30 分）	2. 某一機器平均每隔 10 分鐘故障一次（$\mu = 10$ 分 / 次）

註：$\mu = \dfrac{1}{\lambda}$

(5)

卜氏分配	指數分配
X：某區間 t 內發生次數	X：發生次數之時間間隔
$\Rightarrow \quad f(x) = \dfrac{e^{-\mu} \cdot \mu^x}{x!}$	$\Rightarrow \quad f(x) = \lambda e^{-\lambda x}$
$\Rightarrow \quad E(X) = \mu$（區間 t 內之平均次數）	$\Rightarrow \quad E(X) = \dfrac{1}{\lambda}$（平均間隔時間）

【註】$\mu = \lambda t$，當 $t = 1$ 即單位區間時，$\mu = \lambda$。

○ 定　理

指數分配 $f(x) = \lambda e^{-\lambda x}$ 之期望值與變異數為

$$E(X) = \frac{1}{\lambda}$$

$$V(X) = \frac{1}{\lambda^2}$$

證明省略。

【註】卜氏分配 $f(x) = \dfrac{e^{-\lambda}\lambda^x}{x!}$ 之期望值與變異數爲

$$E(X) = \lambda，V(X) = \lambda$$

請注意與指數分配 $f(x) = \lambda e^{-\lambda x}$ 之期望值與變異數之關係。亦即「指數分配中之期望值與卜氏分配中之期望值有倒數關係」。

例*

一企業的壽命長短（月）分配符合指數分配，$\dfrac{1}{\lambda} = 50$ 月，試求一個新公司在其開業後十五個月內會歇業之機率？

【解】

$$E(X) = \frac{1}{\lambda} = 50 \quad,\quad \lambda = \frac{1}{50} \quad,\quad \lambda x = \frac{1}{50}(15) = 0.3$$

查指數分配表得

$$P(X \le 15) = 1 - e^{-0.3} = 0.2592$$

例*

金融機構使用自動提款機的越來越多，不僅方便存款戶，也替自己節省一些人力，現假設台灣銀行豐原分行白天利用自動提款機提款的間隔時間（一個顧客使用後，下一個顧客來使用之時間，以分鐘爲單位）爲 $\lambda = 0.1$ 次／分的指數分配，試回答下列問題？

(1) 請問自動提款機半小時內沒有人來提款的機率爲何？

(2) 試求平均數與變異數，並求間隔時間在 $\mu - 2\sigma$ 與 $\mu + 2\sigma$ 之機率？

【解】

設 X 爲顧客提款的間隔時間，半小時內無人提款之機率爲

$$P(X > 30) = e^{-30\lambda} = e^{-30(0.1)} = e^{-3} = 0.04978$$

平均數為

$$E(X) = \frac{1}{\lambda} = \frac{1}{0.1} = 10$$

變異數為

$$V(X) = \frac{1}{\lambda^2} = \frac{1}{0.1^2} = 100$$

$$\therefore \sigma = \sqrt{100} = 10$$

間隔時間在 $\mu - 2\sigma$ 與 $\mu + 2\sigma$ 之機率為

$$
\begin{aligned}
P(\mu - 2\sigma < X < \mu + 2\sigma) &= P(10 - 2 \times 10 < X < 10 + 2 \times 10) \\
&= P(0 < X < 30) \\
&= 1 - P(X < 30) \\
&= 1 - e^{-0.1 \times 3} = 1 - e^{-3} \\
&= 1 - 0.0498 \\
&= 0.9502
\end{aligned}
$$

例*

　　指數分配與卜氏分配之關係：電信局顯示一分鐘內用戶打「104」電話之平均次數為 4 次，欲求一分鐘內沒有「104」電話進來之機率？

【解】

(1) 若以指數分配求解：

若令 Y 為至下一次「104」電話進來之時間，則 $E(Y) = \dfrac{1}{\lambda} = \dfrac{1}{4}$

$$Y \sim \lambda e^{-\lambda y} \quad \lambda = 4$$

$$P(Y > 1) = e^{-4 \times 1} = e^{-4} = 0.0183$$

(2) 若以卜氏分配求解：

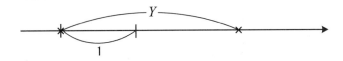

設 X 爲打 104 之電話次數，則

$$X \sim \frac{e^{-\lambda}\lambda^x}{x!}$$

$$\therefore P(X=0) = \frac{e^{-4} \cdot 4^0}{0!} = e^{-4} = 0.0183$$

例*

高速公路收費站平均每隔 3 分鐘有一輛車進入收費站
(1) 欲求 1 分鐘內沒有車輛進入之機率？
(2) 欲求 3 分鐘內沒有車輛進入之機率？

【解】

(1) 若以指數分配求解：

若令 Y 表車輛進入收費站之間隔時間

則 $E(Y) = \dfrac{1}{\lambda} = 3$ ， $\lambda = \dfrac{1}{3}$

$P(Y>1) = e^{-\frac{1}{3} \times 1} = e^{-\frac{1}{3}}$

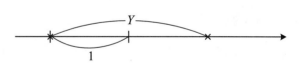

若以卜氏分配求解：

設 X 爲 1 分鐘內進入收費站之車數，則

$$P\{N(1)=0\} = \frac{e^{-\frac{1}{3} \times 1} \cdot \left(\frac{1}{3} \cdot 1\right)^0}{0!} = e^{-\frac{1}{3}}$$

(2) 若以指數分配求解：

Y 表車輛進入收費站之間隔時間

則 $E(Y) = \dfrac{1}{\lambda} = 3$ ， $\lambda = \dfrac{1}{3}$

$P(Y>3) = e^{-\frac{1}{3} \times 3} = e^{-1}$

若以卜氏分配求解：

設 X 爲 3 分鐘內進入收費站之車數，則

$$P\{N(3)=0\} = \frac{e^{-\frac{1}{3} \times 3} \cdot \left(\frac{1}{3} \times 3\right)^0}{0!} = e^{-1}$$

例 *

某部車子的平均壽命為 10 年，試求

(1) 5 年內故障 0 次的機率。

(2) 5 年內至多故障 1 次的機率。

(3) 若該部車已使用 8 年，求可再繼續 4 年的機率。

【解】

(1) 若 X 表故障次數，$\dfrac{1}{\lambda} = 10$（年）　$\lambda = \dfrac{1}{10}$ 次／年

$$P\{N(5) = 0\} = \frac{e^{-\frac{1}{10} \times 5} \left(\dfrac{1}{10} \times 5 \right)^0}{0!} = e^{-\frac{5}{10}}$$

(2)

$$P\{N(5) \le 1\} = \frac{e^{-\frac{1}{10} \times 5} \left(\dfrac{1}{10} \times 5 \right)^0}{0!} + \frac{e^{-\frac{5}{10}} \left(\dfrac{5}{10} \right)^1}{1!}$$

$$= e^{-\frac{5}{10}} + \frac{1}{2} e^{-\frac{5}{10}} = \frac{3}{2} e^{-\frac{5}{10}}$$

(3) 設 X 表平均壽命

$$P(X > 12 \mid X > 8) = P(X > 4) = e^{-\frac{4}{10}} = e^{-\frac{2}{5}}$$

例 *

假設一通電話的通話時間（單位：分）為參數 $\lambda = \dfrac{1}{10}$ 的指數隨機變數，若某人正好在你之前到達一公共電話亭，求

(1) 你必須等 10 分鐘以上的機率為多少？

(2) 你必須等 10 到 20 分鐘的機率為多少？

【解】

令 X 表示在電話亭內的人的通話時間，則所求之機率分別為

(1) $P\{X > 10\} = \int_{10}^{\infty} \frac{1}{10} e^{-x/10} dx = e - x/10 \Big|_{10}^{\infty} = e^{-1} \approx 0.368$

(2) $P\{10 < X < 20\} = \int_{10}^{20} \frac{1}{10} e^{-x/10} dx = e^{-1} - e^{-2} \approx 0.233$

例*

　　某一品牌電視的壽命服務指數分配，今其平均使用壽命為 10 年，今已使用 3 年求在第 4 年內仍能繼續使用之機率有多少？又若已使用 5 年求第 6 年內仍能繼續使用之機率又是多少？求使用至第 3 年之機率是多少，求使用至第 5 年之機率是多少？

【解】

　　設 X 表電視使用之壽命，其機率函數為 $f(x) = \lambda e^{-\lambda x}$，今 $\frac{1}{\lambda} = 10$

(1) $P(X \le 4 \mid X \ge 3) = 1 - e^{-\frac{1}{10} \times 1} = 1 - e^{-\frac{1}{10}}$

另外，

(2) $P(X \le 6 \mid X \ge 5) = 1 - e^{-\frac{1}{10} \times 1} = 1 - e^{-\frac{1}{10}}$

由以上分析知在有效壽命期間內，相同之時間區間內，其使用之機率均相同。

(3) $P(X \le 3) = 1 - e^{-\frac{1}{10} \times 3}$

(4) $P(X \le 5) = 1 - e^{-\frac{1}{10} \times 5}$

例*

　　設汽車電池服從平均壽命為 1000 天的指數分配，求

(1) 一電池可使用 1200 天以上的機率？

(2) 若已知該電池已使用了 1000 天，則它可使用 2200 天之機率？

【解】

$$\because \frac{1}{\lambda} = 1000 \,,\; \lambda = 0.001$$

(1) $P\{X > 1200\} = \displaystyle\int_{1200}^{\infty} \lambda e^{-\lambda t}\, dt = e^{-1.2} \approx 0.301$

(2) $P\{X > 2200 | X > 1000\} = P\{X > 1200\} \approx 0.301$

換句話說，該電池已忘了曾使用過 1000 個日子，因此和一個新電池可使用 1200 天以上的機率是一樣的。

例*

　　假設汽車在電池耗損前所行駛的哩程為平均值是 10,000 哩的指數分配，若某人欲作一 500 哩的旅行，試問他不必換電池而能完成這趟旅行的機率為多少？如果分配不是指數分配，那麼能得到什麼樣的結論？

【解】

由於指數分配的無記憶性，得知電池的剩餘壽命（以千哩為單位）為參數 $\lambda = \dfrac{1}{10}$ 的指數隨機變數，因此所求之機率為

$$P\{\,\text{剩餘壽命} > 5\} = 1 - F(5) = e^{-5\lambda} = e^{-1/2} \approx 0.604$$

但是當壽命的分配函數 F 不是指數時，所求之機率為

$$P\{\,\text{壽命} > t + 5 | \text{壽命} > t\} = \frac{1 - F(t+5)}{1 - F(t)}$$

其中 t 是旅行開始前該電池所使用過的哩程數（單位：千哩），所以分配不是指數分配，則要有其他的資料（即 t 值），才能求得所需之機率。

■ Beta 分配

機率函數 $f(x)$ 如下設定的分配稱為 Beta 分配，記成 Be(p, q)。

$$f(x) = \frac{1}{B(a, b)} x^{a-1}(1-x)^{b-1} \,,\; 0 \le x \le 1,\; a,\, b \text{ 為實數} > 0$$

記成 $B(a, b)$。

1. Beta 分配與 Gamma 分配在貝氏統計中經常當作事前分配、事後分配加以利用。

2. 期待值 $E(X) = \dfrac{a}{a+b}$，變異數 $V(X) = \dfrac{ab}{(a+b)^2(a+b+1)}$

3. Beta 函數

$$B(a, b) = \int_0^1 x^{a-1}(1-x)^{b-1}dx$$

4. (1) $B(a, b) = \dfrac{\Gamma(a)\Gamma(b)}{\Gamma(a+b)}$

　(2) $B(a+1, b) = \dfrac{a}{a+b}B(a, b)$

　(3) $B(a, b) = B(b, a)$

例 *

　　設 θ 表雙親生男生的機率。已知台中市男生出生的機率服從 Be(2, 2)，又，台南市男生出生的機率服從 Be(5, 2)，試說明兩市平均生男生的機率，又，哪個地區生男生的機率較高呢？

【解】

台中市生男生的機率 θ 的分配是 Be(2, 2)，圖形如下：

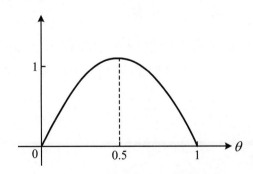

台南市生男生的機率 θ 的分配是 Be(5, 2)，圖形如下：

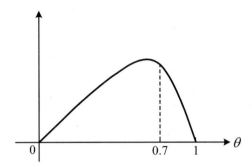

台中市生男生機率 θ 的分配的

$$平均值 = \frac{p}{p+q} = \frac{2}{2+2} = 0.5，$$

$$變異數 = \frac{pq}{(p+q)^2(p+q+1)} = \frac{1}{20} = 0.05$$

台南市生男生機率 θ 的分配的

$$平均值 = \frac{p}{p+q} = \frac{5}{5+2} = \frac{5}{7} \fallingdotseq 0.7，$$

$$變異數 = \frac{pq}{(p+q)^2(p+q+1)} = \frac{5}{196} \fallingdotseq 0.026$$

由上知，台中市生男生的平均機率是一半，而台南市生男生的平均機率比 0.5 大。台中市生男生的機率 θ 的變異寬度較大，而台南市的寬度約為台中市的一半。確信台南市生男生的機率相對較高。

■ 各機率分配間之關係

1. 各分配間理論與實務上要求的條件

Bernoulli 分配

$N \to \infty$
超幾何分配　$\left[\dfrac{n}{N} \le \dfrac{1}{20} \right]$　二項分配　$n = 1$

$\begin{pmatrix} np \ge 5 \\ 且\ nq \ge 5 \end{pmatrix}$

p 及 q 不微少，$n \to \infty$ → 常態分配

$n \to \infty$
$\begin{pmatrix} n > 50 \\ p < 0.1 \end{pmatrix}$

推廣

p 或 q 微少，$n \to \infty$
$(p < 0.1, n > 100, np < 1)$

多項分配　→　卜氏分配

圖　各分配間理論上與實務上要求的條件

【註】（　）表實務條件

2. 常用機率分配之關係

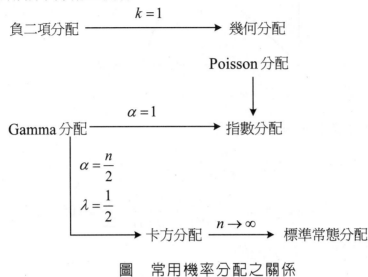

圖　常用機率分配之關係

第 **6** 章

抽樣分配

第一節　抽樣分配

　　爲了解母體的特性，經由抽樣調查，並以其結果推測母體，此爲統計推論的必要過程。

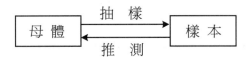

1. 抽樣方法

■ 簡單隨機抽樣法（Simple Random Sampling）

　　此抽樣法是指大小爲 N 之母體中的每一個體皆有同等被抽中之機會，或每一個可能樣本出現的機率都是相等的。

$$1.\,簡單隨機抽樣法\begin{cases} (1)\,投返式……S=N^n，n爲樣本大小 \\ \qquad\qquad 每一種樣本組合出現機率爲 1/N^n \\ (2)\,不投返式 \begin{cases} (i)\,有順序……S={}_N P_n \\ \qquad 每一種樣本組合出現機率爲 \dfrac{1}{{}_N P_n} \\ (ii)\,無順序……S=\dbinom{N}{n} \\ \qquad 每一種樣本組合出現之機率爲 \dfrac{1}{\dbinom{N}{n}} \end{cases} \end{cases}$$

2. 簡單隨機抽樣法

(1) 有限母體：自大小為 N 的有限母體抽出大小為 n 的簡單隨機樣本 $X_1, X_2, \cdots, X_n$ 則每一種可能的樣本組合（樣本大小為 n）被抽取的機率均相等。

(2) 無限母體：自一無限母體的抽出大小為 n 的簡單隨機樣本，$X_1, X_2, \cdots, X_n$ 滿足 (i) 隨機變數 $X_1, X_2, \cdots, X_n$ 相互獨立且抽自相同母體；(ii) 每一個隨機變數的可能值 $x_1, x_2, \cdots, x_n$ 被抽出的機率皆相等。

■ 分層抽樣法

將母體按某種標準分成數個層，然後分別自每一層利用單純隨機抽樣法抽取若干個體組成樣本，母體有若干層，樣本亦有若干層，至於各層中樣本個數分配的多少，可按如下處理：

(1) 比例配置

母體有 N 個個體，分成 k 層，各層的個數為 $N_1, N_2, \cdots, N_k$，樣本大小為 n，則自各層所抽取的個數 n_i 為

$$n_i = n\left(\frac{N_i}{N}\right) \qquad i = 1, 2, \cdots, k$$

(2) 非比例配置

同質程度較高之層比例宜小，同質程度較低之層，比例宜大。

$$n_i = n\left(\frac{N_i \sigma_i}{\sum N_i \sigma_i}\right) \qquad i = 1, 2, \cdots, k$$

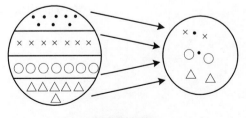

分層抽樣

例 *

設有一母體分為三層，第一層個數為 25,000 ，第二層個數為 20,000，第三層為 5,000，現欲抽取 300 個樣本，試問 (1) 依比例抽樣各層該抽出多少個體？(2) 又設 $\sigma_1 = 2.5$，$\sigma_2 = 1.5$，$\sigma_3 = 2.0$，則各層該抽出多少？

【解】

(1) $N = 25,000 + 20,000 + 5,000 = 50,000$

$$\therefore n_1 = 300 \left(\frac{25,000}{50,000} \right) = 150$$

$$n_2 = 300 \left(\frac{20,000}{50,000} \right) = 120$$

$$n_3 = 300 \left(\frac{5,000}{50,000} \right) = 30$$

(2)

層	N_i	σ_i	$N_2\sigma_2$	n_i
一	25,000	2.5	62,500	183
二	20,000	1.5	30,000	88
三	5,000	2.0	10,000	29
和	N = 50,000		102,500	n = 300

■ 群式抽樣法（Cluster Sampling）

先將母體個體依特殊標準分成若干群，以群體為抽樣單位，以單純隨機抽樣法自這些群體中抽取一個或數個群體作為樣本，譬如自台灣 16 縣中隨機抽 3 縣來調查即是，群式抽樣法可推展至多階段抽樣法。

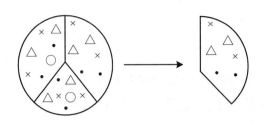

群式抽樣

■ 系統抽樣法

　　將母體所有的個體依次排列，然後分成許多間隔，每隔若干個個體抽取一個，是爲系統抽樣法。

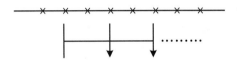

2. 主要的抽樣分配

　　統計量是樣本的表徵數，也是一種隨機變數，統計量之機率分配稱爲抽樣分配，或樣本統計量分配，影響此抽樣分配的三要素爲 (1) 母體大小，(2) 樣本大小，(3) 樣本統計量。

■ 樣本和抽樣分配

(1) 設一屬於量母體分配共有 N 個變量之有限母體，其期待值爲 $E(X) = \mu$，變異數爲 $V(X) = \sigma^2$，自此母體中隨機抽取 n 個觀測值構成樣本，令 $S = \displaystyle\sum_{i=1}^{n} X_i$，則 S 的抽樣分配如下：

① 投返式：有 N^n 個 S 的抽樣分配

$$E(S) = n\mu \text{，} V(S) = n\sigma^2$$

當 $n \to \infty$，S 趨近於常態。

② 不投返式：有 $\binom{N}{n}$ 個 S 的抽樣分配

$$E(S) = n\mu \text{，} V(S) = \frac{N-n}{N-1}\sigma^2$$

當 $n \to \infty$，S 趨近於常態。

(2) 設隨機變數 $X_1, X_2, \cdots, X_n$ 係自無限母體抽樣而得，則

$$E(S) = n\mu \text{，} V(S) = n\sigma^2$$

當 $n \to \infty$，S 趨近於常態。

■ 樣本均數抽樣分配

(1) 設一屬於量母體分配共有 N 個變量之有限母體，其期待值為 $E(X) = \mu$，變異數為 $V(X) = \sigma^2$，自此母體中隨機抽取 n 個觀測值構成樣本，令 $\overline{X} = \sum X_i / n$，則 $\overline{X}$ 的抽樣分配如下：

① 投返式：有 N^n 個 $\overline{X}$ 的抽樣分配

$$E(\overline{X}) = \mu \text{，} V(\overline{X}) = \frac{\sigma^2}{n}$$

當 $n \to \infty$，$\overline{X}$ 趨近於常態。

② 不投返式：有 $\binom{N}{n}$ 個 $\overline{X}$ 的抽樣分配

$$E(\overline{X}) = \mu \text{，} V(\overline{X}) = \frac{N-n}{n-1}\frac{\sigma^2}{n}$$

當 $n \to \infty$，$\overline{X}$ 趨近於常態。

(2) 設隨機變數 $X_1, X_2, \cdots, X_n$，係自無限母體抽樣，則

$$E(\overline{X}) = \mu$$

$$V(\overline{X}) = \frac{\sigma^2}{n}$$

當 $n \to \infty$，$\overline{X}$ 趨近於常態。

✎ **樣本均數 $\overline{X}$ 的抽樣分配之性質**

(1) $\overline{X}$ 的抽樣分配以母體均數 μ_X 為中心，無論樣本大小，母體為有限或無限，抽出放回或不放回，$\overline{X}$ 的抽樣分配之平均數均為 μ_X。

(2) $\overline{X}$ 的抽樣分配之變異數受到母體變異數 σ_X^2、樣本數 n 以及母體為有限或無限之影響。

(3) 若母體變異數愈大，$\overline{X}$ 的抽樣分配之變異數亦大。

(4) 當樣本數 n 增加時，$V(\overline{X})$ 愈小，分配愈集中於母體均數 μ_X，若 $n \to \infty$，則 $V(\overline{X}) = \dfrac{\sigma_X^2}{n} \to 0$，亦即 $\overline{X}$ 的機率分配收斂於母體均數 μ_X，此即為以下的大數法則（law of large numbers）。

(5) 母體為有限，且樣本數相對於母體個數不是很小（$n/N > 0.05$），則 $\overline{X}$ 抽樣分配的變異數必須乘上有限母體修正因子 $\left(\dfrac{N-n}{N-1}\right)$。

(6) 有限母體的情況下，若樣本數相對於母體個數很小（$n/N \leq 0.05$），或抽樣時採抽出放回的方式，$\overline{X}$ 抽樣分配的變異數與無限母體時相同。

■ 大數法則（Law of large numbers）

(1) 弱大數法則：

設 $X_1, X_2, \cdots X_n$ 為獨立且有相同分配之隨機變數序列，且設它們共同的期望值 $E(X_i) = \mu$，則對任意 $\varepsilon < 0$，當 $n \to \infty$ 時

$$\lim_{n \to \infty} P\left\{\left|\frac{X_1 + \cdots + X_n}{n} - \mu\right| \geq \varepsilon\right\} = 0$$

(2) 強大數法則：

設 $X_1, X_2, \cdots X_n$ 為獨立且有相同分配之隨機變數序列，且設它們共同的期望值 $\mu = E[X_i]$ 為有限，則對任意 $\varepsilon < 0$，當 $n \to \infty$ 時

$$\frac{X_1 + X_2 + \cdots\cdots + X_n}{n} \to \mu$$

的機率為 1，亦即

$$P\left\{\lim_{n\to\infty}\frac{X_1+X_2+\cdots\cdots+X_n}{n}=\mu\right\}=1$$

◯ 中央極限定理（Central limit Theorem）

設 $X_1,\ X_2,\ \cdots\ X_n$ 為獨立且有相同分配之隨機變數序列，且設它們共同的期望值和變異數分別為 $\mu_X,\ \sigma_X{}^2$，當樣本數 n 很大時（$n\geq30$）。

(1) $\dfrac{(X_1+X_2+\cdots\cdots+X_n)-E(X_1+X_2+\cdots\cdots+X_n)}{\sqrt{V(X_1+X_2+\cdots+X_n)}}\sim N(0,1^2)$

或者，當樣本數很大（$n\geq30$）時，不論母體分配為何，$\overline{X}$ 與 $X_1+X_2+\cdots+X_n$ 均服從常態分配，即

(2) $\overline{X}\sim N\left(\mu_X,\dfrac{\sigma_X{}^2}{n}\right)$

(3) $X_1+X_2+\cdots+X_n\sim N(n\mu_X,\ n\sigma_X{}^2)$

🖎 說明

1. 母體分配：

　　無論母體為何種分配（$\mu_X,\ \sigma_X{}^2$），自母體簡單隨機抽取 n 個樣本，若樣本數 n 夠大（一般認為 $n\geq30$），則樣本均數的抽樣分配會趨近於常態分配。

　　(1) 無限母體

$$\begin{cases}① \ \sum X_i\sim N(n\mu_X,n\sigma_X{}^2) \\[2mm] ② \ \overline{X}\sim N\left(\mu_X,\dfrac{\sigma_X{}^2}{n}\right) \\[2mm] ③ \ \dfrac{\overline{X}-\mu_X}{\sigma_X/\sqrt{n}}=Z\sim N(0,1^2)\end{cases}$$

(2) 有限母體

抽出放回	抽出不放回
$\bar{X} \sim N\left(\mu_X, \dfrac{\sigma_X^2}{n}\right)$	$\bar{X} \sim N\left(\mu_X, \dfrac{\sigma_X^2}{n} \dfrac{N-n}{N-1}\right)$

2. 樣本性質：

樣本數 n 需多大時，才可利用中央極限定理呢？n 的大小決定於原來母體的形狀。若母體愈接近常態分配，則較小的 n 就愈趨近於常態分配，若母體為偏態，則 n 要較大，樣本平均數才會趨近於常態分配。一般而言，不論母體為何種分配，當 $n \geq 30$（謂之大樣本），$\bar{X}$ 漸趨於常態分配。

當樣本數 $n < 30$（謂之小樣本），若母體為常態分配時，我們可得知樣本平均數的抽樣分配為常態，但若母體分配未知，則其抽樣分配決定於母體分配、樣本數大小等，由於抽樣分配不易求得，故只能利用柴比氏定理來計算 $\bar{X}$ 在某範圍之機率，在進行推論時一般利用無母數統計學的方法。

將以上加以整理，可得出 $\bar{X}$ 的抽樣分配表如下：

$\bar{X}$ 的抽樣分配

樣本	(X) 母體分配		($\bar{X}$) 抽樣分配	
大樣本 （$n \geq 30$）	常態母體：$N(\mu_X, \sigma_X^2)$		$\bar{X} \sim N\left(\mu_X, \dfrac{\sigma_X^2}{n}\right)$	中央極限定理
	任意母體： (μ_X, σ_X^2)	無限母體	$\bar{X} \sim N\left(\mu_X, \dfrac{\sigma_X^2}{n}\right)$	
	任意母體： (μ_X, σ_X^2)	有限母體　投　返	$\bar{X} \sim N\left(\mu_X, \dfrac{\sigma_X^2}{n}\right)$	
		不投返	$\bar{X} \sim N\left(\mu_X, \dfrac{\sigma_X^2}{n}\dfrac{N-n}{N-1}\right)$	

樣本	（X）母體分配			（$\overline{X}$）抽樣分配
小樣本 （$n < 30$）	常態母體：$N(\mu_X, \sigma_X{}^2)$			$\overline{X} \sim N\left(\mu_X, \dfrac{\sigma_X{}^2}{n}\right)$（線性組合定理）
	任意母體： $(\mu_X, \sigma_X{}^2)$	無限母體		$E(\overline{X}) = \mu_X, V(\overline{X}) = \dfrac{\sigma_X{}^2}{n}$
	任意母體： $(\mu_X, \sigma_X{}^2)$	有限母體	投　返	$E(\overline{X}) = \mu_X, V(\overline{X}) = \dfrac{\sigma_X{}^2}{n}$
			不投返	$E(\overline{X}) = \mu_X, V(\overline{X}) = \left(\dfrac{N-n}{N-1}\right)\dfrac{\sigma_X{}^2}{n}$

【註】$(\mu_X, \sigma_X{}^2)$ 表任意母體其平均數為 μ_X，變異數為 $\sigma_X{}^2$。

例

設 X_i 獨立地服從同一分配（$i.i.d.$）Poisson(θ)，$i = 1, 2, \cdots, n$，則

(1) $\dfrac{S_n - n\theta}{\sqrt{n\theta}}$ 的極限分配為 $N(0, 1^2)$，其中 $S_n = \displaystyle\sum_{i=1}^{n} X_i$

(2) $\dfrac{\overline{X} - \theta}{\sqrt{\dfrac{\theta}{n}}}$ 的極限分配為 $N(0, 1^2)$，其中 $\overline{X} = \dfrac{1}{n}\displaystyle\sum_{i=1}^{n} X_i$

【解】

$\{X_1, \cdots, X_n, \cdots\}$ 中 $\mu = E(X_i) = \theta, \sigma^2 = V(X_i) = \theta$，根據中央極限定理

(1) $\dfrac{S_n - n\mu}{\sigma\sqrt{n}} = \dfrac{S_n - n\theta}{\sqrt{\theta}\sqrt{n}} = \dfrac{S_n - n\theta}{\sqrt{n\theta}} \longrightarrow N(0, 1^2)$

(2) $\dfrac{\overline{X} - \mu}{\sigma / \sqrt{n}} = \dfrac{\overline{X} - \theta}{\sqrt{\theta} / \sqrt{n}} = \dfrac{\overline{X} - \theta}{\sqrt{\dfrac{\theta}{n}}} \longrightarrow N(0, 1^2)$

【註】(1) 當 n 夠大時，以下近似分配成立

$$S_n = \sum X_i \approx N(n\theta, n\theta)$$

$$\overline{X} \approx N\left(\theta, \dfrac{\theta}{n}\right)$$

(2)當 n 夠大時，$\sum X_i \approx N(n\theta, n\theta)$，同時 $\sum X_i \sim \text{Poisson}(n\theta)$，所以

$$\text{Poisson}(\theta) \approx N(\theta, \theta) \text{（當 } \theta \text{ 很大）}$$

(3)極限分配與近似分配不可混爲一談，極限分配是理論上的結論（根據證明），近似分配是爲了應用上的方便（根據經驗）。

(4)$i.i.d.$ 是 Independent and Identicall$Y$-Distributed 的簡寫。

> **例**
>
> 設 X_i 獨立地服從同一分配 Bernoulli(p)，$i = 1, 2, \cdots, n$，則
>
> (1) $\dfrac{S_n - np}{\sqrt{np(1-p)}}$ 的極限分配爲 $N(0, 1^2)$
>
> (2) $\dfrac{\bar{X} - p}{\sqrt{\dfrac{p(1-p)}{n}}}$ 的極限分配爲 $N(0, 1^2)$

【解】

$\{X_1, X_2, \cdots, X_n, \cdots\}$ 中 $\mu = E(X_i) = p$，$\sigma^2 = V(X_i) = p(1-p)$，根據中央極限定理

(1) $\dfrac{S_n - np}{\sigma\sqrt{n}} = \dfrac{S_n - np}{\sqrt{p(1-p)}\sqrt{n}} = \dfrac{S_n - np}{\sqrt{np(1-p)}} \longrightarrow N(0, 1^2)$

(2) $\dfrac{\bar{X} - \mu}{\sigma/\sqrt{n}} = \dfrac{\bar{X} - p}{\sqrt{\dfrac{p(1-p)}{n}}} \longrightarrow N(0, 1^2)$

> **例**
>
> X_n 服從二項分配 Binomial(n, p)，令 $Y_n = \dfrac{X_n - np}{\sqrt{np(1-p)}}$，則其極限分配爲 $N(0, 1^2)$。

【解】

由前例知，

$$\frac{S_n - np}{\sqrt{np(1-p)}} \to N(0, 1^2)$$

其中

$$S_n \equiv X_n \sim \text{Binomial}(n, p)$$

所以

$$Y_n = \frac{X_n - np}{\sqrt{np(1-p)}} \to N(0, 1^2)$$

例

設 X_i 獨立地服從同一分配 $\chi^2(1)$，$i = 1, 2, \cdots, n$，則

(1) $\dfrac{S_n - n}{\sqrt{2n}}$ 的極限分配為 $N(0, 1^2)$，其中 $S_n = \sum X_i$

(2) $\dfrac{\overline{X} - 1}{\sqrt{\dfrac{2}{n}}}$ 的極限分配為 $N(0, 1^2)$，其中 $\overline{X} = \dfrac{1}{n}\sum X_i$

【解】

$\{X_1, \cdots, X_n, \cdots\}$ 中 $\mu = E(X_i) = v = 1$，$\sigma^2 = V(X_i) = 2v = 2$，根據中央極限定理

(1) $\dfrac{S_n - n\mu}{\sigma\sqrt{n}} = \dfrac{S_n - n(1)}{\sqrt{2}\sqrt{n}} = \dfrac{S_n - n}{\sqrt{2n}} \longrightarrow N(0, 1^2)$

(2) $\dfrac{\overline{X} - \mu}{\sigma/\sqrt{n}} = \dfrac{\overline{X} - 1}{\sqrt{2}/\sqrt{n}} = \dfrac{\overline{X} - 1}{\sqrt{\dfrac{2}{n}}} \longrightarrow N(0, 1^2)$

【註】(1) 當 n 夠大時，以下近似分配成立

$$S_n = \sum X_i \approx N(n, 2n) \text{ 及 } \overline{X} \approx N\left(1, \frac{2}{n}\right)$$

(2) 本題之 (1) 也可表示成

$$X \sim \chi^2(v)，當 v \to \infty 時，\frac{X - v}{\sqrt{2v}} \to N(0, 1^2)$$

(3) χ^2 分配的定義及性質參下節說明。

例*

有一母體分配為 $f(x) = \dfrac{1}{3}$，$X = 2, 4, 6$ ，以投返式抽樣 $n = 2$，試求 $\overline{X}$ 分配的期望值與變異數。

【解】

$f(x) = \dfrac{1}{3}$，$X = 2, 4, 6$，故此分配為離散均等分配

$E(X) = \dfrac{1}{3}(2 + 4 + 6) = 4$

$V(X) = \dfrac{1}{3}(4 + 16 + 36) - 16 = \dfrac{8}{3}$

樣本組	$\overline{x}$	$f(\overline{x})$
(2, 2)	2	1/9
(2, 4), (4, 2)	3	2/9
(2, 6), (4, 4), (6, 2)	4	3/9
(4, 6), (6, 4)	5	2/9
(6, 6)	6	1/9

$E(\overline{X}) = \sum \overline{x} f(\overline{x}) = 4 = E(X)$

$V(\overline{X}) = \sum \overline{x}^2 f(\overline{x}) - [E(\overline{X})^2] = \dfrac{156}{9} - 16 = \dfrac{4}{3} = \dfrac{V(X)}{n}$

例*

試求擲二次骰子的抽樣分配。

設擲骰子二次（等於抽取樣本數為 $n = 2$ 之樣本），令 X_i 表示第 i 次骰子出現的點數，$i = 1, 2$，設樣本均數為 $\overline{X} = \dfrac{X_1 + X_2}{2}$，問 $\overline{X}$ 的機率分配、均數與變異數？

【解】

此時母體為一均等分配

$$f(x) = \frac{1}{6}, x = 1, 2, \cdots, 6$$

並知母體均數為

$$\mu_X = E(X) = \sum x f(x) = 3.5$$

母體變異數為

$$\sigma_X{}^2 = V(X) = \sum (x - \mu_X)^2 f(x) = 2.91$$

擲骰子兩次的所有可能樣本及抽樣分配、樣本平均數、樣本變異數如下表。

擲骰子兩次的樣本平均數的機率分配

樣本組	$\bar{x}$	$f(\bar{x})$
(1, 1)	1	1/36
(1, 2)(2, 1)	3/2	2/36
(1, 3)(3, 1)(2, 2)	4/2	3/36
(1, 4)(4, 1)(2, 3)(3, 2)	5/2	4/36
(1, 5)(5, 1)(2, 4)(4, 2)(3, 3)	6/2	5/36
(1, 6)(6, 1)(2, 5)(5, 2)(3, 4)(4, 3)	7/2	6/36
(2, 6)(6, 2)(3, 5)(5, 3)(4, 4)	8/2	5/36
(3, 6)(6, 3)(4, 5)(5, 4)	9/2	4/36
(4, 6)(6, 4)(5, 5)	10/2	3/36
(5, 6)(6, 5)	11/2	2/36
(6, 6)	12/2	1/36

$$E(\bar{X}) = \sum \bar{x} f(\bar{x}) = 1 \times \frac{1}{36} + \frac{3}{2} \times \frac{2}{36} + \cdots + \frac{12}{2} \times \frac{1}{36} = 3.5$$

$$V(\bar{X}) = \sum (\bar{x} - E(\bar{X}))^2 = (1 - 3.5)^2 \times \frac{1}{36} + \cdots + \left(\frac{12}{2} - 3.5\right)^2 \times \frac{1}{36} = \frac{2.91}{2}$$

例*

已知一母體 1, 1, 1, 3, 4, 5, 6, 6, 6, 7 以抽出放回方式，隨機抽取一大小為 36 的樣本，若平均數測至小數第一位，求此樣本均數大於 3.8 且小於 4.5 之機率。

【解】

已知母體的機率分配為

X	1	3	4	5	6	7
$P(X = x)$	0.3	0.1	0.1	0.1	0.3	0.1

其平均數 $\mu = 4$ ，變異數 $\sigma^2 = 5$，$\overline{X}$ 的抽樣分配趨近於

$$N(\mu_X, \sigma_X{}^2 / n) = N(4, 5/36) \qquad \therefore \sigma_{\overline{X}} = \sigma_X / \sqrt{n} = 0.373$$

$$
\begin{aligned}
P(3.8 < \overline{X} < 4.5) &= P(-0.54 < Z < 1.34) \\
&= P(Z < 1.34) - P(Z < -0.54) \\
&= 0.9099 - 0.2946 \\
&= 0.6153
\end{aligned}
$$

例 *

已知母體 1, 1, 1, 3, 4, 5, 6, 6, 6, 7 以抽出不放回之方式隨機抽出大小為 4 的樣本，求 $\overline{X}$ 抽樣分配的均數與標準差，同時可預期在那兩個數值之間至少包含 3/4 的樣本均數。

【解】

由前例知 $\mu = 4$, $\sigma^2 = 5$

$\overline{X}$ 抽樣分配之均數與標準差為

$$\mu_{\overline{X}} = 4$$

$$\sigma_X = \frac{\sqrt{5}}{\sqrt{4}} \sqrt{\frac{10-4}{10-1}} = 0.91$$

根據柴比謝夫不等式 $P\{|\overline{X} - \mu| < k\sigma_{\overline{X}}\} \geq 1 - \dfrac{1}{k^2}$

$\therefore$ 我們可以預期至少有 3/4 的樣本均數落在 $\mu_{\overline{X}} \pm 2\sigma_{\overline{X}} = 4 \pm (2)(0.91)$ 區間或在 2.3 與 5.7 之間。

例*

　　已知一包肥料的重量近於常態分配，且其平均數為 50 公斤，標準差為 0.5 公斤，今抽取 20 包肥料，稱其重量並平均之，則此平均重量介求 49.5 至 50.1 公斤之間的機率為多少？

【解】

$$P(49.5 < \overline{X} < 50.5) = P\left(\frac{49.5 - 50}{0.5/\sqrt{20}} < \frac{\overline{X} - \mu}{\sigma/\sqrt{n}} < \frac{50.1 - 50}{0.5/\sqrt{20}}\right)$$
$$= P(-0.894 < Z < 0.894)$$
$$= 0.8145 - 0.1854 = 0.6291$$

例*

　　今有一個 $N = 50$ 的有限母體，今從中隨機抽出 $n = 36$ 個樣本。已知母體的期望值 $E(X) = 1$，變異數 $V(X) = 1$，試求 $P(\overline{X} > 1)$ 的機率。

【解】

$$\overline{X} \sim N\left(\mu_X, \frac{N-n}{N-1}\frac{\sigma_X^2}{n}\right) = N\left(1, \frac{50-36}{50-1} \cdot \frac{1}{36}\right)$$

$$P(\overline{X} > 1) = P\left(Z > \frac{1-1}{\sqrt{\frac{14}{49} \cdot \frac{1}{36}}}\right) = P(Z > 0) = 0.5$$

例*

　　設 $X_1, X_2 \cdots, X_{25}$，及 $Y_1, Y_2, \cdots, Y_{25}$ 分別為 $N(0, 16)$ 及 $N(1, 9)$ 兩獨立分配中之隨機樣本，X, Y 分別表樣本均數，求 $P(\overline{X} > \overline{Y})$ 之值。

【解】

$$X_i \sim N(0, 16) \to \overline{X} \sim N\left(0, \frac{16}{25}\right)$$

$$Y_i \sim N(1,9) \rightarrow \bar{Y} \sim N\left(1, \frac{9}{25}\right)$$

依常態隨機變數的線性組合定理知

$$\bar{X} - \bar{Y} \sim N\left(\mu_1 - \mu_2, \frac{\sigma_1^{\,2}}{n_1} + \frac{\sigma_2^{\,2}}{n_2}\right) = N(-1, 1)$$

$$\therefore P(\bar{X} > \bar{Y}) = P(\bar{X} - \bar{Y} > 0) = P\left(Z > \frac{0 - (-1)}{1}\right) = P(Z > 1) = 0.1587$$

例*

設 $\bar{X}$ 爲 $N(\mu, 25)$ 分配中一隨機樣本大小爲 n 的均數，求 n 使得 $P(\mu - 3 < \bar{X} < \mu + 3) = 0.9973$。

【解】

$$X \sim N(\mu, 25) \rightarrow \bar{X} \sim N\left(\mu, \frac{25}{n}\right)$$

$$\frac{\bar{X} - \mu}{\sigma / \sqrt{n}} = \frac{(\mu + 3) - \mu}{5 / \sqrt{n}} = \frac{3}{5 / \sqrt{n}} = 3$$

$$\therefore n = 25$$

例**

設 $X_{i1}, \cdots X_{ir} \sim N(0, \sigma^2)$，$i = 1, \cdots a$（$a > 30$）試回答下列問題：

(1) $\bar{X}_{i\cdot}$ 的分配；(2) $\bar{\bar{X}}$ 的分配；(3) $E\left[\sum\limits_{j=1}^{r} (X_{ij} - \bar{X}_{i\cdot})^2\right]$；(4) $E\left[\sum\limits_{i=1}^{a} (\bar{X}_{i\cdot} - \bar{\bar{X}})^2\right]$

【解】

(1), (2) 由中央極限定理分別得知

(1) $X_{i1}, X_{i2}, \cdots X_{ir} \sim N(0, \sigma^2) \Rightarrow \bar{X}_{i\cdot} \sim N\left(0, \frac{\sigma^2}{r}\right)$

(2) $\bar{X}_{i\cdot}, \bar{X}_{2\cdot}, \cdots \bar{X}_{a\cdot} \sim N\left(0, \frac{\sigma^2}{r}\right) \Rightarrow \bar{\bar{X}} \sim N\left(0, \frac{\sigma^2}{ar}\right)$

(3) $E\left[\sum\limits_{j=1}^{r}(X_{ij}-\overline{X}_{i}.)^2\right]=E\left[\sum\limits_{j=1}^{r}X_{ij}{}^2-r\overline{X}_{i}.^2\right]=\sum\limits_{j=1}^{r}E[X_{ij}{}^2]-rE[\overline{X}_{i}.^2]$

$$=\sum\limits_{j=1}^{r}[V(X_{ij})+\{E(X_{ij})\}^2]-r[V(\overline{X}_{i}.)+\{E(\overline{X}_{i}.)\}^2]$$

$$=r\sigma^2-r\cdot\dfrac{\sigma^2}{r}=(r-1)\sigma^2$$

(4) $E[\sum\limits_{i=1}^{a}(\overline{X}_{i}.-\overline{\overline{X}})^2]=E[\sum\limits_{i=1}^{a}\overline{X}_{i}.^2-a\overline{\overline{X}}^2]=\sum\limits_{i=1}^{a}E[\overline{X}_{i}.^2]-aE(\overline{\overline{X}}^2)$

$$=\sum\limits_{i=1}^{a}[V(\overline{X}_{i}.)+\{E(\overline{X}_{i}.)\}^2]-a[V(\overline{\overline{X}})+\{E(\overline{\overline{X}})\}^2]$$

$$=a\cdot\dfrac{\sigma^2}{r}-a\cdot\dfrac{\sigma^2}{ar}$$

$$=\dfrac{(a-1)\sigma^2}{r}$$

【註】$E(X_{ij})=0$，$E(\overline{X}_{ij})=0,\ E(\overline{\overline{X}})=0$

$V(X_{ij})=\sigma^2,\ \ V(\overline{X}_{i}.)=\dfrac{\sigma^2}{r},\ V(\overline{\overline{X}})=\dfrac{\sigma^2}{ar}$

例**

設 $X_i\sim N(\mu,\ \sigma^2)(i=1,\ 2)$，分別從此 2 相異母體抽出 $n_1,\ n_2$，此處令加權平均 $M=\dfrac{w_1\overline{X}_1+w_2\overline{X}_2}{w_1+w_2}$（$w_1,\ w_2$ 是比重），試計算 $E(M)$，$V(M)$。

【解】

由期望值的性質知，

$$E(M)=E\left(\dfrac{w_1\overline{X}_1+w_2\overline{X}_2}{w_1+w_2}\right)=\dfrac{w_1}{w_1+w_2}E(\overline{X}_1)+\dfrac{w_2}{w_1+w_2}E(\overline{X}_2)$$

$\because\ E(\overline{X}_1)=E(\overline{X}_2)=\mu$

$\therefore E(M)=\mu\left(\dfrac{w_1}{w_1+w_2}+\dfrac{w_2}{w_1+w_2}\right)=\mu$

由變異數的性質知，由於 X_1,X_2 獨立，

$$V(M)=V\left(\dfrac{w_1}{w_1+w_2}\overline{X}_1+\dfrac{w_2}{w_1+w_2}\overline{X}_2\right)$$

$$= V\left(\frac{w_1}{w_1 + w_2}\overline{X}_1\right) + V\left(\frac{w_2}{w_1 + w_2}\overline{X}_2\right)$$

$$= \frac{w_1^{\,2}}{(w_1 + w_2)^2}V(\overline{X}_1) + \frac{w_2^{\,2}}{(w_1 + w_2)^2}V(\overline{X}_2)$$

$$\because V(\overline{X}_1) = \frac{\sigma_1^{\,2}}{n_1}, V(\overline{X}_2) = \frac{\sigma_2^{\,2}}{n_2}$$

$$\therefore V(M) = \frac{1}{(w_1 + w_2)^2}\left(\frac{w_1^{\,2}}{n_1}\sigma_1^{\,2} + \frac{w_2^{\,2}}{n_2}\sigma_2^{\,2}\right)$$

【註】如 Y_1, Y_2 獨立時，則

$$E(a_1Y_1 + a_2Y_2) = a_1E(Y_1) + a_2E(Y_2)$$

$$V(a_1Y_1 + a_2Y_2) = a_1^{\,2}V(Y_1) + a_2^{\,2}V(Y_2)$$

■ χ^2 分配

設有 n 個獨立的常態隨機變數 X_1, X_2, $\cdots$, X_n，其均數分為 μ_1, μ_2, $\cdots$, μ_n，變異數為 $\sigma_1^{\,2}$, $\sigma_2^{\,2}$, $\cdots$, $\sigma_n^{\,2}$，令

$$\chi^2 = \sum_{i=1}^{n}\left(\frac{X_i - \mu_i}{\sigma_i}\right)^2$$

則 χ^2 的抽樣分配為自由度 $v = n$ 的卡方分配（Chi-square distribution），則

$$f(\chi^2) = \frac{1}{\Gamma\left(\dfrac{n}{2}\right)2^{\frac{n}{2}}}(\chi^2)^{\frac{n}{2}-1}e^{\frac{\chi^2}{2}} \qquad (\chi^2 > 0)$$

【註】1. 此定義雖為 n 個獨立母體，亦可改成來自同一母體 $X \sim N(\mu, \sigma^2)$，
　　　 從中抽取 n 個隨機樣本 X_1, X_2, $\cdots$, X_n，則

$$\chi^2 = \sum_{i=1}^{n}\left(\frac{X_i - \mu}{\sigma}\right)^2$$

　　 2. χ^2 之值必為正值。

✎ 此分配之性質

(1) 分配的構成

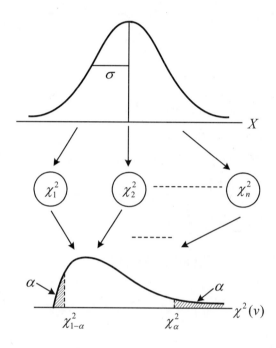

常態母體

抽樣

$$\chi^2 = \sum_{i=1}^{n} \left(\frac{X_i - \mu}{\sigma} \right)^2$$

自由度 $v = n$ 的卡方分配

(2) 查表法（由上圖）

$P\{\chi^2 > \chi^2_{\alpha}(v)\} = \alpha,\ P\{\chi^2 < \chi^2_{1-\alpha}(v)\} = \alpha$

(3) $E(\chi^2) = v$，$V(\chi^2) = 2v$

(4) 構成一個卡方統計量的各變量之中可以自由變動之個數，稱為自由度。

(5) $Z = \sqrt{2\chi^2} - \sqrt{2v-1}$，則 $\lim\limits_{v \to \infty} f(z) = N(0,1)$，此稱為 Fisher 的近似法。

(6) $\chi_1^2 \sim \chi^2(v_1),\ \chi_2^2 \sim \chi^2(v_2)$ 則

$\chi_1^2 + \chi_2^2 \sim \chi^2(v_1 + v_2)$，亦即 $\chi^2(v_1) + \chi^2(v_2) = \chi^2(v_1 + v_2)$，此稱為 χ^2 的再生性。

(7) $X \sim N(\mu,\ \sigma^2)$，則 $\left(\dfrac{X - \mu}{\sigma} \right)^2 = \chi^2(1) = Z^2$

(8) 定義式與實用式

定　義　式	實　用　式
$\chi^2(n) = \sum_{i=1}^{n}\left(\dfrac{X_i - \mu}{\sigma}\right)^2 = \dfrac{ns_*^2}{\sigma^2}$ 其中 $s_*^2 = \dfrac{\sum(X_i - \mu)^2}{n}$	$\chi^2(n-1) = \sum_{i=1}^{n}\left(\dfrac{X_i - \bar{X}}{\sigma}\right)^2 = \dfrac{(n-1)s^2}{\sigma^2}$ $s^2 = \dfrac{\sum(X_i - \bar{X})^2}{n-1}$

(9) 卡方分配最基本用途是單一母數 σ^2 的估計與檢定，但最主要是用於無母數統計方法中的檢定法如適合度檢定。

(10) 當我們在進行次數分析的假設檢定（參第 11 章無母數統計）時，常利用 χ^2 分配，此時其計算公式如下：

$$\chi^2 = \sum \frac{(f_o - f_e)^2}{f_e}$$

式中 f_o 表實驗的觀測次數，f_e 表實驗的期待次數。

【註】若 $Z_i \sim N(\mu_i,\ 1^2)$ $(i = 1,\ 2,\ \cdots,\ n)$，令 $\chi'^2 = Z_1^2 + \cdots + Z_k^2 = \sum_{i=1}^{k} Z_i^2$，則為自由度 ϕ、非心度 $\lambda = \sum_{i=1}^{k} \mu_i^2$ 的非心 χ^2 分配，表示成 $\chi'^2(\phi,\ \lambda)$，其中 $\phi = n$。

例*

　　如投擲一枚公正硬幣 100 次，統計其實驗結果，得出正面的次數為 60 次，反面出現的次數為 40 次，試求其 χ^2 值。

【解】

　　一枚公正硬幣出現正面與反面的機率各為 1/2，故出現正面與反面的期望次數各為 50 次，因此

$$\chi^2 = \frac{(60-50)^2}{50} + \frac{(40-50)^2}{50} = 4$$

例 *

　　如投擲一枚公正骰子 120 次，統計其實驗結果，得出點數為 1, 2, 3, 4, 5, 6 的次數各為 17, 23, 16, 22, 24, 18，試求其 χ^2 值。

【解】

　　一枚公正骰子出現各點數的機率為 1/6，故出現各點數的期望次數各為 $120 \times \dfrac{1}{6} = 20$ 次，因此

$$\chi^2 = \frac{(17-20)^2}{20} + \frac{(23-20)^2}{20} + \frac{(16-20)^2}{20} + \frac{(22-20)^2}{20} + \frac{(24-20)^2}{20} + \frac{(18-20)^2}{20} = 2.9$$

例 *

　　在卡方分配中求 (1) 當 $v = 4$ 適合 $P(\chi^2 < a) = 0.99$ 之 a 值；(2) 當 $v = 250$ 適合 $P(\chi^2 < b) = 0.25$ 之 b 值；(3) 當 $v = 250$ 適合 $P(\chi^2 > c) = 0.05$ 之 c 值。

【解】

(1) $P(\chi^2 < a) = 0.99$

　　$\therefore a = \chi_{0.01}^2(4) = 13.28$

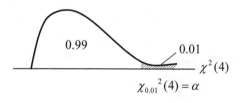

(2) $P(\chi^2 < b)$

　　$= P(\sqrt{2\chi^2} - \sqrt{2v-1} < \sqrt{2b} - \sqrt{2v-1})$

　　$= P(Z < \sqrt{2b} - \sqrt{2v-1}) = 0.25$

　　$\therefore \sqrt{2b} - \sqrt{2v-1} = -Z_{0.05} = -1.645$

　　$\therefore b = \dfrac{1}{2}[-1.645 + \sqrt{2 \times 250 - 1}]^2$

　　　　$= 214.103$

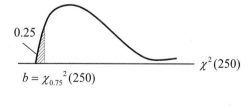

(3) $P(\chi^2 > c)$

　　$= P(Z > \sqrt{2c} - \sqrt{2v-1}) = 0.05$

　　$\therefore \sqrt{2c} - \sqrt{2v-1} = Z_{0.05} = 1.645$

　　$\therefore c = 287.5995$

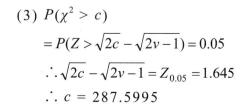

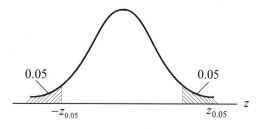

例*

　已知太府工程公司的工程人員以機器裁剪一公尺長之鋼筋，每條長度的標準差爲 0.5 公分，今抽取 81 雙鋼筋爲樣本，問樣本變異數大於 $(0.65)^2$ 公分的機率爲何？

【解】

求 $P(s^2 \geq (0.65)^2)$ 可利用

$\chi^2(n-1) = \dfrac{(n-1)s^2}{\sigma^2}$ 將標準差代入得

$$\frac{(n-1)s^2}{\sigma^2} \geq \frac{(81-1)(0.65)^2}{(0.5)^2}$$

$$\chi^2(80) \geq 135.2$$

查表知

$$P(\chi^2(80) \geq 116.32) = 0.005$$

因此

$$P(\chi^2(80) \geq 135.2) \approx 0.005$$

此似乎表示具有樣本變異數 $(0.65)^2$ 的樣本來自母變異數 $(0.5)^2$ 的母體是一件不太可能的事。

例**

　設 $X_i \sim N(0, 1)$, $i = 1, 2, \cdots, 8$ 且互爲獨立，令
$$W = (\sqrt{3}X_1 - \sqrt{5}X_2 + X_3 + \sqrt{3}X_4)^2 + (\sqrt{5}X_5 - 2X_6 + X_7 + \sqrt{2}X_8)^2$$
若欲使 cW 爲一卡方分配，試求常數 c 值爲何？

【解】

因常態之線性函數仍爲常態，又
$$E(\sqrt{3}X_1 - \sqrt{5}X_2 + X_3 + \sqrt{3}X_4) = \sqrt{3}E(X_1) - \sqrt{5}E(X_2) + E(X_3) + \sqrt{3}E(X_4) = 0$$
$$V(\sqrt{3}X_1 - \sqrt{5}X_2 + X_3 + \sqrt{3}X_4) = 3V(X_1) + 5V(X_2) + V(X_3) + 3V(X_4)$$
$$= 3 + 5 + 1 + 3 = 12$$

故 $\sqrt{3}X_1 - \sqrt{5}X_2 + X_3 + \sqrt{3}X_4 \sim N(0,12)$

即 $\dfrac{\sqrt{3}X_1 - \sqrt{5}X_2 + X_3 + \sqrt{3}X_4}{\sqrt{12}} \sim N(0,1)$

$\therefore \dfrac{(\sqrt{3}X_1 - \sqrt{5}X_2 + X_3 + \sqrt{3}X_4)^2}{12} \sim \chi^2(1)$

同理 $\sqrt{5}X_5 - 2X_6 + X_7 + \sqrt{2}X_8 \sim N(0,12)$

即 $\dfrac{(\sqrt{5}X_5 - 2X_6 + X_7 + \sqrt{2}X_8)^2}{12} \sim \chi^2(1)$

由卡方分配之加法性知

$$\dfrac{(\sqrt{3}X_1 - \sqrt{5}X_2 + X_3 + \sqrt{3}X_4)^2 + (\sqrt{5}X_5 - 2X_6 + X_7 + \sqrt{2}X_8)^2}{12} \sim \chi^2(2)$$

故知 $c = \dfrac{1}{12}$

例 *

設 X_i 服從 $N(0,\ 2^2)$，Y_i 服從 $N(0,\ 3^2)$，試求 $\dfrac{X_1^2 + X_2^2}{2} + \dfrac{Y_3^2 + Y_4^2 + Y_5^2}{3}$ 服從什麼分配？

【解】

$$\because X_i \sim N(0, 2^2)\ ,\ \therefore \dfrac{X_i - 0}{2} = Z_i \sim N(0, 1^2)$$

$$\therefore \dfrac{X_i^2}{4} = Z_i^2 \sim \chi^2(1)\ ,\ \dfrac{X_1^2 + X_2^2}{4} \sim \chi^2(2)$$

$$又\ Y_i \sim N(0, 3^2)\ ,\ \therefore \dfrac{Y_i - 0}{3} = Z_i \sim N(0, 1^2)$$

$$\therefore \dfrac{Y_i^2}{9} = Z_i \sim N(0, 1^2)\ ,\ \dfrac{Y_3^2 + Y_4^2 + Y_5^2}{9} \sim Z^2(3)$$

$$\dfrac{X_1^2 + X_2^2}{2} + \dfrac{Y_3^2 + Y_4^2 + Y_5^2}{3} = 2 \cdot \left(\dfrac{X_1^2 + X_2^2}{4}\right) + 3\left(\dfrac{Y_3^2 + Y_4^2 + Y_5^2}{9}\right)$$

$$= 2\chi^2(2) + 3\chi^2(3) = \chi^2(2 \times 2 + 3 \times 3) = \chi^2(13)$$

例＊＊

設 $X_1, X_2 \cdots, X_{100}$ 為抽自平均數為 0，變異數為 1 之常態分配，則

(1) 求 $P(X_1^2 + X_2^2 + \cdots + X_{100}^2 \leq 120)$

(2) 求 $P(80 \leq X_1^2 + \cdots + X_{100}^2 \leq 120)$

(3) 求 $P(X_1^2 + \cdots + X_{100}^2 \leq 100 + c) = 0.95$，求 c 之值

【解】

(1) $\because X_i \sim N(0, 1)$，故知 $X_i^2 \sim \chi^2(1)$

$\therefore X_1^2 + \cdots + X_{100}^2 \sim \chi^2(100)$

$E(\chi^2) = 100, V(\chi^2) = 200$

由中央極限定理知

$$P(X_1^2 + \cdots + X_{100}^2 \leq 120) = P\left(Z < \frac{120 - 100}{\sqrt{200}}\right) = P(Z \leq \sqrt{2}) \fallingdotseq 0.921$$

(2) $P(80 \leq X_1^2 + \cdots + X_{100}^2 \leq 120) = \left(\dfrac{80 - 100}{\sqrt{200}} \leq Z \leq \dfrac{120 - 100}{\sqrt{200}}\right)$

$\qquad\qquad\qquad\qquad\qquad\quad = P(-\sqrt{2} \leq Z \leq \sqrt{2})$

$\qquad\qquad\qquad\qquad\qquad\quad \fallingdotseq P(-1.414 \leq Z \leq 1.414) \fallingdotseq 0.842$

(3) $P(X_1^2 + \cdots + X_{100}^2 \leq 100 + c) = 0.95$

$P\left(Z \leq \dfrac{100 + c - 100}{\sqrt{2 \times 100}}\right) = 0.95$

$\therefore \dfrac{c}{\sqrt{200}} = 1.645$

$c = 23.264$

例＊

設隨極變數 X 之分配為 $f(x) = 1/2$, $x = 0, 3$，今若以投返法抽取 $n = 3$ 個樣本，若令

$$\overline{X} = \sum_{i=1}^{3} X_i / 3, \quad s^2 = \frac{\displaystyle\sum_{i=1}^{n}(X_i - \overline{X})^2}{n - 1}$$

(1) 求 $\overline{X}$ 與 s^2 之聯合機率分配

(2) 試問 $\overline{X}$ 與 s^2 是否獨立

(3) 求 $P(s^2 \leq 1)$

(4) $E(s^2|\overline{X} = 1)$

(5) 當 $n = 48$ 時，求 $P(\overline{X} \leq 1)$

【解】

(1)

可能樣本	$\overline{X}$	s^2	可能樣本	$\overline{X}$	s^2
(0, 0, 0)	0	0	(0, 3, 3)	2	3
(0, 0, 3)	1	3	(3, 0, 3)	2	3
(0, 0, 3)	1	3	(3, 3, 0)	2	3
(3, 0, 0)	1	3	(3, 3, 3)	3	0

故 $\overline{X}$ 與 s^2 之聯合機率分配為

s^2 \ $\overline{X}$	0	1	2	3
0	1/8	0	0	1/8
3	0	3/8	3/8	0

(2) $\because f(0, 0) = \dfrac{1}{8}$ ，又 $f_{\overline{X}}(0) = \dfrac{1}{8}$ ，且 $f_s{}^2(0) = \dfrac{2}{8}$

故 $f(0, 0) \neq f_{\overline{X}}(0) \cdot f_s{}^2(0)$ $\quad \therefore \overline{X}$ 與 s^2 不獨立

(3) $P(s^2 \leq 1) = P(s^2 = 0) + P(s^2 = 3) = \dfrac{2}{8} + \dfrac{6}{8} = 1$

(4) $\because f(s^2|\overline{X}) = f(s^2, \overline{X})/f(\overline{X})$

當 $\overline{X} = 1$ 時，$f(s^2|1) = f(s^2, 1)/\dfrac{3}{8}$ ，$s^2 = 0,\ 3$

故 $E(s^2\ |\ \overline{X} = 1) = \sum s^2 \cdot f(s^2\ |\ 1) = 0 \times \dfrac{f(1, 0)}{3/8} + 3 \times \dfrac{f(1, 3)}{3/8} = 3 \times \dfrac{3/8}{3/8} = 3$

(5) $\because \mu = E(X) = 0 \times \dfrac{1}{2} + 3 \times \dfrac{1}{2} = 1.5$

$\sigma^2 = V(X) = 0^2 \times \dfrac{1}{2} + 3^2 \times \dfrac{1}{2} - (1.5)^2 = 2.25$

$$P(\overline{X} \le 1) = P\left(Z \le \frac{1-1.5}{\sqrt{2.25}/\sqrt{48}} \right) = P(Z \le -2.31) = 0.0104$$

例 *

自變異數為 6 的常態母體中，隨機取一組隨機樣本 $(X_1, X_2, \cdots, X_{25})$，試求 $(1)P(s^2 > 9.1)$；$(2)P(3.462 < s^2 < 10.745)$。

【解】

(1) $P\left(s^2 < 9.1\right) = P\left(\dfrac{(n-1)s^2}{\sigma^2} > \dfrac{(25-1)\times 9.1}{6} \right) = P(\chi^2 > 36.4) = 0.05$（查表）

(2) $P(3.462 < s^2 < 10.745 = P\left(\dfrac{(25-1)\times 3.462}{6} \le \chi^2 \le \dfrac{(25-1)\times 10.745}{6} \right)$

$\qquad = P(13.848 \le \chi^2 \le 42.98)$

$\qquad = 0.95 - 0.01 = 0.94$　（查表）

例 *

自常態母體 $N(\mu_X, \sigma^2)$，$N(\mu_Y, \sigma^2)$ 隨機取出 n 個樣本分別是 $(x_1, x_2, \cdots, x_n)$，$(y_1, y_2, \cdots, y_n)$，其平均分別設為 $\overline{x}, \overline{y}$，平方和設為 S_X, S_Y，樣本標準差設為 s_X, s_Y，試證

(1) $\dfrac{S_X + S_Y}{\sigma^2}$ 服從 χ^2 分配

(2) $\dfrac{(n-1)[s_X{}^2 + s_Y{}^2]}{\sigma^2}$ 亦服從 χ^2 分配。

【解】

(1) 平方和

$\qquad S_X = \sum (X_i - \overline{X})^2$

$\qquad S_Y = \sum (Y_i - \overline{Y})^2$

$\qquad \because \chi^2(n-1) = \dfrac{\sum (X_i - \overline{X})^2}{\sigma^2}$

$$\therefore \chi^2(n-1) = \frac{S_X}{\sigma^2} \text{ ,}$$

同理，

$$\chi^2(n-1) = \frac{S_Y}{\sigma^2}$$

$$\therefore \frac{S_X + S_Y}{\sigma^2} = \chi^2(n-1) + \chi^2(n-1) = \chi^2(2(n-1))$$

(2) 樣本標準差

$$s_X{}^2 = \frac{\sum(X_i - \bar{X})^2}{n-1}$$

$$\therefore \chi^2(n-1) = \frac{(n-1)s_X{}^2}{\sigma^2}$$

同理，

$$\chi^2(n-1) = \frac{(n-1)s_Y{}^2}{\sigma^2}$$

因之，

$$\frac{(n-1)(s_X{}^2 + s_Y{}^2)}{\sigma^2} = \chi^2(2(n-1))$$

➲ Satterthwaite 定理

在 X_i 服從常態分態下，當樣本變異數 V_1, V_2, $\cdots V_k$（自由度分別為ϕ_1, ϕ_2, $\cdots \phi_k$）相互獨立，且設 c_1, c_2, $\cdots c_k$ 為常數時，所合成的變異數$\hat{V} = c_1V_1 + c_2V_2 + \cdots + c_kV_k$ 的自由度$\phi*$（稱為等價自由度）以如下求之。

$$\phi^* = \frac{(c_1V_1 + c_2V_2 + \cdots + c_kV_k)^2}{\dfrac{(c_1V_1)^2}{\phi_1} + \dfrac{(c_2V_2)^2}{\phi_2} + \cdots + \dfrac{(c_kV_k)^2}{\phi_k}}$$

【證】

此方法是在 X 服從常態分配之下，當 $E(V) = \sigma_i{}^2$ 時，$\phi_iV_i/\sigma_i{}^2$ 是服從自由度ϕ_i 的 χ^2 分配作為前提。

由 χ^2 分配的性質知，V 的變異數是 $V(V_i) = 2\sigma_i{}^4/\phi_i$，由此知

$$E(\hat{V}) = c_1\sigma_1^2 + c_2\sigma_2^2 + \cdots + c_k\sigma_k^2 \tag{1}$$

$$V(\hat{V}) = 2\left(\frac{c_1\sigma_1^4}{\phi_1} + \frac{c_2\sigma_2^4}{\phi_2} + \cdots + \frac{c_k\sigma_k^2}{\phi_k}\right) \tag{2}$$

此處設 $E(\hat{V}) = \sigma_*^2$（= (1) 式的右邊），讓 $\phi^*\hat{V}/\sigma_*^2$ 近似服從自由度 ϕ^* 的 χ^2 分配。如果服從 χ^2 分配，則 $V(\hat{V})$ 必須是 $V(\hat{V}) = 2\sigma_*^4/\phi^*$。另一方面，由於 (2) 式成立，因之將 $V(\hat{V})$ 的二種表現以等號連結再就 ϕ^* 求解時，得出下式

$$\phi^* = \frac{\sigma_*^4}{\dfrac{c_1^2\sigma_1^4}{\phi_1} + \dfrac{c_2^2\sigma_2^4}{\phi_2} + \cdots + \dfrac{c_k^2\sigma_k^4}{\phi_k}} \tag{3}$$

此處，σ_*^2, σ_1^2, $\cdots$, σ_k^2 是未知母數，因之分別以估計量 $\hat{V}$, V_1, $\cdots V_k$ 代入 (3) 式，即可得出

$$\phi^* = \frac{(c_1V_1 + c_2V_2 + \cdots + c_kV_k)^2}{\dfrac{(c_1V_1)^2}{\phi_1} + \dfrac{(c_2V_2)^2}{\phi_2} + \cdots + \dfrac{(c_kV_k)^2}{\phi_k}}$$

■ χ^2 分配表的補間法

所欲求之自由度 ϕ 表中並無其對應之值時，從數值表找出比 ϕ 小的自由度 f_1 及比它大的自由度 f_2，利用下式進行直線補間。

$$\chi_\alpha^2(\phi) = \frac{f_2 - \phi}{f_2 - f_1} \times \chi_\alpha^2(f_1) + \frac{\phi - f_1}{f_2 - f_1} \times \chi_\alpha^2(f_2)$$

【解說】

所謂直線補間（也可稱為線形補間），如下圖所示，所求之座標點 (ϕ, C) 想成是在座標點 (f_1, A), (f_2, B) 所連結之直線上（近似），就兩個三角形相似的條件，得

$$(C - A) : (B - A) = (\phi - f_1) : (f_2 - f_1)$$

$$\therefore C = \frac{f_2 - \phi}{f_2 - f_1} \times A + \frac{\phi - f_1}{f_2 - f_1} \times B$$

　　使用直線近似的理由是利用數值表將$(\phi, \chi^2_{0.05}(\phi))$之值描點時，這些點幾乎落在一直線上。

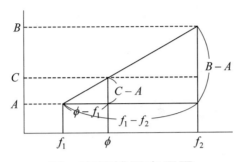

圖　直線補間之原理

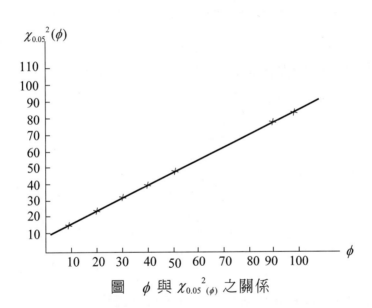

圖　ϕ 與 $\chi_{0.05}{}^2{}_{(\phi)}$ 之關係

例 *

　　利用補間法試求 $\chi_{0.05}{}^2(54)$ 之值。

【解】

　　已知 $\chi^2_{0.005}(50) = 67.5,\ \chi^2_{0.005}(60) = 79.1$

$$\chi^2_{0.05}(54) = \frac{60-54}{60-50} \times \chi^2_{0.05}(50) + \frac{54-50}{60-50} \chi^2_{0.05}(60)$$

$$= 72.14 \rightarrow 72.1$$

> **例***
>
> 試求 $\phi = 145$，$\alpha = 0.05$ 的 χ^2 值。

【解】

使用 Fisher 的近似式以如下求之，

$$\chi_\alpha^{\ 2}(\phi) = \frac{1}{2}(y_\phi + \sqrt{2\phi-1})^2 = \frac{1}{2}(1.645 + \sqrt{289})^2 = 173.8$$

（y_p 在 χ^2 表的最下端有列出，可參考數值表。）

■ F 分配

設有 2 個獨立的卡方統計量，其一為 χ^2，自由度為 v_1，另一個為 $\chi_2^{\ 2}$，自由度為 v_2，取

$$F = \frac{\chi_1^{\ 2}/v_1}{\chi_2^{\ 2}/v_2}$$

則 F 的抽樣分配為

$$f(F) = \frac{\Gamma\left(\dfrac{v_1+v_2}{2}\right)}{\Gamma\left(\dfrac{v_1}{2}\right)\Gamma\left(\dfrac{v_2}{2}\right)}\left(\frac{v_1}{v_2}\right)^{\frac{v_1}{2}} F^{\frac{v_1}{2}-1}\left[1+\frac{v_1}{v_2}F\right]^{-\frac{1}{2}(v_1+v_2)} \quad,\quad (F>0)$$

式中自由度 v_1, v_2 為正整數，為此分配之母數。

【註】 $\chi_1'^2$ 為自由度 v_1、非心度 λ 的非心卡方分配，又 $\chi_2^{\ 2}$ 與 $\chi_1'^2$ 獨立且服從自由度 v_2 的卡方分配，$F' = \dfrac{\chi_1'^2/v_1}{\chi_2^{\ 2}/v_2}$ 為自由度 (v_1, v_2)、非心度 λ 的非心 F 分配。

✍ F 分配之性質

(1) 分配構成

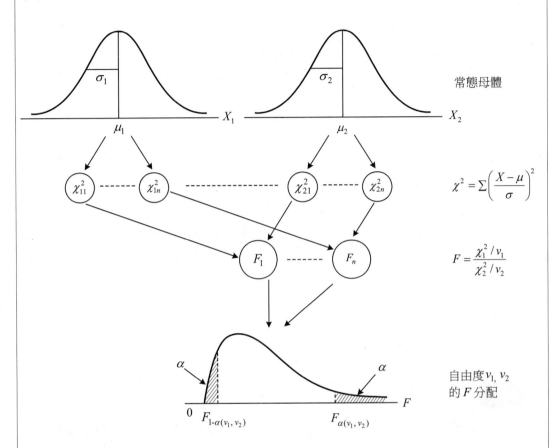

常態母體

$$\chi^2 = \Sigma\left(\frac{X-\mu}{\sigma}\right)^2$$

$$F = \frac{\chi_1^2/v_1}{\chi_2^2/v_2}$$

自由度 $v_1,\, v_2$ 的 F 分配

(2) 查表法（由上圖）

$$P\{F > F_\alpha\} = \alpha,\ P\{F < F_{1-\alpha}\} = \alpha$$

(3) $E(F) = \dfrac{v_2}{v_2 - 2},\ v_2 > 2$ ， $V(F) = \dfrac{2v_2^2(v_1 + v_2 - 2)}{v_1(v_2 - 2)^2(v_2 - 4)}$ （ $v_2 > 4$ ）

(4) $F(v_1, v_2) = \dfrac{1}{F(v_2, v_1)}$

(5) 當 $v_2 \to \infty$ ， $\left(\dfrac{\chi_2^2}{v_2} \fallingdotseq 1\right) \therefore v_1 F$ 的分配即為自由度為 v_1 的卡方分配，即

$$\lim_{v_1 \to \infty} v_1 F = \chi^2(v_1)$$

(6) 當 $v_1 \to \infty$，$\left(\dfrac{\chi_1^2}{v_1} \doteqdot 1 \right)$ 則 v_2/F 的分配即爲自由度爲 v_2 的卡方分配，即

$$\lim_{v_1 \to \infty} v_2/F = \chi^2(v_2)$$

(7) $v_1 \to \infty$, $v_2 = 1$, $1/\sqrt{F}$ 之分配成爲標準常態分配，即 $\dfrac{1}{F(\infty, 1)} = Z^2$。

(8) $v_1 = 1$, $v_2 \to \infty$, $\sqrt{F}$ 之分配成爲標準常態分配，即 $F(1, \infty) = Z^2$。

(9) 二項分配之機率可利用 F 分配函數求得

(10) 定義式與實用式

定 義 式	實 用 式
$F(v_1, v_2) = \dfrac{\chi^2(v_1)/v_1}{\chi^2(v_2)/v_2}$	$F(n_1 - 1, n_2 - 1) = \dfrac{s_1^2/\sigma_1^2}{s_2^2/\sigma_2^2}$ 若 $\sigma_1^2 = \sigma_2^2$ $F(n_1 - 1, n_2 - 1) = \dfrac{s_1^2}{s_2^2}$

例*

設隨機變數 X 的分配爲 $F(v_1, v_2)$，而另一隨機變數 Y 的分配爲 $F(v_2, v_1)$ 則

$$F_\alpha(v_1, v_2) = \frac{1}{F_{1-\alpha}(v_2, v_1)} \qquad (0 < \alpha < 1)$$

【證】

$$\alpha = P[X \geq F_\alpha(v_1, v_2)] = P\left[\frac{1}{X} \leq F_\alpha^{-1}(v_1, v_2) \right]$$

$$= 1 - P\left[\frac{1}{X} \geq F_\alpha^{-1}(v_1, v_2) \right] \qquad (1)$$

因爲，若 $X \sim F(v_1, v_2)$

依 F 分配定義，則 $\dfrac{1}{X} \sim F(v_2, v_1)$

因之　$1 - \alpha = P\left[\dfrac{1}{X} \geq F_{1-\alpha}(v_2, v_1)\right]$　　　　　　　　(2)

由 (1) 式得

$$1 - \alpha = P\left[\dfrac{1}{X} \geq F_{\alpha}^{-1}(v_1, v_2)\right]$$　　　　　　　(3)

比較 (2) 與 (3) 式，

$$\therefore F_{1-\alpha}(v_2, \ v_1) = F_{\alpha}^{-1}(v_1, \ v_2)$$

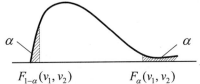 

例*

(1) 求 $F_{0.05}(7, \ 15)$, $F_{0.95}(7, \ 15)$

(2) 求 $F_{0.1}(200, \ 300)$, $F_{0.1}(\infty, \ \infty)$, $F_{0.9}(\infty, \ \infty)$

【解】

(1) $F_{0.05}(7, \ 15) = 2.71$, $F_{0.05}(15, \ 7) = 3.51$

$$\therefore F_{0.95}(7, 15) = \dfrac{1}{F_{0.05}(15, 7)} = \dfrac{1}{3.51} = 0.28$$

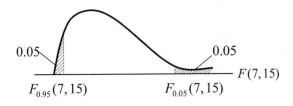

(2) $F_{0.1}(200, \ 300) = 1.1$

　　$F_{0.1}(\infty, \ \infty) = 1$

　　$F_{0.9}(\infty, \ \infty) = 1$

例 *

　　下列資料為抽查兩影片公司之影片放映時間，假定放映時間近似常態，且設兩公司影片放映時間之變異數相等。

| 公司甲 | 103 | 94 | 110 | 87 | 98 | （分） |
| 公司乙 | 97 | 82 | 123 | 92 | 175 | 88 | 118 |

試求 s_1^2/s_2^2 之值在 0.016 與 0.454 之機率？

【解】

$$P\left(0.016 < \frac{s_1^2}{s_2^2} < 0.454\right) = P\left(0.016 < \frac{s_1^2/\sigma_1^2}{s_2^2/\sigma_2^2} < 0.454\right)$$

$$= P(0.0161 < F(4, 6) < 0.454)$$

$$= P(F(4, 6) > 0.0161) - P(F(4, 6) > 0.454)$$

例 *

　　X_1, X_2 為抽自平均數為 0，變異數為 1 的常態分配，試求 $P\left\{\dfrac{X_1^2}{X_2^2} > 1.5\right\}$。

【解】

$$\because X_1^2 = \chi_1^2(1)\ ;\ X_2^2 = \chi_2^2(1)$$

$$\therefore \frac{X_1^2}{X_2^2} = \frac{\chi_1^2(1)/1}{\chi_2^2(1)/1} = F(1, 1)$$

$$\therefore P\left\{\frac{X_1^2}{X_2^2} > 1.5\right\} = P\{F(1, 1) > 1.5\}$$

例 *

　　設 $X_1, X_2, \cdots, X_9$ 係由常態母體 $(\mu_1, 10)$ 所抽出之一組隨機樣本，而 $Y_1, Y_2, \cdots, Y_4$ 係由常態母體 $(\mu_2, 12)$ 中所抽出之一組隨機樣本，若兩母體獨立，試求

$$P\left[0.546 \le \frac{\displaystyle\sum_{i=1}^{9}(X_i - \bar{X})^2}{\displaystyle\sum_{i=1}^{4}(Y_i - \bar{Y})^2} \le 61.09\right]$$

【解】

$$P\left[0.546 \le \frac{\sum(X_i - \bar{X})^2}{\sum(Y_i - \bar{Y})^2} \le 61.09\right] = P\left[0.546 \times \frac{3}{8} \le \frac{s_1^2}{s_2^2} \le 61.09 \times \frac{3}{8}\right]$$

$$= P\left[0.546 \times \frac{3}{8} \times \frac{12}{10} < \frac{s_1^2/10}{s_2^2/12} < 61.09 \times \frac{3}{8} \times \frac{12}{10}\right]$$

$$= P\left[0.546 \times \frac{3}{8} \times \frac{12}{10} \le F(8,3) \le 61.09 \times \frac{3}{8} \times \frac{12}{10}\right]$$

$$= P[0.2457 \le F(8,3) \le 27.4905] = 0.94$$

例*

設 $X_1, X_2, \cdots, X_{10}$ 係由常態母體 $(\mu_1, 10)$ 所抽出之一組隨機樣本，而 $Y_1, Y_2, \cdots, Y_{12}$ 係由常態母體 $(\mu_2, 12)$ 中所抽出之一組隨機樣本，若兩母體獨立，試求

$$P\left[0.546 \le \frac{\chi_1^2}{\chi_2^2} \le 61.09\right]$$

【解】

$$P\left[0.546 \le \frac{\chi_1^2}{\chi_2^2} \le 61.09\right] = P\left[0.546\left(\frac{v_2}{v_1}\right) \le \frac{\chi_1^2/v_1}{\chi_2^2/v_2} \le 61.09\left(\frac{v_2}{v_1}\right)\right]$$

$$= P\left[0.546 \times \frac{11}{9} \le \frac{\chi_1^2/9}{\chi_2^2/11} \le 61.09 \times \frac{11}{9}\right]$$

$$= P\{0.6673 \le F(9,11) \le 74.667\}$$

> **例 ***
>
> 　　設 X_1, X_2 爲抽自常態分配 $N(0, 1^2)$ 之兩隨機變數，試求 $p\left\{a < \dfrac{X_1}{X_2} < b\right\}$，
>
> 其中 $a, b > 0$。

【解】

$$P\left\{a < \frac{X_1}{X_2} < b\right\} = P\left\{a^2 < \frac{X_1^{\ 2}}{X_2^{\ 2}} < b^2\right\}$$

$$= P\left\{a^2 < \frac{\chi_1^{\ 2}(1)}{\chi_2^{\ 2}(1)} < b^2\right\}$$

$$= P\{a^2 < F(1, 1) < b^2\}$$

■ F 分配表之補間法

(1) ϕ_1 之值表中沒有，ϕ_2 之值表中有時

　　由表中選出比 ϕ_1 小的 f_1 及比 ϕ_1 大的 $f_2(f_1 < \phi_1 < f_2)$，利用下式就 $120/\phi$ 進行補間。

$$F_\alpha(\phi_1, \phi_2) = \frac{120/\phi_1 - 120/f_2}{120/f_1 - 120/f_2} \times F_\alpha(f_1, \phi_2)$$
$$+ \frac{120/f_1 - 120/\phi_1}{120/f_1 - 120/f_2} \times F_\alpha(f_2, \phi_2)$$

(2) ϕ_2 之值表中有，ϕ_1 之值表中沒有時

　　由表中選出比 ϕ_2 小的自由度 g_1 及比 ϕ_2 大的 g_2（$g_1 < \phi_2 < g_2$），利用下式就 $120/\phi$ 進行補間。

$$F_\alpha(\phi_1, \phi_2) = \frac{120/\phi_2 - 120/g_2}{120/g_1 - 120/g_2} \times F_\alpha(\phi_1, g_2)$$
$$+ \frac{120/g_1 - 120/\phi_2}{120/g_1 - 120/g_2} \times F_\alpha(\phi_1, g_2)$$

(3) ϕ_1, ϕ_2 之值表中均沒有時

　　就 ϕ_1 選出比它小的自由度 f_1 及比它大的 f_2，就 ϕ_2 選出比它小的自由度 g_1

及比它大的 g_2，$(f_1 < \phi_1 < f_2,\ g_1 < \phi_2 < g_2)$，首先與 (1) 同樣求出 $F_\alpha(\phi_1, g_1)$ 及 $F_\alpha(\phi_1, g_2)$，其次與 (2) 同樣求 $F_\alpha(\phi_1, \phi_2)$。

【解說】

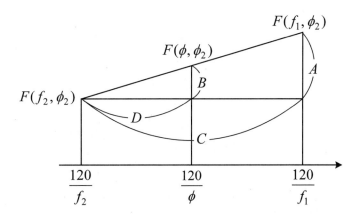

利用 $\dfrac{A}{B} = \dfrac{C}{D}$ 即可求解。

例*

試求下列之值：

$(1) F_{0.05}(33, 10)$　$(2) F_{0.05}(12, 44)$　$(3) F_{0.05}(38, 53)$

【解】

(1) 已知 $F_{0.05}(30, 10) = 2.70$，$F_{0.05}(40, 10) = 2.66$

$$F_{0.05}(33, 10) = \frac{120/33 - 120/40}{120/30 - 120/40} \times F_{0.05}(30, 10)$$
$$+ \frac{120/30 - 120/33}{120/30 - 120/40} \times F_{0.05}(40, 10) = 3.292 \to 3.29$$

(2) 已知 $F_{0.05}(12, 40) = 2.29$，$F_{0.05}(12, 60) = 2.17$

$$F_{0.05}(12, 44) = \frac{120/44 - 120/60}{120/40 - 120/60} \times F_{0.05}(12, 40)$$
$$+ \frac{120/40 - 120/44}{120/40 - 120/60} \times F_{0.05}(12, 60) = 2.257 \to 2.26$$

(3) 首先，已知 $F_{0.05}(30, 40) = 1.74$，$F_{0.05}(40, 40) = 1.69$

$$F_{0.05}(38, 40) = \frac{120/38 - 120/40}{120/30 - 120/40} \times F_{0.05}(30, 40)$$

$$+ \frac{120/30 - 120/38}{120/30 - 220/40} \times F_{0.05}(40, 40) = 1.889 \to 1.89$$

接著，已知 $F_{0.05}(30, 60) = 1.65$, $F_{0.05}(40, 60) = 1.59$

$$F_{0.05}(38, 60) = \frac{120/38 - 120/40}{120/30 - 120/40} \times F_{0.05}(30, 60)$$

$$+ \frac{120/30 - 120/38}{120/30 - 120/40} \times F_{0.05}(40, 60) = 1.753 \to 1.75$$

因此，$F_{0.05}(38, 53) = \frac{120/53 - 120/60}{120/40 - 120/60} \times F_{0.05}(38, 40)$

$$+ \frac{120/40 - 120/53}{120/40 - 120/60} \times F_{0.05}(38, 60) = 1.787 \to 1.79$$

【註】

$$F_{0.05}(38, 53) \left\{ \begin{array}{l} F_{0.05}(38, 40) \left\{ \begin{array}{l} F_{0.05}(30, 40) \\ F_{0.05}(40, 40) \end{array} \right. \\ F_{0.05}(38, 60) \left\{ \begin{array}{l} F_{0.05}(30, 60) \\ F_{0.05}(40, 60) \end{array} \right. \end{array} \right.$$

$$\text{或 } F_{0.05}(38, 53) \left\{ \begin{array}{l} F_{0.05}(30, 53) \left\{ \begin{array}{l} F_{0.05}(30, 40) \\ F_{0.05}(30, 60) \end{array} \right. \\ F_{0.05}(40, 53) \left\{ \begin{array}{l} F_{0.05}(40, 40) \\ F_{0.05}(40, 60) \end{array} \right. \end{array} \right.$$

例 *

設 $X_i \sim N(0, 1)$, $Y_i \sim N(0, 2^2)$, X_i, Y_i 均互為獨立，令

$W = \dfrac{X_1^2 + X_2^2 + X_3^2}{Y_1^2 + Y_2^2 + Y_3^2 + Y_4^2}$，若欲使 cW 為 $F(v_1, v_2)$ 分配，試求常數 c

【解】

$\because X_i^2 = \chi^2(1)$, $i = 1, 2, 3$

$\therefore X_1^2 + X_2^2 + X_3^2 = \chi^2(3)$

$\therefore Z_1^2 = \left(\dfrac{Y_1 - 0}{2}\right)^2 = \dfrac{Y_1^2}{4}$

$\therefore Y_1^2 = 4Z_1^2 = 4\chi^2(1)$

$\therefore Y_1^2 + Y_2^2 + Y_3^2 + Y_4^2 = 4\chi^2(4) = \chi^2(16)$

$$\therefore W = \frac{\chi^2(3)}{\chi^2(16)} = \frac{\chi^2(3)/3}{\chi^2(16)/16}\left(\frac{3}{16}\right)$$

$$cW = \frac{16}{3}W = F(3,16)$$

$$\therefore c = \frac{16}{3}$$

例 *

利用 F 分配表查下列各值。

(1) $Z_{0.025}$　　　(2) $Z_{0.05}$　　　　(3) $t_{0.025}(10)$　　　(4) $t_{0.975}(10)$

(5) $\chi^2_{0.05}(5)$　(6) $F_{0.1}(7, 5)$　(7) $F_{0.99}(5, 7)$　(8) $\chi^2_{0.99}(10)$

【解】

(1) $Z_{0.025} = \sqrt{F_{0.05}(1, \infty)} = \sqrt{3.8415} \doteqdot 1.96$

(2) $Z_{0.005} = \sqrt{F_{0.01}(1, \infty)} = \sqrt{6.6349} \doteqdot 2.5758$

(3) $t_{0.025}(10) = \sqrt{F_{0.05}(1, 10)} = \sqrt{4.9646} \doteqdot 2.228$

(4) $t_{0.975}(10) = -t_{0.025}(10) = -2.228$

(5) $\chi^2_{0.05}(5) = 5F_{0.95}(5, \infty) = \sqrt{5 \times 2.2141} = 11.0705$

(6) $F_{0.01}(7.5) = 10.456$

(7) $F_{0.99}(5, 7) = \dfrac{1}{F_{0.01}(7, 5)} = \dfrac{1}{10.456} = 0.0956$

(8) $\chi^2_{0.99}(10) = 10 \times F_{0.99}(10, \infty) = 10 \times \dfrac{1}{F_{0.01}(\infty, 10)} = 10 \times \dfrac{1}{3.9090}$

■ t 分配

　　假設母體為常態分配，即 $X \sim N(\mu, \sigma^2)$，自其中抽取 n 個個體構成樣本，令 $Z = \dfrac{\overline{X} - \mu}{\sigma/\sqrt{n}}$，則 $Z \sim N(0, 1^2)$。

　　並令 $\chi^2 = \displaystyle\sum_{i=1}^{n}\left(\frac{X_i - \overline{X}}{\sigma}\right)^2$ 則 χ^2 是自由度 $v = n - 1$ 的卡方分配，Z 與 χ^2 獨立，令

$$t = \frac{Z}{\sqrt{\chi^2 / v}}$$

則 t 的抽樣分配（自由度 $v = n - 1$）為

$$f(t) = \frac{\Gamma\left(\dfrac{v+1}{2}\right)}{\Gamma\left(\dfrac{v}{2}\right)} \frac{1}{\sqrt{v\pi}} \left(1 + \frac{t^2}{v}\right)^{-(v+1)/2} \qquad (-\infty < t < \infty)$$

【註】$X \sim N(\lambda,\, 1^2)$，$\chi^2 \sim \chi^2(\phi)$，X 與 χ^2 獨立時，

$$t' = \frac{X}{\sqrt{\chi^2 / \phi}}$$

的機率分配，稱為自由度 ϕ、非心度 λ 的非心 t 分配，記成 $t'(\phi,\, \lambda)$。非心度 $\lambda = 0$ 時，非心 t 分配與 t 分配一致。

✍ t 分配之性質

(1) 分配之構成

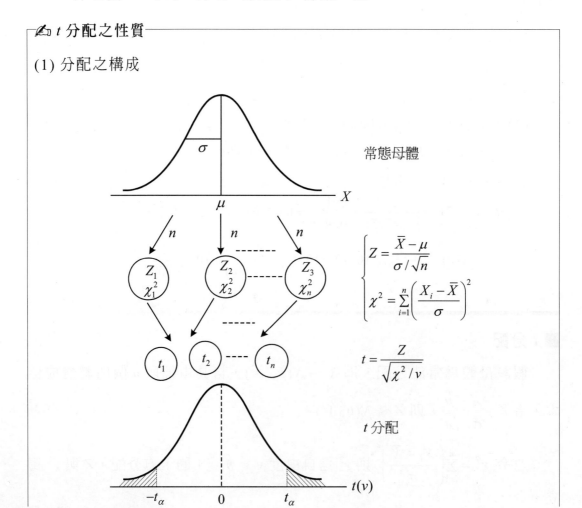

(2) 查表法（由上圖）

$P(t > t_\alpha) = \alpha$（由 t_α 查 α）

由 t 分配之對稱關係知，$P(t \geq t_\alpha) = P(t \leq -t_\alpha)$

(3) $E(t) = 0,\ V(t) = \dfrac{v}{v-2}$（$v > 2$）

(4) 當 $v \to \infty$（一般若 $v > 30$），$t \sim N(0, 1)$，t 分配趨近於標準常態分配

(5) 定義式與實用式

定　義　式	實　用　式
$t = \dfrac{Z}{\sqrt{\chi^2 / v}}$	$t = \dfrac{\overline{X} - \mu}{s / \sqrt{n}}$

【註】 1. 此為 Gosset(1908) 以筆名 student 所發表的著名 t 分配。

2. $Z = \dfrac{\overline{X} - \mu}{\sigma / \sqrt{n}}$

$\chi^2 = \sum\limits_{i=1}^{n} \left(\dfrac{X_i - \overline{X}}{\sigma} \right)^2$ $\left(\sum\limits_{i=1}^{n}(X_i - \overline{X})^2 = (n-1)s^2 \right)$

$\therefore \chi^2 = \dfrac{(n-1)s^2}{\sigma^2} = \dfrac{vs^2}{\sigma^2}$ （$v = n-1$）

$\therefore \sqrt{\dfrac{\chi^2}{v}} = \sqrt{\dfrac{s^2}{\sigma^2}} = \dfrac{s}{\sigma}$

$t = \dfrac{Z}{\sqrt{\chi^2 / v}} = \dfrac{\dfrac{\overline{X} - \mu}{\sigma / \sqrt{n}}}{s / \sigma} = \dfrac{\overline{X} - \mu}{s / \sqrt{n}}$

(6) $r^2(v) = F(1, v)$

【註】 $t^2(v) = \left(\dfrac{Z}{\sqrt{\chi^2 / v}} \right)^2 = \dfrac{Z^2}{\chi^2 / v} = \dfrac{\chi^2(1)/1}{\chi^2(v)/v} = F(1, v)$

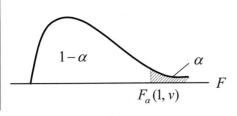

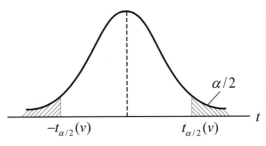

(7)

母　體	樣本數（n）	標準差（σ）	分　配
常態母體	大樣本（$n \geq 30$）	σ 未知	$\dfrac{\bar{X} - \mu}{s/\sqrt{n}} \sim Z$
	小樣本（$n < 30$）	σ 未知	$\dfrac{\bar{X} - \mu}{s/\sqrt{n}} \sim t(v), v = n - 1$

例*

(1) 當 $v = 23$，求 $P(-a < t < a) = 0.90$ 之 a。

(2) 當 $v = 250$，求 $P(t < b) = 0.95$ 之 b 及 $P(t < c) = 0.05$ 之 c。

【解】

(1) 查 t 分配得

$$1 - \alpha = 0.9, \quad \frac{\alpha}{2} = 0.05, \quad t_{0.05}(23) = a = 1.714$$

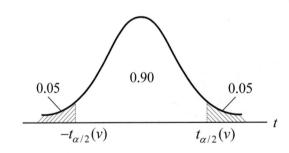

(2) 當 $v = 250$，則

t 分配趨向 Z 分配，

故 $b = 1.645, c = -1.645$

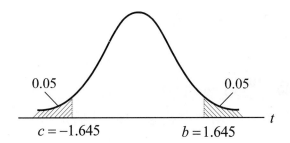

$$c = -1.645 \qquad b = 1.645$$

例*

設東亞燈泡的壽命爲一常態分配，根據過去資料知其平均壽命爲 1200 小時，但未知其標準差，現抽取 9 個燈泡，測試並計算其標準差爲 100 小時，問

(1) 該 9 個燈泡平均壽命在 $1120 \sim 1280$ 小時間之機率爲何？

(2) 該 9 個燈泡平均壽命在多少小時以上的機率爲 0.05？

【解】

依題意知 9 個燈泡抽自常態母體，因爲是小樣本，且樣本標準差已知，故應利用 t 分配。

(1) $P(1120 < \bar{X} < 1280) = P\left(\dfrac{1120-1200}{100/\sqrt{9}} < \dfrac{\bar{X}-1200}{100/\sqrt{9}} < \dfrac{1280-1200}{100/\sqrt{9}} \right)$

$\qquad\qquad\qquad\qquad = P(-2.40 < t(8) < 2.40) = 1 - 2P(t(8) > 2.40)$

查表得 $P(t(8) > 2.31) = 0.025$，$P(t(8) > 2.90) = 0.01$

利用補間法得

$$P(t(8) > 2.40) = 0.025 - \left[\dfrac{2.40-2.31}{2.90-2.31} \times (0.025 - 0.01) \right]$$

$$= 0.023$$

$\therefore P(-2.40 < t < 2.40) = 1 - 2 \times 0.023 = 0.954$

(2) $P(\bar{X} > \bar{x}_*) = 0.05$

$$P\left(\dfrac{\bar{X}-1200}{100/\sqrt{9}} > \dfrac{\bar{x}_*-1200}{100/\sqrt{9}} \right) = 0.05$$

$$P\left(t > \dfrac{\bar{x}_*-1200}{100/3} \right) = 0.05$$

查表知

$$P(t(8) > 1.80) = 0.05$$

$$\therefore \frac{\overline{x}_* - 1200}{100/3} = 1.86$$

$$\therefore \overline{x}_* = 1200 + \frac{100}{3} \times 1.86 = 1262$$

因此，9 個燈泡平均壽命超過 1262 小時之機率為 0.05 。

例 *

設 X_1, X_2 為抽自 $N(0, 1^2)$ 之一組隨機變數，如 $a, b > 0$ 時，試求 $P\left\{ a < \dfrac{X_1}{X_2} < b \right\}$。

【解】

$$P\left\{ a < \frac{X_1}{X_2} < b \right\} = P\left\{ a < \frac{X_1}{\sqrt{X_2^{\,2}}} < b \right\}$$

$$= P\left\{ a < \frac{X_1}{\sqrt{\chi^2(1)}} < b \right\}$$

$$= P\{ a < t(1) < b \} = P(t(1) > b) - P(t(1) > a)$$

【註】 $F(1, 1) = t(1)^2$, $Z^2 = \chi^2(1)$

例 *

設 X_1, X_2 為抽自 $N(0, 1^2)$ 的一組機變數，問 $(1)X_1 + X_2$；$(2)X_1 - X_2$；$(3) \dfrac{X_1^2}{X_2^2}$；$(4) \dfrac{X_1}{X_2}$ 分別服從何種分配？

【解】

(1) $X_1 + X_2 \sim N(0, 2)$

(2) $X_1 - X_2 \sim N(0, 2)$

(3) $\dfrac{X_1^2}{X_2^2} = \dfrac{\chi_1^2(1)/1}{\chi_2^2(1)/1} = F(1, 1)$

(4) $\dfrac{X_1}{X_2} = \sqrt{\dfrac{X_1^2}{X_2^2}} = \sqrt{F(1,1)} = t(1)$

例★★

設 $X_1, X_2, X_3, X_4,$ 為抽自 $N(0, 1^2)$ 之一組隨機樣本，若欲使 $\dfrac{c(X_1 + X_2)}{\sqrt{X_3^2 + X_4^2}}$ 為 t 分配，則常數 c 應為多少？而此 t 分配自由度為何？

【解】

∵ $X \sim N(0, 1^2)$，$i = 1, 2, 3, 4$

∴ $X_1 + X_2 \sim N\left(0, \sqrt{2}^2\right)$，故 $Z = \dfrac{X_1 + X_2}{\sqrt{2}} \sim N(0, 1^2)$

又 X_3 為標準常態分配，故 X_3^2 為自由度 1 之卡方分配，同理 X_4^2 亦為自由度 1 的卡方分配，故 $X_3^2 + X_4^2$ 為自由度 2 的卡方分配。

由 t 的定義知

$$t = \frac{Z}{\sqrt{\chi^2/\phi}} = \frac{\dfrac{X_1 + X_2}{\sqrt{2}}}{\sqrt{\dfrac{X_3^2 + X_4^2}{2}}} = \frac{X_1 + X_2}{\sqrt{X_3^2 + X_4^2}}$$

故常數 $c = 1$，且自由度為 2。

例★★

設 $X_1, X_2, \cdots X_n, X_{n+1}$ 抽自 $N(\mu, \sigma^2)$ 之一組大小 $n + 1$ 之隨機樣本，$n > 1$。若令 $\overline{X} = \sum\limits_{i=1}^{n} X_i / n$，$s_*^2 = \sum\limits_{i=1}^{n} (X_i - \overline{X})^2 / n$，欲使 $\dfrac{c(\overline{X} - X_{n+1})}{s_*^2}$ 為 t 分配，試求常數 c。

【解】

∵ $\overline{X} \sim N(\mu, \sigma^2/n)$，且 $X_{n+1} \sim N(\mu, \sigma^2)$ 又 $\overline{X}$ 與 X_{n+1} 獨立，

∴ $(\overline{X} - X_{n+1}) \sim N\left(0, \dfrac{\sigma^2}{n} + \sigma^2\right)$

故 $\dfrac{(\overline{X} - X_{n+1})}{\sqrt{\dfrac{n+1}{n}}\sigma} \sim N(0, 1^2)$

又 $\dfrac{ns_*^2}{\sigma^2} \sim \chi^2(n-1)$，故由 t 分配之定義知

$$t = \frac{Z}{\sqrt{\chi^2/\phi}} = \frac{(\overline{X} - X_{n+1})}{\sqrt{\dfrac{n+1}{n}}\sigma} \Big/ \sqrt{\dfrac{ns_*^2}{\sigma^2}/n-1} = \sqrt{\dfrac{n-1}{n+1}} \frac{(\overline{X} - X_{n+1})}{s_*}$$

故常數 $c = \sqrt{\dfrac{n-1}{n+1}}$。

例＊＊

設 X_1, X_2, X_3, X_4, X_5 為抽自 $N(0, 4)$ 之一組隨機樣本

令 $\overline{X} = \sum\limits_{i=1}^{5} X_i /5$，試問下列隨機變數為何分配？

(1) $X_1 - 2X_2$，(2) $\sum\limits_{i=1}^{5}(X_i - \overline{X})^2 /4$，(3) $\sum\limits_{i=1}^{4} X_i^2 /4$

(4) $(X_1^2 + X_2^2)/(X_3^2 + X_4^2)$，(5) $2X_1^2/(X_1^2 + X_4^2)$

【解】

(1) $X_1 \sim N(0, 4)$, $2X_2 \sim N(0, 16)$, $X_1 - 2X_2 \sim N(0, 20)$

(2) $\sum(X_i - \overline{X})^2 /4 \sim \chi^2(4)$

(3) $\because X_i \sim N(0, 4), \dfrac{X_i}{2} \sim N(0, 1), \dfrac{X_i^2}{4} \sim \chi^2(1)$

$\therefore \sum\limits_{i=1}^{4} X_i^2 /4 \sim \chi^2(4)$

(4) $\because \dfrac{X_1^2 + X_2^2}{4} \sim \chi^2(2), \dfrac{X_3^2 + X_4^2}{4} \sim \chi^2(2),$

$\therefore \dfrac{X_1^2 + X_3^2}{X_3^2 + X_4^2} = \dfrac{\dfrac{X_1^2 + X_3^2}{4}/2}{\dfrac{X_3^2 + X_4^2}{4}/2} \sim F(2, 2)$

(5) $\dfrac{2X_1^2}{X_1^2 + X_4^2} = \dfrac{\left(\dfrac{X_1}{2}\right)^2}{\dfrac{X_1^2 + X_3^2}{4}/2} \sim t(2)$

■ t 分配表的補間法

(1) $\phi < 30$ 時

選出比 ϕ 小的自由度 f_1 及 ϕ 大的自由度 $f_2(f_1 < \phi < f_2)$，利用下式進行直線補間。

$$t_\alpha(\phi) = \frac{f_2 - \phi}{f_2 - f_1} \times t_\alpha(f_1) + \frac{\phi - f_1}{f_2 - f_1} \times t_\alpha(f_2)$$

(2) $\phi \geq 30$ 時

利用下式就 $120/\phi$ 進行直線補間。

$$t_\alpha(\phi) = \frac{120/\phi - 120/f_2}{120/f_1 - 120/f_2} \times t_\alpha(f_1) + \frac{120/f_1 - 120/\phi}{120/f_1 - 120/f_2} \times t_\alpha(f_2)$$

【解說】

(1) 在自由度 1 的差距下進行直線補間，誤差小並無問題，可就 ϕ 進行補間。

(2) 對於 $\phi \geq 25$ ，將 $(\phi, t_{0.05}(\phi))$ 描點時，$t_{0.05}(\phi)$ 對 ϕ 來說呈現曲線變化。而且，一般的 t 分配表大多只記載 $\phi = 30, 40, 60, 120$ 之數值。因此，對於 $\phi > 30$ 來說，依賴所記載之數值進行直線補間時有可能誤差會變大。相對的，對於 $\phi \geq 25$ 來說，將 $(1/\phi, t_{0.05}(\phi))$ 描點時，$t_{0.05}(\phi)$ 對 $1/\phi$ 而言呈現直線性變化。因之，對 $\phi > 30$ 而言，可就 $1/\phi$ 進行直線補間，得出如下式子：

$$t_\alpha(\phi) = \frac{1/\phi - 1/f_2}{1/f_1 - 1/f_2} \times t_\alpha(f_1) + \frac{1/f_1 - 1/\phi}{1/f_1 - 1/f_2} \times t_\alpha(f_2)$$

將分子、分母各乘上 120，分母的 $120/f_1 - 120/f_2$ 會成為整數而變得簡單。即

$$t_\alpha(\phi) = \frac{120/\phi - 120/f_2}{120/f_1 - 120/f_2} \times t_\alpha(f_1) + \frac{120/f_1 - 120/\phi}{120/f_1 - 120/f_2} \times t_\alpha(f_2)$$

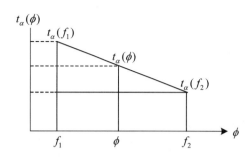

圖　ϕ與 $t_{0.05}(\phi)$ 之關係（$\phi \le 30$）　　圖　$1/\phi$與 $t_\alpha(\phi)$ 之關係（$\phi > 30$）

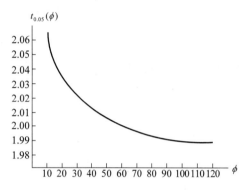

圖　ϕ與 $t_{0.05}(\phi)$ 之關係（$\phi \ge 25$）　　

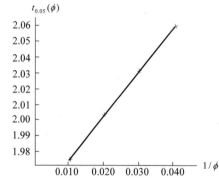

圖　$1/\phi$與 $t_{0.05}(\phi)$ 之關係（$\phi \ge 25$）

例*

(1) 已知 $t_{0.025}(9) = 2.262$, $t_{0.025}(10) = 2.228$，試求 $t_{0.025}(9.3)$。

(2) 已知 $t_{0.025}(50) = 2.009$, $t_{0.025}(60) = 2.000$，試求 $t_{0.025}(54)$。

【解】

$$(1)\ t_{0.025}(9.3) = \frac{10-9.3}{10-9} \times t_{0.025}(9) + \frac{9.3-9}{10-9} \times t_{0.025}(10)$$
$$= 2.2518 \to 2.252$$

$$(2)\ t_{0.025}(54) = \frac{120/54 - 120/60}{120/50 - 120/60} \times t_{0.025}(50) + \frac{120/50 - 120/54}{120/50 - 120/60} \times t_{0.025}(60)$$
$$= 2.0047 \to 2.005$$

■ 總整理

Z, χ^2, F, t 統計量之間的關係：

分母之自由度 ＼ 分子之自由度	1	v_1	∞
1	$Z_1^{\,2}/Z_2^{\,2}$	$1/t^2(v_1)$	$1/Z_2^{\,2}$
v_2	$t^2(v_2)$	$F = \dfrac{\chi_1^{\,2}/v_1}{\chi_2^{\,2}/v_2}$	$v_2/\chi_2^{\,2}$
∞	$Z_1^{\,2}$	$\chi_1^{\,2}/v_1$	1

$$
\begin{array}{ccc}
F_\alpha(1,\infty)=Z^2_{(\alpha/2)} & Z & \chi_\alpha^{\,2}(1)=Z^2_{(\alpha/2)} \\[2mm]
vF_\alpha(v,\infty)=\chi_\alpha^{\,2}(v) & & \\
v/F_\alpha(\infty,v)=\chi_\alpha^{\,2}(v) & t_\alpha(\infty)=Z_{(\alpha)} & \chi^2 \\[2mm]
F_\alpha(1,v)=t_{\alpha/2}^{\,2}(v) & t & t_\alpha^{\,2}(\infty)=\chi_\alpha^{\,2}(1)
\end{array}
$$

F, Z, t, χ^2 之間的關係圖

■ 各圖形之數值的對應關係

(1) $F_\alpha(1, \infty) = Z^2_{(\alpha/2)}$

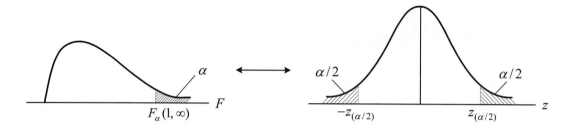

(2) $F_\alpha(1, v) = t_{(\alpha/2)}^{\;2}(v)$

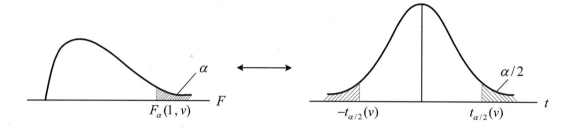

(3) $F_\alpha(v, \infty) = \chi_\alpha^{\;2}(v)/v$

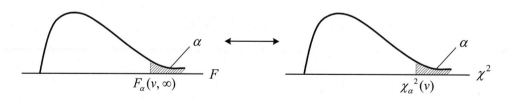

(4) $F_\alpha(\infty, v) = v/\chi_{1-\alpha}^{\;2}(v)$

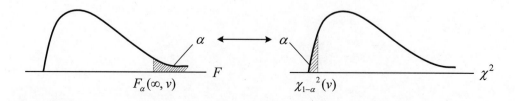

■ 抽樣分配之整理

取自任意母體 (μ, σ^2) 之樣本其 $\overline{X}$ 之抽樣分配為

(1) 大樣本

　── 母標準差已知　$\dfrac{\overline{X} - \mu}{\sigma / \sqrt{n}} = Z$

　── 母標準差未知　$\dfrac{\overline{X} - \mu}{s / \sqrt{n}} = Z$

取自常態母體 $N(\mu, \sigma^2)$ 之樣本，其 $\overline{X}$ 之抽樣分配為

(2) 小樣本

　── 母標準差已知　$\dfrac{\overline{X} - \mu}{\sigma / \sqrt{n}} = Z$

　── 母標準差未知　$\dfrac{\overline{X} - \mu}{s / \sqrt{n}} = t(v)$

第二節　其他常用的抽樣分配

1.計數值母體

■ 成功次數（S）的抽樣分配

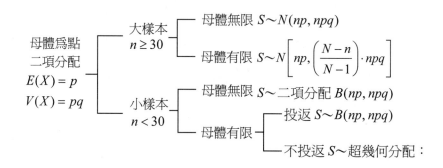

$$
\begin{array}{l}
\text{母體為點} \\
\text{二項分配} \\
E(X) = p \\
V(X) = pq
\end{array}
\left\{
\begin{array}{l}
\begin{array}{l}
\text{大樣本} \\
n \geq 30
\end{array}
\left\{
\begin{array}{l}
\text{母體無限 } S \sim N(np, npq) \\
\text{母體有限 } S \sim N\left[np, \left(\dfrac{N-n}{N-1} \right) \cdot npq \right]
\end{array}
\right. \\[2em]
\begin{array}{l}
\text{小樣本} \\
n < 30
\end{array}
\left\{
\begin{array}{l}
\text{母體無限}\sim\text{二項分配 } B(np, npq) \\
\text{母體有限}
\left\{
\begin{array}{l}
\text{投返 } S \sim B(np, npq) \\
\text{不投返 } S \sim \text{超幾何分配：}
\end{array}
\right.
\end{array}
\right.
\end{array}
\right.
$$

【註】$S = \sum\limits_{i=1}^{n} X_i$　　　　　　H.G.$\left[np, \left(\dfrac{N-n}{N-1} \right) npq \right]$

✍ 說明

(1) 小樣本（$n < 30$）

　①無限母體

　　設母體為點二項分配，令 S 表示 n 次試行中成功之次數，p 表母體成功比例。

$$S \sim \binom{n}{s} p^s q^{n-s}$$

②有限母體

令 N 表母體個數，其中成功個數有 k 個，$p\left(=\dfrac{k}{N}\right)$ 表母體成功比例。

(a) 不投返

$$S \sim \binom{k}{s}\binom{N-k}{n-s} \Big/ \binom{N}{n}$$

(b) 投返

$$S \sim \binom{n}{s} p^s q^{n-s}$$

(2) 大樣本（$n > 30$）

①無限母體

$$S \sim N(np,\ npq)$$

②有限母體

$$S \sim N\left[np,\ \left(\dfrac{N-n}{N-1}\right)\cdot npq\right]$$

利用常態分配求 X 在某範圍之機率時，必須調整，即

$$P(a \le S \le b) \to P\left(a-\dfrac{1}{2} \le S \le b+\dfrac{1}{2}\right)$$

$$= P\left(\dfrac{\left(a-\dfrac{1}{2}\right)-E(S)}{\sqrt{V(S)}} \le Z \le \dfrac{\left(b+\dfrac{1}{2}\right)-E(S)}{\sqrt{V(S)}}\right)$$

$$P(S \ge a) \to P\left(S \ge a-\dfrac{1}{2}\right),\ P(S \le b) \to P\left(S \le b+\dfrac{1}{2}\right)$$

■ 樣本比例（$\hat{p}$）的抽樣分配

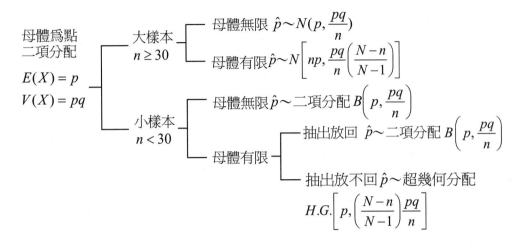

式中，$\hat{p} = \dfrac{S}{n}$。

【解說】

(1) 小樣本（n < 30）

① 無限母體

由於母體為一點二項分配（Bernoulli），若自母體中抽取 n 個，並令 S 為 n 個隨機變數之和（即 $S = \sum X_i$），則 S 可視為進行 n 次柏努利試驗具某一性質之次數，因此 S 為二項分配，而 $\hat{p} = S/n$，因此 $\hat{p}$ 仍為一二項分配。

② 有限母體

如抽出放回時，則 $\hat{p} \sim B\left(p, \dfrac{pq}{n} \right)$ 或表為 $f(\hat{p}) = C_{n\hat{p}}^{n} p^{n\hat{p}} q^{n-n\hat{p}}$，母體為有限且出不放回時（$n/N \geq 0.05$），$n$ 個隨機變數將不獨立，則 $\hat{p}$ 為一超幾何分配，

$$\hat{p} \sim H.G.\left[p, \dfrac{pq}{n} \cdot \left(\dfrac{N-n}{N-1} \right) \right]$$

$$或 f(\hat{p}) = \frac{\dbinom{k}{n\hat{p}}\dbinom{N-k}{n-n\hat{p}}}{\dbinom{N}{n}}$$

(2) 大樣本（$n \geq 30$）

①利用中央極限定理知，$\hat{p}$趨近於常態分配，表爲

$$\hat{p} \sim N\left(p, \frac{pq}{n}\right)$$

②若母體爲有限之情況，則$\hat{p}$之變異數爲$\dfrac{pq}{n} \cdot \left(\dfrac{N-n}{N-1}\right)$

③利用常態分配求$\hat{p}$在某範圍之機率時，必須調整，即求

$$P(a \leq \hat{p} \leq b) \rightarrow P\left[a - \left(\frac{1}{2} \times \frac{1}{n}\right) \leq \hat{p} \leq b + \left(\frac{1}{2} \times \frac{1}{n}\right)\right]$$

$$= P\left[\frac{\left(a - \dfrac{1}{2n}\right) - E(\hat{p})}{\sqrt{V(\hat{p})}} \leq Z \leq \frac{\left(b + \dfrac{1}{2n}\right) - E(\hat{p})}{\sqrt{V(\hat{p})}}\right]$$

其中，na, nb 必須爲整數。

■ 比例差 $\hat{p}_1 - \hat{p}_2$ 的抽樣分配

設有兩個質母體其大小爲 N_1, N_2，母體比率爲 p_1, p_2，自其中分別抽取兩個獨立的樣本，樣本大小爲 n_1 及 n_2，樣本比例爲 $\hat{p}_1, \hat{p}_2$，則隨機變數 $\hat{p}_1 - \hat{p}_2$ 的期望值與變異數爲

$E(\hat{p}_1 - \hat{p}_2) = p_1 - p_2$

$V(\hat{p}_1 - \hat{p}_2) = $ (1) 投返式

$$V(\hat{p}_1) + V(\hat{p}_2) = \frac{p_1(1-p_1)}{n_1} + \frac{p_2(1-p_2)}{n_2}$$

(2) 不投返式

$$V(\hat{p}_1) + V(\hat{p}_2) = \left(\frac{N_1 - n_1}{N_1 - 1}\right) \cdot \frac{p_1(1-p_1)}{n_1} + \left(\frac{N_2 - n_2}{N_2 - 1}\right) \cdot \frac{p_2(1-p_2)}{n_2}$$

當 n_1, $n_2 \to \infty$，根據中央極限定理，$\hat{p}_1$分配，$\hat{p}_2$分配均爲常態分配，又依據常態隨機變數的線性組合定理知，$\hat{p}_1 - \hat{p}_2$仍爲常態分配，亦即

$$Z = \frac{(\hat{p}_1 - \hat{p}_2) - E(\hat{p}_1 - \hat{p}_2)}{\sqrt{V(\hat{p}_1 - \hat{p}_2)}} \sim N(0,1)$$

2. 計量值母體

■ 樣本均數差 $\bar{X}_1 - \bar{X}_2$ 的抽樣分配

設有兩個量母體，其大小分別爲 N_1, N_2，平均數分別爲 μ_1, μ_2，變異數爲 $\sigma_1{}^2$, $\sigma_2{}^2$，自此兩母體中分別抽取隨機樣本，樣本大小分別爲 n_1, n_2，以隨機變數 $\bar{X}_1$, $\bar{X}_2$ 分別表示樣本均數，則樣本均數差 $\bar{X}_1 - \bar{X}_2$ 的期望值與變異數表示如下：

$E(\bar{X}_1 - \bar{X}_2) = \mu_1 - \mu_2$

$V(\bar{X}_1 - \bar{X}_2) = \begin{cases} (1)\ 投返式 \\ \qquad V(\bar{X}_1) + V(\bar{X}_2) = \dfrac{\sigma_1{}^2}{n_1} + \dfrac{\sigma_2{}^2}{n_2} \\ (2)\ 不投返式 \\ \qquad V(\bar{X}_1) + V(\bar{X}_2) = \left(\dfrac{N_1 - n_1}{N_1 - 1}\right)\dfrac{\sigma_1{}^2}{n_1} + \left(\dfrac{N_2 - n_2}{N_2 - 1}\right)\dfrac{\sigma_2{}^2}{n_2} \end{cases}$

(1) 若母體分配爲常態分配，則 $\bar{X}_1 - \bar{X}_2$ 必爲常態分配；

(2) 若母體不爲常態分配，則當 n_1, $n_2 \to \infty$ 時，根據中央極限定理知，$\bar{X}_1$, $\bar{X}_2$ 爲常態，根據線性組合定理知，$\bar{X}_1 - \bar{X}_2$ 的抽樣分配趨近於常態分配。

$$\therefore Z = \frac{(\bar{X}_1 - \bar{X}_2) - E(\bar{X}_1 - \bar{X}_2)}{\sqrt{V(\bar{X}_1 - \bar{X}_2)}} \sim N(0,1)$$

■ 樣本變異數 s^2 的抽樣分配

設有一常態母數平均數為 μ，變異數為 σ^2，自其中隨機抽取樣本，樣本大小為 n，則樣本變異數

$$s^2 = \frac{\sum(X - \bar{X})^2}{n-1}$$

其期待值與變異數可表示如下：

$$E(s^2) = \sigma^2 \ , \ V(s^2) = \frac{2}{n-1}\sigma^4$$

利用 $\dfrac{(n-1)s^2}{\sigma^2} = \chi^2(n-1)$ 即可將 s^2 轉化為卡方分配。

【註】s^2 的自由度為 $n-1$

【證】

已知 $E(\chi^2) = E\left(\dfrac{(n-1)s^2}{\sigma^2}\right) = \dfrac{n-1}{\sigma^2}E(s^2)$

$\because E(\chi^2) = v = (n-1), \ \therefore E(s^2) = \sigma^2$

$V(\chi^2) = 2v = 2(n-1)$

$V(\chi^2) = V\left(\dfrac{(n-1)s^2}{\sigma^2}\right)$

$2(n-1) = \dfrac{(n-1)^2}{\sigma^4}V(s^2)$

$\therefore V(s^2) = \dfrac{2\sigma^4}{n-1}$

例*

設中華汽車公司展示小姐中讀過統計學的有 3 位，沒讀過的有 2 位，如下表所示：

姓氏	A 小姐	B 小姐	C 小姐	D 小姐	E 小姐
統計學	讀過	沒讀過	讀過	沒讀過	讀過

設隨機變數 $X = 1$ 表讀過統計學，$X = 0$ 表未讀過統計學，則母體比例（讀過統計學的展示小姐的比例）為

$$p = \frac{3}{5} = 0.6$$

X 為點二項母體，$E(X) = p$，$V(X) = pq$。

今從母體中隨機取出 3 位小姐為一組樣本，試求此樣本比例的抽樣分配。

【解】

自 5 位小姐中隨機取出 3 位，則所有樣本點共有 $_5C_3 = 10$ 個，如下表所示。

樣本點	樣本比例 $\hat{p}$
$(ABC) = (1, 0, 1)$	$2/3 = 0.67$
$(ABD) = (1, 0, 0)$	$1/3 = 0.33$
$(ABE) = (1, 0, 1)$	$2/3 = 0.67$
$(ACD) = (1, 1, 0)$	$2/3 = 0.67$
$(ACE) = (1, 1, 1)$	$3/3 = 1.00$
$(ADE) = (1, 0, 1)$	$2/3 = 0.67$
$(BCD) = (0, 1, 0)$	$1/3 = 0.33$
$(BCE) = (0, 1, 1)$	$2/3 = 0.67$
$(BDE) = (0, 0, 1)$	$1/3 = 0.33$
$(CDE) = (1, 0, 1)$	$2/3 = 0.67$

由此可得樣本比例的抽樣分配如下：

$\hat{p}$	$f(\hat{p})$
0.33	$3/10 = 0.3$
0.67	$6/10 = 0.6$
1.00	$1/10 = 0.1$

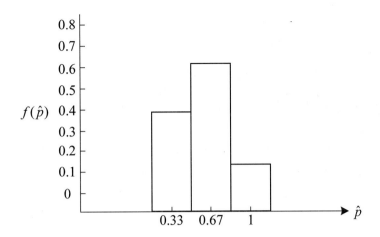

$$E(\hat{p}) = 0.33 \times 0.3 + 0.67 \times 0.6 + 1.00 \times 0.1 = 0.6$$

$$V(\hat{p}) = 0.33^2 \times 0.3 + 0.67^2 \times 0.6 + 1.00^2 \times 0.1 - (0.6)^2 = 0.04$$

例*

　　A 牌產品在市場上的占有率為 60%，現抽取一樣本大小為 200 的樣本進行調查，基中 55% 至 65% 使用該產品之機率為何？

【解】

$$P(0.55 \le \hat{p} \le 0.65) = \sum_{\hat{p}=0.55}^{0.65} \binom{200}{200\hat{p}} (0.6)^{200\hat{p}} (0.4)^{200\hat{p}}$$

$$\approx P\left[\frac{\left(0.55 - \dfrac{1}{400}\right) - 0.60}{\sqrt{\dfrac{0.60(0.40)}{200}}} \le Z \le \frac{\left(0.65 + \dfrac{1}{400}\right) - 0.60}{\sqrt{\dfrac{0.60(0.40)}{200}}} \right]$$

$$= P[-1.516 < Z < 1.516] = 0.8704$$

例*

　　設在上次的民意調查中得知，有 47% 的台中市民贊成蓋巨蛋體育館。若現在再次抽樣調查贊成與否，而由市民中隨機抽取 400 人，則在此 400 人中贊成的比例在 50% ～ 60% 的機率為何？

【解】

贊成的樣本比例的抽樣分配係大樣本，故趨於常態分配。

$$\hat{p} \sim N\left(0.47, \frac{0.47 \times 0.53}{400}\right)$$

因之

$$P(0.5 \le \hat{p} \le 0.6) = P\left[\frac{\left(0.5 - \frac{1}{800}\right) - 0.47}{0.025} \le Z \le \frac{\left(0.6 - \frac{1}{800}\right) - 0.47}{0.025}\right]$$

$$= P(1.15 \le Z \le 5.15) = 0.5 - 0.3479 = 0.1251$$

因此，在支持率 0.47 下，抽取 400 人，400 人中贊成的比例在 0.5 與 0.6 之間之機率為 0.1251。

例*

一項針對台灣居民統獨意識所做的調查，發覺有 6 成的民眾贊成維持現狀，今台中市隨機抽取 30 位民眾，問 1/2 ～ 2/3 比例民眾贊成維持現狀的機率為何？

【解】

令 $\hat{p}$ 表示贊成維持現狀的比例，1/2 ～ 2/3 比例民眾贊成維持現狀的機率為

$$P(1/2 \le \hat{p} \le 2/3) = \sum_{\hat{p}=1/2}^{2/3} C_{n\hat{p}}^{30} (0.6)^{n\hat{p}} (0.4)^{30-n\hat{p}}$$

因 $n = 30$ 為大樣本，故

$$\hat{p} \sim N\left(0.6, \frac{0.6 \times 0.4}{30}\right)$$

上式以常態分配計算但須進行連續校正如下：

$$P\left[\frac{\left(\frac{1}{2} - \frac{1}{2 \times 30}\right) - 0.6}{\sqrt{0.008}} \le Z \le \frac{\left(\frac{2}{3} + \frac{1}{2 \times 30}\right) - 0.6}{0.008}\right] = P\left(\frac{-0.1167}{0.089} \le Z \le \frac{0.0867}{0.089}\right)$$

$$= P(-1.31 \le Z \le 0.97) = 0.7389$$

例 *

　　A、B 兩部機器的不良率各為 0.05 及 0.03，若由兩部機器所生產的產品各抽 100 件，試問在抽出的樣本中，顯示 A 機器不良率大於 B 機器在 0.01 以上的機率為何？

【解】

$$\hat{p}_1 \sim N\left(0.05, \frac{0.05 \times 0.95}{100}\right)$$

$$\hat{p}_2 \sim N\left(0.03, \frac{0.03 \times 0.97}{100}\right)$$

$$\hat{p}_1 - \hat{p}_2 \sim N\left(0.05 - 0.03, \frac{0.05 \times 0.98}{100} + \frac{0.03 \times 0.97}{100}\right)$$

$$P(\hat{p}_1 - \hat{p}_2 > 0.01) = P\left(Z > \frac{0.01 - (0.05 - 0.03)}{\sqrt{\dfrac{0.05 \times 0.95}{100} + \dfrac{0.03 \times 0.97}{100}}}\right)$$

$$\because \frac{0.01 - (0.05 - 0.03)}{\sqrt{\dfrac{0.05(0.95)}{100} + \dfrac{0.03(0.97)}{100}}} = -0.361$$

$$\therefore P(Z > -0.361) = 1 - 0.3590 = 0.6410$$

例 *

　　設 $\bar{X}$ 和 s^2 表自分配 $N(2, 25)$ 中所取出之隨機樣本的平均數和變異數，試求 $P(0 < \bar{X} < 4, 13.85 < s^2 < 36.42)$，

　　(1) 設若取出之樣本數為 25 時；

　　(2) 設若取出之樣本數為 36 時。

【解】

(1) $X \sim N(2, 5^2)$ 　 $\therefore \bar{X} \sim N\left(2, \dfrac{5^2}{25}\right) = N(2, 1^2)$

$$P(0 < \bar{X} < 4) = P\left(\frac{0-2}{1} < Z < \frac{4-2}{1}\right) = P(-2 < Z < 2)$$

$$P(13.85 < s^2 < 36.42) = P\left(\frac{13.85 \times 24}{5} < \chi^2(24) < \frac{36.42 \times 24}{5^2}\right)$$

$$\therefore P(0 < \bar{X} < 4,\ 13.84 < s^2 < 36.42)$$

$$= P(-2 < Z < 2) \cdot P\left(\frac{13.84 \times 24}{5} < \chi^2(24) < \frac{36.42 \times 24}{5^2}\right)$$

(2) $X \sim N(2,\ 5^2)$　$\therefore \bar{X} \sim N\left(2, \frac{5^2}{36}\right) = N\left(2, \left(\frac{5}{6}\right)^2\right)$

$$P(0 < \bar{X} < 4) = P\left(\frac{0-2}{5/6} < Z < \frac{4-2}{5/6}\right)$$

$$P(13.85 < s^2 < 36.42) = P\left(\frac{13.85 \times 35}{5^2} < \chi^2(35) < \frac{36.42 \times 35}{5^2}\right)$$

$$= P\left(\frac{\left(\frac{13.85 \times 35}{5^2}\right) - 35}{\sqrt{70}} < Z < \frac{\left(\frac{30.42 \times 35}{5^2}\right) - 35}{\sqrt{70}}\right)$$

$$P(0 < \bar{X} < 4\ ,\ 13.85 < s^2 < 36.42)$$

$$= p\left(\frac{0-2}{5/6} < Z < \frac{4-2}{5/6}\right) \cdot P\left(\frac{\left(\frac{13.85 \times 35}{5^2}\right) - 35}{\sqrt{70}} < Z < \frac{\left(\frac{30.42 \times 35}{5^2}\right) - 35}{\sqrt{70}}\right)$$

例*

設有兩獨立母體，第一母體之機率分配為

$$f(x_1) = \frac{1}{3} \qquad x_1 = 2, 3, 4 \quad (N_1 = 3)$$

第二母體之機率分配為

$$f(x_2) = \frac{1}{2} \qquad x_2 = 1, 4 \quad (N_2 = 2)$$

茲以抽出放回之方式自第一母體中，隨機抽 $n_1 = 2$ 的所有可能樣本，又自第 2 母體中隨機抽取 $n_2 = 3$ 的所有可能樣本，試求二個樣本均數差 $\bar{X}_1 - \bar{X}_2$ 抽樣分配的均數與變異數。

【解】

$$E(X_1) = \mu_1 = \sum x_{1i} \cdot f(x_1) = \frac{2+3+4}{3} = 3$$

$$V(X_1) = \sigma_1^2 = \sum (x_{i1} - \overline{x}_1)^2 \cdot f(x_1) = \frac{(2-3)^2 + (3-3)^2 + (4-3)^2}{3} = \frac{2}{3}$$

$$E(X_2) = \mu_2 = \sum x_{2i} \cdot f(x_2) = \frac{1+4}{2} = \frac{5}{2}$$

$$V(X_2) = \sigma_2^2 = \sum (x_{2i} - \overline{x}_2)^2 \cdot f(x_2) = \frac{(1-2.5)^2 + (4-2.5)^2}{2} = \frac{9}{4}$$

因此，

$$E(\overline{X}_1 - \overline{X}_2) = \mu_1 - \mu_2 = 3 - 2.5 = 0.5$$

$$V(\overline{X}_1 - \overline{X}_2) = \frac{\sigma_1^2}{n_1} + \frac{\sigma_2^2}{n_2} = \frac{2/3}{2} + \frac{9/4}{3} = \frac{13}{12}$$

例 *

設有兩獨立母體，第一母體之機率分配爲

$$f(x_1) = \frac{1}{3} \ , \ x_1 = 2, 3, 4 \quad (N_1 = 3)$$

第二母體之機率分配爲

$$f(x_2) = \frac{1}{2} \ , \ x_2 = 1, 4 \quad (N_2 = 2)$$

茲以抽出放回之方式自第一母體抽 $n_1 = 36$ 的所有可能樣本，又自第二母體抽取 $n_2 = 36$ 所有可能樣本，試求 2 個樣本均數差 $\overline{X}_1 - \overline{X}_2$ 在 1 與 2 之間之機率。

【解】

$$E(X_1) = \mu_1 = \sum x_{1i} \cdot f(x_1) = \frac{2+3+4}{3} = 3$$

$$V(X_1) = \sigma_1^2 = \sum (x_{1i} - \overline{x}_1)^2 \cdot f(x_1) = \frac{(2-3)^2 + (3-3)^2 + (4-3)^2}{3} = \frac{2}{3}$$

$$E(X_2) = \mu_2 = \sum x_{2i} \cdot f(x_2) = \frac{1+4}{2} = \frac{5}{2}$$

$$V(X_2) = \sigma_2^2 = \sum (x_{2i} - \overline{x}_2)^2 \cdot f(x_2) = \frac{(1-2.5)^2 + (4-2.5)^2}{2} = \frac{9}{4}$$

$$\therefore \bar{X}_1 \sim N\left(3, \frac{\left(\frac{2}{3}\right)}{36}\right)$$

$$\therefore \bar{X}_2 \sim N\left(\frac{5}{2}, \frac{\left(\frac{9}{4}\right)}{36}\right)$$

$$\therefore \bar{X}_1 - \bar{X}_2 \sim N\left(3 - \frac{5}{2}, \frac{\left(\frac{2}{3}+\frac{9}{4}\right)}{36}\right) = N\left(\frac{1}{2}, \frac{\frac{13}{12}}{36}\right)$$

$$= P(1 < \bar{X}_1 - \bar{X}_2 < 2)$$

$$= P\left(\frac{1-\frac{1}{2}}{\sqrt{\frac{13}{12}}\big/6} < Z < \frac{2-\frac{1}{2}}{\sqrt{\frac{13}{12}}\big/6}\right)$$

$$= P(2.77 < Z < 8.33)$$

例 *

　　台中地區對台獨意識支持維持現狀的比率經調查知是 0.6，彰化地區支持維持現狀的比率經調查知是 0.5，今分別從台中市隨機抽取 100 名，彰化地區抽取 81 名進行調查，問兩地區支持率差異大於 0.9 的機率有多少？

【解】

令台中地區的樣本比率為 $\hat{p}_1$，彰化地區的樣本比率為 $\hat{p}_2$ 知

$$\hat{p}_1 \sim N\left(0.6, \frac{0.6 \times 0.4}{100}\right)$$

$$\hat{p}_2 \sim N\left(0.5, \frac{0.5 \times 0.5}{81}\right)$$

$$\hat{p}_1 - \hat{p}_2 \sim N\left(0.1, \frac{0.6 \times 0.4}{100} + \frac{0.5 \times 0.5}{81}\right)$$

因之

$$P(\hat{p}_1 - \hat{p}_2 > 0.9) = P\left(Z > \frac{02 - 0.1}{\sqrt{\frac{0.6 \times 0.4}{100} + \frac{0.5 \times 0.5}{81}}}\right)$$

例 *

　　甲廠所生產電視機真空管的平均壽命為 7.5 年，標準差為 0.9 年，乙廠所出產者平均壽命為 7.0 年，標準差為 0.8 年，茲自甲廠產品中隨機抽取 36 個為樣本，自乙廠產品中，隨機抽取 49 個為樣本，試求甲廠產品平均壽命多於乙廠者至少一年的機率？

【解】

$$P(\bar{X}_1 - \bar{X}_2 \geq 1) = P\left[\frac{\bar{X}_1 - \bar{X}_2 - (\mu_1 - \mu_2)}{\sqrt{\dfrac{\sigma_1^{\,2}}{n_1} + \dfrac{\sigma_2^{\,2}}{n_2}}} \geq \frac{1 - (7.5 - 7)}{\sqrt{\dfrac{(0.9)^2}{36} + \dfrac{(0.8)^2}{49}}} \right]$$

$$= P[Z \geq 2.65] = 0.004$$

例 *

　　企二 A 班統計平均成績 65 分，標準差 5 分，今由該班抽取 $n = 16$ 同學，問 s 在 1 分至 6 分之機率。

【解】

$$P(1 < s < 6) = P(1 < s^2 < 36)$$

$$= P\left(\frac{(16-1)\cdot 1}{5^2} < \frac{(16-1)s^2}{\sigma^2} < \frac{(16-1)\cdot 36}{5^2} \right)$$

$$= P(0.6 < \chi^2_{(16-1)} < 21.6)$$

例 *

　　由 $f(x) = \dfrac{1}{3}$，$x = 1, 2, 3$, 的母體，依投返式抽樣，樣本大小 $n = 2$，試驗證 $\bar{x}$ 與 s^2 不獨立。

【解】

$$\overline{x}_1 = 1, \qquad (1,1) \qquad\qquad s_1^2 = \frac{\sum (x_i - \overline{x})^2}{n-1} = \frac{(1-1)^2 + (1-1)^2}{2-1} = 0$$

$$\overline{x}_2 = 1.5, \qquad (2,1), (1,2), \qquad s_2^2 = \frac{(1-1.5)^2 + (2-1.5)^2}{2-1} = 0.5$$

$$\overline{x}_3 = 2.0, \qquad (1,3), (3,1), (2,2) \qquad s_3^2 = 0$$

$$\overline{x}_4 = 2.5, \qquad (3,2), (2,3) \qquad s_4^2 = \frac{(3-2.5)^2 + (2-2.5)^2}{2-1} = 0.5$$

$$\overline{x}_5 = 3.0, \qquad (3,3) \qquad\qquad s_5^2 = 0$$

$\overline{x}_1$ ╲ s_i^2	0.0	0.5	2.0	$f(\overline{x}_1)$
1.0	1/9	0	0	1/9
1.5	0	2/9	0	2/9
2.0	0	0	3/9	3/9
2.5	0	2/9	0	2/9
3.0	1/9	0	0	1/9
$f(s_j^2)$	2/9	4/9	2/9	1

因 $f(\overline{x}, s_i^2) \neq f(\overline{x}) \cdot f(s_i^2)$

故 $\overline{x}$ 變數與 s^2 變數不獨立。

■ 中位數、全距、標準差的抽樣分配

(1) 中位數抽樣分配

自常態母體中，隨機抽取 n 個的所有樣本，分別計算中位數 $\tilde{x}$，其分配型態為自 $-\infty$ 至 ∞ 之常態分配，其平均數及標準差為

$$E(\tilde{X}) = \mu$$

$$D(\tilde{X}) = m_3 \frac{\sigma}{\sqrt{n}} \;,\quad m_3 = \sqrt{\frac{\pi}{2} \cdot \left(1 - \frac{4-\pi}{4n}\right)}$$

n	2	3	4	5	6	7	8	9	10
m_3	1.000	1.160	1.092	1.198	1.135	1.214	1.160	1.223	1.176

(2) 全距抽樣分配

自常態母體中，隨機抽取 n 個的所有樣本，分別計算全距 R，其分配型態為自 0 至 ∞ 之右偏分配，其平均數及標準差為

$$E(R) = d_2\sigma$$

$$D(R) = d_3\sigma$$

n	2	3	4	5	10	20
d_2	1.128	1.693	2.059	2.326	3.078	2.735
d_3	0.853	0.888	0.880	0.864	0.799	0.729

(3) 標準差抽樣分配

自常態母體中，隨機抽取 n 個的所有樣本，分別計算樣本標準差 $s = \sqrt{\sum(X - \bar{X})^2 / n}$（注意此處以 n 為分母，而非以 $n - 1$ 為分母），其分配型態為自 0 至 ∞ 之右偏分配，共平均數及標準差為

$$E(s) = \left(1 - \frac{3}{4n} - 3^2 n^2 + \cdots\cdots\right)\sigma = c_2\sigma$$

$$D(s) = \left(\frac{1}{2n} - \frac{1}{8n^2} - \frac{3}{16n^3} - \cdots\cdots\right)\sigma = c_3\sigma$$

n	2	3	4	5	6	7	8	9	10	20
c_2	0.5642	0.7236	0.7979	0.8407	0.8686	0.8882	0.9027	0.9139	0.9227	0.9619
c_3	0.426	0.378	0.337	0.305	0.281	0.261	0.245	0.233	0.220	0.157

■ 幾種分配之間的關係

(1) 二項分配與常態分配

從由 0 與 1 所形成的母體中隨機取出 n 個樣本 $X_i (i = 1, 2, \cdots, n)$ 其和 $S = \sum_{i=1}^{n} X_i$ 服從 $P(S = k) = b(k; b, p) = \binom{n}{k} p^k q^{n-k}$ ，（$q = 1 - p$）

如 $np \geq 5$ 時，則 $\dfrac{S - np}{\sqrt{npq}}$ 服從 Z 分配。

---

(2) 二項分配與 F 分配

二項分配的部分和 $\sum\limits_{i=1}^{k} b(i; n, p)(P(S \leq k))$，可利用自由度 (ϕ_1, ϕ_2) 之 F 分配如下表示：

$$P(S \leq k) = \sum_{i=0}^{k} b(i; n, p) = \int_{F}^{\infty} f_{\phi_2}^{\phi_1}(F)dF$$

此處，$F = \dfrac{p / \phi_1}{q / \phi_2}$，$\phi_1 = 2(k+1)$，$\phi_2 = 2(n-k)$

$$P(S \geq k) = \sum_{i=k}^{\infty} b(i; n, p) = P\left(X' \geq F' = \dfrac{q / \phi_1'}{P / \phi'} \right)$$

此處，$F' = \dfrac{q / \phi_1'}{p / \phi_2'}$，$\phi_1' = 2(n-k+1)$，$\phi_2' = 2k$

---

(3) 卜氏分配與 χ^2 分配

卜氏分配的部分和

$\sum\limits_{i=0}^{k} p(i, \lambda) = \sum\limits_{i=0}^{k} \dfrac{\lambda^i e^{-\lambda}}{i!}$ 可利用自由度 $\phi = 2(k+1)$ 的 χ^2 分配如下表示：

$$\sum_{i=0}^{k} p(i, \lambda) = \int_{2\lambda}^{\phi} f_{\phi}(\chi^2)d\chi^2$$

---

(4) 指數分配與 χ^2 分配

如 X_i 是服從平均值 2 的指數分配，則

$S = \sum\limits_{i=1}^{n} X_i$ 服從 $\phi = 2n$ 的 χ^2 分配。

---

(5) 常態分配與 χ^2 分配

如 X_i 服從常態分配，樣本變異數 V_i 的自由度設為 ϕ_i，當 $E(V_i) = \sigma_i^2$ 時，則 $\phi_i V_i / \sigma_i^2$ 服從自由度 ϕ 的 χ^2 分配。

第 **7** 章

估 計

第一節 估 計

■ 估計之種類

所謂估計是指如何利用「機率原理」決定以何種「樣本統計量」來推測「母體之母數」最為適當之方法。一統計量被決定用於估算某未知母數者稱為估計量（estimator），因其常為一計算式，故也稱為估計式。將實際抽得的樣本資料代入估計量，所得之數值稱為估計值（estimate）。估計量與估計值之關係猶如隨機變數與變量之關係。估計的表示方法有點估計（Point Estimation）與區間估計（Interval Estimation）。

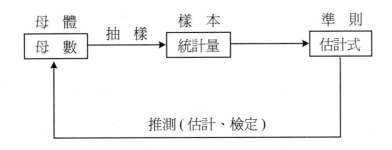

【解說】

1. 估計的要件有 (1) 利用機率原理；(2) 決定樣本統計量；(3) 推測母體之母數。

2. 樣本統計量之選定適切與否對母數之估計影響甚大。

■ 點估計

所謂點估計是根據樣本資料求得一估計值以表示未知母數的方法，此單

一估計值稱為點估計值（Point Estimate），即假設隨機變數 X 之機率函數為 $f(x)$，有一未知數 θ，若統計量 $\hat{\theta}$ 為

$$\hat{\theta} = f(x_1, x_2, \cdots, x_n)$$

其為 θ 的估計量，現隨機抽取一組樣本，得各觀測值為 $x_1, x_2, \cdots, x_n$，代入即可求得一特定值 $\hat{\theta}_0$ 以作為母數 θ 的估計值，此種估計方法即為點估計。

例 *

由一量母體隨機抽取 7 個數值，其分別為

$$\boxed{11, \ 11, \ 12, \ 13, \ 14, \ 16, \ 21}$$

試求：母數 $(1)\mu$；$(2)\sigma^2$ 的點估計值。

【解】

(1) μ 的點估計值 $\overline{x}$ 為

$$\overline{x} = \frac{11+11+12+13+14+16+21}{7} = 14$$

(2) σ^2 的點估計值 s^2 為

$$s^2 = \frac{2(11-14)^2 + (12-14)^2 + (13-14)^2 + (16-14)^2 + (21-14)^2}{7-1} = \frac{38}{3}$$

■ 優良估計的準則

1. 不偏性（unbiasedness）

一統計量 $\hat{\theta}$ 的期待值是否即為點估計之母數，如果等於被估計之母數 θ，即

$$E(\hat{\theta}) = \theta$$

則稱統計量 $\hat{\theta}$ 為母數 θ 的不偏估計量。

【解說】

$\overline{X}$ 為樣本均數，　　　　　$\because E(\overline{X}) = \mu$　　　$\therefore \overline{X}$ 為 μ 的不偏估計量。

$\hat{p}$ 為樣本比例，　　　　　$\because E(\hat{p}) = p$　　　$\therefore \hat{p}$ 為 p 的不偏估計量。

s^2 為樣本變異數，　　　　$\because E(s^2) = \sigma^2$　　　$\therefore s^2$ 為 σ^2 的不偏估計量。

2. 有效性（Efficiency）

如樣本大小 n 固定，則具有「最小變異數」的不偏估計量，稱為最有效估計量（the most Efficient Estimatior）。最有效估計量 $\hat{\theta}$ 滿足

$$\begin{cases} E(\hat{\theta}) = \theta \\ \min V(\hat{\theta}) \end{cases}$$

【解說】

$$X \sim N(\mu, \sigma^2)$$

$$E(M_d) = \mu, V(M_d) = \frac{\pi}{2} \cdot \frac{\sigma^2}{n}$$

$$\frac{V(\overline{X})}{V(M_d)} = \frac{2}{\pi} < 0.64 < 1$$

故知 X 是 μ 的有效估計量。

3. 一致性（Consistency）

當樣本大小 n 趨於無限大時，統計量 $\hat{\theta}$ 是否與母數 θ 一致，亦即統計量 $\hat{\theta}$ 與母數 θ 之差的絕對值小於微量 ε 的機率極限值等於 1，即

$$\lim_{n \to \infty} P(|\hat{\theta} - \theta| < \varepsilon) = 1$$

則稱統計量 $\hat{\theta}$ 為 θ 的一致估計量，亦即滿足下列條件，

當 $n \to \infty$ $\begin{cases} E(\hat{\theta}) - \theta \to 0 & (\lim_{n \to \infty} E(\hat{\theta}) = \theta) \\ V(\hat{\theta}) \to 0 & (\lim_{n \to \infty} V(\hat{\theta}) = 0) \end{cases}$

【解說】

$X \sim N(\mu, \sigma^2)$

$E(\overline{X}) = \mu, V(\overline{X}) = \dfrac{\sigma^2}{n}, E(s^2) = \sigma^2, V(s^2) = \dfrac{2\sigma^4}{n-1}$

當 $n \rightarrow \infty V(\overline{X}) \rightarrow 0, V(s^2) \rightarrow 0$

故 $\overline{X}$ 是 μ 的一致估計量，s^2 是 σ^2 的一致估計量。

4. 充分性（Sufficiency）

數據所具有的資訊是否充分使用，亦即由一母體 $f(x, \theta)$ 中隨機抽取 X_1, X_2, $\cdots$, X_n 為一組樣本，其聯合機率函數：

$$f(x_1, x_2, \cdots, x_n; \theta) = f(x_1; \theta)f(x_2; \theta)\cdots\cdots f(x_n; \theta)$$

若可分解為

$$f(x_1, x_2, \cdots, x_n; \theta) = g(\hat{\theta}, \theta) \cdot h(x_1, x_2, \cdots, x_n)$$

且 $h(x_1, x_2, \cdots, x_n)$ 與母數 θ 無關，則 $\hat{\theta}$ 為 θ 的充分估計量。

【解說】

設 $X_i \sim N(\mu, 1)$，$i = 1, 2, \cdots, n$

則 $\overline{X}$ 為 μ 之充分估計量。

證明如下：

$$f(x_1, x_2, \cdots, x_n; \mu) = \prod_{i=1}^{n} f(x_i; \mu)$$

$$= \left(\frac{1}{\sqrt{2\pi}}\right)^n \cdot e^{-\frac{1}{2}\sum(x_i - \mu)^2}$$

而 $\sum(x_i - \overline{x})^2 = \sum[(x_i - \mu) - (\overline{x} - \mu)]^2 = \sum(x_i - \mu)^2 - n(\overline{x} - \mu)^2$

即 $\sum(x_i - \mu)^2 = \sum(x_i - \overline{x})^2 + n(\overline{x} - \mu)^2$

$$\therefore f(x_1, x_2, \cdots, x_n; \mu) = \left(\frac{1}{\sqrt{2\pi}}\right)^n e^{-\frac{1}{2}[\sum(x_i - \overline{x})^2 + n(\overline{x} - \mu)^2]}$$

$$= \left[\left(\frac{1}{\sqrt{2\pi}}\right)^n e^{-\frac{1}{2}n(\overline{x} - \mu)^2}\right]\left[e^{-\frac{1}{2}\sum(x_i - \overline{x})^2}\right]$$

$$= g(\overline{x}, \mu) \cdot h(x_1, x_2, \cdots, x_n)$$

而 $h(x_1, x_2, \cdots, x_n)$ 不含母數 μ，故知 $\bar{x}$ 爲 μ 之充分估計量。

例*

已知 X 服從二項分配即 $X \sim B(np, np(1-p))$，p 表母體比例，$\hat{p} = \dfrac{X}{n}$ 表樣本比例，即 $\hat{p} \sim B\left(p, \dfrac{p(1-p)}{n}\right)$，若 $s^2(\hat{p}) = \dfrac{\hat{p}(1-\hat{p})}{n-1}$，

試證 $E[s^2(\hat{p})] = \dfrac{p(1-p)}{n} = V(\hat{p})$。

【解】

$$
\begin{aligned}
E[s^2(\hat{p})] &= E\left[\frac{\hat{p}(1-\hat{p})}{n-1}\right] \\
&= \frac{1}{n-1} E\left[\frac{X}{n}\left(1-\frac{X}{n}\right)\right] \\
&= \frac{1}{n^2(n-1)} E[nX - X^2] \\
&= \frac{1}{n^2(n-1)}[nE(X) - E(X^2)]
\end{aligned}
$$

已知二項分配之 $E(X) = np$，$V(X) = E(X^2) - E(X)^2 = np(1-p)$

$\therefore E(X^2) = np(1-p) + (np)^2$

$$
\begin{aligned}
\therefore E[s^2(\hat{p})] &= \frac{1}{n^2(n-1)}[n(np) - np(1-p) - (np)^2] \\
&= \frac{1}{n^2(n-1)}[n^2 p - np + np^2 - n^2 p^2] \\
&= \frac{1}{n^2(n-1)}[(n^2 p - n^2 p^2) - (np - np^2)] \\
&= \frac{1}{n^2(n-1)} n(n-1) p(1-p) \\
&= \frac{p(1-p)}{n} = V(\hat{p})
\end{aligned}
$$

亦即 $s^2(\hat{p})$ 爲 $V(\hat{p})$ 的不偏估計量

【註】

$\hat{p} \sim B\left(p, \dfrac{pq}{n}\right)$	
p 已知	p 未知
$V(\hat{p}) = \dfrac{p(1-p)}{n}$	$s^2(\hat{p}) = \dfrac{\hat{p}(1-\hat{p})}{n-1}$

例 **

若 k 組獨立隨機樣本，各有 $n_1, n_2, \cdots, n_k$ 個觀測值，此 k 組獨立隨機樣本是從相同之常態母體 $N(\mu, \sigma^2)$ 抽出，

設

$$s_{i*}^{\ 2} = \frac{\sum\limits_{i=1}^{n_i}(X-\mu_i)^2}{n_i} \qquad , \qquad i = 1, 2, ..., k$$

(1) 試證共同變異數 σ^2 的估計式 $s_*^{\ 2} = \dfrac{\sum\limits_{i=1}^{k} n_i s_{i*}^{\ 2}}{\sum\limits_{i=1}^{k} n_i}$ 爲 σ^2 的不偏估計式。

(2) 求 $V(s_*^{\ 2})$。

【解】

(1) $\because s_{i*}^{\ 2} = \dfrac{\sum\limits_{i=1}^{n_i}(X-\mu_i)^2}{n_i}$, $i = 1, 2, \cdots, k$

$$\therefore E(s_{i*}^{\ 2}) = E\left[\frac{\sum\limits_{i=1}^{n_i}(X-\mu_i)^2}{n_i}\right] = \frac{1}{n_i} E\left[\sum\limits_{i=1}^{n_i}(X-\mu_i)^2\right]$$

$$= \frac{1}{n_i} \sum\limits_{i=1}^{n_i}[E(X-\mu_i)^2] = \frac{1}{n_i} n_i \sigma^2 = \sigma^2 \text{ , } i = 1, 2, \cdots, k$$

故 $E(s_*^{\ 2}) = E\left(\dfrac{n_1 s_{1*}^{\ 2} + \cdots + n_k s_{k*}^{\ 2}}{n_1 + n_2}\right) = \dfrac{n_1 E(s_{1*}^{\ 2}) + \cdots + n_k E(s_{k*}^{\ 2})}{n_1 + \cdots + n_k}$

$$= \frac{n_1 \sigma^2 + \cdots + n_k \sigma^2}{n_1 + \cdots + n_k} = \sigma^2$$

(2) $\because \chi^2(n_i) = \sum_{i=1}^{n_i}\left(\dfrac{X-\mu_i}{\sigma}\right)^2 = \dfrac{\sum_{i=1}^{n_i}(X-\mu_i)^2}{\sigma^2} = \dfrac{n_i s_{i*}{}^2}{\sigma^2}$

$\therefore n_i s_{i*}{}^2 = \sigma^2 \chi^2(n_i)$

$\therefore s_*{}^2 = \dfrac{\sum_{i=1}^{k} n_i s_{i*}{}^2}{\sum n_i} = \dfrac{n_1 s_{1*}{}^2 + \cdots + n_k s_{k*}{}^2}{n_1 + \cdots + n_2} = \dfrac{\sigma^2[\chi^2(n_1) + \cdots + \chi^2(n_k)]}{n_1 + \cdots + n_k}$

故 $V(s_*{}^2) = V\left\{\dfrac{\sigma^2[\chi^2(n_1)+\cdots+\chi^2(n_k)]}{n_1+\cdots+n_k}\right\}$

$\qquad = \dfrac{\sigma^4}{(n_1+\cdots+n_k)^2}\cdot V[\chi^2(n_1)+\cdots+\chi^2(n_k)]$

$\qquad = \dfrac{\sigma^4}{(n_1+\cdots+n_k)^2}(2n_1+\cdots+2n_k) = \dfrac{2\sigma^4}{n_1+\cdots+n_k}$

例 ★★

設 X_1, X_2, $\cdots$, X_n 為由平均數 μ 及變異數 σ^2 之母體中抽出之一組隨機樣本

(1) 試證明 $\sum_{i=1}^{n} a_i X_i$ 為 μ 的不偏估計式,其中 $\sum_{i=1}^{n} a_i = 1$,且 a_i 為已知常數。

(2) 在 (1) 中試問 a_i 是多少時,才能使 $\sum_{i=1}^{n} a_i X_i$ 為具有最小變異數之不偏估計式。

【解】

(1) $\sum\left(\sum_{i=1}^{n} a_i X_i\right) = \sum_{i=1}^{n} a_i E(X_i) = \mu \sum_{i=1}^{n} a_i = \mu$ ($\because \sum_{i=1}^{n} a_i = 1$)

(2) $V\left(\sum_{i=1}^{n} a_i X_i\right) = \sum_{i=1}^{n} a_i{}^2 V(X_i) = \sigma^2 \sum_{i=1}^{n} a_i{}^2$

卻使 $V\left(\sum_{i=1}^{n} a_i X_i\right)$ 為最小,則 $\sum_{i=1}^{n} a_i{}^2$ 必須最小,即

$\begin{cases} \min \sum_{i=1}^{n} a_i{}^2 \\ \text{S.t. } \sum_{i=1}^{n} a_i = 1 \end{cases}$

利用 Lagrange 方法，知

$$F(a_1, a_2, \cdots\cdots, a_n; \lambda) = \sum_{i=1}^{n} a_i^2 - \lambda(\sum_{i=1}^{n} a_i - 1)$$

$$\begin{cases} \dfrac{\partial F}{\partial a_i} = 2a_i - \lambda = 0 \\ \dfrac{\partial F}{\partial \lambda_i} = -(\sum_{i=1}^{n} a_i - 1) = 0 \end{cases} \therefore \begin{cases} 2a_i - \lambda = 0 \cdots\cdots(1) \\ \sum_{i=1}^{n} a_i - 1 = 0 \cdots\cdots(2) \end{cases}$$

由 (1) 知 $a_i = \dfrac{\lambda}{2}$，代入 (2) 知 $\sum_{i=1}^{n} \dfrac{\lambda}{2} - 1 = 0$，$\lambda = \dfrac{2}{n}$

故知 $a_i = \dfrac{\lambda}{2} = \dfrac{2/n}{2} = 1/n$

例 **

令 X 為一統計量，使得 $\lim_{n \to \infty} E(X) = \theta$ 且 $\lim_{n \to \infty} V(X) = 0$，證 X 為 θ 的一致估計量。

【解】

由 Chebyshev 定理知

$$P(|X - \mu| \le z\sigma) \ge 1 - \frac{1}{z^2}，式中 \sigma^2 = E(X - \mu)^2$$

或　$P(|X - \mu| \ge z\sigma) \le \dfrac{1}{z^2}$

令 $\varepsilon = z\sigma$，$\mu = \theta$，$\sigma^2 = E(X - \theta)^2$

$\therefore P(|X - \theta \ge \varepsilon|) = P((X - \theta)^2 \ge \varepsilon^2) \le \dfrac{E[(X - \theta)]^2}{\varepsilon^2}$

$\because V(X) = V(X - \theta) = E[(X - \theta)^2] - [E(X - \theta)]^2$

$\therefore E[(X - \theta)^2] = [E(X - \theta)]^2 + V(X)$

即 $P(|X - \theta| \ge \varepsilon) \le \dfrac{[E(X - \theta)]^2 + V(X)}{\varepsilon^2}$

又因 $\lim_{n \to \infty} E(X) = \theta$，$\lim_{n \to \infty} V(X) = 0$

故 $\lim_{n \to \infty} P(|X - \theta| \ge \varepsilon) \le 0$

又 $\because P(|X - \theta| \ge \varepsilon)$ 不為負（機率之性質），

$$\therefore \lim_{n\to\infty} P(|X - \theta| \geq \varepsilon) = 0$$

$$\therefore \lim_{n\to\infty} P(|X - \theta| < \varepsilon) = 1 \text{，故 } X \text{ 為 } \theta \text{ 的一致估計量。}$$

第二節 區間估計

■ 區間估計 （Interval estimate）

　　所謂區間估計是經由優良估計量的尋找方法決定「估計量$\hat{\theta}$」後，再根據此「估計量$\hat{\theta}$的抽樣分配」（即$\hat{\theta}$分配）以及「信賴係數」（或稱信賴率）$1 - \alpha$，由機率區間轉換成信賴區間的統計方法。

【解說】

影響信賴區間之大小的因素有四：

(1) 點估計量

$$P\left\{\overline{X} - 1.96\frac{\sigma}{\sqrt{n}} < \mu < \overline{X} + 1.96\frac{\sigma}{\sqrt{n}}\right\} = 0.95$$

$$P\{X - 1.96\sigma < \mu > X + 1.96\sigma\} = 0.95$$

(2) 信賴界限之取法

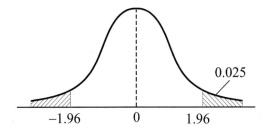

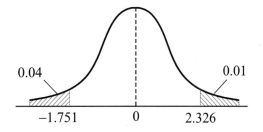

(3) 樣本大小

$$P\left\{\overline{X} - 1.96\frac{\sigma}{\sqrt{n}} < \mu < \overline{X} + 1.96\frac{\sigma}{\sqrt{n}}\right\} = 0.95$$

因之 n 之大小影響信賴界限的寬度。

(4) 信賴係數

$$P\left\{\overline{X} - 2.576\frac{\sigma}{\sqrt{n}} < \mu < \overline{X} + 2.576\frac{\sigma}{\sqrt{n}}\right\} = 0.99$$

$$P\left\{\overline{X} - 1.96\frac{\sigma}{\sqrt{n}} < \mu < \overline{X} + 1.96\frac{\sigma}{\sqrt{n}}\right\} = 0.95$$

■ 單一母體的母體變異數 σ^2 的區間估計

(1) 母體為 $N(\mu, \sigma^2)$，μ 為已知

$$P\left\{\frac{ns_*^2}{\chi_{\alpha/2}^2(v)} < \sigma^2 < \frac{ns_*^2}{\chi_{1-\alpha/2}^2(v)}\right\} = 1 - \alpha \ , \ （ v = n ）$$

(2) 母體為 $N(\mu, \sigma^2)$，μ 為未知

$$P\left\{\frac{(n-1)s^2}{\chi_{\alpha/2}^2(v)} < \sigma^2 < \frac{(n-1)s^2}{\chi_{1-\alpha/2}^2(v)}\right\} = 1 - \alpha \ , \ （ v = n-1 ）$$

【註】若求母體標準差的區間估計，則於兩邊取開方即可。

【解說】

(1) 由母體中隨機抽取一組樣本，樣本大小為 n，若 μ 為已知，樣本變異數 s_*^2 為

$$s_*^2 = \frac{\sum\limits^{n}(X_i - \mu)^2}{n}$$

將 s_*^2 分配轉換成卡方分配

$$\chi^2(n) = \sum_{i=1}^{n}\left(\frac{X_i - \mu}{\sigma}\right)^2 = \frac{ns_*^2}{\sigma^2}$$

故由機率為 $1 - \alpha$ 的機率區間

$$P\left\{\chi^2_{1-\alpha/2}(n) \le \frac{ns_*^2}{\sigma^2} \le \chi^2_{\alpha/2}(n)\right\} = 1-\alpha$$

轉換成 σ^2 之 $1-\alpha$ 信賴率的信賴區間爲

$$\frac{ns_*^2}{\chi^2_{\alpha/2}(n)} < \sigma^2 < \frac{ns_*^2}{\chi^2_{1-\alpha/2}(n)}$$

(2) 由母體中隨機抽取一組樣本，樣本大小爲 n，若 μ 爲未知，樣本變異數 s^2 爲

$$s^2 = \frac{\sum\limits_{i=1}^{n}(X_i - \overline{X})^2}{n-1}$$

$$\chi^2(n-1) = \sum_{i=1}^{n}\left(\frac{X_i - \overline{X}}{\sigma}\right)^2 = \frac{(n-1)s^2}{\sigma^2}$$

$$P\left\{\chi^2_{1-\alpha/2}(n-1) \le \frac{(n-1)s^2}{\sigma^2} \le \chi^2_{\alpha/2}(n-1)\right\} = 1-\alpha$$

轉換爲 σ^2 之 $1-\alpha$ 的信賴區間爲

$$\frac{(n-1)s^2}{\chi^2_{\alpha/2}(n-1)} \le \sigma^2 \le \frac{(n-1)s^2}{\chi^2_{1-\alpha/2}(n-1)}$$

例★★

　　當 n 很大時（$n \to \infty$），χ^2 的分配會趨近於常態，其平均數爲 $E(\chi^2_{(n-1)}) = n-1$，$V(\chi^2_{(n-1)}) = 2(n-1)$，意即 $\chi^2_{(n-1)} \sim N(n-1,\ 2(n-1))$，因此可利用 Z 分配求 σ^2 的信賴區間。

【解】

　　當 $n \to \infty$，$\chi^2(n-1) = \dfrac{(n-1)s^2}{\sigma^2} \sim N(n-1,2(n-1))$

$$\therefore Z = \frac{\dfrac{(n-1)s^2}{\sigma^2} - (n-1)}{\sqrt{2(n-1)}} \sim N(0,1)$$

$$\because P\{-Z_{\alpha/2} < Z < Z_{\alpha/2}\} = 1-\alpha$$

$$\therefore P\left\{-Z_{\alpha/2} < \frac{\dfrac{(n-1)s^2}{\sigma^2} - (n-1)}{\sqrt{2(n-1)}} < Z_{\alpha/2}\right\} = 1-\alpha$$

經整理可得

$$P\left\{\frac{s^2}{1+Z_{\alpha/2}\sqrt{\dfrac{2}{n-1}}} < \sigma^2 < \frac{s^2}{1-Z_{\alpha/2}\sqrt{\dfrac{2}{n-1}}}\right\} = 1-\alpha$$

■ k 個母體的母變異數的區間估計

若有 k 個常態母體，$N(\mu_i, \sigma^2)$　$i = 1, 2, \cdots, k$

(1) 其均數 μ_i 為已知，共同變異數 σ^2 未知，則

$$P\left\{\frac{\sum n_i s_{i*}^2}{\chi^2_{\alpha/2}(v)} \le \sigma^2 \le \frac{\sum n_i s_{i*}^2}{\chi^2_{1-\alpha/2}(v)}\right\} = 1-\alpha, \ v = \sum n_i$$

(2) 其均數 μ_i 為未知，共同變異數 σ^2 未知，則

$$P\left\{\frac{\sum (n_i-1)s_i^2}{\chi^2_{\alpha/2}(v)} \le \sigma^2 \le \frac{\sum (n_i-1)s_i^2}{\chi^2_{1-\alpha/2}(v)}\right\} = 1-\alpha, \ v = \sum (n_i-1)$$

【註】本定理之擴充是在 k 個常態母體的母體變異數 σ^2 假設皆相同之下
　　　（亦即有共同變異數）所求出的 σ^2 的信賴區間。

例*

　　十盒麥粉的重量分別為 10.2, 9.7, 10.1, 10.3, 10.1, 9.8, 9.9, 10.4, 10.3 與 9.8 公克。假定重量分配為常態，求所有麥粉重量變異數之 99% 的信賴區間。

【解】

$\bar{x} = 10.06$

$$s^2 = \frac{\sum (x_i - \bar{x})^2}{n-1} = \frac{\sum x_i^2 - n\bar{x}^2}{n-1} = \frac{n\sum x_i^2 - (n\bar{x})^2}{n(n-1)}$$

$$s^2 = \frac{10(1,012.58) - 10(10.06)^2}{10(10-1)} = \frac{5.44}{90} = 0.0604$$

$$\frac{(10-1)0.0604}{23.59} < \sigma^2 < \frac{(10-1)0.0604}{1.73}$$

$$0.023 < \sigma^2 < 0.314$$

例 *

　　A 公司有三種產品的內徑分配皆為常態分配，各均數 μ_1, μ_2, μ_3, 為已知，且變異數相同，今由母體各抽取一組隨機樣本，則三個樣本的樣本大小 n_i 及變異數 s_{i*}^2 如下：

n_1	6	7	8
s_{i*}^2	0.42	0.50	0.40

試求此三個母體共同變異數 σ^2 的 95% 信賴區間。

【解】

$$\sum n_i s_{i*}^2 = 6(0.42) + 7(0.50) + 8(0.40) = 9.22$$

$$v = \sum n_i = 6 + 7 + 8 = 21$$

$$\frac{9.22}{35.48} \le \sigma^2 \le \frac{9.22}{10.28}$$

$$0.260 \le \sigma^2 \le 0.897$$

■ 單一母體均數 μ 的區間估計（雙尾估計）

1. 大樣本（$n \ge 30$）

　　不論母體分配為何，$\overline{X}$ 為常態分配。

　　(1) 母變異數 σ^2 已知

$$P\left\{\overline{X} - Z_{\alpha/2}\frac{\sigma}{\sqrt{n}} \le \mu \le \overline{X} + Z_{\alpha/2}\frac{\sigma}{\sqrt{n}}\right\} = 1-\alpha$$

　　(2) 母變異數 σ^2 未知

　　　（以 s 估計 σ）

$$P\left\{\overline{X} - Z_{\alpha/2}\frac{s}{\sqrt{n}} \le \mu \le \overline{X} + Z_{\alpha/2}\frac{s}{\sqrt{n}}\right\} = 1 - \alpha$$

【註】$s^2 = \dfrac{\sum(x - \overline{x})^2}{n - 1}$

2. 小樣本（$n < 30$）

(1) $X \sim N(\mu, \sigma^2)$，且 σ^2 已知

$$P\left\{\overline{X} - Z_{\alpha/2}\frac{\sigma}{\sqrt{n}} \le \mu \le \overline{X} + Z_{\alpha/2}\frac{\sigma}{\sqrt{n}}\right\} = 1 - \alpha$$

(2) $X \sim N(\mu, \sigma^2)$ 且 σ^2 未知

$$P\left\{\overline{X} - t_{\alpha/2}(n-1)\frac{s}{\sqrt{n}} \le \mu \le \overline{X} + t_{\alpha/2}(n-1)\frac{s}{\sqrt{n}}\right\} = 1 - \alpha$$

(3) 母體分配未知，且 σ^2 已知

$$P\left\{|\overline{X} - \mu| < k\frac{\sigma}{\sqrt{n}}\right\} \ge 1 - \frac{1}{k^2}$$

(4) 母體分配未知，且 σ^2 未知

利用無母數統計的中位數區間估計法來推論。

【解說】

1.(1)$X \sim (\mu, \sigma^2)$，n 為大樣本時由中央極限定理知，

$$\overline{X} \sim N\left(\mu, \frac{\sigma^2}{n}\right)$$

其中，$E(\overline{X}) = \mu$

$$V(\overline{X}) = \frac{\sigma^2}{n}$$

$$\therefore P\left\{-Z_{\alpha/2} \le \frac{\overline{X} - \mu}{\sigma/\sqrt{n}} < Z_{\alpha/2}\right\} = 1 - \alpha$$

$$\therefore \overline{X} - Z_{\alpha/2}\frac{\sigma}{\sqrt{n}} \le \mu \le \overline{X} + Z_{\alpha/2}\frac{\sigma}{\sqrt{n}}$$

$$或 |\overline{X} - \mu| \le Z_{\alpha/2}\frac{\sigma}{\sqrt{n}}$$

【註】$|\overline{X}| < r \Leftrightarrow -r < X < r$

(2) 因 t 分配極易趨向標準常態，故當 σ^2 未知，樣本爲大樣本時，

$$\frac{\overline{X} - \mu}{s / \sqrt{n}} \sim Z$$

$$\therefore P\left\{ -Z_{\alpha/2} \leq \frac{\overline{X} - \mu}{s / \sqrt{n}} \leq Z_{\alpha/2} \right\} = 1 - \alpha$$

$$\therefore P\left\{ \overline{X} - Z_{\alpha/2} \frac{s}{\sqrt{n}} \leq \mu \leq \overline{X} + Z_{\alpha/2} \frac{s}{\sqrt{n}} \right\} = 1 - \alpha$$

2.(1) n 爲小樣本，σ^2 已知，因之

$$\frac{\overline{X} - \mu}{\sigma / \sqrt{n}} \sim Z$$

信賴區間之求法與 1.(1) 同。

(2) n 爲小樣本，σ^2 爲未知，

由 t 分配的實用公式知

$$\frac{\overline{X} - \mu}{s / \sqrt{n}} \sim t(v) \, , \, v = n - 1$$

因之，

$$\therefore P\left\{ -t_{\alpha/2}(v) \leq \frac{\overline{X} - \mu}{s / \sqrt{n}} \leq t_{\alpha/2}(v) \right\} = 1 - \alpha$$

$$\therefore P\left\{ \overline{X} - t_{\alpha/2}(v) \frac{s}{\sqrt{n}} \leq \mu \leq \overline{X} + t_{\alpha/2}(v) \frac{s}{\sqrt{n}} \right\} = 1 - \alpha$$

其他情形說明省略。

■ 單一母體 μ 的估計法整理

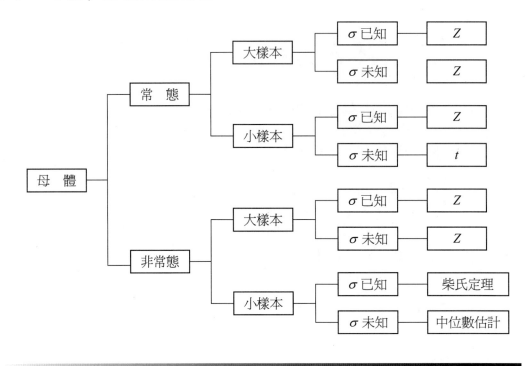

■ 信賴係數的意義

95% 信賴係數的意義是指隨機抽取一組樣本所得之區間包含母體平均數的機率有 95%，或說其區間不包含母體平均數的機率有 5%。

未知母體參數（μ）的區間估計是一個公式，告知我們如何利用樣本觀測值計算一個區間的上界與下界，此稱為信賴界限，使得在重複抽取樣本時，未知參數落在所計算的信賴界限的比例達到需要的準確度，此稱為信賴係數。信賴界限的值隨樣本而變，是一組隨機變數，因此形成的區間是隨機區間。

【註】一項民調結果，有 41% 支持甲，有 39% 支持乙，在 95% 信賴水準（信賴係數）下，誤差為正負 3%，此即為支持甲的選民比例在 38 ～ 44% 之間，支持乙的選民比例在 36% ～ 42% 之範圍內。

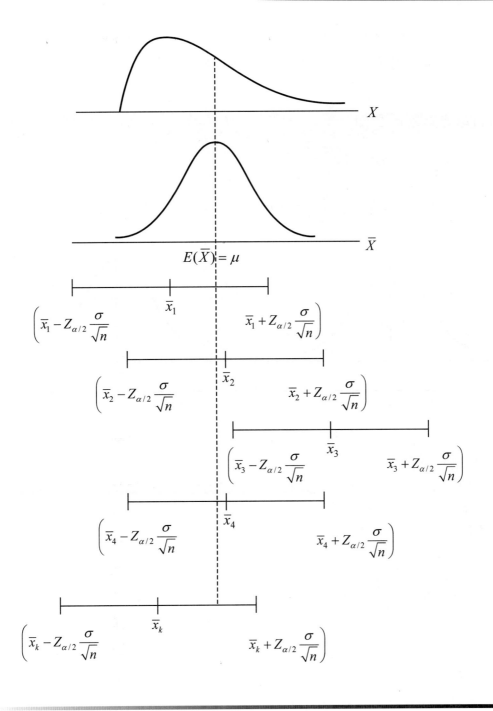

■ 單一母體均數 μ 的區間估計（ 單尾估計 ）

1.大樣本

(1)母變異數 σ^2 已知

$$上限：P\left\{\mu \leq \bar{X} + Z_\alpha \frac{\sigma}{\sqrt{n}}\right\} = 1-\alpha$$

$$下限：P\left\{\mu \geq \bar{X} - Z_\alpha \frac{\sigma}{\sqrt{n}}\right\} = 1-\alpha$$

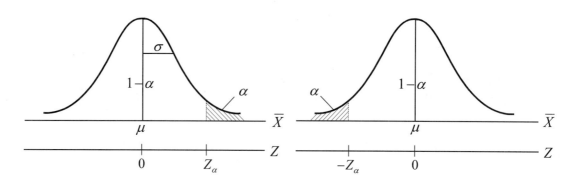

2.其他情形之討論亦同。

【解說】

先求 $1-\alpha$ 之 $\bar{X}$ 左尾機率區間（參上右圖）

$$P\left\{\bar{X} \geq \mu - Z_\alpha \frac{\sigma}{\sqrt{n}}\right\} = 1-\alpha$$

$$\therefore \mu \leq \bar{x} + Z_\alpha \frac{\sigma}{\sqrt{n}}$$

此為 μ 的信賴上限。

另外，求 $1-\alpha$ 之 $\bar{X}$ 右尾機率區間（參上左圖）

$$P\left\{\bar{X} \leq \mu + Z_\alpha \frac{\sigma}{\sqrt{n}}\right\} = 1-\alpha$$

$$\therefore \mu \geq \bar{x} - Z_\alpha \frac{\sigma}{\sqrt{n}}$$

此為 μ 的信賴下限。

■ 單一母體樣本大小之決定

當樣本數未定，但 $n > 30$，以估計量 $\hat{\theta}$ 估計母體母數 θ 時，估計量與母數之差的絕對值 $|\theta - \hat{\theta}|$ 即為估計誤差，而且在信賴水準 $1 - \alpha$ 下保證此誤差不超過 e 時，即

$$P(|\hat{\theta} - \theta| \le e) = 1 - \alpha$$

1.若 $X \sim N(\mu, \sigma^2)$，令 $\hat{\theta} = X$，$\theta = \mu$，則在 σ 已知時，

$$
\begin{aligned}
1 - \alpha &= P(|\bar{X} - \mu| \le e) \\
&= P\left(\frac{|\bar{X} - \mu|}{\sigma/\sqrt{n}} \le \frac{e}{\sigma/\sqrt{n}}\right) \\
&= P\left(|Z| \le \frac{e}{\sigma/\sqrt{n}}\right)
\end{aligned}
$$

所以

$$\frac{e}{\sigma/\sqrt{n}} = Z_{\alpha/2}$$

亦即

$$e = Z_{\alpha/2}\frac{\sigma}{\sqrt{n}}$$

或

$$n = \left(\frac{Z_{(\alpha/2)}\sigma}{e}\right)^2$$

2.其他情形，可類推。

【註】

$X \sim (\mu, \sigma^2)$			$X \sim N(\mu, \sigma^2)$		
大樣本	σ 已知	$n = \left(\dfrac{Z_{(\alpha/2)}\sigma}{e}\right)^2$	小樣本	σ 已知	$n = \left(\dfrac{Z_{(\alpha/2)}\sigma}{e}\right)^2$
	σ 未知	$n = \left(\dfrac{Z_{(\alpha/2)}s}{e}\right)^2$		σ 未知	$e = t_{\alpha/2}(n-1)\dfrac{s}{\sqrt{n}}$

例 *

　　一燈泡工廠所生產燈泡的壽命標準差為 40 小時，今抽取 30 個燈泡，得其平均數為 780 小時，求該廠所有燈泡平均壽命之 96% 之雙尾及單尾信賴區間，設燈泡壽命服從常態分配。

【解】

(1) $1 - \alpha = 96\%$ 的雙尾區間估計

$$780 - 2.055\frac{40}{\sqrt{30}} \leq \mu \leq 780 + 2.055\frac{40}{\sqrt{30}}$$

∴ $764.99 \leq \mu \leq 795.01$

(2) $1 - \alpha = 96\%$ 的單尾區間估計

上限

$$\mu \leq 780 + 1.751\frac{40}{\sqrt{30}} = 792.79$$

下限

$$\mu \geq 780 - 1.751\frac{40}{\sqrt{30}} = 767.21$$

例 *

　　假設 A 商標輪胎之壽命分配為常態分配，今觀察此種輪胎 16 個在一模擬正常路況上使用，得其壽命平均數 $\bar{x} = 42$ 千哩，標準差 $s = 4$ 千哩，試求算 (1) 所有 A 商標輪胎壽命平均數 μ 的點估計值；(2)μ 的 95% 信賴區間；(3)μ 的 95% 信賴上限。

【解】

(1) μ 之點估計值為 42 千哩。

(2) $\bar{x} = 42$，$s = 4$，$n = 16$，$1 - \alpha = 0.95$，$v = 16 - 1 = 15$

查 t 分配表知，

$$t_{0.025}(15) = 2.131$$

故

$$42 - 2.131 \frac{4}{\sqrt{16}} \le \mu \le 42 + 2.131 \frac{4}{\sqrt{16}}$$

$$39.869 \le \mu \le 44.131$$

(3) 查表知 $t_{0.05}(15) = 1.753$

$$\therefore \mu \le 42 + 1.753 \frac{4}{\sqrt{16}}$$

$$\mu \le 43.753$$

例 *

　　東海碾米廠過去於分裝白米時，並未加以記錄，以致於未能得知每包白米重量的標準差，今由隨機抽取之 100 包白米得知樣本標準差為 10 公斤，平均每包 105 公斤，每包白米之母體平均數之 95% 信賴區間為何？假設重量服從常態分配。

【解】

　　母平均 μ 的信賴區間為

$$\bar{x} \pm Z_{\frac{\alpha}{2}} \frac{s}{\sqrt{n}} = 105 \pm 1.96 \frac{10}{\sqrt{100}}$$

$$= 105 \pm 1.96$$

所以可以推論在 95% 信賴係數下，大包裝白米每包平均重量介於 103.04 公斤與 106.96 公斤之間。

例 *

　　東海碾米廠依據過去經驗，分裝大包裝白米時，每包重量的標準差為 9 公斤，今隨機抽樣 100 包白米稱重，得平均每包 105 公斤，問每包白米的母平均之 95% 信賴區間為何？假設重量服從常態分配。

【解】

　　由題意知這是一個大樣本，且母變異數已知，故可利用 Z 分配來求

$$\bar{x} \pm Z_{\alpha/2} \frac{\sigma}{\sqrt{n}} = 105 \pm 1.96 \frac{9}{\sqrt{100}}$$
$$= 105 \pm 1.76$$

$$103.24 < \mu < 106.76$$

故可推論東海碾米廠大包裝白米每包的平均重量在 103.24 公斤與 106.76 公斤之間。

例*

　　隨機抽取西屯區 20 戶家庭的家戶收得，得知平均每年收入 779,030 元，另外由國稅局之統計資料知，西屯區家戶收得的標準為 102,775 元，且分配為常態，問西屯區每戶收入之 95% 信賴區間。

【解】

　　因 σ 已知且為常態分配，

$$\bar{x} \pm Z_{\alpha/2} \frac{\sigma}{\sqrt{n}} = 799,030 \pm 1.96 \frac{102,775}{\sqrt{20}}$$
$$= 779,030 \pm 45.043$$

$$733,987 < \mu < 824,073$$

因此，在 95% 的信賴係數下，西屯區每戶平均收入介於 733,987 元至 824,073 元之間。

例*

　　設母體為常態，收集 8 片賀卡其長度分別為（mm）
　　　　210　250　183　190　242　200　205　220
　　因此，8 張卡片長度的平均數為 212.72 mm，標準差為 23.34mm，問卡片長度的 95% 信賴區間為何？

【解】

　　此例為小樣本，標準差未知，母體分配為常態，故

$$\overline{x} \pm t_{\alpha/2}(v)\frac{s}{\sqrt{n}} = 212.75 \pm (2.365)\frac{(23.34)}{\sqrt{8}}$$

故信賴區間為 $193.23 < \mu < 232.27$。

故可推論「在 95% 信賴係數下，賀卡長度介於 193.23mm 至 232.27mm 之間」。

例 *

東大食品公司的張經理想要重新自我檢驗一下公司生產的花生糖每包的平均重量。包裝袋標示重量為 200 克，標準差為 10 公克，現隨機抽取 10 包稱重，得平均重量為每包 195 公克，問花生糖平均重量 95% 的信賴區間為何？設若母體分配未知。

【解】

由於本題屬小樣本且母體分配未知，故僅能採用柴氏定理來估計。

$$P(|\overline{X} - \mu_X| \le k\sigma_{\overline{X}}) \ge 1 - \frac{1}{k^2}$$

$$P\left(|195 - \mu_X| \le k\frac{10}{\sqrt{10}}\right) \ge 1 - \frac{1}{k^2} = 0.95$$

$$1/k^2 = 0.05 \quad, \quad k = \sqrt{20} = 4.47$$

故

$$|195 - \mu_X| \le 4.47(3.16)$$

$$|195 - \mu_X| \le 14.13$$

因此 μ_X 的信賴區間為

$$195 \pm 14.13$$

因此推論花生糖每包平均重量在至少 95% 的信賴水準下的信賴區間為 180.87 公克之間。

例 *

假設自一常態分配中隨機抽取了 16 個樣本，已知 $\sum(X_i - \overline{X})^2 = 735$，且 $(-0.23, \infty)$ 是之 97.5% 信賴區間，試求樣本均數。

【解】

$$s^2 = \frac{\sum(x_i - \overline{X})}{n-1} = \frac{735}{16-1} = 49$$

$$-0.23 = \overline{X} - t_{(0.025, 15)}\frac{s}{\sqrt{16}} = \overline{X} - 2.131\frac{7}{4}$$

$$\therefore \overline{X} = 3.5$$

例 *

設 X_1, X_2, $\cdots$, X_9 為抽自平均數 μ 及變異數皆未知之常態母體，若已知 $\sum_{i=1}^{9}(x_i - \overline{x})^2 = 72$，且 $(-4.10, \infty)$ 為 μ 之單邊 99% 之信賴區間，試問樣本均數 $\overline{x}$ 為何？

【解】

μ 之 $1 - \alpha$ 單邊信賴區間為 $\left(\overline{x} - t_\alpha(n-1)\frac{s}{\sqrt{n}}, \infty \right)$

又 $s = \sqrt{\dfrac{\sum(x_i - \overline{x})^2}{9-1}} = \sqrt{\dfrac{72}{8}}$

且 $t_{0.01}(8) = 2.896$

故知 $\overline{x} - 2.896\dfrac{3}{\sqrt{9}} = -4.10$

$\therefore \overline{x} = -1.204$

例 *

張經理欲決定生產線上一零件的裝配時間，如在以往的研究中已知 $\sigma = 46$ 秒，欲使樣本平均數與母體均數之差不超過 15 秒之信賴係數為 99%，樣本大小應為多少？

【解】

$$|\overline{X} - \mu| < e$$

$$|Z| < \frac{e}{\sigma/\sqrt{n}} \qquad \therefore \frac{e}{\sigma/\sqrt{n}} = Z_{\alpha/2}$$

$$\therefore n = \left(\frac{Z_{\alpha/2}\,\sigma}{e}\right)^2 = \frac{2.576^2 \times 46^2}{15^2}$$

$$n = 62.41$$

例 *

　　在東海工業公司的例子中，以 15 名員工的樣本來估計常態母體之平均天數，在 95% 信賴係數下的區間估計是 53.87±3.78 天。假設看了此結果，製造經理並不滿意此區間估計的精確度，認為估計誤差 $|\bar{x} - \mu| = 3.78$ 太大，因此他希望平均數的估計誤差有 0.95 的機率會小於或等於 2 天，問在東海工業中建議使用的樣本大小應為多少？

【解】

　　雖然 σ 未知，但將樣本標準差 $s = 6.82$ 天當作母標準差的估計值，因之

$$n \geq (Z_{\alpha/2})^2 \cdot \sigma^2 / e^2 = \frac{(1.96)^2 \times (6.82)^2}{2^2} = 44.67$$

此處 n 取較大的下一位整數，因之 $n = 45$，假如經理希望在 95% 信賴水準下得到一個 ±2 天的精確度時，則必須再增加 $45 - 15 = 30$ 名員工的測試資料才行。

例 *

　　自常態母體中抽取一組樣本數為 $n = 16$ 之隨機樣本，得樣本均數 $\bar{x} = 30$，樣本變異為 $s^2 = (1.4)^2$

　　(1) 若 $P\{|\bar{X} - \mu| \leq e\} = 0.95$ 時，求 e？

　　(2) 若要求 99% 下估計誤差不超過 e 時，樣本應為多少？

【解】

(1) $P\left\{\dfrac{|\overline{X}-\mu|}{s/\sqrt{n}} \leq \dfrac{e}{s/\sqrt{n}}\right\} = 0.95$

$\therefore P\left\{|t(n-1)| \leq \dfrac{e}{s/\sqrt{n}}\right\} = 0.95$

$\dfrac{e}{s/\sqrt{n}} = t_{0.025}(15) = 2.131$

$e = \dfrac{2.131 \times 1.4}{\sqrt{16}} = 0.7458$

(2) $n = \left(\dfrac{t_{\alpha/2}(n-1) \cdot s}{e}\right)^2 = \left(\dfrac{t_{0.005}(15) \cdot s}{e}\right)^2$

$\quad = \left(\dfrac{2.947 \times 1.4}{0.7458}\right) = 30.603 \to 30$ 或 31

例 *

　　自常態母體中抽取一組樣本數為 $n = 100$ 之隨機樣本，得樣本均數 $\overline{x} = 30$，樣本變異數為 $s^2 = (1.4)^2$

(1) 若 $P\{|\overline{X} - \mu| \leq e\} = 0.95$ 時，求 e？

(2) 若要求 99% 下估計誤差不超過 e 時，樣本應為多少？

【解】

(1) $P\left\{\dfrac{|\overline{X}-\mu|}{s/\sqrt{n}} \leq \dfrac{e}{s/\sqrt{n}}\right\} = 0.95$

$P\left\{|Z| \leq \dfrac{e}{s/\sqrt{n}}\right\} = 0.95$

$\therefore \dfrac{e}{s/\sqrt{n}} = Z_{0.025} = 1.96$

$e = \left(\dfrac{1.96 \times 1.4}{\sqrt{100}}\right) = 0.2744$

(2) $n = \left(\dfrac{Z_{\alpha/2} \cdot s}{e}\right)^2 = \left(\dfrac{Z_{0.005} \times 1.4}{0.2744}\right)^2 = \left(\dfrac{2.576 \times 1.4}{0.2744}\right)^2$

$\quad = 172.73 \to 172$ 或 173

例 *

　　自常態母體 $N(\mu,\ \sigma^2)$ 中抽取 $n = 16$ 之隨機樣本，得樣本平均 $\bar{x} = 30$，樣本變異數 $s^2 = 4$，試以 95% 估計的母變異數 σ^2 的信賴區間以及母平均的信賴區間。

【解】

1. $X \sim N(\mu,\ \sigma^2)$，μ 未知，

$$\therefore \frac{(n-1)s^2}{\chi^2_{\alpha/2}(n-1)} < \sigma^2 < \frac{(n-1)s^2}{\chi^2_{1-\alpha/2}(n-1)}$$

$$\frac{15 \times 4}{27.488} < \sigma^2 < \frac{15 \times 4}{6.262}$$

$$2.183 < \sigma^2 < 9.581$$

2. $X \sim N(\mu,\ \sigma^2)$，σ^2 未知，n 為小樣本

$$\bar{x} - t_{\alpha/2}(n-1)\frac{s}{\sqrt{n}} \le \mu \le \bar{x} + t_{\alpha/2}(n-1)\frac{s}{\sqrt{n}}$$

$$30 - 2.131 \cdot \frac{2}{\sqrt{16}} \le \mu \le 30 + 2.131 \cdot \frac{2}{\sqrt{16}}$$

$$28.935 \le \mu \le 31.065$$

■ 兩母體變異比 σ_1^2/σ_2^2 的區間估計

有兩常態母體分別為 $X \sim N(\mu_1,\ \sigma_1^2)$, $Y \sim N(\mu_2,\ \sigma_2^2)$

(1) 均數 $\mu_1,\ \mu_2$ 已知

$$\frac{s_{1*}^2}{s_{2*}^2}\frac{1}{F_{\alpha/2}(v_1,v_2)} \le \frac{\sigma_1^2}{\sigma_2^2} \le \frac{s_{1*}^2}{s_{2*}^2}F_{\alpha/2}(v_2,v_1)$$

(2) 均數 $\mu_1,\ \mu_2$ 未知

$$\frac{s_1^2}{s_2^2}\frac{1}{F_{\alpha/2}(v_1,v_2)} \le \frac{\sigma_1^2}{\sigma_2^2} \le \frac{s_1^2}{s_2^2}F_{\alpha/2}(v_2,v_1)$$

【解說】

(1) $s_{1*}^2 = \dfrac{\sum(x-\mu_1)^2}{n_1}$ ， $s_{2*}^2 = \dfrac{\sum(x-\mu_2)^2}{n_2}$

$$F = \frac{\chi_1^2/v_1}{\chi_2^2/v_2} = \frac{\dfrac{\sum(x-\mu_1)^2}{\sigma_1^2}/v_1}{\dfrac{\sum(x-\mu_2)^2}{\sigma_2^2}/v_2} = \frac{\dfrac{n_1 s_{1*}^2}{\sigma_1^2}/n_1}{\dfrac{n_2 s_{2*}^2}{\sigma_2^2}/n_2} = \frac{s_{1*}^2/\sigma_1^2}{s_{2*}^2/\sigma_2^2}$$

$$\because P\left\{F_{1-\alpha/2}(v_1,v_2) \le \frac{s_{1*}^2/\sigma_1^2}{s_{2*}^2/\sigma_2^2} < F_{\alpha/2}(v_1,v_2)\right\} = 1-\alpha$$

$$\therefore \frac{s_{1*}^2}{s_{2*}^2}\frac{1}{F_{\alpha/2}(v_1,v_2)} < \frac{\sigma_1^2}{\sigma_2^2} < \frac{s_{1*}^2}{s_{2*}^2}F_{\alpha/2}(v_2,v_1)$$

(2) $s_1^2 = \dfrac{\sum(x-\bar{x}_1)^2}{n_1-1}$ ， $\chi_1^2 = \dfrac{\sum(x-\bar{x}_1)^2}{\sigma_1^2} = \dfrac{(n_1-1)s_1^2}{\sigma_1^2}$

$s_2^2 = \dfrac{\sum(x-\bar{x}_2)^2}{n_2-1}$ ， $\chi_2^2 = \dfrac{\sum(x-\bar{x}_2)^2}{\sigma_2^2} = \dfrac{(n_2-1)s_2^2}{\sigma_2^2}$

$$F = \frac{\chi_1^2/v_1}{\chi_2^2/v_2} = \frac{s_1^2/\sigma_1^2}{s_2^2/\sigma_2^2}$$

$$\because P\left\{F_{1-\alpha/2}(v_1,v_2) \le \frac{s_1^2/\sigma_1^2}{s_2^2/\sigma_2^2} < F_{\alpha/2}(v_1,v_2)\right\} = 1-\alpha$$

$$\therefore \frac{s_1^2}{s_2^2}\frac{1}{F_{\alpha/2}(v_1,v_2)} < \frac{\sigma_1^2}{\sigma_2^2} < \frac{s_1^2}{s_2^2}F_{\alpha/2}(v_2,v_1)$$

【註】(1) 此處信賴區間的運算，利用下式即可導出

$$F_{1-\alpha/2}(v_1,v_2) = \frac{1}{F_{\alpha/2}(v_2,v_1)}$$

(2) 欲判斷兩母體的 σ_1^2, σ_2^2 是否有可能相等，可以從信賴區間是否有包含 1，即可得知。

例*

　　下列資料為抽查兩影片公司之影片放映時間，假定放映時間近於常態試：(1) 計算兩電影公司影片放映時間變異數比的 90% 信賴區間；(2) 兩公司影片放映時間的變異數是否有可能相等。

| 公司 A | 103 | 94 | 110 | 87 | 98 | | |
| 公司 B | 97 | 82 | 123 | 92 | 175 | 88 | 118 |

【解】

(1) $s^2 = \dfrac{\sum(x-\bar{x})^2}{n-1} = \dfrac{n\sum x^2 - (\sum x)^2}{n(n-1)}$

$\therefore s_1{}^2 = \dfrac{5(48,718) - (492)^2}{5(5-1)} = \dfrac{1,526}{20} = 76.3$

$s_2{}^2 = \dfrac{7(92,019) - (775)^2}{7(7-1)} = \dfrac{43,508}{42} = 1,035.9$

$\therefore$ 故 $\dfrac{\sigma_1{}^2}{\sigma_2{}^2}$ 之 90% 信賴區間為

$$\dfrac{76.3}{1,035.9}\dfrac{1}{4.53} \le \dfrac{\sigma_1{}^2}{\sigma_2{}^2} \le \dfrac{76.3}{1,035.9}(6.16)$$

$$0.016 \le \dfrac{\sigma_1{}^2}{\sigma_2{}^2} \le 0.454$$

(2) 因信賴區間不包括 1，故兩公司影片放映時間的變異可能不相等。

例*

台中市教育局為改善高中入學考試，提出自願就學方案，並選擇幾所學校試辦。為評定自願就學班之學生成績，與未實施此方案學生成績是否有差異，分別選取 20 人及 25 人進行測驗，得出成績如下表。

項 目	參與測驗人員	平均分數	樣本變異數
實施自學方案	21	74.56	12.13
未實施自學方式	25	78.84	14.35

試求二母體變異數之比值 $\dfrac{\sigma_1{}^2}{\sigma_2{}^2}$ 的 90% 信賴區間，設兩母體均為常態。

【解】

$\sigma_1{}^2$, $\sigma_2{}^2$ 分別表示實施與未實施此方案學生之母體變異數，
所以

$$\frac{s_1{}^2}{s_2{}^2}\frac{1}{F_{\alpha/2}(v_1,v_2)} \le \frac{\sigma_1{}^2}{\sigma_2{}^2} < \frac{s_1{}^2}{s_2{}^2}F_{\alpha/2}(v_2,v_1)$$

$$\frac{12.13}{14.35}\frac{1}{2.01} < \frac{\sigma_1{}^2}{\sigma_2{}^2} < \frac{12.13}{14.35}(2.08)$$

$$或 0.42 < \frac{\sigma_1{}^2}{\sigma_2{}^2} < 1.75$$

例**

自常態母體中抽取一組樣本數為 $n = 100$ 之隨機樣本，得樣本均數 $\bar{x} = 50.34$ 樣本變異為 $s^2 = 13.43$，母體變異數記為 σ^2，令欲以 s^2 為母體變異數 σ^2 之估計值，則

(1) 求其 95% 相對誤差界限或 95% 相對誤差界限近似值，亦即求

$$P\left(\left|\frac{s^2}{\sigma^2}-1\right|\le e\right) = 0.95 \text{ 中之 } e。$$

(2) 若要求其 95% 相對誤差界限值為 0.1，試問樣本 n 還差多少？

【解】

$$(1) \because P\left\{\left|\frac{s^2}{\sigma^2}-1\right|\le e\right\} = 0.95$$

$$\Rightarrow P\left\{1-e \le \frac{s^2}{\sigma^2} \le 1+e\right\} = 0.95$$

$$\Rightarrow P\left\{(n-1)(1-e) \le \frac{(n-1)s^2}{\sigma^2} \le (n-1)(1+e)\right\} = 0.95$$

$$\Rightarrow P\left\{\frac{(n-1)(1-e)-(n-1)}{\sqrt{2(n-1)}} \le \frac{\frac{(n-1)s^2}{\sigma^2}-(n-1)}{\sqrt{2(n-1)}} \le \frac{(n-1)(1+e)-(n-1)}{\sqrt{2(n-1)}}\right\}$$

$$= 1-\alpha$$

自由度很大時，卡方分配可以常態分配近似。

$$\Rightarrow P\left\{-\sqrt{\frac{n-1}{2}}e \le Z \le \sqrt{\frac{n-1}{2}}e\right\} = 1-\alpha$$

故知 $\sqrt{\dfrac{n-1}{2}}e = Z_{\alpha/2}$

即 $e = Z_{\alpha/2}\sqrt{\dfrac{2}{n-1}} = 1.96\sqrt{\dfrac{2}{100-1}} = 0.2786$

(2) $\because e = Z_{\alpha/2}\sqrt{\dfrac{2}{n-1}}$ $\therefore n = 2\left(\dfrac{Z_{\alpha/2}}{e}\right)^2 + 1$

亦即

$$n = 2\left(\frac{1.96}{0.1}\right)^2 + 1 \fallingdotseq 770$$

故知還差 670 個。

■ 兩母體均數差 $\mu_1 - \mu_2$ 之區間估計

1. 兩組獨立樣本

(1) 大樣本

不論二母體分配為何

① $\sigma_1{}^2, \sigma_2{}^2$ 已知

$$|(\mu_1 - \mu_2) - (\bar{x}_1 - \bar{x}_2)| \le Z_{\frac{\alpha}{2}}\sqrt{\frac{\sigma_1{}^2}{n_1} + \frac{\sigma_2{}^2}{n_2}}$$

② $\sigma_1{}^2, \sigma_2{}^2$ 未知

$$|(\mu_1 - \mu_2) - (\bar{x}_1 - \bar{x}_2)| \le Z_{\frac{\alpha}{2}}\sqrt{\frac{s_1{}^2}{n_1} + \frac{s_2{}^2}{n_2}}$$

(2) 小樣本

① 兩母體分配為常態

(i) $\sigma_1{}^2, \sigma_2{}^2$ 已知

$$|(\mu_1 - \mu_2) - (\bar{x}_1 - \bar{x}_2)| \le Z_{(\alpha/2)}\sqrt{\frac{\sigma_1{}^2}{n_1} + \frac{\sigma_2{}^2}{n_2}}$$

(ii)σ_1^2, σ_2^2 未知，且 $\sigma_1^2 \neq \sigma_2^2$

$$|(\mu_1 - \mu_2) - (\overline{x}_1 - \overline{x}_2)| \leq t_{\alpha/2}(v)\sqrt{\frac{s_1^2}{n_1} + \frac{s_2^2}{n_2}}$$

$$\text{但 } v = \frac{\left(\dfrac{s_1^2}{n_1} + \dfrac{s_2^2}{n_2}\right)^2}{\dfrac{\left(\dfrac{s_1^2}{n_1}\right)^2}{n_1 - 1} + \dfrac{\left(\dfrac{s_2^2}{n_2}\right)^2}{n_2 - 1}} \quad （v \text{ 稱爲等價自由度}）$$

（ϕ_1 或 ϕ_2 中之小者 $< v < \phi_1 + \phi_2$，其中 $\phi_1 = n_1 - 1$，$\phi_2 = n_2 - 1$）

(iii)σ_1^2, σ_2^2 未知，且 $\sigma_1^2 = \sigma_2^2$

$$|(\mu_1 - \mu_2) - (\overline{x}_1 - \overline{x}_2)| \leq t_{\alpha/2}(v)s_p\sqrt{\frac{1}{n_1} + \frac{1}{n_2}}$$

$$s_p^2 = \frac{(n_1 - 1)s_1^2 + (n_2 - 1)s_2^2}{n_1 + n_2 - 2} \quad , \quad v = n_1 + n_2 - 2$$

【註】v 取比所求出的 v 還小的自由度即可，如此即可在比眞值還小的區間中進行估計。

②母體分配未知

(i)σ_1^2, σ_2^2 已知

$$P\{|(\mu_1 - \mu_2) - (\overline{X}_1 - \overline{X}_2)| \leq k\sigma\} \geq 1 - \frac{1}{k^2}$$

其中，$\sigma = \sqrt{\dfrac{\sigma_1^2}{n_1} + \dfrac{\sigma_2^2}{n_2}}$

(ii)σ_1^2, σ_2^2 未知

利用無母數統計法。

2. 兩組成對樣本

(1) 大樣本

不論二母體分配爲何

① σ_D^2 已知

$$P\left\{\overline{D} - Z_{\alpha/2}\frac{\sigma_D}{\sqrt{n}} \leq \mu \leq \overline{D} + Z_{\alpha/2}\frac{\sigma_D}{\sqrt{n}}\right\} = 1 - \alpha$$

② σ_D^2 未知

$$P\left\{\overline{D} - Z_{\alpha/2}\frac{s_D}{\sqrt{n}} \le \mu \le \overline{D} + Z_{\alpha/2}\frac{s_D}{\sqrt{n}}\right\} = 1 - \alpha$$

(2) 小樣本

①母體分配為常態分配且 σ_D^2 已知

$$P\left\{\overline{D} - Z_{\alpha/2}\frac{\sigma_D}{\sqrt{n}} \le \mu \le \overline{D} + Z_{\alpha/2}\frac{\sigma_D}{\sqrt{n}}\right\} = 1 - \alpha$$

②母體分配為常態分配，且 σ_D^2 未知

$$P\left\{\overline{D} - t_{\alpha/2}(v)\frac{s_D}{\sqrt{n}} \le \mu \le \overline{D} + t_{\alpha/2}(n-1)\frac{s_D}{\sqrt{n}}\right\} = 1 - \alpha$$

③母體分配未知，且 σ_D^2 已知

$$P\{|(\mu_1 - \mu_2) - (\overline{X}_1 - \overline{X}_2)| \le k\sigma_{\overline{D}}\} \ge 1 - \frac{1}{k^2} = 1 - \alpha$$

④母體分配未知，且 σ_D^2 未知

利用無母數統計法。

【解說】

1. 兩組獨立樣本

(1)① $E(\overline{X}_1 - \overline{X}_2) = \mu_1 - \mu_2$

$$V(\overline{X}_1 - \overline{X}_2) = \frac{\sigma_1^2}{n_1} + \frac{\sigma_2^2}{n_2}$$

$$\because P\left\{-Z_{\alpha/2} \le \frac{(\overline{X}_1 - \overline{X}_2) - (\mu_1 - \mu_2)}{\sqrt{\dfrac{\sigma_1^2}{n_1} + \dfrac{\sigma_2^2}{n_2}}} \le Z_{\alpha/2}\right\} = 1 - \alpha$$

$$\therefore P\left\{(\overline{X}_1 - \overline{X}_2) - Z_{\alpha/2}\sqrt{\frac{\sigma_1^2}{n_1} + \frac{\sigma_2^2}{n_2}} \le \mu_1 - \mu_2\right.$$

$$\left. \le (\overline{X}_1 - \overline{X}_2) + Z_{\alpha/2}\sqrt{\frac{\sigma_1^2}{n_1} + \frac{\sigma_2^2}{n_2}}\right\} = 1 - \alpha$$

②$\because E(s^2) = \sigma^2$，故用 s^2 取代 σ^2，求法與 (1) 同。

$(2) ① t' = \dfrac{(\overline{X}_1 - \overline{X}_2) - (\mu_1 - \mu_2)}{\sqrt{\dfrac{s_1^{\ 2}}{n_1} + \dfrac{s_2^{\ 2}}{n_2}}}$

t' 近似於 t 分配，取 $1 - \alpha$ 的機率區間為

$$\therefore P\left\{ -t_{\alpha/2}(v) \le \frac{(\overline{X}_1 - \overline{X}_2) - (\mu_1 - \mu_2)}{\sqrt{\dfrac{s_1^{\ 2}}{n_1} + \dfrac{s_2^{\ 2}}{n_2}}} \le t_{\alpha/2}(v) \right\} = 1 - \alpha$$

因 t 分配無加法性，自由度 v 可利用 Satterthwaite 法求出。

式中，$\qquad \dfrac{V^2(\overline{X}_1 - \overline{X}_2)}{v} = \dfrac{V^2(\overline{X}_1)}{v_1} + \dfrac{V^2(\overline{X}_2)}{v_2}$

$$V(\overline{X}_1) = \frac{s_1^{\ 2}}{n_1}, V(\overline{X}_2) = \frac{s_2^{\ 2}}{n_2}$$

$$v_1 = n_1 - 1, v_2 = n_2 - 1$$

$$V(\overline{X}_1 - \overline{X}_2) = \frac{s_1^{\ 2}}{n_1} + \frac{s_2^{\ 2}}{n_2}$$

$$\therefore v = \left(\frac{s_1^{\ 2}}{n_1} + \frac{s_2^{\ 2}}{n_2} \right)^2 \Bigg/ \frac{\left(\dfrac{s_1^{\ 2}}{n_1} \right)^2}{n_1 - 1} + \frac{\left(\dfrac{s_2^{\ 2}}{n_2} \right)^2}{n_2 - 1}$$

$② \therefore E\left[\dfrac{(n_1 - 1)s_1^{\ 2} + (n_2 - 1)s_2^{\ 2}}{n_1 + n_2 - 2} \right] = \sigma^2$

$\therefore s_p^{\ 2} = \dfrac{(n_1 - 1)s_1^{\ 2} + (n_2 - 1)s_2^{\ 2}}{n_1 + n_2 - 2}$

$$P\left\{ -t_{\alpha/2}(v) \le \frac{(X_1 - X_2) - (\mu_1 - \mu_2)}{s_p \cdot \sqrt{\dfrac{1}{n_1} + \dfrac{1}{n_2}}} \le t_{\alpha/2}(v) \right\} = 1 - \alpha$$

$$v = n_1 + n_2 - 2$$

2.兩組成對樣本

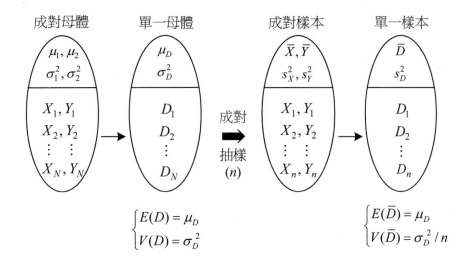

$$\begin{cases} E(D) = \mu_D \\ V(D) = \sigma_D^2 \end{cases} \qquad \begin{cases} E(\bar{D}) = \mu_D \\ V(\bar{D}) = \sigma_D^2 / n \end{cases}$$

令 $D = X - Y$，D 的母平均為 μ_D，則 μ_D 即為 $\mu_1 - \mu_2$

$E(D) = E(X - Y) = \mu_1 - \mu_2 = \mu_D, E(\bar{D}) = E(\bar{X} - \bar{Y}) = \mu_1 - \mu_2 = \mu_D$

D 的變異數表為 $\sigma_D{}^2$，等於 $\sigma_1{}^2 + \sigma_2{}^2 - 2\text{COV}(X, Y)$，以 $\bar{D}$ 估計 μ_D 與 $\bar{X}$ $- \bar{Y}$ 估計 $\mu_1 - \mu_2$ 是相同的，以 $\bar{D}$ 去估計 μ_D 的估計方法必須考慮其樣本數的大小，D 的變異數 $\sigma_D{}^2$ 是否已知，它與 $\bar{X}$ 估計 μ 的方法是一致的。

若 $\sigma_D{}^2$ 未知，則以 $s_D{}^2$ 估計 $\sigma_D{}^2$，$s_D{}^2 = \dfrac{\sum(D - \bar{D})^2}{n - 1}$

它亦可以 X, Y 表示如下：

$$s_D{}^2 = \frac{(D - \bar{D})^2}{n - 1} = \frac{\sum[(X - \bar{X}) - (Y - \bar{Y})]^2}{n - 1}$$

$$= \frac{\sum[(X - \bar{X})^2 - \sum(Y - \bar{Y})]^2 - 2\sum(X - \bar{X}) - (Y - \bar{Y})}{n - 1}$$

$$= \frac{\sum(X - \bar{X})^2}{n - 1} + \frac{\sum(Y - \bar{Y})^2}{n - 1} - 2\frac{\sum(X - \bar{X}) - (Y - \bar{Y})}{n - 1}$$

$$= s_X{}^2 + s_Y{}^2 - 2s_{XY}$$

式中 s_{XY} 為 X 與 Y 的樣本共變異數。

∴兩母體成對之信賴區間之求法，與兩母體獨立時之求法相同，整理如下。

1.兩組獨立樣本之估計

樣本大小	母體分配	σ_1^2, σ_2^2		區間估計	
大樣本	任意母體	已知		$\left| (\mu_1 - \mu_2) - (\overline{x_1} - \overline{x_2}) \right| < Z_{\frac{\alpha}{2}} \sqrt{\dfrac{\sigma_1^2}{n_1} + \dfrac{\sigma_2^2}{n_2}}$	(1)
		未知		$\left| (\mu_1 - \mu_2) - (\overline{x_1} - \overline{x_2}) \right| < Z_{\frac{\alpha}{2}} \sqrt{\dfrac{s_1^2}{n_1} + \dfrac{s_2^2}{n_2}}$	(2)
小樣本	常態母體	已知		同 (1)	
		未知	$\sigma_1^2 \neq \sigma_2^2$	$(\mu_1 - \mu_2) - (\overline{x_1} - \overline{x_2}) \right| < t_{\frac{\alpha}{2}}(v) \sqrt{\dfrac{s_1^2}{n_1} + \dfrac{s_2^2}{n_2}}$ v 爲等價自由度	(3)
			$\sigma_1^2 = \sigma_2^2$	$(\mu_1 - \mu_2) - (\overline{x_1} - \overline{x_2}) \right| < t_{\frac{\alpha}{2}}(v) s_p \sqrt{\dfrac{1}{n_1} + \dfrac{1}{n_2}}$ $s_p^2 = \dfrac{(n_1 - 1)s_1^2 + (n_2 - 1)s_2^2}{n_1 + n_2 - 2},\ v = n_1 + n_2 - 2$	(4)
	任意母體	已知		$P\{(\mu_1 - \mu_2) - (\overline{x_1} - \overline{x_2}) \right| < k\sigma\} \geq 1 - \dfrac{1}{k^2}$ $\sigma = \sqrt{\dfrac{\sigma_1^2}{n_1} + \dfrac{\sigma_2^2}{n_2}}$	(5)
		未知		利用無母數估計	

2.兩組成對樣本之估計

樣本大小	母體分配	σ_D^2	區間估計	
大樣本	任意母體	已知	$\left| \mu_D - \overline{D} \right| < Z_{\frac{\alpha}{2}} \dfrac{\sigma_D}{\sqrt{n}}$	(1)
		未知	$\left| \mu_D - \overline{D} \right| < Z_{\frac{\alpha}{2}} \dfrac{s_D}{\sqrt{n}}$	(2)
小樣本	常態母體	已知	同 (1)	
		未知	$\left| \mu_D - \overline{D} \right| < t_{\frac{\alpha}{2}}(v) \dfrac{s_D}{\sqrt{n}}$	(3)
	任意母體	已知	$P\left\{ \left| \mu_D - \overline{D} \right| < k \dfrac{\sigma_D}{\sqrt{n}} \right\} \geq 1 - \dfrac{1}{k^2}$	(4)
		未知	無母數統計	

■ 估計兩母體平均差時的樣本數大小之決定

若欲使兩母體均數差的估計誤差不超過 e，必須先假設兩個樣本數相同，方可求出樣本數。

(1) 若 $\overline{X}_1 - \overline{X}_2$ 為常態分配，大樣本且 σ_1^2, σ_2^2 已知時，則

$$Z_{\alpha/2}\sqrt{\frac{\sigma_1^2}{n} + \frac{\sigma_2^2}{n}} \leq e$$

求解可得

$$n \geq \frac{Z^2_{\alpha/2}(\sigma_1^2 + \sigma_2^2)}{e^2}$$

若 σ_1^2, σ_2^2 未知，以 s_1^2, s_2^2 取代，可得

$$n \geq \frac{Z^2_{\alpha/2}(s_1^2 + s_2^2)}{e^2}$$

(2) 其他情形仿照推之。

例 *

張經理欲決定生產線上兩種零件的裝配時間差異，如在以往的研究中已知 $\sigma_1 = 46$ 秒，$\sigma_2 = 43$ 秒，欲使樣本均數差與母體均數差之差異不超過 15 秒，如信賴度為 99%，問樣本應為多少？假設兩種零件之裝配時間服從常態分配。

【解】

$$Z_{\frac{\alpha}{2}}\sqrt{\frac{\sigma_1^2}{n} + \frac{\sigma_2^2}{n}} \leq e = 15$$

$$\therefore n \geq \frac{Z^2_{\frac{\alpha}{2}}(\sigma_1^2 + \sigma_2^2)}{e^2} = \frac{2.576^2(46^2 + 43^2)}{15^2}$$

$$= 116.94$$

故樣本大小應為 117 個。

例*：兩組獨立樣本例

　　若兩個獨立之常態分配的變異數比值為 $\sigma_1{}^2/\sigma_2{}^2 = 2$ ，由其中各抽取樣本大小 $n_1 = 10$ ，$n_2 = 5$ 得平均數 $\overline{X}_1 = 82$ ，$\overline{X}_2 = 76$ ，並估計 $\sigma_1{}^2$ 約為 5，試求 $\mu_1 - \mu_2$ 之 95% 信賴區間。

【解】

$$\sigma_1{}^2 = 5 \quad \therefore \sigma_2{}^2 = \frac{5}{2}$$

$$(82 - 76) - 1.96\sqrt{\frac{\sigma_1{}^2}{10} + \frac{\sigma_2{}^2}{5}} \le \mu_1 - \mu_2 \le (82 - 76) + 1.96\sqrt{\frac{\sigma_1{}^2}{10} + \frac{\sigma_2{}^2}{5}}$$

$$\therefore 4.04 \le \mu_1 - \mu_2 \le 7.96$$

【註】解此題時應先查明下列事項後再選取公式應用。

　　(1) 判斷兩母體是否獨立。如是獨立。

　　(2) 判斷兩母體是否常態。

　　(3) 判斷兩母體的變異數是否已知。

　　(4) 判斷兩母體的樣本大小是大樣本或小樣本。

例*

　　甲公司宣稱 A, B 兩種產品的壽命平均與變異數均相同，乃各抽取 12 件進行測試，得

$$A：\overline{x}_1 = 758 \quad s_1{}^2 = 1,444$$
$$B：\overline{x}_2 = 737 \quad s_2{}^2 = 961$$

　　假設壽命分配近於常態，求 $\mu_1 - \mu_2$ 之 95% 信賴區間，並判斷甲公司所宣稱的有可能否？

【解】

$$\frac{s_1{}^2}{s_2{}^2} \cdot \frac{1}{F_{0.025}(11,11)} < \frac{\sigma_1{}^2}{\sigma_2{}^2} < \frac{s_1{}^2}{s_2{}^2} F_{0.025}(11,11)$$

$$\therefore 0.428 < \frac{\sigma_1{}^2}{\sigma_2{}^2} < 5.25 ， \therefore \sigma_1{}^2, \sigma_2{}^2 \text{ 有可能相等，}$$

$$s_p{}^2 = \frac{(12-1)(1444+961)}{12+12-2} = 1202.5 \text{，} \therefore s_p = 34.677$$

$$(785-737) - 2.074(34.677)\sqrt{\frac{1}{12}+\frac{1}{12}} \le \mu_1 - \mu_2$$

$$\le (785-737) + 2.074(34.677)\sqrt{\frac{1}{12}+\frac{1}{12}}$$

$$-8.361 \le \mu_1 - \mu_2 \le 50.361$$

$\therefore$ 在 $1 - \alpha = 0.95$ 的信賴率下，可判斷甲公司所宣稱的是有可能的。

例 *

　　假設東海電機公司對新進員工進行調查，以了解員工就職前失業期間的長短。在民國 85 年招募的 25 位員工裡，10 位是 2 年以上工作經驗，其餘 15 位均是工作經驗不到二年。前者失業期間平均為 2.2 個月，而後者為 6.8 個月，失業期間的樣本標準差分別為 1.5 個月及 3.4 個月，問兩種員工失業期間平均差異的 95% 信賴區間為何，假設失業期間長短呈常態分配。

【解】

假設該公司失業期間長短呈常態分配，但由於兩群人晉用的方式的管道不同，所以失業期間的變異數應不相同，二者平均數之差的 95% 信賴區間為

$$(\bar{x}_1 - \bar{x}_2) \pm t_{0.025}(v)\sqrt{\frac{s_1{}^2}{n_1}+\frac{s_2{}^2}{n_2}} = (6.8-2.2) \pm 2.086\sqrt{\frac{1.5^2}{10}+\frac{3.4^2}{15}}$$

$$= 4.61 \pm 2.1$$

式中

$$v = \frac{\left(\dfrac{s_1{}^2}{n_1}+\dfrac{s_2{}^2}{n_2}\right)^2}{\dfrac{\left(\dfrac{s_1{}^2}{n_1}\right)^2}{n_1-1}+\dfrac{\left(\dfrac{s_2{}^2}{n_2}\right)^2}{n_2-1}} = \frac{\left(\dfrac{1.5^2}{10}+\dfrac{3.4^2}{10}\right)^2}{\dfrac{\left(\dfrac{1.5^2}{10}\right)^2}{9}+\dfrac{\left(\dfrac{3.4^2}{15}\right)^2}{14}} = \frac{0.9914}{0.04805} = 20.63 \to 20$$

例 *

　　從 A 公司的產品中隨機抽取 7 件，B 公司的同一產品 5 件，得其重量的平均數與變異數分別爲

$$A：\overline{x}_1 = 115.7 \text{ 公克} \quad s_1^2 = 55.1 \text{（公克）}^2$$
$$B：\overline{x}_2 = 103.4 \text{ 公克} \quad s_2^2 = 76.3 \text{（公克）}^2$$

　　假定產品的重量分配近於常態，試求兩公司同一產品重量平均數差之 90% 的信賴區間？

【解】

　　本例要先確定兩常態母體的變異數是否相等，即求 σ_1^2/σ_2^2 的 90% 的信賴區間

$$\frac{55.1}{76.3}\frac{1}{6.16} < \frac{\sigma_1^2}{\sigma_2^2} < \frac{55.1}{76.3}(4.53)$$

$$0.117 < \frac{\sigma_1^2}{\sigma_2^2} < 3.27$$

在 σ_1^2/σ_2^2 之 $1 - \alpha = 90\%$ 的信賴區間內包含 1，故 $\sigma_1^2 = \sigma_2^2$。

$$s_p^2 = \frac{(n_1 - 1)s_1^2 + (n_2 - 1)s_2^2}{n_1 + n_2 - 2} = 7.97^2$$

$$v = n_1 + n_2 - 2 = 10$$

$$t_{0.05}(10) = 1.812$$

自由度 $v = 10$，故 $\mu_1 - \mu_2$ 的 90% 信賴區間爲

$$(115.7 - 103.4) \pm 1.812 \times 7.97 \times \sqrt{\frac{1}{7} + \frac{1}{5}} = 12.3 \pm 1.812 \times 7.97\sqrt{\frac{1}{7} + \frac{1}{5}}$$

$$8.376 \le \mu_1 - \mu_2 \le 20.756$$

例 *

　　隨機抽驗 40 張道林紙及 40 張模造紙得知，每張道林紙厚 0.0425mm，模造紙厚 0.0901mm，且樣本標準差各得 0.0011mm 及 0.0015mm，試計算二種紙平均厚度之差的 95% 信賴區間。

【解】

因二樣本均為大樣本,且母體變異數為未知,故

$$(\bar{x}_1 - \bar{x}_2) \pm Z_{0.025} \sqrt{\frac{s_1^2}{n_1} + \frac{s_2^2}{n_2}} = (0.0425 - 0.0901) \pm 1.96 \sqrt{\frac{(0.0011)^2}{40} + \frac{(0.0015)^2}{40}}$$

$$= -0.0476 \pm 0.000576$$

$$\therefore -0.04818 \le \mu_1 - \mu_2 \le -0.04702$$

故可推論二種紙張平均厚度之差異在 95% 信賴水準下介於 0.04702mm 至 0.04818mm 之間。

例 *

兩常態母體,σ_1^2, σ_2^2 均已知,分別自兩母體各抽 n_1, n_2 個樣本,試求 $3\mu_1 - 2\mu_2$ 的 95% 信賴區間。

【解】

$$P \left\{ -Z_{\alpha/2} \le \frac{(3\bar{X}_1 - 2\bar{X}_2) - (3\mu_1 - 2\mu_2)}{\sqrt{\frac{9\sigma_1^2}{n_1} + \frac{4\sigma_2^2}{n_2}}} < Z_{\alpha/2} \right\} = 1 - \alpha = 0.95$$

$$\therefore 3\mu_1 - 3\mu_2 \text{ 的 95% 信賴區間為} (3\bar{X}_1 - 2\bar{X}_2) \pm Z_{\frac{\alpha}{2}} \sqrt{\frac{9\sigma_1^2}{n_1} + \frac{4\sigma_2^2}{n_2}}$$

例 *

從 A 公司的產品中隨機抽取 7 件,B 公司的同一產品 5 種,得其重量的平均數與其變異數分別為

$$A: \bar{x}_1 = 115.7 \text{ 公克} \quad s_1^2 = 1035.9 \text{ (公克)}^2$$

$$B: \bar{x}_2 = 103.4 \text{ 公克} \quad s_2^2 = 76.3 \text{ (公克)}^2$$

假定產品的重量近於常態,試求兩公司同一產品重量平均數差之 90% 信賴區間。

【解】

先確定兩常態母體的變異數是否相等，即求 $\dfrac{\sigma_1^2}{\sigma_2^2}$ 之 90% 信賴區間。

$$\frac{1035.9}{76.3} \cdot \frac{1}{6.16} < \frac{\sigma_1^2}{\sigma_2^2} < \frac{1035.9}{76.3}(4.53)$$

$$2.204 < \frac{\sigma_1^2}{\sigma_2^2} < 61.502$$

$\therefore \sigma_1^2 \neq \sigma_2^2$ 故 $\mu_1 - \mu_2$ 的區間，先求自由度。

$$v = \frac{\left(\dfrac{1035.9}{7} + \dfrac{76.3}{5}\right)^2}{\dfrac{(1035.9/7)^2}{6} + \dfrac{(76.3/5)^2}{4}} = 7.19 \to 7$$

$$(115.7 - 103.4) - 1.895\sqrt{\frac{1035.9}{7} + \frac{76.3}{5}} \leq \mu_1 - \mu_2$$

$$\leq (115.7 - 103.4) + 1.89\sqrt{\frac{1035.9}{7} + \frac{76.3}{5}}$$

$$-11.912 \leq \mu_1 - \mu_2 \leq 36.512$$

例*

　　義美食品公司的張經理想要檢視 2 條生產線生產的花生糖每包的平均重量有無差異。包裝袋標示重量為 200g，標準差為 10g，現由第 1 條生產線抽取 10 包秤重，得平均重量每包為 195g，由第 2 條生產線也抽取 10 包，得平均重量每包為 198g，問 2 條生產線平均重量差異的 95% 的信賴區間？

【解】

由於本題屬小樣本，且母體分配未知，故僅能採用柴氏定理估計。

$$P\left\{ |(\bar{X}_1 - \bar{X}_2) - (\mu_1 - \mu_2)| \leq k\sqrt{\frac{\sigma_1^2}{n_1} + \frac{\sigma_2^2}{n_2}} \right\} \geq 1 - \frac{1}{k^2}$$

$$P\left\{ |(195 - 198) - (\mu_1 - \mu_2)| \leq k\sqrt{\frac{10}{10} + \frac{10}{10}} \right\} \geq 1 - \frac{1}{k^2} = 0.95$$

$$\frac{1}{k^2} = 0.05 \quad , \quad k = \sqrt{20} = 4.47$$

故

$$|{-3} - (\mu_1 - \mu_2)| \le 4.47\sqrt{2}$$

$$|{-3} - (\mu_1 - \mu_2)| \le 6.32$$

因此，$\mu_1 - \mu_2$ 的信賴區間為

$$-3 \pm 6.32$$

因此推論 2 條生產線所生產的花生糖每包平均重量差異在至少 95% 的信賴水準下的信賴區間為 −9.32 與 3.32 之間。此說明 2 條生產線所生產的花生糖每包平均重量有可能一樣。

例*：兩組成對樣本

減肥食品公司宣稱，食用此種食品一個月，平均體重可減輕 6 磅，茲有七名婦女在未用及已用此食品一個月的體重紀錄如下表，假定體重分配近於常態，試計算前後體重平均差之 95% 的信賴區間，並驗證所宣稱的是否可能是對的？

體重（前）	130	143	157	146	141	138	134
體重（後）	125	137	142	134	133	126	135

【解】

$D = 5, 6, 15, 12, 8, 12, -1$

$$\overline{D} = \frac{\sum D}{n} = 8.14$$

$$s_D^2 = \frac{7(639) - (57)^2}{7(7-1)} = 29.14$$

$$\overline{D} - t_{0.025}(6)\frac{s_D}{\sqrt{n}} \le \mu_D \le \overline{D} + t_{0.025}(6)\frac{s_D}{\sqrt{n}}$$

$$8.14 - 2.447\sqrt{\frac{29.14}{7}} \le \mu_D \le 8.14 + 2.447\sqrt{\frac{29.14}{7}}$$

$$3.2 \le \mu_D \le 13.1$$

因包含 6 磅，故宣稱的有可能是對的。

> **例***
>
> 　　某人欲知勞保基金投入股票市場後，對各種股票的影響有多大，他蒐集了下列 9 種股票的資料：
>
> | 公司代號 | 1 | 2 | 3 | 4 | 5 | 6 | 7 | 8 | 9 |
> |---|---|---|---|---|---|---|---|---|---|
> | 投入前 | 31.5 | 17.2 | 22.2 | 45.8 | 33.3 | 18.8 | 26.7 | 50.6 | 31.4 |
> | 投入後 | 35.6 | 19.2 | 25.0 | 50.3 | 37.8 | 21.0 | 32.3 | 54.5 | 36.9 |
>
> 　　若已知股價的分配爲常態分配，試求勞保基金所造成的股價差的 95% 的信賴區間？

【解答】

令 D = 投入後股價 $-$ 投入前股價

公司代號	1	2	3	4	5	6	7	8	9
D	4.1	2.0	2.8	4.5	4.5	2.2	5.6	3.9	5.5

$\overline{D} = 3.9$　$s_D^2 = 1.74$

股價差的 95% 信賴區間爲

$$3.9 \pm t_{0.025}(8)\sqrt{\frac{1.74}{9}} = 2.886 \sim 4.914$$

> **例***
>
> 　　某汽車公司爲決定購用 A 或 B 牌輪胎，各取 10 個輪胎裝在同一車的左右輪進行實驗，假定得出如下數據：
>
> （萬公里）
>
> | A | 40 | 44 | 50 | 60 | 38 | 45 | 51 | 58 | 60 | 40 |
> |---|---|---|---|---|---|---|---|---|---|---|
> | B | 37 | 50 | 50 | 48 | 40 | 50 | 38 | 40 | 50 | 50 |
>
> 試求 $\mu_A - \mu_B$ 的 95% 信賴區間，若已知行走里數之分配爲常態。

【解】

$$D = 3, -6, 0, 12, -2, -5, 13, 18, 10, -10$$

$$\overline{D} = \frac{\sum D}{n} = \frac{33}{10} = 3.3$$

$$s_D^2 = \frac{\sum (D - \overline{D})^2}{n-1} = \frac{802.1}{9} = 89.122$$

$$3.3 - 2.262\sqrt{\frac{89.122}{10}} \leq \mu_D \leq 3.3 = 2.262\sqrt{\frac{89.122}{10}}$$

$$-3.4528 \leq \mu_D \leq 10.0528$$

例*

　　減肥食品公司宣稱食用其產品一個月，食用前後平均重量之差異可控制在 6 磅，標準差可控制在 2 磅，今為了驗證此說法，針對 7 位婦女就食用前後秤重，得其平均差異為 8.14 磅，試以 95% 的信賴區間驗證該公司的宣稱是否正確？

【解】

由於本題屬於成對樣本且母體分配未知，僅能採用柴氏定理估計。

已知 $\mu_D = 6$, $\sigma_D = 2$

$$P\left\{|\overline{D} - \mu_D| \leq k\frac{\sigma_D}{\sqrt{n}}\right\} \geq 1 - \frac{1}{k^2} = 0.95$$

$$\frac{1}{k^2} = 0.05 \quad , \quad k = \sqrt{20}$$

故

$$|8.14 - \mu_D| < \sqrt{20} \cdot \frac{2}{\sqrt{7}} = 3.38$$

因之

$$4.76 < \mu_D < 11.52$$

因包含 6 磅，故宣稱有可能是正確的。

■ 單一母體比例 p 的區間估計

母體比例為 p，樣本比例為 $\hat{p} = \dfrac{r}{n}$，n 為試行次數，r 為成功次數

1. 當樣本為小樣本時

(1) 無限母體

$$\hat{p} \sim 二項分配\left(p, \frac{pq}{n} \right)$$

(2) 有限母體

$$\hat{p} \sim 超幾何分配\left(p, \frac{pq}{n} \cdot \frac{N-n}{N-1} \right)$$

此時如利用二項分配或超幾何分配進行區間估計，無法求得如常態分配般的簡單公式。

(1) 用二項分配 $p_L < p < p_U$

$$p_L : P(X \geq r) = \sum_{r}^{n} \binom{n}{x} p_L{}^x (1-p_L)^{n-x} = \frac{\alpha}{2}$$

$$p_U : P(X \leq r) = \sum_{0}^{r} \binom{n}{x} p_U{}^x (1-p_U)^{n-x} = \frac{\alpha}{2}$$

(2) 用 F 分配 $p_L < p < p_U$

$$p_L = \frac{r}{r + (n-r+1)F_{\alpha/2}(2(n-r+1), 2r)}$$

$$p_U = \frac{(r+1)F_{\alpha/2}(2(r+1), 2(n-r))}{(n-r) + (r+1)F_{\alpha/2}(2(r+1), 2(n-r))}$$

2. 樣本為大樣本

(1) 無限母體

$$\hat{p} \sim \binom{n}{n\hat{p}} p^{n\hat{p}} (1-p)^{n-n\hat{p}} \xrightarrow{n \to \infty} \hat{p} \sim N\left(p, \frac{pq}{n} \right)$$

$$Z = \frac{\hat{p} - p}{\sqrt{\dfrac{p(1-p)}{n}}} \sim N(0,1)$$

$$P\left[-Z_{\alpha/2} \le \frac{\hat{p}-p}{\sqrt{\dfrac{p(1-p)}{n}}} < Z_{\alpha/2}\right] = 1-\alpha$$

$$\hat{p} \pm Z_{\alpha/2}\sqrt{\frac{p(1-p)}{n}} = \hat{p} \pm Z_{\alpha/2}\sigma(\hat{p})$$

(2) 有限母體

$$\hat{p} \pm Z_{\alpha/2}\sqrt{\frac{p(1-p)}{n}}\sqrt{\frac{N-n}{N-1}}$$

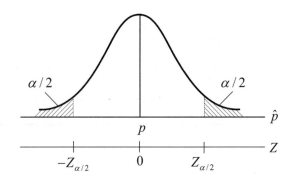

(a) 若 p 未知可用 $\hat{p}$ 估計 p，而 $\dfrac{p(1-p)}{n}$ 改成 $\dfrac{\hat{p}(1-\hat{p})}{n-1}$。

(b) 或以 $p = \dfrac{1}{2}$ 來估計 p 亦可，此為保守的估計。

■ 單一母體樣本大小 n 之決定

若樣本數未定，在大樣本下，若以 $(1-\alpha)100\%$ 的機率保證估計誤差 $|\hat{p}-p|$ 不超過 e 時，即

$$P\{|\hat{p}-p| \le e\} = 1-\alpha$$

$$P\left\{\left|\frac{p-\hat{p}}{\sqrt{p(1-p)/n}}\right| \le \frac{e}{\sqrt{p(1-p)/n}}\right\} = 1-\alpha$$

$$P\left\{|Z| \le \frac{e}{\sqrt{p(1-p)/n}}\right\} = 1-\alpha$$

$$\therefore \frac{e}{\sqrt{p(1-p)/n}} = Z_{\alpha/2} \quad \therefore n = \left(\frac{Z_{\alpha/2}^{2} \cdot p(1-p)}{e^2} \right)$$

$$\hat{p} - Z_{\alpha/2}\sigma(\hat{p}) \qquad \hat{p} \qquad p \qquad \hat{p} + Z_{\alpha/2}\sigma(\hat{p})$$

【註】n 爲大樣本時，

p 已知	p 未知
$n = \dfrac{Z_{\alpha/2}^{2} p(1-p)}{e^2}$	$n = \dfrac{Z_{\alpha/2}^{2} \hat{p}(1-\hat{p})}{e^2}$

例*

　　欲估計甲案接收的比例，乃隨機抽訪 15 位居民，其中有 6 人贊成，試問 (1) 所有居民中贊成者所占比率 p 的點估計值爲何？ (2)p 之 95% 信賴區間又如何？

【解】

(1)$\hat{p} = 6/15 = 0.4$，故 p 之點估計值爲 0.4。

(2)$n = 15$，$r = 6$，$1 - \alpha = 0.95$

$$p_L = \frac{6}{6 + (15-6+1)F_{0.025}(20,12)} = \frac{6}{6+10(3.0725)} = 0.1634$$

$$p_U = \frac{(6+1)F_{0.025}(14,18)}{(15-6)+(6+1)F_{0.025}(14,18)} = \frac{7(2.1008)}{9+7(2.1008)} = 0.6775$$

例*

　　一洗衣機代理店想知道其產品在本地區的占有率而舉辦抽查，隨機抽出 50 個家庭，其中有 15 個家庭使用，試問：

(1) 該洗衣機在本地區占有率 p 的點估計值為何？

(2) p 的 95% 信賴區間為何？

【解】

(1) $\hat{p} = 15/50 = 0.3$，故 p 之點估計值為 0.3

(2) $n = 50$，$x = 15$，$\hat{p} = 0.3$，$1 - \alpha = 0.95$，$Z_{(0.025)} = 1.96$

$$0.3 - 1.96\sqrt{\frac{0.3(0.7)}{50-1}} \le p \le 0.3 + 1.96\sqrt{\frac{0.3(0.7)}{50-1}}$$

$$0.1717 \le p \le 0.4283$$

例*

　　從一批生產出的罐頭隨機抽出 100 個檢查，假設樣本是從大小為 1500 的母體中抽出，結果發現 10 個為不良品，試求該批罐頭不良率的 95% 信賴區間。

【解】

利用有限母體估計母體比例之公式得

$$\hat{p} \pm Z_{\alpha/2}\sqrt{\frac{p(1-p)}{n}}\sqrt{\frac{N-n}{N-1}}$$

因為 $\hat{p} = \dfrac{10}{100} = 0.1$，且 p 未知，故以 $\hat{p}$ 代入。因之

$$\hat{p} \pm Z_{\alpha/2}\sqrt{\frac{\hat{p}(1-\hat{p})}{n}}\sqrt{\frac{N-n}{N-1}} = 0.1 \pm 1.96\sqrt{\frac{0.1 \times 0.9}{100-1}}\sqrt{\frac{1500-100}{1500-1}}$$

$$= 0.1 \pm 0.057$$

因此，該批罐頭不良率 p 的 95% 信賴區間為

$$0.043 \le p \le 0.157$$

■ 兩個母體比例差 $p_1 - p_2$ 的區間估計

$$\hat{p}_1 \sim B\left(p_1, \frac{p_1 q_1}{n_1}\right) \quad , \quad \hat{p}_2 \sim B\left(p_2, \frac{p_2 q_2}{n_2}\right)$$

當 n_1, n_2 皆 ≥ 30，依據中央極限定理知，

$$\hat{p}_1 - \hat{p}_2 \sim N\left(p_1 - p_2, \frac{p_1 q_1}{n_1} + \frac{p_2 q_2}{n_2}\right)$$

則 $p_1 - p_2$ 在信賴係數 $1 - \alpha$ 下的信賴區間為

$$P\left\{-Z_{\alpha/2} \leq \frac{(\hat{p}_1 - \hat{p}_2) - (p_1 - p_2)}{\sqrt{\dfrac{p_1 q_1}{n_1} + \dfrac{p_2 q_2}{n_2}}} < Z_{\alpha/2}\right\} = 1 - \alpha$$

由於上式中有未知的 p_1, p_2，故有兩種方法可以估計，亦即

(1) 以 $\hat{p}_1$ 估計 p_1，以 $\hat{p}_2$ 估計 p_2，亦即 $(p_1 - p_2)$ 的 $1 - \alpha$ 的信賴區間即為

$$(\hat{p}_1 - \hat{p}_2) \pm Z_{\alpha/2} \sqrt{\frac{\hat{p}_1 \hat{q}_1}{n_1 - 1} + \frac{\hat{p}_2 \hat{q}_2}{n_2 - 1}}$$

(2) 另一種以 $1/2$ 估計 p_1, p_2，以 $1/2$ 估計時會使 $V(\hat{p}_1 - \hat{p}_2)$ 變大，而使區間較大，此種估計是保守的估計法，

$$(\hat{p}_1 - \hat{p}_2) \pm Z_{\alpha/2} \sqrt{\frac{1/2 \times 1/2}{n_1} + \frac{1/2 \times 1/2}{n_2}}$$

■ 估計兩母體比例差 $p_1 - p_2$ 時之樣本數

欲使兩母體比例差的抽樣誤差不超過 e，亦須假設樣本數相同且均為大樣本時，即 $n_1 = n_2 = n$，同樣利用 Z 分配，亦即

$$Z_{\alpha/2} \sqrt{\frac{p_1 q_1}{n} + \frac{p_2 q_2}{n}} \leq e$$

若無 p_1, p_2 的母體比例，

(1) 無任何資料時，以 $p = 1/2$，$q = 1/2$ 估計，得

$$n \geq \frac{Z_{\alpha/2}^2 (2 \cdot 0.25)}{e^2}$$

(2) 以 $\hat{p}_1$, $\hat{p}_2$ 代入得

$$n \geq \frac{Z_{\alpha/2}^2 (\hat{p}_1 \hat{q}_1 + \hat{p}_2 \hat{q}_2)}{e^2}$$

例 *

在一大都市隨機抽訪 100 位成年男子，其中有 70 位吸菸，而抽訪 80 個成年女子，其中有 16 個吸菸，試以 $1 - \alpha = 0.95$ 作以下估計。

(1) 此都市成年男子與成年女了中吸菸者所占比率 $p_1 - p_2$ 的信賴區間。

(2) 此都市中成年人吸菸者所占比率 p 的信賴區間。

【解】

(1) $\hat{p}_1 = \dfrac{70}{100} = 0.7$ ，$\hat{p}_2 = \dfrac{16}{80} = 0.2$ ，$1 - \alpha = 0.95$ ，$Z_{(0.025)} = 1.96$

$$(0.7 - 0.2) - 1.96 \sqrt{\frac{0.7(0.3)}{100 - 1} + \frac{0.2(0.8)}{80 - 1}} \leq p_1 - p_2 \leq$$

$$(0.7 - 0.2) + 1.96 \sqrt{\frac{0.7(0.3)}{100 - 1} + \frac{0.2(0.8)}{80 - 1}}$$

$$0.3738 \leq p_1 - p_2 \leq 0.6262$$

(2) $\hat{p} = \dfrac{70 + 16}{100 + 80} = 0.4778$ ，$1 - \alpha = 0.95$ ，$Z_{(0.025)} = 1.96$

$$0.4778 - 1.96 \sqrt{\frac{0.4778(0.5222)}{180 - 1}} \leq p \leq$$

$$0.4778 + 1.96 \sqrt{\frac{0.4778(0.5222)}{180 - 1}}$$

$$0.4046 \leq p \leq 0.5510$$

例 *

　　假設在一骰子上動手腳，使該骰子變得一粒不公正的骰子，今若投擲 600 次，發現出現 4 點的次數有 87 次，假設出現 4 點之機率為 p，則

(1) 試估計 p 值。

(2) 求 p 之 90% 信賴區間？

(3) 試問動手腳後的骰子是否使得出現 4 點之機率減少了？

【解】

(1) $\hat{p} = \dfrac{\sum X_i}{n} = \dfrac{87}{600} = 0.145$

(2) $\left(\hat{p} - Z_{0.05} \sqrt{\dfrac{\hat{p}(1-\hat{p})}{n-1}} , \hat{p} + Z_{0.05} \sqrt{\dfrac{\hat{p}(1-\hat{p})}{n-1}} \right)$

$\Rightarrow \left(0.145 - 1.645 \sqrt{\dfrac{0.145 \times 0.855}{600 - 1}} , 0.145 + 1.645 \sqrt{\dfrac{0.145 \times 0.855}{600 - 1}} \right)$

$\Rightarrow (0.121, 0.169)$

(3) 由 (2) 之信賴區間知有 90% 信心出現 4 點之比例在 (0.121, 0.169) 之間，又 1/6 = 0.167 在此區間中，故知不會減少 4 點之機率。

例 *

　　民調結果公布後，陳市長的主要競爭對手李大洲深表懷疑，認為其信賴區間過寬，於是委調蓋洛普調查基金會進行調查，調查之題目「支持何人擔任市長」，並在信賴係數 95% 下要求信賴區間之寬度不超過 5%，問該基金會應抽取多少樣本才能合乎李大洲的要求？

【解】

　　該基金必須抽取的樣本數為

$$2 \times 1.96 \sqrt{\dfrac{0.5 \times 0.5}{n}} \leq 0.05$$

可解得 $n \geq \dfrac{(1.96)^2 (0.5)^2}{(0.025)^2} = 1536.6$ 因此至少應抽取 1537 個樣本。

例 *

　　設在某種廣告的收視調查中，於台中市隨機抽取 292 人，結果其中有 228 人曾經收看此廣告，則

　　(1) 估計台中市曾收視此廣告之比例 p。

　　(2) 在 (1) 中求估計的 95% 誤差界限。

　　(3) 若希望估計的 95% 誤差界限為 0.03，求適當的訪問數。

　　(4) 求台中市中曾收看此廣告之比例 p 之 90% 信賴區間。

【解】

(1) $\hat{p} = \dfrac{228}{292} = 0.781$

(2) $e = Z_{0.025}\sqrt{\dfrac{0.781 \times 0.219}{292-1}} = 1.96\sqrt{\dfrac{0.781 \times 0.219}{291}} \doteqdot 0.047$

(3) $n = \left(\dfrac{Z_{0.025}}{e}\right)^2 \cdot \hat{p}(1-\hat{p}) = \left(\dfrac{1.96}{0.03}\right)^2 (0.781)(0.219) \doteqdot 730.07$

(4) $\left(\hat{p} - Z_{0.05}\sqrt{\dfrac{\hat{p}(1-\hat{p})}{n-1}}, \ \hat{p} + Z_{0.05}\sqrt{\dfrac{\hat{p}(1-\hat{p})}{n-1}}\right)$

$= \left(0.781 - 1.645\sqrt{\dfrac{0.781 \times 0.219}{292-1}}, \ 0.78 + 1.645\sqrt{\dfrac{0.781 \times 0.219}{292-1}}\right)$

$= (0.741, 0.821)$

例 *

　　在一項新的咖啡產品市場調查中，我們隨機抽取顧客為樣本，並且詢問其是否喜歡此產品，今在 95% 信賴率下，希望估計喜好此新產品之母體比例之估計誤差小於或等於 0.03，則在下列情況下，樣本數應為多少？

　　(1) 假如初步做一調查知，在母體中有 35% 之顧客會喜歡此新產品。

　　(2) 若無調查，亦即沒有任何資料可用來判斷母體中有多少比例之顧客會喜歡此種新產品。

> (3) 若知 $0.2 \leq p \leq 0.4$，試問 n 要多少？
>
> (4) 當 p 為多少時，n 為最大，此時 m 是多少？

【解】

(1) $\because \hat{p} = 0.35$，$e = 0.03$

$$n = \left(\frac{Z_{0.025}}{e}\right)^2 \hat{p}(1-\hat{p}) = \left(\frac{1.96}{0.03}\right)^2 (0.35)(1-0.35) \fallingdotseq 971.07$$

(2) 在無任何資料下，可知欲使估計誤差 $\leq e = 0.03$，其樣本數為

$$n = \frac{1}{4}\left(\frac{Z_{0.025}}{e}\right)^2 = \frac{1}{4}\left(\frac{1.96}{0.03}\right)^2 \fallingdotseq 1067.11$$

(3) $\because p$ 未知，但 p 介於 $[0.2, 0.4]$ 之間，當 $p = 0.4$ 時，$p(1-p)$ 最大

$$n = \left(\frac{1.96}{0.03}\right)^2 \times 0.4 \times 0.6 = 1024.43$$

$\therefore n = 1025$

當 $p = 0.2$ 時，

$$n = \left(\frac{1.96}{0.03}\right)^2 \times 0.2 \times 0.8$$

$\therefore n = 682.9$

故 $682.9 \leq n \leq 1024.43$

(4) $\because n = \left(\frac{Z_{0.025}}{e}\right)^2 p(1-p) = kp(1-p) = k(p - p^2)$

令 $\left(\frac{Z_{0.025}}{e}\right)^2 = k$，欲使 n 為最大，則 $\dfrac{dn}{dp} = 1 - 2p = 0$，$p = \dfrac{1}{2}$

$\therefore n = \left(\frac{1.96}{0.03}\right)^2 \times 0.5 \times 0.5 = 1067$

【註】p 如未知，$V(\hat{p}) = \dfrac{p(1-p)}{n}$ 不能求，標準誤 $\sqrt{\dfrac{p(1-p)}{n}}$ 亦不能求，因而以下式代入。

$$s^2(\hat{p}) = \frac{\hat{p}(1-\hat{p})}{n-1}$$

第 **8** 章

檢　定

第一節　檢定

■ 檢定之意涵

　　檢定是指如何依據機率理論，由樣本資料來檢測對母體母數所下的假設是否成立的方法，統計假設之予以肯定（接受）乃是無充分證據予以否定（拒絕），並非認為所述之假設一定正確。

例*

　　張三向李四保證在國外的某人為男性，由於張三說的很肯定，李四予以採信，但稍後覺得心理不踏實，乃決定託人調查，若送達的調查報告是下列六種中的一種：

調查報告編號	報告內容
1	某人於兩個月前住院生產，一舉而得雙胞胎
2	某人的姓名很女性化
3	某人目前在專攻烹飪、裁縫及插花
4	某人曾投身軍旅
5	某人有男性化的姓名
6	某人於一個月前參加運動會，報名男子組百公尺賽跑

【解說】

　　若張三的說法為真，則與張三說法相差愈遠的佐證，如調查報告 1, 2, 3，其出現的機率愈低，反之，與張三的說法相差愈近的佐證，如調查報告 4, 5, 6，其出現的機率愈高。因為判斷的準則可用下述兩種方法之一來說明。

(1) 若佐證與張三的說法差異愈大，愈應拒絕張三的說法。

(2) 在張三的說法為真的前提下，考慮佐證出現的機率有多少，若此機

　　率愈低，愈應拒絕張三的說法。一般性假說檢定之流程如下：

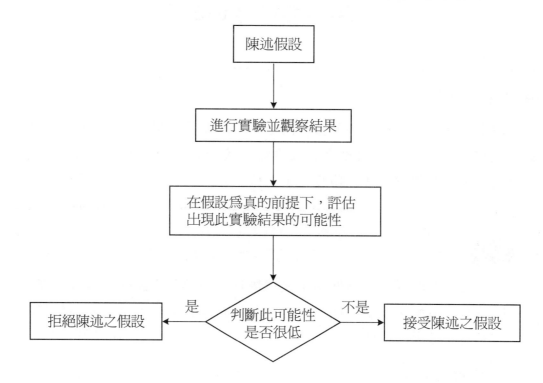

■ 對立假設

　　關於母體平均平均數 μ 有三種型態的對立假設：

(1)$H_0 : \mu \leq \mu_0$ 對 $H_1 : \mu > \mu_0$ 稱為右尾對立假設

(2)$H_0 : \mu \geq \mu_0$ 對 $H_1 : \mu < \mu_0$　稱為左尾對立假設

(3)$H_0 : \mu = \mu_0$ 對 $H_1 : \mu \neq \mu_0$ 稱為雙尾對立假設

　　上述各對假設，μ_0 表母體平均數之一的指定值，含有等號者當作 H_0，稱為虛無假設，因統計檢定的方法，努力的目標「不在證實 H_0 為真」，反而極力蒐集 H_0 不真的證據「企圖否定 H_0」，如果無充分證據否定 H_0，只好存疑，故稱 H_0 為虛無假設，H_1 為相對於 H_0 之假設，故稱 H_1 為對立假設。

■ 虛無假設（Null Hopothesis）的準則

(1) 當目標在於以樣本觀察值支持「我們」的主張時，則其「相反的主張」視爲虛無假設 H_0，而原先之主張作爲對立假設 H_1。此一準則指出了「虛無」兩字的意義。譬如，新藥品的例子，虛無假設應爲「新藥品較不具療效」，對立假設爲「新藥品較具療效」。

(2) 若錯誤地拒絕 H_0，其後果較嚴重者，此時便表示我們所建立的 H_0 是合適的。譬如，H_0：被告無罪，H_1：被告有罪。錯誤地判決「冤枉好人」更嚴重，亦即寧願「勿枉」而不強調「勿縱」，除非有足夠犯罪的證據，否則認定被告「無罪」。假定 H_0 表新藥品較不具療效，如果錯誤地拒絕 H_0 其後果較嚴重，因爲讓較差的藥品上市，將比讓優良的藥品上市所犯的錯誤更爲嚴重。

(3) 將「他人」宣稱作爲虛無假設，亦即假定他人的宣稱是眞實的，直到我們找到不利於此宣稱之充分證據爲止。譬如，某廠商宣稱其咖啡每罐的平均重量爲 3 磅以上，欲檢定其正確性，則以其宣稱作爲 H_0，即 H_0：$\mu \geq 3$（μ 代表母體平均重量），對立假設 H_1：$\mu < 3$。

(4) 問題中若出現「是否顯著地」（小、重、優、劣、多、少、於……等形容詞）……時，則以其反面敘述（不小於……），作爲虛無假設。

譬如，根據收視率調查，欲檢定某電視台之收視率是否高於 0.45，則虛無假設應建立爲 H_0：$P \leq 0.45$ 對立假設 H_1：$P > 0.45$（P 表母體比例）。

■ 統計假設檢定的基本精神

　　除非具有足夠的證據可以否定 H_0，否則我們只好接受 H_0，但是接受 H_0 並不表示 H_0 為真，僅表示我們沒有充分的證據可以拒絕 H_0，此時此檢定稱為顯著性（significance），因此統計假設檢定有時亦稱為顯著性檢定。換句話說，具顯著性檢定，其檢定的結論乃是拒絕 H_0。

　　對此概念，統計學上有一著名的例子，即法庭陪審團審判的例子。陪審團在作審判時，首先假設被告是清白的（無罪），此即虛無假設 H_0，而法庭聽證的目的即在於建立被告有罪之足夠的證據，若罪證確鑿的話，則陪審團就會拒絕無罪的假設（H_0），而推論被告有罪；相反的，如果沒有足夠的證據，則陪審團將宣判被告無罪（支持 H_0）。總而言之，陪審團的審判乃在確立被告有罪的證據（用以否決 H_0：被告無罪），而非在證明被告無罪（並非在於支持 H_0：被告無罪）。

虛無假設與檢定之觀念	法庭的判決	統計假設之檢定
1. 需要有力的證據。	犯罪的證據。	推論。
2. 虛無假設 H_0。	被告無罪。	「推論」為偽。
3. 對立假設 H_1。	被告有罪。	「推論」為真。
4. 檢定的精神與觀念。	• 除非有足夠的證據，否則認定被告「無罪」。	• 除非樣本數據顯示不利於 H_0，否則仍維持 H_0。
	• 寧願「勿枉」而不願「勿縱」。	• 「錯誤地拒絕 H_0」之嚴重高於「錯誤地接受 H_0」。

例 *

(1) 某一個工廠生產零件，依過去經驗平均重量為 1100 公克，現有一新技術，宣稱改善後會增加零件的重量。

(2) 工廠宣稱其零件改善後的壽命不小於 1100 小時。

(3) 有一裝配組合之工作，要求 25 秒完成，不必太快亦不得太慢，若想知道目前的工作情況是否符合此次要求。

【解說】

(1) 母數 μ 指改善後的平均重量，

$$H_0：\mu \leq 1100，H_1：\mu > 1100（右尾）$$

(2) 母數 μ 指改善後的平均壽命，

$$H_0：\mu \geq 1100，H_1：\mu < 1100（左尾）$$

(3) 母數 μ 是目前的工作秒數，

$$H_0：\mu = 25，H_1：\mu \neq 25（雙尾）$$

■ 型 I 錯誤與型 II 錯誤

當虛無假設 H_0 為眞是，否定 H_0 是一種錯誤的判斷，這種錯誤稱爲第 I 型錯誤（type I error）。當對立假設 H_1 爲眞，不否定 H_0 的錯誤判斷，稱爲第 II 錯誤（type II error）。

採用結論　＼　眞實情況	H_0 爲眞	H_1 爲眞（H_0 爲假）
接受 H_0	正確（$1 - \alpha$）	第 II 型錯誤（β）
拒絕（否定）H_0	第 I 型錯誤（α）	正確（$1 - \beta$）

【解說】

以前述機器零件爲例，若所建立之假設如下：

$$H_0：\mu \leq 1100，H_1：\mu > 1100$$

(1) 而事實上 μ 是 1500 時，根據樣本資料卻肯定 $H_0 : \mu \leq 1100$ ，顯然犯第 II 型錯誤太嚴重了。

(2) 而事實上 μ 是 1101 時，卻肯定 $H_0 : \mu \leq 1100$，則犯第 II 型錯誤就沒有什麼嚴重可言。

(3) 事實上 μ 是 500，根據樣本資料卻否定 H_0 顯然犯第 I 型錯誤太嚴重了。

(4) 事實上 μ 是 991，卻否定 H_0，犯第 I 型錯誤就沒有什麼嚴重。

■ 否定域（Rejection Region）

藉樣本觀測值以決定肯定或否定虛無假設之規則，稱為統計決策規則，令 C 表樣本空間的部分集合，若樣本值落在 C 中，即否定 H_0，若樣本值落在 C 之外，則不否定 H_0，C 稱為檢定之否定域（或稱拒絕域）。

(1) 若所建立之假設為 $H_0 : \mu \leq \mu_0$，$H_1 : \mu > \mu_0$
則 $C = \{\overline{x} | \overline{x} > c\}$　c 為 μ_0 附近之值

(2) 若所建立之假設為 $H_0 : \mu \geq \mu_0$，$H_1 : \mu < \mu_0$
則 $C = \{\overline{x} | \overline{x} < c\}$

(3) 若所建立之假設為 $H_0 : \mu = \mu_0$，$H_1 : \mu \neq \mu_0$
則 $C = \{\overline{x} | \overline{x} > c \quad \text{or} \quad \overline{x} < c\}$

【解說】

以前述的機器零件為例，若建立之假設為：
$$H_0 : \mu \leq 1100 \text{ 對 } H_1 : \mu > 1100$$
自改善後的零件取 $n = 36$ 個為一組樣本進行實驗，若其平均壽命 $\overline{x}$ 比 1100 大許多，理應肯定 $H_1 : \mu > 1100$ ，同理若 $\overline{x}$ 比 1100 小許多，理應肯定 H_0，因為 $\overline{x}$ 是 μ 的一個優良點估計式，$\overline{x}$ 理應落在 μ 之附近，因此對 H_0 與 H_1 的選擇規則應如下述形式：

若 $\overline{x} \leq c$ ，則肯定 $H_0 : \mu \leq 1100$

若 $\overline{x} > c$ ，則肯定 $H_1 : \mu > 1100$（否定 $H_0 : \mu \leq 1100$）

式中「c 應該是 1100 附近的一個數值」，上述決策規則可改為如下形式：

$C = \{\bar{x}|\bar{x} > c\}$，若 $\bar{x} \in C$，則否定 H_0；若 $x \notin C$，則不否定 H_0，稱 C 為假設假定的否定域，而 c 值稱為檢定之臨界值。

例 *

若所建立之假設如下，設臨界值 c 為 1125，

(1) $H_0 : \mu \leq 1100$，$H_1 : \mu > 1100$

(2) $H_0 : \mu \geq 1100$，$H_1 : \mu < 1100$

(3) $H_0 : \mu = 1100$，$H_1 : \mu \neq 1100$

(4) $H_0 : \mu = 1100$，$H_1 : \mu > 1100$

(5) $H_0 : \mu = 1100$，$H_1 : \mu < 1100$

(6) $H_0 : \mu = 1100$，$H_1 : \mu > 1200$

問否定域之形式應如何設定？

【解】

    (1) $C = \{\bar{x}|\bar{x} > 1125\}$

    (2) $C = \{\bar{x}|\bar{x} < 1125\}$

    (3) $C = \{\bar{x}|\bar{x} > 1125$ 或 $\bar{x} < 1125\}$

    (4) $C = \{\bar{x}|\bar{x} > 1125\}$

    (5) $C = \{\bar{x}|\bar{x} < 1125\}$

    (6) $C = \{\bar{x}|\bar{x} > 1125\}$（並非 $H_1 : \mu = 1200$，因為 1000 並未包含在內，應是 $H_1 : \mu > 1100$）。

【註】 檢定想成是「從虛無假設 H_0 與對立假設 H_1 中兩者選一的手法」的人有很多，可是，事實不然，檢定有二種錯誤的可能性。

■ 檢定力函數曲線（PF）

檢定虛無假設 H_0 與對立假設 H_1 的檢定力函數（power function），指樣本點落在否定域 C 中之機率，亦即檢定力函數為否定虛無假設 H_0 之機率；由檢定力函數所形成之圖形稱為檢定力函數曲線，亦即，PF 曲線即為 $P\{$否定 $H_0\}$ 之曲線。

【解說】

在前述的機械零件例中，μ 表改善後零件的平均使用壽命，取 $n = 36$，假設已知此種零件每一個之使用壽命的標準差 $\sigma = 300$ 小時，今假定下列二個假設：

$$H_0 : \mu \leq 1100 \text{，} H_1 : \mu > 1100$$

$$\text{否定域為 } C = \{\bar{x} | \bar{x} > 1125\}$$

計算下列機率：

$$PF = P(H_1|\mu) = P(\bar{X} \in C|\mu)$$
$$= P(\bar{X} > 1125|\mu)$$

$$D(\bar{X}) = \frac{\sigma}{\sqrt{n}} = \frac{300}{\sqrt{36}} = 50$$

$$Z = \frac{\bar{X} - \mu}{D(\bar{X})} = \frac{\bar{X} - \mu}{50}$$

$$\therefore P(\bar{X} > 1125 | \mu) = P\left(Z > \frac{1125 - \mu}{50} | \mu\right)$$

$$P(\bar{X} > 1125 | \mu = 1050) = P\left(Z > \frac{1125 - 1050}{50}\right)$$
$$= P(Z > 1.5) = 0.0668$$

$$P(\bar{X} > 1125 | \mu = 1100) = P\left(Z > \frac{1125 - 1100}{50}\right)$$
$$= P(Z > 0.5) = 0.3085$$

$$P(\bar{X} > 1125 | \mu = 1125) = P\left(Z > \frac{1125 - 1125}{50}\right)$$
$$= P(Z > 0) = 0.5$$

$$P(\bar{X} > 1125 | \mu = 1200) = P\left(Z > \frac{1125 - 1200}{50}\right)$$
$$= P(Z > -1.5) = 0.9332$$

將以上計算整理如下表。

$(\sigma = 300, n = 36)\mu$	$\cdots 1050 \cdots\cdots 1100 \cdots$	$\cdots 1125 \cdots\cdots 1200 \cdots$
$P(H_1; \mu)$ $= P$（否定 $H_0; \mu$）	$\cdots 0.0668 \cdots \nearrow 0.3085$ P(型 I 錯誤) $= P$（作錯決策）	$\cdots 0.50 \cdots \nearrow 0.9332 \cdots$ P（作對決策）

(a) $\mu = 1050$

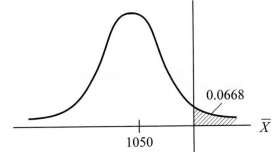

0.0668

$\overline{X}$

1050

(b) $\mu = 1100$

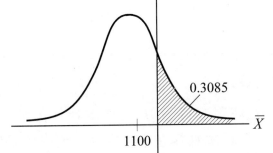

0.3085

$\overline{X}$

1100

(c) $\mu = 1125$

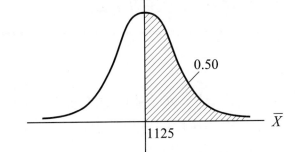

0.50

$\overline{X}$

1125

(d) $\mu = 1200$

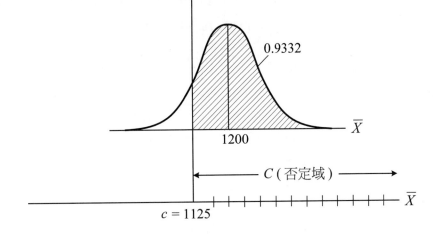

0.9332

$\overline{X}$

1200

C（否定域）

$\overline{X}$

$c = 1125$

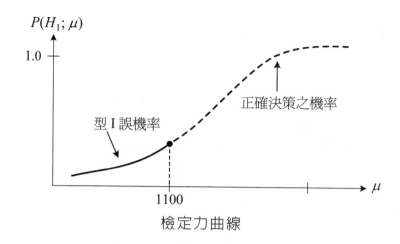

檢定力曲線

■ 作業特性曲線（OC）

　　檢定虛無假設 H_0 與對立假設 H_1 之作業特性函數（operating characteristic function），指樣本點落在不否定域（或稱接受域）C^* 中的機率，亦即作業特性函數爲不否定虛無假設的機率，作業特性函數圖稱爲作業特性曲線，亦即 OC 曲線即爲 $P\{$不否定 $H_0\}$ 之曲線。

【解說】

$$OC = P（不否定 H_0|\mu） = 1 - P（否定 H_0|\mu）$$

or　　$OC = P(H_0|\mu) = 1 - P(H_1|\mu)$

以前述之機器零件爲例，如

$$H_0：\mu \le 1100，H_1：\mu > 1100$$

$$OC = P(\overline{X} \le 1125\,|\,\mu)$$

$$= P\left(Z \le \frac{1125 - \mu}{D(\overline{X})}\,|\,\mu \right)$$

$$= P\left(Z \le \frac{1125 - \mu}{50}\,|\,\mu \right)$$

$(\sigma=300, n=36)\,\mu$	$\cdots 1050\cdots\cdots\cdots\cdots 1100\cdots$	$\cdots 1125\cdots\cdots\cdots\cdots 1200\cdots$
$1-P(H_1;\mu)$ $=P(H_0;\mu)$	$\begin{array}{ccc} 1-0.0668 & \cdots\cdots & 1-0.3085 \\ \parallel & & \parallel \\ 0.9332 & \searrow & 0.6915 \end{array}$ P(作對決策)	$\begin{array}{ccc} 1-0.50 & \cdots\cdots & 1-0.9332 \\ \parallel & & \parallel \\ 0.5 & \searrow & 0.0668 \end{array}$ P（型 II 錯誤）$=P$（作錯決策）

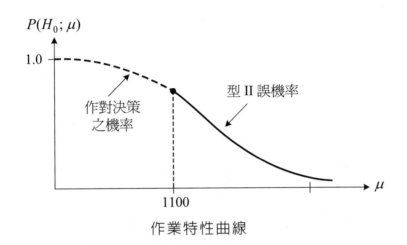

作業特性曲線

■ α 風險與 β 風險

犯第 I 型錯誤之機率以 α 表示，稱為 α 風險（α risk），犯第 II 型錯誤之機率以 β 表示，稱為 β 風險（β risk），此兩者所表示之曲線，稱為錯誤曲線。β 風險中當 $\mu=\mu_0$，其機率為最大，稱為顯著水準，經常設為 $\alpha=0.01$ 或 0.05。

📝 性質

$\alpha=P\{$ 否定 $H_0|H_0$ 為真 $\}$，顯著水準 $=\max\alpha$

$\beta=P\{$ 不否定 $H_0|H_1$ 為真（H_0 為假）$\}$

$1-\beta=P\{$ 否定 $H_0|H_1$ 為真（H_0 為假）$\}$，此式是表示在 H_0 為假之下的檢定力。

【解說】

$H_0 : \mu \leq 1100$，$H_1 : \mu > 1100$，$c = 1125$，$\sigma = 300$，$n = 36$

$\alpha -$ 風險 $= P\{$ 否定 $H_0|H_0$ 為眞 $\}$

$$= P\{\overline{X} > 1125 \,|\, \mu(\mu \leq 1100)\} = P\left\{Z > \frac{1125 - \mu}{\sigma / \sqrt{n}} \,\middle|\, \mu\right\}$$

$\beta -$ 風險 $= P\{$ 不否定 $H_0|H_0$ 為假 $\}$

$$= P\{\overline{X} \leq 1125 \,|\, \mu(\mu > 1100)\} = P\left\{Z \leq \frac{1125 - \mu}{\sigma / \sqrt{n}} \,\middle|\, \mu\right\}$$

（顯著水準） $\alpha = P\{\overline{X} > 1125 \,|\, \mu = 1100\}$

$$= P\left\{Z > \frac{1125 - 1100}{300 / \sqrt{36}}\right\}$$

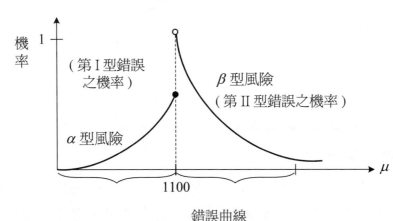

錯誤曲線

【註】$P\{$ 否定 $H_0|H_0$ 為眞 $\}$ 中的「H_0 為眞」是指母體之母數落在虛無假設中之所在範圍，「否定 H_0」是指樣本點落在否定域之謂。

$P\{$ 不否定 $H_0|H_0$ 為假 $\}$ 中的「H_0 為假」是指母數之值落在對立假設中所在範圍，「不否定 H_0」是指樣本點未落在否定域，亦即落在接受域之謂。

例*

設 $X \sim U(5, \theta)$，今欲檢定 $H_0 : \theta = 10$，$H_1 : \theta = 25$，今若觀察一個觀測值，若選擇之拒絕域為 $x > 9.5$，試求此檢定之顯著水準及檢定力。

【解】

$\because C = \{x \mid x > 9.5\}$ ，故顯著水準為

$$\alpha = P\{X > 9.5 | \theta = 10\}$$
$$= \int_{9.5}^{10} \frac{1}{10-5} dx = \int_{9.5}^{10} \frac{1}{5} dx = \frac{0.5}{5} = 0.1$$

又檢定力為

$$1 - \beta = 1 - P\{X \leq 9.5 | \theta = 25\}$$
$$= P\{X > 9.5 | \theta = 25\}$$
$$= \int_{9.5}^{25} \frac{1}{25-5} dx$$
$$= \int_{9.5}^{25} \frac{1}{20} dx = \frac{25-9.5}{20} = 0.775$$

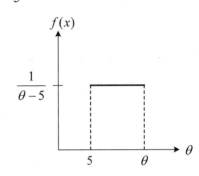

例*

　　電腦製造商徵求加盟店之條件是每季至少需銷售 368 台，但銷售量往往起伏波動，根據過去經驗，呈常態分配且標準差為 15 台，現製造商抽出 25 家加盟店之資料為樣本來檢測「條件」是否太嚴，請問：

(1) 當樣本平均銷售量為多少時，會有九成五把握說「平均銷售量小於 368 台」（即製造商高估）。

(2) 倘若真實的母體平均數只有 360 台，則又有多少把握說原來的條件是高估了。

(3) 鑑於資料不全，製造商又硬是要檢測「360 台」之條件是否合理（相對於 368 台）？在以 5% 為顯著水準，檢定力需達 8 成的標準，則至少需要多少家之資料才能進行檢定。

【解】

(1) 欲檢定 $H_0 : \mu \geq 368$，$H_1 : \mu < 368$

　　$\therefore C = \{\overline{x} | \overline{x} < k\}$

　　故知 $P\{\overline{X} < k | \mu = 368\} = 0.05$

　　$\therefore P\left\{Z < \dfrac{k-368}{15/\sqrt{25}}\right\} = 0.05$

$$\therefore k = 368 - 1.645 \times \frac{15}{\sqrt{25}} = 363.065$$

亦即當樣本平均銷售量小於 363.065 台時，有九成五之把握說平均銷售量小於 368 台。

(2) $P\{X < 363.065 | \mu = 360\}$

$$P\left\{Z < \frac{363.065 - 360}{15/\sqrt{25}}\right\} = P(Z \leq 1.02) = 0.8461$$

(3) $\alpha = 0.05$，且 $\beta = 0.02$

$$\therefore P(\overline{X} < k | \mu = 368) = 0.05$$

$$k = 368 - 1.645 \frac{15}{\sqrt{n}} \tag{1}$$

又 $P(\overline{X} > k \mid \mu = 360) = 0.2$

$$k = 360 + 1.84 \frac{15}{\sqrt{n}} \tag{2}$$

由 (1), (2) 知

$$368 - 1.645 \frac{15}{\sqrt{n}} = 360 + 1.84 \frac{15}{\sqrt{n}}$$

$$n = \frac{(1.645 + 1.84)^2 (15)^2}{(368 - 360)^2} = 42.698$$

故知至少要取 43 家才能進行檢定。

■ 臨界值對風險之影響

對固定之樣本而言，某一型錯誤機率之增加，必使另一型錯誤之機率減少，反之亦然。

【解說】

以前例來說，$H_0 : \mu \leq 1100$，$H_1 : \mu > 1100$，

(1) $c = 1125$，$n = 36$

μ	$\mu = 1050\cdots\cdots1100$	$\cdots\cdots1125\cdots\cdots1200$
$P[\overline{X} > 1125]$	$0.0668\cdots\cdots0.3085$	$\cdots\cdots0.5\cdots\cdots0.9332$
$\alpha = P$〔型 I 誤〕 $\beta = P$〔型 II 誤〕	$0.0668\cdots\cdots0.3085$ 不發生	不發生 $\cdots\cdots0.5\cdots\cdots0.0668$

(2) $c = 1150$，$n = 36$

μ	$\mu = 1050\cdots\cdots1100$	$\cdots\cdots1125\cdots\cdots1200$
$P[\overline{X} > 1125]$	$0.0228\cdots\cdots0.1587$	$\cdots\cdots0.30855\cdots\cdots0.8413$
$\alpha = P$〔型 I 誤〕 $\beta = P$〔型 II 誤〕	$0.0228\cdots\cdots0.1587$ 不發生	不發生 $\cdots\cdots0.6915\cdots\cdots0.1587$

由 (1), (2) 整理如下：

c	$\cdots\cdots1125\cdots\cdots1150\cdots$
$\mu = 1050, \alpha$	$\cdots\cdots0.0668\cdots\searrow 0.0228\cdots\cdots$
$\mu = 1125, \beta$	$\cdots\cdots0.5\cdots\cdots\nearrow 0.6915\cdots\cdots$

調整臨界值後，使 α 風險減少，但使 β 風險增加，反之使 α 增加，卻使 β 減少。

■ 樣本數對風險之影響

隨機樣本數增加後，必使犯兩型錯誤之機率減少。

【解說】

以前例來說：

(1) $n = 36$，$c = 1125$

μ	$1050\cdots\cdots1100$	$\cdots\cdots1125\cdots\cdots1200$
$P[\overline{X} > 1125]$	$0.0668\cdots\cdots0.3085$	$\cdots\cdots0.5\cdots\cdots0.9332$
α β	$0.0668\cdots\cdots0.3085$ 不發生	不發生 $\cdots\cdots0.5\cdots\cdots0.0668$

(2) $n = 100$，$c = 1125$

μ	$\mu = 1050 \cdots\cdots 1100$	$\cdots\cdots 1125 \cdots\cdots 1200$
$P[\overline{X} > 1125]$	$0.0062 \cdots\cdots 0.2033$	$\cdots\cdots 0.5 \cdots\cdots 0.9938$
α	$0.0062 \cdots\cdots 0.2033$	不發生
β	不發生	$\cdots\cdots 0.5 \cdots\cdots 0.0062$

由 (1), (2) 整理如下：

n	$\cdots\cdots 36 \cdots\quad 100 \cdots\cdots$
$\mu = 1050$, α	$\cdots\cdots 0.0668 \cdots \searrow 0.0062 \cdots\cdots$
$\mu = 1200$, β	$\cdots\cdots 0.0668 \cdots \searrow 0.0062 \cdots\cdots$

可見增加樣本數後，α, β 風險同時減小。

風險類型	α－風險	β－風險
臨界值之影響	$c \uparrow \Rightarrow \alpha \downarrow (\uparrow)$ （樣本數固定）	$c \uparrow \Rightarrow \beta \uparrow (\downarrow)$ （樣本數固定）
樣本數之影響	$n \uparrow \Rightarrow \alpha \downarrow$ （臨界值固定）	$n \uparrow \Rightarrow \beta \downarrow$ （臨界值固定）

　　基於前述兩定理知，取適當的樣本數與臨界值，可控制兩型錯誤之機率，不過一般來說，樣本數常是固定的，如果只是一種錯誤的風險可以控制，顯然應該控制嚴重性較大的那一種，我們選擇 α 風險為比較重要的風險理由如下：

1. 常常 α 風險本來就是比較重要之風險。

2. 在設定二個相對假設時，往往我們可以安排較重要的風險當作 α 風險。

譬如：

$$\begin{cases} H_0：藥品無效 \\ H_1：藥品有效 \end{cases}$$

$$\begin{cases} H_0：無罪 \\ H_1：有罪 \end{cases}$$

$$\begin{cases} H_0：飲用氟開水蛀牙平均發生次數不會減少 \\ H_1：平均次數會減少 \end{cases}$$

　　總而言之，我們應該把錯認之後果比較嚴重之假設當作虛無假設，然後控制 α，使其值在可容忍之範圍內。易言之，除非有充分之證據，絕不輕言否定 H_0，此 α 風險的最大值即稱為檢定之顯著水準。此外，習慣上等號要擺在虛無假設中。事實上，等號成立時之 α 風險，就是所有 α 風險的最大值，檢定的顯著水準習慣上仍以 α 表之，通常取 0.1, 0.05 或 0.01 當作顯著水準。

1. 臨界值檢定法（Critical value test）

■ 單一母體均數的檢定

(1) 大樣本

　　不論母體分配 $(\mu,\ \sigma^2)$ 為何，$\bar{X} \sim N\left(\mu, \dfrac{\sigma^2}{n}\right)$，在顯著水準 α 已知下：

① σ^2 已知

$$\frac{\bar{X} - \mu}{\sigma / \sqrt{n}} = Z$$

② σ^2 未知

$$\frac{\bar{X} - \mu}{s / \sqrt{n}} = Z$$

σ^2 已知	σ^2 未知
(1) $H_0 : \mu \leq \mu_0,\ H_1 : \mu > \mu_0$ μ_0 為一指定數 則 $C = \{\bar{x};\ \bar{x} > c\}$ $c = \mu_0 + Z_\alpha \dfrac{\sigma}{\sqrt{n}}$ 若 $\bar{x}_0 > c$，則拒絕 H_0	(1) $H_0 : \mu \leq \mu_0,\ H_1 : \mu > \mu_0$ $C = \{\bar{x};\ \bar{x} > c\}$ $c = \mu_0 + Z_\alpha \dfrac{s}{\sqrt{n}}$ 若 $\bar{x}_0 > c$，則拒絕 H_0
(2) $H_0 : \mu \geq \mu_0,\ H_1 : \mu < \mu_0$ $C = \{\bar{x};\ \bar{x} < c\}$ $c = \mu_0 - Z_\alpha \dfrac{\sigma}{\sqrt{n}}$ 若 $\bar{x}_0 < c$，則拒絕 H_0	(2) $H_0 : \mu \geq \mu_0,\ H_1 : \mu < \mu_0$ $C = \{\bar{x};\ \bar{x} < c\}$ $c = \mu_0 - Z_\alpha \dfrac{s}{\sqrt{n}}$ 若 $\bar{x}_0 < c$，則拒絕 H_0

σ^2 已知	σ^2 未知
$(3)\,H_0 : \mu \leq \mu_0,\ H_1 : \mu \neq \mu_0$ $\quad C = \{\bar{x};\ \bar{x} < c_2,\ \bar{x} > c_1\}$ $\quad c_1 = \mu_0 + Z_{\alpha/2}\dfrac{\sigma}{\sqrt{n}}$ $\quad c_2 = \mu_0 - Z_{\alpha/2}\dfrac{\sigma}{\sqrt{n}}$ $\quad$ 若 $\bar{x}_0 \in C$，則拒絕 H_0	$(3)\,H_0 : \mu \leq \mu_0,\ H_1 : \mu > \mu_0$ $\quad C = \{\bar{x};\ \bar{x} < c_2,\ \bar{x} > c_1\}$ $\quad c_1 = \mu_0 + Z_{\alpha/2}\dfrac{s}{\sqrt{n}}$ $\quad c_2 = \mu_0 - Z_{\alpha/2}\dfrac{s}{\sqrt{n}}$ $\quad$ 若 $\bar{x}_0 \in C$，則拒絕 H_0

(2) 小樣本

　①母體為常態分配

　　a. σ^2 已知

$$\frac{\bar{X} - \mu}{\sigma / \sqrt{n}} = Z$$

　　b. σ^2 未知

$$\frac{\bar{X} - \mu}{s / \sqrt{n}} = t(n-1)$$

常態母體下

σ^2 已知	σ^2 未知
$(1)\,H_0 : \mu \leq \mu_0,\ H_1 : \mu > \mu_0$ $\quad C = \{\bar{x};\ \bar{x} > c\}$ $\quad c = \mu_0 + Z_{\alpha}\dfrac{\sigma}{\sqrt{n}}$ $\quad$ 若 $\bar{x}_0 > c$ 則拒絕 H_0	$(1)\,H_0 : \mu \leq \mu_0,\ H_1 : \mu > \mu_0$ $\quad C = \{\bar{x};\ \bar{x} > c\}$ $\quad c = \mu_0 + t_{\alpha}\dfrac{s}{\sqrt{n}}$ $\quad$ 若 $\bar{x}_0 > c$ 則拒絕 H_0
$(2)\,H_0 : \mu \geq \mu_0,\ H_1 : \mu < \mu_0$ $\quad C = \{\bar{x};\ \bar{x} < c\}$ $\quad c = \mu_0 - Z_{\alpha}\dfrac{\sigma}{\sqrt{n}}$ $\quad$ 若 $\bar{x}_0 < c$ 則拒絕 H_0	$(2)\,H_0 : \mu \geq \mu_0,\ H_1 : \mu < \mu_0$ $\quad C = \{\bar{x};\ \bar{x} > c\}$ $\quad c = \mu_0 - t_{\alpha}\dfrac{s}{\sqrt{n}}$ $\quad$ 若 $\bar{x}_0 < c$ 則拒絕 H_0
$(3)\,H_0 : \mu \leq \mu_0,\ H_1 : \mu \neq \mu_0$ $\quad C = \{\bar{x};\ \bar{x} < c_2 \text{ or } \bar{x} > c_1\}$ $\quad c_1 = \mu_0 + Z_{\alpha/2}\dfrac{\sigma}{\sqrt{n}}$ $\quad c_2 = \mu_0 - Z_{\alpha/2}\dfrac{\sigma}{\sqrt{n}}$ $\quad$ 若 $\bar{x}_0 \in C$ 則拒絕 H_0	$(3)\,H_0 : \mu = \mu_0,\ H_1 : \mu \neq \mu_0$ $\quad C = \{\bar{x};\ \bar{x} < c_2 \text{ or } \bar{x} > c_1\}$ $\quad c_1 = \mu_0 + t_{\alpha/2}\dfrac{s}{\sqrt{n}}$ $\quad c_2 = \mu_0 - t_{\alpha/2}\dfrac{s}{\sqrt{n}}$ $\quad$ 若 $x_0 \in C$ 則拒絕 H_0

②母體分配為非常態分配

  a.σ^2 已知

    柴氏定理的利用

  b.σ^2 未知

    無母數統計學的利用

【解說】

(1) 大樣本，σ^2 已知

  ①欲檢定 $H_0：\mu \leq \mu_0$，$H_1：\mu > \mu_0$，此時否定域之形式為 $C = \{\bar{x};\ \bar{x} > c\}$，式中 c 由下式決定。

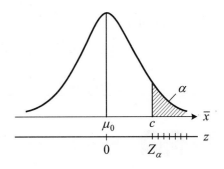

$$\alpha = P(\bar{X} > c \mid \mu = \mu_0) = P\left(Z > \frac{c - \mu_0}{\sigma(\bar{X})}\right)$$

$$= P(Z > Z_\alpha)$$

即 $Z_\alpha = \dfrac{c - \mu_0}{\sigma(\bar{X})}$ $\therefore c = \mu_0 + Z_\alpha \sigma(\bar{X})$

  ②欲檢定 $H_0：\mu \geq \mu_0$，$H_1：\mu < \mu_0$，否定域之形式為 $C = \{x;\ x < c\}$，式中 c 由下式決定。

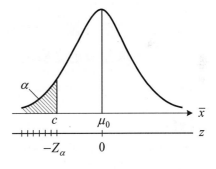

$$\alpha = P(\bar{X} < c \mid \mu = \mu_0) = P\left[Z < \frac{c - \mu_0}{\sigma(\bar{X})}\right]$$

$$= P(Z < -Z_\alpha)$$

即 $\dfrac{c - \mu_0}{\sigma(\bar{X})} = -Z_\alpha$ $\therefore c = \mu_0 - Z_\alpha \sigma(\bar{X})$

  ③欲檢定 $H_0：\mu = \mu_0$，$H_1：\mu \neq \mu_0$，否定域之形式為 $C = \{\bar{x};\ \bar{x} < c_2,\ \text{or}\ \bar{x} > c_1\}$；$c_1,\ c_2$ 由下式決定。

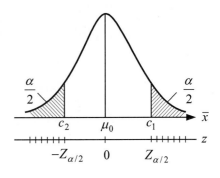

$$\alpha/2 = P(\bar{X} < c_2 \mid \mu = \mu_0)$$

$$= P\left[Z < \frac{c_2 - \mu_0}{\sigma(\bar{X})}\right]$$

$$= P[Z < -Z_{\alpha/2}]$$

得 $\dfrac{c_2 - \mu_0}{\sigma(\overline{X})} = -Z_{\alpha/2}$　　$\therefore c_2 = \mu_0 - Z_{\alpha/2}\sigma(\overline{X})$

又 $\alpha/2 = P(\overline{X} > c_1 | \mu = \mu_0) = P\left[Z > \dfrac{c_1 - \mu_0}{\sigma(\overline{X})}\right]$

　　　　$= P[Z > Z_{\alpha/2}]$

得 $\dfrac{c_1 - \mu_0}{\sigma(\overline{X})} = Z_{\alpha/2}$　　$\therefore c_1 = \mu_0 + Z_{\alpha/2}\sigma(\overline{X})$

又，σ^2 未知之情形，參照 σ^2 已知之情形推論。

(2) 小樣本

①常態母體下，σ^2 已知時，情形如 (1)。

②常態母體下，σ^2 未知時，檢定統計量是使用 $t = \dfrac{\overline{X} - \mu}{s/\sqrt{n}}$ 來推論。

例 *

　　設 $X_1, X_2, \cdots, X_{100}$ 為抽自平均數為 μ，變異數為 100 之常態母體的一組隨機樣本，今欲利用此組樣本來檢定，$H_0 : \mu = 75$，$H_1 : \mu = 78$，且否定域 $C = \{\overline{x} | \overline{x} > k\}$

　　(1) 若已知顯著水準 $\alpha = 0.05$，試求 k 之值；

　　(2) 求型 II 誤 β 之機率；

　　(3) 求此檢定之檢定力。

【解】

(1) $\because$ 顯著水準 $\alpha = 0.05$，則

$P\{\overline{X} > k | \mu = 75\} = 0.05$

$P\left(\dfrac{\overline{X} - 75}{10/\sqrt{100}} > \dfrac{k - 75}{10/\sqrt{100}}\right) = 0.05$

$P\left(Z > \dfrac{k - 75}{10/\sqrt{100}}\right) = 0.05$

$\therefore \dfrac{k - 75}{10/\sqrt{100}} = 1.645$, $\therefore k = 75 + 1.645\dfrac{10}{10} = 76.645$

(2) $\beta = P$（型 II 誤）

$$= P(\overline{X} \le k | \mu = 78)$$

$$P\left(\frac{\overline{X} - 78}{10/\sqrt{100}} \le \frac{76.645 - 78}{10/\sqrt{100}}\right)$$

$$= P(Z \le -1.355) = 0.087$$

(3) 此檢定之檢定力為

$$1 - \beta = 1 - 0.077 = 0.913$$

例*

設自一常態母體隨機取樣 $n = 3$，其樣本點為 3, 5, 7，試以 $\alpha = 0.01$，利用此組樣本，檢定 $H_0 : \mu = 0, H_1 : \mu \ne 0$。

【解】

由樣本計算得 $\overline{x} = (3 + 5 + 7)/3 = 5$

$$s^2 = \frac{1}{3-1}[(3-5)^2 + 5-5)^2 + (7-5)^2] = 4$$

否定域 $C = \{\overline{x} > c_1, \overline{x} < c_2\}$

$$c_1 = \mu_0 + t_{\alpha/2}(n-1)\frac{s}{\sqrt{n}} = 0 + 2.920\frac{2}{\sqrt{3}} = 3.37$$

$$c_2 = \mu_0 - t_{\alpha/2}(n-1)\frac{s}{\sqrt{n}} = 0 - 2.920\frac{2}{\sqrt{3}} = -3.37$$

$$\overline{x} = 5 \in C$$

$\therefore$ 拒絕 H_0。

例*

設隨機變數 X 的機率密度函數為 $f(x) = \dfrac{1}{\theta}$，$0 < x < \theta$，今欲利用 X 的觀測值來檢定 $H_0 : \theta = \dfrac{4}{3}$ 和 $H_1 : \theta = \dfrac{7}{3}$，若知否定域 $C = \{x | x > 1\}$，試求

(1) 此檢定之顯著水準；

(2) 型 II 誤 β 之機率。

【解】

(1) $\alpha = P\left(X > 1 \,|\, \theta = \dfrac{4}{3} \right)$

$\quad = \displaystyle\int_1^{4/3} \dfrac{3}{4} dx = \dfrac{1}{4}$

(2) $\beta = P(\text{型 II 誤}) = P\left(X \leq 1 \,|\, \theta = \dfrac{7}{3} \right)$

$\quad = \displaystyle\int_0^1 \dfrac{3}{7} dx = \dfrac{3}{7}$

例*

有一間斷隨機變數，在 H_0 及 H_1 之下的機率值如下表所示

x	1	2	3	4	5	6	7
$f(x \mid H_0)$	0.01	0.02	0.03	0.05	0.05	0.07	0.07
$f(x \mid H_1)$	0.03	0.09	0.10	0.10	0.20	0.18	0.30

(1) 試寫出 $\alpha = 0.1$ 之所有可能拒絕域？

(2) 在 (1) 中之拒絕域中，何者具有最小的 β？

【解】

(1) $C_1 = \{x | x = 1, 2, 6\}$，$C_2 = \{x | x = 2, 3, 4\}$

$\quad C_3 = \{x | x = 2, 3, 5\}$，$C_4 = \{x | x = 3, 6\}$

$C_5 = \{x|x = 4, 5\}$

(2) 當 $C_1 = \{x|x = 1, 2, 6\}$ 時

$\quad 1 - \beta = 0.03 + 0.09 + 0.18 = 0.3 \rightarrow \beta = 0.7$

$\quad C_2 = \{x|x = 2, 3, 4\}$ 時

$\quad 1 - \beta = 0.09 + 0.1 + 0.1 = 0.29 \rightarrow \beta = 0.71$

$\quad C_3 = \{x|x = 2, 3, 5\}$ 時

$\quad 1 - \beta = 0.09 + 0.1 + 0.2 = 0.39 \rightarrow \beta = 0.61$

$\quad C_4 = \{x|x = 3, 6\}$ 時

$\quad 1 - \beta = 0.1 + 0.18 = 0.28 \rightarrow \beta = 0.72$

$\quad C_5 = \{x|x = 4, 5\}$ 時

$\quad 1 - \beta = 0.1 + 0.2 = 0.3 \rightarrow \beta = 0.7$

故知 $C_3 = \{x|x = 2, 3, 5\}$ 具有最小的 β

例 *

假設我們要從平均數 μ 未知，標準差為 8 的常態母體中，抽取一組樣本 n 之隨機樣本，用來檢定 $H_0 : \mu = 42$，$H_1 : \mu = 50$，試決定樣本大小 n 及否定域 C 滿足 $\alpha = 0.05$ 且 $\beta = 0.1$。

【解】

$\because P(\overline{X} > k|\mu = 42) = 0.05$

$\therefore P\left(Z > \dfrac{k - 42}{8/\sqrt{n}}\right) = 0.05$

$\therefore \dfrac{k - 42}{8/\sqrt{n}} = 1.645 \quad \therefore k = 42 + 1.645 \times \dfrac{8}{\sqrt{n}}$ $\qquad(1)$

又 $P(\overline{X} \le k|\mu = 50) = 0.1$

$P\left(Z \le \dfrac{k - 50}{8/\sqrt{n}}\right) = 0.1$

$\therefore \dfrac{k - 50}{8/\sqrt{n}} \doteqdot -1.28 \quad \therefore k = 50 - 1.28 \times \dfrac{8}{\sqrt{n}}$ $\qquad(2)$

故由 (1), (2) 知

$$42 + 1.645 \times \frac{8}{\sqrt{n}} = 50 - 1.28 \times \frac{8}{\sqrt{n}}$$

$$\therefore n = \frac{(1.645 + 1.28)^2 \cdot 8^2}{(50 - 42)^2} \fallingdotseq 8.56 \to 9$$

又因 $n = 9$ 故知　$k = 42 + 1.645 \times \frac{8}{\sqrt{9}} = 46.387$

亦即否定域為　$C = \{\bar{x} | \bar{x} > 46.387\}$

例 *

已知 X 合於二項分配，且 $n = 3$，今欲檢定虛無假設 H_0： $p = \frac{1}{2}$，對立假設 H_1： $p = \frac{2}{3}$，若顯著水準 α 已定為 $\frac{1}{8}$，(1) 試指出應採用之拒絕域為何？ (2) 試求當 $\alpha = \frac{1}{8}$ 時，此檢定能使 β 最小之拒絕域為何？

【解】

(1) $\because X \sim b(3, p)$，亦即 $\alpha = P\left(拒絕 H_0 \mid p = \frac{1}{2}\right) = \frac{1}{8}$

又當 $p = \frac{1}{2}$ 時，

x	0	1	2	3
$f(x)$	$\frac{1}{8}$	$\frac{3}{8}$	$\frac{3}{8}$	$\frac{1}{8}$

故知檢定之拒絕域為 $C_1 = \{x | x = 0\}$， $C_2 = \{x | x = 3\}$

(2) $\because \beta = P$（不拒絕 $H_0 | H_1$ 為真）$= P\left(X \neq 0 \mid p = \frac{2}{3}\right)$

$$= 1 - P\left(X = 0 \mid p = \frac{2}{3}\right) = 1 - \binom{3}{0} \cdot \left(\frac{2}{3}\right)^0 \cdot \left(\frac{1}{3}\right)^3$$

$$= \frac{26}{27}$$

又 $\beta = P\left(X \neq 3 \mid p = \frac{2}{3}\right) = 1 - P\left(X = 3 \mid p = \frac{2}{3}\right)$

$$= 1 - \binom{3}{3} \cdot \left(\frac{2}{3}\right)^3 \cdot \left(\frac{1}{3}\right)^0$$

$$= \frac{19}{27}$$

故知當拒絕域為 $x = 3$ 時，能使 β 為最小。

例 *

　　甲工廠過去向 A 公司購買原料，自訂貨開始至交貨為止，平均為 4.94 日，標準差為 0.87 日，現 A 公司改組，甲工廠繼續向 A 公司購買，隨機抽取 8 次採購，平均日數為 4.29 日，試問 A 公司改組後的交貨期間是否較短？（$\alpha = 0.05$）

【解】

$H_0 : \mu \geq 4.94 ; H_1 : \mu < 4.94$

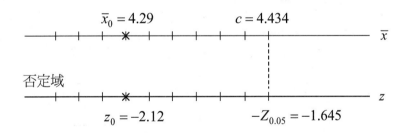

令 $\alpha = 0.05$ 則

$$c = 4.94 - Z_{0.05} \frac{0.87}{\sqrt{8}} = 4.34 > 4.29 = \bar{x}_0$$

或

$$z_0 = \frac{4.29 - 4.94}{0.87/\sqrt{8}} = -2.12 < -Z_{0.05} = -1.645$$

故拒絕 H_0，表示改組後 A 公司的交貨期間有可能縮短。

例 *

　　一燈泡工廠所生產的燈泡使用壽命近於常態分配，且宣稱其平均壽命不少於 1300 小時，今隨機抽取 25 個燈泡為樣本，得其平均壽命 $\overline{X}$ 為 1,288 小時，標準差 s 為 40 小時，試以 $\alpha = 0.01$ 檢定其所宣稱對否？

【解】

$H_0 : \mu \geq 1300$，$H_1 : \mu < 1300$

$$c = 1300 - t_{0.01}(24)\frac{40}{\sqrt{25}} = 1280.064 < 1288 = \overline{x}_0$$

或

$$t_0 = \frac{1288 - 1300}{40/\sqrt{25}} = -1.5 > -t_{0.01}(24) = -2.492$$

故接受 H_0，表示工廠所稱有可能是對的。

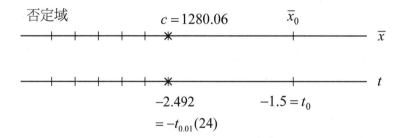

例 *

　　設 $X_1, X_2, \cdots, X_n$ 互相獨立地服從 $N(\mu, 2^2)$，以 $\alpha = 0.05$ 考察單尾檢定 $H_0 : \mu \leq \mu_0$，$H_1 : \mu > \mu_0$

　　(1) 試求 $n = 10$，$\mu - \mu_0 = 1.5$ 時的檢定力。

　　(2) 試求 $n = 10$，$\mu - \mu_0 = -0.5$ 時否定 H_0 的機率。

　　(3) 當 $\mu - \mu_0 = 1.5$ 時檢定力如為 95% n 必須多少以上。

【解】

(1) $C = \{\overline{x} > c\}$，$c = \mu_0 + Z_\alpha \dfrac{\sigma}{\sqrt{n}} = \mu_0 + 1.645\dfrac{2}{\sqrt{n}}$

$$1-\beta = P\{\bar{X} > c \mid \mu = \mu_0 + 1.5\}$$

$$= P\left\{\bar{X} > \mu_0 + 1.645\frac{2}{\sqrt{n}}\right\}$$

$$= P\left\{Z > -1.5/\frac{2}{\sqrt{10}} + 1.645\right\}$$

$$= P\{Z > -0.727\} = 0.766$$

(2) $p = P\left\{Z > 0.5/\dfrac{2}{\sqrt{10}} + 1.645\right\} = P\{Z > 2.436\} = 0.007$

(3) $0.95 = P\left\{Z > -1.5/\dfrac{2}{\sqrt{n}} + 1.645\right\}$

$\therefore -1.5/\dfrac{2}{\sqrt{n}} + 1.645 = -1.645$

$\therefore n = 19.2 \rightarrow 20$

例*

　　想對某合成物的原料所含的 A 成分進行定量分析，此時的分析值具有 $\sigma^2 = (3.0\%)^2$ 的誤差。含有率 97% 以上的原料想以機率 95% 使之合格接受，而含有率 94% 以下的材料想以機率 90% 阻止供應。此時對於供應原料，要進行幾次的分析才可以決定它的合格呢（基準型計量抽樣檢驗）？

【註】α 相當於生產者冒險率（良批被拒收的機率），β 相當於消費者冒險率（不良批被久收的機率）

【解】

$H_0 : \mu \geq 97\%(= \mu_0)$，$H_1 : \mu < 97\%$

若 $\bar{x} < \mu_0 - Z_\alpha \dfrac{\sigma}{\sqrt{n}} \Rightarrow$ 否定 H_0，$\bar{x} \geq \mu_0 - Z_\alpha \dfrac{\sigma}{\sqrt{n}} \Rightarrow$ 接受 H_0。

$\mu_0 = 97\%$ 的原料合格的機率為 95%，又含有率 $\mu_1 = 94\%$ 的原料合格機率為 $1 - 0.90 = 0.1$，所以

$$P\left(\bar{X} \geq \mu_0 - Z_{0.05}\frac{\sigma}{\sqrt{n}} \,\middle|\, \mu_1 = 0.94\right) = 0.1$$

$\bar{X}$ 的分配服從平均 $\mu = 94\%$，標準差 $\sigma/\sqrt{n}$ 的常態分配，所以

$$P\left(\frac{\bar{X}-94}{\sigma/\sqrt{n}} \geq \frac{\mu_0 - 94 - Z_{0.05}\dfrac{\sigma}{\sqrt{n}}}{\sigma/\sqrt{n}}\right) = 0.10$$

$$Z_{0.10} = \frac{\mu_0 - 94 - Z_{0.05}\dfrac{\sigma}{\sqrt{n}}}{\sigma/\sqrt{n}} = \frac{\mu_0 - 94}{\sigma/\sqrt{n}} - Z_{0.05}$$

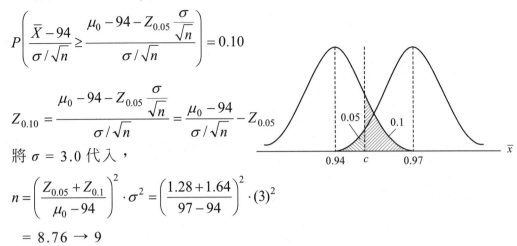

將 $\sigma = 3.0$ 代入，

$$n = \left(\frac{Z_{0.05} + Z_{0.1}}{\mu_0 - 94}\right)^2 \cdot \sigma^2 = \left(\frac{1.28 + 1.64}{97 - 94}\right)^2 \cdot (3)^2$$

$$= 8.76 \rightarrow 9$$

例*

同上例，對於分析次數 $n = 9$，試計算含有率 98% 及 93% 之原料的合格機率，並畫出此種檢定（正確來說是抽樣檢驗）的檢定力曲線（在抽樣檢驗中用 OC 曲線）。

【解】

含有率 μ 的原料的合格機率為

$$L(\mu) = P\left(\bar{X} > \mu_0 - Z_\alpha \frac{\sigma}{\sqrt{n}}\right) = P\left(\frac{\bar{X}-\mu}{\sigma/\sqrt{n}} > \frac{\mu_0 - \mu}{\sigma/\sqrt{n}} - Z_\alpha\right)$$

$$= P\left(Z > \frac{\mu_0 - \mu}{\sigma/\sqrt{n}} - Z_\alpha\right)$$

此處，$\sigma/\sqrt{n} = 3.0/\sqrt{9} = 1$，$Z_{0.95} = 1.64$

$$L(\mu) = P(Z > 97 - \mu - 1.64)$$

查常態分配表得

$L(98\%) = P(Z > 97 - 98 - 1.64) = 0.996$

$L(96\%) = P(Z > 97 - 96 - 1.64) = 0.739$

$L(95\%) = P(Z > 0.36) = 0.359$

$L(94\%) = P(Z > 1.36) = 0.087$

$L(93\%) = P(Z > 2.36) = 0.009$

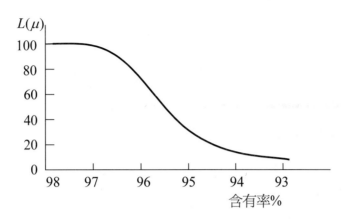

例*

　　想對某合成物的原料所含的雜質進行定量分析，此時的分析值具有 $\sigma^2 = (3\%)^2$ 的誤差。雜質含有率在 1% 以下的原料以機率 95% 儘量使之合格接受，而含有率在 3% 以上的原料，儘量想以機率 90% 阻止供應，此時對於供應材料，要抽多少個樣本方能符合此抽樣檢驗呢？

【解】

　　$H_0：\mu \le 1\%$，$H_1：\mu > 1\%$

　　含有率在 1% 以下的不合格機率為 $1 - 0.95 = 0.05$，所以

　　$0.05 = P\{\overline{X} > c \,|\, \mu = 1\%\}$

　　$\therefore c = \mu_0 + Z_{0.05} \dfrac{\sigma}{\sqrt{n}} = 1 + 1.645 \cdot \dfrac{3}{\sqrt{n}}$

　　又含有率 $\mu = 3\%$ 的合格機率為 $1 - 0.9 = 01$ ，所以

　　$P\left(\overline{X} \le 1 + 1.645 \dfrac{\sigma}{\sqrt{n}} \,|\, \mu = 3\% \right) = 0.1$

　　$P\left(\dfrac{\overline{X} - 3}{\sigma / \sqrt{n}} \le \dfrac{1 + 1.645 \cdot 3 / \sqrt{n} - 3}{3 / \sqrt{n}} \right) = 0.1$

　　$P(Z \le -Z_{0.1}) = 0.1$

　　$\dfrac{1 + 1.645 \dfrac{3}{\sqrt{n}} - 3}{3 / \sqrt{n}} = -Z_{0.1} = -1.282$

$$\frac{-2}{0.1/\sqrt{n}} + 1.645 = -1.282$$

$$n = 4.39 \to 4 \text{ 或 } 5$$

■ α 與 β 風險控制下，樣本數之求法

(1) 當 n 未知，在大樣本且 σ 已知下，若 $\mu = \mu_0$ 時之 α 值，與 $\mu = \mu_1$ 時之 β 值已知，則

①檢定 $H_0 : \mu \leq \mu_0$，$H_1 : \mu > \mu_0$（設 $\mu_1 > \mu_0$）

此時樣本數爲

$$n = \left(\frac{(Z_\alpha + Z_\beta)\sigma}{\mu_1 - \mu_0} \right)^2$$

②檢定 $H_0 : \mu \geq \mu_0$，$H_1 : \mu < \mu_0$（設 $\mu_1 < \mu_0$）

此時樣本數爲

$$n = \left(\frac{(Z_\alpha + Z_\beta)\sigma}{\mu_0 - \mu_1} \right)^2$$

③檢定 $H_0 : \mu = \mu_0$，$H_1 : \mu \neq \mu_0$

此時樣本數爲

$$n = \left(\frac{(Z_{\alpha/2} + Z_\beta)\sigma}{\mu_1 - \mu_0} \right)^2$$

(2) 對於其他情況亦可仿照表示。

【解說】

(1) 否定域的形式爲

$C = \{\bar{x} ; \bar{x} > c\}$，則由

$$\alpha = P(\bar{X} > c; \mu_0) = P\left[Z > \frac{c - \mu_0}{\sigma(\bar{X})} \right] = P[Z > Z_\alpha]$$

其中，$\dfrac{c - \mu_0}{\alpha(\bar{X})} = Z_\alpha$　$\therefore c = \mu_0 + Z_\alpha \dfrac{\sigma}{\sqrt{n}}$　　　　(1)

次由

$$\beta = P(\overline{X} \le c; \mu_1) = P\left[Z \le \frac{c - \mu_1}{\sigma(\overline{X})} \right] = P[Z \le -Z_\beta]$$

其中，$\dfrac{c - \mu_1}{\sigma(\overline{X})} = -Z_\beta \quad \therefore c = \mu_1 - Z_\beta \dfrac{\sigma}{\sqrt{n}}$ \hfill (2)

因此由 (1) 與 (2) 得

$$\mu_0 + Z_\alpha \frac{\sigma}{\sqrt{n}} = \mu_1 - Z_\beta \frac{\sigma}{\sqrt{n}}$$

$$\therefore n = \left[\frac{(Z_\alpha + Z_\beta)\sigma}{(\mu_1 - \mu_0)} \right]^2$$

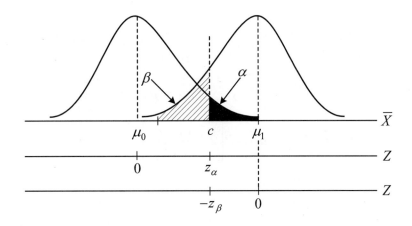

(2) $\alpha = P(\overline{X} < c; \mu_0) = P\left(Z < \dfrac{c - \mu_0}{\sigma(\overline{X})} \right) = P(Z < -Z_\alpha; \mu_0)$

$$\therefore \frac{c - \mu_0}{\sigma(\overline{X})} = -Z_\alpha \tag{1}$$

$$\beta = P(\overline{X} \ge c; \mu_1) = P\left[Z > \frac{c - \mu_1}{\sigma(\overline{X})} \right] = P[Z > Z_\beta; \mu_1]$$

$$\therefore \frac{c - \mu_1}{\sigma(\overline{X})} = Z_\beta \tag{2}$$

$$\therefore \mu_0 - Z_\alpha \frac{\sigma}{\sqrt{n}} = \mu_1 + Z_\beta \frac{\sigma}{\sqrt{n}}$$

$$\therefore n = \left[\frac{(Z_\alpha + Z_\beta)\sigma}{(\mu_0 - \mu_1)} \right]^2$$

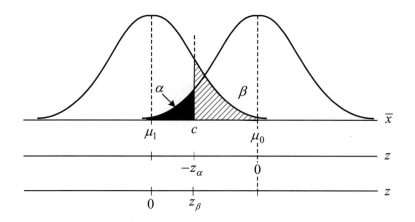

(3) 若 $\mu_1 < \mu_0$，則

$$\frac{\alpha}{2} = P(\bar{X} < c_2; \mu_0) = P\left[Z < \frac{c_2 - \mu_0}{\sigma(\bar{X})}\right] = P[Z < -Z_{\alpha/2}]$$

$$\frac{c_2 - \mu_0}{\sigma(\bar{X})} = -Z_{\alpha/2} \qquad \therefore c_2 = \mu_0 - Z_{\alpha/2}\frac{\sigma}{\sqrt{n}} \qquad (1)$$

$$\beta = P(\bar{X} \geq c_2; \mu_1) = P\left[Z \geq \frac{c_2 - \mu_1}{\sigma(\bar{X})}\right] = P[Z \geq Z_\beta]$$

$$\frac{c_2 - \mu_1}{\sigma(\bar{X})} = Z_\beta \qquad \therefore c_2 = \mu_1 + Z_\beta\frac{\sigma}{\sqrt{n}} \qquad (2)$$

因此　$\mu_0 - Z_{\alpha/2}\dfrac{\sigma}{\sqrt{n}} = \mu_1 + Z_\beta\dfrac{\sigma}{\sqrt{n}}$

$$\therefore n = \left[\frac{(Z_{\alpha/2} + Z_\beta)\sigma}{\mu_0 - \mu_1}\right]^2$$

同法，若 $\mu 1 > \mu 0$

$$\frac{\alpha}{2} = P[\bar{X} > c_1; \mu = \mu_0]$$

$$\beta = P[\bar{X} \leq c_1; \mu = \mu_1]$$

$$\mu_0 + Z_{\alpha/2}\frac{\sigma}{\sqrt{n}} = \mu_1 - Z_\beta\frac{\sigma}{\sqrt{n}}$$

$$\therefore n = \left[\frac{(Z_{\alpha/2} + Z_\beta)\sigma}{\mu_1 - \mu_0}\right]^2$$

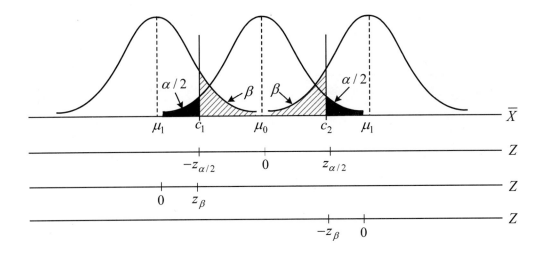

2. 其他的檢定方法

除了根據樣本求算臨界值而後依其檢定法則作結論之臨界值檢定（critical value test）外，尚有三種檢定觀念。

■ Z 檢定或 t 檢定（Z test or t test）

假設所欲檢定的問題為 $H_0：\mu = \mu_0$，$H_1：\mu \neq \mu_0$，顯著水準為 α。

(1) 大樣本

$$X \sim (\mu, \sigma^2)$$

σ^2 已知	σ^2 未知
$z_0 = \dfrac{\bar{x} - \mu_0}{\sigma / \sqrt{n}}$	$z_0 = \dfrac{\bar{x} - \mu_0}{s / \sqrt{n}}$
若 $z_0 > Z_{\alpha/2}$ 或 $z_0 < -Z_{\alpha/2}$ 則拒絕 H_0	若 $z_0 > Z_{\alpha/2}$ 或 $z_0 < Z_{\alpha/2}$ 則拒絕 H_0
其中 $z_0 = \dfrac{\bar{x}_0 - \mu_0}{\sigma / \sqrt{n}}$	其中 $z_0 = \dfrac{\bar{x}_0 - \mu_0}{\sigma / \sqrt{n}}$

(2) 小樣本

$X \sim N(\mu, \sigma^2)$

σ^2 已知	σ^2 未知
$z_0 = \dfrac{\overline{x} - \mu_0}{\sigma / \sqrt{n}}$ 若 $z_0 > Z_{\alpha/2}$ 或 $z_0 < -Z_{\alpha/2}$ 則拒絕 H_0 其中 $z_0 = \dfrac{\overline{x}_0 - \mu_0}{\sigma / \sqrt{n}}$	$t = \dfrac{\overline{x} - \mu_0}{s / \sqrt{n}}$ 若 $t_0 > t_{\alpha/2}$ 或 $t_0 < -t_{\alpha/2}$ 則拒絕 H_0 其中 $t_0 = \dfrac{\overline{x}_0 - \mu_0}{s / \sqrt{n}}$

其他的單尾檢定問題可比照表示。

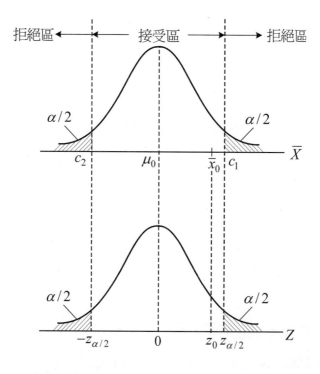

在右尾檢定下，臨界值檢定與 Z 檢定之決策法則之比較如下：

臨界值檢定與 Z 或 t 檢定之比較

H_1：$\mu > \mu_0$		臨界值檢定	Z or t 檢定
大樣本	σ 已知	$c = \mu_0 + Z_\alpha \dfrac{\sigma}{\sqrt{n}}$ $C = \{\bar{x} > c\}$ $\bar{x}_0 \in C \Rightarrow$ 拒絕 H_0	Z_α $C = \{z > Z_\alpha\}$ $z_0 \in C \Rightarrow$ 拒絕 H_0
	σ 未知	$c = \mu_0 + Z_\alpha \dfrac{s}{\sqrt{n}}$ $C = \{\bar{x} > c\}$ $\bar{x}_0 \in C \Rightarrow$ 拒絕 H_0	Z_α $C = \{z > Z_\alpha\}$ $z_0 \in C \Rightarrow$ 拒絕 H_0
小樣本	σ 已知	$c = \mu_0 + Z_\alpha \dfrac{\sigma}{\sqrt{n}}$ $C = \{\bar{x} > c\}$ $\bar{x}_0 \in C \Rightarrow$ 拒絕 H_0	Z_α $C = \{z > Z_\alpha\}$ $z_0 \in C \Rightarrow$ 拒絕 H_0
	σ 未知	$c = \mu_0 + t_\alpha \dfrac{s}{\sqrt{n}}$ $C = \{\bar{x} > c\}$ $\bar{x}_0 \in C \Rightarrow$ 拒絕 H_0	t_α $C = \{t > t_\alpha\}$ $t_0 \in C \Rightarrow$ 拒絕 H_0

【註】 (1) $Z_\alpha = \dfrac{c - \mu_0}{\sigma / \sqrt{n}}$ ， $t_\alpha(n-1) = \dfrac{c - \mu_0}{s / \sqrt{n}}$

(2) $z_0 = \dfrac{\bar{x}_0 - \mu_0}{\sigma / \sqrt{n}}$ ， $t_0 = \dfrac{\bar{x}_0 - \mu_0}{s / \sqrt{n}}$

例 *

　　某廠商宣稱其所開發的新合成釣魚線平均強度為 8 公斤，標準差為 0.5 公斤，茲從其中隨機抽出 50 條釣魚線，測試其強度結果平均為 7.8 公斤，試在 0.01 之顯著水準下，檢定廠商之宣稱。

【解】

　　首先建立虛無假設，此題為雙尾檢定，即

$$H_0：\mu = 8(\mu_0)；H_1：\mu \neq 8$$

拒絕域設為 $C = \{\bar{x}; \bar{x} > c_1，x < c_2\}$

在 H_0 成立下，X 的抽樣分配為常態分配，

且 $E(\overline{X}) = \mu_0 = 8$，$\sigma_{\overline{X}} = \dfrac{\sigma}{\sqrt{n}} = \dfrac{0.5}{\sqrt{50}}$

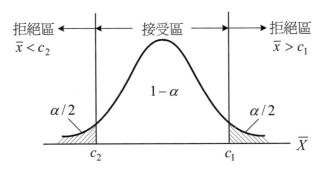

在 H_0 成立下，x 之抽樣分配

由於顯著水準 α，其意義爲型 I 錯誤之機率，因此

$$\alpha = \max P（型 I 錯誤）= \max P（拒絕 H_0 | H_0 爲眞）$$

由於拒絕域分爲兩部份，$\overline{x} > c_1$，$\overline{x} < c_2$，而 $\overline{X}$ 之觀測值 $\overline{x}_0$ 落於此部份皆屬 H_0 之範圍，又依常態分配之對稱性，此兩拒絕區域面積相等，且總和爲 α，也就是各占 $\alpha/2$，即

$$\alpha/2 = P\{\overline{X} > c_1 ; \mu = \mu_0\} = P\left(\frac{\overline{X} - \mu_0}{\sigma/\sqrt{n}} > \frac{c_1 - \mu_0}{\sigma/\sqrt{n}}\right) = P(Z > Z_{\alpha/2})$$

因此 $\dfrac{c_1 - \mu_0}{\sigma/\sqrt{n}} = Z_{\alpha/2}$

$\therefore c_1 = \mu_0 + Z_{\alpha/2} \dfrac{\sigma}{\sqrt{n}}$

已知 $\mu_0 = 8$，$n = 50$，$\sigma = 0.5$，$Z_{\alpha/2} = Z_{0.005} = 2.575$

於是 $c_1 = 8 + 2.575 \dfrac{0.5}{\sqrt{50}} = 8.18$

同理

$$\alpha/2 = P\{\overline{X} < c_2; \mu = \mu_0\} = P\left(\frac{\overline{X} - \mu_0}{\sigma/\sqrt{n}} > \frac{c_2 - \mu_0}{\sigma/\sqrt{n}}\right) = P(Z < -Z_{\alpha/2})$$

$$c_2 = \mu_0 - Z_{\alpha/2} \frac{\sigma}{\sqrt{n}} = 8 - 2.575 \frac{0.5}{\sqrt{50}} = 7.82$$

由於 $\overline{X}$ 之觀測值 7.8 落於 $\{x < c_2 = 7.82\}$ 的區域內，故結論爲拒絕 H_0，此表示新合成釣魚線的平均強度並不等於 8 公斤，而是小於 8 公斤。

例 *

以 $Z-$ 檢定重作上題。

【解】

依題意知，$\overline{X}$ 的抽樣分配常態，且 $\overline{X} \sim N(\mu_0, \sigma_{\overline{X}}^2) = N\left(8, \dfrac{0.5}{\sqrt{50}}\right)$。由於 $\overline{X}$ 的觀測值為 $\overline{x}_0 = 7.8$，故檢定統計量 Z 之觀測值為

$$z_0 = \frac{\overline{x}_0 - \mu_0}{\sigma / \sqrt{n}} = \frac{7.8 - 8}{0.5 / \sqrt{n}} = -2.83$$

又，顯著水準 $\alpha = 0.01$ ，因此拒絕域為 $Z > Z_{\alpha/2} = Z_{0.005} = 2.576$ ，或 $Z < -Z_{\alpha/2} = -Z_{0.005} = -2.576$ ，由於 $z_0 = -2.83$ 屬於 $Z < -Z_{\alpha/2}$ 的範圍，即落於拒絕區，故結論為拒絕 H_0，其結果與上例相同。

■ 信賴區間檢定（Confidence interval test）

所謂信賴區間檢定意指利用信賴區間的觀念來作檢定，事實上，假設檢定與信賴區間有密切關係。茲以 $\overline{X}$ 的抽樣分配屬於常態的情況為例來說明。

母體平均 μ 的 $(1 - \alpha)100\%$ 的信賴區間為

$$\left(\overline{x} - Z_{\alpha/2} \frac{\sigma}{\sqrt{n}}, \overline{x} + Z_{\alpha/2} \frac{\sigma}{\sqrt{n}}\right) \tag{1}$$

而在雙尾檢定中，臨界值 c_1, c_2 所構成之區間為

$$(c_2, c_1) = \left(\mu_0 - Z_{\alpha/2} \frac{\sigma}{\sqrt{n}}, \mu_0 + Z_{\alpha/2} \frac{\sigma}{\sqrt{n}}\right) \tag{2}$$

由此可知，信賴區間與檢定區間 (c_2, c_1)（事實上此乃為接受域）兩者很類似。至於信賴區間檢定之觀念說明如下。在雙尾檢定中 $H_0 : \mu = \mu_0$；$H_1 : \mu \neq \mu_0$，如果母體平均數 μ 的 $(1 - \alpha)100\%$ 的信賴區間 (1) 包含 μ_0，則樣本平均數 $\overline{X}$ 之觀測值 $\overline{x}_0$ 會落於接受區 (2) 式，此時將作出接受 H_0 之結論。事實上，若樣本平均數 $\overline{X}$ 的觀測值 $\overline{x}_0$ 落於接受域，則亦得證此時所求出之 μ 之 $(1 - \alpha)100\%$ 信賴區間 (1) 式，亦會包括 μ_0。上述之關係可參閱下圖說明。

【解說】

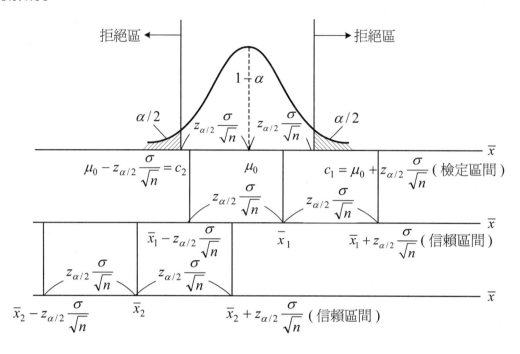

表　信賴區間檢定

母　體	檢定類型	$H_0 : \mu = \mu_0$ $H_1 : \mu \neq \mu_0$	$H_0 : \mu \geq \mu_0$ $H_1 : \mu < \mu_0$	$H_0 : \mu \leq \mu_0$ $H_1 : \mu > \mu_0$
$X \sim (\mu, \sigma^2)$ 大樣本	σ^2 已知	$\left(\bar{x} - Z_{\alpha/2}\dfrac{\sigma}{\sqrt{n}}, \bar{x} + Z_{\alpha/2}\dfrac{\sigma}{\sqrt{n}}\right)$	$\left(-\infty, \bar{x} + Z_{\alpha}\dfrac{\sigma}{\sqrt{n}}\right]$	$\left[\bar{x} - Z_{\alpha}\dfrac{\sigma}{\sqrt{n}}, \infty\right)$
	σ^2 未知	$\left(\bar{x} - Z_{\alpha/2}\dfrac{s}{\sqrt{n}}, \bar{x} + Z_{\alpha/2}\dfrac{s}{\sqrt{n}}\right)$	$\left(-\infty, \bar{x} + Z_{\alpha}\dfrac{\sigma}{\sqrt{n}}\right]$	$\left[\bar{x} - Z_{\alpha}\dfrac{\sigma}{\sqrt{n}}, \infty\right)$
$X \sim N(\mu, \sigma^2)$ 小樣本	σ^2 已知	$\left(\bar{x} - Z_{\alpha/2}\dfrac{\sigma}{\sqrt{n}}, \bar{x} + Z_{\alpha/2}\dfrac{\sigma}{\sqrt{n}}\right)$	$\left(-\infty, \bar{x} + Z_{\alpha}\dfrac{\sigma}{\sqrt{n}}\right]$	$\left[\bar{x} - Z_{\alpha}\dfrac{\sigma}{\sqrt{n}}, \infty\right)$
	σ^2 未知	$\left(\bar{x} - t_{\alpha/2}\dfrac{s}{\sqrt{n}}, \bar{x} + t_{\alpha/2}\dfrac{s}{\sqrt{n}}\right)$	$\left(-\infty, \bar{x} + t_{\alpha}\dfrac{s}{\sqrt{n}}\right]$	$\left[\bar{x} - t_{\alpha}\dfrac{s}{\sqrt{n}}, \infty\right)$
決策法則		如區間包含 μ_0，則接受 H_0，反之則拒絕 H_0。		

例 *

以信賴區間檢定法重作上題。

【解】

對 $\bar{x}_0 = 7.8$ 而言，母平均 μ 的 99% 的信賴區間為 $C.I. = [L, U]$

$$U = \bar{x} + Z_{0.05}\frac{\sigma}{\sqrt{n}} = 7.8 + 2.275\frac{0.5}{\sqrt{50}} = 7.8 + 0.18 = 7.98$$

$$L = \bar{x} - Z_{0.05}\frac{\sigma}{\sqrt{n}} = 7.8 - 2.275\frac{0.5}{\sqrt{50}} = 7.8 - 0.18 = 7.62$$

$\mu_0 = 8$, $8 \notin C.I.$,　∴拒絕 H_0

■ P 值檢定（P-value test）

P 值係指在 H_0 為真下（$\mu = \mu_0$），以 $\bar{x}_0$ 為新的拒絕域所求出之機率值，即 $P\{$ 以 $\bar{x}_0$ 為新的拒絕域 $|H_0$ 為真 $\}$。

依此定義知，P 值（顯著機率）與 α 值（顯著水準）的觀念很類似，但後者係以既定的決策法則（拒絕域）為基礎而求得的（亦即給與一個拒絕域，便可求出其相對應的顯著水準 α）；至於 P 值則以樣本觀測值當作新的拒絕域所求出之機率值，因此，若 P 值小於 α，表示新的拒絕域的範圍小於原來的拒絕域之範圍，故應拒絕 H_0，換句話說，P 值愈小乃代表否定 H_0 的證據愈充分。

類　　型	P 值檢定法則
$H_0 : \mu = \mu_0$ $H_1 : \mu \neq \mu_0$	若 $\frac{1}{2}P$ 值 $< \frac{1}{2}\alpha$（或 P 值小於 α），則拒絕 H_0，反之接受 H_0
$H_0 : \mu \geq \mu_0$ $H_1 : \mu < \mu_0$	若 P 值 $< \alpha$，則拒絕 H_0
$H_0 : \mu = \mu_0$ $H_1 : \mu \neq \mu_0$	若 P 值 $< \alpha$，則拒絕 H_0

【解說】

(1) 大樣本，σ^2 已知時

　　$H_0 : \mu \leq \mu_0$，$H_1 : \mu > \mu_0$

$$P \text{ 值} = P\{\overline{X} > x_0 | \mu = \mu_0\} < \alpha \Rightarrow \text{拒絕 } H_0$$

$$= P\left\{\frac{\overline{X} - \mu_0}{\sigma / n} > \frac{\overline{x}_0 - \mu_0}{\sigma / \sqrt{n}}\right\} < \alpha$$

$$= P\left\{Z > \frac{\overline{x}_0 - \mu_0}{\sigma / \sqrt{n}}\right\} < \alpha$$

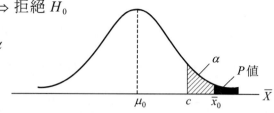

(2) $H_0 : \mu \geq \mu_0$，$H_1 : \mu < \mu_0$

$$P \text{ 值} = P\{\overline{X} < \overline{x}_0 | \mu = \mu_0\} < \alpha$$

$$= P\left\{Z < \frac{\overline{x}_0 - \mu_0}{\sigma / \sqrt{n}}\right\} < \alpha$$

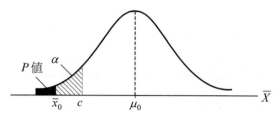

(3) $H_0 : \mu = \mu_0$，$H_1 : \mu \neq \mu_0$

$$\frac{1}{2} P \text{值} = P\{\overline{X} < \overline{x}_0 \mid \mu = \mu_0\} < \frac{\alpha}{2}$$

或

$$\frac{1}{2} P \text{值} = P\{\overline{X} > \overline{x}_0 \mid \mu = \mu_0\} < \frac{\alpha}{2}$$

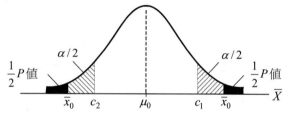

(4) 其他情形亦可比照表示。

　　茲將「臨界值檢定」、「信賴區間檢定」、「 Z 檢定」、「P 值檢定」四者之關係以雙尾檢定的情形圖示如下，藉以比較其間關係。

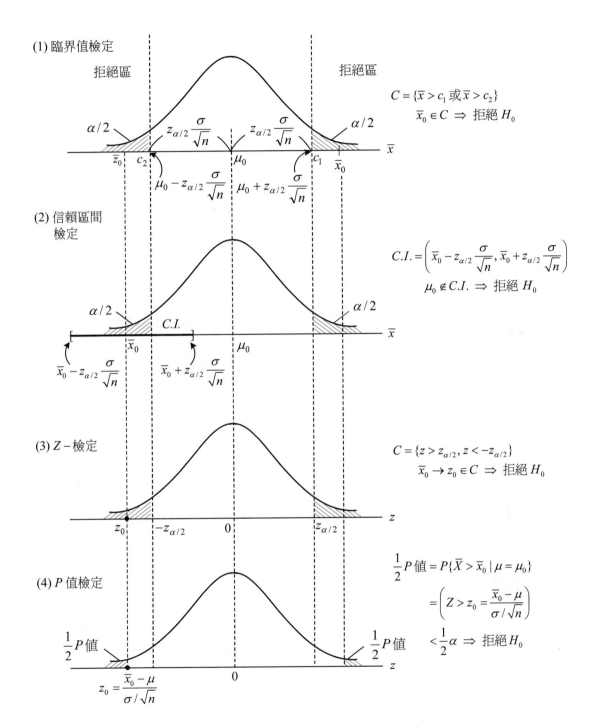

(1) 臨界值檢定

拒絕區　　　　　　　　　　　拒絕區

$\alpha/2$　　$z_{\alpha/2}\dfrac{\sigma}{\sqrt{n}}$　　$z_{\alpha/2}\dfrac{\sigma}{\sqrt{n}}$　　$\alpha/2$

$\bar{z}_0$　c_2　　　　μ_0　　　　c_1　$\bar{x}_0$　　$\bar{x}$

$\mu_0 - z_{\alpha/2}\dfrac{\sigma}{\sqrt{n}}$　$\mu_0 + z_{\alpha/2}\dfrac{\sigma}{\sqrt{n}}$

$C = \{\bar{x} > c_1 \text{ 或 } \bar{x} > c_2\}$
$\bar{x}_0 \in C \Rightarrow$ 拒絕 H_0

(2) 信賴區間
　　檢定

$\alpha/2$　　　　$C.I.$　　　　$\alpha/2$

$\bar{x}_0$　　　μ_0　　　$\bar{x}$

$\bar{x}_0 - z_{\alpha/2}\dfrac{\sigma}{\sqrt{n}}$　$\bar{x}_0 + z_{\alpha/2}\dfrac{\sigma}{\sqrt{n}}$

$C.I. = \left(\bar{x}_0 - z_{\alpha/2}\dfrac{\sigma}{\sqrt{n}}, \bar{x}_0 + z_{\alpha/2}\dfrac{\sigma}{\sqrt{n}}\right)$
$\mu_0 \notin C.I. \Rightarrow$ 拒絕 H_0

(3) Z – 檢定

z_0　$-z_{\alpha/2}$　0　　$z_{\alpha/2}$　　z

$C = \{z > z_{\alpha/2}, z < -z_{\alpha/2}\}$
$\bar{x}_0 \to z_0 \in C \Rightarrow$ 拒絕 H_0

(4) P 值檢定

$\dfrac{1}{2}P$ 值　　　　　　　$\dfrac{1}{2}P$ 值

$z_0 = \dfrac{\bar{x}_0 - \mu}{\sigma/\sqrt{n}}$　　0　　z

$\dfrac{1}{2}P$ 值 $= P\{\bar{X} > \bar{x}_0 \mid \mu = \mu_0\}$
$= \left(Z > z_0 = \dfrac{\bar{x}_0 - \mu}{\sigma/\sqrt{n}}\right)$
$< \dfrac{1}{2}\alpha \Rightarrow$ 拒絕 H_0

四種檢定對照表（以大樣本，σ^2 已知為例）

檢定＼假設	$H_0 : \mu \geq \mu_0$ $H_1 : \mu < \mu_0$	$H_0 : \mu \leq \mu_0$ $H_1 : \mu > \mu_0$	$H_0 : \mu = \mu_0$ $H_1 : \mu \neq \mu_0$
臨界值檢定	$c = \mu_0 - Z_\alpha \dfrac{\sigma}{\sqrt{n}}$ $\bar{x}_0 < c \Rightarrow$ 拒絕 H_0	$c = \mu_0 + Z_\alpha \dfrac{\sigma}{\sqrt{n}}$ $\bar{x}_0 > c \Rightarrow$ 拒絕 H_0	$c_1 = \mu_0 + Z_{\alpha/2} \dfrac{\sigma}{\sqrt{n}}$ $c_2 = \mu_0 - Z_{\alpha/2} \dfrac{\sigma}{\sqrt{n}}$ $\bar{x}_0 > c_1$ 或 $\bar{x}_0 < c_2 \Rightarrow$ 拒絕 H_0
Z 檢定	$z_0 = \dfrac{\bar{x}_0 - \mu_0}{\sigma / \sqrt{n}}$ $z_0 < -Z_\alpha \Rightarrow$ 拒絕 H_0	$z_0 = \dfrac{\bar{x}_0 - \mu_0}{\sigma / \sqrt{n}}$ $z_0 > Z_\alpha \Rightarrow$ 拒絕 H_0	$z_0 = \dfrac{\bar{x}_0 - \mu_0}{\sigma / \sqrt{n}}$ $z_0 > Z_{\alpha/2}$ 或 $z_0 < -Z_{\alpha/2} \Rightarrow$ 拒絕 H_0
信賴區間檢定	$C.I. = \left(-\infty, \bar{x}_0 + Z_\alpha \dfrac{\sigma}{\sqrt{n}}\right)$ $\mu_0 \notin C.I. \Rightarrow$ 拒絕 H_0	$C.I. = \left(\bar{x}_0 - Z_\alpha \dfrac{\sigma}{\sqrt{n}}, \infty\right)$ $\mu_0 \neq C.I. \Rightarrow$ 拒絕 H_0	$C.I. = \left(\bar{x}_0 - Z_{\alpha/2} \dfrac{\sigma}{\sqrt{n}}, \bar{x}_0 + Z_{\alpha/2} \dfrac{\sigma}{\sqrt{n}}\right)$ $\mu_0 \notin C.I. \Rightarrow$ 拒絕 H_0
P 值檢定	$P \text{值} = P\{\bar{X} < \bar{x}_0 \mid \mu = \mu_0\}$ $= P\left\{Z < \dfrac{\bar{x}_0 - \mu_0}{\sigma / \sqrt{n}}\right\}$ $P \text{值} < \alpha \Rightarrow$ 拒絕 H_0	$P \text{值} = P\{\bar{X} > \bar{x}_0 \mid \mu = \mu_0\}$ $= P\left\{Z > \dfrac{\bar{x}_0 - \mu_0}{\sigma / \sqrt{n}}\right\}$ $P \text{值} < \alpha \Rightarrow$ 拒絕 H_0	$\dfrac{1}{2}P \text{值} = P\{\bar{X} < \bar{x}_0 \mid \mu = \mu_0\}$ 或 $\dfrac{1}{2}P \text{值} = P\{\bar{X} > \bar{x}_0 \mid \mu = \mu_0\}$ $\dfrac{1}{2}P \text{值} < \dfrac{1}{2}\alpha \Rightarrow$ 拒絕 H_0

【註】(1) 式中 $\bar{x}_0$ 表觀測值，$z_0 = \dfrac{\bar{x}_0 - \mu_0}{\sigma / \sqrt{n}}$。

(2) 對於大樣本、σ^2 已知，或小樣本、σ^2 已知或未知的情形亦可比照表示。

例 *

以 P 值檢定，重做上題。

【解】

由於上例為雙尾檢定，故由一端拒絕域所求出之機率值為 $\dfrac{1}{2}P$ 值，又 $\bar{X}$ 之觀測值 $\bar{x}_0 = 7.8$ 位於 $\mu_0 =$ 之左邊，故我們可求出左端的 $\dfrac{1}{2}P$ 值，亦即

$$\dfrac{1}{2}P \text{值} = P \text{（以 } \bar{x}_0 \text{ 為新的拒絕域} \mid H_0 \text{ 為眞）}$$

$$= P(\overline{X} < \bar{x}_0 | \mu = \mu_0)$$

$$= P(\overline{X} < 7.8 \,|\, \mu = \mu_0) = P\left(\frac{\overline{X} - 8}{\frac{0.5}{\sqrt{50}}} < \frac{7.8 - 8}{\frac{0.5}{\sqrt{50}}}\right)$$

$$= P(Z < -2.83) = 0.002$$

由於 $\frac{1}{2}P$ 值 $= 0.002 < \frac{1}{2}\alpha = \frac{1}{2} \times 0.05 = 0.025$，所以我們的結論為拒絕 H_0，此結果與上例相同。

例*

　　甲工廠過去向 A 公司購買原料，自訂貨開始至交貨為止，平均為 4.94 日，標準差為 0.87 日，現 A 公司改組，甲公司繼續向 A 公司購買，隨機抽取 8 次採購，平均日數為 4.29 日，試問 A 公司改組後的交貨期間是否較短？

　　(1) 以 P 值來檢定；(2) 以信賴區間來檢定。

【解】

　　(1) $H_0 : \mu \geq 4.94$；$H_1 : \mu < 4.94$，$\alpha = 0.05$

$$P \text{ 值} = P(\overline{X} < 4.29) = P\left(\frac{\overline{X} - \mu_0}{\sigma / \sqrt{n}} < \frac{4.29 - 4.94}{0.87 / \sqrt{8}}\right)$$

$$= P(Z < -2.12) = 0.017 < \alpha = 0.05$$

　　故拒絕 H_0。

　　(2) 95% 信賴區間的上限 $U = 4.29 + 1.645\left(\dfrac{0.87}{\sqrt{8}}\right) = 4.796 < 4.94$

　　　（信賴區間內不包含 $\mu_0 = 4.94$）

例*

　　已知 $\alpha = 0.01$，$\beta = 0.05$，$H_0 : \mu \leq \mu_0$，$H_1 : \mu > \mu_0$，且 $\mu_0 = 1,100$，$\mu_1 = 1200$（對立假設 H_1 中之一個 μ 值），$\sigma = 300$，試求樣本大小 n。

【解】

已知：$\alpha = 0.01$，$\beta = 0.05$，$\mu_0 = 1100$，$\mu_1 = 1200$，$\sigma = 300$

$$c = 1100 + 2.326 \frac{300}{\sqrt{n}}$$

$$= 1200 - 1.645 \frac{300}{\sqrt{n}}$$

$$\therefore n = \left(\frac{-1.645 - 2.326}{1200 - 1100} \right)^2 (300)^2 = 142$$

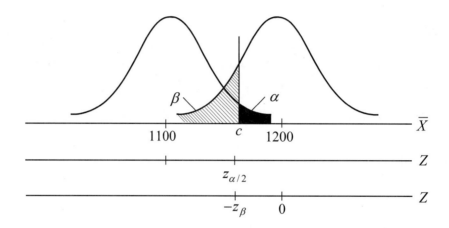

例 *

從已知變異數是 9，但平均數 μ 未知的常態分配中，隨機抽出 n 個樣本，在顯著水準 $\alpha = 0.05$ 下，欲檢定 $H_0 : \mu \le 15$，$H_1 : \mu \ne 15$，若希望 $\mu = 16$ 時的檢定力達到 0.95，問至少需取多少樣本？

【解】

$$n = \left[\frac{(Z_\alpha + Z_\beta)\sigma}{\mu_1 - \mu_0} \right]^2$$

$$= \left[\frac{(1.645 + 1.645) \times 3}{16 - 15} \right]^2$$

$$= 97.4169 \rightarrow 98$$

■ 母變異數 σ^2 之檢定

當母體為 $N(\mu, \sigma^2)$，σ^2 的檢定統計量為 $\chi^2 = \dfrac{(n-1)s^2}{\sigma^2}\left(\text{或 } \dfrac{ns_*^2}{\sigma^2}\right)$ 在 H_0 為

真之下，即當 $\sigma = \sigma_0^2$ 時，α 風險為最大，因之檢定統計量可用 $\chi^2 = \dfrac{(n-1)s^2}{\sigma_0^2}$

$\left(\text{或 } \dfrac{ns_*^2}{\sigma_0^2}\right)$ 來檢定。

(1) 檢定 $H : \sigma^2 \le \sigma_0^2$，$H_1 : \sigma^2 > \sigma_0^2$（右尾）

μ 已知	μ 未知
$C = \{\chi^2; \chi^2 > \chi_\alpha^2(n)\}$ 式中 $\chi^2 = \dfrac{ns_*^2}{\sigma_0^2}$ $s_*^2 = \dfrac{\sum(x-\mu)^2}{n}$ 當 $\chi_0^2 \in C$ 則否定 H_0	$C = \{\chi^2; \chi^2 > \chi_\alpha^2(n-1)\}$ 式中 $\chi^2 = \dfrac{(n-1)s^2}{\sigma_0^2}$ $s^2 = \dfrac{\sum(x-\bar{x})^2}{n-1}$ 當 $\chi_0^2 \in C$ 則否定 H_0

(2) 檢定 $H : \sigma^2 \ge \sigma_0^2$，$H_1 : \sigma^2 < \sigma_0^2$（左尾）

μ 已知	μ 未知
$C = \{\chi^2; \chi^2 < \chi_{1-\alpha}^2(n)\}$ 當 $\chi_0^2 \in C$ 則否定 H_0	$C = \{\chi^2; \chi^2 < \chi_{1-\alpha}^2(n-1)\}$ 當 $\chi_0^2 \in C$ 則否定 H_0

(3) 檢定 $H : \sigma^2 = \sigma_0^2$，$H_1 : \sigma^2 \ne \sigma_0^2$（雙尾）

μ 已知	μ 未知
$C = \{\chi^2; \chi^2 > \chi_{\alpha/2}^2(n)$ 或 $\chi^2 < \chi_{1-\alpha/2}^2(n)\}$ 當 $\chi_0^2 \in C$ 則否定 H_0	$C = \{\chi^2; \chi^2 > \chi_{\alpha/2}^2(n-1)$ 或 $\chi^2 < \chi_{1-\alpha/2}^2(n-1)\}$ 當 $\chi_0^2 \in C$ 則否定 H_0

【解說】

(3)$E(s_*^2) \doteq \sigma^2$，設 μ 為已知時，

$$C = \{s_*^2 ; s_*^2 < c_2, s_*^2 > c_1\}$$

或 $C = \{\chi^2(n) = \dfrac{ns_*^2}{\sigma^2} ; \chi^2(n) < c_2 \text{ 或 } \chi^2(n) > c_1\}$

$$c_2 = \chi_{1-\alpha/2}^2(n), \ c_1 = \chi_{\alpha/2}^2(n)$$

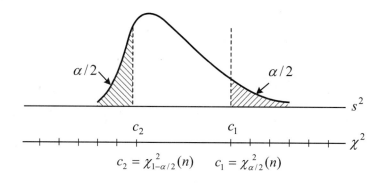

其他情形同理可推。

例*

　　A 牌香菸製造者宣稱其尼古丁含量變異數為 2.3 克 2，現隨機抽取 8 枝，得標準差為 2.4 克，是否同意其所宣稱？令 $\alpha = 0.05$，並假定香菸中之尼古丁含量分配為常態分配。

【解】

$$H_0 : \sigma^2 = 2.3 \text{ 克}^2 , \ H_1 : \sigma^2 \neq 2.3 \text{ 克}^2$$

$$\chi_0^2 = \frac{(8-1)(2.4)^2}{2.3} = 17.53 > \chi^2_{(0.025, 7)} = 16.01$$

$$\chi^2_{(0.975, 7)} = 1.689$$

故拒絕 H_0，即不同意製造商所宣稱的。

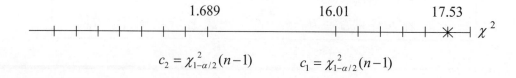

■ k 個母體有共同變異數

若有 k 個常態母體，$N(\mu_i, \sigma) = 1, 2, \cdots k,$ 其共同變異數為 $\sigma^2,$

(1) μ_i 已知	(2) μ_i 未知
$\chi^2(\sum n_i) = \dfrac{\sum n_i s_{i*}^2}{\sigma^2}$	$\chi^2(\sum n_i - k) = \dfrac{\sum (n_i - k)s_i^2}{\sigma^2}$

(1), (2) 可分別利用卡方統計量進行共同變異數之檢定。

例*

一汽車用電池製造廠宣稱其所生產的 A, B 兩種電池的壽命標準差皆不大於 0.9 年。現隨機抽取電池 A, B 各為 11 個、19 個，得標準差為 1.0, 1.2 年，當 $\alpha = 0.05$，可否認為標準差比所宣稱的大？假定電池壽命皆為常態分配。

【解】

$H_0 : \sigma^2 \le 0.81$ 年 ^{2}, $H_1 : \sigma^2 > 0.81$ 年 ^{2}

$$v = (11 - 1) + (19 - 1) = 28$$

$$\chi_0^2 = \frac{(11-1)(1.0)^2 + (19-1)(1.2)^2}{0.81} = 44.35 > \chi_{0.05}^2(28) = 41.34$$

故拒絕 H_0 表示標準差有可能比所宣稱的大。

■ 兩母體 σ_1^2/σ_2^2 之檢定

二常態母體分別為 $X \sim N(\mu, \sigma_1^2)$，$Y \sim N(\mu, \sigma_2^2)$

檢定統計量為 $F = \dfrac{s_{1*}^2/\sigma_1^2}{s_{2*}^2/\sigma_2^2} \left(或 \ \dfrac{s_1^2/\sigma_1^2}{s_2^2/\sigma_2^2} \right)$ 在 H_0 為真之下，即當 $\dfrac{\sigma_1^2}{\sigma_2^2} = 1$的 α

為最大，因之可利用 $F = \dfrac{s_{1*}^2}{s_{2*}^2} \left(或 \ \dfrac{s_1^2}{s_2^2} \right)$ 來檢定。

(1) $H_0 : \dfrac{\sigma_1^2}{\sigma_2^2} = 1$, $H_1 : \dfrac{\sigma_1^2}{\sigma_2^2} \neq 1$ （雙尾）

μ_1, μ_2 已知	μ_1, μ_2 未知
$C = \left\{ F ; F = \dfrac{s_{1*}^2}{s_{2*}^2} > c_1 , \text{或} F < c_2 \right\}$ $c_1 = F_{\alpha/2}(v_1, v_2)$ $c_2 = F_{1-\alpha/2}(v_1, v_2)$ $v_1 = n_1, v_2 = n_2$	$C = \left\{ F ; F = \dfrac{s_1^2}{s_2^2} > c_1 , \text{或} F < c_2 \right\}$ $c_1 = F_{\alpha/2}(v_1, v_2)$ $c_2 = F_{1-\alpha/2}(v_1, v_2)$ $v_1 = n_1 - 1, v_2 = n_2 - 1$

(2) $H_0 : \dfrac{\sigma_1^2}{\sigma_2^2} \geq 1$, $H_1 : \dfrac{\sigma_1^2}{\sigma_2^2} < 1$ （左尾）

μ_1, μ_2 已知	μ_1, μ_2 未知
$C = \left\{ F ; F = \dfrac{s_{1*}^2}{s_{2*}^2} < c \right\}$ $c = F_{1-\alpha}(v_1, v_2)$ $v_1 = n_1, v_2 = n_2$	$C = \left\{ F ; F = \dfrac{s_1^2}{s_2^2} < c \right\}$ $c = F_{1-\alpha}(v_1, v_2)$ $v_1 = n_1 - 1, v_2 = n_2 - 1$

(3) $H_0 : \dfrac{\sigma_1^2}{\sigma_2^2} \leq 1$, $H_1 : \dfrac{\sigma_1^2}{\sigma_2^2} > 1$ （右尾）

μ_1, μ_2 已知	μ_1, μ_2 未知
$C = \left\{ F ; F = \dfrac{s_{1*}^2}{s_{2*}^2} > c \right\}$ $c = F_{\alpha}(v_1, v_2)$ $v_1 = n_1, v_2 = n_2$	$C = \left\{ F ; F = \dfrac{s_1^2}{s_2^2} > c \right\}$ $c = F_{\alpha}(v_1, v_2)$ $v_1 = n_1 - 1, v_2 = n_2 - 1$

當 $F_0 \in C$ 則拒絕 H_0，否則接受 H_1。

例 *

　　欲比較 A、B 兩種牌子之燈泡壽命的變異程度是否相同，乃自 A 牌任取 25 個試驗後，得 $\bar{x}_1 = 1200$ 小時，$s_1 = 80$ 小時，又自 B 牌任取 16 個試驗後，得 $\bar{x}_2 = 1300$ 小時，$s_2 = 70$ 小時，試以 $\alpha = 0.02$ 進行檢定（假設壽命分配爲常態分配）。

【解】

$H_0 : \sigma_1^2 = \sigma_2^2$，$H_1 : \sigma_1^2 \neq \sigma_2^2$

$$F_0 = \frac{(80)^2}{(70)^2} = 1.306$$

$$F_{0.01}(24,\ 15) = 3.29$$

$$F_{0.99}(24,\ 15) = 0.346$$

$$0.346 < F_0 < 3.29$$

故接受 H_0，表示兩種燈泡壽命的變異程度有可能相等。

例 *

　　爲了想減少零件在甲種製造過程中的變異數，製造商想採用一種改良的製造過程乙（不影響平均數 μ），以下的資料是否可以顯示製造商的目的，假設兩過程皆爲常態分配，$n_1 = n_2 = 25$，$s_1^2 = 6.57$，$s_2^2 = 3.19$。

【解】

$H_0 : \sigma_1^2 \leq \sigma_2^2$，$H_1 : \sigma_1^2 > \sigma_2^2$

令 $\alpha = 0.05$，$v_1 = n_2 = 24$，$v_2 = n_2 = 24$

$$F_0 = \frac{6.57}{3.19} = 2.06 > F_{0.05}(24, 24) = 1.98$$

故拒絕 H_0；表示製造廠有可能達到目的，即採用乙的過程後，零件的變異性減少。

■ 兩母體均數差之檢定

1. 兩母體獨立

條件		檢定統計量	自由度
大樣本	(1)σ_1^2, σ_2^2 已知 （不論母體分配爲何）	$Z = \dfrac{(\overline{X}_1 - \overline{X}_2) - (\mu_1 - \mu_2)}{\sqrt{\dfrac{\sigma_1^2}{n_1} + \dfrac{\sigma_2^2}{n_2}}}$	∞
	(2)σ_1^2, σ_2^2 未知 （不論母體分配爲何）	$Z = \dfrac{(\overline{X}_1 - \overline{X}_2) - (\mu_1 - \mu_2)}{\sqrt{\dfrac{s_1^2}{n_1} + \dfrac{s_2^2}{n_2}}}$	∞
小樣本	(1)σ_1^2, σ_2^2 已知	$Z = \dfrac{(\overline{X}_1 - \overline{X}_2) - (\mu_1 - \mu_2)}{\sqrt{\dfrac{\sigma_1^2}{n_1} + \dfrac{\sigma_2^2}{n_2}}}$	∞
	(2)σ_1^2, σ_2^2 未知，但相等 （母體爲常態）	$t = \dfrac{(\overline{X}_1 - \overline{X}_2) - (\mu_1 - \mu_2)}{s_p\sqrt{\dfrac{1}{n_1} + \dfrac{1}{n_2}}}$ $s_p^{\,2} = \dfrac{(n_1-1)s_1^2 + (n_2-1)s_2^2}{(n_1-1) + (n_2-1)}$	$v = n_1 + n_2 - 2$
	(3)σ_1^2, σ_2^2 未知，但不等 （母體爲常態）	$t' = \dfrac{(\overline{X}_1 - \overline{X}_2) - (\mu_1 - \mu_2)}{\sqrt{\dfrac{s_1^2}{n_1} + \dfrac{s_2^2}{n_2}}}$ （Welch 的檢定）	$v = \dfrac{\left(\dfrac{s_1^2}{n_1} + \dfrac{s_2^2}{n_2}\right)^2}{\dfrac{(s_1^2/n_1)^2}{n_1-1} + \dfrac{(s_2^2/n_2)^2}{n_2-1}}$

【註】(1) 在 H_0 爲眞下，即當 $\mu_1 - \mu_2 = 0$ 時，α 爲最大，因之檢定統計量中之 $\mu_1 - \mu_2$ 可設爲 0 之後再進行檢定。

(2) 當 n_1 與 n_2 相等且 s_1^2 與 s_2^2 相等時，t 檢定與 t'（welch）檢定的檢定統計量之值是相同的。

(3) Welch 檢定中的 v，使用比所求出的 v 還小的自由度即可，如此可以在比眞值略寬的區間中進行檢定或估計。

2. 兩母體不獨立（成對抽取）

條件		檢定統計量	自由度
大樣本	$(1)\sigma_D^2$ 已知	$Z = \dfrac{\overline{D} - \mu_D}{\sigma_D / \sqrt{n}}$	∞
	$(2)\sigma_D^2$ 未知	$Z = \dfrac{\overline{D} - \mu_D}{s_D / \sqrt{n}}$	∞
小樣本 常態母體	$(3)\sigma_D^2$ 已知	$Z = \dfrac{\overline{D} - \mu_D}{\sigma_D / \sqrt{n}}$	∞
	$(4)\sigma_D^2$ 未知	$t = \dfrac{\overline{D} - \mu_D}{s_D / \sqrt{n}}$	$n - 1$

【註】在 H_0 為眞下，即當 $\mu_D(\mu_2 - \mu_2) = 0$ 時，α 為最大，因之檢定統計量中之 μ_D 可設為 0 之後再進行檢定。

例 *

已知兩種不同產品之重量分配的標準差分別為 1.4 克及 1.2 克，今分別抽取 40 件及 50 件，得平均重量分別為 43.4 克及 43.0 克，試問第一種產品的重量平均是否大於第二種？ $\alpha = 0.05$。

【解】

$H_0 : \mu_1 \leq \mu_2$，$H_1 : \mu_1 > \mu_2$

$$Z_0 = \frac{(43.4 - 43.0) - 0}{\sqrt{\dfrac{(1.4)^2}{40} + \dfrac{(1.2)^2}{50}}} = \frac{0.4}{0.2789} = 1.434 < Z_{0.05} = 1.645$$

故接受 H_0，表示第一種產品的重量平均可能沒有大過第二種的平均。

例 *

抽取 A 廠燈泡 13 個，得其平均壽命為 1100 小時，標準差 45 小時，B 廠燈泡 10 個，平均壽命 1040 小時，標準差 16 小時，以 $\alpha = 0.05$ 為顯著水準，檢定 A 廠燈泡壽命平均是否大於 B 廠？假設兩壽命分配皆為常態分配。

【解】

(1) 檢定變異數是否相等

$H_0 : \sigma_1^{\,2} = \sigma_2^{\,2}$，$H_1 : \sigma_1^{\,2} \neq \sigma_2^{\,2}$

$$F = \frac{(45)^2}{(16)^2} = 7.91 > F_{0.025}(12, 9) = 3.87$$

故拒絕 H_0 表示變異數有可能不等。

(2) 檢定 A 的均數是否大於 B 的均數

$H_0 : \mu_1 \leq \mu_2$，$H_1 : \mu_1 > \mu_2$

$$v = \frac{\left[\dfrac{(45)^2}{13} + \dfrac{(16)^2}{10}\right]^2}{\left[\dfrac{(45)^2}{13}\right]^2 / 12 + \left[\dfrac{(16)^2}{10}\right]^2 / 9} = 15.7 \rightarrow 15$$

$$t' = \frac{(1100 - 1040) - 0}{\sqrt{\dfrac{(45)^2}{13} + \dfrac{(16)^2}{10}}} = 4.455 > t_{0.05}(15) = 1.753$$

故拒絕 H_0，表示 A 廠燈泡壽命平均有可能大於 B 廠。

例*

甲計程車公司擁有許多車輛，爲決定購用 A 牌或 B 牌輪胎（假設價格一樣），乃在 A, B 兩牌輪胎中任取一個安裝於 8 輛車的後輪，其行程（40公里）結果如下表，試以 $\alpha = 0.05$ 檢定 B 牌是否優於 A 牌（假定母體爲常態分配）。

車別	1	2	3	4	5	6	7	8
A 牌	26.4	33.3	27.8	24.9	35.1	25.4	28.7	23.7
B 牌	27.8	34.1	28.4	24.3	34.7	27.6	29.2	24.6

【解】

$H_0 : \mu_2 - \mu_1 = \mu(D) \leq 0$，$H_1 : \mu_2 - \mu_1 = \mu(D) > 0$

D 值分別爲 1.4, 0.8, 0.6, −0.6, −0.4, 2.2, 0.5, 0.9

故 $\overline{D} = 5.4/8 = 0.675$

$$s^2(D) = \frac{8(9.38) - (5.4)^2}{8(8-1)} = 0.8193^2$$

$$t_0 = \frac{0.675 - 0}{0.8193/\sqrt{8}} = 2.109 > t_{0.05}(7) = 1.895$$

拒絕 H_0，表示 B 牌可能優於 A 牌。

【註】解此題時，應先查明下列事項後再選取公式應用。亦即，

(1)兩母體是否成對或獨立

(2)兩母體是否常態。

(3)標本數是否均為大樣本或小樣本。

(4)σ_D 是否已知。

(5)選擇對應之檢定統計量。

例 *

海軍某單位正在為新進之預備軍官尋找合適的皮鞋，今有甲乙二皮鞋商提供不同之皮鞋，為了測試此兩種皮鞋品質之差異，該單位隨機選擇了 10 位軍人左右腳各穿不同廠商的鞋子，經過半年後，其損害程度如下：

軍人	1	2	3	4	5	6	7	8	9	10
甲鞋	0.03	0.04	0.05	0.03	0.03	0.03	0.04	0.06	0.07	0.05
乙鞋	0.04	0.06	0.05	0.03	0.06	0.08	0.03	0.03	0.06	0.06

試以 $\alpha = 0.05$ 檢定此二種鞋有無顯著之差異？

【解】

設 μ_1, μ_2 分別表示甲、乙兩廠鞋子之平均損害程度，令 D_i 表示甲鞋 x_i － 乙鞋 y_i，則

軍人	1	2	3	4	5	6	7	8	9	10
D_i	−0.01	−0.02	0	0	−0.03	−0.05	0.01	0.03	0.01	−0.01

故知 $\overline{D} = -0.007$　$s_D = 0.0226$

$H_0：\mu_1 = \mu_2(\mu_D = 0)$

$H_1：\mu_1 \neq \mu_2(\mu_D \neq 0)$

$C = \{t|t < -t_{0.025}(9) \text{ or } t > t_{0.025}(9)\}$

　$= t\{t|t < -2.262 \text{ or } t > 2.262\}$

$t_0 = \dfrac{-0.007}{\dfrac{0.0226}{\sqrt{10}}} = -0.979 \notin C$

接受 H_0，亦即甲、乙兩牌之鞋子無顯著之差異。

例*

　　爲了要了解使用 A, B 兩種肥料對稻米之收穫量沒有顯著之差異，乃對稻米施以 A, B 兩種肥料，其收穫量如下（假設收穫量爲分配之常態）。

A 肥料	21	18	17	20	15	
B 肥料	13	12	14	11	10	12

　　試以 $\alpha = 0.1$ 檢定兩種肥料之效力是否有顯著差異。

【解】

(1) $H_0：\sigma_A^2 = \sigma_B^2$，$H_1：\sigma_A^2 \neq \sigma_B^2$

　　$\overline{x}_A = \dfrac{91}{5} = 18.2$　　$s_A^2 = \dfrac{1}{4}[1679 - 5(18.2)^2] = 5.7$

　　$\overline{x}_B = \dfrac{72}{6} = 12$　　$s_B^2 = \dfrac{1}{5}[874 - 6(12)^2] = 2$

　　$C = \{F\,|\,F < F_{0.95}(4, 5) \text{ or } F > F_{0.05}(4, 5)\} = \{F\,|\,F < 0.1598 \text{ or } F > 5.1922\}$

　　$F_0 = \dfrac{s_A^2}{s_B^2} = \dfrac{5.7}{2} = 2.85 \notin C$

　　不拒絕 H_0，即 σ_A^2, σ_B^2 有可能相等

(2) 因 $\sigma_A^2 = \sigma_B^2$ 未知，

　　$H_0：\mu_A = \mu_B$，$H_1：\mu_A \neq \mu_B$

$$C = \{t|t < -t_{0.05}(9) \text{ or } t > t_{0.05}(9)\} = \{t|t < -1.833 \text{ or } t > 1.833\}$$

$$s_p{}^2 = \frac{(n_1-1)s_1{}^2 + (n_2-1)s_2{}^2}{n_1+n_2-2} = \frac{4 \times 5.7 + 5 \times 2}{5+6-2} = 3.644$$

$$\therefore t = \frac{18.2-12}{\sqrt{3.644}\sqrt{\dfrac{1}{5}+\dfrac{1}{6}}} = 5.364 \in C$$

$\therefore$ 拒絕 H_0，亦即兩種肥料之收穫量有顯著差異。

■ 單一母體比率 p 的檢定（利用 F 分配）

　　母體比率的估計或檢定，有 (1) 利用二項分配本身，或利用二項分配與 F 分配之關係的精密計算法，以及 (2) 利用二項分配的常態近似、Logit 變換、逆正弦變換等的近似法。

　　二次分配的機率計算，當 n 不大時，利用下式進行，

$$P(S=r) = \binom{n}{r} p^r q^{n-r} \quad , \quad r = 0, 1, \cdots, n$$

但 n 很大時，階乘的計算變得膨大，此時可利用二次分配與 F 分配之關係，計算即變得簡單。

○ 定理

　　機率變數 S 服從二項分配 $B(n, p)$ 時，S 取 r 以下的機率 $P(S \le r)$，等於機率變數 X 服從自由度 $\phi_1 = 2(r+1)$，$\phi_2 = 2(n-r)$ 的 F 分配取 $\phi_2 p / \phi_1 q$ 以上之值的機率，即 $P(X > \phi_2 p / \phi_1 q)$。另外，$S$ 在 r 以上之值的機率，等於機率變數 X' 服從自由度 $\phi_1' = 2(n-r+1), \phi_2' = 2r$ 的 F 分配取 $\phi_2' q / \phi_1' p$ 以上之值的機率，即 $P(X' > \phi_2' q / \phi_1' p)$。

　　將此關係用於檢定時，即為如下。

(1) $H_0 : p \ge p_0$，$H_1 : p < p_0$

$$F = \frac{p_0}{\phi_1} \Big/ \frac{q_0}{\phi_2} > F_\alpha(\phi_1, \phi_2) \, ; (\phi_1 = 2(r+1), \phi_2 = 2(n-r)) \text{時，否定 } H_0。$$

(2) $H_0 : p \le p_0$，$H_1 : p > p_0$

　　當 $F = \dfrac{q_0}{\phi_1'} \bigg/ \dfrac{p_0}{\phi_2'} > F_\alpha(\phi_1', \phi_2')$；$(\phi_1' = 2(n-r+1), \phi_2' = 2r)$ 時，否定 H_0。

(3) $H_0 : p = p_0$，$H_1 : p \ne p_0$

　　如 $\hat{p} < p_0$ 將 (1) 的 α 改成 $\alpha/2$，如 $\hat{p} > p_0$，將 (2) 的 α 改成 $\alpha/2$，再調查是否成立，如成立則否定 H_0。

例*

　　某工程的平均不良率是 10%，爲了使不良率降低，改變加工法後，從所生產的批中抽取 100 個樣本進行檢定之後，發現 4 個不良品，試分別以下列方法在顯著水準 5% 下檢定工程不良率是否下降。
　　(1) 精密法（F 分配）；
　　(2) 近似法（常態近似）。

【解】

(1) 精密法

　　步驟 1　建立假設

　　　　　$H_0 : p = 0.1$，$H_1 : p < 0.1$

　　步驟 2　顯著水準 $\alpha = 0.05$

　　步驟 3　利用 F 分配

　　　　　因爲 $H_1 : p < 0.1$，所以

　　　　　$\phi_1 = 2(r+1) = 2(4+1) = 10$

　　　　　$\phi_2 = 2(n-r) = 2(100-4) = 192$

　　　　　$F = \dfrac{192 \times 0.1}{10(1-0.1)} = 2.133 > F_{0.05}(10,190) = 1.91 > F_{0.05}(0,192) = 1.88$

　　　　　在 $\alpha = 5\%$ 下，否定 $H_0 : p = 0.1$，因之可以說不良率已下降。

(2) 常態近似法

　　$np_0 = 100 \times 0.1 = 10$，$n(1-p_0) = 100(1-0.1) = 90$

$\min\{np_0,\ n(1-p_0)\} = 10 > 5$，因之可以應用常態近似。

$$z_0 = \frac{\hat{p} - p_0}{\sqrt{p_0(1-p_0)/n}} = (0.04 - 0.10)/\sqrt{\frac{0.1 \times 0.9}{100}}$$

$$= -2.0 < Z_{0.05} = -1.645$$

在 $\alpha = 5\%$ 下，否定 $H_0 : p = 0.5$。

兩種方法的結論相同。

■ 單一母體比率 p 的檢定（常態近似）

p 的優良估計量為 $\hat{p} = X/n$，即試行 n 次中成功 X 次之比例，當 n 夠大，根據中央極限定理，$\hat{p}$ 分配為常態分配，即 $\hat{p} \sim N\left(p, \frac{p(1-p)}{n}\right)$，故當虛無假設為真的情況下，即 $p = p_0$ 其檢定統計量為

$$Z = \frac{\hat{p} - p_0}{\sqrt{\dfrac{p_0(1-p_0)}{n}}} \quad \text{或} \quad Z = \frac{X - np_0}{\sqrt{np_0(1-p_0)}}$$

可能條件	假設的建立	臨界點，否定域
$\hat{p} > p_0$（樣本比例大於母體比例之實值 p_0）	$H_0 : p \le p_0$ $H_1 : p > p_0$	 $C = \{z; z > Z_\alpha\}$ 或 $\{\hat{p}; \hat{p} > \hat{p}_*\}$

可能條件	假設的建立	臨界點，否定域
$\hat{p} < p_0$	$H_0 : p \geq p_0$ $H_1 : p < p_0$	 $C = \{z; z < -Z_\alpha\}$ 或 $\{\hat{p}; \hat{p} < \hat{p}_*\}$
$\hat{p} \neq p_0$	$H_0 : p = p_0$ $H_1 : p \neq p_0$	 $C = \{z; z < -Z_{\alpha/2}$ 或 $z > Z_{\alpha/2}\}$ $C = \{\hat{p}; \hat{p} > \hat{p}_{*2}$ 或 $\hat{p} < \hat{p}_{*1}\}$

例*

　　在甲市隨機抽取 100 戶樣本，其中 70 戶使用 A 產品，是否充分證明全市有 60% 以上的住戶使用 A 產品？（$\alpha = 0.05$）

【解】

$H_0 : p \leq 0.6$

$H_1 : p > 0.6$

$$Z = \frac{70 - 60}{\sqrt{100(0.6)(0.4)}} = 2.04 > Z(0.05) = 1.645$$

差異顯著，故拒絕 H_0，表示全市可能有 60% 以上的住戶使用 A 產品。

例 *

設某立委主張台灣獨立，他聲稱獲得至少百分之六十大學教授的簽名支持，陳教授對此深感懷疑，於是他隨機抽取 49 位教授，結果贊成的有 16 位，問立委的說法是否可靠（$\alpha = 0.05$）？

【解】

(1) 設立兩個假設為

$$H_0 : p = 0.6，H_1 : p < 0.6$$

樣本比例值　$\hat{p}_0 = \dfrac{16}{49} = 033$

P 值為

$$P(\hat{p} < \hat{p}_0 \mid p = 0.6) = P\left[Z < \dfrac{0.33 - 0.60}{\sqrt{\dfrac{0.6 \times 0.4}{49}}} \right]$$
$$= P(Z < -3.86) \approx 0$$

檢定結果 P 值趨近於 0，小於 0.05，因此拒絕 H_0，即某立委聲稱有 60% 的教授支持台獨並不可靠。

例 *

市場調查部門指出，顧客對甲、乙兩種節目有相同之喜好（亦即 50% 顧客喜歡甲，50% 顧客喜歡乙），現隨機抽取樣本 225 人，得知喜歡甲的有 58%，問市場調查部門的報告是否可靠（$\alpha = 0.05$）？

【解】

(1) 兩個假設為

$$H_0 : p = 0.50，H_1 : p \neq 0.50$$

(2) 在 $\alpha = 0.05$ 下進行雙尾檢定

　①Z 檢定。檢定統計量的觀測值為

$$z_0 = \frac{0.58 - 0.50}{\sqrt{\dfrac{0.50 \times 0.50}{225}}} = \frac{0.08}{0.033} = 2.42$$

由於 $z_0 = 2.42$ 大於 $Z_{0.025} = 1.96$

故拒絕 H_0

② P 值為

$$\frac{1}{2} P \text{ 值} = P(\hat{p} > 0.58 \mid p = 0.5) = P\left(Z > \frac{0.58 - 0.5}{\sqrt{\dfrac{0.5 \times 0.5}{225}}} \right)$$

$$= P(Z > 2.42)$$

$$= 0.0078$$

$\dfrac{1}{2} P$ 值小於 $\alpha/2 = 0.05/2$，故拒絕 H_0。

(3) 兩種檢定結果均拒絕 H_0，故結論為「兩個節目並非同樣被喜歡」。

例*

　　在插映一影片後，由所有觀賞者中隨機抽出 600 人，其中表示非常喜歡的有 184 人，試以 $\alpha = 0.05$ 檢定是否平均四人中即有一位非常喜歡此影片者？

【解】

$$H_0 : p = \frac{1}{4} = 0.25 \;,\; H_1 : p \neq \frac{1}{4} = 0.25$$

$$\hat{p} = 184/600 = 0.3076$$

$$Z_0 = \frac{0.3076 - 0.25}{\sqrt{\dfrac{0.25(0.75)}{600}}} = 3.2074 > Z_{(0.025)} = 1.96$$

故拒絕 H_0，表示可能不是平均四個人中即有一個非常喜歡此影片。

■ 兩個母體比例差 $p_1 - p_2$ 之檢定（常態近似）

兩母體比例 $p_1 - p_2$ 之不偏估計量爲 $\hat{p}_1 - \hat{p}_2$，兩獨立樣本的樣本大小 n_1, n_2 均甚大，可利用

$$Z = \frac{(\hat{p}_1 - \hat{p}_2) - (p_1 - p_2)}{\sqrt{\dfrac{p_1 q_1}{n_1} + \dfrac{p_2 q_2}{n_2}}}$$

(1) 兩母體比例 p_1, p_2 可能不同（$p_1 - p_2 = c$，$c \neq 0$）

已知 α，在 H_0 爲眞下，因 p_1, p_2 未知，以估計量 $\hat{p}_1, \hat{p}_2$ 代替，檢定統計量改爲

$$Z = \frac{(\hat{p}_1 - \hat{p}_2) - c}{\sqrt{\dfrac{\hat{p}_1 \hat{q}_1}{n_1 - 1} + \dfrac{\hat{p}_2 \hat{q}_2}{n_2 - 1}}}$$

建立原則	假設型式	臨界點，否定域
$\hat{p}_1 - \hat{p}_2 \neq c$	$H_0 : p_1 - p_2 = c$ $H_1 : p_1 - p_2 \neq c$	$C = \{z;\ z < -Z_{\alpha/2}$ 或 $z > Z_{\alpha/2}\}$
$\hat{p}_1 - \hat{p}_2 > c$	$H_0 : p_1 - p_2 \leq c$ $H_1 : p_1 - p_2 > c$	$C = \{z;\ z > Z_{\alpha}\}$
$\hat{p}_1 - \hat{p}_2 < c$	$H_0 : p_1 - p_2 \geq c$ $H_1 : p_1 - p_2 < c$	$C = \{z;\ z < -Z_{\alpha}\}$

(2) 兩母體比例 p_1, p_2 可能相同（$p_1 - p_2 = 0$, $C = 0$）

即 $p_1 = p_2 = p$，即 p 未知，故以下式估計會較精確

$$\hat{p} = \frac{X_1 + X_2}{n_1 + n_2} = \frac{n_1 \hat{p}_1 + n_2 \hat{p}_2}{n_1 + n_2} \quad (\text{混合比例})$$

在 α 已知，且 H_0 爲眞下，檢定統計量爲

$$Z = \frac{(\hat{p}_1 - \hat{p}_2) - 0}{\sqrt{\hat{p}\hat{q}\left(\dfrac{1}{n_1} + \dfrac{1}{n_2}\right)}}$$

建立原則	型 式	臨界點，否定域
$\hat{p}_1 \neq \hat{p}_2$	$H_0 : p_1 = p_2$ $H_1 : p_1 \neq p_2$	$C = \{z;\ z < -Z_{\alpha/2}$ 或 $z > Z_{\alpha/2}\}$

$\hat{p}_1 > \hat{p}_2$	$H_0 : p_1 \leq p_2$ $H_1 : p_1 > p_2$	$C = \{z;\, z > Z_\alpha\}$
$\hat{p}_1 < \hat{p}_2$	$H_0 : p_1 \geq p_2$ $H_1 : p_1 < p_2$	$C = \{z;\, z < -Z_\alpha\}$

例*

　　為估計擁有 A 牌進口洗衣機家庭的比例，在都市抽取 100 戶中有 63 戶購買，在鄉鎮抽取 125 戶中有 59 戶購買，都市與鄉鎮購買此 A 牌進口洗衣機的比例是否有顯著的差別？ $\alpha = 0.05$。

【解】

$H_0 : p_1 = p_2$，$H_1 : p_1 \neq p_2$

$$\hat{p} = \frac{63 + 59}{100 + 125} = \frac{122}{225}$$

$$z = \frac{\dfrac{63}{100} - \dfrac{59}{125}}{\sqrt{\dfrac{122}{255}\dfrac{103}{255}\left(\dfrac{1}{100} + \dfrac{1}{125}\right)}} = 2.395 > Z_{0.025} = 1.96$$

故拒絕 H_0，表示兩比例有顯著的差別。

例*

　　甲原子筆廠商宣稱，購買其原子筆者女學生多於男學生至少 10%，今在 200 個女學生中有 56 人使用，在 150 個男學生中有 29 人使用，廠商所宣稱的對否？（$\alpha = 0.06$）。

【解】

$H_0 : p_1 - p_2 \geq 10\%$，$H_1 : p_1 - p_2 < 10\%$

$$z = \frac{\left(\dfrac{56}{200} - \dfrac{29}{150}\right) - 0.10}{\sqrt{\dfrac{\dfrac{56}{200}\left(\dfrac{144}{200}\right)}{200-1} + \dfrac{\dfrac{29}{150}\left(\dfrac{121}{150}\right)}{150-1}}} = -0.222 > -Z_{0.06} = -1.555$$

故接受 H_0，表示廠商所宣稱的有可能是對的。

例 *

　　設台新食品公司有新舊兩個食品罐頭工廠，該公司老板想知道新舊兩工廠產品的不良率是否有差異，於是抽取樣本檢驗得資料如下：

工　　廠	不良率	樣本數
新	$\hat{p}_1 = 0.065$	50
舊	$\hat{p}_2 = 0.052$	40

試問新舊兩工廠之產品不良率是否相同（$\alpha = 0.05$）？

【解】

　　依題意設定假設為
$$H_0 : p_1 - p_2 = 0 \ , \ H_1 : p_1 - p_2 \neq 0$$
首先計算樣本比例差，可得 $\hat{p}_1 - \hat{p}_2 = 0.065 - 0.052 = 0.013$，其次再計算 $\hat{p}_1 - \hat{p}_2$ 的標準差。先求混合樣本比例
$$\hat{p} = \frac{n_1 \hat{p}_1 + n_2 \hat{p}_2}{n_1 + n_2} = \frac{(0.065) \times 50 + (0.052) \times 40}{50 + 40} = 0.059$$

$$\begin{aligned} s_{\hat{p}_1 - \hat{p}_2} &= \sqrt{\hat{p}(1-\hat{p}) \cdot \left(\frac{1}{n_1} + \frac{1}{n_2}\right)} \\ &= \sqrt{0.059 \times 0.941 \left(\frac{1}{50} + \frac{1}{40}\right)} = 0.05 \end{aligned}$$

得 $z_0 = \dfrac{0.013}{0.05} = 0.26$

$z_{0.025} = 1.96$，檢定統計量 $z_0 = 0.26$ 小於 1.96，因之接受 H_0，換言之，新舊工廠之不良率並無統計顯著差。

■ α 與 β 風險控制下，樣本數之求法

當 n 未知，在大樣本下，已知決定 $p = p_0$ 時之 α 值，與 $p = p_1$ 時之 β 值。

(1) 檢定 $H_0 : p \leq p_0$，$H_1 : p > p_0$ 時（$p_1 > p_0$）

$$\Rightarrow n = \left[\frac{Z_\alpha \sqrt{p_0 q_0} + Z_\beta \sqrt{p_1 q_1}}{(p_1 - p_0)} \right]^2$$

(2) 檢定 $H_0 : p \geq p_0$，$H_1 : p < p_0$ 時（$p_1 < p_0$）

$$\Rightarrow n = \left[\frac{Z_\alpha \sqrt{p_0 q_0} + Z_\beta \sqrt{p_1 q_1}}{(p_0 - p_1)} \right]^2$$

(3) 檢定 $H_0 : p = p_0$，$H_1 : p \neq p_0$ 時（$p_1 > p_0$ 或 $p_1 < p_0$）

$$\Rightarrow n = \left[\frac{Z_{\alpha/2} \sqrt{p_0 q_0} + Z_\beta \sqrt{p_1 q_1}}{(p_1 - p_0)} \right]^2$$

【解說】

$H_0 : p \geq p_0$，$H_1 : p < p_0$

$C = \{p \mid p < \hat{p}_*\}$

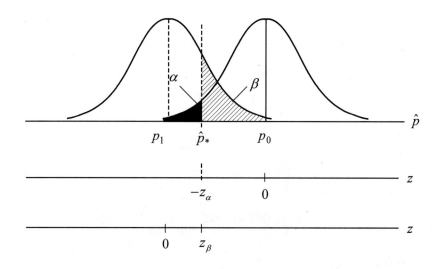

$$\therefore p_0 - Z_\alpha \sqrt{\frac{p_0 q_0}{n}} = p_1 + Z_\beta \sqrt{\frac{p_1 q_1}{n}}$$

$$\therefore n = \left[\frac{Z_\alpha \sqrt{p_0 q_0} + Z_\beta \sqrt{p_1 q_1}}{p_0 - p_1} \right]^2$$

例 *

已知 $\alpha = 0.05$，$\beta = 0.05$，$H_0 : p = 0.50$，$H_1 : p_1 = 0.40$，試求符合此條件之樣本大小 n。

【解】

$H_0 : p = 0.50$，$H_1 : p_1 = 0.40$（左尾）

$C = \{p \mid p < \hat{p}_*\}$

（$H_0 : p \geq 0.50$，$H_1 : p_1 < 0.5$）（並非 $H_1 : p \neq 0.5$，因 0.6 並未包含在內）

$$\hat{p}_* = 0.40 - 1.645 \sqrt{\frac{0.40(0.60)}{n}} = 0.50 - 1.645 \sqrt{\frac{0.50(0.50)}{n}}$$

$$n = \left[\frac{1.645\sqrt{0.4(0.6)} + 1.645\sqrt{0.5(0.5)}}{0.40 - 0.50} \right]^2 = 265$$

例 *

已知 $H_0 : p = 0.5$，$\alpha = 0.05$，而當 $H_1 : p_1 = 0.4$，$\beta_1 = 0.025$ 及 $H_1 : p_2 = 0.6$，$\beta_2 = 0.025$，試求符合此條件之樣本大小。

【解】

$H_0 : p = 0.5$，$H_1 : p \neq 0.5$（雙尾）

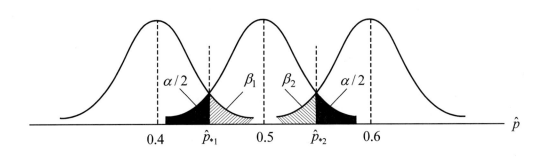

$$C = \{p \mid p < \hat{p}_{*2} \ \text{ or } \ p < \hat{p}_{*1}\}$$

由 $\hat{p}_{*1} = 0.5 - 1.96\sqrt{\dfrac{0.5(0.5)}{n}}$

$\hat{p}_{*1} = 0.4 + 1.96\sqrt{\dfrac{0.4(0.6)}{n}}$

$0.5 - 0.4 = 1.96\left(\sqrt{\dfrac{0.5(0.5)}{n}} + \sqrt{\dfrac{0.4(0.6)}{n}}\right)$

或 $\hat{p}_{*2} = 0.5 + 1.96\sqrt{\dfrac{0.5(0.5)}{n}}$

$\hat{p}_{*2} = 0.6 - 1.96\sqrt{\dfrac{0.4(0.6)}{n}}$

得 $\sqrt{n} = \dfrac{1.96}{0.1}\left(\sqrt{0.5(0.5)} + \sqrt{0.4(0.6)}\right) = 19.402$

$\therefore \ n = 376.44$

樣本大小 n 為 376（或 377）。

第 **9** 章

變異數分析

■ 定義與步驟

所謂變異數分析（ANOVA）是將樣本之各觀測值的總平方和（總變異）按變異發生原因，分解爲各原因所引起的平方和（已解釋變異與未解釋變異），然後將各平方和除以自由度，化爲變異數，再取成 F 統計量，根據 F 統計量以檢定各原因間是否有顯著差異。

今將變異數分析的步驟整理如下：

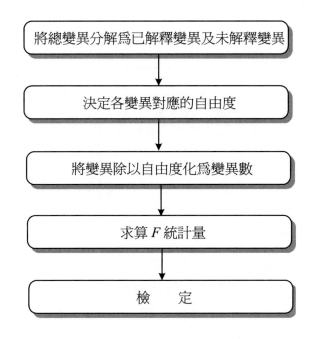

將總變異分解爲已解釋變異及未解釋變異

↓

決定各變異對應的自由度

↓

將變異除以自由度化爲變異數

↓

求算 F 統計量

↓

檢　定

【註】　1. 對兩類的平均數是否相等可利用 t 檢定量，但對於「兩類以上」的平均數要同時比較，最有效的方法就是變異數分析。變異數分析雖然冠上「變異數」的名稱，事實上即爲「平均數」之差的檢定。

2. ANOVA 即爲 ANalysis Of VAriance 之簡稱。

1. 一因子（k 分類）變異數分析

■ 一因子（k 分類）變異數分析之模型

　　設有 k 個獨立且具有相同變異數 σ^2 的常態母體，具平均數分別為 μ_1, μ_2, $\cdots$, μ_k，如將此 k 個母體合併考慮，視為一個總母體，其平均數為 μ，令 x_{ij} 表示第 i 個小母體中的第 j 個觀測值，則

<table>
<tr><th colspan="4" align="center">數據模型</th><th></th><th></th><th colspan="2" align="center">母平均模型</th></tr>
<tr><th>組</th><th colspan="3" align="center">數據</th><th>和</th><th>平均</th><th>組</th><th>母平均</th></tr>
<tr><td>A_1</td><td>x_{11} x_{12}</td><td>……</td><td>…… x_{1n}</td><td>$x_1.$</td><td>$\overline{x}_1.$</td><td>A_1</td><td>μ_1</td></tr>
<tr><td>A_2</td><td>x_{21} x_{22}</td><td>……</td><td>…… x_{2n}</td><td>$x_2.$</td><td>$\overline{x}_2.$</td><td>A_2</td><td>μ_2</td></tr>
<tr><td>⋮</td><td>⋮   ⋮</td><td></td><td>⋮</td><td>⋮</td><td>⋮</td><td>⋮</td><td>⋮</td></tr>
<tr><td>A_k</td><td>x_{k1} x_{k2}</td><td>……</td><td>…… x_{kn}</td><td>$x_k.$</td><td>$\overline{x}_k.$</td><td>A_k</td><td>μ_k</td></tr>
<tr><td></td><td></td><td></td><td></td><td>$x..$</td><td>$\overline{x}..$</td><td>總平均</td><td>$\overline{\mu}. = \mu$</td></tr>
</table>

(1) 設 $X_{ij} \sim N(\mu_i, \sigma^2)$，$i = 1, 2, \cdots, k$；$x_{ij} = \mu_i + \varepsilon_{ij} = \mu + \alpha_i + \varepsilon_{ij}$。式中 α_i 為第 i 個母體之影響或因子效果（此為常數，非隨機變數）；ε_{ij} 是由於隨機性所造成之 x_{ij} 與 μ_i 之差異，稱其為殘差或誤差（此為隨機變數）。

(2) 母體之 ε_{ij} 獨立，其分配為常態分配，$E(\varepsilon_{ij}) = 0$，$V(\varepsilon_{ij}) = \sigma^2$，即 $\varepsilon_{ij} \sim N(0, \sigma^2)$。

【註】ε_{ij} 相互獨立地服從常態分配 $N(0, \sigma^2)$，與 X_{ij} 相互獨立地服從常態分配是 $N(0, \sigma^2)$ 相同的。

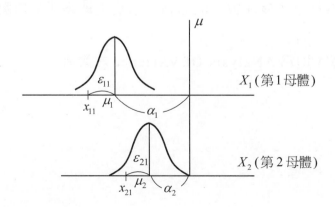

(3) 檢定虛無假設

$$\begin{cases} H_0 : \mu_1 = \mu_2 = \cdots = \mu_k = \mu \\ H_1 : 不全相等 \end{cases}$$

或

$$\begin{cases} H_0 : \alpha_1 = \alpha_2 = \cdots = \alpha_k = 0 \\ H_1 : 不全為 0 \end{cases}$$

【註】對立假設不可寫成 $H_1 : \mu_1 \neq \mu_2 \neq \cdots \neq \mu_k \neq \mu$。

【解說】

1. 樣本數相等時

(1) 數據模型

將 μ_i 分解為

$\mu_i = \overline{\mu}. + (\mu_i - \overline{\mu}.)$

   $= \mu + \alpha_i$

其中　$\overline{\mu}. = \dfrac{1}{k} \sum\limits_{i=1}^{k} \mu_i$ ，$\mu = \overline{\mu}.$ ，$\alpha_i = \mu_i - \overline{\mu}.$ ，因之 $\sum\limits_{i=1}^{k} \alpha_i = 0$。

數據模型為

   $x_{ij} = \mu_i + \varepsilon_{ij} = \mu + \alpha_i + \varepsilon_{ij}$

【註】當 α_i 為常數時，稱為母數模型，如 α_i 為機率變數時，稱為變量模型。

(2) 平方和

$SST = \sum\limits_{i=1}^{k} \sum\limits_{j=1}^{n} (x_{ij} - \overline{x}..)^2 \rightarrow$ 簡記成 S_T（稱為總平方和），其可分解如下：

   $= n \sum\limits_{i=1}^{k} (\overline{x}_i. - \overline{x}..)^2 + \sum\limits_{i=1}^{k} \sum\limits_{j=1}^{n} (x_{ij} - \overline{x}_i.)^2 = SSB + SSE$

上式可證明如下：

首先 $x_{ij} - \overline{x}..$ 可分解為

$x_{ij} - \overline{x}.. = (\overline{x}_i. - \overline{x}..) + (x_{ij} - \overline{x}_i.)$

$(x_{ij} - \overline{x}..)^2 = (\overline{x}_i. - \overline{x}..)^2 + (x_{ij} - \overline{x}_i.)^2 + 2(\overline{x}_i. - \overline{x}..)(x_{ij} - \overline{x}_i.)$

$SSB = \sum\limits_{i=1}^{k} \sum\limits_{j=1}^{n} (\overline{x}_i. - \overline{x}..)^2 = n \sum\limits_{i=1}^{k} (\overline{x}_i. - \overline{x}..)^2 \rightarrow$ 簡記成 S_A（稱為 A 間平方和

或組間平方和）

$$SSE = \sum_{i=1}^{k} \sum_{j=1}^{n} (x_{ij} - \overline{x}_{i\cdot})^2 \rightarrow 簡記成\ S_e\ (稱爲誤差平方和或組內平方和)$$

$$2\sum_{i=1}^{k} \sum_{j=1}^{n} (\overline{x}_{i\cdot} - \overline{x}_{\cdot\cdot})(x_{ij} - \overline{x}_{i\cdot}) = 2\sum_{i=1}^{k} (\overline{x}_{i\cdot} - \overline{x}_{\cdot\cdot}) \sum_{j=1}^{n} (x_{ij} - \overline{x}_{i\cdot})$$

$$= 2\sum_{i=1}^{k} (\overline{x}_{i\cdot} - \overline{x}_{\cdot\cdot}) \left(\sum_{j=1}^{n} xij - n\overline{x}_{i\cdot} \right) = 0$$

(3) 自由度

① $S_A(SSB) = n\sum_{i=1}^{k} (\overline{x}_{i\cdot} - \overline{x}_{\cdot\cdot})^2$（Sum of squares for Blocks, SSB）

外表上，它是以下 k 個成分的平方和，即

$(\overline{x}_1. - \overline{x}..),\ (\overline{x}_2. - \overline{x}..),\ \cdots,\ (\overline{x}_k. - \overline{x}..)$

全部加總爲 0，因此獨立成分之個數即爲 $(k-1)$，故 S_A 之自由度爲 $k-1$。

② $S_e(SSE) = \sum_{i=1}^{k} \sum_{j=1}^{n} (x_{ij} - \overline{x}..)^2$（Sum of squares for Error, SSE）

外表上，它是 kn 個成分的平方和，即

$(x_{11} - \overline{x}_1.),\ (x_{21} - \overline{x}_2.),\ \cdots,\ (x_{k1} - \overline{x}_k.)$

$(x_{12} - \overline{x}_1.),\ (x_{22} - \overline{x}_2.),\ \cdots,\ (x_{k2} - \overline{x}_k.)$

$$\vdots \qquad\quad \vdots \qquad\qquad \vdots$$

$(x_{1n} - \overline{x}_1.),\ (x_{2n} - \overline{x}_2.),\ \cdots,\ (x_{kn} - \overline{x}_k.)$

由於各行 n 個成分之和爲零，所以獨立的成分個數即爲 $k(n-1)$ 個，故 S_e 的自由度爲 $k(n-1)$。

③ $S_T(SST) = \sum_{i=1}^{k} \sum_{j=1}^{n} (x_{ij} - \overline{x}..)^2$（Sum squares for Total, SST）

外表上它是 kn 個成分之平方和，即

$(x_{11} - \overline{x}..),\ (x_{21} - \overline{x}..),\ \cdots,\ (x_{k1} - \overline{x}..)$

$(x_{12} - \overline{x}..),\ (x_{22} - \overline{x}..),\ \cdots,\ (x_{k2} - \overline{x}..)$

$$\vdots \qquad\quad \vdots \qquad\qquad \vdots$$

$(x_{1n} - \overline{x}..),\ (x_{2n} - \overline{x}..),\ \cdots,\ (x_{kn} - \overline{x}..)$

這些成分之和爲零，故獨立之成分個數爲 $(kn-1)$，故 S_T 的自由度爲 $(kn-1)$。因之，

$$\begin{cases} 總平方和 S_T 之自由度 & \phi_T = kn-1 \\ 組間平方和 S_A 之自由度 & \phi_A = k-1 \\ 誤差（組內）平方和 S_e 自由度 & \phi_e = \phi_T - \phi_A = k(n-1) \end{cases}$$

(4) 將平方和除以自由度即爲均方，以 MS（或 V）表示。

$$\begin{cases} V_T(MST) = \dfrac{S_T}{\phi_T} = \dfrac{S_T}{kn-1} & （\text{Mean squares for Total, } MST） \\[2mm] V_A(MSB) = \dfrac{S_A}{\phi_A} = \dfrac{S_A}{k-1} & （\text{Mean squares for Blocks, } MSB） \\[2mm] V_e(MSE) = \dfrac{S_e}{\phi_e} = \dfrac{S_e}{k(n-1)} & （\text{Mean squares for Error, } MSE） \end{cases}$$

(5) 均方之期待值

$$\begin{cases} E(V_A) = \sigma^2 + n\sigma_A^2 \\ E(V_e) = \sigma^2 \end{cases}$$

其中 $\quad \sigma_A^2 = \dfrac{1}{k-1}\sum\limits_{i=1}^{k}\alpha_i^2$ 。

(6) 檢定

因 $E[V_e] = \sigma^2$ 是表示 V_e 以平均而言其值爲 σ^2，$E[V_A] = \sigma^2 + n\sigma_A^2$ 是表示 V_A 以平均而言，其值爲 $\sigma^2 + n\sigma_A^2$，因此以平均而言，$V_A >$ V_e。如果 H_0 是正確的話，則 $\sigma_A^2 = 0$，因之 V_A, V_e 平均而言應是相同，亦即 $V_A/V_e \doteqdot 1$，如 H_0 不正確，則 $V_A/V_e > 1$，所以

$$\frac{V_A}{V_e} \doteqdot 1 \Rightarrow 不捨棄 H_0$$

$$\frac{V_A}{V_e} > 1 \Rightarrow 捨棄 H_0$$

由理論來看，當 H_0 爲眞時，$\dfrac{V_A}{V_e} \sim F(\phi_A, \phi_e)$，

因之檢定的顯著水準如爲 α，則

$$\frac{V_A}{V_e} > F_\alpha(\phi_A, \phi_e) \text{ 時，捨棄 } H_0$$

$$\frac{V_A}{V_e} \le F_\alpha(\phi_A, \phi_e) \text{ 時，不捨棄 } H_0$$

(7) 平方和之變換

$$\begin{cases} S_T = \sum_{i=1}^{k} \sum_{j=1}^{n} x_{ij}^2 - \frac{x..^2}{kn} = (各個數值之平方和) - \frac{(所有數據之和)^2}{所有數據之個數} \\[2mm] S_A = \sum_{i=1}^{k} \frac{(x_i.)^2}{n} - \frac{x..^2}{kn} = \sum \frac{(第 i 個母體之數據和)^2}{第 i 個母體之數據個數} - \frac{(所有數據之和)^2}{所有數據之個數} \\[2mm] S_e = S_T - S_A \\[2mm] CT = \frac{x..^2}{kn} = \frac{(所有數據之和)^2}{所有數據之個數} \qquad (CT 稱為修正項;Correct Term) \end{cases}$$

若數據進行變數變換時,即

$u_{ij} = (x_{ij} - g) \times h$,則

$$\begin{cases} S_T = \frac{1}{h^2} S_T' \\[2mm] S_A = \frac{1}{h^2} S_A' \\[2mm] S_e = \frac{1}{h^2} S_e' \end{cases}$$

(8) 製作變異數分析表(ANOVA)

變動因	平方和(S)	自由度(ϕ)	均方(V)	均方的期望值	F_0
組　間	S_A	ϕ_A	$V_A = S_A / \phi_A$	$\sigma^2 + n\sigma_A^2$	V_A / V_e
誤　差	S_e	ϕ_e	$V_e = S_e / \phi_e$	σ^2	
總	S_T	ϕ_T			

【註 1】當誤差變異數的均方期待值愈小,檢定的精度愈佳。或當誤差變異數估計的自由度愈大,檢定的精度也愈佳。

【註 2】一因子 k 分類變異數分析所採用的 F 檢定為右尾檢定,但當 $k = 2$ 時,

$$t_{\frac{\alpha}{2}}^2(v) = F_\alpha(1, v)$$

亦可化為 t 檢定之雙邊檢定,即假設的建立為

$$\begin{cases} H_0 : \mu_1 = \mu_2 \\ H_1 : \mu_1 \neq \mu_2 \end{cases}$$

檢定統計量 t 如下(∵ σ_1^2, σ_2^2 相等,但未知)

$$t = \frac{(\overline{x}_1 . - \overline{x}_2 .) - (\mu_1 - \mu_2)}{s_p \sqrt{\dfrac{1}{n_1} + \dfrac{1}{n_2}}}$$

而

$$s_p{}^2 = \frac{(n_1 - 1)s_1{}^2 + (n_2 - 1)s_2{}^2}{n_1 + n_2 - 2}$$

2.樣本數不同時

$$S_T = \sum_{i=1}^{k} \sum_{j=1}^{n_i} (x_{ij} - \overline{x}..)^2 = \sum_{i=1}^{k} \sum_{j=1}^{n_i} (x_i - \overline{x}..)^2 + \sum_{i=1}^{k} \sum_{j=1}^{n_i} (x_{ij} - \overline{x}_i .)^2$$

$$= \sum_{i=1}^{k} n_i (\overline{x}_i . - \overline{x}..)^2 + \sum_{i=1}^{k} \sum_{j=1}^{n_i} (x_{ij} - \overline{x}_i .)^2 = S_A + S_e$$

其中，平方和與自由度表示如下：

$$\begin{cases} S_A = \displaystyle\sum_{i=1}^{k} \frac{(x_i .)^2}{n_i} - CT \\[2mm] S_T = \sum x_{ij}{}^2 - CT \\[2mm] C_T = \dfrac{x..^2}{\displaystyle\sum_{i=1}^{k} n_i} \end{cases}$$

$$\begin{cases} \phi_A = k - 1 \\[2mm] \phi_e = \displaystyle\sum_{i=1}^{k} (n_i - 1) \\[2mm] \phi_T = \sum_{i=1}^{k} n_i - 1 \end{cases}$$

ANOVA

變異	平方和（S）	自由度（ϕ）	均方（V）	F_0	判定
組間	S_A	$k-1$	S_A / ϕ_A	V_A / V_e	$F > F_0$
誤差	S_e	$\displaystyle\sum_{i=1}^{k}(n_i - 1)$	S_e / ϕ_e		拒絕 H_0
總和	S_T	$\displaystyle\sum_{i=1}^{k} n_i - 1$			

檢定法與樣本數相等之情形相同。

例*

　　甲公司為了試驗 A_1, A_2, A_3, A_4, A_5 五種色彩的包裝對產品銷售量是否有影響，乃將產品隨機分派於 40 家規模相當的商店，得下列銷售量的資料：

A_1	35	21	32	38	28	14	25	47
A_2	35	12	27	20	41	31	19	23
A_3	48	43	40	31	36	33	60	45
A_4	32	53	29	42	40	23	35	42
A_5	45	29	31	22	36	29	42	30

　　假設此資料適合進行變異數分析：(1) 試以 $\alpha = 0.05$ 檢定不同的色彩包裝是否影響銷售量；(2) 求共同變異數 σ^2 的 95% 信賴區間。

【解】

(1)

$$\begin{cases} H_0 : \mu_1 = \mu_2 = \cdots = \mu_5 = \mu \\ H_1 : 不全等 \end{cases}$$

種類	數據	和	平均
A_1		$x_1. = 240$	$\bar{x}_1. = 30$
A_2		$x_2. = 208$	$\bar{x}_2. = 26$
A_3	x_{ij}	$x_3. = 336$	$\bar{x}_3. = 42$
A_4		$x_4. = 296$	$\bar{x}_4. = 37$
A_5		$x_1. = 240$	$\bar{x}_5. = 33$
		$x.. = 1344$	$\bar{x}.. = 33.6$

$$CT = \frac{(x..)^2}{kn} = \frac{(1344)^2}{5 \times 8} = 45158.4$$

$$S_T = \sum\sum (x_{ij})^2 - CT = 4211.6$$

$$S_A = \frac{\sum (x_i.)^2}{n} - CT = 1225.6$$

$$S_e = S_T - S_A = 2986.0$$

ANOVA

變異	S	ϕ	V	F_0
包裝	1225.6	4	306.400	3.591
誤差	2986.0	35	85.314	
總和	4211.6	39		

$F_0 = 3.591 > F_{0.05}(4, 35) = 2.62$

故拒絕 H_0，即說明不同的色彩會影響銷售量。

(2) $\dfrac{\sum\limits_{i=1}^{k}(n-1)s_i^2}{\chi_{\alpha/2}^2(v)} < \sigma^2 < \dfrac{\sum\limits_{i=1}^{k}(n-1)s_i^2}{\chi_{1-\alpha/2}^2(v)}$

$\because S_e = \sum\limits_{i=1}^{k}\sum\limits_{j=1}^{n}(x_{ij}-\overline{x}_i.)^2$ ， $s_i^2 = \sum\limits_{j=1}^{n}(x_{ij}-\overline{x}_i.)^2/n-1$ ，

$\therefore S_e = \sum\limits_{i=1}^{k}(n-1)s_i^2$

$\therefore \dfrac{S_e}{\chi_{\alpha/2}^2(v)} < \sigma^2 < \dfrac{S_e}{\chi_{1-\alpha/2}^2(v)}$ ， $v = \sum\limits^{k}(n-1) = 35$

$\dfrac{2986.0}{53.16} < \sigma^2 < \dfrac{2986.0}{20.61}$

$\therefore 56.17 < \sigma^2 < 144.88$

例 *

　　由 A_1, A_2, A_3 三部生產相同產品之機器所生產的產品中各抽取 4 件，得其平均數 $\overline{x}_i$，分別為 61, 70, 73 公克，變異數 s_i^2 分別為 62/3, 42/3, 52/3：(1) 試以 $\alpha = 0.01$，依據變異數分析法檢定三部機器所生產產品的重量平均數，是否有可能相同；(2) 求共同變異數 σ^2 的 99% 的信賴區間？

【解】

(1) $\begin{cases} H_0 : \mu_1 = \mu_2 = \mu_3 = \mu \\ H_1 : 不全等 \end{cases}$

$$\bar{x}.. = \sum \bar{x}_i . / k = \frac{61 + 70 + 73}{3} = 68$$

$$S_e = \sum_{i=1}^{k} (n-1)s_i^2 = 3\left[\frac{62 + 42 + 52}{3}\right] = 156$$

$$V_e = \frac{S_e}{k(n-1)} = \frac{156}{3 \cdot 3} = \frac{52}{3}$$

$$S_A = \sum_{i=1}^{k} \sum_{j=1}^{n} (\bar{x}_i. - \bar{x}..)^2 = n\sum_{i=1}^{k} (\bar{x}_i. - \bar{x}..)^2$$
$$= 4[49 + 4 + 25] = 312$$

$$V_A = \frac{S_A}{k-1} = \frac{312}{3-1} = 156$$

$$F_0 = \frac{156}{52/3} = 9 > F_{0.01}(2,9) = 8.02$$

∴拒絕 H_0，即說明三部機器生產的平均重量有可能不同。

(2) σ^2 之 99% 信賴區間為

$$\frac{(4-1)(62/3 + 42/3 + 52/3)}{23.59} \le \sigma^2 \le \frac{(4-1)(62/3 + 42/3 + 52/3)}{1.73}$$

∴ $6.61 \le \sigma^2 \le 90.17$

例*

由去年的甲地家庭所得樣本：（單位：五萬元）

東區	7	14	8	7
南區	8	14		
西區	13	9		
北區	7	7	16	

假設此資料符合變異數分析 (1) 試以 $\alpha = 0.05$ 檢定所得是否因地區而有不同；(2) 求共同變異數 σ^2 的 95% 信賴區間。

【解】

(1) $\begin{cases} H_0 : \mu_1 = \mu_2 = \mu_3 = \mu_4 = \mu \\ H_1 : 不全等 \end{cases}$

$k = 4, \sum n_i = 11$

$\bar{x}_1. = 9, \bar{x}_2. = 11, \bar{x}_3. = 11, \bar{x}_4. = 10, \bar{x}_1.. = 10$

$S_A = \sum_{i=t}^{k} n_i (\bar{x}_1. - \bar{x}..)^2$

$\quad = 4(9-10)^2 + 2(11-10)^2 + 2(11-10)^2 + 3(10-10)^2 = 8$

$S_e = \sum_{i=1}^{k} \sum_{j=1}^{n_i} (x_{ij} - \bar{x}_i.)^2 = 114$

$S_T = S_B + S_e = 122$

$\phi_A = k - 1 = 4 - 1 = 3$

$\phi_T = \sum_{i=1}^{k} n_i - 1 = 11 - 1 = 10$

$\phi_e = \phi_T - \phi_A = 7$

ANOVA

變異	S	ϕ	V	F_0
地區	8	3	2.67	0.16
誤差	114	7	16.30	
總和	122	10		

$F_0 = 0.16 < F_{0.05}(3, 7) = 4.35$，故接受 H_0，表示所得並沒有因地區之不同而有顯著的差異。

(2) 共同變異數 σ^2 之 95% 信賴區間

$\dfrac{114}{16.01} \le \sigma^2 \le \dfrac{114}{1.69}$

$\therefore 7.12 \le \sigma^2 \le 67.46$

■ 純變動與貢獻率

　　將顯著因子的效果，可利用貢獻率（contribute rate）的統計量予以定量化。所謂貢獻率是各因子的純變動（net sum of squares）占總變動之比率。又，所謂純變動是從變動中除去誤差的影響後之純粹變動。

　　當因子效果之均方 V_A 與誤差之均方 V_e 相同程度時，判斷因子 A 的效果可以忽視，亦即，$V_A = V_e$ 時，因 $V_A = S_A/f_A$，所以 $V_A = S_A/f_A = V_e$，亦即 $S_A = f_A \times V_e$，假定因子 A 即使是完全不具效果之因子，它的變動 S_A 即為自由度 f_A 倍的誤差均方。像這樣，所計算之 S_A 的變動，包含有取決於因子的水準數的誤差均方。此乃是取決於因子的水準數，實驗數或測量數也會增加，引進誤差成分的機會就會增加。

　　因此，因子 A 的純變動 S'_A 即可利用下式從變動 S_A 去除自由度 f_A 倍的誤差來求出。

$$S'_A = S_A - f_A \cdot V$$

$$S'_e = S_T - S'_A$$

此外，使用所求出的純變動 S'_A 可求出貢獻率。亦即，

$$\rho_A = \frac{S'_A}{S_T}$$

$$\rho_e = \frac{S'_e}{S_T}$$

ρ_A 稱為因子 A 之效果的貢獻率，ρ_e 是表示誤差變動的貢獻率。各變動的貢獻率的合計必為 100%。

例 *

　　汽車為了提高輪胎的剎車性能，開發輪胎添加劑 X。為了確認其效果，設定添加劑 X 的配合率為 4 水準，分別為 0%, 2%, 4%, 6%，試製 4 種輪胎。假定其他的所有要因固定成一定的水準，將所試製的輪胎依序安裝，由車速 100 km/h 到完全剎車時測量其剎車距離，測量結果如下。

	A：添加劑 X 的配合率			
	A1：0%	A2：2%	A3：4%	A4：6%
第 1 次	55.8	55.3	54.6	54.5
第 2 次	55.3	55.1	54.3	53.6
第 3 次	56.5	54.5	53.9	54.1
因子 A：水準和	167.6	164.9	162.8	162.2
因子 A：水準間平均	55.9	55.0	54.3	54.1

試以 $\alpha = 0.05$ 調查因子 A 是否顯著，並計算 A 的貢獻率。

【解】

$$CF = \frac{(55.8 + 55.3 + \cdots + 54.1)^2}{12} = \frac{657.5^2}{12} = 36025.52 \qquad (f = 1)$$

$$S_T = 55.8^2 + 55.3^2 + \cdots + 54.1^2 - 36025.52 = 7.69 \qquad (f_T = 12 - 1 = 11)$$

$$S_A = \frac{167^2 + 164.9^2 + 162.8^2 + 162.2^2}{3} - 36025.52 = 5.96 \qquad (f_A = 4 - 1 = 3)$$

$$S_e = S_T - S_A = 1.73 \qquad (f_e = 11 - 3 = 8)$$

S.O.V.	S	f	V	F_0	S'	ρ
A	5.96	3	1.987	4.07	5.312	69.1
e	1.73	8	0.216		2.378	30.9
T	7.69					100.0

$F = V_A/V_e = 9.199 > F_{0.05}(3, 8) = 4.07$

因此，知因子 A 的效果，在顯著水準 1% 下是顯著的，

$S'_A = S_A - f_A \times V_e = 5.96 - 3 \times 0.216 = 5.312$

$S'_e = S_T - S'_A = 7.69 - 5.312 = 2.378$

或

$S'_e = S_e + f_A \times V_e = 1.73 + 3 \times 0.26 = 2.378$

$\rho_A = \frac{S'_A}{S_T} \times 100 = \frac{5.312}{7.69} \times 100 = 69.1\,(\%)$

$\rho_e = \frac{S'_e}{S_T} \times 100 = \frac{2.378}{7.09} \times 100 = 30.9\,(\%)$

由上知因子 A 的效果的貢獻率是 69.1%。

■ 多個變異數是否相等之檢定（Bartlett 檢定）

從 k 個常態母體中，取出樣本大小為 η_i 個的獨立樣本。Bartlett 檢定法所用之統計量 b 的抽樣分配近似於卡方分配，

$b = 2.3026 \dfrac{M}{C}$，式中 M, C 分別為

$$M = (\sum n_i - k) \log s_p{}^2 - \sum [(n_i - 1) \log s_i{}^2]$$

$$C = 1 + \frac{1}{3(k-1)} \left[\sum \frac{1}{n_i - 1} - \frac{1}{\sum n_i - k} \right]$$

$$s_p{}^2 = \frac{\sum (n_i - 1) s_i{}^2}{\sum (n_i - 1)} = \frac{\sum (n_i - 1) s_i{}^2}{\sum n_i - k}$$

b 統計量分配的自由度為 $k-1$。所建立之假設為

$$\begin{cases} H_0 : \sigma_1{}^2 = \sigma_2{}^2 = \cdots = \sigma_k{}^2 \\ H_1 : 不全等 \end{cases}$$

當 $b > \chi_a{}^2(k-1)$，拒絕 H_0。

例*

由三位老師 A_1, A_2, A_3 所教導的車床工訓練，設結業時的成績均服從常態如下表，以 0.01 為顯著水準：(1) 檢定母體變異數的一致性；(2) 檢定三位老師所教導的平均成績有無顯著差別？

老師															
A_1	74	61	67	46	94	37	78	81	90	83	74	44			
A_2	57	81	97	32	78	75	49	79	89	92	52	86	79	63	77
A_3	59	60	72	72	80	69	16	80	54	42	88	92	57		

【解】

(1) 變異數是否相等之檢定

$$\begin{cases} H_0 : \sigma_i{}^2 = \sigma^2 \quad (i = 1, 2, 3) \\ H_1 : 不全等 \end{cases}$$

$$s_1^2 = 343.902 \text{，} s_2^2 = 327.971 \text{，} s_3^2 = 414.603$$

$$s_p^2 = \frac{11(343.902) + 14(327.971) + 12(414.603)}{40 - 3} = 360.804$$

$$M = 37(\log 360.804) - [11(\log 343.902) + 14(\log 327.971)$$
$$+ 12(\log 414.603)]$$
$$= 0.0873$$

$$C = 1 + \frac{1}{3(2)}\left[\frac{1}{11} + \frac{1}{14} + \frac{1}{12} - \frac{1}{37}\right] = 1.0364$$

$$b = 2.3026\left(\frac{0.0873}{1.0364}\right) = 0.194 < \chi_{0.01}^2(2) = 9.21$$

接受 H_0，表示變異數有可能相等。

(2) 變異數分析

$$\begin{cases} H_0 : \mu_1 = \mu_2 = \mu_3 = \mu \\ H_1 : \text{不全等} \end{cases}$$

老師	$x_i.$	$\bar{x}_i.$
A_1	829	829/12
A_2	1086	1086/15
A_3	851	851/13
計	$x.. = 2766$	$\bar{x}.. = 2766/40 = 69.15$

$$S_A = \sum_{i=1}^{k} n_i(\bar{x}_i. - \bar{x}..)^2 = 335.352$$

$$S_e = \sum_{i=1}^{k}\sum_{j=1}^{n_i}(x_{ij} - \bar{x}_i.)^2 = 13349.748$$

$$S_T = S_B + S_e = 13685.100$$

ANOVA

變　異	S	ϕ	V	F
老師教導	335.352	2	167.676	0.465
誤　　差	13,349.748	37	360.804	
總　　和	13,685.100	39		

$\because F_0 = 0.465 < F_{0.01}(2, 37) = 5.24$

故接受 H_0，表示三位老師教導的成果有可能是一樣的。

■ Hartley F_{max} 檢定

1. 從 k 個常態母體中，取出樣本大小均為 n 個的獨立隨機樣本，即 $n_1 = n_2 = \cdots = n_k = n$。

2. s_i^2 代表第 i 項的樣本變異數，$s_{min}^2 = s_i^2$ 中的最小值，$s_{max}^2 = s_i^2$ 中的最大值。

3. 假設 $H_0 : \sigma_1^2 = \sigma_2^2 = \cdots = \sigma_k^2$，$H_1 : \sigma_1^2$ 並不全等時，

   Hartley F_{max} 檢定統計量為：

   $$F_{max} = \frac{s_{max}^2}{s_{min}^2}$$

   若 α 已知下，若 F_{max} 的值大於附表上所顯示的值時，將使假設 H_0 不成立。

例 *

　　製造軟式隱形眼鏡的過程如下：將原料注入一個塑膠框內，放在紫外線下曝曬和加熱（時間、溫度和光線會隨需求而改變），然後將塑膠框移除後的鏡片浸水。一般認為溫度會影響鏡片強度，目前有來自 3 個不同供應商的資料：

供應商	樣本									n	s_i^2
	1	2	3	4	5	6	7	8	9		
1	191.9	189.1	190.9	183.8	185.5	190.9	192.8	188.4	189.0	9	8.69
2	178.2	174.1	170.3	171.6	171.7	174.7	176.0	176.6	172.8	9	6.89
3	218.6	208.4	187.1	199.5	202.0	211.1	197.6	204.4	206.8	9	80.22

試問 $\sigma_1^2 = \sigma_2^2 = \sigma_3^2$ 是否成立。

【解】

(1) 使用 Hartley 檢定之前要先確認是否處於「常態狀態」，右圖中的箱形圖顯示出這三種資料都屬於常態。

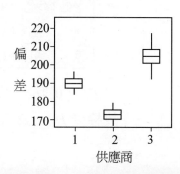

(2) 從以下附表中得知，當 $\alpha = 0.05$，$k = 3$，且 $df = 9 - 1 = 8$ 時，

$F_{max, 0.05} = 6.00$。

若 $F_{max} \geq F_{max, 0.05} = 6.00$ 時，H_0 就不成立。

$\because s^2_{min} = \min(8.69, 6.89, 80.22) = 6.89$

$s^2_{max} = \max(8.69, 6.89, 80.22) = 80.22$

$\therefore F_{max} = \dfrac{s^2_{max}}{s^2_{min}} = \dfrac{80.22}{6.89} = 11.64 > 6.00$

故由上可得知，H_0 不成立，即這 3 個變異數並不相等。

【註】(1) 當樣本大小並不相同，我們可取 $n = n_{max}$，但 F_{max} 不會有確定的 α 值。事實上，使用 Hartley 檢定時，H_0 常不成立，亦即變異數不相等。因為非常態的狀況多於常態，所以需要 Levine's 檢定。

(2) Hartley 檢定可用於重複數相等時，Bartlett 檢定可用於重複數不等時。

附表　$F_{max} = s_{max}/s_{min}$ 的百分點

df \\ k	2	3	4	5	6	7	8	9	10	11	12
2	39.0	87.5	142	202	266	333	403	475	550	626	704
3	15.4	27.8	39.2	50.7	62.0	72.9	83.5	93.9	104	114	124
4	9.60	15.5	20.6	25.2	29.5	33.6	37.5	41.1	44.6	48.0	51.4
5	7.15	10.8	13.7	16.3	18.7	20.8	22.9	24.7	26.5	28.2	29.9
6	5.82	8.38	10.4	12.1	13.7	15.0	16.3	17.5	18.6	19.7	20.7
7	4.99	6.94	8.44	9.7	10.8	11.8	12.7	13.5	14.3	15.1	15.8
8	4.43	6.00	7.18	8.12	9.03	9.78	10.5	11.1	11.7	12.2	12.7
9	4.03	5.34	6.31	7.11	7.80	8.41	8.95	9.45	9.91	10.3	10.7
10	3.72	4.85	5.67	6.34	6.92	7.42	7.87	8.28	8.66	9.01	9.34
12	3.28	4.16	4.79	5.30	5.72	6.09	6.42	6.72	7.00	7.25	7.48
15	2.86	3.54	4.01	4.37	4.68	4.95	5.19	5.40	5.59	5.77	5.93
20	2.46	2.95	3.29	3.54	3.76	3.94	4.10	4.24	4.37	4.49	4.59
30	2.07	2.40	2.61	2.78	2.91	3.02	3.12	3.21	3.29	3.36	3.39
60	1.67	1.85	1.96	2.04	2.11	2.17	2.22	2.26	2.30	2.33	2.36
∞	1.00	1.00	1.00	1.00	1.00	1.00	1.00	1.00	1.00	1.00	1.00

上側 5% 的值

	k 2	3	4	5	6	7	8	9	10	11	12
df					上側 1% 的值						
2	199	448	729	1036	1362	1705	2063	2432	2813	3204	3605
3	47.5	85	120	151	184	21	24	28	31	33	36
4	23.2	37	49	59	69	79	89	97	106	113	120
5	14.9	22	28	33	38	42	46	50	54	57	60
6	11.1	15.5	19.1	22	25	27	30	32	34	36	37
7	8.89	12.1	14.5	16.5	18.4	20	22	23	24	26	27
8	7.50	9.9	11.7	13.2	14.5	15.8	16.6	17.9	18.9	19.8	21
9	6.54	8.5	9.9	11.1	12.1	13.1	13.9	14.7	15.3	16.0	16.6
10	5.85	7.4	8.6	9.6	10.4	11.1	11.8	12.4	12.9	13.4	13.9
12	4.91	6.1	6.9	7.6	8.2	8.7	9.1	9.5	9.9	10.2	10.6
15	4.07	4.9	5.5	6.0	6.4	6.7	7.1	7.3	7.5	7.8	8.0
20	3.32	3.8	4.3	4.6	4.9	5.1	5.3	5.5	5.6	5.8	5.9
30	2.63	3.0	3.3	3.4	3.6	3.7	3.8	3.9	4.0	4.1	4.2
60	1.96	2.2	2.3	2.4	2.4	2.5	2.5	2.6	2.6	2.7	2.7
∞	1.00	1.0	1.0	1.0	1.0	1.0	1.0	1.0	1.0	1.0	1.0

【註】s^2_{min} 是最小值，s^2_{max} 是最大值，$df = n - 1$，n 是 k 個隨機樣本的大小，在 α 已知下，若 F_{max} 的值大於表上所顯示的值時，將使假設 H_0 不成立。

（Biometrika Tables for Statistians, 3rd, Vol. 1 edited by E.S. pearson and H.O. Hartley, 1966.）

■ Levine's 檢定

在非常態的狀況下，Hartley 檢定不適用，必須使用 Levines 檢定。當 $\tilde{y}_i$ 是第 i 項樣本的中位數時，Levine's 利用 $z_{ij} = |y_{ij} - \tilde{y}_i|$，檢定統計量為：

$$L = \frac{\sum\limits_{i=1}^{k} n_i (\bar{z}_i. - \bar{z}..)^2 / (k-1)}{\sum\limits_{i=1}^{k} \sum\limits_{j=1}^{n_i} (z_{ij} - \bar{z}_i.)^2 / (N-k)}$$

虛無假設為 $H_0 : \sigma_1^2 = \sigma_2^2 = \cdots = \sigma_k^2$

對立假設為 H_1：變異數不全相等

若 $L \geq F_\alpha(df_1, df_2)$ 時，H_0 不成立（F 表中，$df_1 = k - 1$，$df_2 = N - k$，$N = \sum_{i=1}^{k} n_i$，且 $F_\alpha(df_1, df_2)$ 是 F 分配中上側 $\alpha\%$ 的值）。

【註】 levine's 檢定原先是利用平均數，即 $z_{ij} = |y_{ij} - \bar{y}_i|$，後來 Brown-Forsythe 提出使用中位數即 $z_{ij} = |y_{ij} - \tilde{y}_i|$。

例 *

　　車檢中心宣稱三種汽油添加劑確實能增加汽車每公升汽油所能行駛的里程數，過去的研究指出該種產品必須持續使用直到超過 250 公里才會有平均 8% 的增加量。欲知不同品牌的添加劑對每公升汽油所能行駛的里程數有什麼影響，某公司隨機抽取 30 輛狀況相似的車輛，每 10 輛分別加入一種品牌的添加劑，然後讓車子行駛 250 里後測量每台車里程數的增加量，試用 Levine's 檢定，不同品牌添加劑對每升汽油能行駛的里程數是否有影響。

【解】

(1) 從圖 (a) ～ (d) 中可知添加劑 1 和 2 都不屬於常態分配，故不能使用 Hartley F_{max} 檢定。

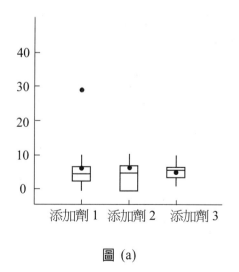

圖 (a)

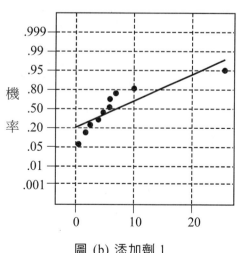

圖 (b) 添加劑 1

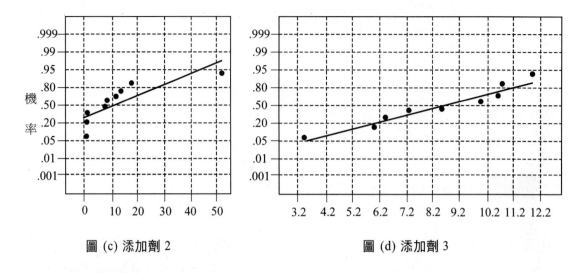

圖 (c) 添加劑 2　　　　　　　　　　　圖 (d) 添加劑 3

(2) 這三種添加劑所造成的里程數增加量 y_{ij} 的中位數分別為 $\tilde{y}_1 = 5.80$，
　　$\tilde{y}_2 = 7.55$，$\tilde{y}_3 = 9.15$。

(3) 因此可計算出三者的絕對偏差分別為

$$z_{1j} = |y_{1j} - 5.80|$$
$$z_{2j} = |y_{2j} - 7.55|$$
$$z_{3j} = |y_{3j} - 9.15| \quad (j = 1, \cdots, 10)$$

（表中有詳細列出每一個值，且依添加劑品牌分為 3 個表。）

計算表

(1) 添加劑 1	(2) y_{1j}	(3) $\tilde{y}_1$	(4) $z_{1j} = |y_{1j} - 5.80|$	(5) $\bar{z}_{1.}$	(6) $(z_{1j} - 4.07)^2$	(7) $(z_{1j} - 5.06)^2$
1	4.2	5.80	1.60	4.07	6.1009	11.9716
1	2.9		2.90		1.3689	4.6656
1	0.2		5.6		2.3409	0.2916
1	25.7		19.9		250.5889	220.2256
1	6.3		0.50		12.7449	20.9736
1	7.2		1.40		7.1289	13.3956
1	2.3		3.50		0.3249	2.4336
1	9.9		4.10		0.0009	0.9216
1	5.3		0.50		12.7449	20.7936
1	6.5		0.70		11.3569	19.0096

添加劑 2	y_{2i}	$\tilde{y}_2$	$z_{2j} = \lvert y_{2j} - 7.55 \rvert$	$\bar{z}_2.$	$(z_{2j} - 8.88)^2$	$(z_{2j} - 5.06)^2$
2	0.2	7.55	7.35	8.88	2.3409	5.2441
2	11.3		3.75		26.3169	1.7161
2	0.3		7.25		2.6569	4.7961
2	17.1		9.55		0.4489	20.1601
2	51.0		43.45		1195.0849	1473.7921
2	10.1		2.55		40.0689	6.3001
2	0.3		7.25		2.6569	4.7961
2	0.6		6.95		3.7249	3.5721
2	7.9		0.35		72.7609	22.1841
2	7.2		0.35		72.7609	22.1841
添加劑 3	y_{3j}	$\tilde{y}_3$	$z_{3j} = \lvert y_{3j} - 9.15 \rvert$	$\bar{z}_3.$	$(z_{3j} - 2.33)^2$	$(z_{3j} - 5.06)^2$
3	7.2	9.15	1.95	2.23	0.0784	9.6721
3	6.4		2.75		0.2704	5.3361
3	9.9		0.75		2.1904	18.5761
3	3.5		5.65		11.6964	0.3481
3	10.6		1.45		0.6084	13.0321
3	10.8		1.65		0.3364	11.6281
3	10.6		1.45		0.6084	13.0321
3	8.4		0.75		2.1904	18.5761
3	6.0		3.15		0.8464	3.6481
3	11.9		2.75		0.2704	5.3361
總計				$\bar{z}.. = 5.06$	$1742.6(S_e)$	$1978.4(S_T)$

(4) 計算三者的平均數分別為：$\bar{z}_1. = 4.07$，$\bar{z}_2. = 8.88$ 與 $\bar{z}_3. = 2.33$。
（即表中第 5 行的地方）。

(5) 針對各個 z_{ij} 計算偏差平方和 $(z_{ij} - \bar{z}_i.)^2$，分別為 $(z_{1j} - 4.07)^2$，$(z_{2j} - 8.88)^2$ 與 $(z_{3j} - 2.33)^2$（即表中第 6 行的地方）。

(6) 接著針對各個 z_{ij} 對總平均 $\bar{z}.. = 5.06$ 計算偏差平方和，即 $(z_{ij} - \bar{z}..)^2 = (z_{ij} - 5.06)^2$。

(7) 最後，利用第 6 行與第 7 行的值可得：

$$S_e = \sum_{i=1}^{3} \sum_{j=1}^{n_i} (z_{ij} - \overline{z}_i.)^2 = 1742.6 \qquad S_T = \sum_{i=1}^{3} \sum_{j=1}^{n_i} (z_{ij} - \overline{z}..)^2 = 1978.4$$

$$\therefore S_A = S_T - S_e = 235.8$$

將 S_A, S_e 代入 L 可得

$$L = \frac{V_A}{V_e} = \frac{S_A/(k-1)}{S_e/(N-k)} = \frac{(S_T - S_e)/(k-1)}{S_e/(N-k)} = \frac{(1978.4 - 1742.6)/(3-1)}{1742.6/(30-3)} = 1.827$$

若 $L \geq F_a(k-1, N-k) = F_{0.05}(3-1, 30-3) = 3.35$，則 H_0 不成立。但因爲 $L = 1.827$ 並未大於 3.35，故無足夠證據使 H_0 不成立，即無法證明不同牌子的添加劑對里程數有不同的影響。

■ 多重比較與 Fisher 的最小顯著差

1. 有 a 個來自常態母體之數據組，相互之間母平均是否有差異，如以每一對的數據組進行檢定時，因爲多重性之緣故，比名義上的顯著水準來說，第一種失誤的機率會增大。爲防止此現象，在考慮多重性之後調整名義上的顯著水準再檢定之作法稱爲多重比較法（multiple comparison）。亦即在所有的組合中，「同時」求有差異之組是何者的方法。注意：水準數小於 3 時，即無法進行多重比較。

2. 針對 a 個常態母體之組，將 2 個母平均之差的檢定以 $_aC_2$ 次重複進行之檢定，稱爲 Fisher 的最小顯著差（LSD）檢定法。

   注意：Fisher 的 LSD 檢定並非多重比較檢定，亦即利用 LSD 檢定由於顯著水準變得寬鬆，因之遠比多重比較更容易出現差異。

【解說】

爲了檢定 $H_0 : \mu_1 = \mu_2 = \mu_3 = \mu_4$，如以顯著水準 5%，利用 2 群 t 檢定針對以下 6 種虛無假設：

$H_0 : \mu_1 = \mu_2, H_0 : \mu_1 = \mu_3, H_0 : \mu_1 = \mu_4$
$H_0 : \mu_2 = \mu_3, H_0 : \mu_2 = \mu_4, H_0 : \mu_3 = \mu_4$

重複進行 6 次之後，6 個虛無假設之中至少有 1 個否定虛無假設時，結論才說是顯著的機率約爲 26%（$1 - 0.95^6 = 0.264$），此值比 5% 大，此大小已經不能說是判斷「稀奇」的標準了。因之，重複利用 2 群 t 檢定是不適

切的。

像這樣，設定數個虛無假設，為了調查是否可以否定這些虛無假設，重複進行一般的 t 檢定，最終以總結的方式提出結論時，此結論已經不符合檢定的基本想法了。

由上述知，如果只有 2 群，換言之，虛無假設只認定 1 個，利用 t 檢定是沒有問題的。可是，如有 3 群以上時，虛無假設的個數成為數個時，就會發生多重性的問題。因此，使用多重比較法，才不會使顯著水準變得寬鬆。

■ 多重比較的兩種類型

1.計畫比較
 • 想比較的一對平均值於實驗前被指定時所使用。
 • 譬如，關心數個實驗條件與控制群之差異。
 • 有 Dunn 或 Dunnett 法等。
2.事後比較（Post-hoc）
 • 並非對事前特定的水準間之差異關心時所使用。
 • 主效果顯著時，想全部檢出被認為有顯著差之水準。
 • 有 Tukey（HSD）法，LSD, Duncan 法（不太使用）等。
【註】Post-hoc 是拉丁文也就是英文的 after this，在此之後的意思。

■ 多重比較法的應用場合與手法的特徵

手法名	應用狀況			手法的特徵	
	所有群間的一對比較	與對照群的一對比較	有關對比之檢定	有母數統計	無母數統計
Tukey	□			○	
Dunnett		□		○	
Scheffè	△	△	○	○	○
Bonferroni	△	△	△	○	○

【註】檢定力佳之順序依序為 ○→□→△。

■ 雪費（Scheffè）的線性對比與聯合信賴區間

1. Scheffè 的線性對比（Linear contras）檢定

所謂線性對比，是對 k 群的母體平均 μ_i（$i = 1, 2, \cdots, k$）以如下的形式所定義者。即

$$\sum_{i=1}^{k} c_i \mu_i \text{，其中} \sum_{i=1}^{k} c_i = 0$$

在上式中適當地決定對比係數 c_i（$i = 1, 2, \cdots, k$），即可以下式表現各種的虛無假設。

假設：$H_0 : c_1\mu_1 + c_2\mu_2 + \cdots + c_k\mu_k = 0$（$\sum c_i = 0$）

步驟 1 計算各分類的平均及變異數

$$\overline{x}_{i\cdot} = \frac{\sum_{j=1}^{n_i} x_{ij}}{n_i} \quad (i = 1, 2, \cdots, k)$$

$$s_i^2 = \frac{\sum (x_{ij} - \overline{x}_{i\cdot})^2}{n_i - 1} \quad (i = 1, 2, \cdots, k)$$

步驟 2 計算誤差自由度及誤差變異數

$$\phi_e = N - k = (n_1 + n_2 + \cdots + n_k) - k = \sum n_i - k$$

$$V_e = \frac{\sum_{i=1}^{k} (n_i - 1)s_i^2}{\phi_e}$$

步驟 3 計算檢定統計量

$$F = \frac{\left\{ \sum_{i=1}^{k} c_i \overline{x}_{i\cdot} \right\}^2 / \phi_A}{V_e \left(\sum_{i=1}^{k} c_i^2 / n_i \right)} \quad, \quad \phi_A = k - 1$$

當檢定 $H_0 : \mu_i = \mu_j$（$i < j$）時，檢定統計量即為

$$F = \frac{\{\overline{x}_{i\cdot} - \overline{x}_{j\cdot}\}^2 / \phi_A}{V_e \left(\dfrac{1}{n_i} + \dfrac{1}{n_j} \right)}$$

步驟 4 判定

若 $F > F_\alpha(\phi_A, \phi_e)$，則否定 H_0。反之，則不否定 H_0。

或表示成 $|\sum c_i \bar{x}_i.| > \sqrt{\phi_A F_\alpha(\phi_A,\phi_e) V_e(\sum c_i^2/n_i)}$，則否定 H_0。

2. 對所有的對比 $\sum\limits_{i=1}^{k} c_i\mu_i$ 而言，在信賴係數 $1-\alpha$ 下的聯合信賴區間為

$$\left(\sum_{i=1}^{k} c_i\bar{x}_i. - \sqrt{\phi_A F_\alpha(\phi_A,\phi_e) V_e \cdot \sum_{i=1}^{k}(c_i^2/n_i)} \ , \ \sum_{i=1}^{k} c_i\bar{x}_i. + \sqrt{\phi_A F_\alpha(\phi_A,\phi_e) \cdot V_e \cdot \sum_{i=1}^{k}(c_i^2/n_i)}\right)$$

又，$\mu_i - \mu_j$（$i < j$），在信賴係數 $1-\alpha$ 下的聯合信賴區間為

$$(\bar{x}_i. - \bar{x}_j.) - \sqrt{(k-1)F\cdot\left(\frac{1}{n_i}+\frac{1}{n_j}\right)V_e} \le \mu_i - \mu_j \le (\bar{x}_i. - \bar{x}_j.) + \sqrt{(k-1)F\cdot\left(\frac{1}{n_i}+\frac{1}{n_j}\right)V_e}$$

其中 $F = F_\alpha(k-1, \sum n_i - k)$

【解說】

設 $s_1, s_2, \cdots, s_k$; $t_1, t_2, \cdots, t_k$ 為任意實數，則

$$\left\{\sum_{i=1}^{k} s_i t_i\right\}^2 \le \left(\sum_{i=1}^{k} s_i^2\right) \times \left(\sum_{i=1}^{k} t_i^2\right)$$

此稱為 Schwarz 不等式。應用此不等式，

$$\left\{\sum_{i=1}^{a} c_i\bar{x}_i.\right\}^2 \Big/ \phi_A = \left\{\sum_{i=1}^{a} c_i(\bar{x}_i. - \bar{\bar{x}}..)\right\}^2 \Big/ \phi_A \quad \left(\because \sum_{i=1}^{a} c_i = 0\right)$$

$$= \left\{\sum_{i=1}^{a}(c_i/\sqrt{n_i})\sqrt{n_i}(\bar{x}_i. - \bar{\bar{x}}..)\right\}^2 \Big/ \phi_A \le \left(\sum_{i=1}^{a} c_i^2/n_i\right) \times \left(\sum_{i=1}^{a} n_i(\bar{x}_i. - \bar{\bar{x}}..)^2 / \phi_A\right)$$

$$\therefore F = \frac{\left\{\sum\limits_{i=1}^{a} c_i\bar{x}_i.\right\}^2 \Big/ \phi_A}{V_e \sum\limits_{i=1}^{a} c_i^2/n_i} \le \frac{\sum\limits_{i=1}^{a} n_i(\bar{x}_i. - \bar{\bar{x}}..)^2 / \phi_A}{V_e} = \frac{S_A/\phi_A}{V_e} = \frac{V_A}{V_e} = F_0$$

因為 F_0 為 F 的最大值，所以 $F \le F_0$ 成立。

今在單因子變異數中假定不顯著，亦即假定是

$$F_0 = F_\alpha(\phi_A, \phi_e)$$

於是，對所有的對比而言，

$$F \le F_\alpha(\phi_A, \phi_e)$$

如果 $F > F_\alpha(\phi_A, \phi_e)$ 時，則否定 H_0。

【註】(1) 檢定 $H_0 : \dfrac{\mu_1 + \mu_2 + \mu_3}{3} - \dfrac{\mu_4 + \mu_5}{2} = 0$，此時

$$c_1 = \frac{1}{3} \ , \ c_2 = \frac{1}{3} \ , \ c_3 = \frac{1}{3} \ , \ c_4 = \frac{-1}{2} \ , \ c_5 = \frac{-1}{2} \ 。$$

檢定 $H_0 : \mu_1 - \mu_4 = 0$，此時線性對比之係數可記為 $c_1 = 1, c_2 = 0,$ $c_3 = 0, c_4 = -1, c_5 = 0$。

(2) 若有 k 個小母體，則可估計 $_kC_2 = m$ 個信賴區間，則此 m 個信賴 區間同時成立的信賴水準為 $(1 - \alpha)^m$，該 $(1 - \alpha)^m < 1 - \alpha$，換言 之，若要比較 m 個平均差的信賴區間，依此種方式的估計方法則 其可靠度會降低，因此必須利用聯合信賴區間去估計母體均數差 的信賴區間。

(3) $H_0 : \mu_1 = \mu_2 = \cdots = \mu_k$，在顯著水準 α 下如果顯著的，那麼 $_kC_2$ 組 中是否至少有一對有顯著差異呢？答案是不一定的。$\mu_i \neq \mu_j$ 時， 當然 H_0 是顯著的，但反之 H_0 顯著時，必有一組對比 $\sum_{i=1}^{k} c_i \mu_i$ 不等 於 0，因之 H_0 在顯著水準 α 下顯著，其充要條件是必有一組對比 $\sum_{i=1}^{k} c_i \mu_i$ 不等於 0，以上是雪費的想法。

(4) 雪費的虛無假設建立的形式是 $H_0 : \sum C_i \mu_i = 0$，並非 $H_0 : \mu_1 = \mu_2 = \cdots = \mu_k$。

例 *

由 A, B, C 三部生產相同零件的機器各隨機抽取 5 件產品，得其內 徑資料如下：試以 $\alpha = 0.05$ 作變異數分析，並估計各平均數差的聯合信 賴區間。

機器	內徑尺寸（單位：0.001 吋）				
A	47	49	53	46	50
B	55	58	54	52	61
C	54	51	50	49	51

【解】

(1) 變異數分析

$$\begin{cases} H_0 : \mu_1 = \mu_2 = \mu_3 = \mu \\ H_1 : 不全等 \end{cases}$$

$\overline{x}_1. = 49, \ \overline{x}_2. = 56, \ \overline{x}_3. = 51, \ \overline{x}.. = 52$

ANOVA

變　異	S	ϕ	V	F
機器間	130	2	65.00	8.30*
誤　差	94	12	7.83	
總　和	224	14		

$F_0 = 8.30 > F_{0.05}(2, \ 12) = 3.89$

拒絕 H_0，表示 $\mu_1, \ \mu_2, \ \mu_3$ 可能不是全等。

(2) 聯合信賴區間估計（$1 - \alpha = 0.95$）

$$(49 - 56) - \sqrt{(3-1)3.89}\sqrt{7.83}\sqrt{2/5} \le \mu_1 - \mu_2$$
$$\le (49 - 56) + \sqrt{(3-1)3.89}\sqrt{7.83}\sqrt{2/5}$$

$\therefore \ -7 - 4.9 \le \mu_1 - \mu_2 \le -7 + 4.9$

同理 $-2 - 4.9 \le \mu_1 - \mu_3 \le -2 + 4.9$

$-5 - 4.9 \le \mu_2 - \mu_3 \le -5 + 4.9$

i＼j	A	B	C
A	—	-7 ± 4.9*	-2 ± 4.9
B	7 ± 4.9*	—	5 ± 4.9*
C	2 ± 4.9	-5 ± 4.9	—

（* 表示差異顯著，即 $\mu_i, \ \mu_j$ 不等）

由上表知 μ_1 與 μ_2 有可能不等，μ_2 與 μ_3 有可能不等。

例*

　　比較三種品牌 $A, \ B, \ C$ 之輪胎的磨損特性，每種品牌測試 5 個，得每種品牌輪胎之平均壽命及標準差分別為：

品牌	A	B	C
$\overline{x}_i.$	508	546	602
s_i	33	36	30

試以 $\alpha = 0.05$ 檢定 (1)$\mu_1, \ \mu_2, \ \mu_3$ 全等？ (2)$\mu_1, \ \mu_2, \ \mu_3$ 不全等？

【解】

(1) $\bar{x}.. = (508 + 546 + 602)/3 = 552$

$S_B = 5[(508 - 552)^2 + (546 - 552)^2 + (602 - 552)^2] = 13660$

$S_e = (5 - 1)[(33)^2 + (36)^2 + (30)^2] = 13140$

$V_B = 13660/2 = 6830$

$V_e = \dfrac{13140}{3(5-1)} = 1095$

$\begin{cases} H_0 : \mu_1 = \mu_2 = \mu_3 = \mu \\ H_1 : 不全等 \end{cases}$

$F_0 = \dfrac{6830}{1095} = 6.237 > F_{0.05}(2,12) = 3.8853$

故拒絕 H_0，表示 μ_1, μ_2, μ_3 可能不是全等。

(2) $\begin{cases} H_0 : \mu_i = \mu_j \ (i < j) \\ H_1 : \mu_i \neq \mu_j \end{cases}$

$\sqrt{(3-1)3.8853}\sqrt{1095}\sqrt{2/5} = 58.34$

$(508 - 546) - 58.74 \leq \mu_1 - \mu_2 \leq (508 - 546) + 58.34,$

$-96.34 \leq \mu_1 - \mu_2 \leq 20.34$

$\therefore \mu_1$ 與 μ_2 有可能相等

$(508 - 602) - 58.34 \leq \mu_1 - \mu_3 \leq (508 - 602) + 58.34,$

$-152.34 \leq \mu_1 - \mu_3 \leq -35.66$

$\therefore \mu_1$ 與 μ_3 有可能不等

$(508 - 602) - 58.34 \leq \mu_2 - \mu_3 \leq (546 - 602) + 58.34,$

$-114.34 \leq \mu_1 - \mu_3 \leq 2.34$

$\therefore \mu_2$ 與 μ_3 有可能相等

例**

　　欲研究不同之包裝設計對銷售量之影響，乃至 6 家不同百貨公司試銷，得知其 ANOVA 表如下：

變異來源	平方和	自由度
包　　裝	21	2
公　　司	30	5
誤　　差	19	10

其中 A, B, C 三種包裝之平均數為 $\bar{x}_A = 23.5$, $\bar{x}_B = 23$, $\bar{x}_C = 25.5$

試以 $\alpha = 0.05$

(1) 檢定包裝之不同是否會影響其平均銷售量。

(2) 檢定不同之百貨公司是否會影響其平均銷售量。

(3) 檢定 $\mu_A = \dfrac{\mu_B + \mu_C}{2}$ 。

(4) 若經檢定，發現 (2) 百貨公司之不同不會影響銷售量，而改以一因子變異數分析檢定，試問新的 ANOVA 表？

【解】

(1) ① $H_0 : \mu_A = \mu_B = \mu_C$

② 拒絕域 $C = \{F | F > F_{0.05}(2, 10) = 4.1028\}$

③ $F = \dfrac{21/2}{19/10} = 5.526 \in C$

④ 拒絕 H_0，亦即不同之包裝會影響銷售量。

(2) ① $H_0 : \mu_1 = \mu_2 = \cdots = \mu_6$

② $C = \{F | F > F_{0.05}(5, 10) = 3.3258\}$

③ $F = \dfrac{30/5}{19/10} = 3.158 \notin C$

④ 不拒絕 H_0，無證據顯示 6 家不同之百貨公司其平均銷售是有差異。

(3) ① $H_0 : \mu_A = \dfrac{\mu_B + \mu_C}{2}$

$\therefore c_1 = 1$, $c_2 = c_3 = -\dfrac{1}{2}$

② $\left\{ \displaystyle\sum_{i=1}^{k} c_i \bar{x}_{i\cdot} \right\}^2 = \left\{ 1 \cdot \bar{x}_A - \dfrac{1}{2}(\bar{x}_B + \bar{x}_C) \right\}^2 = \left\{ 23.5 - \dfrac{1}{2}(23 + 25.5) \right\}^2 = \{-0.75\}^2$

$$③ \sum c_i^2 / n_i = \left\{ \frac{1^2 + (-0.5)^2 + (-0.5)^2}{6} \right\} = 0.25$$

$$\therefore F = \frac{\{\sum c_i \bar{x}_{i \cdot}\}^2 / (k-1)}{V_e \{\sum c_i^2 / n_i\}} = \frac{\{-0.75\}^2 / (3-1)}{1.9 \times 0.25} = 0.5921 < F_{0.05}(2, 10) = 4.1028$$

④不拒絕 H_0：即 $\mu_A = \dfrac{\mu_B + \mu_C}{2}$

(4) ANOVA 表為

變異來源	平方和	自由度	均方	F 值
包　裝	21	2	10.5	3.214
誤　差	49	15	3.267	
總變異	70	17		

例 *

　　為了比較 5 種方法（$A_1 \sim A_5$）就某特性值隨機抽樣得出如下數據，假定 5 種方法的特性值均服從常態且其度量數均相同。以 $\alpha = 0.05$ 檢定下列問題。

方法	n_i	數據								$x_{i \cdot}$	$\bar{x}_{i \cdot}$	s_i^2
A_1	7	14	15	14	16	15	17	17	–	108	15.429	1.6190
A_2	8	17	16	17	16	15	18	19	15	133	16.625	1.9821
A_3	6	18	19	20	19	17	17	–	–	110	18.333	1.4667
A_4	7	20	21	19	20	19	22	20	–	141	20.143	1.1429
A_5	7	19	20	19	17	17	17	18	–	127	18.143	1.4762

(1) 檢定 $H_0 : \mu_i = \mu_j$ $(i, j = 1, 2, \cdots, 5; i \neq j)$。

(2) 檢定 $H_0 : \mu_1 = \dfrac{1}{3}(\mu_2 + \mu_3 + \mu_4)$。

【解】

(1) 對 $H_0 : \mu_1 = \mu_2$ 來說，

$c_1 = 1$，$c_2 = -1$，$c_3 = c_4 = c_5 = 0$

$$V_e = \frac{\sum_{i=1}^{k}(n_i-1)s_i^2}{\phi_e} = \frac{(7-1)s_1^2 + \cdots + (7-1)s_5^2}{30} = 1.5549$$

$$F = \frac{\left\{\sum_{i=1}^{k}c_i\bar{x}_i\cdot\right\}^2 / \phi_A}{V_e\sum_{i=1}^{k}c_i^2/n_i} = \frac{(\bar{x}_1\cdot - \bar{x}_2\cdot)^2/(k-1)}{V_e\left(\dfrac{1^2}{n_1} + \dfrac{(-1)^2}{n_2}\right)} = \frac{(15.429-16.625)^2/(5-1)}{1.5549\left(\dfrac{1}{7}+\dfrac{1}{8}\right)} = 0.859$$

對其他的 $\mu_i = \mu_j$ 也同樣計算得出如下表：

方法	A_1	A_2	A_3	A_4	A_5
A_1		0.859	4.381*	12.51*	4.146*
A_2			1.608	7.430*	1.383
A_3				1.702	0.019
A_4					2.251

$F_{0.05}(4, 30) = 2.690$，* 表有顯著差之組合。

亦即，A_1 與 A_1, A_3, A_4, A_5 之間有顯著差異，A_2, A_4 之間有顯著差異，其餘之間並無明顯不同。

(2) 對 $H_0 : \mu_1 = \dfrac{1}{3}(\mu_2 + \mu_3 + \mu_4)$ 而言

$$c_1 = 1 \ , \quad c_2 = \frac{-1}{3} \ , \quad c_3 = \frac{-1}{3} \ , \quad c_4 = \frac{-1}{3} \ , \quad c_5 = 0$$

$$F = \frac{\left\{\sum_{i=1}^{k}c_i\bar{x}_i\cdot\right\}^2 / \phi_A}{V_e\cdot\sum_{i=1}^{k}c_i^2/n_i} = \frac{\left\{\bar{x}_1\cdot - \dfrac{\bar{x}_2\cdot + \bar{x}_3\cdot + \bar{x}_4\cdot}{3}\right\}^2/(k-1)}{V_e\left(\dfrac{1^2}{n_1} + \dfrac{(-1/3)^2}{n_2} + \dfrac{(-1/3)^2}{n_3} + \dfrac{(-1/3)^2}{n_4}\right)}$$

$$= \frac{\left\{15.429 - \dfrac{16.625+18.333+20.143}{3}\right\}^2/(5-1)}{1.5546\left(\dfrac{1^2}{7} + \dfrac{(-1/3)^2}{8} + \dfrac{(-1/3)^2}{6} + \dfrac{(-1/3)^2}{7}\right)} = 7.262$$

$\because F = 7.262 > F_{0.05}(4, 30) = 2.690$

$\therefore$ 否定 H_0。亦即，第 1 種方法與 2, 3, 4 種方法之平均，其間有顯著差異。

例 *

假設 5 部車的燃料費服從常態且其變異數均相同。若 3 種國產車 N, T, H 與 2 種外國車 F, G 的燃料費數據如下。

(1) 檢定國產車的平均燃料費是否與外國車不同？

車	n_i	數據							$x_{i.}$	$\overline{x}_{i.}$	s_i^2
N	7	14	15	14	16	15	17	17	—	108	15.429	1.6190
T	8	17	16	17	16	15	18	19	15	133	16.625	1.9821
H	6	18	19	20	19	17	17	—		110	18.333	1.4667
F	7	20	21	19	20	19	22	20	—	141	20.143	1.1429
G	7	19	20	19	17	17	17	18	—	127	18.143	1.4762

(2) 若有不同，試以 0.95 估計其聯合信賴區間。

【解】

(1) 對 $H_0 : \dfrac{\mu_1 + \mu_2 + \mu_3}{3} = \dfrac{\mu_4 + \mu_5}{2}$ 而言，

$$c_1 = \frac{1}{3} \text{，} c_2 = \frac{1}{3} \text{，} c_3 = \frac{1}{3} \text{，} c_4 = \frac{1}{2} \text{，} c_5 = \frac{1}{2}$$

$$V_e = \frac{\sum_{i=1}^{k}(n_i - 1)s_i^2}{\phi_e} = \frac{(7-1)s_1^2 + \cdots + (7-1)s_5^2}{30} = 1.5549$$

$$F = \frac{\left\{\sum_{i=1}^{k} c_i \overline{x}_{i.}\right\}^2 / \phi_e}{V_e \cdot \sum_{i=1}^{k} c_i^2 / n_i} = \frac{\left\{\frac{1}{3}(\overline{x}_{1.} + \overline{x}_{2.} + \overline{x}_{3.}) - \frac{1}{2}(\overline{x}_{4.} + \overline{x}_{5.})\right\}^2 / (k-1)}{V_e \left\{\frac{(1/3)^2}{n_1} + \frac{(1/3)^2}{n_2} + \frac{(1/3)^2}{n_3} + \frac{(-1/2)^2}{n_4} + \frac{(-1/2)^2}{n_5}\right\}}$$

$$= \frac{\left\{\frac{1}{3}(15.429 + 16.625 + 18.333) - \frac{1}{2}(20.143 + 18.143)\right\} / (5-1)}{1.5549\left\{\frac{1}{9 \times 7} + \frac{1}{9 \times 8} + \frac{1}{9 \times 6} + \frac{1}{4 \times 7} + \frac{1}{4 \times 7}\right\}}$$

$$= \frac{1.3771}{0.186132} = 7.3985$$

∴拒絕 H_0，說明國產車的平均燃料費與國外車的平均燃料費有所不同。

(2) 聯合信賴區間為

$$\sum_{i=1}^{k} c_i \overline{x}_i. \pm \sqrt{\phi_A F_\alpha (\phi_A , \phi_e) V_e. \sum_{i=1}^{k} (c_i^2 / n_i)}$$

$$= 5.5084 \pm \sqrt{4 \times 2.69 \times 1.5549 \times 0.119706}$$

$$= 5.5084 \pm 1.4152 = (4.0932 , 6.9236)$$

亦即

$$4.0932 < \left(\frac{\mu_1 + \mu_2 + \mu_3}{3} - \frac{\mu_4 + \mu_5}{2} \right) < 6.9236$$

■ Bonferroni 的方法

1. 檢定

假設 a 組母體分配是常態分配且母變異數相等，

虛無假設　$H_0 : \mu_i = \mu_j$（$i < j$）

對立假設　$H_1 : \mu_i \neq \mu_j$（$i < j$）

虛無假設的個數有 $_aC_2 = k$ 個，即 $\{H_{01}, H_{02}, \cdots, H_{0k}\}$，檢定的步驟如下：

步驟 1　計算各組的平均 $\overline{x}_i.$ 及變異數 s_i^2。

$$\overline{x}_i. = \frac{\sum\limits_{j=1}^{n_i} x_{ij}}{n_i} \quad (i = 1, 2, \cdots, a)$$

$$s_i^2 = \frac{\sum\limits_{j=1}^{n_i} (x_{ij} - \overline{x}_i.)^2}{n_i - 1} \quad (i = 1, 2, \cdots, a)$$

步驟 2　自由度 ϕ_e 及誤差變異數 V_e。

$$\phi_e = N - k = (n_1 + n_2 + \cdots + n_a) - a$$

$$V_e = \frac{\sum\limits_{i=1}^{a} (n_i - 1)s_i^2}{\phi_e}$$

步驟 3　對所有組合 (i, j) 計算檢定統計量 t_{ij}。

$$t_{ij} = \frac{\overline{x}_{i.} - \overline{x}_{j.}}{\sqrt{V_e\left(\dfrac{1}{n_i} + \dfrac{1}{n_j}\right)}} \quad (i, j = 1, 2, \cdots, a \ ; \ i < j)$$

步驟 4 如 $|t_{ij}| > t(\phi_e, (\alpha/2)/k) = t(\phi_e, \alpha/a(a-1))$ 則否定 H_0，判斷 μ_i 與 μ_j 有差異。或表示成 $|\overline{x}_{i.} - \overline{x}_{j.}| > t(\phi_e, \alpha/a(a-1))\sqrt{V_e\left(\dfrac{1}{n_i} + \dfrac{1}{n_j}\right)}$ 時，否定 H_0。

2.估計

$\mu_i - \mu_j \ (i < j)$ 聯合信賴區間為

$$(\overline{x}_{i.} - \overline{x}_{j.}) \pm t(\phi_e, \alpha/a(a-1))\sqrt{V_e\left(\frac{1}{n_i} + \frac{1}{n_j}\right)}$$

【註 1】 在 Bonferroni 法中是將各檢定的顯著水準當作 $\dfrac{\alpha}{k}$，Sidak 法則是當作 $1 - (1 - \alpha)^{1/k}$。

【註 2】 $t_{ij} > t - \alpha$

假定 $\alpha = 0.05, k = 4$

（Bonferroni） $\dfrac{\alpha}{k} = \dfrac{0.05}{4} = 0.0125$

（Sidak） $1 - (1 - \alpha)^{1/k} = 1 - (1 - 0.05)^{1/4} = 0.0127$

雖兩者之差異不大，但後者之檢定力佳。

例*

為了比較 4 種處理（$A_1 \sim A_4$），針對某特性值隨機蒐集數據後，得出如下表，試以 Bonferroni 法檢討哪個處理間有顯著差。顯著水準為 0.05。

方法	n_i	數據							$x_{i.}$	$\overline{x}_{i.}$	s_i^2
A_1	7	10.7	9.7	8.5	9.4	8.8	8.4	10.6	66.1	9.443	0.8962
A_2	7	8.1	8.3	8.7	6.9	5.7	9.5	6.7	53.9	7.700	1.733
A_3	7	7.9	7.5	7.4	9.2	5.7	8.3	9.7	55.7	7.975	1.720
A_4	7	6.2	7.1	5.5	4.7	6.3	6.9	7.5	44.2	6.314	0.944

【解】

步驟 1　設定如下之虛無假設。虛無假設數是 $k = 6$ 。

$$\{H_{\{1, 2\}}, H_{\{1, 3\}}, H_{\{1, 4\}}, H_{\{2, 3\}}, H_{\{2, 4\}}, H_{\{3, 4\}}\}$$

步驟 2　計算誤差自由變及誤差變異數

$$\phi_e = (n_1 + n_2 + n_3 + n_4) - a = 7 + 7 + 7 + 7 - 4 = 24$$

$$V_e = \frac{\sum (n_i - 1)s_i^2}{\phi_e} = \frac{6 \times 0.8962 + 6 \times 1.733 + 6 \times 1.720 + 6 \times 0.9414}{24} = 1.323$$

步驟 3　計算檢定統計量，譬如就 $|t_{12}|$ 來說

$$|t_{12}| = \frac{|\bar{x}_{1.} - \bar{x}_{2.}|}{\sqrt{V_e \left(\frac{1}{n_1} + \frac{1}{n_2} \right)}} = \frac{|9.773 - 7.700|}{\sqrt{1.323 \left(\frac{1}{7} + \frac{1}{7} \right)}} = 2.835$$

步驟 4　判定。查附表 11 得 $t(\phi_e, (\alpha/2)/6) = t(24, 0.025/6) = 2.875$，因之不否定 $H_{\{1, 2\}}$ 。

	A_1	A_2	A_3	A_4
A_1		2.835	2.417	5.089*
A_2			0.418	2.254
A_3				2.672

其中，只有 A_1 與 A_4 之間有顯著差。

■ Tukey 的方法

1.檢定

假定 a 組母體分配是常態分配，且母變異數相等。

$$虛無假設 \ H_0 : \mu_i = \mu_j \ (i < j)$$

$$對立假設 \ H_1 : \mu_i \neq \mu_j \ (i < j)$$

虛無假設有 $_aC_2$ 個，如虛無假設被捨棄時，即判斷 μ_i 與 μ_j 有差異。檢定步驟如下：

步驟 1　計算各組的平均 $\bar{x}_i$ 及變異數 s_i^2 。

$$\bar{x}_{i.} = \frac{\sum_{j=1}^{n_i} x_{ij}}{n_i} \quad (i = 1, 2, \cdots, a)$$

$$s_i^2 = \frac{\sum\limits_{j=1}^{n_i}(x_{ij}-\overline{x}_i.)^2}{n_i-1} \quad (i=1,2,\cdots,a)$$

步驟 2　求自由度及誤差變異數 V_e。

$$\phi_e = N - a = (n_1 + n_2 + \cdots + n_a) - a$$

$$V_e = \frac{\sum\limits_{i=1}^{a}(n_i-1)s_i^2}{\phi_e}$$

步驟 3　對所有組合 (i, j) 計算檢定統計量 t_{ij}。

$$t_{ij} = \frac{\overline{x}_i. - \overline{x}_j.}{\sqrt{V_e\left(\dfrac{1}{n_i}+\dfrac{1}{n_j}\right)}} \quad (i, j = 1, 2, \cdots, a; i < j)$$

步驟 4　$|t_{ij}| > q_\alpha(a, \phi_e)/\sqrt{2}$ 則否定 H_0，判斷 μ_i 與 μ_j 有差異。$q_\alpha(a, \phi_e)$ 是標準距的上側 $100\alpha\%$ 的點，由附表 27 中求出。

或表示成如下：

$$\text{HSD} = \frac{1}{\sqrt{2}}q_\alpha(a, \phi_e)\sqrt{V_e\left(\frac{1}{n_i}+\frac{1}{n_j}\right)} \;；\; 若 \;|\overline{x}_i. - \overline{x}_j.| > \text{HSD}，則否定 H_0。$$

2. 估計

$\mu_i - \mu_j$（$i < j$）的聯合信賴區間爲

$$(\overline{x}_i. - \overline{x}_j.) \pm \frac{1}{\sqrt{2}}q_\alpha(a, \phi_e)\sqrt{V_e\left(\frac{1}{n_i}+\frac{1}{n_j}\right)}$$

【註】(1) 補間法：對 $1/\phi$ 進行補間 $q_\alpha(a, \phi_e) = \dfrac{1/\phi_e - 1/\phi_2}{1/\phi_1 - 1/\phi_2}q_\alpha(a, \phi_1) +$

$\dfrac{1/\phi_1 - 1/\phi_e}{1/\phi_1 - 1/\phi_2}q_\alpha(a, \phi_2)$。

(2) 機率變數 $Z_1, Z_2, \cdots, Z_a$ 相互獨立地服從標準常態分配 $N(0, 1^2)$，另一獨立的機率變數 $\chi^2(\phi)$ 服從自由度 ϕ 的 χ^2 分配，此時，機率變數

$$Q(a, \phi) = \max_{1 \le i, j \le a} \frac{|Z_i - Z_j|}{\sqrt{\chi^2 / \phi}}$$

的機率分配，稱為組數 a、自由度 ϕ 的標準距分配（studentized range distribution）。滿足 $P\{Q(a, \phi) \le q\} = 1 - \alpha$ 的 q 稱為標準距分配的上側 $100\alpha\%$ 點，以 $q\alpha (a, \phi)$ 表示。

(3) $$Q(a, \phi_e) = \max_{1 \le i, j \le a} \frac{|Z_i - Z_j|}{\sqrt{\chi^2 / \phi_e}} = \max_{1 \le i, j \le a} \frac{|(\overline{x}_i - \mu_i) - (\overline{x}_j - \mu_j)|}{\sqrt{\sigma^2 / n} \cdot \sqrt{(S_e / \sigma^2) / \phi_e}}$$

$$= \max_{1 \le i, j \le a} \frac{|(\overline{x}_i - \overline{x}_j) - (\mu_i - \mu_j)|}{\sqrt{V_e / n}} \quad (\because S_e / \phi_e = V_e)$$

$$\max_{1 \le i, j \le a} \frac{|(\overline{x}_i - \overline{x}_j) - (\mu_i - \mu_j)|}{\sqrt{V_e / n}} \le q_\alpha(a, \phi_e) 成立的機率是 1 - \alpha$$

⇔ 對所有的 $i, j(i, j = 1, \cdots, a)$ 的組合來說，

$$\frac{|(\overline{x}_i - \overline{x}_j) - (\mu_i - \mu_j)|}{\sqrt{V_e / n}} \le q_\alpha(a, \phi_e) 成立的機率是 1 - \alpha$$

⇔ 至少有一個 i, j 的組合

$$\frac{|(\overline{x}_i - \overline{x}_j) - (\mu_i - \mu_j)|}{\sqrt{V_e / n}} > q_\alpha(a, \phi_e) 成立的機率是 \alpha$$

今就虛無假設 $H_{\{i, j\}}$ 成立的配對來說，

$$\frac{|(\overline{x}_i - \overline{x}_j) - (\mu_i - \mu_j)|}{\sqrt{V_e / n}} = \frac{|\overline{x}_i - \overline{x}_j|}{\sqrt{V_e / n}} > q_\alpha(a, \phi_e) 成立的機率是 \alpha$$

$$|t_{ij}| = \frac{|\overline{x}_i - \overline{x}_j|}{\sqrt{V_e\left(\frac{1}{n} + \frac{1}{n}\right)}} = \frac{1}{\sqrt{2}} \frac{|\overline{x}_i - \overline{x}_j|}{\sqrt{V_e / n}} > \frac{1}{\sqrt{2}} q_\alpha(a, \phi_e) 成立的機率是 \alpha$$

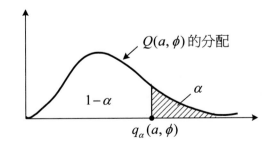

例*

　　為了比較 $A_1 \sim A_5$，就特性值隨機抽樣得出如下數據，試以顯著水準 5% 檢述哪一方法之間有顯著差。

表　數據

方法	n_i	數據								$x_{i.}$	$\overline{x}_{i.}$	s_i^2
A_1	7	14	15	14	16	15	17	17	—	108	15.429	1.6190
A_2	8	17	16	17	16	15	18	19	15	133	16.625	1.9821
A_3	6	18	19	20	19	17	17	—	—	110	18.333	1.4667
A_4	7	20	21	19	20	19	22	20	—	141	20.143	1.1429
A_5	7	19	20	19	17	17	17	18	—	127	18.143	1.4762

【解】

步驟 1　求出各組之平均 $\overline{x}_{i.}$ 與變異數 s_i^2 如上表。

步驟 2　計算誤差自由度及誤差變異數

$$\phi_e = (n_1 + n_2 + n_3 + n_4 + n_5) - a = (7 + 8 + 6 + 7 + 7) - 5 = 30$$

$$V_e = \frac{\sum_{i=1}^{5}(n_i - 1)s_i^2}{\phi_e}$$

$$= \frac{6 \times 1.6190 + 7 \times 1.9821 + 5 \times 1.4667 + 6 \times 1.1429 + 6 \times 1.4762}{30}$$

$$= 1.5546$$

步驟 3　對所有的組合計算檢定統計量，譬如

$$t_{12} = \frac{\overline{x}_{1.} - \overline{x}_{2.}}{\sqrt{V_e\left(\dfrac{1}{n_1} + \dfrac{1}{n_2}\right)}} = \frac{15.429 - 16.625}{\sqrt{1.5546\left(\dfrac{1}{7} + \dfrac{1}{8}\right)}} = -1.853$$

步驟 4　查附表 27，$q_\alpha(a, \phi_e)/\sqrt{2} = q_{0.05}(5, 30)/\sqrt{2} = 4.102/\sqrt{2} = 2.901$，

$|t_{ij}|$ 之值

	A_1	A_2	A_3	A_4	A_5
A_1		1.853	4.186*	7.073*	4.072*
A_2			2.537	5.452*	2.352
A_3				2.609	0.274
A_4					3.001*

可以看出有顯著差之組合則於表中加上 * 記號。

例 *

　　為了比較 4 種處置法 $A_1 \sim A_4$，將物件隨機分成各 7 件的群，分別施與處置，就某特性探討處置後的改善程度蒐集數據後得出表 1 的結果（假定顯著水準為 5%）。

　　(1) 使用重複 t 檢定就所有的組合比較 2 群間的母平均。

　　(2) 使用多重比較法（Tukey）就所有的組合比較 2 群間的母平均。

處置法（群）	n_i	數據							$x_1.$	$\bar{x}_i.$	s_i^2
A_1	7	30	33	32	36	38	29	31	229	32.714	10.571
A_2	7	38	29	32	31	32	37	28	227	32.429	14.286
A_3	7	28	26	22	30	27	28	29	190	27.143	6.8095
A_4	7	27	28	23	25	20	19	22	164	23.429	11.619

【解】

　　(1) 計算

$$t_{ij} = \frac{\bar{x}_i. - \bar{x}_j.}{\sqrt{V_{ij}\left(\frac{1}{n_i} + \frac{1}{n_j}\right)}}$$

$$V_{ij} = \frac{(n_i - 1)s_i^2 + (n_j - 1)s_j^2}{(n_i - 1) + (n_j - 1)}$$

　　因之

$$V_{12} = \frac{(7-1) \times 10.571 + (7-1) \times 14.286}{(7-1)+(7-1)} = 12.429$$

$$t_{12} = \frac{32.714 - 32.429}{\sqrt{12.429 \times \left(\frac{1}{7} + \frac{1}{7}\right)}} = 0.151 \quad , \quad V = (7-1)+(7-1) = 12$$

因之，$|t_{12}| = 0.151 < t_{0.025}(12) = 2.179$

同樣就 A_i 與 A_j 的所有組合計算 $|t_{ij}|$ 之值如下。

	A_1	A_2	A_3	A_4
A_1		0.151	3.54*	5.21*
A_2			3.04*	4.68*
A_3				2.29*

* 在顯著水準 5% 下有顯著差。

結論是 A_1 與 A_2 雖然沒有顯著差，但其他的所有組合均有顯著差。

(2) $t_{ij} = \dfrac{\bar{x}_{i.} - \bar{x}_{j.}}{\sqrt{V_e \left(\dfrac{1}{n_i} + \dfrac{1}{n_j}\right)}}$

$$V_e = \frac{\sum (n_i - 1) s_i^2}{\phi_e}$$

$$\phi_e = \sum n_i - k = 28 - 4 = 24$$

因之，

$$V_e = \sum_{i=1}^{4} (n_i - 1) s_i^2 / \phi_e$$

$$= \{(7-1) \times 10.571 + (7-1) \times 14.286 + (7-1) \times 6.8095$$

$$+ (7-1) \times 11.619\} / 24$$

$$= 10.821$$

查標準距的上側 5% 點之表得

$$q_{0.05}(4, 24) = 3.901$$

$$t_{12} = \frac{32.714 - 32.429}{\sqrt{10.821 \times \left(\frac{1}{7} + \frac{1}{7}\right)}} = 0.162$$

$$|t_{12}| = 0.162 < \frac{1}{\sqrt{2}} q_{0.05}(4, 24) = 2.758$$

同樣，就其他的組合計算 $|t_{ij}|$ 之值如下。

	A_2	A_3	A_4
A_1	0.162	3.17*	5.28*
A_2		3.01*	5.12*
A_3			2.11

結論是，A_1 與 A_2、A_3 與 A_4 雖無顯著差，但其他的組合則有顯著差。比較 (1)、(2) 知，在重複 t 檢定中雖出現顯著差，但使用多重比較法有時並不顯著。

■ 多重比較的整理

1. 對於因子 A 的第 i 個水準（A_i）的母平均 μ_i 來說（$i = 1, \cdots, a$）。

   (1) 點估計為

   $$\hat{\mu}_i = \bar{x}_i.$$

   (2) 信賴係數 $1 - \alpha$ 的區間估計為

   $$\bar{x}_i. \pm t_{\frac{\alpha}{2}}(\phi_e)\sqrt{\frac{V_e}{n}}$$

2. 對於因子 A 的 A_i 與 A_j 水準之母平均差異 $\mu_i - \mu_j$ 來說（$i, j = 1, \cdots, a$）（$i \neq j$）。

   (1) 點估計

   $$\widehat{\mu_i - \mu_j} = \bar{x}_i. - \bar{x}_j.$$

   (2) 信賴係數 $1 - \alpha$ 的區間估計為

   ① Fisher 的 LSD 法（非多重比較法）

   $$(\bar{x}_i. - \bar{x}_j.) \pm t_{\alpha/2}(\phi_e)\sqrt{\left(\frac{1}{n_i} + \frac{1}{n_j}\right)V_e}$$

   ② Tukey 的 HSD 法（多重比較法）

   $$(\bar{x}_i. - \bar{x}_j.) \pm \frac{1}{\sqrt{2}} q_\alpha(a, \phi_e)\sqrt{\left(\frac{1}{n_i} + \frac{1}{n_j}\right)V_e}$$

③ Scheffè 法（多重比較法）

$$(\overline{x}_i. - \overline{x}_j.) \pm \sqrt{(a-1)F_\alpha(a-1,\phi_e)}\sqrt{\left(\frac{1}{n_i}+\frac{1}{n_j}\right)V_e}$$

④ Bonferroni 法（多重比較法）

$$(\overline{x}_i. - \overline{x}_j.) \pm t_{\alpha/a(a-1)}(\phi_e)\sqrt{\left(\frac{1}{n_i}+\frac{1}{n_j}\right)V_e}\quad (k = {}_aC_2，以 \alpha/k 為顯著水準)$$

【註 1】$q_\alpha(a,\phi_e)$ 是表示標準距的上側 100% 的點（其值可查附表），其中，$\phi_e = k(n-1)$。

【註 2】LSD: Least Significance Difference（最小顯著差）；

$$t_{\alpha/2}(\phi_e)\sqrt{\left(\frac{1}{n_i}+\frac{1}{n_j}\right)V_e} \text{ 即為 LSD。}$$

【註 3】HSD: Honestly Significance Difference（真實顯著差）；

$$\frac{1}{\sqrt{2}}q_\alpha(a,\phi_e)\sqrt{\left(\frac{1}{n_i}+\frac{1}{n_j}\right)V_e} \text{ 即為 HSD。}$$

例*

為研究某公司 4 種牌子清潔劑之效力，就每種牌子各取 5 個樣本進行試驗，得其結果如下：

清潔劑	1	2	3	4
n_i	5	5	5	5
$\overline{x}_i.$	43	89	67	40

且 $V_e = 4.5$，則

(1) 以 $\alpha = 0.05$ 檢定 4 種牌子之清潔效力是否有顯著差異。

(2) 若 (1) 中有顯著差異，試以① Tukey：② Scheffè 求出 $\mu_1, \mu_2, \mu_3, \mu_4$ 之間的差異。

【解】

(1) $H_0 : \mu_1 = \mu_2 = \mu_3 = \mu_4$

$H_1 : \mu_i$ 不全等。

$C = \{F > F_{0.05}(3, 16) = 3.2389\}$

$\overline{x}.. = \dfrac{43 + 89 + 67 + 40}{4} 59.75$

$S_A = \sum\limits_{i=1}^{k} \sum\limits_{j=1}^{n_i} (\overline{x}_i. - \overline{x}..)^2 = \sum\limits_{i=1}^{k} n_i (\overline{x}_i. - \overline{x}..)^2 = 7893.75$

$F = \dfrac{7893.75/3}{4.5} = 584.72 \in C$

故拒絕 H_0，4 種牌子之清潔效力有顯著差異。

(2) ① Turkey 法

$q_{0.05}(4, 16) = 4.05$

$\therefore \dfrac{1}{\sqrt{2}} q_{0.05}(4,16) . \sqrt{\dfrac{2}{n}V_e} = \dfrac{1}{\sqrt{2}} \times 4.5 \times \sqrt{\dfrac{2 \times 4.5}{5}} = 3.842$

$(43 - 89) - 3.842 < \mu_1 - \mu_2 < (43 - 89) + 3.842$

$\therefore -49.824 < \mu_1 - \mu_2 < -42.158$

同理，

$-27.842 < \mu_1 - \mu_3 < -20.158$

$-0.842 < \mu_1 - \mu_4 < 6.842$

$18.158 < \mu_2 - \mu_3 < 25.842$

$45.158 < \mu_2 - \mu_4 < 52.842$

$23.158 < \mu_3 - \mu_4 < 30.842$

② Scheffè 法

$\sqrt{(4-1)F_{0.05}(3,16)\left(\dfrac{2}{5}V_e\right)} = \sqrt{3 \times 3.2389 \times \dfrac{2}{5} \times 4.5} = 4.182$

$(43 - 89) - 4.182 \leq \mu_1 - \mu_2 \leq (43 - 89) + 4.182$

$\therefore -50.182 \leq \mu_1 - \mu_2 \leq -41.818$

$(43 - 67) - 4.182 \leq \mu_1 - \mu_3 \leq (43 - 67) + 4.182$

$\therefore -28.182 \leq \mu_1 - \mu_3 \leq -19.818$

$(43 - 40) - 4.182 \leq \mu_1 - \mu_4 \leq (43 - 40) + 4.182$

$\therefore -1.182 \leq \mu_1 - \mu_4 \leq 7.182$

$$(89 - 67) - 4.182 \leq \mu_2 - \mu_3 \leq (89 - 67) + 4.182$$

$$\therefore 17.818 \leq \mu_2 - \mu_3 \leq 26.182$$

$$(89 - 40) - 4.182 \leq \mu_2 - \mu_4 \leq (89 - 40) + 4.182$$

$$\therefore 44.818 \leq \mu_2 - \mu_4 \leq 53.182$$

$$(67 - 40) - 4.182 \leq \mu_3 - \mu_4 \leq (67 - 40) + 4.182$$

$$\therefore 22.818 \leq \mu_3 - \mu_4 \leq 31.182$$

由 (1)、(2) 知，兩方法所求出的結果差異不大。

例 *

由 A, B, C 三部生產相同產品之機器，各隨機抽取 5 件，得重量之平均數 $\bar{x}_{i\cdot}$ 及不偏變異數 s_i^2 如下：

機器別	n_i	$\bar{x}_{i\cdot}$	s_i^2
A	5	31	16
B	5	38	11
C	5	33	12

若本資料適合作變異數分析，

(1) 以顯著水準 $\alpha = 0.05$ 檢定三部機器所生產產品重量之平均數是否完全相等。

(2) 求 C 產品平均重量 μ_C 之 95% 的信賴區間。

(3) 求 B 產品與 A 產品的平均重量差 $\mu_B - \mu_A$ 之 95% 的信賴區間。

(4) 比較 A, B, C 三個產品之間平均重量有無差異。

【解】

(1) $\begin{cases} H_0 : \mu_1 = \mu_2 = \mu_3 = \mu \\ H_1 : 不全等 \end{cases}$

$$\bar{x}.. = \frac{31 + 38 + 33}{3} = 34$$

$$S_e = \sum_{i=1}^{k} \sum_{j=1}^{n} (x_{ij} - \bar{x}_{i\cdot})^2 = \sum_{i=1}^{k} (n-1)s_i^2 = 4[16 + 11 + 12]$$

$$V_e = \frac{S_e}{k(n-1)} = \frac{1}{3}[16 + 11 + 12] = 13$$

$$S_B = n\sum_{i=1}^{n}(\overline{x}_i. - \overline{x}..)^2 = 5[(31-34)^2 + (38-34)^2 + (33-34)^2] = 130$$

$$V_B = \frac{S_B}{k-1} = \frac{130}{2} = 65$$

$$F_0 = \frac{V_B}{V_e} = \frac{65}{13} > 5 > F_{0.05}(2,12) = 3.89$$

故拒絕 H_0，表示產品重量的平均數有可能不完全相等。

(2) μ_i 之 95% 信賴區間為

$$\because \overline{x}_i. - t_{\alpha/2}(v)\sqrt{V_e/n} < \mu_i < x_i. + t_{\alpha/2}(v)\sqrt{V_e/n}$$

$$\therefore 33 - 2.179\sqrt{\frac{13}{5}} < \mu_C < 33 + 2.179\sqrt{\frac{13}{5}}$$

$$29.49 < \mu_C < 36.51$$

(3) $\mu_B - \mu_A$ 之 95% 的信賴區間為

$$\because (\overline{x}_i. - \overline{x}_j.) - t_{\alpha/2}(v)\sqrt{V_e\left(\frac{1}{n_i} + \frac{1}{n_j}\right)} < \mu_i - \mu_j < (\overline{x}_i. - \overline{x}_j.) - t_{\alpha/2}(v)\sqrt{V_e\left(\frac{1}{n_i} + \frac{1}{n_j}\right)}$$

$$\therefore (38-31) - 2.179\sqrt{13}\sqrt{\frac{1}{5} + \frac{1}{5}} \le \mu_B - \mu_A \le (38-31) + 2.179\sqrt{13}\sqrt{\frac{1}{5} + \frac{1}{5}}$$

$$\therefore 2.03 \le \mu_B - \mu_A \le 11.97$$

(4) 比較 $\mu_A,\ \mu_B,\ \mu_C$ 之間的差異

$$|\overline{x}_A. - \overline{x}_B.| = 7 > 6.36$$

$$|\overline{x}_B. - \overline{x}_C.| = 5 < 6.36$$

$$|\overline{x}_A. - \overline{x}_C.| = 2 < 6.36$$

$$\sqrt{(k-1)F_{\alpha}(k-1,\sum n_i - k)V_e\left(\frac{1}{n_i} + \frac{1}{n_j}\right)} = \sqrt{(3-1)F_{0.05}(2,12)\cdot 13\left(\frac{1}{5} + \frac{1}{5}\right)} = 6.36$$

是故，A, B 之間有差異，但 A, C 之間，B, C 之間則無差異。

■ 一因子（k 分類）變異數分析的整理

步驟 1　先檢視 k 個母體是否為常態母體。

　　　　—可以使用箱鬚圖、直方圖或常態機率紙來判定。

步驟 2　k 個母體的母變異數是否相等。

　　　─ 可以使用 Bartley、Hartley 或 levine 檢定，其中 Bartley 是在常態母體下重複數不等時所使用，Hartley 是在常態母體下重複數相等時所使用，levine 可以在非常態下所使用。

步驟 3　如母變異數均可視為相等時，再檢定 k 個母體的母平均是否相等。

　　　─ 利用 ANOVA 表找出顯著因子。

步驟 4　如有顯著因子時，再檢定水準間是否有差異，

　　　─ 利用聯合信賴區間或多重比較法如 Scheffè、Tukey 或 Bonferroni 等。

■ Dunnet 檢定

　　a 組之母體分配假定是常態分配，所有組的變異數假定相等。在控制組（參照組）與實驗組（處理組）之間進行多重比較之方法稱為 Dunnet 的方法。像以下

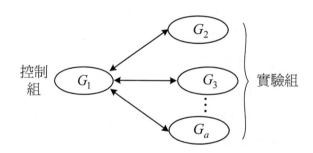

　　成為控制組的只有 1 組，尋找此組與其他的實驗組（$a-1$ 組）之間有無差異，因此不關心 G_2 與 G_3 之間有無差異，因之並非像 Tukey 的多重比較那樣，就所有的組合（$_aC_2$）進行檢定，因之比 Tukey 的方法更容易求出差異，事前不需要先進行變異數分析。

　　檢定步驟如下：

步驟 1　明示推測對象的集合

　　　$F = \{H_{\{1, 2\}}, H_{\{1, 3\}}, \cdots, H_{\{1, a\}}\}$

步驟 2　明示對立假設

　　　$(1)H_1 : \mu_1 \neq \mu_i \quad (i = 2, 3, \cdots, a)$

(2)H_1：$\mu_1 > \mu_i$ （$i = 2, 3, \cdots, a$）

(3)H_1：$\mu_1 < \mu_i$ （$i = 2, 3, \cdots, a$）

步驟 3 決定顯著水準 α，一般大多決定為 $\alpha = 0.05$ 或 $\alpha = 0.01$。

步驟 4 計算各組的平均 $\bar{x}_i.$ 與變異數 s_i^2。

$$\bar{x}_i. = \frac{\sum_{j=1}^{n_i} x_{ij}}{n_i} \quad (i = 1, 2, \cdots, a)$$

$$s_i^2 = \frac{\sum (x_{ij} - \bar{x}_i.)^2}{n_i - 1} \quad (i = 1, 2, \cdots, a)$$

步驟 5 計算誤差自由度 ϕ_e，及誤差變異數 V_e。

$$\phi_e = N - a = (n_1 + n_2 + \cdots + n_a) - a$$

$$V_e = \frac{\sum (n_i - 1) s_i^2}{\phi_e}$$

步驟 6 對所有的 $i = 2, 3, \cdots, a$ 計算檢定統計量。

$$t_{1i} = \frac{\bar{x}_1. - \bar{x}_i.}{\sqrt{V_e \left(\frac{1}{n_i} + \frac{1}{n_j} \right)}} \quad (i = 2, 3, \cdots, a)$$

步驟 7 由下式求 ρ。

$$\rho = \frac{n_2}{n_2 + n_1} \text{（注意假定 } n_2 = n_3 = \cdots = n_a \text{）}$$

若各組的樣本數不一樣時：

（7-1） 求 $\lambda_{i1} = \dfrac{n_i}{n_i + n_1}$ （$i = 2, 3, \cdots, a$）

（7-2） 求 $\rho_{ij} = \sqrt{\lambda_{i1} \lambda_{j1}}$ （$i, j = 2, 3, \cdots, a ; i \neq j$）

（7-3） 求 ρ_{ij} 的算術平均 ρ，設 $\rho = \bar{\rho}$。

步驟 8 判定

(1) 使用附表 28 求 $d\alpha(a, \phi_e, \rho)$（雙邊）；$d'_\alpha(a, \phi_e, \rho)$（上邊）。

　　如 $|t_{1i}| \geq d_\alpha(a, \phi_e, \rho)$，則否定 H_0，判斷 μ_1 與 μ_i 有差異。

　　如 $|t_{1i}| < d_\alpha(a, \phi_e, \rho)$，則保留 H_0。

(2) 求 $d'_\alpha(a, \phi_e, \rho)$

　　如 $t_{1i} \geq d'_\alpha(a, \phi_e, \rho)$，則否定 H_0，判斷 μ_i 比 μ_1 小。

　　如 $t_{1i} < d'_\alpha(a, \phi_e, \rho)$，則保留 H_0。

(3) 求 $d'_\alpha(a, \phi_e, \rho)$

如 $t_{1i} \le -d'_\alpha(a, \phi_e, \rho)$，則否定 H_0，判斷 μ_i 比 μ_1 大。

如 $t_{1i} > -d'_\alpha(a, \phi_e, \rho)$，則保留 H_0。

例 *

為了採 3 種方法（$A_2 \sim A_4$）與參照組 A_1 比較，就某特性值隨機抽樣之後得出如下數據，試檢討 $A_2 \sim A_4$ 的方法的母平均可否說比對照群 A_1 的母平均大呢？

方法（組）	n_i	數據										$x_{i\cdot}$	$\bar{x}_{i\cdot}$	s_i^2
A_1	10	7	9	8	6	9	8	11	10	8	8	84	8.400	2.0444
A_2	8	8	9	10	8	9	9	10	12	–	–	75	9.375	1.6964
A_3	8	11	12	12	10	11	13	9	10	–	–	88	11.000	1.7143
A_4	8	13	12	12	11	14	12	11	10	–	–	95	11.875	1.5536

【解】

步驟 1　設定如下集合：

$F = \{H_{\{1, 2\}}, H_{\{1, 3\}}, \cdots, H_{\{1, 4\}}\}$

步驟 2　針對步驟 1 的虛無假設建立如下的對立假設：

$H_1 : \mu_1 < \mu_i, \quad (i = 2, 3, 4)$

步驟 3　顯著水準當作 $\alpha = 0.05$

步驟 4　求出各組的平均 $\bar{x}_{i\cdot}$ 與變異數 s_i^2 如上表。

步驟 5　計算誤差自由度 ϕ_e 及誤差變異數 V_e。

$\phi_e = (n_1 + n_2 + n_3 + n_4) - a = (10 + 8 + 8 + 8) - 4 = 30$

$V_e = \dfrac{\sum\limits_{i=1}^{4}(n_i - 1)s_i^2}{\phi_e} = \dfrac{9 \times 2.0444 + 7 \times 1.6964 + 7 \times 1.7143 + 7 \times 1.5536}{30}$

$= 1.7717$

步驟 6　針對 $i = 2, 3, 4$ 計算檢定統計量 t_{1i}。

$$t_{12} = \frac{\overline{x}_1. - \overline{x}_2.}{\sqrt{V_e\left(\dfrac{1}{n_1} + \dfrac{1}{n_2}\right)}} = \frac{8.400 - 9.375}{\sqrt{1.7717\left(\dfrac{1}{10} + \dfrac{1}{8}\right)}} = -1.544$$

同法求

$$t_{13} = -4.118$$

$$t_{14} = -5.504$$

步驟 7　求 ρ 值。

$$\rho = \frac{n_2}{n_2 + n_1} = \frac{8}{8 + 10} = 0.444$$

步驟 8　使用附表 28（上邊），將 $d'_a(a, \phi_e, \rho) = d'_{0.05}(4, 30, 0.444)$ 對 $1/(1 - \rho)$ 進行補間，

$$d'_{0.05}(4, 30, 0.444) = \frac{1/(1-\rho_2) - 1/(1-\rho)}{1/(1-\rho_2) - 1/(1-\rho_1)} d'_{0.05}(4, 30, 0.3)$$

$$+ \frac{1/(1-\rho) - 1/(1-\rho_1)}{1/(1-\rho_2) - 1/(1-\rho_1)} d'_{0.05}(4, 30, 0.5)$$

$$= \frac{1/(1-0.5) - 1/(1-0.444)}{1/(1-0.5) - 1/(1-0.3)} \times 2.188$$

$$+ \frac{1/(1-0.444) - 1/(1-0.3)}{1/(1-0.5) - 1/(1-0.3)} \times 2.147$$

$$= 2.161$$

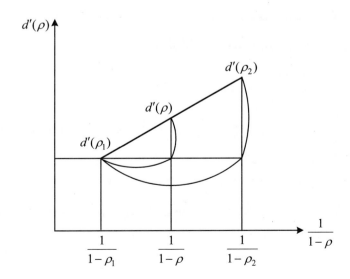

因此，$t_{12} = -1.544 > -2.161$，因之保留 $H_{\{1, 2\}}$，又，

$t_{13} = -4.118 \le -2.161$，$t_{14} = -5.504 \le -2.161$，因之

否定 $H_{\{1,3\}}$，$H_{\{1, 4\}}$，可以判斷 μ_3 與 μ_4 比 μ_1 大。

【註】若各組的樣本數分別為 $n_1 = 17$, $n_2 = 7$, $n_3 = 8$, $n_4 = 12$

步驟 7-1　求 $\lambda_{i1}(i = 2, 3, 4)$

$$\lambda_{21} = \frac{n_2}{n_2 + n_1} = \frac{7}{7+17} = 0.2917$$

$$\lambda_{31} = \frac{n_3}{n_3 + n_1} = \frac{8}{8+17} = 0.3200$$

$$\lambda_{41} = \frac{n_4}{n_4 + n_1} = \frac{12}{12+17} = 0.4138$$

步驟 7-2　求 $\rho_{ij}(i, j = 2, 3, 4; i < j)$

$$\rho_{23} = \sqrt{\lambda_{21}\lambda_{31}} = 0.3055 , \rho_{24} = \sqrt{\lambda_{21}\lambda_{41}} = 0.3474 ,$$

$$\rho_{34} = \sqrt{\lambda_{31}\lambda_{41}} = 0.3639$$

步驟 7-3　求 ρ_{ij} 的算術平均

$$\rho = \overline{\rho} = \frac{\rho_{23} + \rho_{24} + \rho_{34}}{3} = \frac{0.3055 + 0.3474 + 0.3639}{3} = 0.3389$$

之後的 $d_\alpha(a, \phi_e, \rho)$ 以及 $d'_\alpha(a, \phi_e, \rho)$ 的求法與步驟 8 相同。

■ Holm 檢定（Bonferroni 的改良版）

推測對象的集合當作

$F = \{H_{01}, H_{02}, \cdots, H_{0k}\}$

對各虛無假設 H_{0i} 的檢定統計量設為 T_i，否定域當作能以 $\{T_i \ge c\}$ 的形式記述。此時，T_i 表檢定統計量的機率變數，t_i 是常數（計算結果之值），p 值 P_i（$= P_r(T_i \ge c)$）是針對虛無假設 H_{0i} 為真之下所計算之機率，p 值稱為顯著機率或界限水準，p 值是將檢定統計量之值變換成 $0 \sim 1$ 使檢定結果容易解釋。此值大多以統計解析軟體輸出此值。Bonferroni 如使用 p 值改寫時，即為「$P_i \le a/k$ 時，則否定虛無假設 H_{0i}」，而 Holm 是改良與 p 值相比較的成 a/k 為 $\dfrac{a}{(k-i)}$（$i = 1, 2, \cdots, k - 1$），因之是 Bonferroni 法的改良

版。

以下說明此方法的檢定步驟如下：

步驟 1 明示推測對象的集合，求出此集合所含的虛無假設的個數 k。

$$F = \{H_{01}, H_{02}, \cdots, H_{0k}\}$$

步驟 2 決定顯著水準 α。大都設為 $\alpha = 0.01$ 或 0.05。

步驟 3 計算 $\alpha_1 = \dfrac{\alpha}{k}$，$\alpha_2 = \dfrac{\alpha}{(k-1)}$，$\alpha_3 = \dfrac{\alpha}{(k-2)}$，$\cdots$，$\alpha_k = \alpha$

步驟 4 對各虛無假設選定檢定統計量 T_i。

步驟 5 計算檢定統計量 T_i，將其結果設為 $t_i (i = 1, 2, \cdots, k)$。

$$T_i = |t_{ij}| = \frac{|\bar{x}_i - \bar{x}_j|}{\sqrt{V_E \left(\dfrac{1}{n_i} + \dfrac{1}{n_j} \right)}}$$

步驟 6 求出 p 值 $P_i (= P_r(T_i \geq t_i))$，將 $P_1, P_2, \cdots, P_k$ 按由小而大的順序重排後設為 $p^{(1)}, p^{(2)}, \cdots, p^{(k)}$。亦即，

$$p^{(1)} \leq p^{(2)} \leq \cdots \leq p^{(k)}$$

對應 $p^{(1)}, p^{(2)}, \cdots, p^{(k)}$ 的虛無假設以 $H^{(1)}, H^{(2)}, \cdots, H^{(k)}$ 表示。

步驟 7 設 $i = 1$

步驟 8 如 $p^{(i)} > \alpha_i$，虛無假設 $H^{(i)}, H^{(i+1)}, \cdots, H^{(k)}$ 全部保留，檢定作業結束。

如 $p^{(i)} \leq \alpha_i$，否定虛無假設 $H^{(i)}$，進入步驟 9。

步驟 9 如 $i = k$，步驟結束，如 $i < k$，將 i 值增加 1 後重複步驟 8。

例 *

為了比較 4 種處理法（$A_1 \sim A_4$）就某特性值隨機抽樣後得出如下表，試以 Holm 法檢討處理法之間何者有顯著差。

方法	樣本數	數據							T_i	$\bar{x}_i$	V_i
A_1	7	10.7	9.7	8.5	9.4	8.8	8.4	10.6	66.1	9.443	0.8962
A_2	7	8.1	8.3	8.7	6.9	5.7	9.5	6.7	53.9	7.700	1.733
A_3	7	7.9	7.5	7.4	9.2	5.7	8.3	9.7	55.7	7.957	1.720
A_4	7	6.2	7.1	5.5	4.7	6.3	6.9	7.5	44.2	6.314	0.9414

【解】

步驟 1　　設定如下推測集合，虛無假設的個數 $k = 6$。

$$F = \{H_{\{1, 2\}}, H_{\{1, 3\}}, H_{\{1, 4\}}, H_{\{2, 3\}}, H_{\{2, 4\}}, H_{\{3, 4\}}\}$$

步驟 2　　顯著水準設為 $\alpha = 0.05$。

步驟 3　　計算 α_i。

$$\alpha_1 = \frac{\alpha}{6} = \frac{0.05}{6} = 0.0083 \text{，} \alpha_2 = \frac{\alpha}{5} = \frac{0.05}{5} = 0.0100 \text{，}$$

$$\alpha_3 = \frac{\alpha}{4} = \frac{0.05}{4} = 0.00125 \text{，} \alpha_4 = \frac{0.05}{3} = 0.0167 \text{，}$$

$$\alpha_5 = \frac{0.05}{2} = 0.025 \text{，} \alpha_6 = 0.05 \text{。}$$

步驟 4　　因為是第 i 組與第 j 組（$i, j = 1, 2, 3, 4, i < j$）的母平均差，所以檢定統計量 T_i 是計算下式的 $|t_{ij}|$。

$$T_i = |t_{ij}| = \frac{|\bar{x}_i - \bar{x}_j|}{\sqrt{V_E(\frac{1}{n_i} + \frac{1}{n_j})}}$$

步驟 5　　求出各組的平均 $\bar{x}_i$ 及變異數 V_i 如數據表中，另外誤差自由度 ϕ_E 與誤差變異數 V_E 如下求之。

$$\phi_E = n_1 + n_2 + n_3 + n_4 - a = 7 + 7 + 7 + 7 = 24$$

$$V_E = \frac{\sum_{i=1}^4 (n_i - 1)V_i}{\phi_E}$$

$$= \frac{6 \times 0.8962 + 61.733 + 6 \times 1.720 + 6 \times 0.9414}{24} = 1.323$$

計算檢定統計量 $T_l = |t_{ij}|$，設為 t_l，譬如 $|t_{12}|$

$$T_2 = |t_{12}| = \frac{|\bar{x}_1 - \bar{x}_2|}{\sqrt{V_E(\frac{1}{n_1} + \frac{1}{n_2})}} = \frac{|9.443 - 7.700|}{1.323(\frac{1}{7} + \frac{1}{7})} = 2.835$$

以下進行同樣計算，得出如下所示的檢定統計量 $T_l = |t_{ij}|$ 之值 t_l。

$$T_l = |t_{ij}| \text{ 之值 } t_l$$

	A_1	A_2	A_3	A_4
A_1		2.835*	2.417	5.089*
A_2			0.414	2.254
A_3				2.672

* 表有顯著水準之組合

步驟 6　　　求 p 值得出如下：

$$P_1 = P_r(T_1 = |t_{12}| \geq 2.835) = 0.0091$$

$$P_2 = P_r(T_2 = |t_{13}| \geq 2.417) = 0.0236$$

$$P_3 = P_r(T_3 = |t_{14}| \geq 5.089) = 0.00003$$

$$P_4 = P_r(T_4 = |t_{23}| \geq 0.418) = 0.6794$$

$$P_5 = P_r(T_5 = |t_{24}| \geq 2.254) = 0.0336$$

$$P_6 = P_r(T_6 = |t_{34}| \geq 2.672) = 0.0133$$

將這些 $P_1, \cdots, P_6$ 按由小而大之順序排列時，

$p^{(1)} = p_3 = 0.00003$，$p^{(2)} = p_1 = 0.0091$，$p^{(3)} = p_6 = 0.0133$，

$p^{(4)} = p_2 = 0.0236$，$p^{(5)} = p_5 = 0.0336$，$p^{(6)} = p_4 = 0.6794$

另外，對應 $p^{(1)}, p^{(2)}, p^{(3)}, p^{(4)}, p^{(5)}, p^{(6)}$ 的虛無假設分別為

$H^{(1)} = H_{\{1, 4\}}$，$H^{(2)} = H_{\{1, 2\}}$，$H^{(3)} = H_{\{3, 4\}}$，

$H^{(4)} = H_{\{1, 3\}}$，$H^{(5)} = H_{\{2, 4\}}$，$H^{(6)} = H_{\{2, 3\}}$

步驟 7　　　設 $i = 1$

步驟 8(1)　$p^{(1)} = 0.00003 \leq \alpha_1 = 0.0083$，否定 $H^{(1)} = H_{(1, 4)}$。

步驟 9(1)　設 $i = 2$

步驟 8(2)　$p^{(2)} = 0.0091 \leq \alpha_2 = 0.010$，否定 $H^{(2)} = H_{(1, 2)}$。

步驟 9(2)　設 $i = 3$

步驟 8(3)　$P^{(3)} = 0.0133 > \alpha_3 = 0.0125$，所以，

$H^{(3)} = H_{\{3, 4\}}$，$H^{(4)} = H_{\{1, 3\}}$，$H^{(5)} = H_{\{2, 4\}}$，$H^{(6)} = H_{\{2, 3\}}$ 全部

保留，檢定結束。

■ Williams 檢定

　　母體分配視為常態分配，並假定所有組的母變異數相等。第 1 組當作參照組，從第 2 組到第 a 組當作處理組，考察第 1 組的母平均與其他的 $a - 1$ 個的母平均的成對比較。至此的設定與 Dunnet 的方法相同。另外，假想 a 個母平均有如下之關係，

$$\mu_1 \leq \mu_2 \leq \cdots \leq \mu_a \tag{1}$$

$$或 \quad \mu_1 \geq \mu_2 \geq \cdots \geq \mu_a \tag{2}$$

　　譬如，以某藥物的用藥來想，第 1 組當作無用藥，第 2 組到第 a 組依序增加使用量，一面觀察其藥效，此種情形，各組的母平均大多可以設想如 (1) 或 (2) 的此種單調性。含想查明在多少用量以上是與無用藥有顯著的差的藥效，此有順序的情形是與 Dunnet 不同的。

　　虛無假設表示爲

$$H_{\{1, 2, 3, ..., p\}} : \mu_1 = \mu_2 = \cdots = \mu_p \ (a = 2, 3, \cdots, a)$$

對立假設表示爲 (1)

$$H^A_{\{1, 2, ..., a\}} : \mu_1 \leq \mu_2 \leq \cdots \leq \mu_p \ （至少一個的「$\leq$」是 $<$）$$

解析的進行方法是首先檢定虛無假設

$$H_{(1, 2, ..., a)} : \mu_1 = \mu_2 = \cdots = \mu_a$$

如可以判斷 $\mu_1 < \mu_a$ 時，其次檢定

$$H_{\{1, 2, ..., a-1\}} : \mu_1 = \mu_2 = \cdots = \mu_{a-1}$$

調查是否 $\mu_1 < \mu_{a-1}$，若是，其次檢定

$$H_{\{1, 2, ..., a-2\}} : \mu_1 = \mu_2 = \cdots = \mu_{a-2}$$

依序進行下去，直到可以保留虛無假設爲止。

　　Williams 檢定的步驟整理如下：

步驟 1　明示推測對象的集合。

$$F = \{H_{\{1, 2, ..., a\}}, H_{\{1, 2, ..., a-1\}}, \cdots, H_{\{1, 2, 3\}}, H_{\{1, 2\}}\}$$

步驟 2　決定顯著水準 α，一般大多設爲 0.05 或 0.01。

步驟 3　計算各組的平均 $\bar{x}_i$ 及變異數 s_i^2

$$\bar{x}_i = \frac{\sum_{j=1}^{n_i} x_{ij}}{n_i} \quad (i = 1, 2, \cdots, a)$$

$$s_i^2 = \frac{\sum_{j=1}^{n_i} (x_{ij} - \bar{x}_i)^2}{n_i - 1} \quad (i = 1, 2, \cdots, a)$$

步驟 4　計算誤差自由度 ϕ_e 及誤差變異數 V_e

$$\phi_e = N - a = n_1 + n_2 + \cdots + n_a - a$$

$$V_e = \frac{\sum_{i=1}^{a} (n_i - 1)s_i^2}{\phi_e}$$

步驟 5　設 $p = a$。

步驟 6　使用 t_i（第 i 組數據的合計），分別計算如下的統計量。

$$y_{2p} = \frac{T_2 + T_3 + \cdots + T_p}{n_2 + n_3 + \cdots + n_p}$$

$$y_{3p} = \frac{T_3 + \cdots + T_p}{n_3 + \cdots + n_p}$$

$$\cdots$$

$$y_{pp} = \frac{T_p}{n_p}$$

步驟 7　求 y_{2p}, y_{3p}, $\cdots$, y_{pp} 的最大值 M_p。

$$M_p = \max\{y_{2p},\ y_{3p},\ \cdots,\ y_{pp}\}$$

步驟 8　計算檢定統計量 t_p。

$$t_p = \frac{M_p - \overline{x}_1}{\sqrt{V_e\left(\dfrac{1}{n_p} + \dfrac{1}{n_1}\right)}}$$

步驟 9　查 Williams 的附表 32(1) 或 32(2) 求出 $w(p, q_e; \alpha)$，如 $t_p < w(p, \phi_e; \alpha)$ 則保留 $H_{\{1, 2, \ldots, p\}}$，結束檢定步驟。如 $t_p > w(p, \phi_e; \alpha)$ 則否定 $H_{\{1, 2, \ldots, p\}}$，判斷「μ_p 比 μ_1 大」，進入步驟 10。

步驟 10　如 $p = 2$，則結束步驟。$p \geq 3$ 時，將 p 之值減去 1，重新將此當作 p，再從步驟 6 開始重複操作。

【註】如對立假設設想是 (2) 的關係時，上述的步驟 7、步驟 8、步驟 9 如下變更。

步驟 7'　求出 y_{2p}, y_{3p}, $\cdots$, y_{pp} 的最小值。

$$m_p = \min\{y_{2p},\ y_{3p},\ \cdots,\ y_{pp}\}$$

步驟 8'　計算檢定統計量。

$$t_p = \frac{\overline{x}_1 - m_p}{\sqrt{V_e\left(\dfrac{1}{n_1} + \dfrac{1}{n_p}\right)}}$$

步驟 9'　查 Williams 附表 32(1) 或 32(2) 求出 $w(p, \phi_e; \alpha)$。如 $t_p < w(p, \phi_e, \alpha)$ 則保留 $H_{\{1, 2, \ldots, p\}}$，結束檢定步驟。如 $t_p \geq w(p, p_e; \alpha)$，則否定 $H_{\{1, 2, \ldots, p\}}$，判斷「μ_p 比 μ_1 小」，再進入步驟 10。

例 *

　　將藥劑 A 的用量設定成 5 階段，7 隻老鼠每隔一定期間給予用藥，測量某內臟的重量。用量如增加時，內臟的重量是否減少，對此感到關心。實際進行實驗後，得出如下表的數據。試檢討與 A_1 組有顯著差的是第幾組以後呢？

組	用量	n_i	數據							T_i	$\bar{x}_i$	s_i^2
A_1	0	7	415	380	391	413	372	359	401	2731	390.143	443.48
A_2	15	7	387	378	359	391	362	351	348	2576	368.000	299.33
A_3	30	7	357	379	401	412	392	356	366	2663	380.429	484.95
A_4	60	7	361	351	378	332	318	344	315	2399	342.714	523.90
A_5	90	7	299	308	323	351	311	285	297	2174	310.571	461.29

【解】

步驟 1　設定如下集合。

$$F = \{H_{(1, 2, 3, 4, 5)},\ H_{(1, 2, 3, 4)},\ H_{(1, 2, 3)},\ H_{(1, 2)}\}$$

並且設想 $\mu_1 \geq \mu_2 \geq \mu_3 \geq \mu_4 \geq \mu_5$。

步驟 2　顯著水準設為 $\alpha = 0.05$。

步驟 3　求出各組的平均 $\bar{x}_i$ 與變異數 s_i^2 如上表的右側。

步驟 4　計算誤差自由度 ϕ_e 與誤差變異數 V_e。

$$\phi_e = n_1 + n_2 + \cdots + n_5 - a = 7 + 7 + 7 + 7 + 7 - 5 = 30$$

$$V_e = \frac{\sum\limits_{i=1}^{5}(n_i - 1)s_i^2}{\phi_e} = \frac{6 \times 443.45 + 6 \times 299.33 + \ldots + 6 \times 461.29}{30} = 442.59$$

步驟 5(1)　設 $p = 5$。

步驟 6(1)　計算如下的統計量。

$$y_{25} = \frac{T_2 + T_3 + T_4 + T_5}{n_2 + n_3 + n_4 + n_5} = \frac{2576 + 2663 + 2399 + 2174}{7 + 7 + 7 + 7} = 350.429$$

$$y_{35} = \frac{T_3 + T_4 + T_5}{n_3 + n_4 + n_5} = \frac{2663 + 2399 + 2174}{7 + 7 + 7} = 344.571$$

$$y_{45} = \frac{T_4 + T_5}{n_4 + n_5} = \frac{2399 + 2174}{7 + 7} = 326.643$$

$$y_{55} = \frac{T_5}{n_5} = \frac{2174}{7} = 310.571$$

步驟 7(1)　求最小值 m_5。

$$m_5 = \min\{y_{25}, y_{35}, y_{45}, y_{55}\}$$

步驟 8(1)　計算檢定統計量 t_5。

$$t_5 = \frac{\bar{x}_1 - m_5}{\sqrt{V_e\left(\dfrac{1}{n_1} + \dfrac{1}{n_5}\right)}} = \frac{390.143 - 310.571}{\sqrt{442.59\left(\dfrac{1}{7} + \dfrac{1}{7}\right)}} = 7.076$$

步驟 9(1)　查 Williams 的附表 32(2)，$t_5 = 7.076 \geq w(5, 30; 0.05) =$ 1.814，因之否定 $H_{\{1,2,3,4,5\}}$，判斷「μ_5 比 μ_1 小」。

步驟 10(1)　$p = 5 - 1 = 4$。

步驟 6(2)　計算如下統計量。

$$y_{24} = \frac{T_2 + T_3 + T_4}{n_2 + n_3 + n_4} = \frac{2576 + 2663 + 2399}{7 + 7 + 7} = 363.714$$

$$y_{34} = \frac{T_3 + T_4}{n_3 + n_4} = \frac{2663 + 2399}{7 + 7} = 361.571$$

$$y_{44} = \frac{T_4}{n_4} = \frac{2399}{7} = 342.714$$

步驟 7(2)　求最小值。

$$m_4 = \min\{y_{24}, y_{34}, y_{44}\} = 342.714$$

步驟 8(2)　計算檢定統計量 t_4。

$$t_4 = \frac{\bar{x}_1 - m_4}{\sqrt{V_e\left(\dfrac{1}{n_1} + \dfrac{1}{n_4}\right)}} = \frac{390.143 - 342.714}{442.59\left(\dfrac{1}{7} + \dfrac{1}{7}\right)} = 4.218$$

步驟 9(2)　查 Williams 的附表 32(2)，$t_4 = 4.218 \geq w(4, 30; 0.05) =$ 1.801，因之否定 $H_{\{1,2,3,4\}}$，判斷「μ_4 比 μ_1 小」。

步驟 6(3)　計算如下統計量。

$$y_{23} = \frac{T_2 + T_3}{n_2 + n_3} = \frac{2576 + 2663}{7 + 7} = 374.214$$

$$y_{33} = \frac{T_3}{n_3} = \frac{2663}{7} = 380.429$$

步驟 7(3)　求最小值。

$$m_3 = \min\{y_{23}, y_{33}\} = 374.214$$

步驟 8(3)　　計算檢定統計量。

$$t_3 = \frac{\bar{x}_1 - m_3}{\sqrt{V_e\left(\dfrac{1}{n_1} + \dfrac{1}{n_2}\right)}} = \frac{390.143 - 374.214}{\sqrt{442.59\left(\dfrac{1}{7} + \dfrac{1}{7}\right)}} = 1.417$$

步驟 9(3)　　查 Williams 的附表 32(2)，$t_3 = 1.417 < w(3, 30; 0.05)$，因之保留 $H_{\{1, 2, 3\}}$，檢定作業結束。

由以上知，第 4 組以後的母平均可以說比第 1 組的母平均小。

■ 重覆測量的單因子變異數分析

譬如有 b 隻蝌蚪（B），對其成長階段（A）假定分成 a 階段來考慮時，將此種對應關係列入單因子變異數分析時，要如何考察才好呢？單因子變異數分析的重點是「數據的變動」，但有對應關係時，只對成長階段感興趣，對「蝌蚪之間的變動」並不感興趣，亦即，有需要從變異數分析表除去「蝌蚪間的變動」。

利用重複測量的單因子變異數分析（repeated measure ANOVA）的步驟如下：

步驟 1　建立假設

虛無假設 H_0：水準 $A_1, A_2, \cdots, A_a$ 的母平均無變化

對立假設 H_1：水準 $A_1, A_2, \cdots, A_a$ 的母平均有變化

步驟 2　計算統計量

受試者	水準 A_1	水準 A_2	$\cdots$	水準 A_a	合計
B_1	$x_{11} \rightarrow$	$x_{21} \rightarrow$	$\cdots \rightarrow$	x_{a1}	$x_{\cdot 1}$
B_2	x_{12}	x_{22}	$\cdots$	x_{a2}	$x_{\cdot 2}$
$\vdots$	$\vdots$	$\vdots$	$\cdots$	$\vdots$	$\vdots$
B_b	x_{1b}	x_{2b}	$\cdots$	x_{ab}	$x_{\cdot b}$
合計	$x_{1\cdot}$	$x_{2\cdot}$	$\cdots$	$x_{a\cdot}$	$x_{\cdot\cdot}$

$$S_T = \sum_{j=1}^{b} \sum_{i=1}^{a} x_{ij}^2 - \frac{(x_{\cdot\cdot})^2}{ab}$$

$$S_A = \frac{\sum\limits_{i=1}^{a} x_i^{\,2}}{b} - \frac{(x_{\cdot\cdot})^2}{ab}$$

$$S_B = \frac{\sum\limits_{j=1}^{b} x_{\cdot i}^2}{a} - \frac{(x..)^2}{ab}$$

$$S_e = S_T - S_A - S_B$$

步驟 3　製作變異數分析表

變因	平方和	自由度	均方	F 值
水準間的變動	S_A	$a-1$	$V_A = \dfrac{S_a}{a-1}$	$F_0 = \dfrac{V_A}{V_e}$
殘差的變動	S_e	$(a-1)(b-1)$	$V_e = \dfrac{S_e}{(a-1)(b-1)}$	
計	S_T			

步驟 4　進行 F 檢定

顯著水準當作 α 時，如果

$$F_0 = \frac{V_A}{V_e} \geq F_a(a-1, (a-1)(b-1))$$

則否定假設 H_0。

如果否定假設 H_0 想進行多重比較時，對於有對應的數據，因調查變化的類型是主要目的，此時，可將重複測量的數據換成無重複的二因子變異數分析，試著進行 Dunnet 的多重比較看看。如果想對所有組合進行多重比較時，可以進行 Tukey 的多重比較。

例*

針對 5 隻蝌蚪分成 4 期就其尾鰭測量其長度，得出下表。

	階段 A_1	階段 A_2	階段 A_3	階段 A_4	合計
B_1	27 →	52 →	47 →	28	154
B_2	52	72	54	50	228
B_3	18	31	29	22	100
B_4	21	50	43	26	140
B_5	32	40	32	29	138
計	150	250	205	155	760

試檢定在 A_1, A_2, A_3, A_4 的階段尾鰭的長度是否有變化？顯著水準 α = 0.05 。如有變化，哪一階段間有顯著差異？

【解】

步驟 1　建立假設 H_0

H_0：在階段 A_1, A_2, A_3, A_4 間尾鰭的長度無變化

H_1：在階段 A_1, A_2, A_3, A_4 間尾鰭的長度有變化

步驟 2　計算統計量

$$S_T = (27)^2 + (52)^2 + \cdots + (32)^2 + (29)^2 - \frac{(760)^2}{4 \times 5} = 32,720 - 28,880 = 3840$$

$$S_A = \frac{(150)^2 + (250)^2 + \cdots + (155)^2}{5} - \frac{(760)^2}{4 \times 5} = 30,210 - 28,880 = 1330$$

$$S_B = \frac{(154)^2 + (228)^2 + \cdots + (138)^2}{4} - \frac{(760)^2}{4 \times 5} = 31,086 - 28,880 = 2206$$

$$S_e = 3840 - 2206 - 1330 = 304$$

步驟 3　製作 ANOVA 表。

	平方和	自由度	均方	F 值
水準間的變動	1330	3	443.333	17.5
殘差的變動	304	12	25.333	

步驟 4　進行 F 檢定

$$F_0 = 17.5 \geq F_{0.05}(3, 12) = 3.4903$$

否定假設 H_0，知尾鰭的長度在各階段間是有變化的。其次將重複測量數據改成無重複二因子的數據形式。

	階段	受試者	數據
1	A	1	27
2	A	2	52
3	A	3	18
4	A	4	21
5	A	5	32
6	B	1	52
7	B	2	72
8	B	3	31
9	B	4	50

		階段	受試者	數據
10		B	5	45
11		C	1	47
12		C	2	54
13		C	3	29
14		C	4	43
15		C	5	32
16		D	1	28
17		D	2	50
18		D	3	22
19		D	4	26
20		D	5	29

經 SPSS 的輸出結果如下：

無重複二因子變異數分析

SOV	型 III 平方和	自由度	均方	F 值	顯著機率
修正模式	3536.000[a]	7	505.143	19.940	.000
截距	28,880.000	1	28,880.000	1,140.000	.000
階段	1,330.000	3	443.333	17.500	.000
受試者	2,206.000	4	551.500	21.770	.000
誤差	304.000	12	25.333		
總和	32,720.000	20			
修正總和	3,840.000	19			

步驟 5 Dunnet 的多重比較

(i) 階段	(j) 階段	平均值之差 (i – j)	標準誤	顯著機率
B	A	20.00*	3.183	.000
C	A	11.00*	3.183	.012
D	A	1.00	3.183	.978

因之，階段 A 與階段 B、階段 A 與階段 C 有顯著差。階段 A 與階段 D 之間並無顯著差。

■ 隨機集區法（或稱亂塊法）

　　所謂隨機集區法（randomized blocks design）即對一些處理的比較實驗，於場所變動較大時，引進集區於實驗場所，且在集區內對欲比較之處理，利用隨機順序進行實驗之方法。此處所提之集區像是日次、裝置、原料數量、日夜班、地區等。

數據 x_{ij}

A＼B	B_1	B_2	……	B_j	……	B_b	和	平均
A_1	x_{11}	x_{12}	……	x_{1j}	……	x_{1b}	$x_1.$	$\bar{x}_1.$
A_2	x_{21}	x_{22}	……	x_{2j}	……	x_{2b}	$x_2.$	$\bar{x}_2.$
⋮	⋮	⋮	……	⋮	……	⋮	⋮	⋮
A_j	x_{i1}	x_{i2}	……	x_{ij}	……	x_{ib}	$x_i.$	$\bar{x}_i.$
⋮	⋮	⋮	……	⋮	……	⋮	⋮	⋮
A_a	x_{a1}	x_{a2}	……	x_{aj}	……	x_{ab}	$x_a.$	$\bar{x}_a.$
和	$x._1$	$x._2$	……	$x._j$	……	$x._b$	$x..$	
平均	$\bar{x}._1$	$\bar{x}._2$	……	$\bar{x}._j$	……	$\bar{x}._b$		$\bar{x}..$

【註】若視集區爲擁有 b 個水準的因子，則具有 A, B 二個因子即形式上可稱爲 2 個因子實驗，但集區因子 B 非爲實驗目的，只是爲便於提高實驗的精確度所引進之因子而已。因此可以不考慮集區因子，而視爲一因子實驗。

【解說】

　　(1) 記號

$$x_i. = \sum_{j}^{b} x_{ij} = 於因子 A_i 水準所得觀測值之和$$

$$x._j = \sum_{i}^{a} x_{ij} = 於集區 B_i 所得觀測值之和$$

$$\bar{x}_i. = \frac{1}{b} x_i. = 於因子 A_i 水準所得觀測值的平均值$$

$\bar{x}._j = \dfrac{1}{a} x._j =$ 於集區 B_i 所得觀測值的平均值

(2) 觀測值的構造模型

$x_{ij} = \mu + \alpha_i + \beta_j + e_{ij}$

μ：一般平均

a_i：因子 A_i 水準效果，$\sum\limits_{i}^{a} \alpha_i = 0$

β_j：集區 B_j 的效果，$\sum\limits_{j}^{b} \beta_j = 0$

e_{ij}：於 x_{ij} 之實驗誤差，$N.I.D.(0, \sigma^2)$

數據模型的內容說明：可先大略地設一般平均爲 m，A_i 的水準效果爲 a_i，集區 B_j 的效果爲 b_j，則在集區 B_j 之 A_i 水準的眞值設爲 $m + a_i + b_j = (m + \bar{a}_0 + \bar{b}_0) + (a_i - \bar{a}_0) + (b_i - \bar{b}_0) = \mu + \alpha_i + \beta_j$，式中 $a_i - \bar{a}_0$ 可視爲 A_i 的水準效果以 α_i 表示；同理 $b_i - \bar{b}_0$ 爲集區 B_j 的效果，以 β_j 表示；$m + \bar{a}_0 + \bar{b}_0$ 視爲一般平均以 μ 表示。

(3) 平方和

$$S_T = \sum\limits_{i}^{a} \sum\limits_{j}^{b} (x_{ij} - x..)^2$$

$$= b\sum\limits_{i}^{a} (\bar{x}_i. - \bar{x}..)^2 + a\sum\limits_{j}^{b} (\bar{x}._j - \bar{x}..)^2 + \sum\limits_{i}^{a} \sum\limits_{j}^{b} (x_{ij} - \bar{x}_i. - \bar{x}._j + \bar{x}..)^2$$

$$\begin{cases} S_A = b\sum\limits_{i}^{a} (\bar{x}_i. - \bar{x}..)^2 & \text{（因子 } A \text{ 間平方和）} \\[2mm] S_B = a\sum\limits_{j}^{b} (\bar{x}._j - \bar{x}..)^2 & \text{（集區 } B \text{ 間平方和）} \\[2mm] S_e = \sum\limits_{i}^{a} \sum\limits_{j}^{b} (x_{ij} - \bar{x}_i. - \bar{x}._j + \bar{x}..)^2 & \text{（誤差平方和）} \end{cases}$$

令 $CT = \dfrac{x..^2}{ab}$，則

$$\begin{cases} S_T = \sum\limits_{i}^{a} \sum\limits_{j}^{b} x_{ij}^2 - CT \\[3mm] S_A = \dfrac{1}{b} \sum\limits_{i}^{a} x_i.^2 - CT \\[3mm] S_B = \dfrac{1}{a} \sum\limits_{j}^{b} x._j^2 - CT \\[3mm] S_e = S_T - S_A - S_B \end{cases}$$

(4) 自由度

$$\begin{cases} \phi_A = a-1 \\ \phi_B = b-1 \\ \phi_e = (a-1)(b-1) \\ \phi_T = ab-1 \end{cases}$$

(5) 數值變換

$$u_{ij} = (x_{ij} - g) \times h$$

$$CT' = \frac{u_{..}^2}{ab}$$

$$S_T' = \sum\sum u_{ij} - CT' \qquad \Rightarrow S_T = \frac{1}{h^2} \cdot S_T'$$

$$S_A' = \frac{1}{b}\sum_i^a u_{i.}^2 - CT' \qquad \Rightarrow S_A = \frac{1}{h^2} \cdot S_A'$$

$$S_B' = \frac{1}{a}\sum_j^b u_{.j}^2 - CT' \qquad \Rightarrow S_B = \frac{1}{h^2} \cdot S_B'$$

$$S_e' = S_T' - S_A' - S_B' \qquad \Rightarrow S_e = \frac{1}{h^2} \cdot S_e'$$

(6) 製作變異數分析表

ANOVA

變　　因	S	ϕ	均方	F_0	均方的期待值
A 間	S_A	ϕ_A	$V_A = S_A/\phi_A$	V_A/V_e	$\sigma^2 + b\sigma_A^{\ 2}$
集區間	S_B	ϕ_B	$V_B = S_B/\phi_B$	V_B/V_e	$\sigma^2 + b\sigma_B^{\ 2}$
誤　　差	S_e	ϕ_e	$V_e = S_e/\phi_e$		σ^2
總　　計	S_T	ϕ_T			

表中 $\sigma_A^{\ 2} = \dfrac{1}{a-1}\sum_i^a \alpha_i^{\ 2}$, $\sigma_B^{\ 2} = \dfrac{1}{b-1}\sum_j^b \beta_i^{\ 2}$

(7) 檢定

$$\left.\begin{array}{l} H_0 : \bar{\mu}_{1.} = \bar{\mu}_{2.} = \cdots\cdots = \bar{\mu}_{a.} \text{,} \ H_1 : \bar{\mu}_{i.} \text{不全等} \\ (\ H_0 : \alpha_1 = \alpha_2 = \cdots\cdots \alpha_a = 0 \text{,} \ H_1 : \alpha_i \text{不全等於0}) \end{array}\right\}\text{因子 } A \text{之檢定}$$

$$\left.\begin{array}{l} H_0 : \bar{\mu}_{.1} = \bar{\mu}_{.2} = \cdots\cdots \bar{\mu}_{.b} \text{,} \ H_1' : \bar{\mu}_{.j} \text{不全等} \\ (\ H_0' : \beta_1 = \beta_2 = \cdots\cdots \beta_b = 0 \text{,} \ H_1' : \beta_j \text{不全等於0}) \end{array}\right\}\text{集區 } B \text{之檢定}$$

(8) 判定

$$\frac{V_A}{V_e} > F_\alpha(\phi_A, \phi_e)$$

捨棄 A 水準間無差異之假設（即判定 A 水準間有差異）。

$$\frac{V_B}{V_e} > F_\alpha(\phi_B, \phi_e)$$

捨棄集區 B 間無差異之假設（即判定集區 B 間有差異）。

(9) 決定最佳水準

A_i 水準效果 $(\mu + \alpha_i)$ 的估計：

點估計：$\bar{x}_{i\cdot}$.

區間估計：$\bar{x}_{i\cdot} \pm t_{\alpha/2}((a-1)(b-1))\sqrt{\dfrac{V_e}{b}}$

例 *

　　某化學工廠為提高產品之收率，取反應溫度（A）為因子，並對因子選擇 $50°C(A_1)$, $55°C(A_2)$, $60°C(A_3)$, $65°C(A_4)$ 等 4 種水準進行實驗，由以往的經驗知道產品的收率因日期的不同而有所變化，於是決定將日次視為集區因子（B），採隨機集區法進行實驗。該工廠每日可生產 4 批量，顯示隨機集區法之可行性，設各水準之反複次數，即集區數（日數）為 5，每日之實驗順序以隨機順序進行，則實驗順序如表 1 所示，若將實驗觀測值（收率）按 A 水準及集區別整理可得表 2，試以顯著水準 5% 分析實驗觀測值並作結論。

表 1　實驗順序

天 ＼ 順序	1	2	3	4
第 1 天	A_2	A_1	A_3	A_4
第 2 天	A_1	A_3	A_2	A_4
第 3 天	A_1	A_2	A_3	A_4
第 4 天	A_3	A_4	A_2	A_1
第 5 天	A_3	A_2	A_4	A_1

表 2　收率

A ＼ B（集區）	B_1	B_2	B_3	B_4	B_5
A_1	77.7	77.1	77.4	78.1	77.7
A_2	78.3	78.2	78.2	78.4	79.3
A_3	79.3	78.2	80.1	79.7	78.7
A_4	77.0	78.0	78.1	78.4	77.1

【解】

設 $u_{ij} = (x_{ij} - 78.0) \times 10$

表 3　簡化後之觀測值

$\diagdown \begin{matrix} B \\ A \end{matrix}$	B_1	B_2	B_3	B_4	B_5	$u_{i\cdot}$
A_1	−3	−9	−6	−2	−3	−20
A_2	3	2	2	4	13	24
A_3	13	2	21	17	7	60
A_4	−10	0	1	4	−9	−14
$u_{\cdot j}$	3	−5	18	26	8	$50(u_{\cdot\cdot})$

表 4　簡化後觀測值之平方

$\diagdown \begin{matrix} B \\ A \end{matrix}$	B_1	B_2	B_3	B_4	B_5	$u_{i\cdot}^{\;2}$
A_1	9	81	36	1	9	400
A_2	9	4	4	16	169	576
A_3	169	4	441	289	49	3600
A_4	100	0	1	16	81	196
$u_{\cdot j}^{\;2}$	9	25	324	676	64	$2500(u_{\cdot\cdot}^{\;2})$

$$CT' = \frac{u_{\cdot\cdot}^{\;2}}{ab} = \frac{2500}{4 \times 5} = 125$$

$$S_T' = \sum\sum u_{ij}^{\;2} - CT' = (9 + 81 + 16 + 81) - 125 = 1363$$

$$S_A' = \frac{1}{b}\sum_i^a u_{i\cdot}^{\;2} - CT' = \frac{1}{5}(400 + 576 + 3600 + 196) - 125 = 829.4$$

$$S_B' = \frac{1}{a}\sum_j^b u_{\cdot j}^{\;2} - CT' = \frac{1}{4}(9 + 25 + 324 + 676 + 64) - 125 = 149.5$$

$$S_T = \frac{1}{(10)^2}S_T' = \frac{1363}{100} = 13.63$$

$$S_A = \frac{1}{(10)^2}S_A' = \frac{829.4}{100} = 8.294$$

$$S_B = \frac{1}{(10)^2}S_B' = \frac{149.5}{100} = 1.495$$

$$S_e = \frac{1}{(10)^2}S_e' = \frac{384.1}{100} = 3.841$$

變異數分析表

變　因	平方和	自由度	均方	F_0
A 間	8.294	3	2.765	8.64*
集區間	1.495	4	0.374	1.17
誤　差	3.841	12	0.320	
總　計	13.630	19		

$F_0 = 8.64 > F_{0.05}(3, 12) = 3.49$

$F_0 = 1.17 < F_{0.05}(4, 12) = 3.26$

故在顯著水準 5% 下，捨棄 A 水準間無差異之假設。

故在顯著水準 5% 下，不捨棄集區間無差異之假設。

又因爲

$$x_{ij} = 78.0 + \left(\frac{1}{10}\right) u_{ij}$$

$$\bar{x}_{i\cdot} = 78.0 + \left(\frac{1}{10}\right) \bar{u}_{i\cdot}$$

所以 A 水準效果的點估計值爲

$$A_1 : \bar{x}_{1\cdot} = 78.0 + \frac{1}{10} \cdot \left(\frac{-20}{5}\right) = 77.60$$

$$A_2 : \bar{x}_{2\cdot} = 78.0 + \frac{1}{10} \cdot \frac{24}{5} = 78.48$$

$$A_3 : \bar{x}_{3\cdot} = 78.0 + \frac{1}{10} \cdot \frac{60}{5} = 79.20$$

$$A_4 : \bar{x}_{4\cdot} = 78.0 + \frac{1}{10} \cdot \left(\frac{-14}{5}\right) = 77.72$$

又

$$t_{0.025}((a-1)(b-1))\sqrt{\frac{V_e}{b}} = t_{0.025}(12)\sqrt{\frac{0.320}{5}} = 2.179 \times 0.253 = 0.55$$

A 水準效果之信賴區間爲

A_1：77.60 ± 0.55

A_2：78.48 ± 0.55

A_3：79.20 ± 0.55

A_4：77.72 ± 0.05

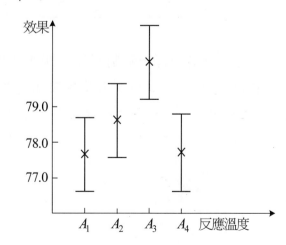

■ 拉丁方格法

　　一般而言，由 n 行、n 列組成之方格，於任一行及任一列中，1, 2, …, n 之數字各僅出現 1 次，則稱此方格為 $n \times n$ 拉丁方格（Latin Square）。

3×3 拉丁方格

1	2	3
2	3	1
3	1	2

1	2	3
3	1	2
2	3	1

4×4 拉丁方格

1	2	3	4
2	1	4	3
3	4	1	2
4	3	2	1

1	2	3	4
3	4	1	2
4	3	2	1
2	1	4	3

4	1	3	2
3	4	2	1
2	3	1	4
1	2	4	3

5×5 拉丁方格

1	2	3	4	5
3	4	5	1	2
5	1	2	3	4
4	5	1	2	3
2	3	4	5	1

1	2	3	4	5
5	1	2	3	4
4	5	1	2	3
2	3	4	5	1
3	4	5	1	2

　　拉丁方格法有一限制條件，即 2 種集區因子之水準數應同等於欲比較之水準數。設以 $a \times a$ 拉丁方格實驗來比較因子 A 的 a 個水準（處理）。其中列（R）與行（C）表示兩種集區，x_{ij} 表示 i 列 j 列之觀測值。

R ＼ C	C_1	C_2	……	C_a	和	平均
R_1	x_{11}	x_{12}	……	x_{1a}	$x_1.$	$\overline{x}_1.$
R_2	x_{21}	x_{22}	……	x_{2a}	$x_2.$	$\overline{x}_2.$
⋮	⋮	⋮	……	⋮	⋮	⋮
R_a	x_{a1}	x_{i2}	……	x_{aa}	$x_a.$	$\overline{x}_i.$

R \ C	C_1	C_2	……	C_a	和	平均
和	$x_{\cdot 1}$	$x_{\cdot 2}$	……	$x_{\cdot a}$	$x_{\cdot\cdot}$	
平均	$\overline{x}_{\cdot 1}$	$\overline{x}_{\cdot 2}$	……	$\overline{x}_{\cdot a}$		$\overline{x}_{\cdot\cdot}$

【解說】

(1) 記號

$x_{\cdot\cdot(k)}$ = 於水準 A_k 實驗所得觀測值之和

$\overline{x}_{\cdot\cdot(k)} = \dfrac{1}{a} x_{\cdot\cdot(k)}$ = 於水準 A_k 實驗所得觀測值之平均值

(2) 數據構造模型

$x_{ij} = \mu + \alpha_i + \beta_j + \gamma_k + \varepsilon_{ij}$

μ：一般平均（$\mu = \overline{\mu}...$）

α_i：i 列的效果，$\sum\limits_{i}^{a} \alpha_i = 0$

β_j：j 行的效果，$\sum\limits_{j}^{b} \beta_j = 0$

γ_k：水準 A_k 的效果，$\sum\limits_{k}^{a} r_k = 0$

e_{ij}：含於 x_{ij} 中的實驗誤差，$N.I.D.(0,\ \sigma^2)$

(3) 平方和

$S_T = S_R + S_C + S_A + S_e$

式中

$S_T = \sum\limits_{i}^{a}\sum\limits_{j}^{a}(x_{ij} - \overline{x}..)^2 = \sum\limits_{i}^{a}\sum\limits_{j}^{b}x_{ij}^{\ 2} - CT$

$S_R = a\sum\limits_{i}^{a}(\overline{x}_{i\cdot} - \overline{x}..)^2 = \dfrac{1}{a}\sum\limits_{i}^{a}x_{i\cdot}^{\ 2} - CT$

$S_C = a\sum\limits_{k}^{a}(\overline{x}_{\cdot j} - \overline{x}..)^2 = \dfrac{1}{a}\sum\limits_{j}^{a}x_{\cdot j}^{\ 2} - CT$

$S_A = a\sum\limits_{k}^{a}(\overline{x}_{\cdot\cdot(k)} - \overline{x}..)^2 = \dfrac{1}{a}\sum\limits_{k}^{a}x_{\cdot\cdot(k)}^{\ 2} - CT$

$S_e = \sum\limits_{i}^{a}\sum\limits_{j}^{a}(x_{ij} - \overline{x}_{i\cdot} - \overline{x}\cdot - \overline{x}_{ij(k)} - 2\overline{x}..)^2 = S_T - S_R - S_C - S_A$

$$CT = \frac{x..^2}{a^2}$$

$\bar{x}_{ij(k)} =$ 在 i 列 j 行的範圍內，於水準 A_k 實驗所得觀測值的平均值。

(4) 變異數分析表

ANOVA

變　　因	平方和	自由度	均方	F_0	均方的期待值
列間（R）	S_R	$\phi_R = a - 1$	$V_R = S_R/\phi_R$	V_R/V_e	$\sigma^2 + a\sigma_R^2$
行間（C）	S_C	$\phi_C = a - 1$	$V_C = S_C/\phi_C$	V_C/V_e	$\sigma^2 + a\sigma_C^2$
A 間	S_A	$\phi_A = a - 1$	$V_A = S_A/\phi_A$	V_A/V_e	$\sigma^2 + a\sigma_A^2$
誤　　差	S_e	$\phi_e = (a - 1)(a - 2)$	$Ve = Se/\phi_e$		σ^2
總　　計	S_T	$\phi_T = a^2 - 1$			

表中

$$\sigma_R^2 = \frac{1}{a-1}\sum_i^a \alpha_i^2, \quad \sigma_C^2 = \frac{1}{a-1}\sum_j^a \beta_j^2, \quad \sigma_A^2 = \frac{1}{a-1}\sum_k^a \gamma_k^2$$

(5) 檢定

$H_0 : \alpha_i = 0(i = 1, \cdots\cdots a)$，$H_1 : \alpha_i$ 不全為 0

$H_0' : \beta_i = 0(j = 1, \cdots\cdots a)$，$H_1' : \beta_i$ 不全為 0

$H_0'' : \gamma_k = 0(k = 1, \cdots\cdots a)$，$H_1'' : \gamma_k$ 不全為 0

當 $\dfrac{V_A}{V_e} > F_\alpha(\phi_A, \phi_e) \Rightarrow$ 捨棄 H_0（即承認 A 水準間有差異存在）

當 $\dfrac{V_R}{V_e} > F_\alpha(\phi_R, \phi_e) \Rightarrow$ 捨棄 H_0'（即承認列間 R 有差異存在）

當 $\dfrac{V_C}{V_e} > F_\alpha(\phi_C, \phi_e) \Rightarrow$ 捨棄 H_0''（即承認行間 C 有差異存在）

(6) 決定最佳水準

A_k 水準效果 $(\mu + \gamma_k)$ 的估計：

點估計：$\bar{x}..._{(k)}$

區間估計：$\bar{x}..._{(k)} \pm t_{\alpha/2}(\phi)\sqrt{\dfrac{V_e}{a}}$（信賴係數 $1 - \alpha$）

例*

　　欲比較來自不同廠牌之汽車輪胎 A_1, A_2, A_3, A_4 等 4 種之摩耗度，若每部汽車只裝上一種輪胎，則 4 部汽車各裝有不同廠牌之輪胎，顯然地其實驗條件完全相同，但由於汽車本身品質差異、駕駛者習性、交通狀況等緣故，造成在完全相同條件下，實驗的不可能性，幸虧每部汽車可裝上 4 個輪胎，而可視汽車為集區，採隨機集區法實驗。同時，在前輪、右前輪、左後輪、右後輪等 4 種安裝位置之不同，極可能造成摩擦上之差異，於是也視「安裝位置」為一集區因子，而以拉丁方格實驗較為合適。隨機選出 4×4 拉丁方格，實驗之配置如表1，經過一段時間後測得其摩耗量如表2，試分析觀測值並作結論。

表 1

車 ＼ 安裝位置	前左	前右	後左	後右
1	A_4	A_1	A_3	A_2
2	A_3	A_4	A_2	A_1
3	A_2	A_3	A_1	A_4
4	A_1	A_2	A_4	A_3

表 2　　　　（單位：mm）

車 ＼ 安裝位置	前左	前右	後左	後右
1	10	13	7	3
2	8	12	6	12
3	13	9	11	16
4	17	13	13	9

【解】

　　(1) 變數變換 $u_{ij} = x_{ij} - 10$

表 3　簡化後之觀測值（u_{ij}）

R ＼ C	C_1	C_2	C_3	C_4	$u_{i.}$
R_1	0	3	−3	−7	−7
R_2	−2	2	−4	2	−2
R_3	3	−1	6	6	14
R_4	7	3	3	−1	12
$u_{.j}$	8	7	2	0	17

表 4　簡化後之觀測值平方（u_{ij}^2）

R ＼ C	C_1	C_2	C_3	C_4	$u_{i.}^2$
R_1	0	9	9	49	49
R_2	4	4	16	4	4
R_3	9	1	36	36	196
R_4	49	9	9	1	144
$u_{.j}^2$	64	49	4	0	289

(2) 平方和

$$CT' = \frac{289}{16} = 18.1$$

$$S_T = S_T' = (0 + 9 + \cdots\cdots + 9 + 1) - 18.1 = 226.9$$

$$S_R = S_R' = \frac{1}{4}(49 + 4 + 196 + 144) - 18.1 = 80.2$$

$$S_C = S_C' = \frac{1}{4}(64 + 49 + 4 + 0) - 18.1 = 11.2$$

$$S_A = S_A' = \frac{1}{4}(324 + 25 + 49 + 121) - 18.1 = 111.7$$

$$S_e = S_e' = 226.9 - 80.2 - 11.2 - 111.7 = 23.8$$

(3) 變異數分析表

變　因	平方和	自由度	均方	F_0
車間（R）	80.2	3	26.7	6.7*
安裝位置間（C）	11.2	3	3.7	－
輪胎間（A）	111.7	3	37.2	9.3*
誤　差	23.8	6	4.0	
總　計	226.9	15		

因之，輪胎間與車間於顯著水準 5% 下，皆被認爲有差異存在，而安裝位置間則無差異（$F_{0.05}(3, 6) = 4.76$）。

(4) 最適水準

輪胎 A_k（$k = 1, \cdots, 4$）等水準在效果 95% 的信賴區間爲

$$t_{0.025}(\phi_e)\sqrt{\frac{V_e}{a}} = t_{0.025}(6)\sqrt{\frac{4.0}{4}} = 2.447$$

A_1：14.5 ± 2.4

A_2：8.7 ± 2.4

A_3：8.2 ± 2.4

A_4：12.8 ± 2.4

因摩耗量愈少愈好，所以 A_2, A_3 輪胎較佳，A_1, A_4 較差，並可認爲 A_2 與 A_3 並沒什麼差別。

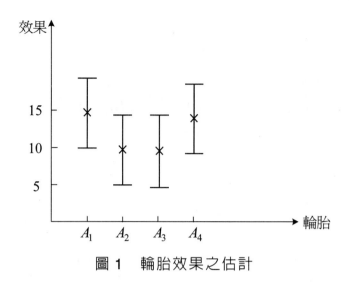

圖 1　輪胎效果之估計

2. 二因子無重複試驗的變異數分析

■ 二因子無重複試驗變異數分析之模型

　　觀測值按兩類標準 A, B 分類，設 x_{ij} 表第 i 列與第 j 行的觀測值，平均數為 μ_{ij}，共同變異數為 σ^2，又第 i 列的母體平均數設為 $\overline{\mu}_{i.}$，第 j 行的母體平均數設為 $\overline{\mu}_{.j}$，總平均為 $\overline{\mu}.. = \mu$，ε_{ij} 是存在於數據 x_{ij} 的誤差。以隨機順序進行 rc 次的實驗，其中 $\varepsilon_{ij} \sim N(0, \sigma^2)$。

母平均模型

A＼B	B_1	B_2	……	B_c	和
A_1	μ_{11}	μ_{12}	……	μ_{1c}	$\mu_{1.}$
A_2	μ_{21}	μ_{22}	……	μ_{2c}	$\mu_{2.}$
⋮	⋮	⋮	μ_{ij}	⋮	⋮
A_r	μ_{r1}	μ_{r2}	……	μ_{rc}	$\mu_{r.}$
和	$\mu_{.1}$	$\mu_{.2}$	……	$\mu_{.c}$	$\mu_{..}$

數據模型

A＼B	B_1	B_2	……	B_c	和
A_1	x_{11}	x_{12}	……	x_{1e}	$x_{1.}$
A_2	x_{21}	x_{22}	……	x_{2c}	$x_{2.}$
⋮	⋮	⋮	xij	⋮	⋮
A_r	x_{r1}	x_{r2}	……	x_{re}	$x_{r.}$
和	$x_{.1}$	$x_{.2}$	……	$x_{.c}$	$x_{..}$

【解說】

(1) 數據的構造模型

$x_{ij} = \mu_{ij} + \varepsilon_{ij}$

又，$\mu_{ij} = \overline{\mu}.. + (\overline{\mu}_{i.} - \overline{\mu}..) + (\overline{\mu}_{.j} - \overline{\mu}..) + (\overline{\mu}_{ij} - \overline{\mu}_{i.} - \overline{\mu}_{.j} + \overline{\mu}..)$

$\qquad\qquad = \mu + \alpha_i + \beta_j + (\alpha\beta)_{ij}$

此處假設 $(\alpha\beta)_{ij} = 0$（不存在）

$\therefore x_{ij} = \mu + \alpha_i + \beta_j + \varepsilon_{ij}$

其中 α_i 表第 i 列的主效果，$\sum\limits_{i}^{r} \alpha_i = 0$。

β_j 表第 i 行的主效果，$\sum\limits_{j}^{c} \beta_j = 0$。

$(\alpha\beta)_{ij}$ 表 j 列與第 j 行的交互作用，此處不存在。

ε_{ij} 表誤差，$\varepsilon_{ij} \sim N(0, \sigma^2)$。

(2) 假設的建立

列的檢定 $\begin{cases} H_0 : \overline{\mu}_{1.} = \overline{\mu}_2. = \cdots = \overline{\mu}_r. = \mu \\ H_1 : 不全等 \end{cases}$ 　或　 $\begin{cases} H_0 : \alpha_1 = \alpha_2 = \cdots = \alpha_r = 0 \\ H_1 : 不全為0 \end{cases}$

行的檢定 $\begin{cases} H'_0 : \overline{\mu}_{.1} = \overline{\mu}_{.2} = \cdots = \overline{\mu}_{.c} = \mu \\ H'_1 : 不全等 \end{cases}$ 　或　 $\begin{cases} H'_0 : \beta_1 = \beta_2 = \cdots = \beta_c = 0 \\ H'_1 : 不全為0 \end{cases}$

(3) 平方和

首先 $\overline{x}_{ij} - \overline{x}..$ 可分解為

$x_{ij} - \overline{x}.. = (\overline{x}_{i.} - \overline{x}..) + (\overline{x}_{.j} - \overline{x}..) + (\overline{x}_{ij} - \overline{x}_{i.} - \overline{x}_{.j} + \overline{x}..)$

$\therefore \sum\limits_{i=1}^{r} \sum\limits_{j=1}^{c} (x_{ij} - \overline{x}..)^2 = c\sum\limits_{i=1}^{r} (\overline{x}_{i.} - \overline{x}..)^2 + r\sum\limits_{j=1}^{c} (\overline{x}_{.j} - \overline{x}..)^2$

$\qquad + \sum\limits_{i=1}^{r} \sum\limits_{j=1}^{c} (x_{ij} - \overline{x}_{i.} - \overline{x}_{.j} + \overline{x}..)^2$ （證明省略）

$S_T = \sum\limits_{i=1}^{r} \sum\limits_{j=1}^{c} (x_{ij} - \overline{x}..)^2 = \sum\limits_{i=1}^{r} \sum\limits_{j=1}^{c} x_{ij}^2 - CT$

$S_R = c\sum\limits_{i=1}^{r} (\overline{x}_{i.} - \overline{x}..)^2 = \sum\limits_{i}^{r} \left(\dfrac{x_i.^2}{c} \right) - CT$

$S_C = r\sum\limits_{j=1}^{c} (\overline{x}_{.j} - \overline{x}..)^2 = \sum\limits_{j=1}^{c} \left(\dfrac{x_{.j}^2}{r} \right) - CT$

$CT = \dfrac{x..^2}{rc}$

$$S_e = \sum_{i=1}^{r} \sum_{j=1}^{c} (x_{ij} - \overline{x}_i \cdot - \overline{x} \cdot_j + \overline{x}..)^2 = S_T - S_R - S_C$$

(4) 自由度

$$\phi_R = r - 1$$

$$\phi_C = c - 1$$

$$\phi_T = rc - 1$$

$$\phi_e = (r - 1)(c - 1)$$

(5) 均方

$$V_R = \frac{S_R}{r-1}$$

$$V_C = \frac{S_C}{c-1}$$

$$V_e = \frac{S_e}{(r-1)(c-1)}$$

(6) 變異數分析表

變因	S	ϕ	V	F	$E[MS]$
列間	S_R	$r - 1$	V_R	$F_r = \dfrac{V_R}{V_e}$	$\sigma^2 + c\sigma_R^2$
行間	S_C	$c - 1$	V_C	$F_c = \dfrac{V_C}{V_e}$	$\sigma^2 + r\sigma_C^2$
誤差	S_e	$(r-1)(c-1)$	Ve		σ^2
總和	S_T	$rc - 1$			

式中

$$\sigma_R^2 = \frac{1}{r-1}\sum_{i}^{r} \alpha_i^2, \sigma_C^2 = \frac{1}{c-1}\sum_{j}^{r} \beta_j^2 \text{。}$$

(7) 判定

$F_r > F_\alpha (r - 1, (r - 1)(c - 1))$ 時，拒絕 H_0

$F_c > F_\alpha (c - 1, (r - 1)(c - 1))$ 時，拒絕 H_0'。

例 *

　　一研究機構為檢驗三種品牌汽油每加崙平均行駛哩數，選四種品牌的汽車測試，得到以下結果：

汽油 ＼ 汽車	甲	乙	丙	丁
A	34	23	27	20
B	18	13	13	12
C	20	15	20	13

試以 $\alpha = 0.05$ 檢定 (1) 三種品牌汽油每加崙均行駛哩數相同？ (2) 四種品牌汽車平均行駛哩數相同？

【解】

汽油 ＼ 汽車	甲	乙	丙	丁	$x_{i\cdot}$	$\bar{x}_{i\cdot}$
A	34	23	27	20	104	26
B	18	13	13	12	56	14
C	20	15	20	13	68	17
$x_{\cdot j}$	72	51	60	45	$x_{\cdot\cdot} = 228$	
$\bar{x}_{\cdot j}$	24	17	20	15		$\bar{x}_{\cdot\cdot} = 19$

$$CT = \frac{(228)^2}{3 \times 4} = 4332$$

$$S_R = \frac{104^2 + 56^2 + 68^2}{4} - 4332 = 4644 - 4332 = 312$$

$$S_C = \frac{72^2 + 51^2 + 60^2 + 45^2}{3} - 4332 = 138$$

$$S_T = (34^2 + \cdots + 13^2) - CT = 482$$

$$S_e = 32$$

ANOVA

變因	S	ϕ	V	F_0
汽油	312	2	156.00	29.268*
汽車	138	3	46.00	8.625*
誤差	32	6	5.33	
總和	482			

(1) $\begin{cases} H_0 : \overline{\mu}_{1\cdot} = \overline{\mu}_{2\cdot} = \overline{\mu}_{3\cdot} = \mu \\ H_1 : 不全等 \end{cases}$ 　或　 $\begin{cases} H_0 : \alpha_1 = \alpha_2 = \alpha_3 = 0 \\ H_1 : \alpha_i 不全為0 \end{cases}$

$F_{0.05}(2, 6) = 5.1433 < 29.250$

故拒絕 H_0，表示三種品牌汽油每加崙汽車平均行駛哩數可能不全相同。

(2) $\begin{cases} H_0' : \overline{\mu}_{\cdot 1} = \overline{\mu}_{\cdot 2} = \overline{\mu}_{\cdot 3} = \overline{\mu}_{\cdot 4} = \mu \\ H_1' : 不全等 \end{cases}$ 　或　 $\begin{cases} H_0' : \beta_1 = \beta_2 = \beta_3 = \beta_4 = 0 \\ H_1' : \beta_i 不全為0 \end{cases}$

$F_{0.05}(3, 6) = 4.7571 < 8.625$

故拒絕 H_0'，表示四種品牌汽油每加崙平均行駛哩數可能不全相同。

■ 兩因子無重複試驗變異數分析的估計與檢定

兩因子的變異數分析時，首先必須擔心的是兩個因子 A, B 之間是否存在交互作用 $A \times B$。無重複試驗時，無法定義此交互作用。

S.O.V	S	ϕ	V	F_0
A	S_A	$a - 1$	V_A	$F_0 = V_A / V_e$
B	S_B	$b - 1$	V_B	$F_0 = V_B / V_e$
e	S_e	$(a - 1)(b - 1)$	V_e	
T	S_T			

(1) 欲調查因子 A 的水準 A_1, A_2, $\cdots$, A_a 之間是否有差異

　　　　因子 B 的水準 B_1, B_2, $\cdots$, B_b 之間是否有差異

如 $F_0 \geq F_a (a - 1, (a - 1)(b - 1))$，水準 A_1, A_2, $\cdots$, A_a 之間視為有差異，

如 $F_0 \geq F_a(b - 1, (a - 1)(b - 1))$，水準 B_1, B_2, $\cdots$, B_b 之間視為有差異。

(2) 因此，如知道因子 A 的水準之間有差異時，必須調查哪一水準 A_i 與哪一個水準 A_j 有差異時，可使用以下任一方法。

• Tukey 的多重比較法

$$|\bar{x}_i. - \bar{x}_j.| \ge \frac{1}{\sqrt{2}} q_\alpha(a, (a-1)(b-1)) \sqrt{\frac{2V_e}{b}} \Rightarrow (A_i, A_j) \text{有差異。}$$

- Scheffè 的多重比較法

$$|\bar{x}_i. - \bar{x}_j.| \ge \sqrt{(a-1)F_\alpha(a-1, (a-1)(b-1))} \sqrt{\frac{2V_e}{b}} \Rightarrow (A_i, A_j) \text{有差異。}$$

- Bonferroni 的多重比較法

$$|\bar{x}_i. - \bar{x}_j.| \ge t_{\alpha/a(a-1)}((a-1)(b-1)) \sqrt{\frac{2V_e}{b}} \Rightarrow (A_i, A_j) \text{間有差異。}$$

- Fisher 的最小顯著差法（不是多重比較法）

$$|\bar{x}_i. - \bar{x}_j.| \ge t_{\alpha/2}((a-1)(b-1)) \sqrt{\frac{2V_e}{b}} \Rightarrow (A_i, A_j) \text{間有差異。}$$

(3) 調查 B 因子之水準間有無差異之情形亦同。

【註】$q_\alpha(a, \phi_e)$ 是表示標準距（Studentized Range）的上側 100α % 的點。

例*

　　三名工人同時進行包裝工作，在下列三段選定時間中，每名工人所包裝的件數如下：

時間 ＼ 工人	A	B	C
上午 9 ～ 10 時	24	19	20
10 ～ 11 時	23	17	14
下午 3 ～ 4 時	25	21	17

(1) 試以 $\alpha = 0.1$ 檢定時間是否影響包裝？工人包裝能力是否相同？
(2) 試求在 $\alpha = 0.1$ 之下顯著因子在信賴係數90%的聯合信賴區間？

【解】

(1) 變異數分析

$$\begin{cases} H_0 : \alpha_1 = \alpha_2 = \alpha_3 = 0 \\ H_1 : \text{不全為} 0 \end{cases}$$

$$\begin{cases} H_0' : \beta_1 = \beta_2 = \beta_3 = 0 \\ H_1' : 不全爲0 \end{cases}$$

ANOVA

變　異	S	ϕ	V	F
時　間	18	2	9.0	$3.6 < F_{0.1}(2,\ 4) = 4.32$
工　人	78	2	39.0	$15.6 > F_{0.1}(2,\ 4) = 4.32$
誤　差	10	4	2.5	
總　和	106	8		

故接受 H_0，拒絕 H_0'，亦即時間可能不影響包裝件數，而工人包裝能力可能不同。

(2) 聯合區間估計（Scheffè）

$$(24-19) - \sqrt{2(4.32)}\sqrt{\frac{2 \times 2.5}{3}} \le \overline{\mu}_{.1} - \overline{\mu}_{.2} \le (24-19) + \sqrt{2(4.32)}\sqrt{\frac{2 \times 2.5}{3}}$$

$$5 - 3.795 \le \overline{\mu}_{.1} - \overline{\mu}_{.2} \le 5 + 3.795$$

$$1.205 \le \overline{\mu}_{.1} - \overline{\mu}_{.2} \le 8.795$$

同理　$3.205 \le \overline{\mu}_{.1} - \overline{\mu}_{.3} \le 10.795$

$$-1.795 \le \overline{\mu}_{.2} - \overline{\mu}_{.3} \le 5.795$$

∴工人 A 與 B 的平均數之間以及工人 A 與 C 的平均數之間有顯著差異，而工人 B 與 C 之間無顯著差異。

例*

針對以下 2 個要因數某數據，假定不考慮交互作用，得出如下表。

藥劑時間（A） ＼ 藥劑量（B）	$100\mu g$	$600\mu g$	$2900\mu g$	計	平均
3 小時	13.6	15.6	9.2	38.4	12.80
6 小時	22.3	23.3	13.3	58.9	19.63
12 小時	26.7	28.8	15.0	70.5	23.50
24 小時	28.0	31.2	15.8	75.0	25.00
計	90.6	98.9	53.3	242.8	
平均	22.65	24.75	13.33		20.23

試以 $\alpha = 0.01$ 檢定兩因子是否有顯著差異，如有差異，進一步指出水準之間何者與何者有差異。

【解】

1. $\begin{cases} H_0 : \mu_{A_1} = \mu_{A_2} = \mu_{A_3} = \mu_{A_4} \\ H_1 : \mu_{A_i} \text{ 不全等} \end{cases}$ ， $\begin{cases} H_0' : \mu_{B_1} = \mu_{B_2} = \mu_{B_3} \\ H_1' : \mu_{B_i} \text{ 不全等} \end{cases}$

$$CT = \frac{242.8^2}{4 \times 3} = 4912.65$$

$$S_T = 13.6^2 + 15.6^2 + \cdots + 15.8^2 - 4912.65 = 591.79$$

$$S_A = \frac{38.4^2 + 58.9^2 + 70.5^2 + 75^2}{3} - 4912.65 = 267.02$$

$$S_B = \frac{90.6^2 + 98.9^2 + 53.3^2}{4} - 4912.65 = 294.96$$

$$S_e = S_T - S_A - S_B = 29.81$$

變因	S	ϕ	V	F_0
A	267.02	3	84.01	17.91*
B	294.96	2	147.48	29.67*
e	29.81	6	4.97	
計	591.79	11		

* 表 5% 顯著差，** 表 1% 顯著差。

$\because F_0 = 17.91 > F_{0.05}(3, 6) = 4.757$

$\because F_0 = 29.67 > F_{0.05}(2, 6) = 5.143$

$\therefore A, B$ 均有顯著差

接著想進一步了解 μ_{Ai} 或 μ_{Bj} 之間何者不相等時，可利用以下方法。

2.(1)Tukey 的多重比較

如 $|\bar{x}_{i\cdot} - \bar{x}_{j\cdot}| \geq \frac{1}{\sqrt{2}} q_{0.05}(4, 6) \sqrt{\frac{2 \times 4.97}{3}} = 6.33$ ，則 A_i, A_j 之間有顯著差

如 $|\bar{x}_{\cdot i} - \bar{x}_{\cdot j}| \geq \frac{1}{2} q_{0.05}(3, 6) \sqrt{\frac{2 \times 4.97}{3}} = 5.58$ ，則 B_i, B_j 之間有顯著差

	A_2	A_3	A_4
A_1	6.83*	10.70*	12.20*
A_2		3.87	5.37
A_3			1.50

	B_2	B_3
B_1	2.08	9.33*
B_2		11.40*

(2) Scheffè 的多重比較

如 $|\bar{x}_{i\cdot} - \bar{x}_{j\cdot}| \geq \sqrt{(4-1)F_{0.05}(3,6)} \cdot \sqrt{\dfrac{2 \times 4.97}{3}} = 6.88$，則 A_i, A_j 之間有顯著差

如 $|\bar{x}_{\cdot i} - \bar{x}_{\cdot j}| \geq \sqrt{(3-1)F_{0.05}(2,6)} \cdot \sqrt{\dfrac{2 \times 4.97}{3}} = 5.84$，則 B_i, B_j 之間有顯著差

	A_2	A_3	A_4
A_1	6.83	10.70*	12.20*
A_2		3.87	5.37
A_3			1.50

	B_2	B_3
B_1	2.08	9.33*
B_2		11.40*

(3) Bonferroni 的多重比較

如 $|\bar{x}_{i\cdot} - \bar{x}_{j\cdot}| \geq t_{0.05/12}(6)\sqrt{\dfrac{2 \times 4.87}{3}} = 7.03$，則 A_i, A_j 之間有顯著差

如 $|\bar{x}_{\cdot i} - \bar{x}_{\cdot j}| \geq t_{0.05/12}(6)\sqrt{\dfrac{2 \times 4.97}{3}} = 7.03$，則 B_i, B_j 之間有顯著差

	A_2	A_3	A_4
A_1	6.83	10.70*	12.20*
A_2		3.87	5.37
A_3			1.50

	B_2	B_3
B_1	2.08	9.33*
B_2		11.40*

(4) 最小顯著差（L.S.D.）的方法

如 $|\bar{x}_{i\cdot} - \bar{x}_{j\cdot}| \geq t_{0.05/2}(6)\sqrt{\dfrac{2 \times 4.97}{3}} = 4.45$，則 A_i, A_j 之間有顯著差

如 $|\bar{x}_{\cdot i} - \bar{x}_{\cdot j}| \geq t_{0.05/2}(6)\sqrt{\dfrac{2 \times 4.97}{3}} = 4.45$，則 B_i, B_j 之間有顯著差

	A_2	A_3	A_4
A_1	6.83	10.70*	12.20*
A_2		3.87	5.37
A_3			1.50

	B_2	B_3
B_1	2.08	9.33*
B_2		11.40*

由以上比較知，在 A_i 與 A_j 之間的顯著差方面，L.S.D. 比 Tukey, Scheffè, Bonferroni 容易出現差異。

例*

一研究機構檢驗三種汽油每加崙平均行駛哩數，這 4 種品牌汽車以二因子每重複試驗測試得到如下結果（假設 $x_{ij} \sim N(\mu_{ij}, \sigma^2)$）。

汽油（A）	A_1	A_2	A_3
$\bar{x}_{i.}$	21	18	21
$s_{.i}^2$	7	27	12.5

汽車（B）	B_1	B_2	B_3
$\bar{x}_{i.}$	24	19	17
$s_{.i}^2$	20	9.5	22

已知樣本總變異數 $s^2_{..}$ 為 13.25，樣本總平均 $\bar{x}_{..} = 20$，

(1) 試以 $\alpha = 0.1$ 檢定汽油與汽車是否影響行駛哩數？

(2) 試求顯著因子的各水準之差異，在信賴係數 90% 的聯合信賴區間？

(3) 試求顯著因子的各水準間的差異有無。

(4) 試在信賴係數 90% 下估計 σ^2 的信賴區間？

(5) 試估計 B_2 汽車在信賴係數 90% 下的信賴區間？

【解】

$$\begin{cases} 假設 H_0 : \bar{\mu}_{1.} = \bar{\mu}_{2.} = \bar{\mu}_{3.} = \mu, \ H_1 : \bar{\mu}_{i.} \ 不全等 \\ 假設 H_0' : \bar{\mu}_{.1} = \bar{\mu}_{.2} = \bar{\mu}_{.3} = \mu, \ H_1' : \bar{\mu}_{.i} \ 不全等 \end{cases}$$

(1) $CT = \dfrac{(20 \times 9)^2}{9} = 360$

$S_A = \dfrac{(21 \times 3)^2 + (18 \times 3)^2 + (21 \times 3)^2}{3} - CT = 3618 - 3600 = 18$

$$S_B = \frac{(24 \times 3)^2 + (19 \times 3)^2 + (17 \times 3)^2}{3} - CT = 3678 - 3600 = 78$$

$$S_T = \sum\sum(x_{ij} - \bar{x}..)^2 = (rc-1)s..^2 = (3 \times 3 - 1) \times 13.25 = 106$$

$$S_e = S_T - S_A - S_B = 106 - 18 - 78 = 10$$

ANOVA

變異來源	S	ϕ	V	F
A	18	2	9	3.6
B	78	2	36	15.6*
e	10	6	2.5	
T	106			

$F_{0.1}(2, 4) = 4.32$

因之 $F_0(A) < 4.32$, $F_0(B) > 4.32$

∴接受 H_0，拒絕 H_0'，亦即汽油不影響行駛哩數，而汽車的行駛哩數可能不同。

(2) $|(\bar{x}._i - \bar{x}._j) - (\bar{\mu}._i - \bar{\mu}._j)| \leq \sqrt{(c-1)F_\alpha(\phi_B, \phi_e)}\sqrt{\frac{2V_e}{r}}$

$1.205 \leq \bar{\mu}._1 - \bar{\mu}._2 \leq 8.795$

$3.205 \leq \bar{\mu}._1 - \bar{\mu}._3 \leq 10.795$

$-1.795 \leq \bar{\mu}._2 - \bar{\mu}._3 \leq 5.795$

由於 $\bar{\mu}._2 - \bar{\mu}._3$ 的信賴區間包含有 0，因之兩者之間可能無差異，關於 $\bar{\mu}._1 - \bar{\mu}._2$ 或 $\bar{\mu}._1 - \bar{\mu}._3$ 之間未含 0，故兩者之間可能有差異。

(3) 如$|\bar{x}_i. - \bar{x}_j.| \geq \sqrt{(r-1)F_\alpha(\phi_A, \phi_e)}\sqrt{\frac{2V_e}{c}}$，則 $\bar{x}_i.$, $\bar{x}_j.$ 之間有差異

如$|\bar{x}._i - \bar{x}._j| \geq \sqrt{(c-1)F_\alpha(\phi_B, \phi_e)}\sqrt{\frac{2V_e}{r}}$，則 $\bar{x}_i.$, $\bar{x}_j.$ 之間有差異

$$\sqrt{(3-1) \times F_{0.1}(2, 4)}\sqrt{\frac{2 \times 2.5}{3}} = \sqrt{2 \times 4.3} \cdot \sqrt{\frac{2.5 \times 2}{3}} = 3.795$$

	B_2	B_3
B_1	5*	7*
B_2		2

知 B_1 與 B_2 的平均行駛哩數，以及 B_1 與 B_3 的平均駛數有顯著差異，而 B_2 與 B_3 的平均哩數無顯著差異。

(4) $\dfrac{S_e}{\chi^2_{0.1}(6)} < \sigma^2 < \dfrac{S_e}{\chi^2_{0.9}(6)}$

$\dfrac{10}{10.6446} < \sigma^2 < \dfrac{10}{2.20413}$

$0.9394 < \sigma^2 < 4.536$

(5) $\bar{x}_{.2} - t_{\alpha/2}(\phi_e)\sqrt{\dfrac{V_e}{r}} < \bar{\mu}_{.2} < \bar{x}_{.2} + t_{\alpha/2}(\phi_e)\sqrt{\dfrac{V_e}{r}}$

$19 - t_{0.05}(6)\sqrt{\dfrac{10}{3}} < \bar{\mu}_{.2} < 19 + t_{0.05}(6)\sqrt{\dfrac{10}{3}}$

$19 - 1.943\sqrt{\dfrac{10}{3}} < \bar{\mu}_{.2} < 19 + 1.943\sqrt{\dfrac{10}{3}}$

$15.45 < \bar{\mu}_{.2} < 22.55$

■ Tukey 的加法性檢定

在 2 因子實驗（無重複）中，當被預測出似乎有交互作用時，此時可設法使重複數成為 2 次以上，或利用 Tukey 的加法性進行檢定看看，以確定有無。

Tukey（1949）所想的模式為

$$x_{ij} = \mu + \alpha_i + \beta_j + \gamma\alpha_i\beta_j + e_{ij}$$

利用假設 $H_0 : \gamma = 0$ 來判斷交互作用之有無。

一般平均與主效果可如下估計：

$$\hat{\mu} = \bar{x}.. \ , \ \hat{\alpha}_i = \bar{x}_i. - \bar{x}.. \ , \ \hat{\beta}_j = \bar{x}._j - \bar{x}..$$

殘差以如下計算時，

$$d_{ij} = x_{ij} - \hat{\mu} - \hat{\alpha}_i - \hat{\beta}_j$$

此殘差的變動 S_e 分解為能利用迴歸說明的部分（因表示非加法性（nonadditivity），當作 S_{NA}），與無法說明的部分（殘餘的 S_{RES}）。

使 $\sum_i \sum_j (d_{ij} - \gamma\hat{\alpha}_i\hat{\beta}_j)^2$ 為最小，以最小平方法求得

$$\hat{\gamma} = \sum_i \sum_j \hat{\alpha}_i \hat{\beta}_j x_{ij} / (\sum_i \hat{\alpha}_i^2 \cdot \sum_j \hat{\beta}_j^2)$$

$$S_{NA} = \{\sum_i \sum_j \hat{\alpha}_i \hat{\beta}_j x_{ij}\}^2 / (\sum_i \hat{\alpha}_i^2 \cdot \sum_j \hat{\beta}_j^2)$$

S_{NA} 的自由度為 1。

對應 $S_e = S_{NA} + S_{RES}$ 建立如下變異數分析表，利用此進行加法性檢定，即為 Tukey 的方法。

	平方和	自由度	均方	F
A 間	S_A	$a - 1$	$V_A = S_A / \phi_A$	
B 間	S_B	$b - 1$	$V_B = S_B / \phi_B$	
誤差	S_e	$(a - 1)(b - 1)$	$Ve = S_e / \phi_e$	
非加法性	S_{NA}	1	$V_{NA} = S_{NA} / \phi_{NA}$	V_{NA}/V_{RES}
殘餘	S_{RES}	$\phi_e - \phi_{NA}$	$V_{RES} = S_{RES} / \phi_{RES}$	
計	S_T			

例 *

針對用藥時間與藥劑量收集了如下數據。

時間 ＼ 量	$100\mu g$	$600\mu g$	$2400\mu g$	$\bar{x}_i.$
3 小時	13.6%	15.6%	9.2%	12.80
6 小時	22.3%	23.3%	13.3%	19.63
12 小時	26.7%	28.8%	15.0%	23.50
24 小時	28.0%	31.2%	15.8%	25.00
$\bar{x}_{\cdot j}$	22.65%	24.73%	13.33%	20.23

試以 Tukey 加法性檢定調查兩因子之間有無交互作用。

【解】

各平方和得出如下：

$$S_T = \sum_{i=1}^{a} \sum_{j=1}^{b} (\bar{x}_{ij} - \bar{x}..)^2 = 591.79$$

$$S_A = b \sum_{i=1}^{a} (\overline{x}_i. - \overline{x}..)^2 = 267.02$$

$$S_B = a \sum_{j=1}^{b} (\overline{x}._j - \overline{x}..)^2 = 294.96$$

$$S_{NA} = \frac{\left(\sum_{i=1}^{a} \sum_{j=1}^{b} (\overline{x}_i. - \overline{x}..)(\overline{x}._j - \overline{x}..)x_{ij} \right)^2}{\sum_{i=1}^{a} (\overline{x}_i. - \overline{x}..)^2 \times \sum_{j=1}^{b} (\overline{x}._j - \overline{x}..)^2} = \frac{(434.84)^2}{89.01 \times 73.74} = 28.81$$

S_{NA} 表 $\gamma\alpha_i\beta_j$ 的變動。

$S_{RES} = S_e - S_{NA} = 29.81 - 28.81 = 1.00$

變異數分析表整理如下。

	S	ϕ	均方	F_0
A	267.02	3	89.01	17.91
B	294.96	2	147.48	29.67
e	29.81	6	4.97	
非加法性	28.81	1	28.81	144.05
殘餘	1.00	5	0.2	

$$\frac{V_A}{V_e} = 17.91 \geq F_{0.05}(3, 6) = 4.7571$$

$$\frac{V_B}{V_e} = 29.67 \geq F_{0.05}(2, 6) = 5.1433$$

在顯著水準 5% 下，A 間或 B 間知有差異，可是，此數據被預測有交互作用。

因此，試進行 Tukey 的加法性檢定時，

$$\frac{V_{NA}}{V_{RES}} = 144.05 \geq F_{0.05}(1, 5) = 6.6079$$

因之，知用藥時間與藥劑量之間存在有交互作用。

3. 二因子重複試驗的變異數分析

■ 二因子重複試驗變異數分析之模型

　　觀測值按兩因子 A, B 分類，水準組合 A_iB_j 的母平均設為 μ_{ij}, x_{ijk} 是表示 A_iB_j 中的第 k 個數據，ε_{ijk} 是存在於數據 x_{ijk} 的實驗誤差。其中 $\varepsilon_{ijk} \sim N(0, \sigma^2)$。以隨機順序進行 rcn 次的實驗。

(1) 數據模型如下：

A＼B	B_1	B_2	……	B_c	和	平均
A_1	x_{111} $\vdots$ x_{11n}	x_{121} $\vdots$ x_{12n}	……	x_{1c1} $\vdots$ x_{1cn}	$x_{1..}$	$\bar{x}_{1..}$
A_2	x_{211} $\vdots$ x_{21n}	x_{221} $\vdots$ x_{22n}	……	x_{2c1} $\vdots$ x_{2cn}	$x_{2..}$	$\bar{x}_{2..}$
$\vdots$	$\vdots$	$\vdots$	……	$\vdots$	$\vdots$	$\vdots$
A_r	x_{r11} $\vdots$ x_{r1n}	x_{r21} $\vdots$ x_{r2n}	……	x_{rc1} $\vdots$ x_{rcn}	$x_{r..}$	$\bar{x}_{r..}$
和	$x_{.1.}$	$x_{.2.}$	……	$x_{.c.}$	$x_{...}$	
平均	$\bar{x}_{.1.}$	$\bar{x}_{.2.}$	……	$\bar{x}_{.c.}$		$\bar{x}_{..}$

(2) 母平均模型如下：

A＼B	B_1	B_2	……	B_c	母平均
A_1	μ_{11}	μ_{12}	……	μ_{1c}	$\bar{\mu}_{1.}$
A_2	μ_{21}	μ_{22}	……	μ_{2c}	$\bar{\mu}_{2.}$
$\vdots$	$\vdots$	$\vdots$	……	$\vdots$	$\vdots$
A_r	μ_{r1}	μ_{r2}	……	μ_{rc}	$\bar{\mu}_{r.}$
平均	$\bar{\mu}_{.1}$	$\bar{\mu}_{.2}$	……	$\bar{\mu}_{.c}$	$\bar{\mu}_{..}$

【解說】

(1) 構造式

$$x_{ijk} = \mu_{ij} + \varepsilon_{ijk}$$

其中，$\varepsilon_{ijk} \sim N(0, \sigma^2)$，$\mu_{ij}$ 又可分解為

$$\mu_{ij} = \overline{\mu}.. + (\overline{\mu}_{i.} - \overline{\mu}..) + (\overline{\mu}_{.j} - \overline{\mu}..) + (\mu_{ij} - \overline{\mu}_{i.} - \overline{\mu}_{.j} + \mu..)$$

$$= \mu + \alpha_i + \beta_j + (\alpha\beta)_{ij}$$

$$\therefore x_{ijk} = \mu + \alpha_i + \beta_i + (\alpha\beta)_{ij} + \varepsilon_{ijk}$$

其中 $\sum\limits_i^r \alpha_i = 0$，$\sum\limits_j^c \beta_j = 0$，$\sum\limits_j^c (\alpha\beta)_{ij} = 0$，$\sum\limits_i^r (\alpha\beta)_{ij} = 0$

a_i 稱為列（A）之主效果，

β_j 稱為行（B）之主效果，

$(\alpha\beta)_{ij}$ 稱為行與列之交互作用（效果）記成 $A \times B$。

【註】交互作用之意義

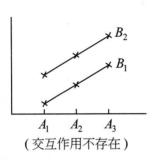

A \ B	B_1	B_2
A_1	30	40
A_2	35	45
A_3	45	55

（交互作用不存在）

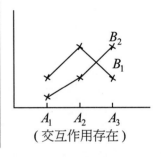

A \ B	B_1	B_2
A_1	30	40
A_2	35	55
A_3	45	35

（交互作用存在）

(2) 平方和

$$\sum_i^r \sum_j^c \sum_k^n (x_{ijk} - \overline{x}...)^2 = n\sum_i^r \sum_j^c (\overline{x}_{ij.} - \overline{x}...)^2 + \sum_i^r \sum_j^c \sum_k^n (x_{ijk} - \overline{x}_{ij.})^2$$

$\uparrow$ 　　　　　$\uparrow$ 　　　　　$\uparrow$

總平方和(S_T)　　AB間平方(S_{AB})　　誤差平方和(S_e)

上式中 AB 間平方和又可分解為

$$n\sum_i^r \sum_j^c (\overline{x}_{ij.} - \overline{x}...)^2 = nc\sum_i^r (\overline{x}_{i..} - \overline{x}...)^2 + na\sum_j^c (x_{.j.} - \overline{x}...)^2$$

$\uparrow$ 　　　　　$\uparrow$ 　　　　　$\uparrow$

AB間平方和(S_{AB})　A間平方和(S_A)　B間平方和(S_B)

$$+ n\sum_i^r \sum_j^c (\overline{x}_{ij.} - \overline{x}_{i..} - \overline{x}_{.j.} + \overline{x}...)^2$$

$\uparrow$

$A \times B$間平方和$(S_{A \times B})$

亦即

$$S_T = S_{AB} + S_e$$
$$\quad = S_A + S_B + S_{A \times B} + S_e$$

(3) 平方和的計算

$$S_A = \sum_i^r \left(\frac{x_{i\cdot\cdot}^2}{cn} \right) - CT$$

$$S_B = \sum_j^c \left(\frac{x_{\cdot j\cdot}^2}{rn} \right) - CT$$

$$S_{AB} = \sum_i^r \sum_j^c \left(\frac{x_{ij\cdot}^2}{n} \right) - CT$$

$$S_{A \times B} = S_{AB} - S_A - S_B$$

$$S_T = \sum_i^r \sum_j^c \sum_k^n x_{ijk}^2 - CT$$

$$CT = \frac{x_{\cdots}^2}{rcn}$$

(4) 自由度 ϕ

$$\phi_A = r - 1$$
$$\phi_B = c - 1$$
$$\phi_{A \times B} = \phi_A \times \phi_B = (r - 1) \times (c - 1)$$
$$\phi_T = rcn - 1$$
$$\phi_e = rc(n - 1)$$

(5) 變異數分析表

ANOVA

變異	S	ϕ	V	F_0	均方的期待值
A 間	S_A	$r - 1$	V_A	V_A/V_e	$\sigma^2 + cn\sigma_A^2$
B 間	S_B	$c - 1$	V_B	V_B/V_e	$\sigma^2 + rn\sigma_B^2$
$A \times B$	$S_{A \times B}$	$(r-1)(c-1)$	$V_{A \times B}$	$V_{A \times B}/V_e$	$\sigma^2 + n\sigma_{A \times B}^2$
誤差	S_e	$rc(n-1)$	V_e		σ^2
總和	S_T	$rcn - 1$			

式中，

$$\sigma_A{}^2 = \frac{\sum\limits_{i}^{r}\alpha_i{}^2}{r-1}, \sigma_B{}^2 = \frac{\sum\limits_{j}^{c}\beta_j{}^2}{c-1}$$

$$\sigma_{A\times B}{}^2 = \frac{\sum\limits_{i}^{r}\sum\limits_{j}^{c}(\alpha\beta)_{ij}{}^2}{(r-1)(c-1)}$$

(6) 判定

① $H_0 : \mu_{11} = \mu_{12} = \cdots\cdots \mu_{rc} = \overline{\mu}..$

或 $H_0 : (\alpha\beta)_{11} = (\alpha\beta)_{12} = \cdots\cdots = (\alpha\beta)_{rc} = 0$ （$A \times B$ 之檢定）

當 $\dfrac{V_{A\times B}}{V_e} > F_\alpha(\phi_{A\times B}, \phi_e)$ 時，捨棄 H_0

② $H_0 : \overline{\mu}_{1.} = \overline{\mu}_{2.} = \cdots\cdots = \overline{\mu}_{r.} = \overline{\mu}..$

或 $H_0 : \alpha_1 = \alpha_2 = \cdots\cdots = \alpha_r = 0$ （A 的檢定）

當 $\dfrac{V_A}{V_e} > F_\alpha(\phi_A, \phi_e)$ 時，捨棄 H_0

③ $H_0 : \overline{\mu}_{.1} = \overline{\mu}_{.2} = \cdots\cdots = \overline{\mu}_{.c} = \overline{\mu}..$

或 $H_0 : \beta_1 = \beta_2 = \cdots\cdots = \beta_c = 0$ （B 的檢定）

當 $\dfrac{V_B}{V_e} > F_\alpha(\phi_B, \phi_e)$ 時，捨棄 H_0

例*

在製造某合成樹脂成型品的工程中，為了提高產品的抵析力，以因子及水準來說，成型的壓力（A）取 4 水準（$A_1 = 140, A_2 = 160, A_3 = 180, A_4 = 200(\text{kg/cm}^2)$），溫度 B 取 3 水準（$B_1 = 160, B_2 = 180, B_3 = 200(℃)$）依過去的實驗，有需要查驗 2 因子間的交互作用，因之 2 因子的各水準組合決定各進行 2 次，以隨機順序進行合計 24 次的實驗。所得出之數據如下表，試解析此數據並提出結論，$1 - \alpha = 0.95$。

A \ B	B_1	B_2	B_3
A_1	17.1	17.3	17.4
	17.0	17.5	17.1

A \ B	B_1	B_2	B_3
A_2	17.1	17.4	17.6
	17.3	17.8	17.5
A_3	17.4	17.8	17.8
	17.6	18.1	17.5
A_4	17.4	17.5	17.1
	17.2	17.2	17.4

【解】

(1) 進行變數變換

$$\mu_{ijk} = (x_{ijk} - 17.0) \times 10$$

變換後之數據

A \ B	B_1	B_2	B_3
A_1	1	3	4
	0	5	1
A_2	1	8	6
	3	4	5
A_3	4	8	8
	6	11	5
A_4	4	5	1
	2	2	4

(2) 等變異性之驗證（簡略法）

各組的全距 R_i 是 1, 2, 3, 2, 4, 1, 2, 3, 3, 2, 3, 3 所以 $\overline{R} = 29/12 =$ 2.4 對於 $n = 2$ 的

$D_4 = 3.267$（$n = 3$, $D_4 = 2.575$, $n = 4$, $D_4 = 2.282$）

$D_4 \overline{R} = 3.267 \times 2.4 = 7.8$

由於各組的全距均比 7.8 小，故可視為等變異。

(3) 輔助表的製作

A 與 B 之二元表

B A	B_1	B_2	B_3	計
A_1	1	8	5	14
A_2	4	12	11	27
A_3	10	19	13	42
A_4	6	7	5	18
計	21	46	34	101

(4) 平方和之計算

$$CT' = \frac{(101)^2}{24} = 425.0$$

$$S_T' = 1^2 + 0^2 + \cdots\cdots + 4^2 - 425.0 = 170.0 \rightarrow S_T = 1.700$$

$$S_A' = \frac{(14)^2 + (27)^2 + (42)^2 + (18)^2}{6} - 425.0 = 77.2 \rightarrow S_A = 0.772$$

$$S_B' = \frac{(21)^2 + (46)^2 + (34)^2}{8} - 425.0 = 39.1 \rightarrow S_B = 0.391$$

$$S_{AB}' = \frac{1^2 + 8^2 + \cdots\cdots + 5^2}{2} - 425.0 = 130.5 \rightarrow S_{AB} = 1.305$$

$$S_{A \times B}' = S_{AB}' - S_A' - S_B' = 130.5 - 77.2 - 39.1 = 14.2 \rightarrow S_{A \times B} = 0.142$$

$$S_e' = S_T' - S_{AB}' = 170.0 - 130.5 = 39.5 \rightarrow S_e = 0.395$$

(5) 變異數分析表

ANOVA

變異	S	ϕ	V	F_0
壓力（A）	0.772	3	0.2573	7.85
溫度（B）	0.391	2	0.1955	5.94
$A \times B$	0.142	6	0.0237	—
誤差（e）	0.395	12	0.0329	
總和	1.700	23		

(6) 併入誤差項

　　交互作用 $A \times B$ 不顯著，此事是表示 $\sigma_{A \times B}^2 = 0$ 之假設不能捨棄，即

暫且接受 $\sigma_{A \times B}^2 = 0$，故決定將 $\sigma_{A \times B}^2$ 視爲 0，則 $A \times B$ 之均方期待值與誤差之均方期待值相同，因此將 $S_{A \times B}$ 與 S_e 合併當作新的誤差平方和。

$$S_e' = S_{A \times B} + S_e$$

$$\phi_e' = \phi_{A \times B} + \phi_e$$

【註】如「F_0 值在 2 以下」或者「顯著水準 20% 左右仍不顯著」要合併。

合併後的 ANOVA

變　異	S	ϕ	V	F_0
壓力（A）	0.772	3	0.2573	8.63*
溫度（B）	0.391	2	0.1955	6.56*
誤差（e'）	0.537	18	0.0298	
總　和	1.700	23		

(7) 判定

$$\begin{cases} H_0 : \alpha_1 = \alpha_2 = \cdots = \alpha_r = 0 \\ H_1 : 不全爲0 \end{cases}$$

$$\begin{cases} H_0' : \beta_1 = \beta_2 = \cdots = \beta_c = 0 \\ H_1' : 不全爲0 \end{cases}$$

$F_0 = 8.63 > F(3, 18; 05) = 3.16$

$F_0 = 6.56 > F(2, 18; 0.05) = 3.55$

故拒絕 H_0, H_0'，表示 A 與 B 的水準間差異顯著。

■ 兩因子重複試驗的變異數分析的估計與檢定

1. $A \times B$ 顯著（不忽略 $A \times B$ 時）

合併前 ANOVA

要因	S	ϕ	V	F_0
A	S_A	ϕ_A	V_A	$F_0 = V_A / V_e$
B	S_B	ϕ_B	V_B	$F_0 = V_B / V_e$

$A \times B$	$S_{A \times B}$	$\phi_{A \times B}$	$V_{A \times B}$	$F_0 = V_{A \times B}/V_e$
e	S_e	ϕ_e	V_e	
T	S_T			

(1) 數據的構造式：$x_{ijk} = \mu + \alpha_i + \beta_j + (\alpha\beta)_{ij} + \varepsilon_{ijk}$

(2) 最適水準的決定：比較 $A_i B_j$ 水準的平均值後再決定（各別估計 A, B 無意義）

(3) 最適水準組合之母平均的點估計：$\hat{\mu}(A_i B_j) = \widehat{\mu + \alpha_i + \beta_j + (\alpha\beta)_{ij}} = \bar{x}_{ij\cdot}$

(4) 最適水準組合之母平均的區間估計：$\bar{x}_{ij\cdot} \pm t_{\alpha/2}(\phi_e)\sqrt{\dfrac{V_e}{n}}$（$n$：重複數）

(5) 2 個母平均之差的區間估計：$(\bar{x}_{ij\cdot} - \bar{x}_{kl\cdot}) \pm t_{\alpha/2}(\phi_e)\sqrt{\dfrac{2V_e}{r}}$

(6) $(A_i B_j, A_k B_l)$ 間有無差異，可利用重複測量的單因子變異數分析來進行。

Tukey 的多重比較：$|\bar{x}_{ij\cdot} - \bar{x}_{kl\cdot}| \geq q_\alpha(ab, ab(n-1))\sqrt{\dfrac{V_e}{n}} \Rightarrow (A_i B_j, A_k B_l)$ 間有差異

【註】交互作用顯著時，單獨各因子的水準間的多重比較並無意義。

2. $A \times B$ 不顯著（可忽略 $A \times B$）

合併後 ANOVA

要因	S	ϕ	V	F_0
A	S_A	ϕ_A	V_A	$F_0 = V_A/V_{e'}$
B	S_B	ϕ_B	V_B	$F_0 = V_B/V_{e'}$
e'	$S_{e'}$	$\phi_{e'}$	$V_{e'}$	
計				

(1) 數據的構造式：$x_{ijk} = \mu + \alpha_i + \beta_j + \varepsilon_{ijk}$

(2) 最適水準的決定：此時只須決定 A, B 各自的最適水準即可，即針對 A 比較 $\bar{x}_{i\cdot\cdot}$，針對 B 比較 $\bar{x}_{\cdot j\cdot}$，再決定最適水準。

(i) A_i 水準的估計

點估計：$\overline{x}_{i\cdot\cdot}$

區間估計：$\overline{x}_{i\cdot\cdot} \pm t_{\alpha/2}(\phi_{e'})\sqrt{\dfrac{V_{e'}}{bn}}$

(ii) B_j 水準的估計

點估計：$\overline{x}_{\cdot j\cdot}$

區間估計：$\overline{x}_{\cdot j\cdot} \pm t_{\alpha/2}(\phi_{e'})\sqrt{\dfrac{V_{e'}}{an}}$

(3) 最適水準組合 $(A_i,\ B_j)$ 之母平均的點估計

$$\hat{\mu}(A_i,\ B_j) = \widehat{\mu + \alpha_i + \beta_j} = \widehat{\mu + \alpha_i} + \widehat{\mu + \beta_i} - \hat{\mu} = \overline{x}_{i\cdot\cdot} + \overline{x}_{\cdot j\cdot} - \overline{\overline{x}}$$

(4) 最適水準組合 $(A_i,\ B_j)$ 之母平均的區間估計

$$(\overline{x}_{i\cdot\cdot} + \overline{x}_{\cdot j\cdot} - \overline{\overline{x}}) \pm t_{\alpha/2}(\phi_{e'})\sqrt{\dfrac{V_{e'}}{n_e}}$$

此處 n_e 是有效反覆數（點估計所使用的獨立的數據個數）。

$$\dfrac{1}{n_e} = \dfrac{1}{an} + \dfrac{1}{bn} - \dfrac{1}{N},\ N = abn\ （伊奈公式）$$

(5) 2 個母平均之差的點估計

$$\hat{\mu}(A_i,\ B_j) - \hat{\mu}(A_k,\ B_\ell) = (\overline{x}_{i\cdot\cdot} + \overline{x}_{\cdot j\cdot} - \overline{\overline{x}}_{\cdot\cdot\cdot}) - (\overline{x}_{k\cdot\cdot} + \overline{x}_{\cdot\ell\cdot} - \overline{\overline{x}}_{\cdot\cdot\cdot})$$

(6) 2 個母平均之差的區間估計

$$(\hat{\mu}(A_i,\ B_j) - \hat{\mu}(A_k,\ B_\ell)) \pm t_{\alpha/2}(\phi_{e'})\sqrt{\dfrac{2V_{e'}}{n_d}}$$

n_d 按如下求之：

(i)　$\hat{\mu}(A_i,\ B_j) = \overline{x}_{i\cdot\cdot} + \overline{x}_{\cdot j\cdot} - \overline{\overline{x}}$ ，　$\hat{\mu}(A_k,\ B_\ell) = \overline{x}_{k\cdot\cdot} + \overline{x}_{\cdot\ell\cdot} - \overline{\overline{x}}$

(ii)　消去共同的平均

(iii)就剩下的平均利用伊奈公式求各個有效反覆數 n_{e_1}，n_{e_2}

(iv) $\dfrac{1}{n_d} = \dfrac{1}{n_{e_1}} + \dfrac{1}{n_{e_2}}$

【註】單獨各因子之水準間的多重比較可參照單因子變異數分析之作法。

例 *

　　兩因子 A, B 各有 3 個水準，且每一配對之處理皆做了 3 次實驗，經電腦計算得知下列資料：

　　　　$S_A = 279.77$, $S_B = 47.57$, $S_{A \times B} = 424.68$, $S_T = 1064.69$

(1) 試求誤差之均方 V_e。

(2) 以 $\alpha = 0.05$ 檢定 A, B 兩因子是否有交互作用。

(3) 以 $\alpha = 0.05$ 檢定因子 A 的主效果是否顯著。

【解】

(1) $S_e = S_T - S_A - S_B - S_{A \times B} = 312.67$

　　得出變異數分析表如下：

要因	S	ϕ	V	F
A	279.77	2	139.885	8.05*
B	47.57	2	23.785	1.369
$A \times B$	424.68	4	106.17	6.1112*
e	312.64	18	17.371	
T		26		

　　$\therefore V_e = 17.371$

(2) H_0：A, B 兩因子無交互作用

　　H_1：A, B 兩因子有交互作用

　　由於 $F = \dfrac{106.17}{17.371} = 6.11 > F_{0.05}(2, 18) = 3.555$

　　$\therefore$ 拒絕 H_0，表示 A, B 兩因子間有交互作用。

(3) H_0：因子 A 之主效果不顯著

　　H_1：因子 A 之主效果顯著

　　$F = \dfrac{139.885}{17.371} = 8.05 > 3.5546$

　　拒絕 H_0，即表示因子 A 之主效果顯著。

例*

　　爲了提高某合板的接著力，以因子而言將接著劑的種類 A 設定 3 水準，前處理的方法 B 設爲 3 水準，進行重複 3 次的 2 因子重複試驗，實驗採隨機的方式，得出如下數據。

因子 A ＼ 因子 B	B_1	B_2	B_3
A_1	31, 35, 31	35, 40, 35	35, 30, 35
A_2	50, 40, 40	60, 50, 55	45, 45, 50
A_3	40, 39, 34	45, 46, 40	42, 39, 36

試以 $\alpha = 0.05$ 檢定因子 A, B 是否有顯著差異，又是否有交互作用。

【解】

$$\begin{cases} H_0 : \alpha_1 = \alpha_2 = \alpha_3 = 0 \\ H_1 : 不全爲 0 \end{cases}, \quad \begin{cases} H_0' : \beta_1 = \beta_2 = \beta_3 = 0 \\ H_1' : 不全爲 0 \end{cases}$$

$$\begin{cases} H_0'' : (\alpha\beta)_{11} = (\alpha\beta)_{12} = \cdots\cdots = (\alpha\beta)_{33} = 0 \\ H_1'' : 不全爲 0 \end{cases}$$

ANOVA(1)

變因	S	ϕ	V	F_0
A	917.6	2	458.8	34.9** $> F_{0.05}(2, 18) = 3.55$
B	261.0	2	130.5	9.92** $> F_{0.05}(2, 18) = 3.55$
$A \times B$	46.1	4	11.53	0.877 $< F_{0.05}(4, 18) = 2.93$
e	236.7	18	13.15	
T	1461.4	26		

　　A, B 均爲高度顯著，交互作用 $A \times B$ 不顯著，由於 F_0 值（0.877）甚小，所以進行合併，製作 ANOVA(2)。

ANOVA(2)

變因	S	ϕ	V	F_0
A	917.6	2	458.8	$35.7** > F_{0.05}(2, 22) = 3.44$
B	261.0	2	130.5	$10.2** > F_{0.05}(2, 22) = 3.44$
e'	282.8	22	12.85	
T	1461.4	26		

A, B 均為顯著（ * 表 5% 顯著，** 表 1% 顯著 ）。

AB 2 元表

因子 B ＼ 因子 A	B_1	B_2	B_3	A_i 水準數據和 A_i 水準的平均
A_1	$x_{11.} = 97$	$x_{12.} = 110$	$x_{13.} = 100$	$x_{1..} = 307$
	$\overline{x}_{11.} = 32.3$	$\overline{x}_{12.} = 36.7$	$\overline{x}_{13.} = 33.3$	$\overline{x}_{1..} = 34.1$
A_2	$x_{21.} = 33.0$	$x_{22.} = 165$	$x_{23.} = 140$	$x_{2..} = 435$
	$\overline{x}_{21.} = 43.3$	$\overline{x}_{22.} = 55.0$	$\overline{x}_{23.} = 46.7$	$\overline{x}_{2..} = 48.3$
A_3	$x_{31.} = 113$	$x_{32.} = 131$	$x_{33.} = 117$	$x_{3..} = 361$
	$\overline{x}_{31.} = 37.3$	$\overline{x}_{32.} = 43.7$	$\overline{x}_{33.} = 340$	$\overline{x}_{3..} = 40.1$
B_j 水準的數據和	$x_{.1.} = 340$	$x_{.2.} = 406$	$x_{.3.} = 357$	$x_{...} = 1103$
B_j 水準的平均	$\overline{x}_{.1.} = 37.8$	$\overline{x}_{.2.} = 45.1$	$\overline{x}_{.3.} = 39.7$	$\overline{x}_{...} = 40.9$

(1) 最適水準的決定：

A 中 $\overline{x}_{i..}$ 最大的是 A_2 水準，B 中 $\overline{x}_{.j.}$ 最大的是 B_2 水準，各水準分別估計如下：

A_2 水準的母平均的 95% 區間估計為

$$\overline{x}_{2..} \pm t_{0.025}(22)\sqrt{\frac{12.85}{3 \times 3}} = 34.1 \pm 0.276$$

B_2 水準的母平均的 95% 區間估計為

$$\overline{x}_{.2.} \pm t_{0.025}(22)\sqrt{\frac{12.85}{3 \times 3}} = 45.1 \pm 0.276$$

(2) 最適水準組合 (A_2, B_2) 的母平均的點估計為

$$\overline{x}_{2..} + \overline{x}_{.2.} - \overline{\overline{x}} = 48.3 + 45.1 - 40.9 = 52.5$$

(3) 最適水準組合 (A_2, B_2) 的母平均的區間估計為

$$\frac{1}{n_e} = \frac{a+b-1}{N} = \frac{3+3-1}{27} = \frac{5}{27}$$

$$\therefore (\overline{x}_{2\cdot\cdot} + \overline{x}_{\cdot 2\cdot} - \overline{\overline{x}}) \pm t_{0.025}(\phi_{e'})\sqrt{\frac{V_{e'}}{n}} = 52.5 \pm 2.074\sqrt{\frac{5 \times 12.85}{27}} = 49.3, 55.7$$

(4) 欲估計 $\mu(A_1, B_1)$ 與 $\mu(A_2, B_2)$ 之差時，點估計值為

$$(\overline{x}_{1\cdot\cdot} + \overline{x}_{\cdot 1\cdot} - \overline{\overline{x}}) - (\overline{x}_{2\cdot\cdot} + \overline{x}_{\cdot 2\cdot} - \overline{\overline{x}}) = (34.1 + 37.8 - 40.9) - (48.3 + 45.1 - 40.9) = -21.5$$

消去共同項後，

$$\overline{x}_{1\cdot\cdot} + \overline{x}_{\cdot 1\cdot} = \frac{x_{1\cdot\cdot}}{9} + \frac{x_{\cdot 1\cdot}}{9} \rightarrow \frac{1}{n_{e_1}} = \frac{1}{9} + \frac{1}{9} = \frac{2}{9}$$

$$\overline{x}_{2\cdot\cdot} + \overline{x}_{\cdot 2\cdot} = \frac{x_{2\cdot\cdot}}{9} + \frac{x_{\cdot 2\cdot}}{9} \rightarrow \frac{1}{n_{e_2}} = \frac{1}{9} + \frac{1}{9} = \frac{2}{9}$$

$$\therefore \frac{1}{n_d} = \frac{1}{n_{e_1}} + \frac{1}{n_{e_2}} = \frac{2}{9} + \frac{2}{9} = \frac{4}{9}$$

2 個母平均之差的區間估計為

$$(\overline{x}_{1\cdot\cdot} + \overline{x}_{\cdot 1\cdot} - \overline{\overline{x}}) - (\overline{x}_{2\cdot\cdot} + \overline{x}_{\cdot 2\cdot} - \overline{\overline{x}}) \pm t_{0.025}(\phi_{e'})\sqrt{\frac{V_{e'}}{n_d}} = -21.5 \pm t(22, 0.025)\sqrt{\frac{9}{4} \times 12.85}$$

$$= -21.5 \pm 5.0 = (-26.5, -16.5)$$

其他情形參照推之。

例 *

　　為了調查藥劑量與用藥時間對表皮細胞分裂之影響，進行 3 次重複測量，得出如下有關表皮細胞分裂之比例數據。

藥劑時間 ＼ 藥劑量	100μg	600μg	2400μg
3 小時	13.2	16.1	9.1
	15.7	15.7	10.3
	11.9	15.1	8.2
6 小時	22.8	24.5	11.9
	25.7	21.2	14.3
	18.5	24.2	13.7

藥劑時間＼藥劑量	100μg	600μg	2400μg
12 小時	21.8	26.9	15.1
	26.3	31.3	13.6
	32.1	28.3	16.2
24 小時	25.7	30.1	15.2
	28.8	33.8	17.3
	29.5	29.6	14.8

試以 5% 水準調查 A, B 之間有無交互作用，也進行多重比較。

【解】

步驟 1　製作 2 因子重複試驗的變異數分析表

變因	平方和	自由度	均方	F
A	798.208	3	266.069	47.173
B	889.521	2	444.790	78.854
$A \times B$	89.888	6	14.981	2.656
e	135.367	24	5.640	

$$F = \frac{V_{A \times B}}{V_e} = 2.656 > F_{0.05}(6, 24) = 2.5082$$

知在 5% 顯著水準下交互作用存在。

有交互作用時，不進行水準 A_i 間或水準 B_j 間之差的多重比較。

將組 (A_i, B_j) 看成 1 水準，共有 4×3 個水準。

$(A_1, B_1), (A_1, B_2), \cdots, (A_4, B_3)$

的 12 個組合之間有無差異，試使用重複測量的一因子變異數分析看看。

步驟 2　製作 1 因子試驗的變異數分析

變因	平方和	自由度	均方	F
(A_i, B_j)	1777.6	11	161.6	28.65
e	135.37	24	5.64	

因此在 5% 顯著水準下 (A_1, B_1), (A_1, B_2), …, (A_4, B_3) 有差異。

步驟 3　求出所有組合 (A_i, B_j) 的平均 x_{ij}.

	B_1	B_2	B_3
A_1	13.60	15.63	9.20
A_2	22.33	23.30	13.30
A_3	26.72	28.83	14.97
A_4	28.00	31.17	15.77

步驟 4　試就 (A_1, B_3), (A_3, B_2) 進行比較，其他的比較亦同。

$$q_{0.05}(12, 24) = 5.10$$

$$|\bar{x}_{13.} - \bar{x}_{32.}| = 19.63 > 5.10\sqrt{\frac{5.64 \times 2}{3}} = 9,889$$

$$\therefore (A_1, B_3), (A_3, B_2) \text{ 之間有差異。}$$

【註】交互作用存在時，進行多重比較並不具意義。

■ 固定效果、隨機效果、混合效果

(1) 一因子固定效果模型（也稱為母數模型）主要在於比較各水準（如 k 部機器）平均數是否相等，此一因子變異數分析模型表示為

$$y_{ij} = \mu + \alpha_i + \varepsilon_{ij}$$

此時檢定之假設為

$$H_0 : \mu_1 = \mu_2 = \cdots = \mu_k , H_1 : \mu_i \text{ 不全等}$$

或　$H_0 : \alpha_1 = \alpha_2 = \cdots = \alpha_k = 0 , H_1 : \alpha_i \text{ 不全為 } 0$

(2) 一家工廠從事生產之機器只有 3 部，將 3 部機器實驗，以比較其性能之好壞時之變異數分析模型即為「固定效果模型」。如該工廠生產之機器有 20 部，從其中抽出 3 部，則其變異數分析模型即為「隨機效果模型」，也稱為「變量模型」（random model）。當模型中的效果不再為固定數而為隨機變數，此一因子變異數分析模型稱為「隨機效果模型」，表示如下：

$$y_{ij} = \mu + A_i + \varepsilon_{ij}$$

A_i 爲隨機變數，獨立地服從常態分配，其平均爲 0、變異數爲 σ_A^2，此時檢定之假設爲

$$H_0 : \sigma_A^2 = 0 \ , \ H_1 : \sigma_A^2 \neq 0$$

(3) 二因子重複實驗之變異數分析，如 A, B 二因子均屬於技術上可以指定的固定效果因子，則此變異數分析模型稱爲「固定效果模型」（fixed model），也稱爲「母數模型」（parametric model），表示爲

$$y_{ijk} = \mu + \alpha_i + \beta_j + (\alpha\beta)_{ij} + \varepsilon_{ijk}$$

此時檢定之假設爲

$$H_0 : \mu_{A_1} = \mu_{A_2} = \cdots = \mu_{A_k} \qquad , \quad H_1 : \mu_{A_i} \text{ 不全等}$$

$$H_0' : \mu_{B_1} = \mu_{B_2} = \cdots = \mu_{B_\ell} \qquad , \quad H_1' : \mu_{B_i} \text{不全等}$$

$$H_0'' : (\alpha\beta)_{11} = \cdots = (\alpha\beta)_{k\ell} = 0 \quad , \quad H_1'' : (\alpha\beta)_{ij} \text{不全爲 } 0$$

(4) 二因子重複試驗之變異數分析，如其中一個因子 A 的水準是隨機選定的隨機效果因子，另一個因子 B 的水準是技術上全部納入研究的固定效果因子，此變異數分析模型稱爲「混合效果模型」，也稱爲「混合模型」（mixed model），表示爲

$$y_{ijk} = \mu + A_i + \beta_j + (A\beta)_{ij} + \varepsilon_{ijk}$$

A_i 是以 0 爲平均數、σ_A^2 爲變異數的常態隨機變數，$(A\beta)_{ij}$ 是以 0 爲平均數，$\sigma_{A\times B}^2$ 爲變異數的常態隨機變數。

檢定之假設爲

$$H_0 : \sigma_A^2 = 0 \quad , \quad H_1 : \sigma_A^2 \neq 0$$

$$H_0' : \sigma_{A\times B}^2 = 0 \quad , \quad H_1' : \sigma_{A\times B}^2 \neq 0$$

$$H_0'' : \mu_{B_1} = \cdots = \mu_{B_k} \quad , \quad H_1'' : \mu_{B_j} \text{ 不全等}$$

(5) 二因子重複試驗之變異數分析，如二因子的水準均屬隨機選定之隨機效果因子，此變異數分析模型稱爲「隨機效果模型」，表示爲

$$y_{ijk} = \mu + A_i + B_j + (AB)_{ij} + \varepsilon_{ijk}$$

A_i 爲以 0 爲平均數、σ_A^2 爲變異數之常態隨機變數，B_j 爲以 0 爲平均數、σ_B^2 爲變異數之常態隨機變數。

檢定之假設爲

$$H_0 : \sigma_A^2 = 0 \quad , \quad H_1 : \sigma_A^2 \neq 0$$

$$H_0' : \sigma_B^2 = 0 \quad , \quad H_1' : \sigma_B^2 \neq 0$$

$$H_0'' : \sigma_{A \times B}{}^2 = 0 \quad , \quad H_1'' : \sigma_{A \times B}{}^2 \neq 0$$

【註】譬如，從許多狗食之中，隨機選出 3 種，此時狗食即可視為變量因子
（或稱隨機因子），若只針對 3 種狗食時，狗食即為固定因子（或稱
母數因子）。

■ 重複二因子變異數分析各模型之整理

(1) 重複二因子變異數分析均方期望值比較表：

均方	自由度	固定效果 （A 與 B 固定）	隨機效果 （A 與 B 隨機）	混合效果 （A 固定，B 隨機）
V_A	$a - 1$	$\sigma^2 + nb\sigma_A{}^2$	$\sigma^2 + nb\sigma_A{}^2 + n\sigma_{A \times B}{}^2$	$\sigma^2 + nb\sigma_A{}^2 + n\sigma_{A \times B}{}^2$
V_B	$b - 1$	$\sigma^2 + nb\sigma_B{}^2$	$\sigma^2 + na\sigma_B{}^2 + n\sigma_{A \times B}{}^2$	$\sigma^2 + na\sigma_B{}^2$
$V_{A \times B}$	$(a - 1)(b - 1)$	$\sigma^2 + nb\sigma_{A \times B}{}^2$	$\sigma^2 + n\sigma_{A \times B}{}^2$	$\sigma^2 + n\sigma_{A \times B}{}^2$
V_e	$(n - 1)ab$	σ^2	σ^2	σ^2

(2) 重複二因子變異數分析表中 F_0 之計算比較表：

變因	固定效果 （A, B 固定）	隨機效果 （A, B 隨機）	混合效果 （A 固定，B 隨機）
A 因子	V_A / V_e	$V_A / V_{A \times B}$	$V_A / V_{A \times B}$
B 因子	V_B / V_e	$V_B / V_{A \times B}$	V_B / V_e
$A \times B$ 交互作用	$V_{A \times B} / V_e$	$V_{A \times B} / V_e$	$V_{A \times B} / V_e$

【註】混合模型之主效果的檢定，也有人主張 A, B 均以 $V_{A \times B}$ 作為分母來計
算變異比。參石川馨、中里博明等的初級實驗計畫法教材。

例*

　　某工廠就 3 種不同材質之試片及 4 種不同之熱處理，以試驗試片之
強度，又技術上認為材質與熱處理間有交互作用，經試驗結果如下表，
試分析之。

材質 ＼ 熱處理	B_1	B_2	B_3	B_4
A_1	86 83	84 76	74 81	75 80
A_2	71 65	78 67	59 68	63 60
A_1	93 89	85 96	101 98	98 103

【註】此例即爲固定效果模型。

【解】

(1) 檢定組內變異是否顯著

$$H_0 : \sigma_w{}^2 = 0 \quad , \quad H_1 : \sigma_w{}^2 \neq 0$$

表 1　全距法

A ＼ B	B_1	B_2	B_3	B_4	計
A_1	3	8	7	5	23
A_2	6	11	9	3	29
A_3	4	11	3	5	23
計	13	30	19	13	75

$\overline{R} = \sum\sum R_{ij}/(ab) = 75/12 = 6.25$

查附表 2(b)，$D_4 = 3.267$

$D_4\overline{R} = (3.267)(6.25) = 20.42$

表 1 內的每一 R_{ij} 均較 20.42 小，故認爲組合內變異不顯著。

(2) 簡化

表 2　$u_{ijk} = x_{ijk} - 80$

A \ B	B_1	B_2	B_3	B_4
A_1	6 / 3	4 / −4	−6 / 1	−5 / 0
A_2	−9 / −15	−2 / −13	−21 / −12	−17 / −20
A_3	13 / 9	5 / 16	21 / 18	18 / 23

表 3　$T_{ij.} = \sum\limits_{k=1}^{2} u_{ijk}$

	B_1	B_2	B_3	B_4	$T_{i..}$
A_1	9	0	−5	−5	−1
A_2	−24	−15	−33	−37	−109
A_3	22	21	39	42	123
$T_{.j.}$	7	6	1	−1	$T_{...} = 13$

(3) 平方和之計算

$$CT = T_{...}^2/(abn) = \frac{13^2}{3 \times 4 \times 2} = 7.04 \fallingdotseq 7$$

$$S_T = [6^2 + 3^2 + \cdots + 18^2 + 23^2] - CT = 4,634$$

$$S_A = \frac{\Sigma T_{i..}^2}{bn} - CT = \frac{[(-1)^2 + (-109)^2 + (123)^2]}{4 \times 2} - 7 = 3,369.4$$

$$S_B = \frac{\Sigma T_{.j.}^2}{an} - CT = \frac{[7^2 + 6^2 + 1^2 + (-1)^2]}{3 \times 2} - 7 = 7.5$$

$$S_{AB} = \frac{\Sigma\Sigma T_{ij.}^2}{n} - CT = \frac{[9^2 + (-24)^2 + \cdots + (-37)^2 + 41^2]}{2} - 7 = 3,751.5$$

$$S_{A \times B} = S_{AB} - S_A - S_B = 3,751.5 - 3,369.4 - 7.5 = 374.6$$

(4) 變異數分析表

$H_0 : \mu_{A_1} = \mu_{A_2} = \mu_{A_3}$，$H_1 : \mu_{A_i}$（$i = 1 \sim 3$）不全等

$H_0 : \mu_{B_1} = \mu_{B_2} = \mu_{B_3} = \mu_{B_4}$，$H_1 : \mu_{B_j}$（$j = 1 \sim 4$）不全等

$H_0 : (\alpha\beta)_{11} = (\alpha\beta)_{12} = \cdots = (\alpha\beta)_{34} = 0$，

$H_1 : (\alpha\beta)_{ij}$（$i = 1 \sim 3, j = 1 \sim 4$）不全為零

表 4　ANOVA

	平方和	自由度	均方	F_0	$F_{0.05}$	$F_{0.01}$
A（固定）	3,369.4	2	1,684.7	71.7**	3.89	6.93
B（固定）	7.5	3	2.5	0.1 < 1		
$A \times B$	374.6	6	62.4	2.7	3.00	4.82
e	282.5	12	23.5			
T	4,634.0	23				

(5) 比較 A 因子之各群體平均數

$$\bar{x}_{A_1} = 80 + \frac{(-1)}{4 \times 2} = 79.9$$

$$\bar{x}_{A_2} = 80 + \frac{(-109)}{4 \times 2} = 66.4$$

$$\bar{x}_{A_3} = 80 + \frac{123}{4 \times 2} = 95.4$$

$|\bar{x}_{i..} - \bar{x}_{j..}|$	$\bar{x}_{A_1}$	$\bar{x}_{A_2}$
$\bar{x}_{A_3}$	15.5**	29.0**
$\bar{x}_{A_2}$	13.5**	

$$t_{0.05}(12)\sqrt{23.5\left(\frac{1}{8} + \frac{1}{8}\right)} = (2.179) \times (2.42) = 5.27$$

$$t_{0.01}(12)\sqrt{23.5\left(\frac{1}{8} + \frac{1}{8}\right)} = (3.055) \times (2.42) = 7.39$$

μ_{A_1}, μ_{A_2}, μ_{A_3} 三者之中以 μ_{A_3} 為最大，且非常顯著地大於 μ_{A_1}, μ_{A_2}。

(6) 估計 μ_{A_3}

$$\hat{\mu}_{A_3} = \bar{x}_{A_3} = 95.4$$

$$\pm t_{0.05}(12)\sqrt{\frac{23.5}{8}} = \pm 3.73$$

(7) 結論

熱處理之不同不影響試片強度，且熱處理與材質間之交互作用不明顯，惟在不同材質中，就第三種材質之強度為最高，平均可達95.4。

例*

　　某化學公司之合成樹脂的壽命之環境條件可能因銷售地區及材料配合而不同，茲自銷售地區中隨機選取 3 地區連同三種不同材料配方，實施暴露試驗，其結果如下表，試分析之。

配方 地區	B_1		B_2		B_3	
	81	82	86	86	88	86
A_2	87	91	100	97	100	100
A_3	77	76	77	72	80	85

【註】此例即為混合效果模型（地區為隨機，材料配方為固定）。

【解】

(1) 檢定組內變異是否顯著

$H_0 : \sigma_w^2 = 0$ ， $H_1 : \sigma_w^2 \neq 0$

表 1　R_{ij}

A\B	B_1	B_2	B_3	計
A_1	1	0	2	3
A_2	4	3	0	7
A_3	1	5	5	11
計	6	8	7	21

$\overline{R} = \sum\sum R_{ij} / ab = 21/9 = 2.33$

$n = 2$ ，查全距 R 的管制係數表（附表 2(2)），得 $D_4 = 3.267$

$D_4\overline{R} = (3.267)(2.33) = 7.612$

表 1 中之每一 R_{ij} 均比 7.612 小，故認為組內變異不顯著。

(2) 簡化：$u_{ijk} = y_{ijk} - 85$

表 2

A \ B	B_1		B_2		B_3	
A_1	−4	−3	1	1	3	1
A_2	2	6	15	12	15	15
A_3	−8	−9	−8	−13	−5	0

表 3

A \ B	B_1	B_2	B_3	計
A_1	−7	2	4	−1
A_2	8	27	30	65
A_3	−17	−21	−5	−43
$T_{\cdot j \cdot}$	−15	8	29	$21 = T_{\cdots}$

(3) 平方和之計算

$$CT = T_{\cdots}^2 / abn = (21)^2 / 3 \cdot 3 \cdot 2 = 24.5$$

$$C_T = \sum\sum\sum u_{ijk}^2 - CT = (-4)^2 + (-3)^2 + \cdots + (-5)^2 + 0^2 - 24.5 = 1274.5$$

$$S_A = \frac{\sum T_{i\cdot\cdot}^2}{bn} - CT = \frac{(-1)^2 + (65)^2 + (-43)^2}{3 \cdot 2} - 24.5 = 988.0$$

$$S_B = \frac{\sum T_{\cdot j\cdot}^2}{an} - CT = \frac{(-16)^2 + 8^2 + (29)^2}{3 \cdot 2} - 24.5 = 169.0$$

$$S_{AB} = \frac{\sum T_{ij\cdot}^2}{n} - CT = \frac{(-7)^2 + (2)^2 + \cdots + (-5)^2}{2} - 24.5 = 1234.0$$

$$S_{A \times B} = S_{AB} - S_A - S_B = 1234 - 988 - 169 = 77$$

(4) 變異數分析

$$H_0 : \sigma_A^2 = 0 \quad , \quad H_1 : \sigma_A^2 \neq 0$$

$$H_0' : \sigma_{A \times B}^2 = 0 \quad , \quad H_1' : \sigma_{A \times B}^2 \neq 0$$

$$H_0'' : \mu_{B_1} = \mu_{B_2} = \mu_{B_3} \quad , \quad H_1'' : \mu_{B_j} \ (j = 1, 2, 3) \ 不全等$$

表 4 ANOVA

變因	平方和	自由度	均方	F_0	$F_{0.05}$	$F_{0.01}$
（隨機）A	988.0	2	494.0	109.78**	4.26	8.02
（固定）B	169.0	2	84.5	4.38	6.94	18.00
$A \times B$	77.0	4	19.3	4.29*	3.63	6.42
e	40.5	9	4.5			
T	1274.5	17				

以誤差之均方為基礎，觀察 $A \times B$ 及 A 是否顯著，以 $A \times B$ 之均方為基礎，觀察 B 是否顯著。

知固定效果 B 無顯著差異，無須比較平均值間之差異，隨機效果因子 A 有非常顯著差異，交互作用 $A \times B$ 有顯著差異，均有估計其變異數之必要。

(5) 估計

由於 A 與 $A \times B$ 之均方期望值分別為

$$E(V_A) = \sigma^2 + nb\sigma_A^2$$

$$E(A_{A \times B}) = \sigma^2 + n\sigma_{A \times B}^2, \ E(V_e) = \sigma^2$$

因此，

$$E(V_A) - E(V_e) = \sigma^2 + nb\sigma_A^2 - \sigma^2 = nb\sigma_A^2$$

亦即 σ_A^2 的不偏估計值為

$$\hat{\sigma}_A^2 = \frac{V_A - V_e}{nb} = \frac{494.0 - 4.5}{2 \cdot 3} = \frac{489.5}{6} = 81.6$$

同理，$\sigma_{A \times B}^2$ 的不偏估計值為

$$\sigma_{A \times B}^2 = \frac{V_{A \times B} - V_e}{n} = \frac{19.3 - 4.5}{2} = \frac{14.8}{2} = 7.4$$

例*

若從 10 種競技中隨機選取 3 種競技，以及從 20 個隊伍中隨機選取 4 個隊伍進行各 2 次比賽，其比賽分數如下，試分析之。

競技＼隊伍	B_1	B_2	B_3	B_4	平均
A_1	12 8	14 18	12 14	38 44	160 (20)
A_2	9 7	6 10	21 27	18 22	120 (15)
A_3	14 10	19 23	35 41	36 22	200 (25)
計 （平均）	60 (10)	90 (15)	150 (25)	180 (30)	480 (20)

【註】此例即為隨機效果模型。

【解】

(1) 檢定組內變異是否顯著

$$H_0 : \sigma_w^2 = 0 \quad , \quad H_1 : \sigma_w^2 \neq 0$$

表 1　R_{ij}

	B_1	B_2	B_3	B_4	計
A_1	4	4	2	6	16
A_2	2	4	6	4	16
A_3	4	4	4	4	16
計	10	12	12	14	48

$$\bar{R} = \sum\sum R_{ij} / ab = \frac{48}{12} = 4$$

$n = 2$，查全距 R 的管制係數表（附表 2(2)），得 $D_4 = 3.267$

$D_4\bar{R} = 3.267 \times 4 = 13.068$

表 1 中之每一 R_{ij} 均比 13.068 小，故認為組內變異不顯著。

(2) 平方和之計算

$$CT = \frac{1}{m\ell r}\sum_i\sum_j\sum_k x_{ijk}^2 = \frac{1}{3\times4\times2}\times480^2 = 9600$$

$$S_T = \sum\sum\sum x_{ijk}^2 - CT = (12^2 + 8^2 + \cdots + 22^2) - 9600 = 2964$$

$$S_{AB} = \frac{1}{r}\sum_i\sum_j (x_{ij}.)^2 - CT = \frac{1}{2}(20^2 + 32^2 + \cdots + 58^2) - 9600 = 2760$$

$$S_A = \frac{1}{\ell r}(\sum x_{i..})^2 - CT = \frac{1}{4 \times 2}(160^2 + 120^2 + 200^2) - 9600 = 400$$

$$S_B = \frac{1}{mr}(\sum x_{.j.})^2 - CT = \frac{1}{3 \times 2}(60^2 + 90^2 + 150^2 + 180^2) - 9600 = 1500$$

$$S_{A \times B} = S_{AB} - S_A - S_B = 2700 - 400 - 1500 = 860$$

(3) 變異數分析

變因	平方和	自由度	均方	F_0
（隨機）A	400	2	200.00	$1.40 = V_A/V_{A \times B}$
（隨機）B	1500	3	500.00	$3.46 = V_B/V_{A \times B}$
$A \times B$	860	6	143.33	$8.43 = V_{A \times B}/V_e$
e	204	12	17.00	
T	2964	23		

$F_{0.05}(2, 6) = 5.14$, $F_{0.05}(3, 6) = 4.76$

因之 A, B 兩變量因子的主效果均不顯著。

例 **

以下數據是將 4 種來福槍 A_1, A_2, A_3, A_4 讓隨機所選出的 5 位射手 B_1, B_2, B_3, B_4, B_5 以隨機順序各試射 2 次的結果。數值是從標心彈著位置之距離換算成以 100 分爲滿分之分數。試分析之。

競技＼隊伍	A_1	A_2	A_3	A_4	計
B_1	81 75	79 81	77 75	82 78	628
B_2	81 83	88 84	69 75	81 83	644
B_3	78 82	85 84	79 75	80 83	644
B_4	86 82	89 91	80 76	81 83	668
B_5	85 87	92 88	82 86	77 79	676
計	820	860	780	800	3260

【註】此例爲混合效果模型（A 爲母數型，B 爲變量型）。

【解】

(1) 平方和之計算

$$CT = \frac{(x...)^2}{abr} = \frac{3260}{4 \cdot 5 \cdot 2} = 265,690$$

$$S_T = \sum\sum\sum x_{ijk}{}^2 - CT = (81^2 + 75^2 + \cdots + 79^2) - CT = 886$$

$$S_A = \frac{(\sum x_i..)^2}{br} - CT = \frac{1}{5 \cdot 2}(820^2 + 860^2 + 780^2 + 800^2) - CT = 350$$

$$S_B = \frac{(\sum x._j.)^2}{ar} - CT = \frac{1}{4 \cdot 2}(628^2 + 644^2 + \cdots + 676^2) - CT = 766$$

$$S_{AB} = \frac{(\sum\sum x_{ij}.)^2}{r} - CT = \frac{1}{2}(156^2 + 164^2 + \cdots + 156^2) - CT = 766$$

$$S_{A \times B} = S_{AB} - S_A - S_B = 766 - 350 - 192 = 224$$

$$S_e = S_T - S_{AB} = 886 - 766 = 120$$

$$V_A = \frac{S_A}{a-1} = \frac{350}{4-1} = 116.67$$

$$V_B = \frac{S_B}{b-1} = \frac{192}{5-1} = 48.00$$

$$V_{A \times B} = \frac{S_{A \times B}}{(a-1)(b-1)} = \frac{224}{(4-1)(5-1)} = 18.67$$

$$V_e = \frac{S_e}{ab(r-1)} = \frac{120}{4 \cdot 5 \cdot (2-1)} = 6$$

(2) 變異數分析

要因 A 的主效果之檢定（$\alpha = 0.05$）

$$F_A = \frac{V_A}{V_{A \times B}} = \frac{116.67}{18.67} = 6.25$$

又，$F_{0.05}(3, 12) = 3.49$，因此，各來福槍的命中率可判斷有差異。

要因 A 與要因 B 之交互作用之檢定

$$F_{A \times B} = \frac{V_{A \times B}}{V_e} = \frac{18.67}{6} = 3.11$$

$F_{0.05}(12, 20) = 2.28$，因此，可以判斷各來福槍因射手造成的命中率是有不同的。各水準之平均值之差的檢定

$$V_e' = \frac{S_B + S_{A \times B} + S_e}{a(br-1)} = \frac{192 + 224 + 120}{4(10-1)} = 14.89$$

$$d = t_{\alpha/2}(a(br-1))\sqrt{\frac{2V_e'}{br}} = 2.03\sqrt{\frac{2(14.89)}{5 \times 2}} = 3.50$$

因之，A 與 A_2，A 與 A_3，A_2 與 A_3，A_2 與 A_4 可以認爲有顯著差。

【註】本例，只有因子 A 的各水準之估計才有意義。

■ 受試者間計畫與受試者內計畫

進行某實驗時，1 位受試者只分配 1 個條件時，稱此爲受試者間計畫（各條件有不同的受試者，在他們之間比較之意）。受試者間計畫（between-subjects design）的數據，相當於「無對應數據（獨立數據）」。

另一方面，相同的受試者體驗數個條件時，稱此爲受試者內計畫（在各受試者之內有數個條件之意）。受試者內計畫（within-subjects design）的數據相當於「有對應的數據（成對數據）」。

■ 選擇計畫之要點

於訂立實驗計畫法時，要選擇受試者間計畫或是受試者內計畫有以下 4 個重點。

1. 受試者內計畫比受試者間計畫來說，所需的受試者少即可完成。譬如 1 要因計畫有 3 水準時，受試者間計畫比受試者內計畫需要 3 倍的受試者人數。

2. 受試者內計畫比受試者間計畫來說，檢定力較高。從此看來，受試者內計畫似乎較好，但也有以下弱點。

3. 受試者內計畫的受試者負擔大。

4. 受試者內計畫有需要考慮練習效果與順序效果。所謂練習效果是參加好幾次的實驗，受試者就會習慣實驗。所謂順序效果是指受試者取決於經驗的條件（要因的水準），受試者的反應會有所影響。

■ 1 要因受試者內計畫與受試者間計畫之平方和之差異

- 1 要因受試者間計畫之平方和分解

$$\boxed{總平方和} = \boxed{組間平方和} + \boxed{組內平方和（誤差平方和）}$$

- 1 要因受試者內計畫之平方和分解

$$\boxed{總平方和} = \boxed{條件平方和} + \boxed{個人差引起之平方和} + \boxed{殘差平方和}$$

例＊：1要因受試者內計畫

　　進行礦泉水的試飲實驗。準備 3 種礦泉水分別是 A, B, C 三種品牌。此實驗室讓受試者全部飲用 3 種礦泉水，評估它們的口味。準備有 4 位受試者，在 3 個條件之下蒐集數據得出如下。

	A	B	C	各受試者之平均
受試者 1	10	5	9	8
受試者 2	9	4	5	6
受試者 3	4	2	3	3
受試者 4	7	3	5	5
條件平均	7.5	3.5	5.5	（總平均）5.5

試對此受試者內計畫進行變異數分析看看。

【解】

(1) 建立虛無假設與對立假設

虛無假設 H_0：$\mu_A = \mu_B = \mu_C$（A, B, C 3 個母平均相等）

對立假設 H_1：並非 H_0

(2) 計算平方和

$$總平方和 = \sum（數據之值 - 總平均）^2$$
$$= (10 - 5.5)^2 + (7 - 5.5)^2 + \cdots + (5 - 5.5)^2$$

$$條件平方和 = \sum（條件平均 - 總平均）^2$$
$$= (7.5 - 5.5)^2 \times 4 + (3.5 - 5.5)^2 \times (5.5 - 5.5)^2 \times 4$$
$$= 4 \times 4 + 4 \times 4 + 0 \times 4 + 32$$

$$誤差平方和 = \sum（數據之值 - 條件平均）^2$$

$$= (10 - 7.5)^2 + \cdots + (7 - 7.5)^2 + (5 - 3.5)^2 + \cdots$$
$$+ (3 - 3.5)^2 + (9 - 5.5)^2 + \cdots + (5 - 5.5)^2$$
$$= 45$$

(3) 計算自由度

「條件」之自由度 = 條件數 − 1 = 3 − 1 = 2

「誤差」之自由度 = ∑（各條件中數據數 − 1）

$$= (4 - 1) + (4 - 1) + (4 - 1) = 9$$

「總體」之自由度 = 總數據數 − 1 = 12 − 1 = 11

(4) 建立 ANOVA（1 要因受試者間計畫）

要因	平方和	自由度	均方	F
條件	32	2	16.00	3.20
誤差	45	9	5.00	
全體	77	11		

(5) 計算個人差引起的平方和

個人差引起之平方和 = ∑（各受試者的平均 − 總平均）^{2}

$$= 3 \times (8 - 5.5)^2 + 3 \times (6 - 5.5)^2 + 3 \times (3 - 5.5)^2 + 3 \times (5 - 5.5)^2$$
$$= 39$$

個人差的自由度 = 受試者人數 − 1 = 4 − 1 = 3

殘差平方和 = 誤差平方和 − 個人差平方和 = 45 − 39 = 6

殘差的自由度 = 誤差的自由度 − 個人差的自由度 = 9 − 3 = 6

(6) 建立 ANOVA（1 要因受試者內計畫）

要因	平方和	自由度	均方	F
條件	32	2	16.00	16.00
個人差	39	3	13.00	
誤差	6	6	1.00	
全體	77	11		

(7) 顯著水準 $\alpha = 0.05$

$F_{0.05}(2, 6) = 5.14$

(8) 判定 $F_0 = 16.00 > F_{0.05}(2, 6) = 5.14$

　　檢定的結果，礦泉水的口味在 5% 水準下知有顯著差。

(9) 多重比較

　　使用 Tukey 的 HSD 法。

$$|比較條件之平均值差| \geq q_\alpha(k, df)\sqrt{\frac{殘差的均方}{各條件的數據數}}$$

$$HSD = q_{0.05}(3, 6)\sqrt{\frac{1.00}{4}} = 4.34 \times 0.5 = 2.17$$

　　知 A 與 B 之間的平均值差 7.5 − 3.4 = 4 在 5% 下有顯著差。其他之平均值之差的絕對值均為 2，比 2.17 小，所以沒有顯著差。

■ 2 要因（受試者間、受試者內、混合）實驗計畫

此可分成以下 3 種計畫。

1.任一要因均為受試者間要因，稱為 2 要因受試者間計畫。

2.任一要因均為受試者內要因，稱為 2 要因受試者內計畫。

3.一方是受試者間要因，另一方是受試者內要因，稱為 2 要因混合計畫。

表 1　2×3 的受試者間計畫

A_1			A_2		
B_1	B_2	B_3	B_1	B_2	B_3
陳	柯	邱	郭	黃	金
王	蔡	劉	盧	徐	曾
李	孫	姜	鄭	赫	詹
張	顏	周	吳	馬	褚
林	梁	葉	翁	牛	魏

　　表 1 是 2 要因受試者間計畫。要因 A_2 水準與要因 B_3 水準，條件數是 $2 \times 3 = 6$，為了使 A, B 的各水準分別分配不同的受試者，各條件如分配 5 位受試者時，全部需要 $5 \times 6 = 30$ 位受試者。

表 2　2×3 的受試者內計畫

	A_1			A_2	
B_1	B_2	B_3	B_1	B_2	B_3
陳	陳	陳	陳	陳	陳
王	王	王	王	王	王
李	李	李	李	李	李
張	張	張	張	張	張
林	林	林	林	林	林

　　表 2 是 2 要因受試者內計畫。受試者要體驗所有水準的組合條件，對各受試者可得出 6 種數據，此計畫所需的受試者只需要 5 人。

表 3　2×3 的混合計畫

	A_1			A_2	
B_1	B_2	B_3	B_1	B_2	B_3
陳	陳	陳	柯	柯	柯
王	王	王	蔡	蔡	蔡
李	李	李	孫	孫	孫
張	張	張	顏	顏	顏
林	林	林	梁	梁	梁

　　表 3 是 2 要因混合計畫。就要因 A 而言是受試者間計畫，就要因 B 而言是受試者內計畫，A 的第 1 水準與第 2 水準分配不同的受試者。要因 B 的各水準分配相同的受試者。此計畫需要 5×2 = 10 人。

(1) 2 要因受試者間計畫的數據可如下分解：

$$\boxed{總平方和} = \boxed{\begin{array}{c}要因 A 的主\\效果平方和\end{array}} + \boxed{\begin{array}{c}要因 B 的主\\效果平方和\end{array}} + \boxed{\begin{array}{c}交互作用\\的平方和\end{array}} + \boxed{\begin{array}{c}誤差的\\平方和\end{array}}$$

(2) 2 要因受試者內計畫的數據可如下分解：

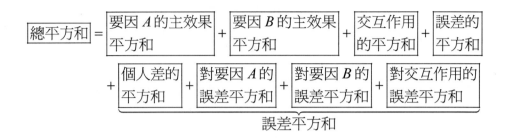

(3) 2 要因混合計畫的數據可如下分解：

例＊：2要因受試者間計畫

　　想對礦泉水進行測試。今準備 3 種礦泉水（B_1：悅氏，B_2：阿拉斯加，B_3：天山），對所有的礦泉水設定 2 種溫度條件（A_1：冰箱冷卻，A_2：常溫）。全部有 $3 \times 2 = 6$ 種條件，此實驗是讓受試者對其中的一個條件評價口味，對 6 種條件分別準備受試者 5 人（合計 30 人的受試者），數據蒐集如下（數字愈大，表愈美味）。

A_1（冷卻）			A_2（常溫）		
B_1	B_2	B_3	B_1	B_2	B_3
6	10	11	5	7	12
4	8	12	4	6	8
5	10	12	2	5	5
3	8	10	2	4	6
2	9	10	2	3	4

試進行變異數分析。

【解】

輔助表 1　$A \cdot B$ 二元表

	B_1	B_2	B_3	A 的各水準平均
A_1	4	9	11	8
A_2	3	5	7	5
B 的各水準平均	3.5	7	9	6.5

(1) 計算平方和

　　總平方和 = $\sum$（各數據 – 總平均）^{2}

　　　　　　 = $(6 - 6.5)^2 + (4 - 6.5)^2 + \cdots + (6 - 6.5)^2 + (4 - 6.5)^2$

　　　　　　 = 313.5

　　要因 A 之主效果的平方和 = $\sum$（要因 A 的水準之平均 – 總平均）^{2}

　　　　　　　　　　　　　　 = $(8 - 6.5)^2 \times 15 + (5 - 6.5)^2 \times 15$

　　　　　　　　　　　　　　 = 67.5

　　要因 B 之主效果的平方和 = $\sum$（要因 B 的各水準之平均 – 總平均）^{2}

　　　　　　　　　　　　　　 = $(3.5 - 6.5)^2 \times 10 + (7 - 6.5)^2 \times 10$

　　　　　　　　　　　　　　 　$+ (9 - 6.5)^2 \times 10$

　　　　　　　　　　　　　　 = 155

　　AB 間平方和 = $\sum$（要因 AB 的各條件之平均 – 總平均）^{2}

　　　　　　　　 = $(4 - 6.5)^2 \times 5 + (9 - 6.5)^2 \times 5 + \cdots + (5 - 6.5)^2 \times 5$

　　　　　　　　 　$+ (7 - 6.5)^2 \times 5$

　　　　　　　　 = 237.5

　　交互作用 $A \times B$ 平方和 = AB 間平方和 –「要因 A」平方和

　　　　　　　　　　　　　 　–「要因 B」平方和

　　　　　　　　　　　　　 = $237.5 - 67.5 - 155 = 15$

　　誤差平方和 = 總平方和 – AB 間平方和 = $313.5 - 237.5 = 67$

(2) 計算自由度

　　要因 A 的自由度 = 要因 A 的水準數 – 1 = 2 – 1 = 1

　　要因 B 的自由度 = 要因 B 的水準數 – 1 = 3 – 1 = 2

　　交互作用 $A \times B$ 的自由度 = 要因 A 的自由度 $\times$ 要因 B 的自由度

　　　　= 1 $\times$ 2 = 2

誤差的自由度 = 總自由度 − 要因 A 的自由度 − 要因 B 的自由度

$\qquad\qquad\qquad$ − $A \times B$ 的自由度

$\qquad\qquad$ = 29 − 1 − 2 − 2 = 24

(3) 建立 2 要因受試者間計畫的 ANOVA

要因	平方和	自由度	均方	F
要因 A	67.5	1	67.50	21.29
要因 B	155	2	77.50	24.45
$A \times B$	15	2	7.50	2.37
誤差	76	24	3.17	
全體	313.5	29		

(4) 顯著水準 5%，

$\qquad$ $F_{0.05}(1,\ 24) = 4.26$ $\qquad$, $\qquad$ $F_{0.05}(2,\ 24) = 3.40$

(5) 判定

$\qquad$ 要因 A、要因 B 的主效果在 5% 下知是顯著的。另一方面，交互作用在 5% 水準下，並未顯著。

(6) 多重比較

$\qquad$ 要因 A 只有 2 個水準所以不需要多重比較。要因 B 有 3 水準，可進行多重比較。試使用 Tukey 的 HSD 法進行比較。

$$HSD = q_{0.05}(3, 24)\sqrt{\frac{3.17}{4}} = 3.53 \times 0.56 = 1.98$$

$\qquad$ B 的 3 個水準的平均差均大於 1.98，因之所有對之間均有顯著差。

例＊：2要因受試者內計畫

$\qquad$ 想對礦泉水進行測試。今準備有 3 種礦泉水（$B1$：悅氏，$B2$：阿拉斯加，$B3$：天山），對所有的礦泉水設定 2 種溫度（$A1$：冰箱冷卻，$A2$：常溫）。全部有 6 種條件。受試者準備 5 人，讓受試者對 6 種條件分別評價口味。蒐集數據如下（數字愈大，表愈美味）。

受試者	A_1（冷卻）			A_2（常溫）			各受試者平均
	B_1	B_2	B_3	B_1	B_2	B_3	
陳	6	10	11	5	7	12	8.5
王	4	8	12	4	6	8	7
李	5	10	12	2	5	5	6.5
張	3	8	10	2	4	6	6.5
林	2	9	10	2	3	4	5

試進行變異數分析。

【解】

輔助表 1　$A \cdot B$ 二元表

	B_1	B_2	B_3	A 的各水準平均
A_1	4	9	11	8
A_2	3	5	7	5
B 的各水準平均	3.5	7	9	6.5

(1) 計算平方和

　　由前例中知，

　　總平方和 = 313.5

　　要因 A 的平方和 = 67.5

　　要因 B 的平方和 = 155

　　交互作用平方和 = 15

　　誤差平方和 = 76

　　在 2 要因受試者內計畫，此 76 要再分成 4 個，分別是「個人差平方和」、「對要因 A 之誤差平方和」、「對要因 B 之誤差平方和」以及「交互作用之誤差平方和」。

　　① 「個人差」平方和 = $\sum$（受試者的平均 - 總平均）^{2}

$$= (8.5 - 6.5)^2 \times 6 + (7 - 6.5)^2 \times 6 + \cdots$$
$$+ (5 - 6.5)^2 \times 6$$
$$= 45$$

　　求「對要因 A 的誤差平方和」，如先求出「受試者・要因 A」的二元表就會很方便。

表 1　「受試者・要因 A」之二元表

受試者	A_1 之平均	A_2 之平均	各受試者之平均
陳	9	8	8.5
王	8	6	7
李	9	4	6.5
張	7	4	6.5
林	7	3	6
平均	8	5	6.5（總平均）

「受試者・要因 A」平方和（10 個平均所產生之平方和）

$$= (9 - 6.5)^2 \times 3 + (8 - 6.5)^2 \times 3 + \cdots + (7 - 6.5)^2 \times 3 = 127.5$$

②對要因 A 之誤差平方和 =「受試者・要因 A」平方和 −「要因 A」

的平方和 −「個人差」平方和

$$= 127.5 - 67.5 - 45 = 15$$

　　接著，求「對要因 B 的誤差平方和」。與先前一樣先製作「受試者・要因 B」的二元表。

表 2　輔助表「受試者・要因 B」之二元表

受試者	B_1 之平均	B_2 之平均	B_3 之平均	各受試者之平均
陳	5.5	8.5	11.5	8.5
王	4	7	10	7
李	3.5	7.5	8.5	6.5
張	2.5	6	8	5.5
林	2	6	7	5
平均	3.5	7	9	6.5（總平均）

「受試者・要因 B」平方和（15 個平均所產生之平方和）

$$= (5.5 - 6.5)^2 \times 2 + (4 - 6.5)^2 \times 2 + \cdots$$

$$+ (8 - 6.5)^2 \times 2 + (7 - 6.5)^2 \times 2$$

$$= 204$$

③對要因 B 之誤差平方和 =「受試者・要因 B」平方和 −「要因 B」

平方和 −「個人差」平方和

$= 204 - 155 - 45 = 4$

最後求對交互作用之誤差平方和。

④「對交互作用之誤差」=「誤差」−「個人差」−「對要因 A 之誤差」

−「對要因 B 之誤差」

$= 76 - 45 - 15 - 4 = 12$

(2) 自由度

要因 A 之自由度 = 要因 A 的水準數 − 1 = 2 − 1 = 1

要因 B 之自由度 = 要因 B 的水準數 − 1 = 3 − 1 = 2

「$A \times B$」之自由度 = 要因 A 之自由度 × 要因 B 之自由度

$= 1 \times 2 = 2$

「個人差（S）」之自由度 = 受試者人數 − 1 = 5 − 1 = 4

「$S \times A$」之自由度 = 個人差（S）之自由度 × 要因 A 之自由度

$= 4 \times 1 = 4$

「$S \times B$」之自由度 = 個人差（S）之自由度 × 要因 B 之自由度

$= 4 \times 2 = 8$

「$S \times A \times B$」之自由度 = 個人差（S）之自由度

× 交互作用 $A \times B$ 之自由度

$= 4 \times 2 = 8$

總自由度 = 總數據數 − 1 = 30 − 1 = 29

(3) 建立 2 要因受試者內計畫之 ANOVA

要因	平方和	自由度	均方	F
個人差（S）	45	4	11.25	
要因 A	67.5	1	67.50	18.00
$S \times A$	15	4	3.75	
要因 B	155	2	77.50	155.00
$S \times B$	4	8	0.50	
$A \times B$	15	2	7.50	5.00
$S \times A \times B$	12	8	1.50	
全體	313.5	29		

(4) 顯著水準 5%

$F_{0.05}(1, 4) = 7.71$, $F_{0.05}(2, 8) = 4.46$

(5) 判定

要因 A、要因 B 的主效果在 5% 下均為顯著。並且，交互作用在 5% 下也是顯著的。通常，主效果顯著且要因的水準數在 3 以上時，要進行多重比較。並且，交互作用顯著時，要進行更詳細的分析，但此處省略。

例*：2要因混合計畫

　　想對礦泉水進行測試。今準備有 3 種礦泉水（B_1：悅氏，B_2：阿拉斯加，B_3：天山），對所有的礦泉水設定 2 種溫度條件（A_1：冰箱冷卻，A_2：常溫）。全部有 6 個條件。決定對要因 A 採受試者間計畫，對要因 B 採受試者內計畫。亦即，受試者全部準備 10 人，每 5 人分配 A_1, A_2 條件，對要因 B 的 3 水準讓同一受試者品嚐所有的水準（亦即，各受試者均品嚐 3 種礦泉水）。5 人測試 A_1 的 3 種礦泉水，剩下的 5 人測試 A_2 的 3 種礦泉水。所蒐集的數據如下（數字愈大，表愈美味）。

受試者	A_1			受試者	A_2		
	B_1	B_2	B_3		B_1	B_2	B_3
陳	6	10	11	胡	5	7	12
王	4	8	12	牛	4	6	8
李	5	10	12	馬	2	5	5
張	3	8	10	余	2	4	6
林	2	9	10	劉	2	3	4

試進行變異數分析。

【解】

(1) 計算平方和

　　①總平方和 = ②要因 A 的主效果 + ③要因 B 的主效果 + ④交互作用 + ⑤受試者間之誤差（個人差）+ ⑥受試者內之誤差

　　求①～④的平方和，與 2 要因受試者間計畫及 2 要因受試者內計畫

的求法相同。

① 總平方和 = 313.5

② 要因 A 之主效果的平方和 = 67.5

③ 要因 B 之主效果的平方和 = 155

④ 交互作用平方和 = 15

　2 要因受試者間計畫中的誤差平方和 76，在 2 要因混合計畫中要再分解成 2 個，分別是「受試者間之誤差」及「受試者內之誤差」。

受試者	A_1			平均	受試者	A_2			平均
	B_1	B_2	B_3			B_1	B_2	B_3	
陳	6	10	11	9	胡	5	7	12	8
王	4	8	12	8	牛	4	6	8	6
李	5	10	12	9	馬	2	5	5	4
張	3	8	10	7	余	2	4	6	4
林	2	9	10	7	劉	2	3	4	3

$$\text{「10 位受試者間的平方和」} = (9 - 6.5)^2 \times 3 + (8 - 6.5)^2 \times 3 + \cdots$$
$$+ (4 - 6.5)^2 \times 3 + (3 - 6.5)^2 \times 3$$
$$= 127.5$$

⑤ 「受試者間之誤差」=「10 位受試者間平方和」－「要因 A 的主效果平方和」

$$= 127.5 - 67.5 = 60$$

$$\text{「10 位受試者內的平方和」} = (6 - 9)^2 + (10 - 9)^2 + (11 - 9)^2 +$$
$$+ (2 - 3)^2 + (3 - 3)^2 + (4 - 3)^2$$
$$= 186$$

⑥ 「受試者內誤差」=「10 位受試者內平方和」－「要因 B 的主效果平方和」－「交互作用平方和」

$$= 186 - 155 - 15 = 16$$

(2) 計算自由度

　總自由度 = 總數據數 － 1 = 30 － 1 = 29

要因 A 的自由度 = 要因 A 的水準數 $- 1 = 2 - 1 = 1$

要因 B 的自由度 = 要因 B 的水準數 $- 1 = 3 - 1 = 2$

「$A \times B$」的自由度 = 要因 A 的自由度 × 要因 B 的自由度 $= 1 \times 2 = 2$

「個人差（S）」的自由度 = 受試者人數 $-$ 要因 A 的水準數

$= 10 - 2 = 8$

「$S \times B$」的自由度 = 個人差的自由度 × 要因 B 的自由度 $= 8 \times 2 = 16$

(3) 建立 2 要因混合計畫 ANOVA

要因	平方和	自由度	均方	F
要因 A	67.5	1	67.50	9.00
個人差（S）	60	8	7.50	
要因 B	155	2	77.50	77.50
$A \times B$	15	2	7.50	7.50
$S \times B$	16	16	1.00	
全體	313.5	29		

(4) 顯著水準 = 0.05

$F_{0.05}(1, 8) = 5.32$

$F_{0.05}(2, 16) = 3.63$

(5) 判定

要因 A、要因 B 的主效果在 5% 下均為顯著。交互作用在 5% 下也呈現顯著。通常，主效果顯著且要因的水準數在 3 以上時，要進行多重比較，並且，交互作用顯著時要進行更詳細的分析，此處省略。

■ 2 水準的直交表 L_8（2^7）

L_8（2^7）中之 7 表示行數，2 表示水準數，8 表示列數，在 2 水準的直交表中，行數 =（列數）$- 1$，因此列數如決定時，行數即可自動決定。以下即為 L_8（2^7）之說明。

行號 NO	1	2	3	4	5	6	7
1	1	1	1	1	1	1	1
2	1	1	1	2	2	2	2
3	1	2	2	1	1	2	2
4	1	2	2	2	2	1	1
5	2	1	2	1	2	1	2
6	2	1	2	2	1	2	1
7	2	2	1	1	2	21	1
8	2	2	1	2	1		2
成分記號	a	b	a b	c	a c	b c	a b c
群號	1	2		3			

【註】當配置因子 Y 與 Z 之行其記號如爲 p, q 時，交互作用 $Y \times Z$ 出現在成分記號爲 $p \times q$ 之行中，但想成 $a^2 = b^2 = c^2 = 1$。

例*

假定 4 個因子 A, B, C, D 之間的交互作用不存在，使用 $L_8(2^7)$ 直交表如下圖將因子配置在行中。其實驗之數據如下：

要因 行號 NO.	A 1	B 2	C 3	4	5	6	D 7	水準組合	數據
1	1	1	1	1	1	1	1	$A_1B_1C_1D_1$	51
2	1	1	1	2	2	2	2	$A_1B_1C_1D_2$	32
3	1	2	2	1	1	2	2	$A_1B_2C_2D_2$	14
4	1	2	2	2	2	1	1	$A_1B_2C_2D_1$	14
5	2	1	2	1	2	1	2	$A_2B_1C_2D_2$	6
6	2	1	2	2	1	2	1	$A_2B_1C_2D_1$	19
7	2	2	1	1	2	2	1	$A_2B_2C_1D_1$	24
8	2	2	1	2	1	1	2	$A_2B_2C_1D_2$	14

此 8 個實驗以隨機順序進行，試檢定何者要因爲顯著。

【解】

$$CT = \frac{(\text{所有數據和})^2}{\text{所有數據個數}} \frac{(174)^2}{8} = 3784.5$$

$$S_T = (\text{各個數據的平方和}) - CT = 5186 - 3784.5 = 1401.5$$

$$S_A = \frac{(A_1\,\text{的數據和})^2}{A_1\,\text{的數據數}} + \frac{(A_2\,\text{的數據和})^2}{A_2\,\text{的數據數}} - CT = \frac{(A_1\,\text{的數據和} - A_2\,\text{的數據和})^2}{\text{數據總數}}$$

$$= \frac{(111-63)^2}{8} = 288.0$$

$$S_B = \frac{(108-66)^2}{8} = 220.5$$

$$S_C = \frac{(121-53)^2}{8} = 578.0$$

$$S_D = \frac{(108-66)^2}{8} = 220.5$$

$$S_e = S_T - S_A - S_B - S_C - S_D = 94.5$$

因之 C 為顯著因子。

變因	平方和	自由度	均方	F_0	
A	288.0	1	288.0	9.14	$< F_{0.05}(1, 3) = 10.13$
B	220.5	1	220.5	7.00	
C	578.0	1	578.0	18.35*	$> F_{0.05}(1, 3) = 10.13$
D	220.5	1	220.5	7.00	
e	94.5	3	31.5		
T	1401.5				

【註】 (1) 1% 顯著時稱為高度顯著，記成 **，5% 顯著時，記成 *。當 α 增大時，檢定就會寬鬆。

　　　　(2) 誤差的自由度要多少並無完整的理論，經驗上估計的結果為了能安定，至少是 3，儘可能 5 以上。

例 *

　　為了找出能減少某鋼材淬火彎曲的製造條件，選取 4 個因子 A, B, C, D，各因子均為 2 水準。交互作用假定 $A \times B$, $A \times C$ 存在，而其他的交互作用可以忽略。其實驗之數據如下：

要因	A	B	$(A \times B)$	C		$(B \times C)$	D	水準組合	數據
行號 NO.	1	2	3	4	5	6	7		
1	1	1	1	1	1	1	1	$A_1 B_1 C_1 D_1$	0.24
2	1	1	1	2	2	2	2	$A_1 B_1 C_2 D_2$	0.34
3	1	2	2	1	1	2	2	$A_1 B_2 C_1 D_2$	0.38
4	1	2	2	2	2	1	1	$A_1 B_2 C_2 D_1$	0.29
5	2	1	2	1	2	1	2	$A_2 B_1 C_1 D_2$	0.51
6	2	1	2	2	1	2	1	$A_2 B_1 C_2 D_1$	0.47
7	2	2	1	1	2	2	1	$A_2 B_2 C_1 D_1$	0.23
8	2	2	1	2	1	1	2	$A_2 B_2 C_2 D_2$	0.40

　　8 個實驗以隨機順序進行，試驗定何者要因為顯著。

【註】交互作用行之配置法有利用成分記號以及線點圖的方法。請參考本人編譯的「實驗計畫法入門」（中衛發展中心）。

【解】

　　總平方和 S_T 可分解為

$$S_T = S_A + S_B + S_C + S_D + S_{A \times B} + S_{B \times C} + S_e$$

　　將數據如下變換，即

$$u_i = (x_i - 0.30) \times 100$$

　　行平方和的計算（u_i）

行號	1		2		3		4		5		6		7	
水準	1	2	1	2	1	2	1	2	1	2	1	2	1	2
和	5	41	36	10	1	45	16	30	26	17	24	22	3	43
合計	46		46		46		46		46		46		46	
行平方和	162.0		84.5		242.0		24.5		18.0		0.5		200.0	

$$S'_T = (-6)^2 + (4)^2 + \cdots + (10)^2 - \frac{(46)^2}{8} = 731.5 \Rightarrow S_T = \frac{S'_T}{(100)^2} = 731.5 \times 10^{-4}$$

同理，

$$S_A = S_{(1)} = 162.0 \times 10^{-4}$$
$$S_B = S_{(2)} = 84.5 \times 10^{-4}$$
$$S_C = S_{(4)} = 24.5 \times 10^{-4}$$
$$S_D = S_{(7)} = 200.0 \times 10^{-4}$$
$$S_{A \times B} = S_{(3)} = 242.0 \times 10^{-4}$$
$$S_{B \times C} = S_{(6)} = 0.5 \times 10^{-4}$$
$$S_e = S_{(5)} = 18.0 \times 10^{-4}$$

ANOVA

變因	平方和	自由度	均方	F_0
A	162.0×10^{-4}	1	162.0×10^{-4}	$9.00 < F_{0.05}(1, 1) = 161.0$
B	84.5×10^{-4}	1	84.5×10^{-4}	4.69
C	24.5×10^{-4}	1	24.5×10^{-4}	1.36
D	200.0×10^{-4}	1	200.0×10^{-4}	11.11
$A \times B$	242.0×10^{-4}	1	242.0×10^{-4}	13.44
$B \times C$	0.5×10^{-4}	1	0.5×10^{-4}	–
e	18.0×10^{-4}	1	18.0×10^{-4}	
總和	731.5×10^{-4}	7		

由於任一要因均不顯著，因之與 V_e 比較，將均方之值約略相同的 C 與較小的 $B \times C$ 併入誤差項，（將 F_0 之值小於 1 者），重作變異數分析表。

合併後之 ANOVA

變因	平方和	自由度	均方	F_0
A	162.0×10^{-4}	1	162.0×10^{-4}	$11.33^* > F_{0.05}(1, 3) = 10.1$
B	84.5×10^{-4}	1	84.5×10^{-4}	5.91
D	200.0×10^{-4}	1	200.0×10^{-4}	13.99*
$A \times B$	242.0×10^{-4}	1	242.0×10^{-4}	16.92*
e'	43.0×10^{-4}	3	14.3×10^{-4}	
總和	731.5×10^{-4}	7		

故知 $A, D, A \times B$ 均為 5% 顯著。

■ 3 水準的直交表 $L_{27}(3^{13})$

3 水準直交表的形式如下。

行號 NO	1	2	3	4	5	6	7	8	9	10	11	12	13	數據
1	1	1	1	1	1	1	1	1	1	1	1	1	1	10
2	1	1	1	1	2	2	2	2	2	2	2	2	2	29
3	1	1	1	1	3	3	3	3	3	3	3	3	3	31
4	1	2	2	2	1	1	1	2	2	2	3	3	3	37
5	1	2	2	2	2	2	2	3	3	3	1	1	1	39
6	1	2	2	2	3	3	3	1	1	1	2	2	2	40
7	1	3	3	3	1	1	1	3	3	3	2	2	2	29
8	1	3	3	3	2	2	2	1	1	1	3	3	3	33
9	1	3	3	3	3	3	3	2	2	2	1	1	1	44
10	2	1	2	3	1	2	3	1	2	3	1	2	3	35
11	2	1	2	3	2	3	1	2	3	1	2	3	1	24
12	2	1	2	3	3	1	2	3	1	2	3	1	2	25
13	2	2	3	1	1	2	3	2	3	1	3	1	2	34
14	2	2	3	1	2	3	1	3	1	2	1	2	3	31
15	2	2	3	1	3	1	2	1	2	3	2	3	1	34
16	2	3	1	2	1	2	3	3	1	2	2	3	1	29
17	2	3	1	2	2	3	1	1	2	3	3	1	2	25
18	2	3	1	2	3	1	2	2	3	1	1	2	3	23
19	3	1	3	2	1	3	2	1	3	2	1	3	2	21
20	3	1	3	2	2	1	3	2	1	3	2	1	3	28
21	3	1	3	2	3	2	1	3	2	1	3	2	1	30
22	3	2	1	3	1	3	2	2	1	3	3	2	1	25
23	3	2	1	3	2	1	3	3	2	1	1	3	2	33
24	3	2	1	3	3	2	1	1	3	2	2	1	3	31
25	3	3	2	1	1	3	2	3	2	1	2	1	3	28
26	3	3	2	1	2	1	3	1	3	2	3	2	1	25
27	3	3	2	1	3	2	1	2	1	3	1	3	2	18
成分	a	b	a b	a b^2	c	a c	a c^2	b c	a b c	a b^2 c^2	b c_2	a b_2 c	a b c	

對於因子的配量可利用線點圖或求交互作用列之表，以下以例子來解說。

> **例**
>
> 　　目的在於找出提高某化學物質之黏度，列舉 5 個因子 $A, B, C, D,$ F，分別設定 3 水準，應考慮的交互作用是 $A \times B, A \times C, B \times C$ 三者。

【解】

步驟 1　因子的配置

　　　　主效果的自由度合計是 $2 \times 5 = 10$，要考慮之交互作用的自由度合計是 $4 \times 3 = 12$，總計是 22，因之要準備 L_{27} 直交配列表。所要求的線點圖如圖 1。將此編入到後面的圖 A.1 所準備的線點圖 (1) 時，即為圖 2。依據此圖將因子的配置與交互作用行及誤差行表示在表 1 中，或利用表 A.1 求交互作用列表亦可求出。

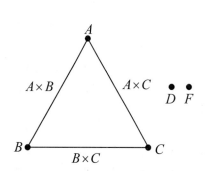

圖 1　所要求的線點圖

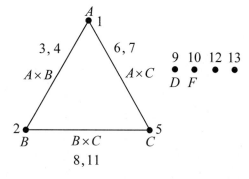

圖 2　編入到所準備的線點圖中

步驟 2　實驗順序與數據的蒐集

　　　　依據表 1 所示的配置，從 No.1 到 No.27 的實驗中因子的水準組合即可決定。從 No.1 到 No.27 的實驗以隨機順序進行而後蒐集數據。水準組合與實驗順序如表 2 所示。另外，所得到的數據如表 1 所示。

步驟 3　數據構造式的設定

$$x = \mu + a + b + c + d + f + (ab) + (ac) + (bc) + \varepsilon$$

$$\varepsilon \sim N(0, \sigma 2) \text{（限制式省略）}$$

表 1　L_{27} 直交配列表的因子配置與數據

配置 / 行號 NO.	A [1]	B [2]	A×B [3]	A×B [4]	C [5]	A×C [6]	A×C [7]	B×C [8]	D [9]	F [10]	B×C [11]	誤差 [12]	誤差 [13]	數據 x	x^2
1	1	1	1	1	1	1	1	1	1	1	1	1	1	10	100
2	1	1	1	1	2	2	2	2	2	2	2	2	2	29	841
3	1	1	1	1	3	3	3	3	3	3	3	3	3	31	961
4	1	2	2	2	1	1	1	2	2	2	3	3	3	37	1369
5	1	2	2	2	2	2	2	3	3	3	1	1	1	39	1521
6	1	2	2	2	3	3	3	1	1	1	2	2	2	40	1600
7	1	3	3	3	1	1	1	3	3	3	2	2	2	29	841
8	1	3	3	3	2	2	2	1	1	1	3	3	3	33	1089
9	1	3	3	3	3	3	3	2	2	2	1	1	1	44	1936
10	2	1	2	3	1	2	3	1	2	3	1	2	3	35	1225
11	2	1	2	3	2	3	1	2	3	1	2	3	1	24	576
12	2	1	2	3	3	1	2	3	1	2	3	1	2	25	625
13	2	2	3	1	1	2	3	2	3	1	3	1	2	34	1156
14	2	2	3	1	2	3	1	3	1	2	1	2	3	31	961
15	2	2	3	1	3	1	2	1	2	3	2	3	1	34	1156
16	2	3	1	2	1	2	3	3	1	2	2	3	1	29	841
17	2	3	1	2	2	3	1	1	2	3	3	1	2	25	625
18	2	3	1	2	3	1	2	2	3	1	1	2	3	23	529
19	3	1	3	2	1	3	2	1	3	2	1	3	2	21	441
20	3	1	3	2	2	1	3	2	1	3	2	1	3	28	784
21	3	1	3	2	3	2	1	3	2	1	3	2	1	30	900
22	3	2	1	3	1	3	2	2	1	3	3	2	1	25	625
23	3	2	1	3	2	1	3	3	2	1	1	3	2	33	1089
24	3	2	1	3	3	2	1	1	3	2	2	1	3	31	961
25	3	3	2	1	1	3	2	3	2	1	2	1	3	28	784
26	3	3	2	1	2	1	3	1	3	2	3	2	1	25	625
27	3	3	2	1	3	2	1	2	1	3	1	3	2	18	324
成分	a	b	a b	a b^2	c	a c	a c^2	b c	a b c	a b^2 c^2	b c^2	a b^2 c	a b c^2	$\sum x_i =$ 791	$\sum x_i^2 =$ 24485

表 2　水準組合與實驗順序

No.	水準組合	實驗順序	No.	水準組合	實驗順序
1	$A_1B_1C_1D_1F_1$	19	15	$A_2B_2C_3D_2F_3$	27
2	$A_1B_1C_2D_2F_2$	21	16	$A_2B_3C_1D_1F_2$	11
3	$A_1B_1C_3D_3F_3$	8	17	$A_2B_3C_2D_2F_3$	24
4	$A_1B_2C_1D_2F_2$	4	18	$A_2B_3C_3D_3F_1$	26
5	$A_1B_2C_2D_3F_3$	13	19	$A_3B_1C_1D_3F_2$	15
6	$A_1B_2C_3D_1F_1$	3	20	$A_3B_1C_2D_1F_3$	2
7	$A_1B_3C_1D_3F_3$	18	21	$A_3B_1C_3D_2F_1$	23
8	$A_1B_3C_2D_1F_1$	7	22	$A_3B_2C_1D_1F_3$	17
9	$A_1B_3C_3D_2F_2$	9	23	$A_3B_2C_2D_2F_1$	6
10	$A_2B_1C_1D_2F_3$	25	24	$A_3B_2C_3D_3F_2$	10
11	$A_2B_1C_2D_3F_1$	12	25	$A_3B_3C_1D_2F_1$	5
12	$A_2B_1C_3D_1F_2$	20	26	$A_3B_3C_2D_3F_2$	22
13	$A_2B_2C_1D_3F_1$	1	27	$A_3B_3C_3D_1F_3$	16
14	$A_2B_2C_2D_1F_2$	14			

步驟 4　計算輔助表的製作

於圖表化與平方和的計算之前，先製作如表 3 所示的計算輔助表與各 2 元表（從表 4 到表 6）。

在表 3 的製作方式方面，由於「$T_{[k]_1}$ 是第 $[k]$ 行的水準號碼為 1 的數據和」，「$T_{[k]_2}$ 是第 $[k]$ 行的水準號碼為 2 的數據和」，「$T_{[k]_3}$ 是第 $[k]$ 行的水準號碼為 3 的數據和」，利用表 1，譬如如下計算：

$T_{[1]_1} = 10 + 29 + 31 + 37 + 39 + 40 + 29 + 33 + 44 = 292$

$T_{[1]_2} = 35 + 24 + 25 + 34 + 31 + 34 + 29 + 25 + 23 = 260$

$T_{[1]_3} = 21 + 28 + 30 + 25 + 33 + 31 + 28 + 25 + 18 = 239$

此外，行平方和是使用下式，亦即

$$S_{[k]} = \frac{T_{[k]_1}^2}{N_{[k]_1}} + \frac{T_{[k]_2}^2}{N_{[k]_2}} + \frac{T_{[k]_3}^2}{N_{[k]_3}} - CT$$

（本例 $N_{[k]_1} = N_{[k]_2} = N_{[k]_3} = 9$）

$$CT = \frac{T^2}{N} = \frac{791^2}{27} = 23173.37$$

表 3　計算補助表

配置	行	$T_{[k]_1}$ $\bar{x}_{[k]_1}$	$T_{[k]_2}$ $\bar{x}_{[k]_2}$	$T_{[k]_3}$ $\bar{x}_{[k]_3}$	行平方和 ($S_{[k]}$)
A	[1]	$_{[1]_1} = 292$ $\bar{x}_{[1]_1} = 32.4$	$T_{[1]_2} = 260$ $\bar{x}_{[1]_2} = 28.9$	$T_{[1]_3} = 239$ $\bar{x}_{[1]_3} = 26.6$	158.30
B	[2]	$T_{[2]_1} = 233$ $\bar{x}_{[2]_1} = 25.9$	$T_{[2]_2} = 304$ $\bar{x}_{[2]_2} = 33.8$	$T_{[2]_3} = 254$ $\bar{x}_{[2]_3} = 28.2$	295.63
$A \times B$	[3]	$T_{[3]_1} = 236$ $\bar{x}_{[3]_1} = 26.2$	$T_{[3]_2} = 271$ $\bar{x}_{[3]_2} = 30.1$	$T_{[3]_3} = 284$ $\bar{x}_{[3]_3} = 31.6$	136.96
$A \times B$	[4]	$T_{[4]_1} = 240$ $\bar{x}_{[4]_1} = 26.7$	$T_{[4]_2} = 272$ $\bar{x}_{[4]_2} = 30.2$	$T_{[4]_3} = 279$ $\bar{x}_{[4]_3} = 31.0$	96.07
C	[5]	$T_{[5]_1} = 248$ $\bar{x}_{[5]_1} = 27.6$	$T_{[5]_2} = 267$ $\bar{x}_{[5]_2} = 29.7$	$T_{[5]_3} = 276$ $\bar{x}_{[5]_3} = 30.7$	45.41
$A \times C$	[6]	$T_{[6]_1} = 244$ $\bar{x}_{[6]_1} = 26.1$	$T_{[6]_2} = 278$ $\bar{x}_{[6]_2} = 30.9$	$T_{[6]_3} = 269$ $\bar{x}_{[6]_3} = 29.9$	69.96
$A \times C$	[7]	$T_{[7]_1} = 235$ $\bar{x}_{[7]_1} = 26.1$	$T_{[7]_2} = 257$ $\bar{x}_{[7]_2} = 28.6$	$T_{[7]_3} = 299$ $\bar{x}_{[7]_3} = 33.2$	234.96
$B \times C$	[8]	$T_{[8]_1} = 254$ $\bar{x}_{[8]_1} = 28.2$	$T_{[8]_2} = 262$ $\bar{x}_{[8]_2} = 29.1$	$T_{[8]_3} = 275$ $\bar{x}_{[8]_3} = 30.6$	24.96
D	[9]	$T_{[9]_1} = 239$ $\bar{x}_{[9]_1} = 26.6$	$T_{[9]_2} = 295$ $\bar{x}_{[9]_2} = 32.8$	$T_{[9]_3} = 257$ $\bar{x}_{[9]_3} = 28.6$	181.63
F	[10]	$T_{[10]_1} = 255$ $\bar{x}_{[10]_1} = 28.3$	$T_{[10]_2} = 272$ $\bar{x}_{[10]_2} = 30.2$	$T_{[10]_3} = 264$ $\bar{x}_{[10]_3} = 29.3$	16.07
$B \times C$	[11]	$T_{[11]_1} = 254$ $\bar{x}_{[11]_1} = 28.2$	$T_{[11]_2} = 272$ $\bar{x}_{[11]_2} = 30.2$	$T_{[11]_3} = 265$ $\bar{x}_{[11]_3} = 29.4$	18.30
誤差	[12]	$T_{[12]_1} = 264$ $\bar{x}_{[12]_1} = 29.3$	$T_{[12]_2} = 267$ $\bar{x}_{[12]_2} = 29.7$	$T_{[12]_3} = 260$ $\bar{x}_{[12]_3} = 28.9$	2.74
誤差	[13]	$T_{[13]_1} = 260$ $\bar{x}_{[13]_1} = 28.9$	$T_{[13]_2} = 254$ $\bar{x}_{[13]_2} = 28.2$	$T_{[13]_3} = 277$ $\bar{x}_{[13]_3} = 30.8$	31.63

表 4　AB 2 元表

	B_1	B_2	B_3
A_1	$T_{A_1B_1} = 70$ $\overline{x}_{A_1B_1} = 23.3$	$T_{A_1B_2} = 116$ $\overline{x}_{A_1B_2} = 38.7$	$T_{A_1B_3} = 106$ $\overline{x}_{A_1B_3} = 35.3$
A_2	$T_{A_2B_1} = 84$ $\overline{x}_{A_2B_1} = 28.0$	$T_{A_2B_2} = 99$ $\overline{x}_{A_2B_2} = 33.0$	$T_{A_2B_3} = 77$ $\overline{x}_{A_2B_3} = 25.7$
A_3	$T_{A_3B_1} = 79$ $\overline{x}_{A_3B_1} = 26.3$	$T_{A_3B_2} = 89$ $\overline{x}_{A_3B_2} = 29.7$	$T_{A_3B_3} = 71$ $\overline{x}_{A_3B_3} = 23.7$

表 5　AC 2 元表

	C_1	C_2	C_3
A_1	$T_{A_1C_1} = 76$ $\overline{x}_{A_1C_1} = 25.3$	$T_{A_1C_2} = 101$ $\overline{x}_{A_1C_2} = 33.7$	$T_{A_1C_3} = 115$ $\overline{x}_{A_1C_3} = 38.3$
A_2	$T_{A_2C_1} = 98$ $\overline{x}_{A_2C_1} = 32.7$	$T_{A_2C_2} = 80$ $\overline{x}_{A_2C_2} = 26.7$	$T_{A_2C_3} = 82$ $\overline{x}_{A_2C_3} = 27.3$
A_3	$T_{A_3C_1} = 74$ $\overline{x}_{A_3C_1} = 24.7$	$T_{A_3C_2} = 86$ $\overline{x}_{A_3C_2} = 28.7$	$T_{A_3C_3} = 79$ $\overline{x}_{A_3C_3} = 26.3$

表 6　BC 2 元表

	C_1	C_2	C_3
B_1	$T_{B_1C_1} = 66$ $\overline{x}_{B_1C_1} = 22.0$	$T_{B_1C_2} = 81$ $\overline{x}_{B_1C_2} = 27.0$	$T_{B_1C_3} = 86$ $\overline{x}_{B_1C_3} = 28.7$
B_2	$T_{B_2C_1} = 96$ $\overline{x}_{B_2C_1} = 32.0$	$T_{B_2C_2} = 103$ $\overline{x}_{B_2C_2} = 34.3$	$T_{B_2C_3} = 105$ $\overline{x}_{B_2C_3} = 35.0$
B_3	$T_{B_3C_1} = 86$ $\overline{x}_{B_3C_1} = 28.7$	$T_{B_3C_2} = 83$ $\overline{x}_{B_3C_2} = 27.7$	$T_{B_3C_3} = 85$ $\overline{x}_{B_3C_3} = 28.3$

在表 4 的製作方面，由於「$T_{A_iB_j}$ 是 A_iB_j 水準的數據和」，所以注視配置 A 的第 [1] 行與配置 B 的第 [2] 行。譬如，$T_{A_1B_1}$是「第

[1] 行的水準號碼為 1，第 [2] 行的水準號碼為 1 的數據和」，$T_{A_1B_2}$ 是第 [1] 行的水準號碼為 1，第 [2] 行的水準號碼為 2 的數據和」。亦即

$$T_{A_1B_1} = 10 + 29 + 31 = 70$$
$$T_{A_1B_2} = 37 + 39 + 40 = 116$$

其他 2 元表也同樣計算。

步驟 5　數據的圖形化

依據步驟 4 所求出的計算輔助表與各 2 元表中的平均值製作圖形，掌握各要因效果的概略情形。由圖 3 知，以主效果來說 A, B, D 均比其他大；以交互作用來說 $A \times B$ 與 $A \times C$ 似乎比其他大。

步驟 6　平方和與自由度之計算

利用表 2 計修正項與總平方和時，得

$$S_T = (\text{各個數據的平方和}) - CT = \sum_{i=1}^{27} x_i^2 - CT$$
$$= 24485 - 23173.37 = 1311.63$$

此值與表 3 所示的各行平方和 $S_{[k]}$ 之和在四捨五入的誤差範圍內是一致的。亦即

$$S_T = \sum_{k=1}^{13} S_{[k]} = 1311.62$$

又，總自由度是 $\phi_T = N - 1 = 27 - 1 = 26$。

主效果與配置該因子之行平方和一致。而且，交互作用的平方和與自由度分別是所出現之行的行平方和之和與行自由度之和，由表 3 得

$$S_{A \times B} = S_{[3]} + S_{[4]} = 136.96 + 96.07 = 233.02$$
$$(\phi_{[3]} + \phi_{[4]} = 2 + 2 = 4)$$
$$S_{A \times C} = S_{[6]} + S_{[7]} = 68.96 + 234.96 = 303.92$$
$$(\phi_{[6]} + \phi_{[7]} = 2 + 2 = 4)$$
$$S_{B \times C} = S_{[8]} + S_{[11]} = 24.96 + 18.30 = 42.36$$
$$(\phi_{[8]} + \phi_{[11]} = 2 + 2 = 4)$$

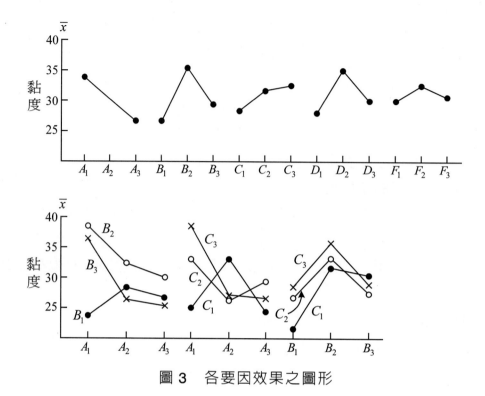

圖 3　各要因效果之圖形

此外，誤差平方和與自由度是未配置要因之行的行平方和之和與行自由度之和，由表 3 得出如下：

$$S_e = S_{[12]} + S_{[13]} = 2.74 + 31.63 = 34.37$$

$$(\phi_e = \phi_{[12]} + \phi_{[13]} = 2 + 2 = 4)$$

步驟 7　變異數分析表的製作

依據步驟 6 的結果，製作表 7 的變異數分析表 (1)。

主效果 A, B, D 與交互作用 $A \times B$, $A \times C$ 是顯著的。將 F_0 值小的 F, $B \times C$ 合併，製作變異數分析表 (2)。C 的 F_0 值雖然小，但由於不忽略 $A \times C$，所以不合併。

另外，在 $E(V)$ 欄中，譬如 A_1 水準的數據個數是 9 個，所以 σ_A^2 被乘上 9，A_1B_1 的水準組合的數據個數是 3 個，所以 $\sigma_{A \times B}^2$ 被乘上 3。

在變異數分析表 (2) 中，主效果 A, B, D 與交互作用 $A \times B$, $A \times C$ 是高度顯著。

表 7　變異數分析表 (1)

要因	S	ϕ	V	F_0	(V)
A	158.30	2	79.15	9.21*	$\sigma^2 + 9\sigma_A^2$
B	295.63	2	147.8	17.2*	$\sigma^2 + 9\sigma_B^2$
C	45.41	2	22.71	2.64	$\sigma^2 + 9\sigma_C^2$
D	181.63	2	90.82	10.6*	$\sigma^2 + 9\sigma_D^2$
F	16.07	2	8.035	0.935	$\sigma^2 + 9\sigma_F^2$
$A \times B$	233.03	4	58.26	6.78*	$\sigma^2 + 3\sigma_{A \times B}^2$
$A \times C$	303.92	4	75.98	8.84*	$\sigma^2 + 3\sigma_{A \times C}^2$
$B \times C$	43.26	4	10.82	1.26	$\sigma^2 + 3\sigma_{B \times C}^2$
E	34.37	4	8.593		
T	1311.62	26			

$F(2, 4; 0.05) = 6.94, F(2, 4; 0.01) = 18.0$

$F(4, 4; 0.05) = 6.39, F(4, 4; 0.01) = 16.0$

表 8　變異數分析表 (2)

要因	S	ϕ	V	F_0	$E(V)$
A	158.30	2	79.15	8.45**	$\sigma^2 + 9\sigma_A^2$
B	295.63	2	147.8	15.8**	$\sigma^2 + 9\sigma_B^2$
C	45.41	2	22.71	2.42	$\sigma^2 + 9\sigma_C^2$
D	181.63	2	90.82	9.69**	$\sigma^2 + 9\sigma_D^2$
$A \times B$	233.03	4	58.26	6.22**	$\sigma^2 + 3\sigma_{A \times B}^2$
$A \times C$	303.92	4	75.98	8.11**	$\sigma^2 + 3\sigma_{A \times C}^2$
E'	93.70	10	9.370		σ^2
T	1311.62	26			

$F(2, 10; 0.05) = 4.10, F(2, 10; 0.01) = 7.56$

$F(4, 10; 0.05) = 3.48, F(4, 10; 0.01) = 5.99$

步驟 8　變異數分析後的數據構造式

由表 8，可以如下考慮數據的構造式。

$$x = \mu + a + b + c + d + (ab) + (ac) + \varepsilon$$

$$\varepsilon \sim N(0, \sigma^2)$$

步驟 9　最適水準的決定

依據步驟 8 的數據構造式，在 ABCD 的水準組合下如下估計母平均。

$$\hat{\mu}(ABCD) = \overbrace{\mu + a + b + c + d + (ab) + (ac)}$$

$$= \overbrace{\mu + a + b + (ab)} + \overbrace{\mu + a + c + (ac)} + \overbrace{\mu + d} - \overbrace{\mu + a} - \hat{\mu}$$

$$= \overline{x}_{AB} + \overline{x}_{AC} + \overline{x}_D - \overline{x}_A - \overline{\overline{x}}$$

使上式成為最大的因子水準，必須考慮因子 A 的水準之影響進入 $\overline{x}_{AB}$ 與 $\overline{x}_{AC}$，以及減去 $\overline{x}_A$ 再決定。亦即按 A_1, A_2, A_3 決定其他因子之最適水準之後再決定 A 的最適水準。但 D 是由表 3 決定出 D_2 水準。

• A_1 水準的情形：由表 4 個 AB 2 元表選出 B_2 水準，由表 5 的 AC 2 元表選出 C_3 水準。

$$\hat{\mu}(A_1B_2C_3D_2) = \overline{x}_{A_1B_2} + \overline{x}_{A_1C_3} + \overline{x}_{D_2} - \overline{x}_{A_1} - \overline{\overline{x}}$$

$$= \frac{T_{A_1B_2}}{3} + \frac{T_{A_1C_3}}{3} + \frac{T_{D_2}}{9} - \frac{T_{A_1}}{9} - \frac{T}{27}$$

$$= 38.7 + 38.3 + 32.8 - 32.4 - \frac{791}{27} = 48.1$$

• A_2 水準的情形：由表 4 的 AB 2 元表選出 B_2 水準，由表 5 的 AC 2 元表選出 C_1 水準。

$$\hat{\mu}(A_2B_2C_1D_2) = \overline{x}_{A_2B_2} + \overline{x}_{A_2C_1} + \overline{x}_{D_2} - \overline{x}_{A_2} - \overline{\overline{x}}$$

$$= 33.0 + 32.7 + 32.8 - 28.9 - \frac{791}{27} = 40.3$$

• A_3 水準的情形：由表 4 的 AB 2 元表選出 B_2 水準，由表 5 的 AC 2 元表選出 C_2 水準。

$$\hat{\mu}(A_3B_2C_2D_2) = \overline{x}_{A_3B_2} + \overline{x}_{A_3C_2} + \overline{x}_{D_2} - \overline{x}_{A_3} - \overline{\overline{x}}$$

$$= 29.7 + 28.7 + 32.8 - 26.6 - \frac{791}{27} = 35.3$$

因此，最適的水準組合是 $A_1B_2C_3D_2$。

步驟 10 母平均的點估計

由步驟 9 估計如下。

$$\hat{\mu}(A_1B_2C_3D_2) = 48.1$$

步驟 11 母平均的區間估計（信賴率：95%）

有效反覆數

$$\frac{1}{n_e} = \frac{1 + (用於點估計之要因的自由度之和)}{總數據數}$$

$$= \frac{1 + (\phi_A + \phi_B + \phi_C + \phi_D + \phi_{A \times B} + \phi_{A \times C})}{N}$$

$$= \frac{1 + (2 + 2 + 2 + 2 + 4 + 4)}{27} = \frac{17}{27} \quad （田口公式）$$

或者

$$\frac{1}{n_e} = (用於點估計的平均之係數和)$$

$$= \frac{1}{3} + \frac{1}{3} + \frac{1}{9} - \frac{1}{9} - \frac{1}{27} = \frac{17}{27} \quad （伊奈公式）$$

信賴區間成為如下：

$$\hat{\mu}(A_1B_2C_3D_2) \pm t(\phi_e, 0.05)\sqrt{\frac{V_e}{n_e}}$$

$$= 48.1 \pm t(10, 0.05)\sqrt{\frac{17}{27} \times 9.370}$$

$$= 48.1 \pm 2.228\sqrt{\frac{17}{27} \times 9.370} = 48.1 \pm 5.4 = 42.7, 53.5$$

步驟 12 數據的預測

在 $A_1B_2C_3D_2$ 的水準組合下，當將來重新蒐集數據時，預測可以得出哪一個值。點預測與步驟 10 的母平均的點估計相同。

$$\hat{x} = \hat{\mu}(A_1B_2C_3D_2) = 48.1$$

另外，信賴率 95% 的預測區間如下：

$$\hat{x} \pm t(\phi_e, 0.05)\sqrt{\left(1 + \frac{1}{n_e}\right)V_e}$$

$$= 48.1 \pm t(10, 0.05)\sqrt{\left(1 + \frac{17}{27}\right) \times 9.370}$$

$$= 48.1 \pm 2.228 \sqrt{\left(1 + \frac{17}{27}\right) \times 9.370} = 48.1 \pm 8.7 = 39.4, 56.8$$

步驟 13 估計 2 個母平均之差

譬如，估計 $\mu(A_1B_1C_1D_1)$ 與 $\mu(A_1B_2C_3D_2)$。

點估計值如下。

$$\hat{\mu}(A_1B_1C_1D_1) - \hat{\mu}(A_1B_2C_3D_2)$$

$$= (\overline{x}_{A_1B_1} + \overline{x}_{A_1C_1} + \overline{x}_{D_1} - \overline{x}_{A_1} - \overline{\overline{x}})$$

$$- (\overline{x}_{A_1B_2} + \overline{x}_{A_1C_3} + \overline{x}_{D_2} - \overline{x}_{A_1} - \overline{\overline{x}})$$

$$= (23.3 + 25.3 + 26.6 - 32.4 - 29.3)$$

$$- (38.7 + 38.3 + 32.8 - 32.4 - 29.3)$$

$$= -34.6$$

其次，求信賴區間。從 $\hat{\mu}(A_1B_1C_1D_1)$ 與 $\hat{\mu}(A_1B_2C_3D_2)$ 消去共同的平均 $\hat{\mu}_{A_1}$ 與 $\overline{\overline{x}}$，再分別應用伊奈公式。

$$\overline{x}_{A_1B_1} + \overline{x}_{A_1C_1} + \overline{x}_{D_1} = \frac{T_{A_1B_1}}{3} + \frac{T_{A_1C_1}}{3} + \frac{T_{D_1}}{9}$$

$$\rightarrow \frac{1}{n_{e_1}} = \frac{1}{3} + \frac{1}{3} + \frac{1}{9} = \frac{7}{9}$$

$$\overline{x}_{A_1B_2} + \overline{x}_{A_1C_3} + \overline{x}_{D_2} = \frac{T_{A_1B_2}}{3} + \frac{T_{A_1C_3}}{3} + \frac{T_{D_2}}{9}$$

$$\rightarrow \frac{1}{n_{e_2}} = \frac{1}{3} + \frac{1}{3} + \frac{1}{9} = \frac{7}{9}$$

由此，得出

$$\frac{1}{n_d} = \frac{1}{n_{e_1}} + \frac{1}{n_{e_2}} = \frac{7}{9} + \frac{7}{9} = \frac{14}{9}$$

因此，信賴區間為

$$\hat{\mu}(A_1B_1C_1D_1) - \hat{\mu}(A_1B_2C_3D_2) \pm t(\phi_e, 0.05)\sqrt{\frac{V_e}{n_d}}$$

$$= -34.6 \pm t(10, 0.05)\sqrt{\frac{14}{9} \times 9.370}$$

$$= -34.6 \pm 2.228 \sqrt{\frac{14}{9} \times 9.370}$$

$$= -34.6 \pm 8.5 = -43.1, -26.1$$

表 A.1 求交互作用列表（L_{27} 用）

行＼行	[1]	[2]	[3]	[4]	[5]	[6]	[7]	[8]	[9]	[10]	[11]	[12]	[13]
[1]		3 4	2 4	2 3	6 7	5 7	5 6	9 10	8 10	8 9	12 13	11 13	11 12
[2]			1 4	1 3	8 11	9 12	10 13	5 11	6 12	7 13	5 8	6 9	7 10
[3]				1 2	9 13	10 11	8 12	7 12	5 13	6 11	6 10	7 8	5 9
[4]					10 12	8 13	9 11	6 13	7 11	5 12	7 9	5 10	6 8
[5]						1 7	1 6	2 11	3 13	4 12	2 8	4 10	3 9
[6]							1 5	4 13	2 12	3 11	3 10	2 9	4 8
[7]								3 12	4 11	2 13	4 9	3 8	2 10
[8]									1 10	1 9	2 5	3 7	4 6
[9]										1 8	4 7	2 6	3 5
[10]											3 6	4 5	2 7
[11]												1 13	1 12
[12]													1 11

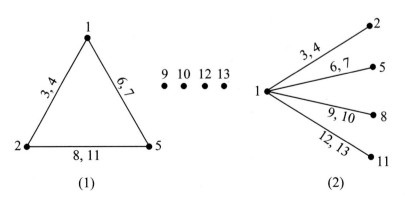

(1)　　　　　　　　(2)

圖 4　L_{27} 的線點圖

第 **10** 章

迴歸與相關分析

■ 迴歸分析的緣由

如追溯現在的統計學的源流時，其一緣由可說從優生學的領域發展而來。在進化論中的優生學者達爾文（C.R. Darwin, 1809~1882）的弟子伽爾頓（Francis Galton, 1822~1911)，利用統計學的方法探討優生學的問題，建立了迴歸分析與相關分析的基礎。

伽爾頓以實證的方式，試著探討「父親的身高會遺傳給孩子嗎？」的問題。他蒐集了數千組的父子身高關係，畫出如圖 1 所示的圖形來。

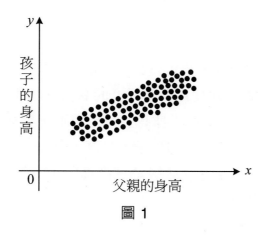

圖 1

一組父子的身高以一點記入，全部可描出數千個點。此種圖形稱為散布圖，在統計學上是非常重要的圖形。又實際上，我們可以把孩子定義為不再成長的成人，性別也全部同性，譬如都是男性，以如此方式來蒐集數據。

伽爾頓是就 x 軸分割成微小區間來看此散布圖。亦即，畫出許多平行 y 軸的直線來觀察。

在此小區間中的數個點的平均（y 的平均），如圖 2 以「×」記號記入，連結這些「×」記號的點，可得一曲線，他稱此為「y 對 x 的迴歸曲線」。

所謂對 x，不妨記住如下的意義即可，亦即「將 x 當作自變數（y 為依變數）」。且在迴歸分析中也有稱自變數為說明變數，依變數為目的變數。

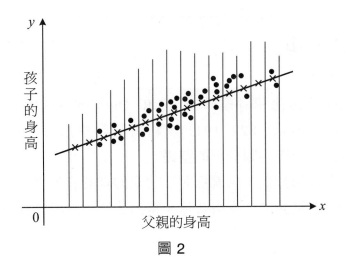

圖 2

　　當然，x 對 y 的迴歸曲線也可得到，一般它們形成了不同的曲線。

　　爲什麼伽爾頓對此曲線使用「迴歸」的名稱呢？簡要說明如下：他在進行此調查之前，由於一般認爲「身高」來自遺傳，譬如從身高 180cm 的父親，預估平均會生出 180cm 高的孩子，身高 150cm 的父親，預估平均會生出 150cm 高的孩子。即視迴歸曲線是一條具有 45° 斜率的直線。實際上依調查的結果，卻得出如圖 3 的曲線。

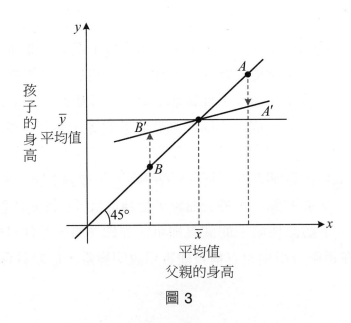

圖 3

　　譬如圖上 A 點，是來自身高較高的父親所生的孩子，其身高理應與其

父親的身高相同。事實上，孩子的身高平均卻比父親的身高稍低，而接近（迴歸）所有孩子身高的平均值 $\bar{y}$。另外，像 B 點是由身高較低的父親所生的孩子，按理說其平均值也應與其父親的身高相同，可是不然，孩子的身高平均值卻接近（迴歸）於所有孩子身高的平均值 $\bar{y}$。因此，他才稱此孩子的平均身高的曲線爲迴歸曲線（Regression Curve）。

【註】如果結論不是如此，高個子的父親愈會生出高個子的孩子，若有此傾向時，那麼人類不就分裂成巨人與小矮人了嗎？

■ 名詞解說

　　研究一變數對另一變數的影響情況，稱爲「迴歸分析」，如僅在表現變數間是否有關係以及相關的方向與程度者，稱爲「相關分析」。①只討論兩變數的變動關係而不計入其他因素者爲「簡單相關」，自變數在兩個以上，即一個依變數與多個自變數的相關稱爲「複相關」；②凡兩變數的變動有直線關係者是爲「直線相關」，若兩者之間的變化不成直線比例者即爲「非直線相關」；③就直線相關而言，如自變數增加，依變數亦增加，自變數減少，依變數亦減少，以同一方向變動者稱爲「正相關」，反之稱爲「負相關」；④直線關係爲例，相關係數爲 +1, −1 者稱爲「函數關係」，全無關係者稱爲「零相關」，相關係數不正好爲 +1, −1, 0 者稱爲「統計關係」。

■ 簡單直線迴歸分析

　　設 X_i 爲自變數（或稱爲解釋變數、說明變數），Y_i 爲依變數（或稱已解釋變數、目的變數），試將服從簡單迴歸模型的數據構造以數式表現。Y_i 對 X_i 的母平均設爲 $\mu = E(Y|X)$，可表示成如下：

$$Y_i = \mu + \varepsilon_i = \beta_0 + \beta_1 X_i + \varepsilon_i \tag{1}$$

ε_i 稱爲殘差，假定滿足以下 4 個假說：

(1) 不偏性　　　$E(\varepsilon_i) = 0$

(2) 等變異性　$V(\varepsilon_i) = \sigma^2$

(3) 無相關性　$COV(\varepsilon_i, \varepsilon_j) = 0$　（$i \neq j$）

(4) 常態性　　$\varepsilon_i \sim N(0, \sigma^2)$

將上述 4 個假設歸納表現時，即為「殘差 ε_i 相互獨立地服從平均數 0、變異數 σ^2 的常態分配」。

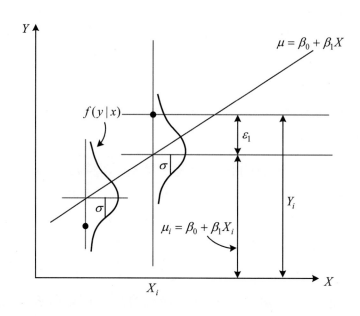

■ 迴歸方程式之求法

$\hat{Y} = b_0 + b_1 X$ 式中的 b_0, b_1 可由最小平方和求得。在滿足

1. $\sum(Y - \hat{Y}) = 0$

2. $\sum(Y - \hat{Y})^2$ 為最小值，即在 $\dfrac{\partial}{\partial b_0}\sum(Y - \hat{Y})^2 = 0$，　$\dfrac{\partial}{\partial b_1}\sum(Y - \hat{Y})^2 = 0$ 之下所得出之

兩個方程式稱為正規方程式：

$$\begin{cases} \sum Y = nb_0 + b_1 \sum X \\ \sum XY = b_0 \sum X + b_1 \sum X^2 \end{cases}$$

$$b_1 = \frac{\begin{vmatrix} n & \sum Y \\ \sum X & \sum XY \end{vmatrix}}{\begin{vmatrix} n & \sum X \\ \sum X & \sum X^2 \end{vmatrix}} = \frac{\sum (X - \bar{X})(Y - \bar{Y})}{\sum (X - \bar{X})^2} = \frac{S_{XY}}{S_{XX}}$$

$$b_0 = \bar{Y} - b_1 X$$

■ 簡單迴歸正規方程式之求法

以 $\hat{Y} = b_0 + b_1 X$ 來說明。

	$(b_0)1$	$+$ $(b_1)X$	$=$	Y
1	1	X		Y
X	X	X^2		XY
Y	Y	XY		Y^2

$\Rightarrow$

	$(b_0)1$	$+$ $(b_1)X$	$=$	Y
1	$\sum 1$	$\sum X$		$\sum Y$
X	$\sum X$	$\sum X^2$		$\sum XY$
Y	$\sum Y$	$\sum XY$		$\sum Y^2$

$\Rightarrow$

	$(b_0)1$ $+$ $(b_1)X$ $=$ Y	
1	$b_0 \sum 1 + b_1 \sum X = \sum Y$	正規方程式
X	$b_0 \sum X + b_1 \sum X^2 = \sum XY$	
Y	$-b_0 \sum Y - b_1 \sum XY + \sum Y^2$	誤差平方和

例 *

找出以下二個迴歸方程式的正規方程式。

(1) $\hat{Y} = b_0 + b_1 X + b_2 X^2$

(2) $\hat{Y} = b_0 X + b_1 X^2$

【解】

(1)

	$(b_0)1$ + $(b_1)X$ + $(b_2)X^2$ = Y	
1	$b_0\sum 1 \quad +b_1\sum X \quad +b_2\sum X^2 \quad =\sum Y$	
X	$b_0\sum X \quad +b_1\sum X^2 +b_2\sum X^3 \quad =\sum XY$	正規方程式
X^2	$b_0\sum X^2 +b_1\sum X^3 +b_2\sum X^4 \quad =\sum X^2 Y$	
Y	$-b_0\sum Y \quad -b_1\sum XY -b_2\sum X^2 Y +\sum Y^2$	誤差平方和

(2)

	$(b_0)X$ + $(b_1)X^2$ = Y	
X	$b_0\sum X^2 +b_1\sum X^3 \quad =\sum XY$	正規方程式
X^2	$b_0\sum X^3 +b_1\sum X^4 \quad =\sum X^2 Y$	
Y	$-b_0\sum XY -b_1\sum X^2 Y +\sum Y^2$	誤差平方和

■ 迴歸方程式的特性

隨機變數 Y 與 μ 之差以「殘差（residual）」ε 表之，即 $Y-\mu=\varepsilon$，觀測值 Y 與預測值 $\hat{Y}=b_0+b_1 X$ 之差以「誤差（error）」e 表之，即 $Y-\hat{Y}=e$。

(1) $\sum(Y-\hat{Y})=\sum e=0 \quad (\Rightarrow \overline{Y}=\overline{\hat{Y}})$

(2) $\sum(Y-\hat{Y})^2=\sum e^2 \Rightarrow$ 極小

(3) 迴歸直線通過 $(\overline{X},\ \overline{Y})$ 之座標點。

(4) $\sum X_e=0$

(5) $\sum \hat{Y}e=0$

(6) $S_e=\sum(Y-\hat{Y})^2=\sum Y^2-b_0\sum Y-b_1\sum XY$

(7) $S_e=S_{YY}-b_1 S_{1Y}$

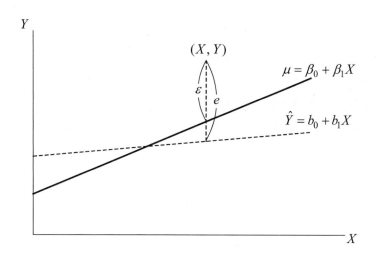

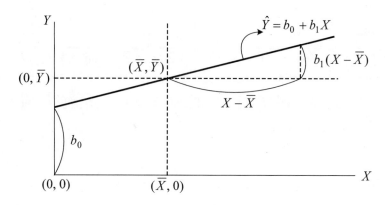

【註】　迴歸方程式或迴歸直線 $\hat{Y} = b_0 + b_1 X$ 的用處有

(1) 可由原因 X 預測結果 Y

(2) 可由結果 Y 控制原因 X

【證】

(1), (2) 顯然成立（由最小平方和的性質）。

(3) $\hat{Y} = b_0 + b_1 X$，$\sum \hat{Y} = nb_0 + b_1 \sum X$，但 $\sum Y = \sum \hat{Y}$，

　　$\therefore \sum Y = nb_0 + b_1 \sum X$，兩邊除以 n，

　　$\overline{Y} = b_0 + b_1 \overline{X}$，所以迴歸直線必通過 $(\overline{X}, \overline{Y})$。

(4) $\sum Xe = \sum X(Y - \hat{Y}) = \sum X(Y - b_0 - b_1 X) = \sum XY - b_0 \sum X - b_1 \sum X^2$，

　　但已知 $\sum XY = b_0 \sum X + b_1 \sum X^2$，故 $\sum Xe = 0$。

(5) $\sum \hat{Y}e = \sum (b_0 + b_1 X)e = b_0 \sum e + b_1 \sum Xe = 0$

(6) $\sum(Y-\hat{Y})^2 = \sum(Y-\hat{Y})e = \sum Ye = \sum Y(Y-\hat{Y}) = \sum Y(Y-b_0X-b_1X)$

$\qquad\qquad = \sum Y^2 - b_0\sum Y - b_1\sum XY$

(7) $S_e = \sum Y^2 - b_0\sum Y - b_1\sum XY$

將 $b_0 = \overline{Y} - b_1\overline{X}$ 代入上式

$S_e = (\sum Y^2 - n\overline{Y}^2) - b_1(\sum XY + n\overline{X}\overline{Y}) = S_{YY} - b_1S_{1Y}$

例 *

　　隨機抽取甲區之五個家庭，得其所得與支出（單位：萬元）的資料如下：

家庭	A	B	C	D	E
所得 X	30	30	45	55	40
支出 Y	28.5	26.5	40.0	49.0	37.0

(1) 試求 Y 對 X 的迴歸方程 $\hat{Y} = b_0 + b_1X$，並將其繪於散佈圖上。

(2) 解釋 b_0, b_1 之意義。

(3) 驗證 $\sum e = 0$。

【解】

(1) $\sum X = 200 \qquad \overline{X} = 40 \qquad \sum Y = 181.0 \qquad \overline{Y} = 36.2 \qquad \sum X^2 = 8,450$

$\sum XY = 7625 \qquad n = 5$

$b_1 = \dfrac{\sum(X-\overline{X})(Y-\overline{Y})}{\sum(X-\overline{X})^2} = \dfrac{\sum XY - n\overline{X}\overline{Y}}{\sum X^2 - n\overline{X}^2} = 0.856$

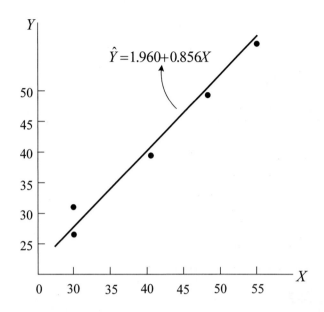

$b_0 = \overline{Y} - b_1\overline{X} = 1.960$

$\therefore \hat{Y} = 1.960 + 0.856X$

(2) $b_0 = 1.960$ ，表示所得為 0 時，支出仍要 1.960 萬元，斜率 $b_1 = 0.856$ ，表示所得每增加一萬元時，支出仍增加 0.856 萬元。

(3)

家庭	X	Y	$\hat{Y} = 1.960 + 0.856X$	$e = Y - \hat{Y}$
A	30	28.5	27.64	0.86
B	30	26.5	27.64	-1.14
C	45	40.0	40.48	-0.48
D	55	49.0	49.04	-0.04
E	40	37.0	36.20	0.80
和	200	181.0	181.00	0.00

例 *

設 X, Y 之聯合機率分配為

$$f(x, y) = \begin{cases} e^{-x}, & 0 < y < x < \infty \\ 0, & \text{其他} \end{cases}$$

試求 Y 對 X 之迴歸模型為何？

【解】

欲求 Y 對 X 之迴歸模型，即求 $E[Y|X]$ 即可

又 $f(x) = \int_0^x e^x dy = [ye^{-x}]_0^x = xe^{-x}$ ， $x > 0$

$\therefore f(y|x) = \dfrac{e^{-x}}{xe^{-x}} = \dfrac{1}{x}$ ， $0 < y < x$

故 $E[Y|X] = \int_{-\infty}^{\infty} y \cdot f(y|x) dy = \int_0^x y \cdot \dfrac{1}{x} dy = \dfrac{1}{x} \left[\dfrac{y^2}{2} \right]_o^x = \dfrac{x}{2}$

亦即 Y 對 X 之迴歸模型為 $E[Y|X] = \dfrac{x}{2}$

■ 樣本誤差變異數

迴歸分析中假定所有 X 固定下之條件機率分配 $f(y|x)$ 之條件變異數均相等，即

$$V(Y|X_1) = V(Y|X_2) = \cdots = E[(Y|X) - E(Y|X)]^2 = \sigma^2$$

但此母體的殘差變異數（residual variance）未知，常以其樣本誤差變異數替代，即

$$\hat{\sigma}^2 = \frac{\sum (Y - \hat{Y})^2}{n-2} = \frac{S_e}{n-2} = V_e$$

$\hat{\sigma} = \sqrt{V_e}$ 稱為估計標準誤（standard error）。S_e 稱為觀測值 Y 對迴歸方程之誤差平方和。

【註】 標準差設為 s 時，則 $\dfrac{s}{\sqrt{n}}$ 稱為標準誤，n 為數據個數。

【解說】

因以 $\hat{Y} = b_0 + b_1 X$ 取代 $\mu = \beta_0 + \beta_1 X$ ，即以 b_0 代替 β_0，b_1 代替 β_1，故自由度為 $n - 2$，

$$\frac{S_e}{\sigma^2} = \frac{\sum (Y - \hat{Y})^2}{\sigma^2} = \chi^2(n-2)$$

$$E\left(\frac{S_e}{\sigma^2} \right) = E[\chi^2(n-2)] = n-2$$

$$\therefore E\left(\frac{S_e}{n-2}\right) = \sigma^2$$

$$\therefore \hat{\sigma}^2 = \frac{S_e}{n-2}$$

■ b_1 的期待值與變異數

假定 Y_i 數為為獨立常態隨機變數，則隨機變數 b_1 的分配亦為常態分配，其期待值與變異

$$E(b_1) = \beta_1$$

$$V(b_1) = \frac{\sigma^2}{\sum(X-\overline{X})^2} = \frac{\sigma^2}{S_{XX}}$$

【解說】

$b_1 = \dfrac{S_{XY}}{S_{XX}} = \dfrac{\sum(X-\overline{X})Y}{\sum(X-\overline{X})^2} = \dfrac{\sum xY}{\sum x^2}$，此處令 $x = X - \overline{X}$，

故 b_1 是 Y 的線性組合，由於 Y 分配為常態分配，則 b_1 分配亦為常態分配。

$$\begin{aligned}
E(S_{XY}) &= E[\sum(X-\overline{X})(Y-\overline{Y})]\\
&= \sum(X-\overline{X})\cdot E[Y-\overline{Y}] = \sum(X-\overline{X})[E(Y)-E(\overline{Y})]\\
&= \sum(X-\overline{X})[\beta_0+\beta_1 X-(\beta_0+\beta_1\overline{X})]\\
&= \beta_1\sum(X-\overline{X})^2 = \beta_1 S_{XX}
\end{aligned}$$

$(\because Y = \beta_0 + \beta_1 X + \varepsilon，E(Y) = \beta_0 + \beta_1 X，E(Y) = \beta_0 + \beta_1 X)$

$$\begin{aligned}
V(S_{XY}) &= V[\sum(X-\overline{X})(Y-\overline{Y})]\\
&= V[\sum(X-\overline{X})Y]\\
&= \sum(X-\overline{X})^2\cdot V(Y) = \sum(X-\overline{X})^2\sigma^2 = S_{XY}\cdot\sigma^2
\end{aligned}$$

$$\therefore E(b_1) = E\left(\frac{S_{XY}}{S_{XX}}\right) = \frac{1}{S_{XX}}E(S_{XY}) = \beta_1$$

$$V(b_1) = V\left(\frac{S_{XY}}{S_{XX}}\right) = \frac{1}{S_{XX}^2}V(S_{XY}) = \frac{\sigma^2}{S_{XX}}$$

■ b_0 之期待與變異數

假定 Y_i 為獨立常態隨機變數，則隨機變數 b_0 之分配亦為常態分配，其期待值與變異數為

$$E(b_0) = \beta_0$$

$$V(b_0) = \frac{\sigma^2}{n} \frac{\sum X^2}{\sum (X - \overline{X})^2} = \frac{\sum X^2}{S_{XX}} \frac{\sigma^2}{n}$$

【解說】

$b_0 = \overline{Y} - b_1\overline{Y}$，$\because \overline{Y}, b1$ 為常態分配，依常態分配之線性組合知 b_0 仍為常態分配，

$$E(b_0) = E(\overline{Y} - b_1\overline{Y}) = E(\overline{Y}) - E(b_1\overline{X}) = \beta_0 + \beta_1\overline{X} - \beta_1\overline{X} = \beta_0$$

$$V(b_0) = V(\overline{Y} - b_1\overline{X}) = V(\overline{Y}) + \overline{X}^2 V(b_1) + 2COV(\overline{Y}, b_1)\overline{X}$$

$$\because COV(\overline{Y}, b_1) = COV\left(\frac{1}{n}\sum Y, \frac{S_{XY}}{S_{XX}}\right)$$

$$= \frac{1}{nS_{XX}} COV[\sum Y, \sum (X - \overline{X})Y]$$

$$= \frac{1}{nS_{XX}} \sum COV[Y, (X - \overline{X})Y]$$

$$= \frac{1}{nS_{XX}} \sum (X - \overline{X})COV(Y, Y)$$

$$= \frac{1}{nS_{XX}} \sum (X - \overline{X})V(Y)$$

$$= 0 \quad (\because \sum (X - \overline{X}) = 0)$$

$$\therefore V(b_0) = V(\overline{Y}) + \overline{X}^2 V(b_1)$$

$$= \frac{\sigma^2}{n} + \frac{\overline{X}^2 \cdot \sigma^2}{S_{XX}} = \frac{(S_{XX} + n\overline{X}^2)\sigma^2}{nS_{XX}}$$

$$= \frac{\sum X^2}{S_{XX}} \cdot \frac{\sigma^2}{n}$$

■ β_0, β_1 之檢定與估計

(1) β_0 之估計統計量在小樣本，σ 未知之下為

$$t = \frac{b_0 - \beta_0}{\sqrt{V(b_0)}}$$

β_0 之 $1 - \alpha$ 的信賴區間為

$$|b_0 - \beta_0| \leq t_{\alpha/2}(v)\sqrt{V(b_0)} \quad , \quad v = n - 2$$

式中 $V(b_0) = \dfrac{\sigma^2}{n} \dfrac{\sum X^2}{\sum(X - \overline{X})^2} = \dfrac{\sigma^2}{n} \cdot \dfrac{\sum X^2}{S_{XX}}$

在 $H_0 : \beta_0 = 0$ 為真之下，β_0 的檢定統計量為

$$t_0 = \frac{b_0}{\sqrt{V(b_0)}}$$

當 $t_0 \in C = \{t < -t_{\alpha/2}(n - 2) \text{ or } t > t_{\alpha/2}(n - 2)\}$ 則否定 $H_0 : \beta_0 = 0$。

(2) β_1 的估計統計量在小樣本而 σ 未知之下為

$$t = \frac{b_1 - \beta_1}{\sqrt{V(b_1)}}$$

$1 - \alpha$ 的信賴區間為

$$|b_1 - \beta_1| \leq t_{(\alpha/2)}(v)\sqrt{V(b_1)} \quad , \quad v = n - 2 \quad 。$$

式中 $V(b_1) = \dfrac{\sigma^2}{\sum(X - \overline{X})^2} = \dfrac{\sigma^2}{S_{XX}}$

在 $H_0 : \beta_1 = 0$ 為真之下，β_1 的檢定統計量為

$$t_0 = \frac{b_1}{\sqrt{V(b_1)}}$$

當 $t_0 \in C = \{t < -t_{\alpha/2}(n - 2) \text{ or } t > t_{\alpha/2}(n - 2)\}$ 則否定 $H_0 : \beta_1 = 0$。

例 *

為決定廣告費用對銷售額的關係，所得的資料如下（單位：萬元）：

X（廣告費用）	20	20	20	25	25	30	40	40	40	50	50	50
Y（銷售額）	365	400	420	395	480	475	385	490	525	440	510	560

> 　　試求(1)銷售額對廣告費用的迴歸方程；(2)廣告費用為35萬元時，估計銷售額為若干？(3) 求 β_1 的 90% 信賴區間？以 $\alpha = 0.1$ 檢定是否為 0；(4) 求條件變異數 σ^2 的 90% 信賴區間？

【解】

(1) $\sum X = 410$，$\sum Y = 5,445$，$\sum XY = 191,325$，$\sum X^2 = 15,650$，

$\sum Y^2 = 2512,925$，$\overline{X} = 34.167, 435.750\ \overline{Y} = 453.75$

$b_1 = \dfrac{12(191,325) - 410(5,445)}{12(15,650) - (410)^2} = 3.221$

$b_0 = 453.750 - 3.221(34.167) = 343.699$

$\therefore \hat{Y} = 343.699 + 3.221X$

(2) $\hat{Y}_{35} = 343.699 + 3.221(35) = 456.433$（萬元）

(3) $\hat{\sigma}^2 = \sum(Y - \hat{Y})^2 /(n-2) = \dfrac{\sum(Y - \hat{Y})e}{n-2} = \dfrac{\sum Ye}{n-2} = \dfrac{\sum Y(Y - \hat{Y})}{n-2}$

$\quad = \dfrac{\sum Y^2 - b_0 \sum Y - b_1 \sum XY}{n-2}\quad (\because e = Y - \hat{Y},\ \sum \hat{Y}e = 0)$

$\quad = \dfrac{2,512,925 - 343.699(5,445) - 3.221(191,325)}{12 - 2} = 2,522.427$

$\sum(X - \overline{X})^2 = \sum X^2 - n\overline{X}^2 = 15,650 - 12(34.167)^2 = 1,641.3933$

$\therefore \beta_1$ 的 90% 信賴區間為

$3.221 - 1.812\sqrt{\dfrac{2,522.427}{1,641.3933}} \le \beta_1 \le 3.221 + 1.812\sqrt{\dfrac{2,522.427}{1,641.3933}}$

$0.975 \le \beta_1 \le 5.467$

(4) $H_0 : \beta_1 = 0$

$H_1 : \beta_1 \ne 0$

$t = \dfrac{3.221}{\sqrt{\dfrac{2,522.427}{1,641.3933}}} = 2.598 > t_{0.05}(10) = 1.812$

拒絕 H_0，表示 β_1 有可能不為 0，亦即說明變數 X 對預測有幫助。

(5) $\because \hat{\sigma}^2 = \dfrac{\sum (Y - \hat{Y})^2}{n-2}$　$\therefore \sum (Y - \hat{Y})^2 = (n-2)\hat{\sigma}^2$

又，$\sum \left(\dfrac{Y - \hat{Y}}{\sigma} \right)^2 = \chi^2 (n-2)$

$\therefore \dfrac{(n-2)\hat{\sigma}^2}{\sigma^2} = \chi^2 (n-2)$

$\chi^2_{1-\alpha/2}(v) \leq \dfrac{(n-2)\hat{\sigma}^2}{\sigma^2} \leq \chi^2_{\alpha/2}(v)$

$\dfrac{(n-2)\hat{\sigma}^2}{\chi^2_{\alpha/2}(v)} \leq \sigma^2 \leq \dfrac{(n-2)\hat{\sigma}^2}{\chi^2_{1-\alpha/2}(v)}$

$\therefore \dfrac{(12-2) \cdot 2,522.427}{18.31} \leq \sigma^2 \leq \dfrac{(12-2) \cdot 2,522.427}{3.94}$

$\therefore 1,377.62 \leq \sigma^2 \leq 6,402.10$

■ 由 $\hat{Y}_h$ 估計 $E(Y|X_h)$：（$E(Y|X_h)$ 的估計區間求法）

　　因 $\hat{y}$ 是 $E(Y|X) = \mu$ 的不偏估計量，故 $\hat{y} = b_0 + b_1 X$ 可用來估計 $\mu = \beta_0 + \beta_1 X$，令 X_h 為變數 X 的特定值，欲估定 $E(Y|X_h)$ 的信賴區間，必須由 $\hat{Y}_h - E(Y|X_h)$ 之差著手，再利用 t 統計量找出估計區間。

【註 1】母迴歸是未知母數，因之猜測未知母數的作業即為估計（$\mu = \beta_0 + \beta_1 X_h$），而猜測機率變數將來之實現值之作業即為預測（$Y = \beta_0 + \beta_1 X_h + \varepsilon$）。

【註 2】若 σ^2 已知，利用 Z 分配，若 σ^2 未知，則利用 t 分配求信賴區間。

【註 3】$(X_1, Y_1), (X_2, Y_2), \cdots, (X_n, Y_n)$ 為已知的 n 個數據組，X_h 為一新的特定值，(X_h, Y_h) 並未在已知的數據組中，Y_h 為對應 X_h 的個別值，$\hat{Y}_h$ 為對應 X_h 的估計值。

【解說】

(1) $E(\hat{Y}) = E(b_0 + b_1 X) = E(b_0) + X E(b_1) = \beta_0 + \beta_1 X = \mu$
　　故 $\hat{y}$ 為 μ 的不偏估計量。

(2) $\hat{Y}_h - E(Y|X_h)$ 之抽樣分配為常態分配（$\hat{Y}_h = b_0 + b_1 X_h$，$\because b_0, b_1$ 為常

態，所以 $\hat{Y}_h$ 為常態）。其期望值與變異數分別如下求之。

由於 $\hat{Y} = b_0 + b_1 X$

且 $\bar{Y} = b_0 + b_1 \bar{X}$

$\therefore \hat{Y} = \bar{Y} + b_1(X - \bar{X})$

$$E[\hat{Y}_h - E(Y \mid X_h)] = E(\hat{Y}_h) - E(Y \mid X_h) = E(b_0 + b_1 X_h) - (\beta_0 + \beta_1 X_h)$$
$$= \beta_0 + \beta_1 X_h - \beta_0 - \beta_1 X_h = 0$$

$$V[\hat{Y}_h - E(Y \mid X_h)] = V(\hat{Y}_h) = V[\bar{Y} + b_1(X_h - \bar{X})] = V(\bar{Y}) + (X_h - \bar{X})^2 V(b_1)$$

$$= \frac{\sigma^2}{n} + \frac{(X_h - \bar{X})^2 \sigma^2}{S_{XX}} = \left[\frac{1}{n} + \frac{(X_h - \bar{X})^2}{\sum(X - \bar{X})^2} \right] \sigma^2$$

(3) σ^2 未知以 $\hat{\sigma}^2$ 取代，估計統計量及 $1 - \alpha$ 的信賴區間為

$$t = \frac{\hat{Y}_h - E(Y \mid X_h) - 0}{\sqrt{V[\hat{Y}_h - E(Y \mid X_h)]}}$$

$\therefore |\hat{Y}_h - E(Y \mid X_h)| \le t_{\alpha/2}(v)\sqrt{V[\hat{Y}_h - E(Y \mid X_h)]}$

式中 $v = n - 2$。

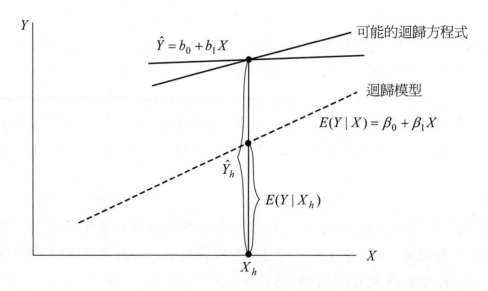

$\hat{Y}_h$ 是 $E(Y \mid X_h)$ 的不偏估計量

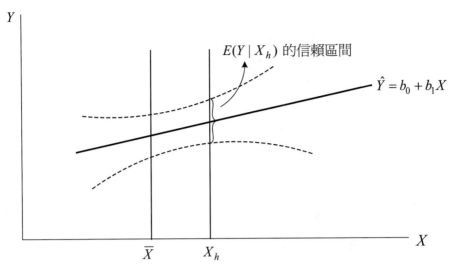

$E(Y\,|\,X_h)$ 的信賴區間

例 *

當 $X = 1$ 時，已 知 $Y \sim N(\mu = 2 , \sigma^2 = 16)$，且 當 $X = 7$，$Y \sim$ $N(\mu = 5 , \sigma^2 = 16)$，

(1) 求 Y 對 X 的迴歸模型。

(2) 利用下述資料求 Y 對 X 的迴歸方程式。

X	1	4	4	7	8	9
Y	3	4	3	4	5	4

(3) 求當 $X = 2$，$E(Y|X = 2)$ 之 95% 信賴區間。

【解】

(1) 設迴歸模型為 $\mu = \beta_0 + \beta_1 X$

當 $X = 1$ 時，$\mu = 2$，$2 = \beta_0 + \beta_1$

$X = 7$ 時，$\mu = 5$，$5 = \beta_0 + 7\beta_1$

求解得 $\beta_0 = 1.5$，$\beta_1 = 0.5$　∴ $\mu = 0.5 + 1.5X$

(2) ∵ $\sum_i X_i = 33$，$\sum_i X_i^2 = 227$，$\sum_i X_i Y_i = 135$，$\sum_i Y_i = 23$，$\sum_i Y_i^2 = 91$

$$\therefore b_1 = \frac{6 \times 135 - 33 \times 23}{6 \times 229 - (33)^2} = 0.1868$$

$$b_0 = \frac{23}{6} - 0.1868\left(\frac{33}{6}\right) = 2.8059$$

$$S_e = \sum Y_i^2 - b_0 \sum Y_i - b_1 \sum X_i Y_i$$

$$= 91 - 2.8059 \times 23 - 0.1868 \times 135 = 1.2463$$

$$\hat{\sigma}^2 = \frac{S_e}{n-2} = \frac{1.2463}{4} = 0.3116$$

$$\therefore \hat{Y} = 2.8059 + 0.1868X$$

（3）$\hat{Y}_2 = \hat{Y}_{x=2} = 2.8059 + 0.1868 \times 2 = 3.1795$

故 $\mu_{y|x=2}$ 之 95% 信賴區間為 $\hat{Y}_2 \pm t_{a/2}(4)\sqrt{\left(\frac{1}{n} + \frac{(X-\bar{X})^2}{\sum\limits_i (X_i - \bar{X})^2}\right) \cdot \hat{\sigma}^2}$

因之得出為 $3.1795 \pm 2.776\sqrt{\left(\frac{1}{6} + \frac{(2-5.5)^2}{45.5}\right) \cdot 0.3116}$

亦即 (2.1564, 4.2026)

例*

　　為了估計當年的存貨，一家相機公司抽取六家代理商，得當年與前一年的存貨資料如下：

前一年存貨 X	7	26	15	10	2	6
當年存貨 Y	6	32	23	12	5	6

（1）試求 $X_h = 18$ 時，$E(Y|X_h)$ 之 95% 的信賴區間？

（2）假設前一年的資料不能用或是被疏忽了，試求 $E(Y)$ 之 95% 信賴區間。

【解】

（1）$\sum X = 66$，$\sum Y = 84$，$\bar{X} = 11$，$\bar{Y} = 14$，$\sum X^2 = 1{,}090$，$\sum Y^2 = 1{,}794$，

　　$\sum XY = 1{,}385$，$n = 6$，$t_{0.025}(n-2) = t_{0.025}(4) = 2.776$

$$b_1 = \frac{6(1385) - 66(84)}{6(1090) - (66)^2} = 1.2665$$

$$b_0 = 14 - 1.2665(11) = 0.0685$$

$$\therefore \hat{Y} = 0.0685 + 1.2665X$$

$$\hat{\sigma}^2 = \frac{\sum(Y - \hat{Y})^2}{n-2} = \frac{\sum Y^2 - b_0 \sum Y - b_1 \sum XY}{n-2}$$

$$= \frac{1794 - 0.0685(84) - 1.2665(1385)}{\sigma - 2} = 8.535875$$

$$\hat{\sigma}^2 = \frac{\sum(Y - \hat{Y})^2}{n-2} = \frac{\sum Y^2 - b_0 \sum Y - b_1 \sum XY}{n-2}$$

$$\sum(X - \overline{X})^2 = 364$$

$$\hat{Y}_h = 0.0685 + 1.2665(18) = 22.8655$$

故 $X_h = 18$，$E(Y|18)$ 之 95% 信賴區間為

$$22.8655 - 2.776\sqrt{8.5358750}\sqrt{\frac{1}{6} + \frac{(18-11)^2}{364}} \le E(Y|18)$$

$$\le 22.8655 + 2.776\sqrt{8.535875}\sqrt{\frac{1}{6} + \frac{(18-11)^2}{364}}$$

$$\therefore 18.4138 < E(Y|18) < 27.3172$$

(2) $Y \sim N(E(Y), V(Y))$

$$\overline{Y} \sim N\left(E(Y), \frac{V(Y)}{n}\right)$$

$$\sum(Y - \overline{Y})^2 = \sum Y^2 - n\overline{Y}^2 = 1794 - 6(14)^2 = 618$$

$$V(Y) = \frac{\sum(Y - \overline{Y})^2}{n-1} = \frac{618}{5} = 123.6$$

$$t = \frac{\overline{Y} - E(Y)}{\sqrt{V(Y)/n}}$$

$$\therefore \overline{Y} - t_{0.025}(n-1)\sqrt{\frac{V(Y)}{n}} \le E(Y) \le \overline{Y} + t_{0.025}(n-1)\sqrt{\frac{V(Y)}{n}}$$

$$14 - 2.57\sqrt{\frac{123.6}{6}} \le E(Y) \le 14 + 2.57\sqrt{\frac{123.6}{6}}$$

$$\therefore 2.3309 \le E(Y) \le 25.6691$$

由 (1), (2) 知 $E(Y|X_h)$ 的信賴區間長度小於 $E(Y)$，故 $E(Y|X_h)$ 區間估計之精確度高，其原因是 $E(Y|X_h)$ 的估計利用了 X, Y 之資料，而 $E(Y)$ 的

估計只用單純的 Y 資料。

■ 由 $\hat{Y}_h$ 預測 Y_h：（ Y_h 的預測區間求法）

當 $X = X_h$ 為已知時，對 Y 的個別值 Y_h 進行預測，即由 $\hat{Y}_h$ 預測 Y_h，此時必須由 $\hat{Y}_h$ 及 Y_h 之差著手，再利用 t 統計量找出預測區間。

【解說】

(1) $\hat{Y}_h - Y_h$ 的抽樣分配為常態分配（ $\because \hat{Y}_h$ 及 Y_h 均為常態），其期望值與變異數分別如下表之。

$$E(\hat{Y}_h - Y_h) = E(\hat{Y}_h) - E(Y_h) = E(b_0 + b_1 X_h) - (\beta_0 + \beta_1 X_h)$$
$$= \beta_0 + \beta_1 X_h - (\beta_0 + \beta_1 X_h) = 0$$
$$V(\hat{Y}_h - Y_h) = V(\hat{Y}_h) + V(Y_h) = \sigma^2 \left[\frac{1}{n} + \frac{(X_h - \bar{X})^2}{\sum (X - \bar{X})^2} \right] + \sigma^2$$
$$= \sigma^2 \left[1 + \frac{1}{n} + \frac{(X_h - \bar{X})^2}{\sum (X - \bar{X})^2} \right]$$

(2) 由於 σ^2 未知，以 $\hat{\sigma}^2$ 取代， Y_h 的區間預測可按 t 分配進行。

$$t = \frac{(\hat{Y}_h - Y_h) - 0}{\sqrt{V(\hat{Y}_h - Y_h)}}$$

$$\therefore | \hat{Y}_h - Y_h | \leq t_{\alpha/2}(v) \sqrt{V(\hat{Y}_h - Y_h)}$$

式中， $v = n - 2$ 。

(3) $\because V(\hat{Y}_h - Y_h) > V(\hat{Y}_h)$ ， $\therefore Y_h$ 的預測區間大於 $E(Y|X_h)$ 的估計區間。

例*

抽查會計進修班學員 120 人，得「統計學」期末考成績 X 與期中考成績 Y 之各統計量為 $\bar{X} = 70$ ， $\bar{Y} = 60$ ， $\hat{\sigma}^2 = 100$ ， $\sum (X - \bar{X})^2 = 24,000$ ， $\sum (Y - \bar{Y})^2 = 36,000$ ， $\sum (X - \bar{X})(Y - \bar{Y}) = 15,000$ ，(1) 求期末考為 60 分者的期中考成績均數 $E(Y|60)$ 之 95% 信賴區間，(2) 另有一學員期中缺考，期末考成績為 60 分，試預測其期中考成績的 95% 預測區間。

【解】

$$b_1 = \frac{\sum(X-\bar{X})(Y-\bar{Y})}{\sum(X-\bar{X})^2} = \frac{15,000}{24,000} = 0.625$$

$$b_0 = \bar{Y} - b_1\bar{X} = 60 - 0.625(70) = 16.25$$

當 $X_h = 60$，則 $\hat{Y}_h = 16.25 + 0.625(60) = 53.75$

(1) $E(Y|60)$ 之 95% 的信賴區間為

$$53.75 - 1.96\sqrt{100}\sqrt{\frac{1}{120} + \frac{(60-70)^2}{24,000}} < E(Y|60)$$

$$\leq 53.75 + 1.96\sqrt{100}\sqrt{\frac{1}{120} + \frac{(60-70)^2}{24,000}}$$

$$53.75 - 2.97 \leq E(Y|60) \leq 53.75 + 2.97$$

$$50.78 \leq E(Y|60) \leq 56.72$$

(2) Y_h 之 95% 的預測區間為

$$53.75 - 1.96\sqrt{100}\sqrt{\left(1 + \frac{1}{120} + \frac{(60-70)^2}{24,000}\right)} \leq Y_h$$

$$\leq 53.75 + 1.96\sqrt{100}\sqrt{\left(1 + \frac{1}{120} + \frac{(60-70)^2}{24,000}\right)}$$

$$53.75 - 26.73 \leq Y_h \leq 53.75 + 26.73$$

$$27.02 \leq Y_h \leq 80.48$$

■ 兩條迴歸直線是否平行之檢定

對於兩條迴歸直線是否平行，亦即兩條迴歸直線之斜率是否相等，此種檢定有如小樣本中兩全體平均數是否相等之檢定。在檢定之前，應先檢定兩全體誤差變異數是否相等。其步驟如下：

1.二誤差變異數 σ^2 與 σ_2^2 是否相等之檢定

$$H_0 : \sigma_1^2 = \sigma_2^2, \; H_1 : \sigma_1^2 \neq \sigma_2^2$$

$$F_0 = \frac{\hat{s}_1^2}{\hat{s}_2^2}$$

查 $F_{\alpha/2}(n_1 - 2, n_2 - 2)$，以決定 $\sigma_1^2 = \sigma_2^2$ 是否相等。

2.若 $\sigma_1^2 \neq \sigma_2^2$ 時

$H_0 : \beta_1 = \beta_2, H_1 : \beta_1 \neq \beta_2$

$$t_0 = \frac{(b_1 - b_2) - (\beta_1 - \beta_2)}{\sqrt{\dfrac{SSE_1 + SSE_2}{n_1 + n_2 - 4}\left(\dfrac{1}{\sum(X_1 - \overline{X}_1)^2} + \dfrac{1}{\sum(X_2 - \overline{X}_2)^2}\right)}}$$

查 $t_{\alpha/2}(n_1 + n_2 - 4)$ 以決定 $\beta_1 = \beta_2$ 是否成立。

3.若 $\sigma_1^2 = \sigma_2^2$ 時

$$t_0 = \frac{(b_1 - b_2) - (\beta_1 - \beta_2)}{\sqrt{\dfrac{\hat{s}_1^2}{\sum(X_1 - \overline{X}_1)^2} + \dfrac{\hat{s}_2^2}{\sum(X_2 - \overline{X}_2)^2}}}$$

$$v = \frac{\left[\dfrac{\hat{s}_1^2}{\sum(X_1 - \overline{X}_1)^2} + \dfrac{\hat{s}_2^2}{\sum(X_2 - \overline{X}_2)^2}\right]^2}{\dfrac{\left[\dfrac{\hat{s}_1^2}{\sum(X_1 - \overline{X}_1)^2}\right]^2}{n_1 - 2} + \dfrac{\left[\dfrac{\hat{s}_2^2}{\sum(X_2 - \overline{X}_2)^2}\right]^2}{n_2 - 2}}$$

查 $t_{\alpha/2}(v)$ 以決定 $\beta_1 = \beta_2$ 是否成立。

例*

　　若使用鉻離子與硒離子的電解液，得鉻離子及硒離子含有量與醌產量之關係如下表，試問硒離子及鉻離子對醌產量的影響是否有差異？

實驗號碼	鉻離子含量（X_1）	醌產量（Y_1）	硒離子若量（X^2）	醌產量（Y_2）
1	17	14	11	27
2	26	22	21	31
3	38	21	30	42
4	46	28	35	40
5	50	34	48	42
6	63	35	58	43
7	71	45	65	52
8	76	44	70	57
9	87	51	89	58
10	97	50	97	66

【解】

求出鉻離子對醌產量影響之迴歸方程式

$\hat{Y}_1 = 6.84 + 0.4826X_1$

$\hat{s}_1^2 = 9.25$，　$SSE_1 = 74.1$

$\sum(X_1 - \bar{X}_1)^2 = 6184.9$

求出硒離子對醌產量影響之迴歸方程式

$\hat{Y}_2 = 24.04 + 0.4152X_2$

$\hat{s}_2^2 = 12.013$，　$SSE_2 = 96.1$

$\sum(X_2 - \bar{X}_2)^2 = 7352.9$

(1) 誤差變異數 σ_1^2 與 σ_2^2 是否相等

$H_0 : \sigma_1^2 = \sigma_2^2,\ H_1 : \sigma_1^2 \neq \sigma_2^2$

$F_0 = \dfrac{\hat{s}_2^2}{\hat{s}_1^2} = \dfrac{12.013}{9.25} = 1.288 < F_{0.025}(n_2 - 2, n_1 - 2) = F_{0.025}(8, 8) = 4.4332$

故可認為兩誤差變異數 $\sigma_1^2 = \sigma_2^2$。

(2) 兩迴歸係數是否相等之檢定

$H_0 : \beta_1 = \beta_2,\ H_1 : \beta_1 \neq \beta_2$

$t_0 = \dfrac{b_1 - b_2 - (\beta_1 - \beta_2)}{\sqrt{\dfrac{74.1 + 96.1}{10 + 10 - 4}\left(\dfrac{1}{6184.9} + \dfrac{1}{7352.4}\right)}} = 1.210 < t_{0.025}(16) = 2.120$

故無理由否定 $\beta_1 = \beta_2$，即兩條迴歸直線的斜率不能認為有差異。

■ 相關係數（Coefficient of Correlation）

母體的相關係數 ρ 定義為

$$\rho = \frac{COV(X,Y)}{\sqrt{V(X)V(Y)}}，\ -1 \leq \rho \leq 1$$

式中 $COV(X, Y) = E[(X - E(X))(Y - E(Y))]$，若 X 與 Y 相互獨立而無統計相關，則 $COV(X, Y) = 0$，若 $COV(X, Y) \neq 0$，則 X 與 Y 有相關。故利用共變數來定義母相關係數。

ρ 的一致估計量為 r，但 r 不是 ρ 的不偏估計量，r 稱為樣本相關係數，其公式比照 ρ 表示為

$$r = \frac{S_{XY}}{\sqrt{S_{XX} \cdot S_{YY}}} \left(\text{或 } r = \frac{X, Y\text{的共變異數}}{\sqrt{X\text{的變異數} \cdot Y\text{的變異數}}} \right), \quad -1 \le r \le 1$$

式中

$$S_{XY} = \sum (X - \overline{X})(Y - \overline{Y}) \qquad \text{稱為 } X, Y \text{ 的偏差積和}$$

$$S_{XX} = \sum (X - \overline{X})^2 \qquad \text{稱為 } X \text{ 的偏差平方和}$$

$$S_{YY} = \sum (Y - \overline{Y})^2 \qquad \text{稱為 } Y \text{ 的偏差平方和}$$

由於 ρ 通常無法得知，因此必須利用樣本相關係數予以估計之。

【註】(1) 此相關係數亦稱為 Pearson 相關係數，積率相關係數（product moment correlation efficient）。

(2) 此相關係數所處理的變數為間隔或比例尺度。

(3) 將 X, Y 標準化，令 $Z_1 = \dfrac{X - E(X)}{\sqrt{V(X)}}, Z_2 = \dfrac{Y - E(Y)}{\sqrt{V(Y)}}$，則 Z_1 與 Z_2 的聯合動差（joint moment）想成 $\rho(X, Y) = E(Z_1 Z_2) = \dfrac{V(X, Y)}{\sqrt{V(X)}\sqrt{V(Y)}}$，

將此稱為 X, Y 的相關係數。

(4) 利用 Schwartz 不等式

$$\left(\sum a_i b_i \right)^2 \le \left(\sum a_i^2 \right) \left(\sum b_i^2 \right)$$

令 $a_i = x_i - \overline{x}, b_i = y_i - \overline{y}$，應用以上不等式得

$$\left\{ \sum (x_i - \overline{x})(y_i - \overline{y}) \right\}^2 \le \left\{ \sum (x_i - \overline{x})^2 \right\} \left\{ \sum (y_i - \overline{y})^2 \right\}$$

因之

$$r^2 = \frac{\{\sum (x_i - \overline{x})(y_i - \overline{y})\}^2}{\{\sum (x_i - \overline{x})^2\}\{\sum (y_i - \overline{y})^2\}} = \frac{S_{xy}^2}{S_{xx} S_{yy}} \le 1$$

$$\therefore -1 \le r \le 1 \text{。}$$

✍ 性質

(1) r 為 ρ 的一致估計量。

(2) 當 $\rho \to 1$，r 的抽樣分配為左偏分配，$\rho \to -1$，r 的抽樣分配為右偏分配，當 $\rho = 0$ 時，r 的抽樣分配為 $r \sim$ 對稱分配 $\left(0, \dfrac{1}{n-2} \right)$，$t$ 與 r 之關係

為 $t(n-2) = \dfrac{r\sqrt{n-2}}{\sqrt{1-r^2}}$。

(3) $\rho \neq 0$，r 為偏態分配，則 r 的抽樣分配能轉換為 Fisher Z 係數分配即 Z_r 分配，此 Z_r 分配可轉化為常態分配

$$Z_r = \frac{1}{2}\ln\left(\frac{1+r}{1-r}\right) \sim N.D.$$

$$E(Z_r) = Z_\rho = \frac{1}{2}\ln\left(\frac{1+\rho}{1-\rho}\right)$$

$$V(Z_r) = \frac{1}{n-3}$$

(4) $Z = \dfrac{Z_r - Z_\rho}{\sqrt{\dfrac{1}{n-3}}} \sim N.D.(0,1)$

$\therefore Z_\rho$ 之 $1 - \alpha$ 信賴區間為

$$|Z_r - Z_\rho| \leq Z_{(\alpha/2)}\frac{1}{\sqrt{n-3}}$$

然後經 Z_ρ 與 ρ 換算由附表來確定 ρ 的信賴區間。

(5) $r_1 - r_2 \to Z_{r1} - Z_{r2}$

$$E(Z_{r1} - Z_{r2}) = Z_{\rho1} - Z_{\rho2}$$

$$V(Z_{r1} - Z_{r2}) = \frac{1}{n_1 - 3} + \frac{1}{n_2 - 3}$$

$$Z = \frac{(Z_{r1} - Z_{r2}) - (Z_{\rho1} - Z_{\rho2})}{\sqrt{\dfrac{1}{n_1 - 3} + \dfrac{1}{n_2 - 3}}} \sim N(0,1)$$

$Z_{\rho1} - Z_{\rho2}$ 之 $1 - \alpha$ 信賴區間為

$$|(Z_{r1} - Z_{r2}) - (Z_{\rho1} - Z_{\rho2})| \leq Z_{\alpha/2}\sqrt{\frac{1}{n_1 - 3} + \frac{1}{n_2 - 3}}$$

(6) ρ 的檢定

$\rho = 0$	$\rho \neq 0$
$H_0 : \rho = 0$ $$t = \frac{r\sqrt{n-2}}{\sqrt{1-r^2}}$$ 若 $\lvert t_0 \rvert > t_{\alpha/2}(n-2) \Rightarrow$ 拒 H_0	$H_0 : \rho = \rho_0 (\neq 0)$ $r \to Z_r$ $$Z = \frac{Z_r - Z_\rho}{\sqrt{\dfrac{1}{n-3}}}$$ 若 $\lvert Z_0 \rvert > Z_{\alpha/2} \Rightarrow$ 拒 H_0

(7) 在常態分配的情形中，「$\rho_{XY} = 0$（無相關）」與「X 與 Y 爲獨立」是同義。

例 *

　　對某食品的重量 yg 與原料的重量 xg，收集 30 個樣本，相關係數爲 $r = 0.517$，試以顯著水準 0.05 檢定相關係數的顯著性。

【解】

(1) $H_0 : \rho = 0$，$H_1 : \rho \neq 0$，$\alpha = 0.05$

(2) $n = 30$，$r = 0.517$

(3) 由 r 表（參附錄）知並無 $\phi = 28$ 的 r 值。如求自由度 28 前後 25，30 的 r 表之值時，得

$r_{0.05}(25) = 0.381$

$r_{0.05}(30) = 0.349$

$r_{0.05}(28)$ 之值應在這些值之間，所以

$r = 0.517 > r_{0.05}(25) > r_{0.05}(28)$

接受 H_1，可以說 x 與 y 之間有正相關（或 $r = 0.517 > r_{0.01}(25)$，1% 顯著）。

例*

為調查看苦視的時間（X）與教育年數（Y）的相關，隨機抽取 50 個人，得 $r = -0.5$，請檢定下面的假設（$\alpha = 0.05$）。

$$\begin{cases} H_0: \rho = -0.6 \\ H_1: \rho \neq -0.6 \end{cases}$$

【解】

$$Z_r = \frac{1}{2}\ln\frac{1-0.5}{1+0.5} = -0.549$$

$$Z_\rho = \frac{1}{2}\ln\frac{1-0.6}{1+0.6} = -0.693$$

$$\frac{Z_r - Z_\rho}{\sqrt{\dfrac{1}{n-3}}} = \frac{-0.549-(-0.693)}{\sqrt{\dfrac{1}{47}}} = \frac{0.144}{0.146} = 0.986 < Z_{(0.025)} = 1.96$$

因此不拒絕 H_0，即看苦視時間與教育年數的相關係數為 $\rho = -0.6$。

若欲求 ρ 之信賴區間，則先求

$$Z_r - z_{\alpha/2}\sqrt{\frac{1}{n-3}} < Z_\rho < Z_r + Z_{\alpha/2}\sqrt{\frac{1}{n-3}}$$

將 Z_r, Z_ρ 代入上式，再求 ρ 的信賴區間。

$$-0.549 - 1.96\sqrt{\frac{1}{47}} < Z_\rho < -0.549 + 1.96\sqrt{\frac{1}{47}}$$

$$-0.835 < Z_\rho < -0.263$$

$$-0.835 < \frac{1}{2}\ln\frac{1+\rho}{1-\rho} < -0.263$$

$$-1.67 < \ln\frac{1+\rho}{1-\rho} < -0.526$$

$$0.188 < \frac{1+\rho}{1-\rho} < 0.591$$

$$-0.684 < \rho < -0.257$$

【註】r 與 Z_r 之值或 ρ 與 Z_ρ 之值，均可從附表中的 Z 變換表得出。

例 *

　　抽查甲地 15 個家庭收入與支出，得相關係數 $r_1 = 0.69$，乙地 20 個家庭收支的相關係數 $r_2 = 0.53$ ，試以 $\alpha = 0.05$ 檢定甲、乙兩地家庭收支相關程度是否一致？

【解】

$H_0 : \rho_1 = \rho_2$

$H_1 : \rho_1 \neq \rho_2$

$r_1 = 0.69 \rightarrow Z_{r1} = 0.848,\ r_2 = 0.53 \rightarrow Z_{r2} = 0.590$

$$Z = \frac{0848 - 0.590}{\sqrt{\dfrac{1}{15-3} + \dfrac{1}{20-3}}} = 0.684 < Z_{(0.025)} = 1.96$$

故接受 H_0，表面兩地收支的相關程度有可能一樣。

例 *

　　有感於小學的科目 A 與科目 B 成績的相關係數，低年級與高年級是否有不同，為了確認此疑點，由 2 年級生隨機抽 50 人，5 年級生抽 40 人，分別計算兩科目成績之相關係數後，知 2 年級是 0.8，5 年級是 0.6，問此差異在統計下是否有顯著差，以顯著水準 5% 進行雙邊檢定。

【解】

$H_0 : \rho_1 = \rho_2,\ H_1 : \rho_1 \neq \rho_2$

$$Z = \frac{Z_{r_1} - Z_{r_2}}{\sqrt{\dfrac{1}{n_1-3} + \dfrac{1}{n_2-3}}} \tag{1}$$

其中 $Z_{r_1} = \dfrac{1}{2} \ln \dfrac{1+r_1}{1-r_1}$ ， $Z_{r_2} = \dfrac{1}{2} \ln \dfrac{1+r_2}{1-r_2}$

因之， $Z_{r_1} = \dfrac{1}{2} \ln \dfrac{1+0.8}{1-0.8} = 1.0986$

$Z_{r_2} = \dfrac{1}{2} \ln \dfrac{1+0.6}{1-0.6} = 0.6931$

$$\therefore Z = \frac{1-0986-0.6931}{\sqrt{\frac{1}{50-3}+\frac{1}{40-3}}} = 1.845$$

如 $|Z| \geq Z_{\alpha/2}$ 則否定 H_0，如 $|Z| < Z_{\alpha/2}$，則接受 H_0。

因 $Z_{0.05} = 1.96$ ，此時 H_0 無法捨棄。

如欲進行 $\rho_1 = \rho_2 = \rho$ 的點估計及區間估計時，

$$Z_r = \frac{(n_1-3)Z_{r_1} + (n_2-3)Z_{r_2}}{n_1 + n_2 - 6} \tag{2}$$

設 ρ 的點估計爲 $\hat{\rho}$

則 $Z_{\hat{\rho}} = Z_r$

$$\therefore \hat{\rho} = \frac{\exp(2Z_r)-1}{\exp(2Z_r)+1}$$

欲求 ρ 的區間估計時，

$$E(Z_r) = Z_\rho$$

$$V(Z_r) = V\left[\frac{(n_1-3)Z_{r_1} + (n_2-3)Z_{r_2}}{n_1 + n_2 - 6}\right] = \frac{1}{n_1 + n_2 - 6}$$

$$Z = \frac{Z_r - Z_\rho}{\sqrt{\frac{1}{n_1 + n_2 - 6}}}$$

$$-Z_{\alpha/2} < \frac{Z_r - Z_\rho}{\sqrt{\frac{1}{n_1 + n_2 - 6}}} < Z_{\alpha/2}$$

$$Z_r - \frac{Z_{\alpha/2}}{\sqrt{\frac{1}{n_1 + n_2 - 6}}} < Z_\rho < Z_r + \frac{Z_{\alpha/2}}{\sqrt{\frac{1}{n_1 + n_2 - 6}}}$$

$$令 C_1 = Z_r - \frac{Z_{\alpha/2}}{\sqrt{\frac{1}{n_1 + n_2 - 6}}}$$

$$C_2 = Z_r + \frac{Z_{\alpha/2}}{\sqrt{\frac{1}{n_1 + n_2 - 6}}}$$

則 $t_1 = \dfrac{\exp(2C_1)-1}{\exp(2C_1)+1}$ ， $t_2 = \dfrac{\exp(2C_2)-1}{\exp(2C_2)+1}$

(t_1, t_2) 為 ρ 在信賴係數 $1 - \alpha$ 的信賴區間。

例*

　　抽查甲行業 20 家，得其營業額與廣告費的相關係數為 $r_1 = 0.84$，抽查乙行業 25 家，得其營業額與廣告費的相關係數 $r_2 = 0.43$，試進行信賴係數 95% 之 $\rho_1 - \rho_2$ 的區間估計。

【解】

$r_1 = 0.84 \rightarrow Z_{r1} = 1.22$，$r_2 = 0.43 \rightarrow Z_{r2} = 0.46$，

故 $Z_{\rho1} - Z_{\rho2}$ 之 95% 信賴區間為

$$(1.22 - 0.46) + 1.96\sqrt{\frac{1}{20-3}+\frac{1}{25-3}} \le Z_{\rho1} - Z_{\rho2}$$

$$\le (1.22 - 0.46) + 1.96\sqrt{\frac{1}{20-3}+\frac{1}{25-3}}$$

$0.127 \le Z_{\rho1} - Z_{\rho2} \le 1.393$

$0.126 \le \rho_1 - \rho_2 \le 0.887$

■ 簡單直線迴歸的變異數分析

　　由於迴歸分析亦可比照變異數分析，將總變異 SST 分成 SSR（因迴歸引起之變異）及 SSE（誤差引起之變異）然後作成變異數分析表利用 F 統計量進行檢定。

【解說】

　　(1) 平方和

　　　　$\because Y - \bar{Y} = (\hat{Y} - \bar{Y}) + (Y - \hat{Y})$

　　　　$\therefore \sum(Y - \bar{Y})^2 = \sum(\hat{Y} - \bar{Y})^2 + \sum(Y - \hat{Y})^2$

　　　　令　$SST = SSR + SSE$

其中，SST（簡記成 S_T）$= \sum(Y - \bar{Y})^2$

SSR（簡記成 S_R）$= \sum(\hat{Y} - \bar{Y})^2$

SSE（簡記成 S_e）$= \sum(Y - \hat{Y})^2$

$$SSR = \sum(\hat{Y} - \bar{Y})^2$$
$$= b_1^2 \sum(X - \bar{X})^2 = b_1^2 S_{XX}$$
$$= b_1[b_1 S_{XX}] = b_1 S_{XY}$$
$$= \frac{S_{XY}^2}{S_{XX}}$$

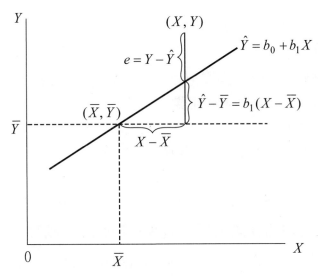

圖　總變異 ＝ 已解釋變異 ＋ 未解釋變異

$$SSE = \sum(Y - \hat{Y})^2$$
$$= \sum(Y - b_0 - b_1 X)^2$$
$$= \sum[Y - (\bar{Y} - b_1 \bar{X}) - b_1 X]^2$$
$$= \sum[(Y - \bar{Y}) - b_1(X - \bar{X})]^2$$
$$= S_{YY} - 2b_1 S_{XY} + b_1^2 S_{XX}$$
$$= S_{YY} - b_1^2 S_{XX} = SST - SSR$$

(2) 自由度

SSR 之自由度為 1（$\because \sum(\hat{Y} - \bar{Y}) = 0$，喪失 1 個）

SSE 之自由度為 $n-2$（$\because \sum(Y-\hat{Y})=0$，$\sum X(Y-\hat{Y})=0$）

SST 之自由度 $= n-2+1 = n-1$

(3) 變異數分析表

變　異	SS	ϕ	MS	F_0	均方的期望值
迴　歸	SSR	1	MSR	$F_0 = \dfrac{MSR}{MSE}$	$E(MSR) = \sigma^2 + \beta_1{}^2 \sum(x-\bar{x})^2$
誤　差	SSE	$n-2$	$MSE(=\hat{\sigma}^2)$		$E(MSE) = \sigma^2$
總　和	SST	$n-1$			

(4) 假設之檢定

$$\begin{cases} H_0\colon \beta_1 = 0 & (X\ 有意義) \\ H_1\colon \beta_1 \neq 0 \end{cases}$$

$t_0 > t_{\alpha/2}(n-2)$ 時，拒絕 H_0。

或 $\begin{cases} H_0\colon \rho = 0 & (Y\ 與\ X\ 無相關) \\ H_1\colon \rho \neq 0 \end{cases}$

$F_0 > F_\alpha(1,\ n-2)$ 時，拒絕 H_0。

例 *

　　為決定廣告費用與銷售額的關係，乃從事一項研究，所得資料如下：

廣告費	X	70	140	105	70	140	（萬元）
銷售額	Y	42	63	70	56	84	（千萬元）

試以 $\alpha = 0.05$ 分別依 t 檢定及 F 檢定法，檢定 β_1 是否為 0 ？

【解】

$\sum X = 525$，$\sum Y = 315$，$n = 5$，$\sum XY = 34{,}790$，$\sum X^2 = 60{,}025$，

$\sum Y^2 = 20{,}825$，$\bar{X} = 105$，$\bar{Y} = 63$

$b_1 = \dfrac{34790 - 5(105)(63)}{60025 - 5(105)^2} = \dfrac{1715}{4900} = 0.35$

$b_0 = 63 - 0.35(105) = 26.25$

$$\hat{\sigma}^2 = MSE = \frac{20825 - 26.25(315) - 0.35(34790)}{5-2} = 126.58$$

$$\sum(X - \bar{X})^2 = 4900$$

(1) t 檢定

$$\begin{cases} H_0 : \beta_1 = 0 \\ H_1 : \beta_1 \neq 0 \end{cases}$$

$$t = \frac{b_1 - \beta_1}{\hat{\sigma}\sqrt{\dfrac{1}{\sum(X-\bar{X})^2}}} = \frac{0.35 - 0}{\sqrt{\dfrac{126.58}{4900}}} = 2.178 < t_{0.025}(3) = 3.182$$

接受 H_0，表示在 $\alpha = 0.05$ 下，β_1 有可能為 0。

(2) F 檢定

$$\begin{cases} H_0 : 迴歸式無解釋能力 \\ H_1 : 迴歸式有解釋能力 \end{cases} 或 \begin{cases} H_0 : \rho = 0 \\ H_1 : \rho \neq 0 \end{cases}$$

變異	SS	ϕ	MS	F
迴歸	600.25	1	600.25	4.74
誤差	379.75	3	126.58	
總和	980.0	4		

$$F_0 < F_{0.05}(1, 3) = 10.13$$

故接受 H_0。

t 檢定與 F 檢定的結論相同。

■ 判定係數與相關係數

若 X 與 Y 之關係愈密切，則 SSR 在 SST 中所占之比例愈大（迴歸方程式之適切性愈佳時，$SSR/SST \to 1$），故 SSR/SST 可用來判斷 X 對 Y 解釋能力之大小，稱為判定係數（coefficient of determinant）。

$$\because r = \frac{S_{XY}}{\sqrt{S_{XX}S_{YY}}}$$

$$\therefore r^2 = \frac{S_{XY}^{\ 2}}{S_{XX}S_{YY}} = \frac{S_{XY}^{\ 2}/S_{XX}}{S_{YY}} = \frac{SSR}{SST}$$

由上知，相關係數之平方即為判定係數。

【解說】

(1) $r^2 = \dfrac{SSR}{SST} = 1 - \dfrac{SSE}{SST} = 1 - \dfrac{SSE/n-2}{SST/n-2} = 1 - \dfrac{MSE}{SST/n-2}$

$\left(\because MSE = \hat{\sigma}^2,\ s_Y^{\ 2} = \dfrac{SST}{n-1} \right)$

$\therefore \hat{\sigma}^2 = \dfrac{n-1}{n-2} s_Y^{\ 2}(1-r^2)$

因之當 $r \to 1$，$\hat{\sigma}^2 \to 0$。

(2) 由上式，$\hat{\sigma}^2 = \dfrac{n-1}{n-2} s_Y^{\ 2}(1-r^2)$

$\therefore 0 \le r^2 \le 1$

$0 \le \hat{\sigma}^2 \le \dfrac{n-1}{n-2} s_Y^{\ 2}$

(3) $r^2 = \dfrac{SSR}{SST} = \dfrac{\sum(\hat{Y}-\bar{Y})^2}{\sum(Y-\bar{Y})^2} = \dfrac{b_1^{\ 2}\sum(X-\bar{X})^2}{\sum(Y-\bar{Y})^2} = \dfrac{b_1^{\ 2}S_{XX}}{S_{YY}}$

$\therefore r = b_1\sqrt{\dfrac{S_{XX}}{S_{YY}}} = b_1\dfrac{s_X}{s_Y}$，當標準差相等時，$r = b_1$，此性質只有簡單迴歸時才成立。

(4) 當 $\rho = 0$，r 的抽樣分配與 t 分配有關

$$t = \frac{r\sqrt{n-2}}{\sqrt{1-r^2}}$$

而 F 統計量與 t 統計量之關係為

$$F = \frac{MSR}{MSE} = \frac{SSR/1}{SSE/(n-2)} = \frac{\dfrac{SSR}{SST}/1}{\dfrac{SSE}{SST}/(n-2)} = \frac{r^2/1}{(1-r^2)/(n-2)} = t^2$$

此乃因為 $F_\alpha(1,\ n-2) = t_{\alpha/2}^{\ 2}(n-2)$，故 F 檢定與 t 檢定皆可以檢定 $H_0 : \rho = 0$。

(5) 檢定 $H_0 : \beta_1 = 0$ 的 t 統計量為

$$t = \frac{b_1}{\sqrt{\hat{\sigma}^2 / S_{XX}}} = \frac{S_{XY} / S_{XX}}{\sqrt{\hat{\sigma}^2 / S_{XX}}} = \frac{\dfrac{S_{XY}}{\sqrt{S_{XX}}}}{\sqrt{\dfrac{S_e}{n-2}}} = \frac{\dfrac{S_{XY}}{\sqrt{S_{XX}}\sqrt{S_{YY}}}}{\sqrt{\dfrac{S_T - S_R}{S_{YY}} \cdot \dfrac{1}{n-2}}} = \frac{r}{\sqrt{\dfrac{(1-r^2)}{n-2}}}$$

$$\because \hat{\sigma}^2 = \frac{S_e}{n-2} = \frac{S_T - S_R}{n-2} \ , \ S_{YY} = S_T = \sum (Y - \overline{Y})^2 \ ,$$

$$r^2 = \frac{S_R}{S_T} \ , \ 1 - r^2 = \frac{S_T - S_R}{S_T}$$

此 t 亦爲檢定 $H_0 : \rho = 0$ 之統計量。

(6) 已知 Y 對 X 的迴歸方程爲 $\hat{Y} = b_0 + b_1 X$

　　　X 對 Y 的迴歸方程爲 $\hat{X} = b_0' + b_1' Y$

　　　r_{XY} 表 X 與 Y 之相關係數。

式中　$b_1 = \dfrac{S_{XY}}{S_{XX}}$ ， $b_1' = \dfrac{S_{XY}}{S_{YY}}$ ， $b_1 \cdot b_1' = \left(\dfrac{S_{XY}^2}{S_{XX} S_{YY}} \right) = \left(\dfrac{S_{XY}}{\sqrt{S_{XX} \cdot S_{YY}}} \right)^2 = r_{XY}^2$

(7) $\hat{Y} = b_0 + b_1 X$, $\overline{Y} = b_0 + b_1 \overline{X}$

$\hat{Y} - \overline{Y} = b_1 (X - \overline{X})$

$\dfrac{\hat{Y} - \overline{Y}}{s_Y} = \left(\dfrac{b_1 s_X}{s_Y} \right) \left(\dfrac{X - \overline{X}}{s_X} \right)$

其中 s_Y 爲 Y 的標準差即 $\sqrt{S_{YY}/(n-1)}$ ， s_X 爲 X 的標準差即 $\sqrt{S_{XX}/(n-1)}$

$\therefore \hat{Y}' = b_1' \cdot X'$ 稱爲標準化迴歸方程式。

式中 $b_1' = b_1 \dfrac{s_X}{s_Y}$ 稱爲標準化迴歸係數，

$b_1' = \dfrac{S_{XY}}{S_{XX}} \cdot \sqrt{\dfrac{S_{XX}}{S_{YY}}} = \dfrac{S_{XY}}{\sqrt{S_{XX} S_{YY}}} = r$

標準化迴歸係數在簡單迴歸中即爲相關係數。

(8) Y 與 $\hat{Y}$ 的相關係數 $r_{Y\hat{Y}}$ 其平方亦爲判定係數。

例*

　　抽取 6 組資料配合得迴歸方程式爲 $\hat{Y} = 14.56 + 30{,}109X$ ，若已知 $\sum\limits_{i=1}^{6} (Y_i - \overline{Y})^2 = 9{,}463.3$ ， $\sum (\hat{Y}_i - \overline{Y})^2 = 8703.4$ ，試求：

(1) 判定係數 r^2。

(2) 試求母體 σ^2 之不偏估計式。

(3) 製作變異數分析表。

(4) 利用 (3) 檢定母體迴歸係數是否為 0。

【解】

(1) $r^2 = \dfrac{SSR}{SST} = \dfrac{8703.4}{9463.3} = 0.9197$

(2) $\because SSE = SST - SSR = 9463.3 - 8703.3 = 759.9$

故 $MSE = \dfrac{SSE}{n-2} = \dfrac{759.9}{6-2} = 189.975$

即 σ^2 的不偏估計值為 189.975。

(3) 變異數分析表為

變異來源	平方和	自由度	均方	F
迴歸	8703.4	1	8703.4	45.813
誤差	759.9	4	189.975	
總計	9463.3	5		

(4) $H_0 : \beta_1 = 0$

　　$H_1 : \beta_1 \neq 0$

　　$C = \{F | F > F_{0.05}(1, 4) = 7.71\}$

　　$F_0 = 45.813 > 7.71$，$F_0 \in C$

　　拒絕 H_0。

例*

豐田汽車公司的 8 個分公司的廣告支出與銷售額之關係如下：

分公司	廣告支出	年銷售額
A	300	9,500
B	400	10,300
C	500	11,000
D	500	12,000

分公司	廣告支出	年銷售額
E	800	12,400
F	1,000	13,400
G	1,000	14,500
H	1,300	15,300

試檢定廣告支出與銷售額間的相關係數是否為零（$\alpha = 005$）？

【解】

$H_0 : \rho = 0$

$H_1 : \rho \neq 0$

由於

$$r = \frac{4,840,000}{\sqrt{875,000}\sqrt{28,680,000}} = 0.966$$

此即表示汽車銷售額與廣告支出具有很高的線性關係。

在 H_0 為真下，檢定統計量 t 為

$$\frac{r}{\sqrt{\dfrac{1-r^2}{n-2}}} \sim t_{(n-2)}$$

因之 $t_0 = \dfrac{0.966}{\sqrt{\dfrac{1-(0.966)^2}{6}}} = 9.15$

在 $\alpha = 0.05$ 下，$t_0 = 9.15 > t_{0.025}(6) = 2.447$，故拒絕 H_0，亦即廣告支出對銷售額有影響。

例**

已知下列資料適合迴歸分析之假設

X	1	2	4	6	7
Y	12	11	9	8	5

(1) 求 Y 對 X 之迴歸方程式。

(2) 求估計的誤差變異數為何。

(3) 建立迴歸係數 β_1 之 95% 信賴區間。

(4) 已知 $X = 4$，建立 $E[Y|X = 4]$ 之 95% 信賴區間。

(5) 已知 $X = 2$，建立 $Y_{X=2}$ 之 95% 信賴區間。

(6) 求判定係數。

【解】

(1) $\because \sum X_i = 20$，$X = 4$，$\sum X_i^2 = 106$，$\sum X_iY_i = 153$，$\sum Y_i = 45$，$\sum Y_i^2 = 435$

$\therefore b_1 = \dfrac{5 \times 153 - 20 \times 45}{5 \times 106 - 20^2} = -1.0385$

$b_0 = \dfrac{45}{5} - (-1.0385)\dfrac{20}{5} = 13.154$

故 Y 對 X 之迴歸方程式爲

$\hat{Y} = 13.154 - 1.0385X$

(2) $MSE = V_e = \dfrac{S_e}{n-2} = \dfrac{\sum Y^2 - b_0\sum Y - b_1\sum XY}{n-2}$

$= \dfrac{435 - (13.154) \times 45 - (-1.0385) \times 135}{5-2}$

$= 0.6535$

(3) β_1 之 95% 信賴區間

$$\left(b_1 - t_{0.025}(3)\sqrt{\dfrac{\sigma^2}{S_{XX}}}, \ b_1 + t_{0.025}(3)\sqrt{\dfrac{\sigma^2}{S_{XX}}} \right)$$

$$\left(-1.0385 - 3.182\sqrt{\dfrac{0.6535}{26}}, \ -1.0385 + 3.182\sqrt{\dfrac{0.6535}{26}} \right)$$

$(-1,5430, \ -0.5340)$

(4) $\because \hat{Y}_{X=4} = 13.154 - 1.0385 \times 4 = 9$

$\therefore E[Y|X = 4]$ 之 95% 信賴區間爲

$$\left(\hat{Y}_h - t_{0.025}(3)\sqrt{\sigma^2}\sqrt{\dfrac{1}{n} + \dfrac{(X_h - \bar{X})^2}{S_{XX}}} \ , \ \hat{Y}_h + t_{0.025}(3)\sqrt{\sigma^2}\sqrt{\dfrac{1}{n} + \dfrac{(X_h - \bar{X})^2}{S_{XX}}} \right)$$

$$= \left(9 - 3.182\sqrt{0.6535 \cdot}\sqrt{\left(\dfrac{1}{5} + \dfrac{(4-4)^2}{26}\right)} \ , \ 9 + 3.182\sqrt{0.6535 \cdot}\sqrt{\left(\dfrac{1}{5} + \dfrac{(4-4)^2}{26}\right)} \right)$$

$= (7.850, \ 10.150)$

(5) $\because \hat{Y}_{X=2} = 13.154 - 1.0385 \times 2 = 11.077$

$$\left(\hat{Y}_h - t_{0.025}(3)\sqrt{\sigma^2}\sqrt{1 + \frac{1}{n}\frac{(X_h - \bar{X})^2}{S_{XX}}}, \hat{Y}_h + t_{0.025}(3)\sqrt{\sigma^2}\sqrt{1 + \frac{1}{n}\frac{(X_h - \bar{X})^2}{S_{XX}}} \right)$$

$$= \left(11.077 - 3.182\sqrt{0.6535 \cdot}\sqrt{1 + \frac{1}{5} + \frac{(2-4)^2}{26}}, \right.$$

$$\left. 11.077 + 3.182\sqrt{0.6535 \cdot}\sqrt{1 + \frac{1}{5} + \frac{(2-4)^2}{26}} \right)$$

$$= (8.084, \ 14.070)$$

(6) $r^2 = \left(\dfrac{n\sum X_i Y_i - \sum X_i \sum Y_i}{\sqrt{[n\sum X_i^2 - (\sum X_i)^2][n\sum Y_i^2 - (\sum Y_i)^2]}} \right)^2$

$$= \left(\frac{5 \times 153 - 20 \times 45}{\sqrt{(5 \times 106 - 20^2)(5 \times 435 - 45^2)}} \right)^2$$

$$= 0.9346$$

例 *

　　由一樣本知，Y 對 X 之迴歸方程式為 $\hat{Y} = 10 - \dfrac{4}{3}X$，且 X 對 Y 之迴歸方程式為 $\hat{X} = 5 - \dfrac{1}{3}Y$，試求

　　(1) X 與 Y 的相關係數。

　　(2) 樣本之 $\bar{X}, \bar{Y}$。

【解】

(1) $\because r^2 = b_1 \cdot b_1' = \left(-\dfrac{4}{3} \right)\left(-\dfrac{1}{3} \right) = \dfrac{4}{9}$

　　$\therefore r = -\sqrt{\dfrac{4}{9}} = -\dfrac{2}{3}$（因斜率為負值）

(2) $\because$ 迴歸線通過 $(\overline{X},\ \overline{Y})$，

$$\begin{cases} \overline{Y} = 10 - \dfrac{4}{3}\overline{X} \\ \overline{X} = 5 - \dfrac{1}{3}\overline{Y} \end{cases} \Rightarrow \begin{cases} \dfrac{3}{4}\overline{X} + \overline{Y} = 10 \\ \overline{X} + \dfrac{1}{3}\overline{Y} = 5 \end{cases}$$

解方程式為 $\overline{X} = 3$，$\overline{Y} = 6$。

例 *

　　就 200 名學生舉行 X 及 Y 二種考試結果，得 Y 對 X 之迴歸值線方程式為 $\hat{Y} = 0.72X + 141.2$，且 $\overline{Y} = 512$，$S_{XX} = 100$，$S_{YY} = 98$，試求

(1) $\overline{X}$ 之值。

(2) X 與 Y 之相關係數。

(3) X 對 Y 之迴歸直線方程式。

【解】

(1) $\because$ $(\overline{X},\ \overline{Y})$ 必在迴歸線上，

所以 $512 = 0.72\overline{X} + 141.2$　$\therefore \overline{X} = 515$

(2) $r = b_1\sqrt{\dfrac{S_{XX}}{S_{YY}}} = 0.72 \times \sqrt{\dfrac{100}{98}} = 0.727$

(3) 設 X 對 Y 之迴歸方程式為 $\hat{X} = b_0' + b_1'Y$

又 $r^2 = b_1 \cdot b_1'$

$(0.727)^2 = 0.72 \times b_1'$

$b_1' = 0.734$

又 $b_0' = \overline{X} - b_1'\overline{Y} = 515 - 0.734(512) = 139$

故　$\hat{X} = 139 + 0.737 = 139.737$

■ 有重複時的簡單迴歸分析

　　所謂有重複是指對於相同的 X 值，Y 之值有複數個之情形。亦即 $(X_i,\ Y_{ij})$，$i = 1, 2, \cdots, k$，$j = 1, 2, \cdots, n_i$，$\sum\limits_{i=1}^{k} n_i = N$。此時，可檢視適配不當性

的問題。

【解說】

(1) 平方和之分解

$$S_T = \sum_{i=1}^{k} \sum_{j=1}^{n_i} (Y_{ij} - \overline{Y}..)^2 = \sum\sum[(Y_{ij} - \overline{Y}_i.) + (\overline{Y}_i. - \overline{Y}..)]^2$$

$$= \sum\sum(Y_{ij} - \overline{Y}_i.)^2 + \sum\sum(\overline{Y}_i. - \overline{Y}..)^2$$

$$= \sum\sum(Y_{ij} - \overline{Y}_i.)^2 + \sum_{i=1}^{k} n_i(\overline{Y}_i. - \overline{Y}..)^2$$

$$= \sum\sum(Y_{ij} - \overline{Y}_i.)^2 + \sum_{i=1}^{k} n_i[(\overline{Y}_i. - \hat{Y}) + (\hat{Y} - \overline{Y}..)]^2$$

$$= \sum\sum(Y_{ij} - \overline{Y}_i.)^2 + \sum n_i(\overline{Y}_i. - \hat{Y})^2 + \sum n_i(\hat{Y} - \overline{Y}..)^2$$

（式中 $\hat{Y} = b_0 + b_1 X$）

$\sum\sum(Y_{ij} - \overline{Y}_i.)^2 = S_W$（組內變異）

$\sum n_i(\overline{Y}_i. - \hat{Y})^2 = S_B - S_R$

$\sum n_i(\hat{Y} - \overline{Y}..)^2 = S_R$

$S_T = S_W + S_B = S_W + (S_B - S_R) + S_R = S_R + S_e = S_W + (S_e - S_W) + S_R$

$S_r = S_B + S_R = S_e - S_W$（稱為適配不當性的平方和）

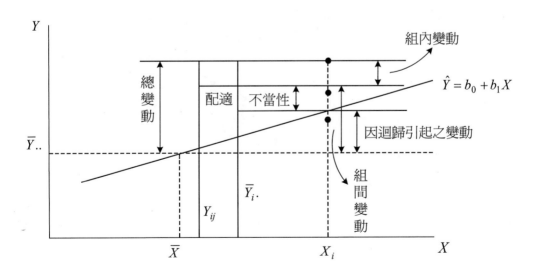

(2) 製作變異數分析表

變　異	SS	ϕ	V	F
直線迴歸	S_R	1	S_R/ϕ_R	V_R/V_W
適配不當性	S_r	$k-2$	S_r/ϕ_r	V_r/V_W
組　間	S_B	$k-1$	S_B/ϕ_B	V_B/V_W
組　內	S_W	$N-k$	S_W/ϕ_W	
計	S_T	$N-1$		

(3) 檢定

　　檢定 S_B 是否顯著，若顯著再檢定 S_r，如果顯著，即有高次項存在，若不顯著，則檢定 S_R，如為顯著，則直線迴歸成立。

例 **

　　針對合成纖維 P 加熱若生的收縮率，改變溫度所測定之結果，如下，試求收縮率對加熱溫度之迴歸式。

溫度 X（℃）	100	120	140	160	180
收縮率 Y（%）	2.9	3.5	5.2	5.9	6.4
	2.1	3.1	4.2	6.2	6.5
	2.1	3.8	4.6	5.6	7.3

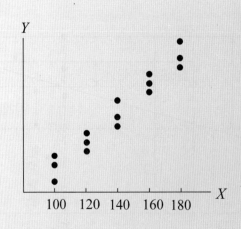

【解】

(1) 求 S_{XX}, S_{XY}, S_{YY}

數據變換並製作輔助表：

$$X_i' = (X_i - X_0) \times h = (X_i - 140)/20$$

$$Y_{ij}' = (Y_{ij} - Y_0) \times g = (Y_{ij} - 5.0) \times 10$$

$$S_{X'X'} = \sum_{i=1}^{k} n_i X_i'^2 - \frac{(\sum n_i X_i')^2}{N} = 30 - \frac{0^2}{15} = 30$$

$$S_{Y'Y'} = \sum\sum Y_{ij}'^2 - \frac{T^2}{N} = 3668 - \frac{(-46)^2}{15} = 3527$$

$$S_{X'Y'} = \sum X_i' T_{i\cdot} - \frac{(\sum n_i X_i')T}{N} = 315 - \frac{0 \times (-46)}{15} = 315$$

(2) 製作輔助表

$$S_{XX} = S_{X'X'}/h^2 = 1200$$

$$S_{YY} = S_{Y'Y'}/g^2 = 35.27$$

$$S_{XY} = S_{X'Y'}/hg = 630$$

$$\bar{X} = X_0 + \frac{\sum n_i X_i'}{N} \cdot \frac{1}{h} = 140 + \frac{0}{5} \times 20 = 140$$

$$\bar{Y} = Y_0 + \frac{\sum\sum Y_{ij}'}{N} \cdot \frac{1}{g} = 5.0 + \frac{-46}{15} \times \frac{1}{10} = 4.69$$

輔助表

X_i'	-2	-1	0	1	2	計
n_i	3	3	3	3	3	$N = \sum n_i = 115$
$n_i X_i'$	-6	-3	0	3	6	$\sum n_i X_i' = 0$
Y_{ij}'	-21	-15	2	9	14	$\sum Y_{ij}' = -46$
	-29	-19	-8	12	15	
	-19	-12	-4	6	23	
$T_{i\cdot} = \sum_{i=1}^{n_i} Y_{ij}'$	-69	-46	-10	-27	52	$T = \sum T_{i\cdot} = -46$
$T_{i\cdot}^2$	4761	2116	100	729	2704	$\sum T_{i\cdot}^2 - 10410$
$X_i' \cdot T_{i\cdot}$	138	46	0	27	104	$\sum X_i' T_{i\cdot} = 315$
$T_{i\cdot}^2/n_i$	1587	205.3	23.3	23.0	901.3	$\sum T_{i\cdot}^2/n_i = 3470$
$X_i'^2$	4	1	0	1	4	$\sum X_i'^2 = 10$

$n_i X_i'^2$	12	3	0	3	12	$\sum n_i X_i'^2 = 30$
	441	225	4	81	196	
$Y_{ij}'^2$	841	361	64	144	225	
	361	144	16	36	529	
$Y_{i\cdot}'^2$	1643	730	84	261	950	$\sum Y_{i\cdot}'^2 = 3668$

(3) $b_1 = \dfrac{S_{XY}}{S_{XX}} = \dfrac{630}{12000} = 0.0525$

$b_0 = \bar{Y} - b_0\bar{X} = 4.69 - 0.0525 \times 140 = -2.66$

$\hat{Y} = -2.66 + 0.0525X$

(4) $CT = \dfrac{T^2}{N} = \dfrac{(-46)^2}{15} - = 141$

$S_T = S_{YY} = 35.27$

$S_B = \left(\sum \dfrac{T_{i\cdot}^2}{n_i} - CT \right) \Big/ g^2 = (3470 - 141)/10^2 = 33.29$

$S_W = S_T - S_B = 35.27 - 33.29 = 1.98$

$S_R = \dfrac{S_{XY}^2}{S_{XX}} = \dfrac{630^2}{12000} = 33.07$

$S_r = S_B - S_R = 33.29 - 33.07$

(5) $\phi_T = N - 1 = 15 - 1$

$\phi_B = k - 1 = 5 - 1 = 4$

$\phi_W = \phi_T - \phi_B = 14 - 4 = 10$

$\phi_R = 1$

$\phi_r = \phi_B - \phi_R = 4 - 1 = 3$

(6) ANOVA(I)

變　異	平方和	自由度	均方	F_0
直線迴歸	33.07	1	33.07	
配適不當性	0.22	3	0.073	
組　間	33.29	4	8.32	$42.0 > F(4, 10; 0.05) = 3.48$
組　內	1.98	10	0.198	
計	35.27	14		

(7) ANOVA (II)

要　因	SS	ϕ	V	F_0
直線迴歸	33.07	1	33.07	$195.7** > F(1, 13; 0.05) = 4.67$
殘　差	2.20	3	0.169	
計	35.27	14		

(8) 結論：收縮率對加熱溫度可以想成是直線變化。

■ 複迴歸分析（Multiple Reqression Analysis）

Y 取決於 $X_1, X_2, \cdots, X_k$ 等 k 個自變數，則迴歸模型表示為

$$Y = \beta_0 + \beta_1 X_1 + \cdots + \beta_k X_k + \varepsilon = \mu + \varepsilon$$

Y 是我們想了解它的變動情形的量。因之 Y 可以想成是機率變數的實現值，μ 是表示機率變數 Y 的期望值。式中 μ 為

$$\mu = E(Y|X_1, X_2, \cdots, X_k) = \beta_0 + \beta_1 X_1 + \cdots + \beta_k X_k$$

又，Y 的分配服從常態，其變異數為

$$V(Y|X_1, \cdots, X_k) = E[(Y|X_1, \cdots, X_k) - E(Y|X_1, \cdots, X_k)]^2$$
$$= E(Y - \mu)^2 = V(Y) = \sigma^2$$

其中 $\beta_0, \beta_1, \cdots, \beta_k$ 稱為毋偏迴歸係數，可由樣本資料估計而得。樣本的複迴歸方程表示為

$$\hat{Y} = b_0 + b_1 X_1 + \cdots\cdots b_k X_k$$

$b_1, b_2, \cdots, b_k$ 稱為樣本的偏迴歸係數。在迴歸模型中的假設為

(1) 自變數 X_i 與 X_j 皆為預先選定（$i \neq j$）非隨機變數，而依變數 Y 為隨機變數。

(2) 殘差 ε 獨立地服從常態分配 $N(0, \sigma^2)$。（不偏性，常態性）

(3) 在固定的 $X_1, X_2, \cdots, X_k$ 下，Y 分配的變異數為 $V(Y) = V(\varepsilon) = \sigma^2$。（等變異性）

(4) 殘差項相互獨立，即 $COV(\varepsilon_i, \varepsilon_j) = 0$（$i \neq j$）。（無相關性）

(5) X_i, X_j 間沒有完全線性相關存在。

(6) 樣本大小 n 必須超過母數的個數 k，即 $n > k$，儘可能 $n \geq 10k$，最好 $n \geq 30k$。

【註】迴歸分析的基本假設有 (1) 樣本的常態性；(2) 共同的變異數；(3) 殘差的獨立性。此可利用殘差的散佈圖驗證，如果形成沒有規則，可顯示模式是正確的。

例＊：複迴歸正規方程式的求法

以 $\hat{Y} = b_0 + b_1 X_1 + b_2 X_2$ 為例來說明。

	$b_0(1)$ +	$b_1(X_1)$ +	$b_2(X_2)$ =	Y
1	$\sum 1$	$\sum X_1$	$\sum X_2$	$\sum Y$
X_1	$\sum X_1$	$\sum X_1^2$	$\sum X_1 X_2$	$\sum X_1 Y$
X_2	$\sum X_2$	$\sum X_1 X_2$	$\sum X_2^2$	$\sum X_2 Y$

$\downarrow$

正規方程式為

$$\begin{cases} nb_0 + b_1 \sum X_1 + b_2 \sum X_2 = \sum Y \\ b_0 \sum X_1 + b_1 \sum X_1^2 + b_2 \sum X_1 X_2 = \sum X_1 Y \\ b_0 \sum X_2 + b_1 \sum X_1 X_2 + b_2 \sum X_2^2 = \sum X_2 Y \end{cases}$$

試求出 b_0, b_1, b_2。

【解】

$$\begin{cases} nb_0 + b_1 \sum X_1 + b_2 \sum X_2 = \sum Y & (1) \\ b_0 \sum X_1 + b_1 \sum X_1^2 + b_2 \sum X_1 X_2 = \sum X_1 Y & (2) \\ b_0 \sum X_2 + b_1 \sum X_1 X_2 + b_2 \sum X_2^2 = \sum X_2 Y & (3) \end{cases}$$

將第 (1) 式除以 n 得出

$$b_0 = \overline{Y} - b_1 \overline{X}_1 - b_2 \overline{X}^2 \qquad (4)$$

將第 (4) 式代入 (2),(3) 得出

$$\begin{cases} b_1 S_{11} + b_2 S_{12} = S_{1Y} & \qquad\qquad (5) \\ b_1 S_{21} + b_2 S_{22} = S_{2Y} & \qquad\qquad (6) \end{cases}$$

式中

$$S_{ij} = \sum (X_{i\alpha} - \overline{X}_i)(X_{j\alpha} - \overline{X}_j)$$

$$S_{iY} = \sum (X_{i\alpha} - \overline{X}_i)(Y_\alpha - \overline{Y})$$

令 $S = \begin{bmatrix} S_{11} & S_{12} \\ S_{21} & S_{22} \end{bmatrix}$, $(S_{21} = S_{12})$

其逆矩陣以如下表示：

令 $S^{-1} = \begin{bmatrix} S^{11} & S^{12} \\ S^{21} & S^{22} \end{bmatrix}$

則 (5), (6) 式可以寫成如下：

$$\begin{bmatrix} S_{11} & S_{12} \\ S_{21} & S_{22} \end{bmatrix} \begin{bmatrix} b_1 \\ b_2 \end{bmatrix} = \begin{bmatrix} S_{1Y} \\ S_{2Y} \end{bmatrix} \quad (\text{若 } |S| \neq 0)$$

$$\therefore \begin{bmatrix} b_1 \\ b_2 \end{bmatrix} = \begin{bmatrix} S^{11} & S^{12} \\ S^{21} & S^{22} \end{bmatrix} \cdot \begin{bmatrix} S_{1Y} \\ S_{2Y} \end{bmatrix}$$

亦即

$$b_i = S^{i1} S_{1Y} + S^{i2} S_{2Y} \quad (i = 1, 2)$$

亦即

$$\begin{cases} b_1 = S^{11} S_{1Y} + S^{12} S_{2Y} \\ b_2 = S^{21} S_{1Y} + S^{22} S_{2Y} \end{cases}$$

對於 $\hat{Y} = b_0 + b_1 X_1 + \cdots\cdots b_k X_k$ 的迴歸係數 b_i ($i = 1, 2, \cdots, k$) 的求法，亦可仿照以上之方式求出。

例 *

隨機抽取甲地五個家庭，得其儲蓄、所得、與資產資料如下（單位：萬元）

家庭	儲蓄 Y	所得 X_1	資若 X_2
A	0.6	8	12
B	1.2	11	6

家庭	儲蓄 Y	所得 X_1	資若 X_2
C	1.0	9	6
D	0.7	6	3
E	0.3	6	18

(1) 試求 Y 對 X_1, X_2 的迴歸方程式。

(2) 若一家庭資若為 5 萬元，所得為 8 萬元，試求其儲蓄的點估計值。

【解】

(1) $\hat{Y} = b_0 + b_1 X_1 + b_2 X_2$

正規方程式為

$$\begin{cases} \sum Y = nb_0 + b_1 \sum X_1 + b_2 \sum X_2 \\ \sum X_1 Y = b_0 \sum X_1 + b_1 \sum X_1^2 + b_2 \sum X_1 X_2 \\ \sum X_2 Y = b_0 \sum X_2 + b_1 \sum X_1 X_2 + b_2 \sum X_2^2 \end{cases}$$

令 $x_1 = X_1 - \overline{X}_1$, $x_2 = X_2 - \overline{X}_2$, $y = Y - \overline{Y}$

則可得

$$b_1 \sum x_1^2 + b_2 \sum x_1 x_2 = \sum x_1 y$$
$$b_1 \sum x_1 x_2 + b_2 \sum x_2^2 = \sum x_2 y$$

求解聯立方程式得

$$b_1 = \frac{\sum x_2^2 \sum x_1 y - \sum x_1 x_2 \sum x_2 y}{\sum x_1^2 \sum x_2^2 - (\sum x_1 x_2)^2} = 0.115$$

$$b_2 = \frac{\sum x_1^2 \sum x_2 y - \sum x_1 x_2 \sum x_1 y}{\sum x_1^2 \sum x_2^2 - (\sum x_1 x_2)^2} = -0.0294$$

$$b_0 = \overline{Y} - b_1 \overline{X} - b_2 \overline{X}_2 = 0.105$$

$$\therefore \hat{Y} = 0.105 + 0.115 X_1 - 0.0294 X_2$$

(2) $\hat{Y} = 0.105 + 0.115(8) - 0.0294(5) = 0.88$（萬元）

【註】設迴歸方程式為 $\hat{Y} = b_0 + b_1 X_1 + \cdots + b_p X_p$，則

$$bi = S^{i1} S_{1Y} + S^{i2} S_{2Y} + \cdots + S^{ip} S_{pY} \quad (i = 1, 2, \cdots, p)$$

$$b_0 = \overline{Y} - b_1 \overline{X}_1 - b_2 \overline{X}_2 - \cdots - b_p \overline{X}_p$$

其中 $S = \begin{pmatrix} S_{11} \cdots\cdots S_{1p} \\ \vdots\ S_{22}\qquad \vdots \\ \vdots\qquad \ddots\ \vdots \\ S_{p1} \cdots\cdots S_{pp} \end{pmatrix}$, $S^{-1} = \begin{pmatrix} S^{11} \cdots\cdots S^{1p} \\ \vdots\ S^{22}\qquad \vdots \\ \vdots\qquad \ddots\ \vdots \\ S^{p1} \cdots\cdots S^{pp} \end{pmatrix}$

式中，$S_{11} = \sum (X_1 - \overline{X}_1)^2$, $S_{1Y} = \sum (X_1 - \overline{X}_1)(Y - \overline{Y}), \cdots$

■ β_i 的估計與檢定

以 2 個自變數為例，設複迴歸模型為

$$E(Y|X_1,\ X_2) = \beta_0 + \beta_1 X_1 + \beta_2 X_2$$

所估計之複迴歸方程設為

$$\hat{Y} = b_0 + b_1 X_1 + b_2 X_2$$

1. $b_1 \sim N(\beta_1,\ V(b_1))$

$$V(b_1) = S^{11}\sigma^2 = \frac{\sum x_2^2}{\sum x_1^2 \sum x_2^2 - (\sum x_1 x_2)^2}\sigma^2$$

式中 $x_1 = X_1 - \overline{X}_1$，$x_2 = X_2 - \overline{X}_2$

2. $b_2 \sim N(\beta_2,\ V(b_2))$

$$V(b_2) = S^{22}\sigma^2 = \frac{\sum x_1^2}{\sum x_1^2 \sum x_2^2 - (\sum x_1 x_2)^2}\sigma^2$$

3. $b_0 \sim N(\beta_0,\ V(b_0))$

$$V(b_0) = \left\{ \frac{1}{n} + \sum_i^k \sum_j^k \overline{X}_i \overline{X}_j S^{ij} \right\}\sigma^2 \quad,\quad (i,j = 1,2)$$

$$= \left[\frac{\overline{X}_1^2 \sum x_2^2 + \overline{X}_2^2 \sum x_1^2 - 2\overline{X}_1 \overline{X}_2 \sum x_1 x_2}{\sum x_1^2 \sum x_2^2 - (\sum x_1 x_2)^2} + \frac{1}{n} \right]\sigma^2$$

4. 若 σ^2 未知則以 $\hat{\sigma}^2$ 取代

$$\hat{\sigma}^2 = \frac{\sum (Y - \hat{Y})^2}{n-3}$$

$$= \frac{\sum (Y - b_0 - b_1 X_1 - b_2 X_2)^2}{n-3}$$

$$= \frac{\sum Y^2 - b_0 \sum Y - b_1 \sum X_1 Y - b_2 \sum X_2 Y}{n-3}$$

$$= \frac{\sum y^2 - b_1 \sum x_1 y - b_2 \sum x_2 y}{n-3}$$

式中 $y = Y - \overline{Y}$，$x_1 = X_1 - \overline{X}_1$，$x_2 = X_2 - \overline{X}_2$

5. β_i 之檢定（$i = 1, 2$）

$$\frac{b_i - 0}{\sqrt{V(b_i)}} \sim t(n-3)$$

6. β_i 的估計（$i = 1, 2$）

$$|b_i - \beta_i| \le t_{\alpha/2}(n-3)\sqrt{V(b_i)}$$

例*

以 5 個人為樣本，調查教育年數、工作年數與個人所得如下：

樣本	教育年數（X_1）	工作年數（X_2）	年所得（Y）萬元
1	6	7	38
2	9	5	40
3	12	14	53
4	16	8	50
5	18	6	55

試以 $\alpha = 0.05$ 檢定教育年數、工作年數對所得是否有影響？

【解】

	X_1	X_2	Y	x_1	x_2	y	x_1^2	x_2^2	y^2	$x_1 x_2$	$x_1 y$	$x_2 y$
	6	7	38	−6.2	−1	−9.2	38.44	1	84.64	6.2	57.04	9.2
	9	5	40	−3.2	−3	−7.2	10.24	9	54.84	9.6	23.04	21.6
	12	14	53	−0.2	6	5.8	0.04	36	33.64	−1.2	−1.16	34.8
	16	8	50	3.8	0	2.8	14.44	0	7.84	0	10.64	0
	18	9	55	5.8	−2	7.8	33.64	4	60.84	−11.6	45.24	−15.6
總和	61	40	236	0	0	0	96.80	50	238.80	3	134.80	5.0

$\overline{X}_1 = 12.2$, $\overline{X}_2 = 8$, $x_1 = X_1 - \overline{X}_2 = -6.2$, $x_2 - X_2 - \overline{X}_2 = -1$,

$y = Y - \overline{Y} = -9.2$, $\sum x_1 x_2 = 3$, $\sum x_1^2 = 96.80$, $\sum x_2^2 = 50$

迴歸方程式求出爲

$$\hat{Y} = b_0 + b_1 X_1 + b_2 X_2 = 23.21 + 1.36 X_1 + 0.92 X_2$$

假設爲

$$\begin{cases} H_0 : \beta_1 = 0 \\ H_1 : \beta_1 \neq 0 \end{cases}$$

$$\begin{cases} H_0 : \beta_2 = 0 \\ H_1 : \beta_2 \neq 0 \end{cases}$$

先求

$$\hat{\sigma}^2 (= MSE) = \frac{\sum Y^2 - b_0 \sum Y - b_1 \sum X_1 Y - b_2 \sum X_2 Y}{n - 3} = 4.51$$

其次求

$$V(b_1) = \frac{50}{96.80 \times 50 - 3^2} = \frac{50}{4840 - 9} \times 4.51 = 0.0466$$

$$V(b_2) = \frac{96.80}{96.80 \times 50 - 3^2} = \frac{96.8}{4840 - 9} \times 4.51 = 0.0903$$

於是可得 β_1, β_2 之 t 值

$$t_{b_1} = \frac{1.36 - 0}{\sqrt{0.0474}} = 6.32$$

$$t_{b_2} = \frac{0.92 - 0}{\sqrt{0.0474}} = 3.06$$

在顯著水準下，$\alpha = 0.05$ 下，$t_{0.025}(2) = 4.303$

因之顯示教育年數對所得有影響。

例 *

設一複迴歸分析中有 p 個自變數，此時的殘差平方和爲

$$S_e = S_{YY} - b_1 S_{1Y} - b_2 S_{2Y} - b_p S_{pY}$$

試表示之。

【解】

由複迴歸式

$$\hat{Y} = b_0 + b_1 X_1 + b_2 X_2 + \cdots + b_p X_p$$

知殘差平方和為

$$S_e = \sum Y^2 - b_0 \sum Y - b_1 \sum X_1 Y - b_2 \sum X_2 Y \cdots - b_p \sum X_p Y$$

已知

$$b_0 = \overline{Y} - b_1 \overline{X}_1 - b_2 \overline{X}_2 \cdots - b_p \overline{X}_p$$

因之

$$S_e = \sum Y^2 - n\overline{Y}(\overline{Y} - b_1 \overline{X}_1 - b_2 \overline{X}_2 \cdots - b_p \overline{X}_p) - b_1 \sum X_1 Y - b_2 \sum X_2 Y \cdots - \sum b_p X_p Y$$

$$= (\sum Y^2 - n\overline{Y}^2) - b_1 (\sum X_1 Y - nX_1 \overline{Y}) - b_2 (\sum X_2 Y - n\overline{X}_2 \overline{Y}) - \cdots - b_p (\sum X_p Y - n\overline{X}_p \overline{Y})$$

$$= S_{YY} - b_1 S_{X_1 Y} - b_2 S_{X_2 Y} - \cdots - b_p S_{X_p Y}$$

$$= S_{YY} - b_1 S_{1Y} - b_2 S_{2Y} - \cdots - b_p S_{PY}$$

■ 部分迴歸係數的檢定

在複迴歸分析中，通常需要對新增加的解釋變數檢定其是否對依變數有影響。設原複迴歸模型中有 q 個解釋變數，現增加解釋變數的個數至 p 個，亦即增加 $p - q$ 個解釋變數。若要檢定 $p - q$ 個增加的解釋變數是否對依變數有影響，可設立假設如下：

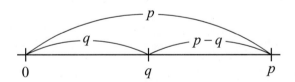

$$\begin{cases} H_0: \beta_{q+1} = \beta_{q+2} = \cdots = \beta_p = 0 \\ H_1: H_0 不為真 \end{cases}$$

利用統計量

$$F = \frac{(S_p - S_q)/(p-q)}{S_e/(n-p-1)} = \frac{(S'_e - S_e)/(p-q)}{S_e/(n-p-1)} \sim F(p-q, n-p-1)$$

其中　$S_p \ (= S_T - S_e)$：p 個解釋變數時，迴歸模型可解釋之變異（即迴歸平方和）。

$S_q \ (= S_T - S'_e)$：q 個解釋變數時，迴歸模型可解釋之變異（即迴歸平

方和）。

S_e：p 個解釋變數時的隨機變異或不可解釋之變異（即殘差平方和）。

S'_e：q 個解釋變數時的隨機變異或不可解釋之變異（即殘差平方和）。

$S_p - S_q$：增加 $p - q$ 個解釋變數時所增加的解釋變異。

檢定法則爲

若 $F_0 > F_\alpha (p - q, n - p - 1)$ 則拒絕 H_0，反之則接受 H_0。

【解說】

令自變數 $(X_1, X_2, \cdots, X_p)$ 全部列入時的殘差平方和爲

$$S_e = S_{YY} - b_1 S_{1Y} - b_2 S_{2Y} - \cdots - b_p S_{pY}$$

$$\frac{S_e}{\sigma^2} \sim \chi^2(n-p-1)$$

自變數只有 $(X_1, X_2, \cdots, X_q)$ 時之殘差平方和爲

$$S'_e = S_{YY} - b'_1 S_{1Y} - b'_2 S_{2Y} - \cdots - b'_q S_{qY}$$

在 H_0 爲眞下，

$$\frac{S'_e}{\sigma^2} \sim \chi^2(n-q-1)$$

對於殘差平方和之增分爲

$$\frac{S'_e - S_e}{\sigma^2} \sim \chi^2(p-q)$$

所以統計量

$$F = \frac{\chi^2_{(p-q)} / p - q}{\chi^2_{(n-p-1)} / n - p - 1} = \frac{(S'_e - S_e)/(p-q)}{S_e /(n-p-1)} \sim F_\alpha(p-q, n-p-1)$$

若 $F_0 > F_\alpha (p - q, n - p - 1)$ 時拒絕 H_0。

【註】 複判定係數分別設爲 $R_q{}^2, R_p{}^2$，

$$若 F_0 = \frac{R_p{}^2 - R_q{}^2}{1 - R_p{}^2} \cdot \frac{3 - p - 1}{p - q} < F_\alpha(p - q, n - p - 1)，拒絕 H_0。$$

例*

　　已知一個人一年的所得（Y）是受教育程度（X_1）的影響，今想了解所得是否受工作經驗（Z）的影響，今隨機抽取 5 人為樣本，有關資料如下：

樣本	教育年數（X_1）	工作年數（X_2）	年所得（Y）萬元
1	6	7	38
2	9	5	40
3	12	14	53
4	16	8	50
5	18	6	55

試以顯著水準 0.1 檢定新加入的工作年數對所得有影響否？

【解】

　　首先先進行所得（Y）對教育年數（X_1）的迴歸，可得變異數分析表如下：

變異來源	平方和	自由度	均方	F_0
迴歸	$S_R = 187.72$	1	187.72	11.02
誤差	$S_e = 51.0$	3	17.03	
總和	$S_T = 238.80$	4		

模型中加入工作年數（X_2），其複迴歸結果如下：

變異來源	平方和	自由度	均方	F_0
迴歸	229.33	2	114.67	24.2
誤差	9.47	2	4.74	
總和	238.80	4		

$$F = \frac{(229.33 - 187.72)/1}{9.47/(5-2-1)} = 8.78$$

在 10% 顯著水準下，$F_{0.1}(1, 2) = 8.53$ 小於檢定統計量 $F = 8.78$，因此拒絕 H_0。故可推論「新加入的解釋變數工作年數（X_2）對依變數年

所得（Y）有影響」。

例*

依據 15 組資料進行迴歸分析，得到下列結果：

(1) $\hat{Y} = 388 - 2.99X_1 - 0.252X_2$

　　$SSR = 3,516.2$，$SSE = 91.4$

(2) $\hat{Y} = 422 - 3.05X_1 - 0.413X_2 - 0.216X_3 - 0.0453X_4$

　　$SSR = 3,529.96$，$SSE = 77.64$

試以 $\alpha = 0.05$ 檢定 (2) 之模式是否比 (1) 之模式顯著？

【解】

(1) $H_0：\beta_3 = \beta_4 = 0$

(2) $H_1：\beta_3, \beta_4$ 不全為 0

(3) $\alpha = 0.05$

(4) 危險域 $C = \{F | F > F_{0.05}(2, 10) = 4.1028\}$

(5) 計算：$\because SSE(X_1X_2) = 91.4$

$$SSE(X_1X_2X_3X_4) = 77.64$$

$$\therefore F = \frac{[SSE(X_1X_2) - SSE(X_1X_2X_3X_4)]/(12-10)}{SSE(X_1X_2X_3X_4)/(15-5)}$$

$$= \frac{(91.4 - 77.64)/2}{77.64/10} = 0.8861 \notin C$$

(6) 結論：不拒絕 H_0，亦即無證據顯示 (2) 之模式比 (1) 之模式顯著。

■ 複迴歸的變異數分析

複迴歸模型設為

$$E(Y|X_1, X_2, \cdots, X_k) = \beta_0 + \beta_1X_1 + \cdots + \beta_kX_k$$

因母體迴歸模型為未知，故以迴歸方程式估計，設

$$\hat{Y} = b_0 + b_1X_1 + \cdots b_kX_k$$

欲檢定

$$\begin{cases} H_0：迴歸方程式無解釋能力（\beta_1 = \beta_2 = \cdots = \beta_k = 0）\\ H_1：迴歸方程式有解釋能力（\beta_i 不全為 0）\end{cases}$$

　　由於複迴歸分析亦可比照變異數分析，將總變異 SST 分成 SSR（因迴歸引起之變異）及 SSE（誤差引起之變異），然後製作 ANOVA 利用 F 統計量進行檢定。

　　檢定統計量為

$$F = MSR/MSE$$

　　若 $F_0 > F_\alpha(k, n - k - 1)$ 則拒絕 H_0。

【解說】

(1) 平方和

$$\sum(Y - \overline{Y})^2 = \sum(Y - \hat{Y})^2 + \sum(\hat{Y} - \overline{Y})^2$$

$$SST = S_T = \sum(Y - \overline{Y})^2 = S_{YY}$$

$$SSR = S_R = \sum_{\alpha=1}^{n}(\hat{Y}_\alpha - \overline{Y})^2 = \sum_{\alpha=1}^{n}\left\{\sum_{i=1}^{k} b_i(X_{\alpha i} - \overline{X}_i)\right\}^2$$

$$= \sum_{\alpha=1}^{n}\sum_{i=1}^{k}\sum_{j=1}^{k} b_i b_j(X_{\alpha i} - \overline{X}_i)(X_{\alpha j} - \overline{X}_j)$$

$$= \sum_{i=1}^{k}\sum_{j=1}^{k} b_i b_j S_{ij}\left(\because \sum_{j=1}^{k} b_j S_{ij} = S_{iY}\right) = \sum_{i=1}^{k} b_i S_{iY}$$

$$= b_1 S_{1Y} + b_2 S_{2Y} + \cdots\cdots + b_k S_{kY}$$

$$SSE = S_e = \sum(Y - \hat{Y})^2 = S_T - S_R$$

(2) 自由度

$$\phi_T = n - 1$$

$$\phi_R = k$$

$$\phi_e = n - k - 1$$

(3) 製作變異數分析表

ANOVA

變異來源	平方和	自由度	均方	F	均方之期望值
迴歸	S_R	k	$MSR = \dfrac{S_R}{k}$	$F = \dfrac{MSR}{MSE}$	$\sum\limits_{i}^{k}\sum\limits_{j}^{k} \beta_i \beta_j S_{ij} + k\sigma^2$
誤差	S_e	$n - k - 1$	$MSE = \dfrac{S_e}{n-k-1}$		σ^2
總和	S_T	$n - 1$			

(4) 利用 F 統計量

$$F = \frac{MSR}{MSE} \sim F_\alpha(k, n-k-1)$$

(5) 檢定法則

$F_0 > F_\alpha(k, n-k-1)$ 則拒絕 H_0，反之則接受 H_0。

拒絕 H_0，表示迴歸方程式的自變數對依變數有解釋能力，迴歸模型可接受。

【註】(1) $\begin{cases} H_0 : \beta_1 = \beta_2 = \cdots \beta_k = 0 & （模式無意義） \\ H_1 : \beta_i \text{ 不全為 } 0 & （模式有意義） \end{cases}$

使用 F 檢定。

(2) $\begin{cases} H_0 : \beta_i = 0 \ (i = 1, 2, \cdots k) & （某變數無意義） \\ H_1 : \beta_i \neq 0 & （某變數有意義） \end{cases}$

使用 t 檢定。

例*

以 5 個人為樣本，調查教育年數、工作年數與個人所得如下：

樣本	教育年數（X_1）	工作年數（X_2）	年所得（Y）萬元
1	6	7	38
2	9	5	40
3	12	14	53
4	16	8	50
5	18	6	55

試求 Y 對 X_1, X_2 之迴歸方程式，並檢定迴歸方程式有無解釋能力。

【解】

(1) 設迴歸方程式為

$$\hat{Y} = b_0 + b_1 X_1 + b_2 X_2$$

標準方程式為

$$\begin{cases} \sum Y = \sum b_0 + b_1 \sum X_1 + b_2 \sum X_2 \\ \sum X_1 Y = b_0 \sum X_1 + b_1 \sum X_1^2 + b_2 \sum X_1 X_2 \\ \sum X_2 Y = b_0 \sum X_2 + b_1 \sum X_1 X_2 + b_2 \sum X_2^2 \end{cases}$$

令 $x_1 = X_1 - \overline{X_1}$，$x_2 = X_2 - \overline{X_2}$，$y = Y - \overline{Y}$

則可得

$$b_1 \sum x_1^2 + b_2 \sum x_1 x_2 = \sum x_1 y$$

$$b_1 \sum x_1 x_2 + b_2 \sum x_2^2 = \sum x_2 y$$

求解聯立方程式得

$$b_1 = \frac{\sum x_2^2 \sum x_1 y - \sum x_1 x_2 \sum x_2 y}{\sum x_1^2 \sum x_2^2 - (\sum x_1 x_2)^2} = 1.36$$

$$b_2 = \frac{\sum x_1^2 \sum x_2 y - \sum x_1 x_2 \sum x_1 y}{\sum x_1^2 \sum x_2^2 - (\sum x_1 x_2)^2} = 0.92$$

$$b_0 = \overline{Y} - b_1 \overline{X_1} - b_2 \overline{X_2} = 23.25$$

因之迴歸方程式為

$$\hat{Y} = 23.25 + 1.36 X_1 + 0.92 X_2$$

(2) $S_R = \sum (\hat{Y} - \overline{Y})^2 = b_1 S_{1Y} + b_2 S_{2Y}$

$\qquad = b_1 [\sum (X_1 - \overline{X})(Y - \overline{Y})] + b_2 [\sum (X_2 - \overline{X})(Y - \overline{Y})]$

$\qquad = b_1 \sum x_1 y + b_2 \sum x_2 y = 229.33$

$S_T = \sum (Y - \overline{Y})^2 = \sum y^2 = 238.8$

$S_e = S_T - S_R = 9.47$

變異來源	平方和	自由度	均方	F
迴歸	229.33	2	114.67	24.2
誤差	9.47	2	4.74	
總和	238.80	4		

假設為

$$\begin{cases} H_0: \beta_1 = \beta_2 = 0 \\ H_1: \beta_i \text{ 不全為 } 0 \text{。} (i = 1, 2) \end{cases}$$

檢定統計量 F 為

$$F = MSR/MSE = 24.2 > F_{0.05}(2, 2) = 19.00$$

故拒絕 H_0，亦即教育年數、工作年數對所得有顯著之聯合解釋能力。

■ **由 $\hat{Y}_0 = b_0 + b_1 X_{01} + \cdots + b_1 X_{0k}$ 估計 $E(Y \mid X_{01}, X_{02}, \cdots, X_{0k})$**

$\because \hat{Y}_0 \sim N(E(\hat{Y}_0), V(\hat{Y}_0))$

式中

$$E(\hat{Y}_0) = E(Y \mid X_{01}, X_{02}, \cdots, X_{0k}) = \mu$$

$$V(\hat{Y}_0) = \left\{ \frac{1}{n} + \sum_i^k \sum_j^k (X_{0i} - \overline{X}_i)(X_{0j} - \overline{X}_j) S^{ij} \right\} \sigma^2 = \overline{\left\{ \frac{1}{n} + \frac{D_0^{\,2}}{n-1} \right\}} \sigma^2$$

$D_0^{\,2} = (n-1) \sum_i^k \sum_j^k (X_{0i} - \overline{X}_i)(X_{0i} - \overline{X}_j) S^{ij}$，稱為馬氏（Maharanobis）距離。

若 σ^2 為已知，則可利 Z 分配得 μ 之信賴區間為

$$\hat{Y}_0 \pm Z_{\alpha/2} \sqrt{V(\hat{Y}_0)}$$

若 σ^2 為未知則以 $\hat{\sigma}^2$ 來估計，利用自由度 $n - k - 1$ 的 t 分配求 μ 之信賴區間為

$$\hat{Y}_0 \pm t_{\alpha/2}(n-k-1)\hat{s}(\hat{Y}_0)$$

式中 $s^2(\hat{Y}_0) = \hat{\sigma}^2 \left\{ \frac{1}{n} + \sum_{i=1}^k \sum_{j=1}^k (X_{0i} - \overline{X}_i)(X_{0i} - \overline{X}_j) S^{ij} \right\} = \left\{ \frac{1}{n} + \frac{D_0^{\,2}}{n-1} \right\} \hat{\sigma}^2$

例*

以 5 人為樣本調查教育年數、工作年數與個人所得如下：

樣本	教育年數（X）	工作年數（Z）	個人所得（Y）
1	6	7	38
2	9	5	40
3	12	14	53
4	16	8	50
5	18	6	55
	$\overline{X} = 12.2$	$\overline{Z} = 8$	$\overline{Y} = 47.2$

試求在信賴水準 95% 下，教育年數 16 年、工作年數 10 年之平均所得之信賴區間？

【解】

迴歸方程式為 $\hat{Y} = 23.25 + 1.36X + 0.92Z$

$\hat{\sigma}^2 = 4.74$

$$s^2(\hat{Y}_0) = \hat{\sigma}^2 \left[\frac{x_0^2 \sum z^2 + z_0^2 \sum x^2 - 2x_0 z_0 \sum xz}{\sum x^2 \sum z^2 - (\sum xz)^2} + \frac{1}{n} \right]$$

$$= 4.74 \left[\frac{(16-12.2)^2 \times 50 - (10-8)^2 \times (96.8) - 2 \times 3.8 \times 2 \times 3}{96.8 \times 50 - 9} + \frac{1}{5} \right]$$

$$= 1.9908$$

$\therefore \hat{Y}_0 = 23.25 + 1.36 \times 16 + 0.92 \times 10 = 54.21$

可得 μ 之信賴區間為

$$54.21 \pm t_{0.025}(2)\sqrt{1.9908} = 54.21 \pm 6.07$$

因之教育年數 16 年、工作年數 10 年之平均年所得約為 48.14 萬元至 60.28 萬元。

■ 由 $\hat{Y}_0 = b_0 + b_1 X_{01} + b_2 X_{02} + \cdots + b_k X_{0k}$ 預測 Y_0

首先求出 $Y_0 - \hat{Y}_0 = e_0$ 之抽樣分配，

因為 $e_0 \sim N(0, V(e_0))$，

其中

$$V(e_0) = \left\{ 1 + \frac{1}{n} + \sum_i^k \sum_j^k (X_{0i} - \bar{X}_i)(X_{0j} - \bar{X}_j)S^{ij} \right\} \sigma^2 = \left\{ 1 + \frac{1}{n} + \frac{D_0^2}{n-1} \right\} \sigma^2$$

$D_0^2 = (n-1)\sum_i^k \sum_j^k (X_{0i} - \bar{X}_i)(X_{0j} - \bar{X}_j)S^{ij}$，稱為馬氏距離。

根據 e_0 之抽樣分配，故可得 Y_0 之預測區間：

(1) 當 σ^2 已知時，Y_0 的預測區間為

$$\hat{Y}_0 \pm Z_{\alpha/2}\sqrt{V(e_0)}$$

(2) 當 σ^2 未知時，以 $\hat{\sigma}^2$ 取代，

令 $s^2(e_0) = \left[1 + \frac{1}{n} + \sum_i^k \sum_j^k (X_{0i} - \bar{X}_i)(X_{0i} - \bar{X}_j)S^{ij} \right] \hat{\sigma}^2 = \left[1 + \frac{1}{n} + \frac{D_0^2}{n-1} \right] \hat{\sigma}^2$

因之 Y_0 的預測區間為

$$\hat{Y}_0 \pm t_{\alpha/2}(n-k-1)s(e_0)$$

例*

同上例，求 Y_0 之預測區間。

【解】

$$s^2(e_0) = \hat{\sigma}^2 \left[\frac{x_0^2 \sum z^2 + z_0^2 \sum x^2 - 2x_0 z_0 \sum xz}{\sum x^2 \sum z^2 - (\sum xz)^2} + \frac{1}{n} + 1 \right]$$

$$= \hat{\sigma}^2 \left[\frac{(16-12.2)^2 \times 50 + (10-8)^2 \times (96.8) - 2 \times 3.8 \times 2 \times 3}{96.8 \times 50 - 9} + \frac{1}{5} + 1 \right]$$

$$= 4.74[0.22 + 0.2 + 1] = 6.7308$$

$$\therefore s(e_0) = 0.59$$

因之可得 Y_0 之預測區間為

$$54.21 \pm 4.403 \times 2.59 = 54.21 \pm 11.6$$

Y_0 之預測區間為 42.61 萬元至 65.81 萬元。

■ 複判定係數（Multiple determinant coefficient）之意義

複迴歸分析中，SSR/SST 通常以 R^2 表示稱為複判定係數。以公式表示如下：

$$R^2 = \frac{SSR}{SST} = \frac{\sum(\hat{Y}-\bar{Y})^2}{\sum(Y-\bar{Y})^2} = 1 - \frac{SSE}{SST}$$

$0 \le R^2 \le 1$，當 $b_1 = b_2 = \cdots = b_k = 0$ 時（$\hat{Y} = \bar{Y}$），則 $R^2 = 0$。

【註】(1) $F = \dfrac{MSR}{MSE} = \dfrac{SSR/k}{SSE/(n-k-1)}$

$$= \frac{\dfrac{SSR}{SST}/k}{SSE/SST(n-k-1)}$$

$$= \frac{R^2/k}{(1-R^2)/(n-k-1)}$$

$$= \frac{R^2}{1-R^2} \cdot \frac{n-k-1}{k}$$

(2) 當自變數的個數增加時，R^2 會接近 1，由於增加不相干的自變數會增加 R^2，故有求修正複判定係數的必要。

修正複判定係數以 $\overline{R}^2$ 表示，其公式爲

$$\overline{R}^2 = 1 - \frac{MSE}{MST} = 1 - \frac{\dfrac{SSE}{n-k-1}}{\dfrac{SST}{n-1}}$$

$$= 1 - \frac{n-1}{n-k-1} \frac{SSE}{SST}$$

$$= 1 - \frac{n-1}{n-k-1}(1-R^2)$$

$$= \frac{(n-1)R^2}{(n-k-1)} - \frac{k}{n-k-1}$$

由 k 個增加至 $k+1$ 個，R^2 總是會增加，因此當 $\overline{R}^2$ 減少，則可認爲新增加自變數對依變數 Y 並無貢獻。

■ 複相關係數（Multiple Correlation Coefficient）之意義

表示複迴歸方程式的適合度良否之量，也有複相關係數。

所謂複相關係數即爲「實測值 Y_i 與預測值 $\hat{Y}_i$ 之相關係數」。

可表示爲

$$r_{Y\hat{Y}} = \frac{S_{Y\hat{Y}}}{\sqrt{S_{YY} \cdot S_{\hat{Y}\hat{Y}}}} = \frac{\sum(Y_i-\overline{Y})(\hat{Y}_i-\overline{\hat{Y}})}{\sqrt{\sum\limits_{i=1}^{n}(Y_i-\overline{Y})^2 \cdot \sum\limits_{i=1}^{n}(\hat{Y}_i-\overline{\hat{Y}})^2}}$$

此外，$r_{Y\hat{Y}}$ 亦可表示成 $r_{YX_1X_2\cdots X_k}$。

【解說】

(1) $r_{Y\hat{Y}}$ 中分子爲 Y 與 $\hat{Y}$ 之偏差積和，

$$S_{Y\hat{Y}} = \sum_{i}^{n}(Y_i-\overline{Y})(\hat{Y}_i-\overline{Y}) \quad (\because \overline{\hat{Y}} = \overline{Y})$$

$$= \sum (Y_i - \hat{Y}_i + \hat{Y}_i - \overline{Y})(\hat{Y}_i - \overline{Y})$$

$$= \sum e_i(\hat{Y} - \overline{Y}) + \sum (\hat{Y}_i - \overline{Y})^2 \quad (\because \sum e(\hat{Y} - \overline{Y}) = \sum e\hat{Y} - \overline{Y} \sum e = 0 - 0 = 0)$$

$$= 0 + \sum (\hat{Y}_i - \overline{Y})^2 = S_R$$

$$S_{\hat{Y}\hat{Y}} = \sum (\hat{Y} - \overline{\hat{Y}})^2 = \sum (\hat{Y} - \overline{Y})^2 = S_R \quad (\because \overline{\hat{Y}} = \overline{Y})$$

$$\therefore r_{Y\hat{Y}} = \frac{S_{Y\hat{Y}}}{\sqrt{S_{YY} \cdot S_{\hat{Y}\hat{Y}}}} = \sqrt{\frac{S_R}{S_T}} = \sqrt{R^2} \quad (式中 \ S_{YY} = S_T)$$

因之，複判定係數之開方即為複相關係數，亦即 $r_{Y\hat{Y}} = \sqrt{R^2}$。

(2) 複相關係數 $r_{Y\hat{Y}}$ 愈接近 1，複迴歸式的適合度愈佳。

(3) 複相關係數能夠以簡單相關係數表示，即利用以下公式展開。

$$r_{Y\hat{Y}} = \sqrt{1 - \frac{T}{T_{YY}}} \quad (此處以 2 個自變數為例，參以下例題)。$$

$$T = \begin{array}{c} X_1 \\ X_2 \\ Y \end{array} \begin{array}{ccc} X_1 & X_2 & Y \\ \begin{vmatrix} r_{X_1X_1} & r_{X_1X_2} & r_{X_1Y} \\ r_{X_2X_1} & r_{X_2X_2} & r_{X_2Y} \\ r_{YX_1} & r_{YX_2} & r_{YY} \end{vmatrix} \end{array}$$

T_{YY} 為 r_{YY} 之餘因式。

又，$r_{YY} = r_{X_1X_1} = r_{X_2X_2} = 1$

例 ★★

設複迴歸方程式為 $\hat{Y} = b_0 + b_1X_1 + b_2X_2$，且已知複相關係數 $r_{Y\hat{Y}} = \sqrt{1 - \dfrac{T}{T_{YY}}}$ 試將其展開之。

【解】

$$T = \begin{vmatrix} r_{11} & r_{12} & r_{Y1} \\ r_{21} & r_{22} & r_{Y2} \\ r_{Y1} & r_{Y2} & r_{YY} \end{vmatrix} = \begin{vmatrix} 1 & r_{12} & r_{Y1} \\ r_{21} & 1 & r_{Y2} \\ r_{Y1} & r_{Y2} & 1 \end{vmatrix} = 1 + 2r_{12}r_{Y1}r_{Y2} - r_{Y1}{}^2 - r_{Y2}{}^2 - r_{12}{}^2$$

$$T_{YY} = \begin{vmatrix} 1 & r_{12} \\ r_{12} & 1 \end{vmatrix} = 1 - r_{12}{}^2 \quad (T_{YY} 為 r_{YY} 的餘因式)$$

$$\therefore r_{Y\hat{Y}}^2 = 1 - \frac{T}{T_{YY}} = 1 - \frac{(1 + 2r_{12}r_{Y1}r_{Y2} - r_{Y1}^2 - r_{Y2}^2 - r_{12}^2)}{1 - r_{12}^2} = \frac{r_{Y1}^2 + r_{Y2}^2 - 2r_{12}r_{Y1}r_{Y2}}{1 - r_{12}^2}$$

例*

設有資料如下，其中 Y 為銷售額（十萬元），X_1 是電視廣告費（萬元），X_2 是報告廣告費（萬元），試求 (1) 複迴歸方程；(2) 變異數分析表；(3) 複判定係數；(4) 修正複判定係數（顯著水準 $\alpha = 0.05$）；(5) 試以 $r_{Y\hat{Y}} = \sqrt{1 - \frac{T}{T_{YY}}}$ 的公式計算複相關係數。

地區	X_1	X_2	Y	地區	X_1	X_2	Y
1	2	2	8.74	9	4	2	16.11
2	2	3	10.53	10	4	3	16.31
3	2	4	10.99	11	4	4	16.46
4	2	5	11.97	12	4	5	17.69
5	3	2	12.74	13	5	2	19.65
6	3	3	12.83	14	5	3	18.86
7	3	4	14.69	15	5	4	19.93
8	3	5	15.30	16	5	5	20.51

【解】

由若腦計算而得

(1) 複迴歸方程式為

$$\hat{Y} = 2.13438 + 3.02925X_1 + 0.70575X_2$$

(2) 變異數分析表為

變異	平方和	自由度	均方	F_0
迴歸	193.48873	2	96.74439	334.35
誤差	3.76155	13	0.28935	
總計	197.25033	15		

(3) 複判定係數 R^2 為

$$R^2 = \frac{193.48878}{197.25033} = 0.98093$$

(4) 修正複判定係數 $\overline{R}^2$ 為

$$\overline{R}^2 = 1 - \frac{3.76155/13}{197.25033/15} = 0.97800$$

(5) $\because r_{YX_1} = 0.96459$，$r_{YX_2} = 0.22473$，$r_{X_1X_1} = 0$，

$$\therefore r_{Y\hat{Y}}^2 = \frac{r_{YX_1}^2 + r_{YX_2}^2 - 2r_{YX_1}r_{YX_2}r_{X_1X_2}}{1 - r_{X_1X_1}^2} = \frac{(0.96459)^2 + (0.22473)^2 - 0}{1 - 0} = 0.98093$$

$$r_{Y\hat{Y}} = 0.9904$$

■ 標準迴歸係數（Standard Regression Coefficient）之意義

$\hat{Y} = b_0 + b_1 X_1 + \cdots + b_k X_k$，式中 $b_0, b_1, \cdots, b_k$ 為偏迴歸係數。

$\because \overline{Y} = b_0 + b_1 \overline{X}_1 + \cdots + b_k \overline{X}_k$

$\hat{Y} - \overline{Y} = b_1(X_1 - \overline{X}_1) + \cdots + b_k(X_k - \overline{X}_k)$

$\dfrac{\hat{Y} - \overline{Y}}{s_Y} = \left(\dfrac{b_1 s_1}{s_Y}\right)\dfrac{(X_1 - \overline{X})}{s_1} + \cdots + \left(\dfrac{b_k s_k}{s_Y}\right)\dfrac{(X_k - \overline{X}_k)}{s_k}$

$\therefore \hat{Y}' = b_1' X_1' + b_2' X_2' + \cdots + b_k' X_k'$

式中 $b_i' = b_i \dfrac{s_i}{s_Y}$（$i = 1, 2, \cdots, k$）稱為標準化迴歸係數，$X_i' = \dfrac{X_i - \overline{X}_i}{s_i}$ 稱

為 X_i 的標準化。單位的解釋並不需要或單位不一致時，可以使用此標準化迴歸係數。當變數直交時，$|b_i'| \leq 1$。

【註】偏迴歸係數表示自變數與依變數之「關係小大」，標準化係數是表示其間的「關係強度」。

【解說】

設礬土之燒結體其配向度與溫度與時間之關係如下：

樣本	X_1 溫度 °C	X_2 時間（min）	Y 配向度（%）
1	1700	30	36
2	1800	25	39
3	1800	20	44
4	1850	30	44
5	1900	10	59
6	1930	10	51

所求得之複迴歸方程爲

$$\hat{Y} = 0.04573X_1 - 0.469X_2 - 28.4$$

若溫度的單位爲 100°C 時，複迴歸式爲

$$\hat{Y}' = 4.573X_1' - 0.469X_2' - 28.4$$

像這樣改變自變數的單位時，迴歸係數也會隨之改變，因之按照這樣，從迴歸係數是無法評估自變數的影響大小，因此爲了不受自變數單位所左右，必須換成平均 0，變異數 1，數據的標準化爲

$$x = \frac{X - \bar{X}}{s_X}$$

$\sum x = 0$，$\therefore \bar{x} = 0$，

$$s_x = \frac{\sum(x - \bar{x})^2}{n-1} = \frac{\sum x^2}{n-1} = \frac{\dfrac{\sum(X - \bar{X})^2}{s_X{}^2}}{n-1} = \frac{s_X{}^2}{s_X{}^2} = 1$$

因之標準化，$\bar{x} = 0$，$s_x = 1$

經標準化之後，有助於評估各自變數對依變數的貢獻。

經標準化之後的數據其複迴歸式爲

$$\hat{y} = 0.451x_1 - 0.515x_2$$

■ 偏迴歸係數（Partial regression Coefficient）之意義

設 $\hat{Y} = b_0 + b_1X_1 + b_2X_2$ 其中 X_1 之偏迴歸係數 b_1 並非只是表示 Y 與 X_1 之間的關係。若由實測值 Y 去除 X_2 之影響與由 X_1 去除 X_2 之影響後求相互之間的「簡單迴歸係數」，即爲複迴歸式中 X_1 之偏迴歸係數 b_1。

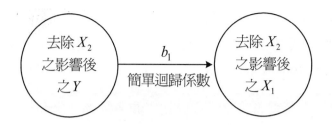

【解說】

設黏土之燒結體其配向度與溫度與時間之關係如下：

樣本	X_1 溫度 °C	X_2 時間（min）	Y 配向度（%）
1	1700	30	36
2	1800	25	39
3	1800	20	44
4	1850	30	44
5	1900	10	59
6	1930	10	51

所求之複迴歸式為

$$\hat{Y} = 0.04573X_1 - 0.469X_2 - 28.4 \tag{1}$$

若就 Y 與 X_1 求迴歸式得

$$\hat{Y}' = 0.08647X_1 - 112.7 \tag{2}$$

X_1 之係數在 (1), (2) 式之不相同，乃是 (1) 式中取溫度與時間為自變數，而此兩變數彼此間互有某些影響。為了對溫度與時間進行探討，首先求兩者之相關係數。

$$r_{12} = \frac{S_{12}}{\sqrt{S_{11}S_{22}}} = \frac{-590}{\sqrt{6800 \times 84.2}} = -0.7799$$

知溫度（X_1）與時間（X_2）有相當大的負相關。因之從溫度去除時間之影響看看，求出溫度對時間之迴歸式為

$$\hat{X}_1 = -7.10X_2 + 1976.04$$

當然，時間（X_2）對配向度（Y）也有影響，兩者之相關係數為

$$r_{Y2} = \frac{S_{Y2}}{\sqrt{S_{YY}S_{22}}} = -0.815$$

知時間與配向度亦有負相關。

因之，從配向度去除時間之影響，求出配向度對時間之迴歸式為

$$\hat{Y}'' = -0.79X_2 + 61.956$$

樣本	溫度 X_1	時間 X_2	預測值 $\hat{X}_1$	殘差 $u = X_1 - \hat{X}_1$
1	1700	30	1765.74	−65.74
2	1800	25	1800.79	−0.79
3	1800	20	1835.84	−35.84
4	1850	30	1765.74	84.26
5	1900	10	1905.94	−5.94
6	1930	10	1905.94	24.06

樣本	配向度 Y	時間 X_2	預測值 $\hat{Y}''$	殘差 $v = Y - \hat{Y}''$
1	36	30	38.256	−2.256
2	39	25	42.206	−3.206
3	44	20	46.156	−2.156
4	44	30	38.256	5.744
5	59	10	54.056	4.944
6	15	10	54.059	−3.059

v = 自配向度去除時間之影響後之量

u = 自溫度去除時間之影響後之量

試求 v 對 u 之迴歸係數看看

$$迴歸係數 = \frac{v與u的共變異(S_{uv})}{u的變異數(S_{uu})} = \frac{121.8}{2664} = 0.0457$$

與複迴歸式 $\hat{Y} = 0.04573X_1 - 0.469X_2 - 28.4$ 相比較，知與溫度 X_1 之係數相一致。

由以上知複迴歸式 $\hat{Y} = b_0 + b_1X_1 + b_2X_2$ 之迴歸係數 b_1，等於去除自變數 X_2 之影響後之依變數 Y 與自變數 X_1 之簡單迴歸係數。

同理，對於 $\hat{Y} = b_0 + b_1X_1 + b_2X_2 + \cdots + b_kX_k$ 之情形亦同。

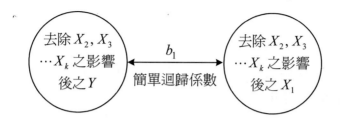

【註】(1) 設複迴歸式為

$$\hat{Y} = b_0 + b_1 X_1 + b_2 X_2$$

如 X_1 的偏迴歸係數比 X_2 的偏迴歸係數大時，可以認為 X_1 比 X_2 是較重要的說明變數，但要注意單位。單位如放大 a 倍，則偏迴歸係數即為 $1/a$。

(2) 解釋偏迴歸係數時，要注意以下兩點：

　(a) 其他自變數為一定時的附帶前提條件

　(b) 自變數增加一單位時依變數的變化量

譬如燃料費 $= 28.721 - 0.004174 \times$ 車體重量 $+ 0.05542 \times$ 加速時間 $+ 0.590 \times$ 年份，解釋年份的偏迴歸係數時，要附上除〔年份〕外的自變數如車體重量與加速時間均為一定的條件，當 A 車與 B 車的車體重量相當，而且加速時間也相等時，B 車的年份比 A 車增加 1 年份時，每 1 加侖的里程數增加 0.590 里。

■ 偏相關係數與部分相關係數之意義

固定其他變數的條件下，只觀察某兩個變數間之相關係數。設迴歸方程式為

$$\hat{Y} = b_0 + b_1 X_1 + b_2 X_2 + b_3 X_3$$

1. 如固定 X_2, X_3，觀察 Y 與 X_1 之關係時，為了由 Y 去除 X_2, X_3 之影響，因之進行 Y 與 X_2, X_3 之迴歸分析，得

$$\hat{Y} = b_0' + b_2' X_2 + b_3' X_3$$

2. $u = Y - \hat{Y} = Y - b_0' - b_2' X_2 - b_3' X_3 =$（原數據值 − 預測值 = 殘差）

3. 為了由 X_1 去除 X_2, X_3 之影響，因之進行 X_1 與 X_2, X_3 之迴歸分析，得

$$\hat{X}_1 = c_0' + c_2' X_2 + c_3' X_3$$

4. $v = X_1 - \hat{X}_1 = X_1 - c_0' - c_2'X_2 - c_3'X_3$

5. 求出的 u 與 v 的「相關係數」，此以 $r_{YX_1 \cdot X_2X_3}$ 或以 $r_{YX_1|X_2X_3}$ 表示，稱為偏相關係數（或稱淨相關係數）（Partial Correlation Coefficient）。若自變數甚多時，也可記成 $r_{YX_1 \cdot \text{rest}}$。

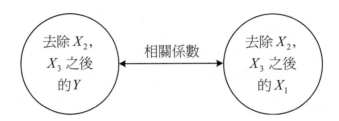

去除 X_2, X_3 之後的 Y　　相關係數　　去除 X_2, X_3 之後的 X_1

6. 如 X_1 去除 X_2, X_3 之影響後，求 Y 與 v 的相關係數稱為部分相關係數（Part Correlation Coefficient）。

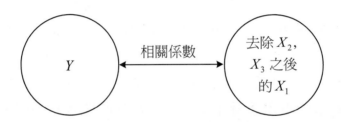

Y　　相關係數　　去除 X_2, X_3 之後的 X_1

✍ 性質

(1) $r_{YX_1 \cdot X_2}$ 意指在已有 X_2 下引進 X_1 時 X_1 對 Y 的邊際貢獻率。$r_{YX_1X_2}$ 意指引進 X_1, X_2 時 X_1, X_2 對 Y 的整體貢獻率。

(2) Y 對 X_1, X_2, X_3 的迴歸方程式設為

$$\hat{Y} = b_0 + b_1X_1 + b_2X_2 + b_3X_3$$

X_1 對 Y, X_2, X_3 的迴歸方程式設為

$$\hat{X}_1 = b_0' + b_1'Y + b_2'X_2 + b_3'X_3$$

此時 $r_{YX_1 \cdot X_2X_3}^2 = b_1 \cdot b_1'$

(3) $F(1, n-k-1) = \dfrac{r^2(n-k-1)}{(1-r^2)}, (F_\alpha(1, n-k-1) = t_{\alpha/2}^2(n-k-1))$，式中 r 為偏相關係數，k 為自變數之個數（參偏相關係數之檢定中的說明）。

(4) $r_{YX_1 \cdot X_2} = \dfrac{r_{YX_1} - r_{YX_2} \cdot r_{X_1 X_2}}{\sqrt{(1 - r_{YX_2}{}^2)(1 - r_{X_1 X_2}{}^2)}}$

【註】(1) 相關係數矩陣設為 $T = (r_{ij})$, $r_{ji} = r_{ij}$

其逆矩陣設為 $T^{-1} = (r^{ij})$, $r^{ji} = r^{ij}$

則偏相關係數矩陣可求出為 $r_{ij \cdot \text{rest}} = \dfrac{-r^{ij}}{\sqrt{r^{ii} \cdot r^{jj}}}$

(2) 當偏相關係數矩陣（P）已知時，求對應的相關係數矩陣（R）之步驟如下：

①求 $(-P)$；②求 $(-P)^{-1} = (p^{ij})$；③$r_{ij} = \dfrac{p^{ij}}{\sqrt{p^{ii} \cdot p^{jj}}}$ 。

例*

已知資料如下：

地區	X_1	X_2	Y
1	2	2	8.74
2	2	3	10.53
3	2	4	10.99
4	2	5	11.97
5	3	2	12.74
6	3	3	12.83
7	3	4	14.69
8	3	5	15.30

地區	X_1	X_2	Y
9	4	2	16.11
10	4	3	16.31
11	4	4	16.46
12	4	5	17.69
13	5	2	19.65
14	5	3	18.86
15	5	4	19.93
16	5	5	20.51

(1) 求 Y 對 X_1, X_2 的迴歸方程式。

(2) 求 Y 對 X_1 的迴歸方程式。

(3) 求相關係數矩陣 T。

(4) 求偏相關係數 $r_{YX_2 \cdot X_1}$，$r_{YX_1 \cdot X_2}$。

【解】

(1) $\hat{Y} = 2.13438 + 3.02925X_1 + 0.70575X_2$

(2) $\hat{Y} = 4.60450 + 3.002925X_1$

(3)
$$T = \begin{matrix} X_1 \\ X_2 \\ Y \end{matrix} \overset{\begin{matrix} X_1 & X_2 & Y \end{matrix}}{\begin{bmatrix} 1 & r_{X_1X_2} & r_{YX_1} \\ & 1 & r_{YX_2} \\ & & 1 \end{bmatrix}} = \begin{bmatrix} 1 & 0 & 0.96459 \\ & 1 & 0.22472 \\ & & 1 \end{bmatrix} ,$$

$$T^{-1} = \begin{bmatrix} 49.798 & 11.368 & -50.589 \\ 11.368 & 3.648 & -11.786 \\ -50.589 & -11.786 & 52.446 \end{bmatrix}$$

(4) $r_{YX_2 \cdot X_1} = \dfrac{-(-11.786)}{\sqrt{3.648 \times 52.446}} = 0.852$, $r_{YX_1 \cdot X_2} = \dfrac{-(-50.589)}{\sqrt{49.789 \times 52.446}} = 0.989$

例 ★★

試證 $r_{YX \cdot Z} = \dfrac{r_{YX} - r_{XZ} \cdot r_{YZ}}{\sqrt{(1 - r_{XZ}{}^2)(1 - r_{YZ}{}^2)}}$

【證】

以 X 為依變數，Z 為自變數所求得之迴歸式為

$$\hat{X}_i = \overline{X} + \frac{S_{XZ}}{S_{ZZ}}(Z_i - \overline{Z}) \tag{1}$$

同樣以 Y 為依變數，Z 為自變數所求得之迴歸式為

$$\hat{Y}_i = \overline{Y} + \frac{S_{YZ}}{S_{ZZ}}(Z_i - \overline{Z}) \tag{2}$$

由 (1), (2) 求出各迴歸分析中之殘差：

$$e_{X_i} = X_i - \hat{X}_i = (X_i - \overline{X}) - \frac{S_{XZ}}{S_{ZZ}}(Z_i - \overline{Z})$$

$$e_{Y_i} = Y_i - \hat{Y}_i = (Y_i - \overline{Y}) - \frac{S_{YZ}}{S_{ZZ}}(Z_i - \overline{Z})$$

接著求 e_{X_i} 與 e_{Y_i} 的相關係數為

$$r = \frac{\sum(e_{X_i} - \bar{e}_X)(e_{Y_i} - \bar{e}_Y)}{\sqrt{\sum(e_{X_i} - \bar{e}_X)^2 \cdot \sum(e_{Y_i} - \bar{e}_Y)^2}}$$

$$分子 = \sum e_{X_i} \cdot e_{Y_i} \,(\because \sum e_X = \sum e_Y = 0 \,,\, \therefore \bar{e}_X = \bar{e}_Y = 0)$$

$$= \sum(X_i - \bar{X})(Y_i - \bar{Y}) - \frac{S_{YZ}}{S_{ZZ}}\sum(X_i - \bar{X})(Z_i - \bar{Z}) - \frac{S_{XZ}}{S_{ZZ}}\sum(Y_i - \bar{Y})(Z_i - \bar{Z})$$

$$+ \frac{S_{XZ}}{S_{ZZ}} \cdot \frac{S_{YZ}}{S_{ZZ}} \cdot \sum(Z_i - \bar{Z})^2$$

$$= \frac{S_{ZZ} \cdot S_{YX} - S_{XZ} \cdot S_{YZ}}{S_{ZZ}}$$

同理可得，$\sum(e_{X_i} - \bar{e}_X)^2 = \dfrac{S_{ZZ}S_{XX} - S_{XZ}^2}{S_{ZZ}}$, $\sum(e_{Y_i} - \bar{e}_Y)^2 = \dfrac{S_{ZZ}S_{YY} - S_{YZ}^2}{S_{ZZ}}$

因之 $r_{XY \cdot Z} = \dfrac{S_{ZZ} \cdot S_{YX} - S_{XZ}S_{YZ}}{\sqrt{(S_{YY}S_{ZZ} - S_{YZ}^2)(S_{ZZ}S_{XX} - S_{XZ}^2)}} = \dfrac{\dfrac{S_{ZZ}S_{YX} - S_{XZ}S_{YZ}}{\sqrt{(S_{YY}S_{ZZ})(S_{ZZ}S_{XX})}}}{\sqrt{(1 - r_{YZ}^2)(1 - r_{YZ}^2)}}$

$$= \frac{r_{YX} - r_{XZ} \cdot r_{YZ}}{\sqrt{(1 - r_{YZ}^2)(1 - r_{XZ}^2)}}$$

> **例 ***
>
> 以25名小學生調查50米賽跑的時間與記憶課題之成績，得出如下。
>
> | ID | 1 | 2 | 3 | 4 | 5 | 6 | 7 | 8 | 9 | 10 | 11 | 12 | 13 | 14 | 15 | 16 | 17 | 18 | 19 | 20 | 21 | 22 | 23 | 24 | 25 |
> |---|---|---|---|---|---|---|---|---|---|---|---|---|---|---|---|---|---|---|---|---|---|---|---|---|---|
> | 年齡 | 10 | 12 | 11 | 9 | 8 | 11 | 12 | 9 | 8 | 8 | 11 | 9 | 10 | 10 | 8 | 9 | 9 | 11 | 10 | 12 | 10 | 8 | 12 | 11 |
> | 記憶成績 | 10 | 11 | 11 | 6 | 8 | 14 | 14 | 11 | 5 | 6 | 13 | 5 | 11 | 9 | 9 | 8 | 10 | 11 | 8 | 13 | 11 | 10 | 7 | 15 | 13 |
> | 50米時間 | 8 | 8 | 9 | 11 | 12 | 7 | 8 | 11 | 13 | 12 | 11 | 11 | 11 | 12 | 13 | 12 | 13 | 8 | 9 | 7 | 8 | 10 | 14 | 8 | 9 |
>
> (1) 試求記憶成績與 50 米賽跑時間的相關係數。
>
> (2) 以年齡為控制變數，試求記憶成績與 50 米賽跑時間的偏相關係數。
>
> (3) 以複迴歸分析來判明。

【解】

(1) 求出 Pearson 的相關係數為 $r = -0.681$，在 1% 水準下顯著。此說明 50 米賽跑時間（x）的減少，可能導致記憶成績（y）的提高。

(2) 但兩者的相關係數有可能是年齡所引起發生疑似相關。

年齡（z）與記憶成績（y）的相關係數是 0.81，年齡（z）與 50 米賽跑（x）的相關係數是 -0.871。因之，以年齡（z）為控制變數，求兩者的偏相關係數時，

$$r_{xy \cdot z} = \frac{r_{xy} - r_{xz}r_{yz}}{\sqrt{(1 - r_{xz}^{2})(1 - r_{yz}^{2})}} = \frac{(-0.681) - (0.81) \cdot (-0.871)}{\sqrt{(1 - 0.81^2)(1 - (-0.871))^2}} = 0.086$$

不顯著，亦即控制年齡（即在相同年齡的小學生之間相比較）時，兩者即看不出相關關係，兩者的關連不過是外表罷了。

(3) 以記憶成績為依變數，年齡與時間為自變數，進行複迴歸分析。

	未標準化係數（b）	標準化係數（β）	顯著機率
（常數）	-9.215		0.274
年齡	1.777	0.900	0.002
時間	0.138	0.103	0.689

年齡的標準偏迴歸係數是顯著，$\beta = 0.90, p < 0.01$

時間的標準偏迴歸係數不顯著，$\beta = 0.10, n.s.$

由此事知，影響記憶成績的不是 50 米賽跑，而是年齡。

【註】識別疑似相關的方法有求偏相關係數與進行複迴歸分析。

例 *

以下是最高氣溫、最低氣溫與顧客人數的數據。

NO	最高氣溫（x_1）	最低氣溫（x_2）	顧客人數（y）
1	33	22	382
2	33	26	324
3	34	27	338
4	34	28	317
5	35	28	341

NO	最高氣溫（x_1）	最低氣溫（x_2）	顧客人數（y）
6	35	27	360
7	34	28	339
8	32	25	329
9	28	24	218
10	35	24	402
11	33	26	342
12	28	25	205
13	32	23	368
14	25	22	196
15	28	21	304
16	30	23	294
17	29	23	275
18	32	25	336
19	34	26	384
20	35	27	368

(1) 試求三個變數之間的相關係數。

(2) 試求最低氣溫與顧客人數的偏相關係數。

(3) 就 (2) 解釋其意義。

【解】

(1) 三者之間的相關係數表示如下：

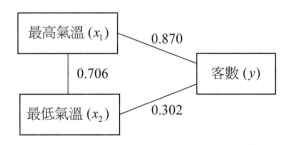

(2) $r_{yx_2 \cdot x_1} = \dfrac{r_{x_2 y} - (r_{x_1 y} \cdot r_{x_1 x_2})}{\sqrt{1 - {r_{x_1 y}}^2} \cdot \sqrt{1 - {r_{x_1 x_2}}^2}} = \dfrac{0.302 - (0.870 \times 0.706)}{\sqrt{1 - (0.870)^2}\sqrt{1 - (0.706)^2}} = -0.894$

(3) 偏相關係數是去除最高氣溫的影響後最低氣溫與客數之關係。因此，偏相關係數 -0.894 ，是說如果最高氣溫相同時，最低氣溫愈低，顧客數愈多，最低氣溫愈高，顧客人數即愈少。

譬如，大晴天之日，因為晴朗無雲，因之夜晚氣溫下降，最低氣溫也會變低吧！反之，下雨天或雲多之日，最高氣溫雖未上升，但最低氣溫也並不怎麼下降。如果去除最高氣溫之影響時，最低氣溫下降仍是晴天，其結果顧客也許會增加吧！相反的，最低氣溫也不怎麼下降時，在雨天與陰天之日，顧客也許會減少吧！

以上是所推測的理由。

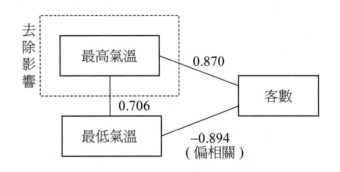

例*

　　以下數據是針對 20~50 歲的男性職員調查 50 米賽跑的時間以及年收入的結果。

x_1	50 米賽跑之時間（秒）	7.7	8.2	8.5	7.8	8.0	7.8	7.7	8.2	8.5	8.1	8.4	7.7	7.9	8.3	8.2	7.9	7.8	8.4	7.8	7.7
x_2	年收入（千元）	342	923	985	581	627	388	290	860	787	654	788	334	412	915	648	761	589	946	477	412
x_3	年齡（歲）	23	43	50	35	33	25	20	44	48	37	39	22	29	46	43	33	30	47	28	25

(1) 試求 x_1, x_2, x_3 三者之間的相關係數。

(2) 試求 x_1, x_2, x_3 三者之間的偏相關係數。

(3) 解說相關係數、偏相關係數之意義。

【解】

(1)

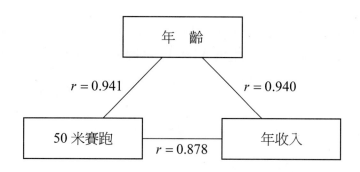

(2)

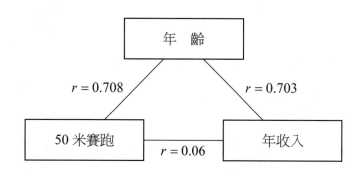

(3) 簡單相關係數是無法檢出稱為「假相關」此外表上的相關關係，在有許多變數之中，無法表現 2 變數間的純粹關係的強度。儘管原本「50 米賽跑的時間」與「年收入」之間不存在相關關係，卻因為另一變數「年齡」之值在改變，隨之「50 米賽跑的時間」與「年收入」也發生改變，結果，「50 米賽跑的時間」與「年收入」之間的相關關係在外表上就變高了。檢出此種「假相關」之偏相關係數，是表示「將其他條件當作一定時的 2 個變數的相關關係之強度」。

亦即，「年收入」與「50 米賽跑之時間」的偏相關係數，是指在「年齡」相同的人士之間相比較時的「年收入」與「50 米賽跑的時間」之相關關係。像這樣，加上將其他變數設為一定之條件，排除能以其他變數說明之相關關係即假相關，即可得知 2 變數間的純粹的相關關係了。

■ 偏判定係數（Partial Determinant Coefficient）之意義

設迴歸模型有 2 個自變數 X_1, X_2，在固定 X_2 的情況下，觀察依變數 Y 與另一自變數 X_1 之關連，稱此為 Y 對 X_1 迴歸的偏判定係數，即

$$r_{YX_1 \cdot X_2}^2 = \frac{SSR(X_1 \mid X_2)}{SSE(X_2)} = \frac{SSR_{X_1 X_2} - SSR_{X_2}}{SSE_{X_2}}$$

式中 $SSR_{X_1 X_2}$：Y 對 X_1, X_2 兩個自變數迴歸的解釋變異

$\qquad SSR_{X_2}$：Y 對 X_2 一個自變數迴歸的解釋變異

$\qquad SSE_{X_2}$：Y 對 X_2 一個自變數迴歸的未解釋變異

其中 $SST_{X_1 X_2} = SST_{X_1} = \sum(Y - \bar{Y})^2$。

偏判定係數 $r_{YX_1 \cdot X_2}^2$ 是指增加自變數 X_1 所增加的解釋變異（$SSR_{X_1 X_2} - SSR_{X_2}$）與利用自變數 X_2 解釋後所剩下之未解釋變異（SSE_{X_2}）之比。亦可解釋為 X_1 對依變數 Y 的邊際貢獻程度。

同理可求出

$$r_{YX_2 \cdot X_1}^2 = \frac{SSR(X_2 \mid X_1)}{SSE(X_1)} = \frac{SSR_{X_1 X_2} - SSR_{X_1}}{SSE_{X_1}}$$

因此偏相關係數或偏判定係數常用來在迴歸分析中選擇自變數，若自變數的偏相關係數或偏判定係數愈高，表示該自變數的解釋能力愈強。

【解說】

(1) 偏判定係數能夠以簡單相關係數表示。

對於 $\hat{Y} = b_0 + b_1 X_1 + b_2 X_2$ 來說，由偏判定係數之定義知

$$r_{YX_1 \cdot X_2}^2 = \frac{SSR_{X_1 X_2} - SSR_{X_2}}{SSE_{X_2}}$$

$$= \frac{\dfrac{SSR_{X_1 X_2}}{SST_{X_1 X_2}} - \dfrac{SSR_{X_2}}{SST_{X_2}}}{\dfrac{SSE_{X_2}}{SST_{X_2}}} = \frac{r_{YX_1 X_2}^2 - r_{YX_2}^2}{1 - r_{YX_2}^2} = \frac{r_{Y12}^2 - r_{Y2}^2}{1 - r_{Y2}^2}$$

$$= \frac{\dfrac{r_{Y1}^2 + r_{Y2}^2 - 2r_{12}r_{Y1}r_{Y2}}{1 - r_{12}^2} - r_{Y2}^2}{1 - r_{Y2}^2} = \frac{(r_{Y1} - r_{Y2}r_{12})^2}{(1 - r_{Y2}^2)(1 - r_{12}^2)}$$

【註】(1) 上式中 $r_{YX_1X_2}$ 指複相關係數，亦即是 $r_{Y\hat{Y}}(\hat{Y} = b_0 + b_1X_1 + b_2X_2)$，
r_{Y1} 是簡單相關係數，$r_{YX_1 \cdot X_2}$ 是偏相關係數，注意三者之表示法。

(2) $SSR(X_2) + SSE(X_2) = SST(X_2)$，

$SSR(X_1, X_2) + SSE(X_1, X_2) = SST(X_1, X_2)$，

而 $SST(X_2) = SST(X_1, X_2) = \sum (Y - \overline{Y})^2$，

此外 $SSR(X_1|X_2) = SSR(X_1, X_2) - SSR(X_2)$

$= SSE(X_2) - SSE(X_1, X_2)$。

(2) 複判定係數 R^2 指自變數群 $X_1, X_2 \cdots, X_k$ 引入複迴歸式中，Y 的變異能被這些自變數解釋的比例，而偏判定係數則表示已有自變數在迴歸中，另一個自變數的加入，可增加對 Y 變異解釋之貢獻，譬如 $r^2_{Y1 \cdot 2}$ 表示迴歸式已有 X_2 之情況下，引進 X_1 而能解釋 Y 變異之比例，亦即邊際貢獻率，在解釋上與標準偏迴歸係數同，只是用語不同而已。

> **例***
>
> 在年所得與教育年數、工作年數的例子中，其變異數 $SSR_{X_1X_2}$, SSR_{X_2}, SSR_{X_1}, SSE_{X_1}, SSE_{X_2} 如下：
>
> | 變異來源 | Y 對 X_1 迴歸 | Y 對 X_2 迴歸 | Y 對 X_1, X_2 迴歸 |
> |---|---|---|---|
> | SSR | 187.72 | 50.00 | 229.33 |
> | SSE | 51.08 | 188.80 | 9.47 |
> | SST | 238.80 | 238.80 | 238.80 |
>
> 試求 Y 對 X_1 的偏判定係數，以及 Y 對 X_2 的偏判定係數？

【解】

Y 對 X_1 迴歸的偏判定係數為

$$r^2_{YX_1 \cdot X_2} = \frac{SSR_{X_1X_2} - SSR_{X_2}}{SSE_{X_2}} = \frac{229.33 - 50}{188.80} = 0.95$$

Y 對 X_2 迴歸的偏判定係數

$$r_{YX_1 \cdot X_1}^2 = \frac{SSR_{X_1 X_2} - SSR_{X_1}}{SSE_{X_1}} = \frac{229.33 - 187.72}{51.08} = 0.81$$

故在 X_2 固定下（亦即已有 X_2），Y 與 X_1 的偏判定係數為 0.95，在 X_1 固定下（亦即已有 X_1），X_2 與 Y 的偏判定係數為 0.81，由此結果知，對年所得而言，教育年數較工作年數來得重要。

【註】(1) 使用記號一覽表（以 $\hat{Y} = b_0 + b_1 X_1 + b_2 X_2 + b_3 X_3$ 為例）

名　　稱	符　　號
複相關係數	$r_{Y\hat{Y}} = r_{YX_1 X_2 X_3} = \sqrt{R^2}$
複判定係數	$R^2 = r_{YX_1 X_2 X_3}^2$
偏相關係數	$r_{YX_1 \cdot X_2 X_3}\,(r_{YX_2 \cdot X_1 X_3},\, r_{YX_3 \cdot X_1 X_2})$
偏判定係數	$r_{YX_1 \cdot X_2 X_3}^2\,(r_{YX_2 \cdot X_1 X_3}^2,\, r_{YX_3 \cdot X_1 X_2}^2)$

(2) 如果是 $\hat{Y} = b_0 + b_1 X_1 + b_2 X_2 + \cdots b_k X_k$ 時，其用法亦同。

例★★

　　抽查某貨運公司 15 天之行車記錄，得知行駛里數 X_1，貨運數量 X_2，車種 X_3 以及行駛時間 Y 之資料如下表：

變異來源	數　　據
迴歸	$SSR(X_1,\ X_2,\ X_3) = 3,900$
	$SSR(X_1) = 2,400$
	$SSR(X_1|X_2) = 1,000$
	$SSR(X_3|X_1,\ X_2) = 500$
誤差	$SSE(X_1,\ X_2,\ X_3) = 1,100$

(1) 試求複判定係數 R^2，偏判定係數 $r_{YX_3 \cdot X_1 X_2}^2$。

(2) 以 $\alpha = 0.05$ 檢定母複相關係數 $\rho_{YX_1 X_2 X_3}$ 是否為 0 ？（母複相關係數之檢定容下節說明）。

(3) 以 $\alpha = 0.05$ 檢定母偏相關係數 $\rho_{YX_3 \cdot X_1 X_2}$ 是否為 0 ？（母偏相關係數之檢定容下節說明）。

【解】

(1) 求複判定係數

$$R^2 = \frac{SSR(X_1, X_2, X_3)}{SST(X_1, X_2, X_3)}$$

$$= \frac{SSR(X_1, X_2, X_3)}{SSR(X_1, X_2, X_3) + SSE(X_1, X_2, X_3)} = \frac{3900}{3900 + 1100} = 0.78$$

而偏判定係數為

$$r^2_{YX_3 \cdot X_1 X_2} = \frac{SSR(X_3 \mid X_1, X_2)}{SSE(X_1, X_2)}$$

$$= \frac{SSR(X_3 \mid X_1, X_2)}{SSR(X_3 \mid X_1, X_2) + SSE(X_1, X_2, X_3)} = \frac{500}{500 + 1100} = 0.3125$$

式中，$SSE(X_1, X_2) = SST(X_1, X_2) - SSR(X_1, X_2) = SST(X_1, X_2, X_3) - SSR(X_1, X_2) = SSR(X_1, X_2, X_3) + SSE(X_1, X_2, X_3) - SSR(X_1, X_2) = SSR(X_3 | X_1, X_2) + SSE(X_1, X_2, X_3)$

(2) 檢定母複相關係數 $\rho_{YX_1 X_2 X_3}$

① $H_0 : \rho_{YX_1 X_2 X_3} = 0$

② $H_1 : \rho_{YX_1 X_2 X_3} \neq 0$

③ $\alpha = 0.05$

④危險域 $C = \{F \mid F > F_{0.05}(3, 11) = 3.5874\}$

⑤計算：$F = \dfrac{MSR(X_1, X_2, X_3)}{MSE(X_1, X_2, X_3)} = \dfrac{\dfrac{3,900}{3}}{\dfrac{1,100}{11}} = 13 \in C$

⑥結論：拒絕 H_0；即表示 $\rho_{YX_1 X_2 X_3}$ 不為 0。

(3) 檢定母偏相關係數 $\rho_{YX_3 \cdot X_1 X_2}$

① $H_0 : \rho_{YX_2 \cdot X_1 X_2} = 0$

② $H_1 : \rho_{YX_3 \cdot X_1 X_2} \neq 0$

③ $\alpha = 0.05$

④危險域 $C = \{t \mid t < -t_{0.025}(11) \text{ 或 } t > t_{0.025}(11)\} = \{t \mid t < -2.201 \text{ 或 } t > 2.201\}$

⑤計算：$t = \dfrac{r_{YX_3 \cdot X_1 X_2} \sqrt{n-4}}{\sqrt{1 - r^2_{YX_3 \cdot X_1 X_2}}} = \dfrac{\sqrt{0.3125}\sqrt{11}}{\sqrt{1 - 0.3125}} = 2.2361 \in C$

⑥結論：拒絕 H_0；即表示 $\rho_{YX_3 \cdot X_1 X_2}$ 不為 0。

【另解】

$$F = \frac{MSR(X_3 \mid X_1, X_2)}{MSE(X_1, X_2, X_3)} = \frac{SSR(X_3 \mid X_1, X_2)/1}{SSE(X_1, X_2, X_3)/11} = \frac{\dfrac{500}{1}}{\dfrac{1100}{11}}$$

$$= 5 > F_{0.05}(1, 11)$$

$$= 4.8443 (= t_{0.025}^2(11) = (2.201)^2)$$

故拒絕 $H_0 : \rho_{YX_3 \cdot X_1 X_2} = 0$。

例**

今有一資料，經過迴歸分析得其部分資料如下：

$\displaystyle\sum_i Y = 100$ ；$\displaystyle\sum_i Y_i^2 = 1500$ ；$n = 20$ ；

$SSE(X_1) = 400$ ：$SSE(X_1 X_2) = 200$

利用以上資料試：

(1) 求複判定係數 R_{Y21}^2。

(2) 求偏判定係數 $r_{Y2 \cdot 1}^2$。

(3) 檢定母數 ρ_{Y12} 及 $\rho_{Y2 \cdot 1}$ 是否為 0 ？（取 $\alpha = 0.05$）

【解】

(1) $\because SST = \displaystyle\sum_i Y_i^2 - \frac{(\sum Y_i)^2}{n} = 1500 - \frac{(100)^2}{20} = 1000$

$\therefore SSR(X_1 X_2) = SST - SSE(X_1 X_2) = 800$

故 $R_{Y12}^2 = \dfrac{SSR(X_1 X_2)}{SST} = \dfrac{800}{1000} = 0.8$

(2) $\because SSR(X_2 \mid X_1) = SSE(X_1) - SSE(X_1 X_2)$

$\qquad\qquad = 400 - 200 = 200$

$\therefore r_{Y2 \cdot 1}^2 = \dfrac{SSR(X_2 \mid X_1)}{SSE(X_1)} = \dfrac{200}{400} = 0.5$

(3) ① (a) $H_0 : \rho_{Y12} = 0$

(b) $H_1 : \rho_{Y12} \neq 0$

(c) $\alpha = 0.05$

(d) 危險域 $C = \{F | F > F_{0.05}(2, 17) = 3.5915\}$

(e) 計算：$F = \dfrac{MSR}{MSE} = \dfrac{\dfrac{800}{2}}{\dfrac{200}{17}} = 34 \in C$

(f) 結論：拒絕 H_0；即表示 ρ_{Y12} 不爲 0。

② (a) H_0：$\rho_{Y2\cdot1} = 0$

(b) H_1：$\rho_{Y2\cdot1} \neq 0$

(c) $\alpha = 0.05$

(d) 危險域 $C = \{F | F > F_{0.05}(1, 17) = 4.4513\}$

(e) 計算：$F = \dfrac{MSR(X_2 | X_1)}{MSE(X_1 X_2)} = \dfrac{220/1}{220/17} = 17 \in C$

(f) 結論：拒絕 H_0，即表示 $\rho_{Y2\cdot1}$ 不爲 0。

■ 複相關係數之檢定

設母複相關係數爲 ρ，樣本的複相關係數爲 R，複判定係數爲 R^2。

1. 檢定 H_0：$\rho = 0$ 時

檢定統計量爲

$$F_0 = \frac{MSR}{MSE} = \frac{R^2/k}{(1-R^2)/(n-k-1)} \quad （k \text{ 爲自變數的個數}）$$

若 $F_0 > F_\alpha(k, n-k-1)$ 時，則拒絕 H_0，即 $\rho \neq 0$。

2. 若 $\rho \neq 0$ 時，H_0：$\rho = \rho_0$（$\neq 0$）

R 的抽樣分配轉換爲 Fisher Z 分配，即 Z_R 分配，則 Z_R 分配可轉化爲常態。

$$Z_R = \frac{1}{2}\ln\left(\frac{1+R}{1-R}\right) \sim N.D.(E(Z_R), V(Z_R))$$

$$E(Z_R) = Z_\rho$$

$$V(Z_R) = \frac{1}{n-k-2}$$

$$Z = \frac{Z_R - Z_\rho}{\sqrt{\dfrac{1}{n-k-2}}} \sim N(0, 1^2)$$

$\therefore Z_\rho$ 之 $1-\alpha$ 信賴區間為

$$|Z_R - Z_\rho| \le Z_{(\alpha/2)} \frac{1}{\sqrt{\dfrac{1}{n-k-2}}}$$

例*

以 5 人為樣本調查教育年數、工作年數與個人所得如下：

樣　本	教育年數（X_1）	工作年數（X_2）	個人所得（Y）
1	6	7	38
2	9	5	40
3	12	14	53
4	16	8	50
5	18	6	55

(1) 試求複相關係數 R ？
(2) 檢定母相關係數 ρ 是否為零？

【解】

迴歸方程式為 $\hat{Y} = 23.25 + 1.36X_1 + 0.92X_2$

Y 與一群自變數 $(X_1, X_2, \cdots, X_k)$ 的複相關係數 R ，為 Y 與 $\hat{Y}$ 的簡單相關係數 $r_{Y\hat{Y}}$，或為複判定係數 R^2 的開方，即

$$r_{Y\hat{Y}} = \frac{\sum(Y-\overline{Y})(\hat{Y}-\overline{\hat{Y}})}{\sqrt{\sum(Y-\overline{Y})^2} \cdot \sqrt{\sum(\hat{Y}-\overline{\hat{Y}})^2}} = 0.98 = R \ , \ R^2 = 0.96$$

$$\left(R^2 = \frac{SSR}{SST} = \frac{229.33}{238.80} = 0.96 \right)$$

設 $H_0 : \rho_{Y\hat{Y}} = 0$

$$F_0 = \frac{0.96/2}{(1-0.96)/(5-2-1)} = 2.42 > F_{0.05}(2, 2) = 19.0$$

故拒絕 H_0，亦即母相關係數不為 0。

■ 兩複相關係數差之檢定

設兩母體的複相關係數為 ρ_1, ρ_2，兩樣本的複相關係數為 R_1, R_2。

$$\because Z_{R_1} - Z_{R_2} \sim N\left(Z_{\rho_1} - Z_{\rho_2}, \frac{1}{n_1 - k - 2} + \frac{1}{n_2 - k - 2} \right)$$

$$\therefore E(Z_{R_1} - Z_{R_2}) = Z_{\rho_1} - Z_{\rho_2}$$

$$V(Z_{R_1} - Z_{R_2}) = \frac{1}{n_1 - k - 2} + \frac{1}{n_2 - k - 2}$$

1. 檢定 $H_0 : \rho_1 - \rho_2 = 0$ 時，檢定統計量為

$$Z = \frac{(Z_{R_1} - Z_{R_2}) - (Z_{\rho_1} - Z_{\rho_2})}{\sqrt{\dfrac{1}{n_1 - k - 2} + \dfrac{1}{n_2 - k - 2}}} = \frac{Z_{R_1} - Z_{R_2}}{\sqrt{\dfrac{1}{n_1 - k - 2} + \dfrac{1}{n_2 - k - 2}}}$$

2. $1 - \alpha$ 的信賴區間為

$$|(Z_{R_1} - Z_{R_2}) - (Z_{\rho_1} - Z_{\rho_2})| \le Z_{\frac{\alpha}{2}} \sqrt{\frac{1}{n_1 - k - 2} + \frac{1}{n_2 - k - 2}}$$

經 Z_ρ 與 ρ 之轉換可得 $1 - \alpha$ 下 $\rho_1 - \rho_2$ 的信賴區間。

例*

抽查甲地 100 戶家庭，得其支出與收入、人口數的複相關係數 $R_1 = 0.7306$，另抽查乙地 100 戶，得 $R_2 = 0.5511$，(1) 試以 $\alpha = 0.05$ 檢定兩地之複相關係數 ρ_1, ρ_2 是否相等；(2) 求 $\rho_1 - \rho_2$ 之 95% 信賴區間？

【解】

(1) $H_0 : \rho_1 = \rho_2$

$H_1 : \rho_1 \ne \rho_2$

$R_1 = 0.7306 \rightarrow Z_{R_1} = 0.93$

$R_2 = 0.5511 \rightarrow Z_{R_2} = 0.62$

$$Z = \frac{0.93 - 0.62}{\sqrt{\dfrac{1}{100 - 2 - 2} + \dfrac{1}{100 - 2 - 2}}} = 2.148 > Z_{0.025} = 1.96$$

　　　故拒絕 H_0，表甲、乙兩地之複相關係數有顯著差異。

(2) $| (-0.93 - 0.62) - (Z_{\rho_1} - Z_{\rho_2}) | \leq 1.96 \sqrt{\dfrac{1}{100 - 2 - 2} + \dfrac{1}{100 - 2 - 2}}$

　　　$0.0271 \leq Z_{\rho_1} - Z_{\rho_2} \leq 0.5929$

　　　$0.0271 \leq \rho_1 - \rho_2 \leq 0.6822$

■ 偏相關係數之檢定

　　檢定虛無假說

　　　$H_0 : \rho_{YX_1 \cdot X_2 X_3 \cdots X_k} = 0$

　　可利用統計量

$$t_0 = \frac{r_{YX_1 \cdot X_2 X_3 \cdots X_k}}{\sqrt{\dfrac{1 - r^2_{YX_1 \cdot X_2 X_3 \cdots X_k}}{n - k - 1}}} \ , \ \left(F_0 = \frac{r^2_{YX_1 \cdot X_2 X_3 \cdots X_k}}{\dfrac{1 - r^2_{YX_1 \cdot X_2 X_3 \cdots X_k}}{n - k - 1}} \right)$$

　　若 $t_0 > t_{\alpha/2}(n - k - 1)$（或 $F_0 > F_\alpha(1, \ n - k - 1)$）時，拒絕 H_0。

【註 1】偏相關檢定所用的 F 稱爲偏 F 值，與複相關檢定中所用的 F 有所不同。

【註 2】偏 F 值爲 $F_{1|2,3} = \dfrac{MSR}{MSE} = \dfrac{SSR(X_1 | X_2, X_3)/1}{SSE(X_1, X_2, X_3)/n - k - 1}$

$$= \frac{\dfrac{SSR(X_1 | X_2, X_3)}{SSE(X_2, X_3)}/1}{\dfrac{SSE(X_1, X_2, X_3)}{SSE(X_2, X_3)}/(n - k - 1)}$$

其中，$SSE(X_1, \ X_2, \ X_3) = SST(X_1, \ X_2, \ X_3) - SSR(X_1, \ X_2, \ X_3)$

$\qquad (\because SST(X_1, \ X_2, \ X_3) = SST(X_2, \ X_3) = \sum (Y - \overline{Y})^2)$

$\qquad = SST(X_2, \ X_3) - SSR(X_1, \ X_2, \ X_3)$

$\qquad = SSR(X_2, \ X_3) + SSE(X_2, \ X_3) - SSR(X_1, \ X_2, \ X_3)$

$\qquad = SSE(X_2, \ X_3) - [SSR(X_1, \ X_2, \ X_3) - SSR(X_2, \ X_3)]$

$\qquad = SSE(X_2, \ X_3) - SSR(X_1 | X_2, \ X_3)$

$$\therefore F_{1|2,3} = \frac{\gamma^2_{YX_1 \cdot X_2 X_3}}{(1 - \gamma^2_{YX_1 \cdot X_2 X_3})/(n - k - 1)}$$

【註 3】 在複相關係數之檢定中使用 $F_\alpha(k, n - k - 1)$，其中 k 為自變數之個數，而在偏相關係數之檢定中使用 $F_\alpha(1, n - k - 1) = t^2_{\alpha/2}(n - k - 1)$，亦即 $t_0 > t_{\alpha/2}(n - k - 1)$ 或者 $F_0 > F_\alpha(1, n - k - 1)$ 時，拒絕 H_0。偏相關係數之檢定量公式與簡單相關係數之檢定量公式頗為雷同。

■ 虛擬變數（Dummy Variable）

指一些對資料本身沒有作用，只是用來陳述一些情況，這些變數並非是數量變數，而是類別變數，如性別、位置等，若類別變數有 c 種情況，則選擇 $c - 1$ 個虛擬變數，其變量設為 0 及 1，即可將類別變數當成量變數。

【解說】

譬如，迴歸分析中有一自變數為類別變數如下表：

No.	1	2	3	4	5	6	7	⋯
職種	事務職	事務職	管理職	管理職	事務職	事務職	技術職	⋯

此表中職種分成 3 個職種，此時換成如下數值即

事務職 = 1，管理職 = 2，技術職 = 3

並不太有意義。以此種類別數據來說，可以想到以下方法，換言之，

事務職 ←→ 1 0 0

管理職 ←→ 0 1 0

技術職 ←→ 0 0 1

考慮如此之對應時，即可將職種數量化

No.	事務職（D_1）	管理職（D_2）	技術職（D_3）
1	1	0	0
2	1	0	0

No.	事務職（D_1）	管理職（D_2）	技術職（D_3）
3	0	1	0
4	0	1	0
5	1	0	0
6	1	0	0
7	0	0	1
⋮	⋮	⋮	⋮

換言之，職種的變數被分成 3 個類別時，可以將它們當作職成 0 與 1 之值的變數（2 值變數）來想，這是很不錯的想法。

然而，儘管分成 3 個類別，如全部列舉 3 個變數時，以下的關係即

事務職（D_1）＋ 管理職（D_2）＋ 技術職（D_3）＝ 1

是經常成立的，而這樣是不行的，因為這會發生線性重合（共線性）的問題，所以將類別資料當作虛擬變數來處理時，必須將其中的一個類別除去才行，亦即只要列舉其中的 2 個類別即可。

例 *

下列資料是甲國近十七年的所得 X 與公債購買量 Y 的資料，其中第 8 年至第 13 年是戰時，試 (1) 配合直線迴歸方程式 $\hat{Y} = b_0 + b_1 X$；(2) 配合迴歸方程 $\hat{Y} = b_0 + b_1 X + b_2 D$，$D$ 表戰時、和平的虛擬變數。

年別	1	2	3	4	5	6	7	8	9	10	11	12	13	14	15	16	17
Y	2.6	3.0	3.6	3.7	3.8	4.1	4.4	7.1	8.0	8.9	9.7	10.2	10.1	7.9	8.7	9.1	10.1
X	2.4	2.8	3.1	3.4	3.9	4.0	4.2	5.1	6.3	8.1	8.8	9.6	9.7	9.6	10.4	12.0	12.9
D	0	0	0	0	0	0	0	1	1	1	1	1	1	0	0	0	0

【解】

(1) $\sum Y = 115$，$\sum X = 116.3$，$\sum XY = 933.84$，$\sum Y^2 = 909.70$

$\sum X^2 = 989.35$，$n = 17$

$b_1 = \dfrac{17(1933.84) - 116.3(115)}{17(989.35) - (116.3)^2} = 0.76$

$$b_0 = 115/17 - 0.76(116.3/17) = 1.57$$

$$\therefore \hat{Y} = 1.57 + 0.76X$$

(2) 加設虛擬變數

$$D = \begin{cases} 0 \text{ 和平}(1\sim7, 14\sim17) \\ 1 \text{ 戰時}(8\sim13) \end{cases}$$

$$\sum D = 6 \text{，} \sum D^2 = 6 \text{，} \sum DY = 54.0 \text{，} \sum DX = 47.6$$

$$\hat{Y} = 1.29 + 0.68X + 2.30D$$

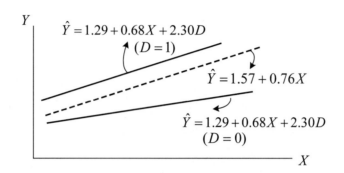

【註】虛擬變數的變量如使用「1, 2」即為名義尺度，如使用「0, 1」即可當作間隔尺度（+, −）或比例尺度（×, ÷）使用。

例*

抽查某一廠商 A, B, C, D 四種不同顏色之銷量資料如：

A	B	C	D
12	14	19	24
18	12	17	30
	13	21	

(1) 試以變異數分析方法，取 $\alpha = 0.05$ 檢定四種顏色之平均銷售量是否有差異。

(2) 若 (1) 中改以迴歸分析的 ANOVA 方法去檢定，試敘述要如何檢定。

【解】

(1) ① $H_0：\mu_A = \mu_B = \mu_C = \mu_D$

② $H_1：\mu_i$ 不全相等

③ $\alpha = 0.05$

④ $C = \{F|F > F_{0.95}(3, 6) = 4.7571\}$

⑤計算：

$\because T_{A.} = 30，T_{B.} = 39，T_{C.} = 57，T_{D.} = 54$

$T.. = 180，\sum_i \sum_j x_{ij}^2 = 3,544$

$\therefore SST = \sum_i \sum_j x_{ij}^2 - \dfrac{T^2..}{N} = 3544 - \dfrac{(180)^2}{10} = 304$

$SSB = \sum \dfrac{T_i^2.}{n_i} - \dfrac{T^2..}{N} = \dfrac{(30)^2}{2} + \dfrac{(39)^2}{3} + \dfrac{(57)^2}{3} + \dfrac{(54)^2}{2} - \dfrac{(180)^2}{10} = 258$

$SSE = SST - SSB = 46$

故 $F = \dfrac{MSB}{MSE} = \dfrac{258/3}{46/6} = 11.22 \in C$

⑥結論：拒絕 H_0；即表示四種顏色平均銷售量有顯著差異。

(2) 若以直線迴歸來檢定

令 $D_1 = \begin{cases} 1 & A \\ 0 & 其他 \end{cases}，D_2 = \begin{cases} 1 & B \\ 0 & 其他 \end{cases}，D_3 = \begin{cases} 1 & C \\ 0 & 其他 \end{cases}$

故可將資料重新整理為

D_1	1	1	0	0	0	0	0	0	0	0
D_2	0	0	1	1	1	0	0	0	0	0
D_3	0	0	0	0	0	1	1	1	0	0
Y	12	18	14	12	13	19	17	21	24	30

且模式為

$Y_i = \beta_0 + \beta_1 D_1 + \beta_2 D_2 + \beta_3 D_3 + \varepsilon_i$

故 A, B, C, D 四種顏色之平均銷售量分別為

$D_1 = 1，D_2 = 0，D_3 = 0$ 時 $E(Y) = \beta_0 + \beta_1$

$D_1 = 0，D_2 = 1，D_3 = 0$ 時 $E(Y) = \beta_0 + \beta_2$

$D_1 = 0，D_2 = 0，D_3 = 1$ 時 $E(Y) = \beta_0 + \beta_3$

$D_1 = 0，D_2 = 0，D_3 = 0$ 時 $E(Y) = \beta_0$

今欲檢定四種顏色平均銷售量是否有差異，可檢定

$$\begin{cases} H_0 : \beta_1 = \beta_2 = \beta_3 = 0 \\ H_1 : \beta_i \text{ 不全為 } 0 , i = 1, 2, 3 \end{cases}$$

S.O.V.	SS	ϕ	MS	F
R	258.0	3	86.0	11.217
e	46.0	6	7.667	
T	304	9		

$\therefore F = 11.217 > F_{0.05}(3, 6) = 4.73$ $\therefore$ 拒絕 H_0。

例*

佳佳汽水廠抽查 5 個銷售區，得 4 種汽水的銷售量（箱／4 人）如下：

區別	無色	粉紅色	橘黃色	綠色
1	76.5	81.2	77.9	80.8
2	78.7	78.3	75.1	79.6
3	75.1	80.8	78.5	82.4
4	79.1	77.9	74.2	81.7
5	77.2	79.6	76.5	82.8

(1) 試進行變異數分析。

(2) 進行迴歸分析，兩者的結果是否相同？

【解】

(1) 一因子分類的變異數分析

$\overline{Y}_1 = 77.32$，$\overline{Y}_2 = 79.56$，$\overline{Y}_3 = 76.44$，$\overline{Y}_4 = 81.46$

ANOVA

變異	SS	ϕ	MS	F
顏色	76.84550	3	25.61517	10.49
誤差	39.08400	16	2.44275	
和	115.92950	19		

$$\begin{cases} H_0 : \mu_1 = \mu_2 = \mu_3 = \mu_4 = \mu \\ H_1 : 不全等 \end{cases}$$

$$F = 10.49 > F_{0.05}(3,\ 16) = 3.24$$

拒絕 H_0，差異顯著，所有的平均數 μ_i 可能不等。

(2) 引進虛擬變數的迴歸分析

虛擬變數分別為 $D_1,\ D_2,\ D_3$：

$$D_1 = \begin{cases} 1 & 粉紅色 \\ 0 & 其他 \end{cases},\ D_2 = \begin{cases} 1 & 橘黃色 \\ 0 & 其他 \end{cases},\ D_3 = \begin{cases} 1 & 綠色 \\ 0 & 其他 \end{cases}$$

觀測值	顏色	$D1$	$D2$	$D3$	Y	$\hat{Y}$
1	無	0	0	0	76.5	77.32
2	無	0	0	0	78.7	77.32
3	無	0	0	0	75.1	77.32
4	無	0	0	0	79.1	77.32
5	無	0	0	0	77.2	77.32
6	粉紅	1	0	0	81.2	79.59
7	粉紅	1	0	0	78.3	79.59
8	粉紅	1	0	0	80.8	79.59
9	粉紅	1	0	0	77.9	79.59
10	粉紅	1	0	0	79.6	79.59
11	橘黃	0	1	0	77.9	76.44
12	橘黃	0	1	0	75.1	76.44
13	橘黃	0	1	0	78.5	76.44
14	橘黃	0	1	0	74.2	76.44
15	橘黃	0	1	0	76.5	76.44
16	綠	0	0	1	80.8	81.46
17	綠	0	0	1	79.6	81.46
18	綠	0	0	1	82.4	81.46
19	綠	0	0	1	81.7	81.46
20	綠	0	0	1	82.8	81.46
					$\overline{Y} = 78.695$	

經電腦計算，得迴歸方程式為

$$\hat{Y} = 77.32 + 2.24D_1 - 0.88D_2 + 4.14D_3$$

無色：$\hat{Y} = 77.32 = Y_1$

粉紅：$\hat{Y} = 77.32 + 2.24 = 79.56 = \overline{Y}_2$

橘黃：$\hat{Y} = 77.32 - 0.88 = 76.44 = \overline{Y}_3$

綠色：$\hat{Y} = 77.32 + 4.14 = 81.46 = \overline{Y}_4$

變異	SS	ϕ	MS	F
迴歸	76.84550	3	25.61517	10.49
殘差	39.08400	16	2.44275	
和	115.92950	19		

$$\begin{cases} H_0 : \beta_1 = \beta_2 = \beta_3 = 0 \\ H_1 : \beta_i \ 不全為 0 \quad (i = 1, 2, 3) \end{cases}$$

$F = 10.49 > F_{(0.05;\ 3,\ 16)} = 3.24$

故拒絕 H_0，(1), (2) 兩種作法均表示汽水因顏色不同而平均銷售量不同，結論相同，但此題採變異數分析較為容易。

■ 逐步迴歸 （Stepwise Regression）

逐步選取法（Stepwise Selection）是結合「向前」、「向後」選取法而成。開始時以「向前選取法」選取對依變數 Y 最有解釋能力的變數選入模式，亦即在大於 F_{in} 中找出偏 F 值最大者，而後每當選入一個新的預測變數後，就利用「向後選取法」試看看在模式中已存在的自變數有無偏 F 值小於 F_{out} 的變數，若有，則偏 F 值最小的自變數就被刪除在模式之外，接著再進行向前選取；若無，則繼續向前選取；這樣向前與向後選取輪流使用，直到沒有自變數可以再選進來，也沒有自變數會被刪除，以這種方式所得迴歸稱為逐步迴歸（Stepwise Regression）。

例**

生物學家想研究動物的心臟手術後其存活時間 y（單位：天）與手術前的身體狀況如血塊分數（x_1）、體能指標（x_2）、肝功能分數（x_3）、氧氣檢定分數（x_4）、體重（x_5）的關係，收集 50 位開過刀的動物資料如下：試以逐步迴歸法建立迴歸式。

表　手術後存活時間資料

序號	x_1 血塊分數	x_2 體能指標	x_3 肝功能分數	x_4 氧氣檢定分數	x_5 體重	y 手術後存活時間
1	63	67	95	69	70	2986
2	59	36	55	34	42	950
3	59	46	47	40	47	950
4	54	73	63	48	44	1459
5	59	71	74	47	61	1969
6	54	82	75	46	47	1975
7	60	91	65	67	73	2506
8	61	50	28	39	53	722
9	59	87	94	64	75	3524
10	59	88	70	64	68	2509
11	63	63	50	58	68	1766
12	62	79	51	46	75	2048
13	59	89	14	53	72	1042
14	54	50	26	36	40	19
15	62	70	57	60	68	2038
16	59	58	69	53	50	1792
17	58	53	59	51	46	1290
18	53	90	37	30	48	1534
19	61	23	51	42	47	803
20	59	70	68	58	58	2063
21	60	61	81	52	56	2312
22	59	62	56	59	55	1597
23	58	53	68	46	46	1848

序號	x_1 血塊分數	x_2 體能指標	x_3 肝功能分數	x_4 氧氣檢定分數	x_5 體重	y 手術後存活時間
24	68	82	72	84	94	3118
25	58	55	40	50	48	834
26	59	82	43	48	63	1830
27	53	69	48	26	40	819
28	64	44	10	47	59	596
29	57	63	56	59	51	1359
30	59	78	74	57	62	2386
31	58	59	53	49	52	1349
32	58	53	80	48	48	1866
33	51	79	68	42	39	1378
34	56	20	98	51	42	1396
35	57	65	59	46	51	1649
36	58	52	70	39	47	1627
37	58	50	55	39	46	1139
38	54	23	80	33	41	879
39	65	93	70	94	95	2928
40	60	59	60	51	57	1663
41	53	81	74	35	46	1908
42	60	37	66	53	45	1423
43	56	76	86	54	52	2444
44	57	93	82	66	62	2715
45	58	72	60	51	55	1699
46	55	86	84	72	53	2440
47	61	83	31	40	72	1432
48	60	92	25	32	75	1441
49	60	60	67	45	56	1947
50	65	83	55	55	89	2451

【解】

在使用逐步選取法時，先設定 $F_{in} = 4.00, F_{out} = 3.99$。

於向前選取法中，其偏 F 值中最大者，且大於 F_{in} 者即選入，又於向後選取法中偏 F 值小於 F_{out} 則去除。

步驟 1　在所有的預測變數中選出對 y 最有解釋能力者進入模式，其選取的方式是

$$F_k = \max_{1 \leq j \leq 5} F_j，其中 F_j = \frac{MSR(x_j)}{MSE(x_j)}。$$

譬如以 x_1 進行簡單迴歸時，

$$F_1 = \frac{MSR(x_1)}{MSE(x_1)} = \frac{2867646.696}{457045.184} = 6.28$$

其他 4 個預測變數的 F 值分別為

$F_2 = 27.98$，$F_3 = 37.45$，$F_4 = 53.95$，$F_5 = 33.2$

由於 F_4 是其中最大者，而且其值大於 $F_{in} = 4.00$ ，故第 1 步驟選入 x_4。

表 1　選入 / 刪除的變數 [a]

模式	選入的變數	刪除的變數	方　法
1	x_4		逐步迴歸分析法 （準則：F- 選入 >= 4.00，F- 刪除 <= 3.99）
2	x_3		逐步迴歸分析法 （準則：F- 選入 >= 4.00，F- 刪除 <= 3.99）
3	x_5		逐步迴歸分析法 （準則：F- 選入 >= 4.00，F- 刪除 <= 3.99）
4		x_4	逐步迴歸分析法 （準則：F- 選入 >= 4.00，F- 刪除 <= 3.99）
5	x_2		逐步迴歸分析法 （準則：F- 選入 >= 4.00，F- 刪除 <= 3.99）
6	x_1		逐步迴歸分析法 （準則：F- 選入 >= 4.00，F- 刪除 <= 3.99）
7		x_5	逐步迴歸分析法 （準則：F- 選入 >= 4.00，F- 刪除 <= 3.99）

[a] 依變數：y。

表 2　係數 [a]

模式		未標準化係數		標準化係數	t	顯著性	偏 F 值	偏相關
		B 之估計值	標準誤	Beta 值				
1	（常數）	−264.358	280.130		−.944	.350	.89	
	x_4	39.413	5.366	.727	7.345	.000	53.95	.727
2	（常數）	−717.785	248.689		−2.886	.006	8.33	
	x_4	29.675	4.848	.548	6.121	.000	37.46	.666
	x_3	15.663	3.211	.437	4.878	.000	23.79	.580
3	（常數）	−1699.177	193.000		−8.804	.000	77.51	
	x_4	1.706	4.448	.031	.383	.703	.15	.056
	x_3	24.147	2.239	.673	10.786	.000	116.33	.847
	x_5	33.052	3.843	.644	8.601	.000	73.97	.785
4	（常數）	−1704.097	190.818		−8.931	.000	79.75	
	x_3	24.640	1.816	.687	13.568	.000	184.08	.893
	x_5	34.129	2.598	.665	13.137	.000	172.58	.887
5	（常數）	−1908.610	133.905		−14.254	.000	203.16	
	x_3	24.341	1.247	.678	19.517	.000	380.90	.945
	x_5	24.208	2.238	.472	10.816	.000	116.98	.847
	x_2	11.934	1.628	.320	7.333	.000	53.77	.734
6	（常數）	−6753.823	768.902		−8.784	.000	77.15	
	x_3	25.877	.947	.721	27.328	.000	746.83	.97
	x_5	−2.694	4.542	−.052	−.593	.556	.35	−.088
	x_2	22.959	2.107	.615	10.898	.000	118.77	.852
	x_1	94.773	14.916	.453	6.354	.000	40.37	.688
7	（常數）	−6342.612	330.060		−19.217	.000	369.27	
	x_3	25.753	.917	.718	28.084	.000	788.73	.972
	x_2	21.844	.946	.585	23.089	.000	533.11	.959
	x_1	86.525	5.358	.413	16.149	.000	260.78	.922

註：t 之平方即為偏 F 值。

表 3　刪除的變數 [h]

模式		Beta 進	t	顯著性	偏 F 值	偏相關
1	x_1	$-.058^a$	$-.495$	.623	.24	$-.072$
	x_2	$.384^a$	4.142	.000	17.15	.517
	x_3	$.437^a$	4.878	.000	23.79	.580
	x_5	$.288^a$	2.307	.026	5.32	.319
2	x_1	$.199^b$	1.891	.065	3.57	.269
	x_2	$.479^b$	8.408	.000	70.69	.778
	x_5	$.644^b$	8.601	.000	73.97	.785
3	x_1	$-.200^c$	-2.569	.014	6.60	$-.358$
	x_2	$.321^c$	7.342	.000	53.91	.738
4	x_1	$-.187^d$	-2.451	.018	6.01	$-.340$
	x_2	$.320^d$	7.333	.000	53.77	.734
	x_4	$.031^d$	.383	.703	.15	.056
5	x_1	$.453^e$	6.354	.000	40.37	.688
	x_4	$.048^e$	.864	.392	.75	.128
6	x_4	$-.025^f$	$-.584$	.562	.34	$-.088$
7	x_5	$-.052^g$	$-.593$	.556	.35	$-.088$
	x_4	$-.027^g$	$-.625$	.535	.39	$-.093$

[a] 預測變數：（常數）x_4, x_3。　　　　　[b] 預測變數：（常數）x_4, x_3。

[c] 預測變數：（常數）x_4, x_3, x_5。　　　[d] 預測變數：（常數）x_3, x_5。

[e] 預測變數：（常數）x_3, x_5, x_2。　　　[f] 預測變數：（常數）x_3, x_5, x_2, x_1。

[g] 預測變數：（常數）x_3, x_2, x_1。　　　[h] 依變數：y。

步驟 2　除 x_4 外選取其他 4 個預測變數中偏 F 值最大且通過 $F_{in} = 4.00$ 者，即選取的 x_k 其偏 F 值為 $F_{k|4} = \max_{\substack{1 \leq j \leq 5 \\ j \neq 4}} F_{j|4}$，譬如

$$F_{1|4} = \frac{MSR(x_1 \mid x_4)}{MSE(x_1, x_4)} = \frac{13187079.75}{247207.144} = 0.24$$

其他 3 個偏 F 值分別為

$$F_{2|4} = 17.15 \text{，} F_{3|4} = 23.79 \text{，} F_{5|4} = 5.32$$

所以第 2 步驟選入 x_3，因其偏 F 值是 4 個之中最大且其偏 F 值通過 $F_{in} = 4.00$。此時模式中有 x_3, x_4 兩個預測變數。

步驟 3 先討論已在模式中的二個變數 x_3, x_4 之一是否要被排除在模式之外，因爲 $F_{4|3} = 37.46$，$F_{3|4} = 23.79$ 都大於 $F_{out} = 3.99$，故兩個預測變數 x_3, x_4 都存在模式內。

步驟 4 接著繼續向前選取，三個在模式外的變數 x_5, x_1, x_2，其偏 F 值分別爲

$$F_{5|3,4} = 73.97，F_{1|3,4} = 3.576，F_{2|3,4} = 70.694$$

因 x_5 的偏 F 值是 3 個偏 F 值中最大者，且大於 $F_{in} = 4.00$，所以第四步驟選入 x_5，此時模式中有 x_3, x_4, x_5 三個預測變數。

步驟 5 進行向後選取，檢查

$$F_{3|4,5} = 116.33，F_{4|3,5} = 0.15，(F_{5|3,4} = 73.97)$$

因 $F_{4|3,5} < F_{out} = 3.99$，故 x_4 從模式中去除，也就是在模式中剩下 x_3, x_5 兩個預測變數。

步驟 6 接著進行向前選取，計算

$$F_{1|3,5} = 6.007，F_{2|3,5} = 53.77，(F_{4|3,5} = 0.15)$$

事實上，$F_{4|3,5}$ 可以不用再考慮，因剛在第五步驟中被去除。因此，此步驟選入 x_2，而模式中變成有 x_2, x_3, x_5 三個預測變數。

步驟 7 檢查

$$F_{3|2,5} = 380.90，F_{5|2,3} = 116.98，(F_{2|2,5} = 53.77)$$

因這些偏 F 值都比 $F_{out} = 3.99$ 大，三個預測變數均無法從模式中去除，故再進行向前選取，計算

$$F_{1|2,3,5} = 40.37，F_{4|2,3,5} = 0.746$$

所以再選入 x_1，模式中變成有 x_1, x_2, x_3, x_5 四個預測變數。

步驟 8 檢查

$$F_{2|1,3,5} = 118.77，F_{3|1,2,5} = 746.83，F_{1|2,3,5} = 40.37，F_{5|1,2,3} = 0.352$$

因 $F_{5|1,2,3}$ 值最小且小於 $F_{out} = 3.99$，所以 x_5 又被去除，再檢查

$$F_{4|1,2,3} = 0.391，F_{5|1,2,3} = 0.352$$

因兩個偏 F 值都小於 $F_{in} = 4.00$，無法進行向前選取，所以選取過程到此結束，而最後選取的預測變數是 x_1, x_2, x_3。

由模式摘要表 4 知，以 R 平方與調整後的 R 平方來說，模式 7 是最好的。

表 4　模式摘要

模式	R	R 平方	調過後的 R 平方	估計的標準誤
1	.727[a]	.529	.519	493.273
2	.829[b]	.687	.674	406.170
3	.938[c]	.880	.872	254.224
4	.938[d]	.880	.875	251.907
5	.972[e]	.945	.941	172.897
6	.985[f]	.971	.968	126.916
7	.985[g]	.971	.969	126.019

[a] 預測變數：（常數）x_4, x_3。　　[b] 預測變數：（常數）x_4, x_3。

[c] 預測變數：（常數）x_4, x_3, x_5。　[d] 預測變數：（常數）x_3, x_5。

[e] 預測變數：（常數）x_3, x_5, x_2。　[f] 預測變數：（常數）x_3, x_5, x_2, x_1。

[g] 預測變數：（常數）x_3, x_2, x_1。

由變異數分析表 5 知，各模式對預測均有幫助。

表 5　變異數分析 [h]

模式		平方和	自由度	平均平方和	F 檢定	顯著性
1	迴歸	13,126,554.0	1	13,126,553.955	53.948	.000[a]
	殘差	11,679,261.6	48	243,317.949		
	總和	24,805,815.5	49			
2	迴歸	17,052,035.6	2	8,526,017.820	51.681	.000[b]
	殘差	7,753,779.879	47	164,974.040		
	總和	24,805,815.5	49			
3	迴歸	21,832,838.8	3	7,277,612.930	112.604	.000[c]
	殘差	2,972,976.731	46	64,629.929		
	總和	24,805,815.5	49			
4	迴歸	21,823,336.1	2	10,911,668.058	171.954	.000[d]
	殘差	2,982,479.403	47	63,457.009		
	總和	24,805,815.5	49			
5	迴歸	23,430,726.7	3	7,810,242.234	261.271	.000[e]
	殘差	1,375,088.818	46	29,893.235		
	總和	24,805,815.5	49			

	模式	平方和	自由度	平均平方和	F 檢定	顯著性
6	迴歸	24,080,967.6	4	6,020,241.898	373.749	.000[f]
	殘差	724,847.929	45	16,107.732		
	總和	24,805,815.5	49			
7	迴歸	24,075,301.6	3	8,025,100.525	505.335	.000[g]
	殘差	730,513.946	46	15,880.738		
	總和	24,805,815.5	49			

[a] 預測變數：（常數）x_4, x_3。　　　　　[b] 預測變數：（常數）x_4, x_3。

[c] 預測變數：（常數）x_4, x_3, x_5。　　　[d] 預測變數：（常數）x_3, x_5。

[e] 預測變數：（常數）x_3, x_5, x_2。　　　[f] 預測變數：（常數）x_3, x_5, x_2, x_1。

[g] 預測變數：（常數）x_3, x_2, x_1。　　　[h] 依變數：y。

【註】(1) F 值：$F_j = \dfrac{MSR(x_j)}{MSE(x_j)}$，偏 F 值：$F_{j|i} = \dfrac{MSR(x_j \mid x_i)}{MSE(x_j, x_i)} = \dfrac{SSR(X_j \mid X_i)/1}{SSE(X_j, X_i)/(n-k-1)}$

$= \dfrac{SSR(X_j, X_i) - SSR(X_i)}{SSE(X_j, X_i)/(n-k-1)}$（$k$ 表自變數個數），以下類推。

(2) 令 $F_{in} = 0.01$，當顯著機率 $< F_{in}$ 則進入；$F_{out} = 0.1$，當顯著機率大於 0.1 則去除。

(3) 諸變數之偏 F 值大於 4 的有 2 個以上時，選其中最大者進入；諸變數之偏 F 值小於 3.99 的有 2 個以上時，選其中最小者刪除。

■ 線性重合的問題

　　說明變數之間的相關過強時，稱為有線性重合或多重共線性的現象。譬如，在背景花樣之中畫出 24 種圖案，假定得出 (1) 對象圖形的顯眼情形；(2) 背景花樣的顯眼情形；(3)（對象圖形與背景花樣）的對比強度；(4) 圖案的視認性等的調查數據，如表 1。如進行由 (1), (2), (3) 預測 (4) 的複迴歸分析時，複相關係數是 0.9，但由表 2 的偏迴歸係數知，對象圖形的係數是負，背景花樣的係數是正，意指「對象圖形不顯眼，背影花樣顯眼，視認性即愈高」的不自然傾向。

表 1　具有線性重合的數據

個體	對象圖形	背景花樣	對比	視認性	個體	對象圖形	背景花樣	對比	視認性
1	6.5	3.6	6.0	94	13	7.9	7.0	4.6	60
2	8.3	6.9	4.6	78	14	1.5	5.8	1.6	42
3	3.1	4.0	3.0	58	15	4.4	5.6	3.8	80
4	3.8	3.7	4.4	66	16	4.2	5.2	4.4	60
5	5.1	6.3	3.6	66	17	7.5	6.9	5.0	76
6	1.0	3.5	2.8	64	18	6.6	5.9	4.2	70
7	4.8	1.0	6.8	96	19	6.0	2.0	7.0	94
8	7.5	10.0	2.2	60	20	6.0	8.1	3.6	72
9	7.6	7.6	4.0	66	21	10.0	9.8	3.6	62
10	4.6	7.3	2.4	58	22	2.7	7.4	1.0	38
11	1.5	3.2	3.6	66	23	5.7	6.7	3.8	68
12	6.5	6.6	3.8	62	24	6.6	7.4	3.4	62

如觀察表 2 的 95% 信賴區間時，對象圖形與背景花樣的偏迴歸係數的信賴區間分別是 $-5.31 \sim 4.26$ 以及 $-5.01 \sim 5.94$ ，涵蓋從負值到正值，讓人覺得「對象圖形與背景花樣對視認性的影響，有正也有負」的不安定感。

表 2　偏迴歸係數

說明變數	偏迴歸係數		95% 信賴區間
	未標準化解	標準化解	（未標準化解）
（截距）	30.19		$-7.72 \sim 68.11$
對象	-0.52	-0.09	$-5.31 \sim 4.26$
背景	0.47	0.08	$-5.01 \sim 5.94$
對比	9.60	0.97	$1.76 \sim 17.44$

為了確認造成結果的不安定之原因亦即線性重合，雖然求出說明變數之間的相關係數如表 3，看不出絕對值有顯著大的係數，不能認為「變數間的相關過強」。

表 3　說明變數間的相關係數

說明變數	對象圖形	背景花樣	對比
對象圖形	1.00		
背景花樣	0.54	1.00	
對比	0.37	−0.55	1.00

可是，請看表 4，分別是以 2 個變數預測另 1 個變數所得出的複相關係數。係數之值接近上限 1，由此可知，任一說明變數是被其他 2 個說明變數所規定。亦即，雖然 2 個變數間的「1」個對「1」個的相關並未特別高，可是複相關係數所表示的「1」個對「多」個的相關非常高，知表 1 的數據具有線性重合。

表 4　說明變數間的複相關係數

從屬變數	說明變數	複相關係數
對象圖形	背景花樣、對比	0.966
背景花樣	對象圖形、對比	0.972
對比	背景花樣、對象圖形	0.966

由上知，爲了檢出說明變數 3 個以上的數據的線性重合，只是觀察 2 變數間的相關是不夠的，參照複相關係數亦即「各說明變數與其他說明變數全體的相關」之指標也是需要。

處理線性重合的方法之一，是去除任一說明變數進行檢測看看。亦即，只由表 1 的對象圖形與背景花樣來預測視認性時，複相關係數是 0.86，偏迴歸係數（與其 95% 信賴區間）：對象圖形是 5.05（信賴區間：3.40 ～ 6.71），背景花樣是 −5.97（信賴區間：−7.68 ～ −4.27），可得出能安定解釋的結果。

■ 線性重合（Multicollinearity）之類型

當迴歸式所含的 p 個自變數 $X_1, X_2, \cdots, X_p$ 之間有 $c_0 + c_1 X_1 + c_2 X_2 + \cdots + c_p X_p = 0$ 之關係時，謂之 p 個自變數間有線性重合的現象。線性重合也稱

爲共線性,當變數間有 2 個以上的共線性時,稱爲多重共線性。

1. 完全線性重合

這是指迴歸方程式中,解釋變數(X_i, X_j, $i \neq j$, i, $j = 1$, 2, $\cdots$, k)之間具有完全線性相關,即 $r_{x_i x_j} = \pm 1$。

換言之,若任一解釋變數可表爲其他解釋變數的線性函數,如 $X_1 = a + bX_2$,則稱爲發生完全線性重合。

當發生完全線性重合時,最小平方估計式是無法求出的。

令迴歸模型爲 $E(Y|X, Z) = \alpha + \beta X + \gamma Z$,

迴歸方程式爲 $\hat{Y} = \hat{\alpha} + \hat{\beta} X + \hat{\gamma} Z$。

依最小平方法可得

$$\hat{\beta} = \frac{\sum z^2 \sum xy - \sum xy \sum zy}{\sum x^2 \sum z^2 - (\sum xy)^2}$$

$$= \frac{\sum z^2 \sum xy - \sum xy \sum zy}{\sum x^2 \sum z^2 (1 - r_{XZ}^2)}, \quad (z = Z - \overline{Z},\ x = X - \overline{X},\ y = Y - \overline{Y})$$

若 X, Z 發生完全線性重合,則 $r_{XZ} = 1$,上式分母爲 0,因此 $\hat{\beta}$ 無法求解。

當 X, Z 發生完全線性重合,要解決此一問題,可將 Z 寫成 X 的線性函數,$Z = a + bX$ 代入

$$E(Y|X, Z) = \alpha + \beta X + \gamma(a + bX) = \alpha + \gamma a + (\beta + \gamma b)X$$

上式縮減成一個解釋變數的迴歸模型。可利用最小平方法估計($\beta + \gamma b$)及 $\alpha + \gamma a$,但 $\hat{\beta}, \hat{r}$ 均無法分別求得。

2. 近似線性重合

當發生線性重合問題時,最小平方估計式會高估,變異數亦變大。

$$\hat{Y} = \hat{\alpha} + \hat{\beta} X + \hat{r} Z$$

依最小平方法可得

$$\hat{\beta} = \frac{\sum z^2 \sum xy - \sum xy \sum zy}{\sum x^2 \sum z^2 (1 - r_{XZ}^2)}$$

當 X 與 Z 發生近似線性重合時,r_{XZ}^2 很大接近 1,則 $\hat{\beta}$ 會高估,且 $V(\hat{\beta})$ $= \dfrac{\sum z^2 \sigma^2}{\sum x^2 \sum z^2 (1 - r_{XZ}^2)}$ 亦會變大,表示 $\hat{\beta}$ 值非常不穩定,不易驗證我們的假設。

【解說】

(1) 甲以 $\hat{Y} = 5 + 4X_1$ 去預測，當 $X_1 = 2$，$X_2 = 5$ 時，$\hat{Y} = 13$，乙以 $\hat{Y} = 11 + 2X_1 + 4X_2$ 去預測，當 $X_1 = 2$，$X_2 = 5$ 時，$\hat{Y} = 35$，若 X_1 與 X_2 之相關性為 $X_1 = 3 + 2X_2$，

$\hat{Y} = 5 + 4X_1 = 5 + 2X_1 + 2X_1 = 5 + 2X_1 + (6 + 4X_2) = 11 + 2X_1 + 4X_2$

X_1 與 X_2 有完全線性關係，雖以不同模式去預測，卻不能有相同之結果。

(2) 在 $\hat{Y} = b_0 + b_1X_1 + \cdots + b_kX_k$ 中，任兩變數 $X_i, X_j (j \neq 1)$ 的相關係數 $r_{ij} = 0$ 是最理想的，如果關係太密切就會造成線性重合，不但會使樣本迴歸係數趨於不明確，而且會使母體迴歸係數失去意義，故當自變數之間有甚高的相關係數時，可將其中的一個自變數除去。

■ 近似線性重合的檢查方法（迴歸診斷）

(1) 計算解釋變數間之相關係數

若 $r^2_{x_ix_j} < R^2$，R^2 為原迴歸方程式的判定係數，則一般可判定無近似線性重合。（但可能有些例外）。

(2) 利用 R_i^2，R_i^2 為第 i 個解釋變數對其他解釋變數求迴歸的判定係數 $(X_i = a_0 + a_1X_1 + \cdots + a_{i-1}X_{i-1} + a_{i+1}X_{i+1} + \cdots + a_kX_k)$，若 $R_i^2 < R^2$，$i = 1, 2, \cdots, k$，則可判定無近似線性重合之情形。

(3) 利用允差（$1 - R_i^2$）來檢查，如允差（Tolerance）值愈小（通常是小於 0.1），此變數 X_i 有需要除去。

(4) 利用 VIF（Variance inflation factor：變異數影響係數）來檢查，$VIF = \dfrac{1}{允差}$，解釋變數 X_i 的 VIF 大於 10 時，X_i 有可能發生線性重合（或多重共線性）。

■ 近似線性重合的改善方法

(1) 去除較不重要的解釋變數。

(2) 擴大樣本數。

(3) 改換另一組資料。

(4) 將所有變數予以中心化（mean centering），即以離均差分數再進行迴歸分析。

■ 多重共線性的檢查方法

Farrah 與 Glauber 提出如下的方法。

數據數設為 n，獨立變數個數設為 k，獨立變數間的相關矩陣設為 R，求出以下的統計量

$$\chi^{2*} = -[n - 1 - \{2(k + 1) + 5\}/6]\ln(\det R)$$

χ^{2*} 服從自由度 $(k + 1)/2$ 的 χ^2 分配，若 $\chi^{2*} < \chi^2_{0.95}$ 時，無法否定 R 直交（多重共線性不存在）的假設。反之，$\chi^{2*} > \chi^2_{0.95}$ 時，即可推測存在多重共線性。

例*

已知下列資料，試檢查變數間有無發生多重共線性。

	石油輸入（Y）	石油價格（X_1）	生產指數（X_2）	石炭價格（X_3）
1968	95.802	2.757	47.628	3.691
1969	116.397	2.517	55.272	3.799
1970	136.028	2.584	62.358	5.048
1971	150.393	3.312	60.809	4.863
1972	168.099	3.099	66.697	4.017
1973	198.785	3.841	79.316	4.007
1974	172.710	17.703	69.307	10.360
1975	161.832	14.915	59.249	11.929
1976	171.705	15.430	74.517	11.355
1977	180.299	14.347	75.104	9.412
1978	169.278	10.008	80.526	6.740
1979	182.441	19.418	88.036	8.623
1980	151.811	37.661	93.351	10.012
1981	134.588	34.334	94.468	10.123

【解】

$$
\begin{array}{cccc}
 & \text{石油價格} & \text{生產指數} & \text{石炭價格} \\
\text{石油價格} & \begin{bmatrix}1 & & & \\ \end{bmatrix} \\
R = \text{生產指數} & \begin{bmatrix}0.7791 & 1 & & \\ \end{bmatrix} \\
\text{石炭價格} & \begin{bmatrix}0.758033 & 0.476675 & 1 & \\ \end{bmatrix}
\end{array}
$$

$\ln(\det R) = -1.900$

$\chi^{2*} = -[14 - 1 - \{2 \times (3 + 1) + 5\}/6] \cdot \ln(\det R)$

$\quad = 20.858$

$\chi^2_{0.95}(\phi) = 1.635$，$\phi = 3(3 + 1)/2 = 6$

因 $\chi^{2*} > \chi^2_{0.95}(6)$

故可判斷存在多重共線性。

例*

台灣地區民國 72 年到 82 年的進口、國內生產毛額及消費資料如下表，試以進口為依變數，消費及國民生產毛額為自變數，探討國內生產毛額及消費對進口之影響。

年份	進口值	消費	國內生產毛額
72	0.760	1.268	2.489
73	0.865	1.394	2.752
74	0.833	1.482	2.889
75	0.999	1.595	3.225
76	1.269	1.773	3.636
77	1.521	2.011	3.921
78	1.690	2.274	4.244
79	1.792	2.456	4.473
80	2.062	2.635	4.811
81	2.313	2.869	5.136
82	2.504	3.104	5.460

【解】

建立迴歸模型爲

$E(Y|X_1, X_2) = \alpha + \beta X_1 + \gamma X_2$

其中，Y：進口值，X_1：消費，X_2：國內生產毛額

經電腦計算得

$\hat{Y} = -0.64 + 0.66X_1 + 0.198X_2$

此時 $R^2 = 0.993$，在顯著水準 $\alpha = 5\%$ 下，X_2 迴歸係數的 $t = 1.10004$，故統計不顯著，亦即沒有顯著證據證明 X_2 會影響 Y，但由 F 值知檢定 $H_0: \beta = \gamma = 0$ 的聯合檢定非常顯著，此種 F 值顯著（$F_0 = 569.127$），但個別 t 值不顯著的情況說明了 X_1 和 X_2 可能具高度相關。因之將 X_1 和 X_2 同時列爲自變數，則可能因線性重合的問題而失去正確的解釋能力。

另外，我們以 X_1 爲依變數，X_2 爲自變數求迴歸，即

$X_1 = \alpha + \beta X_2 + \varepsilon$

經電腦計算得

$\hat{X}_1 = -0.366 + 0.625X_2$

而 $R_1^2 = 0.989$，知兩者具有高度線性相關。

■ 放入交互作用項時利用中心化回避共線性的方法

將交互作用項放入複迴歸分析時，原先形成交互作用的項目與交互作用項會發生多重共線性的問題，中心化（centering）是針對變數減去其平均數（又稱爲平減），中心化後的新變數的和成爲 0。

以下說明利用中心化迴避共線性的技巧。

例*

假定有以下數據。表中 D_1X 的數據是 D_1 與 X 相乘所得，D_2X 的數據是 D_2 與 X 相乘所得。

Y	D_1	D_2	X	D_1X	D_2X
1	1	0	1	1	0
2	1	0	2	2	0
3	1	0	7	7	0
4	1	0	4	4	0
5	0	1	6	0	6
6	0	1	7	0	7
7	0	1	9	0	9
8	0	1	6	0	6
9	0	0	3	0	0
10	0	0	5	0	0
11	0	0	8	0	0
12	0	0	8	0	0

檢視共線性看看。

【解】

(1) 首先檢視變數間的相關性。

計算各變數之間的相關係數得出如下（以 SPSS 執行）。

Corretations

		D_1	D_2	X	D_1X	D_2X
D_1	Person Cerretation	1	−.500	.581[*]	.780[**]	.489
	Sig. (2-tailed)		.098	.047	.003	.107
	N	12	12	12	12	12
D_2	Person Cerretation	−.500	1	.436	−.390	.978[**]
	Sig. (2-tailed)	.098		.156	.210	.000
	N	12	12	12	12	12
X	Person Cerretation	−.581[*]	.436	1	−.113	.487
	Sig. (2-tailed)	.047	.156		.726	.108
	N	12	12	12	12	12

	D$_1$	D$_2$	X	D$_1$X	D$_2$X
D$_1$X　Person Cerretation	.780**	−.390	−.113	1	.381
Sig. (2-tailed)	.003	.210	.726		.221
N	12	12	12	12	12
D$_2$X　Person Cerretation	−.489	.978**	.487	−.381	1
Sig. (2-tailed)	.107	.000	.108	.221	
N	12	12	12	12	12

* Correlation is significant at the 0.05 level (2-tailed).

** Correlation is significant at the 0.01 level (2-tailed).

發現變數與交互作用間有相當高的相關性。

(2) 接著進行迴歸分析看看。

得出輸出如下。

Model Summary

Model	R	R Square	Adjusted R Square	Std. Error of the Estimate
1	.972^a	.944	.897	1.115

^{a}Predicors: (Constant), D$_2$X, D$_1$X, X, D$_2$, D$_2$

ANOVA^a

Model		Sum of Square	df	Mean Square	F	Sig.
1	Regression	135.000	5	27.000	20.250	.001^b
	Residual	8.000	6	1.333		
	Total	143.000	11			

^{a}Dependent Vatiable: Y

^{b}Predicors: (Constant), D$_2$X, D$_1$X, X, D$_1$, D$_2$

Corretations[a]

	Unstan dardized coefficinets		Standardized efficinets			Collinearity Statistics	
Model	B	Std. Error	Beta	t	Sig.	Tolerance	VIF
1　(Constant)	7.500	1.732		4.330	.005		
D$_1$	−6.167	2.028	−.842	−3.041	.023	.122	8.222
D$_2$	−2.167	3.771	−.296	−.575	.586	.035	28.444
X	.500	.272	.352	1.837	.116	.256	3.944
D$_1$X	−.167	.371	−.102	−.449	.669	.181	5.537
D$_2$X	−.333	.544	−.326	−.612	.563	.033	30.370

[a]Dependent Vatiable: Y

從中發現 D$_2$, D$_2$X 的 VIF 之值超出 10 以上，有共線性存在。

迴歸式表示如下：

$y = 7.500\text{-}6.167D_1 - 2.167D_2 + 0.500X - 0.167D_1X - 0.333D_2X$

$D_1 = 1, D_2 = 0, y = 1.333 + 0.333x$

$D_1 = 0, D_2 = 1, y = 5.333 + 0.167x$

$D_1 = 0, D_2 = 0, y = 7.500 + 0.500x$

假定原來的迴歸式為

$y = \alpha + \beta_1 D + \beta_2 x + \beta_3 Dx$

中心化後的迴歸式為

$y = \alpha' + \beta_1' D' + \beta_2' x' + \beta_3' D'x'$

$\quad = \alpha' - \beta_1'(D - \overline{D}) + \beta_2'(x - \overline{x}) + \beta_3'(D - \overline{D})(x - \overline{x})$

中心化後的偏迴歸係數可利用原先得迴歸係數與各獨立變數的平均予以變換。

$\alpha' = \alpha + \beta_1\overline{D} + \beta_2\overline{x} + \beta_3\overline{D}\overline{x}$

$\beta_1' = \beta_1 + \beta_3\overline{x}$

$\beta_2' = \beta_2 + \beta_3\overline{D}$

$\beta_3' = \beta_3$

(3) 接著，進行中心化。先求出各變數的平均值。得出各變數的平均值如下。

Descriptive Statistics

	N	Mean
D_1	12	.333
D_2	12	.333
X	12	5.50
Valtd N (listwise)	12	

完成中心化後資料顯示如下。

cD_1	cD_2	cX	cD_1X	cD_2X
.667	−.333	−4.50	−3.01	1.49
.667	−.333	−3.50	−2.34	1.16
.667	−.333	1.50	1.01	−.50
.667	−.333	−1.50	−1.01	.50
−.333	.667	.50	−.17	.33
−.333	.667	1.50	−.50	1.01
−.333	.667	3.50	−1.16	2.34
−.333	.667	.50	−.17	.33
−.333	−.333	−2.50	.83	.83
−.333	−.333	−.50	.17	.17
−.333	−.333	2.50	−.83	−.83
−.333	−.333	2.50	−.83	−.83

(4) 接著對中心化的變數進行迴歸。

得出輸出如下。

Model Summary

Model	R	R Square	Adjusted R Square	Std. Error of the Estimate
1	.972[a]	.944	.897	1.115

[a]Predicors: (Constant), cD_2X, cD_2X, cD_1X, cX, cD_2

ANOVA[a]

Model		Sum of Squares	df	Mean Square	F	Sig.
1	Regression	135.000	5	27.000	20.250	.001[b]
	Residual	8.000	6	1.333		
	Total	143.000	11			

[a]Dependent Vatiable: Y

[b]Predicors: (Constant), cD_2X, cD_1, cD_1X, cX, cD_2

Corretations[a]

Model	Unstan dardized coefficinets		Standardized efficinets	t	Sig.	Collinearity Statistics	
	B	Std. Error	Beta			Tolerance	VIF
1 (Constant)	6.953	.442		14.915	.000		
cD_1	−7.083	.969	−.967	−7.309	.000	.532	1.878
cD_2	−4.000	1.089	−.546	−3.674	.010	.422	2.370
cX	.335	.199	.236	1.682	.144	.473	2.113
cD_1X	−.167	.371	−.054	−.449	.669	.647	1.545
cD_2X	−.333	.544	−0.87	−.612	.536	.458	2.186

[a]Dependent Vatiable: Y

從 VIF 來看，看不出有共線性的交互作用項。

迴歸式顯示如下：

$$y = 6.593 - 7.083(D_1 - 0.333) - 4.000(D_2 - 0.333) +$$
$$\{0.3 - 0.167(D_1 - 0.333) - 0.333(D_2 - 0.333)\}(x - 5.5)$$

$D_1 = 1$, $D_2 = 0$, $y = 1.333 + 0.333x$

$D_1 = 0$, $D_2 = 1$, $y = 5.333 + 0.167x$

$D_1 = 0$, $D_2 = 0$, $y = 7.500 + 0.500x$

迴歸式不變。

若再檢視相關性時，得出輸出如下。

Corretations

		cD_1	cD_2	cX	cD_2X	cD_2X
cD_1	Person Cerretation	1	−.500	.581[*]	−.426	.125
	Sig. (2-tailed)		.098	.047	.167	.699
	N	12	12	12	12	12
cD_2	Person Cerretation	−.500	1	.436	.109	.395
	Sig. (2-tailed)	.098		.156	.737	.204
	N	12	12	12	12	12
cX	Person Cerretation	−.581[*]	.436	1	.416	−.319
	Sig. (2-tailed)	.047	.156		.178	.312
	N	12	12	12	12	12
cD_1X	Person Cerretation	−.426	.109	.416	1	−.447
	Sig. (2-tailed)	.167	.737	.178		.145
	N	12	12	12	12	12
cD_2X	Person Cerretation	.125	.395	−.319	−.447	1
	Sig. (2-tailed)	.699	.204	.312	.145	
	N	12	12	12	12	12

[*]Correlation is significant at the 0.05 level (2-tailed).

從中可看出 cD_1 與 cD_1X 的相關性有顯著的降低（從 0.78 降至 −0.426）。cD_2 與 cD_2X 的相關性也有顯著的降低（從 0.978 降至 0.395）。

■ 變異數不均一性

若迴歸方程式中殘差項的變異數非為一固定常數，則稱為變異數不均一性，亦即 $V(\varepsilon_i) = \sigma_i^2 \neq \sigma^2$。

當發生變異數不均一性時，最小平方估計式雖仍為一不偏估計式，但卻不是最小變異不偏估計式（BLUE；best linear unbiased estimator），會使迴歸係數的變異數發生偏誤，使統計推論的檢定值不正確。

1. 檢查變異數是否均一的方法

以美國 H. White 教授於 1980 年所提供之方法來檢查，其步驟如下：

(1) 利用最小平方法求得估計之迴歸方程式

$$\hat{Y} = b_0 + b_1 X_1 + b_2 X_2$$

(2) 計算估計之殘差值

$$e_i = Y_i - \hat{Y}_i$$

1	1	X_1	X_2
1	1	X_1	X_2
X_1	X_1	X_1^2	$X_1 X_2$
X_2	X_2	$X_1 X_2$	X_2^2

(3) 以 e_i^2 為依變數，X_1 與 X_2 的一次項與二次項為自變數，包括 $X_1, X_2, X_1 X_2, X_1^2, X_2^2$ 為自變數，估計下列迴歸模型：

$$e^2 = b_0 + b_1 X_1 + b_2 X_1^2 + b_3 X_2 + b_4 X_2^2 + b_5 X_1 X_2 + \varepsilon$$

及其判定係數 R^2。

(4) 計算 nR^2（n 為樣本數），該統計量為自由度 $p - 1$ 的卡方分配，p 為上述 e^2 迴歸方程式的自變數個數，利用卡方分配並採右尾檢定，決策法則為

$nR^2 > \chi_a^2(p - 1)$ 則拒絕 H_0：變異數均一性之假設。

$nR^2 \leq \chi_a^2(p - 1)$ 則接受 H_0。

2. 變異數不均一性的改進方法

可利用一般最小平方法（GLSE; generalized least squares method）來改善。

設已知 $V(\varepsilon_i) = \sigma_i^2 \neq \sigma^2$ 而迴歸模型為簡單線性迴歸模型：

$$Y_i = \alpha + \beta X_i + \varepsilon_i$$

將原迴歸模型左右兩邊乘上 $\dfrac{1}{\sigma_i}$，可得

$$\frac{1}{\sigma_i} Y_i = \frac{\alpha}{\sigma_i} + \beta \frac{X_i}{\sigma_i} + \frac{\varepsilon_i}{\sigma_i}$$

上式之迴歸模型的殘差項為 ε_i / σ_i，則

$$V(\varepsilon_i / \sigma_i) = \sigma_i^2 / \sigma_i^2 = 1$$

因此上式的迴歸模型具變異數均一性。

利用 $\dfrac{1}{\sigma_i} Y_i$ 對 $\dfrac{X_i}{\sigma_i}$ 迴歸可得

$$\hat{\beta} = \sum \frac{1}{\sigma_i^2} x_i y_i / \sum \frac{1}{\sigma_i^2} x_i^2$$

則 $\hat{\beta}$ 稱為一般最小平方估計式（GLSE）或加權最小平方估計式。

例*

　　下表是台中市 25 等分市民的所得與消費資料，試利用此資料探討所得對消費進行迴歸時是否有變異數不均一的問題。

等級	消費	所得	等級	消費	所得
1	257.96	270.69	13	708.53	925.30
2	354.11	381.27	14	756.60	974.54
3	405.60	423.92	15	762.67	1049.72
4	445.64	475.87	16	803.07	1149.11
5	446.94	526.11	17	816.88	1246.80
6	508.30	576.17	18	889.22	1346.68
7	552.89	623.82	19	901.71	1444.24
8	574.22	674.70	20	984.48	1552.20
9	590.74	724.40	21	1042.00	1650.83
10	627.53	775.33	22	1152.32	1750.97
11	658.01	825.98	23	1069.10	1839.87
12	673.91	873.36	24	1260.10	1949.48
			25	1284.55	2444.92

【解】

　　設立迴歸模型為

$$C_i = \alpha + \beta Y_i + \varepsilon_i$$

式中 Y_i：所得，C_i：消費，

由此可得迴歸方程式

$$\hat{C} = 226.373 + 0.49Y$$

其次再利用 e^2 對 Y, Y^2 求迴歸方程式

$$\hat{e}^2 = \alpha' + \beta'Y + \gamma'Y^2$$

經電腦計算可得

$$\hat{e}^2 = 10655.8 - 21.3956Y + 0.01Y^2$$

$$R^2 = 0.83$$

$$nR^2 = 25 \times 0.83 = 20.785$$

$nR^2 > \chi^2_{0.95}(1) = 3.84$ ，故拒絕虛無假設，結論為變異數不具均一性。

依 Damodar N. Gujarati (1995) 的建議，設 $\sigma_i^2 = \sigma^2 = [E(C_i)]^2$ 亦即 $\sigma_i^2 = \sigma^2 = (\alpha + \beta Y_i)^2$ ，則原模型可以轉換為

$$\frac{C_i}{E[C_i]} = \frac{\alpha}{E[C_i]} + \beta \frac{Y_i}{E[C_i]} + \frac{\varepsilon_i}{E[C_i]}$$

由於 $E[C_i]$ 決定於 α 與 β 是未知的，故以 $\hat{C}_i = \hat{\alpha} + \hat{\beta}Y_i$ 估計 $E[C_i]$ ，因此

$$\frac{C_i}{\hat{\alpha} + \hat{\beta}Y_i} = \frac{\alpha}{\hat{\alpha} + \hat{\beta}Y_i} + \beta \frac{Y_i}{\hat{\alpha} + \hat{\beta}Y_i} + \varepsilon_i$$

$$C_i' = \alpha W_i + \beta Y_i' + \varepsilon_i$$

上式中

$$C_i' = C_i / (\hat{\alpha} + \hat{\beta}Y_i) \text{ , } W_i = 1/(\hat{\alpha} + \hat{\beta}Y_i) \text{ , } Y_i' = Y_i / (\hat{\alpha} + \hat{\beta}Y_i)$$

經電腦計算

$$\hat{C}_i' = 178.144W + 0.53706Y'$$

得 β 估計係數為 0.5371，標準差為 0.0199，此由一般最小平方法（GLS）所求得之 $\hat{\beta}$ 估計式，具一致性且有效性，根據結果下結論：「台中市市民所得對消費的邊際傾向為 0.5371。」

■ 自我相關（Autocorrelation）

迴歸分析中有一個假設是殘差項無相關或殘差項無自我相關，即 $COV(\varepsilon_i, \varepsilon_j) = 0$ ， $i \neq j$ ， $i, j = 1, 2, \cdots, n$ ，表示任何兩個殘差項無相關，或共變數為 0，然而有時候殘差項是相關的，例如利用時間數列的資料來分析問題。殘差值的變動與前期無關，因此無自我相關，如上一期的 ε 值高，下一期的 ε 值亦愈高，因此前後期具自我相關。當迴歸方程式的殘差發生相關時，則稱發生自我相關，通常發生於時間數列資料。發生自我相關時，一般會使最小平方估計式發生偏誤，且不為最小變異不偏估計式（BLUE）。

■ 自我相關的檢視—— DW 檢定

設時間序列的迴歸模型為

$$Y_i = \alpha + \beta X_i + \varepsilon_i，i = 1, 2, \cdots, n$$

我們可以利用杜賓－瓦特森檢定（DW: Durbin-Watson test）來檢定模型是否發生自我相關，檢定步驟如下：

(1) 利用最小平方法求得估計的迴歸方程式

$$\hat{Y}_i = \hat{\alpha} + \hat{\beta} X_i$$

(2) 計算估計誤差值

$$e_i = Y_i - \hat{Y}_i$$

(3) 檢定統計量為

$$DW = \frac{\sum\limits_{i=2}^{n} (e_i - e_{i-1})^2}{\sum\limits_{i=1}^{n} e_i^2}$$

(4) 查 DW 值表（附表 16）

| 正相關 | 不能判定 | 無自我相關 | 不能判定 | 負相關 |

$$0 \qquad d_L \qquad d_U \qquad 2 \qquad 4-d_U \qquad 4-d_L \qquad 4$$

由表可根據解釋變數（自變數）個數 k 及樣本數 n 查出 DW 的臨界值 d_L 及 d_U。其決策法則為

正的自我相關之檢定	負的自我相關之檢定
$H_0: \rho = 0，H_1: \rho > 0$	$H_0: \rho = 0，H_1: \rho < 0$
$DW < d_L$，否定 H_0	$4 - d_L < DW$，否定 H_0
$d_L < DW < d_U$，保留	$4 - d_U < DW < 4 - d_L$，保留
$d_U < DW$，接受 H_0	$DW < 4 - d_U$，接受

例 *

某公司過去 5 年各季銷售量（Y）的資料如下：

時間（T）	銷售量（Y）	時間（T）	銷售量（Y）
1	1262	11	1493
2	1303	12	1468
3	1336	13	1520
4	1344	14	1661
5	1365	15	1670
6	1379	16	1720
7	1422	17	1645
8	1459	18	1654
9	1479	19	1789
10	1485	20	1825

　　試建立銷售量對時間的線性趨勢模式，並進行殘差自我相關之檢定。

【解】

　　銷售量對時間的線性趨勢分析，迴歸式為

$$\hat{y} = 1228.8 + 27.16t$$

$$R^2 = 0.9383$$

預測值與誤差值如下：

$$DW = \frac{\sum\limits_{t=2}^{20}(e_i - e_{i-1})^2}{\sum\limits_{t=1}^{20} e_i^2} = \frac{41640.75}{32226.53} = 1.2971$$

　　$1.20 = D_{L,005} < DW < D_{U,005} = 1.41$

因此，尚無法下結論說殘差有正自我相關。

時間 t	銷售量 y_t	預測值 $\hat{y}_t$	誤差 e_t	時間 t	銷售量 y_t	預測值 $\hat{y}_t$	誤差 e_t
1	1262	1255.96	6.0429	11	1493	1527.53	−34.5286
2	1303	1283.11	19.8857	12	1468	1554.69	−86.6857
3	1336	1310.27	25.7286	13	1520	1581.84	−61.8429
4	1344	1337.43	6.5714	14	1661	1609.00	52.0000
5	1365	1364.59	0.4143	15	1670	1636.16	33.8429
6	1379	1391.74	−12.7429	16	1720	1663.31	56.6857
7	1422	1418.90	3.1000	17	1645	1690.47	−45.4714
8	1459	1446.06	12.9429	18	1654	1717.63	−63.6286
9	1479	1473.21	5.7857	19	1789	1744.79	44.2143
10	1485	1500.37	−15.3714	20	1825	1771.94	53.0571

■ 自我相關的解決方法

1. Cochrane-Orcutt 法

　　如發生一階自我相關，則可利用一階迴歸方程式去估計。

　　設 i 期的迴歸模型 Y_i 為

$$Y_i = \alpha + \beta X_i + e_i, \ i = 1, 2, \cdots, n \tag{1}$$

　　e_i 發生一階自我相關模型可寫為

$$e_i = \rho e_{i-1} + V_i，0 < \rho < 1，V_i \sim (0, \sigma_V^2)，V_i \text{無自我相關，稱為白}$$
色干擾（white noise）。

　　因之 $i - 1$ 期的迴歸模型 Y_{i-1} 可表為

$$Y_{i-1} = \alpha + \beta X_{i-1} + e_{i-1}, \ i = 2, 3, \cdots, n$$

以 ρ 乘上 $i - 1$ 期的模型得

$$\rho Y_{i-1} = \rho \alpha + \rho \beta X_{i-1} + \rho e_{i-1} \tag{2}$$

(1) 式減 (2) 式得

$$Y_i - \rho Y_{i-1} = (1 - \rho)\alpha + \beta X_i - \rho \beta X_{i-1} + (e_i - \rho e_{i-1})$$

即

$$Y_i - \rho Y_{i-1} = (1 - \rho)\alpha + \beta(X_i - \rho X_{i-1}) + V_i$$

因 V_i 滿足迴歸模型之假設條件，因此可得 β 之估計式為最小變異不偏

估計式（BLUE）。

估計步驟如下：

(1) 估計 $\hat{Y}_i = \hat{\alpha} + \hat{\beta} X_i$，得 $e_i = Y_i - \hat{Y}_i$。

(2) 求 ρ 的估計值 $\hat{\rho}$。（或以 e_i 對 e_{i-1} 迴歸得 $\hat{\rho}$）

$$\hat{\rho} = \frac{\sum_{i=2}^{n} e_i e_{i-1}}{\sum_{i=2}^{n} e_i^2}$$

(3) $\hat{\rho}$ 代入 $Y_i - \rho Y_{i-1} = (1 - \rho)\alpha + \beta(X_i - \rho X_{i-1}) + V_i$，令 $Y_i^* = Y_i - \hat{\rho} Y_{i-1}$，$X_i^* = X_i - \hat{\rho} X_{i-1}$。

(4) 可以用 Y^* 對 X^* 的迴歸求估計值 α^*, β^*。

$$Y_i^* = \alpha^* + \beta^* X_i^* + V_i, \ i = 2, 3, \cdots, n$$

(5) 利用下式求 α 與 β 的新估計值 $\tilde{\alpha}, \tilde{\beta}$。

$$\tilde{\alpha} = \frac{\alpha^*}{1 - \hat{\rho}}, \quad \tilde{\beta} = \beta^*$$

(6) 新的殘差以下式求之。

$$\tilde{e}_i = Y_i - \tilde{\alpha} - \tilde{\beta} X_i$$

(7) 與步驟 2 同樣使用新殘差 $\tilde{e}_i$，求 ρ 的新估計值 $\tilde{\rho}$。

(8) 若 $\left| \dfrac{\tilde{\rho} - \hat{\rho}}{\hat{\rho}} \right| < \delta$（譬如 $\delta = 0.005$），結束計算。若不滿足，則回到步驟 6，再重複進行。

2. Prais-Winsten 法

(1) 與 Cochrane-Orcutt 相同，估計 $\hat{\rho}$。

(2) 利用 Prais-Winsten 產生 $i = 1$ 的數據，即

$$Y_1^* = \sqrt{1 - \hat{\rho}^2} Y_1$$
$$C_1^* = \sqrt{1 - \hat{\rho}^2}$$
$$X_1^* = \sqrt{1 - \hat{\rho}^2} X_1$$

(3) 對應 $i = 2, 3, \cdots, n$ 的數據，與 Cochrane-Orcutt 相同製作。

$$Y_i^* = Y_i - \hat{\rho} Y_{i-1}$$
$$C_i^* = 1 - \hat{\rho}$$
$$X_i^* = X_i - \hat{\rho} X_{i-1}$$

(4) 使用 $i = 1, 2, \cdots, n$ 的數據，估計如下估計式：

$$Y_i^* = \beta_0^* C_i^* + \beta_1^* C_i^* + V_i$$

為了提高計算的準確度，可重複 (1)~(4) 的過程。

例

台灣地區 63 年至 83 年間，勞動生產力指數與每小時薪資指數如下表，假設想探討薪資是否影響生產力，則以勞動生產力指數為依變數，每小時薪資為自變數進行迴歸分析，試利用該資料檢定是否有自我相關發生及如何解決此一問題。

年份	Y：勞動生產力指數	X：每小時薪資指數	年份	Y：勞動生產力指數	X：每小時薪資指數
63	35.81	11.23	74	64.52	51.23
64	38.94	12.88	75	69.26	55.15
65	43.27	15.10	76	73.70	60.24
66	45.54	18.18	77	77.78	67.70
67	52.42	20.43	78	84.87	78.67
68	53.51	24.83	79	91.26	90.14
69	54.61	30.43	80	100.00	100.00
70	58.20	37.97	81	103.00	110.48
71	58.74	41.65	82	107.00	118.24
72	63.25	44.14	83	111.00	125.63
73	63.09	47.66			

【解】

建立迴歸模式為

$$Y_i = \alpha + \beta X_i + \varepsilon_i$$

其中 Y_i：勞動生產力指數，X_i：每小時薪資指數

經電腦計算得

$$\hat{Y} = 34.2581 + 0.6287X$$

而 $\hat{\rho} = 0.8545$

在 $\alpha = 0.05$，$n = 21$，一個自變數（$k = 1$）下，查 DW 檢定表知 $d_L = 1.22$，$DW = 0.8586 < d_L = 1.22$，拒絕 H_0，表示有正的自我相關。

由於檢定結果，有正的自我相關存在，我們可以利用一階迴歸方程式予以修正，因此其步驟如前述，我們以電腦計算得 $\hat{\rho} = 0.57214$ 以及新的迴歸方程式為

$$\hat{Y} = 33.8045 + 0.6290X$$

且 $DW = 1.79835$，在 $\alpha = 0.05$，$n = 21$，$k = 1$ 下，查 DW 表，$d_u = 1.42$，而 1.79 大於 1.42 小於 2.58（4 − 1.42），故不拒絕 H_0，表示殘差項已無自我相關問題存在。

例

以下是從 1970 年至 1999 年全國勞工每戶家庭每月的消費支出（Y）與可處分所得（X）之資料。

年	消費支出	可處分所得	年	消費支出	可處分所得
1970	82,582	103,663	1985	289,489	373,693
1971	91,285	114,309	1986	293,630	379,520
1972	99,346	126,697	1987	295,915	387,314
1973	116,992	150,935	1988	307,204	405,938
1974	142,203	187,825	1989	316,489	421,435
1975	166,032	215,509	1990	331,595	440,539
1976	180,663	233,461	1991	345,473	463,862
1977	197,937	256,340	1992	352,820	473,738
1978	208,232	270,307	1993	355,276	478,155
1979	222,438	286,828	1994	353,116	481,178
1980	238,126	305,549	1995	349,663	482,174
1981	251,275	317,279	1996	351,755	488,537
1982	266,063	335,526	1997	357,636	497,036
1983	272,199	344,113	1998	353,552	495,887
1984	282,716	359,353	1999	346,177	483,910

(1) 試估計出以所得說明消費支出之迴歸式，並以 Dubin Watson 檢討有無自我相關。

(2) 應用 Cochrane-Orcutt 法估計係數。

(3) 應用 Prais-Winsten 法估計係數。

【解】

(1) 消費支出對可處分所得進行迴歸分析的結果如下所示。

迴歸統計	
複相關 R	0.996414
複判定 R^2	0.99284
修正 R^2	0.992585
標準誤	7736.336
觀測數	30

	係數	標準誤	t	p- 值
截距	16,244.89	4,168.018	3.897509	0.0005527
可處分所得	0.707541	0.011355	62.31228	1.394E-31

迴歸式為 $\hat{Y} = 16244.89 + 0.707541X$。

為計算 DW 統計量，從此迴歸式的殘差 e_i 計算 $\sum_{i=1}^{n} e_i^2$ 與 $\sum_{i=2}^{n} (e_i - e_{i-1})^2$，得出下表。

觀測值	預測值	e_i	$(e_i - e_{i-1})$	$(e_i - e_{i-1})^2$	e_i^2	$e_i \times e_{i-1}$
82,582	89,569.46	−6,987.46			48,824,546.86	
91,285	97,123.16	−5,838.16	1,149.295	1,320,879.3	34,084,126.97	40,793,897.27
99,346	105,888.2	−6,542.18	−704.015	495,636.57	42,800,065.16	38,194,277.78
116,992	123,037.5	−6,045.55	496.6277	246,639.07	36,548,652.72	39,551,039.41
142,203	149,138.7	−6,935.73	−890.178	792,416.27	48,104,292.86	41,930,264.66
166,032	168,726.3	−2,694.28	4,241.442	17,989,833	7,259,163.598	18,686,811.7
180,663	181,428.1	−765.055	1,929.229	3,721,923.6	585,308.7746	2,061,274.4
197,937	197,615.9	321.1208	1,086.176	1,179,777.3	103,118.5707	−124,574.997
208,232	2,107,498.1	37,738,994	412.7786	170,386.15	538,608.2972	235,670.3583

觀測值	預測值	e_i	$(e_i - e_{i-1})$	$(e_i - e_{i-1})^2$	e_i^2	$e_i \times e_{i-1}$
222,438	219,187.4	3,250.619	2,516.72	6,333,877.2	10,566,523.35	2,385,627.203
238,126	232,433.3	5,692.749	2,442.13	5,963,998.6	32,407,389.42	18,504,957.1
251,275	240,732.7	10,542.3	4,849.547	23,518,108	111,140,005.8	60,014,643.62
266,063	253,643.2	12,419.8	1,877.504	3,525,022.2	154,251,438.9	130,933,211.3
272,199	259,718.9	12,480.15	60.34772	3,641.8474	155,754,094	155,000,945.5
282,716	270,501.8	12,214.23	−265.921	70,713.861	149,187,346.5	152,435,363.3
289,489	280,647.9	8,841.093	−3,373.13	11,378,034	78,164,927.15	107,987,119.9
293,630	284,770.7	8,859.253	18.16015	329.79088	78,486,368.01	78,325,482.69
295,915	290,285.3	5,629.681	−3,229.57	10,430,138	3,169,335.52	49,874,767.57
307,204	303,462.6	3,741.442	−1,888.24	3,565,445.1	13,998,389.31	21,063,124.87
316,489	314,427.3	2,061.683	−1,679.76	2,821,589.5	4,250,538.42	7,713,669.139
331,595	327,944.2	3,650.825	1,589.142	2,525,371.7	13,328,524.79	7,526,845.735
345,473	344,446.1	1,026.853	−26,223.97	6,885,231.8	1,054,426.45	3,748,859.704
352,820	351,433.8	1,386.18	359.3277	129,116.41	1,921,496.12	1,423,403.082
355,276	354,559	716.973	−669.207	447,838.57	514,050.2634	993,853.9061
353,116	356,697.9	−3,581.92	−4,298.9	18,480,504	12,830,169.88	−2,568,141.78
349,663	357,402.6	−7,739.63	−4,157.71	17,286,557	59,901,922.41	27,722,767.55
351,755	361,904.7	−10,149.7	−2,410.08	5,808,493.7	103,016,712.7	78,555,070.7
357,636	367,918.1	−10,282.1	−132.389	17,526.766	105,721,654.5	104,360,420.2
353,552	367,105.1	−13,553.1	−3,271.04	10,699,675	183,687,584.9	139,354,782.5
346,177	358,630.9	−12,453.9	1,009.215	1,208,274.4	155,100,221.4	168,789,765.9
				157,016,978	1,675,824,974	1,495,354,100

利用 e_i, e_{i-1} 計算 DW 如下：

$$DW = \frac{\sum_{i=2}^{n}(e_i - e_{i-1})^2}{\sum_{i=1}^{n}e_i^2} = 0.093695333$$

查 DW 表，$n = 30$，$k = 1$，$d_L = 1.35$，$d_U = 1.49$，因之是正的自我相關。

(2) 為了應用 Cochrane-Orcutt 法，首先從上面的迴歸式的殘差估計 ρ。

具體上是 $\varepsilon_i = \rho \varepsilon_{i-1} + V_i$。

亦即，ρ 的估計值 $\hat{\rho} = 0.892$。

其次，建立新從屬變數 $Y_i^* = Y_i - \hat{\rho}Y_{i-1}$ 與新獨立變數 $X_i^* = X_i - \hat{\rho}X_{i-1}$。

Cochrane-Orcutt 法

$y - \rho_{y-1}$	$x - \rho_{y-1}$	$y - \rho_{y-1}$	$x - \rho_{y-1}$
17,596.32	21,836.32	35,316.29	46,070.29
17,891.55	24,698.02	33,906.24	48,664.8
28,344.65	37,882.1	43,156.31	60,334.14
37,809.96	53,144.31	42,368.03	59,212.77
39,142.95	47,911.02	49,188.94	64,488.66
32,511.11	41,160.33	49,587.72	70,764.98
36,729.74	48,020.59	44,551.25	59,829.65
31,610.99	41,572.45	40,451.46	55,434.21
36,630.66	45,630.57	36,099.94	54,515.88
39,642.52	49,609.73	34,574.33	52,814.43
38,792.97	44,634.81	39,747.48	58,288.69
41,848	52,415.02	43,761.77	61,109.92
34,788.53	44,720.05	34,430.09	52,377.19
39,830.32	52,297.79	30,699.29	41,425.45
37,218.9	53,039		

其次，估計 $Y_i^* = \beta_0^* + \beta_1^* X_i^* + V_i$，得出以下結果。

迴歸統計	
複相關 R	0.944879
複判定 R^2	0.892796
修正 R^2	0.888825
標準誤	2,422.822
觀測數	29

	係數	標準誤	t	p-值
截距	4,442.238	2,206.594	2.013165	0.0541657
X 值 1	0.6506	0.043387	14.99519	1.297E–4

亦即斜率係數估計值是 $\beta_1^* = \tilde{\beta}_1 = 0.6506$，截距估計值從 $\beta_0^* = (1-\hat{\rho})\tilde{\beta}_0$

$= 4442.238$ 變成 $\tilde{\beta}_0 = \dfrac{\beta_0^*}{(1-\hat{\rho})} = 41131.833$。

以下可重複執行直到無自我相關為止。

(3) 在 Prais-Winsten 法中，如下估計第 $i = 1$ 期的數據。

$$Y_1^* = \sqrt{1 - \hat{\rho}^2} Y_1 = 0.8726 \times 82582 = 72061.053$$

$$C_1^* = \sqrt{1 - \hat{\rho}^2} = 0.8726$$

$$X_1^* = \sqrt{1 - \hat{\rho}^2} X_1 = 0.8726 \times 103633 = 90430.155$$

第 2 期以下的數據與 Cochrane-Orcutt 法相同。

Y^*	C^*	X^*	Y^*	C^*	X^*
72,061.053	0.8726	90,430.155	37,218.9023	0.5159	53,038.9995
17,596.3188	0.5159	21,836.317	35,316.2919	0.5159	46,070.285
17,891.5515	0.5159	24,698.0237	33,906.2393	0.5159	48,664.7991
28,344.6467	0.5159	37,882.0968	43,156.3127	0.5159	60,334.1409
37,809.9580	0.5159	53,144.3056	42,368.0338	0.5159	59,212.7737
39,142.9498	0.5159	47,911.0179	49,188.9425	0.5159	64,488.6575
32,511.1131	0.5159	41,160.3291	49,587.7192	0.5159	70,764.9819
36,729.7367	0.5159	48,020.5937	44,551.2516	0.5159	59,829.6536
31,610.9869	0.5159	41,572.4507	40,451.4557	0.5159	55,434.2076
36,630.6634	0.5159	45,630.5676	36,099.9442	0.5159	54,515.8777
39,642.5184	0.5159	49,609.7267	34,574.3322	0.5159	52,514.4269
38,792.9711	0.5159	44,634.8055	39,747.4759	0.5159	58,288.6869
41,847.9970	0.5159	52,415.0182	43,761.7650	0.5159	61,108.9232
34,788.5280	0.5159	44,720.0516	34,430.0944	0.5159	52,377.187
39,830.3185	0.5159	52,297.7922	30,699.2853	0.5159	41,425.4504

注意此 C_i^* 並非常數，估計不含常數項的如下迴歸式。

$$Y_i^* = \beta_0^* C_i^* + \beta_1^* X_i^* + V_i$$

迴歸統計	
複相關 R	0.969956
複判定 R^2	0.940815
修正 R^2	0.936431
標準誤	2,422.822
觀察值個數	30

ANOVA

	自由度	SS	MS	F	顯著值
迴歸	2	2.52E+09	1.26E+09	214.5972	2.66E−17
殘差	27	1.58E+08	5,870,065		
總和	29	2.68E+09			

	係數	標準誤	t 統計	p- 值
截距	−8,263.56	3,693.588	−2.23727	0.033721
X 值 1	24,628.41	8,494.866	2.899212	0.007345
X 值 2	0.6506	0.043387	14.99519	1.3E−14

迴歸分析之結果，斜率的估計值是 0.6506，截距的估計值是 24,628.41。

例

試對如下數據利用 Cochrane-Orcutt 的方法確保殘差項的獨立性看看。

x_t	y_t	$\hat{y}_t$	e_t	x_t	y_t	$\hat{y}_t$	e_t
1	3.5	5.26	−1.76	11	8.6	7.84	0.76
2	4.0	5.52	−1.52	12	7.4	8.10	−0.70
3	4.5	5.78	−1.28	13	7.0	8.35	−1.35
4	6.0	6.03	−0.03	14	7.7	8.61	−0.91
5	7.6	6.29	1.31	15	9.7	8.87	0.83
6	8.4	6.55	1.85	16	8.3	9.13	−0.83
7	9.5	6.81	2.69	17	8.9	9.39	−0.49
8	7.7	7.07	0.63	18	8.2	9.64	−1.44
9	7.2	7.32	−0.12	19	10.1	9.90	0.20
10	8.9	7.58	1.32	20	11.0	10.16	0.84

【解】

利用最小平方法得

$$\hat{y}_t = 0.2579x_t + 5.0021$$

對此結果實施 Durbin-Watson 檢定看看。

設 $H_0 : \rho = 0$，$H_1 : \rho > 0$，$\alpha = 0.05$ 時，當 $n = 19$ 時，$d_L = 1.18$。此情形 $DW = 0.82$。因此，否定 H_0，可以判定殘差項的獨立性不成立。由上表得

$$r = \frac{\sum\limits_{t=2}^{n} e_t e_{t-1}}{\sum\limits_{t=1}^{n} e_t^2} = 0.5272$$

因此

$$u_t = x_t - 0.5272x_{t-1}$$

$$v_t = y_t - 0.5272y_{t-1}$$

利用最小平方法得

$$v_t = 0.2096u_t + 2.7580$$

對此結果再實施 DW 檢定看看。

設 $H_0 : \rho = 0$，$H_1 : \rho > 0$，$\alpha = 0.05$ 時，$n = 18$，$d_U = 1.39$，此時 $DW = 1.81$。因此，接受 H_0，大致可以認同殘差項的獨立性。殘差項的相互獨立是迴歸分析所需要的假定。

■ 非直線型迴歸模型

1. 多項式迴歸模式

$$Y = \beta_0 + \beta_1 X + \beta_2 X^2 + \cdots + \beta_k X^k + \varepsilon$$

2. 指數迴歸模式

$$Y = \beta_0 \beta_1^X \varepsilon$$

上式經對數轉換變成

$$\ln Y = \ln \beta_0 + X \ln \beta_1 + \ln \varepsilon$$

3. 乘冪迴歸模型

$$Y = \beta_0 X^{\beta_1} \varepsilon$$

上式經對數轉換成為

$$\ln Y = \ln \beta_0 + \beta_1 \ln X + \ln \varepsilon$$

4.其他模型

$$Y = \beta_0 + \frac{\beta_1}{X} + \varepsilon$$

令 $\frac{1}{X} = Z$

則 $Y = \beta_0 + \beta_1 Z + \varepsilon$

例 *

　　隨機抽取 5 對 X 與 Y 的資料如下，試求迴歸方程式 $\hat{Y} = b_0 + b_1 X + b_2 X^2$。又當 $X = 2.5$（千件）時，$\hat{y}$ 的估計值為何。

產量 X（千件）	1	2	3	4	5
邊際成本 Y（萬元）	32	20	20	28	50

【解】

(1) $\sum X = 15$，$\sum X^2 = 55$，$\sum X^3 = 225$，$\sum X^4 = 979$，$\sum Y = 150$，$\sum XY = 494$，$\sum X^2 Y = 1{,}990$，$n = 5$，正規方程式為

$$\begin{cases} 150 = 5b_0 + 15b_1 + 55b_2 \\ 494 = 15b_0 + 55b_1 + 225b_2 \\ 1990 = 55b_0 + 225b_1 + 979b_2 \end{cases}$$

求解得 $b_0 = 55$，$b_1 = -25.2$，$b_2 = 5.43$，因之迴歸方程式為

$$\hat{Y} = 55 - 28.2X_1 + 5.43X_2$$

(2) $X = 2.5$，$\hat{Y} = 55 - 28.2(2.5) + 5.43(2.5)^2 = 18.3$（千件）

例 *

　　隨機抽取 6 輛豐田車種，下列資料即為此種車使用 X 年後的售價，

X 年	1	2	3	4	5	6
Y（百元）	2350	1695	1750	1395	985	895

(1) 試求指數迴歸方程 $\hat{Y} = b_0 b_1{}^X$。

(2) 又若乙車已用 4 年，估計此車的售價。

【解】

(1) $\sum X = 18$，$\sum X^2 = 68$，$\sum \log X = 18{,}933$，$\sum X \log Y = 55{,}475$，

$n = 6$ 代入正規方程式為

$$\begin{cases} 18.933 = 6 \log b_0 + 18 \log b_1 \\ 55.475 = 18 \log b_0 + 68 \log b_1 \end{cases}$$

求解得 $\log b_0 = 3.441$，$\log b_1 = -0.095$，故迴歸方程式為

$$\hat{Y} = (2.760)(0.804)^X$$

(2) 當 $X = 4$ 時，$\hat{Y} = (2.760)(0.804)^4 = 1{,}153{,}276$（萬元）

■ 應答曲面法

所謂應答曲面法（Reponse Surface Method; RSM）是將說明變數與被說明變數的關係以最有效率的方式求出近似函數，進行工程最適化的方法。在應答曲面法中是使用最小平方法進行計算。

今由 n 個（$n > 1$）預測變數 $x_i (i = 1, 2, \cdots, n)$ 預測應答 y 的關係式，以近似的函數表示。

$$y = f(x_1, x_2, \cdots, x_n) + e \tag{1}$$

此處 e 是誤差。

應答曲面法的進行步驟如下：

步驟 1 應答曲面利用 2 次多項式製作的情形最多。2 變數時即為下式的形式：

$$y = \beta_0 + \beta_1 x_1 + \beta_2 x_2 + \beta_3 x_1^2 + \beta_4 x_2^2 + \cdots + \beta_5 x_1 x_2 \tag{2}$$

此時，設 $x_3 = x_1^2$，$x_4 = x_2^2$，$x_5 = x_1 x_2$，上式即可變換成如下的線性複迴歸式。

$$y = \beta_0 + \beta_1 x_1 + \beta_2 x_2 + \beta_3 x_3 + \beta_4 x_4 + \beta_5 x_5 \tag{3}$$

式中 β 是未知係數。

化成線性函數之後，利用最小平方法即可決定係數，並且它的近似式可使用統計的方式來評估。

步驟 2 利用實驗計畫法進行實驗，得出 n 個數據組 $(y, x_1, x_2, \cdots)$。

步驟 3 根據 n 個數據使用最小平方法，決定 β，得出 (3) 式。

步驟 4 檢定所作成的應答曲面是否有效。

例*

設有一個 2 次多項式表示如下：

$$f = x_1(1 - x_2) + 5 \tag{4}$$

今假定其係數未明，若實驗計畫進行實驗，假定得出下式：

x_1	x_2	f
1.0	1.0	5.0
1.5	1.1	4.85
2.0	1.25	4.5
3.0	1.5	3.5
3.5	1.75	2.625
4.0	2.0	1.0

試利用應答曲面法求解看看。

【解】

f 是 2 變數其近似式以 (3) 式表示。如以矩陣表示時，即為如下：

$$y = X\beta + c \tag{5}$$

$$
\begin{bmatrix} 5.0 \\ 4.85 \\ 4.5 \\ 3.5 \\ 2.625 \\ 1.0 \end{bmatrix}
=
\begin{bmatrix}
1.0 & 1.0 & 1.0 & 1.0 & 1.0 & 1.0 \\
1.0 & 1.5 & 1.1 & 2.25 & 1.21 & 1.65 \\
1.0 & 2.0 & 1.25 & 4.0 & 1.5625 & 2.5 \\
1.0 & 3.0 & 1.5 & 9.0 & 2.25 & 4.5 \\
1.0 & 3.5 & 1.75 & 12.25 & 3.0625 & 6.125 \\
1.0 & 4.0 & 2.0 & 16.0 & 4.0 & 8.0
\end{bmatrix}
\begin{bmatrix} \beta_0 \\ \beta_1 \\ \beta_2 \\ \beta_3 \\ \beta_4 \\ \beta_5 \end{bmatrix}
=
\begin{bmatrix} e_0 \\ e_1 \\ e_2 \\ e_3 \\ e_4 \\ e_5 \end{bmatrix}
\tag{6}
$$

將誤差平方和以 J 表示時，則

$$\frac{\partial J}{\partial \beta} = 0 \tag{8}$$

微分得出

$$\frac{\partial J}{\partial \beta} = -2\mathbf{X}^t\mathbf{y} + 2\mathbf{X}^t\mathbf{X}\beta = 0 \tag{9}$$

因之，未知係數 β 的最小平方估計量 **b** 得出下式

$$\mathbf{b} = (\mathbf{X}^t\mathbf{X})^{-1}\mathbf{X}^t\mathbf{y} \tag{10}$$

利用 (8) 式的數值計算時，得出

$$\mathbf{b} = \begin{bmatrix} \beta_0 \\ \beta_1 \\ \beta_2 \\ \beta_3 \\ \beta_4 \\ \beta_5 \end{bmatrix} = \begin{bmatrix} -7 \\ -10.714286 \\ 37.428571 \\ -2.571429 \\ -28.571429 \\ 16.428571 \end{bmatrix} \tag{11}$$

此與假設的式子中的係數不一致，像這樣，使用不需要的項，知得不出正確的係數。

如只使用所需的項，假定使用如下的近似時，

$$y = \beta_0 + \beta_1 x_1 + \beta_1 x_1 x_2 \tag{12}$$

即可得出如下表近似實際式子之值。

表 1　只使用所需項的近似結果

	近似值	眞值
β_0	4.903773	5.0
β_1	1.099313	1.0
β_2	-1.027890	-1.0

接著，進行迴歸式的適合性判定。

迴歸式是否適切，可使用判定係數 R^2 來判定。此時，

$$R^2 = \frac{SSR}{S_{yy}} = 1 - \frac{SSE}{S_{yy}} \tag{13}$$

此處，SSR 是迴歸平方和，SSE 是殘差平方和，其間有 $S_{yy} = SSR + SSE$ 之關係。分別如下計算

$$SSR = \mathbf{b}^t \mathbf{X}^t \mathbf{y} - \frac{\left(\sum\limits_{i=1}^{n} y_i \right)^2}{n} \tag{14}$$

$$S_{yy} = \mathbf{y}^t \mathbf{y} - \frac{\left(\sum\limits_{i=1}^{n} y_i \right)^2}{n} \tag{15}$$

$$SSE = \mathbf{y}^t \mathbf{y} - \mathbf{b}^t \mathbf{X}^t \mathbf{y} \tag{16}$$

變數如變多時，殘差會減少，判定係數之值即變高，無法斷定是好的迴歸式，因此，有需要比較每單位自由度的殘差，一般使用調整的自由度

的判定係數 $\overline{R}^2$。實驗組的總數設爲 n，迴歸所使用的變數個數設爲 k，則

$$\overline{R}^2 = 1 - \frac{SSE/(n-k-1)}{S_{yy}/(n-1)} \tag{17}$$

一般來說，變數增減法是首先選擇適當的變數，對各變數進行 t 檢定判定優位性，此可減少變數或增加變數，從中決定判定係數大的迴歸式，此處採用變數減少法。

t 值以下式表示：

$$t_0 = \frac{b_j}{\sqrt{\hat{\sigma}^2 \cdot C_{jj}}} \tag{18}$$

此處，

$$\hat{\sigma}^2 = \frac{SSE}{n-p} \tag{19}$$

$\hat{\sigma}^2$ 是表示應答 y 的誤差變異數的最大概似估計值。並且 C_{jj} 是方陣 $(X'X)^{-1}$ 的第 jj 成分。此處，假定從下式的迴歸式進行檢定。

$$y = \beta_0 + \beta_1 x_1 + \beta_3 x_1^2 + \beta_4 x_2^2 + \beta_5 x_1 x_2 \tag{20}$$

對此迴歸式估計各係數，計算各項的 t_0 時，得出下表：

表 2　估計值與 t 值

	估計值	t 值
b_0	4.81838	45.6165
b_1	1.13744	6.65165
b_3	0.107246	0.780906
b_4	0.383315	4.29442
b_5	−1.44724	−8.38209

$\overline{R}^2$ 是 0.995008，自由度是 $12 - 4 - 1 = 7$，此時 t 的臨界值是 2.36。因而判斷 b_3 並不需要，因之如下修正迴歸式

$$y = \beta_0 + \beta_1 x_1 + \beta_4 x_2^2 + \beta_5 x_1 x_2 \tag{21}$$

對此迴歸式與上面一樣計算估計值與 t 值時，得出下表

表 3　估計值與 t 值

	估計值	t 值
b_0	5.0289	11.505
b_1	1.00829	4.70124
b_4	-0.0937076	0.66504
b_5	-0.955096	-18.2308

$\bar{R}^2$ 是 0.995683，知迴歸的適合性提高。自由度是 $12 - 3 - 1 = 8$，此時 t 的臨界值是 2.31，判斷 b_4 不需要，因之迴歸式修正如下

$$y = \beta_0 + \beta_1 x_1 + \beta_5 x_1 x_2 \tag{22}$$

此迴歸式的估計值與 t 值得出如下

表 4　估計值與 t 值

	估計值	t 值
b_0	4.95409	70.9424
b_1	1.03655	2.47276
b_5	-1.0062	-4.23925

$\bar{R}^2$ 是 0.996188，迴歸的適合性更高，自由度是 $12 - 2 - 1 = 9$，t 的臨界值是 2.26。所以所有的變數均採用，因之迴歸式即為 (22) 式。此與 (4) 幾乎相同。

以上使用 t 檢定選擇需要的變數決定了迴歸式。

■ 直交多項式

觀察在 n 組數據 $(x_\alpha, y_\alpha)(\alpha = 1, 2, \cdots, n)$ 中適配多項式模式的問題

$$y_\alpha = \beta_0 + \beta_1 x_\alpha + \beta_2 x_\alpha^2 + \cdots + \beta_p x_\alpha^p + \varepsilon_\alpha \tag{1}$$

如將此想成複迴歸模式（曲線迴歸）時，即為以 p 個自變數 $x, x^2, \cdots, x^p$ 說明依變數 y。

此處如設以下多項式為

$$\begin{cases} \phi_0(x_\alpha) = 1 \\ \phi_1(x_\alpha) = c_{10} + c_{11}x_\alpha \\ \phi_2(x_\alpha) = c_{20} + c_{21}x_\alpha + c_{22}x_\alpha^2 \\ \quad\quad\vdots \\ \phi_p(x_\alpha) = c_{p0} + c_{p1}x_\alpha + \cdots + c_{pp}x_\alpha^p \end{cases}$$

其中，$\sum\limits_{i=1}^{n} \phi_\ell(x_\alpha)\phi_m(x_\alpha) = 0$（$\ell \neq m$）時，稱此多項式具有直交性。此多項式稱為直交多項式（orthogonal polynomial）。使用此直交多項式即可將 (1) 式改成

$$y_\alpha = r_0\phi_0(x_\alpha) + r_1\phi_1(x_\alpha) + \cdots + r_p\phi_p(x_\alpha) + \varepsilon_\alpha \tag{2}$$

為了得出 $r_0, r_1, \cdots, r_p$ 的估計值，利用直交性即可得出正規方程式為

$$\begin{cases} A_{00}\hat{r}_0 & = A_{0y} \\ \quad A_{11}\hat{r}_1 & = A_{1y} \\ \quad\quad \ddots & \quad \vdots \\ \quad\quad\quad A_{pp}\hat{r}_p = A_{py} \end{cases} \tag{3}$$

式中

$$\begin{cases} A_{ii} = \sum\limits_{\alpha=1}^{n} \{\phi_i(x_\alpha)\}^2 & (i = 0, 1, \cdots, p) \\ A_{iy} = \sum\limits_{\alpha=1}^{n} \{y_i\phi_i(x_\alpha)\} & (i = 0, 1, \cdots, p) \end{cases} \tag{4}$$

由 (3) 式得

$$\hat{r}_i = \frac{A_{iy}}{A_{ii}} \qquad (i = 0, 1, \cdots, p) \tag{5}$$

此估計量的變異數為

$$V(\hat{r}_i) = \frac{\sigma^2}{A_{ii}} \qquad (i = 0, 1, \cdots, p) \tag{6}$$

σ^2 即為誤差變異數 $V(\varepsilon)$，而且 $COV(\hat{r}_i, \hat{r}_j) = 0$（$i \neq j$），迴歸平方和 S 可以用次數的平方和 $S(i)$ 之和表示。

$$S(i) = \frac{A_{iy}^2}{A_{ii}} \quad , \quad S_R = \sum\limits_{i=1}^{p} S(i) = \sum\limits_{i=1}^{p} \frac{A_{iy}^2}{A_{ii}} \tag{7}$$

$S(i)$ 為第 i 次次數的平方和。

　　因此，變異數分析可以表示如下：

要因	S	ϕ	V	F_0
1 次	$S(1)$	1	$S(1)$	$S(1)/V_e$
2 次	$S(2)$	1	$S(2)$	$S(2)/V_e$
⋮	⋮	⋮	⋮	⋮
k 次	$S(k)$	1	$S(k)$	$S(k)/V_e$
殘差	$S_{yy} - \sum\limits_{i=1}^{k} S(i)$	$n-k-1$	V_e	
計	S_{yy}	$n-1$		

如 $\dfrac{S(i)}{V_e} > F_\alpha(1, n-k-1)$ 時，則第 i 次次數即爲顯著。一般 x 的水準數 ℓ，水準間之間隔爲 δ 時，在多項式

$$y = r_0\phi_0(x) + r_1\phi_1(x) + r_2\phi_2(x) + \cdots + \varepsilon$$

中，如設

$$
\begin{cases}
\phi_0(x) = 1 \\[4pt]
\phi_1(x) = (x - \bar{x}) \\[4pt]
\phi_2(x) = (x - \bar{x})^2 - \dfrac{\ell^2 - 1}{12}\delta^2 \\[4pt]
\phi_3(x) = (x - \bar{x})^3 - \dfrac{3\ell^2 - 7}{20}(x - \bar{x})\delta^2 \\[4pt]
\phi_4(x) = (x - \bar{x})^4 - \dfrac{3\ell^2 - 13}{14}(x - \bar{x})^2\delta^2 + \dfrac{3(\ell^2 - 1)(\ell^2 - 9)}{560}\delta^4 \\[4pt]
\phi_5(x) = (x - \bar{x})^5 - \dfrac{5(\ell^2 - 7)}{18}(x - \bar{x})^3\delta^2 + \dfrac{15\ell^4 - 230\ell^2 + 407}{1008}(x - \bar{x})\delta^4 \\[4pt]
\quad \vdots \\
\quad \vdots
\end{cases}
\tag{8}
$$

時，上式於 $\bar{x}, \bar{x} \pm \delta, \bar{x} \pm 2\delta$ 中，$\phi_i(x)$ 相互直交。

【註 1】 在因子的水準間隔一定且重複數相等時，若使用直交多項式即可簡單求出曲線迴歸。

【註 2】 直交多項式係數表

(2)	ϕ_0	ϕ_1
	1	−1
	1	1
A_{ii}	2	2

(3)	ϕ_0	ϕ_1	ϕ_2
	1	−1	1
	1	0	−2
	1	1	1
	3	2	6

(4)	ϕ_0	ϕ_1	ϕ_2	ϕ_3
	1	−3	1	−1
	1	−1	−1	3
	1	1	−1	−3
	1	3	1	1
	4	20	4	20

(5)	ϕ_0	ϕ_1	ϕ_2	ϕ_3	ϕ_4
	1	−2	2	−1	1
	1	−1	−1	2	−4
	1	0	−2	0	6
	1	1	−1	−2	−4
	1	2	2	1	1
	5	10	14	10	70

(6)	ϕ_0	ϕ_1	ϕ_2	ϕ_3	ϕ_4	ϕ_5
	1	−5	5	−5	1	−1
	1	−3	−1	7	−3	5
	1	−1	−4	4	2	−10
	1	1	−4	−4	2	10
	1	3	−1	−7	−3	−5
	1	5	5	5	1	1
	6	70	84	180	28	252

(7)	ϕ_0	ϕ_1	ϕ_2	ϕ_3	ϕ_4	ϕ_5
	1	−3	5	−1	3	−1
	1	−2	0	1	−7	4
	1	−1	−3	1	1	−5
	1	0	−4	0	6	0
	1	1	−3	−1	1	5
	1	2	0	−1	−7	−4
	1	3	5	1	3	1
	7	28	84	6	154	84

(8)	ϕ_0	ϕ_1	ϕ_2	ϕ_3	ϕ_4	ϕ_5
	1	−7	7	−7	7	−7
	1	−5	1	5	−13	23
	1	−3	−3	7	−3	−17
	1	−1	−5	3	9	−15
	1	1	−5	−3	9	15
	1	3	−3	−7	3	17
	1	5	1	−5	−13	−23
	1	7	7	7	7	7
	8	168	168	264	616	2184

例 *

　　某化學產品的合成中，中間生成物中的反應生成物 X 的量希望愈少愈好，此受到合成反應中的添加物 A 之量的影響。因此，讓添加物 A 的量由 6, 8, 10, 12, 14(g/ℓ) 作各種變化，就各 4 批測量反應生成物 X 的量，結果如下表：

添加物 A	6	8	10	12	14
	18.3	17.1	16.7	15.1	17.3
X 量（%）	18.8	18.3	16.9	15.9	18.1
	19.8	16.2	16.5	17.8	17.2
	18.3	18.2	17.5	16.0	17.0
計	75.2	69.8	67.6	64.8	69.6

試使用直交多項式建立預測式。

【解】

首先將數據描點即為如下：

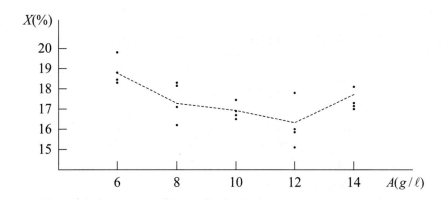

估計式為

$$y = r_0 + r_1(x - \overline{x}) + r_2\{(x - \overline{x})^2 - 8\} + r_3\left\{(x - \overline{x})^3 - \frac{68}{5}(x - \overline{x})\right\} + \varepsilon$$

式中的 $\phi_i(x)$ 是在 (8) 式中代入 $\ell = 5, \delta = 2$ 而得者。

ANOVA 表

	S	ϕ	V	F_0
1 次	6.561	1	6.561	10.22**
2 次	7.001	1	7.001	10.90**
3 次	0.484	1	0.484	
4 次	0.514	1	0.514	

	S	ϕ	V	F_0
殘差	9.63	15	0.642	
計	24.19	19		

**1% 顯著

以下計算表是利用（註 2）的直交多項式係數表中的 5 水準用之表。

計算表

水準		數據合計		ϕ_0	ϕ_1	ϕ_2	ϕ_3	ϕ_4
α	(x_α)	$T_{\alpha\cdot}$	$k = 4$					
1	(6)	75.2		1	−2	2	−1	1
2	(8)	69.8		1	1	−1	2	−4
3	(10)	67.6		1	0	−2	0	6
4	(12)	64.8		1	1	−1	−2	−4
5	(14)	69.6		1	2	2	1	1
①		$\sum\limits_{\alpha}(T_{\alpha\cdot}\phi_i(x_\alpha))$		347.0	−16.2	19.8	4.4	12.0
②		$k \times A_{ii} \times \delta^i$		20	80	224	320	4480
① / ②		$\hat{r}_i$		17.35	−0.2025	0.08839	0.01375	0.002679
③		$k \times A_{ii}$		20	40	56	40	280
①²/ ③		$S(i)$		6020.45	6.561	7.001	0.484	0.514

k：重複數
δ：x 的水準間之間隔

其中，

$A_{00} = \{1^2 + 1^2 + 1^2 + 1^2 + 1^2\} = 5,\ A_{11} = \{(-2)^2 + 1^2 + 0^2 + 1^2 + 2^2 + \} = 10$

$A_{22} = 14,\ A_{33} = 10,\ A_{44} = 70$

$\hat{r}_0 = \bar{y} = 17.35,\ S(0) = 6020.45$

$\hat{r}_1 = -0.2025,\ S(1) = 6.561$

$\hat{r}_2 = 0.08839,\ S(2) = 7.001$

$\hat{r}_3 = 0.01375,\ S(3) = 0.484$

$\hat{r}_4 = 0.02679,\ S(4) = 0.514$

$s_{yy} = \sum y_{ij}^2 - CT = (18.3^2 + 18.8^2 + \cdots + 17.2^2 + 17.6^2) - 6020.45 = 24.19$

因之估計式為

$$\hat{y} = 17.35 - 0.2025(x - \bar{x}) + 0.08839\{(x - \bar{x})^2 - 8\}$$

第 11 章

無母數統計方法

■ 無母數統計的性質

無母數統計方法有下列五種特質：

1. 其所推論的對象，不限定母體分配的形狀。

2. 其所推論常不是母體的任何母數。

3. 其常按大小或出現先後順序排列的資料進行分析。

4. 當母體分配形狀為未知，其推論的效率即不如假設母體分配為已知的各種統計方法，故無母數統計方法適用於母體形狀未知或母體常變動之事件的推論上。

5. 就按大小或出現先後順序排列的資料進行分析，常以中位數代表其中心位置，以位差代表離散程度，故無母數統計適用於事件只知其出現順序或等級（rank）而不知確切數值的推論上。

■ 適合度檢定（Test of goodness of fit）

1. 對於實際次數分配與理論分配是否配合適當，可依 Pearson 近似式進行檢定：

(1) 當 n 夠大時，$\sum_{i=1}^{k} \dfrac{(o_i - e_i)^2}{e_i}$ 才會近似於 $\chi^2(k - m - 1)$，因此卡方分配只適用於大樣本，$\sum_{i=1}^{k} o_i = \sum_{i=1}^{k} e_i = n$，$o_i$ 為第 i 組的樣本觀測次數，e_i 為第 i 組的期待次數。

(2) 當 $e_i \geq 5$ 時，上式才成立，因此當 $e_i < 5$ 時，必須與下一組合併直到 $e_i \geq 5$ 為止，因此組數亦必須相對減少。

(3) 由於此種檢定的樣本資料為間斷資料，因此進行 χ^2 檢定時，必須進行連續的校正。但若 n 很大（$n \geq 100$），調整可忽略，調整公式如下，其中 $|o_i - e_i| < \dfrac{1}{2}$，將其視為 0：

$$\sum_{i=1}^{k} \frac{\left(|o_i - e_i| - \dfrac{1}{2}\right)^2}{e_i} \sim \chi^2(k - 1 - m)$$

2. 當理論分配之母數已知，自由度 $v = k - 1$ ，若 m 個母數未知，須用 m 個統計量估計母數才可求得理論次數 e_i ，則自由度為 $v = k - m - 1$ 。

3. 假設之建立與法則

$\begin{cases} H_0: \text{此次數分配適合某理論分配} \\ H_1: \text{此次數分配不適合某理論分配} \end{cases}$

$\chi_0^2 > \chi_\alpha^2 (k - 1)$ （母數已知）或 $\chi_0^2 > \chi_\alpha^2 (k - m - 1)$ （母數未知）

則拒絕 H_0 ，表示此次數分配不適合某理論分配。

4.

分配	母數	統計量	母數已知之自由度	母數未知之自由度
二項分配	p	$\hat{p}$	$k - 1$	$k - 2$
卜氏分配	μ	$\bar{x}$	$k - 1$	$k - 2$
指數分配	λ	$1/\bar{x}$	$k - 1$	$k - 2$
常態分配	μ, σ^2	$\bar{x}, s^2$	$k - 1$	$k - 3$

例*

調查 100 戶家裡有 4 個小孩的家庭，得男孩數的分配如下：

男孩數	0	1	2	3	4
家庭數	1	17	49	27	6

試以 $\alpha = 0.05$ 檢定男孩數的分配是否適合 $p = 0.5$ 的二項分配？

【解】

$\begin{cases} H_0: \text{此分配適合} \ p = 0.5 \text{的二項分配} \\ H_1: \text{此分配不適合} \ p = 0.5 \text{的二項分配} \end{cases}$

各組機率為 $\binom{4}{x} 0.5^x (1 - 0.5)^{4-x} = \binom{4}{x} (0.5)^4$

x	o_i	各組機率 p_i	$e_i = np_i$	$(o_i - e_i)^2/e_i$
0	1	0.0625	6.25	4.41
1	17	0.2500	25.00	2.56
2	49	0.3750	37.00	3.53
3	27	0.2500	25.00	0.16
4	6	0.0625	6.25	0.01
	100	1.0000	100.00	10.67

$v = 5 - 1 = 4$

$\chi^2 = 10.67 > \chi^2(4) = 9.49$

故拒絕 H_0，表示此分配可能不適合 $p = 0.5$ 的二項分配。

例 *

東海製造公司為了研究不良品的出現頻率，乃隨機抽驗 150 箱產品（每箱 100 個），發現其中有 23 箱沒有不良品，39 箱有 1 個不良品，43 箱有 2 個不良品，23 箱有 3 個不良品，10 箱有 4 個不良品，而 12 箱有 5 個以上不良品。試取 $\alpha = 0.05$ ，檢定一箱產品中不良品之個數是否會呈現卜氏分配？

【解】

設隨機變數 X 表示不良品之個數

(1) H_0：X 為卜氏分配

(2) H_1：X 不為卜氏分配

(3) $\alpha = 0.05$

(4) 危險域 $C = \{\chi^2 | \chi^2 > \chi^2_{0.05}(6 - 1 - 1) = 9.48773\}$

(5) 計算：

$\because \mu$ 未知，故以 $\hat{\mu} = \bar{x}$ 估計之，且

$$\hat{\mu} = \frac{23 \times 0 + 39 \times 1 + \cdots + 12 \times 5}{150} = 1.96$$

$$\therefore P(X = 0) = \frac{e^{-1.96}(1.96)^0}{0!} = 0.141$$

$$P(X=1) = \frac{e^{-1.96}(1.96)^1}{1!} = 0.276$$

$$P(X=2) = \frac{e^{-1.96}(1.96)^2}{2!} = 0.271$$

$$P(X=3) = \frac{e^{-1.96}(1.96)^3}{3!} = 0.177$$

$$P(X=4) = \frac{e^{-1.96}(1.96)^4}{4!} = 0.087$$

$$P(X \geq 5) = 0.048$$

又

x	0	1	2	3	4	5～	合　計
觀察次數（o_i）	23	39	43	23	10	12	150(n)
p_i	0.141	0.276	0.271	0.177	0.087	0.048	1
理論次數（$e_i = np_i$）	21.15	41.4	40.65	26.55	13.05	7.2	150

$$故\ \chi^2 = \frac{\sum(o_i - e_i)^2}{e_i} = \frac{(23-21.15)^2}{21.15} + \frac{(39-41.4)^2}{41.4} + \cdots + \frac{(12-7.2)^2}{7.2}$$

$$= 4.824 \notin C$$

(6) 結論：不拒絕 H_0；即表示並無證據顯示不良品之個數不為卜氏分配。

例*

　　一籃球選手宣稱其命中率為 0.9，今請其 (1) 連射 50 球，命中 41 球；(2) 連射 500 球，命中 410 球，試以 $\alpha = 0.05$ 檢定其宣稱對否；(3) 並加以分析。

【解】

　　H_0：宣稱是正確的

　　H_1：宣稱是不正確的

狀況	o_i	e_i	$\left(\|o_i - e_i\| - \frac{1}{2}\right)^2 / e_i$	o_i	e_i	$\left(\|o_i - e_i\| - \frac{1}{2}\right)^2 / e_i$
命中	41	45	0.272	410	450	3.467
不中	9	5	2.450	90	50	31.205
計	50	50	2.722	500	500	34.672

(1) $v = 2 - 1$，$\chi^2 = 2.722 < \chi_{0.05}^2(1) = 3.84$

故接受 H_0，表示所宣稱有可能是正確的。

(2) $\chi^2 = 34.672 > \chi_{0.05}^2(1) = 3.84$

故拒絕 H_0，表示所宣稱有可能不對。

(3) 前述之 (1) 及 (2)，樣本大小及命中球數的比例保持不變，$\frac{41}{50} = \frac{410}{500}$，

(1) 的結論是接受 H_0，而 (2) 的結論是拒絕 H_0，由此例知，樣本大小增大，會使檢定失效。

【註】(1) Pearson 近似的統計量爲不連續量數，故當自由度數 $v = 1$ 時，要考慮連續校正 $1/2$，即

$$\chi^2 = \sum_{i=1}^{k} \frac{\left(\|o_i - e_i\| - \frac{1}{2}\right)^2}{e_i}$$

(2) 理論上爲了使檢定效率高，要求各組理論次數 $e_i \geq 5$，如有一組或多組的 e_i 小於 5，則須合併至大於或等於 5。

(3) o_i 與 e_i 必爲絕對次數，不能採相對次數進行檢定。

例 *

110 名工人裝配零件的時間分配如下：

時間	0～2	2～4	4～6	6～8	8～10	10～12	12～14
人數	4	10	25	35	24	10	2

試以 $\alpha = 0.05$ 檢定此分配是否可爲 $\mu = 6.87, \sigma = 2.58$ 的常態分配。

【解】

H_0：此分配適合 $\mu = 6.87, \sigma = 2.58$ 的常態

H_1：此分配不適合 $\mu = 6.87$, $\sigma = 2.58$ 的常態

時間 t	o_i	$z = \dfrac{t-6.87}{2.58}$	累加機率 $P(Z \le z)$	各組機率 p_i	$e_i = np_i$	$(o_i - e_i)^2 / e_i$
0 以下	0 ⎫	–	–	0.0039	0.43 ⎫	
0～2	4 ⎬14	−2.66	0.0039	0.0255	2.81 ⎬14.70	0.033
2～4	10 ⎭	−1.89	0.0294	0.1041	11.46 ⎭	
4～6	25	−1.11	0.1335	0.2334	25.68	0.018
6～8	35	−0.34	0.3669	0.3031	33.34	0.083
8～10	24	0.44	0.6700	0.2169	23.85	0.001
10～12	10 ⎫	1.21	0.8869	0.0898	9.88 ⎫	
12～14	2 ⎬12	1.99	0.9767	0.0204	2.24 ⎬12.44	0.016
14 以上	0 ⎭	2.76	0.9971	0.0029	0.32 ⎭	
	110			1.0000		0.151

【註】為方便計 t 取下組界

$v = 5 - 1 = 4$

$\chi^2 = 0.151 < \chi_{0.05}^2(4) = 9.49$

故接受 H_0，表示此分配可能適合 $\mu = 6.87, \sigma = 2.58$ 的常態分配。

例 *

抽查台中市 100 家超級商店，得其去年營業收入（單位：百萬元）之次數分配如下：

營業收入	～19.5	19.5～29.5	29.5～39.5	39.5～49.5	49.5～59.5	59.5 以上
家數 (f_i)	10	20	26	18	15	11
組中點 (m_i)	14.5	24.5	34.5	44.5	54.5	64.5

試：

(1) 檢定此分配是否為常態分配？（取 $\alpha = 0.05$）

(2) 求台中市所有超級商店去年營業收入平均數 μ 之 95% 信賴區間。

【解】

(1) ① H_0：台中市去年營業收入之分配為常態分配

② H_i：台中市去年營業收入之分配不為常態分配

③ $\alpha = 0.05, v = 6 - 1 - 2 = 3$

④危險域 $C = \{\chi^2 | \chi^2 > \chi^2_{0.05}(3) = 7.8147\}$

⑤計算：$\because \mu$ 及 σ^2 未知，故以 $\bar{x}$ 及 s^2 估計之，且

$$\bar{x} = \frac{10 \times 14.5 + 20 \times 24.5 + \cdots + 11 \times 64.5}{100} = 38.6$$

$$s = \sqrt{\frac{1}{n-1}[\sum_i f_i(m_i - \bar{x})^2]} = \sqrt{\frac{1}{n-1}[\sum_i f_i m_i^2 - n\bar{x}^2]}$$

$$= \sqrt{\frac{1}{99}[171015 - 100(38.6)^2]}$$

$$\doteqdot 14.913$$

其中各組之計算機率為

$$P(a < X < b) = P\left(\frac{a - \bar{X}}{s} < Z < \frac{b - \bar{X}}{s}\right)$$

$p_1 = P(X \le 19.5) = P(Z < -1.28) = 0.1003$

$p_2 = P(19.5 \le X \le 29.5) = P(-1.28 \le Z \le -0.61)$
   $= 0.1706$

$p_3 = P(29.5 \le X \le 39.5) = P(-0.61 \le Z \le 0.06)$
   $= 0.263$

$p_4 = P(39.5 \le X \le 49.5) = P(0.06 \le Z \le 0.73)$
   $= 0.2434$

$p_5 = P(49.5 \le X \le 59.5) = P(0.73 \le Z \le 1.40)$
   $= 0.1519$

$p_6 = P(X \ge 59.5) = P(Z \ge 1.40) = 0.0808$

營業收入	家數（o_i）	p_i	$e_i = np_i$
~ 19.5	10	0.1003	10.03
$19.5 \sim 29.5$	20	0.1706	17.06
$29.5 \sim 39.5$	26	0.253	25.3
$39.5 \sim 49.5$	18	0.2434	24.34
$49.5 \sim 59.5$	15	0.1519	15.19
$59.5 \sim$	11	0.0808	8.08
合　　計	100	1	100

$$故\ \chi^2 = \sum_i \frac{(o_i - e_i)^2}{e_i}$$

$$= \frac{(10 - 10.03)^2}{10.03} + \frac{(20 - 17.06)^2}{17.06} + \cdots + \frac{(11 - 8.08)^2}{8.08}$$

$$\doteqdot 3.235 \notin C$$

⑥結論：不拒絕 H_0；即此分配可視爲常態分配。

(2) 平均營業額 μ 之 95% 信賴區間爲

$$\left(\bar{x} - Z_{0.025} \frac{s}{\sqrt{n}}, \bar{x} + Z_{0.025} \frac{s}{\sqrt{n}} \right) \Rightarrow \left(38.6 - 1.96 \frac{14.913}{\sqrt{100}}, 38.6 + 1.96 \frac{14.913}{\sqrt{100}} \right)$$

$$\Rightarrow (35.677, 41.523)$$

例 *

　　自一副牌中以投返式抽牌三張，每次記載紅桃之張數 X，重複 64 次之結果如下：

x	0	1	2	3
次數	21	31	12	0

試取 $\alpha = 0.01$ ，檢定上述之分配是否適合二項分配 $b\left(3, \dfrac{1}{4}\right)$？

【解】

(1) $H_0 : X \sim b\left(3, \dfrac{1}{4}\right)$

(2) $H_1 : X$ 不爲 $b\left(3, \dfrac{1}{4}\right)$

(3) $\alpha = 0.01$，$v = 4 - 1 = 3$

(4) 危險域 $C = \{ \chi^2 | \chi^2 > \chi^2_{0.01}(3) = 11.3449 \}$

(5) 計算：

$$\because P(X = 0) = \binom{3}{0}\left(\frac{1}{4}\right)^0 \left(\frac{3}{4}\right)^3 = \frac{27}{64}$$

$$P(X = 1) = \binom{3}{1}\left(\frac{1}{4}\right)^1 \left(\frac{3}{4}\right)^2 = \frac{27}{64}$$

$$P(X = 2) = \binom{3}{2}\left(\frac{1}{4}\right)^2\left(\frac{3}{4}\right)^1 = \frac{9}{64}$$

$$P(X = 3) = \binom{3}{3}\left(\frac{1}{4}\right)^3\left(\frac{3}{4}\right)^0 = \frac{1}{64}$$

∴

x	0	1	2	3	合計
次數	21	31	12	0	64
p_i	$\frac{27}{64}$	$\frac{27}{64}$	$\frac{9}{64}$	$\frac{1}{64}$	1
$e_i = np_i$	27	27	9	1	

合併為 10

故 $\chi^2 = \sum_i \dfrac{(o_i - e_i)^2}{e_i}$

$$= \frac{(21-27)^2}{27} + \frac{(31-27)^2}{27} + \frac{(12-10)^2}{10}$$

$$= 2.326 \notin C$$

(6) 結論：不拒絕 H_0；可認為 $X \sim b\left(3, \dfrac{1}{4}\right)$。

例*

　　某電子工廠某項組件的裝配時間以 X 表之（單位：分鐘），茲抽查 320 件該項組件之裝配時間，得資料如下表：

x	0～10	10～20	20～30	30～40	40～50	50～60	60 以上
件數	172	89	34	14	7	4	0

就以上資料試

(1) 以 $\alpha = 0.05$ 檢定這項組件之裝配時間是否為指數分配？

(2) 求母數 λ 之 95% 信賴區間。

【解】

(1) ① H_0：X 之分配為指數分配，即 $f(x) = \lambda e^{-\lambda x}$，$x > 0$

② H_1：X 之分配不為指數分配

③ $\alpha = 0.05$，$v = 6 - 1 - 1 = 4$

④危險域 $C = \{\chi^2 | \chi^2 > \chi^2_{0.05}(4) = 9.48773\}$

⑤計算：

$$\because \bar{x} = \frac{5 \times 172 + 15 \times 89 + 25 \times 34 + 35 \times 14 + 45 \times 7 + 55 \times 4}{320} \doteqdot 12.72$$

$$\therefore \lambda \text{ 以} \frac{1}{\bar{x}} = \frac{1}{12.72} = 0.079 \text{估計之}$$

於計算平均數 x 時，式中 5, 15, …, 55，是指組中點。

又

x	0~10	10~20	20~30	30~40	40~50	50~60	60 以上	合計
件數	172	89	34	14	7	4	0	320
p_i	0.5462	0.2479	0.1125	0.051	0.0232	0.0105	0.0087	1
np_i	174.78	79.33	36	16.32	7.42	3.36	2.78	320

合併為 6.14

⑥理論機率之計算方式為

$$\int_a^b \lambda e^{-\lambda x} dx = e^{-a\lambda} - e^{-b\lambda} = e^{-0.079a} - e^{-0.079b}$$

$$\therefore \chi^2 = \frac{(172 - 174.78)^2}{174.78} + \frac{(89 - 79.33)^2}{79.33} + \cdots + \frac{(7 - 7.42)^2}{7.42} + \frac{(4 - 6.14)^2}{6.14}$$

$$= 2.434$$

⑦結論：不拒絕 H_0；即表示裝配時間 X 可能為指數分配。

(2) $\because s^2 = \dfrac{1}{320 - 1}[89{,}000 - 320(12.72)^2] = 116.6913$

$\therefore s = 10.802$

又 μ 之 95% 信賴區間為

$$\left(12.72 - 1.96\frac{10.802}{\sqrt{320}}, \ 12.72 + 1.96\frac{10.802}{\sqrt{320}}\right) \Rightarrow (11.536, 13.903)$$

$\therefore \lambda = \dfrac{1}{\mu}$ 之信賴區間為

$$\left(\dfrac{1}{13.903}, \dfrac{1}{11.536}\right) \Rightarrow (0.072, 0.087)$$

例*

　　某大學管理學院為了研究其院內學生統計學之水準，乃隨機抽取 50 個學生之成績如下表：

79	95	73	65	52	62	95	80	73	30
60	45	65	75	90	66	57	60	70	50
60	70	63	95	80	84	68	65	80	75
40	80	66	45	80	42	25	45	48	60
55	70	80	84	55	73	70	80	86	90

　　若上述成績以 D 表示 59 分以下，C 表法 60～69 分，B 表示 70～79 分，80 分以上以 A 表示之，則試問？

(1) 此學院統計學成績 A、B、C、D 之比例是否相同？

(2) 此學院統計學成績是否呈常態分配？

【解】

(1) 設 p_1, p_2, p_3, p_4 分別表示 A、B、C、D 四類成績之比率

① $H_0 : p_1 = p_2 = p_3 = p_4 = 0.25$

② $H_1 : p_i$ 不全為 0.25，$i = 1, 2, 3, 4$

③ $\alpha = 0.05$，$v = 4 - 1$

④ 危險域 $C = \{\chi^2 | \chi^2 > \chi^2_{0.05}(3) = 7.81473\}$

⑤ 計算：依題意可知

成績	A	B	C	D	合計
o_i	15	10	12	13	50
p_i	0.25	0.25	0.25	0.25	1
$e_i = np_i$	12.5	12.5	12.5	12.5	50

$$\therefore \chi^2 = \frac{(15-12.5)^2}{12.5} + \frac{(10-12.5)^2}{12.5} + \frac{(12-12.5)^2}{12.5} + \frac{(13-12.5)^2}{12.5} = 1.04 \notin C$$

⑥結論：不拒絕 H_0；即四個等級 A, B, C, D 之比例一致。

(2) ① H_0：成績之分配為常態分配

② H_1：成績之分配不為常態分配

③ $\alpha = 0.05$，$v = 4 - 1 - 2 = 1$

④危險域 $C = \{\chi^2 | \chi^2 > \chi^2_{0.05}(1) = 3.8415\}$

⑤計算：

$\because \bar{x} = 66.74, s = 16.48$

$\therefore p_1 = P(X < 59) = P(Z < -0.47) = 0.3192$

$p_2 = P(59 < X < 69) = P(-0.47 < Z < 0.14) = 0.2365$

$p_3 = P(69 < X < 79) = P(0.14 < Z < 0.74) = 0.2146$

$p_4 = P(X > 79) = P(Z > 0.74) = 0.2297$

成績	A	B	C	D	合計
o_i	15	10	12	13	50
p_i	0.3192	0.2365	0.2146	0.2297	1
e_i	15.96	11.83	10.73	11.48	50

$$\therefore \chi^2 = \frac{(15-15.96)^2}{15.96} + \frac{(10-11.83)^2}{11.83} + \frac{(12-10.73)^2}{10.73} + \frac{(13-11.48)^2}{11.48}$$
$$= 0.69 \notin C$$

⑥結論：不拒絕 H_0；亦即成績之分配可視為常態分配。

■ 獨立性檢定（Test for Independence）

1. 在 $r \times c$ 的分割表中，假設母體之性質可依兩種分類標準分類，可由樣本資料採分割表形式透過卡方分配，判斷此兩種標準是否獨立，卡方統計量為

$$\chi^2 = \sum_{i=1}^{r} \sum_{j=1}^{c} \frac{(o_{ij} - e_{ij})^2}{e_{ij}}$$

$$\doteqdot n \left(\sum \sum \frac{o_{ij}^2}{R_i C_j} - 1 \right)$$

$e_{ij} = \dfrac{R_i C_j}{n}$，$R_i$ 為各列次數和，C_j 為各行次數和，$n = \displaystyle\sum_{i=1}^{r} R_i = \sum_{j=1}^{c} C_j$。

2. 自由度 $v = (r-1)(c-1)$

3. 設建立與法則

$\begin{cases} H_0: \text{兩種分類標準獨立（無關）} \\ H_1: \text{兩種分類標準不獨立（有關）} \end{cases}$

當 $\chi^2 > \chi_a^2(v)$ 時，拒絕 H_0。

4. 在 2×2 分割表中，$v = (2-1)(2-1) = 1$

(1) 不須校正（f_{ij} 皆 > 10 時）

$$\chi^2 = \sum_{i=1}^{2} \sum_{j=1}^{2} \frac{(o_{ij} - e_{ij})^2}{e_{ij}} = \frac{n(f_{11}f_{22} - f_{12}f_{21})^2}{f_{1\cdot}f_{2\cdot}f_{\cdot 1}f_{\cdot 2}}$$

(2) 考慮校正（f_{ij} 中有 ≤ 10 時）（稱為 Yates 校正）

$$\chi^2 = \sum_{i=1}^{2} \sum_{j=1}^{2} \frac{\left(|o_{ij} - e_{ij}| - \frac{1}{2}\right)^2}{e_{ij}} = \frac{n\left(|f_{11}f_{22} - f_{12}f_{21}| - \frac{n}{2}\right)^2}{f_{1\cdot}f_{2\cdot}f_{\cdot 1}f_{\cdot 2}}$$

2×2 分割表的形式如下：

A	A	非 A	計
B	f_{11}	f_{12}	$f_{1\cdot}$
非 B	f_{21}	f_{22}	$f_{2\cdot}$
計	$f_{\cdot 1}$	$f_{\cdot 2}$	n

例*

以電話抽訪 306 位黨員，得其性別與對外交政策之意見的分割表為

意見＼性別	贊成	不贊成	無意見	和
男	114	53	17	184
女	87	27	8	122
和	201	80	25	306

試以 $\alpha = 0.05$ 檢定性別與意見是否有關？

【解】

$\begin{cases} H_0 : 性別與意見無關 \\ H_1 : 性別與意見有關 \end{cases}$

$$\chi_0^2 = 306 \left[\frac{(114)^2}{201(184)} + \frac{(53)^2}{80(184)} + \cdots + \frac{(8)^2}{25(122)} - 1 \right] = 2.873$$

$v = (2 - 1)(3 - 1) = 2$

$\chi_0^2 < \chi_{0.05}^2 (2) = 5.9914$

故接受 H_0，表示性別與意見可能無關。

例 *

以 200 個已結婚且已退休之男人為樣本，按其教育程度與子女之人數分類如下：

人數 學歷	0～1	2～3	3 以上
初等教育	14	37	32
中等教育	19	42	17
大學以上	12	17	10

試取 $\alpha = 0.05$ 以檢定子女人數與父親之教育程度無關。

【解】

(1) H_0：子女人數與父親教育程度無關

(2) H_1：子女人數與父親教育程度有關

(3) $\alpha = 0.05$，$v = (3 - 1)(3 - 1) = 4$

(4) 危險域 $C = \{ \chi^2 | \chi^2 > \chi_{0.05}^2 (4) = 9.48773 \}$

(5) 計算：

人數 學歷	0～1	2～3	3 以上	列合計
初等教育	14(18.67)	37(39.84)	32(24.48)	83
中等教育	19(17.55)	42(37.44)	17(23.01)	78
大學以上	12(8.78)	17(18.72)	10(11.51)	39
行合計	45	96	59	200

註：括號之數據為理論次數。

$$\therefore \chi^2 = \frac{(14-18.67)^2}{18.67} + \frac{(37-39.84)^2}{39.84} + \cdots + \frac{(10-11.51)^2}{11.51} = 7.463 \notin C$$

(6) 結論：不拒絕 H_0；即表示父親之教育程度與子女之人數無關。

例*

在 30 位成人中，調查年齡與每週看電視之時間分類如下：

時間＼年齡	40 歲以下	40 歲及以上	和
超過 25 小時	5	9	14
少於 25 小時	9	7	16
和	14	16	30

試以 $\alpha = 0.05$ 檢定之。

【解】

$\begin{cases} H_0：年齡與看電視時間之長短無關 \\ H_1：年齡與看電視時間之長短有關 \end{cases}$

理論次數 e_{ij} 利用 $e_{ij} = \dfrac{R_i C_j}{n}$ 計算得

$e_{11} = 6.5$，$e_{12} = 7.5$，$e_{21} = 9.5$，$e_{22} = 8.5$

$$\chi_0^2 = \frac{\left(|(5\times7)-(9\times9)| - \dfrac{30}{2}\right)^2 \cdot 30}{14(16)(14)(16)} = 0.57$$

$v = (2-1)(2-1) = 1$

$\chi_0^2 < \chi_{0.05}^2(1) = 3.84$

故接受 H_0，表示年齡與看電視時間的長短有可能無關。

例＊＊

就以下的 2×2 分割表

A ＼ B	B_1	B_2	
A_1	f_{11}	f_{12}	$f_1.$
A_2	f_{21}	f_{22}	$f_2.$
	$f._1$	$f._2$	n

如 e_{ij} 皆大於 10 時，則 $\chi^2 = \sum_{i=1}^{2} \sum_{j=1}^{2} \frac{(o_{ij} - e_{ij})^2}{e_{ij}} = \frac{n(f_{11}f_{22} - f_{12}f_{21})^2}{f_1.f_2.f._1f._2}$

【解】

設 $\chi_{ij}^2 = \frac{(f_{ij} - f_i.f._j / n)^2}{f_i.f._j / n} (i, j = 1, 2)$

$f_i. = f_{i1} + f_{i2}$，$f._j = f_{1j} + f_{2j} (i, j = 1, 2)$

$n = f_1. + f_2. = f._1 + f._2 = f_{11} + f_{12} + f_{21} + f_{22}$

$\chi_{11}^2 = \frac{(f_{11} - f_1.f._1 / n)^2}{f_1.f._1 / n} = \frac{1}{n} \frac{f_{11}(f_{11} + f_{12} + f_{21} + f_{22}) - (f_{11} + f_{12})(f_{11} + f_{21})]^2}{f_1.f._1}$

$\qquad = \frac{1}{n} \frac{(f_{11}f_{22} - f_{12}f_{21})^2}{f_1.f._1}$

同理

$\chi_{12}^2 = \frac{1}{n} \frac{(f_{11}f_{22} - f_{12}f_{21})^2}{f_1.f._2}$，$\chi_{21}^2 = \frac{1}{n} \frac{(f_{11}f_{22} - f_{12}f_{21})^2}{f_2.f._1}$

$\chi_{22}^2 = \frac{1}{n} \frac{(f_{11}f_{22} - f_{12}f_{21})^2}{f_2.f._2}$

令 $\Delta = f_{11}f_{22} - f_{12}f_{21}$

則 $\chi_{11}^2 + \chi_{12}^2 = \frac{1}{n} \frac{\Delta^2}{f_1} \left\{ \frac{1}{f._1} + \frac{1}{f._2} \right\} = \frac{1}{n} \frac{\Delta^2}{f_1.} \frac{f._2 + f._1}{f._1 f._2} = \frac{\Delta^2}{f_1.f._1 f._2}$

$\qquad \chi_{21}^2 + \chi_{22}^2 = \frac{\Delta^2}{f_2.f._1 f._2}$

$$\therefore \quad \chi^2 = \sum_{i=1}^{2} \sum_{j=1}^{2} \chi_{ij}^2 = \frac{\Delta^2}{f_{\cdot 1} f_{\cdot 2}} \left\{ \frac{1}{f_{1 \cdot}} + \frac{1}{f_{2 \cdot}} \right\} n\Delta^2 = \frac{\Delta^2}{f_{\cdot 1} f_{\cdot 2}} \cdot \frac{f_{\cdot 2} + f_{1 \cdot}}{f_{1 \cdot} f_{2 \cdot}} = \frac{n\Delta^2}{f_{1 \cdot} f_{2 \cdot} f_{\cdot 1} f_{\cdot 2}}$$

$$= \frac{n(f_{11} f_{22} - f_{12} f_{21})^2}{f_{1 \cdot} f_{2 \cdot} f_{\cdot 1} f_{\cdot 2}}$$

例*

　　工廠為研究工作時間之不同對所產生之產品不良率是否相同，於是依隨機抽樣所得之結果表列如下：

類別 ＼ 班別	早班	午班	夜班	合計
不良品	45	55	70	170
良　品	905	890	870	2665
合　計	950	945	940	2835

若顯著水準為 5%，試檢定：

(1) 早班之不良率是否較夜班為小？

(2) 早班之不良率是否較非早班為小？

(3) 產品不良率與工作時間之不同是否有差異？

【解】

(1) 設 P_1、P_2 分別表示早班與夜班之不良率，則

　① $H_0 : P_1 \geq P_2$

　② $H_1 : P_1 < P_2$

　③ $\alpha = 0.05$

　④ 危險域 $C = \{\chi^2 | \chi^2 > \chi_{0.05}^2(1) = 3.8415\}$

　⑤ 計算：

類別 ＼ 班別	早班	夜班	列合計
不良品	45(57.80)	55(57.20)	170
良　品	905(892.20)	870(882.80)	1775
行合計	950	940	1890

$$\chi_0^2 = \sum_{i=1}^{c} \sum_{j=1}^{r} \frac{(o_{ij} - e_{ij})^2}{e_{ij}} = \frac{(45-57.8)^2}{57.8} + \cdots + \frac{(870-882.80)^2}{882.8} = 6.073$$

$$\chi_0^2 > \chi_{0.05}^2(1) = 3.8414$$

⑥結論：拒絕 H_0；亦即表示早班之不良率顯著小於夜班之不良率。

(2) 設 P_1、P_2 分別表示早班與非早班之不良率，則

① $H_0 : P_1 \geq P_2$

② $H_1 : P_1 < P_2$

③ $\alpha = 0.05$

④危險域 $C = \{\chi^2 | \chi^2 > \chi_{0.05}^2(1) = 3.8415\}$

⑤計算：

類別＼班別	早班	非早班	列合計
不良品	45(56.96)	125(113.03)	170
良品	905(893.03)	1760(1771.96)	2665
行合計	950	1885	2835

$$\chi_0^2 = \frac{(45-56.96)^2}{56.96} + \cdots + \frac{(1760-1771.96)^2}{1771.96} = 4.0217$$

$$\chi_0^2 > \chi_{0.05}^2(1) = 3.8414$$

⑥結論：拒絕 H_0；亦即表示早班之不良率顯著小於非早班之不良率。

(3) 設 P_1、P_2、P_3 分別表示早班、晚班及夜班之不良率，則

① $H_0 : P_1 = P_2 = P_3$

② $H_1 : P_i$ 不全相等，$i = 1, 2, 3$

③ $\alpha = 0.05$，$v = (3-1)(2-1) = 2$

④危險域 $C = \{\chi^2 | \chi^2 > \chi_{0.05}^2(2) = 5.991\}$

⑤計算：

類別＼班別	早班	午班	夜班	列合計
不良品	45(57)	55(56.7)	76(56.3)	170
良品	905(893)	890(888.3)	870(883.7)	2665
行合計	950	945	940	2835

註：括號次數表示理論次數 $e_{ij} = \dfrac{R_i C_j}{n}$。

$$\therefore \chi^2 = \sum_{i=1}^{r} \sum_{j=1}^{c} \frac{(o_{ij} - e_{ij})^2}{e_{ij}} = \frac{(45 - 57)^2}{57} + \cdots + \frac{(870 - 883.7)^2}{883.7} = 6.288 \in C$$

⑥結論：拒絕 H_0；亦即表示工作時間之不同對產品之不良率有影響。

■ McNemar 檢定

在同一母體內具有特性 A 的比率 P_A，與另一個具有特性 B 的比率 P_B 之間，是否有差異，可以利用此檢定法。

假定由此母體抽出大小 n 的隨機樣本，下表為此樣本的內容。

	B	$\bar{B}$	計
A	a	b	$a + b$
$\bar{A}$	c	d	$c + d$
計	$a + c$	$b + d$	n

具有特性 A 與特性 B 的數目為 a，具有特性 A 且未具有特性 B 的數目為 b，餘類推。

(1) 假設 $H_0 : P_A = P_B$, $H_1 : P_A \neq P_B$（雙尾）

(2) 假設 $H_0 : P_A \leq P_B$, $H_1 : P_A > P_B$（右尾）

(3) 假設 $H_0 : P_A \geq P_B$, $H_1 : P_A < P_B$（左尾）

①如 $b + c > 20$ 時，可以利用 Z 檢定

$$z_0 = \frac{b - c}{\sqrt{b + c}} \quad \left(\text{i.e.} \frac{(b - c)^2}{(b + c)} \text{ 近似服從自由度1的 } \chi^2 \text{ 分配} \circ \right)$$

若 $|z_0| > Z_{\alpha/2}$ 拒絕 H_0（雙尾）

$z_0 > Z_\alpha$ 拒絕 H_0（右尾）

$z_0 < -Z_\alpha$ 拒絕 H_0（左尾）

②如 $b + c \leq 20$ 時，

以 $b + c$ 當作樣本數 n，b, c 服從 $p = 0.5$ 的二項分配 $B(p, n)$，以 $p = 0.5$ 實施二項檢定，針對 k 求出滿足下列條件之最大 b_0 及最小 c_0，分別當作實際置 b 及 c 的臨界值。

・雙尾檢定時，

$$P(k \leq b_0) = \sum_{k=0}^{b_0} {}_nC_k p^k (1-p)^{n-k} \leq \frac{\alpha}{2}$$

$$\text{或 } P(k \geq c_o) = \sum_{k=c_o}^{n} {}_nC_k p^k (1-p)^{n-k} \leq \frac{\alpha}{2}$$

如 $b < b_0$ 或 $c > c_0$ 時拒絕 H_0，如 b 或 c 介於 b_0, c_0 之間則接受 H_0。

• 右尾檢定時，

$$P(k \geq c_0) = \sum_{k=c_0}^{n} {}_nC_k p^k (1-p)^{n-k} \leq \alpha$$

如 $c > c_0$ 則拒絕 H_0，如 $c \leq c_0$ 則接受 H_0。

• 左尾檢定時，

$$P(k \leq b_0) = \sum_{k=0}^{b_0} {}_nC_k p^k (1-p)^{n-k} \leq \alpha$$

如 $b < b_0$ 則拒絕 H_0，如 $b \geq b_0$ 則接受 H_0。

【註】McNemar 是有對應的 2 組比率之檢定，Cochran 是有對應的 3 組以上比率之檢定。

例 *

以隨機的方式抽出大學生 100 位，調查是否贊成某意見，下表為其調查結果，調查是採同一詢問進行兩次，

		第 2 次		合計
		贊成	反對	
第 1 次	贊成	42	18	60
	反對	28	12	40
合　計		70	30	100

試以 $\alpha = 0.05$ 檢定第 1 次的贊成率 p_1 是否不小於第 2 次的贊成率 p_2。

【解】

$H_0 : P_1 \geq P_2, \ H_1 : P_1 < P_2$

$b = 18, c = 28, b + c = 46 > 20$ ，所以代入

$$z = \frac{18 - 28}{\sqrt{18 + 28}} = -1.474$$

對應左尾機率 0.05 的臨界值由標準常態分配表知是 −1.645，因此，無法捨棄 H_0，亦即第 1 次的贊成率是不能說比第 2 次的贊成率高。

例 *

如果意見調查結果如下表

		第 2 次		合計
		贊成	反對	
第 1 次	贊成	56(a)	4(b)	60
	反對	14(c)	26(d)	40
合　　計		70	30	100

試以 $\alpha = 0.05$ 的左尾檢定進行檢定看看。

【解】

$H_0 : P_A \geq P_B, H_1 : P_A < P_B$

$b + c = 18 \leq 20$ ，使用二項檢定，

數據數 n 當作 18，p 當作 0.5，由二項分配表知

$$\sum_{i=0}^{5} P(b = i) = \sum_{i=0}^{5} {}_{18}C_i (0.5)^{18} = 0.0481 < 0.05$$

$$\sum_{i=0}^{6} P(b = i) = \sum_{i=0}^{6} {}_{18}C_i (0.5)^{18} = 0.1189 > 0.05$$

亦即，$\alpha = 0.05$ 的左尾檢定時，5 是 b 的臨界值，即 $b_0 = 5$ ，

相對的，b 的實測值是 4，$b < b_0$，所以捨棄 H_0。

例 *

由大學生針對某一位電影明星進行好感度調查。調查分爲結婚前與結婚後，檢定好感度是否受結婚而發生改變呢？試以 $\alpha = 0.1$ 檢定。

前 ＼ 後		結婚後	
		喜歡	討厭
結婚前	喜歡	24(a)	7(b)
	討厭	5(c)	6(d)

【解】

H_0：好感度不因結婚而改變

H_1：好感度會因爲結婚而改變

$n = b + c = 12 < 20$

在 H_0 爲眞之下，b, c 是服從 $p = 0.5$ 的二項分配 $B(p, n)$

針對顯著水準 α，如下計算，找出臨界值。

$$\sum_{i=0}^{2} P(b=i) = {}_{12}C_0 (0.5)^0 \cdot (0.5)^{12} + {}_{12}C_1(0.5)^1(0.5)^{11} + {}_{12}C_2(0.5)^2(0.5)^{10}$$
$$= 0.019 > 0.05$$

$$\sum_{i=0}^{3} P(b=i) = {}_{12}C_0 (0.5)^0 \cdot (0.5)^{12} + {}_{12}C_1(0.5)^1(0.5)^{11} + {}_{12}C_2(0.5)^2(0.5)^{10}$$
$$+ {}_{12}C_3(0.5)^3(0.5)^9$$
$$= 0.07 > 0.05$$

$\therefore b$ 的臨界值 $= 2$ ，即 $b_0 = 2$，

　b 的實測值 $= 7$，

$$\sum_{i=10}^{12} P(c=i) = 1 - \sum_{i=0}^{9} P(c=i) = 1 - 0.981 \doteqdot 0.02 < 0.05$$
$$\sum_{i=9}^{12} P(c=i) = 1 - \sum_{i=0}^{8} P(c=i) = 1 - 0.927 = 0.07 > 0.05$$

$\therefore c$ 的臨界值 $= 10$，即 $c_0 = 10$，

　c 的實測值 $= 5$，

由於 b, c 的實測值落在至 2 與 10 之間，

$\therefore$ 無法捨棄 H_0，亦即好感度不認爲有改變。

例*

　　就 100 位學生調查將自由主義與社會主義的何者視為理想社會形態，之後在某社會主義國家中發生政變，再對相同的學生進行第 2 次調查，得出結果如下：

	後	政變後	
前		自由主義	社會主義
政變前	自由主義	56(a)	23(c)
	社會主義	4(b)	14(d)

試以 $\alpha = 0.05$ 檢定學生的意見是否會因政變的發生而改變？

【解】

　　H_0：學生意見不因政變而改變，H_1：學生意見會因政變而改變。

　　$n = b + c = 27$

　　$z = \dfrac{b-c}{\sqrt{b+c}} = \dfrac{-19}{\sqrt{27}} = -3.656$

　　$|z| = 3.656 > z_{0.025} = 1.96$

　　∴捨棄 H_0，亦即學生意見會因政變而改變。

例*

　　企管系二年級 100 位學生在學期初和學期末進行意見調查被問及喜歡或是不喜歡「統計學」，其反應結果如下表：

	末	學期末	
初		喜歡	不喜歡
學期初	喜　歡	28	19
	不喜歡	29	24

試以 $\alpha = 0.05$ 檢定學期前後學生喜歡統計學之比例是否相同？

【解】

學期初與學期末所詢問之人皆爲同一班人員，故知此爲二相關母體比例之檢定，可採用 McNemar 檢定法。

(1) $H_0 : P_1 = P_2$

$H_1 : P_1 \neq P_2$

(2) $\alpha = 0.05$

(3) 拒絕域 $C = \{z | z < -1.96$，或 $z > 1.96\}$

(4) 計算

$$\because z = \frac{B - C}{\sqrt{B + C}} = \frac{19 - 29}{\sqrt{19 + 29}} = -1.4434 \notin C$$

(5) 結論：

不拒絕 H_1，亦即無證據顯示學期初與學期末有所差異。

例*

隨機抽出 100 位大學生調查是否贊成將企管系改名爲「企業工程與管理學系」，調查的結果如下，調查是同一問題進行 2 次，期待能具有向贊成的方向改變的效果。試以 $\alpha = 0.05$ 檢定之。

第1次 ＼ 第2次	贊　成	反　對
贊　成	42	18
反　對	28	12

【解】

就第 1 次贊成率 p_1 與第 2 次贊成率 p_2 建立如下假設：

$H_0 : P_1 = P_2,\ H_1 : P_1 < P_2$

由表知 $B = 18,\ C = 28$

$$z = \frac{18 - 28}{\sqrt{18 + 28}} = -1.474 > -Z_{0.05} = -1.645$$

因之，無法捨棄 H_0，亦即第 2 次的贊成率不能說比第 1 次高。

■ Kolmogorov-Smirnov（K-S）檢定：1 組樣本檢定法

1. 可用於作為適合度檢定，但小樣本時，卡方檢定法不能適用，而 $K-S$ 檢定法仍可適用，$K-S$ 檢定法必須要求母體已知或母數已知，而卡方檢定法可以利用統計量估計母數來進行檢定。

2. 計算理論分配各階段的累加機率 $F(x)$。

3. 計算實際分配各階段的累加機率 $S(x)$。

4. 找出 $K-S$ 檢定的統計量 $D = \max|F(x) - S(x)|$。

5. 查 $K-S$ 檢定表（附表 17），由 n 及 α 找出臨界值 $D_{\alpha/2}$，當 $D > D_{\alpha/2}$，拒絕 H_0。

例*

為了探究大學生對 A 計畫的態度，以 7 點評定量表來讓 14 名大學生評定：

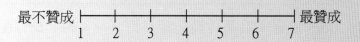

最不贊成 ├─────┼─────┼─────┼─────┼─────┼─────┤ 最贊成
　　　　1　　2　　3　　4　　5　　6　　7

得次數表為

評定等級	1	2	3	4	5	6	7
人　數	1	5	4	3	0	1	0

試以 $\alpha = 0.05$，檢定大學生對 A 計畫的態度有無特別的趨向？

【解】

$\begin{cases} H_0：大學生對 A 計畫的態度無特別的趨向 \\ H_1：大學生對 A 計畫的態度有特別的趨向 \end{cases}$

評定等級	人數	$F(x)$	$S(x)$	$F(x) - S(x)$
1	1	2/14	1/14	1/14
2	5	4/14	6/14	2/14
3	4	6/14	10/14	4/14
4	3	8/14	13/14	5/14
5	0	10/14	13/14	3/14
6	1	12/14	14/14	2/14
7	0	14/14	14/14	0

$D = 5/14 = 0.3571 > D_{\alpha/2} = 0.3489$

差異顯著，拒絕 H_0，表示大學生對 A 計畫的態度可能有特別的趨向。

例*

抽查 50 盒零件，得其不良品件數分配為

不良品件數	0	1	2	3	4	5	6	7	8
盒數	2	2	9	11	7	8	9	1	1

試以 $\alpha = 0.05$ 檢定不良品件數分配仍為 $\mu = 4$ 的卜氏分配？

【解】

$\begin{cases} H_0: \text{不良品件數為 } \mu = 4 \text{ 的卜氏分配} \\ H_1: \text{不良品件數不為 } \mu = 4 \text{ 的卜氏分配} \end{cases}$

不良品件數	盒數	各組機率	$F(x)$	$S(x)$	$|F(x) - S(x)|$
0	2	0.01832	0.01832	0.04	0.02168
1	2	0.07326	0.09158	0.08	0.01158
2	9	0.14653	0.23811	0.26	0.02189
3	11	0.19537	0.43348	0.48	0.04652
4	7	0.19537	0.62885	0.62	0.00885
5	8	0.15629	0.78514	0.78	0.00514
6	9	0.10419	0.88933	0.96	0.07067
7	1	0.05954	0.94887	0.98	0.03113
8	1	0.02977	0.97864	1.00	0.02136

$D = 0.07067 < D_{\alpha/2} = 0.18841$

接受 H_0，表示不良品件數可能仍為 $\mu = 4$ 的卜氏分配。

例*

現有一組樣本數 $n = 10$ 的隨機樣本，由小而大依序排列如下：

$-2.06, -1.47, -1.04, -0.46, -0.29, 0.10, 0.46, 0.55, 1.05, 1.16$

試問在 $\alpha = 0.02$ 下，是否可以認定該隨機樣本取自標準常態分配？

【解】

$X \overset{\text{i.i.d.}}{\sim} F(x); \quad i = 1, 2, \cdots, n$

$H_0 : F(x) = \phi(x)$，對所有的 x

$H_1 : F(x) \neq \phi(x)$，至少一個 x

其中 $\phi(x)$ 為標準常態分配 $N(0, 1^2)$ 的累加分配函數（c.d.f.）。

i	x_i	$\phi(x_i)$	$S(x_i)$	$|\phi(x_i) - S(x_i)|$
1	−2.06	0.01970	0.1	0.08030
2	−1.47	0.07078	0.2	0.12922
3	−1.04	0.14917	0.3	0.15083
4	−0.46	0.32276	0.4	0.07724
5	−0.29	0.38952	0.5	0.11048
6	0.10	0.53983	0.6	0.06017
7	0.46	0.67724	0.7	0.02276
8	0.55	0.70884	0.8	0.09116
9	1.05	0.85314	0.9	0.14686
10	1.16	0.87696	1.0	0.12304

$D = \max |\phi(x) - S(x)| = 0.15083 < D_{\alpha/2} = D_{0.01} = 0.457$

∴不拒絕 H_0，亦即在顯著水準 $\alpha = 0.02$ 下，此次樣本並無足夠數據否定該隨機樣本是取自標準常態分配之假設。

例*

今自某一母體中隨機觀察一組資料（$n = 10$）如下：

| 4.8 | 14.8 | 28.2 | 23.1 | 4.4 | 28.7 | 19.5 | 2.4 | 25 | 6.2 |

試取 $\alpha = 0.05$，使用 K-S 方法檢定母體是否爲均勻分配 $U(0, 30)$？

【解】

(1) ① $H_0：X \sim U(0, 30)$

② $H_1：X$ 不爲 $U(0, 30)$

③ $\alpha = 0.05$

④危險域 $C = \{D \mid D > 0.4093\}$

⑤計算：

$$\because X \sim f(x) = \frac{1}{b-a} \qquad (a \le x \le b)$$

$$F(x) = \begin{cases} 0 & x \le a \\ \dfrac{x-a}{b-a} & a < x < b \\ 1 & x \ge b \end{cases}$$

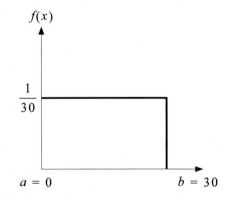

$i.e$

$$F(x) = \begin{cases} 0 & x \le 0 \\ \dfrac{x}{30} & 0 < x < 30 \\ 1 & x \ge 30 \end{cases}$$

x	$F(x) = P(X \le x)$	$S(x)$	$D = \lvert F(x) - S(x) \rvert$
2.4	0.08	0.1	0.02
4.4	0.1467	0.2	0.0533
4.8	0.16	0.3	0.14
6.2	0.2067	0.4	0.1933
14.8	0.4933	0.5	0.0067
19.5	0.65	0.6	0.05
23.1	0.77	0.7	0.07

x	$F(x) = P(X \leq x)$	$S(x)$	$D = \lvert F(x) - S(x) \rvert$
25.0	0.8333	0.8	0.0333
28.2	0.94	0.9	0.04
28.7	0.9567	1	0.0433

$$\because D = \max\lvert F(x) - S(x)\rvert = 0.1933 \notin C$$

⑥結論：無法拒絕 H_0

例*

在台中公園抽訪 88 位遊客，得其教育程度之背景如下：

教育程度	專科及以上	高中	國中	小學	其他
人數	32	48	6	0	2

經查當年政府統計資料如下：

教育程度	專科及以上	高中	國中	小學	其他
比例（%）	7.2	16.4	19.0	44.0	13.4

試以 $\alpha = 0.05$ 檢定此公園之教育程度與政府所調查之教育程度結構是否一致？

【解】

H_0：台中公園遊客之教育程度與政府所調查之結構相一致

H_1：台中公園遊客之教育程度與政府所調查之結構不相一致

教育程度	人數	全國比例	$F(x)$	$S'(x)$	$\lvert F(x) - S(x)\rvert$
專科及以上	32	7.2	0.072	0.364	0.292
高　中	48	16.4	0.236	0.909	0.673
國　中	6	19.0	0.426	0.977	0.551
小　學	0	44.0	0.866	0.977	0.111
其　他	2	13.4	1.000	1.000	0.000

$D = 0.673 > D_{\alpha/2} = 0.143$

差異顯著，拒絕 H_0，表示台中公園遊客教育程度與政府所調查之教育

程度的結構可能不一致。

■ K-S 檢定：2 組樣本檢定法

2 組獨立樣本其樣本大小分別為 n_1, n_2。

$$\begin{cases} H_0：兩獨立樣本出自同一母體 \\ H_1：兩獨立樣本不出自同一母體 \end{cases}$$

檢定步驟，如下：

(1) 分別計算 2 組樣本各階級的累加相對比率 $S_1(x), S_2(x)$。

(2) 求出各階級累加相對比率之差的最大差異值。若考慮方向性時，採單邊檢定；若不計方向性，則採雙邊檢定。

　　單邊：$D = \max[S_1(x) - S_2(x)]$ 或 $D = \max[S_2(x) - S_1(x)]$

　　雙邊：$D = \max|S_1(x) - S_2(x)|$

(3) 小樣本

　　$D_+ = Max[S_1(x) - S_2(x)]$

　　$D_- = Max[S_2(x) - S_1(x)]$

　　$D = Max|S_1(x) - S_2(x)|$

　　$D = \dfrac{K_D}{N}$，$D_+ = \dfrac{K_D}{N}$，$D_- = \dfrac{K_D}{N}$，利用附表18求出在 N, α 下之臨界值。

　　若 D 中的分子 K_D 小於臨界值，則接受 H_0，否則拒絕 H_0。

(4) 大樣本

　　①利用下式求出 K。

$$K = D\sqrt{\frac{n_1 n_2}{n_1 + n_2}}$$

K 的臨界值（雙邊檢定）

$\alpha = 0.05$	$\alpha = 0.01$	$\alpha = 0.001$	$\alpha = 0.1$
1.36	1.63	1.96	1.22

　　若 K 大於或等於臨界值時，否定 H_0，否則接受 H_0。

　　②利用下式的近似自由度 2 的 χ^2 分配

$$\chi^2 = 4D^2 \frac{n_1 n_2}{n_1 + n_2}$$

若大於 $\chi_a^2(2)$，否定 H_0。其中 α 為顯著水準。

例*

甲廣播公司要招考播音員，共有 100 人報考，男性 45 人，女性 55 人，播報半小時新聞之錯字分配如下：

錯字	$1 \sim 5$	$6 \sim 10$	$11 \sim 15$	$16 \sim 20$	$21 \sim 25$	$26 \sim 30$	$31 \sim 35$
男	1	2	2	5	10	2	5
女	10	3	12	5	10	14	1

試以 $\alpha = 0.05$ 檢定男女在錯字率上是否有顯著差異？

【解】

$\begin{cases} H_0：男女在錯字上無顯著差異 \\ H_1：男女在錯字上有顯著差異 \end{cases}$

錯字	$1 \sim 5$	$6 \sim 10$	$11 \sim 15$	$16 \sim 20$	$21 \sim 25$	$26 \sim 30$	$31 \sim 35$
男	1/45	3/45	5/45	10/45	20/45	40/45	1
女	10/55	13/55	25/55	30/55	40/55	54/55	1
$S_1(x) - S_2(x)$	0.1596	0.1697	0.3434	0.3233	0.2829	0.0929	0

$D = Max |S_1(x) - S_2(x)| = 0.3434$

$K = 0.3434 \sqrt{\dfrac{45 \times 55}{100}} = 1.708 > 1.36$

故拒絕 H_0，表示男女在錯字率上有顯著差異。

【註】K–S 1 組樣本檢定法可代替卡方檢定法進行適合度檢定，同樣的，K–S 2 組樣本檢定法亦可代替卡方檢定法進行獨立性檢定或一致性檢定，也能免除卡方檢定之缺點。

例*

　　某研究者認為女性的動作靈巧度比男生好。他以同年齡的 10 名男生與 10 名女生為受試者進行測試。下表是在 10 分鐘內零件累積裝配數的各區間的人數。問此項結果是否可以支持該研究者的看法？

裝配數	30~34	35~39	40~44	45~49	50~54	55~59	60~64	（件）
男	0	2	1	4	1	2	0	（人）
女	1	1	0	1	2	4	1	（人）

【解】

H_0：2 組的靈巧度並無不同；H_1：女生的靈巧度優於男生。

計算男女的累積百分比。

裝配數	30~34	35~39	40~44	45~49	50~54	55~59	60~64
男 $S_1(x)$	$\dfrac{0}{10}$	$\dfrac{2}{10}$	$\dfrac{3}{10}$	$\dfrac{7}{10}$	$\dfrac{8}{10}$	$\dfrac{10}{10}$	$\dfrac{10}{10}$
女 $S_2(x)$	$\dfrac{1}{10}$	$\dfrac{2}{10}$	$\dfrac{2}{10}$	$\dfrac{3}{10}$	$\dfrac{5}{10}$	$\dfrac{9}{10}$	$\dfrac{10}{10}$
$S_1(x) - S_2(x)$	$-\dfrac{1}{10}$	0	$\dfrac{1}{10}$	$\dfrac{4}{10}$	$\dfrac{3}{10}$	$\dfrac{1}{10}$	0

由於研究者認為女生比男生靈巧，而男生的少量裝配數的人數較女生為多，所以是單邊檢定。在表的下方只有$-\dfrac{1}{10}$與所預測的方向不一致，其餘 6 個差異值均與所預測的方向一致。在 6 個之中，最大差異值為

$$D = \frac{4}{10}$$

此 D 值的分子是 4，以 $K_D = 4$ 表示。

查附表 18，當 $N = 10$，$\alpha = 0.05$ 時，臨界值為 6。

此 K_D 小於臨界值，因之接受 H_0，亦即無法認同研究者的看法。

例*

　　下表是隨機抽出男性 60 人，女性 70 人，針對某意見詢問其態度的結果。由此結果，是否可以說男性與女性的意見分配有差異（$\alpha = 0.05$）？

	-3	-2	-1	0	$+1$	$+2$	$+3$	計
男性	3	6	9	12	15	9	6	60 人
女性	7	14	21	14	7	7	0	70 人

　　-3 表強烈反對，-2 表反對，-1 表略為反對，0 表沒意見；$+1$ 表略為贊成，$+2$ 表贊成，$+3$ 表強烈贊成。

【解 1】

　　求出各樣本的累積相對比率及其差異如下表：

	-3	-2	-1	0	$+1$	$+2$	$+3$
男性	$\dfrac{3}{60}$	$\dfrac{9}{60}$	$\dfrac{18}{60}$	$\dfrac{30}{60}$	$\dfrac{45}{60}$	$\dfrac{54}{60}$	$\dfrac{60}{60}$
女性	$\dfrac{7}{70}$	$\dfrac{21}{70}$	$\dfrac{42}{70}$	$\dfrac{56}{70}$	$\dfrac{63}{70}$	$\dfrac{70}{70}$	$\dfrac{70}{70}$
差	-0.05	-0.15	-0.30	-0.30	-0.15	-0.10	0.00

$$D = \max|S_1(x) - S_2(x)| = 0.30$$

代入下式

$$K = 0.30\sqrt{\frac{60 \cdot 70}{60 + 70}} = 1.71$$

顯著水準 0.05 時，K 的臨界值是 1.36，因之可以認為男女在態度上有差異。

【解 2】

　　利用

$$\chi^2 = 4D^2 \frac{n_1 \cdot n_2}{n_1 + n_2}$$

$$= 4(0.30)^2 \frac{60 \cdot 70}{60 + 70} = 11.63$$

對應自由度 2，顯著水準 0.05 的臨界值為 5.99。

因之否定 H_0：男女在態度上無差異。

■ ϕ 係數

對於 2×2 表來說，2 個變數間之關連指標提出有 ϕ 係數。ϕ 係數是對 2 個變數的 2 個水準分配一個值（譬如，一方的水準設為 1，另一方的水準設為 0）時的 2 個變數間的相關係數。ϕ 係數之值取在 1 與 -1 之間，ϕ 係數愈大，表示 2 個變數間之關連愈強，ϕ 係數之值為 0 時，2 個變數之間無關連。2 個變數無關連是指各行或各列的次數比為一定，亦即 2 變數可以說是獨立的，ϕ 係數也稱為點相關係數（point correlation coefficient）。

x \ y	y_1	y_2
x_1	a	b
x_2	c	d

$$\phi = \frac{ad - bc}{\sqrt{(a+b)(c+d)(a+c)(b+d)}} = \sqrt{\frac{\chi^2}{n}}$$

其中，$\chi^2 = n\left(\sum_{i=1}^{2}\sum_{j=1}^{2}\frac{f_{ij}^2}{f_{i\cdot}f_{\cdot j}} - 1\right)$。

例 *

調查 100 人（其中男生 60 人，女生 40 人）對性開放的態度，假定得出如下 2×2 的分割表，試計算性別與態度之關連性？

性別 \ 態度	贊成	反對	計
男	48	12	60
女	22	18	40
計	70	30	100

【解】

$$\phi = \frac{(48)(18) - (12)(22)}{\sqrt{(60)(40)(70)(30)}} = 0.267$$

或者，

$$\chi^2 = 100\left(\frac{48^2}{70 \times 60} + \frac{12^2}{30 \times 60} + \frac{22^2}{40 \times 40} + \frac{18^2}{30 \times 40} - 1\right)$$

$$= 100 \times 0.0714 = 7.14$$

$$\phi = \sqrt{\frac{7.14}{100}} = 0.267$$

知性別與態度之相關係數是 0.267。

■ Cramer's 關聯係數（Coefficient of Association）

已知 $k \times l$ 的分割表如下：

A＼B	B_1	B_2	……	B_e	計
A_1	f_{11}	f_{12}	……	f_{1e}	$f_{1\cdot}$
A_2	f_{21}	f_{22}	……	f_{2e}	$f_{2\cdot}$
⋮	⋮	⋮	⋮	⋮	⋮
⋮	⋮	⋮	⋮	⋮	⋮
⋮	⋮	⋮	⋮	⋮	⋮
A_k	f_{k1}	f_{k2}	……	f_{ke}	$f_{k\cdot}$
計	$f_{\cdot 1}$	$f_{\cdot 2}$	……	$f_{\cdot e}$	n

像此種 $k \times l$ 分割表的情形，表示 2 個屬性 A 與 B 的關聯強度有 Cramer's V（也稱為 Cramer 的關聯係數）。

$$V = \sqrt{\frac{\chi^2}{n \cdot \min\{k-1, l-1\}}}$$

其中 $\chi^2 = \sum_{i=1}^{k}\sum_{j=1}^{l}\frac{(e_{ij} - f_{ij})^2}{e_{ij}}$, $e_{ij} = \frac{f_{i\cdot} \times f_{\cdot j}}{n}$

此 V 在 $0 \le V \le 1$ 之間移動，V 愈接近 1，A 與 B 之關聯愈強。

【註】注意以下三種相關係數的關係。

(1)Cramer 的關聯係數所處理的變數是名義尺度。

(2)Spearman 的等級相關係數所處理的變數是順序尺度。

(3)Pearson 的相關係數所處理的變數是間隔尺度或比率尺度。

例 *

分別就各學年學生調查對婚前性行為的態度為何，假定所得資料如下：

態度／學年	贊成	中立	反對	計
1 年	37	0	13	50
2 年	9	8	3	20
3 年	14	2	14	30
計	60	10	30	100 人（n）

問學年與態度是否有關聯？

【解】

$e_{11} = \dfrac{60 \times 50}{100} = 30$, $e_{12} = 5$, $e_{13} = 15$，$e_{21} = 12$, $e_{22} = 2$, $e_{23} = 6$,

$e_{31} = 18$, $e_{32} = 3$, $e_{33} = 9$

$$\chi^2 = \sum_{i=1}^{3}\sum_{j=1}^{3} \frac{(e_{ij} - f_{ij})^2}{e_{ij}} = \frac{(30 - 37)^2}{30} + \cdots\cdots + \frac{(9 - 14)^2}{9} = 31.15$$

$$V = \sqrt{\frac{\chi^2}{n \cdot \min\{k-1, l-1\}}} = \sqrt{\frac{31.15}{100 \times 2}} = 0.395$$

由此知 A, B 之關聯並不高。

■ Spearman 等級相關係數

1.兩變數 X 與 Y 的母體分配未知，則兩變數間的相關不能用一般有母數統計方法，只能求等級（或稱順位）相關係數，其中最常用的是 Spearman 等級相關係數（Rank Correlation Coefficient），其計算公式為

$$r_s = 1 - \frac{6\sum d^2}{n(n^2 - 1)}$$

式中 $d = X_r - Y_r$，$X_r(Y_r)$ 為 $X(Y)$ 觀測值的等級，n 為 X, Y 的對數。

2. 由等級相關係數 r_s 可進一步檢定母數 ρ_s 是否為 0。

- 當 $10 \leq n \leq 30$ 的統計量為

$$t = r_s \sqrt{\frac{n-2}{1 - r_s^2}}$$

$v = n - 2$，當 $|t| > t_{a/2}(v)$ 時，拒絕 $H_0 : \rho_s = 0$。

- 當 $n > 30$ 時，r_s 的分配近似 $N(0, 1/\sqrt{n-1})$。檢定統計量為

$$Z = \frac{r_s}{\sqrt{n-1}}$$

【解說】

因 X, Y 兩變數之等級數列 X_r, Y_r 的平均數 $\overline{X}_r, \overline{Y}_r$ 相等，即 $\overline{X}_r = \overline{Y}_r$

$= \dfrac{n+1}{2}$

$\therefore d = X_r - Y_r = (X_r - \overline{X}_r) - (Y_r - \overline{Y}_r)$

令 $x = X_r - \overline{X}_r$，$y = Y_r - \overline{Y}_r$，得 $\sum d^2 = \sum (x-y)^2 = \sum x^2 - 2\sum xy + \sum y^2$

根據等差級數知

$\sum X_r^2 = \sum Y_r^2 = \dfrac{n(n+1)(2n+1)}{6}$

$\sum x^2 = \sum (X_r - \overline{X}_r)^2 = \sum X_r^2 - n\overline{X}_r^2$

$\qquad = \dfrac{n(n+1)(2n+1)}{6} - n\left(\dfrac{n+1}{2}\right)^2 = \dfrac{n^3 - n}{12} = \sum y^2$

$\sum xy = \dfrac{1}{2}\left(\dfrac{n^3 - n}{6} - \sum d^2\right) (\because 2\sum xy = \sum x^2 + \sum y^2 - \sum d^2)$

故 $r_s = \dfrac{\sum xy}{\sqrt{\sum x^2 \sum y^2}} = \dfrac{\dfrac{1}{2}\left(\dfrac{n^3 - n}{6} - \sum d^2\right)}{\dfrac{n^3 - n}{12}} = 1 - \dfrac{6\sum d^2}{n(n^2 - 1)}$

【註】當兩變數的等級順序完全一致時，$r_s = 1$，而當兩變數的等級順序完全相反時，$r_s = -1$，故 $-1 \leq r_s \leq 1$。因之，可由等級相關係數 r_s 來

檢定母數 ρ_s 是否為零。

例 *

　　在一項「農村社區報紙發展潛力的研究」上，隨機抽取台中市西屯區十位居民，得社區意識量數 X 與社區報發展潛力 Y 的資料如下：

X	35	41	38	40	64	52	37	51	76	68
Y	25	29	33	26	35	30	20	28	37	36

試：(1) 求算等級相關係數，(2) 以 $\alpha = 0.05$ 檢定 X, Y 是否有相關？

【解】

(1)

X	Y	X_r	Y_r	d	d^2
35	25	1	2	−1	1
41	29	5	5	0	0
38	33	3	7	−4	16
40	26	4	3	1	1
64	35	8	8	0	0
52	30	7	6	1	1
37	20	2	1	1	1
51	28	6	4	2	4
76	37	10	10	0	0
68	36	9	9	0	0
和				0	24

$$r_s = 1 - \frac{6(24)}{10(100-1)} = 0.8545$$

(2) $H_0 : \rho_s = 0$

$H_1 : \rho_s \neq 0$

$$t = 0.8545 \sqrt{\frac{10-2}{1-(0.8545)^2}} = 4.653 > t_{0.025}(8) = 2.306$$

差異顯著，故拒絕 H_0，表示 X, Y 間可能有相關。

例*

　　最近某一酒類鑑定在適當的價格範圍內，將紅酒分爲 10 個等級，以下資料爲酒類評鑑員所列的等級及最近每瓶酒之價格：

酒	A	B	C	D	E	F	G	H	I	J
等級	4	7	10	1	2	5	9	8	3	6
價格	5.25	6	7	8.5	8	6.25	5.10	5.4	6.75	7.2

(1) 根據上述資料計算 Spearman 等級相關係數。

(2) 取 $\alpha = 0.05$，以檢定等級與價格有無相關。

【解】

(1)

酒	A	B	C	D	E	F	G	H	I	J
U_i（等級）	4	7	10	1	2	5	9	8	3	6
V_i（價格等級）	2	4	7	10	9	5	1	3	6	8
$d_i = U_i - V_i$	2	3	3	−9	−7	0	8	5	−3	−2

$$\therefore r_s = 1 - \frac{6}{n(n^2-1)} \sum_{i=1}^{n} d_i^2$$

$$= 1 - \frac{6}{10(10^2-1)}[2^2 + 3^2 + 3^2 + (-9)^2 + (-7)^2 + 0^2 + 8^2 + 5^2 + (-3)^2 + (-2)^2]$$

$$= -0.5394$$

(2) ① $H_0 : \rho_s = 0$

② $H_1 : \rho_s \neq 0$

③ $\alpha = 0.05$

④危險域 $C = \{t \mid |t| > t_{\alpha/2}(n-2) = 2.306\}$

⑤計算：$t = (-0.5394)\sqrt{\dfrac{10-2}{1-(0.5394)^2}} = -1.812 > -t_{0.025}(8) = -2.306$

⑥結論：不拒絕 H_0；亦即表示品質等級與價格之間無相關。

■ 相關比

觀察類別數據與量數據之關聯度的方法，有相關比。

組	數據				平均
A_1	x_{11}	x_{12}	$\cdots$	x_{1n_1}	$\overline{x}_1$
A_2	x_{21}	x_{22}	$\cdots$	x_{2n_2}	$\overline{x}_2$
$\vdots$			$\vdots$		$\vdots$
A_k	x_{k1}	x_{k2}	$\cdots$	x_{kn_k}	$\overline{x}_k$

相關比 η^2 可以用如下的式子表示：

$$\eta^2 = \frac{\sum_{i=1}^{a} n_i (\overline{x}_i - \overline{\overline{x}})^2}{\sum_{i=1}^{k} \sum_{j=1}^{n_i} (x_{ij} - \overline{x}_i)^2}$$

η^2 是在 $0 \le \eta^2 \le 1$ 之間變動，η^2 愈接近 1，組間愈有差異。

例*

下表是有關年齡與偏好商品之意見調查結果。

	年齡	偏好商品		年齡	偏好商品		年齡	偏好商品
1	29	A	6	40	B	11	22	C
2	32	A	7	41	B	12	24	C
3	35	A	8	43	B	13	29	C
4	36	A	9	48	B	14	35	C
5	38	B	10	20	C	15	38	C

試求偏好商品與年齡間的相關比。

【解】

(1) 將數據重排，整理成如下表。

A	B	C
29	38	20
32	40	22
35	41	24
36	43	29
	48	35
		38

(2) 按商品別求平均年齡如下。

	A	B	C	計
合計	132	210	168	510
件數	4	5	6	15
平均	$\bar{x}_1 = 33$	$\bar{x}_2 = 42$	$\bar{x}_3 = 28$	$\bar{\bar{x}}_4 = 34$

(3) 計算組內變動 S_W。

A			B			C		
29	$(29-33)^2$	16	38	$(38-42)^2$	16	20	$(20-28)^2$	64
32	$(32-33)^2$	1	40	$(40-42)^2$	4	22	$(22-28)^2$	36
35	$(35-33)^2$	4	41	$(41-42)^2$	1	24	$(24-28)^2$	16
36	$(36-33)^2$	9	43	$(43-42)^2$	1	29	$(29-28)^2$	1
			48	$(48-42)^2$	36	35	$(35-28)^2$	49
						38	$(38-28)^2$	100
132		30			58			266
		S_1			S_2			S_3

$$S_W = S_1 + S_2 + S_3 = 354$$

(4) 計算組間變動 S_B

$$S_B = n_1(\bar{x}_1 - \bar{\bar{x}})^2 + n_2(\bar{x}_2 - \bar{\bar{x}})^2 + n_3(\bar{x}_3 - \bar{\bar{x}})^2$$
$$= 4(33-34)^2 + 5 \times (42-34)^2 + 6 \times (28-34)^2$$
$$= 4 \times 1 + 5 \times 64 + 6 \times 36 = 540$$

(5) 計算相關比

$$\eta^2 = \frac{S_B}{S_B + S_W} = \frac{354}{540 + 354} = 0.6040$$

(6) 判定

由下表知兩變數間有稍強之相關。

η^2	相關強度
0.8 以上	非常強之相關
0.5 以上	稍強之相關
0.25 以上	稍弱之相關
未滿 0.25	非常弱之相關

■ Kappa 一致性係數

信度的測量方式有很多種，一般常見的包含 Cronbach α 係數、折半信度（split-half reliability）等方法。此處要介紹的 Kappa 一致性係數（κ coefficient of agreement）是在表現重複測量間之一致性（以百分比表示），其公式如下：

$$\kappa = \frac{P_0 - P_e}{1 - P_e}$$

式中　P_0：觀測一致性（observed agreement）：前後（兩種）測量結果一致的百分比。

　　　P_e：期望一致性（chance agreement）：前後（兩種）測量結果預期相同的機率。

κ 計算的結果為 $-1 \sim 1$，但通常 κ 是落在 $0 \sim 1$ 間，可分為五組來表示不同等級的脗合度：$0.0 \sim 0.20$ 極低的脗合度（slight）、$0.21 \sim 0.40$ 一般的脗合度（fair）、$0.41 \sim 0.60$ 中等的脗合度（moderate）、$0.61 \sim 0.80$ 高度的脗合度（substantial）和 $0.81 \sim 1$ 幾乎完全脗合（almost perfect）。Kappa 值只適用於名義尺度（nominal scale）和順序尺度（ordinal scale）的資料。

例 *

　　我們以肌肉和骨骼的研究爲例子來說明 Kappa 值的計算方式。下表是兩位臨床醫師依據麥根斯腰頸療法（McKenzie Method）評估病患下背部疼楚程度，將 39 位病患的診斷分爲側邊移位（relevant）和非側邊移位（not relevant）兩種。

兩位醫師診斷側邊位移的結果

		醫師 2		總數
		側邊移位	非側邊移位	
醫師 1	側邊移位	a 22	b 2	g₁ 24
	非側邊移位	c 4	d 11	g₂ 15
總　數		f₂ 26	f₂ 13	n 39

【解】

　　格子 a 和 d 的個數表示兩位醫師的診斷是相同的結果，而 b 和 c 則表示兩位醫師對同一位病患的診斷結果並不相同。把 a 和 d 兩個格子的個數相加除以總數（n），則爲觀察值一致性的百分比（P_0）：

$$P_0 = \frac{(a+d)}{n} = \frac{22+11}{39} = 0.8462$$

　　假設兩位醫師的診斷是獨立的，理論上診斷爲一致的期望次數百分比（P_e）爲：

$$P_e = \frac{\left(\dfrac{f_1 \times g_1}{n}\right) + \left(\dfrac{f_2 \times g_2}{n}\right)}{n} = \frac{\left(\dfrac{26 \times 24}{39}\right) + \left(\dfrac{13 \times 15}{39}\right)}{39} = \frac{16+5}{39} = 0.5385$$

　　將 P_0 和 P_e 帶入計算 Kappa 值的公式：

$$\kappa = \frac{P_0 - P_e}{1 - P_e} = \frac{0.8462 - 0.5385}{1 - 0.5385} = 0.67$$

　　由 κ 結果可知，兩位臨床醫師的診斷結果具有高度的一致性。

■ 加權 Kappa 一致性係數

Kappa 係數不只能應用於 2×2 表，也能用於配對的表格（3×3、4×4、5×5…），但只能表現一致性的百分比，本身無法表示臨床醫師的「不一致性」是隨機還是具系統性的，因此還需對資料作進一步的檢驗。

上述的未加權作法，是將所有不一致的程度都視為相等。然而有些診斷結果是序位性的資料（限 3×3 以上的列聯表），它的不一致性程度所提供的訊息並不相等，這時未加權的 Kappa 值就不太適合。因此，為了反映出不一致的程度對信度的影響，我們可以使用加權的 Kappa 值（weighted Kappa）。Kappa 值有好幾種加權的方式，此處提供的是平方加權（quadratic weighting），其計算公式如下：

$$\kappa_w = \frac{\sum(wf_0 - wf_e)}{n - \sum wf_e}，\text{平方加權} = 1 - \left(\frac{i-j}{k-1}\right)^2$$

式中　wf_0：每種不一致情況的加權頻率；

　　　wf_e：每種不一致情況的預期加權頻率；

　　　k：序位的個數；

　　　$i-j$：不一致性的程度。

例 *

下表為一個運動相關疼痛的評估研究，由一位臨床醫師在不同的時間做重複的評估（假設疼痛不會隨時間改變）。將疼痛分為「不痛」、「輕微」、「一般」、「嚴重」四個等級。

一位臨床醫師在不同的時間做重複的運動相關疼痛評估[†]

		評估二				總數
		不痛 (1)	輕微 (2)	一般 (3)	嚴重 (4)	
評估一	不痛 (1)[†]	15 [1]	3 [0.89]	1 [0.56]	1 [0]	20
	輕微 (2)	4 [0.89][‡]	18 [1]	3 [0.89]	2 [0.56]	27

		評估二				總數
		不痛 (1)	輕微 (2)	一般 (3)	嚴重 (4)	
評估一	一般 (3)	4 [0.56]	5 [0.89]	16 [1]	4 [0.89]	29
	嚴重 (4)	1 [0]	2 [0.56]	4 [0.89]	17 [1]	24
總數		24	28	24	24	100

†將疼痛程度分為四個序位等級：i（評估一）、j（評估二）、$k = 4$。

‡括號內表示平方加權（w）：$0.89 = 1 - \left(\dfrac{i-j}{k-1}\right)^2 = 1 - \left(\dfrac{2-1}{4-1}\right)^2$。

【解】

$$\sum(wf_0 - wf_e) = \left(1 \times 15 - 1 \times \frac{24 \times 20}{100}\right) + \left(0.89 \times 4 - 0.89 \times \frac{24 \times 27}{100}\right)$$

$$+ \left(0.56 \times 4 - 0.56 \times \frac{24 \times 27}{100}\right) + \left(0 \times 1 - 0 \times \frac{24 \times 24}{100}\right)$$

$$+ \left(0.891 \times 3 - 0.891 \times \frac{28 \times 20}{100}\right) + \left(1 \times 18 - 1 \times \frac{28 \times 27}{100}\right)$$

$$+ \left(0.89 \times 5 - 0.89 \times \frac{28 \times 29}{100}\right) + \left(0.56 \times 2 - 0.56 \times \frac{28 \times 24}{100}\right)$$

$$+ \left(0.56 \times 1 - 0.56 \times \frac{24 \times 20}{100}\right) + \left(0.89 \times 3 - 0.89 \times \frac{24 \times 27}{100}\right)$$

$$+ \left(1 \times 16 - 1 \times \frac{24 \times 29}{100}\right) + \left(0.89 \times 4 - 0.89 \times \frac{24 \times 24}{100}\right)$$

$$+ \left(0 \times 1 - 0 \times \frac{24 \times 20}{100}\right) + \left(0.56 \times 2 - 0.56 \times \frac{24 \times 27}{100}\right)$$

$$+ \left(0.89 \times 4 - 0.89 \times \frac{24 \times 29}{100}\right) + \left(1 \times 17 - 1 \times \frac{24 \times 24}{100}\right)$$

$$= 17.47556$$

$$n - \sum wf_e = 100 - \left[\left(1 \times \frac{24 \times 20}{100}\right) + \left(0.89 \times \frac{24 \times 27}{100}\right) + \left(0.56 \times \frac{24 \times 27}{100}\right) + \left(0 \times \frac{24 \times 24}{100}\right)\right.$$

$$+ \left(0.89 \times \frac{28 \times 20}{100}\right) + \left(1 + \frac{28 \times 27}{100}\right) + \left(0.89 \times \frac{28 \times 29}{100}\right) + \left(0.56 \times \frac{28 \times 24}{100}\right)$$

$$+\left(0.56\times\frac{24\times20}{100}\right)+\left(0.89\times\frac{24\times27}{100}\right)+\left(1\times\frac{24\times29}{100}\right)+\left(0.89\times\frac{24\times24}{100}\right)$$

$$+\left(0\times\frac{24\times20}{100}\right)+\left(0.56\times\frac{24\times27}{100}\right)+\left(0.89\times\frac{24\times29}{100}\right)+\left(1\times\frac{24\times24}{100}\right)\Bigg]$$

$$=26.03111$$

$$\therefore \kappa_w = \frac{\sum(wf_0 - wf_e)}{n - \sum wf_e} = \frac{17.47556}{26.03111} = 0.67$$

在這個例子裡，多數的人重複測量的結果都是集中於由左上到右下方向的格子中，若使用未加權的 Kappa 值計算其信度，會發現這個研究是屬於中等的一致性（$\kappa = 0.55$）。但如果考慮不痛到一般疼痛，比起不痛到輕微疼痛的差異是不相同的，而使用平方加權，則會發現此研究的胭合度提升至高度的一致性（$\kappa = 0.67$）。

因此，在做兩種檢驗或重複測量的胭合度時，需要適時的考慮層級間的改變貢獻是否相同，以選擇適合的加權 Kappa 值來表現「較佳」的一致性。

■ Kendall 等級相關係數

設有 n 對測量值 (x_1, y_1), (x_2, y_2), $\cdots$, (x_n, y_n)。首先，將 x 值由小而大設定等級，其等級得分以 $R(x_i)$ 表示，也將 y 由小而大設定等級，其等級得分以 $R(y_i)$ 表示。

接著，依 $R(x)$ 之等級重排後，再針對 $R(y)$ 的每 2 個調查各對的等級分數，如 $R(y_i) < R(y_j)$ 時稱為正順序，其對數以 a 表示，如 $R(y_i) > R(y_j)$ 時稱為逆順序，其對數以 b 表示。最後代入公式：

$$\tau = \frac{a-b}{\dfrac{n(n-1)}{2}}$$

τ 稱為 Kendall 等級相關係數（Kendall's rank correlation coefficient）。

例*

下表說明 5 對測量值：

x	14	13	20	12	19
y	16	10	18	13	14

試求 Kendall 等級相關係數。

【解】

步驟 1　將上表的數值予以等級排序。

$R(x)$	3	2	5	1	4
$R(y)$	4	1	5	2	3

步驟 2　將 $R(x)$ 的等級由小而大重排

$R(x)$	1	2	3	4	5
$R(y)$	2	1	4	3	5

步驟 3　求正順序與逆順序的個數。

i \ j	2	1	4	3	5	a	b
2	*	−	+	+	+	3	1
1		*	+	+	+	3	0
4			*	−	+	1	1
3				*	+	1	0
5					*	—	—
計						8	2

步驟 4　由上表知，$a = 8$, $b = 2$, $a + b = 10$，代入公式

$$\tau = \frac{a - b}{\dfrac{n(n-1)}{2}} = \frac{8 - 2}{\dfrac{5(5-1)}{2}} = 0.6$$

因之，Kendall 的等級相關係數是 0.6。

■ Kendall 等級偏相關係數

要因 z 對要因 x 及 y 雙方有影響時，x 與 y 的相關係數可看出比實際大。譬如，對小學生來說，忽略學年，調查運動能力與語言能力之相關關係時，兩者可觀察出甚高的相關關係。可是，此相關關係隨著年齡（學年）而遞增。因此，爲了了解運動能力與語言能力的眞正意義的相關關係，必須除去學年的影響後再調查兩者之相關關係。表示此種相關關係稱爲偏相關關係。亦即，除去要因 z 的影響後的 x 與 y 的相關關係，稱爲 x 與 y 對 z 的偏相關係數。此係數的求法如下。

步驟 1　首先計算 z 與 x, z 與 y, x 與 y 的 Kendall 的等級相關係數。分別記成 τ_{zx}, τ_{zy}, τ_{xy}。

步驟 2　分別代入如下公式：

$$\tau_{xy \cdot z} = \frac{\tau_{xy} - \tau_{xz}\tau_{yx}}{\sqrt{1 - \tau_{xz}^2}\sqrt{1 - \tau_{yz}^2}} \tag{1}$$

即可求出 x 與 y 對 z 的偏相關係數，記成 $\tau_{xy \cdot z}$。

例 *

針對展覽會所展示的 a, b, c, d, e 共 5 幅畫，由 x, y, z 等 3 位評審員評定等級。所得出之等級如下：

	a	b	c	d	e
評審員 x	1	2	3	4	5
評審員 y	1	2	4	3	5
評審員 z	2	1	3	5	4

但 x, y 是評審員 z 的弟子。此情形，評審員 x 與 y 可以預測會受到評審員 z 的影響。因之，爲了除去 z 的影響，決定考察 x 與 y 對 z 的偏相關係數。

【解】

分別求出 z 與 x，z 與 y，x 與 y 的正順位與逆順位的個數。

z 與 x 的正順位與逆順位

	1	2	3	4	5	a	b
1	*	+	+	+	+	4	0
2		*	+	+	+	3	0
3			*	−	+	1	1
4				*	+	1	0
5					*	—	—
						9	1

z 與 y 的正順位與逆順位

	1	2	3	4	5	a	b
1	*	−	+	+	+	3	1
2		*	+	+	+	3	0
3			*	+	+	2	0
4				*	−	0	1
5					*	—	—
						8	2

x 與 y 的正順位與逆順位

	1	2	3	4	5	a	b
1	*	−	+	+	+	3	1
2		*	+	+	+	3	0
3			*	−	−	0	2
4				*	+	1	0
5					*	—	—
						7	3

將 3 個表的 a, b 代入 Kendall 等級相關係數，分別得出

$$\tau_{zx} = 0.8, \ \tau_{zy} = 0.6, \ \tau_{xy} = 0.4$$

評審員 x 與 y 的 Kendall 等級相關係數是 0.4。另一方面，評審員 x 與 z 是 0.8，評審員 z 與 y 是 0.6。亦即，可以想出評審員 z 對評審 x 與 y 有相當的影響。因之，考察評審員 x 與 y 的相關關係時，有需要使用去除評審員 z 之影響後的偏相關係數。試將上述代入以下公式。

$$\tau_{xy \cdot z} = \frac{\tau_{xy} - \tau_{zx}\tau_{yz}}{\sqrt{1 - \tau_{xz}^2}\sqrt{1 - \tau_{yz}^2}} = \frac{0.4^2 - 0.8 \times 0.6}{\sqrt{1 - 0.8^2}\sqrt{1 - 0.6^2}} = -0.17$$

因之，若去除 z 之影響後，x 與 y 的相關係數並不怎麼高。

■ Kendall 一致係數

針對 n 個評價對象 A_j（$j = 1, 2, \cdots, n$）由 k 位評審員 B_i（$i = 1, 2, \cdots, k$）進行順位設定時，Kendall 的一致係數（Kendall's coefficient concordance）是表示其順位設定的一致度指標。

r_{ij} 表第 i 位評審員對第 j 個對象所設定的等級排序。

	A_1	A_2	……	A_n	計
B_1	r_{11}	r_{12}	……	r_{1n}	$\dfrac{n(n+1)}{2}$
B_2	r_{21}	r_{22}	……	r_{2n}	$\dfrac{n(n+1)}{2}$
$\vdots$	$\vdots$	$\vdots$	$\vdots$	$\vdots$	$\vdots$
B_k	r_{k1}	r_{k2}	……	r_{kn}	$\dfrac{n(n+1)}{2}$
計	R_1	R_2	……	R_n	$k \cdot \dfrac{n(n+1)}{2}$

表中的記號說明如下：

$$\sum_{j=1}^{n} r_{ij} = (1 + 2 + \cdots + n) = \frac{n(n+1)}{2}, \quad i = 1, 2, \cdots, k$$

$$R_j = \sum_{i=1}^{k} r_{ij}, \quad \overline{R} = \frac{1}{n}\sum R_j \quad （j = 1, 2, \cdots, n）$$

步驟 1　求出每一個 R_i 偏離 $\overline{R}$ 的偏差平方和 S

$$S = \sum_{j=1}^{n}(R_j - \overline{R})^2 = \sum_{j=1}^{n} R_j^2 - n\overline{R}^2$$

步驟 2　求出評審員的評分完全一致時的最大可能的 S，亦即

$$\max S = \left[(1k)^2 + (2k)^2 + \cdots + (nk)^2 - \frac{1}{n}(1k + 2k + \cdots + nk)^2 \right]$$

$$= k^2 \left[(1^2 + 2^2 + \cdots + n^2) - \frac{1}{n}(1 + 2 + \cdots + n)^2 \right]$$

$$= k^2 \left[\frac{1}{6}n(n+1)(2n+1) - \frac{1}{4}n(n+1)^2 \right]$$

$$= \frac{1}{12}k^2(n^3 - n)$$

步驟 3　求統計量 W，即

$$W = \frac{S}{\max S} = \frac{S}{\frac{1}{12}k^2(n^3 - n)}$$

如果 W 愈接近 1，一致度愈高。

若欲檢定 W 是否為 0 時，可依如下進行：

假設 $H_0 : W = 0, H_1 : W \neq 0$

檢定統計量為 $\chi^2 = k(n-1)W$

如果 $\chi^2 \leq \chi_a^2(n-1)$ 時，否定 H_0，反之則接受 H_0。

例*

有 3 位評審員對 5 位店員的服務態度進行評價，下表為所得之評價結果，問 3 位評審員在評價的一致度如何？

評審員 ＼ 店員	A	B	C	D	E
1	1	2	3	4	5
2	2	1	4	3	5
3	1	3	2	4	5

【解】

評審員＼店員	A	B	C	D	E
1	1	2	3	4	5
2	2	1	4	3	5
3	1	3	2	4	5
$X_{\cdot i}$	$X_{\cdot 1}=4$	$X_{\cdot 2}=6$	$X_{\cdot 3}=9$	$X_{\cdot 4}=11$	$X_{\cdot 5}=15$
總計	$\sum X_{\cdot i}=45$				

$$S_T=\frac{1}{12}k(n^3-n)=\frac{1}{12}\cdot 3\cdot(125-5)=30$$

$$S_B=\frac{1}{3}\left[4^2+6^2+9^2+11^2+15^2-\frac{45^2}{5}\right]=\frac{1}{3}[479-405]=\frac{74}{3}$$

$$\therefore W=\frac{S_B}{S_T}=\frac{74}{30\times 3}=0.82$$

表示三位評審員對 5 位一店員評審的看法還算一致。

■ 符號檢定法（Sign test）

1.1 組樣本

(1) 令 $D=X-\eta_0$，式中 X 為樣本觀測值，η_0 為中位數。

(2) D 為正為負的個數應差不多，如正號或負號太多或太少，則表示樣本所來自之母體的中位數不太可能為 η_0，故應拒絕 H_0，

　　$H_0:\eta=\eta_0,\ H_1:\eta\neq\eta_0$

(3) 令 $s_0=\min\{$ 正號個數 , 負號個數 $\}$（註：如 D 有為 0 者，則捨棄不予考慮）。

(4) 如 n 小，採二項分配，拒絕 H_0 的條件為

$$\bullet\ 雙尾檢定\begin{cases}p\ 值=P(S\geq s_0\mid n,\ p=\frac{1}{2}),\ 若 s_0\geq\frac{n}{2}\\[2mm]p\ 值=P(S< s_0\mid n,\ p=\frac{1}{2}),\ 若 s_0<\frac{n}{2}\end{cases},\ 如 p\ 值<\alpha/2$$

- 左尾檢定 p 值 $= P\left(S \leq s_0 \mid n, p = \dfrac{1}{2}\right)$

- 右尾檢定 p 值 $= P\left(S \geq s_0 \mid n, p = \dfrac{1}{2}\right)$

$\Big\}$，如 p 值 $< \alpha$

(5) 如 n 大，採 Z 分配，拒絕 H_0 的條件為

$$Z_0 = \frac{s_0 - \dfrac{n}{2}}{\sqrt{n/4}}，\text{如 } |Z_0| > Z_{\alpha/2}\text{（雙尾），如 } |Z_0| > Z_\alpha\text{（單尾）}$$

2.2 組樣本

當 2 組樣本來自兩母體的平均水準有可能一致時，各觀測值 X_1, X_2 之差，令 $D = X_1 - X_2$，並設 $H_0 : \eta_1 = \eta_2$，$H_1 : \eta_1 \neq \eta_2$，檢定法與 1 組樣本同。

例 *

由生產線上一定點按時抽取產品加以測量，得重量 X 為

151.1, 160.5, 158.2, 160.5, 159.3, 151.6, 152.5, 153.6,

154.2, 156.5, 157.5, 155.7, 155.7, 153.1（公克）

其中位數是否仍為 156.9 公克？

【解】

$$\begin{cases} H_0: \eta = 156.9\text{公克} \\ H_1: \eta \neq 156.9\text{公克} \end{cases}$$

$D = X - 156.9$ 之符號：$+ + + + + - - - - - + - - -$

令 $\alpha = 0.05$，$n = 14$，$s_0 = 6$，機率值 p 為

$$p = p\{S \leq 6\} = \sum_{s=0}^{6}\binom{14}{s}\left(\frac{1}{2}\right)^{14} = 0.3954 > \frac{\alpha}{2} = 0.025$$

差異不顯著，故接受 H_0，表示產品重量之中位數仍有可能為 156.9 公克。

例 *

　　下表爲兩條生產線 A, B 每日所產零件不良品個數，十二日的記錄資料，假設此二生產線每日生產量相同，此資料是否顯示生產線 B 平均較 A 生產更多的不良品？ $\alpha = 0.05$。

日別	1	2	3	4	5	6	7	8	9	10	11	12
A	142	172	206	163	180	174	191	167	162	200	154	182
B	170	201	159	179	190	175	181	177	169	209	163	184

【解】

　　H_0：二生產線產出不良數一樣多

　　H_1：B 生產線平均較 A 產出更多的不良品

　　$A - B$ 之符號：$-\ -\ +\ -\ -\ -\ +\ -\ -\ -\ -\ -$

　　機率值 $= P(S \le 2) = \sum\limits_{s=0}^{2} \binom{12}{s} \left(\dfrac{1}{2}\right)^{12} = 0.0192 < \alpha = 0.05$

　　差異顯著，拒絕 H_0，顯示 B 生產線平均產出比 A 更多的不良品。

例 *

　　大華公司去年所收支票極多，隨機抽取 100 張，得出由發票日到到期日爲期 0.5 至 3 個月不等的資料，減去假設中位數 2 個月，得 30 個負號，66 個正號，4 個 0，試以 $\alpha = 0.05$ 檢定所有支票的中位數是否可能爲 2 個月？

【解】

　　H_0：$\eta = 2$ 個月

　　H_1：$\eta \ne 2$ 個月

　　$n = 100 - 4 = 96$　$s_0 = 30$　$E(S) = np = 96\left(\dfrac{1}{2}\right) = 48$

　　$V(S) = npq = 96\left(\dfrac{1}{2}\right)\left(\dfrac{1}{2}\right) = 24$

$$Z = \frac{30-48}{\sqrt{24}} = -3.67 < -Z_{0.025} = -1.96$$

差異顯著，故拒絕 H_0，表示中位數不太可能為 2 個月。

例＊＊

　　某廠商決定要購買 A、B 兩型的機器之一，今有 8 位工作人員利用隨機順序使用此兩機器去生產某一產品，發現其完成之時間如下表：

機　　器 ＼ 工作人員	1	2	3	4	5	6	7	8
A	32	40	42	26	35	29	45	22
B	30	39	42	23	36	27	41	21

(1) 取顯著水準 $\alpha = 0.05$，使用 t 檢定來檢定兩類型機器平均完成時間是否有顯著差異？

(2) 使用 F 檢定來檢定 (1)。

(3) 使用符號檢定來檢定 (1)。

【解】

(1) ① $H_0 : \mu_A = \mu_B$

　　② $H_1 : \mu_A \neq \mu_B$

　　③ $\alpha = 0.05$

　　④危險域 $C = \{t \mid t < -2.365 \text{ 或 } t > 2.365\}$

　　⑤計算：令 d_i 表示 A 與 B 之差異，故 d_i 分別為 2, 1, 0, 3, -1, 2, 4, 1

$$\therefore \bar{d} = \frac{\sum\limits_i d_i}{n} = 1.5$$

$$s_d{}^2 = \frac{1}{n-1}\sum\limits_i (d_i - \bar{d})^2 = 2.571$$

故 $t = \dfrac{\bar{d}}{s_d / \sqrt{n}} = \dfrac{1.5}{\sqrt{2.571}/\sqrt{8}} = 2.65 \in C$

　　⑥結論：拒絕 H_0，亦即 A、B 兩種機器間有差異。

(2) 可利用 2 因子分類變異數分析之 F 檢定

$$\because T_{A.} = 271 \quad T_{B.} = 259 \quad T_{..} = 530$$

$$\sum_i \sum_j X_{ij}^2 = 18,500$$

$$\therefore SSR = \frac{1}{8}[271^2 + 259^2] - \frac{(530)^2}{16} = 9$$

$$SSC = \frac{1}{2}[62^2 + 79^2 + 84^2 + 49^2 + 71^2 + 56^2 + 86^2 + 43^2] - \frac{(530)^2}{16}$$
$$= 925.75$$

$$SST = 18,500 - \frac{(530)^2}{16} = 943.75$$
$$SSE = SST - SSR - SSC = 9$$

$$故\, F = \frac{MSR}{MSE} = \frac{9/1}{9/7} = 7 > F_{0.05}(1, 7)$$

$$\therefore 拒絕\, H_0 \, 。$$

(3) $\because$ 正號個數 6 個，負號個數 1 個，且 $n = 8 - 1 = 7$（刪除 0 之個數）

$$\therefore p\, 值 = P\left(S \le 1 \mid n = 7, \, p = \frac{1}{2}\right)$$

$$= \sum_{s=0}^{1} \binom{7}{s}\left(\frac{1}{2}\right)^7$$

$$= 0.063 > \alpha/2 = 0.025$$

不拒絕 H_0。

例*

一個六週減肥計畫，隨機抽出 10 個人，其六週前與六週後體重（單位英鎊）如下：

六週前	155	228	172	141	162	211	185	122	164	299
六週後	154	207	165	147	157	196	180	121	150	294

(1) 如果前後體重都是常態分配，檢定減肥計畫在六週內對體重是否有影響？取顯著水準 0.05，問檢定結果是否有效？

(2) 如果前後體重都不是常態分配，檢定減肥計畫在六週內對體重是否有影響？取顯著水準 0.05，問檢定結果是否有效？

【解】

(1) 設 μ_1, μ_2 分別表示減肥前後的平均體重，則

① H_0：$\mu_1 - \mu_2 \leq 0$

② H_1：$\mu_1 - \mu_2 > 0$

③ $\alpha = 0.05$

④危險域 $C = \{t \mid t > 1.833\}$

⑤計算：

六週前	155	228	172	141	162	211	185	122	164	299
六週後	154	207	165	147	157	196	180	121	150	294
$d_i =$ 前 - 後	1	21	7	-6	5	15	5	1	14	5

$$\therefore \bar{d} = 6.8,\ S_d \doteqdot 7.90$$

故知 $t = \dfrac{6.8 - 0}{7.90 / \sqrt{10}} = 2.722 \in C$

⑥結論：拒絕 H_0；亦即減肥計畫在六週內對體重有顯著之影響。

(2) H_0：$\eta_1 \leq \eta_2$

H_1：$\eta_1 > \eta_2$

利用符號檢定，知

$\because$ 正號個數 $= 9$，負號個數 $= 1$，$s_0 = \min\{9, 1\} = 1$

$\therefore p$ 值 $= P\left(S \leq s_0 = 1 \mid n = 10,\ p = \dfrac{1}{2}\right)$

$\qquad = 0.0107 < \alpha = 0.05$

故拒絕 H_0；即減肥計畫有效。

■ 相關之符號檢定

在散布圖中畫出可將數據分成上下同數之線（水平中位線）以及左右同數之線（垂直中位線），由此所得出的 4 個象限中，落入右上與左下之數據數設為 N_+，落入右下與左上的數據數設為 N_-，然後進行比較。如剛好落在中位線上的點，則可將之忽略。

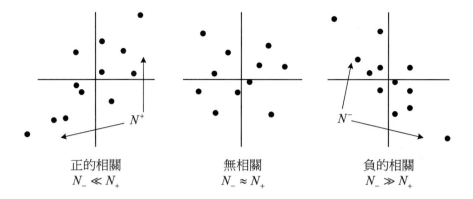

正的相關	無相關	負的相關
$N_- \ll N_+$	$N_- \approx N_+$	$N_- \gg N_+$

由上圖知，如無相關時，即以 $P = 1/2$ 之機率分屬於 2 個群中，N_+ 的平均即為 $N/2$，標準差即為 $\sqrt{NP(1-P)} = \sqrt{N}/2$。因此相關之符號檢定雖可進行 $P = 1/2$ 的檢定，但使用常態近似後的下式時，可以更精密地進行。

$$N = N_+ + N_-$$

$$n_S = \frac{N}{2} + 1.96\frac{\sqrt{N}}{2} + 0.459$$

如 $n_S < N_+ \Rightarrow$ 有正的相關

$n_S < N_- \Rightarrow$ 有負的相關

例 *

　　某塗料的黏度之變異甚大不固定，想解析其原因，乃調查與溶劑量之關係，蒐集 30 種的樣本，其溶劑量 x 與黏度 y 之關係如下。

NO	x	y	NO	x	y	NO	x	y
1	24.4	46.4	11	25.5	46.0	21	24.0	44.1
2	20.3	42.4	12	21.8	44.2	22	20.9	43.3
3	25.5	44.0	13	20.5	42.6	23	22.3	45.7
4	22.2	42.5	14	24.8	46.1	24	23.2	46.0
5	26.6	47.4	15	25.9	46.2	25	23.3	45.0
6	23.9	45.8	16	26.9	48.5	26	26.5	46.5
7	21.5	43.0	17	23.3	45.6	27	24.9	44.3
8	25.7	46.7	18	25.8	45.4	28	23.0	44.9
9	24.2	45.0	19	26.7	48.0	29	22.5	44.9
10	24.4	45.3	20	21.5	43.5	30	28.6	47.8

試進行相關之符號檢定。

【解】

將全體的 30 個數據查出上下同樣，左右同樣之中位線，計數落入 4 個象限的個數時，由右上順時針得出 11, 4, 11, 4，$N_+ = 22$，$N_- = 8$。

$$n_S = \frac{30}{2} + 1.96\frac{\sqrt{30}}{2} + 0.459 = 20.8 < N_+ = 22$$

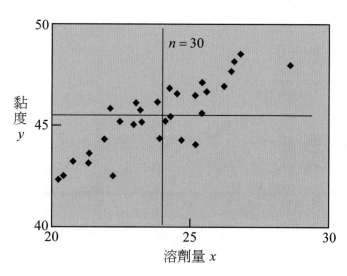

■ Wilcoxon 符號等級檢定法（Wilcoxon signed ranks test）

其用於檢定母體中位數是否為特定值 η_0（$H_0 : \eta = \eta_0$），亦可檢定兩組成對樣本的平均水準是否有差異（$H_0 : \eta_1 = \eta_2$），檢定的步驟為

1. 求算 $D_i = X_i - \eta_0$ 或 $D_i = X_i - Y_i$，並刪去 D_i 為 0 者，使有效樣本大小為 n。

2. 排定 $|D|$ 的等級，如絕對值有兩個或兩個以上相同者，先就每一個 $|D|$ 給予一個順序的等級，再求其平均數代表它們的相同等級。

3. 求算 D 之正負等級和分別為 $W(+), W(-)$，且檢查是否為

$$W(+) + W(-) = \frac{n(n+1)}{2}$$

4. 以統計量 W 表示 $W(+), W(-)$ 兩者之中之小者，即

$$W = \min\{W(+),\ W(-)\}$$

5. (1) 當小樣本時，$W \le W_a$，拒絕 $H_0 : \eta \le \eta_0$ 或 $H_0 : \eta \ge \eta_0$；又，$W \le W_{a/2}$ 時，

拒絕 $H_0: \eta = \eta_0$。W_α 或 $W_{\alpha/2}$ 可從 Wilcoxon 符號等級檢定附表 20 查得。

(2) 當大樣本（$n \geq 30$），W 近似於常態分配，

$$E(W) = \frac{n(n+1)}{4}$$

$$V(W) = \frac{n(n+1)(2n+1)}{24}$$

可利用 Z 檢定，即

$$Z = \frac{W - \dfrac{n(n+1)}{4}}{\sqrt{\dfrac{n(n+1)(2n+1)}{24}}}$$

若 $z > Z_\alpha$（或 $z < -Z_\alpha$），拒絕 $H_0: \eta \leq \eta_0$（或 $H_0: \eta \geq \eta_0$），$|z| > Z_{\alpha/2}$，拒絕 $H_0: \eta = \eta_0$。

【註】符號檢定法只因考慮 D 的正負而未考慮差的大小，檢定的效果不彰，故有 Wilcoxon 符號等級檢定法的產生。

例*

隨機抽取 14 人參加一測驗，得出成績 X 為

| 69, 70, 60, 64, 100, 78, 95, 81, 89, 74, 97, 79, 87, 75 |

試以 $\alpha = 0.05$ 檢定平均成績 η 是否仍為 77 分？

【解】

$H_0: \eta = 77;\ H_1: \eta \neq 77$

X	69	70	60	64	100	78	95	81
	89	74	97	79	87	75		
$D = X - 77$	-8	-7	-17	-13	23	-1	$+18$	$+4$
	$+12$	-3	$+20$	$+2$	10	-2		
$|D|$ 的等級	7	6	11	10	14	1	12	5
	9	4	13	2.5	8	2.5		

$W(+) = 14 + 1 + 12 + 5 + 9 + 13 + 2.5 + 8 = 64.5$

$W(-) = 7 + 6 + 11 + 10 + 4 + 2.5 = 40.5$

$\therefore W = \min\{W(+), W(-)\} = 40.5$

$\alpha = 0.05$，$n = 14$，查 Wilcoxon 符號等級檢定附表 20，可得臨界值

$W_{0.025} = 21 < W = 40.5$

故差異不顯著，接受 H_0，表示平均成績 η 可能仍為 77 分。

例*

令 η 表示連續型對稱分配之中位數，試利用下列隨機樣本，其資料為：

71.5	69.5	71.6	70.4	72.3	69.2	73.2	70.9	72.9
70.3	71.8	69.9	71.2	72.5	70.6	69.3	71.9	71.3

取 $\alpha = 0.05$ 以 Wilcoxon 符號等級檢定法來檢定 $H_0 : \eta \le 70$；$H_1 : \eta > 70$（試以常態近似法求之）。

【解】

將所有資料 $x_i - 70$，再設定等級。

$x_i - 70$	1.5	−0.5	1.6	0.4	2.3	−0.8	3.2	0.9	2.9
等級	11	4	12	3	15	7	18	8	17

$x_i - 70$	0.3	1.8	−0.1	1.2	2.5	0.6	−0.7	1.9	1.3
等級	2	13	1	9	16	5	6	14	10

$W(+) = 11 + 12 + 3 + 15 + 18 + 8 + 17 + 2 + 13 + 9 + 16 + 5 + 14 + 10 = 153$

$W(-) = 4 + 7 + 1 + 6 = 18$

$W = \min\{W(+), W(-)\} = 18$

(1) $H_0 : \eta \le 70$

(2) $H_1 : \eta > 70$

(3) $\alpha = 0.05$

(4) 危險域 $C = \{Z \mid Z > Z_{0.05} = 1.645\}$

(5) 計算：$\because E[W] = \dfrac{n(n+1)}{4} = \dfrac{18(18+1)}{4} = 85.5$

$$V[W] = \frac{n(n+1)(2n+1)}{24} = \frac{18 \times 19 \times 37}{24} = 527.25$$

$$\therefore z_0 = \frac{W - E[W]}{\sqrt{V[W]}} = \frac{18 - 85.5}{\sqrt{527.25}} \fallingdotseq 2.94 \in C$$

$$\therefore z_0 = \frac{W - E[W]}{\sqrt{V[W]}} = \frac{18 - 85.5}{\sqrt{527.25}} \fallingdotseq 2.94 \in C$$

(6) 結論：拒絕 H_0，亦即中位數大於 70。

例 *

　　甲計程車公司擁有許多計程車，爲了決定購用 A 牌或 B 牌輪胎，各隨機抽取一對 A, B 輪胎安裝於 8 輛計程車之後輪，其行程結果如下：

計程車	1	2	3	4	5	6	7	8
A	212	282	228	199	301	204	237	187
B	228	290	234	193	297	226	242	196

試以 $\alpha = 0.01$，檢定 B 牌是否優於 A 牌？

【解】

H_0：A 與 B 一樣好

H_1：B 牌優於 A 牌

計程車	1	2	3	4	5	6	7	8
A	212	282	228	199	301	204	237	187
B	228	290	234	193	297	226	242	196
$D = A - B$	−16	−8	−6	6	4	−22	−5	−9
等級	7	5	3.5	3.5	1	8	2	6

$W(+) = 4.5$，$W(-) = 31.5$，取 $W = \min\{W(+), W(-)\} = 4.5$，查附表 20 得臨界值 $W_{0.01} = 2 < 4.5$，差異不顯著，故接受 H_0，表示 A、B 有可能一樣好。

例 *

由企二 A 分別抽出 8 位同學調查統計學與作業研究的期中考成績分別為

同　　學	1	2	3	4	5	6	7	8
統計學（x_1）	70	75	73	80	81	78	72	80
作業研究（x_2）	73	70	72	75	82	80	74	77

試以 $\alpha = 0.05$ 檢定，統計學成績與作業研究平均成績是否相同？

【解】

此例為成對數據之檢定，使用 Wilcoxn 符號檢定

同學	1	2	3	4	5	6	7	8
$D = x_1 - x_2$	−3	5	1	5	−1	−2	−2	3
$|D|$ 的等級	5.5	7.5	1.5	7.5	1.5	3.5	3.5	5.5

$W(+) = 6.5 + 1.5 + 6.5 + 5.5 = 22$

$W(-) = 5.5 + 1.5 + 3.5 + 3.5 = 14$

$W = \min\{W(+),\ W(-)\} = 14$

$\alpha = 0.05,\ n = 8$，查 Wilcoxn 符號等級檢定附表，可得臨界值 $W_{0.025} = 4$，由於 $W > W_{0.025}$

故接受 H_0：作業研究與統計學的平均成績相同。

例 *

對 30 位學生實施 2 次考試的結果如下表，試以 $\alpha = 0.05$ 雙邊檢定第 1 次與第 2 次考試的成績是否有差異。

X	Y	X	Y	X	Y
45	97	52	49	30	85
37	49	74	98	32	75
55	73	50	66	79	50

X	Y	X	Y	X	Y
67	28	49	72	54	47
85	86	54	65	79	82
40	10	67	48	37	68
94	55	79	90	78	62
11	63	53	82	83	36
50	94	79	91	26	75
86	78	91	83	54	66

【解】

H_0：兩次考試的成績無差異

H_1：兩次考試的成績有差異

X	Y	D	等級	X	Y	D	等級	X	Y	D	等級
95	97	−1	−2	52	49	+3	+3.5	30	85	−55	−30
37	49	−12	−11	74	98	−24	−18	32	75	−43	−25
55	73	−18	−15	50	66	−16	−13.5	79	50	+29	+19.5
67	28	+39	+23.5	49	72	−23	−17	54	47	+7	+5
85	86	−1	−1	54	65	−11	−8.5	79	82	−3	−3.5
40	10	+30	+21	67	48	+19	+16	37	68	−31	−22
94	55	+39	+23.5	79	90	−11	−8.5	78	62	+16	+13.5
11	63	−52	−29	53	82	−29	−19.5	83	36	+47	+27
50	94	−44	−26	79	91	−12	−11	26	75	−49	−28
86	78	+8	+6.5	91	83	+8	+6.5	54	66	−12	−11

$W(+) = 160.5,\ W(-) = -304.5,$

$W = \min\{W(+),\ W(-)\} = 160.5$

$\because n > 25$

$$\therefore Z = \frac{160.5 - \dfrac{30(30+1)}{4}}{\sqrt{\dfrac{30(30+1)(2.30+1)}{24}}} = -1.48$$

$\because |Z| < Z_{0.025} = 1.96$

$\therefore H_0$ 無法捨棄

例*

隨機抽取 32 人參加一測驗，得到成績 X 為

69	70	60	64	100	78	95	81	89	74	97	79	87
75	84	76	66	91	92	56	44	80	73	24	85	96
90	88	50	54	99	94							

試以 $\alpha = 0.05$ 檢定平均成績 η 是否為 77 分？

【解】

D	−8	−7	−17	−13	+23	+1	+18	+4	+12	−3	+20	+2	+10
	−2	+7	−1	−11	+14	+15	−21	+33	+3	−4	−53	+8	+19
	+13	+11	−27	−23	+22	+17							
等級	11.5	9.5	21.5	17.5	28.5	1.5	23	7.5	16	5.5	25	3.5	13
	3.5	9.5	1.5	14.5	19	20	26	31	5.5	7.5	3.2	11.5	24
	17.5	14.5	30	28.5	27	21.5							

$H_0 : \eta = 77, H_1 : \eta \neq 77$

$W(+) = 28.5 + 23 + 7.5 + 16 + 25 + 3.5 + 13 + 9.5 + 19 + 20 + 5.5$
$\qquad + 11.5 + 24 + 17.5 + 14.5 + 27 + 21.5 + 1.5 = 288$

$W(-) = 11.5 + 9.5 + 21.5 + 17.5 + 5.5 + 3.5 + 1.5 + 14.5 + 26$
$\qquad + 31 + 32 + 30 + 28.5 + 7.5 = 240$

$W = \min\{W(+), W(-)\} = 240$

$n = 32 > 25$，W 近似常態

$E(W) = [32(32 + 1)]/4 = 264$

$V(W) = [32(32 + 1)(64 + 1)]/24 = 2860$

$E_0 = \dfrac{240 - 264}{\sqrt{2860}} = -0.449 > -Z_{0.025} = -2.81$

$z_0 = \dfrac{240 - 264}{\sqrt{2860}} = -0.449 > -Z_{0.025} = -2.81$

∴接受 H_0，表示平均成績 η 可能為 77 分。

> 例*
>
> 　　假設有一防曬用品廠商宣稱其產品防曬時間至少有 100 分鐘，今欲檢定其宣稱是否為真，由其所生產的產品中隨機抽取 30 個樣本，測量其防曬時間為
>
> | 99.2 | 102.8 | 98.2 | 101.5 | 96.3 |
> |---|---|---|---|---|
> | 95.6 | 97.8 | 94.2 | 94.5 | 96.7 |
> | 93.2 | 101.2 | 99.3 | 98.4 | 97.9 |
> | 107.3 | 108.5 | 98.9 | 100.9 | 110.2 |
> | 100.5 | 104.8 | 98.7 | 95.7 | 96.4 |
> | 97.1 | 101.4 | 94.3 | 100.8 | 96.9 |
>
> 試以 $\alpha = 0.05$ 檢定其宣稱是否屬實？

【解】

　　H_0：防曬時間 ≥ 100 分

　　H_1：防曬時間 < 100 分

X	99.2	102.8	98.2	101.5	96.3	95.6	97.8	94.2	94.5	96.7	93.2	101.2	99.3	98.4	97.9
	107.3	108.5	98.9	100.9	110.2	100.5	104.8	98.7	95.7	96.4	97.1	101.4	94.3	100.8	96.9
D	−0.8	2.8	−1.8	1.5	−3.7	−4.4	−2.2	−5.8	−5.5	−3.3	−6.8	1.2	−0.7	−1.6	−2.1
	7.3	8.5	−1.1	0.9	10.2	0.5	4.8	−1.3	−4.3	−3.6	−2.9	−4.4	−5.7	6.8	−3.1
等	35	15	12	10	20	22	14	26	24	18	27	7	2	11	13
級	29	28	6	5	30	1	23	8	21	19	16	9	25	3.5	17

$$W(+) = 29 + 15 + 28 + 10 + 5 + 30 + 1 + 23 + 7 + 9 + 3.5 = 160.5$$

$$\begin{aligned} W(-) &= 3.5 + 12 + 6 + 20 + 14 + 122 + 26 + 8 + 24 + 21 + 18 + 19 \\ &\quad + 27 + 16 + 2 + 25 + 11 + 13 + 17 = 304.5 \end{aligned}$$

$$W = \min\{W(+),\ W(-)\} = 160.5$$

$$E(W) = \frac{30 \times 3}{4} = 232.5$$

$$V(W) = \frac{30 \times 31 \times 61}{24} = 2363.75$$

$$z_0 = \frac{160.5 - 232.5}{\sqrt{2363.75}} = -1.481 > -Z_{0.05} = -1.645$$

∴接受 H_0，表示廠商的宣稱有可能屬實。

■ Wilcoxon 等級和檢定法（Wilcoxon rank sum test）

此檢定方法適用於兩個獨立母體分配未知且小樣本，而想檢定兩母體分配是否相同之情況。

檢定步驟如下：

① 分別由母體 A 隨機抽取 n_1 個樣本，母體 B 隨機抽出 n 個樣本，將 $n_1 + n_2 = n$ 個樣 $_2$ 本由小而大排列並標示等級順序。

② 計算各樣本等級和。

③ 以小樣本等級和作為檢定統計量 W（其實任一樣本的等級和均可作為檢定統計量，不過小樣本的等級和計算較容易）。

④ 利用 Wilcoxon 等級和臨界值表 21，在選定 α 水準下，查表找出 W_L, W_U。如 W 介於 W_L, W_U 之間，則接受 H_0：兩個獨立母體相同。

⑤ 當 $n_1 > 10$, $n_2 > 10$，W 近似常態，

$$E(W) = \frac{n_1(n+1)}{2}$$

$$V(W) = \frac{n_1 n_2(n+1)}{12}$$

$$Z = \frac{W - E(W)}{\sqrt{V(W)}} = \frac{W - \dfrac{n_1(n+1)}{2}}{\sqrt{\dfrac{n_1 n_2(n+1)}{12}}}$$

若 $|z| > Z_{\alpha/2}$，則拒絕 H_0（雙邊）；若 $|z| > Z_\alpha$，則拒絕 H_0（單邊）。

例 *

假設汽車消費者推選為調查日產 March 與福特嘉年華兩種汽車的使用滿意度，隨機自兩種車款的車主中各抽出 10 名，詢問省油、舒適、售後服務等問題，得綜合分數如下：

	1	2	3	4	5	6	7	8	9	10
March	18.5	17.4	18.2	20.0	19.1	19.4	18.3	19.0	19.5	18.8
嘉年華	18.7	19.0	18.5	19.5	18.9	19.6	17.7	18.1	19.7	18.3

問兩種車型的車主的使用滿意度是否相同（$\alpha = 0.05$）？

【解】

(1) 建立假設

$\begin{cases} H_0: \text{兩種車的車主使用滿意度相同。} \\ H_1: \text{兩種車的車主使用滿意度不同。} \end{cases}$

(2) 排列等級

	1	2	3	4	5	6	7	8	9	10
March	18.5	17.4	18.2	20.0	19.1	19.4	18.3	19.0	19.5	18.8
等　級	7.5	1	4	20	14	15	5.5	12.5	16.5	10
嘉年華	18.7	19.0	18.5	19.5	18.9	19.6	17.7	18.1	19.7	18.3
等　級	9	12.5	7.5	16.5	11	18	2	3	19	5.5

(3) 因 $n_1 = n_2 = 10$，可隨意選取任一樣本計算等級和，計算嘉年華等級和為

$W = 9 + 12.5 + 7.5 + 16.5 + 11 + 18 + 2 + 3 + 19 + 5.5 = 104$

(4) 在 $\alpha = 0.05$，雙尾檢定及 $n_1 = n_2 = 10$ 的條件下，查 Wilcoxon 等級和檢定表得 $(79, 131)$。

若 $79 < W < 131$ 則接受 H_0

$W < 79$ 或 $W > 131$ 則拒絕 H_0

由於 $W = 104$ 落於接受域，因此接受 H_0，亦即兩種車款的車主使用滿意度相同。

例 *

　　某水溝覆蓋工程有兩組埋設鋼筋水泥柱工人，觀察第 1 組埋設 12 支，與第 2 組埋設 11 支，總共 23 支，所費時間（分）如下

第 1 組	7.6	11.1	6.8	9.8	4.9	6.1	15.1	4.7	5.6	9.2	3.9	4.7
第 2 組	4.7	6.4	4.1	3.7	3.9	4.7	3.9	5.2	6.5	4.7	6.2	

　　檢定兩組埋設時間是否相同？

【解】

H_0：兩組埋設時間相同

H_1：兩組埋設時間不同

由小而大排列如下表：

3.7	3.9	3.9	3.9	4.1	4.7	4.7	4.7	4.7	4.7	4.9	5.2	5.6	6.1	6.2
1	3	3	3	5	8	8	8	8	8	11	12	13	14	15
(2)	(1)	(2)	(2)	(2)	(2)	(2)	(1)	(1)	(1)	(1)	(2)	(1)	(1)	(2)

6.4	6.5	6.8	7.6	9.2	9.8	11.1	15.1							
16	17	18	19	20	21	22	23							
(2)	(2)	(1)	(1)	(1)	(1)	(1)	(1)							

(1) 表第 1 組，(2) 表第 2 組。

上表中有 3 個相同值 3.9，其順序值為

$$\frac{2+3+4}{3} = 3$$

另外，有 5 個相同值 4.7，其順序值為

$$\frac{6+7+8+9+10}{5} = 8$$

$$W = 1 + 3 + 3 + 5 + 8 + 8 + 12 + 15 + 16 + 17 = 88$$

$n_1 > 10, \ n_2 > 10$ ，因之

W 近似常態

$$n_1 = 11, \ n_1 + n_2 = 23$$

$$E(W) = \frac{11 \cdot (23+1)}{2} = 132$$

$$V(W) = \frac{11 \times 12 \times (23+1)}{12} = 264$$

$$z_0 = \frac{88-132}{\sqrt{264}} = \frac{-44}{16.24} = -2.71$$

$\because |z_0| = 2.71 > Z_{0.025} = 1.96$

$\therefore$ 拒絕 H_0，兩組埋設速度不相同

■ Mann-Whitney U 檢定法

此檢定法用於檢定兩組獨立樣本所來自的母體是否具有相同的中位數，亦可檢定兩組獨立樣本所來自的母體是否具有相同的變異數。

一、檢定兩母體的中位數是否相等，須在兩母體之變異數相同之下爲之。

其步驟爲

1.小樣本的檢定（$n_1 \leq 10$, $n_2 \leq 10$）

(1)建立假設

$$\begin{cases} H_0: \eta_1 = \eta_2 \\ H_1: \eta_1 \neq \eta_2 \end{cases} \quad ; \quad \begin{cases} H_0: \eta_1 \leq \eta_2 \\ H_1: \eta_1 > \eta_2 \end{cases} \quad ; \quad \begin{cases} H_0: \eta_1 \geq \eta_2 \\ H_1: \eta_1 < \eta_2 \end{cases}$$

(2)將兩組獨立樣本混合排列，可得等級和 W_1, W_2。

(3)求算 U_1, U_2 分別爲

$$U_1 = n_1 n_2 + \frac{n_1(n_1+1)}{2} - W_1 \text{ 或者 } U_1 = W_2 - \frac{n_2(n_2+1)}{2} \text{ 。}$$

$$U_2 = n_1 n_2 + \frac{n_2(n_2+1)}{2} - W_2 \text{ 或者 } U_2 = W_1 - \frac{n_1(n_1+1)}{2} \text{ 。}$$

$$\left(U_1 + U_2 = n_1 n_2, \quad W_1 + W_2 = \frac{(n_1+n_2)(n_1+n_2+1)}{2} \right)$$

取 U_1, U_2 之中的小者作爲檢定統計量 U 的觀測值 U_0。

查表 24 得機率值 $p = P(U \leq U_0)$

雙尾檢定若 $p < \alpha/2$ 時，則拒絕 $H_0: \eta_1 = \eta_2$；

單尾檢定若 $p < \alpha$ 時，則拒絕 $H_0: \eta_1 \leq \eta_2$ 或 $H_0: \eta_1 \geq \eta_2$。

2.大樣本的檢定（n_1, $n_2 > 10$）

實用上當 n_1, $n_2 > 10$ ，檢定統計量 $U[\min(U_1, U_2)]$，在 H_0 爲眞下，爲一常態分配，其期望值與變異數爲

$$E(U) = \frac{n_1 n_2}{2}$$

$$V(U) = \frac{n_1 n_2 (n_1 + n_2 + 1)}{12}$$

$$Z = \frac{U - E(U)}{\sqrt{V(U)}}$$

雙尾檢定當 $|z| > Z_{\alpha/2}$ 時，拒絕 $H_0: \eta_1 = \eta_2$；

單尾檢定當 $z > Z_\alpha$，拒絕 $H_0: \eta_1 \leq \eta_2$ 或當 $z < -Z_\alpha$ 拒絕 $H_0: \eta_1 \geq \eta_2$。

二、用此檢定法檢定兩母體變異數是否相等，須在兩母體之平均數相等之下爲之。

其步驟爲

(1) 排列樣本的觀測值，以便加注等級。

(2) 由外向內將這些觀測值附上號碼，即令最小的觀測值為 1，再令最大的觀測值為 2，再令次小者為 3，次大的為 4，餘類推。若 $\sigma_1^2 < \sigma_2^2$，則第一組樣本將具有較小的等級和。

(3) 求等級和 W_1, W_2。

(4) 求 U_1, U_2，取小者為 U。

(5) 以統計量 U 比照上述平均數的檢定進行。

【註】Mann-Whitney U 檢定與 Wilcoxon 的等級和檢定是相同的檢定，但檢定統計量略有不同，此外 Mann-Whitney U 檢定使用 p- 值，Wilcoxon 等級和檢定使用 W。$U = W - \dfrac{N(N+1)}{2}$，$W$ 表 2 組等級和小的一方，N 表該組的數據數。

例*

　　甲計程車公司擁有許多計程車，為決定購用 A 牌或 B 牌輪胎，乃隨機各抽取 6 個輪胎安裝在 12 部計程車的右後輪，其行程結果如下表：（單位：百哩）

A	161	195	232	185	200	157
B	221	233	191	202	180	286

試以 $\alpha = 0.1$ 檢定兩種輪胎的壽命（行程）是否一樣？

【解】

(1) $\begin{cases} H_0 : 壽命一樣 \\ H_1 : 壽命不同 \end{cases}$

A	2	6	10	4	7	1	$W_1 = 30$
B	9	11	5	8	3	12	$W_2 = 48$

$n_1 = 6$, $n_2 = 6$，$W_1 = 30$, $W_2 = 48$

(2) $U_1 = 6(6) + \dfrac{6(6+1)}{2} - 30 = 27$

$$U_2 = 6(6) + \frac{6(6+1)}{2} - 48 = 9$$

(3) $U = \min(U_1, U_2) = 9$，查附表 24 得機率值 $p = 0.09 > \frac{\alpha}{2} = 0.05$，差異不顯著。

例*

　　假設 4 個求職者接受會計學的測驗，試題分為 A, B 兩種，其成績如下：

應試人員	A	等級	B	等級
陳小姐	28	3	33	7
楊小姐	31	6	29	4
李小姐	27	2	35	8
張小組	25	1	30	5
		$W_A = 12$		$W_B = 24$

問：A, B 考題的成績分配是否相同（$\alpha = 0.05$）。

【解】

(1) $\begin{cases} H_0 : A, B \text{ 考題的成績分配相同} \\ H_1 : A, B \text{ 考題的成績分配不相同} \end{cases}$

(2) $U_A = n_1 n_2 + \dfrac{n_1(n_1+1)}{2} - W_A = 4 \times 4 + \dfrac{4(4+1)}{2} - 12 = 14$

$U_B = n_1 n_2 + \dfrac{n_2(n_2+1)}{2} - W_B = 4 \times 4 + \dfrac{4(4+1)}{2} - 24 = 2$

(3) 檢定統計量 $U = \min(U_A, U_B) = 2$

(4) 查附表 24 得 p 值 $= P(U \le 2) = 0.057 \ge \alpha = 0.025$

(5) 接受 H_0

例*

假設三義某木雕廠的兩個乾燥設備的乾燥時間如下表。

設備 A	28	31	27	25	29	35	39	33	32	43	37	36	40	27	$n_1 = 14$
A 之等級	4.5	10	2.5	1	6.5	15.5	20	12.5	11	24	18	17	21	2.5	$W_A = 166$
設備 B	33	29	35	30	38	28	30	34	41	42	44				$n_2 = 11$
B 之等級	12.5	6.5	15.5	8.5	19	4.5	8.5	14	22	23	25				$W_B = 159$

試問這兩個乾燥設備之乾燥時間是否相同（ $\alpha = 0.05$ ）？

【解】

(1) $\begin{cases} H_0 : 兩個乾燥設備之乾燥時間相同 \\ H_1 : 兩個乾燥設備之乾燥時間不同 \end{cases}$

因 n_1, n_2 皆大於 10，故可利用常態來檢定。

(2) $U_A = 14 \times 11 + \dfrac{14(14+1)}{2} - 166 = 93$

$U_B = 14 \times 11 + \dfrac{11(11+1)}{2} - 159 = 61$

(3) $U = \min(U_A,\ U_B) = 61$

(4) 計算 $E(U)$, $V(U)$

$E(U) = \dfrac{n_1 n_2}{2} = \dfrac{14 \times 11}{2} = 77$

$V(U) = \dfrac{n_1 n_2 (n_1 + n_2 + 1)}{12} = 333.67$

(5) 計算 Z 值

$z_0 = \dfrac{61 - 77}{\sqrt{333.67}} = -0.876$

(6) 判定

$z_0 > -Z_{\alpha/2} = -1.96$

∴接受 H_0，結論為「兩乾燥設備的乾燥時間相同」。

例*

有 A, B 兩種精密儀器，根據一個據點實驗所得的資料如下：

A	67.20	67.33	67.26	67.35	67.39
B	67.23	67.27	67.31	67.29	

試以 $\alpha = 0.05$ 檢定 B 儀器是否較 A 更為精確？

【解】

(1) $\begin{cases} H_0 : 儀器\ A\ 與\ B\ 一樣精確 \\ H_1 : 儀器\ B\ 較\ A\ 更為精確 \end{cases}$

A	1	6	5	4	2	$W_2 = 18$
B	3	7	8	9		$W_1 = 27$

$W_2 = 18$, $W_1 = 27$, $n_2 = 5$, $n_1 = 4$ （∵附表的 $n_2 > n_1$）

(2) $U_1 = 5(4) + \dfrac{5(5+1)}{2} - 18 = 17$

$U_2 = 5(4) + \dfrac{4(4+1)}{2} - 27 = 3$

(3) $U = \min(U_1, U_2) = 3$，p 值 $= P\ (U \leq 3 | H_0\ 為真\ ) = 0.056 > \alpha = 0.05$，差異不顯著，接受 H_0。

例*

隨機由兩母體中各抽取 $n_1 = 20$ 及 $n_2 = 15$ 筆樣本資料如下：

甲母體	9.0	15.6	25.6	51.1	21.1	26.9	24.6	20.0	24.8	16.5
	26.0	25.1	17.2	50.1	18.7	26.1	18.9	25.4	22.0	23.3
乙母體	10.1	11.1	13.5	12.0	18.2	10.3	9.2	7.0	14.2	15.8
	13.6	13.2	8.8	12.5	21.5					

請以 Mann-Whitney U 檢定此兩母體是否有相同的分配（$\alpha = 0.05$）？

【解】

(1) 因 n_1, n_2 皆大於 10，故可利用常態來檢定。

$$\begin{cases} H_0 : \text{甲、乙兩母體相同} \\ H_1 : \text{甲、乙兩母體不同} \end{cases}$$

危險域 $C = \{Z | Z < -1.96 \text{ 或 } Z > 1.96\}$

$W_1 = 486$，$W_2 = 144$

(2) $U_1 = n_1 n_2 + \dfrac{n_1(n_1+1)}{2} - W_1 = 20 \times 15 + \dfrac{20(20+1)}{2} - 486 = 234$

$U_2 = n_1 n_2 + \dfrac{n_2(n_2+1)}{2} - W_2 = 20 \times 15 + \dfrac{15(15+1)}{2} - 144 = 276$

(3) $U = \min(U_1,\ U_2) = 234$

$E(U) = \dfrac{n_1 \times n_2}{2} = \dfrac{20 \times 15}{2} = 150$

$V(U) = \dfrac{n_1 n_2 (n_1 + n_2 + 1)}{12} = \dfrac{20 \times 15 \times (20 + 15 + 1)}{12} = 900$

$\therefore z_0 = \dfrac{U - E(U)}{\sqrt{V(U)}} = \dfrac{234 - 150}{\sqrt{900}} = 2.8 \in C$

(4) 結論：拒絕 H_0；亦即表示甲、乙兩母體有顯著差異。

■ Kruskal-Wallis H 檢定法

　　本檢定是檢定 k 組獨立樣本是否具有一致的母體，與此檢定法相對應的有母數統計方法是一因子 k 分類的變異數分析。

　　檢定的步驟為

1. 先將 k 組樣本的所有觀測值（n 個）依小而大順序排列並給與適當等級，如有相同的觀測值，則加總其所相當的等級平均之為代表，以 R_i 代表各組樣本的等級和，以 n_i 代表各組樣本的觀測值個數，則 $n = \sum\limits_{i}^{k} n_i$。

2. 統計量 H 的計算公式為

$$H = \frac{12}{n(n+1)} \sum_{i=1}^{k} \frac{R_i^{\ 2}}{n_i} - 3(n+1)$$

3. 當 $k = 3$，$n_1, n_2, n_3 \leq 5$，查 H 檢定附表 22，如 $p < \alpha$ 拒絕 H_0（母體一致）。當 $n_i > 5$ 時，$H \sim \chi^2$，當 $H > \chi_\alpha^2(k-1)$，拒絕 H_0。

例*

　　想研究甲地北、中、南三區六歲兒童的語言能力，各抽取 5 人，得出以下結果，試以 $\alpha = 0.05$ 檢定甲地六歲兒童的語言能力是否一致？

北	中	南
61	67	75
70	77	84
68	79	87
71	73	90
78	81	89

【解】

H_0：語言能力一致

H_1：語言能力不一致

北	中	南
1	2	7
4	8	12
3	10	13
5	6	15
9	11	14
22	37	61
R_1	R_2	R_3

$$H = \frac{12}{15(15+1)}\left[\frac{22^2}{5} + \frac{37^2}{5} + \frac{61^2}{5}\right] - 3(15+1) = 7.74$$

查 H 檢定附表 22，當 $n_1 = n_2 = n_3 = 5$ 時，$H = 7.74$ 之機率值 p 介於 0.010 與 0.049 之間，小於 $\alpha = 0.05$。

故差異顯著，拒絕 H_0，表示甲地之北、中、南三區六歲兒童的語言能力可能不一致。

例 *

　　某水溝覆蓋工程有三組埋設鋼筋水泥柱工作人員，且分別觀察了每組埋設之鋼筋水泥柱 $n_1 = 7, n_2 = 5, n_3 = 6$，得其所費時間（分）資料如下：

第一組	第二組	第三組
7.6	4.7	5.2
11.1	6.4	8.1
6.8	4.1	7.5
9.8	3.7	5.5
4.9	3.9	4.8
6.1		4.2
15.1		

　　試取顯著水準 $\alpha = 0.05$，利用 Kruskal–Wallis H 檢定法來檢定這三組人員埋設鋼筋水泥柱所需時間是否一致？

【解】

(1) H_0：三組人員埋設鋼筋水泥柱所需時間相同

(2) H_1：三組人員埋設鋼筋水泥柱所需時間不同

(3) $\alpha = 0.05$

(4) 危險域 $C = \{H | H > \chi^2_{0.05}(2) = 5.99147\}$

(5) 計算：先將資料混合後，設定等級（Rank）

第一組	等級	第二組	等級	第三組	等級
7.6	14	4.7	5	5.2	8
11.1	17	6.4	11	8.1	15
6.8	12	4.1	3	7.5	13
9.8	16	3.7	1	5.5	9
4.9	7	3.9	2	4.8	6
6.1	10			4.2	4
15.1	18				

$$\therefore R_1 = 14 + 17 + 12 + 16 + 7 + 10 + 18 = 94$$

$$R_2 = 5 + 11 + 3 + 1 + 2 = 22$$

$$R_3 = 8 + 15 + 13 + 9 + 6 + 4 = 55$$

故知 $H = \dfrac{12}{n(n+1)} \displaystyle\sum_{i=1}^{k} \dfrac{R_i^2}{n_i} - 3(n+1)$

$$= \dfrac{12}{18(18+1)} \left[\dfrac{(94)^2}{7} + \dfrac{(22)^2}{5} + \dfrac{(55)^2}{6} \right] - 3(18+1)$$

$$= 8.377 \in C$$

(6) 結論：拒絕 H_0；即表示三組埋設所需之時間不同。

例*

　　一間連鎖的汽車旅館，每年皆會購買電視，去年該公司向三家廠商購買一些電視，對各個廠牌取樣，並詳細記錄其一年中之維修費用（成本），得資料如下：

維修成本（以元計）		
A	B	C
8	10	14
25	17	28
15	43	10
7	29	10
22	37	34
30	42	25
	35	

　　試以 $\alpha = 0.05$，利用 Kruskal-Wallis H 檢定法以檢定三家廠牌之維修費用是否有顯著差異？

【解】

(1) H_0：三家廠牌之維修費用無顯著差異

(2) H_1：三家廠牌之維修費用有顯著差異

(3) $\alpha = 0.05$

(4) 危險域 $C = \{H \mid H > \chi_{0.05}^2(2) = 5.99147\}$

(5) 計算：資料混合後之等級為

A	等級	B	等級	C	等級
8	2	10	4	14	6
25	10.5	17	8	28	12
15	7	43	19	10	4
7	1	29	13	10	4
22	9	37	17	34	15
30	14	42	18	25	10.5
		35	16		

故知 $R_1 = 2 + 10.5 + 7 + 1 + 9 + 14 = 43.5$

$R_2 = 4 + 8 + 19 + 13 + 17 + 18 + 16 = 95$

$R_3 = 6 + 12 + 4 + 4 + 15 + 10.5 = 51.5$

$$\therefore H = \frac{12}{n(n+1)} \sum_{i=1}^{k} \frac{R_i^2}{n_1} - 3(n+1)$$

$$= \frac{12}{19(19+1)} \left[\frac{(43.5)^2}{6} + \frac{(95)^2}{7} + \frac{(51.5)^2}{6} \right] - 3(19+1)$$

$$= 4.6327 \notin C$$

(6) 結論：不拒絕 H_0；即表示三家廠牌之維修費用無顯著之差異。

例 *

　　東海公司生產 A, B, C 三種不同口味的牛乳，經理想知道這三種口味的銷售量有無差異，隨機各選出 7 家銷售店，銷售一個月後，得到其銷售量資料如下：（單位瓶）

口味　銷售店	A	B	C
1	37	19	26
2	53	28	56
3	45	32	31
4	54	46	42
5	43	38	48
6	44	30	34
7	58	51	40

在 $\alpha = 0.05$ 下，檢定三種口味的銷售量有無差異？

【解】

(1) $\begin{cases} H_0: \text{三種口味的銷售量無差異} \\ H_1: \text{三種口味的銷售量有差異} \end{cases}$

將三種資料混合排序後求出其等級和如下

A	等級	B	等級	C	等級
37	8	19	1	26	2
53	18	28	3	56	20
45	14	32	6	31	5
54	19	46	15	42	11
43	12	38	9	48	16
44	13	30	4	34	7
58	21	51	17	40	10
$R_1 = 105$		$R_2 = 55$		$R_3 = 71$	

$$H = \frac{12}{21(21+1)}\left(\frac{105^2}{7} + \frac{55^2}{7} + \frac{71^2}{7}\right) - 3(21+1) = 4.8386$$

$k = 3,\ v = 3 - 1 = 2$ 查表 $\chi^2_{0.05}(2) = 5.99147$

因 $H < \chi^2_{0.05}(2)$

所以 H_0 不顯著，即沒有證據說三種口味牛乳銷售量有顯著不同。

■ Kruskal-Wallis 的多重比較

當「k 組獨立的樣本是從同一個（具有母體分配）的母體所抽出」的假設被捨棄時，哪一組與哪一組的樣本所屬母體是不同的，此時可以使用此檢定方法。

虛無假設 H_0：第 i 組與第 j 組無差異

對立假設 H_1：第 i 組與第 j 組有差異

如果

$$\left|\frac{R_i}{n_i} - \frac{R_j}{n_j}\right| \geq t_0 \cdot \sqrt{\frac{S(n-1-H)}{n-k} \cdot \left(\frac{1}{n_i} + \frac{1}{n_j}\right)}$$

則第 i 組與第 j 組可以認為有差異

式中，

k：樣本的組數

n_i：第 i 個樣本組的大小

n：樣本總數（$n_1 + n_2 + \cdots + n_k$）

R_i：第 i 個樣本數的等級和

又，$S = \dfrac{n(n+1)}{12}$

$$H = \left[\frac{1}{S} \sum \frac{R_i^{\ 2}}{n_i} \right] - 3(n+1)$$

t_0 是對應自由度 $n - k$，雙邊機率 α 的 t 分配的臨界值。

例*

下表是由 4 所大學分別隨機抽出 $n_1 = 12$，$n_2 = 8$，$n_3 = 11$，$n_4 = 9$ 的樣本，實施學力測驗的結果，由此結果是否可以說 4 個大學的學力分配有差異呢？以 $\alpha = 0.05$ 檢定看看。

A_1	15	19	26	31	35	40	41	46	52	59	63	67
A_2	21	33	34	44	55	62	72	74				
A_3	28	37	57	69	73	78	81	84	87	88	91	
A_4	49	53	66	76	80	82	90	93	95			

【解】

首先以 Kruskal-Wallis 檢定。

H_0：k 組樣本均由相同的母體抽出

H_1：k 組樣本並非由相同的母體抽出

4 位大學的順位和

A_1	A_2	A_3	A_4
1	3	5	15
2	7	10	17
4	8	19	23
6	13	25	29
9	18	27	31
11	21	30	33
12	26	32	37
14	28	34	39
16		35	40
20		36	
22		38	
24			
R_i：141	124	291	264

$n = n_1 + n_2 + n_3 + n_4 = 40$

$$H = \left[\frac{12}{40 \cdot 41} \left(\frac{141^2}{12} + \frac{124^2}{8} + \frac{291^2}{11} + \frac{264^2}{9} \right) \right] - 3 \times 41 = 16.18$$

$H > \chi^2_{0.05}(3) = 7.82，（v = 4 - 1 = 3）$

∴拒絕 H_0，亦即 4 個大學的成績分配判斷有差異，

接著試進行第 1 組與第 2 組樣本的比較。

$$\left| \frac{141}{12} - \frac{124}{8} \right| = 3.75$$

自由度 $40 - 4 = 36$ ，對應雙邊機率 $\alpha = 0.05$ 的 t 分配的臨界值為 $t_0 = 2.03$ ，因之

$$S = \frac{40 \cdot 41}{12} = 136.67$$

$$\therefore 2.03 \cdot \sqrt{\frac{136.67(40 - 1 - 16.18)}{40 - 4} \left(\frac{1}{12} + \frac{1}{8} \right)} = 8.62$$

由於 $3.75 < 8.62$

因之，不認為第 1 組與第 2 組之間有顯著差。

其他組的檢定亦同。

例*

針對中國、美國與日本 3 組各 10 位學生進行如下的意見調查，

1.與母親常交談嗎？(1)幾乎沒有，(2)不太常，(3)有的，(4)經常。

2.與父親常交談嗎？(1)幾乎沒有，(2)不太常，(3)有的，(4)經常。

3.會反抗雙親嗎？　(1)幾乎沒有，(2)不太常，(3)有的，(4)經常。

就問 3. 所調查之結果如下：

日本	1	4	2	4	1	4	2	4	3	4
美國	3	1	2	2	1	2	1	1	1	2
中國	4	3	4	2	3	3	2	4	4	2

試檢定 3 組之間有無差異。

【解】

首先以 Kruskal-Wallis 檢定。

H_0：三組之間無差異

H_1：三組之間有差異

三組的等級和分別為 181, 87, 197

$n = 10 + 10 + 10 = 30$

$$H = \frac{12}{30(30+1)} \left[\frac{181^2}{10} + \frac{87^2}{10} + \frac{197^2}{10} \right] - 3(30+1)$$

$$= 9.114 > \chi_{0.05}^2(2) = 5.9914, \ (v = 3 - 1 = 2)$$

因之拒絕 H_0，亦即日本、美國、中國的學生對雙視的反抗態度有差異，接著進行日本與美國的比較。

$$\left| \frac{181}{10} - \frac{87}{10} \right| = 9.4$$

日本與中國的比較

$$\left| \frac{181}{10} - \frac{197}{10} \right| = 1.6$$

美國與中國的比較

$$\left|\frac{87}{10} - \frac{197}{10}\right| = 11$$

自由度 $30 - 3 = 27$ ，對應雙邊機率 $\alpha = 0.05$ 的 t 分配的臨界值為 2.052

$$S = \frac{30(30+1)}{12} = 77.5$$

$$2.052 \cdot \sqrt{\frac{77.5(30-1-9.114)}{30-3}\left(\frac{1}{10} + \frac{1}{10}\right)} = 9.8$$

因之

由於 11>9.8

因之只有美國與中國之間有差異，日本與美國或日本與中國之間則無差異。

■ k 組獨立樣本的多重比較

Kruskal-Wallis 檢定的結果，如 k 個母體不能說相等時，即有顯著差，想知道何者之間有差異，可以使用多重比較的檢定法。

<table>
<tr><td colspan="4" align="center">k 組獨立樣本之資料</td><td colspan="4" align="center">全部排出之順位</td></tr>
<tr><td>A_1</td><td>A_2</td><td>$\cdots$</td><td>A_k</td><td>A_1</td><td>A_2</td><td>$\cdots$</td><td>A_k</td></tr>
<tr><td>x_{11}</td><td>x_{21}</td><td></td><td>x_{k1}</td><td>R_{11}</td><td>R_{21}</td><td></td><td>R_{k1}</td></tr>
<tr><td>x_{12}</td><td>x_{22}</td><td>$\cdots$</td><td>x_{k2}</td><td>R_{12}</td><td>R_{22}</td><td>$\cdots$</td><td>R_{k2}</td></tr>
<tr><td>$\vdots$</td><td>$\vdots$</td><td></td><td>$\vdots$</td><td>$\vdots$</td><td>$\vdots$</td><td></td><td>$\vdots$</td></tr>
<tr><td>A_{1n_1}</td><td>A_{2n_2}</td><td></td><td>x_{kn_k}</td><td>R_{1n_1}</td><td>R_{2n_2}</td><td></td><td>R_{kn_k}</td></tr>
</table>

此可考慮以下兩種情形：(1) 所有 2 組間之比較；(2) 與參照組之比較。

對於 (1) 來說，列舉 Scheffe 型、Tukey-Kramer 型、Bonferroni 型；對於 (2) 來說，列舉 Bonderroni 型的多重比較。

(1) 所有 2 組間之比較

第 i 與第 j 的平均順位設為 $\overline{R}_{i\cdot}$, $\overline{R}_{j\cdot}$ 時，當滿足下列條件時，判定 2 組間在顯著水準 α 下有顯著差。式中 $N = \sum_{i=1}^{k} n_i$。

- Scheffe 型

$$|\bar{R}_i. - \bar{R}_j.| \geq [\chi_\alpha^2(0.05)]^{1/2} \sqrt{\frac{N(N+1)}{12}\left(\frac{1}{n_i}+\frac{1}{n_j}\right)}$$

- Tukey-Cramer 型

$$|\bar{R}_i. - \bar{R}_j.| \geq q_\alpha(k, \infty) \sqrt{\frac{N(N+1)}{12}\cdot\frac{1}{2}\left(\frac{1}{n_i}+\frac{1}{n_j}\right)}$$

$q_\alpha(k, \infty)$ 是 k 組，自由度 ∞ 的標準距的 α 點。

- Bonferroni 型

$$|\bar{R}_i. - \bar{R}_j.| = Z_{\alpha/(k(k-1))} \sqrt{\frac{N(N+1)}{12}\left(\frac{1}{n_i}+\frac{1}{n_j}\right)}$$

$Z_{\alpha'}$ 是標準常態分配上側 α' 點。

(2) 與參照組之比較

將第 1 組當作參照組，第 j 組與對照組是否有差異，進行 Bonferroni 型的多重比較。

- 雙邊檢定時

$$|\bar{R}_1. - \bar{R}_j.| = Z_{\alpha/2(k-1)} \sqrt{\frac{N(N+1)}{12}\left(\frac{1}{n_i}+\frac{1}{n_j}\right)}$$

- 單邊檢定時

$$|\bar{R}_1. - \bar{R}_j.| \geq Z_{\alpha/(k-1)} \sqrt{\frac{N(N+1)}{12}\left(\frac{1}{n_i}+\frac{1}{n_j}\right)}$$

時，判定第 1 與第 j 組有差異。

例*

　　某合成反應中，反應溫度設為 3 水準 A_1, A_2, A_3，各以隨機順序進行 5 次實驗，測量出所生成之化合物的數量，如下表。

A_1	A_2	A_3
60.9	62.5	62.1
61.6	61.5	62.6
61.5	60.9	63.3
61.7	60.8	63.0
60.3	62.8	63.4

試檢定反應溫度間有無差異，如有，何者之間有差異。

【解】

(1) Kruskal-Wallis 檢定

H_0：反應溫度間無差異，H_1：反應溫度間有差異（至少 1 者與其他不同）

將原來的觀測值變換為順位數據，括號內表順位。

A_1	A_2	A_3
60.9(3.5)	62.5(10)	62.1(9)
61.6(7)	61.5(5.5)	62.6(11)
61.5(5.5)	60.9(3.5)	63.3(14)
61.7(8)	60.8(2)	63.0(13)
60.3 (1)	62.8(12)	63.4(15)

$R_1. = 3.5 + 7 + 5.5 + 8.1 = 25$

$R_2. = 10 + 5.5 + 3.5 + 2.12 = 33$

$R_3. = 9 + 11 + 14 + 13 + 15 = 62$

$$H = \frac{12}{N(N+1)} \sum R_j.^2 / n_i - 3(N+1) = \frac{12}{15 \times 16}\left(\frac{25^2}{5} + \frac{33^2}{5} + \frac{62^2}{5}\right) - 3 \times 16$$

$$= 7.580$$

發生同順位時，需要補正，補正係數 c 為（g 表同順位之組數，t_j 表第 j 個同順位組的個體數）

$$c = 1 - \frac{\sum\limits_{j=1}^{g}(t_j^{\,3} - t_j)}{N^3 - N} = 1 - \frac{(2^3 - 2) \times 2}{15^3 - 15} = 1 - 0.00357 = 0.99643$$

補正後的 $H = 7.580/0.9964 = 9.607$

$$H = 7.607 > \chi^2(2, 0.05) = 5.991$$

在顯著水準 5% 下，否定 H_0，反應溫度有差異。

(2) 多重比較檢定

- Scheffe 型

$\overline{R}_{1.} = 25/5 = 5.0$, $\overline{R}_{2.} = 33/5 = 6.6$, $\overline{R}_{3.} = 62/5 = 12.4$

平均順位之差的否定域臨界值（ c 為同順位的補正係數）為：

$$[\chi^2_{0.05}(2)]^{1/2}\sqrt{\frac{N(N+1)}{12}\left(\frac{1}{n_i}+\frac{1}{n_j}\right)\cdot c} = (5.99146)^{1/2}\sqrt{\frac{15\times 6}{12}\left(\frac{1}{5}+\frac{1}{5}\right)\times 0.99643}$$

$$= 6.911$$

$|\overline{R}_{1.} - \overline{R}_{2.}| = 1.6$, $|\overline{R}_{2.} - \overline{R}_{3.}| = 5.8$, $|\overline{R}_{1.} - \overline{R}_{3.}| = 7.4$

由比較知，A_1 與 A_3 有差異，其他之間無差異。

- Tukey-Cramer 型

$$q_{0.05}(3, \infty)\sqrt{\frac{N(N+1)}{12}\cdot\frac{1}{2}\left(\frac{1}{n_i}+\frac{1}{n_j}\right)\cdot c} = 3.3145\sqrt{\frac{15\times 16}{12}\cdot\frac{1}{2}\left(\frac{1}{5}+\frac{1}{5}\right)\cdot 0.99643}$$

$$= 6.617$$

- Bonferroni 型

$$Z_{0.05/(k(k-1))}\sqrt{\frac{N(N+1)}{12}\cdot\left(\frac{1}{n_i}+\frac{1}{n_j}\right)\cdot c} = 2.394\sqrt{\frac{15\times 16}{12}\cdot\left(\frac{1}{5}+\frac{1}{5}\right)\cdot 0.99643}$$

$$= 6.759$$

> 例 *
>
> 　　如上例將水準 A_1 當作過去的標準設定值，A_2, A_3 當做此次改善的設定值，試檢定 A_1 與 $A_2 \sim A_3$ 之間有無差異。

【解】

$$|\overline{R}_{1.} - \overline{R}_{2.}| = 1.6,\ |\overline{R}_{1.} - \overline{R}_{3.}| = 7.4$$

否定域臨界值為

$$Z_{0.05/2(k-1)} \sqrt{\frac{N(N+1)}{12} \cdot \left(\frac{1}{n_i} + \frac{1}{n_j} \right) \cdot c} = 2.242 \sqrt{\frac{15 \times 16}{12} \cdot \left(\frac{1}{5} + \frac{1}{5} \right) \cdot 0.99643}$$

$$= 6.330$$

知在顯著水準 5% 下，A_1 與 A_3 有差異，A_2 與 A_3 之間無差異。

■ Steel-Dwass 的檢定法

這是對應 Tukey 的多重比較的無母數多重比較法。

檢定的步驟如下：

步驟 1　明示推測的對象族

$$F = \{ H_{\{1, 2\}}, H_{\{1, 3\}}, \cdots, H_{\{1, a\}}, H_{\{2, 3\}}, \cdots, H_{\{a-1, a\}} \}$$

虛無假設 $H_0 : \mu_i = \mu_j \quad (i < j)$

對立假設 $H_1 : \mu_i \neq \mu_j$

步驟 2　決定顯著水準 α，大多取成 0.05 或 0.01。

步驟 3　蒐集數據。

步驟 4　對所有的第 i 與第 j 組的組合（$i < j$）重複步驟 5 ～步驟 6。

步驟 5　將第 i 組與第 j 組合成由小而大排出順位，第 i 組的第 k 個數據的順位記為 r_{ik}。

步驟 6　計算第 i 組的順位和 R_{ij} 及在該虛無假設下的期待值 $E(R_{ij})$ 與變異數 $V(R_{ij})$

$$R_{ij} = r_{i1} + r_{i2} + \cdots + r_{in_i}$$

$$N_{ij} = n_i + n_j$$

$$E(R_{ij}) = \frac{n_i (N_{ij} + 1)}{2}$$

$$V(R_{ij}) = \frac{n_i n_j}{N_{ij}(N_{ij} - 1)} \left\{ \sum_{k=1}^{n_i} r_{ik}^2 + \sum_{k=1}^{n_j} r_{jk}^2 - \frac{N_{ij}(N_{ij} + 1)}{4} \right\}$$

步驟 7　計算檢定統計量

$$t_{ij} = \frac{R_{ij} - E(R_{ij})}{\sqrt{V(R_{ij})}}$$

步驟 8　如 $|t_{ij}| \geq q_a(a, \infty) / \sqrt{2}$ 則否定 $H_{\{i, j\}}$，判斷 μ_i 與 μ_j 有差異。

如 $|t_{ij}| < q_\alpha(a, \infty)/\sqrt{2}$ 則保留 $H_{\{i, j\}}$。此處 $q_\alpha(a, \infty)$ 是自由度 α 的標準距的上側 $100\alpha\%$ 的點（查附表 27）。

例 *

　　爲了比較 4 種方法（$A_1 \sim A_2$）針對某特性組隨機取樣之後，得出下表，試檢討哪一方法之間有顯著差。

方法（組）	組數	數　　據									
A_1	11	6.9	7.5	8.5	8.4	8.1	8.7	8.9	8.2	7.8	7.3	6.5
A_2	10	9.6	9.4	9.5	8.5	9.4	9.9	8.7	8.1	7.8	8.8	
A_3	10	5.7	6.4	6.8	7.8	7.6	7.0	7.7	7.5	6.8	5.9	
A_4	11	7.6	8.7	8.5	8.8	9.0	9.2	9.3	8.0	7.2	7.9	7.8

【解】

　　步驟 1　如下設定推測的對象族。

$$F = \{H_{\{1, 2\}}, H_{\{1, 3\}}, H_{\{1, 4\}}, H_{\{2, 3\}}, H_{\{2, 4\}}, H_{\{3, 4\}}\}$$

　　步驟 2　顯著水準當作 $\alpha = 0.05$。

　　步驟 3　得出如下表的數據。

　　步驟 4　$i = 1, j = 2$

　　步驟 5　合併第 1 組與第 2 組由小而大設定順位，得出如下表。

合併第 1 組與第 2 組後之順位

方法（組）	組數	順位 r_{1k}（上段）與 r_{2k}（下段）									
A_1	11	2	4	11.5	10	7.5	13.5	16	9	5.5	3	1
A_2	10	20	17.5	19	11.5	17.5	21	13.5	7.5	5.5	15	

　　步驟 6　計算第 1 組的順位和 R_{12} 及在該虛無假設下之期待值 $E(R_{12})$ 與變異數 $V(R_{12})$。

$$R_{12} = 2 + 4 + 11.5 + 10 + \cdots + 5.5 + 3 + 1 = 83.0$$

$$N_{12} = n_1 + n_2 = 11 + 10 = 21$$

$$V(R_{12}) = \frac{n_1 n_2}{N_{12}(N_{12}-1)} \left\{ \sum_{k=1}^{n_1} r_{1k}^2 + \sum_{k=1}^{n_2} r_{2k}^2 + \frac{N_{12}(N_{12}+1)^2}{4} \right\}$$

$$= \frac{11 \times 10}{21 \times (21-1)} \left\{ 868.0 + 2440.5 - \frac{21 \times (21+1)^2}{4} \right\}$$

$$= 201.012$$

步驟 7　計算檢定統計量 t_{12}

$$t_{12} = \frac{R_{12} - E(R_{12})}{\sqrt{V(R_{12})}} = \frac{83.0 - 121}{\sqrt{201.012}} = -2.68$$

步驟 8　附表知 $q(a, \infty ; \alpha)/\sqrt{2} = q(4, \infty ; 0.05)/\sqrt{2} = 2.590$，$|t_{12}| = 2.689 > 2.569$，因之，$A_1$ 與 A_2 的方法可以說有差異，利用同樣的計算，可得出下表 $|t_{12}|$ 之值。

$|t_{12}|$ 之值

	A_1	A_2	A_3	A_4
A_1		2.680*	2.540	1.283
A_2			3.746*	2.047
A_3				3.384*

其中，有顯著差的組合，在表中加上有 * 記號。

■ Steel 的檢定法

這是對應 Dunnett 的多重比較之無母數檢定法。

第 1 組當作參照組，第 2 組到第 a 組當作處理組。檢定的步驟如下：

步驟 1　明示推測的對象族

$$F = \{H_{\{1, 2\}}, H_{\{1, 3\}}, \cdots, H_{\{1, a-1\}}, H_{\{1, a\}}\}$$

步驟 2　明示對立假設

(1)$H_{\{1, i\}}^A : \mu_1 \neq \mu_i$

(2)$H_{\{1, i\}}^A : \mu_1 > \mu_i$

(3)$H_{\{1, i\}}^A : \mu_1 < \mu_i$

步驟 3　決定顯著水準 α，一般定為 0.01 或 0.05。

步驟 4　蒐集數據。

步驟 5　就所有的 $i = 2, 3, \cdots, a$ 重複以下的步驟 6 ～步驟 10。

步驟 6　將第 1 組與第 i 組合成由小大排出順位，第 1 組的第 k 個數據之順位記為 r_{1k}。

步驟 7　計算第 1 組的順位和 R_{1i} 及在虛無假設下的期待值 $E(R_{1i})$ 與變異數 $V(R_{1i})$

$$R_{1i} = r_{11} + r_{12} + \cdots + r_{1n}$$

$$N_{1i} = n_1 + n_i$$

$$E(R_{1i}) = \frac{n_1(N_{1i} + 1)}{2}$$

$$V(R_{1i}) = \frac{n_1 n_i}{N_{1i}(N_{1i} - 1)} \left\{ \sum_{k=1}^{n_1} r_{1R}^2 + \sum_{k=1}^{n_i} r_{iR}^2 - \frac{N_{1i}(N_{1i} + 1)^2}{4} \right\}$$

如無同順位時

$$V(R_{1i}) = \frac{n_1 n_i (N_{1i} + 1)}{12}$$

步驟 8　計算檢定統計量 t_{1i}

$$t_{1i} = \frac{R_{1i} - E(R_{1i})}{\sqrt{V(R_{1i})}}$$

步驟 9　利用下式求 ρ

$$\rho = \frac{n_2}{n_2 + n_1} \quad (\text{注意假定 } n_2 = n_3 = \cdots = n_a)$$

步驟 10　對立假設為 (1) 時，

如 $|t_{1i}| \geq d_\alpha(a, \infty, \rho)$，則否定 $H_{\{1, i\}}$，

$|t_{1i}| < d_\alpha(a, \infty, \rho)$，則保留 $H_{\{1, i\}}$。

對立假設為 (2) 時，

如 $|t_{1i}| \geq d_\alpha'(a, \infty, \rho)$，則否定 $H_{\{1, i\}}$，

$|t_{1i}| < d_\alpha'(a, \infty, \rho)$，則保留 $H_{\{1, i\}}$。

對立假設為 (3) 時，

如 $t_{1i} \leq -d_\alpha'(a, \infty, \rho)$，則否定 $H_{\{1, i\}}$，

$t_{1i} > -d_\alpha'(a, \infty, \rho)$，則保留 $H_{\{1, i\}}$。

例 *

　　為了比較 2 種方法 A_2, A_3 與參照組 A_1，就特性值隨機取樣得出如下表，試檢討 A_2 及 A_3 之組與參照組 A_1 是否有顯著差。

方法（組）	組數	數　　據									
A_1	10	50	55	65	63	60	68	69	60	52	49
A_2	10	80	86	74	66	79	81	70	62	60	72
A_3	10	42	48	58	63	62	55	63	60	53	45

【解】

步驟 1　如下設定推測的對象族。

$$F = \{H_{\{1,2\}}, H_{\{1,3\}}\}$$

步驟 2　明示對立假設

$$H^A_{\{1,2\}} : \mu_1 \neq \mu_2$$

$$H^A_{\{1,2\}} : \mu_1 \neq \mu_3$$

步驟 3　顯著水準當作 $\alpha = 0.05$ 。

步驟 4　得出如上表。

步驟 5　i 當作 2（$i = 2$）。

步驟 6　合併第 1 組與第 2 組由小而大排出順位即為如下：

方法（組）	組數	順位 r_{1k}（上段）與 r_{2k}（下段）									
A_1	10	2	4	10	9	6	12	13	6	3	1
A_2	10	18	20	16	11	17	19	14	8	6	15

步驟 7　計算第 1 組的順位和 R_{12} 及在該虛無假設下的期待值 $E(R_{12})$ 及變異數 $V(R_{12})$ 。

$$R_{12} = 2 + 4 + 10 + \cdots + 6 + 3 + 1 = 66$$

$$N_{12} = n_1 + n_2 = 10 + 10 = 20$$

$$E(R_{12}) = \frac{n_1(N_{12}+1)}{2} = \frac{10 \times (20+1)}{2} = 105$$

$$V(R_{12}) = \frac{n_1 n_2}{N_{12}(N_{12}-1)} \left\{ \sum_{k=1}^{n_1} r_{1k}^2 + \sum_{k=1}^{n_2} r_{2k}^2 - \frac{N_{12}(N_{12}+1)^2}{4} \right\}$$

$$= \frac{10 \times 10}{20 \times (20-1)} \left\{ 596 + 2272 - \frac{20 \times (20+1)^2}{4} \right\}$$

$$= 174.474$$

步驟 8　計算檢定統計量 t_{12}

$$t_{12} = \frac{R_{12} - E(R_{12})}{\sqrt{V(R_{12})}} = \frac{66-105}{\sqrt{174.474}} = -2.953$$

步驟 9　求 ρ 值

$$\rho = \frac{n_2}{n_1 + n_2} = \frac{10}{10+10} = 0.5$$

步驟 10　由附表 28 知 $d_a(a, \infty, \rho) = d_{0.05}(3, \infty, 0.5) = 2.212$，因 $|t_{12}|$ = 2.953 > 2.212，所以 A_1 與 A_2 之間有差異，進行同樣的變算，得 $|t_{13}|$= 1.176 。因之，A_1 與 A_3 之間看不出有差異。

■ Shirley-Williams 檢定

　　第 1 組當作參照組，第 2 組到第 a 組當作處理組，對於表示 a 個組的位置參數 μ_i（i = 1, 2, $\cdots$, a）來說，設想有如下關係：

$$\mu_1 \leq \mu_2 \leq \cdots \leq \mu_a \tag{1}$$

　　或者

$$\mu_1 \geq \mu_2 \geq \cdots \geq \mu_a \tag{2}$$

考察 μ_1 與其他參數 μ_i（i = 2, 3, $\cdots$, a）的成對比較。以下以 (1) 來說明。本節所敘述的方法是 Williams 法（參考第 9 章）的無母數統計版。
設定推測對象的集合為

$$F = \{H_{\{1, 2, \dots, a\}}, H_{\{1, 2, \dots, a-1\}}, \cdots, H_{\{1, 2, 3\}}, H_{\{1, 2\}}\}$$

對於屬於此集合的各個虛無假設

$$H_{\{1, 2, \dots, p\}} : \mu_1 = \mu_2 = \cdots = \mu_p \ (p = 2, 3, \cdots, a)$$

對立假設設為

$$H^A_{\{1, 2, \dots, p\}} : \mu_1 \leq \mu_2 \leq \ \cdots \ \leq \mu_p（至少有一個「$\leq$」是 <）$$

當否定虛無假設 $H_{\{1, 2, \dots, p\}}$ 時，判斷「μ_p 比 μ_1 大」，今將步驟整理如下：

步驟 1　明示推測對象的集合。

$$F = \{H_{\{1, 2, \dots, a\}}, H_{\{1, 2, \dots, a-1\}}, \cdots, H_{\{1, 2, 3\}}, H_{\{1, 2\}}\}$$

步驟 2　決定顯著水準 α。通常取 0.05 或 0.01。

步驟 3　設 $p = a$。

步驟 4　從第 1 組到第 p 組全部合在一起從值小起設定順位，第 i 組的第 k 個數據的順位表示為 r_{ik}。

步驟 5　針對 $k = 1, 2, \cdots, p$，計算第 i 組的順位和 R_{ip}。

$$R_{ip} = r_1 + r_2 + \cdots + r_{in_i} \ (i = 1, 2, \cdots, p)$$

步驟 6　計算如下的統計量。

$$y_{2p} = \frac{R_{2p} + R_{3p} + \cdots + R_{pp}}{n_2 + n_3 + \cdots + n_p}$$

$$y_{3p} = \frac{R_{3p} + \cdots + R_{pp}}{n_3 + \cdots + n_p}$$

$$\cdots$$

$$y_{pp} = \frac{R_{pp}}{n_p}$$

步驟 7　求 $y_{2p}, y_{3p}, \cdots, y_{pp}$ 的最大值 M_p。

$$M_p = \max\{y_{2p}, y_{3p}, \cdots, y_{pp}\}$$

步驟 8　計算統計量 U_{1p} 及變異數 V_p。

$$U_{1p} = \frac{R_{1p}}{n_1}$$

$$V_p = \frac{1}{N_p - 1}\left\{\sum_{i=1}^{p}\sum_{k=1}^{n_i} r_{ik}^2 - \frac{N_p(N_p + 1)^2}{4}\right\}$$

$$N_p = n_1 + n_2 + \cdots + n_p$$

步驟 9　計算檢定統計量 t_p。

$$t_p = \frac{M_p - U_{1p}}{\sqrt{V_p\left(\dfrac{1}{n_p} + \dfrac{1}{n_1}\right)}}$$

步驟 10　查 Williams 的附表 32-1 或 32-2 求 $w(p, \infty; \alpha)$。如果 $t_p < w(p, \infty; \alpha)$，則保留 $H_{\{1, 2, \ldots, p\}}$，結束檢定步驟。如果 $t_p \geq w(p, \infty; \alpha)$，則否定 $H_{\{1, 2, \ldots, p\}}$，判斷「μ_p 比 μ_1 大」，再進入到步驟 11。

步驟 11　如 $p = 2$ 則結束步驟。當 $p \geq 3$ 時，將 p 值減 1 後重新當作 p，再從步驟 4 起重複操作。

【註】如設想是 (2) 的關係時，以上的步驟 7、步驟 9、步驟 10 如下變更即可。

步驟 7′　求出 y_{2p}, y_{3p}, $\cdots$, y_{pp} 的最小值 m_p。

$$m_p = \min\{y_{2p}, y_{3p}, \cdots, y_{pp}\}$$

步驟 9′　計算檢定統計量 t_p

$$t_p = \frac{U_{1p} - m_p}{\sqrt{V_e\left(\dfrac{1}{n_1} + \dfrac{1}{n_p}\right)}}$$

步驟 10′　查 Williams 的附表 32-2 求 $w(p, \infty\,;\alpha)$。如 $t_p < w(p, \infty\,;\alpha)$ 則保留 $H_{\{1, 2, \ldots, p\}}$，結束檢定步驟。如 $t_p \geq w(p, \infty\,;\alpha)$ 則否定 $H_{\{1, 2, \ldots, p\}}$，判定「μ_p 比 μ_1 小」，再進入步驟 11。

例 *

　　如藥劑 A 的用量增加時，今對藥劑 A 的用量增加時，特性值是否增加感到好奇。因此，將藥劑 A 的用量設定成 4 階段，A_1 當作參考組，就下表來說，與 A_1 有顯著差的組是從第幾組以後呢？

組	用量	大小					數		據				
A_1	0	12	13	23	8	17	25	34	18	26	10	28	18	21
A_2	10	12	26	22	30	38	15	24	18	11	21	30	31	23
A_3	20	12	22	10	29	37	22	13	29	28	21	16	21	26
A_4	40	12	26	34	30	45	17	19	27	18	36	24	25	31

【解】

步驟 1　如下設定集合。

$$F = \{H_{(1, 2, 3, 4)},\ H_{(1, 2, 3)},\ H_{(1, 2)}\}$$

步驟 2　顯著水準 α 當作 0.05。

步驟 3　p 當作 4。

步驟 4　第 1 組到第 4 組全部數據由小而大設定順位，得出如下。

組	順位 r_{ik}												R_{i4}
A_1	5.5	23.5	1	9.5	27.5	43.5	12.5	30.5	2.5	34.5	12.5	17.5	220.5
A_2	30.5	21	39	47	7	25.5	12.5	4	17.5	39	41.5	23.5	308
A_3	21	2.5	36.5	46	21	5.5	36.5	34.5	17.5	8	17.5	30.5	277
A_4	30.5	43.5	39	48	9.5	15	33	12.5	45	25.5	27.5	41.5	370.5

步驟 5(1)　針對 $i = 1, 2, 3, 4$，計算第 i 組的順位和 R_{i4}，得出上表的最右側。

步驟 6(1)　計算如下統計量。

$$y_{24} = \frac{R_{24} + R_{34} + R_{44}}{n_2 + n_3 + n_4} = \frac{308 + 377 + 370.5}{12 + 12 + 12} = 26.542$$

$$y_{34} = \frac{R_{34} + R_{44}}{n_3 + n_4} = \frac{377 + 370.5}{12 + 12} = 26.979$$

$$y_{44} = \frac{R_{44}}{n_4} = \frac{370.5}{12} = 30.875$$

步驟 7(1)　求最大值 M_4。

$$M_4 = \max\{y_{24}, y_{34}, y_{44}\} = 30.875$$

步驟 8(1)　計算統計量 U_{14} 及變異數 V_4。

$$U_{14} = \frac{R_{14}}{n_1} = \frac{220.5}{12} = 18.375$$

$$N_4 = n_1 + n_2 + n_3 + n_4 = 12 + 12 + 12 + 12 = 48$$

$$V_4 = \frac{1}{N_4 - 1}\left\{\sum_{i=1}^{p}\sum_{k=1}^{n_i} r_{ik}^2 - \frac{N_4(N_4 + 1)^2}{4}\right\}$$

$$= \frac{1}{48 - 1}\left\{5.5^2 + 23.5^2 + \cdots + 41.5^2 - \frac{48 \times (48 + 1)^2}{4}\right\}$$

$$= 195.487$$

步驟 9(1)　計算檢定統計量 t_4。

$$t_4 = \frac{M_4 - U_{14}}{\sqrt{V_4\left(\dfrac{1}{n_4} + \dfrac{1}{n_1}\right)}} = \frac{30.875 - 18.375}{\sqrt{195.489\left(\dfrac{1}{12} + \dfrac{1}{12}\right)}} = 2.190$$

步驟 10(1)　由 Williams 的附表 32-2 知 $t_4 = 2.190 \geq w(4, \infty ; 0.05) = 1.739$，因之否定 $H_{\{1, 2, 3, 4\}}$，判定「μ_4 比 μ_1 大」。

步驟 11(1)　設 $p = 4 - 1 = 3$。

步驟 4(2)　從第 1 組到第 3 組全部合在一起，由小者起設定順位得出如下表。

組	順位 r_{ik}											R_{i3}
A_1	5.5	20.5	1	9	23	34	11	25	2.5	27.5	11	14.5
A_2	25	18	31.5	36	7	22	11	4	14.5	31.5	33	20.5
A_3	18	2.5	29.5	35	18	5.5	29.5	27.5	14.5	8	14.5	25

步驟 5(2)　針對 $i = 1, 2, 3$ 計算第 i 組的順位和 R_{i3}，表示在上表的右側。

步驟 6(2)　計算如下統計量。

$$y_{23} = \frac{R_{23} + R_{33}}{n_2 + n_3} = \frac{254 + 227.5}{12 + 12} = 20.063$$

$$y_{33} = \frac{R_{33}}{n_3} = \frac{227.5}{12} = 18.958$$

步驟 7(2)　求最大值 M_3。

$$M_3 = \max\{y_{23}, y_{33}\} = 20.063$$

步驟 8(2)　計算統計量 U_{13} 及變異數 V_3。

$$U_{13} = \frac{R_{13}}{n_1} = \frac{184.5}{12} = 15.375$$

$$N_3 = n_1 + n_2 + n_3 = 12 + 12 + 12 = 36$$

$$V_3 = \frac{1}{N_3 - 1}\left\{\sum_{i=1}^{p}\sum_{k=1}^{n_i} r_{ik}^2 - \frac{N_3(N_3+1)^2}{4}\right\}$$

$$= \frac{1}{36 - 1}\left\{5.5^2 + 20.5^2 + \cdots + 25^2 - \frac{36 \times (36+1)^2}{4}\right\}$$

$$= 110.600$$

步驟 9(2)　計算檢定統計量。

$$t_3 = \frac{M_3 - U_{13}}{\sqrt{V_3\left(\dfrac{1}{n_3} + \dfrac{1}{n_1}\right)}} = \frac{20.063 - 15.375}{\sqrt{110.600\left(\dfrac{1}{12} + \dfrac{1}{12}\right)}} = 1.092$$

步驟 10(2)　查 Williams 的附表 32-2，$t_3 = 1.092 < w(3, \infty ; 0.05) = 1.716$，因之保留 $H_{\{1, 2, 3\}}$，結束檢定步驟。

由以上知，第 4 組的用量之母平均 μ_4 與 μ_1 有顯著差。

■ Friedman 檢定法

檢定 k 組成對樣本是否來自相同的母體。當 k 組樣本所來自母體具有相同的水準，則各組樣本的等級和 R_i 相去不遠，如各組樣本的等級和相去甚多時，表示母體不具有相同之水準，故當 χ^2 大時，應拒絕 H_0：k 組母體具有相同的水準。

檢定步驟為：

1. 將觀測值歸入 k 行（行代表狀況），n 列（列代表樣本組）的表中，按各樣本組排列每一觀測值，從小而大給與從 1 起之等級，加總各狀況的等級和 R_i。

2. 計算統計量

$$\chi_r^{\,2} = \frac{12}{nk(k+1)} \sum_{i=1}^{k} R_i^{\,2} - 3n(k+1)$$

當 $k = 3$，$n = 2 \sim 9$，或 $k = 4$，$n = 2 \sim 4$ 時，查 Friedman 檢定表 23 得機率值 p，若 $p \leq \alpha$，拒絕 H_0（水準一致）。

當 k 及 n 皆超過以上的情形，$\chi_r^{\,2}$ 分配接近卡方分配，若 $\chi_r^{\,2} > \chi_\alpha^2(k-1)$ 時，拒絕 H_0。

例 *

訪問 9 位行人對 5 位競選者 A, B, C, D, E 的政見，表示贊成態度的程度如下，試以 $\alpha = 0.05$ 檢定 5 位競選者的政見是否一樣被贊成？其中，5 表非常贊成，4 表贊成，3 表無意見，2 表不贊成，1 表非常不贊成。

競選者 行　人	A	B	C	D	E
1	3	2	5	4	1
2	2	1	3	5	4
3	1	3	4	5	2
4	3	1	4	5	2
5	3	1	2	.5	4

競選者 行　人	A	B	C	D	E
6	3	2	4	5	1
7	5	3	4	2	1
8	2	3	4	5	1
9	5	2	3	4	1

【解】

$\begin{cases} H_0: \text{五位競選者的政見一樣被支持} \\ H_1: \text{五位競選者的政見被贊成的程度不同} \end{cases}$

$R_1 = 27, R_2 = 18, R_3 = 33, R_4 = 40, R_5 = 17$

$n = 9, k = 5$

$\chi_r^2 = \dfrac{12}{9(5)(5+1)}[21^2 + 18^2 + 33^2 + 40^2 + 17^2] - 3(9)(5+1) = 17.16$

$v = 5 - 1 = 4, \chi_r^2 = 17.16 > \chi_{0.05}^2(4) = 9.49$

差異顯著，故拒絕 H_0，表示 5 位競選者的政見，被贊成的程度可能不同。

例*

下表是某點心店從星期一到星期日為止五種點心 $(B_1, \cdots, B_5)$ 的銷售個數，此數據想成隨機樣本，試調查銷售個數的母體分配是否因點心種類而有不同？

點心 星期	B_1	B_2	B_3	B_4	B_5
A_1	14	13	20	12	19
A_2	16	10	18	13	14
A_3	21	18	15	13	25
A_4	11	13	12	11	14
A_5	16	13	15	15	17
A_6	20	10	19	11	21
A_7	13	12	21	16	23

【解】

設 H_0：各點心銷售個數的分配相同

H_1：各點心銷售個數的分配不同

$\sum R_i^2 = 22.5^2 + 13^2 + 24.5^2 + 13^2 + 32^2 = 2468.5$

$\chi^2 = \dfrac{12(2468.5)}{7 \cdot 5 \cdot 6} - 3 \cdot \cdot 7 \cdot 6 = 15.06$

$\chi_{0.05}^2(4) = 9.49$, $\chi_0^2 > \chi_{0.05}^2(4)$, $(\nu = 5 - 1)$

∴拒絕 H_0。

點心的順位分數表

	B_1	B_2	B_3	B_4	B_5
A_1	3	2	5	1	4
A_2	4	1	5	2	3
A_3	4	3	2	1	5
A_4	1.5	4	3	1.5	5
A_5	4	1	2.5	2.5	5
A_6	4	1	3	2	5
A_7	2	1	4	3	5
計	22.5	13.0	24.5	13.0	32.0

例*

以下數據是用藥中的心跳數，按用藥前，用藥 1 分後，5 分後，10 分後所蒐集者

患者	用藥前	1 分後	5 分後	10 分後
甲	67	92	87	68
乙	92	112	94	90
丙	58	71	69	62
丁	61	90	83	66
戊	72	85	72	69

試以 $\alpha = 0.025$ 檢定心跳數是否因用藥而有不同？

【解】

H_0：用藥前與用藥後的心跳數一致

H_1：用藥前與用藥後的心跳數不一致

患者	用藥前	1 分後	5 分後	10 分後
甲	1	4	3	2
乙	2	4	3	1
丙	1	4	3	2
丁	1	4	3	2
戊	2.5	4	2.5	1
R_i	7.5	20	14.5	8

$$\chi_r^2 = \frac{12}{5 \times 4 \times (4+1)}[7.5^2 + 20^2 + 14.5^2 + 8^2] - 3 \cdot 5 \cdot (4+1) = 12.66$$

$v = 4 - 1 = 3$, $\chi_{0.025}^2(3) = 9.348$

$\chi_r^2 = 12.66 > \chi_{0.025}^2(3) = 9.348$

∴拒絕 H_0，表示心跳數隨用藥時間的改變而發生變化。

例*

東海公司生產 A, B, C 三種不同口味的牛乳，經理想知道這三種口味的銷售量有無差異，在相同的 7 家銷售店，銷售一個月後，得到銷售量資料如下（單位：萬瓶），試問三種口味是否有顯者差異。

口味\銷售店	A	B	C
1	37	19	26
2	53	28	56
3	45	32	31
4	54	46	42
5	43	38	48
6	44	30	34
7	58	51	40

在 $\alpha = 0.05$ 下檢定三種口味的銷售有無差異。

【解】

$\begin{cases} H_0: \text{三種口味的平均銷售量無差異} \\ H_1: \text{三種口味的平均銷售量有差異} \end{cases}$

就各銷售店將三種口味排序求等級和如下：

銷售店	A	等級	B	等級	C	等級
1	37	3	19	1	26	2
2	53	2	28	1	56	3
3	45	3	32	2	31	1
4	54	3	46	2	42	1
5	43	2	38	1	48	3
6	44	3	30	1	34	2
7	58	3	51	2	40	1
		$R_1 = 19$		$R_2 = 10$		$R_3 = 13$

$$\chi_r^2 = \frac{12}{7 \times 3 \times (3+1)}(19^2 + 10^2 + 13^2) - 3 \times 7 \times (3+1)$$

$$= 90 - 84$$

$$= 6 > \chi_{0.05}^2(2) = 5.99149$$

所以，H_0 是顯著的，即三種口味銷售量有顯著不同。

例*

　　東海公司生產 A, B, C 三種不同口味的牛乳，今在頂好超市分成上午、中午、下午三個時段進行銷售，銷售一個月後得到銷售資料如下（單位：萬瓶），問三種口味的平均銷售量是否有所不同？又，三個時段的平均銷售量是否有所不同？

	A	B	C
上午	37	19	26
中午	53	28	56
下午	45	32	31

(1) 以 $\alpha = 0.05$ 檢定三種口味的平均銷售量是否有差異？

(2) 以 $\alpha = 0.05$ 檢定三個時段的平均銷售量是否有差異？

【解】

(1) H_0：三種口味的平均銷售量無差異

	A	B	C
上午	3	1	2
中午	2	1	3
下午	3	2	1
	$R_1 = 8$	$R_2 = 4$	$R_3 = 6$

$$\chi_r^{\,2} = \frac{12}{3 \times 3 \times (3+1)}[11^2 + 4^2 + 6^2] - 3 \cdot 3 \cdot (3+1) = 41.3$$

$\chi_{0.05}^2(2) = 5.99 \quad \therefore \chi_r^{\,2} > 5.99$

故拒絕 H_0，三種口味的平均銷售量有可能不同。

(2) H_0：三個時段的的平均銷售量無差異

	A	B	C	
上午	1	1	1	$R_1 = 3$
中午	3	2	3	$R_2 = 8$
下午	2	3	2	$R_3 = 7$

$$\chi_r^{\,2} = \frac{12}{3 \times 3(3+1)}[3^2 + 8^2 + 7^2] - 3 \cdot 3(3+1) = 4.6 < 5.99$$

$\therefore$ 接受 H_0，三個時段的平均銷售量並無不同。

例*

4 種品牌的洗衣粉 A, B, C, D 同時在六個大賣場中銷售，在 $\alpha = 0.05$ 下，試比較此 4 種品牌洗衣粉之銷售量有無差異，銷售資料如下（單位：百萬元）。

賣　場	A	B	C	D
賣場 1	72	65	70	68
賣場 2	77	83	85	88
賣場 3	90	85	87	87
賣場 4	88	84	82	85
賣場 5	83	77	95	70
賣場 6	72	67	66	64

【解】

(1) H_0：4 種品牌洗衣粉之銷售量無差異

(2) 計算統計量

	A	等級	B	等級	C	等級	D	等級
賣場 1	72	4	65	1	70	3	68	2
賣場 2	77	1	83	2	85	3	88	4
賣場 3	90	4	85	1	87	2.5	87	2.5
賣場 4	88	4	84	2	82	1	85	3
賣場 5	83	4	77	3	75	2	70	1
賣場 6	72	4	67	3	66	2	64	1
		$R_1 = 21$		$R_2 = 12$		$R_3 = 13.5$		$R_4 = 13.5$

$$\chi_r^2 = \frac{12}{6 \times 4 \times (4+1)}[21^2 + 12^2 + 13.5^2 + 13.5^2] - 3 \times 6 \times (4+1) = 4.95$$

(3) 決第法則

$\chi_{0.05}^2(3) = 7.82$，$\chi_r^2 < 7.82$，在顯著水準 $\alpha = 0.05$ 下，接受：H_0，

(4) 結論

在顯著水準 $\alpha = 0.05$ 下，4 種品牌洗衣粉之銷售量無顯著差異。

例*

　　台灣銀行聘請 5 位專家評估 4 家分行之服務品質，每位專家分別對 4 分行給與評分，結果如下：

專家 \ 分行	甲	乙	丙	丁
1	71	62	84	75
2	78	74	88	76
3	76	67	90	80
4	83	68	92	84
5	80	63	96	77

試問 4 家分行之服務品質是否有差異（$\alpha = 0.05$）？

【解】

H_0：4 家分行的服務品質相同

H_1：4 家分行的服務品質不相同

分行（i）	1（順位）	2（順位）	3（順位）	4（順位）	5（順位）	R_i
甲	71(2)	78(3)	76(2)	83(2)	80(2)	11
乙	62(1)	74(1)	67(1)	68(1)	63(1)	5
丙	84(4)	88(4)	90(4)	92(4)	96(4)	20
丁	75(3)	76(2)	80(3)	84(3)	87(3)	14

$$\chi_r = \frac{12}{nk(k+1)}\left\{\sum_{i=1}^{k}R_i^2\right\} - 3n(k+1)$$

$$= \frac{12}{5 \times 4(4+1)}\{11^2 + 5^2 + 20^2 + 14^2\} - 3(5)(4+1)$$

$$= 14.04 > \chi_{0.05}^2(3) = 7.815$$

∴ 拒絕 H_0，亦即，在顯著水準 $\alpha = 0.05$ 下，有充分證據顯示 4 家分行之服務品質有顯著差異。

■ k 組成對樣本的多重比較

Friedman 檢定的結果，假定 k 組的效果不均一，有顯著差，想知道何者之間有差異，可以使用多重比較。

k 組成對樣本之資料

組 區	A_1	A_2	$\cdots$	A_k
B_1	x_{11}	x_{21}		x_{1k}
B_2	x_{12}	x_{22}	$\cdots$	x_{2k}
$\vdots$	$\vdots$	$\vdots$	$\vdots$	$\vdots$
B_n	x_{n1}	x_{n2}		x_{nk}

各區排出之順位

組 區	A_1	A_2	$\cdots$	A_k
B_1	R_{11}	R_{21}		R_{k1}
B_2	R_{12}	R_{22}	$\cdots$	R_{k2}
$\vdots$	$\vdots$	$\vdots$	$\vdots$	$\vdots$
B_n	R_{1n_1}	R_{2n_2}		R_{kn_k}
順位和	$R_{\cdot 1}$	$R_{\cdot 2}$	$\cdots$	$R_{\cdot k}$

此可考慮以下兩種情形：(1) 所有 2 組間之比較；(2) 與參照組之比較。

對於 (1) 來說，列舉 Scheffe 型、Tukey 型與 Bonferroni 型；對於 (2) 來說列舉 Bonferroni 型的多重比較來說明。

(1) 所有 2 組間之比較

　• Scheffe 型

$$|\bar{R}_{\cdot i} - \bar{R}_{\cdot j}| \geq [\chi^2(k-1,\alpha)]^{1/2} \sqrt{\frac{k(k+1)}{6n}}$$

　• Tukey 型

第 i 與第 j 組的平均順位設為 $\bar{R}_{\cdot i}$, $\bar{R}_{\cdot j}$ 時，當滿足下列條件時，判定 2 組在顯著水準 α 下，有顯著差。

$$|\bar{R}_{\cdot i} - \bar{R}_{\cdot j}| \geq q_\alpha(k,\infty) \sqrt{\frac{k(k+1)}{12n}}$$

此處 $q_\alpha(k, \infty)$ 是 k 組，自由度 ∞ 的標準距的 α 點。

　• Bonferroni 型

$$|\bar{R}_{\cdot i} - \bar{R}_{\cdot j}| \geq Z_{\alpha/(k(k-1))} \sqrt{\frac{k(k+1)}{6n}}$$

$Z_{\alpha'}$ 是標準常態分配上側 α' 點。

(2) 與參照組之比較

將第 1 組當作參照組，第 j 組與參照組是否有差異，進行 Bonferroni 型的多重比較。

　• 雙邊檢定時

$$|\bar{R}_{1\cdot} - \bar{R}_{j\cdot}| \geq Z_{\alpha/2(k-1)} \sqrt{\frac{k(k+1)}{6n}}$$

　• 單邊檢定時

$$|\bar{R} - \bar{R}| \geq Z_{\alpha/(k-1)} \sqrt{\frac{k(k+1)}{6n}}$$

時，判定第 1 與第 j 組之間有差異。

例*

　5 種酒 $A_1 \sim A_5$ 由 7 位評審員進行審查。得出如下的等級資料，問酒的好壞是否有差異，使用 Friedman 檢定進行分析，如有差異，使用

多重比較法檢討看看。

審查員＼酒	A_1	A_2	A_3	A_4	A_5
1	2	1	3	4	5
2	1	2	3	4	5
3	2	1	4	3	5
4	3	4	1	5	2
5	1	2	5	4	3
6	1	2	5	3	4
7	2	3	1	5	4
等級和	12	15	22	28	28

【解】

(1) Friedman 檢定

H_0：5 種酒無差異，H_1：5 種酒有差異（至少 1 種與其他不同）

$$y_r^2 = \frac{12}{nk(k+1)} \sum_{j=1}^{k} \left(R_{\cdot j} - \frac{n(k+1)}{2} \right)^2$$

$$= \frac{12}{7 \times 5 \times 6} \left[\left(12 - \frac{7 \times 6}{2}\right)^2 + \left(15 - \frac{7 \times 6}{2}\right)^2 + \left(22 - \frac{7 \times 6}{2}\right)^2 \right.$$

$$\left. + \left(28 - \frac{7 \times 6}{2}\right)^2 + \left(28 - \frac{7 \times 6}{2}\right)^2 \right]$$

$$= 0.05714[9^2 + 6^2 + 1^2 + 7^2 + 7^2] = 12.34$$

$$y^2 = 12.34 > \chi^2(4, 0.05) = 9.488$$

在顯著水準 5% 下，H_0 被否定，知 5 種酒有差異。

(2) 多重比較檢定

各水準的平均順位設為

$\overline{R}_{\cdot 1} = 12/7 = 1.7143,\ \overline{R}_{\cdot 2} = 15/7 = 2.1429,\ \overline{R}_{\cdot 3} = 22/7 = 3.1429$

$\overline{R}_{\cdot 4} = 28/7 = 4.000,\ \overline{R}_{\cdot 5} = 28/7 = 4.000$

$|\overline{R}_{\cdot 1} - \overline{R}_{\cdot 2}| = 0.4286,\ |\overline{R}_{\cdot 1} - \overline{R}_{\cdot 3}| = 1.4286,\ |\overline{R}_{\cdot 1} - \overline{R}_{\cdot 4}| = |\overline{R}_{\cdot 1} - \overline{R}_{\cdot 5}| = 2.2857$

$|\overline{R}_{\cdot 2} - \overline{R}_{\cdot 3}| = 1,\ |\overline{R}_{\cdot 2} - \overline{R}_{\cdot 4}| = |\overline{R}_{\cdot 2} - \overline{R}_{\cdot 5}| = 1.8571$

$$|\overline{R}_{\cdot 3} - \overline{R}_{\cdot 4}| = |\overline{R}_{\cdot 3} - \overline{R}_{\cdot 5}| = 0.8571, \ |\overline{R}_{\cdot 4} - \overline{R}_{\cdot 5}| = 0$$

- Scheffe 型

$$[\chi^2(4, 0.05)]^{1/2} \sqrt{\frac{k(k+1)}{6n}} = (9.48773)^{1/2} \sqrt{\frac{5 \times 6}{6 \times 7}} = 2.603$$

- Tukey 型

$$q_{0.05}(k, \infty) \sqrt{\frac{k(k+1)}{12n}} = q_{0.05}(5, \infty) \sqrt{\frac{5 \times 6}{12 \times 7}} = 83.8577 \times 0.5976 = 2.305$$

- Bonderroni 型

$$Z_{0.05/k(k-1)} \sqrt{\frac{k(k+1)}{6n}} = Z_{0.0025} \sqrt{\frac{5 \times 6}{6 \times 7}} = 2.808 \times 0.84515 = 2.373$$

因之，在顯著水準 5% 下，對任一型來說各對之間不能說有差異。

例 *

　　於上例中，將 A_1 視爲標準品，當作參考處理。A_1 與 $A_2 \sim A_5$ 之間有無差異，使用多重比較檢定（$\alpha = 0.05$）看看。

【解】

與 A_1 之平均順位之差爲

$$|\overline{R}_{\cdot 1} - \overline{R}_{\cdot 2}| = 0.4286, \ |\overline{R}_{\cdot 1} - \overline{R}_{\cdot 3}| = 1.4286, \ |\overline{R}_{\cdot 1} - \overline{R}_{\cdot 4}| = |\overline{R}_{\cdot 1} - \overline{R}_{\cdot 5}| = 2.2857$$

否定域的臨界值爲

$$Z_{\alpha/2(k-1)} \sqrt{\frac{k(k+1)}{6n}} = Z_{0.05/8} \sqrt{\frac{5 \times 6}{6 \times 7}} = 2.498 \times 0.84515 = 2.11$$

在顯著水準 5% 下，知 A_1 與 A_4、A_1 與 A_5 之間有顯著差。

■ Mood's M 檢定

　　針對獨立所抽出的 2 組樣本，檢定所屬母體的標準差是否相等的方法。但此 2 個母體除了標準差有可能不同外，其他方面均假定具有相同的母體。亦即，使用此檢定時，假定第 1 組樣本是從常態母體抽出時，第 2 組的樣本也必須要從常態母體抽出才行。第 1 組樣本所屬母體的平均值與標準差設爲

μ_1, σ_1；第 2 組樣本所屬母體的平均值與標準差設為 μ_2, σ_2 時，雖然 $\sigma_1 \neq \sigma_2$ 是可以的，但必須是 $\mu_1 = \mu_2$。

假定的步驟如下：

1. 設立假設

$H_0 : \sigma_1 = \sigma_2$, $H_1 : \sigma_1 \neq \sigma_2$

$H_0 : \sigma_1 \leq \sigma_2$, $H_1 : \sigma_1 > \sigma_2$

$H_0 : \sigma_1 \geq \sigma_2$, $H_1 : \sigma_1 < \sigma_2$

2. 將 2 組樣本合在一起由測量值小的一方依序決定順位，此順位分數以 r_i 表示（$r_i = 1, 2, \cdots, N$）

3. 針對第 1 組（樣本數少的組）的順位分數，利用下式計算所設定的檢定統計量 M。

$$M = \sum_{r \in I} \left(r_i - \frac{N+1}{2} \right)^2$$

【註】$r \in I$，意指只針對屬於第 1 組的順位分數取和。

4. 如 $N \geq 30$ 時，近似服從常態，可利用下式進行檢定。

$$Z = \frac{M - \mu}{\sqrt{v}}$$

其中 $\mu = \dfrac{n_1(N^2 - 1)}{12}$

$v = \dfrac{n_1 n_2 (N+1)(N^2 - 4)}{180}$

5. 如 $|z| > Z_{\alpha/2}$ 則捨棄 H_0（雙尾）

如 $z > Z_\alpha$ 則捨棄 H_0（右尾）

如 $z < -Z_\alpha$ 則捨棄 H_0（左尾）

例*

以下數據當作滿足 Mood 的檢定條件，試以 $\alpha = 0.05$ 雙邊檢定兩群的母體標準差是否相等。

第 1 組 $n_1 = 14$
419, 421, 430, 440, 451, 459, 470, 510, 550, 557, 563, 570, 576, 584
第 2 組 $n_2 = 16$
460, 466, 471, 473, 480, 485, 492, 493, 504, 516, 517, 520, 522, 528, 532, 540

【解】

將兩組設定順位如下：

419	421	430	440	451	459	460	466	470	471	473	480	485	492	493
(I)	(I)	(I)	(I)	(I)	(I)	(II)	(II)	(I)	(II)	(II)	(II)	(II)	(II)	(II)
1	2	3	4	5	6			9						
504	510	516	517	521	522	528	532	540	550	557	563	590	576	584
(II)	(I)	(II)	(II)	(I)	(II)	(II)	(II)	(II)	(I)	(I)	(I)	(I)	(I)	(I)
									25	26	27	28	29	30

$$\therefore M = \sum (r_i - 15.5)^2 = 1807.5$$

$$\mu = 1048.83$$

$$v = 34565.69$$

$$z = \frac{1807.5 - 1048.83}{\sqrt{34565.69}} = 4.08$$

$$|z| > Z_{0.025} = 1.96$$

$\therefore$ 拒絕 H_0，亦即可以判斷第 1 組樣本的標準差比第 2 組樣本的標準差大（此事由 $M > \mu$ 可以得知）。

■ Moses 檢定

此檢定也是針對獨立所抽出的 2 組樣本檢定所屬母體的標準差是否相等的方法，前項 mood 檢定必須 2 個母體除了標準差外其他均要一致，有此缺點，相對的，本項檢定無此限制，應用的範圍較廣。

檢定的步驟如下：

1.決定整數 k 之值，$k \geq 2$

2.將第 1 組 n_1 個樣本隨機分成各有 k 個的 m_1 個群，此時所發生之多餘的 s 個樣本要作廢。

$$(n_1 = m_1 k + s, \ 0 \leq s < k)$$

3.將第 2 組 n_2 個樣本，隨機分成各有 k 個的 m_2 個群，此時所發生之多餘的 t 個樣本要作廢。

$$(n_2 = m_2 k + t, \ 0 \leq t < k)$$

4.將各群的數據當作 $x_1, x_2, \cdots, x_k$，按各群以下式計算所設定的 C。

$$C = \sum_{i=1}^{k} (x_i - \bar{x})^2$$

將第 1 組所計算的 C 與第 2 組所計算的 C 併在一起，利用 Mann-Whitney U 檢定法進行檢定。

例*

　　下表是隨機抽出男學生 32 人與女學生 37 人統計學的成績，試以雙邊檢定男學生與女學生之成績的標準差是否有差異，$\alpha = 0.05$。

第 1 組男生 $n_1 = 32$
10, 11, 13, 14, 15, 17, 19, 21, 25, 27, 32, 35, 37, 40, 42, 45, 51, 55, 58, 62, 65, 70, 73, 78, 80, 85, 87, 89, 90, 92, 93, 95
第 2 組女生 $n_2 = 37$
33, 34, 35, 37, 38, 39, 40, 42, 43, 44, 45, 47, 49, 50, 51, 52, 54, 55, 56, 58, 59, 60, 61, 62, 64, 65, 66, 67, 69, 70, 72, 73, 74, 75, 78, 79, 80

【解】

　　下表是將 k 當作 3，隨機分割各組的數據，計算各群的 C 值並表示它的等級。

男子 $m_1 = 10$					女子 $m_2 = 12$				
數據			C	等級	數據			C	等級
19	90	27	3025	20	45	74	60	421	6
89	10	40	3181	21	33	47	51	179	4
93	15	32	3365	22	78	43	52	661	12
35	11	70	1761	17	49	44	50	21	1
78	58	92	584	11	61	75	65	104	3
14	55	73	1829	18	42	35	73	818	14
51	21	17	691	13	59	67	66	38	2
80	25	13	2553	19	69	38	64	554	10
45	87	65	883	15	79	80	54	434	7
85	42	62	926	16	62	56	37	341	5
					72	58	40	515	9
					39	70	55	481	8
計			172		計			81	
作廢 95, 37					作廢 34				

就上表的結果，進行 Mann-Whitney U 檢定，如下：

$$U_1 = 10 \times 12 + \frac{12(12+1)}{2} - 172 = 3$$

$$U_2 = 10 \times 12 + \frac{12(12+1)}{2} - 81 = 117$$

$$z = \frac{3 - \dfrac{10 \cdot 12}{2}}{\sqrt{\dfrac{10 \cdot 12 \cdot (10+12+1)}{12}}} = -3.76$$

$\because z < -Z_{0.025} = -1.96$

$\therefore$捨棄 H_0，亦即男生的標準差可以判斷比男女的標準差大。

	樣本平均	樣本標準差
男生	50.8	29.2
女生	56.1	14.2

■ Cochran Q 檢定

Cochran 檢定是就相互有對應的 k 個組之比率差的檢定法，此檢定在 k = 2 時，即與 McNemar 檢定一致。

虛無假設 H_0：各組的反應比率相等

對立假設 H_1：各組的反應比率不等

Cochran 的檢定記號

T_j	G_1	G_2	……	G_k	L_i	L_i^2
S_1	x_{11}	x_{21}	……	x_{k1}	L_1	L_1^2
S_2	x_{12}	x_{22}	……	x_{k2}	L_2	L_2^2
⋮	⋮	⋮		⋮	⋮	⋮
⋮	⋮	⋮		⋮	⋮	⋮
S_n	x_{1n}	x_{2n}		x_{kn}	L_n	L_n^2
T_j	T_1	T_2		T_k	G	$\sum L_j^2$
T_j^2	T_1^2	T_2^2		T_k^2	$\sum T_j^2$	

S_i 表 n 人的樣本，G_j 表 k 個條件（組），x_{ji} 是表示第 j 個條件中的第 i 個樣本所表示的反應，值取 0 與 1。譬如贊成 1，反對 0，或考試合格 1，不合格 0 等。

$$L_i = \sum_{j=1}^{k} x_{ji} \quad (i = 1, 2, \cdots, n)$$

$$T_j = \sum_{i=1}^{n} x_{ji} \quad (j = 1, 2, \cdots, k)$$

$$\sum L_i = \sum T_j = G$$

因之

$$p_j = \frac{T_j}{n} \quad (j = 1, 2, \cdots, k)$$

檢定方法如下：如 n 大到某種程度時，利用下式所給與的 Q 利用服從自由度 $k - 1$ 的 χ^2 分配進行檢定。

$$Q = \frac{(k-1)(k\sum T_j^2 - G^2)}{kG - \sum L_i^2}$$

如 $Q \geq \chi_0^2$ 時，則捨棄 H_0，如 $Q < \chi_0^2$ 時，則接受 H_0。

但 χ_0^2 是自由度 $k-1$ ，對應右尾機率 α 的 χ^2 分配的臨界值。

例*

下表的數據是隨機抽取 20 位學生調查 4 種學科 (A, B, C, D) 成績合格與否的結果（合格：1，不合格：0），試以 $\alpha = 0.05$ 檢定合格率是否依科目而有差異。

	A	B	C	D	L_i	L_i^2
1	1	1	1	1	4	16
2	0	0	1	1	2	4
3	1	1	0	0	2	4
4	1	0	1	1	3	9
5	1	0	1	0	2	4
6	0	1	1	1	3	9
7	1	1	0	1	3	9
8	1	1	1	1	4	16
9	1	0	0	0	1	1
10	1	0	1	1	3	9
11	1	1	0	1	3	9
12	0	0	1	0	1	1
13	1	0	1	1	3	9
14	0	1	0	1	2	4
15	1	0	1	1	3	9
16	1	0	1	0	2	4
17	1	1	0	0	2	4
18	1	0	1	1	3	9
19	1	1	1	0	3	9
20	1	1	1	0	3	9
T_j	16	10	14	12	$52 = G$	148
T_j^2	256	100	196	144	696	

【解】

H_0：合格率依科目之不同無顯著差異

H_1：合格率依科目之不同有顯著差異

由上表知，學科 A, B, C, D 的樣本合格率是 $0.8, 0.5, 0.7, 0.6$。其次檢定這些數值之差。將上表的計算結果代入 Q，

$$Q = \frac{3(4 \cdot 696 - 52^2)}{4 \cdot 52 - 148} = 4.00$$

$$\chi^2_{0.05}(3) = 7.81$$

由於 $Q < \chi^2_{0.05}(3)$

$\therefore$ 無法捨棄 H_0，亦即合格率依科目並無顯著不同。

■ k 個母體比率的均一性檢定

假定得出如下表的對應 k 種處理的獨立 k 個樣本的 2 值數據。數據整理成 $k \times 2$ 分割表的形式。

獨立的 k 樣本 2 值數據

反應 處理	+	−	計
A_1	n_{11}	n_{12}	n_1
⋮	⋮	⋮	⋮
A_k	n_{k1}	n_{k2}	n_k

第 i 個樣本大小設為 n_i，其中正反應設為 r_i，負反應設為 $n_i - r_i$，考慮 $r = 0, n$ 時，使用 $\hat{p}_i^* = \frac{r_i + 0.5}{n_i + 1}$ 當作比率的估計量，母體比率 p_i 與其估計量 $\hat{p}_i^*$ 的 Logit 設為

$$l_i = \log \frac{p_i}{1 - p_i} \quad , \quad \hat{l}_i = \log \frac{\hat{p}_i^*}{1 - \hat{p}_i^*}$$

此時，當 n 甚大時，$\hat{l}_i$ 近似地服從常態分配。

$$E(\hat{l}_i) = l_i \quad , \quad V(\hat{l}_i) \doteqdot \frac{1}{n_i} \left\{ \frac{1}{p_i} + \frac{1}{1 - p_i} \right\} = \frac{1}{n_i p_i (1 - p_i)}$$

因為變異數不同，使用變異數的倒數的比重 $w_i = \dfrac{1}{V(\hat{l}_i)}$，設

$$X^2 = \sum_{i=1}^{k} w_i (\hat{l}_i - \overline{\hat{l}}.)^2$$

時，則在「母體比率均一」的虛無假設下，X^2 可以說服從自由度 $k-1$ 的卡方分配。其中，$\overline{\hat{l}}. = \sum_i w_i \hat{l}_i / \sum_i w_i$，$w$ 中所使用的 $V(\hat{l}_i)$ 的估計值是將 $\hat{p}_i^*$ 代入 p_i 再計算。

母體比率的均一性檢定（使用 Logit 的方法）步驟如下：

步驟 1　假設的建立

　　　　　虛無假設 $H_0：p_1 = \cdots = p_k$

　　　　　對立假設 $H_1：$ 存在有 $p_i \neq p_j$ 的 (i, j)

步驟 2　決定顯著水準，通常設為 $\alpha = 0.05$。

步驟 3　從樣本的數據，對各 i，計算

$$\hat{p}_i^* = (r_i + 0.5)/(n_i + 1)$$
$$\hat{l}_i = \log \hat{p}_i^* / (1 - \hat{p}_i^*)$$
$$w_i = n_i\, \hat{p}_i^* (1 - \hat{p}_i^*)$$

步驟 4　求檢定統計量

$$X^2 = \sum_{i=1}^{k} w_i (\hat{l}_i - \overline{\hat{l}}.)^2$$

步驟 5　若 $X^2 > \chi^2(k-1, \alpha)$，則否定 H_0，判定母體比率不均一。

例 *

　　從 3 條生產線所生產的產品批中隨機抽出 200 個進行檢查，得出如下數據。不良率能否說因生產線而有差異呢？

	良	不良	計
A_1	190	10	200
A_2	187	13	200
A_3	169	31	200
計	546	54	600

【解】

步驟 1　假設的建立

$H_0 : p_1 = p_2 = p_3$, H_1：存在有 $p_i \neq p_j$ 的 (i, j)

步驟 2　顯著水準 $\alpha = 0.05$。

步驟 3　計算下列各值。

$$\hat{p}_1^* = (10 + 0.5)/(200 + 1) = 0.05224$$

$$\hat{p}_2^* = (13 + 0.5)/(200 + 1) = 0.06716$$

$$\hat{p}_3^* = (31 + 0.5)/(200 + 1) = 0.15672$$

$$\hat{l}_1 = \log \hat{p}_1^* /(1 - \hat{p}_1^*) = -2.898 \ , \ w_1 = n_1 \hat{p}_1^* (1 - \hat{p}_1^*) = 9.902$$

$$\hat{l}_2 = \log \hat{p}_2^* /(1 - \hat{p}_2^*) = -2.631 \ , \ w_2 = n_2 \hat{p}_2^* (1 - \hat{p}_2^*) = 12.530$$

$$\hat{l}_3 = \log \hat{p}_3^* /(1 - \hat{p}_3^*) = -1.083 \ , \ w_3 = n_3 \hat{p}_3^* (1 - \hat{p}_3^*) = 26.432$$

$$\overline{l}. = \frac{(-2.898 \times 9.902 - 2.631 \times 12.530 - 1.683 \times 26.432)}{(9.902 + 12.530 + 26.432)} = -2.172$$

步驟 4　計算檢定統計量。

$$\begin{aligned}
X^2 &= \sum w_i (\hat{l}_i - \overline{l}.)^2 \\
&= 9.902(-2.89 + 2.17)^2 + 12.530(-2.631 + 2.172)^2 \\
&\quad + 26.432(-1.683 + 2.172)^2 \\
&= 14.179 > \chi^2(2, 0.05) = 5.991
\end{aligned}$$

因之，可以說不良率因生產線而有差異。

■ Cochran-Armitage 的傾向性檢定

假定得出獨立的 k 種處理的 2 值數據。獨立變數 x_i 與樣本比率 $\hat{p}_i$，假想其間有直線關係。各處理的樣本比率為 $\hat{p}_i = n_{i1}/n_i$，試檢定 $\hat{p}_i$ 對 x_i 是否有直線關係（迴歸的直線性）。

獨立變數（x_i）	x_1	x_2	$\cdots$	x_k
從屬變數（$\hat{p}_i$）	$\hat{p}_1$	$\hat{p}_2$	$\cdots$	$\hat{p}_k$
樣本大小（n_i）	n_1	n_2	$\cdots$	n_k

此處對應 x_i 的出現數 n_i 假定服從二項分配 $B(n_i, p_i)$。

檢定步驟如下：

步驟 1　假設的建立

$H_0：p_1 = p_2 = \cdots = p_k$（$k$ 處理的比率相等）

$H_1：p_i$ 與 x_i 之間有直線關係（迴歸係數非 0）

步驟 2　直線性的檢定的顯著水準設爲 α_p，迴歸係數的顯著性的顯著水準設爲 α，通常 $\alpha_p = 0.05$。

步驟 3　從樣本的數據針對各處理按如下求出樣本比率 $\hat{p}_i$ 及合併全體的樣本比率 $\bar{p}$，獨立變數的加權平均 $\bar{x}$ 及迴歸係數的估計值 $\hat{\beta}$。

$$\hat{p}_i = n_{i1}/n_i , \quad \bar{p} = \Sigma n_i \hat{p}_i/n$$

$$\bar{x} = \sum_{i=1}^{k} n_i x_i/n$$

$$\hat{\beta} = \sum_{i=1}^{k} n_i(x_i - \bar{x})\hat{p}_i / \sum_{i=1}^{n} n_i(x_i - \bar{x})^2$$

步驟 4　計算 $k \times 2$ 分割表在獨立性下的卡方統計量 X^2。

步驟 5　利用下式計算斜率與直線性的卡方統計量 χ^2_{slope} 與 $\chi^2_{linearity}$。

$$\chi^2_{slope} = \left[\Sigma n_i(x_i - \bar{x})\hat{p}_i \right]^2 \Big/ \left[\bar{p}(1 - \bar{p}) \sum_{i=1}^{k} n_i(x_i - \bar{x})^2 \right]$$

$$\chi^2_{linearity} = X^2 - \chi^2_{slope}$$

步驟 6　如 $\chi^2_{linearity} \le \chi^2_{\alpha_p}(k-2)$，則高次成分不顯著，判定有直線關係，$\chi^2_{slope} > \chi^2_{\alpha}(1)$，否定 H_0，判定直線的斜率（迴歸係數）不爲 0。

例 *

　　某藥劑的用藥量分別爲 10mg，20mg，30mg，按 3 水準改變，進行比較試驗，得出如下結果，可以說有用量反應關係（用藥量變大時，有效率變高的關係）否？

用藥劑	10mg	20mg	40mg	計
有效	18	20	30	68
無效	28	24	17	69
計	46	44	47	137

【解】

步驟 1　$H_0: p_1 = p_2 = p_3$

$H_1: p_i$ 與 x_i 有直線關係，迴歸係數為正。（像藥的用量反應關係之情形，通常 $\log$（用藥量）與反應的關係形成直線的居多。因此，即使此處使用 $\log$（用藥量）作為獨立變數，由於 $\log 20 - \log 10 = \log 40 - \log 20$，因之，當作 $x_1 = -1$，$x_2 = 0$，$x_3 = 1$ 也不失一般性）。

步驟 2　設顯著水準 $\alpha_p = 0.05$，$\alpha = 0.05$（直線性，迴歸的顯著性均當作 5% 顯著水準）。

步驟 3　$\hat{p}_1 = 18/46 = 0.3913$，$\hat{p}_2 = 20/44 = 0.4545$，$\hat{\beta} = 30/47 = 0.6383$

$\bar{p} = (18 + 20 + 30)/(46 + 44 + 47) = 0.4964$

$\bar{x} = [46 \times (-1) + 44 \times 0 + 47 \times 1]/(46 + 44 + 47) = 0.0073$

$\sum n_i(x_i - \bar{x})\hat{p}_i = 46 \times (-1 - 0.0073) \times 0.3913 + 44 \times (0 - 0.0073) \times 0.4545$
$\qquad\qquad + 47\,(1 - 0.0073) \times 0.6383 = 11.5039$

$\sum n_i(x_i - \bar{x})^2 = 46 \times (-1 - 0.0073)^2 + 44 \times (0 - 0.0073)^2 + 47 \times (1 - 0.0073)^2$
$\qquad\qquad = 92.9927$

$\hat{\beta} = 11.5039/92.9927 = 0.1237$

步驟 4　2×3 分割表的各方格的期待次數

(1,1) 方格 $= 46 \times 68/137 = 22.832$

(1,2) 方格 $= 44 \times 68/137 = 21.839$

(1,3) 方格 $= 47 \times 68/137 = 23.328$

(2,1) 方格 $= 46 - 22.832 = 23.168$

(2,2) 方格 $= 44 - 21.839 = 22.161$

(2,3) 方格 $= 47 - 23.328 = 23.672$

$X^2 = \dfrac{(18 - 22.832)^2}{22.832} + \dfrac{(20 - 21.839)^2}{21.839} + \dfrac{(30 - 23.328)^2}{23.328} + \dfrac{(28 - 23.168)^2}{23.168}$

$\qquad + \dfrac{(24 - 22.161)^2}{22.161} + \dfrac{(17 - 23.672)^2}{23.672} = 6.127$

步驟 5

$\chi^2_{slope} = \left[\sum n_i(x_i - \bar{x})\hat{p}_i\right]^2 / \left[\bar{p}(1 - \bar{p})\sum_i n_i(x_i - \bar{x})^2\right]$

$\qquad = (11.5039)^2 / [0.4964 \times 0.5036 \times 92.9927]$

$\qquad = 5.693$

$$\chi^2_{linearity} = 6.127 - 5.693 = 0.434$$

步驟 6

$$\chi^2_{linearity} = 0.434 < \chi^2_{0.05}(1) = 3.841$$

$$\chi^2_{slope} = 5.693 > \chi^2_{0.1}(1) = 2.706$$

因此，在顯著水準 5% 下，高次成分不顯著，可以假定直線性，只對迴歸係數來說，在顯著水準 5% 下否定 H_0，可以說具有用量反應關係。

■ k 個母體比率的多重比較

在 k 個母體比率的均一性檢定中，如檢定的結果知不均一時，哪一組與哪一組之間有差異並不得知，此時，可以考慮如下 2 種方法。

一、所有的 2 組間之比較

1.Tukey-Cramer 型的多重比較

(1) 根據 $\hat{p}$ 的漸近常態性的方法

$$|\hat{p}_i - \hat{p}_j| > \frac{q_\alpha(k, \infty)}{\sqrt{2}} \sqrt{\frac{\hat{p}_i(1-\hat{p}_i)}{n_i} + \frac{\hat{p}_j(1-\hat{p}_j)}{n_j}}$$

(2) 根據 $\hat{l} = \log \hat{p}^*/(1-\hat{p}^*)$ 的漸近常態性的方法

$$|\hat{l}_i - \hat{l}_j| > \frac{q_\alpha(k, \infty)}{\sqrt{2}} \sqrt{\frac{1}{n_i\hat{p}_i^*(1-\hat{p}_i^*)} + \frac{1}{n_j\hat{p}_j^*(1-\hat{p}_j^*)}}$$

可判定第 i 組與第 j 組之間有差異。此處 $q_\alpha(k, \infty)$ 是 k 組，自由度 ∞ 的標準距的 α 點。

2.Bonferroni 型的多重比較

將 Tukey-Cramer 的 $q_\alpha(k, \infty)/\sqrt{2}$ 改成 $Z_{\alpha/k(k-1)}$（標準常態分配上側 $\alpha/k(k-1)$ 之點）。

(1) 根據 $\hat{p}$ 的漸近常態性的方法

$$|\hat{p}_i - \hat{p}_j| Z_{\alpha/k(k-1)} \sqrt{\frac{\hat{p}_i(1-\hat{p}_i)}{n_i} + \frac{\hat{p}_j(1-\hat{p}_j)}{n_j}}$$

(2) 根據 $\hat{l}$ 的漸近常態性的方法

$$|\hat{l}_i - \hat{l}_j| = Z_{\alpha/k(k-1)} \sqrt{\frac{1}{n_i\hat{p}_i^*(1-\hat{p}_i^*)} + \frac{1}{n_j\hat{p}_j^*(1-\hat{p}_j^*)}}$$

二、各組與參照組之比較

方便計如將第 1 組當作參照組時，則 $i = 1$，使用第一種方法，與其他的 $j(2, \cdots, k)$ 比較即可。

例*

同前例，已知 3 條生產線之間有差異。試使用「所有的 2 組間之比較」，檢討哪一生產線與哪一生產線之間有差異。

【解】

(1) 根據 $\hat{p}$ 的漸近常態性的方法

p_1 與 p_2 之間：

$$左 = |\hat{p}_1 - \hat{p}_2| = \left| \frac{10}{200} - \frac{13}{200} \right| = 0.015$$

$$右 = \frac{q_{0.05}(3, \infty)}{\sqrt{2}} \sqrt{\frac{0.05 \times 0.95}{200} + \frac{0.065 \times 0.935}{200}} = 0.0545$$

左 < 右，$\therefore p_1$ 與 p_2 之間不能說有差異（$\alpha = 0.05$）。

p_1 與 p_3 之間：

$$左 = |\hat{p}_1 - \hat{p}_3| = \left| \frac{10}{200} - \frac{31}{200} \right| = 0.105$$

$$右 = \frac{q_{0.05}(3, \infty)}{\sqrt{2}} \sqrt{\frac{0.05 \times 0.95}{200} + \frac{0.155 \times 0.845}{200}} = 0.07$$

左 > 右，$\therefore p_1$ 與 p_3 之間有差異（$\alpha = 0.05$）。

p_2 與 p_3 之間：

$$左 = |\hat{p}_2 - \hat{p}_3| = \left| \frac{13}{200} - \frac{31}{200} \right| = 0.09$$

$$右 = \frac{q_{0.05}(3, \infty)}{\sqrt{2}} \sqrt{\frac{0.065 \times 0.935}{200} + \frac{0.155 \times 0.845}{200}} = 0.0726$$

左 > 右，$\therefore p_2$ 與 p_3 之間有差異（$\alpha = 0.05$）。

(2) 根據 $\hat{l} = \log \hat{p}_* / (1 - \hat{p}_*)$ 的漸近常態性的方法

p_1 與 p_2：

左 $= |\hat{l}_1 - \hat{l}_2| = |-2.898 + 2.631| = 0.267$

右 $= \dfrac{q_{0.05}(3, \infty)}{\sqrt{2}} \sqrt{\dfrac{1}{200 \times 0.05224 \times 0.94776} + \dfrac{1}{200 \times 0.06716 \times 0.93284}} = 0.997$

左 < 右，$\therefore$ p_1 與 p_2 之間不能說有差異（$\alpha = 0.05$）。

p_1 與 p_3：

左 $= |\hat{l}_1 - \hat{l}_3| = |-2.898 + 1.683| = 1.215$

右 $= \dfrac{q_{0.05}(3, \infty)}{\sqrt{2}} \sqrt{\dfrac{1}{200 \times 0.05224 \times 0.94776} + \dfrac{1}{200 \times 0.15672 \times 0.84328}} = 0.873$

左 > 右，$\therefore$ p_1 與 p_3 之間有差異（$\alpha = 0.05$）。

p_2 與 p_3：

左 $= |\hat{l}_2 - \hat{l}_3| = |-2.631 + 1.683| = 0.948$

右 $= \dfrac{q_{0.05}(3, \infty)}{\sqrt{2}} \sqrt{\dfrac{1}{200 \times 0.06716 \times 0.93284} + \dfrac{1}{200 \times 0.15672 \times 0.84328}} = 0.804$

左 > 右，$\therefore$ p_2 與 p_3 之間有差異（$\alpha = 0.05$）。

■ 隨機性檢定或連檢定（Run Test）

　　如資料的出現不具有隨機性，則連數少，長度長，或連數多，長度短，亦即連數過多或過少都不是出現隨機性應具有之現象，故當連數太多或太少，就應拒絕 H_0：資料的出現具隨機性。

　　首先將樣本資料分成兩個互斥類別，大於中位數的個數以 $n_1 = n_+$，表示，小於中位數的個數以 $n_2 = n_-$ 表示，其相符號相同者為一連（Run），計算其連數 R。

1. 當互斥兩類個數 n_1 與 n_2，皆小於 20，可查附表得 R_L 及 R_U，如果 R 介於 R_1 與 R_U 之間，則接受 H_0。

2. 在實用上當 n_1 或 n_2 大於或等於 20，則 R 統計量近於常態分配，其平均數與變異數分別為

$$E(R) = \dfrac{2n_1 n_2}{n_1 + n_2} + 1 \quad \left(若 n_1 = n_2 = \dfrac{N}{2},\ E(R) = 1 + \dfrac{N}{2} \right)$$

$$V(R) = \frac{2n_1 n_2 (2n_1 n_2 - n_1 - n_2)}{(n_1 + n_2)^2 (n_1 + n_2 - 1)}$$

$$\left(若 n_1 = n_2 = \frac{N}{2} , V(R) = \frac{N(N-2)}{4(N-1)} \right)$$

$$\therefore Z = \frac{R - E(R)}{V(R)} \sim N(0, 1)$$

假設建立如下：

（雙尾）$\begin{cases} H_0: 樣本觀測值的出現是隨機的 \\ H_1: 樣本觀測值的出現不是隨機的 \end{cases}$

（左尾）$\begin{cases} H_0: 樣本觀測值的出現是隨機的 \\ H_1: 樣本觀測值的出現是持續上昇（或下降） \end{cases}$

（右尾）$\begin{cases} H_0: 樣本觀測值的出現是隨機的 \\ H_1: 樣本觀測值的出現是一上一下跳動 \end{cases}$

例*

在一條裝配線上連續檢查 16 件產品，測得每件產品的重量為（kg）如下：

| 54.3 | 57.3 | 50.2 | 50.3 | 51.5 | 51.8 | 57.8 | 52.4 |
| 51.3 | 52.7 | 58.6 | 56.1 | 51.3 | 50.7 | 50.6 | 50.8 |

試以 $\alpha = 0.05$ 檢定樣本的出現是否隨機？亦即整個生產程序是否有問題？

【解】

H_0：生產程序無問題

H_1：生產程序有問題

中位數 $M_d = 51.65$

大於中位數者以 + 表示，其個數以 n_+ 表示；

小於中位數者以 − 表示，其個數以 n_- 表示。

54.3	57.3	50.2	50.3	51.5	51.8	57.8	52.4	51.3
+	+	−	−	−	+	+	+	−
52.7	58.6	56.1	51.3	50.7	50.6	50.8		
−	+	+	−	−	−	−		

$n_1 = n_+ = 8$

$n_2 = n_- = 8$

$R = 6$

當 $\alpha = 0.05$，查附表得 $R_L = 4$，$R_U = 14$

R 在接受區內，故接受 H_0，

表示樣本可能是隨機出現，亦即製造程序可能無問題。

例 *

　　將某連續生產程序中所生產之產品區分為良品（G）與不良品（D），茲將其所生產之結果列於下：

　　　　$G\ G\ G\ G\ G\ G\ D\ G\ G\ G\ D\ D\ G\ G\ G\ G\ G\ D\ D\ D\ G\ D\ D\ D$

　　　　$G\ G\ D\ D\ D\ G\ G\ G\ D\ D\ D\ G\ D\ D\ D$

　　試以 $\alpha = 0.05$ ，利用連檢定法檢定此序列是否具有隨機性？

【解】

(1) H_0：生產過程為隨機

(2) H_1：生產過程非隨機

(3) $\alpha = 0.05$

(4) 危險域 $C = \{Z | Z < -1.96$ 或 $Z > 1.96\}$

(5) 計算：$\because n_1 = 20$，$n_2 = 20$ 且 $R = 14$

又 $E(R) = \dfrac{2n_1 \cdot n_2}{n_1 + n_2} + 1 = 21$

$V(R) = \dfrac{2n_1 n_2 (2n_1 n_2 - n_1 - n_2)}{(n_1 + n_2)^2 (n_1 + n_2 - 1)} = 9.23$

$\therefore z = \dfrac{R - E(R)}{\sqrt{V(R)}} = \dfrac{14 - 21}{\sqrt{9.23}} = -2.3102 \in C$

(6) 結論：拒絕 H_0；亦即此生產過程不具有隨機性。

例*

在迴歸過程中，經計算殘差值 e_i 後，發現其正、負號分別為

+	+	+	+	−	−	−	+	−	−	−	−	+	−	−	−	+
−	+	−	+	+	−	+	+	+	−	−	−	+	−	−	+	−
−	+	+	−	−	+	−	+	+	−	−	+	−	−	+	−	

試以連檢定（Run test）法取 $\alpha = 0.05$ 檢定資料是否具有隨機性？

【解】

(1) H_0：資料具有隨機性

(2) H_1：資料不具有隨機性

(3) $\alpha = 0.05$

(4) 危險域 $C = \{Z \mid Z < -1.96$ 或 $Z > 1.96\}$

(5) 計算：$\because n_1 = 24$，$n_2 = 26$

$$\therefore E(R) = \frac{2n_1 n_2}{n_1 + n_2} + 1 = \frac{2 \times 24 \times 26}{24 + 26} + 1 = 25.96$$

$$V(R) = \frac{2n_1 n_2 (2n_1 n_2 - n_1 - n_2)}{(n_1 + n_2)^2 (n_1 + n_2 - 1)}$$

$$= \frac{2 \times 24 \times 26 (2 \times 24 \times 26 - 24 - 26)}{(24 + 26)^2 (24 + 26 - 1)}$$

$$= 12.205$$

又 $R = 32$

$$\therefore z = \frac{R - E(R)}{\sqrt{V(R)}} = \frac{32 - 25.96}{\sqrt{12.205}} = 1.7289 \notin C$$

(6) 結論：不拒絕 H_0。

■ 傾向性檢定

當考察測量值是否隨著時間而有上升或下降的傾向時所使用。此處，說

明依測量值的大小順位檢定傾向性的方法。

假設可分為如下 3 種：

1. 雙尾檢定

H_0：無上升或下降的傾向

H_1：有上升或下降的傾向

2. 左尾檢定

H_0：無上升傾向

H_1：有上升傾向

3. 右尾檢定

H_0：有下降傾向

H_1：無下降傾向

檢定方法如下：依一定的順序基準所測量而得的測量值序列設為

$$x_1, \; x_2, \; x_3, \; \cdots, \; x_n$$

將這些測量值按由小而大的順序設定順位，其位表示如下：

$$T_1, \; T_2, \; T_3, \; \cdots, \; T_n$$

亦即 T_i 是表示第 i 個測量值 x_i 的順位分數（如存在同順位時，使用中間順位，再應用上述方法。譬如，第 2 位與第 3 位同順位時，將兩者分別當作第 2.5 位）。

檢定統計量 D 如下規定

$$D = (T_1 - 1)^2 + (T_2 - 2)^2 + \cdots + (T_n - n)^2$$
$$= \frac{1}{3}n(n+1)(2n+2) - 2\sum iT_i$$

當測量值具有完全的上升傾向時，D 取最小值 0，反之具有完全下降傾向時，D 取最大值。

當數據數 n 十分大時，在 H_0 為真下，下述 Z 近似常態分配。

$$E = \frac{n^3 - n}{6}$$
$$V = \frac{n^2(n+1)^2(n-1)}{36}$$
$$Z = \frac{D - E}{\sqrt{V}}$$

1. 雙尾檢定時：如 $|Z| \geq Z_{\alpha/2}$ 時，否定 H_0。
2. 左尾檢定時：如 $Z < -Z_\alpha$ 時，否定 H_0。

3.右尾檢定時：如 $Z > Z\alpha$ 時，否定 H_0。

例 *

以下的數據是為了觀察某作業的練習效果，進行 21 次練習，以 100 分為滿分，所計分的結果如下：

18	16	19	34	28	23	38	80	46	42	53
72	69	61	55	90	98	94	78	85	96	

就以 $\alpha = 0.05$，檢定是否沒有上升或下降的傾向。

【解】

就上述數據序列按由小而大設定順位。

x_i	18	16	19	34	28	23	38	80	46	42	53
T_i	2	1	3	6	5	4	7	16	9	8	10
x_i	72	69	61	55	90	98	94	78	85	96	
T_i	14	13	12	11	18	21	19	15	17	20	

計算統計量 D

$$D = (2-1)^2 + (1-2)^2 + \cdots + (20-21)^2 = 150$$

$$E = \frac{21^3 - 21}{6} = 1540$$

$$V = \frac{21^2 \cdot 22^2 \cdot 20}{36} = 150$$

$$Z = \frac{150 - 1540}{\sqrt{118,580}} = -4.04$$

因此，否定 H_0。

亦即，此數據序列有上升或下降的傾向。

■ Fligner-Walfe 檢定

有 k 個連續型母體分配（$k \geq 3$）。假定這些只是位置參數不同的分配，

而分配的形狀均相同。其中之一爲對照組，爲了調查其餘的 $k - 1$ 組是否與對照組不同。此無母數檢定法，類似於常態母體時的多重比較即 Dunnett 檢定法。

虛無假設：$H_0 : \eta_1 = \eta_j\ (j = 2, \cdots, k)$

對立假設：$H_1 : \eta_2, \eta_3, \cdots, \eta_k$ 至少有一個與 η_1 不同

來自第 j 組的 n_j 個觀測值中的第 i 個設爲 x_{ij}（$i = 1, \cdots, n_j; j = 1, \cdots, k$），所有觀測值個數設爲 $N = n_1 + \cdots + n_k$。將所有 N 個觀測值由小而大排列時，x_{ij} 的順位設爲 r_{ij}。第 2 組以後合併看成 1 組時，此等級和設爲

$$FW = \sum_{j=2}^{k} \sum_{i=1}^{n_j} r_{ij}$$

稱此爲 Fligner-Walfe（FW）統計量。

將樣本大小分別設爲 $n_1, n_2 = N - n_1$，再應用 Wilcoxon 等級和檢定（或稱順位和檢定）即可。

例*

下表爲實施 3 種教法於學期末進行考試的成績。

觀測值	教法 1	教法 2	教法 3
1	56	68	70
2	60	77	88
3	66	83	91
4	74		95

如將教法 1 當作對照群時，試以 $\alpha = 0.05$ 檢定其他的教法是否不同於教法 1。

【解】

虛無假設 H_0：教法 1 = 教法 j（$j = 2, 3$）

對立假設 H_1：其他教法（教法 2 或教法 3）與教法 1 不同

將觀測值表示成順位如下：

順位	教法 1	教法 2	教法 3
1	1	4	5
2	2	7	9
3	3	8	10
4	6		11
順位和	12	19	35
平均順位	3	6.3333	8.75

教法 1 當作對照群時，$n_1 = 4, n_2 = 7$

FW 統計量 $= 19 + 35$

查 Wilcoxon 順位和（等級和）檢定表，知

$\alpha = 0.05, W_L = 13, W_U = 35$

因 54 並未落入 (13, 35) 之區間，故拒絕虛無假設。亦即，教法 2 或教法 3 比教法 1 為佳（成績較佳）。

■ Jonckheere-Terpstra 檢定

k 個群（或處置）有自然的順序時，調查此順序是否反映在連續型母體分配的位置母數（中央值）$\eta_1, \eta_2, \cdots, \eta_k$ 上的一種方法。

$$\text{虛無假設 } H_0 : \eta_1 = \eta_2 = \cdots = \eta_k \tag{1}$$

$$\text{對立假設 } H_1 : \eta_1 \leq \eta_2 \leq \cdots \leq \eta_k \text{（或 } \eta_1 \geq \eta_2 \geq \cdots \geq \eta_k\text{）}$$

在 Kruskal-Wallis H 檢定中，對於對立假設並未假定任何構造，但此處設想有傾向或有順序的對立假設。

當由第 j 群得出 n_j 個觀測值，其第 i 個設為 x_{ij}（$i = 1, \cdots, n; j = 1, \cdots, k$），總觀測值數設為 $N = n_1 + \cdots + n_k$，檢定統計量以 Mann-Whitney 的 U 檢定的想法如下所構成。

首先，針對第 u 群與第 v 群（$1 \leq u \leq v \leq k$）求出 Mann-Whitney 的 U 統計量，將它設為 U_{uv}，亦即，U_{uv} 是針對第 v 群的各個觀測值在第 u 群的觀測值中求出這些未滿者的個數和。有同值時，它的個數加上 1/2。接著將這些相加後

$$J = \sum_{u=1}^{k-1} \sum_{v=2}^{k} U_{uv} \tag{2}$$

當作檢定統計量。稱此為 Jonckheere-Terpstra 的 J 統計量。

顯著性的評價有 2 種方法。一是基於檢定統計量 J 的正確機率分配的準確法以及各群的觀測值數 $n_1, n_2, \cdots, n_k$ 較大時，利用常態近似的近似法。正確的 P- 值的計算甚為麻煩，有需要利用 SPSS 的軟體。

在近似法中，在 (1) 的虛無假設下，J 的期待值與變異數為

$$E(J) = \frac{1}{4}\left[N^2 - \sum_{j=1}^{k} n_j^2 \right]$$

$$V(J) = \frac{1}{72}\left\{ N^2(2N+3) - \sum_{j=1}^{k} n_j^2(2n_j+3) \right\}$$

將 J 標準化後

$$J^* = \frac{J - E(J)}{\sqrt{V(J)}} \tag{3}$$

近似服從標準常態分配。

如有同值時，在虛無假設下的變異數式子甚為麻煩，可參閱相關書籍，此處省略。

例 *

將某藥劑的「低」、「中」、「高」3 種濃度用在各 4 匹的實驗動物身上，測量其走出迷宮的所需時間，調查濃度對時間是否有影響。此實驗的目的是確認提高濃度後，它的順序是否會反映在反應上。

觀測值	低濃度	中濃度	高濃度
1	10	15	21
2	15	16	28
3	23	26	38
4	25	35	45

【解】

計算 J-T 檢定的 J 統計量的輔助表如下。

U 統計量	低 - 中	低 - 高	中 - 高	
1	1.5	2	2	
2	2	4	3	
3	4	4	4	
4	4	4	4	
和	11.5	14	13	總和 38.5

「低 - 中」的組合中，比「中」的 15 小的「低」是有 1 個及 1 個同值，其個數為 1.5，比 16 小的是 10 與 15，其個數為 2，像這樣計數個數後，求出它們的和。

$$J = 11.5 + 14.13 = 38.5$$

因同值有 1 處，近似的變異數相當複雜，可利用 SPSS 軟體。

Jonckheere-Terpstra 檢定

	Value
Dose 的水準數	3
N	12
J-T 統計量	38.5
J-T 統計量之平均值	24.0
J-T 統計量之標準差	6.818
標準化之 J-T 統計量	2.127
漸近顯著機率（雙邊）	0.033
精確顯著機率（雙邊）	0.017
精確顯著機率（單邊）	0.017
點顯著機率	0.004

a. 組化變數：Dose

由上表知，高度顯著，知提高藥劑的濃度時對觀測值會造成影響。

■ Wald-Walfowitz 檢定

此檢定法是使用連（run）去檢定 2 組獨立樣本的母體分配是否相等的方法。使用此檢定，測量值的尺度是連續量，且必須能設定順序才行。

虛無假設 H_0：2 組樣本的母體分配無差異

對立假設 H_1：2 組樣本的母體分配有差異

檢定的方法如下。第 1 組的樣本數設為 n_1，第 2 組的樣本數設為 n_2。將 2 組的樣本合在一起，測量值由小而大排列。此時，表示各測量值所屬樣本之組的記號記入於各測量值之下。此記號相同者形成「連（run）」，在 $n_1 + n_2$ 測量值的配列中連的個數以 r 表示。

如配列中有相同之值時，則連數 r 之值取決於處理方式而有所不同，可取其連數最小與最大之平均值。如果 H_0 為真時，n_1, n_2 的一方或雙方均在 20 以上時，利用 (1) 式所決定的 Z 近似服從標準常態分配。因此，利用此性質即可進行檢定。

$$Z = \frac{\left| r - \left(\dfrac{2n_1 n_2}{n_1 + n_2} + 1 \right) \right| - 0.5}{\sqrt{\dfrac{2n_1 n_2 (2n_1 n_2 - n_1 - n_2)}{(n_1 + n_2)^2 (n_1 + n_2 - 1)}}} \tag{1}$$

亦即，如 $Z \geq Z_0$ 時，否定 H_0，如 $Z < Z_0$ 時，接受 H_0。Z_0 為對應右尾機率 α 的標準常態分配的臨界值。

【註】2 組樣本的樣本數不滿足上述條件時，請參考相關文獻。

例*

下記數據是隨機抽出男學生 32 人，女學生 28 人的考試成績。試以 $\alpha = 0.05$ 檢定在考試成績的分配中男女是否有差異。

男學生（A 群）$n_1 = 32$ 人

> 18, 24, 25, 31, 36, 43, 46, 47, 51, 51, 53, 53, 54, 44, 55, 55, 62, 63, 65, 69, 75, 76, 76, 76, 77, 79, 80, 83, 85, 87, 90, 95

女學生（B 群）$n_2 = 28$ 人

> 10, 13, 13, 17, 21, 25, 25, 25, 27, 31, 32, 34, 36, 38, 39, 40, 43, 47, 49, 49, 56, 58, 59, 63, 63, 76, 79, 85

【解】

在上述的配列中因有相同的測量值，取決於處理的方式，連數（r）之值有所不同。表 1 是表示 r 為最小的配列，表 2 是表示 r 為最大之配列。

表 1　連數 r 為最小的配列

10	13	13	17	18	21	24	25	25	25	25	27	31	31	32	34	36	36	38	39	40
G	G	G	G	B	G	B	B	G	G	G	G	B	G	G	G	G	B	G	G	G
43	43	46	47	47	49	49	51	51	53	53	54	54	55	55	56	58	59	62	63	63
G	B	B	B	G	G	G	B	B	B	B	B	B	B	B	B	G	G	G	B	G
63	65	69	75	76	76	76	76	77	79	79	80	83	85	85	87	90	95			
B	B	B	B	G	B	B	B	B	B	G	B	B	G	B	B	B	B		$r= 22$	

表 2　連數 r 為最大的配列

10	13	13	17	18	21	24	25	25	25	25	27	31	31	32	34	36	36	38	39	40
G	G	G	G	B	G	B	B	G	G	G	G	B	G	G	B	G	B	G	G	G
43	43	46	47	47	49	49	51	51	53	53	54	54	55	55	56	58	59	62	63	63
B	G	B	G	B	G	G	B	B	B	B	B	B	B	B	G	G	G	B	G	B
63	65	69	75	76	76	76	76	77	79	79	80	83	85	85	87	90	95			
G	B	B	B	G	B	B	G	B	B	G	B	B	G	B	B	B	B		$r = 30$	

G：女性，B：男性。

檢定的 r 是使用 22 與 30 的平均值 26。

由 (1) 式得

$$Z = \frac{\left| 26 - \left(\dfrac{2 \times 32 \times 28}{32 + 28} + 1 \right) \right| - 0.5}{\sqrt{\dfrac{2 \times 32 \times 28 (2 \times 32 \times 28 - 32 - 28)}{(32 + 28)^2 (32 + 28 - 1)}}} = 1.14$$

對應右尾機率 0.05 的標準常態分配的臨界值是 1.645，因此，H_0 無法否定，亦即，男女的成績分配不能認為有顯著差。

■ 母體中位數的估計

單一母體中位數 η 的點估計量為樣本的中位數 M_d，當母體為連續分配，且抽樣為隨機的，則母體中位數 η 之 $1 - \alpha$ 的信賴區間為

$$L_r \le \eta \le U_r$$

L_r 為母體中位數的下限，U_r 為母體中位數的上限，r 為樣本觀測值的排行位次（查表可得）。即樣本資料的第 r 小者為 L_r，第 r 大者為 U_r。當 $5 < n < 15$ 時，查 r 的附表或二項分配附表，即可決定 U_r, L_r。

在實用上，當二項分配母數 n 及 p 之乘積 $np \ge 5$，二項分配近於常態分配，故當 $n > 15$ ，由以下公式求 r'，即

$$\frac{\left(r' - \frac{1}{2}\right) - n\left(\frac{1}{2}\right)}{\sqrt{n(1/2)(1/2)}} = -Z_{\alpha/2}$$

$$r' = \frac{1}{2}[n + 1 - z_{\alpha/2}\sqrt{n}]$$

位次 r 為不超過 r' 的最接近整數。

例 *

隨機抽取甲社區家庭 8 戶，得其每月所得（千元）如下：

60	46	47	31	34	28	26	25

試求此社區家庭每月所得中位數之 93% 的信賴區間？

【解】

八戶所得依次為

25　26　28　31　34　46　47　60

解法 1

查附表：當 $n = 8$，$r = 2$ 時信賴係數為 93%，故中位數的上、下限分別為 $U_2 = 47$，$L_2 = 26$，即信賴區間為

$$26 \le \eta \le 47 （千元）$$

解法 2

或　$\sum_{x=0}^{r-1}\binom{8}{x}\left(\dfrac{1}{2}\right)^{x}\left(\dfrac{1}{2}\right)^{8-x}$　$\Rightarrow$　$\dfrac{\alpha}{2}=0.035$

查二項分配附表 $r-1=1$，故 $r=2$，即中位數 η 之 93% 的信賴區間為 $26\le\eta\le47$。

> **例 ***
>
> 在甲觀光區抽查遊客 50 人，得其消費額依次如下：（單位：百元）
>
> | 2 | 3 | 5 | 7 | 8 | 9 | 14 | 19 | 21 | 25 |
> |---|---|---|---|---|---|----|----|----|----|
> | 24 | 25 | 27 | 30 | 35 | 41 | 43 | 47 | 50 | 51 |
> | 51 | 54 | 56 | 58 | 63 | 64 | 65 | 65 | 67 | 69 |
> | 70 | 72 | 73 | 73 | 74 | 75 | 77 | 79 | 80 | 80 |
> | 80 | 82 | 83 | 85 | 86 | 89 | 90 | 100 | 115 | 116 |
>
> 試求到甲觀光區旅遊客消費額中位數之 95% 的信賴區間？

【解】

$$r'=\dfrac{1}{2}[50+1-1.96\sqrt{50}]=18.57$$

$$\therefore r=18，L_{18}=47，U_{18}=73，$$

故 $47\le\eta\le73$（百元）

■ 成對 2 組樣本之差的母中位數的區間估計

成對的觀測值之差 $D=X_1-X_2$ 的母中位數 M_D 的 $100(1-\alpha)$% 信賴區間。基於 Wilcoxon 的符號順位檢定，以如下步驟可以構成信賴區間。

步驟 1　針對 n 組成對的觀測值之差的所有各對（$n^*=n(n+1)/2$ 個）計算

$$u_{ij}=(D_i+D_j)/2,\ i\le j\le k\le n$$

步驟 2　n^* 個 $\{u_{ij}\}$ 的中位數 $\tilde{u}$ 當作母中位數的點估計值。

步驟 3　將 n^* 個 $\{u_{ij}\}$ 按遞減的順序排列 $u_{(1)}\le u_{(2)}\le\cdots\le u_{(n^*)}$。

步驟 4　決定信賴係數 $1-\alpha$。

步驟 5　在樣本大小 n 的 Wilcoxon 的符號等級檢定的數表中，求滿足

$$P_r(W^+ \leq c) \leq \alpha/2$$

的 c 的最大值 c^*，並針對此求 $\alpha^* = 2P_r(W^+ \leq c^*)$。

步驟 6　所求的信賴區間是

$$[u_{(c^*+1)} \, , \, u_{(n^*-c^*)}]$$

正確的信賴係數是 $1 - \alpha^*$。

例*

　　爲了檢討某藥物的使用是否影響對刺激的反應時間，就 12 位受試者在使用前後測量反應時間，得出下表，試估計差的中位數的 95% 信賴區間。

NO.1	前 (X_{1i})	後 (X_{2i})	差 $(D_i = X_{1i} - X_{2i})$
1	0.88	0.97	−0.09
2	0.74	0.72	0.02
3	0.86	0.86	0
4	0.61	0.72	−0.11
5	0.76	0.77	−0.01
6	0.65	0.68	−0.03
7	0.67	0.66	0.01
8	0.59	0.60	−0.01
9	0.65	0.72	−0.07
10	0.73	0.79	−0.06
11	0.84	0.88	−0.04
12	0.65	0.70	−0.05

【解】

　　步驟 1　計算 $u_{ij} = (D_i + D_j)/2$, $1 \leq i \leq j \leq 12$。個數 $n^* = 78$。

　　步驟 2　按遞減順序排列 $\{u_{ij}\}$，括號內表順序對，

　　　　(1) − 0.11 < (2) − 0.10 < (3) − 0.09 < $\cdots$ < (77)0.015 < (78)0.02

　　　　中位數 $\tilde{u} = -0.035$。

步驟 3　信賴係數 0.95，顯著水準 0.05。

步驟 4　由數表查 $n = 12$ 的臨界值時，13 以下的機率是 0.0212。因之 $c^* = 13$，正確的信賴係數是 $1 - 2 \times 0.0212 = 0.9576$。

步驟 5　信賴係數在 0.9576 下最窄的信賴區間是

$$[u_{(13+1)}, u_{(78-13)}] = [u_{(14)}, u_{(65)}] = [-0.065, -0.010]$$

■ 中位數檢定法

1.檢定 2 組獨立樣本所來自的母體是否具有相同的中位數，樣本大小可同可不同，將此 2 組獨立樣本混合，找出其共同中位數，再分別算出 2 組樣本大於或小於共同中位數的個別個數，成立一 2×2 分割表如下：

	樣本 I	樣本 II	和
大於中位數的個數	a	b	$a + b$
小於中位數的個數	c	d	$c + d$
和	$a + c$	$b + d$	$a + b + c + d = n$

2.檢定的公式為

$$\chi^2 = \sum_{i=1}^{2} \sum_{j=1}^{2} \frac{\left(|o_{ij} - e_{ij}| - \frac{1}{2}\right)^2}{e_{ij}} = \frac{\left(|ad - bc| - \frac{n}{2}\right)^2 \cdot n}{(a+b)(c+d)(a+c)(b+d)}$$

自由度 $v = (2-1)(2-1) = 1$，

當 $\chi^2 > \chi_a^2(1)$ 時，拒絕 2 母體具有相同之中位數。

此檢定法可加以推廣，用以檢定 k 組獨立樣本是否具有相同中位數之母體，其方法是將 k 組樣本混合，找出共同中位數，再將各組大於或小於共同中位數的次數算出，成立一 $2 \times k$ 分割表，利用公式

$$\chi^2 = \sum_{i=1}^{2} \sum_{j=1}^{k} \frac{(o_{ij} - e_{ij})^2}{e_{ij}}$$

自由度 $v = (2-1)(k-1) = (k-1)$，

當 $\chi^2 > \chi_a^2(k-1)$ 時，拒絕 H_0。

例*

　　由甲、乙兩條生產線各抽取 20 件產品，分別算出大於與小於共同中位數之次數如下表，試以 $\alpha = 0.05$，檢定甲、乙兩條生產線的平均水準是否相等。

	甲	乙
大於中位數	13	7
小於中位數	7	13

【解】

(1) H_0：甲、乙兩條生產線的平均水準相等

　　H_1：甲、乙兩條生產線的平均水準不等

(2) $\chi^2 = \dfrac{\left(|169 - 49| - \dfrac{40}{2} \right)^2 \cdot 40}{20(20)(20)(20)} = 2.5$

(3) $\chi^2 = 2.5 < \chi^2_{0.05}(1) = 3.84$

(4) 接受 H_0，表示甲、乙兩條生產線的平均水準有可能相等。

例*

　　兒童書城就其附近一國小隨機抽取 44 名學生，記錄其母親的教育程度，及在一年內去書城的次數如下表，

初中	6	2	2	4	5	2								
高中	9	4	3	2										
大專	0	2	3	4	0	8	5	2	1	7	6	5	1	2
	4	1	6	3	0	2	5	1	2	1				
研究所	4	3	0	7	1	2	0	3	5	1				

　　試以 $\alpha = 0.05$，檢定母親教育程度的不同對其上兒童書城的次數是否有影響。

【解】

$\begin{cases} H_0：母親的教育程度對兒童上書城的次數無影響 \\ H_1：母親的教育程度對兒童上書城的次數有影響 \end{cases}$

次數	0	1	2	3	4	5	6	7	8	9
人數	5	7	10	5	5	5	3	2	1	1
累計	5	12	22	27	32	37	40	42	43	44

$O(M_d) = \dfrac{n}{2} + \dfrac{1}{2} = 22.5$，$\therefore M_d = 2.5$

	初中	高中	大專	研究所	和
大於共同中位數（2.5）的次數	3(3)	3(2)	11(12)	5(5)	22
小於共同中位數（2.5）的次數	3(3)	1(2)	13(12)	5(5)	22
和	6	4	24	10	44

其 中 括 號 數 據 爲 理 論 次 數 $e_{ij} = \dfrac{R_i C_j}{n}$，譬如，$e_{11} = \dfrac{22 \times 6}{44} = 3$，

$e_{12} = \dfrac{22 \times 4}{44} = 2$，$e_{13} = \dfrac{22 \times 24}{44} = 12$，$e_{14} = \dfrac{22 \times 10}{44} = 5$ 有 理 論 次 數 e_{ij} 不 到 5

者，須重新合併安排爲

	初高中	大專	研究所	和
大於共同中位數之次數	6(5)	11(12)	5(5)	22
小於共同中位數之次數	4(5)	13(12)	5(5)	22
和	10	24	10	44

$\chi^2 = 0.566 < \chi^2_{0.05}(2) = 5.99$，

接受 H_0，表示母親的教育程度可能不影響其子女上書城之次數。

■ 二項檢定

某群體中女性的比率，未婚者的比率，對某意見贊成者的比率，或者某廠商的產品中所含不良品的比率，均可應用此法。

把視爲問題的比率以 p 表示，某特定之值以 p_0 表示。此時，對立假設

的內容可分成以下三種。

(1) 雙邊檢定 $H_0：p = p_0, H_1：p \neq p_0$

(2) 右尾檢定 $H_0：p \leq p_0, H_1：p > p_0$

(3) 左尾檢定 $H_0：p \geq p_0, H_1：p < p_0$

1. 小樣本時

在樣本數 n 之中，所要注意的特性其數目設為 k，關於此 k，試求滿足下述條件的最大 a 及最小 b。顯著水準設為 α。

(1) 的情形

$$P(k \leq a) \leq \frac{\alpha}{2} \quad , \quad P(k \geq b) \leq \frac{\alpha}{2}$$

其中

$$P(k \leq a) = \sum_0^a {}_nC_k p_0^{\,k}(1-p_0)^{n-k}$$

$$P(k \geq b) = \sum_b^n {}_nC_k p_0^{\,k}(1-p_0)^{n-k}$$

如 $k \leq a$ 或 $k \geq b$，則否定 H_0。

如 $a < k < b$，則接受 H_0。

(2) 的情形

$$P(k \geq b) \leq \alpha$$

其中

$$P(k \geq b) = \sum_b^n {}_nC_k p_0^{\,k}(1-p_0)^{n-k}$$

如 $k \geq b$，則否定 H_0。

如 $k < b$，則接受 H_0。

(3) 的情形

$$P(k \leq a) \leq \alpha$$

其中

$$P(k \leq a) = \sum_0^a {}_nC_k p_0^{\,k}(1-p_0)^{n-k}$$

如 $k \leq a$，則否定 H_0。

如 $k > a$，則接受 H_0。

2. 大樣本時（$np_0(1 - p_0) \geq 9$）

$$z = \frac{(k \pm 0.5) - np_0}{\sqrt{np_0(1-p_0)}}$$

當 $k < np_0$ 時，使用 $k + 0.5$，當 $k > np_0$ 時，使用 -0.5（$k = np_0$ 時，不使用 ± 0.5 一項。因此，此時 $z = 0$）。

(1) 的情形

　　如 $|z| \geq Z_{\alpha/2}$，否定 H_0，如 $|z| < Z_{\alpha/2}$ 則接受 H_0。

(2) 的情形

　　如 $z > Z_\alpha$ 時，否定 H_0，$z \leq -Z_\alpha$ 則接受 H_0。

(3) 的情形

　　如 $z < -Z_\alpha$ 時，否定 H_0，$z > Z_\alpha$ 則接受 H_0。

例 *

　　對過度出現 1 點的骰子抱持懷疑。擲 10 次骰子後，出現 1 點有 4 次，其他點則有 6 次。關於此骰子 1 點出現的機率，以 $\alpha = 0.05$ 右尾檢定以下假設。

$$H_0 : p \leq \frac{1}{6} \quad , \quad H_1 : p > \frac{1}{6}$$

【解】

$$P(k = t) = {}_{10}C_t \left(\frac{1}{6}\right)^t \left(\frac{5}{6}\right)^{10-t} \quad (t = 0, 1, 2, \cdots, 9, 10)$$

$P(k = 4) = 0.0543 \quad P(k = 8) = 0.0000$

$P(k = 5) = 0.0130 \quad P(k = 9) = 0.0000$

$P(k = 6) = 0.0022 \quad P(k = 10) = 0.0000$

$P(k = 7) = 0.0002$

因此，$P(k \geq 4) = 0.0697, P(k \geq 5) = 0.0154$

在 $\alpha = 0.05$ 的右尾檢定時 $b = 5$，此結果無法否定 H_0。

亦即，由上述的事實，無法確認「過度出現 1 點」的疑問。

例*

投擲硬幣 50 次出現正面 17 次，反面 33 次。試以 $\alpha = 0.05$ 雙邊檢定此硬幣正面出現的機率 p 是否爲 0.5。

【解】

$H_0：p = 0.5, H_1：p \neq 0.5, n = 50 , k = 17$

$$z = \frac{(17 + 0.5) - 50 \times 0.5}{\sqrt{50 \times 0.5 \times 0.5}} = -2.12$$

又 $Z_{\alpha/2} = Z_{0.025} = 1.96$

此 $|z| \geq 1.96$

所以判定正面出現的機率不是 0.5。

■ 費雪的精確檢定法（Fisher's exact test）

在 2×2 分割表的檢定中對於 χ^2 檢定無法使用的小樣本所利用的方法。

2×2 分割表

	+	−	合計
A 群	a	b	$a + b$
B 群	c	d	$c + d$
合計	$a + c$	$b + d$	n

如將邊際次數 $(a + b), (c + d), (a + c), (b + d)$ 固定時，由上表的結果利用超幾何分配所得到的機率成爲如下：

$$P = \frac{{}_{a+c}C_a \cdot {}_{b+d}C_b}{{}_nC_{a+b}} = \frac{(a+b)!(c+d)!(a+c)!(b+d)!}{n!a!b!c!d!} \tag{1}$$

檢定是利用 (1) 去計算所得到的結果及其極端結果之機率，其和如比事先所決定的 α 小時，則否定 H_0，反之則接受 H_0。

在 A 群中出現 + 反應之機率設爲 p_A，B 群中出現 + 反應之機率設爲 p_B，則假設檢定可分成如下 3 種。

1. 雙邊檢定 $H_0 : p_A = p_B$, $H_1 : p_A \neq p_B$
2. 右尾檢定 $H_0 : p_A \leq p_B$, $H_1 : p_A > p_B$
3. 左尾檢定 $H_0 : p_A \geq p_B$, $H_1 : p_A < p_B$

例 *

　　下表是針對某意見按男女別累計贊成與否的結果。由此結果,可否說男性的贊成比率比女性高呢?試以 $\alpha = 0.05$ 進行檢定。

表 1　按男女別所看的態度(單位:人)

	贊成	反對	合計
男性	6	3	9
女性	1	5	6
合計	7	8	15

【解】

　　虛無假設 $H_0 : p_A \leq p_B$, $H_1 : p_A > p_B$

　　首先,固定表的邊際次數,試由表 1 考慮極端結果(男性的贊成者人數變多的結果)。此時,只存在如表 2 的一種結果。

表 2　男性的贊成者變多時(單位:人)

	贊成	反對	合計
男性	7	2	9
女性	0	6	6
合計	7	8	15

　　接著,利用 (1) 式計算表 1 及表 2 各種結果所得到的機率

$$P_1 = \frac{9!6!7!8!}{15!6!3!1!5!} = 0.078$$

$$P_2 = \frac{9!6!7!8!}{15!7!2!0!6!} = 0.006$$

$$\sum P = 0.006 + 0.078 = 0.084 > 0.05$$

因此，無法捨棄 H_0。亦即，不能說男性的贊成比率比女性高。

■ 母體比例差之檢定

依母體比例之求法，檢定方法可分成如下 4 個類型。

型Ⅰ	單純累計 1 項目同一母體	有從屬關係時	Z 檢定
型Ⅱ	單純累計 2 項目同一母體	有對應關係時	χ^2 檢定
型Ⅲ	交叉累計不同母體	無對應關係	Z 檢定
型Ⅳ	交叉累計部分母體	有部分從屬關係	Z 檢定

檢定方法分別以例題說明之。

例 *

（型Ⅰ）對您是否擁有電腦進行調查，所得結果如下：

	n	%
有	50 人	25%
無	150 人	75%
計	200 人	100%

試檢定電腦擁有率與未擁有率是否有差異。

【解】

當 p_1 增加時，p_2 即減少，反之亦然，此即有從屬關係。

檢定公式為

$$Z = \frac{|p_1 - p_2|}{\sqrt{(p_1 + p_2)/n}} = \frac{|0.25 - 0.75|}{\sqrt{1/200}} = 7.1$$

當 $|Z| > 2.58$	1% 有顯著差異
$1.96 < |Z| < 2.58$	5% 有顯著差異
$|Z| < 1.96$	不能說有差異

由上表知，有顯著差異。

例*

（型Ⅱ）以喜歡、尚可、不喜歡 3 等級對 A 商品及 B 商品進行調查得出數據如下：

A 商品	n	%
喜歡	40 人	20%
尚可	60 人	30%
不喜歡	100 人	50%
計	200 人	100%

B 商品	n	%
喜歡	60 人	30%
尚可	90 人	45%
不喜歡	50 人	25%
計	200 人	100%

就喜歡 A 商品的 20% 與喜歡 B 商品的 30% 之間是否有差異進行檢定。

【解】

本例要比較的母體是相同回答者時，稱為有對應之檢定。此種檢定可以使用 McNemar 檢定，此檢定是應用 χ^2 檢定。

首先將上述兩表綜合成 2 分類再進行交叉累計

		B 喜歡	B 其他	計
A	喜歡	a（30 人）	b（10 人）	（40 人）
	其他	c（30 人）	d（130 人）	（160 人）
計		（60 人）	（140 人）	（200 人）

檢定 $\chi^2 = \dfrac{(|b-c|-1)^2}{b+c} = \dfrac{(|10-30|-1)^2}{10+30} = 9.025$

$\chi^2 > 6.635$	1% 有顯著差異
$3.841 < \chi^2 < 6.635$	5% 有顯著差異
$\chi^2 < 3.841$	不能說有差異

註：$\chi^2_{0.01}(1) = 6.635$, $\chi^2_{0.05}(1) = 3.84$

上表知，喜歡 A 商品與喜歡 B 商品之間可以說有差異。

例 *

（型Ⅲ）就年齡與抽菸人數進行調查，所得結果如下：

	全體	抽菸	不抽菸	人數
20～29 歲	100%	56%	44%	50 人
30～39 歲	100%	40%	60%	60 人
40 歲以上	100%	30%	70%	90 人

針對抽菸比率檢定 30～39 歲的 40% 與 40 歲以上的 30% 之差異。

【解】

比較的母體是不同回答者時，稱為無對應的檢定，檢定公式為

$$Z = \frac{|\hat{p}_1 - \hat{p}_2|}{\sqrt{\hat{p}(1-\hat{p})\left(\dfrac{1}{n_1} + \dfrac{1}{n_2}\right)}}$$

其中，$\hat{p} = \dfrac{n_1\hat{p}_1 + n_2\hat{p}_2}{n_1 + n_2}$

因之，$\hat{p} = \dfrac{60 \times 0.4 + 90 \times 0.3}{60 + 90} = 0.34$

$$\therefore Z = \frac{0.1}{0.07895} = 1.27$$

$|Z| \geq 2.58$	1% 有顯著差異
$1.96 \leq |Z| < 2.56$	5% 有顯著差異
$|Z| < 1.96$	不能說有差異

由上表知，20～29 歲與 40 歲以上抽菸比率不能說有差異。

例 *

（型Ⅳ）就年齡與抽菸人數進行調查，所得結果如下：

	全體	抽菸	不抽菸	人數
全體	100%	39.5%	60.9%	200 人
20～29 歲	100%	56%	44%	50 人
30～39 歲	100%	40%	60%	60 人
40 歲以上	100%	30%	70%	90 人

試檢定 20～29 歲的 56% 與全體的 39.5% 是否有差異。

【解】

比較全體與其中一部分之母體，有此種關係的 2 種比例稱為有部分從屬關係。

將上表整理成下表

母體	件數	比例
全體	n	$\hat{p}$
一部分	n_1	$\hat{p}_1$

檢定公式

$$Z = \frac{|\hat{p} - \hat{p}_1|}{\sqrt{\hat{p}(1-\hat{p})\left(\dfrac{n-n_1}{n \times n_1}\right)}} = \frac{|0.56 - 0.395|}{\sqrt{0.395 \times 0.605\left(\dfrac{200-50}{200 \times 50}\right)}} = 2.76$$

$|Z| \geq 2.58$	1% 有顯著差異
$1.96 \leq |Z| < 2.58$	5% 有顯著差異
$|Z| < 1.96$	不能說有差異

由上表知，20 ～ 29 歲的抽菸比例與全體比例可以說有差異。

■ 異常值的檢定（Grubbs-Smirnov 檢定）

數據中如有一個值與其他的數據有偏離（異常值；outlier）時，此即有是否要將它捨棄的問題。當抽取數據時，也許發生測量失誤，或抄寫數值的不正確。此時，檢定是否要捨棄該異常值者，即為 Grubbs-Smirnov 檢定。其檢定步驟如下：

步驟 1　建立假設。

　　　　虛無假設：與其他數據偏離之值不能說是異常值。

　　　　對立假設：與其他數據偏離之值是異常值。

步驟 2　決定顯著水準 α，從 Grubbs-Smirnov 異常值的檢定表中（參附表30）得出數據數為 n 時的值 k。

步驟 3　求出檢定統計量 T。

$$T = \frac{|x_i - \bar{x}|}{\sqrt{V}}$$

其中，x_i 表異常值，$\bar{x}$ 表樣本平均，V 表樣本變異數。

步驟 4　判定。若 $T > k$，否定虛無假設，採用對立假設，亦即，在顯著水準 α 下，偏離值視為異常值。

例 *

自母平均 $\mu = 140$，母標準差 $\sigma = 8$ 的常態母體中抽出 20 個數據，得出表 1 的結果，此測量值之中的 164 與其他相比似乎偏離，此數據是否可以視為異常值呢？試以顯著水準 5% 檢定看看。

表 1

133	134	134	134	135	135	139	140	140	140
141	142	142	144	144	147	147	149	150	164

【解】

(1) 虛無假設 H_0：160 不是異常值。

(2) 計算樣本平均與樣本變異數

$\bar{x} = 141.7,\ V = 55.0632$

(3) 計算檢定統計量 T

$$T = \frac{|164 - 141.7|}{\sqrt{55.0632}} = 3.0052$$

(4) $n = 20$，由統計數值表得 $k = 2.557$。

(5) $T > k$，因之不是虛無假設，亦即 164 是異常值。

■ Shapiro-Wilk 檢定

利用分配的檢定，像 t- 檢定、變異數分析及各種多重比較、全距檢定等，均是以常態分配為前提。常態性的檢定，有 χ^2 檢定、K-S 檢定以及 Shapiro-Wilk 的 W 檢定等方法。此處簡易介紹使用 Shapiro-Wilk 檢定的步驟。

步驟 1　將數據 x_j 按由小而大排列，形成順序統計量 $x_{(j)}$。

　　　　$x_{(j)}$ 表第 j 個順序統計量，亦即樣本中第 j 個小的數據。

步驟 2　計算變異 $a_i = |x_{(n-j+1)} - x_{(j)}|$ 之值（$j = 1, 2, \cdots, n$）。樣本數如為奇數，剩下之值不使用。

步驟 3　從 S-W 係數表（附表 31-1）中查出對應 (i, n) 的係數 w_i。

步驟 4　計算 $(\sum a_i w_i)^2$ 與檢定統計量

$$W = \frac{(\sum a_i w_i)^2}{\sum\limits_{j=1}^{n} (x_j - \overline{x})^2}$$

　　　　式中，$\overline{x} = \dfrac{x_1 + \cdots + x_n}{n}$。

步驟 5　從 S-W 檢定統計量表（附表 31-2）中，查出對應 n 與 W 的 p 值。

　　　　若 $W > p$ 值，即可接受虛無假設。

　　　　虛無假設為「母體的分配為常態分配」。

例*

下表是初生老鼠 3 週間的體重。

動物號碼	1	2	3	4	5	6	7	8	9	10
增加體重	71	86	92	95	100	102	105	108	118	123

檢定此 10 個值是否服從常態分配？

【解】

(1) 計算平方和 $\sum (x_i - \overline{x})^2 = 2072$

(2) 計算 a_i 之值

　　$123 - 71 = 52, 118 - 86 = 32, 108 - 92 = 16,$

　　$105 - 95 = 10, 102 - 100 = 2$

(3) 其次計算這些值與由附表 31-1 所得出之係數之積 $\sum a_i w_i$。此情形，樣本數 n 是 10，對應 $i = 1, 2, 3, 4, 5$ 之值 w_i 為 0.5739, 0.3291, 0.2141, 0.1224, 0.0399。

$$\sum a_i w_i = (0.5739)(52) + (0.3291)(31) + (0.2141)(16)$$
$$+ (0.1224)(10) + (0.0399)(2) = 45.10$$

(4) 計算統計量 W

$$W = \frac{45.10^2}{2072} = 0.98166$$

(5) 由附表 31-2，0.98166 的 $p > 0.95$（$p = 0.95 \sim 0.98$），知這些值非常近似常態分配。

■ k 個 2×2 分割表的解析法

像抽菸的有無與肺癌那樣，就因子 A 與疾病 B 的關連性，幾個研究小組進行調查，假定得出 k 個 2×2 分割表。或者在一個研究小組的調查中，就性別、年齡等的背景因子所層別的結果，得出 k 個 2×2 個分割表也行。此時，有以下的問題。

(1) A 與 B 的關連程度就 k 個表來說可以想成均一嗎？

(2) 關連的程度視為均一，它的關連在統計上是顯著嗎？

表 1　第 i 個的 2×2 分割表（$j = 1, 2, \cdots, k$）

A ＼ B	B_1	B_2	計
A_1	a_i	b_i	m_{1i}
A_2	c_i	d	m_{2i}
計	n_{1i}	n_{2i}	N_i

以表 1 的分割表的研究方法來說，有前向研究、後向研究、斷面研究。以 A 當作要因，B 當作反應時，固定 A_1, A_2 的合計數 m_{1i}, m_{2i}，針對 B 調查，其中計數有多少例屬 B_1，有多少例屬 B_2，稱為前向研究（prospective study）；相反，固定 B_1, B_2 的合計數，追溯過去針對 A 調查稱為後向研究（retrospective study）；只固定 N_i 針對 A, B 兩方調查即為斷面研究（cross-section study）。

A 與 B 的關連程度的指標有許多，但從前向、後向、斷面等之研究來看，以具有能估計、方便性的指標來說，有稱之為 Odds ratio（OR）之指標。

它可如下定義。

$$OR = \frac{P(B_1 \mid A_1)/P[1-P(B_1 \mid A_1)]}{P(B_1 \mid A_2)/P[1-P(B_1 \mid A_2)]} = \frac{p_1(1-p_1)}{p_2(1-p_2)}$$

p_1, p_2 是當作在 A_1, A_2 下 B_1, B_2 的出現率。分子稱為 A_1 條件下的 Odds，分母是 A_2 條件下的 Odds，它們的比稱為 Odds ratio（OR）。另外，取對數

$$L = \log(OR) = \log\frac{p_1}{1-p_1} - \log\frac{p_2}{1-p_2}$$

對數 Odds 比剛好等於 p_1, p_2 的 Logit 的差。

以下針對 (1), (2) 分別介紹 2 種方法：

(1) Breslow・Day 檢定（Odds 比的均一性檢定）。

(2) Mantel-Haenszel 檢定（共同 Odds 比的顯著性檢定）。

■ Breslow・Day 檢定（關連的均一性檢定）

考察虛無假設如下：

$$H_0 : OR_1 = \cdots = OR_g \text{（Odds Ratio 是 } g \text{ 個表皆均一）}$$

根據表 1 的數據 Odds 比的估計量

$$\widehat{OR}_i = \frac{a_i d_i}{b_i c_i}$$

對數 Odds 比的估計量為

$$\hat{L}_i = \log(\widehat{OR}_i) = \log a_i - \log b_i - \log c_i - \log d_i$$

對數 Odds 比的變異數為

$$\hat{V}(\hat{L}_i) = \frac{1}{a_i} + \frac{1}{b_i} + \frac{1}{c_i} + \frac{1}{d_i}$$

為了避免次數成為 0 的不方便，可利用如下估計

$$\hat{V}(\hat{L}_i) = \frac{1}{a_i + 0.5} + \frac{1}{b_i + 0.5} + \frac{1}{c_i + 0.5} + \frac{1}{d_i + 0.5}$$

以此變異數的倒數為比重，

$$w_i = \frac{1}{\hat{V}(\hat{L}_i)}$$

計算檢定統計量，

$$X^2 = \sum_{i=1}^{g} w_i (\hat{L}_i - \overline{L}.)^2$$

式中

$$\overline{L}. = \sum_{i=1}^{g} w_i \hat{L}_i \bigg/ \sum_{i=1}^{g} w_i$$

當例數甚大時，近似地服從自由度 $g - 1$ 的卡方分配，因之如 $X^2 > \chi^2(g - 1, \alpha)$，則否定 H_0，判定 Odds 比並非均一。

　　Odds 比的均一性檢定步驟：

步驟 1　建立假設

　　　　　虛無假設 H_0：$OR_1 = \cdots = OR_g$

　　　　　對立假設 H_1：OR_i 不全等

步驟 2　決定顯著水準 α。

步驟 3　由各 2×2 分割表利用如下估計 Odds 比及其變異數。

$$\hat{L}_i = \log a_i - \log b_i - \log c_i - \log d_i$$

$$\hat{V}(\hat{L}_i) = \frac{1}{a_i} + \frac{1}{b_i} + \frac{1}{c_i} + \frac{1}{d_i}$$

　　　　　當 a_i, b_i, c_i, d_i 中之任一者等於 0 時，則使用

$$\hat{V}(\hat{L}_i) = \frac{1}{a_i + 0.5} + \frac{1}{b_i + 0.5} + \frac{1}{c_i + 0.5} + \frac{1}{d_i + 0.5}$$

　　　　　並計算比重

$$w_i = \frac{1}{\hat{V}(\hat{L}_i)}$$

步驟 4　計算對數 Odds 比的比重平均

$$\overline{L}. = \sum_{i=1}^{g} w_i \hat{L}_i \bigg/ \sum_{i=1}^{g} w_i$$

　　　　　使用此求檢定統計量

步驟5　與自由度 $g - 1$ 的 χ^2 分配的上側 α 點 $\chi_\alpha^2(g - 1)$ 相較，如 $X^2 > \chi_\alpha^2(g - 1)$，則否定 H_0。

例*

為了比較試驗藥 A 與僞藥 P 進行臨床試驗，依背景因子在 2 個層 B_1, B_2 中，得出如下結果。

層 B_1

反應\\藥劑	改善	未改善	計
A	21	6	27
P	13	18	31
計	34	24	58

層 B_2

反應\\藥劑	改善	未改善	計
A	14	14	28
P	4	15	19
計	18	29	47

針對此數據，以 Odds 比測量藥劑的效果時，藥劑效果在 2 個層中是否均一？

【解】

　　步驟1　建立假設

　　　　　　$H_0 : OR_1 = OR_2, H_1 : OR_1 \neq OR_2, OR_i$ 表第 i 層的 Odds 比

　　步驟2　顯著水準 $\alpha = 0.05$。

　　步驟3　計算 $\hat{L}_i, V(\hat{L}_i), w_i$

　　　　　　層 B_1 的對數比的估計值 $\hat{L}_1$ 與變異數 $\hat{V}(\hat{L}_1)$

　　　　　　$\hat{L}_1 = \log 21 - \log 6 - \log 13 + \log 18 = 1.578$

　　　　　　$\hat{V}(\hat{L}_1) = \dfrac{1}{21} + \dfrac{1}{6} + \dfrac{1}{13} + \dfrac{1}{18} = 0.3468$

　　　　　　層 B_2 的對數比的評估值 $\hat{L}_2$ 與變異數 $\hat{V}(\hat{L}_2)$

　　　　　　$\hat{L}_2 = \log 14 - \log 14 - \log 4 + \log 15 = 1.322$

　　　　　　$\hat{V}(\hat{L}_2) = \dfrac{1}{14} + \dfrac{1}{14} + \dfrac{1}{4} + \dfrac{1}{15} = 0.4595$

　　　　　　$w_1 = \dfrac{1}{V(\hat{L}_1)} = 2.884$　，　$w_2 = \dfrac{1}{V(\hat{L}_2)} = 2.176$

步驟 4 計算 $\overline{L}.$, X^2

$$\overline{L}. = \frac{(w_1\hat{L}_1 + w_2\hat{L}_2)}{(w_1 w_2)} = \frac{(2.884 \times 1.578 + 2.176 \times 1.322)}{(2.884 + 2.176)} = 1.468$$

$$X^2 = \sum_i w_i(\hat{L}_i - \overline{L}.)^2$$

$$= 2.887(1.578 - 1.468)^2 + 2.176(1.322 - 1.468)^2$$

$$= 0.081$$

步驟 5 判別

$$X^2 = 0.081 < \chi^2(1, 0.05) = 3.841$$

在顯著水準 5%，不能否定 H_0，因之不能說不均一。

■ Mantel-Haenszel 檢定

2 變數 A 與 B 所形成的 2×2 分割表受第 3 個變數 C 的影響，可以想成在只有 A 與 B 的分割表中包含有 C 的影響時，可將分割表如下表那樣依 C 進行層別，之後再進行檢定。亦即，除去變數 C 的影響再檢定 A 與 B 的獨立性。變數 C 的分類數如為 k 時，下式所表示的統計量

$$M = \frac{\left(\left| \sum_{i=1}^{k} a_i - \sum_{i=1}^{k} \left(\frac{m_{1i} n_{1i}}{N_i} \right) \right| - \frac{1}{2} \right)^2}{\sum_{i=1}^{k} \left(\frac{m_{1i} m_{2i} n_{1i} n_{2i}}{N_i^2 (N_i - 1)} \right)} \tag{1}$$

近似服從自由度 1 個 χ^2 分配。因此，如 $M \geq \chi_a^2(1)$ 時，否定虛無假設（變數 A 與變數 B 相獨立）。此檢定法稱為曼特爾 - 漢茲爾檢定。

上式中分子的括號內的 $-\frac{1}{2}$ 是 Yates 的補正。

C_1

	B_1	B_2	計
A_1	a_1	b_1	n_{11}
A_2	c_1	d_1	n_{21}
計	m_{11}	m_{21}	N_1

C_2

	B_1	B_2	計
A_1	a_2	b_2	n_{12}
A_2	c_2	d_2	n_{22}
計	m_{12}	m_{22}	N_2

, ... ,

C_k

	B_1	B_2	計
A_1	a_k	b_k	n_{1k}
A_2	c_k	d_k	n_{2k}
計	m_{1k}	m_{2k}	N_k

例 *

　　為了確認肝臟癌的新治療法是否比以往的方法有效，將患者分成新治療法群與對照群（過去的治療法），調查治療開始 5 年後生存人數與死亡人數，得出如表 1。根據此表進行獨立性檢定時，在 5% 水準下認為有顯著差。此數據也可同時得出肝臟癌的進行狀況，如按進行期別作出分割表時，得出表 2。試檢定新治療法是否有效？

表 1

	對照群	新治療群	計
生存	41	54	95
死亡	47	31	78
計	88	85	173

表 2

第 2 期

	對照群	新治療群	計
生存	13	18	31
死亡	5	3	8
計	18	21	39

第 3 期

	對照群	新治療群	計
生存	16	27	43
死亡	20	14	34
計	30	41	77

第 4 期

	對照群	新治療群	計
生存	12	9	21
死亡	22	14	36
計	34	23	57

【解】

　　將表 2 的數據代入公式 (1) 時，

$$M = \frac{\left\{ \left| (3+14+14) - \dfrac{21 \times 8}{37} + \dfrac{41 \times 34}{77} + \dfrac{23 \times 36}{57} \right| - 0.5 \right\}^2}{\dfrac{18 \times 21 \times 31 \times 8}{39^2(39-1)} + \dfrac{36 \times 41 \times 43 \times 34}{77^2(77-1)} + \dfrac{34 \times 23 \times 21 \times 36}{57^2(57-1)}}$$

$M = 3.061 < \chi_{0.05}^2(1) = 3.84$，在顯著水準 0.05 下不認為有顯著差，故新治療法不能說是有效的。

■ Hodges-Lehmann 型估計值（單一群）

Hodges-Lehmann 型估計值是比原觀測值的中位值更爲穩健的估計值，對單一群的觀測值來說，這是以 $\dfrac{n(n+1)}{2}$ 對 $(x_i + x_j)/2$ 的中位值加以定義。亦即，

$$\underset{1 \le i \le j \le n}{\text{Median}}\left\{\frac{x_i + x_j}{2}\right\}$$

例 *

試求 2.3, 3.5, 6.7, 8.2 的 Hodges-Lehmann 估計值與中位值。

【解】

中位值是

$$\frac{3.5 + 6.7}{2} = 5.1$$

Hodges-Lehmann 估計量是以下數據的中位值，即

$(2.3 + 2.3)/2, (2.3 + 3.5)/2, (2.3 + 6.7)/2, (2.3 + 8.2)/2,$

$(3.5 + 3.5)/2, (3.5 + 6.7)/2, (3.5 + 8.2)/2,$

$(6.7 + 6.7)/2, (6.7 + 8.2)/2,$

$(8.2 + 8.2)/2$

亦即，2.3, 2.9, 4.5, 5.25, 3.5, 5.1, 5.85, 6.7, 7.45, 8.2 的中位值，是將所得數列按大小排列成爲如下：

2.3, 2.9, 3.5, 4.5, 5.1, 5.25, 5.85, 6.7, 7.45, 8.2

再取中位值，即

$$\frac{5.1 + 5.25}{2} = 5.175$$

■ Hodges-Lehmann 型的點估計與區間估計（兩群）

2 群的機率密度函數設爲 $f(x), f(x - \delta)$，由第 1 群及第 2 群所得出的觀

測值設爲 $x_1, \cdots, x_m$ 與 $y_1, \cdots, y_n$。相異的觀測值之間的 mn 個之差設爲 $z_{ij} = y_i - x_j$。δ 的點估計值是以 z_{ij} 的中央值來表示。亦即,將 z_{ij} 由小而大排列,設爲 $z_{(1)} \le z_{(2)} \le \cdots \le z_{(mn)}$,則

$$\hat{\delta} = \begin{cases} z_{(mn+1)/2} & (\text{mn 爲奇數}) \\ \{z_{(mn/2)} + z_{((mn/2)+1)}\} & (\text{mn 爲偶數}) \end{cases}$$

信賴區間的構成與其採用 Wilcoxon 檢定的等級和,不如採用 Mann-Whitney 的 U 統計量更容易了解。基於 $W = U + n(n+1)/2$ 的關係式,由 U 即可容易求出 W。信賴係數設爲 $1 - \alpha$ 時,求出滿足

$$P(U \le \ell) \le \alpha/2 \tag{1}$$

的最大整數 ℓ。即使 $\ell = 0$ 而 (1) 不成立時,信賴區間仍無法形成。接著,設 $c = \ell + 1$, $d = mn - \ell$,U 的分配即以 $mn/2$ 爲中心形成左右對稱,因之 $P(U \le c) = P(d \le U)$,然後信賴區間的下限及上限設爲

$$\delta_L = z_{(c)}, \ \delta_U = z_{(d)}$$

當樣本數不小時,ℓ 的近似值利用如下求之,

$$\ell = \left[\frac{mn}{\alpha} - z\left(\frac{\alpha}{2}\right) \sqrt{\frac{mn(m+n+1)}{12}} - 0.5 \right]$$

例*

　　對能力相同的 2 個班實施新舊 2 種教法,於學期結束後實施相同的考試,結果得出如下:(x 爲舊法,y 爲新法)

$$x_1 = 56, \ x_2 = 60, \ x_3 = 66, \ x_4 = 74$$
$$y_1 = 68, \ y_2 = 77, \ y_3 = 83$$

試就 δ 進行點估計及區間估計。

【解】

由以上數據建立 $z_{ij} = y_i - x_j$,並將之由小而大排列,得出下表。

順位	Y	X	$Y - X = Z$
1	68	74	−6
2	68	66	2

順位	Y	X	Y − X = Z
3	77	74	3
4	68	60	8
5	83	74	9
6	77	66	11
7	68	56	12
8	77	60	17
9	83	66	17
10	77	56	21
11	83	60	23
12	83	56	27

中央值為 $\{z_{(6)} + z_{(7)}\}/2 = (11 + 12)/2 = 11.5$，此即為 δ 的點估計值。

$\alpha/2 = 0.05$, $P(U = 0) = 0.028571$, $P(U \leq 1) = 0.057142$，因之 $\ell = 0$, $c = 0 + 1 = 1$, $d = 12 - 0 = 12$，所以 90% 信賴區間為

$$\delta_L = z_{(1)} = -6$$

$$\delta_U = z_{(12)} = 27$$

在常態近似中，

$$\ell = \left[\frac{4 \times 3}{2} - z(0.05)\sqrt{\frac{4 \times 3 \times 8}{12}} - 0.5 \right]$$

$$= [6 - 1.645\sqrt{8} - 0.5]$$

$$= [0.848]$$

$$= 0$$

樣本數雖然少，但與正確的機率計算時一致。

■ Fligner Killeen 檢定

Fligner Killeen 檢定是提供有關 k 個母體 $\{X_{i,j}$，對於 $1 \leq i \leq n_j$ 和 $1 \leq j \leq k\}$ 的變異數是否均一性的方法。檢定是聯合地將絕對值 $|X_{i,j} - \tilde{X}_j|$ 排成順位與指定累計分數 $a_{N,i} = \Phi^{-1}\left(\frac{1}{2} + \frac{i}{2(N+1)} \right)$，而此等是基於所有觀測值的順位。

在此檢定中，$\tilde{X}_j$ 是第 j 個母體的樣本中位數，$\Phi(.)$ 是累積分配函數的

常態分配。Fligner Killeen 檢定有時也被稱爲以中位數爲中心的 Fligner Killeen 檢定。

1. Fligner Killeen 檢定統計量

$$x_o^2 = \frac{\sum\limits_{j=1}^{k} n_j (\overline{a}_j - \overline{a})^2}{s^2}$$

其中 $\overline{a}_j$ 是第 j 樣本的平均分數，$\overline{a}$ 是所有 $a_{N,i}$ 整體平均分數，s^2 是所有分數的樣本變異數。亦即：

$$N = \sum_{j=1}^{k} n_j \,,$$

$$\overline{a}_j = \frac{1}{n_j} \sum_{i=1}^{n_j} a_{N,m_i}$$

其中 a_{N,m_i} 是對第 j 樣本的第 i 個觀測值之累計分數。

$$\overline{a} = \frac{1}{N} \sum_{i=1}^{N} a_{N,i} \,,$$

$$s^2 = \frac{1}{N-1} \sum_{i=1}^{N} (a_{N,i} - \overline{a})^2$$

2. Fligner Killeen 機率

對於大的樣本數來說，Fligner Killeen 檢定統計量是漸近的服從卡方分配其自由度爲 $(k-1)$，$x_o^2 \sim \chi_{(k-1)}^2$。

若 $x_o^2 > \chi_{k-1}^2(\alpha)$ 時，拒絕虛無假設 H_0：k 個母體的變異數均一。

例 *

　　有 4 種昆蟲殺蟲劑，今在農業試驗中的 8 個單位進行試驗，以下是使用殺蟲劑後所殺死的昆蟲數。

Method 1	Method 2	Method 3	Method 4
51	82	79	85
87	91	84	80
50	92	74	65
48	60	98	71

	Method 1	Method 2	Method 3	Method 4
	79	52	63	67
	61	79	83	51
	53	73	85	63
	54	74	58	93
med	53.8	79.5	81	59
s_j^2	214.2679	157.5536	164.5714	181.5536

試以 $\alpha = 0.05$ 檢定 4 種殺蟲劑的殺蟲效果是否有均一性。

【解】

設 $H : \sigma_1^2 = \sigma_2^2 = \sigma_3^2 = \sigma_4^2$

(1) Residuals from median

Method 1	Method 2	Method 3	Method 4
2.5	2.5	2	16
33.5	11.5	3	11
3.5	12.5	7	4
5.5	0.5	17	2
25.5	27.5	18	2
7.5	0.5	2	18
0.5	6.5	4	6
0.5	5.5	23	24

(2) Ranking

Method 1	Method 2	Method 3	Method 4
9.5	9.5	6.5	24
32	22	11	21
12	23	19	13.5
15.5	2.5	25	6.5
30	31	26.5	6.5
20	2.5	6.5	26.5

Method 1	Method 2	Method 3	Method 4
2.5	18	13.5	17
2.5	15.5	28	29

(3) Normafization

	Method 1	Method 2	Method 3	Method 4	Total
	0.369009	0.369009	0.249427	1.096804	
	2.166107	0.957422	0.430727	0.908458	
	0.472789	1.029957	6.799083	0.537519	
	0.627544	0.095091	1.168949	0.249427	
	1.690622	1.876359	1.290233	0.249427	
	0.852495	0.095091	0.249427	1.290233	
	0.095092	0.747859	0.537519	0.698526	
	0.095091	0.627544	1.4342	1.549706	
n_j	8	8	8	8	32
$\bar{a}_j$	0.796093	0.726401	0.769946	0.822512	$0.778648 = \bar{a}$
					$0.309452 = s^2$

$$\phi^{-1}\left(\frac{1}{2} + \frac{9.5}{2(32+1)}\right) = 0.36909$$

$$\phi^{-1}\left(\frac{1}{2} + \frac{3}{2(32+1)}\right) = 2.166107$$

此可使用 Excel 的 NORMSINV 指令求出。

以下同樣求出。

$$\bar{a}_1 = \frac{(0.369009 + \cdots + 0.095091)}{8} = 0.796093$$

$$\bar{a}_2 = \frac{(0.369009 + \cdots + 0.627544)}{8} = 0.726041$$

以下同樣求出。

$$\bar{a} = (\bar{a}_1 + \bar{a}_2 + \bar{a}_3 + \bar{a}_4)/4$$
$$= \frac{(0.369009 + \cdots + 0.822512)}{4}$$
$$= 0.778648$$

(4) $FK = \dfrac{8(0.796093 - 0.778648)^2 + \cdots + 8(0.822512 - 0.778648)^2}{0.309462}$

$= 0.131108 < \chi_3^2(0.05) = 7.814725$

∴不否定 H_0，亦即 4 種殺蟲劑的效果均一。

■ 總整理：1. 無母數統計方法中常用的一些檢定方法

1.1 組樣本之情形

(1) 適合度檢定：可使用卡方檢定法或 Kalmogorov-Smirnov 檢定法。

(2) 獨立性檢定：採卡方檢定法。

(3) 符號檢定法：檢定單一母體的中位數 η。

(4) Wilcoxcon 符號等級檢定法：檢定單一母體中位數 η 是否為某一特定值 η_0，（亦可檢定 2 組成對樣本的平均水準是否有差異）。

(5) 連檢定法：檢定樣本的出現是否具有隨機性。

2.2 組相關樣本的情形

(1) Wilcoxcon 符號等級檢定法：檢定 2 組成對抽取的樣本是否來自相同的母體。

(2) Wilcoxcon 等級和檢定法：檢定二個獨立的母體分配是否為相同的母體分配。

3.2 組獨立樣本的情形

(1) 中位數檢定法：檢定 k 組（$k \geq 2$）獨立樣本之母體是否具有相同之中位數或兩樣本所來自的母體是否相同。

(2) Mann-Whithey U 檢定法：檢定 k（$k \leq 2$）組獨立樣本是否來自同一母體，或檢定兩獨立樣本所來自母體是否具有相同的變異數。

(3) Kolmgorov-Smirnov 兩組樣本檢定法：檢定兩獨立樣本是否自同一母體抽出。

4. k 組相關樣本之情形

(1) Friedman 檢定法：檢定 k 組成對樣本是否來自相同的母體。

5. k 組獨立樣本之情形

(1) 中位數檢定法的推廣：檢定 k 組獨立樣本是否從同一母體或從具有相同之中位數之母數抽出。

(2) 卡方檢定法：進行齊一性檢定，即檢定兩組或 k 組樣本之平均水準是否一致。

(3) Kruskal-Wallis H 檢定法：檢定 k 組獨立樣本是否自同一母體抽出。

■ 總整理：2. 差的檢定

	獨　立	對　應
2 組	Mann Whitney 和 Wilcoxon 等級和	Wilcoxn 符號等級
2 組以上	Krusual-Wallis	Friedmann

■ 總整理：3. 比率的檢定

	獨　立	對　應
2 組	卡方檢定	McNemar
2 組以上	卡方檢定	Cochran Q

■ 總整理：4. 無母數檢定法的主要種類

數據種類	同時分析之變數個數					無母數分析的相關（關聯性）
	1 變數	2 變數		3 變數以上		
		無對應	有對應	無對應	有對應	
名義尺度（質數據）	二項檢定 χ^2 檢定	精確機率法（Fisher 的精確法）χ^2 檢定	McNemar 檢定（2 類時）	χ^2 檢定	Cochran Q 檢定（2 類時）	獨立係數

數據種類	同時分析之變數個數					無母數分析的相關（關聯性）
	1 變數	2 變數		3 變數以上		
		無對應	有對應	無對應	有對應	
順序尺度（質數據）	適合度檢定 連檢定	中位數檢定 U 檢定 連檢定 Mose's 檢定	符號檢定符號等級檢定		Freidman 檢定	Spearman 的順位相關係數 Kendall 的順位相關係數 Kendall 一致係數
間隔尺度（量數據）		隨機檢定	隨機檢定			

■ 總整理：5. 變異數的檢定

	有母數統計	無母數統計
2 組	F 檢定	Mann-Whitney 檢定
2 組以上	Burtlett 檢定	Fligner-Killeen 檢定

■ 總整理：6. 有母數統計與無母數統計之對應

	有母數統計	無母數統計
主要母數	母平均（期待值）	中位值
變異的尺度	標準差	四分位距
點估計值	樣本平均	Hodges-Lehmann 型估計值
信賴區間	基於 t 分配之區間	基於順序統計量之區間
2 組之比較	獨立 2 組樣本 t 檢定	Wilcoxon 等級和檢定
成對數據	成對 2 組樣本 t 檢定	Wilcoxon 符號等級檢定

	有母數統計	無母數統計
多群之比較	一因子變異數分析	Kruskal-Wallis 的 H 檢定
有傾向之對立假設	基於分數之檢定	Jonckheere-Terpstra 檢定
與參照組之比較	Dunnett 的多重比較檢定	Fligner-Walfe 檢定
每 2 組之比較	Tukey 的多重比較檢定	Steel-Dwass 檢定
亂塊法實驗	二因子變異數分析	Friedman 檢定
相關係數	Pearson 積率相關係數	順位相關係數

附　錄

常用公式一覽表

1. 對數常用公式

$$\log_{10}(xy) = \log_{10} x + \log_{10} y$$

$$\log_{10}\left(\frac{x}{y}\right) = \log_{10} x - \log_{10} y$$

$$\log_{10} x^a = a \log_{10} x$$

$$\log_e e^x = x$$

$$\log_e x = (\log_e 10) \log_{10} x$$

2. 排列組合公式

$$C_x^n = \frac{n!}{(n-x)! x!}$$

$$_n P_x = n(n-1) \cdots (n-(x-1))$$

$$C_n^x = \frac{_n P_x}{x!}$$

$$C_k^n + C_{k-1}^n = C_k^{n+1}$$

$$_n C_r = {_n C_{n-r}}$$

$$C_0^n + C_1^n + \cdots + C_n^n = 2^n$$

$$C_0^n - C_1^n + C_2^n - \cdots - (-1)^n C_n^n = 0$$

$$C_0^n + C_2^n + C_4^n \cdots = 2^{n-1}$$

$$C_1^n + C_3^n + C_5^n + \cdots = 2^{n-1}$$

3. 不等式

$$|a+b| \le |a| + |b|$$

$$|a-b| \ge \|a| - |b\|$$

$$|x| < a(a>0) \Rightarrow -a < x < a$$

$$|x| > a \Rightarrow x > a \ \text{or} \ x < -a \ (a>0)$$

4. 展開式

$$a^2 - b^2 = (a-b)(a+b)$$

$$a^3 - b^3 = (a-b)(a^2 + ab + b^2)$$

$$(a+b)^n = C_0^n a^n + C_1^n a^{n-1} b + \cdots + C_{n-1}^n ab^{n-1} + C_n^n b^n$$

（ 當 $a = b = 1$ ， $2^n = C_0^n + C_1^n + \cdots + C_n^n$ ）

$$(a_1 + \cdots + a_m)^n = \sum \frac{n!}{P_1! \cdots P_m!} a_1^{P_1} \cdots a_m^{P_m},$$

$$P_1 + \cdots + P_m = n \ , \ P_i \ge 0$$

5. 微分、積分

$$\frac{d}{dx}(u \cdot v) = \frac{du}{dx} \cdot v + u \cdot \frac{dv}{dx}$$

$$\frac{d}{dx}\left(\frac{u}{v}\right) = \frac{1}{v^2}\left(\frac{du}{dx} \cdot v - u \cdot \frac{dv}{dx}\right)$$

$$\frac{d}{dx}[f(u)] = \frac{d}{du}[f(u)] \cdot \frac{du}{dx}$$

$$\int u\,dv = uv - \int v\,du$$

$$\int x^n dx = \frac{x^{n+1}}{n+1}$$

$$\int \frac{dx}{x} = \log x$$

$$\int \frac{f'(x)}{f(x)} dx = \log f(x)$$

$$\int e^{ax} dx = \frac{e^{ax}}{a}$$

$$\int \log x\,dx = x \log x - x$$

6. 級數公式

$$a + ar + \cdots + ar^{n-1} = \frac{a(1-r^n)}{1-r} \qquad (r \ne 1)$$

$$\sum_{n=1}^{\infty} ar^{n-1} = \frac{a}{1-r} \qquad |r| < 1$$

$$1 + 2 + \cdots + n = \frac{n(n+1)}{2}$$

$$1^2 + 2^2 + \cdots + n^2 = \frac{n(n+1)(2n+1)}{6}$$

$$1^3 + 2^3 + \cdots + n^3 = \frac{n^2(n+1)^2}{4}$$

$$1^4 + 2^4 + \cdots + n^4 = \frac{n(n+1)(2n+1)(3n^2+3n-1)}{30}$$

7. 其他級數公式

$$\frac{1}{1^p}+\frac{1}{2^p}+\cdots+\frac{1}{n^p}+\cdots=\frac{1}{1-p} \qquad p>1$$
$$=\infty \qquad p\le 1$$

$$1-\frac{1}{3}+\frac{1}{5}-\frac{1}{7}+\cdots=\frac{\pi}{4}$$

$$1+\frac{1}{2^2}+\frac{1}{3^2}+\frac{1}{4^2}+\cdots=\frac{\pi^2}{6}$$

$$1-\frac{1}{2^2}+\frac{1}{3^2}-\frac{1}{4^2}+\cdots=\frac{\pi^2}{12}$$

$$1+\frac{1}{3^2}+\frac{1}{5^2}+\frac{1}{7^2}+\cdots=\frac{\pi^2}{8}$$

$$\frac{1}{2^2}+\frac{1}{4^2}+\frac{1}{6^2}+\frac{1}{8^2}+\cdots=\frac{\pi^2}{24}$$

8. 乘冪公式

$$a^x \cdot a^y = a^{x+y}$$
$$a^x \cdot b^x = (ab)^x$$
$$(a^x)^y = a^{xy}$$
$$\frac{a^x}{a^y} = a^{x-y}$$

9. 泰勒展開式

$$f(x)=f(0)+\frac{f'(0)}{1!}x+\frac{f''(0)}{2!}x^2+\cdots+\frac{f^{(k)}(0)}{k!}x^k+\cdots$$

稱為 $f(x)$ 在 $x=0$ 展開式。

$$\frac{1}{1-x}=1+x+\cdots+x^4+\cdots \ , \ |x|<1$$

$$e^x=1+x+\frac{1}{2!}x^2+\cdots+\frac{1}{n!}x^n+\cdots$$

$$e^x=e^a\left[1+(x-a)+\frac{(x-a)^2}{2!}+\cdots\right]$$

10. 不等式

Holder 不等式

$$\left[\sum_{i=1}^{n}(a_i)^p\right]^{1/p}\left[\sum_{i=1}^{n}(b_i)^q\right]^{1/q}\ge\sum a_i b_i$$

Minkowski 不等式

$$\left[\sum_{i=1}^{n}(a_i+b_i)^p\right]^{1/p}\le\left[\sum_{i=1}^{n}(a_i)^p\right]^{1/p}\left[\sum_{i=1}^{n}(b_i)^p\right]^{1/p}$$

Schwarz 不等式

$$\left[\sum_{i=1}^{n}a_i b_i\right]^2\le\left[\sum_{i=1}^{n}a_i^2\right]\left[\sum_{i=1}^{n}b_i^2\right]$$

$S_n=\sum_{i=1}^{n}\frac{1}{i}=1+\frac{1}{2}+\frac{1}{3}+\cdots+\frac{1}{n}$							
n	S_n	n	S_n	n	S_n	n	S_n
3	1.8333	6	2.4500	15	3.3182	100	5.1873
4	2.0833	8	2.7178	20	3.5977	500	6.7928
5	2.2833	10	2.9289	50	4.4920	1000	7.4855

各種的常數	
$\pi=3.1415926535\cdots$	$1\,\text{rad}=57°.295779513082321$
$e=2.7182818\cdots$	$1°=0.017453292519943\,\text{rad}$
$\log_e 10=2.30258\cdots$	$\sqrt{10}=3.16277$
$\log_e 2=0.693147\cdots$	$\sqrt[3]{100}=4.61588$
	$\log_{10}2=0.301029995663981$

附　表

附表 1　組合 $\begin{pmatrix} n \\ r \end{pmatrix}$ 的值

r / n	2	3	4	5	6	7	8	9	10
2	1								
3	3	1							
4	6	4	1						
5	10	10	5	1					
6	15	20	15	6	1				
7	21	35	35	21	7	1			
8	28	56	70	56	28	8	1		
9	36	84	126	126	84	36	9	1	
10	45	120	210	252	210	120	45	10	1
11	55	165	330	462	462	330	165	55	11
12	66	220	495	792	924	792	495	220	66
13	78	286	715	1,287	1,716	1,716	1,287	715	286
14	91	364	1,001	2,002	3,003	3,432	3,003	2,002	1,001
15	105	455	1,365	3,003	5,005	6,435	6,435	5,005	3,003
16	120	560	1,820	4,368	8,008	11,440	12,870	11,440	8,008
17	136	680	2,380	6,188	12,376	19,448	24,310	24,310	19,448
18	153	816	3,060	8,568	18,564	31,824	43,758	48,620	43,758
19	171	969	3,876	11,628	27,132	50,388	75,582	92,378	92,378
20	190	1,140	4,845	15,504	38,760	77,520	125,970	167,960	184,756

附表 2　常用對數表：$\log_{10}x$

↓ x	.00	.01	.02	.03	.04	.05	.06	.07	.08	.09
1.0	.0000	.0043	.0086	.0128	.0170	.0212	.0253	.0294	.0334	.0374
1.1	.0414	.0453	.0492	.0531	.0569	.0607	.0645	.0682	.0719	.0755
1.2	.0792	.0828	.0864	.0899	.0934	.0969	.1004	.1038	.1072	.1106
1.3	.1139	.1173	.1206	.1239	.1271	.1303	.1335	.1367	.1399	.1430
1.4	.1461	.1492	.1523	.1553	.1584	.1614	.1644	.1673	.1703	.1732
1.5	.1761	.1790	.1818	.1847	.1875	.1902	.1931	.1959	.1987	.2014
1.6	.2041	.2068	.2095	.2122	.2148	.2175	.2201	.2227	.2253	.2279
1.7	.2304	.2330	.2355	.2380	.2405	.2430	.2455	.2480	.2504	.2529
1.8	.2553	.2577	.2601	.2625	.2648	.2672	.2695	.2718	.2742	.2765
1.9	.2788	.2810	.2833	.2856	.2878	.2900	.2923	.2945	.2967	.2989
2.0	.3010	.3032	.3054	.3075	.3096	.3118	.3139	.3160	.3181	.3210
2.1	.3222	.3243	.3263	.3284	.3304	.3324	.3345	.3365	.3385	.3404
2.2	.3424	.3444	.3464	.3483	.3502	.3522	.3541	.3560	.3579	.3598
2.3	.3617	.3636	.3655	.3674	.3692	.3711	.3729	.3747	.3766	.3784
2.4	.3802	.3820	.3838	.3865	.3874	.3892	.3909	.3927	.3945	.3962
2.5	.3979	.3997	.4014	.4031	.4048	.4065	.4082	.4099	.4116	.4133
2.6	.4150	.4166	.4183	.4200	.4216	.4232	.4249	.4265	.4281	.4298
2.7	.4314	.4330	.4346	.4362	.4378	.4393	.4409	.4425	.4440	.4456
2.8	.4472	.4487	.4502	.4518	.4533	.4548	.4564	.4579	.4594	.4609
2.9	.4624	.4639	.4654	.4669	.4683	.4698	.4713	.4728	.4742	.4757
3.0	.4771	.4786	.4800	.4814	.4829	.4843	.4857	.4871	.4886	.4900
3.1	.4914	.4928	.4942	.4955	.4969	.4983	.4997	.5011	.5024	.5038
3.2	.5105	.5065	.5079	.5092	.5105	.5119	.5132	.5145	.5159	.5172
3.3	.5185	.5198	.5211	.5224	.5237	.5250	.5263	.5276	.5289	.5302
3.4	.5315	.5328	.5340	.5353	.5366	.5378	.5391	.5403	.5416	.5428
3.5	.5441	.5453	.5465	.5478	.5490	.5502	.5514	.5527	.5539	.5551
3.6	.5563	.5575	.5587	.5599	.5611	.5623	.5635	.5647	.5658	.5670
3.7	.5682	.5694	.5705	.5717	.5729	.5740	.5752	.5763	.5775	.5786
3.8	.5798	.5809	.5821	.5832	.5843	.5855	.5866	.5877	.5888	.5899
3.9	.5911	.5922	.5933	.5944	.5955	.5966	.5977	.5988	.5999	.6010
4.0	.6021	.6031	.6042	.6053	.6064	.6075	.6085	.6096	.6107	.6117
4.1	.6128	.6138	.6149	.6160	.6170	.6180	.6191	.6201	.6212	.6222
4.2	.6232	.6243	.6253	.6263	.6274	.6284	.6294	.6304	.6314	.6325
4.3	.6335	.6345	.6355	.6365	.6375	.6385	.6395	.6405	.6415	.6425
4.4	.6435	.6444	.6454	.6464	.6474	.6484	.6493	.6503	.6513	.6522
4.5	.6532	.6542	.6551	.6561	.6571	.6580	.6590	.6599	.6609	.6618
4.6	.6628	.6637	.6646	.6656	.6665	.6675	.6684	.6693	.6702	.6712
4.7	.6721	.6703	.6730	.6749	.6758	.6767	.6776	.6785	.6794	.6803
4.8	.6812	.6821	.6830	.6839	.6848	.6857	.6866	.6875	.6884	.6893
4.9	.6902	.6911	.6920	.6928	.6937	.6946	.6955	.6964	.6972	.6981

附表 2　常用對數表：$\log_{10}x$（續）

↓ x	.00	.01	.02	.03	.04	.05	.06	.07	.08	.09
5.0	.6990	.6998	.7007	.7016	.7024	.7033	.7042	.7050	.7059	.7067
5.1	.7076	.7084	.7093	.7101	.7110	.7118	.7126	.7135	.7143	.7152
5.2	.7160	.7168	.7177	.7185	.7193	.7202	.7210	.7218	.7226	.7235
5.3	.7243	.7251	.7259	.7267	.7275	.7284	.7292	.7300	.7308	.7316
5.4	.7324	.7332	.7340	.7348	.7356	.7364	.7372	.7380	.7388	.7396
5.5	.7404	.7412	.7419	.7427	.7435	.7443	.7451	.7459	.7466	.7474
5.6	.7482	.7490	.7497	.7505	.7513	.7520	.7528	.7536	.7543	.7551
5.7	.7559	.7566	.7574	.7582	.7589	.7597	.7604	.7612	.7619	.7627
5.8	.7634	.7642	.7649	.7657	.7664	.7672	.7679	.7686	.7694	.7701
5.9	.7709	.7716	.7723	.7731	.7738	.7745	.7752	.7760	.7767	.7774
6.0	.7782	.7789	.7796	.7803	.7810	.7818	.7825	.7832	.7839	.7846
6.1	.7853	.7860	.7868	.7875	.7882	.7889	.7896	.7903	.7910	.7917
6.2	.7924	.7931	.7938	.7945	.7952	.7959	.7966	.7973	.7980	.7987
6.3	.7993	.8000	.8007	.8014	.8021	.8028	.8035	.8041	.8048	.8055
6.4	.8062	.8069	.8075	.8082	.8089	.8096	.8102	.8109	.8116	.8122
6.5	.8129	.8136	.8142	.8149	.8156	.8162	.8169	.8176	.8182	.8189
6.6	.8195	.8202	.8209	.8215	.8222	.8228	.8235	.8241	.8248	.8254
6.7	.8261	.8267	.8274	.8280	.8087	.8293	.8299	.8306	.8312	.8319
6.8	.9325	.8331	.8338	.8344	.8351	.8357	.8363	.8370	.8376	.8382
6.9	.8388	.8395	.8401	.8407	.8414	.8420	.8426	.8432	.8439	.8445
7.0	.8451	.8457	.8463	.8470	.8476	.8482	.8488	.8494	.8500	.8506
7.1	.8513	.8519	.8525	.8531	.8537	.8543	.8549	.8555	.8561	.8567
7.2	.8573	.8579	.8585	.8591	.8597	.8603	.8609	.8615	.8621	.8627
7.3	.8633	.8639	.8645	.8651	.8657	.8663	.8669	.8675	.8981	.8686
7.4	.8692	.8698	.8704	.8710	.8716	.8722	.8727	.8733	.8739	.8745
7.5	.8751	.8756	.8762	.8768	.8774	.8779	.8785	.8791	.8797	.8802
7.6	.8808	.8814	.8820	.8825	.8831	.8837	.8842	.8848	.8854	.8859
7.7	.8865	.8871	.8876	.8882	.8887	.8893	.8899	.8904	.8910	.8915
7.8	.8921	.8927	.8932	.8938	.8943	.8949	.8954	.8960	.8965	.9971
7.9	.8976	.8982	.8987	.8993	.8998	.9004	.9009	.9015	.9020	.9025

附表 2 　常用對數表：$\log_{10}x$（續）

↓ x	.00	.01	.02	.03	.04	.05	.06	.07	.08	.09
8.0	.9031	.9036	.9042	.9047	.9053	.9058	.9063	.9069	.9074	.9079
8.1	.9085	.9090	.9096	.9101	.9106	.9112	.9117	.9122	.9128	.9133
8.2	.9138	.9143	.9149	.9154	.9159	.9165	.9170	.9175	.9180	.9186
8.3	.9191	.9196	.9201	.9206	.9212	.9217	.9222	.9227	.9232	.9238
8.4	.9243	.9248	.9253	.9258	.9263	.9269	.9274	.9279	.9284	.9289
8.5	.9294	.9299	.9304	.9309	.9315	.9320	.9325	.9330	.9335	.9340
8.6	.9345	.9350	.9355	.9360	.9365	.9370	.9375	.9380	.9385	.9390
8.7	.9395	.9400	.9405	.9410	.9415	.9420	.9425	.9430	.9435	.9440
8.8	.9445	.9450	.9455	.9460	.9465	.9469	.9474	.9479	.9484	.9489
8.9	.9494	.9499	.9504	.9509	.9513	.9518	.9523	.9528	.9533	.9538
9.0	.9542	.9547	.9552	.9557	.9562	.9566	.9571	.9576	.9581	.9586
9.1	.9590	.9595	.9600	.9605	.9609	.9614	.9619	.9624	.9628	.9633
9.2	.9638	.9643	.9647	.9652	.9657	.9661	.9666	.9671	.9675	.9680
9.3	.9685	.9689	.9694	.9699	.9703	.9708	.9713	.9717	.9722	.9727
9.4	.9731	.9736	.9741	.9745	.9750	.9754	.9759	.9763	.9768	.9773
9.5	.9777	.9782	.9786	.9791	.9795	.9800	.9805	.9809	.9814	.9818
9.6	.9823	.9827	.9832	.9836	.9841	.9845	.9850	.9854	.9859	.9863
9.7	.9868	.9872	.9877	.9881	.9886	.9890	.9894	.9899	.9903	.9908
9.8	.9912	.9917	.9921	.9926	.9930	.9934	.9939	.9943	.9948	.9952
9.9	.9956	.9961	.9965	.9969	.9974	.9978	.9983	.9987	.9991	.9996

附表 2(2) 　 R 管制係數表

樣本大小 n	D_1	D_2	D_3	D_4
2	—	3.686	—	3.267
3	—	4.358	—	2.575
4	—	4.698	—	2.282
5	—	4.918	—	2.115
6	—	5.078	—	2.004
7	0.205	5.203	0.076	1.924
8	0.387	5.307	0.136	1.864
9	0.546	5.394	0.184	1.816
10	0.687	5.469	0.223	1.777

附表 2(1)　指數函數、對數函數

x	e^x	e^{-x}	$\log_e x$	x	e^x	e^{-x}	$\log_e x$
0	1	1	$-\infty$				
0.01	1.01005	0.99005	−4.60517	0.31	1.36342	0.73345	−1.17118
0.02	1.02020	0.98020	−3.91202	0.32	1.37713	0.72615	−1.13943
0.03	1.03045	0.97045	−3.50656	0.33	1.39097	0.71892	−1.10866
0.04	1.04081	0.96079	−3.21888	0.34	1.40495	0.71177	−1.07881
0.05	1.05127	0.95123	−2.99573	0.35	1.41907	0.70469	−1.04982
0.06	1.06184	0.94176	−2.81341	0.36	1.43333	0.69768	−1.02165
0.07	1.07251	0.93239	−2.65926	0.37	1.44773	0.69073	−0.99425
0.08	1.08329	0.92312	−2.52573	0.38	1.46228	0.68386	−0.96758
0.09	1.09417	0.91393	−2.40795	0.39	1.47698	0.67706	−0.94161
0.10	1.10517	0.90484	−2.30259	0.40	1.49182	0.67032	−0.91629
0.11	1.11628	0.89583	−2.20727	0.41	1.50682	0.66365	−0.89160
0.12	1.12750	0.88692	−2.12026	0.42	1.52196	0.65705	−0.86750
0.13	1.13883	0.87810	−2.04022	0.43	1.53726	0.65051	−0.84397
0.14	1.15027	0.86936	−1.96611	0.44	1.55271	0.64404	−0.82098
0.15	1.16183	0.86071	−1.89712	0.45	1.56831	0.63763	−0.79861
0.16	1.17351	0.85214	−1.83258	0.46	1.58407	0.63128	−0.77653
0.17	1.18530	0.84366	−1.77196	0.47	1.59999	0.62500	−0.75502
0.18	1.19722	0.83527	−1.71480	0.48	1.61607	0.61878	−0.73397
0.19	1.20925	0.82696	−1.66073	0.49	1.63232	0.61263	−0.71335
0.20	1.22140	0.81873	−1.60943	0.50	1.64872	0.60653	−0.69315
0.21	1.23368	0.81058	−1.56065	0.52	1.68203	0.59452	−0.65393
0.22	1.24608	0.80252	−1.51413	0.54	1.71601	0.58275	−0.61619
0.23	1.25860	0.79453	−1.46968	0.56	1.75067	0.57121	−0.57982
0.24	1.27125	0.78663	−1.42712	0.58	1.78604	0.55990	−0.54473
0.25	1.28403	0.77880	−1.38629	0.60	1.82212	0.54881	−0.51083
0.26	1.29693	0.77105	−1.34707	0.62	1.85893	0.53794	−0.47804
0.27	1.30996	0.76338	−1.30933	0.64	1.89648	0.52729	−0.44629
0.28	1.32313	0.75578	−1.27297	0.66	1.93479	0.51685	−0.41552
0.29	1.33643	0.74826	−1.23787	0.68	1.97388	0.50662	−0.38566
0.30	1.34986	0.74082	−1.20397	0.70	2.01375	0.49659	−0.35667

附表 2(1)　指數函數、對數函數（續）

x	e^x	e^{-x}	$\log_e x$	x	e^x	e^{-x}	$\log_e x$
0.72	2.05443	0.48675	−0.32850	2.6	13.46374	0.074274	0.95551
0.74	2.09594	0.47711	−0.30111	2.7	14.87973	0.067206	0.99325
0.76	2.13828	0.46767	−0.27444	2.8	16.44465	0.060810	1.02962
0.78	2.18147	0.45841	−0.24846	2.9	18.17415	0.055023	1.06471
0.80	2.22554	0.44933	−0.22314	3.0	20.08554	0.049787	1.09861
0.82	2.27050	0.44043	−0.19845	3.1	22.19795	0.045049	1.13140
0.84	2.31637	0.43171	−0.17435	3.2	24.53253	0.040762	1.16315
0.86	2.36316	0.42316	−0.15082	3.3	27.11264	0.036883	1.19392
0.88	2.41090	0.41478	−0.12783	3.4	29.96410	0.033373	1.22378
0.90	2.45960	0.40657	−0.10536	3.5	33.11545	0.030197	1.25276
0.92	2.50929	0.39852	−0.08338	3.6	36.59823	0.027324	1.28093
0.94	2.55998	0.39063	−0.06188	3.7	40.44730	0.024724	1.30833
0.96	2.61170	0.38289	−0.04082	3.8	44.70118	0.022371	1.33500
0.98	2.66446	0.37531	−0.02020	3.9	49.40245	0.020242	1.36098
1.00	2.71828	0.36788	0	4.0	54.59815	0.018316	1.38629
1.1	3.00417	0.33287	0.09531	4.1	60.34029	0.016573	1.41099
1.2	3.32012	0.30119	0.18232	4.2	66.68633	0.014996	1.43508
1.3	3.66930	0.27253	0.26236	4.3	73.69647	0.013569	1.45862
1.4	4.05520	0.24660	0.33647	4.4	81.45087	0.012277	1.48160
1.5	4.48168	0.22313	0.40547	4.5	90.01713	0.011109	1.50408
1.6	4.95303	0.20190	0.47000	4.6	99.48432	0.010052	1.52606
1.7	5.47395	0.18268	0.53063	4.7	109.94717	$0.0^2 90953$	1.54756
1.8	6.04965	0.16530	0.58779	4.8	121.51042	$0.0^2 82297$	1.56862
1.9	6.68589	0.14957	0.64185	4.9	134.28978	$0.0^2 74466$	1.58924
2.0	7.38906	0.13534	0.69315	5.0	148.41316	$0.0^2 67379$	1.60944
2.1	8.16617	0.12246	0.74194	6	403.42879	$0.0^2 24788$	1.79176
2.2	9.02501	0.11080	0.78846	7	1096.63316	$0.0^3 91188$	1.94591
2.3	9.97418	0.10026	0.83291	8	2980.95799	$0.0^3 33546$	2.07944
2.4	11.02318	0.090718	0.87547	9	8103.08393	$0.0^3 12341$	2.19722
2.5	12.18249	0.082085	0.91629	10	22026	$0.0^4 4540$	2.30259

附表 2(1)　指數函數、對數函數（續）

x	e^x	e^{-x}	$\log_e x$	x	e^x	e^{-x}	$\log_e x$
11	59874	0.0^41670	2.39790	55	76948^{19}	$0.0^{23}1300$	4.00733
12	16275^1	0.0^56144	2.48491	60	11420^{22}	$0.0^{26}8757$	4.09434
13	44241^1	0.0^52260	2.56495	65	16949^{24}	$0.0^{28}5900$	4.17439
14	12026^2	0.0^68315	2.63906	70	25154^{26}	$0.0^{30}3975$	4.24849
15	32690^2	0.0^63059	2.70805	75	37332^{28}	$0.0^{32}2679$	4.31749
16	88861^2	0.0^61125	2.77258	80	55406^{30}	$0.0^{34}1805$	4.38203
17	24155^3	0.0^74140	2.83321	85	82230^{32}	$0.0^{36}1216$	4.44265
18	65660^3	0.0^71523	2.89037	90	12204^{35}	$0.0^{39}8194$	4.49981
19	17848^4	0.0^85603	2.94444	95	18112^{37}	$0.0^{41}5521$	4.55388
20	48517^4	0.0^82061	2.99573	100	26882^{39}	$0.0^{43}3720$	4.60517
21	13188^5	0.0^97583	3.04452				
22	35849^5	0.0^92789	3.09104				
23	97448^5	0.0^91026	3.13549				
24	26489^6	$0.0^{10}3775$	3.17805				
25	72005^6	$0.0^{10}1389$	3.21888				
26	19573^7	$0.0^{11}5109$	3.25810				
27	53205^7	$0.0^{11}1880$	3.29584				
28	14463^8	$0.0^{12}6914$	3.33220				
29	39313^8	$0.0^{12}2544$	3.36730				
30	10686^9	$0.0^{13}9358$	3.40120				
35	15860^{11}	$0.0^{15}6305$	3.55535				
40	23539^{13}	$0.0^{17}4248$	3.68888				
45	34934^{15}	$0.0^{19}2863$	3.80666				
50	51847^{17}	$0.0^{21}1929$	3.91202				

註：表的數字，譬如 12077^3 是指 12077×10^3，0.0^391188 是指 0.00091188。

附表 3　二項分配值 $P(X \leq c) = \sum\limits_{x=0}^{c} \binom{n}{x} p^x (1-p)^{n-x}$

							p					
		.05	.10	.20	.30	.40	.50	60	.70	.80	.90	.95
	c											
$n=1$	0	.950	.900	.800	.700	.600	.500	.400	.300	.200	.100	.050
	1	1.000	1.000	1.000	1.000	1.000	1.000	1.000	1.000	1.000	1.000	1.000
$n=2$	0	.902	.810	.640	.490	.360	.250	.160	.090	.040	.010	.002
	1	.997	.990	.960	.910	.840	.750	.640	.510	.360	.190	.097
	2	1.000	1.000	1.000	1.000	1.000	1.000	1.000	1.000	1.000	1.000	1.000
$n=3$	0	.857	.729	.812	.343	.216	.125	.064	.027	.008	.001	.000
	1	.993	.972	.896	.784	.648	.500	.352	.216	.104	.028	.007
	2	1.000	.999	.992	.973	.936	.875	.784	.657	.488	.271	.143
	3	1.000	1.000	1.000	1.000	1.000	1.000	1.000	1.000	1.000	1.000	1.000
$n=4$	0	.815	.656	.410	.240	.130	.063	.026	.008	.002	.000	.000
	1	.986	.948	.819	.652	.475	.313	.179	.084	.027	.004	.000
	2	1.000	.996	.973	.916	.821	.688	.525	.348	.181	.052	.014
	3	1.000	1.000	.998	.992	.974	.938	.870	.760	.590	.344	.185
	4	1.000	1.000	1.000	1.000	1.000	1.000	1.000	1.000	1.000	1.000	1.000
$n=5$	0	.774	.590	.328	.168	.078	.031	.010	.002	.000	.000	.000
	1	.977	.919	.737	.528	.337	.188	.087	.031	.007	.000	.000
	2	.999	.991	.942	.837	.683	.500	.317	.163	.058	.009	.001
	3	1.000	1.000	.993	.969	.913	.813	.663	.472	.263	.081	.023
	4	1.000	1.000	1.000	.998	.990	.969	.922	.832	.672	.410	.226
	5	1.000	1.000	1.000	1.000	1.000	1.000	1.000	1.000	1.000	1.000	1.000
$n=6$	0	.735	.531	.262	.118	.047	.016	.004	.001	.000	.000	.000
	1	.967	.886	.655	.420	.233	.109	.041	.011	.002	.000	.000
	2	.998	.984	.901	.744	.544	.344	.179	.070	.017	.001	.000
	3	1.000	.999	.983	.930	.821	.656	.456	.256	.099	.016	.002
	4	1.000	1.000	.998	.989	.959	.891	.767	.580	.345	.114	.033
	5	1.000	1.000	1.000	.999	.996	.984	.953	.882	.738	.469	.265
	6	1.000	1.000	1.000	1.000	1.000	1.000	1.000	1.000	1.000	1.000	1.000
$n=7$	0	.698	.478	.210	.082	.028	.008	.002	.000	.000	.000	.000
	1	.956	.850	.577	.329	.159	.063	.019	.004	.000	.000	.000
	2	.996	.974	.852	.647	.420	.227	.096	.029	.005	.000	.000
	3	1.000	.997	.967	.874	.710	.500	.290	.126	.003	.003	.000
	4	1.000	1.000	.995	.971	.904	.773	.580	.353	.148	.026	.004

附表 3　二項分配值 $P(X \le c) = \sum\limits_{x=0}^{c} \binom{n}{x} p^x (1-p)^{n-x}$　（續）

							p					
		.05	.10	.20	.30	.40	.50	60	.70	.80	.90	.95
	c											
	5	1.000	1.000	1.000	.996	.981	.938	.841	.671	.423	.150	.044
	6	1.000	1.000	1.000	1.000	.998	.992	.972	.918	.790	.522	.302
	7	1.000	1.000	1.000	1.000	1.000	1.000	1.000	1.000	1.000	1.000	1.000
$n = 8$	0	.663	.430	.168	.058	.017	.004	.001	.000	.000	.000	.000
	1	.943	.813	.503	.255	.106	.035	.009	.001	.000	.000	.000
	2	.994	.962	.797	.552	.315	.145	.050	.011	.001	.000	.000
	3	1.000	.995	.944	.806	.594	.363	.174	.058	.010	.000	.000
	4	1.000	1.000	.990	.942	.826	.637	.406	.194	.056	.005	.000
	5	1.000	1.000	.999	.989	.950	.855	.685	.448	.203	.038	.006
	6	1.000	1.000	1.000	.999	.991	.965	.894	.745	.497	.187	.057
	7	1.000	1.000	1.000	1.000	.999	.996	.983	.942	.832	.570	.337
	8	1.000	1.000	1.000	1.000	1.000	1.000	1.000	1.000	1.000	1.000	1.000
$n = 9$	0	.630	.387	.134	.040	.010	.002	.000	.000	.000	.000	.000
	1	.929	.775	.436	.196	.071	.020	.004	.000	.000	.000	.000
	2	.992	.947	.738	.463	.232	.090	.025	.004	.000	.000	.000
	3	.999	.992	.914	.730	.483	.254	.099	.025	.003	.000	.000
	4	1.000	.999	.980	.901	.733	.500	.267	.099	.020	.001	.000
	5	1.000	1.000	.997	.975	.901	.746	.517	.270	.086	.008	.001
	6	1.000	1.000	1.000	.996	.975	.910	.768	.537	.262	.053	.008
	7	1.000	1.000	1.000	1.000	.996	.980	.929	.804	.564	.225	.071
	8	1.000	1.000	1.000	1.000	1.000	.998	.990	.960	.866	.613	.370
	9	1.000	1.000	1.000	1.000	1.000	1.000	1.000	1.000	1.000	1.000	1.000
$n = 10$	0	.599	.349	.107	.028	.006	.001	.000	.000	.000	.000	.000
	1	.914	.736	.376	.149	.046	.011	.002	.000	.000	.000	.000
	2	.988	.930	.678	.383	.167	.055	.012	.002	.000	.000	.000
	3	.999	.987	.879	.650	.382	.172	.055	.011	.001	.000	.000
	4	1.000	.998	.967	.850	.633	.377	.166	.048	.006	.000	.000
	5	1.000	1.000	.994	.953	.834	.623	.367	.150	.033	.002	.000
	6	1.000	1.000	.999	.989	.945	.828	.618	.350	.121	.013	.001
	7	1.000	1.000	1.000	.998	.988	.945	.833	.617	.322	.070	.012
	8	1.000	1.000	1.000	1.000	.998	.989	.954	.851	.624	.264	.086
	9	1.000	1.000	1.000	1.000	1.000	.999	.994	.972	.893	.651	.401
	10	1.000	1.000	1.000	1.000	1.000	1.000	1.000	1.000	1.000	1.000	1.000
$n = 11$	0	.569	.314	.086	.020	.004	.000	.000	.000	.000	.000	.000
	1	.898	.697	.322	.113	.030	.006	.001	.000	.000	.000	.000
	2	.985	.910	.617	.313	.119	.033	.006	.001	.000	.000	.000
	3	.998	.981	.839	.570	.296	.113	.029	.004	.000	.000	.000

附表 3　二項分配值 $P(X \leq c) = \sum_{x=0}^{c} \binom{n}{x} p^x (1-p)^{n-x}$　（ 續 ）

						p						
		.05	.10	.20	.30	.40	.50	60	.70	.80	.90	.95
	c											
	4	1.000	.997	.950	.790	.533	.274	.099	.022	.002	.000	.000
	5	1.000	1.000	.988	.922	.753	.500	.247	.078	.012	.000	.000
	6	1.000	1.000	.998	.978	.901	.726	.467	.210	.050	.003	.000
	7	1.000	1.000	1.000	.996	.971	.887	.704	.430	.161	.019	.002
	8	1.000	1.000	1.000	.999	.994	.967	.881	.687	.383	.090	.015
	9	1.000	1.000	1.000	1.000	.999	.994	.970	.887	.678	.303	.102
	10	1.000	1.000	1.000	1.000	1.000	1.000	.996	.980	.914	.686	.431
	11	1.000	1.000	1.000	1.000	1.000	1.000	1.000	1.000	1.000	1.000	1.000
$n=12$	0	.540	.282	.069	.014	.002	.000	.000	.000	.000	.000	.000
	1	.882	.659	.275	.085	.020	.003	.000	.000	.000	.000	.000
	2	.980	.889	.558	.253	.083	.019	.003	.000	.000	.000	.000
	3	.998	.974	.795	.493	.225	.073	.015	.002	.000	.000	.000
	4	1.000	.996	.927	.724	.438	.194	.057	.009	.001	.000	.000
	5	1.000	.999	.981	.882	.665	.387	.158	.039	.004	.000	.000
	6	1.000	1.000	.996	.961	.842	.613	.335	.118	.019	.001	.000
	7	1.000	1.000	.999	.991	.943	.806	.562	.276	.073	.004	.000
	8	1.000	1.000	1.000	.998	.985	.927	.775	.507	.205	.026	.002
	9	1.000	1.000	1.000	1.000	.997	.981	.917	.747	.442	.111	.020
	10	1.000	1.000	1.000	1.000	1.000	.997	.980	.915	.725	.341	.118
	11	1.000	1.000	1.000	1.000	1.000	1.000	.998	.986	.931	.718	.460
	12	1.000	1.000	1.000	1.000	1.000	1.000	1.000	1.000	1.000	1.000	1.000
$n=13$	0	.513	.254	.055	.010	.001	.000	.000	.000	.000	.000	.000
	1	.865	.621	.234	.064	.013	.002	.000	.000	.000	.000	.000
	2	.975	.866	.502	.202	.058	.011	.001	.000	.000	.000	.000
	3	.997	.966	.747	.421	.169	.046	.008	.001	.000	.000	.000
	4	1.000	.994	.901	.654	.353	.133	.032	.004	.000	.000	.000
	5	1.000	.999	.970	.835	.574	.291	.098	.018	.001	.000	.000
	6	1.000	1.000	.993	.938	.771	.500	.229	.062	.007	.000	.000
	7	1.000	1.000	.999	.982	.902	.709	.426	.165	.030	.001	.000
	8	1.000	1.000	1.000	.996	.968	.867	.647	.346	.099	.006	.000
	9	1.000	1.000	1.000	.999	.992	.954	.831	.579	.253	.034	.003
	10	1.000	1.000	1.000	1.000	.999	.989	.942	.798	.498	.134	.025
	11	1.000	1.000	1.000	1.000	1.000	.998	.987	.936	.766	.379	.135
	12	1.000	1.000	1.000	1.000	1.000	1.000	.999	.990	.945	.746	.487
	13	1.000	1.000	1.000	1.000	1.000	1.000	1.000	1.000	1.000	1.000	1.000
$n=14$	0	.488	.229	.004	.007	.001	.000	.000	.000	.000	.000	.000
	1	.847	.585	.198	.047	.008	.001	.000	.000	.000	.000	.000
	2	.970	.842	.448	.161	.040	.006	.001	.000	.000	.000	.000

附表 3　二項分配值　$P(X \le c) = \sum_{x=0}^{c} \binom{n}{x} p^x (1-p)^{n-x}$　（續）

	c	.05	.10	.20	.30	.40	.50	60	.70	.80	.90	.95
							p					
	3	.996	.956	.698	.355	.124	.029	.004	.000	.000	.000	.000
	4	1.000	.991	.870	.584	.279	.090	.018	.002	.000	.000	.000
	5	1.000	.999	.956	.781	.486	.212	.058	.008	.000	.000	.000
	6	1.000	1.000	.988	.907	.692	.395	.150	.031	.002	.000	.000
	7	1.000	1.000	.998	.969	.850	.605	.308	.093	.012	.000	.000
	8	1.000	1.000	1.000	.992	.942	.788	.514	.219	.044	.001	.000
	9	1.000	1.000	1.000	.998	.982	.910	.721	.416	.130	.009	.000
	10	1.000	1.000	1.000	1.000	.996	.971	.876	.645	.302	.044	.004
	11	1.000	1.000	1.000	1.000	.999	.994	.960	.839	.552	.158	.030
	12	1.000	1.000	1.000	1.000	1.000	.999	.992	.953	.802	.415	.153
	13	1.000	1.000	1.000	1.000	1.000	1.000	.999	.993	.956	.771	.512
	14	1.000	1.000	1.000	1.000	1.000	1.000	1.000	1.000	1.000	1.000	1.000
$n=15$	0	.463	.206	.035	.005	.000	.000	.000	.000	.000	.000	.000
	1	.829	.549	.167	.035	.005	.000	.000	.000	.000	.000	.000
	2	.964	.816	.398	.127	.027	.004	.000	.000	.000	.000	.000
	3	.995	.944	.648	.297	.091	.018	.002	.000	.000	.000	.000
	4	.999	.987	.836	.515	.217	.059	.009	.001	.000	.000	.000
	5	1.000	.998	.939	.722	.403	.151	.034	.004	.000	.000	.000
	6	1.000	1.000	.982	.869	.610	.304	.095	.015	.001	.000	.000
	7	1.000	1.000	.996	.950	.787	.500	.213	.050	.004	.000	.000
	8	1.000	1.000	.999	.985	.905	.696	.390	.131	.018	.000	.000
	9	1.000	1.000	1.000	.996	.966	.849	.597	.278	.061	.002	.000
	10	1.000	1.000	1.000	.999	.991	.941	.783	.485	.164	.013	.001
	11	1.000	1.000	1.000	1.000	.998	.982	.909	.703	.352	.056	.005
	12	1.000	1.000	1.000	1.000	1.000	.996	.973	.873	.602	.184	.036
	13	1.000	1.000	1.000	1.000	1.000	1.000	.995	.965	.833	.451	.171
	14	1.000	1.000	1.000	1.000	1.000	1.000	1.000	.995	.965	.794	.537
	15	1.000	1.000	1.000	1.000	1.000	1.000	1.000	1.000	1.000	1.000	1.000
$n=16$	0	.440	.185	.028	.003	.000	.000	.000	.000	.000	.000	.000
	1	.811	.515	.141	.026	.003	.000	.000	.000	.000	.000	.000
	2	.957	.789	.352	.099	.018	.002	.000	.000	.000	.000	.000
	3	.993	.932	.598	.246	.065	.011	.001	.000	.000	.000	.000
	4	.999	.983	.798	.450	.167	.038	.005	.000	.000	.000	.000
	5	1.000	.997	.918	.660	.329	.105	.019	.002	.000	.000	.000
	6	1.000	.999	.973	.825	.527	.227	.058	.007	.000	.000	.000
	7	1.000	1.000	.993	.926	.716	.402	.142	.026	.001	.000	.000
	8	1.000	1.000	.999	.974	.858	.598	.284	.074	.007	.000	.000
	9	1.000	1.000	1.000	.993	.942	.773	.473	.175	.027	.001	.000
	10	1.000	1.000	1.000	.998	.981	.895	.671	.340	.082	.003	.000

附表 3　二項分配值 $P(X \le c) = \sum\limits_{x=0}^{c} \binom{n}{x} p^x (1-p)^{n-x}$　（ 續 ）

						p						
		.05	.10	.20	.30	.40	.50	60	.70	.80	.90	.95
	c											
	11	1.000	1.000	1.000	1.000	.995	.962	.833	.550	.202	.017	.001
	12	1.000	1.000	1.000	1.000	.999	.989	.935	.754	.402	.068	.007
	13	1.000	1.000	1.000	1.000	1.000	.998	.982	.901	.648	.211	.043
	14	1.000	1.000	1.000	1.000	1.000	1.000	.997	.974	.859	.485	.189
	15	1.000	1.000	1.000	1.000	1.000	1.000	1.000	.997	.972	.815	.560
	16	1.000	1.000	1.000	1.000	1.000	1.000	1.000	1.000	1.000	1.000	1.000
$n=17$	0	.418	.167	.023	.002	.000	.000	.000	.000	.000	.000	.000
	1	.792	.482	.118	.019	.002	.000	.000	.000	.000	.000	.000
	2	.950	.762	.310	.077	.012	.001	.000	.000	.000	.000	.000
	3	.991	.917	.549	.202	.046	.006	.000	.000	.000	.000	.000
	4	.999	.978	.758	.389	.126	.025	.003	.000	.000	.000	.000
	5	1.000	.995	.894	.597	.264	.072	.011	.001	.000	.000	.000
	6	1.000	.999	.962	.775	.448	.166	.035	.003	.000	.000	.000
	7	1.000	1.000	.989	.895	.641	.315	.092	.013	.000	.000	.000
	8	1.000	1.000	.997	.960	.801	.500	.199	.040	.003	.000	.000
	9	1.000	1.000	1.000	.987	.908	.685	.359	.105	.011	.000	.000
	10	1.000	1.000	1.000	.997	.965	.834	.552	.225	.038	.001	.000
	11	1.000	1.000	1.000	.999	.989	.928	.736	.403	.106	.005	.000
	12	1.000	1.000	1.000	1.000	.997	.975	.874	.611	.242	.022	.001
	13	1.000	1.000	1.000	1.000	1.000	.994	.954	.798	.451	.083	.009
	14	1.000	1.000	1.000	1.000	1.000	.999	.988	.923	.690	.238	.050
	15	1.000	1.000	1.000	1.000	1.000	1.000	.998	.981	.882	.518	.208
	16	1.000	1.000	1.000	1.000	1.000	1.000	1.000	.998	.977	.833	.582
	17	1.000	1.000	1.000	1.000	1.000	1.000	1.000	1.000	1.000	1.000	1.000
$n=18$	0	.397	.150	.018	.002	.000	.000	.000	.000	.000	.000	.000
	1	.774	.450	.099	.014	.001	.000	.000	.000	.000	.000	.000
	2	.942	.734	.271	.060	.008	.001	.000	.000	.000	.000	.000
	3	.989	.902	.501	.165	.033	.004	.000	.000	.000	.000	.000
	4	.998	.972	.716	.333	.094	.015	.001	.000	.000	.000	.000
	5	1.000	.994	.867	.534	.209	.048	.006	.000	.000	.000	.000
	6	1.000	.999	.949	.722	.374	.119	.020	.001	.000	.000	.000
	7	1.000	1.000	.984	.859	.563	.240	.058	.006	.000	.000	.000
	8	1.000	1.000	.996	.940	.737	.407	.135	.021	.001	.000	.000
	9	1.000	1.000	.999	.979	.865	.593	.263	.060	.004	.000	.000
	10	1.000	1.000	1.000	.994	.942	.760	.437	.141	.016	.000	.000
	11	1.000	1.000	1.000	.999	.980	.881	.626	.278	.051	.001	.000
	12	1.000	1.000	1.000	1.000	.994	.952	.791	.466	.133	.006	.000
	13	1.000	1.000	1.000	1.000	.999	.985	.906	.667	.284	.028	.002
	14	1.000	1.000	1.000	1.000	1.000	.996	.967	.835	.499	.098	.011

附表 3　二項分配值 $P(X \leq c) = \sum_{x=0}^{c} \binom{n}{x} p^x (1-p)^{n-x}$　（ 續 ）

		p										
		.05	.10	.20	.30	.40	.50	60	.70	.80	.90	.95
	c											
	15	1.000	1.000	1.000	1.000	1.000	.999	.992	.940	.729	.266	.058
	16	1.000	1.000	1.000	1.000	1.000	1.000	.999	.986	.901	.550	.226
	17	1.000	1.000	1.000	1.000	1.000	1.000	1.000	.998	.982	.850	.603
	18	1.000	1.000	1.000	1.000	1.000	1.000	1.000	1.000	1.000	1.000	1.000
$n=19$	0	.377	.135	.014	.001	.000	.000	.000	.000	.000	.000	.000
	1	.755	.420	.083	.010	.001	.000	.000	.000	.000	.000	.000
	2	.933	.705	.237	.046	.005	.000	.000	.000	.000	.000	.000
	3	.987	.885	.455	.133	.023	.002	.000	.000	.000	.000	.000
	4	.998	.965	.673	.282	.070	.010	.001	.000	.000	.000	.000
	5	1.000	.991	.837	.474	.163	.032	.003	.000	.000	.000	.000
	6	1.000	.998	.932	.666	.308	.084	.012	.001	.000	.000	.000
	7	1.000	1.000	.977	.818	.488	.180	.035	.003	.000	.000	.000
	8	1.000	1.000	.993	.916	.667	.324	.088	.011	.000	.000	.000
	9	1.000	1.000	.998	.967	.814	.500	.186	.033	.002	.000	.000
	10	1.000	1.000	1.000	.989	.912	.676	.333	.084	.007	.000	.000
	11	1.000	1.000	1.000	.997	.965	.820	.512	.182	.023	.000	.000
	12	1.000	1.000	1.000	.999	.988	.916	.692	.334	.068	.002	.000
	13	1.000	1.000	1.000	1.000	.997	.968	.837	.526	.163	.009	.000
	14	1.000	1.000	1.000	1.000	.999	.990	.930	.718	.327	.035	.002
	15	1.000	1.000	1.000	1.000	1.000	.998	.977	.867	.545	.115	.013
	16	1.000	1.000	1.000	1.000	1.000	1.000	.995	.954	.763	.295	.067
	17	1.000	1.000	1.000	1.000	1.000	1.000	.999	.990	.917	.580	.245
	18	1.000	1.000	1.000	1.000	1.000	1.000	1.000	.999	.986	.865	.623
	19	1.000	1.000	1.000	1.000	1.000	1.000	1.000	1.000	1.000	1.000	1.000
$n=20$	0	.358	.122	.012	.001	.000	.000	.000	.000	.000	.000	.000
	1	.736	.392	.069	.008	.001	.000	.000	.000	.000	.000	.000
	2	.925	.677	.206	.035	.004	.000	.000	.000	.000	.000	.000
	3	.984	.867	.411	.107	.016	.001	.000	.000	.000	.000	.000
	4	.997	.957	.630	.238	.051	.006	.000	.000	.000	.000	.000
	5	1.000	.989	.904	.416	.126	.021	.002	.000	.000	.000	.000
	6	1.000	.998	.913	.608	.250	.058	.006	.000	.000	.000	.000
	7	1.000	1.000	.968	.772	.416	.132	.021	.001	.000	.000	.000
	8	1.000	1.000	.990	.887	.596	.252	.057	.005	.000	.000	.000
	9	1.000	1.000	.997	.952	.755	.412	.128	.017	.001	.000	.000
	10	1.000	1.000	.999	.983	.872	.588	.245	.048	.003	.000	.000
	11	1.000	1.000	1.000	.995	.943	.748	.404	.113	.010	.000	.000
	12	1.000	1.000	1.000	.999	.979	.868	.584	.228	.032	.000	.000
	13	1.000	1.000	1.000	1.000	.994	.942	.750	.392	.087	.002	.000
	14	1.000	1.000	1.000	1.000	.998	.979	.874	.584	.196	.011	.000

附表 3　二項分配值 $P(X \le c) = \sum_{x=0}^{c} \binom{n}{x} p^x (1-p)^{n-x}$ （ 續 ）

	c	.05	.10	.20	.30	.40	.50	60	.70	.80	.90	.95
	15	1.000	1.000	1.000	1.000	1.000	.994	.949	.762	.370	.043	.003
	16	1.000	1.000	1.000	1.000	1.000	.999	.984	.893	.589	.133	.016
	17	1.000	1.000	1.000	1.000	1.000	1.000	.996	.965	.794	.323	.075
	18	1.000	1.000	1.000	1.000	1.000	1.000	.996	.992	.931	.608	.264
	19	1.000	1.000	1.000	1.000	1.000	1.000	1.000	.999	.988	.878	.642
	20	1.000	1.000	1.000	1.000	1.000	1.000	1.000	1.000	1.000	1.000	1.000
$n = 25$	0	.277	.072	.004	.000	.000	.000	.000	.000	.000	.000	.000
	1	.642	.271	.027	.002	.000	.000	.000	.000	.000	.000	.000
	2	.873	.537	.098	.009	.000	.000	.000	.000	.000	.000	.000
	3	.966	.764	.234	.033	.002	.000	.000	.000	.000	.000	.000
	4	.993	.902	.421	.090	.009	.000	.000	.000	.000	.000	.000
	5	.999	.967	.617	.193	.029	.002	.000	.000	.000	.000	.000
	6	1.000	.991	.780	.341	.074	.007	.000	.000	.000	.000	.000
	7	1.000	.998	.891	.512	.154	.022	.001	.000	.000	.000	.000
	8	1.000	1.000	.953	.677	.274	.054	.004	.000	.000	.000	.000
	9	1.000	1.000	.983	.811	.425	.115	.013	.000	.000	.000	.000
	10	1.000	1.000	.994	.902	.586	.212	.034	.002	.000	.000	.000
	11	1.000	1.000	.998	.956	.732	.345	.078	.006	.000	.000	.000
	12	1.000	1.000	1.000	.983	.846	.500	.154	.017	.000	.000	.000
	13	1.000	1.000	1.000	.994	.922	.655	.268	.044	.002	.000	.000
	14	1.000	1.000	1.000	.998	.966	.788	.414	.098	.006	.000	.000
	15	1.000	1.000	1.000	1.000	.987	.885	.575	.189	.017	.000	.000
	16	1.000	1.000	1.000	1.000	.996	.946	.726	.323	.047	.000	.000
	17	1.000	1.000	1.000	1.000	.999	.978	.846	.488	.109	.002	.000
	18	1.000	1.000	1.000	1.000	1.000	.993	.926	.659	.220	.009	.000
	19	1.000	1.000	1.000	1.000	1.000	.998	.971	.807	.383	.033	.001
	20	1.000	1.000	1.000	1.000	1.000	1.000	.991	.910	.579	.098	.007
	21	1.000	1.000	1.000	1.000	1.000	1.000	.998	.967	.766	.236	.034
	22	1.000	1.000	1.000	1.000	1.000	1.000	1.000	.991	.902	.463	.127
	23	1.000	1.000	1.000	1.000	1.000	1.000	1.000	.998	.973	.729	.358
	24	1.000	1.000	1.000	1.000	1.000	1.000	1.000	1.000	.996	.928	.723
	25	1.000	1.000	1.000	1.000	1.000	1.000	1.000	1.000	1.000	1.000	1.000

附表 4　二項分配機率值表　$P(X = x) = \binom{n}{x} p^x (1-p)^{n-x}$

n	x	.01	.05	.10	.20	.30	.40	.50	.60	.70	.80	.90	.95	.99
								p						
2	0	.9801	.9025	.8100	.6400	.4900	.3600	.2500	.1600	.0900	.0400	.0100	.0025	.0001
	1	.0198	.9050	.1800	.3200	.4200	.4800	.5000	.4800	.4200	.3200	.1800	.0950	.0198
	2	.0001	.0025	.0100	.0400	.0900	.1600	.2500	.3600	.4900	.6400	.8100	.9025	.9801
3	0	.9703	.8574	.7290	.5120	.3430	.2160	.1250	.0640	.0270	.0080	.0010	.0001	.0000
	1	.0294	.1354	.2430	.3840	.4410	.4320	.3750	.2880	.1890	.0960	.0270	.0071	.0003
	2	.0003	.0071	.0270	.0960	.1890	.2880	.3750	.4320	.4410	.3840	.2430	.1354	.0294
	3	.0000	.0001	.0010	.0080	.0270	.0640	.1250	.2160	.3430	.5120	.7290	.8574	.9703
4	0	.9606	.8145	.6561	.4096	.2401	.1296	.0625	.0256	.0081	.0016	.0001	.0000	.0000
	1	.0388	.1715	.2916	.4096	.4116	.3456	.2500	.1536	.0756	.0256	.0036	.0005	.0000
	2	.0006	.0135	.0486	.1536	.2646	.3456	.3750	.3456	.2646	.1536	.0486	.0135	.0006
	3	.0000	.0005	.0036	.0256	.0756	.1536	.2500	.3456	.4116	.4096	.2916	.1715	.0388
	4	.0000	.0000	.0001	.0016	.0081	.0256	.0625	.1296	.2401	.4096	.6561	.8145	.9606
5	0	.9501	.7738	.5905	.3277	.1681	.0778	.0313	.0102	.0024	.0003	.0000	.0000	.0000
	1	.0480	.2036	.3281	.4096	.3602	.2592	.1563	.0768	.0284	.0064	.0005	.0000	.0000
	2	.0010	.0214	.0729	.2048	.3087	.3456	.3125	.2304	.1323	.0512	.0081	.0011	.0000
	3	.0000	.0011	.0081	.0512	.1323	.2304	.3215	.3456	.3087	.2048	.0729	.0214	.0010
	4	.0000	.0000	.0005	.0064	.0284	.0768	.1563	.2592	.3602	.4096	.3281	.2036	.0480
	5	.0000	.0000	.0000	.0003	.0024	.0102	.0313	.0778	.1681	.3277	.5905	.7738	.9510
6	0	.9415	.7351	.5341	.2621	.1176	.0476	.0156	.0041	.0007	.0001	.0000	.0000	.0000
	1	.0571	.2321	.3543	.3932	.3025	.1866	.0938	.0369	.0102	.0015	.0001	.0000	.0000
	2	.0014	.0305	.0984	.2458	.3241	.3110	.2344	.1382	.0595	.0154	.0012	.0001	.0000
	3	.0000	.0021	.0146	.0819	.1852	.2765	.3125	.2765	.1852	.0819	.0146	.0021	.0000
	4	.0000	.0001	.0012	.0154	.0595	.1382	.2344	.3110	.3241	.2458	.0984	.0305	.0014
	5	.0000	.0000	.0001	.0015	.0102	.0369	.0938	.1866	.3025	.3932	.3543	.2321	.0571
	6	.0000	.0000	.0000	.0001	.0007	.0041	.0156	.0467	.1176	.2621	.5314	.7351	.9415
7	0	.9321	.6983	.4783	.2097	.0824	.0280	.0078	.0016	.0002	.0000	.0000	.0000	.0000
	1	.0659	.2573	.3720	.3670	.2471	.1306	.0547	.0172	.0036	.0004	.0000	.0000	.0000
	2	.0020	.0406	.1240	.2753	.3177	.2613	.1641	.0774	.0250	.0043	.0002	.0000	.0000
	3	.0000	.0036	.0230	.1147	.2269	.2903	.2734	.1935	.0972	.0287	.0026	.0002	.0000
	4	.0000	.0002	.0026	.0287	.0972	.1935	.2734	.2903	.2269	.1147	.0230	.0036	.0000
	5	.0000	.0000	.0002	.0043	.0250	.0774	.1641	.2613	.3177	.2753	.1240	.0406	.0020
	6	.0000	.0000	.0000	.0004	.0036	.0172	.547	.1306	.2471	.3670	.3720	.2573	.0659
	7	.0000	.0000	.0000	.0000	.0002	.0016	.0078	.0280	.0824	.2097	.4783	.6983	.9321

附表 4   二項分配機率值表 $P(X = x) = \binom{n}{x}p^x(1-p)^{n-x}$ （ 續 ）

								p						
n	x	.01	.05	.10	.20	.30	.40	.50	.60	.70	.80	.90	.95	.99
8	0	.9227	.6634	.4305	.1678	.0576	.0168	.0039	.0007	.0001	.0000	.0000	.0000	.0000
	1	.0746	.2793	.3826	.3355	.1977	.0896	.0313	.0079	.0012	.0001	.0000	.0000	.0000
	2	.0026	.0515	.1488	.2936	.2965	.2090	.1094	.0413	.0100	.0011	.0000	.0000	.0000
	3	.0001	.0054	.0331	.1468	.2541	.2787	.2188	.1239	.0467	.0092	.0004	.0000	.0000
	4	.0000	.0004	.0046	.0459	.1361	.2322	.2734	.2322	.1361	.0459	.0046	.0004	.0000
	5	.0000	.0000	.0004	.0092	.0467	.1239	.2188	.2787	.2541	.1468	.0331	.0054	.0001
	6	.0000	.0000	.0000	.0011	.0100	.0413	.1094	.2090	.2965	.2936	.1488	.0515	.0026
	7	.0000	.0000	.0000	.0001	.0012	.0079	.0313	.0896	.1977	.3355	.3826	.2793	.0746
	8	.0000	.0000	.0000	.0000	.0001	.0007	.0039	.0168	.0576	.1678	.4305	.6634	.9227
10	0	.9044	.5987	.3487	.1074	.0282	.0060	.0010	.0001	.0000	.0000	.0000	.0000	.0000
	1	.0914	.3151	.3874	.2684	.1211	.0403	.0098	.0016	.0001	.0000	.0000	.0000	.0000
	2	.0042	.0746	.1937	.3020	.2335	.1209	.0439	.0106	.0014	.0001	.0000	.0000	.0000
	3	.0001	.0105	.0574	.2013	.2668	.2150	.1172	.0425	.0090	.0008	.0000	.0000	.0000
	4	.0000	.0010	.0112	.0881	.2001	.2508	.2051	.1115	.0368	.0055	.0001	.0000	.0000
	5	.0000	.0001	.0015	.0264	.1029	.2007	.2461	.2007	.1029	.0264	.0015	.0001	.0000
	6	.0000	.0000	.0001	.0055	.0368	.1115	.2051	.2508	.2001	.0881	.0112	.0010	.0000
	7	.0000	.0000	.0000	.0008	.0090	.0425	.1172	.2150	.2668	.2013	.0574	.0105	.0001
	8	.0000	.0000	.0000	.0001	.0014	.0106	.0439	.1209	.2335	.3020	.1937	.0746	.0042
	9	.0000	.0000	.0000	.0000	.0001	.0016	.0098	.0403	.1211	.2684	.3874	.3151	.0914
	10	.0000	.0000	.0000	.0000	.0000	.0001	.0010	.0060	0282	.1074	.3487	.5987	.0944
15	0	.8601	.4633	.2059	.0352	.0047	.0005	.0000	.0000	.0000	.0000	.0000	.0000	.0000
	1	.1303	.3658	.3432	.1319	.0305	.0047	.0005	.0000	.0000	.0000	.0000	.0000	.0000
	2	.0092	.1348	.2669	.2309	.0916	.0219	.0032	.0003	.0000	.0000	.0000	.0000	.0000
	3	.0004	.0307	.1285	.2501	.1700	.0634	.0139	.0016	.0001	.0000	.0000	.0000	.0000
	4	.0000	.0049	.0428	.1876	.2186	.1268	.0417	.0074	.0006	.0000	.0000	.0000	.0000
	5	.0000	.0006	.0105	.1032	.2061	.1859	.0916	.0245	.0030	.0001	.0000	.0000	.0000
	6	.0000	.0000	.0019	.0430	.1472	.2066	.1527	.0612	.0116	.0007	.0000	.0000	.0000
	7	.0000	.0000	.0003	.0138	.0811	.1771	.1964	.1181	.0348	.0035	.0000	.0000	.0000
	8	.0000	.0000	.0000	.0035	.0348	.1181	.1964	.1771	.0811	.0138	.0003	.0000	.0000
	9	.0000	.0000	.0000	.0007	.0116	.0612	.1527	2066	.1472	.0430	.0019	.0000	.0000
	10	.0000	.0000	.0000	.0001	.0030	.0245	.0916	.1859	.2061	.1032	.0105	.0006	.0000
	11	.0000	.0000	.0000	.0000	.0006	.0074	.0417	.1268	.2186	.1876	.0428	.0049	.0000
	12	.0000	.0000	.0000	.0000	.0001	.0016	.0139	.0634	.1700	.2501	.1285	.0307	.0004
	13	.0000	.0000	.0000	.0000	.0000	.0003	.0032	.0219	.0916	.2309	.2669	.1348	.0092
	14	.0000	.0000	.0000	.0000	.0000	.0000	.0005	.0047	.0305	.1319	.3432	.3658	.1303
	15	.0000	.0000	.0000	.0000	.0000	.0000	.0000	.0005	.0047	.0352	.2059	.4633	.8601

附表 4　二項分配機率值表 $P(X = x) = \binom{n}{x} p^x (1-p)^{n-x}$（ 續 ）

n	x	.01	.05	.10	.20	.30	.40	.50	.60	.70	.80	.90	.95	.99
20	0	.8179	.3585	.1216	.0115	.0008	.0000	.0000	.0000	.0000	.0000	.0000	.0000	.0000
	1	.1652	.3774	.2702	.0576	.0068	.0005	.0000	.0000	.0000	.0000	.0000	.0000	.0000
	2	.0159	.1887	.2852	.1369	.0278	.0031	.0002	.0000	.0000	.0000	.0000	.0000	.0000
	3	.0010	.5096	.1901	.2054	.0716	.0123	.0011	.0000	.0000	.0000	.0000	.0000	.0000
	4	.0000	.0133	.0898	.2182	.1304	.0350	.0046	.0003	.0000	.0000	.0000	.0000	.0000
	5	.0000	.0022	.0319	.1746	.1789	.0746	.0148	.0013	.0000	.0000	.0000	.0000	.0000
	6	.0000	.0003	.0089	.1091	.1916	.1244	.0370	.0049	.0002	.0000	.0000	.0000	.0000
	7	.0000	.0000	.0020	.0545	.1643	.1659	.0739	.0146	.0010	.0000	.0000	.0000	.0000
	8	.0000	.0000	.0004	.0222	.1144	.1797	.1201	.0355	.0039	.0001	.0000	.0000	.0000
	9	.0000	.0000	.0001	.0074	.0654	.1597	.1602	.0710	.0120	.0005	.0000	.0000	.0000
	10	.0000	.0000	.0000	.0020	.0308	.1171	.1762	.1171	.0308	.0020	.0000	.0000	.0000
	11	.0000	.0000	.0000	.0005	.0120	.0710	.1602	.1597	.0654	.0074	.0001	.0000	.0000
	12	.0000	.0000	.0000	.0001	.0039	.0355	.1201	.1797	.1144	.0222	.0004	.0000	.0000
	13	.0000	.0000	.0000	.0000	.0010	.0146	.0739	.1659	.1643	.0545	.0020	.0000	.0000
	14	.0000	.0000	.0000	.0000	.0002	.0049	.0370	.1244	.1946	.1091	.0089	.0003	.0000
	15	.0000	.0000	.0000	.0000	.0000	.0013	.0148	.0746	.1789	.1746	.0319	.0022	.0000
	16	.0000	.0000	.0000	.0000	.0000	.0003	.0046	.0350	.1304	.2182	.0898	.0133	.0000
	17	.0000	.0000	.0000	.0000	.0000	.0000	.0011	.0123	.0716	.2054	.1901	.0596	.0010
	18	.0000	.0000	.0000	.0000	.0000	.0000	.0002	.0031	.278	.1369	.2852	.1887	.0159
	19	.0000	.0000	.0000	.0000	.0000	.0000	.0000	.0005	.0068	.0576	.2702	.3774	.1652
	20	.0000	.0000	.0000	.0000	.0000	.0000	.0000	.0000	.0008	.0115	.1216	.3585	.8179

附表 5　卜氏分配機率值表　$P(X = x) = \dfrac{e^{-\mu}\mu^x}{x!}$

x	μ									
	0.1	0.2	0.3	0.4	0.5	0.6	0.7	0.8	0.9	1.0
0	.9048	.8187	.7408	.6703	.6065	.5488	.4966	.4493	.4066	.3679
1	.0905	.1637	.2222	.2681	.3033	.3293	.3476	.3595	.3659	.3679
2	.0045	.0164	.0333	.0536	.0758	.0988	.1217	.1438	.1647	.1839
3	.0002	.0011	.0033	.0072	.0126	.0198	.0284	.0383	.0494	.0613
4	.0000	.0001	.0003	.0007	.0016	.0030	.0050	.0077	.0111	.0153
5	.0000	.0000	.0000	.0001	.0002	.0004	.0007	.0012	.0020	.0031
6	.0000	.0000	.0000	.0000	.0000	.0000	.0001	.0002	.0003	.0005
7	.0000	.0000	.0000	.0000	.0000	.0000	.0000	.0000	.0000	.0001

x	μ									
	1.5	2.0	2.5	3.0	3.5	4.0	4.5	5.0	5.5	6.0
0	.2231	.1353	.0821	.0498	.0302	.0183	.0111	.0067	.0041	.0025
1	.3347	.2707	.2052	.1494	.1057	.0733	.0500	.0337	.0225	.0149
2	.2510	.2707	.2565	.2240	.1850	.1465	.1125	.0842	.0618	.0446
3	.1255	.1804	.2138	.2240	.2158	.1954	.1687	.1404	.1133	.0892
4	.0471	.0902	.1336	.1680	.1888	.1954	.1898	.1755	.1558	.1339
5	.0141	.0361	.0668	.1008	.1322	.1563	.1708	.1755	.1714	.1606
6	.0035	.0120	.0278	.0504	.0771	.1042	.1281	.1462	.1571	.1606
7	.0008	.0034	.0099	.0216	.0385	.0595	.0824	.1044	.1234	.1377
8	.0001	.0009	.0031	.0081	.0169	.0298	.0463	.0653	.0849	.1033
9	.0000	.0002	.0009	.0027	.0066	.0132	.0232	.0363	.0519	.0688
10	.0000	.0000	.0002	.0008	.0023	.0053	.0104	.0182	.0285	.0413
11	.0000	.0000	.0000	.0002	.0007	.0019	.0043	.0082	.0143	.0225
12	.0000	.0000	.0000	.0001	.0002	.0006	.0016	.0034	.0065	.0113
13	.0000	.0000	.0000	.0000	.0001	.0002	.0006	.0013	.0028	.0052
14	.0000	.0000	.0000	.0000	.0000	.0001	.0002	.0005	.0011	.0022
15	.0000	.0000	.0000	.0000	.0000	.0000	.0001	.0002	.0004	.0009
16	.0000	.0000	.0000	.0000	.0000	.0000	.0000	.0000	.0001	.0003
17	.0000	.0000	.0000	.0000	.0000	.0000	.0000	.0000	.0000	.0001

附表 5　卜氏分配機率值表 $P(X=x)=\dfrac{e^{-\mu}\mu^x}{x!}$ （續）

x	μ									
	6.5	7.5	8.5	9.0	9.5	10.0	11.0	12.0	15.0	20.0
0	.0015	.0006	.0002	.0001	.0001	.0000	.0000	.0000	.0000	.0000
1	.0098	.0041	.0017	.0011	.0007	.0005	.0002	.0001	.0000	.0000
2	.0318	.0156	.0074	.0050	.0034	.0023	.0010	.0004	.0000	.0000
3	.0688	.0389	.0208	.0150	.0107	.0076	.0037	.0018	.0002	.0000
4	.1118	.0729	.0443	.0337	.0254	.0189	.0102	.0053	.0006	.0000
5	.1454	.1094	.0752	.0607	.0483	.0378	.0224	.0127	.0019	.0001
6	.1575	.1367	.1066	.0911	.0746	.0631	.0411	.0255	.0048	.0002
7	.1462	.1465	.1294	.1171	.1037	.0901	.0646	.0437	.0104	.0005
8	.1188	.1373	.1375	.1318	.1232	.1126	.0888	.0655	.0194	.0013
9	.0858	.1144	.1299	.1318	.1300	.1251	.1085	.0874	.0324	.0029
10	.0558	.0858	.1104	.1186	.1235	.1251	.1194	.1048	.0486	.0058
11	.0330	.0585	.0853	.0970	.1067	.1137	.1194	.1144	.0663	.0106
12	.0179	.0366	.0604	.0728	.0844	.0948	.1094	.1144	.0829	.0176
13	.0089	.0211	.0395	.0504	.0617	.0729	.0926	.1056	.0956	.0271
14	.0041	.0113	.0240	.0324	.0419	.0521	.0728	.0905	.1024	.0387
15	.0018	.0057	.0136	.0194	.0265	.0347	.0534	.0724	.1024	.0516
16	.0007	.0026	.0072	.0109	.0157	.0217	.0367	.0543	.0960	.0646
17	.0003	.0012	.0036	.0058	.0088	.0128	.0237	.0383	.0847	.0760
18	.0001	.0005	.0017	.0029	.0046	.0071	.0145	.0255	.0706	.0844
19	.0000	.0002	.0008	.0014	.0023	.0037	.0084	.0161	.0557	.0888
20	.0000	.0001	.0003	.0006	.0011	.0019	.0046	.0097	.0418	.0888
21	.0000	.0000	.0001	.0003	.0005	.0009	.0024	.0055	.0299	.0846
22	.0000	.0000	.0001	.0001	.0002	.0004	.0012	.0030	.0204	.0769
23	.0000	.0000	.0000	.0000	.0001	.0002	.0006	.0016	.0133	.0669
24	.0000	.0000	.0000	.0000	.0000	.0001	.0003	.0008	.0083	.0557
25	.0000	.0000	.0000	.0000	.0000	.0000	.0001	.0004	.0050	.0446
26	.0000	.0000	.0000	.0000	.0000	.0000	.0000	.0002	.0029	.0343
27	.0000	.0000	.0000	.0000	.0000	.0000	.0000	.0001	.0016	.0254
28	.0000	.0000	.0000	.0000	.0000	.0000	.0000	.0000	.0009	.0181
29	.0000	.0000	.0000	.0000	.0000	.0000	.0000	.0000	.0004	.0125
30	.0000	.0000	.0000	.0000	.0000	.0000	.0000	.0000	.0002	.0083
31	.0000	.0000	.0000	.0000	.0000	.0000	.0000	.0000	.0001	.0054
32	.0000	.0000	.0000	.0000	.0000	.0000	.0000	.0000	.0001	.0034
33	.0000	.0000	.0000	.0000	.0000	.0000	.0000	.0000	.0000	.0020
34	.0000	.0000	.0000	.0000	.0000	.0000	.0000	.0000	.0000	.0012
35	.0000	.0000	.0000	.0000	.0000	.0000	.0000	.0000	.0000	.0007
36	.0000	.0000	.0000	.0000	.0000	.0000	.0000	.0000	.0000	.0004
37	.0000	.0000	.0000	.0000	.0000	.0000	.0000	.0000	.0000	.0002
38	.0000	.0000	.0000	.0000	.0000	.0000	.0000	.0000	.0000	.0001
39	.0000	.0000	.0000	.0000	.0000	.0000	.0000	.0000	.0000	.0001

附表 6　卜氏分配值 $P(X \le c) = \sum\limits_{x=0}^{c} e^{-\mu} \dfrac{\mu^x}{x!}$

	μ									
c	.10	.20	.30	.40	.50	.60	.70	.80	.90	1.00
0	.905	.819	.714	.670	.607	.549	.497	.449	.407	.368
1	.995	.982	.963	.938	.910	.878	.844	.809	.772	.736
2	1.000	.999	.996	.992	.986	.977	.966	.953	.937	.920
3	1.000	1.000	1.000	.999	.998	.997	.994	.991	.987	.981
4	1.000	1.000	1.000	1.000	1.000	1.000	.999	.999	.998	.996
5	1.000	1.000	1.000	1.000	1.000	1.000	1.000	1.000	1.000	.999
6	1.000	1.000	1.000	1.000	1.000	1.000	1.000	1.000	1.000	1.000
7	1.000	1.000	1.000	1.000	1.000	1.000	1.000	1.000	1.000	1.000

	μ									
c	1.10	1.20	1.30	1.40	1.50	1.60	1.70	1.80	1.90	2.00
0	.333	.301	.273	.247	.223	.202	.183	.165	.150	.135
1	.699	.663	.627	.592.	.558	.525.	.493	.463	.434	.406
2	.900	.879	.857	.833	.809	.783	.757	.731	.704	.677
3	.974	.966	.957	.946	.934	.921	.907	.891	.875	.857
4	.995	.992	.989	.986	.981	.976	.970	.964	.956	.947
5	.999	.998	.998	.997	.996	.994	.992	.990	.987	.983
6	1.000	1.000	1.000	.999	.999	.999	.998	.997	.997	.995
7	1.000	1.000	1.000	1.000	1.000	1.000	1.000	.999	.999	.999
8	1.000	1.000	1.000	1.000	1.000	1.000	1.000	1.000	1.000	1.000
9	1.000	1.000	1.000	1.000	1.000	1.000	1.000	1.000	1.000	1.000

	μ									
c	2.10	2.20	2.30	2.40	2.50	2.60	2.70	2.80	2.90	3.00
0	.122	.111	.100	.091	.082	.074	.067	.061	.055	.050
1	.380	.355	.331	.308	.287	.267	.249	.231	.215	.199
2	.650	.623	.596	.570	.544	.518	.494	.469	.446	.423
3	.839	.819	.799	.779	.758	.736	.714	.692	.670	.647
4	.938	.928	.916	.904	.891	.877	.863	.848	.832	.815
5	.980	.975	.970	.964	.958	.951	.943	.935	.926	.916
6	.994	.993	.991	.988	.986	.983	.979	.976	.971	.966
7	.999	.998	.997	.997	.996	.995	.993	.992	.990	.988
8	1.000	1.000	.999	.999	.999	.999	.998	.998	.997	.996
9	1.000	1.000	1.000	1.000	1.000	1.000	.999	.999	.999	.999
10	1.000	1.000	1.000	1.000	1.000	1.000	1.000	1.000	1.000	1.000
11	1.000	1.000	1.000	1.000	1.000	1.000	1.000	1.000	1.000	1.000
12	1.000	1.000	1.000	1.000	1.000	1.000	1.000	1.000	1.000	1.000

附表 6　卜氏分配值 $P(X \leq c) = \sum_{x=0}^{c} e^{-\mu} \dfrac{\mu^x}{x!}$ （ 續 ）

	μ									
c	3.10	3.20	3.30	3.40	3.50	3.60	3.70	3.80	3.90	4.00
0	.045	.041	.037	.033	.030	.027	.025	.022	.020	.018
1	.185	.171	.159	.147	.136	.126	.116	.107	.099	.092
2	.401	.380	.359	.340	.321	.303	.285	.269	.253	.238
3	.625	.603	.580	.558	.537	.515	.494	.473	.453	.433
4	.798	.781	.763	.744	.725	.706	.687	.668	.648	.629
5	.906	.895	.883	.871	.858	.844	.830	.816	.801	.785
6	.961	.955	.949	.942	.935	.927	.918	.909	.899	.889
7	.986	.983	.980	.977	.973	.969	.965	.960	.955	.949
8	.995	.994	.993	.992	.990	.988	.986	.984	.981	.979
9	.999	.998	.998	.997	.997	.996	.995	.994	.993	.992
10	1.000	1.000	.999	.999	.999	.999	.998	.998	.998	.997
11	1.000	1.000	1.000	1.000	1.000	1.000	1.000	.999	.999	.999
12	1.000	1.000	1.000	1.000	1.000	1.000	1.000	1.000	1.000	1.000
13	1.000	1.000	1.000	1.000	1.000	1.000	1.000	1.000	1.000	1.000
14	1.000	1.000	1.000	1.000	1.000	1.000	1.000	1.000	1.000	1.000

	μ									
c	4.50	5.00	5.50	6.00	6.50	7.00	7.50	8.00	8.50	9.00
0	.011	.007	.004	.002	.002	.001	.001	.000	.000	.000
1	.061	.040	.027	.017	.011	.007	.005	.003	.002	.001
2	.174	.0125	.088	.062	.043	.030	.020	.014	.009	.006
3	.342	.265	.202	.151	.112	.082	.059	.042	.030	.021
4	.532	.440	.358	.285	.224	.173	.132	.100	.074	.055
5	.703	.616	.529	.446	.369	.301	.241	.191	.150	.116
6	.831	.762	.686	.606	.527	.450	.378	.313	.256	.207
7	.913	.876	.809	.744	.673	.599	.525	.453	.386	.324
8	.960	.932	.894	.847	.792	.729	.662	.593	.523	.456
9	.983	.968	.946	.916	.877	.830	.776	.717	.653	.587
10	.993	.986	.975	.957	.933	.901	.862	.816	.763	.706
11	.998	.995	.989	.980	.966	.947	.921	.888	.849	.803
12	.999	.998	.996	.991	.984	.973	.957	.936	.909	.876
13	1.000	.999	.998	.996	.993	.987	.978	.966	.949	.926
14	1.000	1.000	.999	.999	.997	.994	.990	.983	.973	.959
15	1.000	1.000	1.000	.999	.999	.998	.995	.992	.986	.978
16	1.000	1.000	1.000	1.000	1.000	.999	.998	.996	.993	.989
17	1.000	1.000	1.000	1.000	1.000	1.000	.999	.998	.997	.995
18	1.000	1.000	1.000	1.000	1.000	1.000	1.000	.999	.999	.998
19	1.000	1.000	1.000	1.000	1.000	1.000	1.000	1.000	.999	.999
20	1.000	1.000	1.000	1.000	1.000	1.000	1.000	1.000	1.000	1.000
21	1.000	1.000	1.000	1.000	1.000	1.000	1.000	1.000	1.000	1.000
22	1.000	1.000	1.000	1.000	1.000	1.000	1.000	1.000	1.000	1.000

附表 7　標準常態分配值

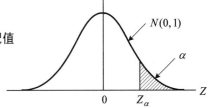

1. 由 Z_α 求 α 之表

K	*=0	1	2	3	4	5	6	7	8	9
0.0*	.5000	.4960	.4920	.4880	.4840	.4801	.4761	.4721	.4681	.4641
0.1*	.4602	.4562	.4522	.4483	.4443	.4404	.4364	.4325	.4286	.4247
0.2*	.4207	.4168	.4129	.4090	.4052	.4013	.3974	.3936	.3597	.3859
0.3*	.3821	.3783	.3745	.3707	.3369	.3632	.3594	.3557	.3520	.3483
0.4*	.3446	.3409	.3375	.3336	.3300	.3264	.3228	.3192	.3156	.3121
0.5*	.3085	.3050	.3015	.2981	.2946	.2912	.2877	.2843	.2810	.2776
0.6*	.2743	.2709	.2676	.2643	.2611	.2578	.2546	.2514	.2483	.2451
0.7*	.2420	.2389	.2358	.2327	.2296	.2266	.2236	.2206	.2177	.2148
0.8*	.2119	.2090	.2061	.2033	.2005	.1977	.1949	.1922	.1894	.1867
0.9*	.1841	.1814	.1788	.1762	.1736	.1711	.1685	.1660	.1635	.1611
1.0*	.1587	.1562	.1539	.1515	.1492	.1469	.1446	.1423	.1401	.1379
1.1*	.1357	.1335	.1314	.1292	.1271	.1251	.1230	.1210	.1190	.1170
1.2*	.1151	.1131	.1112	.1093	.1075	.1056	.1038	.1020	.1003	.0985
1.3*	.0968	.0951	.0934	.0918	.0901	.0885	.0869	.0853	.0838	.0823
1.4*	.0808	.0793	.0778	.0764	.0749	.0735	.0721	.0708	.0694	.0681
1.5*	.0668	.0655	.0643	.0630	.0618	.0606	.0594	.0582	.0571	.0559
1.6*	.0548	.0537	.0526	.0516	.0505	.0495	.0485	.0475	.0465	.0455
1.7*	.0446	.0436	.0427	.0418	.0409	.0401	.0392	.0384	.0375	.0367
1.8*	.0359	.0351	.0344	.0336	.0329	.0322	.0314	.0307	.0301	.0294
1.9*	.0287	.0281	.0274	.0268	.0262	.0256	.0250	.0244	.0239	.0233
2.0*	.0228	.0222	.0217	.2121	.0207	.0202	.0197	.0192	.0188	.0183
2.1*	.0179	.0174	.0170	.0166	.0162	.0158	.0154	.0150	.0146	.0143
2.2*	.0139	.0136	.0132	.0129	.0125	.0122	.0119	.0116	.0113	.0110
2.3*	.0107	.0104	.0102	.0099	.0096	.0094	.0091	.0089	.0087	.0084
2.4*	.0082	.0080	.0078	.0075	.0073	.0071	.0069	.0068	.0066	.0064
2.5*	.0062	.0060	.0059	.0057	.0055	.0054	.0052	.0051	.0049	.0048
2.6*	.0047	.0045	.0044	.0043	.0041	.0040	.0039	.0038	.0067	.0036
2.7*	.0035	.0034	.0033	.0032	.0031	.0030	.0029	.0028	.1027	.0026
2.8*	.0026	.0025	.0024	.0023	.0023	.0022	.0021	.0021	.0020	.0019
2.9*	.0019	.0018	.0018	.0017	.0016	.0016	.0015	.0015	.0014	.0014
30*	.0013	.0013	.0013	.0012	.0012	.0011	.0011	.0011	.0010	.0010

2. 由 α 求 Z_α 之表

α	.001	.005	.010	.025	.05	.1	.2	.3	.4
Z_α	.3090	.2576	2.326	1.960	1.645	1.282	0.842	524	253

3. 由 u 求 $\phi(u) = \dfrac{1}{\sqrt{2\pi}} e^{u^2/2}$ 之表

μ	.0	.1	.2	.3	.4	.5	1.0	1.5	2.0	2.5	3.0
$\phi(u)$	.399	.397	.391	.381	.368	.352	.2420	.1295	.0540	.0175	.0044

附表 8　指數分配機率表

$$P(X < x) = 1 - e^{-\lambda x} = \alpha$$

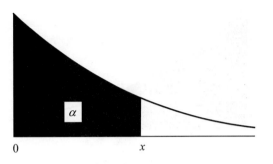

λx	.00	.01	.02	.03	.04	.05	.06	.07	.08	.09
0.0	0.0000	0.0100	0.0198	0.0296	0.0392	0.0488	0.0582	0.0676	0.0769	0.0861
0.1	0.0952	0.1042	0.1131	0.1219	0.1306	0.1393	0.1479	0.1563	0.1647	0.1730
0.2	0.1813	0.1894	0.1975	0.2055	0.2134	0.2212	0.2289	0.2366	0.2442	0.2517
0.3	0.2592	0.2666	0.2739	0.2811	0.2882	0.2953	0.3023	0.3093	0.3161	0.3229
0.4	0.3297	0.3363	0.3430	0.3495	0.3560	0.3624	0.3487	0.3750	0.3812	0.3874
0.5	0.3935	0.3995	0.4055	0.4114	0.4173	0.4231	0.4288	0.4345	0.4401	0.4457
0.6	0.4512	0.4566	0.4621	0.4674	0.4727	0.4780	0.4831	0.4883	0.4934	0.4984
0.7	0.5034	0.5084	0.5132	0.5181	0.5229	0.5276	0.5323	0.5370	0.4516	0.5462
0.8	0.5507	0.5551	0.5596	0.5640	0.5683	0.5726	0.5768	0.5810	0.5852	0.5893
0.9	0.5934	0.5975	0.6015	0.6054	0.6094	0.6133	0.6171	0.6209	0.6247	0.6284
1.0	0.6321	0.6358	0.6394	0.6430	0.6465	0.6501	0.6535	0.6570	0.6604	0.6638
1.1	0.6671	0.6704	0.6737	0.6770	0.6802	0.6834	0.6865	0.6896	0.6927	0.6958
1.2	0.6988	0.7018	0.7048	0.7077	0.7106	0.7135	0.7163	0.7192	0.7220	0.7247
1.3	0.7275	0.7302	0.7329	0.7355	0.7382	0.7408	0.7433	0.7459	0.7484	0.7509
1.4	0.7534	0.7559	0.7583	0.7607	0.7631	0.7654	0.7678	0.7701	0.7724	0.7746
1.5	0.7769	0.7791	0.7813	0.7835	0.7856	0.7878	0.7899	0.7920	0.7940	0.7961
1.6	0.7981	0.8001	0.8021	0.8041	0.8060	0.8080	0.8099	0.8118	0.8136	0.8155
1.7	0.8173	0.8191	0.8209	0.8227	0.8245	0.8262	0.8280	0.8297	0.8314	0.8330
1.8	0.8347	0.8363	0.8380	0.8396	0.8412	0.8428	0.8443	0.8459	0.8474	0.8489
1.9	0.8504	0.8519	0.8534	0.8549	0.8563	0.8577	0.8591	0.8605	0.8619	0.8633
2.0	0.8647	0.8660	0.8673	0.8687	0.8700	0.8713	0.8725	0.8738	0.8751	0.8763
2.1	0.8775	0.8788	0.8800	0.8812	0.8823	0.8835	0.8847	0.8858	0.8870	0.8881
2.2	0.8892	0.8903	0.8914	0.8925	0.8935	0.8946	0.8956	0.8967	0.8977	0.8987

附表 8　指數分配機率表（續）

$$P(X < x) = 1 - e^{-\lambda x} = \alpha$$

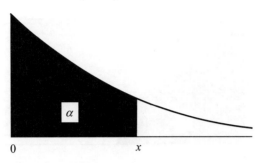

2.3	0.8997	0.9007	0.9017	0.9027	0.9037	0.9046	0.9056	0.9065	0.9074	0.9084
2.4	0.9093	0.9102	0.9111	0.9120	0.9128	0.9137	0.9146	0.9154	0.9163	0.9171
2.5	0.9179	0.9187	0.9195	0.9203	0.9211	0.9219	0.9227	0.9235	0.9242	0.9250
2.6	0.9257	0.9265	0.9272	0.9279	0.9286	0.9293	0.9301	0.9307	0.9314	0.9321
2.7	0.9328	0.9335	0.9341	0.9348	0.9354	0.9361	0.9367	0.9373	0.9380	0.9386
2.8	0.9392	0.9398	0.9404	0.9410	0.9416	0.9422	0.9427	0.9433	0.9439	0.9444
2.9	0.9450	0.9455	0.9461	0.9466	0.9471	0.9477	0.9482	0.9487	0.9492	0.9497
3.0	0.9502	0.9507	0.9512	0.9517	0.9522	0.9526	0.9531	0.9536	0.9540	0.9545
3.1	0.9550	0.9554	0.9558	09563	09567	09571	09576	09580	09584	09588
3.2	0.9592	0.9596	0.9600	0.9604	0.9608	0.9612	0.9616	0.9620	0.9524	0.9627
3.3	0.9631	0.9635	0.9638	0.9642	0.9646	0.9649	0.9653	0.9656	0.9660	0.9663
3.4	0.9666	0.9670	0.9673	0.9676	0.9679	0.9683	0.9686	0.9689	0.9692	0.9395
3.5	0.9698	0.9701	0.9704	0.9707	0.9710	0.9713	0.9716	0.9718	0.9721	0.9724
3.6	0.9727	0.9729	0.9732	0.9735	0.9737	0.9740	0.9743	0.9745	0.9748	0.9750
3.7	0.9753	0.9755	0.9758	0.9760	0.9762	0.9765	0.9767	0.9769	0.9772	0.9774
3.8	0.9776	0.9779	0.9781	0.9783	0.9785	0.9787	0.9789	0.9791	0.9793	0.9796
3.9	0.9798	0.9800	0.9802	0.9804	0.9806	0.9807	0.9809	0.9811	0.9813	0.9815

λx	.00	.01	.02	.03	.04	.05	.06	.07	.08	.09
4.0	0.9817	0.9834	0.9850	0.9864	0.9877	0.9889	0.9899	0.9909	0.9918	0.9926
5.0	0.9933	0.9939	0.9945	0.9950	0.9955	0.9959	0.9963	0.9967	0.9970	0.9973
6.0	0.9975	0.9978	0.9980	0.9982	0.9983	0.9985	0.9986	0.9988	0.9989	0.9990
7.0	0.9991	0.9992	0.9993	0.9993	0.9994	0.9994	0.9995	0.9995	0.9996	0.9996
8.0	0.9997	0.9997	0.9997	0.9998	0.9998	0.9998	0.9998	0.9998	0.9998	0.9999
9.0	0.9999	0.9999	0.9999	0.9999	0.9999	0.9999	0.9999	0.9999	0.9999	0.9999

附表 9　t 分配表

$$P(t > t_\alpha) = \alpha$$

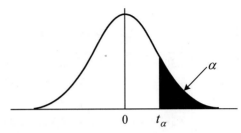

d.f.	$t_{.100}$	$t_{.050}$	$t_{.025}$	$t_{.010}$	$t_{.005}$
1	3.078	6.314	12.706	31.821	63.656
2	1.886	2.920	4.303	6.965	9.925
3	1.638	2.353	3.182	4.541	5.841
4	1.533	2.132	2.776	3.747	4.604
5	1.476	2.015	2.571	3.365	4.032
6	1.440	1.943	2.447	3.143	3.707
7	1.415	1.895	2.365	2.998	3.499
8	1.397	1.860	2.306	2.896	3.355
9	1.383	1.833	2.262	2.821	3.250
10	1.372	1.812	2.228	2.764	3.169
11	1.363	1.796	2.201	2.718	3.106
12	1.356	1.782	2.179	2.681	3.055
13	1.350	1.771	2.160	2.650	3.012
14	1.645	1.761	2.145	2.624	2.977
15	1.341	1.753	2.131	2.602	2.947
16	1.337	1.746	2.120	2.583	2.921
17	1.333	1.740	2.110	2.567	2.898
18	1.330	1.734	2.101	2.552	2.878
19	1.328	1.729	2.093	2.539	2.861
20	1.325	1.725	2.086	2.528	2.845
21	1.323	1.721	2.080	2.518	2.831
22	1.321	1.717	2.074	2.508	2.819
23	1.319	1.714	2.609	2.500	2.807
24	1.318	1.711	2.064	2.492	2.797
25	1.316	1.708	2.060	2.485	2.787
26	1.315	1.706	2.056	2.479	2.779
27	1.314	1.703	2.052	2.473	2.771
28	1.313	1.701	2.048	2.467	2.763
29	1.311	1.699	2.045	2.462	2.756
∞	1.282	1.645	1.960	2.326	2.576

附表 10　t 分配上側（2.5 / k）% 點

$t_{\alpha/k}(\phi_E)(\alpha = 0.025)$ 之值，上側（2.5 / k）% 點，（兩側（5 / k)% 點）

ϕ_E ＼α / k	α	$\alpha/2$	$\alpha/3$	$\alpha/4$	$\alpha/5$	$\alpha/6$	$\alpha/7$	$\alpha/8$	$\alpha/9$	$\alpha/10$	$\alpha/11$	$\alpha/12$
2	4.303	6.205	7.649	8.860	9.925	10.886	11.769	12.590	13.360	14.089	14.782	15.443
3	3.182	4.177	4.857	5.392	5.841	6.232	6.580	6.895	7.185	7.453	7.704	7.940
4	2.776	3.495	3.961	4.315	4.604	4.851	5.068	5.261	5.437	5.598	5.747	5.885
5	2.571	3.163	3.534	3.810	4.032	4.219	4.382	4.526	4.655	4.773	4.882	4.983
6	2.447	2.969	3.287	3.521	3.707	3.863	3.997	4.115	4.221	4.317	4.405	4.486
7	2.365	2.841	3.128	3.335	3.499	3.636	3.753	3.855	3.947	4.029	4.105	4.174
8	2.306	2.752	3.016	3.206	3.355	3.479	3.584	3.677	3.759	3.833	3.900	3.962
9	2.262	2.685	2.933	3.111	3.250	3.364	3.452	3.547	3.622	3.690	3.751	3.808
10	2.228	2.634	2.870	3.038	3.169	3.277	3.368	3.448	3.518	3.581	3.639	3.691
11	2.201	2.593	2.820	2.981	3.106	3.208	3.295	3.370	3.437	3.497	3.551	3.600
12	2.179	2.560	2.779	2.934	3.055	3.153	3.326	3.308	3.371	3.428	3.480	3.527
13	2.160	2.533	2.746	2.896	3.012	3.107	3.187	3.256	3.318	3.372	3.422	3.467
14	2.145	2.510	2.718	2.864	2.977	3.069	3.146	3.214	3.273	3.326	3.374	3.417
15	2.131	2.490	2.694	2.837	2.947	3.036	3.112	3.177	3.235	3.286	3.335	3.375
16	2.120	2.473	2.673	2.813	2.921	3.008	3.082	3.146	3.202	3.252	3.297	3.339
17	2.110	2.458	2.655	2.793	2.898	2.984	3.056	3.119	3.173	3.222	3.267	3.307
18	2.101	2.445	2.639	2.775	2.878	2.963	3.034	3.095	3.149	3.197	3.240	3.279
19	2.093	2.433	2.625	2.759	2.861	2.944	3.014	3.074	3.127	3.174	3.216	3.255
20	2.086	2.423	2.613	2.744	2.845	2.927	2.996	3.055	3.107	3.153	3.195	3.233
21	2.080	2.414	2.601	2.732	2.831	2.912	2.980	3.038	3.090	3.135	3.176	3.214
22	2.074	2.405	2.591	2.720	2.819	2.899	2.965	3.023	3.074	3.119	3.159	3.196
23	2.069	2.398	2.582	2.710	2.807	2.886	2.952	3.009	3.059	3.104	3.144	3.181
24	2.064	2.391	2.574	2.700	2.797	2.875	2.941	2.997	3.046	3.091	3.130	3.166
25	2.060	2.385	2.566	2.692	2.787	2.865	2.930	2.986	3.035	3.078	3.117	3.153
26	2.056	2.379	2.559	2.684	2.779	2.856	2.920	2.975	3.024	3.067	3.106	3.141
27	2.052	2.373	2.552	2.676	2.771	2.847	2.911	2.966	3.014	3.057	3.095	3.130
28	2.048	2.368	2.546	2.669	2.763	2.839	2.902	2.957	3.004	3.047	3.085	3.120
29	2.045	2.364	2.541	2.663	2.756	2.832	2.894	2.949	2.996	3.038	3.076	3.110
30	2.042	2.360	2.536	2.657	2.750	2.825	2.887	2.941	2.988	3.030	3.067	3.102

附表 10　t 分配上側（$2.5 / k$）% 點（續）

$t_{\alpha/k}(\phi_E)(\alpha = 0.025)$ 之值，上側（$2.5 / k$）% 點，（兩側（$5 / k$）% 點）

ϕ_E \ α/k	α	$\alpha/2$	$\alpha/3$	$\alpha/4$	$\alpha/5$	$\alpha/6$	$\alpha/7$	$\alpha/8$	$\alpha/9$	$\alpha/10$	$\alpha/11$	$\alpha/12$
31	2.040	2.356	2.531	2.652	2.744	2.818	2.880	2.934	2.981	3.022	3.060	3.094
32	2.037	2.352	2.526	2.647	2.738	2.812	2.874	2.927	2.974	3.015	3.052	3.086
33	2.035	2.348	2.522	2.642	2.733	2.807	2.868	2.921	2.967	3.008	3.045	3.079
34	2.032	2.345	2.518	2.638	2.728	2.802	2.863	2.915	2.961	3.002	3.039	3.072
35	2.030	2.342	2.515	2.633	2.724	2.797	2.857	2.910	2.955	2.996	3.033	3.066
36	2.028	2.339	2.511	2.629	2.719	2.792	2.853	2.905	2.950	2.990	3.027	3.060
37	2.026	2.336	2.508	2.626	2.715	2.788	2.848	2.900	2.945	2.985	3.021	3.054
38	2.024	2.334	2.505	2.622	2.712	2.783	2.844	2.895	2.940	2.980	3.016	3.049
39	2.023	2.331	2.502	2.619	2.708	2.780	2.839	2.891	2.936	2.976	3.011	3.044
40	2.021	2.329	2.499	2.616	2.704	2.776	2.836	2.887	2.931	2.971	3.077	3.039
41	2.020	2.327	2.496	2.613	2.701	2.772	2.832	2.883	2.927	2.967	3.003	3.035
42	2.018	2.325	2.494	2.610	2.698	2.769	2.828	2.879	2.924	2.963	2.998	3.031
43	2017	2.323	2.491	2.607	2.695	2.766	2.825	2.876	2.920	2.959	2.995	3.027
44	2.015	2.321	2.489	2.605	2.692	2.763	2.822	2.872	2.916	2.956	2.991	3.023
45	2.014	2.319	2.487	2.602	2.690	2.760	2.819	2.869	2.913	2.952	2.987	3.019
46	2.013	2.317	2.485	2.600	2.687	2.757	2.816	2.866	2.910	2.949	2.984	3.016
47	2.012	2.315	2.483	2.597	2.685	2.755	2.813	2.863	2.907	2.946	2.981	3.012
48	2.011	2.314	2.481	2.595	2.682	2.752	2.810	2.860	2.904	2.943	2.977	3.009
49	2.010	2.312	2.479	2.593	2.680	2.750	2.808	2.858	2.901	2.940	2.974	3.006
50	2.009	2.311	2.477	2.591	2.678	2.747	2.805	2.855	2.898	2.937	2.972	3.003
60	2.000	2.299	2.463	2.575	2.660	2.729	2.785	2.834	2.877	2.915	2.948	2.979
80	1.990	2.284	2.445	2.555	2.639	2.705	2.761	2.809	2.850	2.887	2.920	2.950
100	1.984	2.276	2.435	2.544	2.626	2.692	2.747	2.793	2.834	2.871	2.903	2.933
120	1.980	2.270	2.428	2.536	2.617	2.683	2.737	2.783	2.824	2.860	2.892	2.921
240	1.970	2.256	2.411	2.517	2.596	2.660	2.713	2.759	2.798	2.833	2.865	2.893
360	1.967	2.251	2.405	2.510	2.590	2.653	2.706	2.751	2.790	2.824	2.856	2.884
∞	1.960	2.241	2.394	2.498	2.576	2.638	2.690	2.734	2.773	2.807	2.838	2.865

註：$t_{0.025}(10) = 2.228$，$t_{0.025}(\infty) = 1.960$，$t_{0.025/2}(20) = 2.423$，$t_{0.025/5}(30) = 2.750$。

附表 10　t 分配上側 $(2.5/k)$% 點（續）

$t_{\alpha/k}(\phi_E)(\alpha = 0.025)$ 之值，上側 $(2.5/k)$%點，（兩側 $(5/k)$%點）

α/k ϕ_E	$\alpha/13$	$\alpha/14$	$\alpha/15$	$\alpha/16$	$\alpha/17$	$\alpha/18$	$\alpha/19$	$\alpha/20$	$\alpha/21$	$\alpha/22$	$\alpha/28$	$\alpha/36$
2	16.078	16.688	17.277	17.847	18.398	18.934	19.455	19.962	20.457	20.940	23.633	26.805
3	8.162	8.374	8.575	8.768	8.952	9.129	9.300	9.465	9.624	9.778	10.617	11.563
4	6.015	6.138	6.264	6.364	6.469	6.570	6.666	6.758	6.847	6.933	7.392	7.900
5	5.076	5.164	5.247	5.326	5.400	5.471	5.539	5.604	5.666	5.726	6.045	6.391
6	4.561	4.632	4.698	4.760	4.820	4.876	4.929	4.981	5.030	5.077	5.326	5.594
7	4.239	4.299	4.355	4.408	4.459	4.506	4.551	4.595	4.636	4.676	4.884	5.107
8	4.019	4.072	4.122	4.169	4.214	4.256	4.296	4.334	4.370	4.405	4.587	4.781
9	3.860	3.909	3.954	3.997	4.037	4.075	4.111	4.146	4.179	4.210	4.374	4.549
10	3.740	3.785	3.827	3.867	3.904	3.939	3.973	4.005	4.035	4.064	4.215	4.375
11	3.646	3.689	3.728	3.765	3.800	3.833	3.865	3.895	3.923	3.950	4.091	4.240
12	3.571	3.611	3.649	3.684	3.717	3.749	3.778	3.807	3.833	3.859	3.992	4.133
13	3.509	3.548	3.584	3.618	3.649	3.679	3.708	3.735	3.760	3.785	3.912	4.045
14	3.458	3.495	3.530	3.562	3.593	3.621	3.649	3.675	3.699	3.723	3.845	3.973
15	3.414	3.450	3.484	3.515	3.545	3.573	3.599	3.624	3.648	3.670	3.788	3.911
16	3.377	3.412	3.444	3.475	3.504	3.531	3.556	3.581	3.604	3.626	3.740	3.859
17	3.344	3.378	3.410	3.440	3.468	3.494	3.519	3.543	3.565	3.587	3.698	3.814
18	3.316	3.349	3.380	3.410	3.437	3.463	3.487	3.510	3.532	3.553	3.661	3.774
19	3.291	3.323	3.354	3.383	3.409	3.435	3.459	3.481	3.503	3.523	3.629	3.739
20	3.268	3.301	3.331	3.359	3.385	3.410	3.433	3.455	3.477	3.497	3.601	3.709
21	3.248	3.280	3.310	3.337	3.363	3.388	3.411	3.432	3.453	3.473	3.575	3.681
22	3.230	3.262	3.291	3.318	3.344	3.368	3.390	3.412	3.432	3.452	3.552	3.656
23	3.214	3.245	3.274	3.301	3.326	3.350	3.372	3.393	3.413	3.432	3.531	3.634
24	3.199	3.230	3.258	3.285	3.310	3.333	3.355	3.376	3.396	3.415	3.513	3.614
25	3.186	3.216	3.244	3.270	3.295	3.318	3.340	3.361	3.380	3.399	3.495	3.595
26	3.174	3.204	3.231	3.257	3.282	3.304	3.326	3.346	3.366	3.384	3.480	3.578
27	3.162	3.192	3.219	3.245	3.269	3.292	3.313	3.333	3.353	3.371	3.465	3.563
28	3.152	3.181	3.208	3.234	3.258	3.280	3.301	3.321	3.340	3.359	3.452	3.549
29	3.142	3.171	3.198	3.223	3.247	3.269	3.290	3.310	3.329	3.347	3.440	3.535
30	3.133	3.162	3.189	3.214	3.237	3.259	3.280	3.300	3.319	3.336	3.428	3.523

附表 10　t 分配上側（2.5 / k）% 點（續）

$t_{\alpha/k}(\phi_E)(\alpha = 0.025)$ 之值，上側（2.5 / k）% 點，（兩側（5 / k）% 點）

α/k ϕ_E	$\alpha/13$	$\alpha/14$	$\alpha/15$	$\alpha/16$	$\alpha/17$	$\alpha/18$	$\alpha/19$	$\alpha/20$	$\alpha/21$	$\alpha/22$	$\alpha/28$	$\alpha/36$
31	3.125	3.153	3.180	3.205	3.228	3.250	3.271	3.290	3.309	3.327	3.418	3.512
32	3.117	3.145	3.172	3.197	3.220	3.241	3.262	3.281	3.300	3.317	3.408	3.501
33	3.109	3.138	3.164	3.189	3.212	3.233	3.254	3.273	3.291	3.309	3.398	3.491
34	3.103	3.131	3.157	3.181	3.204	3.226	3.246	3.265	3.283	3.301	3.390	3.482
35	3.096	3.124	3.150	3.174	3.197	3.218	3.239	3.258	3.276	3.293	3.382	3.473
36	3.090	3.118	3.144	3.168	3.191	3.212	3.232	3.251	3.269	3.286	3.374	3.465
37	3.084	3.112	3.138	3.162	3.184	3.205	3.225	3.244	3.262	3.279	3.367	3.457
38	3.079	3.107	3.132	3.156	3.178	3.199	3.219	3.238	3.256	3.273	3.360	3.450
39	3.074	3.101	3.127	3.151	3.173	3.194	3.214	3.232	3.250	3.267	3.353	3.443
40	3.069	3.096	3.122	3.145	3.168	3.188	3.208	3.227	3.244	3.261	3.347	3.436
41	3.064	3.092	3.117	3.141	3.163	3.183	3.203	3.221	3.239	3.256	3.342	3.430
42	3.060	3.087	3.112	3.136	3.158	3.179	3.198	3.216	3.234	3.250	3.336	3.424
43	3.056	3.083	3.108	3.131	3.153	3.174	3.193	3.212	3.229	3.246	3.331	3.418
44	3.052	3.079	3.104	3.127	3.149	3.170	3.189	3.207	3.224	3.241	3.326	3.413
45	3.048	3.075	3.100	3.123	3.145	3.165	3.185	3.203	3.220	3.237	3.321	3.408
46	3.045	3.071	3.096	3.119	3.141	3.161	3.181	3.199	3.216	3.232	3.317	3.403
47	3.041	3.068	3.093	3.116	3.137	3.158	3.177	3.195	3.212	3.228	3.312	3.399
48	3.038	3.065	3.089	3.112	3.134	3.154	3.173	3.191	3.208	3.224	3.308	3.394
49	3.035	3.061	3.086	3.109	3.130	3.150	3.169	3.187	3.205	3.221	3.304	3.390
50	3.032	3.058	3.083	3.106	3.127	3.147	3.166	3.184	3.201	3.217	3.300	3.386
60	3.007	3.033	3.057	3.080	3.101	3.120	3.139	3.156	3.173	3.189	3.270	3.353
80	2.977	3.003	3.026	3.048	3.068	3.087	3.105	3.122	3.138	3.153	3.232	3.313
100	2.960	2.984	3.007	3.029	3.049	3.067	3.085	3.102	3.118	3.133	3.210	3.289
120	2.948	2.972	2.995	3.016	3.036	3.055	3.072	3.088	3.104	3.119	3.195	3.273
240	2.919	2.943	2.965	2.985	3.005	3.023	3.040	3.056	3.071	3.085	3.159	3.235
360	2.909	2.933	2.955	2.975	2.994	3.012	3.029	3.045	3.060	3.074	3.147	3.222
∞	2.891	2.914	2.935	2.955	2.974	2.991	3.008	3.023	3.038	3.052	3.124	3.197

附表 11　t 分配上側（$5/k$）% 點

$t_{a/k}(\phi_E)(\alpha = 0.05)$ 之值，上側（$5/k$）% 點，（兩側（$5/k$）% 點）

ϕ_E ＼ α/k	α	$\alpha/2$	$\alpha/3$	$\alpha/4$	$\alpha/5$	$\alpha/6$	$\alpha/7$	$\alpha/8$	$\alpha/9$	$\alpha/10$	$\alpha/11$	$\alpha/12$
2	2.920	4.303	5.339	6.205	6.965	7.649	8.277	8.860	9.408	9.925	10.416	10.886
3	2.353	3.182	3.740	4.177	4.541	4.857	5.138	5.392	5.625	5.841	6.042	6.232
4	2.132	2.776	3.186	3.495	3.747	3.961	4.148	4.315	4.466	4.604	4.732	4.851
5	2.015	2.571	2.912	3.163	3.365	3.534	3.681	3.810	3.926	4.032	4.129	4.219
6	1.943	2.447	2.749	2.969	3.143	3.287	3.412	3.521	3.619	3.707	3.788	3.863
7	1.895	2.365	2.642	2.841	2.998	3.128	3.238	3.335	3.422	3.499	3.570	3.636
8	1.860	2.306	2.566	2.752	2.896	3.016	3.117	3.206	3.285	3.355	3.420	3.479
9	1.833	2.262	2.510	2.685	2.821	2.933	3.028	3.111	3.184	3.250	3.310	3.364
10	1.812	2.228	2.466	2.634	2.764	2.870	2.960	3.038	3.107	3.169	3.225	3.277
11	1.796	2.201	2.431	2.593	2.718	2.820	2.906	2.981	3.047	3.106	3.159	3.208
12	1.782	2.179	2.403	2.560	2.681	2.779	2.863	2.934	2.998	3.055	3.106	3.153
13	1.771	2.160	2.380	2.533	2.650	2.746	2.827	2.896	2.957	3.012	3.062	3.107
14	1.761	2.145	2.360	2.510	2.624	2.718	2.796	2.864	2.924	2.977	3.025	3.069
15	1.753	2.131	2.343	2.490	2.602	2.694	2.770	2.837	2.895	2.947	2.994	3.036
16	1.746	2.120	2.328	2.473	2.583	2.673	2.748	2.813	2.870	2.921	2.967	3.008
17	1.740	2.110	2.316	2.458	2.567	2.655	2.729	2.793	2.848	2.898	2.943	2.984
18	1.734	2.101	2.304	2.445	2.552	2.639	2.712	2.775	2.829	2.878	2.923	2.963
19	1.729	2.093	2.294	2.433	2.539	2.625	2.697	2.759	2.813	2.861	2.904	2.944
20	1.725	2.086	2.285	2.423	2.528	2.613	2.683	2.744	2.798	2.845	2.888	2.927
21	1.721	2.080	2.278	2.414	2.518	2.601	2.671	2.732	2.784	2.831	2.874	2.912
22	1.717	2.074	2.270	2.405	2.508	2.591	2.661	2.720	2.772	2.819	2.861	2.899
23	1.714	2.069	2.264	2.398	2.500	2.582	2.651	2.710	2.761	2.807	2.849	2.886
24	1.711	2.064	2.258	2.391	2.492	2.574	2.642	2.700	2.751	2.797	2.838	2.875
25	1.708	2.060	2.252	2.385	2.485	2.566	2.634	2.692	2.742	2.787	2.828	2.865
26	1.706	2.056	2.247	2.379	2.479	2.559	2.626	2.684	2.734	2.779	2.819	2.856
27	1.703	2.052	2.243	2.373	2.473	2.552	2.619	2.676	2.726	2.771	2.811	2.847
28	1.701	2.048	2.238	2.368	2.467	2.546	2.613	2.669	2.719	2.763	2.803	2.839
29	1.699	2.045	2.234	2.364	2.462	2.541	2.607	2.663	2.713	2.756	2.796	2.832
30	1.697	2.042	2.231	2.360	2.457	2.536	2.601	2.657	2.706	2.750	2.789	2.825

附表 11　t 分配上側（$5/k$）％ 點（續）

$t_{\alpha/k}(\phi_E)(\alpha=0.05)$ 之值，上側（$5/k$）％ 點，（兩側（$5/k$）％ 點）

ϕ_E \ α/k	α	$\alpha/2$	$\alpha/3$	$\alpha/4$	$\alpha/5$	$\alpha/6$	$\alpha/7$	$\alpha/8$	$\alpha/9$	$\alpha/10$	$\alpha/11$	$\alpha/12$
31	1.696	2.040	2.227	2.356	2.453	2.531	2.596	2.652	2.701	2.744	2.783	2.818
32	1.694	2.037	2.224	2.352	2.449	2.526	2.591	2.647	2.695	2.738	2.777	2.812
33	1.692	2.035	2.221	2.348	2.445	2.522	2.587	2.642	2.690	2.733	2.772	2.807
34	1.691	2.032	2.218	2.345	2.441	2.518	2.583	2.638	2.686	2.728	2.767	2.802
35	1.690	2.030	2.215	2.342	2.438	2.515	2.579	2.633	2.681	2.724	2.762	2.797
36	1.688	2.028	2.213	2.339	2.434	2.511	2.575	2.629	2.677	2.719	2.757	2.792
37	1.687	2.026	2.211	2.336	2.431	2.508	2.571	2.626	2.673	2.715	2.753	2.788
38	1.686	2.024	2.208	2.334	2.429	2.505	2.568	2.622	2.670	2.712	2.749	2.783
39	1.685	2.023	2.206	2.331	2.426	2.502	2.565	2.619	2.666	2.708	2.745	2.780
40	1.684	2.021	2.204	2.329	2.423	2.499	2.562	2.616	2.663	2.704	2.742	2.776
41	1.683	2.020	2.202	2.327	2.421	2.496	2.559	2.613	2.660	2.701	2.739	2.772
42	1.682	2.018	2.200	2.325	2.418	2.494	2.556	2.610	2.657	2.698	2.735	2.769
43	1.681	2.017	2.199	2.323	2.416	2.491	2.554	2.607	2.654	2.695	2.732	2.766
44	1.680	2.015	2.197	2.321	2.414	2.489	2.551	2.605	2.651	2.692	2.729	2.763
45	1.679	2.014	2.195	2.319	2.142	2.487	2.549	2.602	2.648	2.690	2.726	2.760
46	1.679	2.013	2.194	2.317	2.410	2.485	2.547	2.600	2.646	2.687	2.724	2.757
47	1.678	2.012	2.192	2.315	2.408	2.483	2.545	2.597	2.644	2.685	2.721	2.755
48	1.677	2.011	2.191	2.314	2.407	2.481	2.543	2.595	2.641	2.682	2.719	2.752
49	1.677	2.010	2.190	2.312	2.405	2.479	2.541	2.593	2.639	2.680	2.716	2.750
50	1.676	2.009	2.188	2.311	2.403	2.477	2.539	2.591	2.637	2.678	2.714	2.747
60	1.671	2.000	2.178	2.299	2.390	2.463	2.524	2.575	2.620	2.660	2.696	2.729
80	1.664	1.990	2.165	2.284	2.374	2.445	2.505	2.555	2.600	2.639	2.674	2.705
100	1.660	1.984	2.158	2.276	2.364	2.435	2.494	2.544	2.587	2.626	2.660	2.692
120	1.658	1.980	2.153	2.270	2.358	2.428	2.486	2.536	2.579	2.617	2.652	2.683
240	1.651	1.970	2.140	2.256	2.342	2.411	2.468	2.517	2.559	2.596	2.630	2.660
360	1.649	1.967	2.136	2.251	2.337	2.405	2.462	2.510	2.552	2.590	2.623	2.653
∞	1.645	1.960	2.128	2.241	2.326	2.394	2.450	2.498	2.539	2.576	2.609	2.638

註：$t_{0.05}(10)=1.812$，$t_{0.05}(\infty)=1.645$，$t_{0.05/2}(20)=2.086$，$t_{0.05/5}(30)=2.750$。

附表 11　t 分配上側 （5／k）％ 點 （續）

$t_{\alpha/k}(\phi_E)(\alpha = 0.05)$ 之值，上側 （5／k）％ 點，（兩側 （5／k）％ 點）

ϕ_E ╲ α/k	$\alpha/13$	$\alpha/14$	$\alpha/15$	$\alpha/16$	$\alpha/17$	$\alpha/18$	$\alpha/19$	$\alpha/20$	$\alpha/21$	$\alpha/22$	$\alpha/28$	$\alpha/36$
2	11.336	11.769	12.186	12.590	12.981	13.360	13.730	14.089	14.440	14.782	16.688	18.934
3	6.410	6.580	6.741	6.895	7.043	7.185	7.322	7.453	7.581	7.704	8.374	9.129
4	4.963	5.068	5.167	5.261	5.351	5.437	5.519	5.598	5.673	5.747	6.138	6.570
5	4.303	4.382	4.456	4.526	4.592	4.655	4.716	4.773	4.829	4.882	5.164	5.471
6	3.932	3.997	4.058	4.115	4.169	4.221	4.270	4.317	4.362	4.405	4.632	4.876
7	3.696	3.753	3.806	3.855	3.902	3.947	3.989	4.029	4.068	4.105	4.299	4.506
8	3.534	3.584	3.632	3.677	3.719	3.759	3.796	3.833	3.867	3.900	4.072	4.256
9	3.415	3.462	3.505	3.547	3.585	3.622	3.657	3.690	3.721	3.751	3.909	4.075
10	3.324	3.368	3.409	3.448	3.484	3.518	3.551	3.581	3.611	3.639	3.785	3.939
11	3.253	3.295	3.334	3.370	3.404	3.437	3.467	3.497	3.524	3.551	3.689	3.833
12	3.196	3.236	3.273	3.308	3.341	3.371	3.401	3.428	3.455	3.480	3.611	3.749
13	3.149	3.187	3.223	3.256	3.288	3.318	3.346	3.372	3.498	3.422	3.548	3.679
14	3.109	3.146	3.181	3.214	3.244	3.273	3.300	3.326	3.350	3.374	3.495	3.621
15	3.076	3.112	3.146	3.177	3.207	3.235	3.261	3.286	3.310	3.333	3.450	3.573
16	3.047	3.082	3.115	3.146	3.175	3.202	3.228	3.252	3.275	3.297	3.412	3.531
17	3.022	3.056	3.089	3.119	3.147	3.173	3.199	3.222	3.245	3.267	3.378	3.494
18	3.000	3.034	3.065	3.095	3.123	3.149	3.173	3.197	3.219	3.240	3.349	3.463
19	2.980	3.014	3.045	3.074	3.101	3.127	3.151	3.174	3.196	3.216	3.323	3.435
20	2.963	2.996	3.026	3.055	3.082	3.107	3.131	3.153	3.175	3.195	3.301	3.410
21	2.947	2.980	3.010	3.038	3.065	3.090	3.113	3.135	3.156	3.176	3.280	3.388
22	2.933	2.965	2.995	3.023	3.049	3.074	3.097	3.119	3.140	3.159	3.262	3.368
23	2.921	2.952	2.982	3.009	3.035	3.059	3.082	3.104	3.125	3.144	3.245	3.350
24	2.909	2.941	2.970	2.997	3.022	3.046	3.069	3.091	3.111	3.130	3.230	3.333
25	2.899	2.930	2.959	2.986	3.011	3.035	3.057	3.078	3.098	3.117	3.216	3.318
26	2.889	2.920	2.949	2.975	3.000	3.024	3.046	3.067	3.087	3.106	3.204	3.304
27	2.880	2.911	2.939	2.966	2.990	3.014	3.036	3.057	3.076	3.095	3.192	3.292
28	2.872	2.902	2.930	2.957	2.981	3.004	3.026	3.047	3.067	3.085	3.181	3.280
29	2.864	2.894	2.922	2.949	2.973	2.996	3.018	3.038	3.057	3.076	3.171	3.269
30	2.857	2.887	2.915	2.941	2.965	2.988	3.009	3.030	3.049	3.067	3.162	3.259

附表 11　t 分配上側（$5/k$）% 點（續）

$t_{a/k}(\phi_E)(\alpha = 0.05)$ 之值，上側（$5/k$）% 點，（兩側（$5/k$）% 點）

ϕ_E \ α/k	$\alpha/13$	$\alpha/14$	$\alpha/15$	$\alpha/16$	$\alpha/17$	$\alpha/18$	$\alpha/19$	$\alpha/20$	$\alpha/21$	$\alpha/22$	$\alpha/28$	$\alpha/36$
31	2.851	2.880	2.908	2.934	2.958	2.981	3.002	3.022	3.041	3.060	3.153	3.250
32	2.844	2.874	2.902	2.927	2.951	2.974	2.995	3.015	3.034	3.052	3.145	3.241
33	2.839	2.868	2.896	2.921	2.945	2.967	2.988	3.008	3.027	3.045	3.138	3.233
34	2.833	2.863	2.890	2.915	2.939	2.961	2.982	3.002	3.021	3.039	3.131	3.226
35	2.828	2.857	2.885	2.910	2.933	2.955	2.976	2.996	3.015	3.033	3.124	3.218
36	2.824	2.853	2.879	2.905	2.928	2.950	2.971	2.990	3.009	3.027	3.118	3.212
37	2.819	2.848	2.875	2.900	2.923	2.945	2.966	2.985	3.004	3.021	3.112	3.205
38	2.815	2.844	2.870	2.895	2.918	2.940	2.961	2.980	2.999	3.016	3.107	3.199
39	2.811	2.839	2.866	2.891	2.914	2.936	2.956	2.976	2.994	3.011	3.101	3.194
40	2.807	2.836	2.862	2.887	2.910	2.931	2.952	2.971	2.989	3.007	3.096	3.188
41	2.803	2.832	2.858	2.883	2.906	2.927	2.948	2.967	2.985	3.003	3.092	3.183
42	2.800	2.828	2.855	2.879	2.902	2.924	2.944	2.963	2.981	2.998	3.087	3.179
43	2.797	2.825	2.851	2.876	2.898	2.920	2.940	2.959	2.977	2.995	3.083	3.174
44	2.793	2.822	2.848	2.872	2.895	2.916	2.936	2.956	2.974	2.991	3.079	3.170
45	2.791	2.819	2.845	2.869	2.892	2.913	2.933	2.952	2.970	2.987	3.075	3.165
46	2.788	2.816	2.842	2.866	2.889	2.910	2.930	2.949	2.967	2.984	3.071	3.161
47	2.785	2.813	2.839	2.863	2.886	2.907	2.927	2.946	2.964	2.981	3.068	3.158
48	2.782	2.810	2.836	2.860	2.883	2.904	2.924	2.943	2.960	2.977	3.065	3.154
49	2.780	2.808	2.834	2.858	2.880	2.901	2.921	2.940	2.958	2.974	3.061	3.150
50	2.777	2.805	2.831	2.855	2.877	2.898	2.918	2.937	2.955	2.972	3.058	3.147
60	2.758	2.785	2.811	2.834	2.856	2.877	2.896	2.915	2.932	2.948	3.033	3.120
80	2.734	2.761	2.786	2.809	2.830	2.850	2.869	2.887	2.904	2.920	3.003	3.087
100	2.720	2.747	2.771	2.793	2.815	2.834	2.853	2.871	2.887	2.903	2.984	3.067
120	2.711	2.737	2.761	2.783	2.804	2.824	2.842	2.860	2.876	2.892	2.972	3.055
240	2.688	2.713	2.737	2.759	2.779	2.798	2.815	2.833	2.849	2.865	2.943	3.023
360	2.680	2.706	2.729	2.751	2.771	2.790	2.808	2.824	2.840	2.856	2.933	3.012
∞	2.665	2.690	2.713	2.734	2.754	2.773	2.790	2.807	2.823	2.838	2.914	2.991

附表 12　卡方分配臨界值表

$$P(\chi^2 > \chi_\alpha^2) = \alpha$$

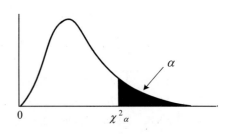

d.f.	$\chi_{0.995}^2$	$\chi_{0.990}^2$	$\chi_{0.975}^2$	$\chi_{0.950}^2$	$\chi_{0.900}^2$
1	0.0000393	0.0001571	0.0009821	0.0039322	0.0157907
2	0.0100247	0.0201004	0.0506357	0.1025862	0.2107208
3	0.0717235	0.1148316	0.2157949	0.3518460	0.5843755
4	0.206984	0.297107	0.484419	0.710724	1.063624
5	0.411751	0.554297	0.831209	1.145477	1.610309
6	0.675733	0.872083	1.237342	1.635380	2.204130
7	0.989251	1.230932	1.689864	2.167349	2.833105
8	1.344403	1.646506	2.179725	2.732633	3.489537
9	1.734911	2.087889	2.700389	3.325115	4.168156
10	2.155845	2.558199	3.246963	3.940295	4.865178
11	2.603202	3.053496	3.815742	4.574809	5.577788
12	3.073785	3.570551	4.403778	5.226028	6.303796
13	3.565042	4.106900	5.008738	5.891861	7.041500
14	4.074659	4.660415	5.628724	6.570632	7.789538
15	4.600874	5.229356	6.262123	7.260935	8.546753
16	5.142164	5.812197	6.907664	7.961639	9.312235
17	5.697274	6.407742	7.564179	8.671754	10.0852
18	6.264766	7.014903	8.230737	9.390448	10.8649
19	6.843923	7.632698	8.906514	10.1170	11.6509
20	7.433811	8.260368	9.590772	10.8508	12.4426
21	8.033602	8.897172	10.2829	11.5913	13.2396
22	8.642681	9.542494	10.9823	12.3380	14.0415
23	9.260383	10.1957	11.6885	13.0905	14.8480
24	9.886199	10.8563	12.4011	13.8484	15.6587
25	10.5196	11.5240	13.1197	14.6114	16.4734
26	11.1602	12.1982	13.8439	15.3792	17.2919
27	11.8077	12.8785	14.5734	16.1514	18.1139
28	12.4613	13.5647	15.3079	16.9279	18.9392
29	13.1211	14.2564	16.0471	17.7084	19.7677
30	13.7867	14.9535	16.7908	18.4927	20.5992
40	20.7066	22.1642	24.4331	26.5093	29.0505
50	27.9908	29.7067	32.3574	34.7642	37.6886
60	35.5344	37.4848	40.4817	43.1880	46.4589
80	51.1719	53.5400	57.1532	60.3915	64.2778
100	67.3275	70.0650	74.2219	77.9294	82.358
y_α	−2.58	−2.33	−1.96	−1.64	−1.282

附表 12　卡方分配臨界值表（續）

$$P(\chi^2 > \chi^2_\alpha) = \alpha$$

$\chi^2_{0.100}$	$\chi^2_{0.050}$	$\chi^2_{0.025}$	$\chi^2_{0.010}$	$\chi^2_{0.005}$	$d.f.$
2.705541	3.841455	5.023903	6.634891	7.879400	1
4.605176	5.991476	3.377779	9.210351	10.5965	2
6.251394	7.814725	9.348404	11.3449	12.8381	3
7.779434	9.487728	11.1433	13.2767	14.8602	4
9.236349	11.0705	12.8325	15.0863	16.7496	5
10.6446	12.5916	14.4494	16.8119	18.5475	6
12.0170	14.0671	16.0128	18.4753	20.2777	7
13.3616	15.5073	17.5345	20.0902	21.9549	8
14.6837	16.9190	19.0228	21.6660	23.5893	9
15.9872	18.3070	20.4832	23.2093	25.1881	10
17.2750	19.6752	21.9200	24.7250	26.7569	11
18.5493	21.0261	23.3367	26.2170	28.2997	12
19.8119	22.3620	24.7356	27.6882	29.8193	13
21.0641	23.6848	26.1189	29.1412	31.3194	14
22.3071	24.9958	27.4884	30.5780	32.8015	15
23.5418	26.2962	28.8453	31.9999	34.2671	16
24.7690	27.5871	30.1910	33.4087	35.7184	17
25.9894	28.8693	31.5264	34.8052	37.1564	18
27.2036	30.1435	32.8523	36.1908	38.5821	19
28.4120	31.4104	34.1696	37.5663	39.9969	20
29.6151	32.6706	35.4789	38.9322	41.4009	21
30.8133	33.9245	36.7807	40.2894	42.7957	22
32.0069	35.1725	39.0756	41.6383	44.1814	23
33.1962	36.4150	38.3641	42.9798	45.5584	24
34.3816	37.6525	40.6465	44.3140	46.9280	25
35.5632	38.8851	41.9231	45.6416	48.2898	26
36.7412	40.1133	43.1945	46.9628	49.6450	27
37.9159	41.3372	44.4608	48.2782	50.9936	28
39.0875	42.5569	45.7223	49.5878	52.3355	29
40.2560	43.7730	46.9792	50.8922	53.6719	30
51.8050	55.7585	59.3417	63.6908	66.7660	40
63.1671	67.5048	71.4202	76.1538	79.4898	50
74.3970	79.0820	83.2977	88.3794	91.9518	60
96.5782	101.879	106.629	112.329	116.321	80
118.498	124.342	129.561	135.807	140.170	100
1.282	1.645	1.960	2.330	2.580	Y_p

附表 13　　*F* 分配臨界值表

$$P(F > F_\alpha) = \alpha$$

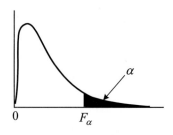

$v2(d.f.)$	$v1(d.f.)$				$\alpha = 0.10$				
	1	2	3	4	5	6	7	8	9
1	39.386	49.50	53.59	55.83	57.24	58.20	58.91	59.44	59.86
2	8.53	9.00	9.16	9.24	9.29	9.33	9.35	9.37	9.38
3	5.54	5.46	5.39	5.34	5.31	5.28	5.27	5.25	5.24
4	4.54	4.32	4.19	4.11	4.05	4.01	3.98	3.95	3.94
5	4.06	3.78	3.62	3.52	3.45	3.40	3.37	3.34	3.32
6	3.78	3.46	3.29	3.18	3.11	3.05	3.01	2.98	2.96
7	3.59	3.26	3.07	2.96	2.88	2.83	2.78	2.75	2.72
8	3.46	3.11	2.92	2.81	2.73	2.67	2.62	2.59	2.56
9	3.36	3.01	2.81	2.69	2.61	2.55	2.51	2.47	2.44
10	3.29	2.92	2.73	2.61	2.52	2.46	2.41	2.38	2.35
11	3.23	2.86	2.66	2.54	2.45	2.39	2.34	2.30	2.27
12	3.18	2.81	2.61	2.48	2.39	2.33	2.28	2.24	2.21
13	3.14	2.76	2.56	2.43	2.35	2.28	2.23	2.20	2.16
14	3.10	2.73	2.52	2.39	2.31	2.24	2.19	2.15	2.12
15	3.07	2.70	2.54	2.36	2.27	2.21	2.16	2.12	2.09
16	3.05	2.67	2.46	2.33	2.24	2.18	2.13	2.09	2.06
17	3.03	2.64	2.44	2.31	2.22	2.15	2.10	2.06	2.03
18	3.01	2.62	2.42	2.29	2.20	2.13	2.08	2.04	2.00
19	2.99	2.61	2.40	2.27	2.18	2.11	2.06	2.02	1.98
20	2.97	2.59	2.38	2.25	2.16	2.09	2.04	2.00	1.96
21	2.96	2.57	2.36	2.23	2.14	2.08	2.02	1.98	1.95
22	2.95	2.56	2.35	2.22	2.13	2.06	2.01	1.97	1.93
23	2.94	2.55	2.34	2.21	2.11	2.05	1.99	1.95	1.92
24	2.93	2.54	2.33	2.19	2.10	2.04	1.98	1.94	1.91
25	2.92	2.53	2.32	2.18	2.09	2.02	1.97	1.93	1.89
26	2.91	2.52	2.31	2.17	2.08	2.01	1.96	1.92	1.88
27	2.90	2.51	2.30	2.17	2.07	2.00	1.95	1.91	1.87
28	2.89	2.50	2.29	2.16	2.06	2.00	1.94	1.90	1.87
29	2.89	2.50	2.28	2.15	2.06	1.99	1.93	1.89	1.86
30	2.88	2.49	2.28	2.14	2.05	1.98	1.93	1.88	1.85
40	2.84	2.44	2.23	2.09	2.00	1.93	1.87	1.83	1.79
60	2.79	2.39	2.18	2.04	1.95	1.87	1.82	1.77	1.74
120	2.75	2.35	2.13	1.99	1.90	1.82	1.77	1.72	1.68
∞	2.71	2.30	2.08	1.94	1.85	1.77	1.72	1.67	1.63

附表 13　　F 分配臨界值表（續）

$$P(F > F_\alpha) = \alpha$$

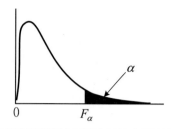

$v1(d.f.)$					$\alpha = 0.10$					
10	12	15	20	24	30	40	60	120	∞	$v2(d.f.)$
60.19	60.71	61.22	61.74	62.00	62.26	62.53	62.79	63.06	63.33	1
9.39	9.41	9.42	9.44	9.45	9.46	9.47	9.47	9.48	9.49	2
5.23	5.22	5.20	5.18	5.18	5.17	5.16	5.15	5.14	5.13	3
3.92	3.90	3.87	3.84	3.83	3.82	3.80	3.79	3.78	3.76	4
3.30	2.27	3.24	3.21	3.19	3.17	3.16	3.14	3.12	3.11	5
2.94	2.90	2.87	2.84	2.82	2.80	2.78	2.76	2.74	2.72	6
2.70	2.67	2.63	2.59	2.58	2.56	2.54	2.51	2.49	2.47	7
2.54	2.50	2.46	2.42	2.40	2.38	2.36	2.34	2.32	2.29	8
5.42	2.38	2.34	2.30	2.28	2.25	2.23	2.21	2.18	2.16	9
2.32	2.28	2.24	2.20	2.18	2.16	2.13	2.11	2.08	2.06	10
2.25	2.21	2.17	2.12	2.10	2.08	2.05	2.03	2.00	1.97	11
2.19	2.15	2.10	2.06	2.04	2.01	1.99	1.96	1.93	1.90	12
2.14	2.10	2.05	2.01	1.98	1.96	1.93	1.90	1.88	1.85	13
2.10	2.05	2.01	1.96	1.94	1.91	1.89	1.86	1.83	1.80	14
2.06	2.02	1.97	1.92	1.90	1.84	1.85	1.82	1.79	1.76	15
2.03	1.99	1.94	1.89	1.87	1.81	1.81	1.78	1.75	1.72	16
2.00	1.96	1.91	1.86	1.87	1.81	1.78	1.75	1.72	1.69	17
1.98	1.93	1.89	1.84	1.84	1.78	1.75	1.72	1.69	1.66	18
1.96	1.91	1.86	1.81	1.79	1.76	1.73	1.70	1.67	1.63	19
1.94	1.89	1.84	1.79	1.77	1.74	1.71	1.68	1.64	1.61	20
1.92	1.87	1.83	1.78	1.75	1.72	1.69	1.66	1.62	1.59	21
1.90	1.86	1.81	1.76	1.73	1.70	1.67	1.64	1.60	1.57	22
1.89	1.84	1.80	1.74	1.72	1.69	1.66	1.62	1.59	1.55	23
1.88	1.83	1.78	1.73	1.70	1.67	1.64	1.61	1.57	1.53	24
1.87	1.82	1.77	1.72	1.69	1.66	1.63	1.59	1.56	1.52	25
1.86	1.81	1.76	1.71	1.68	1.65	1.61	1.58	1.54	1.50	26
1.85	1.80	1.75	1.70	1.67	1.64	1.60	1.57	1.53	1.49	27
1.84	1.79	1.74	1.69	1.66	1.63	1.59	1.56	1.52	1.48	28
1.83	1.78	1.73	1.68	1.65	1.62	1.58	1.55	1.51	1.47	29
1.82	1.77	1.72	1.67	1.64	1.61	1.57	1.54	1.50	1.46	30
1.76	1.71	1.66	1.61	1.57	1.54	1.51	1.47	1.42	1.38	40
1.71	1.66	1.60	1.54	1.51	1.48	1.44	1.40	1.35	1.29	60
1.65	1.60	1.55	1.48	1.45	1.41	1.37	1.32	1.26	1.19	120
1.60	1.55	1.49	1.42	1.38	1.34	1.30	1.24	1.17	1.00	∞

附表 13　　*F* 分配臨界值表（ 續 ）

$$P(F > F_\alpha) = \alpha$$

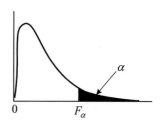

$v2(d.f.)$	$v1(d.f.)$				$\alpha = 0.05$				
	1	2	3	4	5	6	7	8	9
1	161.45	199.50	215.71	224.58	230.16	233.99	236.77	238.88	240.54
2	18.51	19.00	19.16	19.24	19.30	19.33	19.35	19.37	19.38
3	10.13	9.55	9.28	9.12	9.01	8.94	8.89	8.85	8.81
4	7.71	6.94	6.59	6.39	6.26	6.16	6.09	6.04	6.00
5	6.61	5.79	5.41	5.19	5.05	4.95	4.88	4.82	4.77
6	5.99	5.14	4.76	4.53	4.39	4.28	4.21	4.15	4.10
7	5.59	4.74	4.35	4.12	3.97	3.87	3.79	3.37	3.68
8	5.32	4.46	4.07	3.84	3.69	3.58	3.50	3.44	3.39
9	5.12	4.26	3.86	3.63	3.48	3.37	3.29	3.23	3.18
10	4.96	4.10	3.71	3.48	3.33	3.22	3.14	3.07	3.02
11	4.84	3.98	3.59	3.36	3.20	3.09	3.01	2.95	2.90
12	4.75	3.89	3.49	3.26	3.11	3.00	2.91	2.85	2.80
13	4.67	3.81	3.41	3.18	3.03	2.92	2.83	2.77	2.71
14	4.60	3.74	3.34	3.11	2.96	2.85	2.76	2.70	2.65
15	4.54	3.68	3.29	3.06	2.90	2.79	2.71	2.64	2.59
16	4.49	3.63	3.24	3.01	2.85	2.74	2.66	2.59	2.54
17	4.45	3.59	3.20	2.96	2.81	2.70	2.61	2.55	2.49
18	4.41	3.55	3.16	2.93	2.77	2.66	2.58	2.51	2.46
19	4.38	3.52	3.13	2.90	2.74	2.63	2.54	2.48	2.42
20	4.35	3.49	3.10	2.87	2.71	2.60	2.51	2.45	2.39
21	4.32	3.47	3.07	2.84	2.68	2.57	2.49	2.42	2.37
22	4.30	3.44	3.05	2.82	2.66	2.55	2.46	2.40	2.34
23	4.28	3.42	3.03	2.80	2.64	2.53	2.44	2.37	2.32
24	4.26	3.40	3.01	2.78	2.62	2.51	2.42	2.36	2.30
25	4.24	3.39	2.99	2.76	2.60	2.49	2.40	2.34	2.28
26	4.23	3.37	2.98	2.74	2.59	2.47	2.39	2.32	2.27
27	4.21	3.35	2.96	2.73	2.57	2.46	2.37	2.31	2.25
28	4.20	3.34	2.95	2.71	2.56	2.45	2.36	2.29	2.24
29	4.18	3.33	2.93	2.70	2.55	2.43	2.35	2.28	2.22
30	4.17	3.32	2.92	2.69	2.53	2.42	2.33	2.27	2.21
40	4.08	3.23	2.84	2.61	2.45	2.34	2.25	2.18	2.12
60	4.00	3.15	2.76	2.53	2.37	2.25	2.17	2.10	2.04
120	3.92	3.07	2.68	2.45	2.29	2.18	2.09	2.01	1.96
∞	3.84	3.00	2.60	2.37	2.21	2.10	2.02	1.94	1.88

附表 13　　F 分配臨界值表（續）

$$P(F > F_\alpha) = \alpha$$

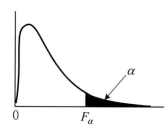

				$v1(d.f.)$		$\alpha = 0.05$					
10	12	15	20	24	30	40	60	120	∞	$v2(d.f.)$
241.88	243.90	245.85	248.02	249.05	250.10	251.14	252.20	253.25	254.32	1
19.40	19.41	19.43	19.45	19.45	19.46	19.47	19.48	19.49	19.50	2
8.79	8.74	8.70	8.66	8.64	8.62	8.59	8.57	8.55	8.53	3
5.96	5.91	5.86	5.80	5.77	5.75	5.72	5.69	5.66	5.63	4
4.74	4.68	4.62	4.56	4.53	4.50	4.46	4.43	4.40	4.37	5
4.06	4.00	3.94	3.87	3.84	3.81	3.77	3.74	3.70	3.67	6
3.64	3.57	3.51	3.44	3.41	3.38	3.34	3.30	3.27	3.23	7
3.35	3.28	3.22	3.15	3.12	3.08	3.04	3.01	2.97	2.93	8
3.14	3.07	3.01	2.94	2.90	2.86	2.83	2.79	2.75	2.71	9
2.98	2.91	2.85	2.77	2.74	2.70	2.66	2.62	2.58	2.54	10
2.85	2.79	2.71	2.65	2.61	2.57	2.53	2.49	2.45	2.40	11
2.75	2.69	2.62	2.54	2.51	2.47	2.43	2.38	2.34	2.30	12
2.67	2.60	2.53	2.46	2.42	2.38	2.34	2.30	2.25	2.21	13
2.60	2.53	2.46	2.39	2.35	2.31	2.27	2.22	2.18	2.13	14
2.54	2.48	2.40	2.33	2.29	2.25	2.20	2.16	2.11	2.07	15
2.49	2.42	2.35	2.28	2.24	2.19	2.15	2.11	2.06	2.01	16
2.45	2.38	2.31	2.23	2.19	2.15	2.10	2.06	2.01	1.96	17
2.41	2.34	2.27	2.19	2.15	2.11	2.06	2.02	1.97	1.92	18
2.38	2.31	2.23	2.16	2.11	2.07	2.03	1.98	1.93	1.88	19
2.35	2.28	2.20	2.12	2.08	2.04	1.99	1.95	1.90	1.84	20
2.32	2.25	2.18	2.10	2.05	2.01	1.96	1.92	1.87	1.81	21
2.30	2.23	2.15	2.07	2.03	1.98	1.94	1.89	1.84	1.78	22
2.27	2.20	2.13	2.05	2.01	1.96	1.91	1.86	1.81	1.76	23
2.25	2.18	2.11	2.03	1.98	1.94	1.89	1.84	1.79	1.73	24
2.24	2.16	2.09	2.01	1.96	1.92	1.87	1.82	1.77	1.71	25
2.22	2.15	2.07	1.99	1.95	1.90	1.85	1.80	1.75	1.69	26
2.20	2.13	2.06	1.97	1.93	1.88	1.84	1.79	1.73	1.67	27
2.19	2.12	2.04	1.96	1.91	1.87	1.82	1.77	1.71	1.65	28
2.18	2.10	2.03	1.94	1.90	1.85	1.80	1.75	1.70	1.64	29
2.16	2.09	2.01	1.93	1.89	1.84	1.79	1.74	1.68	1.62	30
2.08	2.00	1.92	1.84	1.79	1.74	1.69	1.64	1.58	1.51	40
1.99	1.92	1.84	1.75	1.70	1.65	1.59	1.53	1.47	1.39	60
1.91	1.83	1.75	1.66	1.61	1.55	1.50	1.45	1.35	1.25	120
1.83	1.75	1.67	1.57	1.52	1.46	1.39	1.32	1.22	1.00	∞

附表 13　F 分配臨界值表（續）

$$P(F > F_\alpha) = \alpha$$

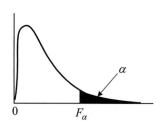

v2(d.f.)	v1(d.f.) $\alpha = 0.025$								
	1	2	3	4	5	6	7	8	9
1	647.79	799.48	864.15	899.60	921.83	937.11	948.20	956.64	963.28
2	38.51	39.00	39.17	39.25	39.30	39.33	39.36	39.37	39.39
3	17.44	16.04	15.44	15.10	14.88	14.73	14.62	14.54	14.47
4	12.22	10.65	9.98	9.60	9.36	9.20	9.07	8.98	8.90
5	10.01	8.43	7.76	7.39	7.15	6.98	6.85	6.76	6.68
6	8.81	7.26	6.60	6.23	5.99	5.82	5.70	5.60	5.52
7	8.07	6.54	5.89	5.52	5.29	5.12	4.99	4.90	4.82
8	7.57	6.06	5.42	5.05	4.82	4.65	4.53	4.43	4.36
9	7.21	5.71	5.08	4.72	4.48	4.32	4.20	4.10	4.03
10	6.94	5.46	4.83	4.47	4.24	4.07	3.95	3.85	3.78
11	6.72	5.26	4.63	4.28	4.04	3.88	3.76	3.66	3.59
12	6.55	5.10	4.47	4.12	3.89	3.73	3.61	3.51	3.44
13	6.41	4.97	4.35	4.00	3.77	3.60	3.48	3.39	3.31
14	6.30	4.86	4.24	3.89	3.66	3.50	3.38	3.29	3.21
15	6.20	4.77	4.15	3.80	3.58	3.41	3.29	3.20	3.12
16	6.12	4.69	4.08	3.73	3.50	3.34	3.22	3.12	3.05
17	6.04	4.62	4.01	3.66	3.44	3.28	3.16	3.06	2.98
18	5.98	4.56	3.95	3.61	3.38	3.22	3.10	3.01	2.93
19	5.92	4.51	3.90	3.56	3.33	3.17	3.05	2.96	2.88
20	5.87	4.46	3.86	3.51	3.29	3.13	3.01	2.91	2.84
21	5.83	4.42	3.82	3.48	3.25	3.09	2.97	2.87	2.80
22	5.79	4.38	3.78	3.44	3.22	3.05	2.93	2.84	2.76
23	5.75	4.35	3.75	3.41	3.18	3.02	2.90	2.81	2.73
24	5.72	4.32	3.72	3.38	3.15	2.99	2.87	2.78	2.70
25	5.69	4.29	3.69	3.35	3.13	2.97	2.85	2.75	2.68
26	5.66	4.27	3.67	3.33	3.10	2.94	2.82	2.73	2.65
27	5.63	4.24	3.65	3.31	3.08	2.92	2.80	2.71	2.63
28	5.61	4.22	3.63	3.29	3.06	2.90	2.78	2.69	2.61
29	5.59	4.20	3.61	3.27	3.04	2.88	2.76	2.67	2.59
30	5.57	4.18	3.59	3.25	3.03	2.87	2.75	2.65	2.57
40	5.42	4.05	3.46	3.13	2.90	2.74	2.62	2.53	2.45
60	5.29	3.93	3.34	3.01	2.79	2.63	2.51	2.41	2.33
120	5.15	3.80	3.23	2.89	2.67	2.52	2.39	2.30	2.22
∞	5.02	3.69	3.12	2.79	2.57	2.41	2.29	2.19	2.11

附表 13　　F 分配臨界值表（續）

$$P(F > F_\alpha) = \alpha$$

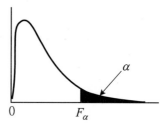

v1(d.f.)					α = 0.025					
10	12	15	20	24	30	40	60	120	∞	v2(d.f.)
968.63	976.72	984.87	993.08	997.27	1001.40	1005.60	1009.79	1014.04	1018.26	1
39.40	39.41	39.43	39.45	39.46	39.46	39.47	39.48	39.49	39.50	2
14.42	14.34	14.25	14.17	14.12	14.08	14.04	13.99	13.95	13.90	3
8.84	8.75	8.66	8.56	8.51	8.46	8.41	8.36	8.31	8.26	4
6.62	6.52	6.43	6.33	6.28	6.23	6.18	6.12	6.07	6.02	5
5.46	5.37	5.27	5.17	5.12	5.07	5.01	4.96	4.90	4.85	6
4.76	4.67	4.57	4.47	4.41	4.36	4.31	4.25	4.20	4.14	7
4.30	4.20	4.10	4.00	3.95	3.89	3.84	3.78	3.73	3.67	8
3.96	3.87	3.77	3.67	3.61	3.56	3.51	3.45	3.39	3.33	9
3.72	3.62	3.52	3.42	3.37	3.31	3.26	3.20	3.14	3.08	10
3.53	3.43	3.33	3.23	3.17	3.12	3.06	3.00	2.94	2.88	11
3.37	3.28	3.18	3.07	3.02	2.96	2.91	2.85	2.79	2.72	12
3.25	3.15	3.05	2.95	2.89	2.84	2.78	2.72	2.66	2.60	13
3.15	3.05	2.95	2.84	2.79	2.73	2.67	2.61	2.55	2.49	14
3.06	2.96	2.86	2.76	2.70	2.64	2.59	2.52	2.46	2.40	15
2.99	2.89	2.79	2.68	2.63	2.57	2.51	2.45	2.38	2.32	16
2.92	2.82	2.72	2.62	2.56	2.50	2.44	2.38	2.32	2.25	17
2.87	2.77	2.67	2.56	2.50	2.44	2.38	2.32	2.26	2.19	18
2.82	2.72	2.62	2.51	2.45	2.39	2.33	2.27	2.20	2.13	19
2.77	2.68	2.57	2.46	2.41	2.35	2.29	2.22	2.16	2.09	20
2.73	2.64	2.53	2.41	2.37	2.31	2.25	2.18	2.11	2.04	21
2.70	2.60	2.50	2.39	2.33	2.27	2.21	2.14	2.08	2.00	22
2.67	2.57	2.47	2.36	2.30	2.24	2.18	2.11	2.04	1.97	23
2.64	2.54	2.44	2.33	2.27	2.21	2.15	2.08	2.01	1.94	24
2.61	2.51	2.41	2.30	2.24	2.18	2.12	2.05	1.98	1.91	25
2.59	2.49	2.39	2.28	2.22	2.16	2.09	2.03	1.95	1.88	26
2.57	2.47	2.36	2.25	2.19	2.13	2.07	2.00	1.93	1.85	27
2.55	2.45	2.34	2.23	2.17	2.11	2.05	1.98	1.91	1.83	28
2.53	2.43	2.32	2.21	2.15	2.09	2.03	1.96	1.89	1.81	29
2.51	2.41	2.31	2.20	2.14	2.07	2.01	1.94	1.87	1.79	30
2.39	2.29	2.18	2.07	2.01	1.94	1.88	1.80	1.72	1.64	40
2.27	2.17	2.06	1.94	1.88	1.82	1.74	1.67	1.58	1.48	60
2.16	2.05	1.94	1.82	1.76	1.69	1.61	1.53	1.53	1.61	120
2.05	1.94	1.83	1.71	1.64	1.57	1.48	1.39	1.27	1.00	∞

附表 13　F 分配臨界值表（續）

$$P(F > F_\alpha) = \alpha$$

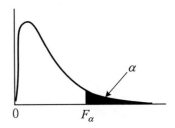

$v_2(d.f.)$	$v_1(d.f.)$					$\alpha = 0.01$			
	1	2	3	4	5	6	7	8	9
1	4052.2	499.93	5403.5	5624.3	5764.0	5859.0	5928.3	5981.0	6022.4
2	98.50	99.00	99.16	99.25	99.30	99.33	99.36	993.8	99.39
3	34.12	30.82	29.46	28.71	28.24	27.91	27.67	27.49	27.34
4	21.20	18.00	16.69	15.98	15.52	15.21	14.98	14.80	14.66
5	16.26	13.27	12.06	11.39	10.97	10.67	10.46	10.29	10.16
6	13.75	10.92	9.78	9.15	8.75	8.47	8.26	8.10	7.98
7	12.25	9.55	8.45	7.85	7.46	7.19	6.99	6.84	6.72
8	11.26	8.65	7.59	7.01	6.63	6.37	6.18	6.03	5.91
9	10.45	8.02	6.99	6.42	6.06	5.80	5.61	5.47	5.35
10	10.04	7.56	6.55	5.99	5.64	5.39	5.20	5.06	4.94
11	9.65	7.21	6.22	5.67	5.32	5.07	4.89	4.74	4.63
12	9.33	6.93	5.95	5.41	5.06	4.82	4.64	4.50	4.39
13	9.07	6.70	5.74	5.21	4.86	4.62	4.44	4.30	4.19
14	8.86	6.51	5.56	5.04	4.69	4.46	4.28	4.14	4.03
15	8.68	6.36	5.42	4.89	4.56	4.32	4.14	4.00	3.89
16	8.53	6.23	5.29	4.77	4.44	4.20	4.03	3.89	3.78
17	8.40	6.11	5.19	4.67	4.34	4.10	3.93	3.79	3.68
18	8.29	6.01	5.09	4.58	4.25	4.01	3.84	3.71	3.60
19	8.18	5.93	5.01	4.50	4.17	3.94	3.77	3.63	3.52
20	8.10	5.85	4.94	4.43	4.10	3.87	3.70	3.56	3.46
21	8.02	5.78	4.87	4.37	4.04	3.81	3.64	3.51	3.40
22	7.95	5.72	4.82	4.31	3.99	3.76	3.59	3.45	3.35
23	7.88	5.66	4.76	4.26	3.94	3.71	3.54	3.41	3.30
24	7.82	5.61	4.72	4.22	3.90	3.67	3.50	3.36	3.26
25	7.77	5.57	4.68	4.18	3.85	3.63	3.46	3.32	3.22
26	7.72	5.53	4.64	4.14	3.82	3.59	3.42	3.29	3.18
27	7.68	5.49	4.60	4.11	3.78	3.56	3.39	3.26	3.15
28	7.64	5.45	4.57	4.07	3.75	3.53	3.36	3.23	3.12
29	7.60	5.42	4.54	4.04	3.73	3.50	3.33	3.20	3.09
30	7.56	5.39	4.51	4.02	3.70	3.47	3.30	3.17	3.07
40	7.31	5.18	4.31	3.83	3.51	3.29	3.12	2.99	2.89
60	7.08	4.98	4.13	3.65	3.34	3.12	2.95	2.82	2.72
120	6.85	4.79	3.95	3.48	3.17	2.96	2.79	2.66	2.56
∞	6.63	4.61	3.78	3.32	3.02	2.80	2.64	2.51	2.41

附表 13　F 分配臨界值表 (續)

$$P(F > F_\alpha) = \alpha$$

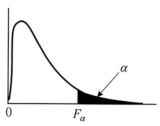

$v_1(d.f.)$					$\alpha = 0.01$					
10	12	15	20	24	30	40	60	120	∞	$v2(d.f.)$
6055.9	6106.7	6157.0	6208.7	6234.3	6260.4	6286.4	6313.0	6339.5	6365.6	1
99.40	99.42	99.43	99.45	99.46	99.47	99.48	99.48	99.49	99.50	2
27.23	27.05	26.87	26.69	26.60	26.50	26.41	26.32	26.22	26.13	3
14.55	14.37	14.20	14.02	13.93	13.84	13.75	13.65	13.56	13.46	4
10.05	9.89	9.72	9.55	9.47	9.38	9.29	9.20	9.11	9.02	5
7.87	7.72	7.56	7.40	7.31	7.23	7.14	7.06	6.97	6.88	6
6.62	6.47	6.31	6.16	6.07	5.99	5.91	5.82	5.74	5.65	7
5.81	5.67	5.52	5.36	5.28	5.20	5.12	5.03	4.95	4.86	8
5.26	5.11	4.96	4.81	4.73	4.65	4.57	4.48	4.40	4.31	9
4.85	4.71	4.56	4.41	4.02	4.25	4.17	4.08	4.00	3.91	10
4.54	4.40	4.25	4.10	3.78	3.94	3.86	3.78	3.69	3.60	11
4.30	4.16	4.01	3.86	3.59	3.70	3.62	3.54	3.45	3.36	12
4.10	3.96	3.82	3.66	3.43	3.51	3.43	3.34	3.25	3.17	13
3.94	3.80	3.66	3.51	3.29	3.35	3.27	3.18	3.09	3.00	14
3.80	3.67	3.52	3.37	3.18	3.21	3.13	3.05	2.96	2.87	15
3.69	3.55	3.41	3.26	3.08	3.10	3.02	2.93	2.84	2.75	16
3.59	3.46	3.31	3.16	3.00	3.08	2.92	2.83	2.75	2.65	17
3.51	3.37	3.23	3.08	2.92	3.00	2.84	2.75	2.66	2.57	18
3.43	3.30	3.15	3.00	2.84	2.92	2.76	2.67	2.58	2.49	19
3.37	3.23	3.09	2.94	2.78	2.86	2.69	2.61	2.52	2.42	20
3.31	3.17	3.03	2.88	2.72	2.80	2.64	2.55	2.46	2.36	21
3.26	3.12	2.98	2.83	2.67	2.75	2.58	2.50	2.40	2.31	22
3.21	3.07	2.93	2.78	2.62	2.70	2.54	2.45	2.35	2.26	23
3.17	3.03	2.89	2.74	2.58	2.66	2.49	2.40	2.31	2.21	24
3.13	2.99	2.85	2.70	2.54	2.62	2.45	2.36	2.27	2.17	25
3.09	2.96	2.81	2.66	2.50	2.58	2.42	2.33	2.23	2.13	26
3.06	2.93	2.78	2.63	2.47	2.55	2.38	2.29	2.20	2.10	27
3.03	2.90	2.75	2.60	2.44	2.52	2.35	2.26	2.17	2.06	28
3.00	2.87	2.73	2.57	2.41	2.49	2.33	2.23	2.14	2.03	29
2.98	2.84	2.70	2.55	2.39	2.47	2.30	2.21	2.11	2.01	30
2.80	2.66	2.52	2.37	2.20	2.29	2.11	2.02	1.92	1.80	40
2.63	2.50	2.35	2.20	2.03	2.12	1.94	1.84	1.73	1.60	60
2.47	2.34	2.19	2.03	1.86	1.95	1.76	1.66	1.53	1.38	120
2.32	2.18	2.04	1.88	1.70	1.79	1.59	1.47	1.32	1.00	∞

附表 13　　F 分配臨界值表（續）

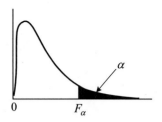

2(d.f.)	$v1(d.f.)$				$\alpha = 0.025$				
	1	2	3	4	5	6	7	8	9
1	648.	800.	864.	900.	922.	937.	948.	957.	963.
2	38.5	39.0	39.2	39.2	39.3	39.3	39.4	39.4	39.4
3	17.4	16.0	15.4	15.1	14.9	14.7	14.6	14.5	14.5
4	12.2	10.6	9.98	9.60	9.36	9.20	9.07	8.98	8.90
5	10.0	8.43	7.76	7.39	7.15	6.98	6.85	6.76	6.68
6	8.81	7.26	6.60	6.23	5.99	5.82	5.70	5.60	5.52
7	8.07	6.54	5.89	5.52	5.29	5.12	4.99	4.90	4.82
8	7.57	6.06	5.42	5.05	4.82	4.65	4.53	4.43	4.36
9	7.21	5.71	5.08	4.72	4.48	4.32	4.20	4.10	4.03
10	6.94	5.46	4.83	4.47	4.24	4.07	3.95	3.85	3.78
11	6.72	5.26	4.63	4.28	4.04	3.88	3.76	3.66	3.59
12	6.55	5.10	4.47	4.12	3.89	3.73	3.61	3.51	3.44
13	6.41	4.97	4.35	4.00	3.77	3.60	3.48	3.39	3.31
14	6.30	4.86	4.24	3.89	3.66	3.50	3.38	3.29	3.21
15	6.20	4.76	4.15	3.80	3.58	3.41	3.29	3.20	3.12
16	6.12	4.69	4.08	3.73	3.50	3.34	3.22	3.12	3.05
17	6.04	4.62	4.01	3.66	3.44	3.28	3.16	3.06	2.98
18	5.98	4.56	3.95	3.61	3.38	3.22	3.10	3.01	2.93
19	5.92	4.51	3.90	3.56	3.33	3.17	3.05	2.96	2.88
20	5.87	4.46	3.86	3.51	3.29	3.13	3.01	2.91	2.84
21	5.83	4.42	3.82	3.48	3.25	3.09	2.97	2.87	2.80
22	5.79	4.38	3.78	3.44	3.22	3.05	2.93	2.84	2.76
23	5.75	4.35	3.75	3.41	3.18	3.02	2.90	2.81	2.73
24	5.72	4.32	3.72	3.38	3.15	2.99	2.87	2.78	2.70
25	5.69	4.29	3.69	3.35	3.13	2.97	2.85	2.75	2.68
26	5.66	4.27	3.67	3.33	3.10	2.94	2.82	2.73	2.65
27	5.63	4.24	3.65	3.31	3.08	2.92	2.80	2.71	2.63
28	5.61	4.22	3.63	3.29	3.06	2.90	2.78	2.69	2.61
29	5.59	4.20	3.61	3.27	3.04	2.88	2.76	2.67	2.59
30	5.57	4.18	3.59	3.25	3.03	2.87	2.75	2.65	2.57
40	5.42	4.05	3.46	3.13	2.90	2.74	2.62	2.53	2.45
60	5.29	3.93	3.34	3.01	2.79	2.63	2.51	2.41	2.33
120	5.15	3.80	3.23	2.89	2.67	2.52	2.39	2.30	2.22
∞	5.02	3.69	3.12	2.79	2.57	2.41	2.29	2.19	2.11

附表 13　　*F* 分配臨界值表（續）

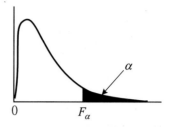

v1(*d.f.*)					$\alpha = 0.025$					
10	12	15	20	24	30	40	60	120	∞	v2(*d.f.*)
969.	977.	985.	993.	997.	1001.	1006.	1010.	1014.	1018.	1
39.4	39.4	39.4	39.4	39.5	39.5	39.5	39.5	39.5	39.5	2
14.4	14.3	14.3	14.2	14.1	14.1	14.0	14.0	13.9	13.9	3
8.84	8.75	8.66	8.56	8.51	8.46	8.41	8.36	8.31	8.26	4
6.62	6.52	6.43	6.33	6.28	6.23	6.18	6.12	6.07	6.02	5
5.46	5.37	5.27	5.17	5.12	5.07	5.01	4.96	4.90	4.85	6
4.76	4.67	4.57	4.47	4.42	4.36	4.31	4.25	4.20	4.14	7
4.30	4.20	4.10	4.00	3.95	3.89	3.84	3.78	3.73	3.67	8
3.96	3.87	3.77	3.67	3.61	3.56	3.51	3.45	3.39	3.33	9
3.72	3.62	3.52	3.42	3.37	3.31	3.26	3.20	3.14	3.08	10
3.53	3.43	3.33	3.23	3.17	3.12	3.06	3.00	2.94	2.88	11
3.37	3.28	3.18	3.07	3.02	2.96	2.91	2.85	2.79	2.72	12
3.25	3.15	3.05	2.95	2.89	2.84	2.78	2.72	2.66	2.60	13
3.15	3.05	2.95	2.84	2.79	2.73	2.67	2.61	2.55	2.49	14
3.06	2.96	2.86	2.76	2.70	2.64	2.58	2.52	2.46	2.40	15
2.99	2.89	2.79	2.68	2.63	2.57	2.51	2.45	2.38	2.32	16
2.92	2.82	2.72	2.62	2.56	2.50	2.44	2.38	2.32	2.25	17
2.87	2.77	2.67	2.56	2.50	2.44	2.38	2.32	2.26	2.19	18
2.82	2.72	2.62	2.51	2.45	2.39	2.33	2.27	2.20	2.13	19
2.77	2.68	2.57	2.46	2.41	2.35	2.29	2.22	2.16	2.09	20
2.73	2.64	2.53	2.42	2.37	2.31	2.25	2.18	2.11	2.04	21
2.70	2.60	2.50	2.39	2.33	2.27	2.21	2.14	2.08	2.00	22
2.67	2.57	2.47	2.36	2.30	2.24	2.18	2.11	2.04	1.97	23
2.64	2.54	2.44	2.33	2.27	2.21	2.15	2.08	2.01	1.94	24
2.61	2.51	2.41	2.30	2.24	2.18	2.12	2.05	1.98	1.91	25
2.59	2.49	2.39	2.28	2.22	2.16	2.09	2.03	1.95	1.88	26
2.57	2.47	2.36	2.25	2.19	2.13	2.07	2.00	1.93	1.85	27
2.55	2.45	2.34	2.23	2.17	2.11	2.05	1.98	1.91	1.83	28
2.53	2.43	2.32	2.21	2.15	2.09	2.03	1.96	1.89	1.81	29
2.51	2.41	2.31	2.20	2.14	2.07	2.01	1.94	1.87	1.79	30
2.39	2.29	2.18	2.07	2.01	1.94	1.88	1.80	1.72	1.64	40
2.27	2.17	2.06	1.94	1.88	1.82	1.74	1.67	1.58	1.48	60
2.16	2.05	1.94	1.82	1.76	1.69	1.61	1.53	1.43	1.31	120
2.05	1.94	1.83	1.71	1.64	1.57	1.48	1.39	1.27	1.00	∞

附表 13　　F 分配臨界值表（續）

$$P(F > F_\alpha) = \alpha$$

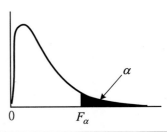

$v_2(d.f.)$	$v_1(d.f.)$ $\alpha = 0.005$								
	1	2	3	4	5	6	7	8	9
1	16212.5	1997.4	21614.1	22500.8	23055.8	23439.5	23715.2	23923.8	24091.5
2	198.50	199.01	199.16	199.24	199.30	199.33	199.36	199.38	199.39
3	55.55	49.80	47.47	46.20	45.39	44.84	44.43	44.13	43.88
4	31.33	26.28	24.26	23.15	22.46	21.98	21.62	21.35	21.14
5	22.78	18.31	16.53	15.56	14.94	14.51	14.20	13.96	13.77
6	18.63	14.54	12.92	12.03	11.46	11.07	10.79	10.57	10.39
7	16.24	12.40	10.88	10.05	9.52	9.16	8.89	8.68	8.51
8	14.69	11.04	9.60	8.81	8.30	7.95	7.69	7.50	7.34
9	13.61	10.11	8.72	7.96	7.47	7.13	6.88	6.69	6.54
10	12.83	9.43	8.08	7.34	6.87	6.54	6.30	6.12	5.97
11	12.23	8.91	7.60	6.88	6.42	6.10	5.86	5.68	5.54
12	11.75	8.51	7.23	6.52	6.07	5.76	5.52	5.35	5.20
13	11.37	8.19	6.93	6.23	5.79	5.48	5.25	5.08	4.94
14	11.06	7.92	6.68	6.00	5.56	5.26	5.03	4.86	4.72
15	10.80	7.70	6.48	5.80	5.37	5.07	4.85	4.67	4.54
16	10.58	7.51	6.30	5.64	5.21	4.91	4.69	4.52	4.38
17	10.38	7.35	6.16	5.50	5.07	4.78	4.56	4.39	4.25
18	10.22	7.21	6.03	5.37	4.96	4.66	4.44	4.28	4.14
19	10.07	7.09	5.92	5.27	4.85	4.56	4.34	4.18	4.04
20	9.94	6.99	5.82	5.17	4.76	4.47	4.26	4.09	3.96
21	9.83	6.89	5.73	5.09	4.68	4.39	4.18	4.01	3.88
22	9.73	6.81	5.65	5.02	4.61	4.32	4.11	3.94	3.81
23	9.63	6.73	5.58	4.95	4.54	4.26	4.05	3.88	3.75
24	9.55	6.66	5.52	4.89	4.49	4.20	3.99	3.83	3.69
25	9.48	6.60	5.46	4.84	4.43	4.15	3.94	3.78	3.64
26	9.41	6.54	5.41	4.79	4.38	4.10	3.89	3.73	3.60
27	9.34	6.49	5.36	4.74	4.34	4.06	3.85	3.69	3.56
28	9.28	6.44	5.32	4.70	4.30	4.02	3.81	3.65	3.52
29	9.23	6.40	5.28	4.66	4.26	3.98	3.77	3.61	3.48
30	9.18	6.35	5.24	4.62	4.23	3.95	3.74	3.58	3.45
40	8.83	6.07	4.98	4.37	3.99	3.71	3.51	3.35	3.22
60	8.49	5.79	4.73	4.14	3.76	3.49	3.29	3.13	3.01
120	8.18	5.54	4.50	3.92	3.44	3.28	3.09	2.93	2.81
∞	7.88	5.30	4.28	3.72	3.35	3.09	2.90	2.74	2.62

附表 13　F 分配臨界值表 (續)

$$P(F > F_\alpha) = \alpha$$

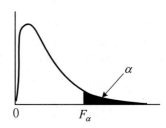

$v_1(d.f.)$					$\alpha = 0.005$					
10	12	15	20	24	30	40	60	120	∞	$v_2(d.f.)$
24221.8	24426.7	24631.6	24836.5	24937.1	25041.4	25145.7	25253.7	25358.1	25466.1	1.0
199.39	199.42	199.43	199.45	199.45	199.48	199.48	199.48	199.49	199.51	2
43.68	43.39	43.08	42.78	42.62	42.47	42.31	42.15	41.99	41.83	3
20.97	20.70	20.44	20.17	20.03	19.89	19.75	19.61	19.47	19.32	4
13.62	13.38	13.15	12.90	12.78	12.66	12.53	12.40	12.27	12.14	5
10.25	10.03	9.81	9.59	9.47	9.36	9.24	9.12	9.00	8.88	6
8.38	8.18	7.97	7.75	7.64	7.53	7.42	7.31	7.19	7.08	7
7.21	7.01	6.81	6.61	6.50	6.40	6.29	6.18	6.06	5.95	8
6.42	6.23	6.03	5.83	5.73	5.62	5.52	5.41	5.30	5.19	9
5.85	5.66	5.47	5.27	5.17	5.07	4.97	4.86	4.75	4.64	10
5.42	5.24	5.05	4.86	4.76	4.65	4.55	4.45	4.34	4.23	11
5.09	4.91	4.72	4.53	4.43	4.33	4.23	4.12	4.01	3.90	12
4.82	4.64	4.46	4.27	4.17	4.07	3.97	3.87	3.76	3.65	13
4.60	4.43	4.25	4.06	3.96	3.86	3.76	3.66	3.55	3.44	14
4.42	4.25	4.07	3.88	3.79	3.69	3.59	3.48	3.37	3.26	15
4.27	4.10	3.92	3.73	3.64	3.54	3.44	3.33	3.22	3.11	16
4.14	3.97	3.79	3.61	3.51	3.41	3.31	3.21	3.10	2.98	17
4.03	3.86	3.68	3.50	3.40	3.30	3.20	3.10	2.99	2.87	18
3.93	3.76	3.59	3.40	3.31	3.21	3.11	3.00	2.89	2.78	19
3.85	3.68	3.50	3.32	3.22	3.12	3.02	2.92	2.81	2.69	20
3.77	3.60	3.43	3.24	3.15	3.05	2.95	2.84	2.73	2.61	21
3.70	3.54	3.36	3.18	3.08	2.98	2.88	2.77	2.66	2.55	22
3.64	3.47	3.30	3.12	3.02	2.92	2.82	2.71	2.60	2.48	23
3.59	3.42	3.25	3.06	2.97	2.87	2.77	2.66	2.55	2.43	24
3.54	3.37	3.20	3.01	2.92	2.82	2.72	2.61	2.50	2.38	25
3.49	3.33	3.15	2.97	2.87	2.77	2.67	2.56	2.45	2.33	26
3.45	3.28	3.11	2.93	2.83	2.73	2.63	2.52	2.41	2.29	27
3.41	3.25	3.07	2.89	2.79	2.69	2.59	2.48	2.37	2.25	28
3.38	3.21	3.04	2.86	2.76	2.66	2.56	2.45	2.33	2.21	29
3.34	3.18	3.01	2.82	2.73	2.63	2.52	2.42	2.30	2.18	30
3.12	2.95	2.78	2.60	2.50	2.40	2.30	2.18	2.06	1.93	40
2.90	2.74	2.57	2.39	2.29	2.19	2.08	1.96	1.83	1.69	60
2.71	2.54	2.39	2.19	2.09	1.98	1.87	1.75	1.61	1.43	120
2.52	2.36	2.19	2.00	1.90	1.79	1.67	1.53	1.36	1.00	∞

附表 14　亂數表

3388	4986	5345	9534	0977	3841	0887	2331	5834	6124
0682	6073	6631	9584	7806	4537	3160	3108	5824	7492
2460	7526	1442	8365	8048	9836	6873	9567	6918	4507
6195	2329	6831	2659	9654	9132	5331	1970	6263	0088
6824	7709	3937	3289	9545	0620	3904	5203	6590	8769
0237	7574	8607	1502	4776	0944	4946	1519	4834	2810
1336	8960	2192	7132	9267	4262	6070	7664	7690	3873
6840	3016	3991	8582	1813	0012	3781	8635	0286	3932
5577	7452	9477	7942	7328	0822	7876	6379	9014	6845
3495	3500	9497	8688	7764	0017	1221	5816	8840	8573
5163	5127	5955	7826	0982	3563	7783	1575	7738	9146
3746	5767	5137	3846	9113	3394	5172	3745	2574	5275
0596	6736	4273	7665	8229	6933	6510	0093	4091	4567
6553	4267	4071	3532	0593	3874	5368	5295	6303	2629
5357	7401	0355	7216	4634	6024	2925	6588	1415	5648
2494	9279	9367	7668	7780	6154	5109	2932	5425	7431
0688	6159	2461	8408	7034	7089	5585	5668	1334	9079
8071	6291	4453	6196	3226	7963	2899	7833	3772	2999
3161	1488	9575	0912	2917	2319	8537	8896	4831	5172
8867	5812	0932	0728	8392	4715	7771	5771	1057	7717
5162	5173	5275	3945	4687	3300	5157	1636	8427	0739
4378	3392	8180	2214	3922	8559	8892	2618	2828	1661
5945	8120	0793	3219	3810	0202	6850	6919	9255	4713
4687	6862	3873	7956	4311	0562	8675	0074	2288	0684
9275	6841	7603	8996	9925	6219	6061	6647	9953	3871
0216	5472	1801	7372	2573	8347	4624	2612	6511	0523
9879	0853	0743	9907	2618	8813	0832	8420	5545	7492
1701	1794	5006	8364	4493	0984	6506	2403	6851	4421
9391	1530	5183	8816	9131	9608	3308	6067	9742	0662
4288	8170	1742	6691	1183	7385	1514	0106	3648	9607
8233	0445	0649	5895	2419	3849	4067	8431	9016	3973
6380	0131	4103	1461	5276	7355	3635	9913	0591	2907
9453	3330	5809	0160	7110	9020	5573	5054	4924	2598
6341	0834	2696	4557	8818	7709	4831	7554	1991	6323
1831	7438	8725	9746	6719	9912	5206	6236	9215	0378
0051	5390	8982	3225	4648	5347	7855	6555	1405	3659
8684	9840	4336	0138	6484	8792	2118	2436	0141	0093
4906	5407	0293	8540	7694	5525	4036	6789	1328	3074
9183	3995	4619	8489	1138	8616	8165	6304	9085	6124

附表 15(1)　γ 與 Z_γ 變換表

z	.00	.01	.02	.03	.04	.05	.06	.07	.08	.09
.0	.0000	.0100	.0200	.0300	.0400	.0500	.0599	.0699	.0798	.0898
.1	.0997	.1096	.1194	.1293	.1391	.1489	.1586	.1684	.1781	.1877
.2	.1974	.2070	.2165	.2260	.2355	.2449	.2543	.2636	.2729	.2821
.3	.2913	.3004	.3095	.3185	.3275	.3364	.3452	.3540	.3627	.3714
.4	.3800	.3885	.3969	.4053	.4136	.4219	.4301	.4382	.4462	.4542
.5	.4621	.4699	.4777	.4854	.4930	.5005	.5080	.5154	.5227	.5299
.6	.5370	.5441	.5511	.5580	.5649	.5717	.5784	.5850	.5915	.5980
.7	.6044	.6107	.6169	.6231	.6291	.6351	.6411	.6469	.6527	.6584
.8	.6640	.6696	.6751	.6805	.6858	.6911	.6963	.7014	.7064	.7114
.9	.7163	.7211	.7259	.7306	.7352	.7398	.7443	.7487	.7531	.7574
1.0	.7616	.7658	.7699	.7739	.7779	.7818	.7857	.7895	.7932	.7969
1.1	.8005	.8041	.8076	.8110	.8144	.8178	.8210	.8243	.8275	.8306
1.2	.8337	.8367	.8397	.8426	.8455	.8483	.8511	.8538	.8565	.8591
1.3	.8617	.8643	.8668	.8692	.8717	.8941	.8764	.8787	.8810	.8832
1.4	.8854	.8875	.8896	.8917	.8437	.8957	.8977	.8996	.9015	.9033
1.5	.9051	.9069	.9087	.9104	.9121	.9138	.9154	.9170	.9186	.9201
1.6	.9217	.9232	.9246	.9261	.9275	.9289	.9302	.9316	.9329	.9341
1.7	.9354	.9366	.9379	.9391	.9402	.9414	.9425	.9436	.9447	.9458
1.8	.94681	.94783	.94884	.94983	.95080	.95175	.95268	.95359	.95449	.95537
1.9	.95624	.95709	.95792	.95873	.95953	.96032	.96109	.96185	.96259	.96331
2.0	.96403	.96473	.96541	.96609	.96675	.96739	.96803	.96865	.96926	.96986
2.1	.97045	.97103	.97159	.97215	.97269	.97323	.97375	.97426	.97477	.97526
2.2	.97574	.97622	.97668	.97714	.97759	.97803	.97846	.97888	.97929	.97976
2.3	.98010	.98049	.98087	.98124	.98161	.98197	.98233	.98267	.98301	.98335
2.4	.98367	.98399	.98431	.98462	.98492	.98522	.98551	.98579	.98607	.98635
2.5	.98661	.98688	.98714	.98739	.98764	.98788	.98812	.98835	.98858	.98881
2.6	.98903	.98924	.98945	.98966	.98987	.99007	.99026	.99045	.99064	.99083
2.7	.99101	.99118	.99136	.99153	.99170	.99186	.99202	.99218	.99233	.99248
2.8	.99263	.99278	.99292	.99306	.99320	.99333	.99346	.99359	.99372	.99384
2.9	.99396	.99408	.99420	.99431	.99443	.99454	.99464	.99475	.99485	.99495
	0	.1	.2	.3	.4	.5	6	.7	.8	.9
3	.99505	.99595	.99668	.99728	.99777	.99818	.99851	.99878	.99900	.99918
4	.99933	.99945	.99955	.99963	.99970	.99975	.99980	.99983	.99986	.99986

附表 15(2)　　r 與 z 變換表

r	.00	.01	.02	.03	.04	.05	.06	.07	.08	.09
.0	.000000	.010000	.020003	.030009	.040021	.050042	.060072	.070115	.080171	.090244
.1	.100335	.110447	.120581	.130740	.140926	.151140	.161387	.171667	.181983	.192337
.2	.202733	.213171	.223656	.234189	.244774	.255413	.266108	.276864	.287682	.298566
.3	.309520	.320545	.331647	.342828	.354093	.365443	.376886	.388423	.400060	.411800
.4	.423649	.435611	.447692	.459897	.472231	.484700	.497311	.510070	.522984	.536060
.5	.549306	.562730	.576340	.590145	.604156	.618381	.632833	.647523	.662463	.677666

r	.000	.001	.002	.003	.004	.005	.006	.007	.008	.009
.60	.693147	.694711	.696278	.697848	.699421	.700997	.702575	.704157	.705742	.707330
.61	.708921	.710516	.712113	.713713	.715317	.716923	.718533	.720146	.721763	.723382
.62	.725005	.726631	.728261	.729893	.731529	.733169	.734811	.736457	.738107	.739760
.63	.741416	.743076	.744739	.746406	.748076	.749750	.751428	.753109	.754794	.756482
.64	.758174	.759869	.761569	.763272	.764978	.766689	.768403	.770121	.771843	.773569
.65	.775299	.777032	.778770	.780511	.782257	.784006	.785759	.787517	.789278	.791044
.66	.792814	.794588	.796366	.798148	.799934	.801725	.803520	.805319	.807123	.808931
.67	.810743	.812560	.814381	.816207	.818037	.819872	.821711	.823555	.825403	.827256
.68	.829114	.830977	.832844	.834716	.836592	.838474	.840361	.842252	.844148	.846050
.69	.847956	.849867	.851783	.853705	.855631	.857563	.859500	.861442	.863390	.865342
.70	.867301	.869264	.871233	.873207	.875187	.877173	.879163	.881160	.883162	.885170
.71	.887184	.889203	.891229	.893260	.895297	.897340	.899389	.901443	.903505	.905572
.72	.907645	.909725	.911810	.913902	.916001	.918106	.920217	.922335	.924459	.926590
.73	.928727	.930872	.933023	.935180	.937345	.939516	.941695	.943880	.946073	.948273
.74	.950479	.952693	.954915	.957143	.959380	.961623	.963874	.966133	.968399	.970673
.75	.972955	.975245	.977542	.979848	.982161	.984483	.986813	.989151	.991497	.993852
.76	.996215	.998587	1.000967	1.003356	1.005754	1.008160	1.010576	1.013000	1.015433	1.017876
.77	1.020328	1.022789	1.025259	1.027739	1.030229	1.032728	1.035236	1.037755	1.040284	1.042822
.78	1.045371	1.047929	1.050498	1.053078	1.055667	1.058268	1.060879	1.063501	1.066133	1.068777
.79	1.071432	1.074098	1.076775	1.079463	1.082163	1.084875	1.087599	1.090334	1.093081	1.095841
.80	1.098612	1.101396	1.104193	1.107002	1.109824	1.112658	1.115506	1.118367	1.121241	1.124128
.81	1.127029	1.129944	1.132872	1.135815	1.138771	1.141742	1.144728	1.147728	1.150743	1.153773
.82	1.156817	1.159878	1.162953	1.166045	1.169152	1.172275	1.175414	1.178569	1.181742	1.184931
.83	1.188136	1.191359	1.194600	1.197858	1.201133	1.204427	1.207739	1.211069	1.214418	1.217786
.84	1.221174	1.224580	1.228006	1.231452	1.234918	1.238405	1.241912	1.245440	1.248989	1.252560
.85	1.256153	1.259768	1.263405	1.267064	1.270747	1.274453	1.278183	1.281936	1.285714	1.289517
.86	1.293345	1.297198	1.301076	1.304981	1.308913	1.312871	1.316856	1.320870	1.324911	1.328981
.87	1.333080	1.337208	1.341366	1.345555	1.349774	1.354025	1.358308	1.362623	1.366971	1.371352
.88	1.375768	1.380218	1.384703	1.389224	1.393781	1.398375	1.403008	1.407678	1.412387	1.417136
.89	1.421926	1.426757	1.431629	1.436545	1.441504	1.446507	1.451555	1.456650	1.461792	1.466981
.90	1.472219	1.477508	1.482847	1.488238	1.493682	1.499180	1.504734	1.510344	1.516011	1.521738
.91	1.527524	1.533373	1.539284	1.545260	1.551302	1.557411	1.563589	1.569838	1.576160	1.582555
.92	1.589027	1.595577	1.602206	1.608918	1.615714	1.622597	1.629568	1.636630	1.643786	1.651039
.93	1.658390	1.665843	1.673402	1.681068	1.688845	1.696738	1.704748	1.712880	1.721139	1.729527
.94	1.738049	1.746711	1.755515	1.764469	1.773576	1.782842	1.792274	1.801877	1.811657	1.821623
.95	1.831781	1.842139	1.852706	1.863487	1.874496	1.885741	1.897234	1.908984	1.921005	1.933309
.96	1.945910	1.958824	1.972067	1.985656	1.999610	2.013950	2.028698	2.043879	2.059519	2.075647
.97	2.092296	2.109500	2.127300	2.145737	2.164860	2.184724	2.205388	2.226921	2.249400	2.272912
.98	2.297560	2.323459	2.350745	2.379576	2.410141	2.442662	2.477410	2.514716	2.554989	2.598746
.99	2.646652	2.699584	2.758726	2.825743	2.903069	2.994481	3.106303	3.250395	3.453377	3.800201

相關係數 r 與 z 轉換之關係式為 $z = \tanh^{-1} r$。

例1　對 $r = 0.25$ 的 z，從上表左方的 0.2 與上方的 0.05 相交處，得 0.255413。

例2　$r = -0.25$，z 為 -0.255413。

例3　$r = 0.753$，從下表左方的 0.75 與上方的 0.003 相交處，得 0.979848。

例4　$z = 1.510$，從下表中的 1.510344 左方 0.90 與上方的 0.007，得 0.907。

表 16　Durbin–Watson　檢定

顯著水準　$\alpha = .05$

n	$k=1$		$k=2$		$k=3$		$k=4$		$k=5$	
	d_L	d_U	d_L	d_U	d_L	d_U	d_L	d_U	d_L	d_U
15	1.08	1.36	0.95	1.54	0.82	1.75	0.69	1.97	0.56	2.21
16	1.10	1.37	0.98	1.54	0.86	1.73	0.74	1.93	0.62	2.15
17	1.13	1.38	1.02	1.54	0.90	1.71	0.78	1.90	0.67	2.10
18	1.16	1.39	1.05	1.53	0.93	1.69	0.82	1.87	0.71	2.06
19	1.18	1.40	1.08	1.53	0.97	1.68	0.86	1.85	0.75	2.02
20	1.20	1.41	1.10	1.54	1.00	1.68	0.90	1.83	0.79	1.99
21	1.22	1.42	1.13	1.54	1.03	1.67	0.93	1.81	0.83	1.96
22	1.24	1.43	1.15	1.54	1.05	1.66	0.96	1.80	0.86	1.94
23	1.26	1.44	1.17	1.54	1.08	1.66	0.99	1.79	0.90	1.92
24	1.27	1.45	1.19	1.55	1.10	1.66	1.01	1.78	0.93	1.90
25	1.29	1.45	1.21	1.55	1.12	1.66	1.04	1.77	0.95	1.89
26	1.30	1.46	1.22	1.55	1.14	1.65	1.06	1.76	0.98	1.88
27	1.32	1.47	1.24	1.56	1.16	1.65	1.08	1.76	1.01	1.86
28	1.33	1.48	1.26	1.56	1.18	1.65	1.10	1.75	1.03	1.85
29	1.34	1.48	1.27	1.56	1.20	1.65	1.12	1.74	1.05	1.84
30	1.35	1.49	1.28	1.57	1.21	1.65	1.14	1.74	1.07	1.83
31	1.36	1.50	1.30	1.57	1.23	1.65	1.16	1.74	1.09	1.83
32	1.37	1.50	1.31	1.57	1.24	1.65	1.18	1.73	1.11	1.82
33	1.38	1.51	1.32	1.58	1.26	1.65	1.19	1.73	1.13	1.81
34	1.39	1.51	1.33	1.58	1.27	1.65	1.21	1.73	1.15	1.81
35	1.40	1.52	1.34	1.58	1.28	1.65	1.22	1.73	1.16	1.80
36	1.41	1.52	1.35	1.59	1.29	1.65	1.24	1.73	1.18	1.80
37	1.42	1.53	1.36	1.59	1.31	1.66	1.25	1.72	1.19	1.80
38	1.43	1.54	1.37	1.59	1.32	1.66	1.26	1.72	1.21	1.79
39	1.43	1.54	1.38	1.60	1.33	1.66	1.27	1.72	1.22	1.79
40	1.44	1.54	1.39	1.60	1.34	1.66	1.29	1.72	1.23	1.79
45	1.48	1.57	1.43	1.62	1.38	1.67	1.34	1.72	1.29	1.78
50	1.50	1.59	1.46	1.63	1.42	1.67	1.38	1.72	1.34	1.77
55	1.53	1.60	1.49	1.64	1.45	1.68	1.41	1.72	1.38	1.77
60	1.55	1.62	1.51	1.65	1.48	1.69	1.44	1.73	1.41	1.77
65	1.57	1.63	1.54	1.66	1.50	1.70	1.47	1.73	1.44	1.77
70	1.58	1.64	1.55	1.67	1.52	1.70	1.49	1.74	1.46	1.77
75	1.60	1.65	1.57	1.68	1.54	1.71	1.51	1.74	1.49	1.77
80	1.61	1.66	1.59	1.69	1.56	1.72	1.53	1.74	1.51	1.77
85	1.62	1.67	1.60	1.70	1.57	1.72	1.55	1.75	1.52	1.77
90	1.63	1.68	1.61	1.70	1.59	1.73	1.57	1.75	1.54	1.78
95	1.64	1.69	1.62	1.71	1.60	1.73	1.58	1.75	1.56	1.78
100	1.65	1.69	1.63	1.72	1.61	1.74	1.59	1.76	1.57	1.78

註：n 表觀測值的個數，k 表自變數的個數。

表 16　Durbin–Watson　檢定（續）

顯著水準　$\alpha = .01$

n	$k=1$		$k=2$		$k=3$		$k=4$		$k=5$	
	d_L	d_U	d_L	d_U	d_L	d_U	d_L	d_U	d_L	d_U
15	0.81	1.07	0.70	1.25	0.59	1.46	0.49	1.70	0.39	1.96
16	0.84	1.09	0.74	1.25	0.63	1.44	0.53	1.66	0.44	1.90
17	0.87	1.10	0.77	1.25	0.67	1.43	0.57	1.63	0.48	1.85
18	0.90	1.12	0.80	1.26	0.71	1.42	0.61	1.60	0.52	1.80
19	0.93	1.13	0.83	1.26	0.74	1.41	0.65	1.58	0.56	1.77
20	0.95	1.15	0.86	1.27	0.77	1.41	0.68	1.57	0.60	1.74
21	0.97	1.16	0.89	1.27	0.80	1.41	0.72	1.55	0.63	1.71
22	1.00	1.17	0.91	1.28	0.83	1.40	0.75	1.54	0.66	1.69
23	1.02	1.19	0.94	1.29	0.86	1.40	0.77	1.53	0.70	1.67
24	1.04	1.20	0.96	1.30	0.88	1.41	0.80	1.53	0.72	1.66
25	1.05	1.21	0.98	1.30	0.90	1.41	0.83	1.52	0.75	1.65
26	1.07	1.22	1.00	1.31	0.93	1.41	0.85	1.52	0.78	1.64
27	1.09	1.23	1.02	1.32	0.95	1.41	0.88	1.51	0.81	1.63
28	1.10	1.24	1.04	1.32	0.97	1.41	0.90	1.51	0.83	1.62
29	1.12	1.25	1.05	1.33	0.99	1.42	0.92	1.51	0.85	1.61
30	1.13	1.26	1.07	1.34	1.01	1.42	0.94	1.51	0.88	1.61
31	1.15	1.27	1.08	1.34	1.02	1.42	0.96	1.51	0.90	1.60
32	1.16	1.28	1.10	1.35	1.04	1.43	0.98	1.51	0.92	1.60
33	1.17	1.29	1.11	1.36	1.05	1.43	1.00	1.51	0.94	1.59
34	1.18	1.30	1.13	1.36	1.07	1.43	1.01	1.51	0.95	1.59
35	1.19	1.31	1.14	1.37	1.08	1.44	1.03	1.51	0.97	1.59
36	1.21	1.32	1.15	1.38	1.10	1.44	1.04	1.51	0.99	1.59
37	1.22	1.32	1.16	1.38	1.11	1.45	1.06	1.51	1.00	1.59
38	1.23	1.33	1.18	1.39	1.12	1.45	1.07	1.52	1.02	1.58
39	1.24	1.34	1.19	1.39	1.14	1.45	1.09	1.52	1.03	1.58
40	1.25	1.34	1.20	1.40	1.15	1.46	1.10	1.52	1.05	1.58
45	1.29	1.38	1.24	1.42	1.20	1.48	1.16	1.53	1.11	1.58
50	1.32	1.40	1.28	1.45	1.24	1.49	1.20	1.54	1.16	1.59
55	1.36	1.43	1.32	1.47	1.28	1.51	1.25	1.55	1.21	1.59
60	1.38	1.45	1.35	1.48	1.32	1.52	1.28	1.56	1.25	1.60
65	1.41	1.47	1.38	1.50	1.35	1.53	1.31	1.57	1.28	1.61
70	1.43	1.49	1.40	1.52	1.37	1.55	1.34	1.58	1.31	1.61
75	1.45	1.50	1.42	1.53	1.39	1.56	1.37	1.59	1.34	1.62
80	1.47	1.52	1.44	1.54	1.42	1.57	1.39	1.60	1.36	1.62
85	1.48	1.53	1.46	1.55	1.43	1.58	1.41	1.60	1.39	1.63
90	1.50	1.54	1.47	1.56	1.45	1.59	1.43	1.61	1.41	1.64
95	1.51	1.55	1.49	1.57	1.47	1.60	1.45	1.62	1.42	1.64
100	1.52	1.56	1.50	1.58	1.48	1.60	1.46	1.63	1.44	1.65

附表 17　Kolmogorv–Smirnov－組樣本檢定

n	$\alpha = .10$	$\alpha = .05$	$\alpha = .025$	$\alpha = 0.01$	$\alpha = 0.005$
1	.90000	.95000	.97500	.99000	.99500
2	.68377	.77639	.84189	.90000	.92929
3	.56481	.63604	.70760	.78456	.82900
4	.49265	.56522	.62394	.68887	.73424
5	.44698	.50945	.56328	.62718	.66853
6	.41037	.46799	.51926	.57741	.61661
7	.38148	.43607	.48342	.53844	.57581
8	.35831	.40962	.45427	.50654	.54179
9	.33910	.38746	.43001	.47960	.51332
10	.32260	.36866	.40925	.45662	.48893
11	.30829	.35242	.39122	.43670	.46770
12	.29577	.33815	.37543	.41918	.44905
13	.28470	.32549	.36143	.40362	.43247
14	.27781	.31417	.34890	.38970	.41762
15	.26588	.30397	.33760	.37713	.40420
16	.25778	.29472	.32733	.36571	.39201
17	.25039	.28627	.31796	.35528	.38086
18	.24360	.27851	.30936	.34569	.37062
19	.23735	.27136	.30143	.33685	.36117
20	.23156	.26473	.29408	.32866	.35241
21	.22617	.25858	.28724	.32104	.34427
22	.22115	.25283	.28087	.31394	.33666
23	.21645	.24746	.27490	.30728	.32954
24	.21205	.24242	.26931	.30104	.32286
25	.20790	.23768	.26404	.29516	.31657
26	.20399	.23320	.25907	.28962	.31064
27	.20030	.22898	.25438	.28438	.30502
28	.19680	.22497	.24993	.27942	.29971
29	.19348	.22117	.24571	.27471	.29466
30	.19032	.21756	.24170	.27023	.28987
31	.18732	.21412	.23788	.26596	.28530
32	.18445	.21085	.23424	.26189	.28094
33	.18171	.20771	.23076	.25801	.27677
34	.17909	.20472	.22743	.25429	.27279

附表 17 Kolmogorv–Smirnov 一組樣本檢定 （續）

n	$\alpha = .10$	$\alpha = .05$	$\alpha = .025$	$\alpha = 0.01$	$\alpha = 0.005$
35	.17659	.20185	.22425	.25073	.26897
36	.17418	.19910	.22119	.24732	.26532
37	.17188	.19646	.21826	.24404	.26180
38	.16966	.19392	.21544	.24089	.25843
39	.16753	.19148	.21273	.23786	.25518
40	.16547	.18913	.21012	.23494	.25205
41	.16349	.18687	.20760	.23123	.24904
42	.16158	.18468	.20517	.22941	.24613
43	.15974	.18257	.20283	.22679	.24332
44	.15796	.18053	.20056	.22426	.24060
45	.15623	.17856	.19837	.22181	.23798
46	.15457	.17665	.19625	.21944	.23544
47	.15295	.17481	.19420	.21715	.23298
48	.15139	.17302	.19221	.21493	.23059
49	.14987	.17128	.19028	.21277	.22828
50	.14840	.16959	.18841	.21068	.22604
51	.14697	.16796	.18659	.20864	.22386
52	.14558	.16637	.18482	.20667	.22174
53	.14423	.16483	.18311	.20475	.21968
54	.14292	.16332	.18144	.20289	.21768
55	.14164	.16186	.17981	.20107	.21574
56	.14040	.16044	.17823	.19930	.21384
57	.13919	.15906	.17669	.19758	.21199
58	.13801	.15771	.17519	.19590	.21019
59	.13686	.15639	.17373	.19427	.20844
60	.13573	.15511	.17231	.19267	.20673
61	.13464	.15385	.17091	.19112	.20506
62	.13357	.15263	.16956	.18960	.20343
63	.13253	.15144	.16823	.18812	.20184
64	.13151	.15027	.16693	.18667	.20029
65	.13052	.14913	.16567	.18525	.19877
66	.12954	.14802	.16443	.18387	.19729
67	.12859	.14693	.16322	.18252	.19584
68	.12766	.14587	.16204	.18119	.19442

附表 17　Kolmogorv–Smirnov 一組樣本檢定　（續）

n	$\alpha = .10$	$\alpha = .05$	$\alpha = .025$	$\alpha = .01$	$\alpha = .005$
69	.12675	.14483	.16088	.17990	.19303
70	.12586	.14381	.15975	.17863	.19167
71	.12499	.14281	.15864	.17739	.19034
72	.12413	.14183	.15755	.17618	.18903
73	.12329	.14087	.15649	.17498	.18776
74	.12247	.13993	.15544	.17382	.18650
75	.12167	.13901	.15442	.17268	.18528
76	.12088	.13811	.15342	.17155	.18408
77	.12011	.13723	.15244	.17045	.18290
78	.11935	.13636	.15147	.16938	.18174
79	.11860	.13551	.15052	.16832	.18060
80	.11787	.13467	.14960	.16728	.17949
81	.11716	.13385	.14868	.16626	.17840
82	.11645	.13305	.14779	.16526	.17732
83	.11576	.13226	.14691	.16428	.17627
84	.11508	.13148	.14605	.16331	.17523
85	.11442	.13072	.14520	.16236	.17421
86	.11376	.12997	.14437	.16143	.17321
87	.11311	.12923	.14355	.16051	.17223
88	.11248	.12850	.14274	.15961	.17126
89	.11186	.12779	.14195	.15873	.17031
90	.11125	.12709	.14117	.15786	.16938
91	.11064	.12640	.14040	.15700	.16846
92	.11005	.12572	.13965	.15616	.16755
93	.10947	.12506	.13891	.15533	.16666
94	.10889	.12440	.13818	.15451	.16579
95	.10833	.12375	.13746	.15371	.16493
96	.10777	.12312	.13675	.15291	.16408
97	.10722	.12249	.13606	.15214	.16324
98	.10668	.12187	.13537	.15137	.16242
99	.10615	.12126	.13469	.15061	.16161
100	.10563	.12067	.13403	.14987	.16081
$n > 100$	$\dfrac{1.07}{\sqrt{n}}$	$\dfrac{1.22}{\sqrt{n}}$	$\dfrac{1.36}{\sqrt{n}}$	$\dfrac{1.52}{\sqrt{n}}$	$\dfrac{1.63}{\sqrt{n}}$

附表 18　K-S 二樣本檢定時 K_D 的臨界值

（小樣本）

N	單邊檢定		雙邊檢定	
	$\alpha = 0.05$	$\alpha = 0.01$	$\alpha = 0.05$	$\alpha = 0.01$
3	3	—	—	—
4	4	—	4	—
5	4	5	5	5
6	5	6	5	6
7	5	6	6	6
8	5	6	6	7
9	6	7	6	7
10	6	7	7	8
11	6	8	7	8
12	6	8	7	8
13	7	8	7	9
14	7	8	8	9
15	7	9	8	9
16	7	9	8	10
17	8	9	8	10
18	8	10	9	10
19	8	10	9	10
20	8	10	9	11
21	8	10	9	11
22	9	11	9	11
23	9	11	10	11
24	9	11	10	12
25	9	11	10	12
26	9	11	10	12
27	9	12	10	12
28	10	12	11	13
29	10	12	11	13
30	10	12	11	13
35	11	13	12	
40	11	14	13	

* Abridged from Goodman, L. A. 1954. Kolmogorov-Smirnov tests for psychological research. Psychol. Bull., 51, 167, with the kind permission of the author and the American Psychological Association.
+ Derived from Table 1 of Massey, F. J., Jr. 1951. The distribution of the maximum deviation between two sample cumulative step functions. Ann. Math. Statist., 22, 126-127, with the kind permission of the author and the publisher.

附表 19　Spearman 等級相關係數臨界值表

n	$\alpha = .05$	$\alpha = .025$	$\alpha = .10$	$\alpha = .10$
5	.900	–	–	–
6	.829	.886	.943	–
7	.714	.786	.893	–
8	.643	.738	.833	.881
9	.600	.683	.783	.833
10	.564	.648	.745	.794
11	.523	.623	.736	.818
12	.497	.591	.703	.780
13	.475	.566	.673	.745
14	.457	.545	.646	.716
15	.441	.525	.623	.689
16	.425	.507	.601	.666
17	.412	.490	.582	.645
18	.399	.476	.564	.625
19	.388	.462	.549	.608
20	.377	.450	.534	.591
21	.368	.438	.521	.576
22	.359	.428	.508	.562
23	.351	.418	.496	.549
24	.343	.409	.485	.537
25	.336	.400	.475	.526
26	.329	.392	.465	.515
27	.323	.385	.456	.505
28	.317	.377	.448	.496
29	.311	.370	.440	.487
30	.305	.364	.432	.478

附表 20　Wilcoxon 符號等級檢定的臨界表－成對母體檢定

單邊	雙邊	$n=5$	$n=6$	$n=7$	$n=8$	$n=9$	$n=10$	$n=11$	$n=12$
$\alpha=.05$	$\alpha=.10$	1	2	4	6	8	11	14	17
$\alpha=.025$	$\alpha=.05$		1	2	4	6	8	11	14
$\alpha=.01$	$\alpha=.02$			0	2	3	5	7	10
$\alpha=.005$	$\alpha=.01$				0	2	3	5	7
		$n=13$	$n=14$	$n=15$	$n=16$	$n=17$	$n=18$	$n=19$	$n=20$
$\alpha=.05$	$\alpha=.10$	21	26	30	36	41	47	54	60
$\alpha=.025$	$\alpha=.05$	17	21	25	30	35	40	46	52
$\alpha=.01$	$\alpha=.02$	13	16	20	24	28	33	38	43
$\alpha=.005$	$\alpha=.01$	10	13	16	19	23	28	32	37
		$n=21$	$n=22$	$n=23$	$n=24$	$n=25$	$n=26$	$n=27$	$n=28$
$\alpha=.05$	$\alpha=.10$	68	75	83	92	101	110	120	130
$\alpha=.025$	$\alpha=.05$	59	66	73	81	90	98	107	117
$\alpha=.01$	$\alpha=.02$	49	56	62	69	77	85	93	102
$\alpha=.005$	$\alpha=.01$	43	49	55	61	68	76	84	92
		$n=29$	$n=30$	$n=31$	$n=32$	$n=33$	$n=34$	$n=35$	$n=36$
$\alpha=.05$	$\alpha=.10$	141	152	163	175	188	201	214	228
$\alpha=.025$	$\alpha=.05$	127	137	148	159	171	183	195	208
$\alpha=.01$	$\alpha=.02$	111	120	130	141	151	162	174	186
$\alpha=.005$	$\alpha=.01$	100	109	118	128	138	149	160	171
		$n=37$	$n=38$	$n=39$	$n=40$	$n=41$	$n=42$	$n=43$	$n=44$
$\alpha=.05$	$\alpha=.10$	242	256	271	287	303	319	336	353
$\alpha=.025$	$\alpha=.05$	222	235	250	264	279	295	311	327
$\alpha=.01$	$\alpha=.02$	198	211	224	238	252	267	281	297
$\alpha=.005$	$\alpha=.01$	183	195	208	221	234	248	262	277
		$n=45$	$n=46$	$n=47$	$n=48$	$n=49$	$n=50$		
$\alpha=.05$	$\alpha=.10$	371	389	408	427	446	466		
$\alpha=.025$	$\alpha=.05$	344	361	379	497	415	434		
$\alpha=.01$	$\alpha=.02$	313	329	345	362	380	398		
$\alpha=.005$	$\alpha=.01$	292	307	323	339	356	373		

附表 21　Wilcoxon 等級和檢定臨界值表－兩個獨立母體檢定

A. $\alpha = .025$ one–tailed；$\alpha = .05$ two–tailed

n_2 / n_1	3		4		5		6		7		8		9		10	
	W_L	W_U	W_L	W_U	W_L	W_U	W_L	W_U	W_L	W_U	W_L	W_U	W_L	W_U	W_L	W_U
3	5	16	6	18	6	21	7	23	7	26	8	28	8	31	9	33
4	6	18	11	25	12	28	12	32	13	35	14	38	15	41	16	44
5	6	21	12	28	18	37	19	41	20	45	21	49	22	53	24	56
6	7	23	12	32	19	41	26	52	28	56	29	61	31	65	32	70
7	7	26	13	35	20	45	28	56	37	68	39	73	41	78	43	83
8	8	28	14	38	21	49	29	61	39	73	49	87	51	93	54	98
9	8	31	15	41	22	53	31	65	41	78	51	93	63	108	66	114
10	9	33	16	44	24	56	32	70	43	83	54	98	66	114	79	131

B. $\alpha = .05$ one–tailed；$\alpha = .10$ two–tailed

n_2 / n_1	3		4		5		6		7		8		9		10	
	W_L	W_U	W_L	W_U	W_L	W_U	W_L	W_U	W_L	W_U	W_L	W_U	W_L	W_U	W_L	W_U
3	6	15	7	17	7	20	8	22	9	24	9	27	10	29	11	31
4	7	17	12	24	13	27	14	30	15	33	16	36	17	39	18	42
5	7	20	13	27	19	36	20	40	22	43	24	46	25	50	26	54
6	8	22	14	30	20	40	28	50	30	54	32	58	33	63	35	67
7	9	24	15	33	22	43	30	54	39	66	41	71	43	76	46	80
8	9	27	16	36	24	46	32	48	41	71	52	84	54	90	57	95
9	10	29	17	39	25	50	33	63	43	76	54	90	66	105	69	111
10	11	31	18	42	26	54	35	67	46	80	57	95	69	111	83	127

附表 22　Kruskal–Wallis 檢定（$k=3$，n_1、n_2、$n_3 \leq 5$）

樣本大小			H	P	樣本大小			H	P
n_1	n_2	n_3			n_1	n_2	n_3		
2	1	1	2.7000	.500	4	3	2	6.4444	.008
2	2	1	3.6000	.200				6.3000	.011
2	2	2	4.5714	.067				5.4444	.046
			3.7143	.200				5.4000	.051
3	1	1	3.2000	.300				4.5111	.098
3	2	1	4.2857	.100				4.4444	.102
			3.8571	.133	4	3	3	6.7455	.010
3	2	2	5.3572	.029				6.7091	.013
			4.7143	.048				5.7909	.046
			4.5000	.057				5.7273	.050
			4.4643	.105				4.7091	.092
								4.7000	.101
3	3	4	5.1429	.043				6.6667	.010
			4.5714	.100	4	4	1	6.1667	.022
			4.000	.129				4.9667	.048
3	3	2	6.2500	.011				4.8667	.054
			5.3611	.032				4.1667	.082
			5.1389	.061				4.0667	.102
			4.5556	.100	4	4	2	7.0364	.006
			4.2500	.121				6.8727	.011
3	3	3	7.2000	.004				5.4545	.046
			6.4889	.011				5.2364	.052
			5.6889	.029				4.5545	.098
			5.6000	.050				4.4455	.013
			5.0667	.086				7.1439	.010
			4.6222	.100	4	4	3	7.1364	.011
4	1	1	3.5714	.200				5.5985	.049
4	2	1	4.8214	.057				5.5758	.051
			4.5000	.076				4.5455	.099
			4.0179	.114				4.4773	.002
4	2	2	6.0000	.014	4	4	4	7.6538	.008
			5.3333	.033				7.5385	.001
			5.1250	.052				5.6923	.049
			4.4583	.100				5.6538	.051
			4.1667	.105				4.6539	.097
								4.5001	.104
					5	1	1	3.8571	.143
4	3	1	5.8333	.021	5	2	1	5.2500	.036
			5.2083	.050				5.0006	.048
			5.0000	.057				5.0006	.071
			4.0556	.093				4.2000	.095
			3.8889	.129				4.0500	.119

附表 22　Kruskal–Wallis 檢定（$k = 3$，n_1、n_2、$n_3 \leq 5$）（續）

樣本大小			H	P	樣本大小			H	P
n_1	n_2	n_3			n_1	n_2	n_3		
5	2	2	6.5333	.008				5.6308	.050
			6.1333	.013				4.5487	.099
			5.1600	.034				4.5231	.103
			5.0400	.056	5	4	4	7.7604	.009
			4.3733	.090				7.7440	.011
			4.2933	.122				5.6571	.049
5	3	1	6.4000	.012				5.6176	.050
			4.9600	.048				4.6187	.100
			4.8711	.052				4.5527	.102
			4.0178	.095	5	5	1	7.3091	.009
			3.8400	.123				6.8364	.001
5	3	2	6.9091	.009				5.1273	.046
			6.8218	.010				4.9091	.053
			5.2509	.049				4.1091	.086
			5.1055	.052				4.0364	.105
			4.6509	.091	5	5	2	7.3385	.010
			4.4945	.101				7.2692	.010
5	3	3	7.0788	.009				5.3385	.047
			6.9818	.011				5.2462	.051
			5.6485	.049				4.6231	.997
			5.5152	.051				4.5077	.100
			4.5333	.097	5	5	3	7.5780	.010
			4.4121	.109				7.5429	.010
5	4	1	6.9545	.008				5.7055	.046
			6.8400	.011				5.6264	.051
			4.9855	.044				4.5451	.100
			4.8600	.056				4.5363	.102
			3.9873	.098	5	5	4	7.8229	.010
			3.9600	.002				7.7914	.010
5	4	2	7.2045	.009				5.6657	.049
			7.1182	.010				5.6429	.050
			5.2727	.049				4.5229	.099
			5.2682	.050				4.5200	.101
			4.5409	.098	5	5	5	8.0000	.009
			4.5182	.101				7.9800	.010
5	4	3	7.4449	.100				5.7800	.049
			7.3949	.011				5.6600	.051
			5.6564	.049				4.5600	.100
								4.5000	.102

附表 23　Friedman 檢定

$k = 3$

$n = 2$		$n = 3$		$n = 4$		$n = 5$	
χ_r^2	p	χ_r^2	p	χ_r^2	p	χ_r^2	p
0	1.000	.000	1.000	.0	1.000	.0	1.000
1	.833	.667	.994	.5	.931	.4	.954
3	.500	2.000	.528	1.5	.653	1.2	.691
4	.167	2.667	.361	2.0	.431	1.6	.522
		4.667	.194	3.5	.273	2.8	.367
		6.000	.028	4.5	.125	3.6	.182
				6.0	.069	4.8	.124
				6.5	.042	5.2	.093
				8.0	.0046	6.4	.039
						7.6	.02
						8.4	.0085
						10.0	.00077

$n = 6$		$n = 7$		$n = 8$		$n = 9$	
χ_r^2	p	χ_r^2	p	χ_r^2	p	χ_r^2	p
.00	1.000	.000	1.000	.00	1.000	.000	1.000
.33	.956	.286	.964	.25	.967	.222	.971
1.00	.740	.857	.768	.75	.794	.667	.814
1.33	.570	1.143	.620	1.00	.654	.889	.665
2.33	.430	2.000	.486	1.75	.531	1.556	.569
3.00	.252	2.571	.305	2.25	.355	2.000	.398
4.00	.184	3.429	.237	3.00	.285	2.667	.328
4.33	.142	3.714	.192	3.25	.236	2.889	.278
5.33	.072	4.571	.112	4.00	.149	3.556	.187
6.33	.052	5.429	.085	4.75	.120	4.222	.154
7.00	.029	6.000	.052	5.25	.079	4.667	.107
8.33	.012	7.143	.027	6.25	.047	5.556	.069
9.00	.0081	7.714	.021	6.75	.038	6.000	.057
9.33	.0055	8.000	.016	7.00	.030	6.222	.048
10.33	.0017	8.857	.0084	7.75	.018	6.889	.031
12.00	.00013	10.286	.0036	9.00	.0099	8.000	.019
		10.571	.0027	9.25	.0080	8.222	.016
		11.143	.0012	9.75	.0048	8.667	.010
		12.286	.00032	10.75	.0024	9.556	.0060
		14.000	.000021	12.00	.0011	10.667	.0035
				12.25	.00086	10.889	.0029
				13.00	.00026	11.556	.0013
				14.25	.000061	12.667	.00066
				16.00	.0000036	13.556	.00035
						14.000	.00020
						14.222	.000097
						14.889	.000054
						16.222	.000011
						18.000	.0000006

附表 23　Friedman 檢定　(續)

$$k = 4$$

χ_r^2	p	χ_r^2	p	χ_r^2	p	χ_r^2	p
	$n=2$		$n=3$		$n=4$		
.0	1.000	.2	1.000	.0	1.000	5.7	.141
.6	.958	.6	.958	.3	.992	6.0	.105
1.2	.834	1.0	.910	.6	.928	6.3	.094
1.8	.792	1.8	.727	.9	.900	6.6	.077
2.4	.625	2.2	.608	1.2	.800	6.9	.068
3.0	.542	2.6	.524	1.5	.754	7.2	.054
3.6	.458	3.4	.446	1.8	.677	7.5	.052
4.2	.375	3.8	.342	2.1	.649	7.8	.036
4.8	.208	4.2	.300	2.4	.524	8.1	.033
5.4	.167	5.0	.207	2.7	.508	8.4	.019
6.0	.042	5.4	.175	3.0	.432	8.7	.014
		5.8	.148	3.3	.389	9.3	.012
		6.6	.075	3.6	.355	9.6	.0069
		7.0	.054	3.9	.324	9.9	.0062
		7.4	.033	4.5	.242	10.2	.0072
		8.2	.017	4.8	.200	10.8	.0016
		9.0	.0017	5.1	.190	11.1	.00094
				5.4	.158	12.0	.000072

附表 24　Mann–Whitney U 統計量機率表 $P(U < u)$

	n_1	2								3				
u	n_2	3	4	5	6	7	8	9	10	3	4	5	6	7
0		0.100	0.067	0.047	0.036	0.028	0.022	0.018	0.015	0.050	0.028	0.018	0.012	0.008
1		0.200	0.133	0.095	0.071	0.056	0.044	0.036	0.030	0.100	0.057	0.036	0.024	0.017
2		0.400	0.267	0.190	0.143	0.111	0.089	0.073	0.061	0.200	0.114	0.071	0.048	0.033
3		0.600	0.400	0.286	0.214	0.167	0.133	0.109	0.091	0.350	0.200	0.125	0.083	0.058
4			0.600	0.429	0.321	0.250	0.200	0.164	0.136	0.500	0.314	0.196	0.131	0.092
5				0.571	0.429	0.333	0.267	0.218	0.182	0.650	0.429	0.286	0.190	0.133
6					0.571	0.444	0.356	0.291	0.242		0.571	0.393	0.274	0.192
7						0.556	0.444	0.364	0.303			0.500	0.357	0.258
8							0.556	0.455	0.379				0.452	0.333
9								0.546	0.455				0.548	0.417
10									0.546					0.500

	n_1	3			4							5		
u	n_2	8	9	10	4	5	6	7	8	9	10	5	6	7
0		0.006	0.005	0.004	0.014	0.008	0.005	0.003	0.002	0.001	0.001	0.004	0.002	0.001
1		0.012	0.009	0.007	0.029	0.016	0.010	0.006	0.004	0.003	0.002	0.028	0.004	0.003
2		0.024	0.018	0.014	0.057	0.032	0.019	0.012	0.008	0.006	0.004	0.016	0.009	0.005
3		0.042	0.032	0.025	0.100	0.056	0.033	0.036	0.014	0.010	0.007	0.028	0.015	0.009
4		0.067	0.050	0.039	0.171	0.095	0.057	0.055	0.024	0.017	0.012	0.048	0.026	0.015
5		0.097	0.073	0.056	0.243	0.143	0.086	0.082	0.036	0.025	0.018	0.075	0.041	0.024
6		0.139	0.105	0.080	0.343	0.206	0.129	0.115	0.055	0.038	0.027	0.111	0.063	0.037
7		0.188	0.141	0.108	0.443	0.278	0.176	0.158	0.077	0.053	0.038	0.155	0.089	0.053
8		0.249	0.186	0.143	0.557	0.365	0.238	0.206	0.107	0.074	0.053	0.210	0.123	0.074
9		0.315	0.241	0.185		0.452	0.305	0.264	0.141	0.099	0.071	0.274	0.165	0.101
10		0.388	0.300	0.234		0.548	0.381	0.324	0.184	0.130	0.094	0.345	0.214	0.134
11		0.461	0.364	0.287			0.457	0.394	0.230	0.165	0.120	0.421	0.268	0.172
12		0.539	0.432	0.346			0.543	0.464	0.285	0.207	0.152	0.500	0.331	0.216
13			0.500	0.406				0.536	0.341	0.252	0.187	0.579	0.396	0.265
14				0.469					0.404	0.302	0.227		0.465	0.319
15				0.532					0.467	0.355	0.270		0.535	0.378
16									0.533	0.413	0.318			0.438
17										0.470	0.367			0.500
18										0.530	0.420			
19											0.473			
20											0.528			

附表 24　　Mann–Whitney U 統計量機率表　$P(U < u)$　（續）

u	n_1	5			6					7			
	n_2	8	9	10	6	7	8	9	10	7	8	9	10
0		0.001	0.001	0.000	0.001	0.001	0.000	0.000	0.000	0.000	0.000	0.000	0.000
1		0.002	0.001	0.001	0.002	0.001	0.001	0.000	0.000	0.001	0.000	0.000	0.000
2		0.003	0.002	0.001	0.004	0.002	0.001	0.001	0.001	0.001	0.001	0.000	0.000
3		0.005	0.004	0.002	0.008	0.004	0.002	0.001	0.001	0.002	0.001	0.001	0.000
4		0.009	0.006	0.004	0.013	0.007	0.004	0.002	0.002	0.003	0.002	0.001	0.001
5		0.015	0.010	0.006	0.021	0.011	0.006	0.004	0.002	0.006	0.003	0.002	0.001
6		0.023	0.015	0.010	0.032	0.017	0.010	0.006	0.004	0.009	0.005	0.003	0.002
7		0.033	0.021	0.014	0.047	0.026	0.015	0.009	0.006	0.013	0.007	0.004	0.002
8		0.047	0.030	0.020	0.066	0.037	0.021	0.013	0.008	0.019	0.010	0.006	0.003
9		0.064	0.042	0.028	0.090	0.051	0.030	0.018	0.011	0.027	0.014	0.008	0.005
10		0.085	0.056	0.038	0.120	0.069	0.041	0.025	0.016	0.036	0.020	0.012	0.007
11		0.111	0.073	0.050	0.155	0.090	0.054	0.033	0.021	0.049	0.027	0.016	0.009
12		0.142	0.095	0.065	0.197	0.117	0.071	0.044	0.028	0.064	0.036	0.021	0.013
13		0.177	0.120	0.082	0.242	0.147	0.091	0.057	0.036	0.082	0.047	0.027	0.017
14		0.218	0.149	0.103	0.294	0.183	0.114	0.072	0.047	0.104	0.060	0.036	0.022
15		0.262	0.182	0.127	0.350	0.223	0.141	0.091	0.059	0.130	0.076	0.045	0.028
16		0.311	0.219	0.155	0.410	0.267	0.173	0.112	0.074	0.159	0.095	0.057	0.035
17		0.362	0.259	0.186	0.469	0.314	0.207	0.136	0.090	0.191	0.116	0.071	0.044
18		0.417	0.303	0.220	0.531	0.365	0.245	0.164	0.110	0.228	0.141	0.087	0.054
19		0.472	0.350	0.257		0.418	0.286	0.192	0.132	0.267	0.168	0.105	0.067
20		0.528	0.399	0.297		0.473	0.331	0.228	0.157	0.310	0.198	0.126	0.081
21			0.449	0.339		0.527	0.377	0.264	0.184	0.355	0.232	0.150	0.097
22			0.500	0.384			0.426	0.304	0.214	0.402	0.268	0.176	0.115
23				0.430			0.475	0.345	0.246	0.451	0.306	0.204	0.135
24				0.477			0.525	0.388	0.281	0.500	0.347	0.235	0.157
25				0.524				0.432	0.318		0.389	0.268	0.182
26								0.477	0.356		0.433	0.303	0.209
27								0.523	0.396		0.478	0.340	0.237
28									0.437		0.523	0.379	0.268
29									0.479			0.419	0.300
30									0.521			0.459	0.335
31												0.500	0.370
32													0.406
33													0.443
34													0.481
35													0.519

附表 24　Mann–Whitney U 統計量機率表 $P(U < u)$　（續）

u	n_1	8	8		9	10	u	n_1	8	8		9	10
	n_2	8	9	10	9 10	10		n_2	8	9	10	9 10	10
0		0.000	0.000	0.000	0.000 0.000	0.000	26		0.287	0.185	0.119	0.111 0.067	0.038
1		0.000	0.000	0.000	0.000 0.000	0.000	27		0.323	0.212	0.137	0.129 0.078	0.045
2		0.000	0.000	0.000	0.000 0.000	0.000	28		0.361	0.240	0.158	0.149 0.091	0.053
3		0.001	0.000	0.000	0.000 0.000	0.000	29		0.399	0.271	0.180	0.170 0.106	0.062
4		0.001	0.001	0.000	0.000 0.000	0.000	30		0.439	0.303	0.204	0.193 0.121	0.072
5		0.001	0.001	0.000	0.000 0.000	0.000	31		0.480	0.337	0.230	0.218 0.139	0.083
6		0.002	0.001	0.001	0.001 0.000	0.000	32		0.520	0.372	0.257	0.245 0.158	0.095
7		0.003	0.002	0.001	0.001 0.001	0.000	33			0.407	0.286	0.273 0.178	0.109
8		0.005	0.003	0.002	0.001 0.001	0.000	34			0.444	0.317	0.302 0.200	0.124
9		0.007	0.004	0.002	0.002 0.001	0.001	35			0.481	0.348	0.333 0.224	0.140
10		0.010	0.006	0.003	0.003 0.002	0.001	36			0.519	0.381	0.365 0.248	0.158
11		0.014	0.008	0.004	0.004 0.002	0.001	37				0.414	0.398 0.275	0.176
12		0.019	0.010	0.006	0.005 0.003	0.001	38				0.448	0.432 0.302	0.197
13		0.025	0.014	0.008	0.007 0.004	0.002	39				0.483	0.466 0.330	0.218
14		0.032	0.018	0.010	0.009 0.005	0.003	40				0.517	0.500 0.360	0.241
15		0.041	0.023	0.013	0.012 0.007	0.003	41					0.390	0.264
16		0.052	0.030	0.017	0.016 0.009	0.005	42					0.421	0.289
17		0.065	0.037	0.022	0.020 0.011	0.006	43					0.452	0.315
18		0.080	0.046	0.027	0.025 0.014	0.007	44					0.484	0.342
19		0.097	0.057	0.034	0.031 0.018	0.009	45					0.516	0.370
20		0.117	0.069	0.042	0.039 0.022	0.012	46						0.398
21		0.139	0.084	0.051	0.047 0.027	0.014	47						0.427
22		0.164	0.100	0.061	0.057 0.033	0.018	48						0.460
23		0.191	0.118	0.073	0.068 0.039	0.022	49						0.485
24		0.221	0.138	0.086	0.081 0.047	0.026	50						0.515
25		0.253	0.161	0.102	0.095 0.056	0.032							

附表 25　連檢定的 γ_L 及 γ_U （$\alpha \le 5$）

下表欄標 n_2（2～20），列標 n_1。每一 n_1 分 U（γ_U）與 L（γ_L）兩列。

n_1		2	3	4	5	6	7	8	9	10	11	12	13	14	15	16	17	18	19	20
2	U											−	−	−	−	−	−	−	−	−
	L											2	2	2	2	2	2	2	2	2
3	U					−	−	−	−	−	−	−	−	−	−	−	−	−	−	−
	L					2	2	2	2	2	2	2	2	2	2	3	3	3	3	3
4	U				9	9	−	−	−	−	−	−	−	−	−	−	−	−	−	−
	L				2	2	2	3	3	3	3	3	3	3	3	4	4	4	4	4
5	U			9	10	11	11	−	−	−	−	−	−	−	−	−	−	−	−	−
	L			2	2	3	3	3	3	3	4	4	4	4	4	4	4	5	5	5
6	U		−	9	10	11	12	12	13	13	13	13	−	−	−	−	−	−	−	−
	L		2	2	3	3	3	3	4	4	4	4	5	5	5	5	5	5	6	6
7	U	−	−	−	11	12	13	13	14	14	14	14	15	15	−	−	−	−	−	−
	L	−	2	2	3	3	3	4	4	5	5	5	5	5	6	6	6	6	6	6
8	U	−	−	−	11	12	13	14	14	15	15	16	16	16	16	17	17	17	17	17
	L	−	2	3	3	3	4	4	5	5	5	6	6	6	6	6	7	7	7	7
9	U	−	−	−	−	13	14	14	15	16	16	16	17	17	18	18	18	18	18	18
	L	−	2	3	3	4	4	5	5	5	6	6	6	7	7	7	7	8	8	8
10	U	−	−	−	−	13	14	15	16	16	17	17	18	18	18	19	19	19	20	20
	L	−	2	3	3	4	5	5	5	6	6	7	7	7	7	8	8	8	8	9
11	U	−	−	−	−	13	14	15	16	17	17	18	19	19	19	20	20	20	21	21
	L	−	2	3	4	4	5	5	6	6	7	7	7	8	8	9	9	9	9	9
12	U	−	−	−	−	13	14	16	16	17	18	19	19	20	20	21	21	21	22	22
	L	2	2	3	4	4	5	6	6	7	7	7	8	8	8	9	9	9	10	10
13	U	−	−	−	−	−	15	16	17	18	19	19	20	20	21	21	22	22	23	23
	L	2	2	3	4	5	5	6	6	7	7	8	8	9	9	9	10	10	10	10
14	U	−	−	−	−	−	15	16	17	18	19	20	20	21	22	22	23	23	23	24
	L	2	2	3	4	5	5	6	7	7	8	8	9	9	9	10	10	10	11	11
15	U	−	−	−	−	−	15	16	18	18	19	20	21	22	22	23	23	24	24	25
	L	2	3	3	4	5	6	6	7	7	8	8	9	9	10	10	11	11	11	12
16	U	−	−	−	−	−	−	17	18	19	20	21	21	22	23	23	24	25	25	25
	L	2	3	4	4	5	6	6	7	8	8	9	9	10	10	11	11	11	12	12
17	U	−	−	−	−	−	−	17	18	19	20	21	22	23	23	24	25	25	26	26
	L	2	3	4	4	5	6	7	7	8	9	9	10	10	11	11	11	12	12	13
18	U	−	−	−	−	−	−	17	18	19	20	21	22	23	24	25	25	26	26	27
	L	2	3	4	5	5	6	7	8	8	9	9	10	10	11	11	12	12	13	13
19	U	−	−	−	−	−	−	17	18	20	21	22	23	23	24	25	26	26	27	27
	L	2	3	4	5	6	6	7	8	8	9	10	10	11	11	12	12	13	13	13
20	U	−	−	−	−	−	−	17	18	20	21	22	23	24	25	25	26	27	27	28
	L	2	3	4	5	6	6	7	8	9	9	10	10	11	12	12	13	13	13	14

附表 26　母體中位數區間估計的位次 r

n	r			
	1	2	3	4
5	0.938			
6	0.969			
7	0.984			
8	0.992	0.930		
9	0.996	0.961		
10	0.998	0.979		
11	0.999	0.988	0.935	
12	1.000	0.994	0.961	
13	1.000	0.997	0.978	0.908
14	1.000	0.998	0.987	0.943
15	1.000	0.999	0.993	0.965

附表 27　標準距 (Studentized) 分配上側 5% 點

$$q_\alpha(a, \phi_e)(\alpha = 0.05) \text{ 之值}$$

ϕ_e \ a	2	3	4	5	6	7	8	9
2	6.085	8.331	9.798	10.881	11.734	12.434	13.027	13.538
3	4.501	5.910	6.825	7.502	8.478	8.037	8.852	9.177
4	3.927	5.040	5.757	6.287	6.706	7.053	7.347	7.602
5	3.635	4.602	5.218	5.673	6.033	6.330	6.582	6.801
6	3.460	4.339	4.896	5.305	5.629	5.895	6.122	6.319
7	3.344	4.165	4.681	5.060	5.359	5.605	5.814	5.995
8	3.261	4.041	4.529	4.886	5.167	5.399	5.596	5.766
9	3.199	3.948	4.415	4.755	5.023	5.244	5.432	5.594
10	3.151	3.877	4.327	4.654	4.912	5.124	5.304	5.460
11	3.113	3.820	4.256	4.574	4.823	5.028	5.202	5.353
12	3.081	3.773	4.199	4.508	4.750	4.949	5.118	5.265
13	3.055	3.734	4.151	4.453	4.690	4.884	5.049	5.192
14	3.033	3.701	4.111	4.407	4.639	4.829	4.990	5.130
15	3.014	3.673	4.076	4.367	4.595	4.782	4.940	5.077
16	2.998	3.649	4.046	4.333	4.557	4.741	4.896	5.031
17	2.984	3.628	4.020	4.303	4.524	4.705	4.858	4.991
18	2.971	3.609	3.997	4.276	4.494	4.673	4.824	4.955
19	2.960	3.593	3.977	4.253	4.468	4.645	4.794	4.924
20	2.950	3.578	3.958	4.232	4.445	4.620	4.768	4.895
21	2.941	3.565	3.942	4.213	4.424	4.597	4.743	4.870
22	2.933	3.553	3.927	4.196	4.405	4.577	4.722	4.847
23	2.926	3.542	3.914	4.180	4.388	4.558	4.702	4.826
24	2.919	3.532	3.901	4.166	4.373	4.541	4.684	4.807
25	2.913	3.523	3.890	4.153	4.358	4.526	4.667	4.789
26	2.907	3.514	3.880	4.141	4.345	4.511	4.652	4.773
27	2.902	3.506	3.870	4.130	4.333	4.498	4.638	4.758
28	2.897	3.499	3.861	4.120	4.322	4.486	4.625	4.745
29	2.892	3.493	3.853	4.111	4.311	4.475	4.613	4.732
30	2.888	3.487	3.845	4.102	4.301	4.464	4.601	4.720

附表 27　標準距 (Studentized) 分配上側 5% 點　（ 續 ）

$$q_\alpha(a, \phi_e)(\alpha = 0.05) \text{ 之值}$$

ϕ_e ＼ a	2	3	4	5	6	7	8	9
31	2.884	3.481	3.838	4.094	4.292	4.454	4.591	4.709
32	2.881	3.475	3.832	4.086	4.284	4.445	4.581	4.698
33	2.877	3.470	3.825	4.079	4.276	4.436	4.572	4.689
34	2.874	3.465	3.820	4.072	4.268	4.428	4.563	4.680
35	2.871	3.461	3.814	4.066	4.261	4.421	4.555	4.671
36	2.868	3.457	3.809	4.060	4.255	4.414	4.547	4.663
37	2.865	3.453	3.804	4.054	4.249	4.407	4.540	4.655
38	2.863	3.449	3.799	4.049	4.243	4.400	4.533	4.648
39	2.861	3.445	3.795	4.044	4.237	4.394	4.527	4.641
40	2.858	3.442	3.791	4.039	4.232	4.388	4.521	4.634
41	2.856	3.439	3.787	4.035	4.227	4.383	4.515	4.628
42	2.854	3.436	3.783	4.030	4.222	4.378	4.509	4.622
43	2.852	3.433	3.779	4.026	4.217	4.373	4.504	4.617
44	2.850	3.430	3.776	4.022	4.213	4.368	4.499	4.611
45	2.848	3.428	3.773	4.018	4.209	4.364	4.494	4.606
46	2.847	3.425	3.770	4.015	4.205	4.359	4.489	4.601
47	2.845	3.423	3.767	4.011	4.201	4.355	4.485	4.597
48	2.844	3.420	3.764	4.008	4.197	4.351	4.481	4.592
49	2.842	3.418	3.761	4.005	4.194	4.347	4.477	4.588
50	2.841	3.416	3.758	4.002	4.190	4.344	4.473	4.584
60	2.829	3.399	3.737	3.977	4.163	4.314	4.441	4.550
80	2.814	3.377	3.711	3.947	4.129	4.278	4.402	4.509
100	2.806	3.365	3.695	3.929	4.109	4.256	4.379	4.484
120	2.800	3.356	3.685	3.917	4.096	4.241	4.363	4.468
240	2.786	3.335	3.659	3.887	4.063	4.205	4.324	4.427
360	2.781	3.328	3.650	3.877	4.052	4.193	4.312	4.413
∞	2.772	3.314	3.633	3.858	4.030	4.170	4.286	4.387

註：$q_{0.05}(2, 10) = 3.151$，$q_{0.05}(5, 20) = 4.232$，$q_{0.05}(7, 30) = 4.464$。

附表 28　Dunnet 方法的雙邊 5% 點（ 相關係數 = 0.3 時 ）

$$d_\alpha(a, \phi_e, \rho)(\alpha = 0.05, \rho = 0.3) \text{ 之值}$$

ϕ_e \ a	2	3	4	5	6	7	8	9
2	4.303	5.519	6.242	6.749	7.137	7.448	7.707	7.928
3	3.182	3.928	4.371	4.682	4.921	5.114	5.276	5.414
4	2.776	3.358	3.700	3.941	4.126	4.276	4.402	4.509
5	2.571	3.070	3.362	3.567	3.725	3.853	3.960	4.052
6	2.447	2.898	3.160	3.344	3.485	3.600	3.695	3.778
7	2.365	2.784	3.026	3.196	3.326	3.432	3.520	3.595
8	2.306	2.703	2.931	3.090	33.213	3.311	3.394	3.465
9	2.262	2.642	2.860	3.012	3.128	3.222	3.301	3.368
10	2.228	2.595	2.805	2.951	3.062	3.153	3.228	3.293
11	2.201	2.558	2.761	2.902	3.010	3.097	3.170	3.233
12	2.179	2.528	2.725	2.863	2.968	3.052	3.123	3.184
13	2.160	2.502	2.695	2.830	2.932	3.015	3.084	3.143
14	2.145	2.481	2.670	2.802	2.902	2.983	3.051	3.109
15	2.131	2.463	2.649	2.778	2.877	2.956	3.022	3.079
16	2.120	2.447	2.630	2.758	2.854	2.933	2.998	3.054
17	2.110	2.433	2.614	2.740	2.835	2.912	2.976	3.032
18	2.101	2.421	2.600	2.724	2.818	2.894	2.958	3.012
19	2.093	2.410	2.587	2.710	2.803	2.878	2.941	2.995
20	2.086	2.400	2.576	2.697	2.790	2.864	2.926	2.979
21	2.080	2.391	2.566	2.686	2.777	2.851	2.912	2.965
22	2.074	2.384	2.557	2.676	2.766	2.839	2.900	2.952
23	2.069	2.377	2.548	2.667	2.756	2.829	2.889	2.941
24	2.064	2.370	2.541	2.658	2.747	2.819	2.879	2.930
25	2.060	2.364	2.534	2.650	2.739	2.810	2.870	2.921
26	2.056	2.359	2.527	2.643	2.731	2.802	2.861	2.912
27	2.052	2.354	2.521	2.637	2.724	2.795	2.854	2.904
28	2.048	2.349	2.516	2.631	2.718	2.788	2.846	2.896
29	2.045	2.345	2.511	2.625	2.712	2.782	2.840	2.889
30	2.042	2.341	2.506	2.620	2.706	2.776	2.833	2.883

附表 28 Dunnet 方法的雙邊 5% 點（相關係數 = 0.3 時）（續）

$$d_\alpha(a, \phi_e, \rho)(\alpha = 0.05, \rho = 0.3) \text{ 之值}$$

ϕ_e ＼ a	2	3	4	5	6	7	8	9
31	2.040	2.337	2.502	2.615	2.701	2.770	2.828	2.877
32	2.037	2.333	2.498	2.610	2.696	2.765	2.822	2.871
33	2.035	2.330	2.494	2.606	2.691	2.760	2.817	2.866
34	2.032	2.327	2.490	2.602	2.687	2.755	2.812	2.861
35	2.030	2.324	2.487	2.598	2.683	2.751	2.808	2.856
36	2.028	2.321	2.483	2.595	2.679	2.747	2.803	2.852
37	2.026	2.319	2.480	2.592	2.676	2.743	2.799	2.848
38	2.024	2.316	2.478	2.588	2.672	2.740	2.796	2.844
39	2.023	2.314	2.475	2.585	2.669	2.736	2.792	2.840
40	2.021	2.312	2.472	2.582	2.666	2.733	2.789	2.836
41	2.020	2.310	2.470	2.580	2.663	2.730	2.785	2.833
42	2.018	2.308	2.467	2.577	2.660	2.727	2.782	2.830
43	2.017	2.306	2.465	2.575	2.658	2.724	2.779	2.827
44	2.015	2.304	2.463	2.572	2.655	2.721	2.777	2.824
45	2.014	2.302	2.461	2.570	2.653	2.719	2.774	2.821
46	2.013	2.300	2.459	2.568	2.650	2.717	2.772	2.819
47	2.012	2.299	2.457	2.566	2.648	2.714	2.769	2.816
48	2.011	2.297	2.456	2.564	2.646	2.712	2.767	2.814
49	2.010	2.296	2.454	2.562	2.644	2.710	2.765	2.811
50	2.009	2.295	2.452	2.560	2.642	2.708	2.762	2.809
60	2.000	2.283	2.439	2.546	2.627	2.691	2.745	2.791
80	1.990	2.269	2.423	2.528	2.607	2.971	2.723	2.769
100	1.984	2.261	2.413	2.517	2.596	2.658	2.711	2.755
120	1.980	2.256	2.407	2.510	2.588	2.650	2.702	2.746
240	1.970	2.242	2.391	2.492	2.569	2.630	2.681	2.725
360	1.967	2.237	2.386	2.487	2.563	2.624	2.674	2.717
∞	1.960	2.229	2.375	2.475	2.550	2.610	2.660	2.703

註：$d_{0.05}(2, 10, 0.3) = 2.228$，$d_{0.05}(5, 20, 0.3) = 2.697$，$d_{0.05}(7, 30, 0.3) = 2.776$。

附表 28　Dunnet 方法雙邊 5% 點 （ 相關係數 = 0.5 時 ）

$d_\alpha(a, \phi_e, \rho)(\alpha = 0.05, \rho = 0.5)$ 之值

ϕ_e \ a	2	3	4	5	6	7	8	9
2	4.303	5.418	6.065	6.513	6.852	7.123	7.349	7.540
3	3.182	3.866	4.263	4.538	4.748	4.916	5.056	5.176
4	2.776	3.310	3.618	3.832	3.994	4.125	4.235	4.328
5	2.571	3.030	3.293	3.476	3.615	3.727	3.821	3.900
6	2.447	2.863	3.099	3.263	3.388	3.489	3.573	3.644
7	2.365	2.752	2.971	3.123	3.239	3.332	3.409	3.476
8	2.306	2.673	2.880	3.023	3.132	3.219	3.292	3.354
9	2.262	2.614	2.812	2.948	3.052	3.135	3.205	3.264
10	2.228	2.568	2.759	2.891	2.990	3.070	3.137	3.194
11	2.201	2.532	2.717	2.845	2.941	3.019	3.084	3.139
12	2.179	2.502	2.683	2.807	2.901	2.977	3.040	3.094
13	2.160	2.478	2.655	2.776	2.868	2.942	3.004	3.056
14	2.145	2.457	2.631	2.750	2.840	2.913	2.973	3.024
15	2.131	2.439	2.610	2.727	2.816	2.887	2.947	2.997
16	2.120	2.424	2.592	2.708	2.796	2.866	2.924	2.974
17	2.110	2.410	2.577	2.691	2.777	2.847	2.904	2.953
18	2.101	2.399	2.563	2.676	2.762	2.830	2.887	2.935
19	2.093	2.388	2.551	2.663	2.747	2.815	2.871	2.919
20	2.086	2.379	2.540	2.651	2.735	2.802	2.857	2.905
21	2.080	2.370	2.531	2.640	2.723	2.790	2.845	2.892
22	2.074	2.363	2.522	2.631	2.713	2.779	2.834	2.880
23	2.069	2.356	2.514	2.622	2.704	2.769	2.824	2.870
24	2.064	2.349	2.507	2.614	2.695	2.760	2.814	2.860
25	2.060	2.344	2.500	2.607	2.688	2.752	2.806	2.852
26	2.056	2.338	2.494	2.600	2.680	2.745	2.798	2.843
27	2.052	2.333	2.488	2.594	2.674	2.738	2.791	2.836
28	2.048	2.329	2.483	2.588	2.668	2.731	2.784	2.829
29	2.045	2.325	2.478	2.583	2.662	2.725	2.778	2.823
30	2.042	2.321	2.474	2.578	2.657	2.720	2.772	2.817

附表 28　Dunnet 方法的雙邊 5% 點（相關係數 = 0.5 時）（續）

$$d_\alpha(a, \phi_e, \rho)(\alpha = 0.05, \rho = 0.5)$$ 之值

ϕ_e ＼ a	2	3	4	5	6	7	8	9
31	2.040	2.317	2.470	2.574	2.652	2.715	2.767	2.811
32	2.037	2.314	2.466	2.569	2.647	2.710	2.762	2.806
33	2.035	2.311	2.462	2.565	2.643	2.705	2.757	2.801
34	2.032	2.308	2.458	2.561	2.639	2.701	2.753	2.797
35	2.030	2.305	2.455	2.558	2.635	2.697	2.749	2.792
36	2.028	2.302	2.452	2.555	2.632	2.693	2.745	2.788
37	2.026	2.300	2.449	2.551	2.628	2.690	2.741	2.784
38	2.024	2.297	2.447	2.548	2.625	2.686	2.737	2.781
39	2.023	2.295	2.444	2.546	2.622	2.683	2.734	2.777
40	2.021	2.293	2.441	2.543	2.619	2.680	2.731	2.774
41	2.020	2.291	2.439	2.540	2.617	2.677	2.728	2.771
42	2.018	2.289	2.437	2.529	2.614	2.675	2.725	2.768
43	2.017	2.287	2.435	2.536	2.612	2.672	2.722	2.765
44	2.015	2.285	2.433	2.533	2.609	2.670	2.720	2.763
45	2.014	2.284	2.431	2.531	2.607	2.667	2.717	2.760
46	2.013	2.282	2.429	2.529	2.605	2.665	2.715	2.758
47	2.012	2.280	2.427	2.527	2.603	2.663	2.713	2.755
48	2.011	2.279	2.426	2.526	2.601	2.661	2.711	2.753
49	2.010	2.278	2.424	2.524	2.599	2.659	2.709	2.751
50	2.009	2.276	2.422	2.522	2.597	2.657	2.707	2.749
60	2.000	2.265	2.410	2.508	2.582	2.642	2.691	2.733
80	1.990	2.252	2.394	2.491	2.564	2.623	2.671	2.712
100	1.984	2.244	2.385	2.481	2.554	2.611	2.659	2.700
120	1.980	2.238	2.379	2.475	2.547	2.604	2.651	2.692
240	1.970	2.225	2.364	2.458	2.529	2.585	2.632	2.672
360	1.967	2.221	2.359	2.453	2.523	2.579	2.626	2.665
∞	1.960	2.212	2.349	2.442	2.511	2.567	2.613	2.652

註： $d_{0.05}(2, 10, 0.5) = 2.228$，$d_{0.05}(5, 20, 0.5) = 2.651$，$d_{0.05}(7, 30, 0.5) = 2.720$。

附表 28　Dunnet 方法雙邊 5% 點（相關係數 $= 0.7$ 時）

$d_\alpha(a, \phi_e, \rho)(\alpha = 0.05, \rho = 0.7)$ 之值

ϕ_e \ a	2	3	4	5	6	7	8	9
2	4.303	5.238	5.764	6.123	6.393	6.607	6.785	6.935
3	3.182	3.757	4.080	4.300	4.467	4.600	4.711	4.804
4	2.776	3.227	3.478	3.650	3.780	3.884	3.970	4.043
5	2.571	2.960	3.175	3.323	3.434	3.523	3.597	3.660
6	2.447	2.800	2.995	3.128	3.229	3.309	3.375	3.432
7	2.365	2.694	2.875	2.999	3.093	3.167	3.229	3.282
8	2.306	2.619	2.791	2.908	2.996	3.066	3.124	3.174
9	2.262	2.563	2.727	2.839	2.924	2.991	3.047	3.094
10	2.228	2.519	2.678	2.787	2.868	2.933	2.987	3.032
11	2.201	2.485	2.639	2.745	2.824	2.887	2.939	2.983
12	2.179	2.456	2.608	2.710	2.788	2.849	2.900	2.943
13	2.160	2.433	2.581	2.682	2.758	2.818	2.868	2.910
14	2.145	2.413	2.559	2.658	2.732	2.791	2.840	2.882
15	2.131	2.396	2.540	2.635	2.711	2.769	2.817	2.858
16	2.120	2.382	2.524	2.620	2.692	2.749	2.797	2.837
17	2.110	2.369	2.509	2.604	2.676	2.732	2.779	2.819
18	2.101	2.358	2.497	2.591	2.661	2.718	2.764	2.803
19	2.093	2.348	2.485	2.579	2.649	2.704	2.750	2.789
20	2.086	2.339	2.475	2.568	2.637	2.692	2.738	2.777
21	2.080	2.331	2.466	2.558	2.627	2.682	2.727	2.765
22	2.074	2.323	2.458	2.549	2.618	2.672	2.717	2.755
23	2.069	2.317	2.451	2.542	2.609	2.663	2.708	2.746
24	2.064	2.311	2.444	2.534	2.602	2.655	2.700	2.738
25	2.060	2.305	2.438	2.528	2.595	2.648	2.692	2.730
26	2.056	2.300	2.432	2.522	2.588	2.641	2.685	2.723
27	2.052	2.295	2.427	2.516	2.582	2.635	2.679	2.716
28	2.048	2.291	2.422	2.511	2.577	2.630	2.673	2.710
29	2.045	2.287	2.418	2.506	2.572	2.624	2.668	2.704
30	2.042	2.283	2.414	2.501	2.567	2.619	2.662	2.699

附表 28　Dunnet 方法的雙邊 5% 點（相關係數 = 0.7 時）（續）

$$d_\alpha(a, \phi_e, \rho)(\alpha = 0.05, \rho = 0.7)\ 之值$$

ϕ_e \ a	2	3	4	5	6	7	8	9
31	2.040	2.280	2.410	2.497	2.563	2.615	2.658	2.694
32	2.037	2.277	2.406	2.493	2.559	2.610	2.653	2.690
33	2.035	2.274	2.403	2.490	2.555	2.606	2.649	2.685
34	2.032	2.271	2.399	2.486	2.551	2.603	2.645	2.681
35	2.030	2.268	2.396	2.483	2.548	2.599	2.641	2.678
36	2.028	2.266	2.393	2.480	2.544	2.596	2.638	2.674
37	2.026	2.263	2.391	2.477	2.541	2.592	2.635	2.671
38	2.024	2.261	2.388	2.474	2.538	2.589	2.632	2.667
39	2.023	2.259	2.386	2.472	2.536	5.587	2.629	2.664
40	2.021	2.257	2.384	2.469	2.533	5.584	2.626	2.662
41	2.020	2.255	2.381	2.467	2.531	2.581	2.623	2.659
42	2.018	2.253	2.379	2.465	2.528	2.579	2.621	2.656
43	2.017	2.251	2.377	2.462	2.526	2.577	2.618	2.654
44	2.015	2.250	2.376	2.460	2.524	2.574	2.616	2.652
45	2.014	2.248	2.374	2.459	2.522	2.572	2.614	2.649
46	2.013	2.246	2.372	2.457	2.520	2.570	2.612	2.647
47	2.012	2.245	2.370	2.455	2.518	2.568	2.610	2.645
48	2.011	2.244	2.369	2.453	2.516	2.567	2.608	2.643
49	2.010	2.242	2.367	2.452	2.515	2.565	2.606	2.641
50	2.009	2.241	2.366	2.450	2.513	2.563	2.604	2.640
60	2.000	2.231	2.354	2.438	2.500	2.549	2.590	2.625
80	1.990	2.218	2.340	2.422	2.484	2.532	2.573	2.607
100	1.984	2.210	2.331	2.413	2.474	2.522	2.562	2.596
120	1.980	2.205	2.326	2.407	2.468	2.516	2.555	2.589
240	1.970	2.192	2.312	2.392	2.452	2.499	2.538	2.572
360	1.957	2.188	2.307	2.387	2.446	2.494	2.533	2.566
∞	1.960	2.180	2.298	2.377	2.436	2.483	2.521	2.554

註：$d_{0.05}(2, 10, 0.7) = 2.228$，$d_{0.05}(5, 20, 0.7) = 2.568$，$d_{0.05}(7, 30, 0.7) = 2.619$。

附表 28　Dunnet 方法的雙邊 5% 點 (1)（相關係數 $=0.9$ 時）

$d_\alpha(\alpha, \phi_e, \rho)(\alpha=0.05, \rho=0.9)$ 之值

ϕ_e \ a	2	3	4	5	6	7	8	9
2	4.303	4.894	5.211	5.423	5.581	5.706	5.809	5.896
3	3.182	3.547	3.742	3.873	3.971	4.408	4.112	4.166
4	2.776	3.064	3.218	3.321	3.397	3.458	3.508	3.550
5	2.571	2.821	2.954	3.043	3.109	3.161	3.204	3.241
6	2.447	2.675	2.797	2.877	2.937	2.985	3.024	3.057
7	2.365	2.579	2.692	2.768	2.824	2.868	2.905	2.935
8	2.306	2.510	2.618	2.690	2.743	2.785	2.820	2.849
9	2.262	2.459	2.563	2.632	2.683	2.724	2.757	2.785
10	2.228	2.419	2.520	2.587	2.637	2.676	2.708	2.736
11	2.201	2.388	2.486	2.551	2.600	2.638	2.669	2.696
12	2.179	2.362	2.458	2.522	2.569	2.607	2.638	2.664
13	2.160	2.340	2.435	2.498	2.544	2.581	2.611	2.637
14	2.145	2.322	2.415	2.477	2.523	2.559	2.589	2.614
15	2.131	2.307	2.399	2.460	2.505	2.541	2.570	2.595
16	2.120	2.293	2.384	2.445	2.489	2.525	2.554	2.578
17	2.110	2.282	2.372	2.432	2.476	2.511	2.539	2.564
18	2.101	2.271	2.361	2.420	2.464	2.498	2.527	2.551
19	2.093	2.262	2.351	2.410	2.453	2.487	2.516	2.540
20	2.086	2.254	2.342	2.400	2.444	2.478	2.506	2.529
21	2.080	2.247	2.334	2.392	2.435	2.469	2.497	2.520
22	2.074	2.240	2.327	2.384	2.427	2.461	2.489	2.512
23	2.069	2.234	2.320	2.378	2.420	2.454	2.481	2.505
24	2.064	2.228	2.314	2.372	2.414	2.447	2.475	2.498
25	2.060	2.223	2.309	2.366	2.408	2.441	2.468	2.491
26	2.056	2.219	2.304	2.361	2.403	2.436	2.463	2.486
27	2.052	2.214	2.299	2.356	2.398	2.431	2.458	2.480
28	2.048	2.210	2.295	2.351	2.393	2.426	2.453	2.475
29	2.045	2.207	2.291	2.347	2.389	2.421	2.448	2.471
30	2.042	2.203	2.287	2.343	2.385	2.417	2.444	2.467

附表 28　Dunnet 方法的雙邊 5% 點 (1)（相關係數 = 0.9 時）（續）

$$d_\alpha(\alpha, \phi_e, \rho)(\alpha = 0.05, \rho = 0.9)$$ 之值

ϕ_e \ a	2	3	4	5	6	7	8	9
31	2.040	2.200	2.284	2.340	2.381	2.413	2.440	2.463
32	2.037	2.197	2.281	2.336	2.378	2.410	2.437	2.459
33	2.035	2.194	2.278	2.333	2.374	2.407	2.433	2.456
34	2.032	2.192	2.275	2.330	2.371	2.403	2.430	2.452
35	2.030	2.189	2.272	2.328	2.368	2.401	2.427	2.449
36	2.028	2.187	2.270	2.325	2.366	2.398	2.424	2.446
37	2.026	2.185	2.267	2.322	2.363	2.395	2.421	2.444
38	2.024	2.183	2.265	2.320	2.361	2.393	2.419	2.441
39	2.023	2.181	2.263	2.318	2.358	2.390	2.416	2.439
40	2.021	2.179	2.261	2.316	2.356	2.388	2.414	2.436
41	2.020	2.177	2.259	2.314	2.354	2.386	2.412	2.434
42	2.018	2.175	2.257	2.312	2.352	2.384	2.410	2.432
43	2.017	2.174	2.256	2.310	2.350	2.382	2.408	2.430
44	2.015	2.172	2.254	2.308	2.349	2.380	2.406	2.428
45	2.014	2.171	2.252	2.307	2.347	2.378	2.404	2.426
46	2.013	2.169	2.251	2.305	2.345	2.377	2.403	2.425
47	2.012	2.168	2.250	2.304	2.344	2.375	2.401	2.423
48	2.011	2.167	2.248	2.302	2.342	2.374	2.400	2.421
49	2.010	2.165	2.247	2.301	2.341	2.372	2.398	2.420
50	2.009	2.164	2.246	2.300	2.339	2.371	2.397	2.418
60	2.000	2.155	2.235	2.289	2.328	2.359	2.385	2.407
80	1.990	2.143	2.223	2.275	2.315	2.345	2.371	2.392
100	1.984	2.136	2.215	2.268	2.306	2.337	2.362	2.383
120	1.980	2.131	2.210	2.262	2.301	2.331	2.356	2.378
240	1.970	2.120	2.198	2.249	2.288	2.318	2.342	2.363
360	1.967	2.116	2.194	2.245	2.283	2.313	2.338	2.359
∞	1.960	2.108	2.185	2.237	2.274	2.304	2.328	2.349

附表 28　Dunnet 方法的上邊 5% 點 (2)（ 相關係數 ＝0.1 時 ）

$$d'_\alpha(\alpha, \phi_e, \rho)(\alpha = 0.05, \rho = 0.1) \text{ 之值}$$

ϕ_e ＼ a	2	3	4	5	6	7	8	9
2	2.920	4.032	4.751	5.280	5.695	6.035	6.322	6.569
3	2.353	3.067	3.509	3.830	4.080	4.286	4.459	4.609
4	2.132	2.706	3.052	3.301	3.494	3.652	3.786	3.902
5	2.015	2.520	2.819	3.301	3.197	3.331	3.445	3.544
6	1.943	2.407	2.677	2.869	3.018	3.139	3.241	3.328
7	1.895	2.331	2.583	2.761	2.899	3.010	3.104	3.185
8	1.860	2.277	2.516	2.684	2.814	2.919	3.007	3.084
9	1.833	2.236	2.466	2.627	2.750	2.851	2.935	3.007
10	1.812	2.204	2.427	2.582	2.701	2.797	2.878	2.948
11	1.796	2.179	2.395	2.546	2.662	2.755	2.834	2.901
12	1.782	2.158	2.370	2.517	2.629	2.720	2.797	2.862
13	1.771	2.141	2.348	2.493	2.603	2.692	2.766	2.830
14	1.761	2.126	2.330	2.472	2.580	2.667	2.740	2.803
15	1.753	2.113	2.315	2.454	2.561	2.647	2.718	2.780
16	1.746	2.103	2.302	2.439	2.544	2.629	2.699	2.760
17	1.740	2.093	2.290	2.426	2.529	2.613	2.682	2.742
18	1.734	2.085	2.280	2.414	2.516	2.599	2.668	2.727
19	1.729	2.077	2.270	2.404	2.505	2.587	2.655	2.713
20	1.725	2.071	2.262	2.394	2.495	2.575	2.643	2.701
21	1.721	2.065	2.255	2.386	2.485	2.566	2.632	2.690
22	1.717	2.059	2.248	2.378	2.477	2.557	2.623	2.680
23	1.714	2.054	2.242	2.371	2.470	2.548	2.614	2.671
24	1.711	2.050	2.237	2.365	2.463	2.541	2.606	2.662
25	1.708	2.046	2.232	2.359	2.456	2.534	2.599	2.655
26	1.706	2.042	2.227	2.354	2.451	2.528	2.593	2.648
27	1.703	2.038	2.223	2.349	2.445	2.522	2.586	2.641
28	1.701	2.035	2.219	2.345	2.440	2.517	2.581	2.635
29	1.699	2.032	2.215	2.341	2.436	2.512	2.575	2.630
30	1.697	2.029	2.212	2.337	2.431	2.507	2.571	2.625

附表 28　Dunnet 方法的上邊 5% 點 (2)（相關係數 = 0.1 時）（續）

$$d'_\alpha(\alpha, \phi_e, \rho)(\alpha = 0.05, \rho = 0.1) \text{ 之值}$$

ϕ_e \ a	2	3	4	5	6	7	8	9
31	1.696	2.027	2.208	2.333	2.427	2.503	2.566	2.620
32	1.694	2.024	2.205	2.330	2.424	2.499	2.562	2.615
33	1.692	2.022	2.203	2.326	2.420	2.495	2.558	2.611
34	1.691	2.020	2.200	2.323	2.417	2.492	2.554	2.607
35	1.690	2.018	2.198	2.321	2.414	2.488	2.550	2.604
36	1.688	2.016	2.195	2.318	2.411	2.485	2.547	2.600
37	1.687	2.014	2.193	2.315	2.408	2.482	2.544	2.597
38	1.686	2.012	2.191	2.313	2.405	2.479	2.541	2.594
39	1.685	2.011	2.189	2.311	2.403	2.477	2.538	2.591
40	1.684	2.009	2.187	2.309	2.400	2.474	2.535	2.588
41	1.683	2.008	2.185	2.307	2.398	2.472	2.533	2.585
42	1.682	2.006	2.184	2.305	2.396	2.469	2.530	2.583
43	1.681	2.005	2.182	2.303	2.394	2.467	2.528	2.580
44	1.680	2.004	2.180	2.301	2.392	2.465	2.526	2.578
45	1.679	2.003	2.179	2.299	2.390	2.463	2.524	2.576
46	1.679	2.001	2.178	2.298	2.389	2.461	2.522	2.574
47	1.678	2.000	2.176	2.296	2.387	2.460	2.520	2.572
48	1.677	1.999	2.175	2.295	2.385	2.458	2.518	2.570
49	1.677	1.998	2.174	2.293	2.384	2.456	2.516	2.568
50	1.676	1.997	2.173	2.292	2.382	2.455	2.515	2.566
60	1.671	1.989	2.163	2.281	2.370	2.442	2.501	2.552
80	1.664	1.980	2.151	2.267	2.355	2.426	2.484	2.534
100	1.660	1.974	2.144	2.259	2.346	2.416	2.474	2.523
120	1.658	1.970	2.139	2.254	2.341	2.410	2.467	2.516
240	1.651	1.960	2.127	2.241	2.326	2.394	2.450	2.499
360	1.649	1.957	2.124	2.236	2.321	2.389	2.445	2.493
∞	1.645	1.951	2.116	2.228	2.312	2.378	2.434	2.481

註：$d'_{0.05}(2, 10, 0.1) = 1.812$，$d'_{0.05}(5, 20, 0.1) = 2.394$，$d'_{0.05}(7, 30, 0.1) = 2.507$。

附表 28　Dunnet 方法的上邊 5% 點 (3)（ 相關係數 ＝ 0.3 時 ）

$$d'_\alpha(\alpha, \phi_e, \rho)(\alpha = 0.05, \rho = 0.3)$$ 之值

ϕ_e \ a	2	3	4	5	6	7	8	9
2	2.920	3.932	4.563	5.019	5.374	5.663	5.906	6.116
3	2.353	3.013	3.409	3.692	3.911	4.089	4.239	4.367
4	2.132	2.666	2.981	3.204	3.375	3.515	3.632	3.732
5	2.015	2.487	2.762	2.954	3.103	3.223	3.323	3.410
6	1.943	2.379	2.629	2.804	2.938	3.047	3.138	3.216
7	1.895	2.306	2.540	2.703	2.828	2.929	3.014	3.086
8	1.860	2.253	2.476	2.631	2.750	2.846	2.926	2.994
9	1.833	2.214	2.429	2.578	2.691	2.783	2.859	2.925
10	1.812	2.183	2.392	2.536	2.646	2.734	2.808	2.871
11	1.796	2.159	2.362	2.503	2.609	2.695	2.767	2.829
12	1.782	2.139	2.338	2.475	2.580	2.664	2.734	2.794
13	1.771	2.122	2.318	2.452	2.555	2.637	2.706	2.765
14	1.761	2.108	2.301	2.433	2.534	2.615	2.682	2.740
15	1.753	2.096	2.286	2.417	2.516	2.596	2.662	2.719
16	1.746	2.085	2.273	2.403	2.500	2.579	2.645	2.701
17	1.740	2.076	2.262	2.390	2.487	2.565	2.629	2.685
18	1.734	2.068	2.253	2.379	2.475	2.552	2.616	2.671
19	1.729	2.061	2.244	2.369	2.464	2.541	2.604	2.658
20	1.725	2.054	2.236	2.361	2.455	2.530	2.593	2.647
21	1.721	2.049	2.229	2.353	2.446	2.521	2.584	2.637
22	1.717	2.043	2.223	2.346	2.439	2.513	2.575	2.628
23	1.714	2.039	2.217	2.339	2.432	2.505	2.567	2.620
24	1.711	2.034	2.212	2.333	2.425	2.499	2.560	2.612
25	1.708	2.030	2.207	2.328	2.419	2.492	2.553	2.605
26	1.706	2.027	2.203	2.323	2.414	2.487	2.547	2.599
27	1.703	2.023	2.199	2.318	2.409	2.481	2.542	2.593
28	1.701	2.020	2.195	2.314	2.404	2.476	2.536	2.588
29	1.699	2.017	2.191	2.310	2.400	2.472	2.532	2.583
30	1.697	2.014	2.188	2.307	2.396	2.468	2.527	2.578

附表 28　Dunnet 方法的上邊 5% 點 (3)（ 相關係數 = 0.3 時 ）（ 續 ）

$$d'_\alpha(\alpha, \phi_e, \rho)(\alpha = 0.05, \rho = 0.3) \text{ 之值}$$

ϕ_e \ a	2	3	4	5	6	7	8	9
31	1.696	2.012	2.185	2.303	2.392	2.464	2.523	2.573
32	1.694	2.009	2.182	2.300	2.389	2.460	2.519	2.569
33	1.692	2.007	2.179	2.297	2.386	2.456	2.515	2.566
34	1.691	2.005	2.177	2.294	2.382	2.453	2.512	2.562
35	1.690	2.003	2.175	2.291	2.380	2.450	2.509	2.559
36	1.688	2.001	2.172	2.289	2.377	2.447	2.506	2.555
37	1.687	2.000	2.170	2.287	2.374	2.444	2.503	2.552
38	1.686	1.998	2.168	2.284	2.372	2.442	2.500	2.550
39	1.685	1.996	2.166	2.282	2.370	2.439	2.497	2.547
40	1.684	1.995	2.165	2.280	2.367	2.437	2.495	2.544
41	1.683	1.994	2.163	2.278	2.365	2.435	2.493	2.542
42	1.682	1.992	2.161	2.276	2.363	2.433	2.490	2.539
43	1.681	1.991	2.160	2.275	2.361	2.431	2.488	2.537
44	1.680	1.990	2.158	2.273	2.360	2.429	2.486	2.535
45	1.679	1.989	2.157	2.272	2.358	2.427	2.484	2.533
46	1.679	1.987	2.156	2.270	2.356	2.425	2.482	2.531
47	1.678	1.986	2.154	2.269	2.355	2.424	2.481	2.529
48	1.677	1.985	2.153	2.267	2.353	2.422	2.479	2.528
49	1.677	1.984	2.152	2.266	2.352	2.420	2.477	2.526
50	1.676	1.983	2.151	2.265	2.350	2.419	2.476	2.524
60	1.671	1.976	2.142	2.254	2.339	2.407	2.463	2.511
80	1.664	1.966	2.130	2.242	2.325	2.392	2.448	2.495
100	1.660	1.961	2.124	2.234	2.317	2.383	2.438	2.485
120	1.658	1.957	2.119	2.229	2.312	2.378	2.432	2.479
240	1.651	1.948	2.108	2.217	2.298	2.363	2.417	2.463
360	1.649	1.945	2.104	2.212	2.294	2.358	2.412	2.458
∞	1.645	1.938	2.097	2.204	2.285	2.349	2.402	2.447

註：$d'_{0.05}(2, 10, 0.3) = 1.812$ ，$d'_{0.05}(5, 20, 0.3) = 2.361$ ，$d'_{0.05}(7, 30, 0.3) = 2.468$ 。

附表 28　Dunnet 方法的上邊 5% 點 (4)（相關係數 = 0.5 時 ）

$$d'_\alpha(\alpha, \phi_e, \rho)(\alpha = 0.05, \rho = 0.5)$$ 之值

ϕ_e \ α	2	3	4	5	6	7	8	9
2	2.920	3.804	4.335	4.712	5.002	5.237	5.434	5.603
3	2.353	2.938	3.279	3.518	3.701	3.849	3.973	4.079
4	2.132	2.610	2.885	3.076	3.221	3.339	3.437	3.521
5	2.015	2.440	2.681	2.848	2.976	3.078	3.163	3.236
6	1.943	2.337	2.558	2.711	2.827	2.920	2.998	3.064
7	1.895	2.267	2.475	2.619	2.728	2.815	2.888	2.950
8	1.860	2.217	2.416	2.553	2.657	2.740	2.809	2.868
9	1.833	2.180	2.372	2.504	2.604	2.683	2.750	2.807
10	1.812	2.151	2.338	2.466	2.562	2.640	2.704	2.759
11	1.796	2.127	2.310	2.435	2.529	2.605	2.667	2.721
12	1.782	2.108	2.287	2.410	2.502	2.576	2.637	2.690
13	1.771	2.092	2.269	2.389	2.480	2.552	2.613	2.664
14	1.761	2.079	2.253	2.371	2.461	2.532	2.592	2.642
15	1.753	2.067	2.239	2.356	2.444	2.515	2.573	2.623
16	1.746	2.057	2.227	2.343	2.430	2.500	2.558	2.607
17	1.740	2.048	2.217	2.332	2.418	2.487	2.544	2.593
18	1.734	2.040	2.208	2.321	2.407	2.475	2.532	2.580
19	1.729	2.034	2.200	2.312	2.397	2.465	2.521	2.569
20	1.725	2.027	2.192	2.304	2.389	2.456	2.512	2.559
21	1.721	2.022	2.186	2.297	2.381	2.448	2.503	2.550
22	1.717	2.017	2.180	2.291	2.374	2.440	2.495	2.542
23	1.714	2.012	2.175	2.285	2.368	2.434	2.488	2.535
24	1.711	2.008	2.170	2.279	2.362	2.427	2.482	2.528
25	1.708	2.004	2.165	2.274	2.356	2.422	2.476	2.522
26	1.706	2.001	2.161	2.270	2.352	2.417	2.471	2.517
27	1.703	1.997	2.157	2.266	2.347	2.412	2.466	2.511
28	1.701	1.994	2.154	2.262	2.343	2.407	2.461	2.507
29	1.699	1.992	2.150	2.258	2.339	2.403	2.457	2.502
30	1.697	1.989	2.147	2.255	2.335	2.399	2.453	2.498

附表 28　Dunnet 方法的上邊 5%　點　(4)（　相關係數 = 0.5 時　）（　續　）

$$d'_\alpha(\alpha, \phi_e, \rho)(\alpha = 0.05, \rho = 0.5) \ 之值$$

ϕ_e ＼ α	2	3	4	5	6	7	8	9
31	1.696	1.987	2.145	2.252	2.332	2.396	2.449	2.494
32	1.694	1.984	2.142	2.249	2.329	2.392	2.445	2.490
33	1.692	1.982	2.139	2.246	2.326	2.389	2.442	2.487
34	1.691	1.980	2.137	2.243	2.323	2.386	2.439	2.484
35	1.690	1.978	2.135	2.241	2.320	2.384	2.436	2.481
36	1.688	1.977	2.133	2.238	2.318	2.381	2.433	2.478
37	1.687	1.975	2.131	2.236	2.315	2.378	2.431	2.475
38	1.686	1.973	2.129	2.234	2.313	2.376	2.428	2.473
39	1.685	1.972	2.127	2.232	2.311	2.374	2.426	2.470
40	1.684	1.970	2.125	2.230	2.309	2.372	2.424	2.468
41	1.683	1.969	2.124	2.229	2.307	2.370	2.422	2.466
42	1.682	1.968	2.122	2.227	2.305	2.368	2.420	2.464
43	1.681	1.967	2.121	2.225	2.304	2.366	2.418	2.462
44	1.680	1.965	2.120	2.224	2.302	2.364	2.416	2.460
45	1.679	1.964	2.118	2.222	2.301	2.363	2.414	2.458
46	1.679	1.963	2.117	2.221	2.299	2.361	2.413	2.456
47	1.678	1.962	2.116	2.220	2.298	2.360	2.411	2.455
48	1.677	1.961	2.115	2.218	2.296	2.358	2.410	2.453
49	1.677	1.960	2.114	2.217	2.295	2.357	2.408	2.452
50	1.676	1.959	2.112	2.216	2.294	2.356	2.407	2.450
60	1.671	1.952	2.104	2.207	2.284	2.345	2.395	2.439
80	1.664	1.943	2.093	2.195	2.271	2.331	2.381	2.424
100	1.660	1.938	2.087	2.188	2.263	2.324	2.373	2.415
120	1.658	1.934	2.083	2.183	2.258	2.318	2.368	2.410
240	1.651	1.925	2.072	2.172	2.246	2.305	2.354	2.396
360	1.649	1.922	2.069	2.168	2.242	2.301	2.349	2.391
∞	1.645	1.916	2.062	2.160	2.234	2.292	2.340	2.381

註：$d'_{0.05}(2, 10, 0.5) = 1.812$，$d'_{0.05}(5, 20, 0.5) = 2.304$，$d'_{0.05}(7, 30, 0.5) = 2.399$ 。

附表 28　Dunnet 方法的上邊 5% 點 (5)（相關係數 = 0.7 時）

$$d'_\alpha(\alpha, \phi_e, \rho)(\alpha = 0.05, \rho = 0.7) \text{ 之值}$$

ϕ_e \ α	2	3	4	5	6	7	8	9
2	2.920	3.632	4.041	4.325	4.541	4.715	4.860	4.983
3	2.353	2.832	3.101	3.286	3.426	3.539	3.632	3.711
4	2.132	2.528	2.747	2.897	3.010	3.101	3.176	3.240
5	2.015	2.369	2.564	2.696	2.796	2.876	2.942	2.998
6	1.943	2.272	2.452	2.574	2.666	2.740	2.800	2.852
7	1.895	2.207	2.377	2.493	2.579	2.648	2.706	2.754
8	1.860	2.160	2.324	2.434	2.517	2.583	2.638	2.684
9	1.833	2.125	2.283	2.390	2.470	2.534	2.587	2.632
10	1.812	2.098	2.252	2.356	2.434	2.496	2.547	2.591
11	1.796	2.076	2.227	2.329	2.405	2.466	2.516	2.558
12	1.782	2.058	2.206	2.306	2.381	2.441	2.490	2.532
13	1.771	2.043	2.189	2.288	2.361	2.420	2.468	2.510
14	1.761	2.030	2.175	2.272	2.345	2.403	2.450	2.491
15	1.753	2.019	2.162	2.258	2.330	2.387	2.435	2.475
16	1.746	2.010	2.151	2.247	2.318	2.374	2.421	2.461
17	1.740	2.001	2.142	2.236	2.307	2.363	2.409	2.449
18	1.734	1.994	2.134	2.227	2.297	2.353	2.399	2.438
19	1.729	1.988	2.126	2.219	2.289	2.344	2.390	2.428
20	1.725	1.982	2.120	2.212	2.281	2.336	2.381	2.420
21	1.721	1.977	2.144	2.206	2.274	2.329	2.374	2.412
22	1.717	1.972	2.108	2.200	2.268	2.322	2.367	2.405
23	1.714	1.968	2.103	2.195	2.263	2.316	2.361	2.399
24	1.711	1.964	2.099	2.190	2.257	2.311	2.355	2.393
25	1.708	1.960	2.095	2.185	2.253	2.306	2.350	2.388
26	1.706	1.957	2.091	2.181	2.248	2.302	2.346	2.383
27	1.703	1.954	2.088	2.177	2.244	2.297	2.341	2.378
28	1.701	1.951	2.084	2.174	2.241	2.294	2.337	2.374
29	1.699	1.948	2.081	2.171	2.237	2.290	2.333	2.370
30	1.697	1.946	2.078	2.168	2.234	2.287	2.330	2.367

附表 28　Dunnet 方法的上邊 5% 點 (5)（相關係數 = 0.7 時）（續）

$d'_\alpha(\alpha, \phi_e, \rho)(\alpha = 0.05, \rho = 0.7)$ 之值

ϕ_e ＼ α	2	3	4	5	6	7	8	9
31	1.696	1.944	2.076	2.165	2.231	2.283	2.327	2.363
32	1.694	1.941	2.073	2.162	2.228	2.280	2.324	2.360
33	1.692	1.939	2.071	2.160	2.226	2.278	2.321	2.357
34	1.691	1.938	2.069	2.157	2.223	2.275	2.318	2.355
35	1.690	1.936	2.067	2.155	2.221	2.273	2.316	2.352
36	1.688	1.934	2.065	2.153	2.219	2.270	2.313	2.350
37	1.687	1.933	2.063	2.151	2.216	2.268	2.311	2.347
38	1.686	1.931	2.062	2.149	2.215	2.266	2.309	2.345
39	1.685	1.930	2.060	2.147	2.213	2.264	2.307	2.343
40	1.684	1.928	2.058	2.146	2.211	2.262	2.305	2.341
41	1.683	1.927	2.057	2.144	2.209	2.261	2.303	2.339
42	1.682	1.926	2.056	2.143	2.208	2.259	2.301	2.337
43	1.681	1.925	2.054	2.141	2.206	2.257	2.300	2.336
44	1.680	1.923	2.053	2.140	2.205	2.256	2.298	2.334
45	1.679	1.922	2.052	2.139	2.203	2.255	2.297	2.333
46	1.679	1.921	2.051	2.137	2.202	2.253	2.295	2.331
47	1.678	1.920	2.050	2.136	2.201	2.252	2.294	2.330
48	1.677	1.920	2.049	2.135	2.200	2.251	2.293	2.328
49	1.677	1.919	2.048	2.134	2.198	2.249	2.291	2.327
50	1.676	1.918	2.047	2.133	2.197	2.248	2.290	2.326
60	1.671	1.911	2.039	2.124	2.188	2.239	2.280	2.316
80	1.664	1.902	2.029	2.114	2.177	2.227	2.268	2.303
100	1.660	1.897	2.023	2.108	2.171	2.220	2.261	2.296
120	1.658	1.894	2.020	2.104	2.166	2.216	2.256	2.291
240	1.651	1.886	2.010	2.093	2.155	2.204	2.245	2.279
360	1.649	1.883	2.007	2.090	2.152	2.200	2.241	2.275
∞	1.645	1.877	2.001	2.083	2.144	2.193	2.233	2.267

註：$d'_{0.05}(2, 10, 0.7) = 1.812$，$d'_{0.05}(5, 20, 0.7) = 2.212$，$d'_{0.05}(7, 30, 0.7) = 2.287$。

附表 28　Dunnet 方法的上邊 5% 點 (6)（相關係數 = 0.9 時 ）

$$d'_\alpha(\alpha, \phi_e, \rho)(\alpha = 0.05, \rho = 0.9) \text{ 之值}$$

ϕ_e \ α	2	3	4	5	6	7	8	9
2	2.920	3.353	3.587	3.745	3.863	3.957	4.034	4.100
3	2.353	2.651	2.810	2.917	2.996	3.059	3.111	3.155
4	2.132	2.381	2.513	2.601	2.667	2.719	2.761	2.798
5	2.015	2.240	2.358	2.437	2.496	2.542	2.580	2.613
6	1.943	2.153	2.263	2.337	2.392	2.435	2.470	2.500
7	1.895	2.095	2.200	2.270	2.321	2.362	2.396	2.424
8	1.860	2.053	2.154	2.221	2.271	2.310	2.343	2.370
9	1.833	2.021	2.120	2.185	2.233	2.271	2.303	2.329
10	1.812	1.997	2.093	2.157	2.204	2.241	2.272	2.298
11	1.796	1.977	2.071	2.134	2.180	2.217	2.247	2.272
12	1.782	1.961	2.054	2.115	2.161	2.197	2.226	2.251
13	1.771	1.947	2.039	2.100	2.145	2.180	2.209	2.234
14	1.761	1.936	2.026	2.087	2.131	2.166	2.195	2.219
15	1.753	1.926	2.016	2.075	2.120	2.154	2.183	2.207
16	1.746	1.917	2.007	2.066	2.109	2.144	2.172	2.196
17	1.740	1.910	1.998	2.057	2.100	2.135	2.163	2.186
18	1.734	1.903	1.991	2.050	2.093	2.127	2.154	2.178
19	1.729	1.897	1.985	2.043	2.086	2.119	2.147	2.170
20	1.725	1.892	1.979	2.037	2.079	2.113	2.141	2.164
21	1.721	1.887	1.974	2.031	2.074	2.107	2.135	2.158
22	1.717	1.883	1.969	2.027	2.069	2.102	2.129	2.152
23	1.714	1.879	1.965	2.022	2.064	2.097	2.124	2.147
24	1.711	1.876	1.961	2.018	2.060	2.093	2.120	2.143
25	1.708	1.873	1.958	2.014	2.056	2.089	2.116	2.139
26	1.706	1.870	1.955	2.011	2.053	2.085	2.112	2.135
27	1.703	1.867	1.952	2.008	2.049	2.082	2.109	2.131
28	1.701	1.864	1.949	2.005	2.046	2.079	2.106	2.128
29	1.699	1.862	1.946	2.002	2.043	2.076	2.103	2.125
30	1.697	1.860	1.944	2.000	2.041	2.073	2.100	2.122

附表 28 Dunnet方法的上邊 5% 點 (6)（ 相關係數 $=0.9$ 時 ）（ 續 ）

$$d'_\alpha(\alpha, \phi_e, \rho)(\alpha = 0.05, \rho = 0.9) \text{ 之值}$$

ϕ_e ＼ α	2	3	4	5	6	7	8	9
31	1.696	1.857	1.942	1.997	2.038	2.071	2.097	2.120
32	1.694	1.856	1.940	1.995	2.036	2.068	2.095	2.117
33	1.692	1.854	1.938	1.993	2.034	2.066	2.093	2.115
34	1.691	1.852	1.936	1.991	2.032	2.064	2.090	2.113
35	1.690	1.850	1.934	1.989	2.030	2.062	2.088	2.111
36	1.688	1.849	1.932	1.987	2.028	2.060	2.087	2.109
37	1.687	1.848	1.931	1.986	2.027	2.059	2.085	2.107
38	1.686	1.846	1.929	1.984	2.025	2.057	2.083	2.105
39	1.685	1.845	1.928	1.983	2.023	2.055	2.081	2.104
40	1.684	1.844	1.927	1.981	2.022	2.054	2.080	2.102
41	1.683	1.843	1.925	1.980	2.021	2.052	2.079	2.101
42	1.682	1.841	1.925	1.979	2.019	2.051	2.077	2.099
43	1.681	1.840	1.923	1.978	2.018	2.050	2.076	2.098
44	1.680	1.839	1.922	1.977	2.017	2.049	2.075	2.097
45	1.679	1.838	1.921	1.976	2.016	2.047	2.073	2.095
46	1.679	1.838	1.920	1.974	2.015	2.046	2.072	2.094
47	1.678	1.837	1.919	1.973	2.014	2.045	2.071	2.093
48	1.677	1.836	1.918	1.973	2.013	2.044	2.070	2.092
49	1.677	1.835	1.917	1.972	2.012	2.043	2.069	2.091
50	1.676	1.834	1.916	1.972	2.011	2.042	2.068	2.090
60	1.671	1.828	1.910	1.964	2.003	2.035	2.060	2.082
80	1.664	1.820	1.901	1.955	1.994	2.025	2.051	2.072
100	1.660	1.816	1.896	1.950	1.989	2.020	2.045	2.066
120	1.658	1.813	1.893	1.946	1.985	2.016	2.041	2.063
240	1.651	1.805	1.885	1.937	1.976	2.007	2.032	2.053
360	1.649	1.803	1.882	1.935	1.973	2.004	2.029	2.050
∞	1.645	1.798	1.877	1.929	1.967	1.998	2.022	2.043

註： $d'_{0.05}(2, 10, 0.9) = 1.812$, $d'_{0.05}(2, 20, 0.9) = 2.037$, $d'_{0.05}(7, 30, 0.9) = 2.037$ 。

附表 29(1)　z 變換圖表

$$x=\frac{1}{2}\ln\frac{1+r}{1-r}$$

$$\Delta z=\frac{1-96}{\sqrt{n-3}}$$

於圖上對母相關
係數求 95% 信賴
界限的輔助尺

r	z
0	0
0·10	0·1
0·20	0·2
0·30	0·3
	0·4
0·40	0·5
0·50	0·6
0·60	0·7
	0·8
0·70	0·9
	1·0
0·80	1·1
	1·2
	1·3
	1·4
0·90	1·5

r	z
	1·0
0·80	1·1
	1·2
0·85	1·3
	1·4
0·90	1·5
0·91	
0·92	1·6
0·93	
0·94	1·7
0·95	1·8
0·96	1·9
	2·0
0·97	2·1
	2·2
0·98	2·3
	2·4
	2·5

r	z
	2·0
0·970	2·1
	2·2
0·980	2·3
	2·4
0·985	2·5
	2·6
0·990	
0·991	2·7
0·992	
0·993	2·8
0·994	2·9
0·995	3·0
0·996	3·1
	3·2
0·997	3·3
	3·4
0·998	3·5

r	z
	3·0
0·996	3·1
	3·2
0·997	3·3
	3·4
0·9980	3·5
0·9985	3·6
	3·7
0·9990	3·8
0·9991	
0·9992	3·9
0·9993	4·0
0·9994	4·1
0·9995	4·2
0·9996	4·3
0·9997	4·4
	4·5

n	Δz
	0
2000	
1000	
500	0·1
200	
100	0·2
50	0·3
40	
30	0·4
20	0·5

例 1　對 r = 0.68 而言，z 之值是 0.83〔z 變換〕。
例 2　對 z = 2.0 而言，r 之值是 0.964〔逆變換〕。

附表 29(2)　r 表

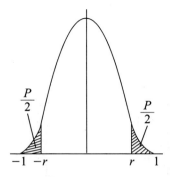

（自由度 ϕ 時 r 的雙邊機率 P 的點）

ϕ ＼ P	0.10	0.05	0.02	0.01
10	−4973	−5760	−6581	−7079
11	−4762	−5529	−6339	−6835
12	−4575	−5324	−6120	−6614
13	−4409	−5139	−5923	−6411
14	−4259	−4973	−5742	−6226
15	−4124	−4821	−5577	−6055
16	−4000	−4683	−5425	−5897
17	−3887	−4555	−5285	−5751
18	−3783	−4438	−5155	−5614
19	−3687	−4329	−5034	−5487
20	−3598	−4227	−4921	−5368
25	−3233	−3809	−4451	−4869
30	−2960	−3494	−4093	−4487
35	−2745	−3246	−3810	−4182
40	−2573	−3044	−3578	−3932
50	−2306	−2732	−3218	−3541
60	−2108	−2500	−2948	−3248
70	−1954	−2319	−2737	−3017
80	−1829	−2172	−2565	−2830
90	−1726	−2050	−2422	−2673
100	−1638	−1946	−2301	−2540
近似式	$\dfrac{1-645}{\sqrt{\phi+1}}$	$\dfrac{1-960}{\sqrt{\phi+1}}$	$\dfrac{2-326}{\sqrt{\phi+2}}$	$\dfrac{2-576}{\sqrt{\phi+3}}$

例　自由度 $\phi = 20$ 時雙邊 5% 的點是 0.4227。

附表 30　Grubbs-Smirnov 異常值的檢定

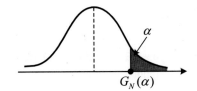

N	α 0.050	0.025	N	α 0.050	0.025
3	1.153	1.154	31	2.759	2.912
4	1.462	1.481	32	2.773	2.938
5	1.671	1.715	33	2.786	2.952
			34	2.799	2.965
6	1.822	1.887	35	2.811	2.978
7	1.938	2.020			
8	2.032	2.127	36	2.823	2.990
9	2.110	2.215	37	2.834	3.002
10	2.176	2.290	38	2.845	3.014
			39	2.856	3.025
11	2.234	2.355	40	2.867	3.036
12	2.285	2.412			
13	2.331	2.462	41	2.877	3.046
14	2.372	2.507	42	2.886	3.056
15	2.409	2.548	43	2.896	3.066
			44	2.905	3.076
16	2.443	2.586	45	2.914	3.085
17	2.475	2.620			
18	2.504	2.652	46	2.923	3.094
19	2.531	2.681	47	2.931	3.103
20	2.557	2.708	48	2.940	3.111
			49	2.948	3.120
21	2.580	2.734	50	2.956	3.128
22	2.603	2.758			
23	2.624	2.780	55	2.99	3.17
24	2.644	2.802	60	3.03	3.20
25	2.663	2.822	65	3.05	3.23
			70	3.08	3.26
26	2.681	2.841	75	3.11	3.28
27	2.698	2.859			
28	2.714	2.876	80	3.13	3.31
29	2.730	2.893	85	3.15	3.33
30	2.745	2.908	90	3.17	3.35
			95	3.19	3.37
			100	3.21	3.38

附表 31(1) Coefficient for Shapiro-Wilk Test (Conover, 1999)

i \ n	2	3	4	5	6	7	8	9	10
1	0.7071	0.7071	0.6872	0.6646	0.6431	0.6233	0.6052	0.5885	0.5739
2	—	0.0000	0.1667	0.2413	0.2806	0.3031	0.3164	0.3244	0.3291
3	—	—	—	0.0000	0.0875	0.1401	0.1743	0.1976	0.2141
4	—	—	—	—	—	0.0000	0.0561	0.0947	0.1224
5	—	—	—	—	—	—	—	0.0000	0.0399

i \ n	11	12	13	14	15	16	17	18	19	20
1	0.5601	0.5475	0.5359	0.5251	0.5150	0.5056	0.4968	0.4886	0.4808	0.4734
2	0.3315	0.3325	0.3325	0.3318	0.3306	0.3290	0.3273	0.3253	0.3232	0.3211
3	0.2260	0.2347	0.2412	0.2460	0.2495	0.2521	0.2540	0.2553	0.2561	0.2565
4	0.1429	0.1586	0.1707	0.1802	0.1878	0.1939	0.1988	0.2027	0.2059	0.2085
5	0.0695	0.0922	0.1099	0.1240	0.1353	0.1449	0.1524	0.1587	0.1641	0.1686
6	0.0000	0.0303	0.0539	0.0727	0.0880	0.1005	0.1109	0.1197	0.1271	0.1334
7	—	—	0.0000	0.0240	0.0433	0.0593	0.0725	0.0837	0.0932	0.1013
8	—	—	—	—	0.0000	0.0196	0.0359	0.0496	0.0612	0.0711
9	—	—	—	—	—	—	0.0000	0.0163	0.0303	0.0422
10	—	—	—	—	—	—	—	—	0.0000	0.0140

i \ n	21	22	23	24	25	26	27	28	29	30
1	0.4643	0.4590	0.4542	0.4493	0.4450	0.4407	0.4366	0.4328	0.4291	0.4254
2	0.3185	0.3156	0.3126	0.3098	0.3069	0.3043	0.3018	0.2992	0.2968	0.2944
3	0.2578	0.2571	0.2563	0.2554	0.2543	0.2533	0.2522	0.2510	0.2499	0.2487
4	0.2119	0.2131	0.2139	0.2145	0.2148	0.2151	0.2152	0.2151	0.2150	0.2148
5	0.1736	0.1764	0.1787	0.1807	0.1822	0.1836	0.1848	0.1857	0.1864	0.1870
6	0.1399	0.1443	0.1480	0.1512	0.1539	0.1563	0.1584	0.1601	0.1616	0.1630
7	0.1092	0.1150	0.1201	0.1245	0.1283	0.1316	0.1346	0.1372	0.1395	0.1415
8	0.0804	0.0878	0.0941	0.0997	0.1046	0.1089	0.1128	0.1162	0.1192	0.1219
9	0.0530	0.0618	0.0696	0.0764	0.0823	0.0876	0.0923	0.0965	0.1002	0.1036
10	0.0263	0.0368	0.0459	0.0539	0.0610	0.0672	0.0728	0.0778	00822	0.0862
11	0.0000	0.0122	0.0228	0.0321	0.0403	0.0476	0.0540	0.0598	0.0650	0.0697
12	—	—	0.0000	0.0107	0.0200	0.0284	0.0358	0.0424	0.0483	0.0537
13	—	—	—	—	0.0000	0.0094	0.0178	0.0253	0.0320	0.0381
14	—	—	—	—	—	—	0.0000	0.0084	0.0159	0.0227
15	—	—	—	—	—	—	—	—	0.0000	0.0076

附表 31(1) Coefficient for Shapiro-Wilk Test（ 續 ）

i \\ n	31	32	33	34	35	36	37	38	39	40
1	0.4220	0.4188	0.4156	0.4127	0.4096	0.4068	0.4040	0.4015	0.3989	0.3964
2	0.2921	0.2898	0.2876	0.2854	0.2834	0.2813	0.2794	0.2774	0.2755	0.2737
3	0.2475	0.2462	0.2451	0.2439	0.2427	0.2415	0.2403	0.2391	0.2380	0.2368
4	0.2145	0.2141	0.2137	0.2132	0.2127	0.2121	0.2116	0.2110	0.2104	0.2098
5	0.1874	0.1878	0.1880	0.1882	0.1883	0.1833	0.1883	0.1881	0.1880	0.1878
6	0.1641	0.1651	0.1660	0.1667	0.1673	0.1678	0.1683	0.1686	0.1689	0.1691
7	0.1433	0.1449	0.1463	0.1475	0.1487	0.1496	0.1505	0.1513	0.1520	0.1526
8	0.1243	0.1265	0.1284	0.1301	0.1317	0.1331	0.1344	0.1356	0.1366	0.1376
9	0.1066	0.1093	0.1118	0.1140	0.1160	0.1179	0.1196	0.1211	0.1225	0.1237
10	0.0899	0.0931	0.0961	0.0988	0.1013	0.1036	0.1056	0.1075	0.1092	0.1108
11	0.0739	0.0777	0.0812	0.0844	0.0873	0.0900	0.0924	0.0947	0.0967	0.0986
12	0.0585	0.0629	0.0699	0.0706	0.0739	0.0770	0.0798	0.0824	0.0848	0.0870
13	0.0435	0.0485	0.0530	0.0572	0.0610	0.0645	0.0677	0.0706	0.0733	0.0759
14	0.0289	0.0344	0.0395	0.0441	0.0484	0.0523	0.0559	0.0592	0.0622	0.0651
15	0.0144	0.0206	0.0262	0.0314	0.0361	0.0404	0.0444	0.0481	0.0515	0.0546
16	0.0000	0.0068	0.0131	0.0187	0.0239	0.0287	0.0331	0.0372	0.0409	0.0444
17	—	—	0.0000	0.0062	0.0119	0.0172	0.0220	0.0264	0.0305	0.0343
18	—	—	—	—	0.0000	0.0057	0.0110	0.0158	0.0203	0.0244
19	—	—	—	—	—	—	0.0000	0.0053	0.0101	0.0146
20	—	—	—	—	—	—	—	—	0.0000	0.0049

i \\ n	41	42	43	44	45	46	47	48	49	50
1	0.3940	0.6917	0.3894	0.3872	0.3850	0.3830	0.3808	0.3789	0.3770	0.3751
2	0.2719	0.2701	0.2684	0.2667	0.2651	0.2635	0.2620	0.2604	0.2589	0.2574
3	0.2357	0.2345	0.2334	0.2323	0.2313	0.2302	0.2291	0.2281	0.2271	0.2260
4	0.2091	0.2085	0.2078	0.2072	0.2065	0.2058	0.2052	0.2045	0.2038	0.2032
5	0.1876	0.1874	0.1871	0.1868	0.1865	0.1862	0.1859	0.1855	0.1851	0.1847
6	0.1693	0.1694	0.1695	0.1695	0.1695	0.1695	0.1695	0.1693	0.1692	0.1691
7	0.1531	0.1535	0.1539	0.1542	0.1545	0.1548	0.1550	0.1551	0.1553	0.1554
8	0.1384	0.1392	0.1398	0.1405	0.1410	0.1415	0.1420	0.1423	0.1427	0.1430
9	0.1249	0.1259	0.1269	0.1278	0.1286	0.1293	0.1300	0.1306	0.1312	0.1317
10	0.1123	0.1136	0.1149	0.1160	0.1170	0.1180	0.1189	0.1197	0.1205	0.1212
11	0.1004	0.1020	0.1035	0.1049	0.1062	0.1073	0.1085	0.1095	0.1105	0.1113
12	0.0891	0.0909	0.0927	0.0943	0.0959	0.0972	0.0986	0.0998	0.1010	0.1020
13	0.0782	0.0804	0.0824	0.0842	0.0860	0.0876	0.0892	0.0906	0.0919	0.0932
14	0.0677	0.0701	0.0724	0.0745	0.0765	0.0783	0.0801	0.0817	0.0832	0.0846
15	0.0575	0.0602	0.0628	0.0651	0.0673	0.0694	0.0713	0.0731	0.0748	0.0764
16	0.0476	0.0506	0.0534	0.0560	0.0584	0.0607	0.0628	0.0648	0.0667	0.0685
17	0.0379	0.0411	0.0422	0.0471	0.0497	0.0522	0.0546	0.0568	0.0588	0.0608
18	0.0283	0.0318	0.0352	0.0383	0.0412	0.0439	0.0465	0.0489	0.0511	0.0532
19	0.0188	0.0227	0.0263	0.0296	0.0328	0.0357	0.0385	0.0411	0.0436	0.0459
20	0.0094	0.0136	0.0175	0.0211	0.0245	0.0277	0.0307	0.0355	0.0361	0.0386
21	0.0000	0.0045	0.0087	0.0126	0.0163	0.0197	0.0229	0.0259	0.0288	0.0314
22	—	—	0.0000	0.0042	0.0081	0.0118	0.0153	0.0185	0.0215	0.0244
23	—	—	—	—	0.0000	0.0039	0.0076	0.0111	0.0143	0.0174
24	—	—	—	—	—	—	0.0000	0.0037	0.0071	0.0104
25	—	—	—	—	—	—	—	—	0.0000	0.0035

附表 31(2)　　Quantiles of the Shapiro-Wilk Test Statistic

n \ p	0.01	0.02	0.05	0.10	0.50	0.90	0.95	0.98	0.99
3	0.753	0.756	0.767	0.789	0.959	0.998	0.999	1.000	1.000
4	0.387	0.707	0.748	0.792	0.935	0.987	0.992	0.996	0.997
5	0.386	0.715	0.762	0.806	0.927	0.979	0.986	0.991	0.993
6	0.713	0.743	0.788	0.826	0.927	0.974	0.981	0.986	0.989
7	0.730	0.760	0.803	0.838	0.928	0.972	0.979	0.985	0.988
8	0.749	0.778	0.818	0.851	0.932	0.972	0.978	0.984	0.987
9	0.764	0.791	0.829	0.859	0.935	0.972	0.978	0.984	0.986
10	0.781	0.806	0.842	0.869	0.938	0.972	0.978	0.983	0.986
11	0.792	0.817	0.850	0.876	0.940	0.973	0.979	0.984	0.986
12	0.805	0.828	0.859	0.883	0.943	0.973	0.979	0.984	0.986
13	0.814	0.837	0.866	0.889	0.945	0.974	0.979	0.984	0.986
14	0.825	0.846	0.874	0.895	0.947	0.975	0.980	0.984	0.986
15	0.835	0.855	0.881	0.901	0.950	0.975	0.980	0.984	0.987
16	0.844	0.863	0.887	0.906	0.852	0.976	0.981	0.985	0.987
17	0.851	0.869	0.892	0.910	0.954	0.977	0.981	0.985	0.987
18	0.858	0.874	0.897	0.914	0.956	0.978	0.982	0.986	0.988
19	0.863	0.879	0.901	0.917	0.957	0.978	0.982	0.986	0.988
20	0.868	0.884	0.905	0.920	0.959	0.979	0.983	0.986	0.988
21	0.873	0.888	0.908	0.923	0.960	0.980	0.983	0.987	0.989
22	0.878	0.892	0.911	0.926	0.961	0.980	0.984	0.987	0.989
23	0.881	0.895	0.914	0.928	0.962	0.981	0.984	0.987	0.989
24	0.884	0.898	0.916	0.930	0.963	0.981	0.984	0.987	0.989
25	0.888	0.901	0.918	0.931	0.964	0.981	0.985	0.988	0.989
26	0.891	0.904	0.920	0.933	0.965	0.982	0.985	0.988	0.989
27	0.894	0.906	0.923	0.935	0.965	0.982	0.985	0.988	0.990
28	0.896	0.908	0.924	0.936	0.966	0.982	0.985	0.988	0.990
29	0.898	0.910	0.926	0.937	0.966	0.982	0.985	0.988	0.990
30	0.900	0.912	0.927	0.939	0.967	0.983	0.985	0.988	0.990
31	0.902	0.914	0.929	0.940	0.967	0.983	0.986	0.988	0.990
32	0.904	0.915	0.930	0.941	0.968	0.983	0.986	0.988	0.990
33	0.906	0.917	0.931	0.942	0.968	0.983	0.986	0.989	0.990
34	0.908	0.919	0.933	0.943	0.969	0.983	0.986	0.989	0.990
35	0.910	0.920	0.934	0.944	0.969	0.984	0.986	0.989	0.990
36	0.912	0.922	0.935	0.945	0.970	0.984	0.986	0.989	0.990
37	0.914	0.924	0.936	0.946	0.970	0.984	0.987	0.989	0.990
38	0.916	0.925	0.938	0.947	0.971	0.984	0.987	0.989	0.990
39	0.917	0.927	0.939	0.948	0.971	0.984	0.987	0.989	0.991
40	0.919	0.928	0.940	0.949	0.972	0.985	0.987	0.989	0.991
41	0.920	0.929	0.941	0.950	0.972	0.985	0.987	0.989	0.991
42	0.922	0.930	0.942	0.951	0.972	0.985	0.987	0.989	0.991
43	0.923	0.932	0.943	0.951	0.973	0.985	0.987	0.990	0.991
44	0.924	0.933	0.944	0.952	0.973	0.985	0.987	0.990	0.991
45	0.926	0.934	0.945	0.953	0.973	0.985	0.988	0.990	0.991
46	0.927	0.935	0.945	0.953	0.974	0.985	0.988	0.990	0.991
47	0.928	0.936	0.946	0.954	0.974	0.985	0.988	0.990	0.991
48	0.929	0.937	0.947	0.954	0.974	0.985	0.988	0.990	0.991
49	0.929	0.937	0.947	0.955	0.974	0.985	0.988	0.990	0.991
50	0.930	0.938	0.947	0.955	0.974	0.985	0.988	0.990	0.991

附表 32-(1)　Williams 法的上側 2.5% 點

$w(a, \phi_E ; \alpha/2)(\alpha = 0.05)$ 之值

ϕ_E \ a	2	3	4	5	6	7	8	9
2	4.303	4.704	4.858	4.940	4.991	5.025	5.050	5.068
3	3.182	3.398	3.477	3.518	3.543	3.560	3.572	3.581
4	2.776	2.932	2.988	3.016	3.034	2.045	3.053	3.059
5	2.571	2.699	2.743	2.766	2.779	2.788	2.795	2.799
6	2.447	2.559	2.597	2.617	2.628	2.635	2.641	2.645
7	2.365	2.466	2.500	2.518	2.528	2.534	2.539	2.543
8	2.306	2.400	2.432	2.448	2.457	2.463	2.467	2.470
9	2.262	2.351	2.381	2.395	2.404	2.410	2.414	2.416
10	2.228	2.313	2.341	2.355	2.363	2.368	2.372	2.375
11	2.201	2.283	2.310	2.323	2.330	2.335	2.339	2.342
12	2.179	2.258	2.284	2.297	2.304	2.309	2.312	2.314
13	2.160	2.238	2.263	2.275	2.282	2.286	2.290	2.292
14	2.145	2.220	2.245	2.256	2.263	2.268	2.271	2.273
15	2.131	2.205	2.229	2.241	2.247	2.252	2.255	2.257
16	2.120	2.193	2.216	2.227	2.234	2.238	2.241	2.243
17	2.110	2.181	2.204	2.215	2.222	2.226	2.228	2.231
18	2.101	2.171	2.194	2.205	2.211	2.215	2.218	2.220
19	2.093	2.163	2.185	2.195	2.202	2.205	2.208	2.210
20	2.086	2.155	2.177	2.187	2.193	2.197	2.200	2.202
21	2.080	2.148	2.169	2.180	2.186	2.189	2.192	2.194
22	2.074	2.141	2.163	2.173	2.179	2.183	2.185	2.187
23	2.069	2.136	2.157	2.167	2.173	2.176	2.179	2.181
24	2.064	2.130	2.151	2.161	2.167	2.171	2.173	2.175
25	2.060	2.125	2.146	2.156	2.162	2.165	2.168	2.170
26	2.056	2.121	2.142	2.151	2.157	2.161	2.163	2.165
27	2.052	2.117	2.137	2.147	2.153	2.156	2.159	2.160
28	2.048	2.113	2.133	2.143	2.149	2.152	2.155	2.156
29	2.045	2.110	2.130	2.139	2.145	2.148	2.155	2.153
30	2.042	2.106	2.126	2.136	2.141	2.145	2.147	2.149
31	2.040	2.103	2.123	2.133	2.138	2.141	2.144	2.146
32	2.037	2.100	2.120	2.130	2.135	2.138	2.141	2.143
33	2.035	2.098	2.117	2.127	2.132	2.135	2.138	2.140
34	2.032	2.095	2.115	2.124	2.129	2.133	2.135	2.137
35	2.030	2.093	2.112	2.122	2.127	2.130	2.133	2.134
36	2.028	2.091	2.110	2.119	2.124	2.128	2.130	2.132
37	2.026	2.089	2.108	2.117	2.122	2.126	2.128	2.130
38	2.024	2.087	2.106	2.115	2.120	2.123	2.126	2.127
39	2.023	2.085	2.104	2.113	2.118	2.121	2.124	2.125
40	2.021	2.083	2.102	2.111	2.116	2.119	2.122	2.123
41	2.020	2.081	2.100	2.109	2.114	2.118	2.120	2.122
42	2.018	2.080	2.099	2.108	2.113	2.116	2.118	2.120
43	2.017	2.078	2.097	2.106	2.111	2.114	2.117	2.118
44	2.015	2.077	2.095	2.104	2.109	2.113	2.115	2.117
45	2.014	2.075	2.094	2.103	2.108	2.111	2.113	2.115
46	2.013	2.074	2.093	2.101	2.106	2.110	2.112	2.114
47	2.012	2.073	2.091	2.100	2.105	2.108	2.111	2.112
48	2.011	2.071	2.090	2.099	2.104	2.107	2.109	2.111
49	2.010	2.070	2.089	2.098	2.103	2.106	2.108	2.110
50	2.009	2.069	2.088	2.096	2.101	2.105	2.107	2.108
60	2.000	2.060	2.078	2.087	2.092	2.095	2.097	2.098
80	1.990	2.049	2.066	2.075	2.080	2.083	2.085	2.086
100	1.984	2.042	2.059	2.068	2.072	2.075	2.077	2.079
120	1.980	2.037	2.055	2.063	2.068	2.071	2.073	2.074
240	1.970	2.026	2.043	2.051	2.056	2.059	2.061	2.062
360	1.967	2.023	2.040	2.047	2.052	2.055	2.057	2.058
∞	1.960	2.015	2.032	2.040	2.044	2.047	2.049	2.050

例：$w(2, 10 ; 0.05/2) = 2.228$, $w(5, 20 ; 0.05/2) = 2.187$, $w(7, 30 ; 0.05/2) = 2.145$。

附表 32-(2)　Williams 法的上側 5% 點

$w(a, \phi_E ; \alpha)(\alpha = 0.05)$ 之值

ϕ_E \ a	2	3	4	5	6	7	8	9
2	2.920	3.217	3.330	3.390	3.427	3.453	3.471	3.484
3	2.353	2.538	2.607	2.642	2.664	2.678	2.688	2.696
4	2.132	2.278	2.330	2.357	2.373	2.384	2.392	2.398
5	2.015	2.142	2.186	2.209	2.223	2.232	2.238	2.243
6	1.943	2.058	2.098	2.119	2.131	2.139	2.144	2.149
7	1.895	2.002	2.039	2.058	2.069	2.076	2.081	2.085
8	1.860	1.962	1.997	2.014	2.024	2.031	2.036	2.040
9	1.833	1.931	1.965	1.981	1.991	1.998	2.002	2.006
10	1.812	1.908	1.940	1.956	1.965	1.971	1.976	1.979
11	1.796	1.889	1.920	1.935	1.944	1.950	1.954	1.958
12	1.782	1.873	1.903	1.918	1.927	1.933	1.937	1.940
13	1.771	1.860	1.890	1.904	1.913	1.919	1.923	1.926
14	1.761	1.849	1.878	1.892	1.901	1.906	1.910	1.913
15	1.753	1.839	1.868	1.882	1.891	1.896	1.900	1.903
16	1.746	1.831	1.860	1.873	1.882	1.887	1.891	1.893
17	1.740	1.824	1.852	1.866	1.874	1.879	1.883	1.885
18	1.734	1.818	1.845	1.859	1.867	1.872	1.876	1.878
19	1.729	1.812	1.840	1.853	1.861	1.866	1.869	1.872
20	1.725	1.807	1.834	1.847	1.855	1.860	1.864	1.866
21	1.721	1.803	1.829	1.843	1.850	1.855	1.859	1.861
22	1.717	1.798	1.825	1.838	1.846	1.851	1.854	1.857
23	1.714	1.795	1.821	1.834	1.842	1.847	1.850	1.853
24	1.711	1.791	1.818	1.830	1.838	1.843	1.846	1.849
25	1.708	1.788	1.814	1.827	1.835	1.839	1.843	1.845
26	1.706	1.785	1.811	1.824	1.831	1.836	1.840	1.842
27	1.703	1.783	1.809	1.821	1.828	1.833	1.837	1.839
28	1.701	1.780	1.806	1.819	1.826	1.831	1.834	1.836
29	1.699	1.778	1.804	1.816	1.823	1.828	1.831	1.834
30	1.697	1.776	1.801	1.814	1.821	1.826	1.829	1.831
31	1.696	1.774	1.799	1.812	1.819	1.824	1.827	1.829
32	1.694	1.772	1.797	1.810	1.817	1.821	1.825	1.827
33	1.692	1.770	1.796	1.808	1.815	1.820	1.823	1.825
34	1.691	1.769	1.794	1.806	1.813	1.818	1.821	1.823
35	1.690	1.767	1.792	1.804	1.811	1.816	1.819	1.822
36	1.688	1.766	1.791	1.803	1.810	1.814	1.818	1.820
37	1.687	1.764	1.789	1.801	1.808	1.813	1.816	1.819
38	1.686	1.763	1.788	1.800	1.807	1.812	1.815	1.817
39	1.685	1.762	1.787	1.799	1.806	1.810	1.813	1.816
40	1.684	1.761	1.785	1.797	1.804	1.809	1.812	1.814
41	1.683	1.759	1.784	1.796	1.803	1.808	1.811	1.813
42	1.682	1.758	1.783	1.795	1.802	1.807	1.810	1.812
43	1.681	1.757	1.782	1.794	1.801	1.805	1.809	1.811
44	1.680	1.756	1.781	1.793	1.800	1.804	1.808	1.810
45	1.679	1.755	1.780	1.792	1.799	1.803	1.807	1.809
46	1.679	1.755	1.779	1.791	1.798	1.802	1.806	1.808
47	1.678	1.754	1.118	1.790	1.797	1.802	1.805	1.807
48	1.677	1.753	1.777	1.789	1.796	1.801	1.804	1.806
49	1.677	1.752	1.777	1.788	1.795	1.800	1.803	1.805
50	1.676	1.751	1.776	1.788	1.795	1.799	1.802	1.804
60	1.671	1.745	1.770	1.781	1.788	1.792	1.795	1.798
80	1.664	1.738	1.762	1.773	1.780	1.784	1.787	1.789
100	1.660	1.734	1.757	1.769	1.775	1.779	1.782	1.785
120	1.658	1.731	1.754	1.765	1.772	1.776	1.779	1.781
240	1.651	1.723	1.747	1.758	1.764	1.768	1.771	1.773
360	1.649	1.721	1.744	1.755	1.761	1.765	1.768	1.770
∞	1.645	1.716	1.739	1.750	1.756	1.760	1.763	1.765

例：　$w(2,10;0.05)=1.812$，$w(5,20;0.05)=1.847$，$w(7,30;0.05)=1.826$。

參考文獻

一、中文部分

1. 顏月珠，商用統計學，三民書局，1992。
2. 方世榮，統計學導論，華泰書局，1991。
3. 林惠玲，陳正倉，統計學方法與應用，雙葉，1997。
4. 林光賢，機率論，華泰書局，1993。
5. 白賜清，統計學，前程企管，1997。
6. 林光賢譯，機率學導論，華泰書局，1995。
7. 陳順宇，鄭碧娥，統計學，華泰書局，1996。
8. 張紘炬，統計學，華泰書局，1995。

二、日文部分

1. 永田靖，入門統計解析法，日科技連，1992。
2. 永田靖，統計的方法のしくみ，日科技連，1994。
3. 鐵鍵司，品質管理のための統計的方法入門，日科技連，1986。
4. 國澤清典，確率統計演習 1，2，培風館，1993。
5. 薩摩順吉，確率統計，岩波書店，1997。
6. 依田浩，持術者の統計學，寶文館，1980。
7. 森口繁一，新編統計的方法，日本規格協會，1992。
8. 藤澤武久，確率統計，日本理工社，1987。
9. 久米均，統計解析への出發，岩波書店，1989。
10. 久米均，飯塚悅功，迴歸分析，岩波書店，1987。
11. 白旗愼吾，統計解析入門，共立出版，1992。
12. 豐田利久等，基本統計學，東洋經濟新報社，1991。
13. 淺野長一郎，實用統計學演習，森北出版株式會社，1996。

14. 村上正康，統計學演習，培風館，1995。

15. 鈴木義一郎，例解統計入門，實教出版，1994。

16. 鈴木義一郎，統計解析術，實教出版，1995。

17. 田口玄一，横山巽子，統計解析，日本規格協會，1990。

18. 石村貞夫，すぐわかる統計解析，東京圖書，1992。

19. 緒方裕光，柳井晴夫，統計學，現代數學社，1999。

20. 山田剛史，村井潤一郎，よくわかる心理統計，ミネルヴァ書房，2006。

21. 遠藤健治，例題からわかる心理統計，培風館，2008。

22. 遠藤健治，SPSS における分散分析の手順，培風館，2007。

23. 佐川良壽，統計解析の實踐手法，日本實業出版社，2002。

24. 永田靖，吉田道弘，統計的多重比較法の基礎，科學社，1997。

25. 石村貞夫，入門はじめての分散と多重比較，東京圖書，2008。

26. 永田靖，入門實驗計畫法，日科技連，2000。

國家圖書館出版品預行編目資料

工程統計學／陳耀茂編著. －－初版.－－臺
北市：五南，2015.12
　　面；　公分
ISBN 978-957-11-8412-8（平裝）

1.工程數學 2.統計方法

440.119　　　　　　　　104024817

5BA3

工程統計學

作　　者 ― 陳耀茂(270)

發 行 人 ― 楊榮川

總 編 輯 ― 王翠華

主　　編 ― 王正華

責任編輯 ― 金明芬

封面設計 ― 簡愷立

出 版 者 ― 五南圖書出版股份有限公司

地　　址：106台北市大安區和平東路二段339號4樓

電　　話：(02)2705-5066　　傳　真：(02)2706-6100

網　　址：http://www.wunan.com.tw

電子郵件：wunan@wunan.com.tw

劃撥帳號：01068953

戶　　名：五南圖書出版股份有限公司

法律顧問　林勝安律師事務所　林勝安律師

出版日期　2015年12月初版一刷

定　　價　新臺幣980元